OEUVRES COMPLÈTES

DE BUFFON

X

PARIS. — IMPRIMERIE Vve P. LAROUSSE ET Cie

19, RUE MONTPARNASSE, 19

ŒUVRES

COMPLÈTES

DE BUFFON

NOUVELLE ÉDITION

ANNOTÉE ET PRÉCÉDÉE D'UNE INTRODUCTION SUR BUFFON

ET SUR LES PROGRÈS DES SCIENCES NATURELLES DEPUIS SON ÉPOQUE

PAR J.-L. DE LANESSAN

Professeur agrégé d'histoire naturelle à la Faculté de médecine de Paris

SUIVIE DE LA

CORRESPONDANCE GÉNÉRALE DE BUFFON

RECUEILLIE ET ANNOTÉE PAR M. NADAULT DE BUFFON

OUVRAGE ILLUSTRÉ

DE 160 PLANCHES GRAVÉES SUR ACIER ET COLORIÉES A LA MAIN

ET DE 8 PORTRAITS GRAVÉS SUR ACIER

—◇—

TOME DIXIÈME

MAMMIFÈRES. — ADDITIONS AUX MAMMIFÈRES

PARIS

LIBRAIRIE ABEL PILON

A. LE VASSEUR, SUCC^r, ÉDITEUR

33, RUE DE FLEURUS, 33

OEUVRES COMPLÈTES

DE BUFFON

HISTOIRE NATURELLE DES ANIMAUX

LES PHOQUES, LES MORSES
ET LES LAMANTINS

Assemblons pour un instant tous les animaux quadrupèdes, faisons-en un groupe, ou plutôt formons-en une troupe dont les intervalles et les rangs représentent à peu près la proximité ou l'éloignement qui se trouve entre chaque espèce ; plaçons au centre les genres les plus nombreux, et sur les flancs, sur les ailes ceux qui le sont le moins ; resserrons-les tous dans le plus petit espace afin de les mieux voir, et nous trouverons qu'il n'est pas possible d'arrondir cette enceinte ; que, quoique tous les animaux quadrupèdes tiennent entre eux de plus près qu'ils ne tiennent aux autres êtres, il s'en trouve néanmoins en grand nombre qui font des pointes au dehors, et semblent s'élancer pour atteindre à d'autres classes de la nature (*): les singes tendent à s'approcher de l'homme et s'en approchent en effet de très près ; les chauves-souris sont les singes des oiseaux qu'elles imitent par leur vol ; les porcs-épics, les hérissons, par les tuyaux dont ils sont couverts, semblent nous indiquer que les plumes pourraient appartenir à d'autres qu'aux oiseaux ; les tatous par leur têt écailleux s'approchent de

(*) Cette idée est absolument juste. Buffon a parfaitement vu, d'une part, que toutes les classes des animaux sont reliées les uns aux autres par des formes de passage, et, d'autre part, que certains caractères particuliers établissent des ressemblances entre des organismes souvent fort éloignés les uns des autres.

la tortue et des crustacés ; les castors par les écailles de leur queue ressemblent aux poissons ; les fourmilliers par leur espèce de bec ou de trompe sans dents et par leur longue langue nous rappellent encore les oiseaux ; enfin les phoques, les morses et les lamantins, font un petit corps à part qui forme la pointe la plus saillante pour arriver aux cétacés.

Ces mots *phoque, morse* et *lamantin*, sont plutôt des dénominations génériques que des noms spécifiques ; nous comprenons sous celle de phoque : 1° le *phoca* des anciens ; 2° le phoque commun, que nous appelons *veau marin*, 3° le grand phoque, dont M. Parsons a donné la description et la figure dans les *Transactions philosophiques*, n° 469 ; 4° le très grand phoque, que l'on appelle *lion marin*, et dont l'auteur du voyage d'Anson a donné la description et les figures.

Par le nom de *morse*, nous entendons les animaux que l'on connaît vulgairement sous celui de *vaches marines* ou *bêtes à la grande dent*, dont nous connaissons deux espèces, l'une qui ne se trouve que dans les mers du nord, et l'autre qui n'habite, au contraire, que les mers du midi, à laquelle nous avons donné le nom de *dugon ;* enfin, sous celui de *lamantin*, nous comprenons les animaux qu'on appelle *manati*, bœufs marins à Saint-Domingue, à Cayenne et dans les autres parties de l'Amérique méridionale, aussi bien que le lamantin du Sénégal et des autres côtes de l'Afrique, qui ne nous paraît être qu'une variété du lamantin de l'Amérique.

Les phoques et les morses sont encore plus près des quadrupèdes que des cétacés, parce qu'ils ont quatre espèces de pieds ; mais les lamantins, qui n'ont que les deux de devant, sont plus cétacés que quadrupèdes : tous diffèrent des autres animaux par un grand caractère ; ils sont les seuls qui puissent vivre également et dans l'air et dans l'eau, les seuls par conséquent qu'ont dût appeler *amphibies*. Dans l'homme et dans les animaux terrestres et vivipares, le trou de la cloison du cœur, qui permet au fœtus de vivre sans respirer, se ferme au moment de la naissance, et demeure fermé pendant toute la vie ; dans ces animaux, au contraire, il est toujours ouvert (*), quoique la mère les mette bas sur terre ; qu'au moment de leur naissance l'air dilate leurs poumons, et que la respiration commence et s'opère comme dans tous les autres animaux. Au moyen de cette ouverture dans la cloison du cœur, toujours subsistante, et qui permet la communication du sang de la veine-cave à l'aorte, ces animaux ont l'avantage de respirer quand il leur plaît et de se passer de respirer quand il le faut. Cette propriété singulière leur est commune à tous ; mais chacun a d'autres facultés particulières dont nous parlerons en faisant autant qu'il est en nous l'histoire de toutes les espèces de ces animaux amphibies.

(*) C'est une erreur. La cloison qui sépare les oreillettes du cœur et qui est percée d'un orifice chez tous les Mammifères pendant une partie plus ou moins considérable de la vie fœtale, s'oblitère chez tous après la naissance.

LES PHOQUES (*a*)

En général, les phoques (*) ont la tête ronde comme l'homme, le museau large comme la loutre, les yeux grands et placés haut, peu ou point d'oreiles externes, seulement deux trous auditifs aux côtés de la tête, des moustaches autour de la gueule, des dents assez semblables à celles du loup, la langue fourchue ou plutôt échancrée à la pointe, le cou bien dessiné, le corps, les mains et les pieds couverts d'un poil court et assez rude, point de bras ni d'avant-bras apparents; mais deux mains ou plutôt deux membranes, deux peaux renfermant cinq doigts et terminées par cinq ongles; deux pieds sans jambes tout pareils aux mains, seulement plus larges et tournés en arrière comme pour se réunir à une queue très courte qu'ils accompagnent des deux côtés; le corps allongé comme celui d'un poisson, mais renflé vers la poitrine, étroit à la partie du ventre, sans hanches, sans croupe et sans cuisses au dehors; animal d'autant plus étrange qu'il paraît fictif, et qu'il est le modèle sur lequel l'imagination des poètes enfanta les tritons, les sirènes, et ces dieux de la mer à tête humaine, à corps de quadrupède, à queue de poisson; et le phoque règne en effet dans cet empire muet, par sa voix, par sa figure, par son intelligence, par les facultés, en un mot, qui lui sont communes avec les habitants de la terre, si supérieures

(*a*) Phoque. *Phoca*, en grec et en latin, mot auquel de Laët et d'autres ont donné une terminaison française, et que nous avons adopté comme terme générique. Dans plusieurs langues de l'Europe, on a indiqué ces animaux par les dénominations de *veaux de mer*, *chiens de mer*, *loups de mer*, *veaux marins*, *chiens marins*, *loups marins*, *renards marins*. Nous en connaissons trois et peut-être quatre espèces : 1° le petit phoque noir à poil ondoyant et long, que nous croyons être le phoca des anciens, c'est-à-dire le Φώκη d'Aristote, et le *vitulus marinus* ou *phoca* de Pline, et c'est probablement celui dont Belon a donné la figure, et qu'il a indiqué sous le nom de *phoca, vitulus marinus, vecchio marino*, veau ou loup de mer. (*De la nature des poissons*, page 16.) — 2° Le phoque de notre océan, qui est plus grand et d'un poil gris, qu'on appelle *veau marin*, et auquel nous conservons cette dénomination, faute d'autre, et aussi pour ne pas tomber dans l'erreur en adoptant un nom étranger qui pourrait être celui d'une autre espèce; nous croyons néanmoins que cet animal est celui que les Allemands appellent *rubbe* ou *sâll*, les Anglais *soile*, les Suédois *siál*, les Norvégiens *kaabe*, et c'est certainement le même que MM. de l'Académie des sciences ont indiqué comme nous sous le même nom de *veau marin*, et dont ils ont donné la figure et la description, p. 189 et pl. xxviii de la part. i de leurs *Mémoires pour servir à l'Histoire des animaux*. Enfin, il nous paraît que c'est encore le même dont de Laët a donné la figure, et qu'il appelle *chien marin* ou *phoque* (*Description des Indes occidentales*, p. 41). Je ne cite pas les autres auteurs, parce qu'ils ont copié les figures de ceux-ci ou qu'ils en ont donné de défectueuses. — 3° Le grand phoque, dont M. Parsons a donné la description et la figure dans les *Transactions philosophiques*, n° 469. — 4° Le lion marin, dont on trouve la description et la figure dans le *Voyage d'Anson*, p. 100, et qui pourrait bien être le même que le grand phoque décrit par M. Parsons.

(*) Les Phoques (*Phoca* L.) sont des Mammifères de l'ordre des Pinnipèdes, de la famille des Phocides, qui se distingue par un système dentaire complet.

à celles des poissons, qu'ils semblent être non seulement d'un autre ordre, mais d'un monde différent ; aussi cet amphibie, quoique d'une nature très éloignée de celle de nos animaux domestiques, ne laisse pas d'être susceptible d'une sorte d'éducation ; on le nourrit en le tenant souvent dans l'eau, on lui apprend à saluer de la tête et de la voix ; il s'accoutume à celle de son maître, il vient lorsqu'il s'entend appeler, et donne plusieurs autres signes d'intelligence et de docilité (a).

Il a le cerveau et le cervelet proportionnellement plus grands que l'homme, les sens aussi bons qu'aucun des quadrupèdes, par conséquent le sentiment aussi vif et l'intelligence aussi prompte ; l'un et l'autre se marquent par sa douceur, par ses habitudes communes, par ses qualités sociales, par son instinct très vif pour sa femelle et très attentif pour ses petits, par sa voix (b) plus expressive et plus modulée que celle des autres animaux ; il a aussi de la force et des armes ; son corps est ferme et grand, ses dents tranchantes, ses ongles aigus : d'ailleurs il a des avantages particuliers, uniques, sur tous ceux qu'on voudrait lui comparer ; il ne craint ni le froid ni le chaud ; il vit indifféremment d'herbe, de chair ou de poisson ; il habite également l'eau, la terre et la glace ; il est avec le morse le seul des quadrupèdes qui mérite le nom d'*amphibie*, le seul qui ait le trou ovale du cœur ouvert (c) (*), le seul par conséquent qui puisse se passer de respirer, et auquel l'élément de l'eau soit aussi convenable, aussi propre que celui de l'air ; la loutre et le castor ne sont pas de vrais amphibies, puisque leur élément est l'air, et que n'ayant pas cette ouverture dans la cloison du cœur ils ne peuvent rester longtemps sous l'eau, et qu'ils sont obligés d'en sortir ou d'élever leur tête au-dessus pour respirer (**).

Mais ces avantages, qui sont très grands, sont balancés par des imperfections qui sont encore plus grandes. Le veau marin est manchot ou plutôt

(a) « Vituli marini accipiunt disciplinam, voceque pariter et visu populum salutant : incon-« dito fremitu, nomine vocati, respondent. » Plin., *Hist. nat.*, lib. IX, cap. 13. — Un matelot hollandais avait tellement apprivoisé un veau marin, qu'il lui faisait faire cent sortes de singeries. *Voyages de Misson*, t. III, p. 113.

(b) Nous entendions souvent pendant la nuit, sur les côtes du Canada, la voix des loups marins, qui ressemblait presque à celle des chats-huants. *Histoire de la Nouvelle France*, par l'Escarbot. Paris, 1612, p. 600. — Quand nous arrivâmes à l'île de Juan Fernandès, nous entendions crier les loups marins jour et nuit ; les uns bêlaient comme des agneaux, les autres aboyaient comme des chiens ou hurlaient comme des loups. *Voyage de Woodes Rogers*, p. 206.

(c) Comme les phocas sont destinés à être longtemps dans l'eau, et que le passage du sang par le poumon ne peut se faire sans la respiration, ils ont le trou ovalaire tel qu'il est dans le fœtus, qui ne respire pas non plus ; c'est une ouverture placée au-dessous de la veine-cave, et une communication du ventricule droit du cœur avec le gauche, qui fait passer directement le sang de la cave dans l'aorte, et lui épargne le long chemin qu'il aurait à prendre par le poumon. *Histoire de l'Académie des sciences*, depuis 1666, t. Ier, p. 84.

(*) Nous avons dit déjà que sur ce point Buffon commet une erreur.

(**) Le Phoque n'est pas plus un véritable amphibie que la Loutre ou le Castor.

estropié des quatre membres; ses bras, ses cuisses et ses jambes sont presque entièrement enfermés dans son corps; il ne sort au dehors que les mains et les pieds, lesquels sont à la vérité tous divisés en cinq doigts; mais ces doigts ne sont pas mobiles séparément les uns des autres, étant réunis par une forte membrane, et ces extrémités sont plutôt des nageoires que des mains et des pieds, des espèces d'instruments faits pour nager et non pour marcher; d'ailleurs les pieds étant dirigés en arrière, comme la queue, ne peuvent soutenir le corps de l'animal qui, quand il est sur terre, est obligé de se traîner comme un reptile (a), et par un mouvement plus pénible; car son corps ne pouvant se plier en arc comme celui du serpent, pour prendre successivement différents points d'appui et avancer ainsi par la réaction du terrain, le phoque demeurerait gisant au même lieu sans sa gueule et ses mains qu'il accroche à ce qu'il peut saisir, et il s'en sert avec tant de dextérité qu'il monte assez promptement sur un rivage élevé, sur un rocher et même sur un glaçon, quoique rapide et glissant (b). Il marche aussi beaucoup plus vite qu'on ne pourrait l'imaginer, et souvent quoique blessé il échappe par la fuite au chasseur (c).

Les phoques vivent en société ou du moins en grand nombre dans les mêmes lieux; leur climat naturel est le nord, quoiqu'ils puissent vivre aussi dans les zones tempérées, et même dans les climats chauds; car on en trouve quelques-uns sur les rivages de presque toutes les mers de l'Europe et jusque dans la Méditerranée; on en trouve aussi dans les mers méridionales de l'Afrique et de l'Amérique (d); mais ils sont infiniment plus communs,

(a) Les loups marins, que quelques-uns appellent *veaux marins* des côtes de Canada, sont gros comme des dogues; ils se tiennent presque toujours dans l'eau, ne s'écartant jamais du rivage de la mer. Ces animaux rampent plus qu'ils ne marchent, car s'étant élevés de l'eau, ils ne font plus que glisser sur le sable ou sur la vase..... Les femelles font leurs petits sur des rochers ou sur de petites îles près de la mer. Ces animaux vivent de poissons; ils cherchent les pays froids. *Voyage de la Hontan*, t. II, p. 45. — S'élevant par un bout à la faveur de leurs nageoires, et tirant leur derrière sous eux, ils se rebondissent par manière de dire, et jettent le corps en avant, tirant leur derrière après eux, se relevant ensuite et sautant encore du devant alternativement, ils vont et viennent de cette manière pendant qu'ils sont à terre. *Voyage de Dampier*, t. 1er, p. 117.

(b) Les veaux marins ont des dents très tranchantes, avec lesquelles ils couperaient un bâton de la grosseur du bras; quoiqu'ils paraissent boiteux du train de derrière, ils grimpent sur les glaçons où ils dorment.... Les veaux marins qui habitent sur les rivages sont plus gras et donnent beaucoup plus d'huile que ceux qui habitent sur les glaces.... L'on trouve quelquefois les veaux marins sur des glaçons si élevés et si escarpés, qu'il est étonnant comment ils ont pu y monter, et on les y voit souvent accrochés au nombre de vingt ou trente. *Description de la pêche de la baleine*, par Zorgdrager, p. 193.

(c) Je donnai plusieurs coups d'épée à un veau marin, qui ne l'empêchèrent pas de courir plus vite que moi, et de se jeter dans l'eau, d'où je ne le vis plus ressortir. *Recueil des Voyages du Nord*, t. II, p. 130.

(d) Il y a beaucoup de veaux marins dans les parties septentrionales de l'Europe et de l'Amérique, et dans les parties méridionales de l'Afrique, comme aux environs du cap de Bonne-Espérance et au détroit de Magellan, et quoique je n'en aie jamais vu, dans les Indes occidentales, que dans la baie de Campêche, il y en a néanmoins sur toute la côte de

plus nombreux dans les mers septentrionales de l'Asie, de l'Europe (*a*) et de l'Amérique, et on les retrouve en aussi grande quantité dans celles qui sont voisines de l'autre pôle au détroit de Magellan, à l'île de Juan Fernandès, etc. (*b*). Il paraît seulement que l'espèce varie, et que selon les différents climats elle change pour la grandeur, la couleur et même pour la figure ; nous avons vu quelques-uns de ces animaux vivants, et l'on nous a envoyé les dépouilles de plusieurs autres ; dans le nombre, nous en avons choisi deux pour les faire dessiner ; le premier est le phoque de notre océan (*), dont il y a plusieurs variétés ; nous en avons vu un dont les proportions du corps paraissaient différentes, car il avait le cou plus court, le corps plus allongé et les ongles plus grands que celui dont nous donnons la figure ; mais ces différences ne nous ont pas paru assez considérables pour en faire une espèce distincte et séparée. Le second, qui est le phoque de la Méditerranée et des mers du Midi (**), et que nous présumons être le *phoca* des anciens, paraît être d'une autre espèce, car il diffère des autres par la qualité et la couleur du poil qui est ondoyant et presque noir, tandis que le poil des premiers est gris et rude ; il en diffère encore par la forme des dents et par celle des oreilles ; car il a une espèce d'oreille externe très petite à la vérité, au lieu que les autres n'ont que le trou auditif sans apparence de conque ; il a aussi les dents incisives terminées par deux pointes, tandis que les deux autres ont ces mêmes dents incisives unies et tranchantes à droit fil comme celles du chien, du loup, et de tous les autres quadrupèdes ; il a encore les bras situés plus bas, c'est-à-dire plus en arrière du corps que les autres qui les ont placés plus en avant ; néanmoins ces disconvenances ne sont peut-être que des variétés dépendantes du climat, et non pas des différences spécifiques,

la mer méridionale de l'Amérique, depuis la terre del Fuego jusqu'à la ligne équinoxiale ; mais, du côté du nord de la ligne, je n'en ai jamais vu qu'à vingt et un degrés de latitude ; je n'en ai jamais vu non plus dans les Indes orientales. *Voyage de Dampier*, t. Ier, p. 118.

(*a*) « In mari Bothnico et Finnico maxima vitulorum marinorum sive phocarum multi- » tudo reperitur. » Olaï Magni *De Gent. sept.*, p. 163. — On trouve dans le Groenland beaucoup de veaux marins sur la côte de l'ouest, on en trouve peu vers le Spitzberg.... Les plus grands veaux marins ont ordinairement depuis cinq jusqu'à huit pieds de long, et leur graisse fournit la meilleure huile... Comme ils se plaisent autant sur la glace que sur terre, l'on en voit des troupeaux de cent sur un même glaçon.... L'endroit où l'on prend les veaux marins est principalement entre le soixante-quatorzième et le soixante-dix-septième degré sur la lisière des glaces de l'ouest. On en prend aussi beaucoup annuellement dans le détroit de Davis et près de la Zemble. *Description de la pêche à la baleine*, par Corneille Zorgdrager. Nuremb., 1750, vol. Ier, in-4º, p. 192 ; traduit de l'allemand par le marquis de Montmirail.

(*b*) Au mois de novembre, les chiens marins (*phocas*) se rendent sur l'île de Juan Fernandès pour y faire leurs petits ; ils sont alors de si mauvaise humeur, que, bien loin de se retirer à l'approche d'un homme, ils se jettent sur lui pour le mordre, quoiqu'il soit armé d'un bâton.... Le rivage en est quelquefois tout couvert à plus d'un demi mille à la ronde. *Voyage de Woodes Rogers*, t. Ier, p. 206.

(*) *Phoca vitulina* L.

(**) *Otaria pusilla* L. Les Otaries se distinguent des *Phoca* par l'existence d'oreilles externes.

attendu que dans les mêmes lieux et surtout dans ceux où ces animaux abondent, on en trouve de plus grands, de plus petits, de plus gros, de plus minces, et de couleur ou de poil différents, suivant le sexe et l'âge (a).

C'est par une convenance qui d'abord paraît assez légère, et par quelques rapports fugitifs, que nous avons jugé que ce second phoque était le *phoca* des anciens ; on nous a assuré que l'individu que nous avons vu venait des Indes, et il est au moins très probable qu'il venait des mers du Levant ; il était adulte, puisqu'il avait toutes ses dents ; il était d'un cinquième moins grand que les phoques adultes de nos mers, et de deux tiers plus petit que ceux de la mer Glaciale ; car quoiqu'il eût toutes ses dents, il n'avait que deux pieds trois pouces de longueur, tandis que celui que M. Parsons a décrit et dessiné avait sept pieds et demi d'Angleterre, c'est-à-dire environ sept pieds de Paris, quoiqu'il ne fût pas adulte, puisqu'il n'avait encore que quelques dents : or tous les caractères que les anciens donnent à leur *phoca* ne désignent pas un animal aussi grand, et conviennent à ce petit phoque, qu'ils comparent souvent au castor et à la loutre, lesquels sont de trop petite taille pour être comparés avec ces grands phoques du Nord ; et ce qui a achevé de nous persuader que ce petit phoque est le *phoca* des anciens, c'est un rapport qui, quoique faux dans son objet, ne peut cependant avoir été imaginé que d'après le petit phoque dont il est ici question, et n'a jamais pu en aucune manière avoir été attribué aux phoques de nos côtes, ni aux grands phoques du Nord. Les anciens, en parlant du *phoca,* disent que son poil est ondoyant, et que par une sympathie naturelle il suit les mouvements de la mer ; qu'il se couche en arrière dans le temps que la mer baisse, qu'il se relève en avant lorsque la marée monte (b), et que cet effet singulier subsiste même dans les peaux longtemps

---

(a) « Canities ut homini et equo sic quoque vitulo marino accidit. » Olaï Magni *De Gent. sept.,* p. 165. — Les veaux marins sont couverts de poils courts et de différentes couleurs : les uns sont noirs et blancs, quelques-uns jaunes, d'autres gris, et on en voit de rouges. *Description de la pêche de la baleine,* par Zorgdrager, p. 191. — Près de la baie Saint-Mathias, sur les terres Magellaniques, nous découvrîmes deux îles pleines de loups marins, en si grand nombre qu'il n'aurait pas fallu deux heures pour en remplir nos cinq vaisseaux ; ils sont de la taille d'un veau et de diverses couleurs. *Histoire des Navigations aux terres australes.* Paris, 1746, in-4º, t. Iᵉʳ, p. 127. — Les veaux marins de Spitzberg n'ont pas la tête faite tous de la même façon : les uns l'ont plus ronde, les autres plus longue et plus décharnée au-dessous du museau..... Ils sont aussi de diverses couleurs et marquetés comme les tigres ; les uns sont d'un noir tacheté de blanc, quelques-uns jaunes, quelques-uns gris et d'autres rouges..... Ils n'ont pas tous la prunelle de l'œil de la même couleur, les uns l'ont d'une couleur cristalline, les autres blanche, les autres jaunâtre et les autres rougeâtre. *Recueil des Voyages du Nord,* t. II, p. 118 et suiv. — La peau du veau marin est couverte d'un poil ras de diverses couleurs ; il y a des animaux qui sont tous blancs, et tous le sont en naissant : quelques-uns, à mesure qu'ils croissent, deviennent noirs, d'autres roux, plusieurs ont toutes ces couleurs ensemble. *Histoire de la Nouvelle-France,* par Charlevoix, t. III, p. 147.

(b) « Pelles eorum etiam detractas corpori sensum æquorum retinere tradunt, semper » æstu maris recedente inhorrescere. » Plin., *Hist. nat.,* lib. ix, cap. 13. — Severinus dit

après qu'elles ont été enlevées et séparées de l'animal (*) : or l'on n'a pu imaginer ce rapport ni cette propriété dans les phoques de nos côtes, ni dans ceux du Nord, puisque le poil et des uns et des autres est court et raide ; elle convient au contraire en quelque façon à ce petit phoque dont le poil est ondoyant et beaucoup plus souple et plus long que celui des autres ; en général les phoques des mers méridionales ont le poil beaucoup plus fin et plus doux (*a*) que ceux des mers septentrionales ; d'ailleurs Cardan dit affirmativement (*b*) que cette propriété, qui avait passé pour fabuleuse, a été trouvée réelle aux Indes ; sans donner à cette assertion de Cardan plus de foi qu'il ne faut, elle indique au moins que c'est au phoque des Indes que cet effet arrive ; il y a toute apparence que dans le fond ce n'est autre chose qu'un phénomène électrique dont les anciens et les modernes, ignorant la cause, ont attribué l'effet au flux et au reflux de la mer. Quoi qu'il en soit, les raisons que nous venons d'exposer sont suffisantes pour qu'on puisse présumer que ce petit phoque est le *phoca* des anciens, et il y a aussi toute apparence que c'est celui que Rondelet (*c*) appelle *phoca de la Méditerranée*, lequel, selon lui, a le corps à proportion plus long et moins gros que le phoque de l'Océan. Le grand phoque dont M. Parsons a donné les dimensions et la figure, et qui venait vraisemblablement des mers septentrionales, paraît être d'une espèce différente des deux autres (**), puisque, n'ayant encore presque point de dents et n'étant pas adulte, il ne laissait pas d'être plus que double en grandeur dans toutes ses dimensions, et qu'il avait par conséquent dix fois plus de volume et de masse que les autres. M. Parsons (ainsi que l'a très bien remarqué M. Klein) (*d*) a dit beaucoup de choses en peu de mots au sujet de cet animal. Comme ces observations sont en anglais, j'ai cru devoir en donner ici la traduction par extrait (*e*).

avoir vu ce miracle, mais il l'exprime avec tant d'exagération qu'il en est moins croyable ; il dit que, quand le vent du septentrion souffle, les poils qui s'étaient élevés au vent du midi se couchent tellement, qu'ils semblent disparaître. *Mémoires pour servir à l'Histoire des animaux*, part. 1, p. 193.

(*a*) Les veaux marins de l'île de Juan Fernandès ont une fourrure si fine et si courte, que je n'en ai vu de pareille nulle part ailleurs. *Voyage de Dampier*, t. Ier, p. 118.

(*b*) Cardan, *De subtilitate*, lib. x.

(*c*) Rondelet, *De piscibus*, lib. xvi.

(*d*) Klein, *De quad.*, p. 93.

(*e*) Ce veau marin se voyait à Londres en *Charing cross*, au mois de février 1742-3..... Les figures données par Aldrovande, Jonston et d'autres étant de profil, nous jettent dans deux erreurs : la première, c'est qu'elles font paraître le bras, qui cependant n'est pas visible au dehors dans quelque position que soit l'animal ; la seconde, c'est qu'elles représentent les pieds comme deux nageoires, tandis que ce sont deux vrais pieds, avec des membranes et cinq doigts et cinq ongles, et que les doigts sont composés de trois articulations. Les ongles des pieds de devant sont grands et larges ; ces pieds sont assez semblables à ceux d'une taupe ; ils paraissent faits pour ramper sur la terre et pour nager : il y a une membrane étroite entre chaque doigt ; mais les pieds de derrière ont des membranes beaucoup plus

(*) Buffon fait dans ce passage preuve d'une crédulité singulière.

(**) C'est d'après Flourens, le *Phoca barbata* Fabr.

Voilà donc trois espèces de phoques qui semblent être différentes les unes des autres : le petit phoque noir des Indes et du Levant, le veau marin ou phoque de nos mers, et le grand phoque des mers du Nord, et c'est à la première espèce qu'il faut rapporter tout ce que les anciens ont écrit du *phoca*. Aristote connaissait assez bien cet animal lorsqu'il a dit qu'il était d'une nature ambiguë et moyenne entre les animaux aquatiques et terrestres ; que c'est un quadrupède imparfait et manchot ; qu'il n'a point d'oreilles externes, mais seulement des trous très apparents pour entendre ; qu'il a la langue fourchue, des mamelles et du lait, et une petite queue comme un cerf : mais il parait qu'il s'est trompé en assurant que cet animal n'a point de fiel ; il est certain qu'il en a au moins la vésicule ; M. Parsons dit à la vérité que la vésicule du fiel, dans le grand phoque qu'il a décrit, était fort petite, mais M. Daubenton a trouvé dans notre phoque qu'il a disséqué, une vésicule du fiel proportionnée à la grandeur du foie ; et MM. de l'Académie des sciences, qui ont aussi trouvé cette vésicule de fiel dans le phoque qu'ils ont décrit, ne disent pas qu'elle fût d'une petitesse remarquable.

Au reste, Aristote ne pouvait avoir aucune connaissance des grands phoques des mers glaciales, puisque de son temps tout le nord de l'Europe et de l'Asie était encore inconnu ; les Grecs, et même les Romains, regardaient les Gaules et la Germanie comme leur nord ; les Grecs surtout connaissaient peu les animaux de ces pays : il y a donc toute vraisemblance qu'Aristote, qui parle du *phoca* comme d'un animal commun, n'a entendu par ce nom que le *phoca* de la Méditerranée, et qu'il ne connaissait pas plus les phoques de notre océan, que les grands phoques des mers du Nord.

Ces trois animaux, quoique différents par l'espèce, ont beaucoup de propriétés communes, et doivent être regardés comme d'une même nature. Les femelles mettent bas en hiver ; elles font leurs petits à terre sur un banc de

larges, et ils ne servent à l'animal que pour ramer dans l'eau..... Cet animal était femelle, et mourut le seizième février 1742-3. Il avait autour de la gueule de grands poils d'une substance transparente et cornée. Ses viscères étaient comme il suit : les estomacs, les intestins, la vessie, les reins, les uretères, le diaphragme, les poumons, les gros vaisseaux du sang et les parties extérieures de la génération étaient comme dans la vache ; la rate avait deux pieds de long, quatre pouces de large et était fort mince ; le foie était composé de six lobes, chacun de ces lobes était long et mince comme la rate ; la vésicule du fiel était fort petite, le cœur était long et mou dans sa contexture, ayant un trou ovale fort large, et les colonnes charnues fort grandes. Dans l'estomac le plus bas, il y avait environ quatre livres pesant de petits cailloux tranchants et anguleux, comme si l'animal les avait choisis pour hacher sa nourriture..... Le corps de la matrice était petit en comparaison des deux cornes, qui étaient très grandes et très épaisses..... Les ovaires étaient fort gros, et les cornes de la matrice étaient ouvertes par un grand trou du côté des ovaires..... Je donne la figure de ces parties..... aussi bien que celle de l'animal, que j'ai dessiné moi-même avec le plus grand soin. Cet animal est vivipare, il allaite ses petits ; sa chair est ferme et musculeuse ; il était fort jeune, quoiqu'il eût sept pieds et demi de longueur, car il n'avait presque point de dents, et il n'avait encore que quatre petits trous régulièrement placés et formant un carré autour du nombril : c'étaient les vestiges des quatre mamelles qui devaient paraître avec le temps. *Trans. phil.*, n° 469, p. 383 et 386.

sable, sur un rocher ou dans une petite île et à quelque distance du continent ; elles se tiennent assises pour les allaiter (*a*) , et les nourrissent ainsi pendant douze ou quinze jours dans l'endroit où ils sont nés ; après quoi la mère emmène ses petits avec elle à la mer, où elle leur apprend à nager et à chercher à vivre ; elle les prend sur son dos lorsqu'ils sont fatigués. Comme chaque portée n'est que de deux ou trois, ses soins, ne sont pas fort partagés, et leur éducation est bientôt achevée : d'ailleurs, ces animaux ont naturellement assez d'intelligence et beaucoup de sentiment ; ils s'entendent, ils s'entr'aident et se secourent mutuellement ; les petits reconnaissent leur mère au milieu d'une troupe nombreuse ; ils entendent sa voix, et, dès qu'elle les appelle, ils arrivent à elle sans se tromper (*b*). Nous ignorons combien de temps dure la gestation ; mais à en juger par celui de l'accroissement, par la durée de la vie et aussi par la grandeur de l'animal, il paraît que ce temps doit être de plusieurs mois, et l'accroissement étant de quelques années, la durée de la vie doit être assez longue ; je suis même très porté à croire que ces animaux vivent beaucoup plus de temps qu'on n'a pu l'observer, peut-être cent ans et davantage : car on sait que les cétacés, en général, vivent bien plus longtemps que les animaux quadrupèdes, et comme le phoque fait une nuance entre les uns et les autres, il doit participer de la nature des premiers, et, par conséquent, vivre plus que les derniers.

La voix du phoque peut se comparer à l'aboiement d'un chien enroué : dans le premier âge, il fait entendre un cri plus clair, à peu près comme le miaulement d'un chat ; les petits qu'on enlève à leur mère miaulent continuellement, et se laissent quelquefois mourir d'inanition plutôt que de prendre la nourriture qu'on leur offre. Les vieux phoques aboient contre ceux qui les frappent, et font tous leurs efforts pour mordre et se venger ; en général, ces animaux sont peu craintifs, même ils sont courageux. L'on a remarqué que le feu des éclairs ou le bruit du tonnerre, loin de les épouvanter, semble les récréer ; ils sortent de l'eau dans la tempête ; ils quittent même alors leurs glaçons pour éviter le choc des vagues, et ils vont à terre s'amuser de l'orage et recevoir la pluie qui les réjouit beaucoup. Ils ont naturellement une mauvaise odeur, et que l'on sent de fort loin lorsqu'ils sont en grand nombre : il arrive souvent que, quand on les poursuit, ils lâchent leurs excréments, qui sont jaunes et d'une odeur abominable ; ils ont une quantité de sang prodigieuse, et comme ils ont aussi une grande surcharge de graisse, ils sont, par cette raison, d'une nature lourde et pesante ; ils dorment beaucoup et d'un sommeil profond (*c*) ; ils

---

(*a*) Quand les veaux marins sont en mer, leurs pieds de derrière leur servent de queue pour nager, et à terre de siège quand ils donnent à teter à leurs petits. *Voyage de Dampier*, t. Ier, p. 117.

(*b*) *Idem*, t. Ier, p. 119.

(*c*) « Nullum animal graviore somno premitur. Pinnis quibus in mari utuntur, humi

aiment à dormir au soleil sur des glaçons, sur des rochers, et on peut les approcher sans les éveiller ; c'est la manière la plus ordinaire de les prendre. On les tire rarement avec des armes à feu, parce qu'ils ne meurent pas tout de suite, même d'une balle dans la tête ; ils se jettent à la mer et sont perdus pour le chasseur ; mais comme l'on peut les approcher de près lorsqu'ils sont endormis, ou même quand ils sont éloignés de la mer, parce qu'ils ne peuvent fuir que très lentement, on les assomme à coups de bâton et de perche ; ils sont très durs et très vivaces : « ils ne » meurent pas facilement, dit un témoin oculaire ; car, quoiqu'ils soient » mortellement blessés, qu'ils perdent presque tout leur sang et qu'ils » soient même écorchés, ils ne laissent pas de vivre encore, et c'est quel- » que chose d'affreux que de les voir se rouler dans leur sang. C'est ce que » nous observâmes à l'égard de celui que nous tuâmes, et qui avait huit » pieds de long, car après l'avoir écorché et dépouillé même de la plus » grande partie de sa graisse, cependant et malgré tous les coups qu'on lui » avait donnés sur la tête et sur le museau, il ne laissait pas de vouloir » mordre encore ; il saisit même une demi-pique qu'on lui présenta, avec » presque autant de vigueur que s'il n'eût point été blessé ; nous lui enfon- » çâmes après cela une demi-pique au travers du cœur et du foie, d'où il » sortit encore autant de sang que d'un jeune bœuf. » (*Recueil des Voyages du Nord*, t. II. p. 117 et suiv.) Au reste, la chasse, ou, si l'on veut, la pêche de ces animaux n'est pas difficile et ne laisse pas d'être utile, car la chair n'en est pas mauvaise à manger (*a*) ; la peau (*b*) fait une bonne fourrure ; les

» quoque pedum vice serpunt ; sursum deorsumque claudicantium more se moventes... Capitur » dormiens vitulus marinus præsertim humano mucrone quia profundissime dormit. » Olaï Magni *De Gent. sept.*, p. 165.

(*a*) La seconde espèce de loups marins (*phoque*) est bien plus petite que la première (*rosmar* ou *vache marine*) ; ils font aussi leurs petits à terre dans ces îles (du Tonsquet, Amérique septentrionale), sur le sable, sur les roches et partout où il se trouve des anses.... Les Sauvages leur font la guerre ; leur chair est bonne à manger ; ils en tirent de l'huile qui est un ragoût à tous leurs festins. Ces loups marins s'échouent à terre en toutes saisons, et ne s'écartent guère de la terre. Dans un beau temps, on les trouve sur une côte de sable, ou bien sur des roches où ils dorment au soleil..... Il y a des endroits où il s'en échoue des deux ou trois cents d'une bande..... Ils sont faciles à tuer.... Tout ce qu'ils peuvent rendre d'huile, c'est environ plein leur vessie, dans laquelle les Sauvages la mettent après l'avoir fait fondre ; cette huile est bonne à manger fraîche et pour fricasser du poisson ; elle est encore excellente à brûler, elle n'a ni odeur ni fumée, non plus que celle d'olive, et en barrique elle ne laisse ni ordure ni lie au fond. *Description de l'Amérique septentrionale*, par Denis, t. II, p. 255.

(*b*) Le veau marin a, outre sa graisse, une peau qui se vend trois, quatre ou cinq schel- lings, à proportion de sa beauté et de sa grandeur. *Description de la pêche de la baleine*, par Zorgdrager, p. 196. — On employait autrefois une grande quantité de peaux de loups marins à faire des manchons, la mode en est passée, et leur grand usage aujourd'hui est de couvrir les malles et les coffres : quand elles sont tannées, elles ont presque le même grain que le maroquin ; elles sont moins fines, mais elles ne s'écorchent pas si aisément, et elles conservent plus longtemps toute leur fraîcheur : on en fait de très bon souliers et des bot- tines qui ne prennent point l'eau ; on en couvre aussi des sièges dont le bois est plus tôt usé que la couverture. *Histoire de la Nouvelle-France*, par le P. Charlevoix, t. III, p. 147. .

Américains s'en servent pour faire des ballons (*a*) qu'ils remplissent d'air, et dont ils se servent comme de radeaux : l'on tire de leur graisse une huile plus claire et d'un moins mauvais goût que celle du marsouin ou des autres cétacés.

Aux trois espèces de phoques dont nous venons de parler, il faut peut-être, comme nous l'avons dit, en ajouter une quatrième dont l'auteur du *Voyage d'Anson* a donné la figure et la description sous le nom de *lion marin* (*) ; elle est très nombreuse sur les côtes des terres Magellaniques et à l'île de Juan Fernandès, dans la mer du Sud. Ces lions marins ressemblent aux phoques ou veaux marins, qui sont fort communs dans ces mêmes parages, mais ils sont beaucoup plus grands ; lorsqu'ils ont pris toute leur taille, ils peuvent avoir depuis onze jusqu'à dix-huit pieds de long, et en circonférence depuis sept ou huit pieds jusqu'à onze. Ils sont si gras, qu'après avoir percé et ouvert la peau, qui est épaisse d'un pouce, on trouve au moins un pied de graisse avant de parvenir à la chair. On tire d'un seul de ces animaux jusqu'à cinq cents pintes d'huile, mesure de Paris ; ils sont en même temps fort sanguins ; lorsqu'on les blesse profondément et en plusieurs endroits à la fois, on voit partout jaillir le sang avec beaucoup de force. Un seul de ces animaux, auquel on coupa la gorge, et dont on recueillit le sang, en donna deux barriques, sans compter celui qui restait dans les vaisseaux de son corps. Leur peau est couverte d'un poil court, d'une couleur tannée claire, mais leur queue et leurs pieds sont noirâtres ; leurs doigts sont réunis par une membrane qui ne s'étend pas jusqu'à leur extrémité, et qui dans chacun est terminée par un ongle. Ils diffèrent des autres phoques non seulement par la grandeur et la grosseur, mais encore par d'autres caractères ; les lions marins mâles ont une espèce de grosse crête ou trompe qui leur pend au bout de la mâchoire supérieure de la longueur de cinq ou six pouces. Cette partie ne se trouve pas dans les femelles, ce qui fait qu'on les distingue des mâles au premier coup d'œil, outre qu'elles sont beaucoup plus petites. Les mâles les plus forts se font un troupeau de plusieurs femelles, dont ils empêchent les autres mâles d'approcher. Ces animaux sont de vrais amphibies ; ils passent tout l'été dans la mer et tout l'hiver à terre, et c'est dans cette saison que les femelles mettent bas ; elles ne produisent qu'un ou deux petits, qu'elles allaitent, et qui sont en naissant aussi gros qu'un veau marin adulte.

Les lions marins, pendant tout le temps qu'ils sont à terre, vivent de l'herbe qui croît sur le bord des eaux courantes, et le temps qu'ils ne paissent pas, ils l'emploient à dormir dans la fange ; ils paraissent d'un naturel

(*a*) Leur peau sert à faire des ballocs ou ballons pleins d'air, au lieu de bateaux. *Voyage de Frézier*, p. 75.

(*) *Cystophora leonina* (*Phoca leonina* L.).

fort pesant et sont fort difficiles à réveiller ; mais ils ont la précaution de placer des mâles en sentinelle autour de l'endroit où ils dorment, et l'on dit que ces sentinelles ont grand soin de les éveiller dès qu'on approche. Leurs cris sont fort bruyants et de tons différents : tantôt ils grognent comme des cochons, et tantôt ils hennissent comme des chevaux ; ils se battent souvent, surtout les mâles qui se disputent les femelles, et se font de grandes blessures à coup de dents. La chair de ces animaux n'est pas mauvaise à manger ; la langue surtout est aussi bonne que celle du bœuf. Il est très facile de les tuer, car ils ne peuvent ni se défendre ni s'enfuir ; ils sont si lourds qu'ils ont peine à se remuer, et encore plus à se retourner ; il faut seulement prendre garde à leurs dents, qui sont très fortes, et dont ils pourraient blesser, si on les approchait de face et de trop près (a).

Par d'autres observations, comparées à celles-ci, et par quelques rapports que nous déduirons, il nous paraît que ces lions marins, qui se trouvent à la pointe de l'Amérique méridionale, se retrouvent, à quelques variétés près, sur les côtes septentrionales du même continent. Les grands phoques des mers du Canada, dont parle Denis, sous le nom de loups marins, et qu'il distingue des petits veaux marins ordinaires, pourraient bien être de la même espèce que les lions marins des terres Magellaniques. Leurs petits, dit cet auteur, qui est assez exact, sont en naissant plus gros que le plus gros porc que l'on voie, et plus longs : or il est certain que les phoques ou veaux marins de notre océan ne sont jamais de cette taille, quand même ils sont adultes ; celui de la Méditerranée, c'est-à-dire le *phoca* des anciens, est encore plus petit ; il n'y a que le phoque décrit par M. Parsons, dont la grandeur convienne à ceux de Denis (b). M. Parsons ne dit pas de quelle mer venait ce grand phoque ; mais soit qu'il vînt de la mer septentrionale de l'Europe ou de celle de l'Amérique, il se pourrait qu'il fût le même que le loup marin de Denis, et le même encore que le lion marin d'Anson ; car il est de la même grandeur, puisque, n'étant pas encore adulte ni même à beaucoup près, il avait sept pieds de longueur : d'ailleurs, la différence la plus apparente, après celle de la grandeur, qu'il y ait entre le lion marin et le veau marin, c'est que dans l'espèce du lion marin le mâle a une grande crête à la mâchoire supérieure, mais la femelle n'a pas cette crête. M. Parsons n'a pas vu le mâle et n'a décrit que la femelle, qui n'avait en effet point de crête, et qui ressemble en tout à la femelle du lion marin d'Anson. Ajoutez à toutes ces convenances un rapport encore plus précis, c'est que M. Parsons dit que son grand phoque

(a) *Voyage autour du monde*, par Anson, p. 100 et suiv., où l'on voit aussi la figure du mâle et de la femelle.

(b) On peut encore ajouter au témoignage de Denis celui du P. Chrétien Leclercq : « Il » y a, dit cet auteur, des loups marins sur les côtes de l'Amérique septentrionale, dont quel- » ques-uns sont aussi grands et aussi gros que des chevaux et des bœufs. Ces loups marins » s'appellent *ouaspous*. » *Relation de la Gaspésie*, p. 490.

avait les estomacs et les intestins comme une vache, et en même temps l'auteur du voyage d'Anson dit que le lion marin ne se nourrit que d'herbes pendant tout l'été; il est donc très probable que ces deux animaux sont conformés de même, ou plutôt que ce sont les mêmes animaux très différents des autres phoques, qui n'ont qu'un estomac et qui se nourrissent de poissons.

Woodes Rogers avait parlé, avant l'auteur du voyage d'Anson, de ces lions marins des terres Magellaniques, et il les décrit un peu différemment. « Le » lion marin, dit-il, est une créature fort étrange, d'une grosseur prodigieuse; » on en a vu de vingt pieds de long et au delà, qui ne pouvaient guère moins » peser que quatre milliers; pour moi, j'en vis plusieurs de seize pieds qui » pesaient peut-être deux milliers; je m'étonne qu'avec tout cela on puisse » tirer tant d'huile du lard de ces animaux. La forme de leur corps approche » assez de celle des veaux marins, mais ils ont la peau plus épaisse que » celle d'un bœuf; le poil court et rude, la tête beaucoup plus grosse à pro- » portion, la gueule fort grande, les yeux d'une grosseur monstrueuse, et le » museau qui ressemble à celui d'un lion, avec de terribles moustaches, » dont le poil est si rude qu'il pourrait servir à faire des cure-dents. Vers la » fin du mois de juin ces animaux vont sur l'île de Juan Fernandès pour y » faire leurs petits, qu'ils déposent à une portée de fusil du bord de la mer; » ils s'y arrêtent jusqu'à la fin de septembre sans bouger de la place et sans » prendre aucune nourriture, du moins on ne les voit pas manger; j'en » observai moi-même quelques-uns qui furent huit jours entiers dant leur gîte, » et qui ne l'auraient pas abandonné si nous ne les avions effrayés... Nous » vîmes encore à l'île de Lobos de la Mar, sur la côte du Pérou, dans la mer » du Sud, quelques lions marins, et beaucoup plus de veaux marins (a). »

Ces observations de Woodes Rogers, qui s'accordent assez avec celles de l'auteur du voyage d'Anson, semblent prouver encore que ces animaux vivent d'herbes lorsqu'ils sont à terre; car il est peu probable qu'ils se passent pendant trois mois de toute nourriture, surtout en allaitant leurs petits. L'on trouve, dans le Recueil des navigations aux terres australes, beaucoup de choses relatives à ces animaux; mais ni les descriptions, ni les faits ne nous paraissent exacts : par exemple, il y est dit qu'à la côte du port des Renards, au détroit de Magellan (b), il y avait des loups marins si gros, que leur cuir étendu se trouvait de trente-six pieds de large; cela est certainement exagéré; il y est dit que sur les deux îles du port Désiré aux terres Magellaniques, ces animaux ressemblent à des lions par la partie antérieure de leur corps, ayant la tête, le cou et les épaules garnies d'une très longue crinière bien fournie (c), cela est encore plus qu'exagéré; car ces animaux

(a) *Voyage autour du monde*, de Woodes Rogers, t. Ier, p. 207 et 223.
(b) *Navigation aux terres australes*. Paris, 1756, t. Ier, p. 168.
(c) *Idem*, t. Ier, p. 221.

ont seulement autour du cou un peu plus de poil que sur le reste du corps, mais ce poil n'a pas plus d'un doigt de long (*a*). Il y est encore dit qu'il y a de ces animaux qui ont plus de dix-huit pieds de long, que de ceux qui n'ont que quatorze pieds il y en a des milliers, mais que les plus communs n'en ont que cinq (*b*). Cela pourrait induire à croire qu'il y en aurait de deux espèces, l'une beaucoup plus grande que l'autre, parce que l'auteur ne dit pas que cette différence vienne de celle de l'âge, ce qui cependant était nécessaire à dire pour prévenir l'erreur. « Ces animaux, dit Coréal (*c*), ouvrent » toujours leur gueule : deux hommes ont assez de peine à en tuer un avec » un pieu, qui est la meilleure arme dont on puisse se servir. Une femelle » allaite quatre ou cinq petits qui s'approchent d'elle, d'où je juge qu'elles » ont quatre ou cinq petits d'une ventrée. » Cette présomption est assez bien fondée, car le grand phoque décrit par M. Parsons avait quatre mamelles situées de manière qu'elles formaient un carré dont le nombril était le centre. J'ai cru devoir recueillir et présenter ici tous les faits qui ont rapport à ces animaux, qui sont peu connus, et dont il serait à désirer que quelque voyageur habile nous donnât la description, surtout celle des parties intérieures, de l'estomac, des intestins, etc., car si l'on s'en rapporte aux témoignages des voyageurs, on pourrait croire que les lions marins sont de la classe des animaux ruminants, qu'ils ont plusieurs estomacs, et que par conséquent ils sont d'une espèce fort éloignée de celle des phoques ou veaux marins, qui certainement n'ont qu'un estomac, et doivent être mis au nombre des animaux carnassiers.

LE MORSE (*d*) OU LA VACHE MARINE

Le nom de *vache marine*, sous lequel le morse (*) est le plus généralement connu, a été très mal appliqué (*e*), puisque l'animal qu'il désigne ne ressemble en rien à la vache terrestre ; le nom d'éléphant de mer, que d'autres lui ont donné, est mieux imaginé, parce qu'il est fondé sur un rapport

(*a*) *Histoire du Paraguai*, par le P. Charlevoix, t. VI, p. 181.
(*b*) *Navigation aux terres australes*, t. II, p. 11.
(*c*) *Voyage de Coréal*, t. II, p. 180.
(*d*) Morse, *Morss*, nom de cet animal en langue russe, et que nous avons adopté ; vulgairement, *vache marine*, bête à la grande dent.
(*e*) *Nota.* Ce nom vient peut-être, comme celui de veau marin, de ce que le morse et le phoque ont quelquefois un cri qui imite le mugissement d'une vache ou d'un veau. *Ipsis* (dit Pline, en parlant des phoques) *in somno mugitus, unde nomen vituli.* Lib. IX, cap. 13.

(*) Les Morses (*Trichechus* L.) sont des Mammifères de l'ordre des Pinnipèdes, de la famille des Trichéchides, essentiellement caractérisée par une paire de défenses dirigées en bas, formées par les canines inférieures ; le corps de ces animaux est lourd et terminé par une queue courte, large, aplatie.

unique et sur un caractère très apparent. Le morse a, comme l'éléphant, deux grandes défenses d'ivoire qui sortent de la mâchoire supérieure, et il a la tête conformée, ou plutôt déformée de la même manière que l'éléphant, auquel il ressemblerait en entier par cette partie capitale, s'il avait une trompe ; mais le morse est non seulement privé de cet instrument, qui sert de bras et de main à l'éléphant, il l'est encore de l'usage des vrais bras et des jambes ; ces membres sont, comme dans les phoques, enfermés sous sa peau ; il ne sort au dehors que les deux mains et les deux pieds ; son corps est allongé, renflé par la partie de l'avant, étroit vers celle de l'arrière, partout couvert d'un poil court ; les doigts des pieds et des mains sont enveloppés dans une membrane, et terminés par des ongles courts et pointus ; de grosses soies, en forme de moustaches, environnent la gueule ; la langue est échancrée ; il n'y a point de conques aux oreilles, etc. ; en sorte qu'à l'exception des deux grandes défenses qui lui changent la forme de la tête, et des dents incisives qui lui manquent en haut (*) et en bas, le morse ressemble pour tout le reste au phoque ; il est seulement beaucoup plus grand, plus gros et plus fort : les plus grands phoques n'ont tout au plus que sept ou huit pieds ; le morse en a communément douze, et il s'en trouve de seize pieds de longueur et de huit ou neuf pieds de tour. Il a encore de commun avec les phoques d'habiter les mêmes lieux, et on les trouve presque toujours ensemble ; ils ont beaucoup d'habitudes communes : ils se tiennent également dans l'eau, ils vont également à terre, ils montent de même sur les glaçons, ils allaitent et élèvent de même leurs petits, ils se nourrissent des mêmes aliments ; ils vivent de même en société et voyagent en grand nombre ; mais l'espèce du morse ne varie pas autant que celle du phoque ; il paraît qu'il ne va pas si loin, qu'il est plus attaché à son climat, et que l'on en trouve très rarement ailleurs que dans les mers du Nord : aussi le phoque était connu des anciens, et le morse ne l'était pas.

La plupart des voyageurs qui ont fréquenté les mers septentrionales de l'Asie (a), de l'Europe et de l'Amérique ont fait mention de cet ani-

(a) On trouve des dents de morse aux environs de la Nouvelle-Zemble et dans toutes les îles jusqu'à l'Obi ; on prétend qu'il s'en trouve même jusqu'aux environs de Jenisei, et qu'on en a vu autrefois jusqu'au Pjasida : il s'en retrouve ensuite en quantité vers la pointe de Schalaginskoi, chez les Schuktschii, où elles sont très grosses..... Il est croyable que ces animaux se trouvent en grande quantité depuis cet endroit jusqu'au fleuve Anadir, puisque toutes les dents qu'on apporte pour vendre à Jakutzk viennent d'Anadirskoi ; on en trouve aussi au détroit d'Hudson, à l'île Phelipeaux, où elles ont une aune (de Russie) de long et sont grosses comme le bras ; elles donnent d'aussi bon ivoire que les défenses de l'éléphant (voyez les *Voyages du Nord*, t. VI, p. 7).... « J'ai vu à Jakutzk quelques-unes de ces dents de » morse qui avaient cinq quarts d'aune de Russie, et d'autres une aune et demie de longueur ; » communément elles sont plus larges qu'épaisses, elles ont jusqu'à quatre pouces de large à la » base.... Je n'ai pas entendu dire qu'auprès d'Anadirskoi l'on ait jamais couru à la chasse ou » pêche du morse pour en avoir des dents, qui néanmoins en viennent en si grande quantité ; on

(*) D'après Cuvier, il existe en haut deux incisives.

mal (*a*) ; mais Zorgdrager (*b*), nous paraît être celui qui en parle avec le plus
de connaissance, et j'ai cru devoir présenter ici la traduction et l'extrait
de cet article de son ouvrage, qui m'a été communiqué par M. le marquis
de Montmirail.

« On trouvait autrefois, dans la baie d'Horisont et dans celle de Klock,
» beaucoup de morses et de phoques, mais aujourd'hui il en reste fort peu...
» les uns et les autres se rendent, dans les grandes chaleurs de l'été, dans
» les plaines qui en sont voisines, et on en voit quelquefois des troupeaux
» de quatre-vingts, cent et jusqu'à deux cents, particulièrement des morses,
» qui peuvent y rester quelques jours de suite, et jusqu'à ce que la faim
» les ramène à la mer ; ces animaux ressemblent beaucoup à l'extérieur aux
» phoques, mais ils sont plus forts et plus gros ; ils ont cinq doigts aux pat-
» tes comme les phoques, mais leurs ongles sont plus courts et leur tête
» est plus épaisse, plus ronde et plus forte ; la peau du morse, principale-
» ment vers le cou, est épaisse d'un pouce, ridée et couverte d'un poil très
» court, de différentes couleurs ; sa mâchoire supérieure est armée de deux
» dents d'une demi-aune ou d'une aune de longueur ; ces défenses, qui sont
» creuses à la racine, deviennent encore plus grandes à mesure que l'animal
» vieillit ; on en voit quelquefois qui n'en ont qu'une, parce qu'ils ont perdu
» l'autre en se battant, ou seulement en vieillissant ; cet ivoire est ordinai-
» rement plus cher que celui de l'éléphant, parce qu'il est plus compacte et
» plus dur ; la bouche du morse ressemble à celle d'un bœuf ; elle est garnie

» m'a assuré, au contraire, que les habitants trouvent ces dents détachées de l'animal sur la basse
» côte de la mer, et que, par conséquent, on n'a pas besoin de tuer auparavant les morses.....
» Plusieurs personnes m'ont demandé si les morses d'Anadirskoi étaient une espèce diffé-
» rente de ceux qui se trouvent dans la mer du Nord et à l'entrée occidentale de la mer
» Glaciale, parce que les dents qui viennent de ce côté oriental sont beaucoup plus grosses
» que celles qui viennent de l'occident..... Il semble que les morses du Groenland et ceux
» qui sont à la partie occidentale de la mer Glaciale n'ont aucune communication avec ceux
» qui se trouvent à l'est de Kolima et auprès de la pointe de Schalaginskoi, et plus loin,
» auprès d'Anadirskoi..... Il en est de même de ceux de la baie d'Hudson, il ne paraît pas
» qu'ils puissent joindre ceux des Tschuktschi... cependant tout le monde est d'accord que
» les morses d'Anadirskoi ne diffèrent ni pour la grosseur ni par la figure de ceux du
» Groenland, etc. » *Voyage de Gmelin en Sibérie,* t. III, p. 148 et suiv. — *Nota.* M. Gmelin
ne résout pas cette question, à laquelle, néanmoins, il me semble qu'on peut faire une
réponse satisfaisante ; c'est que, comme il le dit lui-même, on ne va point à la chasse de
ces animaux à Anadirskoi ni dans toute cette partie orientale de la mer Glaciale, et que,
par conséquent, on n'en apporte que des dents de ces animaux morts de mort naturelle ;
ainsi, il n'est pas surprenant que ces dents, qui ont pris tout leur accroissement, soient plus
grandes que celles des morses de Groenland, que l'on tue souvent en bas âge.

(*a*) Sur les côtes de l'Amérique septentrionale, on voit aussi des vaches marines, autrement appelées *bêtes à la grande dent,* parce qu'elles ont deux grandes dents grosses et
longues comme la moitié du bras..... Il n'y a point d'ivoire plus beau, on en trouve à l'île
de Sable. *Description de l'Amérique septentrionale,* par Denis, t. II, p. 257.

(*b*) *Description de la prise de la baleine et de la pêche du Groenland,* etc., par Corneille
Zorgdrager. Nuremberg, 1750, en allemand. — *Nota.* Cet ouvrage a d'abord été écrit en
hollandais, et cet extrait n'est fait que sur la traduction allemande.

» en haut et en bas de poils creux, pointus et de l'épaisseur d'un tuyau de
» paille : au-dessus de la bouche, il y a deux naseaux desquels ces animaux
» soufflent de l'eau comme la baleine, sans cependant faire beaucoup de
» bruit, leurs yeux sont étincelants, rouges et enflammés pendant les cha-
» leurs de l'été ; et comme ils ne peuvent souffrir alors l'impression que l'eau
» fait sur les yeux, ils se tiennent plus volontiers dans les plaines en été que
» dans tout autre temps... On voit beaucoup de morses vers le Spitzberg...
» On les tue sur terre avec des lances... on les chasse pour le profit qu'on
» tire de leurs dents et de leur graisse ; l'huile en est presque aussi estimée
» que celle de la baleine ; leurs deux dents valent autant que toute leur
» graisse ; l'intérieur de ces dents a plus de valeur que l'ivoire, surtout dans
» les grosses dents, qui sont d'une substance plus compacte et plus dure
» que les petites. Si l'on vend un florin la livre de l'ivoire des petites dents,
» celui des grosses se vend trois ou quatre et souvent cinq florins ; une dent
» médiocre pèse trois livres... et un morse ordinaire fournit une demi-tonne
» d'huile ; ainsi l'animal entier produit trente-six florins, savoir, dix-huit
» pour ses deux dents à trois florins la livre, et autant pour sa graisse.....
» Autrefois, on trouvait de grands troupeaux de ces animaux sur terre ; mais
» nos vaisseaux, qui vont tous les ans dans ce pays pour la pêche de la ba-
» leine, les ont tellement épouvantés qu'ils se sont retirés dans des lieux
» écartés, et que ceux qui y restent ne vont plus sur la terre en troupes,
» mais demeurent dans l'eau ou dispersés (a) çà et là sur les glaces ; lors-
» qu'on a joint un de ces animaux sur la glace ou dans l'eau, on lui jette un
» harpon fort et fait exprès, et souvent ce harpon glisse sur sa peau dure et
» épaisse ; mais, lorsqu'il a pénétré, on tire l'animal avec un câble vers le
» timon de la chaloupe, et on le tue en le perçant avec une forte lance faite
» exprès ; on l'amène ensuite sur la terre la plus voisine ou sur un
» glaçon plat ; il est ordinairement plus pesant qu'un bœuf. On commence
» par l'écorcher, et on jette sa peau parce qu'elle n'est bonne à rien (b) :
» on sépare de la tête avec une hache les deux dents, ou l'on coupe la tête

(a) *Nota*. Il faut que le nombre de ces animaux soit prodigieusement diminué, ou plutôt
qu'ils se soient presque tous retirés vers des côtes encore inconnues, puisqu'on trouve dans
dans les relations des voyages au Nord, qu'en 1704, près de l'île de Cherry, à soixante-quinze
degrés quarante-cinq minutes de latitude, l'équipage d'un bâtiment anglais rencontra une
prodigieuse quantité de morses tous couchés les uns auprès des autres ; que de plus de mille
qui formaient ce troupeau, les Anglais n'en tuèrent que quinze, mais qu'ayant trouvé une
grande quantité de dents, ils en remplirent un tonneau entier ; — qu'avant le 13 juillet ils
tuèrent encore cent de ces animaux, dont ils n'emportèrent que les dents... qu'en 1705,
d'autres Anglais en tuèrent sept ou huit cents dans six heures ; en 1708, plus de neuf cents
dans sept heures ; en 1710, huit cents en plusieurs jours, et qu'un seul homme en tua
quarante avec une lance.

(b) *Nota*. Zorgdrager ignorait apparemment qu'on fait un très bon cuir de cette peau.
J'en ai vu des soupentes de carrosse qui étaient très liantes et très fermes. Anderson dit,
d'après Other, qu'on en fait aussi des sangles et des cordes de bateau. *Histoire naturelle du*
Groenland, t. II, p. 160, note.

» pour ne pas endommager les dents, et on la fait bouillir dans une chau-
» dière; après cela, on coupe la graisse en longues tranches et on la porte
» au vaisseau... Les morses sont aussi difficiles à suivre à force de rames
» que les baleines, et on lance souvent en vain le harpon, parce que, outre
» que la baleine est plus aisée à toucher, le harpon ne glisse pas aussi
» facilement dessus que sur le morse... On l'atteint souvent par trois fois
» avec une lance forte et bien aiguisée avant de pouvoir percer sa peau
» dure et épaisse ; c'est pourquoi il est nécessaire de chercher à frapper
» sur un endroit où la peau soit bien tendue, parce que partout où elle prête
» on la percerait difficilement ; en conséquence, on vise avec la lance les
» yeux de l'animal, qui, forcé par ce mouvement de tourner la tête, fait tendre
» la peau vers la poitrine ou aux environs ; alors on porte le coup dans cette
» partie, et on retire la lance au plus vite, pour empêcher qu'il ne la prenne
» dans sa gueule et qu'il ne blesse celui qui l'attaque, soit avec l'extrémité de
» ses dents, soit avec la lance même, comme cela est arrivé quelquefois. Cepen-
» dant cette attaque sur un petit glaçon ne dure jamais longtemps, parce
» que le morse, blessé ou non, se jette aussitôt dans l'eau, et par conséquent
» on préfère de l'attaquer sur terre... Mais on ne trouve ces animaux que
» dans des endroits peu fréquentés, comme dans les îles Moffen, derrière le
» Worland, dans les terres qui environnent les baies d'Horisont et de Klock,
» et ailleurs, dans des plaines fort écartées et sur des bancs de sable, dont
» les vaisseaux n'approchent que rarement ; ceux même qu'on y rencontre,
» instruits par les persécutions qu'ils ont essuyées, sont tellement sur leurs
» gardes, qu'ils se tiennent tous assez près de l'eau pour pouvoir s'y précipi-
» ter promptement. J'en ai fait moi-même l'expérience sur le grand banc de
» sable de Rif, derrière le Worland, où je rencontrai une troupe de trente
» ou quarante de ces animaux : les uns étaient tout au bord de l'eau, les
» autres n'en étaient que peu éloignés ; nous nous arrêtâmes quelques
» heures avant de mettre pied à terre, dans l'espérance qu'ils s'engage-
» raient un peu plus avant dans la plaine, et comptant nous en approcher ;
» mais comme cela ne nous réussit pas, les morses s'étant toujours tenus
« sur leurs gardes, nous abordâmes avec deux chaloupes en les dépassant
» à droite et à gauche ; ils furent presque tous dans l'eau au moment où
» nous arrivions à terre ; de sorte que notre chasse se réduisit à en blesser
» quelques-uns, qui se jetèrent dans la mer de même que ceux qui n'avaient
» pas été touchés, et nous n'eûmes que ceux que nous tirâmes de nouveau
» dans l'eau... Anciennement, et avant d'avoir été persécutés, les morses
» s'avançaient fort avant dans les terres ; de sorte que, dans les hautes ma-
» rées, ils étaient assez loin de l'eau, et que dans le temps de basse mer,
» la distance étant encore beaucoup plus grande, on les abordait aisément...
» On marchait de front vers ces animaux pour leur couper la retraite du
» côté de la mer ; ils voyaient tous ces préparatifs sans aucune crainte, et

» souvent chaque chasseur en tuait un avant qu'il pût regagner l'eau. On
» faisait une barrière de leurs cadavres, et on laissait quelques gens à l'affût
» pour assommer ceux qui restaient. On en tuait quelquefois trois ou quatre
» cents... On voit, par la prodigieuse quantité d'ossements de ces animaux
» dont la terre est jonchée, qu'ils ont été autrefois très nombreux... Quand
» ils sont blessés, ils deviennent furieux, frappant de côté et d'autre avec
» leurs dents ; ils brisent les armes ou les font tomber des mains de ceux qui
» les attaquent, et à la fin, enragés de colère, ils mettent leur tête entre
» leurs pattes ou nageoires, et se laissent ainsi rouler dans l'eau... Quand
» ils sont en grand nombre, ils deviennent si audacieux que, pour se secou-
» rir les uns les autres, il entourent les chaloupes, cherchant à les percer
» avec leurs dents ou à les renverser en frappant contre le bord... Au reste,
» cet éléphant de mer, avant de connaître les hommes, ne craignait aucun
» ennemi, parce qu'il avait su dompter les ours cruels qui se tiennent dans
» le Groenland, qu'on peut mettre au nombre des voleurs de mer. »

En ajoutant à ces observations de M. Zorgdrager celles qui se trouvent
dans le *Recueil des voyages du Nord* (a), et les autres qui sont éparses

(a) Le cheval marin (morse) ressemble assez au veau marin (phoque), si ce n'est qu'il est
beaucoup plus gros, puisqu'il est de la grosseur d'un bœuf ; ses pattes sont comme celles du
veau marin, et celles du devant, aussi bien que celles du derrière, ont cinq doigts ou griffes,
mais les ongles en sont plus courts ; il a aussi la tête plus grosse, plus ronde et plus dure que
le veau marin. Sa peau a bien un pouce d'épaisseur, surtout autour du cou ; les uns l'ont couverte d'un poil de couleur de souris, les autres ont très peu de poil : ils sont ordinairement
pleins de gales et d'écorchures, de sorte qu'on dirait qu'on leur aurait enlevé la peau, surtout
autour des jointures, où elle est fort ridée ; ils ont à la mâchoire d'en haut deux grandes et
longues dents qui ont deux pieds de long et quelquefois davantage ; les jeunes n'ont point ces
défenses, mais elles leur viennent avec l'âge..... Ces deux dents sont plus estimées et plus
chères que l'ivoire ; elles sont solides en dedans, mais la racine en est creuse..... Ces animaux ont l'ouverture de la gueule aussi large que celle d'un bœuf, et, au-dessus et au-dessous
des babines, ils ont plusieurs soies qui sont creuses en dedans et de la grosseur d'une paille...
Ils ont au-dessus de la barbe d'en haut deux naseaux en forme de demi-cercle par où ils
rejettent l'eau comme les baleines, mais avec bien moins de bruit ; leurs yeux sont assez
élevés au-dessus du nez. Ces yeux sont aussi rouges que du sang lorsque l'animal ne les
tourne pas, et je n'ai point observé de différence lorsqu'il les tournait : leurs oreilles sont
peu éloignées de leurs yeux et ressemblent à celles des veaux marins ; leur langue est pour
le moins aussi grosse que celle d'un bœuf..... Ils ont le cou si épais qu'ils ont de la peine à
tourner la tête, ce qui les oblige à tourner extrêmement les yeux ; ils ont la queue courte
comme celle des veaux marins. On ne peut point leur enlever la graisse comme l'on fait
aux veaux marins, parce qu'elle est entrelardée avec la chair..... Leur membre génital est un
os dur, de la longueur d'environ deux pieds, qui va en diminuant par le bout et qui est un
peu courbé par le milieu ; tout près du ventre ce membre est plat, mais hors de là il est rond
et tout couvert de nerfs..... Il y a apparence que ces animaux vivent d'herbes et de poisson ;
leur fiente ressemble à celle du cheval..... Quand ils plongent, ils se jettent la tête la première dans l'eau, comme les veaux marins ; ils dorment et ronflent non seulement sur la
glace, mais aussi dans l'eau, de sorte qu'ils paraissent comme s'ils étaient morts ; ils sont
furieux et courageux ; tant qu'ils sont en vie, ils se défendent les uns les autres..... Ils font
tous leurs efforts pour délivrer ceux qu'on a pris ; ils se jettent à l'envi sur la chaloupe, mordant et faisant des mugissements épouvantables, et si, par leur grand nombre, ils obligent
les hommes à prendre la fuite, ils poursuivent fort bien la chaloupe jusqu'à ce qu'ils la per-

dans différentes relations, nous aurons une histoire assez complète de cet animal : il paraît que l'espèce en était autrefois beaucoup plus répandue qu'elle ne l'est aujourd'hui ; on la trouvait dans les mers des zones tempérées, dans le golfe du Canada (*a*), sur les côtes de l'Acadie, etc. ; mais elle est maintenant confinée dans les mers arctiques ; on ne trouve des morses que dans cette zone froide, et même il y en a peu dans les endroits fréquentés, peu dans la mer glaciale de l'Europe, et encore assez peu dans celles de Groenland, du détroit de Davis et des autres parties du nord de l'Amérique, parce qu'à l'occasion de la pêche de la baleine on les a depuis longtemps inquiétés et chassés. Dès la fin du XVIe siècle, les habitants de Saint-Malo allaient aux îles Ramées prendre des morses, qui dans ce temps s'y trouvaient en grand nombre (*b*) ; il n'y a pas cent ans que ceux du Port-Royal au Canada envoyaient des barques au cap de Sable et au cap Fourchu à la chasse de ces animaux (*c*), qui depuis se sont éloignés de ces parages, aussi bien que de ceux des mers de l'Europe, car on ne les trouve en grand nombre que dans la mer Glaciale de l'Asie, depuis l'embouchure de l'Oby jusqu'à la pointe la plus orientale de ce continent, dont les côtes sont très peu fréquentées ; on en voit fort rarement dans les mers tempérées : l'espèce qui se trouve sous la zone torride et dans les mers des Indes est différente de nos morses du nord ; ceux-ci craignent vraisemblablement ou la chaleur ou la salure des mers méridionales ; et comme ils ne les ont jamais traversées, on ne les a pas trouvés vers l'autre pôle, tandis qu'on y voit les grands et les petits phoques de notre nord, et que même ils y sont plus nombreux que dans nos terres arctiques.

Cependant le morse peut vivre au moins quelque temps dans un climat tempéré : Evrard Worst dit avoir vu en Angteterre un de ces animaux vivant, et âgé de trois mois, que l'on ne mettait dans l'eau que pendant un petit espace de temps chaque jour, et qui se traînait et rampait sur la terre ; il ne

dent de vue..... On ne les prend que pour leurs dents, mais entre cent on n'en trouvera quelquefois qu'un qui ait les dents bonnes, parce que les uns sont encore trop jeunes, et que les autres ont les dents gâtées. *Recueil des Voyages du Nord*, t. II, p. 117 et suiv.

(*a*) A quarante-neuf degrés quarante minutes de latitude, il y a trois petites îles dans le golfe de Saint-Laurent, sur l'une desquelles territ en très grand nombre une certaine espèce de phoque, animal, comme je crois, inconnu aux anciens, appelé des Flamands *walrus*, et des Anglais, qui en ont pris le nom des Russiens, *morss*. C'est un animal amphibie et fort monstrueux, qui surpasse parfois les bœufs de Flandre en grosseur ; il a le poil comme celui d'un phoque... Deux dents recourbées en bas, longues parfois d'une coudée, qu'on emploie à même chose que l'ivoire, et qui sont de même valeur. *Description des Indes occidentales*, par de Laët, p. 41. — Sur les côtes de l'Amérique septentrionale, on voit des vaches marines, autrement appelées *bêtes à la grande dent*, parce qu'elles ont deux grandes dents, grosses et longues comme la moitié du bras, et les autres dents longues de quatre doigts : il n'y a point d'ivoire plus beau. On trouve de ces vaches marines à l'île de Sable. *Description de l'Amérique septentrionale*, par Denis, t. II, p. 257.

(*b*) *Description des Indes occidentales*, par de Laët, p. 42.

(*c*) *Description de l'Amérique septentrionale*, par Denis, t. Ier, p. 66.

dit pas qu'il fût incommodé de la chaleur de l'air; il dit, au contraire, que lorsqu'on le touchait il avait la mine d'un animal furieux et robuste, et qu'il respirait très fortement par les narines. Ce jeune morse était de la grandeur d'un veau et assez ressemblant à un phoque; il avait la tête ronde, les yeux gros, les narines plates et noires, qu'il ouvrait et fermait à volonté; il n'avait point d'oreilles, mais seulement deux trous pour entendre; l'ouverture de la gueule était assez petite, la mâchoire supérieure était garnie d'une moustache de poils cartilagineux gros et rudes; la mâchoire inférieure était triangulaire, la langue épaisse, courte, et le dedans de la gueule muni de côté et d'autre de dents plates; les pieds de devant et ceux de derrière étaient larges, et l'arrière du corps ressemblait en entier à celui d'un phoque; cette partie de derrière rampait plutôt qu'elle ne marchait; les pieds de devant étaient tournés en avant, et ceux de derrière en arrière; ils étaient tous divisés en cinq doigts, recouverts d'une forte membrane....; la peau était épaisse, dure, et couverte d'un poil court et délié de couleur cendrée; cet animal grondait comme un sanglier, et quelquefois criait d'une voix grosse et forte; on l'avait apporté de la Nouvelle-Zemble; il n'avait point encore les grandes dents ou défenses, mais on voyait à la mâchoire supérieure les bosses d'où elles devaient sortir; on le nourrissait avec de la bouillie d'avoine ou de mil; il suçait lentement plutôt qu'il ne mangeait; il approchait de son maître avec grand effort et en grondant; cependant il le suivait lorsqu'on lui présentait à manger (a).

Cette observation, qui donne une idée assez juste du morse, fait voir en même temps qu'il peut vivre dans un climat tempéré; néanmoins il ne paraît pas qu'il puisse supporter une grande chaleur, ni qu'il ait jamais fréquenté les mers du Midi pour passer d'un pôle à l'autre; plusieurs voyageurs parlent de vaches marines qu'ils ont vues dans les Indes, mais elles sont d'une autre espèce; celle du morse est toujours aisée à reconnaître par ses longues défenses; l'éléphant est le seul animal qui en ait de pareilles; cette production est un effet rare dans la nature, puisque de tous les animaux terrestres et amphibies, l'éléphant et le morse, auxquels elle appartient, sont des espèces isolées, uniques dans leur genre, et qu'il.n'y a aucune autre espèce d'animal qui porte ce caractère.

On assure que les morses ne s'accouplent pas à la manière des autres quadrupèdes, mais à rebours; il y a, comme dans les baleines, un gros et grand os dans le membre du mâle; la femelle met bas en hiver sur la terre ou sur la glace, et ne produit ordinairement qu'un petit, qui est en naissant déjà gros comme un cochon d'un an; nous ignorons la durée de la gestation, mais, à en juger par celle de l'accroissement, et aussi par la grandeur de l'animal, elle doit être de plus de neuf mois; les morses ne peuvent pas tou-

(a) *Description des Indes occidentales*, par de Laët, p. 41.

jours rester dans l'eau, ils sont obligés d'aller à terre, soit pour allaiter leurs
petits, soit pour d'autres besoins; lorsqu'ils se trouvent dans la nécessité de
grimper sur des rivages quelquefois escarpés, et sur des glaçons, ils se servent de leurs défenses (a) pour s'accrocher, et de leurs mains pour faire
avancer la lourde masse de leur corps. On prétend qu'ils se nourrissent de
coquillages qui sont attachés au fond de la mer, et qu'ils se servent aussi de
leurs défenses pour les arracher (b); d'autres disent (c) qu'ils ne vivent
que d'une certaine herbe à larges feuilles qui croît dans la mer, et qu'ils
ne mangent ni chair ni poisson; mais je crois ces opinions mal fondées,
et il y a apparence que le morse vit de proie comme le phoque, et surtout
de harengs et d'autres petits poissons, car il ne mange pas lorsqu'il est
sur la terre, et c'est le besoin de nourriture qui le contraint de retourner à
la mer.

LE DUGON (d)

Le dugon (*) est un animal de la mer de l'Afrique et des Indes orientales,
duquel nous n'avons vu que deux têtes décharnées ou tronquées, et qui, par
cette partie ressemble plus au morse qu'à tout autre animal; sa tête est à
peu près déformée de la même manière par la profondeur des alvéoles, d'où
naissent à la mâchoire supérieure deux dents longues d'un demi-pied; ces
dents sont plutôt de grandes incisives que des défenses; elles ne s'étendent
pas directement hors de la gueule comme celles du morse, elles sont beaucoup plus courtes et plus minces, et d'ailleurs elles sont situées au-devant
de la mâchoire et tout près l'une de l'autre, comme des dents incisives,

(a) Ces défenses ne sont pas tout à fait rondes ni bien unies, mais plutôt aplaties et
légèrement cannelées; la droite est ordinairement un peu plus longue et plus forte que la
gauche..... J'en ai eu deux dont chacune avait deux pieds un pouce de Paris de long et
huit pouces de circonférence par le bas. *Histoire naturelle du Groenland*, par Anderson,
t. II, p. 162 et 163.

(b) *Histoire naturelle du Groenland*, p. 162.

(c) *Description des Indes occidentales*, par de Laët, p. 42.

(d) Dugon, *Dugung*, nom de cet animal à l'île de Lethy ou Leyte, l'une des Philippines,
et que nous avons adopté. — *Nota*. J'ai trouvé ce nom dans le *Voyage hollandais de Christophe Barchewitz aux Indes orientales*, ouvrage qui a été traduit en allemand et imprimé à
Erfurth en 1751. L'auteur dit que cet animal s'appelle à l'île de Lethy *dugung* ou *ikan dugung*;
et qu'on l'appelle aussi *manate*. Cette dernière dénomination semblerait indiquer que ce
dugon ou *dugung* est un *manati* ou *lamantin*; mais, dans la description de ce voyageur, il
est dit que le dugon a deux défenses grosses d'un pouce et longues d'un empan: or, ce caractère ne peut convenir au manati, et convient, au contraire, à l'animal dont il est ici question, et dont nous avons la tête.

(*) Les Dugons ou Dugongs (*Halicore* ILL.) sont des Mammifères de l'ordre des Cétacés,
et de la famille des Sirènes qui ne comprend que des Cétacés herbivores. L'espèce décrite
ici est l'*Halicore indica* DESM.

au lieu que les défenses du morse laissent entre elles un intervalle considérable, et ne sont pas situées à la pointe, mais à côté de la mâchoire supérieure. Les dents mâchelières du dugon diffèrent aussi, tant pour le nombre que pour la position et la forme des dents du morse, ainsi nous ne doutons pas que ce ne soit un animal d'espèce différente (*). Quelques voyageurs, qui en ont parlé, l'ont confondu avec le lion marin. Innigo de Biervillas dit qu'on tua près du cap de Bonne-Espérance un lion marin qui avait dix pieds de longueur et quatre de grosseur, la tête comme celle d'un veau d'un an, de gros yeux affreux, les oreilles courtes, avec une barbe hérissée, les pieds fort larges et les jambes si courtes que le ventre touchait à terre, et il ajoute qu'on emporta les deux défenses qui sortaient d'un demi-pied hors de la gueule (a); ce dernier caractère ne convient point au lion marin, qui n'a point de défenses, mais des dents semblables à celles du phoque, et c'est ce qui m'a fait juger que ce n'était point un lion marin, mais l'animal auquel nous donnons le nom de *dugon ;* d'autres voyageurs me paraissent l'avoir indiqué sous la dénomination d'*ours marin.* Spilberg et Mandelslo rapportent « qu'à l'île Sainte-Élisabeth, sur les côtes d'Afrique, il y a des animaux qu'il » faudrait plutôt appeler des ours marins que des loups marins, parce que, » par leur poil, leur couleur et leur tête, ils ressemblent beaucoup aux ours, » et qu'ils ont seulement le museau plus aigu ; qu'ils ressemblent encore aux » ours, par les mouvements qu'ils font et par la manière dont ils les font, à » l'exception du mouvement des jambes de derrière, qu'ils ne font que traî- » ner ; qu'au reste ces amphibies ont l'air affreux, ne fuient point à l'aspect » de l'homme, et mordent avec assez de force pour couper le fût d'une per- » tuisane, et que, quoique boiteux des jambes de derrière, ils ne laissent » pas de marcher assez vite pour qu'un homme qui court ait de la peine à » les joindre (b). » Le Guat « dit avoir vu près du cap de Bonne-Espérance » une vache marine de couleur roussâtre ; elle avait le corps rond et épais, » l'œil gros, les dents ou défenses longues, le mufle un peu retroussé, et il » ajoute qu'un matelot lui assura que cet animal, dont il ne pouvait voir » que le devant du corps, parce qu'il était dans l'eau, avait des pieds (c). » Cette vache marine de Le Guat, l'ours marin de Spilberg, et le lion marin de Biervillas me paraissent être tous trois le même animal que le dugon, dont la tête nous a été envoyée de l'île de France, et qui par conséquent se trouve dans les mers méridionales depuis le cap de Bonne-Espérance jusqu'aux îles Philippines (d) : au reste, nous ne pouvons pas assurer que

(a) *Voyage d'Innico de Biervillas,* part. i, p. 37 et 38.
(b) *Premier voyage de Spilberg,* t. II, p. 437..... *Voyages de Mandelslo,* t. II, p. 151.
(c) *Voyage de le Guat,* t. Iᵒʳ, p. 36.
(d) Je pouvais de ma maison, qui était située sur un rocher dans l'île de Lethy, voir les

(*) Le lecteur sait déjà que le Dugong et le Morse appartiennent à des ordres différents de Mammifères, le premier est un Cétacé, le second un Pinnipède.

cet animal, qui ressemble un peu au morse par la tête et les défenses, ait comme lui quatre pieds, nous ne le présumons que par analogie et par l'indication des voyageurs que nous avons cités ; mais ni l'analogie n'est assez grande, ni les témoignages des voyageurs assez précis pour décider, et nous suspendrons notre jugement à cet égard jusqu'à ce que nous soyons mieux informés.

LE LAMANTIN (*a*)

Dans le règne animal, c'est ici que finissent les peuples de la terre et que commencent les peuplades de la mer : le lamantin (*), qui n'est plus quadrupède, n'est pas entièrement cétacé, il retient des premiers deux pieds ou plutôt deux mains ; mais les jambes de derrière qui, dans les phoques et les morses, sont presque entièrement engagées dans le corps, et raccourcies autant qu'il est possible, se trouvent absolument nulles et oblitérées dans le lamantin ; au lieu de deux pieds courts et d'une queue étroite, encore

tortues à quelques toises de profondeur dans l'eau ; je vis un jour deux gros *dugungs* ou *vaches marines*, qui vinrent près du rocher et de ma maison ; je fis promptement avertir mon pêcheur, à qui je montrai ces deux animaux, qui se promenaient et mangeaient d'une mousse verte qui croît sur le rivage ; il courut aussitôt chercher ses camarades, qui prirent deux bateaux et allèrent sur le rivage, et, pendant ce temps, le mâle vint pour chercher sa femelle, et, ne voulant pas s'éloigner, se laissa tuer aussi. Chacun de ces poissons prodigieux avait plus de six aunes de long, le mâle était un peu plus gros que la femelle ; leurs têtes ressemblaient à celle d'un bœuf, *ils avaient deux grosses dents d'un empan de long et d'un pouce d'épaisseur*, qui débordaient la mâchoire comme aux sangliers : ces dents étaient aussi blanches que le plus bel ivoire ; la femelle avait deux mamelles comme une femme ; les parties de la génération du mâle ressemblaient à celles de l'homme ; les intestins ressemblaient à ceux d'un veau, et la chair en avait le goût. *Voyage de Cristophe Barchewitz*, p. 381. Extrait traduit par M. le marquis de Montmirail. — *Nota*. Toute cette description convient assez au manati, à l'exception des dents ; le manati n'a ni défenses ni dents incisives, et c'est sur cela seul que j'ai présumé que ce dugung n'était point le manati, mais l'animal dont nous avons les têtes.

(*a*) *Lamantin*. On a prétendu que ce nom venait de ce que cet animal faisait des cris lamentables ; c'est une fable. Ce mot est une corruption du nom de cet animal dans la langue des Galibis, habitants de la Guyane, et des Caribes ou Caraïbes, habitants des Antilles ; c'est le même peuple et la même langue, à quelques variétés près : ils nomment le lamantin *manati*, d'où les Nègres des îles françaises d'Amérique, qui estropient tous les mots, ont fait *lamanati*, en ajoutant l'article, comme pour dire *la bête manati* ; de *lamanati*, ils ont fait *lamanti*, en supprimant le troisième *a*, et faisant sonner l'*n* ; *lamannti*, *lamenti*, qu'on a écrit par un *e*, par analogie prétendue avec *lamentari*, ce qui a donné lieu à l'analogie des cris *lamentables* supposés de la femelle quand on lui dérobe son petit. *Lettre de M. de la Condamine à M. de Buffon, du 28 mai 1764*. — Je cite cette espèce d'étymologie, de laquelle M. de la Condamine, qui a demeuré dix ans dans les Indes occidentales, doit être bien informé ; cependant, je dois observer que le mot *manati*, selon plusieurs autres auteurs, est espagnol et indique un animal qui a des mains, et que probablement les Guyanois ou les Caraïbes, qui sont assez éloignés les uns des autres, l'ont également emprunté des Espagnols.

(*) Les Lamantins (*Manatus* Cuv.) sont des Cétacés herbivores voisins des Dugongs.

plus courte que les morses portent à leur arrière dans une direction horizontale, les lamantins n'ont pour tout cela qu'une grosse queue qui s'élargit en
éventail dans cette même direction, en sorte qu'au premier coup d'œil il
semblerait que les premiers auraient une queue divisée en trois, et que
dans les derniers ces trois parties se seraient réunies pour n'en former qu'une
seule ; mais, par une inspection plus attentive, et surtout par la dissection,
l'on voit qu'il ne s'est point fait de réunion, qu'il n'y a nul vestige des os des
cuisses et des jambes, et que ceux qui forment la queue des lamantins sont
de simples vertèbres isolées et semblables à celles des cétacés qui n'ont
point de pieds : ainsi ces animaux sont cétacés par ces parties de l'arrière
de leur corps, et ne tiennent plus aux quadrupèdes que par les deux pieds
ou deux mains qui sont en avant à côté de leur poitrine. Oviedo me paraît
être le premier auteur qui ait donné une espèce d'histoire et de description
du lamantin. « On le trouve assez fréquemment, dit-il, sur les côtes de
» Saint-Domingue ; c'est un très gros animal d'une figure informe, qui a la
» tête plus grosse que celle d'un bœuf, les yeux petits, deux pieds ou deux
» mains près de la tête qui lui servent à nager ; il n'a point d'écailles, mais
» il est couvert d'une peau ou plutôt d'un cuir épais ; c'est un animal fort
» doux ; il remonte les fleuves et mange les herbes du rivage auxquelles il
» peut atteindre sans sortir de l'eau ; il nage à la surface ; pour le prendre
» on tâche de s'en approcher sur une nacelle ou un radeau et on lui lance
» une grosse flèche attachée à un très long cordeau ; dès qu'il se sent frappé
» il s'enfuit et emporte avec lui la flèche et le cordeau, à l'extrémité duquel
» on a soin d'attacher un gros morceau de liège ou de bois léger pour servir
» de bouée et de renseignement. Lorsque l'animal a perdu par cette blessure
» son sang et ses forces il gagne la terre ; alors on reprend l'extrémité du
» cordeau, on le roule jusqu'à ce qu'il n'en reste plus que quelques brasses,
» et à l'aide de la vague on tire peu à peu l'animal vers le bord, ou bien
» on achève de le tuer dans l'eau à coups de lance. Il est si pesant qu'il faut
» une voiture attelée de deux bœufs pour le transporter ; sa chair est excel
» lente, et quand elle est fraîche on la mangerait plutôt comme du bœuf que
» comme du poisson ; en la découpant et la faisant sécher et mariner, elle
» prend avec le temps le goût de la chair du thon, et elle est encore meil
» leure. Il y a de ces animaux qui ont plus de quinze pieds de longueur sur
» six pieds d'épaisseur ; la partie de l'arrière du corps est beaucoup plus
» menue et va toujours en diminuant jusqu'à la queue, qui ensuite s'élargit
» à son extrémité. Comme les Espagnols, ajoute Oviedo, donnent le nom de
» mains aux pieds de devant de tous les quadrupèdes, et comme cet animal
» n'a que des pieds de devant, ils lui ont donné la dénomination d'animal à
» mains, *manati;* il n'a point d'oreilles externes, mais seulement deux trous
» par lesquels il entend ; sa peau n'a que quelques poils assez rares, elle est
» d'un gris cendré et de l'épaisseur d'un pouce ; on en fait des semelles de

» souliers, des baudriers, etc. La femelle a deux mamelles sur la poitrine, et
» elle produit ordinairement deux petits qu'elle allaite (*a*). » Tous ces faits
rapportés par Oviedo sont vrais, et il est singulier que Cieça (*b*), et plusieurs
autres après lui aient assuré que le lamantin sort souvent de l'eau pour aller
paître sur la terre : ils lui ont faussement attribué cette habitude naturelle,
induits en erreur par l'analogie du morse et des phoques, qui sortent en effet
de l'eau et séjournent à terre ; mais il est certain que le lamantin ne quitte
jamais l'eau, et qu'il préfère le séjour des eaux douces à celui de l'eau salée.

Clusius dit avoir vu et mesuré la peau d'un de ces animaux, et l'avoir
trouvée de seize pieds et demi de longueur, et de sept pieds et demi de largeur ; les deux pieds ou les deux mains étaient fort larges, avec des ongles
courts. Gomara (*c*) assure qu'il s'en trouve quelquefois qui ont vingt pieds
de longueur, et il ajoute que ces animaux fréquentent aussi bien les eaux
des fleuves que celles de la mer ; il raconte qu'on en avait élevé et nourri un
jeune dans un lac, à Saint-Domingue, pendant vingt-six ans ; qu'il était si
doux et si privé, qu'il prenait doucement la nourriture qu'on lui présentait,
qu'il entendait son nom, et que, quand on l'appelait, il sortait de l'eau et se
traînait en rampant jusqu'à la maison pour y recevoir sa nourriture, qu'il
semblait se plaire à entendre la voix humaine et le chant des enfants,
qu'il n'en avait nulle peur, qu'il les laissait asseoir sur son dos, et qu'il les
passait d'un bord du lac à l'autre sans se plonger dans l'eau, et sans leur
faire aucun mal. Ce fait ne peut être vrai dans toutes ses circonstances : il
paraît accommodé à la fable du dauphin des anciens, car le lamantin ne peut
absolument se traîner sur la terre.

Herrera dit peu de chose de plus au sujet de cet animal ; il assure seulement que, quoiqu'il soit très gros, il nage si facilement qu'il ne fait aucun
bruit dans l'eau, et qu'il se plonge dès qu'il entend quelque chose de loin (*d*).

Hernandès, qui a donné deux figures du lamantin, l'une de profil et l'autre
de face, n'ajoute presque rien à ce que les autres auteurs espagnols en
avaient écrit avant lui ; il dit seulement que les deux océans, c'est-à-dire la
mer Atlantique et la mer Pacifique, aussi bien que les lacs, nourrissent une
bête informe, appelée *manati*, de laquelle il donne la description presque
entièrement tirée d'Oviedo ; et tout ce qu'il y a de plus, c'est que les mains
de cet animal portent cinq ongles semblables à ceux de l'homme, qu'il a le
nombril et l'anus larges, la vulve comme celle d'une femme, la verge comme
celle d'un cheval, la chair et la graisse comme celle d'un cochon gras, et
enfin les côtes et les viscères comme un taureau ; qu'il s'accouple sur terre
à la manière humaine, la femelle renversée sur le dos, et qu'elle ne produit

(*a*) Ferdin. Oviedo, *Hist. Ind. occident.*, lib. VIII, cap. x.
(*b*) *Chron. Peruv.*, cap. XXXI.
(*c*) Fr. Lopes de Gomara, *Hist. gen.*, cap. XXXI.
(*d*) *Description des Indes occidentales*, par Herrera, p. 57.

qu'un petit, qui est d'une grosseur monstrueuse en naissant (*a*). L'accouplement de ces animaux ne peut se faire sur terre, comme le dit Hernandès,
puisqu'ils n'y peuvent aller, et il se fait dans l'eau, sur un bas fond. Binet (*b*)
dit que le lamantin est gros comme un bœuf et tout rond comme un tonneau ;
qu'il a une petite tête et peu de queue ; que sa peau est rude et épaisse
comme celle d'un éléphant ; qu'il y en a de si gros, qu'on en tire plus de six
cents livres de viande très bonne à manger ; que sa graisse est aussi douce
que le beurre ; que cet animal se plaît dans les rivières proche de leur
embouchure à la mer pour y brouter l'herbe qui croît le long des rivages ;
qu'il y a de certains endroits, à dix ou douze lieues de Cayenne, où l'on en
trouve en si grand nombre que l'on peut dans un jour en remplir une longue
barque, pourvu qu'on ait des gens qui se servent bien du harpon. Le P. du
Tertre, qui décrit au long la chasse ou la pêche du lamantin, s'accorde
presque en tout avec les auteurs que nous venons de citer : cependant il dit
que cet animal n'a que quatre doigts et quatre ongles à chaque main, et il
ajoute qu'il se nourrit d'une petite herbe qui croît dans la mer, qu'il la broute
comme le bœuf fait celle des prés, et qu'après s'être rempli de cette pâture,
il cherche les rivières et les eaux douces, où il s'abreuve deux fois par jour ;
qu'après avoir bien bu et bien mangé, il s'endort le mufle à demi hors de
l'eau, ce qui le fait remarquer de loin ; que la femelle fait deux petits qui la
suivent partout ; et que, si on prend la mère, on est assuré d'avoir les petits,
qui ne l'abandonnent pas même après sa mort, et ne font que tournoyer
autour de la barque qui l'emporte (*c*). Ce dernier fait me paraît très suspect ;
il est même contredit par d'autres voyageurs qui assurent que le lamantin
ne produit qu'un petit : tous les gros animaux quadrupèdes ou cétacés ne
produisent ordinairement qu'un petit ; la seule analogie suffit pour qu'on se
refuse à croire que le lamantin en produise toujours deux, comme l'assure le
P. du Tertre. Oexmelin remarque que le lamantin a la queue située comme
les cétacés, et non pas comme les poissons à écaille, qui l'ont tous dans la
direction verticale du dos au ventre, au lieu que la baleine et les autres
cétacés ont la queue située transversalement, c'est-à-dire d'un côté à l'autre
du corps ; il dit que le lamantin n'a point de dents de devant, mais seulement
une callosité dure comme un os, avec laquelle il pince l'herbe ; qu'il a néanmoins trente-deux dents molaires (*) ; qu'il ne voit pas bien, à cause de la
petitesse de ses yeux, qui n'ont que fort peu d'humeur et point d'iris (**) ;
qu'il a peu de cervelle ; mais, qu'au défaut de bons yeux, il a l'oreille excel-

(*a*) Hernand., *Hist. Mex.*, p. 323 et 324.
(*b*) *Voyage en l'île de Cayenne*, par Antoine Binet, p. 346.
(*c*) *Histoire générale des Antilles*, par le P. du Tertre.

(*) D'après Flourens, le Lamantin a trente-six molaires.
(**) C'est une erreur, l'œil du Lamantin est pourvu d'un iris.

lente ; qu'il n'a point de langue (*) ; que les parties de la génération sont plus semblables à celles de l'homme et de la femme qu'à celles d'aucun animal ; que le lait des femelles, dont il assure avoir goûté, est d'un très bon goût ; qu'elles ne produisent qu'un seul petit, qu'elles embrassent et portent avec la main ; qu'elles l'allaitent pendant un an, après quoi il est en état de se pourvoir lui-même et de manger de l'herbe ; que cet animal a, depuis le cou jusqu'à la queue, cinquante-deux vertèbres (**) ; qu'il se nourrit comme la tortue, mais qu'il ne peut ni marcher ni ramper sur la terre (a). Tous ces faits sont assez exacts, et même celui des cinquante-deux vertèbres ; car M. Daubenton a trouvé dans l'embryon qu'il a disséqué vingt-huit vertèbres dans la queue, seize dans le dos et six ou plutôt sept dans le cou. Seulement ce voyageur se trompe au sujet de la langue : elle ne manque point au lamantin, mais il est vrai qu'elle est attachée en dessous et presque jusqu'à son extrémité à la mâchoire inférieure. On trouve, dans le *Voyage aux îles de l'Amérique*, Paris, 1722, une assez bonne description du lamantin et de la manière dont on le harponne ; l'auteur est d'accord sur tous les faits principaux avec ceux que nous avons cités ; mais il observe « que cet » animal est devenu assez rare aux Antilles depuis que les bords de la mer » sont habités ; celui qu'il vit et qu'il mesura avait quatorze pieds neuf » pouces depuis le bout du mufle jusqu'à la naissance de la queue ; il était » tout rond jusqu'à cet endroit ; sa tête était grosse, sa gueule large, avec » de grandes babines et quelques poils longs et rudes au-dessus ; ses yeux » étaient très petits par rapport à sa tête, et ses oreilles ne paraissaient que » comme deux petits trous ; le cou est fort gros et fort court, et sans un petit » mouvement qui le fait un peu plier, il ne serait pas possible de distinguer » la tête du reste du corps. Quelques auteurs prétendent, ajoute-t-il, que » cet animal se sert de ses deux mains ou nageoires pour se traîner sur » terre ; je me suis soigneusement informé de ce fait : personne n'a vu cet » animal à terre, et il ne lui est pas possible d'y marcher ni d'y ramper, ses » pieds de devant ou ses mains ne lui servant que pour tenir ses petits pen- » dant qu'il leur donne à teter ; la femelle a deux mamelles rondes : je les » mesurai, dit l'auteur, elles avaient chacune sept pouces de diamètre sur » environ quatre d'élévation ; le mamelon était gros comme le pouce et sor- » tait d'un bon doigt au dehors ; le corps avait huit pieds deux pouces de » circonférence ; la queue était comme une large palette de dix-neuf pouces » de long, et de quinze pouces dans sa plus grande largeur, et l'épaisseur à » l'extrémité était d'environ trois pouces ; la peau était épaisse sur le dos » presque comme un double cuir de bœuf, mais elle était beaucoup plus

(a) *Histoire des aventuriers*, par Oexmelin, t. XII, p. 134 et suiv.

(*) Sa langue est rudimentaire.
(**) D'après Flourens, le Lamantin n'a que quarante-six vertèbres.

» mince sous le ventre ; elle est d'une couleur d'ardoise brune, d'un gros
» grain et rude, avec des poils de même couleur, clair-semés, gros et assez
» longs. Ce lamantin pesait environ huit cents livres ; on avait pris le petit
» avec la mère ; il avait à peu près trois pieds de long ; on fit rôtir à la
» broche le côté de la queue, on trouva cette chair aussi bonne et aussi déli-
» cate que du veau. L'herbe dont ces animaux se nourrissent est longue de
» huit à dix pouces, étroite, pointue, tendre et d'un assez beau vert ; on voit
» des endroits sur les bords et sur les bas-fonds de la mer, où cette herbe
» est si abondante, que le fond paraît être une prairie ; les tortues en man-
» gent aussi (*a*), etc. » Le P. Magnin de Fribourg dit que le lamantin mange
l'herbe qu'il peut atteindre, sans cependant sortir de l'eau... qu'il a les yeux
petits et de la grosseur d'une noisette ; les oreilles si fermées qu'à peine il
y peut entrer une aiguille ; qu'au dedans des oreilles se trouvent deux petits
os percés ; que les Indiens ont coutume de porter ces petits os pendus
au cou comme un bijou... et que son cri ressemble à un petit mugissement (*b*).

Le P. Gumilla rapporte qu'il y a une infinité de lamantins dans les grands
lacs de l'Orénoque. « Ces animaux, dit-il, pèsent chacun depuis cinq cents
» jusqu'à sept cent cinquante livres ; ils se nourrissent d'herbes ; ils ont les
» yeux fort petits, et les trous des oreilles encore plus petits ; ils viennent
» paître sur le rivage lorsque la rivière est basse. La femelle met toujours
» bas deux petits ; elle les porte à ses mamelles avec ses bras, et les serre
» si fort, qu'ils ne s'en séparent jamais, quelque mouvement qu'elle fasse ;
» les petits, lorsqu'ils viennent de naître, ne laissent pas de peser chacun
» trente livres ; le lait qu'ils tètent est très épais. Au-dessous de la peau,
» qui est bien plus épaisse que celle d'un bœuf, on trouve quatre enve-
» loppes ou couches, dont deux sont de graisse et les deux autres d'une chair
» fort délicate et savoureuse, qui, étant rôtie, a l'odeur du cochon et le goût
» du veau. Ces animaux, lorsqu'il doit pleuvoir, bondissent hors de l'eau à
» une hauteur assez considérable (*c*). » Il paraît que le P. Gumilla se trompe
comme le P. du Tertre, en disant que la femelle produit deux petits ;
il est presque certain, comme nous l'avons dit, qu'elle n'en produit
qu'un.

Enfin, M. de la Condamine, qui a bien voulu nous donner un dessin qu'il
a fait lui-même du lamantin sur la rivière des Amazones, parle plus précisément et mieux que tous les autres des habitudes naturelles de cet animal.
« Sa chair, dit-il, et sa graisse ont assez de rapport à celle du veau ; le

(*a*) *Nouveau Voyage aux îles de l'Amérique*, t. II, p. 200 et suiv.
(*b*) Extrait d'un manuscrit du P. Magnin de Fribourg, missionnaire de Borja, correspondant de l'Acacémie des sciences. Traduction de l'espagnol, communiquée par M. de la
Condamine.
(*c*) *Histoire de l'Orénoque*, par le P. Gumilla.

» P. d'Acuna rend sa ressemblance avec le bœuf encore plus complète, en
» lui donnant des cornes dont la nature ne l'a point pourvu ; il n'est pas
» amphibie à proprement parler, puisqu'il ne sort jamais de l'eau entière-
» ment, et n'en peut sortir, n'ayant que deux nageoires assez près de la
» tête, plates et en forme d'ailerons, de quinze à seize pouces de long, qui
» lui tiennent lieu de bras et de mains ; il ne fait qu'avancer sa tête hors de
» l'eau pour atteindre l'herbe sur le rivage. Celui que je dessinai, ajoute
» M. de la Condamine, était femelle ; sa longueur était de sept pieds et
» demi de roi, et sa plus grande largeur de deux pieds. J'en ai vu depuis de
» plus grands ; les yeux de cet animal n'ont aucune proportion à la grandeur
» de son corps, ils sont ronds et n'ont que trois lignes de diamètre ; l'ouver-
» ture de ses oreilles est encore plus petite et ne paraît qu'un trou d'épingle.
» Le manati n'est pas particulier à la rivière des Amazones, il n'est
» pas moins commun dans l'Orénoque ; il se trouve aussi, quoique moins
» fréquemment, dans l'Oyapoc et dans plusieurs autres rivières des envi-
» rons de Cayenne et des côtes de la Guyane, et vraisemblablement ailleurs.
» C'est le même qu'on nommait autrefois *manati*, et qu'on nomme aujour-
» d'hui *lamantin* à Cayenne et dans les îles françaises d'Amérique, mais je
» crois l'espèce un peu différente. Il ne se rencontre pas en haute mer, il est
» même rare près des embouchures des rivières, mais on le trouve à plus de
» mille lieues de la mer, dans la plupart des grandes rivières qui descendent
» dans celle des Amazones, comme dans le Guallaga, le Pastaça, etc. ; il n'est
» arrêté, en remontant l'Amazone, que par le Pongo (cataracte) de Borja, au-
» dessus duquel on n'en trouve plus (*a*). »

Voilà le précis à peu près de tout ce que l'on sait du lamantin ; il serait à
désirer que nos habitants de Cayenne, parmi lesquels il y a maintenant des
personnes instruites et qui aiment l'histoire naturelle, observassent cet
animal et fissent la description de ses parties intérieures, surtout de celles
de la respiration, de la digestion et de la génération. Il paraît, mais nous
n'en sommes pas sûrs, qu'il a un grand os dans la verge, le trou ovale du
cœur ouvert (*), les poumons singulièrement conformés, l'estomac divisé en
plusieurs portions, qui peut-être forment plusieurs estomacs différents,
comme dans les animaux ruminants.

Au reste, l'espèce du lamantin n'est pas confinée aux mers et aux fleuves
du nouveau monde ; il paraît qu'elle existe aussi sur les côtes et dans les
rivières de l'Afrique. M. Adanson a vu des lamentins au Sénégal ; il en a rapporté une tête qu'il nous a donnée, et en même temps il a bien voulu me

(*a*) *Voyage de la rivière des Amazones*, par M. de la Condamine, in-8°, p. 154 et suiv.
Mém. de l'Acad. des sciences, 1745, p. 464 et 465.

(*) Le trou ovale de la cloison qui sépare les oreillettes se ferme chez le Lamantin comme
chez les autres Mammifères.

communiquer la description qu'il a faite sur les lieux de cet animal, et je crois devoir la rapporter en entier. « J'ai vu beaucoup de ces animaux (dit
» M. Adanson) ; les plus grands n'avaient que huit pieds de longueur et
» pesaient environ huit cents livres ; une femelle de cinq pieds trois pouces
» de long ne pesait que cent quatre-vingt-quatorze livres ; leur couleur est
» cendré noir ; les poils sont très rares sur tout le corps, ils sont en forme
» de soies longues de neuf lignes ; la tête est conique et d'une grosseur
» médiocre relativement au volume du corps ; les yeux sont ronds et très
» petits ; l'iris est d'un bleu foncé et la prunelle noire ; le museau est presque
» cylindrique, les deux mâchoires sont à peu près également larges, les
» lèvres sont charnues et fort épaisses ; il n'y a que des dents molaires, tant
» à la mâchoire d'en haut qu'à celle d'en bas ; la langue est de forme ovale
» et attachée presque jusqu'à son extrémité à la mâchoire inférieure. Il est
» singulier (continue M. Adanson) que presque tous les auteurs ou voyageurs
» aient donné des oreilles à cet animal ; je n'ai pu en trouver dans aucun,
» pas même un trou assez fin pour pouvoir y introduire un stylet (a) : il a
» deux bras ou nageoires placés à l'origine de la tête, qui n'est distinguée
» du tronc par aucune espèce de cou ni par des épaules sensibles ; ces bras
» sont à peu près cylindriques, composés de trois articulations principales,
» dont l'antérieure forme une espèce de main aplatie dans laquelle les doigts
» ne se distinguent que par quatre ongles d'un rouge brun et luisant ; la
» queue est horizontale comme celle des baleines, et elle a la forme d'une
» pelle à four. Les femelles ont deux mamelles plus elliptiques que rondes,
» placées près de l'aisselle des bras ; la peau est un cuir épais de six lignes
» sous le ventre, de neuf lignes sur le dos et d'un pouce et demi sur la tête.
» La graisse est blanche et épaisse de deux ou trois pouces ; la chair est d'un
» rouge pâle, plus pâle et plus délicate que celle du veau. Les Nègres Oua-
» lofes ou Jalofes appellent cet animal *lereou.* Il vit d'herbes et se trouve à
» l'embouchure du fleuve Niger. »

On voit par cette description que le lamantin du Sénégal ne diffère, pour ainsi dire, en rien de celui de Cayenne ; et, par une comparaison faite de la tête de ce lamantin du Sénégal (*) avec celle d'un fœtus (b) de lamantin de

---

(a) *Nota.* Il paraît néanmoins certain que cet animal a des trous auditifs et externes. M. de la Condamine vient de m'assurer qu'il les a vus et mesurés, et que ces trous n'ont pas plus d'une demi-ligne de diamètre ; et comme le lamantin a la faculté de les contracter et de les serrer, il est très possible qu'ils aient échappé à la vue de M. Adanson, d'autant que ces trous sont très petits lors même que l'animal les tient ouverts.

(b) *Nota.* M. le chevalier Turgot, actuellement gouverneur de la Guyane, et qui auparavant avait fait don au cabinet du Roi de ce fœtus de lamantin, est maintenant bien à portée de cultiver son goût pour l'histoire naturelle, et de nous enrichir non seulement de ses dons, mais de ses lumières.

(*) *Manatus senegalensis* Desm.

Cayenne (*), M. Daubenton présume aussi qu'ils sont de même espèce. Le témoignage des voyageurs (*a*) s'accorde avec notre opinion ; celui de Dampier surtout est positif, et les observations qu'il a faites sur cet animal méritent de trouver place ici. « Ce n'est pas seulement dans la rivière de Blewfield,
» qui prend son origine entre les rivières de Nicarague et de Verague, que
» j'ai vu des manates (lamantins) ; j'en ai vu aussi dans la baie de Campêche,
» sur les côtes de Bocca del Drago et de Bocca del Loro, dans la rivière de
» Darien et dans les petites îles méridionales de Cuba ; j'ai entendu dire qu'il
» s'en est trouvé quelques-uns au nord de la Jamaïque, et en grande quan-
» tité dans la rivière de Surinam, qui est un pays fort bas : j'en ai vu aussi
» à Mindanao, qui est une des îles Philippines, et sur la côte de la Nouvelle-
» Hollande... Cet animal aime l'eau qui a un goût de sel, aussi se tient-il
» communément dans les rivières voisines de la mer ; c'est peut-être pour
» cette raison qu'on n'en voit point dans les mers du Sud, où la côte est
» généralement haute, l'eau profonde tout proche de la terre, les vagues
» grosses, si ce n'est dans la baie de Panama, où cependant il n'y en a point ;
» mais lés Indes occidentales étant, pour ainsi dire, une grande baie com-
» posée de plusieurs petites, sont ordinairement une terre basse où les
» eaux, qui sont peu profondes, fournissent une nourriture convenable au
» lamantin ; on le trouve quelquefois dans l'eau salée, quelquefois aussi dans
» l'eau douce, mais jamais fort avant en mer : ceux qui sont à la mer, et
» dans des lieux où il n'y a ni rivières ni bras de mer où ils puissent entrer,
» viennent néanmoins en vingt-quatre heures une fois ou deux à l'embou-
» chure de la rivière d'eau douce la plus voisine..... Ils ne viennent jamais
» à terre ni dans une eau si basse qu'ils ne puissent y nager ; leur chair est

(*a*) Oexmelin rapporte qu'il y a des lamantins sur les côtes de l'Afrique, et qu'ils sont plus communs sur la côte du Sénégal que dans la rivière de Gambie. *Histoire des aventuriers*, t. II, p. 115. — Le Guat assure en avoir vu beaucoup dans les mers de l'île Rodrigue. La tête du lamantin de cette île ressemble beaucoup (dit ce voyageur) à celle du cochon, excepté qu'elle n'a pas le groin si pointu. Les plus grands lamantins ont environ vingt pieds de long..... Cet animal a le sang chaud, la peau noirâtre, fort rude et fort dure, avec quelques poils si clair-semés, qu'on ne les aperçoit qu'à peine ; les yeux petits, et deux trous qu'il serre et qu'il ouvre, que l'on peut avec raison appeler *ses oreilles;* comme il retire assez souvent la langue, qui n'est pas fort grande, plusieurs ont dit qu'il n'en avait point ; il a des dents mâchelières... mais il n'a point de dents de devant, et ses gencives sont assez dures pour arracher et brouter l'herbe..... Je n'ai jamais vu qu'un petit avec la femelle, et j'ai du penchant à croire qu'elle n'en produit qu'un à la fois..... Nous trouvions quelquefois trois ou quatre cents de ces animaux ensemble qui paissaient l'herbe au fond de l'eau ; ils étaient si peu effarouchés, que souvent nous les tâtions pour choisir le plus gras ; nous leur passions une corde à la queue pour les tirer hors de l'eau ; nous ne prenions pas les plus gros, parce qu'ils nous auraient donné trop de peine, et que d'ailleurs leur chair n'est pas si délicate que celle des petits..... Nous n'avons pas remarqué que cet animal vienne jamais à terre, je doute qu'il pût s'y traîner, et je ne crois pas qu'il soit amphibie. *Voyage de Le Guat*, t. 1er, p. 93 et suiv.

(*) *Manatus australis* Tils. Il vit à l'embouchure de l'Orénoque et de l'Amazone.

» saine et de très bon goût; leur peau est aussi d'une grande utilité. Les la-
» mantins et les tortues se trouvent ordinairement dans les mêmes endroits,
» et se nourrissent des mêmes herbes qui croissent sur les hauts fonds de la
» mer, à quelques pieds de profondeur sous l'eau, et sur les rivages bas que
» couvre la marée (*a*). »

ADDITIONS

A L'ARTICLE DES PHOQUES.

Lorsque j'ai écrit sur les phoques, il y a plus de vingt ans, l'on n'en connaissait alors que deux ou trois espèces; mais les voyageurs récents en ont reconnu plusieurs autres, et nous sommes maintenant en état de les distinguer et de leur appliquer les dénominations et les caractères qui leur sont propres. Je rectifierai donc en quelques points ce que j'ai dit au sujet de ces animaux, en ajoutant ici les nouveaux faits que j'ai pu recueillir.

J'établirai d'abord une distinction fondée sur la nature et sur un caractère très évident, en divisant en deux le genre entier des phoques, savoir : les phoques qui ont des oreilles externes, et les phoques qui n'ont que de petits trous auditifs sans conque extérieure. Cette différence est non seulement très apparente, mais semble même faire un attribut essentiel, le manque d'oreilles extérieures étant un des traits par lesquels ces amphibies se rapprochent des cétacés, sur le corps desquels la nature semble avoir effacé toute espèce de tubérosités et de proéminences qui eussent rendu la peau moins lisse et moins propre à glisser dans les eaux, tandis que la conque externe et relevée de l'oreille paraît faire tenir de plus près aux quadrupèdes ceux des phoques qui sont pourvus de cette partie extérieure qui ne manque à aucun animal terrestre.

Nous ne connaissons que deux espèces bien distinctes de phoques à oreilles; la première est celle du lion marin, qui est très remarquable par la crinière jaune qu'il porte autour du cou; et la seconde, celle que les voyageurs ont indiquée sous le nom d'ours marin, et qui est composée de deux variétés très différentes entre elles par la grandeur : nous joindrons donc à cette espèce le *petit phoque à poil noir*, qui, étant pourvu d'oreilles externes, ne fait qu'une variété dans l'espèce de l'ours marin; des inductions assez plausibles m'avaient fait regarder alors ce petit ours marin comme le *phoca* des anciens, mais comme Aristote, en parlant du phoca, dit expressément *qu'il n'a pas d'oreilles externes et seulement des trous auditifs,* je vois qu'on doit chercher ce phoca des anciens dans quelqu'une des espèces de phoques sans oreilles dont nous allons faire l'énumération.

(*a*) *Voyage de Dampier,* t. 1ᵉʳ, p. 46 et suiv.

LES PHOQUES SANS OREILLES

OU PHOQUES PROPREMENT DITS

Nous connaissons neuf ou dix espèces ou variétés distinctes dans le genre des phoques sans oreilles, et nous les indiquerons ici dans l'ordre de leur grandeur, et par les caractères que les voyageurs ont saisis pour les dénommer et les distinguer les uns des autres.

LE GRAND PHOQUE A MUSEAU RIDÉ

PREMIÈRE ESPÈCE.

La plus grande espèce est celle du *phoque à museau ridé*(*), dont nous avons déjà parlé sous le nom de *lion marin*, parce que plusieurs voyageurs, et particulièrement le rédacteur du voyage d'Anson, l'avait indiqué sous cette dénomination, mais mal à propos, puisque le vrai lion marin porte une crinière que celui-ci n'a pas, et qu'ils diffèrent encore entre eux par la taille et par la forme de plusieurs parties du corps ; en sorte que le phoque à museau ridé n'a de commun avec le vrai lion marin que d'habiter les côtes et îles désertes, et de se trouver comme lui dans les mers des deux hémisphères. Il faut donc se rappeler ici ce que nous avons dit de ce grand phoque à museau ridé sous le nom mal appliqué de lion marin. Dampier et Byron ont trouvé, comme Anson, ce phoque à l'île de Juan Fernandès (*a*) et sur la côte occidentale des terres Magellaniques. M. de Bougainville, dom Pernetti et Bernard Penrose, l'ont reconnu sur la côte orientale de ce continent, et aux

(*a*) « Le lion marin (phoque à museau ridé) est un grand animal de douze à quatorze
» pieds de long, et au plus gros du corps il est de la grosseur d'un taureau ; il est de la figure
» d'un veau marin, mais six fois aussi gros ; sa tête est faite comme celle du lion, sa face est
» large, ayant plusieurs longs poils aux lèvres comme un chat ; ses yeux sont gros comme
» ceux d'un bœuf ; ses dents, longues de trois pouces, sont grosses environ comme le gros
» doigt d'un homme..... il est extraordinairement gras. Un lion marin, coupé et bouilli,
» rendra un muid d'huile très douce et fort bonne à frire ; le maigre est noir et à gros grains
» et d'assez mauvais goût. Cet animal demeure quelquefois des semaines entières à terre,
» s'il n'en est pas chassé ; quand ils y viennent trois ou quatre de compagnie, ils se cou-
» chent les uns auprès des autres, et grognent comme les cochons en faisant un bruit hor-
» rible ; ils mangent le poisson, et je crois que c'est leur nourriture ordinaire. » *Voyage de
Dampier.* Rouen, 1715, t. Ier, pages 118 et 119.

(*) *Otaria leonina* PÉR.

îles Malouines ou Falkland ; MM. Forster ont aussi vu deux femelles de cette espèce dans une île à laquelle le capitaine Cook a donné le nom de Nouvelle-Géorgie (*a*), et qui est située au cinquante-quatrième degré de latitude australe dans l'océan Atlantique ; ces deux femelles étaient endormies sur le rivage, et on les tua dans leur sommeil ; d'autre côté, M. Steller (*b*) a vu et décrit ce même grand phoque à museau ridé dans l'île de Bering et près des côtes de Kamtschatka. Cette grande espèce se trouve donc également dans les deux hémisphères et probablement sous toutes les latitudes.

Nous nommons aujourd'hui cet animal phoque à museau ridé (*c*), parce qu'il a sur le nez une peau ridée et mobile qui peut se remplir d'air ou se gonfler, et se gonfle en effet lorsque l'animal est agité de quelque passion ; mais nous devons observer que cette peau en forme de crête est monstrueusement exagérée dans la figure donnée par le rédacteur du voyage d'Anson, et qu'elle est réellement beaucoup plus petite dans la nature.

Ce grand et gros animal est d'un naturel très indolent ; c'est même de tous les phoques celui qui paraît être le moins redoutable malgré sa forte taille. Penrose dit que ses matelots s'amusaient à monter sur ces phoques comme sur des chevaux, et que, quand ils n'allaient pas assez vite, ils leur faisaient doubler le pas en les piquant à coup de stylet ou de couteaux, et leur faisant même des incisions dans la peau. Cependant M. Clayton, qui a fait mention de ce phoque dans les *Transactions philosophiques*, dit que les mâles, comme ceux des autres phoques, sont assez méchants dans le temps de leurs amours.

Celui-ci est couvert d'un poil rude très court, luisant et d'une couleur cendrée, mêlée quelquefois d'une légère teinte d'olive ; son corps, dont la longueur est ordinairement de quinze à dix-huit pieds anglais et quelquefois de vingt-quatre à vingt-cinq, est assez épais auprès des épaules et va toujours en diminuant jusqu'à la queue ; une femelle, tuée par M. Forster, n'avait que treize pieds de longueur, et, en la supposant adulte, il y aurait une grande différence pour la taille entre les mâles et les femelles dans cette espèce ; la lèvre supérieure avance de beaucoup sur la lèvre inférieure ; la peau de cette lèvre est mobile, ridée et bouffie tout le long du museau, et cette peau que l'animal remplit d'air à son gré, peut être comparée, pour la forme, à la caroncule du dindon ; et c'est par ce carac-

---

(*a*) Cette île avait été découverte dans le siècle précédent par Antoine de la Roche, et avait été reconnue de nouveau en 1756 par Duclos Guyot, sur le vaisseau espagnol le *Lyon*, qui l'avait nommée l'*île de Saint-Pierre*.

(*b*) Voyez son *Traité des animaux marins*.

(*c*) Les mariniers anglais l'ont nommé *clapmatzh seal*, nom évidemment corrompu de celui de *clap-mütze*, que les Allemands et les Danois donnent à un animal tout différent qui a un capuchon dans lequel il peut renfermer sa tête, et que les Groenlandais appellent *neitsersoak*. Voyez, ci-après, l'article du phoque à capuchon.

tère qu'on l'a désigné sous le nom de *phoque à museau ridé ;* il n'y a dans la tête que deux petits trous auditifs et point d'oreilles externes ; les pieds de devant sont conformés comme ceux du phoque commun, mais ceux de derrière sont plus informes et faits en manière de nageoires ; en sorte que cet animal, beaucoup plus fort et plus grand que notre phoque, est moins agile et encore plus imparfaitement conformé par les parties postérieures ; et c'est probablement par cette raison qu'il paraît indolent et très peu redoutable.

M. Clayton a fait mention d'un phoque qui se trouve dans l'hémisphère austral ; il dit qu'on le nomme *furseal* ou *phoque à fourrure,* parce que son poil est plus fourni que celui des autres phoques, quoique sa peau soit plus mince. Nous ne sommes pas en état de juger par d'aussi faibles indications si ce phoque à fourrure est d'une espèce voisine de celle du phoque à museau ridé, à côté de laquelle M. Clayton l'a placé ou de celle de l'ours marin, dont la fourrure est en effet bien plus fournie que celle des autres phoques.

———

LE PHOQUE A VENTRE BLANC

SECONDE ESPÈCE.

Ce grand phoque à ventre blanc (*), que nous avons vu vivant au mois de décembre 1778, est d'une espèce très différente de celle du phoque à museau ridé : nous allons rapporter les observations que nous avons faites sur ce phoque, auquel nous ajouterons quelques faits qui nous ont été fournis par ses conducteurs.

Le regard de cet animal est doux, et son naturel n'est point farouche ; ses yeux sont attentifs et semblent annoncer de l'intelligence ; ils expriment du moins les sentiments d'affection, d'attachement pour son maître auquel il obéit avec toute complaisance ; nous l'avons vu s'incliner à sa voix, se rouler, se tourner, lui tendre une de ses nageoires antérieures, se dresser en élevant son buste, c'est-à-dire tout le devant de son corps, hors de la caisse remplie d'eau, dans laquelle on le tenait renfermé ; il répondait à sa voix ou à ses signes par un son rauque qui semblait partir du fond de la gorge, et qu'on pourrait comparer au beuglement enroué d'un jeune taureau ; il paraît que l'animal produit ce son en expirant l'air aussi bien qu'en l'aspirant ; seulement il est un peu plus clair dans l'aspiration, et plus rauque dans l'expiration. Avant que son maître ne l'eût rendu docile, il mordait très violemment lorsqu'on voulait le forcer à faire quelques

(*) *Leptonyx Monachus* Cuv.

mouvements; mais dès qu'il fut dompté il devint doux au point qu'on
pouvait le toucher, lui mettre la main dans sa gueule, et même se reposer
sans crainte auprès de lui et appuyer le bras ou la tête sur la sienne ;
lorsque son maître l'appelait, il lui répondait, quelque éloigné qu'il fût ; il
semblait le chercher des yeux lorsqu'il ne le voyait pas, et dès qu'il l'apercevait après quelques moments d'absence, il ne manquait pas d'en témoigner
sa joie par une espèce de gros murmure.

Quand cet animal, qui était mâle, éprouvait les irritations de l'amour,
ce qui lui arrivait à peu près de mois en mois, sa douceur ordinaire se
changeait tout à coup en une espèce de fureur qui le rendait dangereux ;
son ardeur se déclarait alors par des mugissements accompagnés d'une
forte érection ; il s'agitait et se tourmentait dans sa caisse, se donnait des
mouvements brusques et inquiets, et mugissait ainsi pendant plusieurs
heures de suite; c'est par des cris assez semblables qu'il exprimait son sentiment de douleur lorsqu'on le maltraitait; mais il avait d'autres accents
plus doux, très expressifs et comme articulés pour témoigner sa joie et son
plaisir.

Dans ces accès de fureurs amoureuses, occasionnés par un besoin que
l'animal ne pouvait satisfaire pleinement, et qui durait huit ou dix jours,
on l'a vu sortir de sa caisse après l'avoir rompue, et dans ces moments il
était fort dangereux et même féroce; car alors il ne connaissait plus personne, il n'obéissait plus à la voix de son maître, et ce n'était qu'en le
laissant se calmer pendant quelques heures qu'il pouvait s'en approcher ;
il le saisit un jour par la manche, et l'on eut beaucoup de peine à lui faire
lâcher prise en lui ouvrant la gueule avec un instrument; une autre fois il
se jeta sur un assez gros chien et lui écrasa la tête avec les dents; et il
exerçait ainsi sa fureur sur tous les objets qu'il rencontrait : ces accès
d'amour l'échauffaient beaucoup; son corps se couvrit de gale, il maigrit
ensuite, et enfin il mourut au mois d'août 1779.

Il nous a paru que cet animal avait la respiration fort longue, car il
gardait l'air assez longtemps et ne l'aspirait que par intervalles, entre lesquels ses narines étaient exactement fermées ; et dans cet état elles ne paraissaient que comme deux gros traits marqués longitudinalement sur le bout
du museau; il ne les ouvre que pour rendre l'air par une forte expiration,
ensuite pour en reprendre, après quoi il les referme comme auparavant, et
souvent il se passe plus de deux minutes entre chaque aspiration ; l'air dans
ce mouvement d'aspiration formait un bruit semblable à un reniflement très
fort; il découlait presque continuellement des narines une espèce de mucus
blanchâtre d'une odeur désagréable.

Ce grand phoque, comme tous les animaux de ce genre, s'assoupissait
et s'endormait plusieurs fois par jour; on l'entendait ronfler de fort loin,
et lorsqu'il était endormi on ne l'éveillait qu'avec peine; il suffisait même

qu'il fût assoupi pour que son maître ne s'en fît pas entendre aisément, et ce n'était qu'en lui présentant près du nez quelques poissons qu'on pouvait le tirer de son assoupissement; il reprenait dès lors du mouvement et même de la vivacité; il élevait la tête et la partie antérieure de son corps en se haussant sur les deux palmes de devant jusqu'à la hauteur de la main qui lui présentait le poisson, car on ne le nourrissait pas avec d'autres aliments, et c'était principalement des carpes, et des anguilles qu'il aimait encore plus que les carpes : on avait soin de les assaisonner, quoique crues, en les roulant dans du sel; il lui fallait environ trente livres de ces poissons vivants et saupoudrés de sel par vingt-quatre heures; il avalait très goulument les anguilles tout entières et même les premières carpes qu'on lui offrait, mais dès qu'il avait avalé deux ou trois de ces carpes entières, il cherchait à vider les autres avant de les manger, et pour cela il les saisissait d'abord par la tête qu'il écrasait entre ses dents, ensuite il les laissait tomber, leur ouvrait le ventre pour en tirer le fiel avec ses appendices, et finissait par les reprendre par la tête pour les avaler.

Ses excréments répandaient une odeur très fétides; ils étaient de couleur jaunâtre et quelquefois liquides, et, lorsqu'ils étaient solides, ils avaient la forme d'une boule. Les conducteurs de cet animal nous assurèrent qu'il pouvait vivre plusieurs jours et même plus d'un mois sans être dans l'eau, pourvu néanmoins qu'on eût soin de le bien laver tous les soirs avec de l'eau nette, et qu'on lui donnât pour boisson de l'eau claire et salée, car lorsqu'il buvait de l'eau douce et surtout de l'eau trouble, il en était toujours incommodé.

Le corps de ce grand phoque, comme celui de tous les animaux de ce genre, est de forme presque cylindrique; cependant il diminue de grosseur sans perdre sa rondeur en approchant de la queue; son poids total pouvait être de six ou sept cents livres; sa longueur était de sept pieds et demi, depuis le bout du museau jusqu'à l'extrémité des nageoires de derrière; il avait près de cinq pieds de circonférence à l'endroit de son corps le plus épais, et seulement un pied neuf pouces de tour auprès de l'origine de la queue; sa peau est couverte d'un poil court très ras, lustré et de couleur brune, mélangé de grisâtre, principalement sur le cou et la tête, où il paraît comme tigré : le poil est plus épais sur le dos et sur les côtés du corps que sous le ventre, où l'on remarque une grande tache blanche qui se termine en pointe en se prolongeant sur les flancs; et c'est par ce caractère que nous avons cru devoir le désigner en l'appelant *le grand phoque à ventre blanc*.

Les narines ne sont ni inclinées ni posées horizontalement, comme dans les quadrupèdes terrestres, mais elles sont étendues verticalement sur l'extrémité du museau; elles sont longues de trois ou quatre pouces, et s'étendent depuis le haut du museau jusqu'à un travers de doigt au-dessus de la

lèvre supérieure ; ces narines ou naseaux sont éloignées l'une de l'autre
d'environ cinq pouces, et, lorsqu'elles sont ouvertes, elles ont chacune près
de deux pouces de largeur, et ressemblent alors à deux petits ovales resser-
rés par leurs extrémités.

Les yeux sont grands, bien ouverts, de couleur brune et assez semblables
à ceux du bœuf ; ils sont situés à cinq pouces de l'extrémité du nez, et la
distance entre leurs angles internes est d'environ quatre pouces ; lorsque
l'animal est longtemps sans entrer dans l'eau, son sang s'échauffe et le
blanc des yeux devient rouge, surtout vers les angles.

La gueule est assez grande et environnée de grosses soies ou moustaches
presque semblables à des arêtes de poissons ; les mâchoires étaient garnies
de trente-deux dents fort jaunes et qui paraissaient usées ; nous avons
compté vingt mâchelières, huit incisives et quatre canines.

Les oreilles ne sont que deux petits trous presque cachés dans la peau :
ces trous sont placés à environ trois pouces des yeux, et à huit ou neuf
pouces du bout du nez ; et, quoiqu'ils n'aient guère qu'une ligne d'ouverture,
l'animal paraît néanmoins avoir l'ouïe très fine, puisqu'il ne manque jamais
d'obéir ou de répondre, même de loin, à la voix de son maître.

Les pieds ou nageoires de devant, mesurées depuis l'endroit où elles sortent du corps jusqu'à leur extrémité, ont environ quinze pouces de longueur
sur autant de largeur lorsqu'elles sont entièrement déployées ; elles ont
chacune cinq ongles noirs un peu courbés, et sont conformées de manière
que le doigt du milieu est le plus court, et les deux de côté les plus longs.

Les nageoires de derrière ont la forme de celles de devant à leur extrémité, c'est-à-dire que le doigt du milieu est aussi plus court que ceux des
côtés ; elles accompagnent la queue et ont de douze à treize pouces de longueur, sur environ dix-sept pouces de largeur, lorsque la membrane est
entièrement étendue ; elles sont grosses et charnues par les côtés, minces
dans le milieu et découpées en festons sur les bords ; il n'y avait pas d'ongles
apparents sur ces nageoires postérieures ; mais ces ongles ne manquaient
sans doute que par accident, et parce que cet animal se tourmentait beaucoup et frottait fortement ces nageoires de derrière contre le fond de sa
caisse ; la membrane même de ces nageoires était usée par les frottements et
déchirée en plusieurs endroits.

La queue, qui est située entre ces deux nageoires, n'a que quatre pouces
de long sur trois de large ; elle est de forme presque triangulaire, large à sa
naissance et en pointe arrondie à son extrémité ; elle n'est pas fort épaisse
et paraît aplatie dans toute son étendue.

Ce grand phoque fut pris le 28 octobre 1777, dans le golfe Adriatique, près
de la côte de Dalmatie, dans la petite île de Guarnero, à deux cents milles
de Venise ; on lui avait donné plusieurs fois la chasse sans succès, et il
avait déjà échappé cinq ou six fois en rompant les filets des pêcheurs ; il

était connu depuis plus de cinquante ans, au rapport des anciens pêcheurs de cette côte, qui l'avaient souvent poursuivi, et qui croyaient que c'était à son grand âge qu'il devait sa grande taille ; et ce qui semble confirmer cette présomption, c'est que ses dents étaient très jaunes et usées, que son poil était plus foncé en couleurs que celui de la plupart des phoques qui nous sont connus, et que ses moustaches étaient longues, blanches et très rudes.

Cependant quelques autres phoques de la même grandeur ont été pris dans ce même golfe Adriatique ; ils ont été vus et menés, comme celui-ci, en France et en Allemagne dès l'année 1760. Les conducteurs de ces animaux, ayant intérêt de les conserver vivants, ont trouvé le moyen de les guérir de quelques maladies qui leur surviennent par leur état de gêne et de captivité, et que probablement ils n'éprouvent pas dans leur état de liberté ; par exemple, lorsqu'ils cessent de manger et refusent le poisson, ils les tirent hors de l'eau, leur font prendre du lait mêlé avec de la thériaque ; ils les tiennent chaudement en les enveloppant d'une couverture, et continuent ce traitement jusqu'à ce que l'animal ait repris de l'appétit et qu'il reçoive avec plaisir sa nourriture ordinaire ; il arrive souvent que ces animaux refusent tout aliment pendant les cinq ou six premiers jours après avoir été pris, et les pêcheurs assurent qu'on les verrait périr d'inanition si on ne les contraignait pas à avaler une dose de thériaque avec du lait.

Nous ajouterons ici quelques observations qui ont été faites par M. Sabarot de La Vernière, docteur en médecine de la Faculté de Montpellier, sur un grand phoque femelle, qui nous paraît être de la même espèce que le mâle dont nous venons de donner la description.

« Cet amphibie, dit-il, parut à Nîmes dans l'automne de l'année 1777 ; il
» était dans un cuvier rempli d'eau, et avait plus de six pieds de longueur ;
» sa peau, lisse et un peu tigrée, affectait agréablement la vue et le tact ; sa
» tête, plus grosse que celle d'un veau, en avait à peu près la figure, et ses
» yeux grands, saillants et pleins de feu, intéressaient les spectateurs ; son
» cou, très souple, se recourbait assez facilement, et ses mâchoires, armées
» de dents aiguës et tranchantes, lui donnaient un air redoutable ; on lui
» voyait deux trous auditifs sans oreilles externes ; il avait la gueule d'un
» rouge de corail et portait une moustache fort grande ; deux nageoires, en
» forme de main, tenaient aux côtés du thorax, et le corps de l'animal se
» terminait en une queue qui était accompagnée de deux nageoires latérales,
» lesquelles lui tenaient lieu de pieds ; ce phoque, docile à la voix de son
» maître, prenait telle position qu'il lui ordonnait ; il s'élevait hors de l'eau
» pour le caresser et le lécher ; il éteignait une chandelle du souffle de ses
» narines, qui sont percées d'une petite fente dans le milieu de leur éten-
» due ; sa voix était un rugissement obscur, mêlé quelquefois de gémisse-
» ment ; son conducteur se couchait auprès de lui lorsqu'il était à sec ; l'eau
» de son cuvier était salée, et, lorsqu'il s'y plongeait, il élevait de temps en

» temps la tête pour respirer; il vivait d'anguilles qu'il dévorait dans l'eau.
» Il mourut à Nîmes d'une maladie semblable à la morve des chevaux, et il
» nous parut intérieurement conformé comme le veau marin, dont vous avez
» parlé, Monsieur. Voici ce que la dissection m'apprit sur cet animal : le
» trou ovale, que vous dites être toujours ouvert dans ces animaux amphi-
» bies, était exactement fermé par une membrane transparente, disposée en
» forme de poche semi-lunaire ; je ne pus pas trouver le canal artériel; son
» estomac était très fort et la tunique charnue paraissait comme marbrée ; le
» foie était composé de cinq lobes, ainsi que les reins, qui avaient onze
» pouces de hauteur ; leur substance corticale était un amas de corps penta-
» gones vasculeux, liés entre eux par un tissu cellulaire très lâche; les
» quatre tuniques des intestins se séparaient par la macération, et nous
» vîmes très bien les membranes cellulaire, charnue, tendineuse et veloutée,
» ainsi que la disposition spirale entrelacée des trous qui servent de passage
» aux vaisseaux sanguins qui percent ces tuniques, sans pouvoir être lésés
» par le resserrement péristaltique : la mauvaise odeur développée par le
» temps humide nous empêcha de suivre plus loin la dissection de cet ani-
» mal; et j'ai l'honneur de vous offrir, Monsieur, l'estomac entier de ce
» phoque que j'ai conservé (a). »

Ayant répondu à M. de La Vernière qu'il me ferait plaisir de m'envoyer cet
estomac ou sa description détaillée, et qu'il me paraissait probable que le
trou ovale du cœur, qui est ordinairement ouvert dans ces animaux (*), habitants de la mer, ne s'était fermé que par le changement d'habitudes et son
séjour dans l'air, M. de La Vernière me fit réponse, le 20 janvier 1780 :
« que l'estomac de ce phoque n'avait point été injecté, et que c'était une
» simple insufflation. Ce viscère, dit-il, me paraît contenir quelques grains
» qui font du bruit par la plus légère agitation... et à l'égard de la membrane
» qui fermait le trou ovale, elle était semi-lunaire et disposée en forme de
» poche; le segment qui terminait le bord concave du croissant me parut
» plus dur; les lames qui formaient cette poche, quoique pellucides, étaient
» organisées ou tissues de fibres régulières; je ne vis cependant pas de
» vaisseaux sanguins, elles glissaient l'une sur l'autre par la pression digi-
» tale et paraissaient d'un tissu tendineux; je ne sais pas si le changement
» d'habitudes que cet animal avait contracté aurait pu former une membrane
» de cette structure; mais il me suffit, Monsieur, que vous en affirmiez la
» possibilité pour être de votre sentiment. Au reste, M. Montagnon, qui dis-
» séqua avec moi ce phoque, assure avoir remarqué qu'il avait plusieurs
» inflations dans les voies alimentaires qui lui parurent être quatre esto-
» macs; je n'ai pas vu cet animal ruminer, ni entendu dire qu'il ruminât. »

(a) Lettre de M. de Sabarot de La Vernière. Nîmes, le 3 janvier 1780.

(*) Nous avons déjà dit que c'est une erreur.

M. de La Vernière a apporté à Paris, au mois de novembre dernier 1780, cet estomac, et j'ai reconnu qu'il ne formait qu'un seul viscère avec des poches ou appendices, et non pas quatre estomacs semblables à ceux des animaux ruminants.

J'ai dit que le grand phoque dont M. Parsons a donné la description et la figure dans les *Transactions philosophiques*, n° 469, pourrait bien être le même que le lion marin d'Anson. A présent que ce dernier animal est mieux connu et bien désigné par le nom de *phoque à museau ridé*, nous reconnaissons que le grand phoque de M. Parsons se rapporte bien mieux à ce phoque à ventre blanc, dont nous venons de faire la description, quoique ce dernier soit plus petit; mais nous ne sommes pas convaincus de ce que ce savant médecin paraît avoir observé sur la structure intérieure de cet animal, et particulièrement sur celle de son estomac. M. Parsons m'écrivit, il y a plusieurs années, que ce phoque, qu'il a décrit dans les *Transactions philosophiques*, est très réellement, par sa structure intérieure, aussi différent des autres phoques qu'une vache l'est d'un cheval; et il ajoutait qu'il a non seulement disséqué ce grand phoque, mais deux petits phoques d'espèces différentes, et qu'il avait trouvé que ces deux petits phoques différaient aussi entre eux par la conformation des parties intérieures, l'un de ces petits phoques ayant deux estomacs et l'autre n'en ayant qu'un. Il me marquait encore, dans cette lettre, que les espèces de ce genre sont fort nombreuses; que le grand phoque qu'il a disséqué avait une large poche (*marsupium*) remplie de poissons, et une autre poche qui communiquait à celle-ci, laquelle était pleine de petites pierres anguleuses, et de plus deux autres poches plus petites qui contenaient de la matière blanche et fluide qui passait dans le *duodenum*, et que certainement ce grand phoque était, à tous égards, un animal ruminant (*a*). Quoique M. Parsons fût un médecin célèbre, et qu'il ait même publié de bons ouvrages de physique, nous avons toujours douté des faits qu'on vient de lire, ne pouvant croire, sur son seul témoignage, qu'aucun animal du genre des phoques soit ruminant, ni que leurs estomacs soient conformés comme ceux de la vache; il paraît seulement que dans quelques-uns de ces animaux, tels que celui dont M. de La Vernière a fait la dissection, l'estomac est divisé, comme en plusieurs poches, par différents étranglements, mais cela n'est pas suffisant pour faire mettre les phoques au nombre des animaux ruminants; d'ailleurs ils ne vivent que de poissons, et l'on sait que tous les animaux qui ne se nourrissent que de proie ne ruminent pas; ainsi on peut donc présumer avec fondement que les animaux du genre des phoques n'ont pas plus la faculté de ruminer que les loutres et autres amphibies qui vivent sur la terre et dans l'eau.

(*a*) Lettre de M. Parsons à M. de Buffon. Londres, 10 mai 1765.

Il me paraît aussi que le grand phoque dont parle M. Crantz (*a*), sous le nom d'*utsuk* ou *urksuk* (*b*), pourrait bien être de la même espèce que celui de M. Parsons, quoiqu'il soit encore plus grand, puisque M. Crantz dit qu'il se trouve de ces phoques utsuk qui ont jusqu'à douze pieds de longueur et qui pèsent huit cents livres.

Le grand phoque dont parle le P. Charlevoix (*c*), et qu'il dit se trouver sur les côtes de l'Acadie, pourrait bien être encore de la même espèce de celui-ci ; cependant il observe que ces phoques de l'Acadie ont le nez plus pointu que les antres, et il ajoute, d'après Denys, « qu'ils sont si gros que leurs petits » ont plus de volume de corps que nos plus grands porcs ; que peu de temps » après qu'ils sont nés le père et la mère les amènent à l'eau, et de temps » en temps les ramènent à terre pour leur donner à teter ; que la pêche s'en » fait au mois de février pour avoir les petits, qui dans ce temps ne vont » point à l'eau ; qu'au premier bruit les pères et mères prennent la fuite en » jetant des cris pour avertir les petits de les suivre ; mais qu'on en tue un » grand nombre avant qu'ils puissent se jeter dans la mer (*d*). »

J'avoue que ces indications ne sont pas assez précises pour qu'on puisse prononcer sur l'identité ou la diversité de ces espèces de phoques dont nous venons de parler ; nous ne les rapportons ici que pour servir de renseignement aux voyageurs qui se trouveront à portée de les reconnaître et qui pourront nous mieux instruire.

LE PHOQUE A CAPUCHON

TROISIÈME ESPÈCE.

La troisième espèce de grand phoque est celle que les Groenlandais nomment *neitser soak* (*e*) : cet animal (*) a pour attribut distinctif un capuchon de peau dans lequel il peut renfoncer sa tête jusqu'aux yeux. Les Danois et les Allemands l'ont appelé *klap-mûtze,* ce qui signifie bonnet rabattu. Ce phoque, dit M. Crantz (*f*), est remarquable par la laine noire qui revêt la

(*a*) *Histoire générale des voyages*, t. XIX.

(*b*) « *Urksuk* species phocarum majoris molis, quarum pellibus Groenlandi utuntur ad » contexendos funes capturæ balænarum et phocarum inservientes. » Egede. *Dict. Groenl.* Coppenhague, 1750.

(*c*) *Description de la Nouvelle-France*, t. III, p. 143 et suiv.

(*d*) *Idem, ibid.*

(*e*) « Phoca majoris generis, cujus caput cute crassiori mobili tegitur, quâ faciem con- » tractam tuetur. » Egede, *ubi supra.*

(*f*) *Histoire générale des voyages*, t. XIX, p. 51.

(*) *Crystophora cristata* Fabr.

peau sous un poil blanc, ce qui le fait paraître d'une assez belle couleur grise; mais le caractère qui le distingue des autres phoques est ce capuchon d'une peau épaisse et velue qu'il a sur le front, et qu'on appelle *cache-museau* parce que l'animal a la faculté d'abattre cette peau sur ses yeux pour se garantir des tourbillons de sable et de neige que le vent chasse trop impétueusement.

Ces phoques font régulièrement deux voyages par an; ils sont fort nombreux au détroit de Davis, et y résident depuis le mois de septembre jusqu'au mois de mars; ils en sortent alors pour aller faire leurs petits à terre, et reviennent avec eux au mois de juin fort maigres et fort épuisés; ils en partent une seconde fois en juillet pour aller plus au nord, où ils trouvent probablement une nourriture plus abondante, car ils reviennent fort gras en septembre; leur maigreur, dans les mois de mai et de juin, semble indiquer que c'est alors la saison de leurs amours, et que dans ce temps ils oublient de manger et jeûnent comme les lions et les ours marins.

LE PHOQUE A CROISSANT

QUATRIÈME ESPÈCE.

La quatrième espèce de grand phoque sans oreilles externes est appelée *attarsoak* (a) par les Groenlandais (*); il diffère du précédent par quelques caractères, et change de nom dans cette langue à mesure que son poil prend des teintes différentes; le fœtus, qui est tout blanc et couvert d'un poil laineux, se nomme *iblau;* dans la première année d'âge le poil est un peu moins blanc, et l'animal s'appelle *attarak;* il devient gris dans la seconde année, et il porte le nom d'*atteitsiak;* il varie encore plus dans la troisième, et on l'appelle *aglektok;* il est tacheté dans la quatrième, ce qui lui fait donner le nom de *milektok;* et ce n'est qu'à la cinquième année que le poil est d'un beau gris blanc, et qu'il a sur le dos deux croissants noirs dont les pointes se regardent; ce phoque est alors dans toute sa force, et il prend le nom d'*attarsoak* (b). J'ai cru devoir rapporter tous ces différents noms pour

---

(a) *Phoca nigri lateris.* Egede, *Dict. Groenl.* Copenhague, 1750.

(b) Outre ces noms qui désignent des espèces ou des variétés du phoque, la langue groenlandaise en a d'autres qui ont rapport à plusieurs particularités de l'histoire de ces animaux ; *amiam* est le troupeau des phoques; le phoque, se jouant à la surface de l'eau et nageant à la renverse, se dit *nulloarpok*; flottant sur l'eau assoupi par la chaleur, il s'appelle *terlikpok*; couché sur les glaces ou s'efforçant de sortir par leurs fentes, il se nomme *outok*; le trou que le phoque, enfermé sous la glace, y ouvre avec ses ongles pour y respirer, est *aglo*; le javelot

(*) *Phoca groenlandica* NILSS.

que les voyageurs qui fréquenteront les côtes du Groenland puissent reconnaître ces animaux.

La peau de ce phoque à croissant est revêtue d'un poil raide et fort; son
corps est couvert d'une graisse épaisse, et dont on tire une huile qui, pour
le goût, l'odeur et la couleur, ressemble assez à de la vieille huile d'olive (a).

Au reste, il me paraît que c'est à cet animal qu'on peut rapporter la troisième espèce de phoque indiquée par M. Kracheninnikow (b), qui porte,
dit-il, de grands cercles couleur de cerise sur une fourrure jaunâtre, et qui
se trouve dans la mer Orientale. M. Pallas (c) rapporte aussi à cette espèce
un phoque que l'on prend quelquefois aux embouchures de la Léna, de l'Obi
et du Jeniscé, et que les Russes appellent *lièvre de mer (morskoizoëtz)*, à
cause de sa blancheur, les lièvres étant tout blancs dans ce pays pendant
l'hiver. Si ce dernier animal est en effet le même que l'*attarsoak* de M. Crantz
et que celui de M. Kracheninnikow, on voit qu'il se trouve non seulement
dans le détroit de Davis et aux environs du Groenland, mais encore sur les
côtes de la Sibérie et jusqu'au Kamtschatka. Au reste, comme le poil de ce
phoque à croissant prend différentes teintes de couleur avec l'âge, il se pourrait que les phoques gris, tachetés, tigrés et cerclés, dont parlent les voyageurs du nord, ne fussent que les mêmes animaux, et tous de l'espèce du
phoque à croissant vu dans des âges différents (d); et, dans ce cas, nous
serions fondés à lui rapporter encore une autre espèce de phoque qui, selon
M. Kracheninnikow, a le ventre blanc jaunâtre, le reste de la peau parsemé
de taches comme celles du léopard, et dont les petits sont blancs comme de
la neige lorsqu'ils viennent de naître.

court, dont on le frappe, est *iperak*; et l'homme, qui rampe sur le ventre pour les atteindre,
aurnarpok, outlulliartok est le chasseur dans sa nacelle qui les poursuit à grande course;
leur peau dépilée s'appelle *erisak*; l'huile tirée de leur graisse, *igunak*. Recueilli par M. l'abbé
Bexon, de la lecture du *Dictionnaire groenlandais*.

(a) *Histoire générale des voyages*, t. XIX, p. 61.

(b) *Idem, ibidem*, p. 256.

(c) *Voyage de Pallas*, troisième partie, p. 91.

(d) A en juger par ce que dit Charlevoix (*Histoire de la Nouvelle-France*, t. III, p. 143),
il paraît que ce phoque à croissant se trouve aussi dans les mers près des côtes orientales de
l'Amérique septentrionale. « Ces animaux, dit-il, ont le poil de diverses couleurs; il y en a
» qui sont tout blancs, et tous le sont en naissant; à mesure qu'ils vieillissent, les uns devien-
» nent noirs, d'autres roux, et d'autres prennent toutes ces couleurs ensemble. » Ce passage,
comme l'on voit, se rapporte assez à ce que nous venons de dire du phoque à croissant, et
nous croyons devoir le lui appliquer.

LE PHOQUE NEIT-SOAK

CINQUIÈME ESPÈCE.

La cinquième espèce de phoque sans oreilles externes est appelée *neit-soak* par les Groenlandais (*) ; il est plus petit que les précédents ; son poil est mêlé de soies brunes et aussi rudes que celles du cochon ; la couleur en est variée par de grandes taches, et il est hérissé comme celui de l'ours marin (*a*).

LE PHOQUE LAKTAK DE KAMTSCHATKA

SIXIÈME ESPÈCE.

La sixième espèce est celle que les habitants du Kamtschatka appellent *lakhtak* (*b*) ; elle ne se prend qu'au delà du cinquante-sixième degré de latitude, soit dans la mer de Pengina, soit dans l'océan Oriental, et paraît être une des plus grandes du genre des phoques.

LE PHOQUE GASSIGIAK

SEPTIÈME ESPÈCE.

La septième espèce de phoques sans oreilles externes est appelée *kassigiak* par les Groelandais ; la peau des jeunes est noire sur le dos et blanche sous le ventre, et celle des vieux est ordinairement tigrée. Cette espèce n'est pas voyageuse et se trouve toute l'année à Balsriver.

(*a*) *Phoca majoris generis, maculis majoribus distincta* (item vestis hirsuta è pellibus phocarum confecta) neitsik-siak. — *Phoca minor specici supra memoratæ*, atak. — *Species phocæ cum maculis majoribus*, atcit siak, *minor ejusdem speciei*, atarak ; *catulus generis superioris*, atestak. *Diction. Groenl.* Copenhague, 1750.
(*b*) Krachcuinników, *Histoire générale des voyages*, t. XIX, p. 260.

(*) *Phoca hispida* SCHREB.

LE PHOQUE COMMUN

HUITIÈME ESPÈCE.

La huitième espèce est celle du phoque commun d'Europe (*a*), dont nous avons donné la description, et que l'on nomme assez indifféremment *veau marin, loup marin* et *chien marin;* on donne aussi ces mêmes noms à quelques-uns des autres phoques dont nous venons de parler. Cette espèce se trouve non seulement dans la mer Baltique et dans tout l'Océan, depuis le Groenland jusqu'aux îles Canaries et au cap de Bonne-Espérance, mais encore dans la Méditerranée et dans la mer Noire. M. Kracheninnikow et M. Pallas (*b*) disent qu'il y en a même dans la mer Caspienne et dans le lac Baikal, où l'eau est douce et non salée, ainsi que dans les lacs Onéga et Ladoga en Russie; ce qui semble prouver que cette espèce est presque universellement répandue, et qu'elle peut vivre également dans la mer et dans les eaux douces des climats froids et tempérés.

Le voyageur Denis parle d'une espèce de phoque, de taille moyenne, qui se trouve sur les côtes de l'Acadie, et le P. Dutertre rapporte, d'après lui, que ces petits phoques ne s'éloignent jamais beaucoup du rivage. « Lorsqu'ils sont sur la terre, il y en a toujours quelqu'un, dit-il, qui fait
» sentinelle; au premier signal qu'il donne, tous se jettent dans la mer; au
» bout de quelque temps, ils se rapprochent de terre et s'élèvent sur leurs
» pattes de derrière pour voir s'il n'y a rien à craindre; mais, malgré cela,
» on en prend un très grand nombre à terre, et il n'est presque pas possible
» de les avoir autrement... Mais quand ces phoques entrent avec la marée
» dans les anses, il est aisé de les prendre en très grande quantité; on en
» ferme l'entrée avec des filets et des pieux, on n'y laisse de libre qu'un
» fort petit espace par où ces phoques se glissent dès que la marée est
» haute; on bouche cette ouverture dès que la mer est retirée, et ces ani-
» maux étant restés à sec, on n'a que la peine de les assommer; on les suit
» en canot dans les endroits où il y en a beaucoup, et quand ils mettent la
» tête hors de l'eau pour respirer, on tire dessus; s'ils ne sont que blessés,
» on les prend sans peine, mais s'ils sont tués raides, ils vont d'abord au
» fond, où de gros chiens dressés pour cette chasse vont les pêcher à sept
» ou huit brasses de profondeur (*c*). »

(*a*) Les mariniers français l'appellent *veau marin* ou *loup marin* ; les Anglais, *common seal*, c'est-à-dire *phoque commun* ; les Espagnols et les Portugais *lobo de mer*. Note communiquée par M. Forster ; mais ces noms de veau et de loup marin ont été également appliqués à tous les phoques.

(*b*) *Voyage de Pallas*, t. III.

(*c*) *Description de la Nouvelle-France*, t. III, p. 143 et suiv.

(*) *Phoca vitulina* L.

PHOQUE COMMUN.

A Le Vasseur Éditeur

Imp R Tanour.

Ces huit ou neuf espèces de phoques, dont nous venons de donner les indications, se trouvent pour la plupart aux environs des terres les plus septentrionales dans les mers d'Europe, de l'Asie et de l'Amérique, tandis que le lion marin, l'ours marin et même le phoque à museau ridé se trouvent également répandus dans les deux hémisphères. Tous ces animaux, à l'exception du phoque à museau ridé et du phoque à ventre blanc, sont connus par les Russes et autres peuples septentrionaux, sous les noms de *chien* et de *veau marin* (a); il en est de même au Kamtschatka, aux îles Kouriles et chez les Koriaques, où on les appelle *kolkha, betarkar* et *memel*, ce qui signifie également veau marin dans les trois langues. « Ils ont tous la peau
» ferme et velue comme les quadrupèdes terrestres, à cela près, dit
» M. Crantz, que le poil est épais, court et lisse dans la plupart, comme s'il
» était huilé. Ces animaux ont les deux pieds de devant formés pour mar-
» cher, et ceux de derrière pour nager ; à chaque pied il y a cinq doigts,
» avec quatre jointures à chacun, armés d'ongles pour grimper sur les
» rochers ou se cramponner sur la glace ; leurs pieds de derrière ont les
» doigts joints en patte d'oie, de sorte qu'en nageant ils se déploient comme
» un éventail ; ce sont des espèces d'amphibies ; la mer est leur élément et
» le poisson leur nourriture ; ils vont dormir à terre, et même ils ronflent
» si profondément au soleil, qu'il est aisé de les surprendre ; ils courent
» des pieds de devant et sautent ou s'élancent avec ceux de derrière, mais
» si vite, qu'un homme a de la peine à les attraper ; ils ont des dents tran-
» chantes et des poils au museau, forts comme des soies de sanglier... leur
» corps est gros au milieu et terminé en cône par les deux extrémités, ce
» qui les aide beaucoup à nager (b). »

C'est sur les rochers et quelquefois sur la glace que ces animaux s'accouplent, et que les mères font leurs petits (c); elles les allaitent dans l'eau, mais bien plus souvent à terre ; elles les laissent aller de temps en temps à la mer, ensuite elles les ramènent à terre, et les exercent ainsi jusqu'à ce qu'ils puissent faire, en nageant, de plus longs voyages.

Non seulement ces animaux fournissent aux Groenlandais le vêtement et la nourriture (d), mais leurs peaux sont encore employées à couvrir leurs tentes et leurs canots ; ils en tirent aussi de l'huile pour leurs lampes, et se

(a) Les Français les appellent aussi *veaux marins* et quelquefois *loups marins ;* et les pêcheurs du Canada nomment les uns *brasseurs,* parce qu'ils agitent l'eau et la font tournoyer ; les autres *nau,* et ils ont donné à un autre le nom de *grosse tête ;* mais il ne faut pas les confondre avec l'ours de mer que plusieurs voyageurs ont appelé *veau* et *loup marin,* quoiqu'il en diffère essentiellement par les oreilles qui sont saillantes et externes.

(b) *Histoire générale des voyages,* t. XIX, p. 60 et 61.

(c) Charlevoix, *Description de la Nouvelle-France,* t. III, p. 143 et suiv.

(d) Les Russes et les habitants de Kamtschatka tirent aussi un très grand parti de la chasse des phoques ; ils font de la chandelle de leur graisse, que les naturels du pays préfèrent à toute autre graisse pour assaisonner leurs aliments ; ils en mangent aussi la chair et la font sécher au soleil pour la conserver pendant les temps où ils ne peuvent pêcher ; on fait avec

servent des nerfs et des fibres tendineuses pour coudre leurs vêtements ; les boyaux, bien nettoyés et amincis, sont employés au lieu de verre pour leurs fenêtres, et la vessie de ces animaux leur sert de vase pour contenir leur huile ; ils en font sécher la chair pour la conserver pendant le temps qu'ils ne peuvent ni chasser ni pêcher : en un mot, les phoques font la principale ressource des Groenlandais, et c'est par cette raison qu'ils s'exercent de bonne heure à la chasse de ces animaux, et que celui qui réussit le mieux acquiert autant de gloire que s'il s'était distingué dans un combat.

M. Kracheninnikow, qui a vu ces animaux au Kamtschatka, dit qu'ils remontent quelquefois dans les rivières en si grand nombre, que les petites îles éparses ou voisines des côtes de la mer en sont couvertes (a) : en général, ils ne s'éloignent guère qu'à vingt ou trente lieues des côtes ou des îles, excepté dans le temps de leurs voyages ; lorsqu'ils remontent les rivières, c'est pour suivre le poisson dont ils se nourrissent ; ils s'accouplent différemment des quadrupèdes, les femelles se renversant sur le dos pour recevoir le mâle ; elles ne produisent ordinairement qu'un petit, ainsi que nous l'avons déjà dit, dans les grandes espèces, et deux dans les petites ; la voix de tous ces animaux, selon Krachennikow, est fort désagréable : les jeunes ont un cri plaintif, et tous ne cessent de grogner ou murmurer d'un ton rauque ; ils sont dangereux dès qu'on les a blessés ; ils se défendent alors avec une sorte de fureur, lors même qu'ils ont le crâne brisé en plusieurs pièces (b).

On voit, par tout ce que nous venons d'exposer, que non seulement ce genre des phoques est assez nombreux en espèces, mais que chaque espèce est aussi très nombreuse en individus, si l'on en juge par la quantité de ceux que les voyageurs ont trouvés rassemblés sur les terres nouvellement découvertes et aux extrémités des deux continents ; ces côtes désertes sont en effet le dernier asile de ces peuplades marines qui ont fui les terres habitées, et ne paraissent plus que dispersées dans nos mers. Et réellement ces phoques en bandes, ces *troupeaux du vieux Protée,* que les anciens nous ont si souvent peints, et qu'ils doivent avoir vus sur la Méditerranée, puisqu'ils connaissaient très peu l'Océan, ont presque disparu et ne se trouvent plus que dispersés près de nos côtes, où il n'est plus de désert qui

leur peau des semelles de souliers, et les Korelli, les Olutores et les Tschukotskoi en font des bateaux. *Histoire de Kamtschatka,* par M. Kracheninnikow, t. Ier, p. 227.

(a) *Histoire générale des voyages,* t. XIX, p. 255.

(b) Ils sont, dit M. Kracheninnikow, vifs et courageux ; j'en ai vu un qui, s'étant pris à l'hameçon dans l'embouchure de la grande rivière, s'élança sur nos gens avec beaucoup de férocité après même qu'ils lui eurent brisé le crâne ; on ne l'eut pas plus tôt tiré à terre qu'il essaya de se jeter dans la rivière, et lorsqu'il vit que la chose lui était impossible, il commença à pleurer, et plus on le frappait plus il était féroce. *Histoire du Kamtschatka,* t. Ier, page 275.

puisse leur offrir la paix et la sécurité dont leurs grandes sociétés ont besoin ; ils sont allés chercher ailleurs cette liberté qui est nécessaire à toute
réunion sociale, et ne l'ont trouvée que dans les mers peu fréquentées et sous
les zones froides des deux pôles.

L'OURS MARIN (a)

Tous les phoques dont nous venons de parler n'ont que des trous auditifs et
point d'oreilles externes ; et l'ours marin (*) n'est pas le plus grand des
phoques à oreilles, mais c'est celui dont l'espèce est la plus nombreuse et la
plus répandue (b) ; c'est un animal tout différent de l'ours de mer blanc ; ce
dernier est un quadrupède du genre de l'ours terrestre, et l'ours marin dont
il s'agit ici est un véritable amphibie de la famille des phoques. M. Forster,
qui a vu plusieurs de ces animaux dans son voyage avec le capitaine Cook,
et qui en a dessiné quelques-uns, m'a communiqué plusieurs faits historiques sur leurs habitudes naturelles, et ses observations, réunies à celles de
M. Steller et de quelques autres voyageurs, suffiront pour donner une connaissance assez exacte de cet animal, qui jusqu'à présent avait été confondu
avec les autres phoques.

L'espèce de l'ours marin paraît se trouver dans tous les océans, car les
voyageurs ont rencontré et reconnu ces animaux dans les mers de l'équateur et sous toutes les latitudes jusqu'au cinquante-sixième degré dans les
deux hémisphères. Dampier est le premier qui en ait parlé, et qui les ait
indiqués sous le nom d'*ours marin;* quelques autres navigateurs l'ont appelé
phoque commun, parce qu'on le trouve en effet très communément dans
toutes les mers australes ou boréales ; mais nous devons observer que ce
nom lui a été mal appliqué, puisqu'il appartient spécifiquement au phoque
commun qui se trouve sur nos côtes d'Europe, qui n'est pas à beaucoup près
aussi grand et qui de plus n'a point d'oreilles extérieures.

De tous les animaux de ce genre, l'ours marin paraît être celui qui fait les

(a) *Phoca ursina.* Linnæus. — *Ursine seal.* Pennant, *Synops. quadrup.*, p. 271. — Il est
appelé *kot* par les Russes ; *phoque ursin,* par M. Forster ; *phoque commun,* par plusieurs
voyageurs ; *chat marin,* par M. Kracheninnikow ; *loup de mer,* par les Français ; et *veau
marin,* par les Anglais.

(b) On l'a reconnu à l'île de Juan Fernandès, située à 36 degrés de latitude australe, à
l'île Saint-Pierre, à celle de Sandwich nouvellement découverte, à la côte des Patagons, aux
îles Malouines, à la terre des États, à la Nouvelle-Hollande, à la Nouvelle-Guinée, aux îles
Galapagos, situées presque sous l'équateur ; et enfin depuis le cap Horn, tout le long des
côtes de l'Amérique et jusqu'à Kamtschatka.

(*) *Otaria ursina* Pér.

plus grands voyages; son tempérament n'est pas soumis ou s'accommode à l'influence de tous les climats; on le trouve dans toutes les mers et autour des îles peu fréquentées; on le rencontre en troupes nombreuses dans la mer de Kamtschatka et sur les îles inhabitées qui sont entre l'Asie et l'Amérique. M. Steller a eu le temps de l'observer à l'île de Bering (a), après son malheureux naufrage, il nous apprend que ces animaux quittent au mois de juin les côtes de Kamtschatka, et qu'ils y reviennent à la fin d'août ou au commencement de septembre pour y passer l'automne et l'hiver (b). Dans le temps du départ, c'est-à-dire au mois de juin, les femelles sont prêtes à mettre bas, et il paraît que l'objet du voyage de ces animaux est de s'éloigner le plus qu'ils peuvent de toute terre habitée pour faire tranquillement leurs petits et se livrer ensuite sans trouble aux plaisirs de l'amour, car les femelles entrent en chaleur un mois après qu'elles ont mis bas; tous reviennent fort maigres au mois d'août; ceux que M. Steller a disséqués dans cette saison n'avaient rien dans l'estomac ni dans les intestins, et il présume qu'ils ne mangent que peu ou point du tout, tant que durent leurs amours; cette saison des plaisirs est en même temps celle des combats, les mâles se battent avec fureur pour maintenir leur famille et en conserver la propriété; car lorsqu'un ours marin mâle vient pour enlever à un autre ses filles adultes ou ses femmes, ou qu'il veut le chasser de sa place, le combat est sanglant et ne se termine ordinairement que par la mort de l'un des deux.

Chaque mâle a communément huit ou dix femelles, et quelquefois quinze ou vingt; il en est fort jaloux et les garde avec grand soin; il se tient ordinairement à la tête de toute sa famille, qui est composée de ses femelles et de leurs petits des deux sexes; chaque famille se tient séparée, et quoique ces animaux soient par milliers dans de certains endroits, les familles ne se mêlent jamais, et chacune forme une petite troupe à la tête de laquelle est le chef mâle qui les régit en maître; cependant il arrive quelquefois que le chef d'une autre famille arrive au combat pour protéger un de ceux qui sont aux prises, et alors la guerre devient plus générale, et le vainqueur s'empare de toute la famille des vaincus qu'il réunit à la sienne.

Ces ours marins ne craignent aucun des autres animaux de la mer; cependant ils paraissent fléchir devant le lion marin, car ils l'évitent avec soin et ne s'en approchent jamais, quoique souvent établis sur le même

(a) Il y a une si grande quantité de ces animaux dans l'île de Bering, qu'ils couvrent tout le rivage, ce qui oblige souvent les voyageurs à quitter la plaine, et à gravir les rochers et les montagnes. Il est bon d'observer qu'on n'en trouve que sur la côte méridionale, qui est vis-à-vis de Kamtschatka; la raison en est peut-être que c'est la première terre qu'ils rencontrent en allant du cap de Kronotzkoi vers l'orient. *Hist. du Kamtschatka*, par Kracheninnikow. Lyon, 1767, t. Ier, p. 307.

(b) M. Steller dit qu'une seule famille de ces animaux est souvent composée de cent vingt individus; que non seulement cette famille est réunie sur le rivage, mais qu'elle l'est encore en nageant dans la mer.

terrain (*a*); mais ils font une guerre cruelle à la loutre marine (saricovienne), qui étant plus petite et plus faible ne peut se défendre contre eux. Ces animaux, qui paraissent très féroces par les combats qu'ils se livrent, ne sont cependant ni dangereux ni redoutables ; ils ne cherchent pas même à se défendre contre l'homme, et ils ne sont à craindre que lorsqu'on les réduit au désespoir, et qu'on les serre de si près qu'ils ne peuvent fuir ; ils se mettent aussi de mauvaise humeur lorsqu'on les provoque dans le temps qu'ils jouissent de leurs femelles ; ils se laissent assommer plutôt que de désemparer.

La manière dont ils vivent et agissent entre eux est assez remarquable ; ils paraissent aimer passionnément leur famille ; si un étranger vient à bout d'en enlever un individu ils en témoignent leurs regrets en versant des larmes ; ils en versent encore lorsque quelqu'un de leur famille, qu'ils ont maltraité, se rapproche et vient demander grâce : ainsi dans ces animaux il paraît que la tendresse succède à la sévérité, et que c'est toujours à regret qu'ils punissent leurs femelles ou leurs petits (*b*) ; le mâle semble être en même temps un bon père de famille et un chef de troupe impérieux et jaloux de conserver son autorité, et qui ne permet pas qu'on lui manque.

Les jeunes mâles vivent pendant quelque temps dans le sein de la famille, et la quittent lorsqu'ils sont adultes et assez forts pour se mettre à la tête de quelques femelles dont ils se font suivre, et cette petite troupe devient bientôt plus une famille nombreuse ; tant que la vigueur de l'âge dure et qu'ils sont en état de jouir de leurs femelles, ils les régissent en maîtres et ne les quittent pas ; mais lorsque la vieillesse a diminué leurs forces et amorti leurs désirs, ils les abandonnent et se retirent pour vivre solitaires ; l'ennui ou le regret semble les rendre plus féroces, car ces vieux mâles retirés ne témoignent aucune crainte et ne fuient pas comme les autres à l'aspect de l'homme (*c*) ; ils

(*a*) « Nous observâmes (sur une petite île près de la terre des États), que les ours et les » lions de mer, quoique campés sur la même grève, se tenaient toujours fort loin les uns » des autres, et qu'ils ne communiquaient point entre eux. » Forster, *Second Voyage de Cook*, t. IV, p. 55 et suiv. « Les lions de mer occupent la plus grande partie de la côte ; les » ours de mer habitent l'intérieur de l'île. » *Ibid.*, p. 73.

(*b*) M. Steller dit que ces animaux maltraitent leur famille pour le moindre manquement, mais qu'il suffit à la femelle ou à un petit, lorsqu'ils ont déplu, de venir caresser le mâle en lui léchant les pieds, pour désarmer sa colère.

(*c*) « Les vieux mâles, dit Kracheninnikow, dorment quelquefois un mois entier sans » prendre de nourriture ; ils sont très féroces et attaquent les passants, ils sont si obstinés » qu'ils aiment mieux se faire tuer que de quitter leur place ; lorsqu'ils voient venir un » homme, quelques-uns se jettent sur lui, et les autres se tiennent prêts pour les défendre ; » ils mordent les pierres qu'on leur jette, et courent sur celui qui les a jetées ; encore qu'on » leur casse les dents et qu'on leur crève les yeux, ils ne bougent pas de l'endroit où ils sont. Il » y a plus, aucun n'oserait abandonner son poste, et s'il le faisait les autres le dévoreraient ; » si quelqu'un fait mine de vouloir se retirer, les autres le serrent de près pour empêcher » qu'il ne s'enfuie, et si quelqu'un se méfie du courage de son camarade ou le soupçonne de » s'enfuir, il se jette sur lui. » *Histoire de Kamtschatka*, t. Ier, p. 299. « Nous eûmes aussi » beaucoup de peine à tuer les veaux et les lions marins (sur une petite île près de la terre

grondent en montrant les dents, et se jettent même avec audace contre celui qui les attaque, sans jamais reculer ni fuir ; en sorte qu'ils se laissent plutôt tuer que de prendre le parti de la retraite.

Les femelles, plus timides que les mâles, ont un si grand attachement pour leurs petits, que, même dans les plus pressants dangers, elles ne les abandonnent qu'après avoir employé tout ce qu'elles ont de force et de courage pour les en garantir et les conserver, et souvent, quoique blessées, elles les emportent dans leur gueule pour les sauver.

M. Steller assure que les ours marins ont plusieurs cris différents, tous relatifs aux circonstances ou aux passions qui les agitent ; lorsqu'ils sont tranquilles sur la terre, on distingue aisément les femelles et les jeunes d'avec les vieux mâles par le son de leurs voix, dont le mélange ressemble de loin aux bêlements d'un troupeau composé de moutons et de veaux ; quand ils souffrent ou qu'ils sont ennuyés, ils beuglent ou mugissent, et lorsqu'ils ont été battus ou vaincus, ils gémissent de douleur, et font entendre un sifflement d'affliction à peu près semblable au cri de la saricovienne ; dans les combats, ils rugissent et frémissent comme le lion, et enfin, dans la joie et après la victoire, ils font un petit cri aigu qu'ils réitèrent plusieurs fois de suite.

Ils ont tous les sens et surtout l'odorat très bons, car ils sont avertis par ce sens, même pendant le sommeil, et ils s'éveillent lorsqu'on s'avance vers eux, quoiqu'on en soit encore loin.

Ils ne marchent pas aussi lentement que la conformation de leurs pieds semblerait l'indiquer, il faut même être bon coureur pour les atteindre (a); ils nagent avec beaucoup de célérité, et au point de parcourir en une heure une étendue d'un mille d'Allemagne (b) ; lorsqu'ils se délectent ou qu'ils s'amu-

» des États); leur museau était la partie la plus sensible. Nous manquâmes, le docteur » Sparrman et moi, d'être attaqués par un des plus vieux ours de mer, sur un rocher où il » y en avait plusieurs centaines de rassemblés, qui semblaient tous attendre l'issue du combat; » le docteur avait tiré son coup de fusil sur un oiseau, et il allait le ramasser lorsque le » vieux ours gronda et montra les dents, et parut se disposer à s'opposer à mon camarade ; » dès que je fus assis j'étendis l'animal raide mort d'un coup de fusil, et au même instant » toute la troupe voyant son champion terrassé s'enfuit du côté de la mer ; plusieurs s'y » jetèrent avec tant de hâte, qu'ils sautèrent à dix ou quinze verges perpendiculaires sur des » rochers pointus ; je crois qu'ils ne se firent point de mal, parce que leur peau est très dure » et que leur graisse, très élastique, se prête aisément à la compression. » Forster, *Second voyage de Cook*, t. IV, p. 60. « Cet amphibie paraît affreux, et mord avec tant de force qu'il » peut trancher la hampe d'une demi-pique, ainsi qu'on l'éprouva, et la présence de deux ou » trois hommes ne le fait pas fuir; il ose même les attaquer dans sa colère, quand il peut » les joindre à la course. » G. Spilberg. *Recueil des voyages qui ont servi à l'établissement de la Compagnie des Indes orientales*, t. II, p. 438.

(a) Steller, *Novi commentarii Academiæ Petropol.*, t. II, ann. 1751. Cependant M. de Pagès qui a vu ces animaux au cap de Bonne-Espérance, où l'espèce est de petite taille, dit qu'ils marchent fort lentement, et que comme ils sont fort gras et replets, ils ont peine à se retourner sur la terre. Note communiquée par M. de Pagès, enseigne des vaisseaux du Roi.

(b) « Le chat marin (*ours marin*), dit M. Kracheninnikow, nage si vite, qu'il peut aisément

sent près du rivage, ils font dans l'eau différentes évolutions ; tantôt ils nagent sur le dos et tantôt sur le ventre ; ils paraissent même assez souvent se tenir dans une situation presque verticale ; ils se roulent, ils se plongent et s'élancent quelquefois hors de l'eau à la hauteur de quelques pieds (a) ; dans la pleine mer, ils se tiennent presque toujours sur le dos, sans néanmoins que l'on voie leurs pieds de devant, mais seulement ceux de derrière, qu'ils élèvent de temps en temps au-dessus de l'eau ; et comme ils ont le trou ovale du cœur ouvert (*), ils ont la faculté d'y rester longtemps sans avoir besoin de respirer, ils prennent au fond de la mer les crabes et autres crustacés et coquillages, dont ils se nourrissent lorsque le poisson leur manque.

Les femelles mettent bas au mois de juin dans les îles désertes de l'hémisphère boréal ; et comme elles entrent en chaleur au mois de juillet suivant, on peut en conclure que le temps de la gestation est au moins de dix mois ; leurs portées sont ordinairement d'un seul, et très rarement de deux petits ; les mâles, en naissant, sont plus gros et plus noirs que les femelles, qui deviennent bleuâtres avec l'âge, et tachetées ou tigrées entre les jambes de devant (b) ; tous, mâles et femelles, naissent les yeux ouverts, et ont déjà trente-deux dents, mais les dents canines ou défenses ne paraissent que quatre jours après ; les mères nourrissent leurs petits de leur lait jusqu'à leur retour sur les grandes terres, c'est-à-dire jusqu'à la fin d'août ; ces petits, déjà forts, jouent souvent ensemble, et lorsqu'ils viennent à se battre, celui qui est vainqueur est caressé par le père, et le vaincu est protégé et secouru par la mère.

Ils choisissent ordinairement le déclin du jour pour s'accoupler ; une heure auparavant, le mâle et la femelle entrent tous deux dans la mer, ils y nagent doucement ensemble et reviennent ensuite à terre ; la femelle qui, pour l'ordinaire, sort de l'eau la première, se renverse sur le dos, et le mâle la couvre dans cette situation ; il paraît très ardent et très actif ; il presse si fort la femelle par son poids et par ses mouvements, qu'il l'enfonce souvent dans le sable au point qu'il n'y a que sa tête et les pieds qui paraissent ; pendant ce temps, qui est assez long, le mâle est si occupé qu'on peut en approcher sans crainte et même le toucher avec la main (c).

» faire dix werstes par heure. Lorsqu'il se sent blessé, il saisit le bateau du pêcheur avec » les dents, et l'entraîne avec tant de rapidité qu'on dirait qu'il vole sur l'eau ; il arrive » souvent qu'il le renverse, et que ceux qui sont dedans se noient, à moins que le timonier » ne sache le conduire et qu'il n'observe la route que l'animal prend. » *Histoire de Kamtschatka*, t. Ier, p. 306.

(a) Note communiquée par M. de Pagès, enseigne des vaisseaux du Roi.

(b) *Histoire de Kamtschatka*, par M. Kracheninnikow, t. Ier, p. 296.

(c) « J'ai vu, dit M. Steller, un de ces animaux accouplé depuis plus d'un quart d'heure, » auquel je donnai un coup de ma main..... ce coup le fit regarder, et le mit en colère, ce » qu'il témoigna par un terrible rugissement ; mais cela ne l'empêcha pas de continuer et » d'achever son ouvrage. » *Novi Commentarii Academiæ Petropolit.*, ann. 1751, t. II.

(*) Nous avons déjà plusieurs fois relevé cette erreur.

Ces animaux ont le poil hérissé, épais et long; il est de couleur noire sur le corps, et jaunâtre ou roussâtre sur les pieds et les flancs; il y a sous ce long poil une espèce de feutre, c'est-à-dire un second poil plus court et fort doux, qui est aussi de couleur roussâtre; mais, dans la vieillesse, les plus longs poils deviennent gris ou blancs à la pointe, ce qui les fait paraître d'une couleur grise un peu sombre; ils n'ont pas autour du cou de longs poils en forme de crinière comme les lions marins. Les femelles diffèrent si fort des mâles par la couleur, ainsi que par la grandeur, qu'on serait tenté de les prendre pour des animaux d'une autre espèce; leurs plus longs poils varient, ils sont tantôt cendrés et tantôt mêlés de roussâtre; les petits sont du plus beau noir en naissant; on fait de leurs peaux des fourrures qui sont très estimées; mais, dès le quatrième jour après leur naissance, il y a du roussâtre sur les pieds et sur les côtés du ventre; c'est par cette raison que l'on tue souvent les femelles qui sont pleines, pour avoir la peau du fœtus qu'elles portent, parce que cette fourrure des fœtus est encore plus soyeuse et plus noire que celle des nouveau-nés.

Le poids des plus grands ours marins des mers de Kamstchatka est d'environ vingt puds de Russie, c'est-à-dire de huit cents de nos livres, et leur longueur n'excède pas huit à neuf pieds; il en est de même de ceux qui se trouvent à la terre des États (a) et dans plusieurs îles de l'hémisphère austral, où les voyageurs ont reconnu ces mêmes ours marins, et en ont observé d'autres bien plus petits.

Pendant les neuf mois que ces grands animaux séjournent sur les côtes de Kamtschatka, c'est-à-dire depuis le mois d'août jusqu'au mois de juin, ils ont sous la peau un pannicule graisseux de près de quatre pouces sur le corps; la graisse des mâles est huileuse et d'un goût très désagréable, mais celle des femelles, qui est moins abondante, est aussi d'un goût plus supportable; on peut manger de leur chair, et celle des petits est même assez bonne, tandis que celle des vieux est noire et de très mauvais goût, quoique dépouillée de sa graisse; il n'y a que le cœur et le foie qui soient mangeables (b).

(a) « Nous montâmes au sommet de l'île (près de la terre des États), sur lequel il y avait » une infinité de petits mondrains, sur chacun desquels croissait une large touffe d'herbes ou » de glayeuls (*dactylis glomerata*); les intervalles entre ces touffes étaient très vaseux et » très sales.... Nous découvrîmes bientôt qu'une espèce de phoques occupait cette partie de » l'île, et que cette vase venait de ce qu'ils abordaient tout mouillés sur la terre; ceux-ci » étaient les ours de mer que nous avions vus à la baie Dusky, à la Nouvelle-Zélande; mais » ils étaient infiniment plus nombreux, et leur grosseur plus considérable égalait celle que » leur donne M. Steller; ils sont cependant fort inférieurs aux lions de mer, les mâles n'ont » jamais plus de huit à neuf pieds de long, et leur grosseur est proportionnée... Ils n'ont pas » de crinière comme le lion marin, mais la coupe générale du corps et la forme des nageoires » sont exactement les mêmes. » Forster, *Second voyage de Cook*, t. IV, p. 57.

(b) « Nous tirâmes surtout de l'huile des vieux lions et des ours marins que l'on tua; car » excepté leurs fressures, assez bonnes, la chair est trop rance pour être mangée; les petits

La longueur de celui qui a été décrit par M. Steller n'était que de sept pieds trois pouces, depuis le bout du museau jusqu'à l'extrémité des nageoires de derrière, et de sept pieds un pouce six lignes, depuis la même extrémité du museau jusqu'au bout de la queue.

Si l'on compare l'ours marin avec l'ours terrestre, on ne leur trouvera d'autre ressemblance que par le squelette de la tête et par la forme de la partie antérieure du corps, qui est épaisse et charnue (a); la tête dans son état naturel, est revêtue d'un pannicule graisseux d'un pouce d'épaisseur, ce qui la fait paraître beaucoup plus ronde que celle de l'ours de terre; elle a, en effet, deux pieds cinq pouces six lignes de tour derrière les oreilles, et n'est longue que d'environ huit pouces depuis le bout du museau jusqu'aux oreilles; mais après l'avoir dépouillée de sa graisse, le squelette de cette tête de l'ours marin est très ressemblant à celui de l'ours de terre. Du reste, la forme de ces deux animaux est très différente; le corps de l'ours marin est fort mince dans sa partie postérieure, et devient presque de figure conique depuis les reins jusqu'auprès de la queue, qui n'a que deux pouces de longueur; en sorte que la grosseur du corps, qui est de quatre pieds huit pouces de tour auprès des épaules, se réduit à un pied six pouces trois lignes auprès de la queue.

L'ours marin a des oreilles externes comme le lion marin et la saricovienne; ces oreilles ont un pouce sept lignes de longueur, elles sont pointues, coniques, droites, lisses et sans poil à l'extérieur, elles ne sont ouvertes que par une fente longitudinale que l'animal peut resserrer et fermer lorsqu'il se plonge en entier dans l'eau; les yeux sont proéminents et gros à peu près comme ceux du bœuf; l'iris en est noir; ils sont garnis de cils et de paupières, et défendus, comme ceux des phoques, par une membrane qui prend naissance au grand angle de l'œil, et qui peut le recouvrir à la volonté de l'animal.

La gueule, depuis l'angle jusqu'au bout du museau, n'a qu'environ trois pouces de longueur, elle est garnie de moustaches dont les soies ont cinq pouces huit lignes de long; la lèvre supérieure déborde l'inférieure d'un pouce et demi, et la distance entre les deux lèvres, lorsque la gueule est ouverte, est d'environ quatre pouces; la langue qui est, comme celle de tous

» oursins étaient bons, et même la chair de quelques vieilles lionnes n'était pas mauvaise; » mais celle des vieux mâles nous parût détestable. » Forster, *Second voyage de Cook*, t. IV, p. 64.

(a) « Les ours marins (de l'île Sainte-Élisabeth) ressemblent plus en effet aux ours qu'à » nos loups.... leur couleur et leur tête sont tout à fait approchantes de celles des ours, hormis » que leur museau est plus aigu; ils leur ressemblent encore par les mouvements qu'ils » font et par la manière dont ils les font; mais ils sont comme paralytiques par la partie » postérieure du corps, car ils ne font que traîner après eux leurs jambes ou nageoires de » derrière; néanmoins ils courent si vite, qu'à peine un homme peut les atteindre. » G. Spil- berg, *Recueil des Voyages qui ont servi à l'établissement de la Compagnie des Indes orien- tales*, t. II, p. 437 et 438.

les phoques, un peu fourchue à son extrémité, a quatre pouces et demi ou cinq pouces de longueur.

Les dents sont très pointues, et disposées dans chaque mâchoire de manière que la pointe de chacune correspond exactement à l'intervalle qui sépare l'extrémité des autres; il y en a trente-six en tout, vingt en haut et seize en bas : 1° dans la mâchoire supérieure, quatre dents incisives divisées en deux pointes à leur extrémité; 2° deux canines, une de chaque côté, longues d'environ quatre lignes, lesquelles sont courbées en dedans; 3° deux autres dents canines ou défenses très aiguës, une de chaque côté d'environ huit à neuf lignes de longueur, c'est avec celles-ci que ces animaux se déchirent et se blessent cruellement; 4° six autres dents de chaque côté, qui sont aiguës comme toutes les autres, et qui occupent la place des molaires.

Dans la mâchoire inférieure, il y a, comme dans la supérieure : 1° quatre incisives sur le devant de la mâchoire; 2° deux canines seulement, une de chaque côté; elles sont tranchantes sur la face intérieure et longues de plus d'un pouce; l'ours marin s'en sert dans les combats comme les sangliers se servent de leurs défenses, mais il n'y a pas de secondes dents canines comme dans la mâchoire supérieure; 3° cinq dents de chaque côté qui sont pointues, et qui tiennent, comme dans la mâchoire supérieure, la place des dents molaires.

Un caractère qui est commun aux ours et aux lions marins, et qui les distingue de tous les autres animaux, c'est la forme de leurs pieds; ils sont armés d'une pinne ou nageoire qui, dans les pieds de devant, réunit les doigts en une seule masse, tandis que, dans ceux de derrière, les doigts sont aussi unis par une pinne, et qu'ils ont à peu près la forme de ceux des oiseaux palmipèdes; les pieds de devant servent à l'animal à marcher sur la terre, et ceux de derrière ne lui sont utiles que pour nager et se gratter; il les traîne après lui comme des membres nuisibles sur la terre, car ces parties de l'arrière du corps ramassent et accumulent sous son ventre du sable et de la vase en si grande quantité, qu'il est obligé de marcher circulairement; et c'est par cette raison qu'il ne peut grimper sur les rochers.

Les pieds antérieurs, dont la longueur est d'environ deux pieds, sur sept à huit pouces de largeur, ne sont pas cachés en partie sous la peau comme ceux des phoques, mais ils sortent en entier; ces pieds ou bras sont couverts de poil, à l'exception du carpe, du métacarpe et des doigts, dont la peau est noire, nue, lisse à la partie supérieure et ridée à la partie inférieure; ils sont à l'intérieur composés de l'os humérus, de ceux du bras, de l'avant-bras, du carpe, du métacarpe et des phalanges des doigts; il y en a cinq à chaque pied, dont les ongles ont deux lignes de longueur; le pouce est le plus long des doigts, et les quatre autres vont toujours en diminuant de longueur jusqu'au cinquième et dernier, qui est le plus court; le pouce, ainsi que le

second doigt, sont composés de trois phalanges, le troisième et le quatrième
en ont quatre, et le cinquième n'en a que deux.

Les pieds postérieurs, dont la longueur totale est d'environ vingt à vingt et
un pouces, sur une largeur de cinq ou six pouces, sont composés du fémur,
du tibia, du péroné, du tarse, du métatarse et des phalanges des doigts ; le
tibia et le péroné sont cachés sous la peau du corps ; le tarse et le métatarse
paraissent à l'extérieur et sont couverts de poils ; il y a aussi cinq doigts
armés chacun d'un ongle oblong, aigu, convexe en dessus et concave en
dessous ; ces ongles du pouce et du doigt extérieur sont très petits, mais
ceux des trois autres doigts ont environ un pouce de longueur, sur une largeur de quatre lignes à la base ; ces doigts sont courts, comme ceux des
pieds de devant, couverts d'une peau lisse en dessus et ridée en dessous ; le
pouce est d'un tiers plus large que les autres doigts, il est de la même longueur que les trois suivants ; mais le cinquième est beaucoup plus court ; ces
pieds de derrière sont moins épais que ceux de devant, et les phalanges des
doigts en sont plus larges, plus plates et plus minces ; à l'extrémité des phalanges commencent des épiphyses cartilagineuses qui en rendent les extrémités assez semblables à celles des pieds des oiseaux palmipèdes, et la nageoire est divisée en cinq à son extrémité ; le pouce n'a que deux phalanges,
mais les quatre autres doigts en ont chacun trois.

La verge est longue de dix à onze pouces ; elle contient dans sa partie
antérieure un os de près de cinq pouces de longueur, semblable à celui qui se
trouve dans la verge de la saricovienne ; la peau du scrotum qui est située sous
l'anus, et qui renferme deux testicules de figure oblongue, est de couleur noire,
ridée et sans poil ; la femelle n'a que deux mamelles situées près de la vulve.

La longueur des intestins, dans l'individu décrit par M. Steller, était de
cent douze pieds cinq pouces, mesurés depuis l'œsophage jusqu'à l'anus ; en
sorte que, pris tous ensemble, les intestins étaient seize fois plus longs que
le corps de cet animal, dont la grandeur n'était que de sept pieds un pouce
six lignes, depuis le bout du museau jusqu'à l'extrémité des doigts des pieds
de derrière. Dans un de ces animaux nouveau-né, la longueur des intestins
n'était que treize fois plus grande que celle du corps entier.

Nous devons encore observer et répéter ici que le petit phoque noir a tant
de rapport avec l'ours marin, qu'on ne peut se dissimuler que ce ne soit un
individu qui appartient à cette espèce, ou qui n'en est qu'une variété ; car il
ressemble absolument au grand ours marin par la forme du corps, par celle
des pattes, qui sont manchotes et entièrement dénuées de poil ; par la forme
des dents incisives, qui sont fendues à leur extrémité ; par les oreilles, qu'il
a proéminentes à l'extérieur ; et enfin, par la qualité soyeuse et la couleur
noirâtre de sa fourrure. Et comme il est à présumer que cet animal, quoique
de très petite taille, était néanmoins adulte, puisqu'il avait toutes ses dents
bien formées, on pourrait croire qu'il existe une seconde espèce ou race

d'ours marin plus petite que la première, et que c'est à cette seconde espèce qu'on doit rapporter ce que les voyageurs ont dit des petits ours marins (*a*), qu'ils ont vus dans différents endroits de l'hémisphère austral (*b*), mais que jusqu'ici l'on ne connaissait pas dans l'hémisphère boréal.

Au reste, cette petite race ou espèce d'ours marin ressemble entièrement à la grande, tant par les couleurs du poil et la forme du corps que par les mœurs et les habitudes naturelles. Il paraît seulement qu'étant bien plus petits, ils sont aussi bien plus timides que les grands. « Ces animaux, dit
» M. de Pagès, ne cherchent qu'à se sauver du côté de la mer, et ne mordent
» jamais que ce qui se trouve directement sur leur passage ; plusieurs, en
» se sauvant, passaient même entre nos jambes ; ils se familiarisent promp-
» tement avec les hommes ; j'en ai conservé deux vivants pendant huit jours
» dans un cuvier de cinq pieds de diamètre ; le premier jour, j'y avais fait mettre
» de l'eau de la mer à la hauteur d'un demi-pied, mais comme ils faisaient
» des efforts pour l'éviter, je les mis dans de l'eau douce, ils s'y trouvèrent
» aussi gênés et je les laissai à sec ; dès que l'eau était vidée, ils se secouaient
» comme les chiens, ils se grattaient, se nettoyaient avec leur museau et
» se serraient l'un contre l'autre ; ils éternuaient aussi comme les chiens.

» Lorsqu'il faisait soleil, je les lâchais sur le gaillard du vaisseau, où ils

---

(*a*) MM. Forster et de Pagès.

(*b*) A la baie Dusky, à la Nouvelle-Zélande ; à la Nouvelle-Géorgie, sous le 34ᵉ degré de latitude australe ; Forster, *Second voyage de Cook*, t. Iᵉʳ et IV, p. 174 et 84. M. de Pagès a aussi vu cette petite espèce au cap de Bonne-Espérance ; et je crois qu'on peut lui rapporter ce que dit Dampier des *veaux-marins*, qui se trouvent en quantité à l'île de Juan Fernandès. « Ces animaux, dit-il, sont par milliers sur cette île ; ils sont de la grosseur d'un veau ordi-
» naire, leur tête est faite comme celle d'un chien.... leur poil est de diverses couleurs, comme
» noir, gris brun, tacheté, paraissant fort lisse et fort agréable d'abord qu'ils sortent de la
» mer..... ils ont une fourrure si fine et si courte, que je n'en ai vu de pareils ailleurs ; il y
» en a toujours autour de l'île des milliers assis dans les baies, ou allant à la mer ou en
» revenant ; à un mille ou deux de terre, vous voyez l'île et ses environs tout couverts de
» ces animaux qui se jouent à la superficie de l'eau ou sont au soleil à terre ; quand ils sortent
» de la mer, ils appellent leurs petits et bêlent comme les brebis ; et quoiqu'ils passent auprès
» d'une infinité d'autres petits avant que de venir aux leurs, ils ne se laissent néanmoins
» teter qu'aux leurs propres ; les jeunes ressemblent à de petits chiens et aiment fort la
» terre ; mais quand ils sont chassés ils gagnent la mer aussi bien que les vieux, et nagent
» fort vite et fort légèrement, quoiqu'ils soient à terre d'une très grande paresse et qu'ils
» ne s'écartent de leur chemin qu'après qu'on les a battus ; mais s'ils se jettent sur ceux qui
» les frappent, un coup sur le nez les tue incontinent..... ils se trouvent également dans les
» climats froids et chauds ; dans les climats froids ils aiment les pièces de glace, où ils se
» couchent et se chauffent au soleil, comme ils font à l'île de Juan Fernandès quand ils sont
» à terre. Il y en a beaucoup dans les parties méridionales de l'Afrique, comme aux environs
» du cap de Bonne-Espérance ainsi qu'en Amérique au détroit de Magellan... il y en a sur
» toute la côte de la mer méridionale de ce continent, depuis la terre del Fuego jusqu'à la
» ligne équinoxiale ; mais du côté du nord de la ligne je n'en ai vu qu'à 21 degrés de lati-
» tude ; je n'en ai jamais vu dans les Indes orientales ; en général ces animaux cherchent les
» endroits déserts des côtes, et les plages de la mer où il y a beaucoup de poissons, car ils
» en vivent ; les poissons qu'ils mangent sont les merlus, les tâtonneurs, etc., qui sont
» abondants sur les côtes pierreuses. » *Voyage de Dampier*, t. Iᵉʳ, p. 116 et suiv.

» ne cherchaient à fuir que quand ils voyaient la mer ; sur terre, ils se
» grattaient, et même ils prenaient plaisir à se laisser gratter par les
» hommes, auprès desquels ils marchaient assez familièrement ; ils allaient
» même flairer les gens de l'équipage, et ils aimaient à grimper sur les lieux
» élevés pour être mieux exposés au soleil.

» Ils avaient de l'amitié l'un pour l'autre ; ils se frottaient et se grattaient
» mutuellement, et lorsqu'on les séparait ils cherchaient bientôt à se re-
» joindre ; il suffisait d'en emporter un pour se faire suivre de l'autre ; on
» leur offrit du poisson, du goëmon, du pain trempé dans de l'eau ; ils flai-
» raient et prenaient ce qu'on leur présentait, mais ils ne l'avalaient pas et
» le rendaient tout de suite. Le septième jour, un d'eux eut des palpitations
» et des sanglotements très forts ; il ouvrait la gueule en rendant une liqueur
» verdâtre, et il rongeait le bois de sa cuve, je le fis jeter à la mer ; le len-
» demain, je lâchai l'autre dans une prairie, mais il n'y mangea rien ; je le
» chassai à la mer, d'abord il nageait assez lentement, mais s'étant plongé
» sous l'eau pendant fort longtemps, il revint à sa surface plus leste qu'au-
» paravant ; il venait apparemment de prendre de la nourriture. »

M. de Pagès ajoute que les plus grands ours marins qu'il ait vus au cap
de Bonne-Espérance n'avaient que quatre pieds de longueur, et que la plupart
(apparemment les femelles et les jeunes) n'avaient que deux pieds et demi,
ce qui diffère prodigieusement pour la taille de l'espèce décrite par M. Steller.

« Le poil des jeunes est noirâtre, continue M. de Pagès, mais avec l'âge
» il devient d'un gris argenté à la pointe ; leurs dents sont petites ; leurs
» moustaches assez longues ; la physionomie est douce, et leur tête ressemble
» assez à celle d'un chien qui n'aurait que de petites oreilles ; celles de ces
» ours marins sont étroites, peu ouvertes, et n'ont que dix-sept à dix-huit
» lignes de longueur ; le cou est gros et presque de niveau avec la tête ; l'en-
» droit le plus gros de l'animal est la poitrine, d'où le corps va en diminuant
» jusqu'à la queue qui n'a qu'environ deux pouces de longueur.

» Les pattes de devant sont formées par une membrane cartilagineuse qui
» a presque la forme de nageoires ; cette membrane est plus forte à sa partie
» antérieure qu'en arrière ; ces pattes ont cinq doigts qui ne s'étendent pas
» autant que la membrane ; le plus intérieur est le mieux marqué, de même
» que ses phalanges ; les deux suivants le sont moins, et les deux extérieurs
» le sont à peine ; chaque doigt est armé d'un ongle très petit et à peine vi-
» sible, étant caché par le poil.

» Les pattes de derrière ont aussi cinq doigts, dont les trois du milieu ont
» leurs phalanges et leurs ongles bien marqués ; les autres sont moins carac-
» térisés à cet égard ; ils ont un ongle très petit et très mince ; tous ces doigts
» sont joints par une membrane, comme celle de l'oie (a). »

(a) Note communiquée par M. de Pagès, enseigne des vaisseaux du Roi, sur les ours
marins du cap de Bonne-Espérance.

LE LION MARIN (a)

La plus grande des espèces de phoques à oreilles externes est celle du lion marin (*) : il est, sans comparaison, plus puissant et plus gros que l'ours marin ; cependant, jusqu'à ce jour, il était peu connu, et nous avons déjà observé que le vrai lion marin dont il est ici question n'est pas l'animal auquel le rédacteur du voyage d'Anson a mal à propos appliqué ce nom ; la figure représente le *phoque à museau ridé*, dont nous avons donné la description, et qui n'a ni oreilles externes ni crinière, et qui diffère encore du lion marin par plusieurs autres caractères ; cette méprise, ou plutôt cette fausse application de ce nom, ne pouvait être rectifiée tant qu'on n'a pas connu distinctement l'un et l'autre de ces animaux ; mais des voyageurs instruits (b) nous ont récemment mis en état de prononcer sur leurs différences, qui sont plus que suffisantes pour en faire, avec fondement, deux espèces, et même deux genres distincts et séparés.

M. Forster a vu des troupes de ces lions marins sur les côtes des terres Magellaniques et dans quelques endroits de l'hémisphère austral (c) ; d'autres voyageurs ont reconnu ces mêmes lions marins dans les mers du Nord, sur les îles Kuriles et au Kamtschatka. M. Steller (d) a, pour ainsi dire, vécu au milieu d'eux pendant plusieurs mois dans l'île de Bering. Ainsi l'espèce en est répandue dans les deux hémisphères, et peut-être sous toutes les latitudes, comme celles des ours marins, de la saricovienne et de la plupart des phoques.

Les lions marins se tiennent et vont en grandes familles, cependant moins nombreuses que celles des ours marins, avec lesquels on les voit quelquefois sur le même rivage ; chaque famille est ordinairement composée d'un mâle adulte, de dix à douze femelles (e) et de quinze à vingt jeunes des deux sexes ;

(a) *Lion de mer* ou *lion marin*. Beauchêne Gonin : *Navigations aux terres australes*, t. II. — Bougainville, *Voyage autour du monde*. — François Pretty, *Collection d'Ackluyt*, t. III. — Sir Richard Hawkins, sir John Narborough. Labbe, *Lettres des Missionnaires*, t. XV. — Don Pernetty, Bernard Penrose, *Account of the last expedition to por Egmont in Faklands. Islands*. London, in-8°, 1775. — M. Clayton, *Transactions philosophiques*, volume LXVI, partie I, p. 102. — Kracheninnikow, *Histoire de Kamtschatka*. Lyon, 1767, t. Iᵉʳ.

(b) MM. Steller et Forster, père et fils.

(c) Les lions marins sont ces animaux décrits par les navigateurs aux terres australes, comme ayant le cou et la tête garnis d'une crinière (voyez la citation, article des phoques) et que nous avions peine à reconnaître (voyez *ibid.*) quand nous n'avions pour y rapporter que le faux lion marin d'Anson, ou le grand phoque à museau ridé. Voyez l'article des phoques.

(d) *Novi Commentarii Academiæ Petropol.*, t. II, ann. 1751.

(e) MM. Forster disent dix à douze femelles, et M. Steller ne leur en donne que deux, trois et quatre ; mais comme le sentiment de MM. Forster paraît le mieux fondé, relative-

(*) *Otaria jubata* FORST.

il y a même des mâles qui paraissent avoir un plus grand nombre de femelles,
mais il y en a d'autres qui en ont beaucoup moins ; tous nagent ensemble
dans la mer et demeurent aussi réunis lorsqu'ils se reposent sur la terre ; la
présence ou la voix de l'homme les fait fuir et se jeter à l'eau ; car, quoique
ces animaux soient bien plus grands et plus forts que les ours marins, ils
sont néanmoins plus timides ; lorsqu'un homme les attaque avec un simple
bâton ils se défendent rarement et fuient en gémissant ; jamais ils n'attaquent
ni n'offensent, et l'on peut se trouver au milieu d'eux sans avoir rien à
craindre (a) ; ils ne deviennent dangereux que quand on les blesse griève-
ment ou qu'on les réduit aux abois (b) ; la nécessité leur donne alors de la
fureur, ils font face à l'ennemi, et combattent avec d'autant plus de courage
qu'ils sont plus maltraités. Les chasseurs cherchent à les surprendre sur la
terre plutôt que dans la mer, parce qu'ils renversent souvent les barques
lorsqu'ils se sentent blessés. Comme ces animaux sont puissants, massifs et
très forts, c'est une espèce de gloire parmi les Kamtschadales que de tuer un
lion marin mâle : l'homme dans l'état de nature fait plus de cas que nous du
courage personnel ; ces sauvages, excités par cette idée de gloire, s'exposent
au plus grand péril ; ils vont chercher les lions marins en errant plusieurs
jours de suite sur les flots de la mer, sans autre boussole que le soleil et la
lune ; ordinairement ils les assomment à coups de perches, et quelquefois ils
leur lancent des flèches empoisonnées qui les font mourir en moins de
vingt-quatre heures, ou bien ils les prennent vivants avec des cordes de
lianes dont ils leur embarrassent les pieds (c).

ment au nombre des petits qui suivent chaque famille, on peut croire qu'en effet les mâles
dans cette espèce ont le nombre de femelles qu'ils leur donnent. Au reste, il paraît que ce
nombre des femelles varie dans de certaines circonstances ; car il est dit, dans le *Voyage de
Cook*, qu'on a vu un mâle entouré de vingt à trente femelles, qu'il était très occupé à retenir
auprès de lui : mais qu'il y avait d'autres mâles qui n'en avaient qu'une ou deux. *Second
voyage de Cook*, t. IV, p. 70.

(a) « Il n'était pas dangereux de marcher au milieu d'eux (sur une île près de la terre des
» États), car ils s'enfuyaient alors ou ils restaient tranquilles ; on courait seulement des
» risques à se placer entre eux et la mer ; si quelque chose les épouvante, ils se précipitent
» vers les flots en si grand nombre, que si vous ne sortiez pas de leur chemin, vous seriez
» terrassé. Quelquefois, lorsque nous les surprenions tout à coup, ou que nous les éveillions
» (car ils dorment beaucoup et ils sont très stupides), ils élevaient leur tête, ils ronflaient et
» montraient les dents d'un air si farouche, qu'ils semblaient vouloir nous dévorer ; mais dès
» que nous avancions sur eux ils s'enfuyaient..... En général, ils étaient si peu sauvages ou
» plutôt si stupides, qu'ils nous permirent d'approcher assez pour les assommer à coups de
» bâtons ; mais nous tirâmes les gros avec le fusil, parce que nous crûmes qu'il serait peut-
» être dangereux de les approcher. » Forster. *Second voyage de Cook*, t. IV, p. 53 et 72.

(b) Steller. *Novi Commentarii Academiæ Petropol.*, t. II, ann. 1751.

(c) « Il n'y a que des gens agiles qui s'adonnent à cette chasse ; ils s'approchent à la
» dérobée, et lui plongent un couteau dans la poitrine au-dessous de l'aisselle ; ce couteau
» est attaché à une longue courroie faite de cuir de veau marin, qui est arrêtée à un pieu ;
» chacun s'enfuit au plus vite et lui jette de loin des flèches ou des couteaux pour le blesser
» dans plusieurs endroits du corps, et lorsqu'il a perdu ses forces on l'achève à coups de
» massues.

Quoique ces animaux soient d'un naturel brut et assez sauvage, il paraît cependant qu'à la longue ils se familiarisent avec l'homme. M. Steller dit qu'en les traitant bien on pourrait les apprivoiser; il ajoute qu'ils s'étaient si bien accoutumés à le voir qu'ils ne fuyaient plus à son aspect comme au commencement; qu'ils le regardaient paisiblement en le considérant avec une espèce d'attention; qu'enfin ils avaient si bien perdu toute crainte qu'ils agissaient en toute liberté et même s'accouplaient devant lui. M. Forster dit aussi qu'il en a vu quelques-uns qui s'étaient si bien habitués à voir les hommes, qu'ils suivaient les chaloupes en mer et qu'ils avaient l'air d'examiner ce qu'on y faisait.

Cependant, quoique les lions marins soient d'un naturel plus doux que les ours marins, les mâles se livrent souvent entre eux des combats longs et sanglants; on en a vu qui avaient le corps entamé et couvert de grandes cicatrices. Ils se battent pour défendre leurs femelles (a) contre un rival qui vient s'en saisir et les enlever; après le combat le vainqueur devient le chef et le maître de la famille entière du vaincu; ils se battent aussi pour conserver la place que chaque mâle occupe toujours sur une grosse pierre qu'il a choisie pour domicile; et lorsqu'un autre mâle vient pour l'en chasser, le combat commence et ne finit que par la fuite ou par la mort du plus faible (b).

Les femelles ne se battent jamais entre elles ni avec les mâles; elles semblent être dans une dépendance absolue du chef de la famille; elles sont ordinairement suivies de leurs petits des deux sexes; mais lorsque deux mâles, c'est-à-dire deux chefs de familles différentes sont aux prises, toutes les femelles arrivent avec leur suite pour être témoins du combat; et si le chef de quelque autre troupe arrive de même à ce spectacle et prend parti pour ou contre l'un des deux combattants, son exemple est bientôt suivi par plusieurs autres chefs, et alors la bataille devient presque générale et ne se termine que par une grande effusion de sang, et souvent par la

» Lorsqu'on les trouve endormis sur mer, on leur tire des flèches empoisonnées, et l'on » s'enfuit au plus vite; l'animal se sentant blessé, et ne pouvant supporter la douleur que » lui cause l'eau de la mer qui entre dans sa plaie, gagne le rivage où l'on achève de le tuer » à coups de dard ou de flèche, ou si l'endroit n'est pas sûr, on attend qu'il meure de sa » première blessure, ce qui arrive au bout de vingt-quatre heures. Cette chasse est si hono- » rable, que celui qui en a tué le plus, passe pour un héros, et c'est ce qui fait que plusieurs » s'y adonnent, bien moins pour sa chair qui passe pour être très délicate, que pour acqué- » rir de l'honneur. » Krachevinnikow, *Histoire du Kamtschatka*, t. 1er, p. 287.

(a) Je les ai vus se battre pendant deux ou trois jours de suite pour une femelle qu'un « autre mâle voulait enlever. » Steller, *Novi Commentarii Academiæ Petropol.*, t. II, ann. 1751.

(b) « Les lions de mer vivent ensemble en grosses troupes; les mâles les plus vieux et » les plus gras se tiennent à part; chacun d'eux choisit une large pierre, dont les autres » n'approchent pas sans un combat furieux. Nous les avons vus souvent se saisir avec un » degré de rage, qu'il est impossible de décrire, et plusieurs portaient sur le dos des balafres » reçues dans ces attaques. » Forster, *Second voyage de Cook*, t. IV, p. 53.

mort de plusieurs de ces mâles, dont les familles se réunissent au profit des vainqueurs. On a remarqué que les trop vieux mâles ne se mêlent point dans ces combats; ils sentent apparemment leur faiblesse, car ils ont soin de se tenir éloignés et de rester tranquilles sur leur pierre, sans néanmoins permettre aux autres mâles ni même aux femelles d'en approcher (a). Dans la mêlée, la plupart des femelles oublient leurs petits et tâchent de s'éloigner du lieu de la scène en fuyant, ce qui suppose un naturel bien différent de celui des ours marins, dont les femelles emportent leurs petits lorsqu'elles ne peuvent les défendre; cependant il y a quelquefois des mères lionnes qui emportent aussi leurs petits dans leur gueule (b), d'autres qui ont assez de naturel pour ne les point abandonner, et qui se font même assommer sur la place en cherchant à les défendre (c); mais il faut que ce soit une exception, car M. Steller dit positivement que ces femelles ne paraissent avoir que très peu d'attachement pour leurs petits, et que quand on les leur enlève elles ne paraissent point en être émues; il ajoute qu'il a pris des petits plusieurs fois lui-même devant le père et la mère sans courir le moindre risque et sans que ces animaux insensibles ou dénaturés se soient mis en devoir de les secourir ou de les venger.

Au reste, dit-il, ce n'est qu'entre eux que les mâles sont féroces et cruels; ils maltraitent rarement leurs petits ou leurs femelles; ils ont pour elles beaucoup d'attachement, et se plaisent à leurs caresses qu'ils leur rendent avec complaisance; mais ce qui paraîtrait singulier, si l'on n'en avait pas l'exemple dans nos sérails, c'est que dans le temps des amours ils sont moins complaisants et plus fiers; il faut que la femelle fasse les premières avances (d); non seulement le mâle sultan paraît être indifférent et dédaigneux, mais il marque encore de la mauvaise humeur, et ce n'est qu'après qu'elle a réitéré plusieurs fois ses prévenances qu'il se laisse toucher de

(a) « Nous observions çà et là un lion marin couché seul, en grondant, dans un lieu » écarté, sans souffrir que les mâles ni les femelles se tinssent dans les environs; nous » jugeâmes que ceux-là étaient vieux et accablés par l'âge. » Forster, *Second voyage de Cook*, t. IV, p. 71.

(b) « Les lions marins attendaient communément notre approche, mais dès que l'un de la » troupe était tué, le reste s'enfuyait avec beaucoup de précipitation; quelques femelles » emportaient alors un petit dans leur gueule, mais la plupart étaient si épouvantées qu'elles » les abandonnaient par derrière. » Forter, *Second voyage de Cook*, t. IV, p. 55.

(c) Mémoire sur les phoques, communiqué à M. de Buffon par M. Forster.

(d) « L'acte d'amour est précédé de plusieurs caresses étranges; c'est le sexe le plus faible » qui fait les avances..... la femelle se tapit aux pieds du mâle, rampant cent fois autour de » lui, et de temps à autre approchant son museau du sien comme pour le baiser; le mâle » pendant cette cérémonie semblait avoir de l'humeur, il grondait et montrait les dents à sa » femelle comme s'il eût voulu la mordre : à ce signal la souple femelle se retira, et vint » ensuite recommencer ses caresses et lécher les pieds du mâle. Après un long préambule » de cette sorte, ils se jetèrent tous deux dans la mer et y firent plusieurs tours en se pour- » suivant l'un et l'autre; enfin la femelle sortit la première sur le rivage où elle se renversa » sur le dos; le mâle, qui la suivait de près, la couvrit dans cette situation, et l'accouple- » ment dura huit ou dix minutes. » Extrait du Mémoire communiqué par M. Forster.

sensibilité et se rend à ses instances ; tous deux alors se jettent à la mer, ils y font différentes évolutions, et après avoir nagé doucement pendant quelque temps ensemble, la femelle revient la première à terre et s'y renverse sur le dos pour y attendre et recevoir son maître. Pendant l'accouplement, qui dure huit à dix minutes, le mâle se soutient sur ses pieds de devant, et comme il a la taille d'un tiers plus grande que celle de la femelle, il la déborde de toute la tête.

Ces animaux, ainsi que les ours marins, choisissent toujours les îles désertes pour y aller faire leurs petits et s'y livrer ensuite aux plaisirs de l'amour. M. Forster, qui les a observés sur les côtes des terres Magellaniques, dit avoir été témoin de leurs amours et de leur accouplement dans les mois de décembre et de janvier, c'est-à-dire dans la saison d'été de ces climats. M. Steller, qui les a de même observés sur les côtes de Kamtschatka et dans les îles voisines, assure qu'ils s'accouplent toujours dans les mois d'août et de septembre, et que les femelles mettent bas au mois de juillet (a); il paraît donc que dans les climats opposés c'est toujours en été que les lions marins se recherchent et que le temps de la gestation est de près de onze mois ; cependant le même Steller dit positivement que les femelles ne portent que neuf mois, comme s'il n'eût pas compté que de septembre et d'août en juillet il n'y a pas neuf mois, mais dix et onze mois. Ces deux voyageurs que nous venons de citer ne s'accordent pas sur le nombre des petits que la femelle produit à chaque portée ; selon M. Steller elle n'en fait qu'un, et selon M. Forster elle en fait deux (b) ; mais il se peut qu'elles ne produisent ordinairement qu'un et quelquefois deux ; il se peut aussi qu'elles soient moins fécondes au Kamtschatka qu'aux terres Magellaniques ; et enfin il se peut que comme les petits de l'année précédente suivent leur mère avec ceux de l'année suivante, M. Forster ne les ait pas distingués en voyant la femelle suivie de deux petits. Les mêmes voyageurs rapportent que ces animaux, et surtout les mâles, ne mangent rien tant que durent leurs amours (c), en sorte qu'après ce temps ils sont toujours fort maigres et très épuisés ; ceux qu'ils ont ouverts dans cette saison n'avaient dans leur estomac que

(a) M. Kracheninnikow dit la même chose dans son *Histoire du Kamtschatka*.

(b) M. Kracheninnikow dit même jusqu'à trois et quatre, ce qui n'est pas vraisemblable.

(c) « Tant que les phoques sont en chaleur, dit M. Forster, c'est-à-dire pendant l'espace » de quelques semaines, ils ne prennent point de nourriture, de sorte qu'ils retournent à la » mer après cette saison fort maigres et épuisés ; nous trouvâmes dans leur estomac plusieurs » cailloux arrondis, de la grosseur du poing, et dans quelques-uns il y eut jusqu'à vingt » cailloux, sans savoir à quoi sert un instinct qui fait avaler des pierres à ces animaux. Nous » remarquerons seulement que Beauchêne Gonin, navigateur français, très habile et digne » de foi, rapporte le même fait, et ajoute, ce qu'on aura peut-être bien de la peine à croire, » que les pierres avaient déjà l'apparence d'être digérées en partie. Le *liquor gastricus* de » ces animaux serait-il si âcre qu'ils eussent besoin de pierres pour lui donner quelque occu- » pation pendant qu'ils ne mangent pas ? » Extrait du Mémoire de M. Forster déjà cité ; voyez aussi le *Second voyage de Cook*, t. IV, p. 56, et l'*Histoire des navigations aux terres australes*, t. II.

de petites pierres, tandis que dans tout autre temps ils sont très gras, et que leur estomac est farci des poissons et des crustacés qu'ils mangent en grande quantité.

La voix des lions marins est différente, selon l'âge et le sexe, et il est aisé de distinguer, même de loin, le cri des mâles adultes de celui des jeunes et des femelles ; les mâles ont un mugissement semblable à celui du taureau (a), et lorsqu'ils sont irrités, ils marquent leur colère par un gros ronflement ; les femelles ont aussi une espèce de mugissement, mais plus faible que celui du mâle et assez semblable au beuglement d'un jeune veau ; la voix des petits a beaucoup de rapport à celle d'un agneau âgé de quelques mois ; de sorte que de loin on croirait entendre des troupeaux de bœufs et de moutons qui seraient répandus sur les côtes, quoique ce ne soit réellement que des troupes de lions marins, dont les mugissements, sur des accents et des tons différents, se font entendre d'assez loin pour avertir les voyageurs qu'ils approchent de la terre (b), que les brumes, dans ces parages, dérobent souvent à leurs yeux.

Les lions marins marchent de la même manière que les ours marins, c'est-à-dire en se traînant sur la terre à l'aide de leurs pieds de devant, mais c'est encore plus pesamment et de plus mauvaise grâce ; il y en a qui sont si lourds, et ce sont probablement les vieux, qu'ils ne quittent pas la pierre qu'ils ont choisie pour leur siège, et sur laquelle ils passent le jour entier à ronfler et à dormir ; les jeunes ont aussi moins de vivacité que les jeunes ours marins ; on les trouve souvent endormis sur le rivage, mais leur sommeil est si peu profond, qu'au moindre bruit ils s'éveillent et fuient du côté de la mer ; lorsque les petits sont fatigués de nager, ils se mettent sur le dos de leur mère, mais le père ne les y souffre pas longtemps et les en fait tomber, comme pour les forcer de s'exercer et de se fortifier dans l'exercice de la nage. En général, tous ces lions marins, tant adultes que jeunes, nagent avec beaucoup de vitesse et de légèreté ; ils peuvent aussi demeurer fort longtemps sous l'eau sans respirer ; ils exhalent une odeur forte et qui se répand au loin ; leur chair est presque noire et d'assez mauvais goût, surtout celle des mâles ; cependant M. Steller dit que la chair des pieds ou nageoires de derrière est très bonne à manger, mais peut-être n'est-ce que pour des voyageurs, d'autant moins difficiles que ceux-ci manquaient, pour ainsi dire, de tout autre aliment ; ils disent que la chair des jeunes est blanchâtre et peut se manger, quoiqu'elle soit un peu fade et assez désagréable au goût ; leur graisse est très abondante et assez semblable à celle

(a) « Le bruit que produisaient tous ces animaux assourdissait nos oreilles ; les vieux » mâles beuglent et rugissent comme des taureaux en colère ou comme les lions ; les femelles » bèlent exactement comme les veaux ; et les petits (lions marins) comme des agneaux. » Forster, *Second voyage de Cook*, t. IV, p. 55.

(b) Kracheninnikow, *Histoire du Kamtschatka*. Lyon, 1767, t. Ier, p. 285.

de l'ours marin, et quoique moins huileuse que celle des autres phoques, elle n'en est pas plus mangeable. Cette grande quantité de graisse et leur fourrure épaisse les défendent contre le froid dans les régions glaciales; mais il semble qu'elles devraient leur nuire dans les climats chauds, d'autant qu'on ne s'est point aperçu d'aucune mue dans le poil, ni de diminution de leur embonpoint dans quelque latitude qu'on les ait rencontrés (a); ces animaux amphibies diffèrent donc en cela des animaux terrestres, qui changent de poil lorsqu'on les transporte dans des climats différents.

Le lion marin diffère aussi de tous les autres animaux de la mer par un caractère qui lui a fait donner son nom, et qui lui donne en effet quelque ressemblance extérieure avec le lion terrestre; c'est une crinière de poils épais, ondoyants, longs de deux à trois pouces et de couleur jaune foncé qui s'étend sur le front, les joues, le cou et la poitrine; cette crinière se hérisse lorsqu'il est irrité, et lui donne un air menaçant (b); la femelle, qui a le corps plus court et plus mince que le mâle, n'a pas le moindre vestige de cette crinière, tout son poil est court, lisse, luisant et d'une couleur jaunâtre assez claire; celui du mâle, à l'exception de la crinière, est de même luisant, poli et court, seulement il est d'un fauve brunâtre et plus foncé que celui de la femelle; il n'y a point de feutre ou petits poils lanugineux au-dessous des longs poils, comme dans l'ours marin; au reste, la couleur de ces animaux varie suivant l'âge; les vieux mâles ont le pelage fauve comme les femelles, et ils ont quelquefois du blanc sur le cou et la tête; les jeunes ont ordinairement la même couleur fauve foncée des mâles adultes, mais il y en a qui sont d'un brun presque noir, et d'autres qui sont d'un fauve pâle comme les vieux et les femelles.

Le poids de ce gros animal est d'environ quinze à seize cents livres, et sa longueur de dix à douze pieds, lorsqu'il a pris tout son accroissement (c) : les

(a) Le lion marin (des côtes du Brésil) ne diffère du loup marin (qui y est encore commun, et qui probablement est l'ours marin), que par de longues soies qui lui pendent sur le cou; nous en vîmes d'aussi gros que des taureaux, on en tua quelques-uns, leur corps n'est qu'une masse de graisse dont on tire de l'huile, etc. *Lettres édifiantes*, XVe Recueil, p. 344 et suiv.

(b) On lit dans le Voyage de Thomas Candisch, qu'il y a quelques îles dans ce port (Désiré), où l'on voit une grande quantité de chiens-marins qui sont extrêmement puissants et hauts, et d'une vilaine figure; le devant de leur corps ne peut être mieux comparé qu'à celui d'un lion; leur cou et toute la partie qui se présente au-dessous, sont couverts d'un poil long et rude. Olivier de Noort, *Recueil des voyages qui ont servi à l'établissement de la Compagnie des Indes orientales*. Amsterdam, 1702, t. II, p. 14 et 15.

(c) Les voyageurs sont d'accord sur le poids des lions marins, mais ils ne le sont pas également sur la taille; les uns leur donnent douze à quatorze pieds de longueur, et Dom Pernetti les fait encore plus grands. M. Steller dit que leur corps ne surpasse guère en longueur celui des ours marins, mais qu'il est beaucoup plus épais; et M. Forster, qui paraît avoir examiné de près ces animaux, dit que les vieux lions marins ont en général dix à douze pieds de longueur, qui est celle que nous adoptons ici, d'autant qu'elle paraît être la plus conforme à la pesanteur de l'animal. Voyez le *Second voyage de Cook*, t. IV, p. 54.

femelles, qui sont beaucoup plus minces, sont aussi plus petites, et n'ont communément que sept à huit pieds de longueur (a); le corps des uns et des autres, dont le diamètre est à peu près égal au tiers de sa longueur, a presque partout une épaisseur égale, et se présente aux yeux comme un gros cylindre, plutôt fait pour rouler que pour marcher sur la terre; aussi ce corps trop arrondi n'y trouve d'assiette que parce qu'étant recouvert partout d'une graisse excessive, il prête aisément aux inégalités du terrain et aux pierres sur lesquelles l'animal se couche pour reposer (b).

La tête paraît être trop petite à proportion d'un corps aussi gros; le museau est assez semblable à celui d'un gros dogue, étant un peu relevé et comme tronqué à son extrémité; la lèvre supérieure déborde sur la lèvre inférieure, et toutes deux sont garnies de cinq rangs de soies rudes, en forme de moustaches qui sont longues, noires, et s'étendent le long de l'ouverture de la gueule; ces soies sont des tuyaux dont on peut faire des cure-

(a) « En venant du port de Désiré, dit Jacques Le Maire, on relâcha à l'île du Roi, où » on prit de jeunes lions marins qui étaient de bon goût; ces lions sont de la grandeur d'un » petit cheval, ayant la tête semblable à celle d'un lion, avec une crinière longue et rude, » mais les lionnes n'en ont point, et ne sont point de moitié si grosses que les mâles; on ne » les pouvait tuer qu'en leur donnant sous la gorge ou dans la tête des coups de mousquets » chargés à balles; on leur donnait cent coups de levier, jusqu'à leur faire rendre le sang » par la gueule et par le nez, qu'ils ne laissaient pas de s'enfuir et de se sauver. » *Recueil des voyages de la Compagnie des Indes*, t. II, p. 14.

(b) A quelques légères circonstances près, on ne peut guère douter que le passage suivant du Voyage de Coréal ne désigne nos lions marins.

« A midi, je pris les deux chaloupes et j'entrai dans le havre de l'île des Veaux Marins, » avec quarante hommes armés chacun d'une massue et d'un bâton; étant à terre, nous chas- » sâmes les veaux marins en troupes; nous les entourâmes, et en une demi-heure de temps » nous en tuâmes quatre cents..... Les mâles, quand ils sont vieux, sont ordinairement aussi » grands qu'un veau, et ressemblent du cou, du poil et de la tête, du museau et du crin, à » un lion; la femelle ressemble aussi par devant à une lionne, excepté qu'elle est toute » velue et a le poil uni comme un cheval, au lieu que le mâle ne l'a uni qu'au derrière; ils » sont difformes, le derrière leur va toujours en rapetissant jusqu'à deux nageoires ou pieds » fort courts qu'ils ont à l'extrémité du corps; ils en ont deux autres à la poitrine, de sorte » qu'ils peuvent marcher sur la terre et même grimper sur des rochers et des montagnes » assez hautes. Ils se plaisent à coucher au soleil et à dormir sur le rivage; il y en a qui » ont plus de dix-huit pieds de long, et qui sont gros à proportion; pour ceux qui n'ont que » quatorze pieds de long il y en a des milliers, mais les plus communs n'en ont que cinq et » sont fort gras; ils ouvrent toujours la gueule, et deux hommes ont assez de peine à en » tuer un des gros avec un épieu qui est la meilleure arme dont on puisse se servir en cette » occasion... La chair en est aussi blanche et aussi belle que celle d'agneau, et est très bonne » à manger fraîche; mais elle est bien meilleure quand on l'a tenue un peu dans le sel. » Tous ces veaux que nous apprêtâmes étaient des plus jeunes et qui tetaient encore leurs » mères. Dès qu'elles viennent à terre, elles bêlent et les petits viennent auprès en bêlant » comme des agneaux; une vieille femelle en allaite quatre ou cinq et chasse les autres » petits qui s'approchent d'elle, d'où je juge qu'elles ont quatre petits d'une ventrée; les » petits que nous tuâmes et mangeâmes étaient aussi gros qu'un chien de moyenne grandeur; » nous dégraissâmes les plus gros et en fîmes de l'huile pour les lampes et pour les usages » du vaisseau; mais nous gardâmes pour la friture l'huile qu'on tire des jeunes; mes gens la » trouvaient aussi bonne que l'huile d'olive. » *Voyage de François Coréal*. Paris, 1522, t. II, p. 180.

dents (*a*); elles deviennent blanches dans la vieillesse; les oreilles sont coniques et longues seulement de six à sept lignes, leur cartilage est ferme et raide, et néanmoins elles sont repliées vers l'extrémité; la partie intérieure en est lisse, et la surface extérieure est couverte de poils; les yeux sont grands et proéminents; les caroncules des grands angles en sont fort apparentes et d'une couleur rouge assez vive, en sorte que les yeux de cet animal paraissent ardents et échauffés; l'iris en est vert et le reste de l'œil est blanc, varié de petits filets sanguins; il y a une membrane (*membrana nictitans*) à l'angle intérieur qui peut au besoin recouvrir l'œil en entier, à la volonté de l'animal; des sourcils composés de crins noirs assez forts, surmontent les yeux; la langue est couverte de petites fibres tendineuses, et elle est un peu fourchue à son extrémité; le palais est cannelé et sillonné transversalement par des rides assez sensibles; les dents sont au nombre de trente-six, comme dans l'ours marin, et sont disposées de même; les incisives supérieures sont terminées par deux pointes, au lieu que les inférieures n'en ont qu'une; il y en a quatre tant en haut qu'en bas; les dents canines sont bien plus longues que les incisives et d'une forme conique, un peu crochues à l'extrémité, avec une cannelure au côté intérieur; il y a comme dans l'ours marin, des doubles dents canines à la mâchoire supérieure qui sont placées l'une auprès de l'autre entre les incisives et les molaires, et une canine seulement de chaque côté à la mâchoire inférieure; mais toutes ces dents canines, ainsi que les incives et les molaires, sont du triple plus longues que celles de l'ours marin; ces dents molaires sont au nombre de six de chaque côté dans la mâchoire supérieure, et au nombre de cinq seulement de chaque côté dans la mâchoire inférieure; elles ont à peu près la même figure que les canines, seulement elles sont plus courtes; on remarque sur ces dents molaires une proéminence ou tubérosité osseuse, qui paraît faire partie constituante de la dent.

Le lion marin, au lieu de pieds de devant, a des nageoires qui sortent de chaque côté de la poitrine; elles sont lisses et de couleur noirâtre, sans apparence de doigts, avec une faible trace d'ongle au milieu que l'on distingue à peine; cependant ces nageoires renferment cinq doigts avec des phalanges et leurs articulations; ces petits ongles ont la forme de tubercules arrondis et sont d'une substance cornée; ils sont situés au tiers de la longueur de la nageoire, en la mesurant depuis l'extrémité; la forme de la nageoire entière est celle d'un triangle allongé et tronqué vers la pointe, et elle est absolument dénuée de poil et comme crénelée sur la face intérieure.

Les nageoires postérieures sont, comme celles de devant, couvertes d'une

______

(*a*) Mémoire sur les phoques, par M. Forster.

peau noirâtre, lisse et sans aucun poil, mais elles sont divisées à l'extérieur en cinq doigts fort longs et aplatis, qui sont terminés par une membrane mince, comprimée, et qui s'étend au delà de l'extrémité des doigts ; les les petits ongles qui sont au-dessus de ces doigts ne servent à l'animal que pour se gratter le corps.

Dans les phoques, la conformation des pieds est très différente : tous ont des pattes en devant assez bien conformées, avec des doigts distincts et bien marqués qui sont seulement joints par une membrane ; leurs pieds et leurs doigts sont aussi garnis de poil comme le reste du corps ; au lieu que, dans le lion marin, comme dans l'ours marin, ces quatre extrémités sont plutôt des nageoires que des pattes ; aussi croyons-nous devoir rapporter à l'une ou l'autre de ces espèces du lion marin ou de l'ours marin ce que dit Frézier des phoques qui se trouvent sur les côtes occidentales de l'Amérique. « Ils » diffèrent, dit ce voyageur, des loups marins du nord, en ce que ceux-là » ont des pattes, et que ceux-ci ont des nageoires allongées à peu près » comme des ailes vers les épaules, et deux autres petites qui enferment le » croupion. La nature a néanmoins conservé au bout des grandes nageoires » quelque conformité avec les pattes, car on y remarque des ongles qui en » terminent l'extrémité ; peut-être que ces animaux s'en servent pour mar- » cher à terre où ils se plaisent fort, et où ils portent leurs petits qu'ils » nourrissent de poisson... Ils jettent des cris comme les veaux, et c'est ce » qui les a fait appeler *veaux marins ;* mais leur tête ressemble plutôt à » celle d'un chien qu'à tout autre animal ; et c'est avec raison que les Hol- » landais les appellent *chiens marins.* Leur peau est couverte d'un poil fort » ras et touffu, et leur chair est fort huileuse et de mauvais goût... ; néan- » moins les Indiens de Chiloë la font sécher et en font leurs provisions pour » se nourrir ; les équipages des vaisseaux en tirent de l'huile pour leurs » besoins. La pêche en est fort facile ; on en approche sans peine sur » la terre et sur la mer, et on les tue d'un seul coup sur le nez. Il y » en a de différentes grandeurs ; dans le Sud ils sont de la grosseur de » forts mâtins, et au Pérou on en trouve qui ont plus de douze pieds de » long (a). »

La verge du lion marin est à peu près de la grosseur de celle du cheval, et la vulve, dans la femelle, est placée fort bas vers la queue, qui n'a qu'en-viron trois pouces de longueur ; cette courte queue est de forme conique et couverte d'un poil semblable à celui du corps ; lorsque l'animal est dans une situation allongée, la queue se trouve cachée entre les nageoires de derrière qui, dans cette situation, sont très voisines l'une de l'autre.

M. Forster nous a donné les dimensions suivantes, prises sur une femelle qui probablement n'avait pas encore acquis tout son accroissement.

(a) *Voyage de la mer du Sud.* Paris, 1732, in-4°, p. 74 et 75.

	Pieds.	Pouces.	Lignes.
Du bout du nez à l'extrémité des doigts du milieu de la nageoire de derrière.	6	6	3
Du bout du nez jusqu'à l'extrémité de la queue.	5	6	»
Du bont du nez jusqu'à l'origine de la queue.	5	3	»
Circonférence du corps aux épaules.	3	11	»
Circonférence de la tête derrière les oreilles.	2	1	5
Longueur des nageoires de devant.	1	9	»
Longueur des nageoires de derrière jusqu'à l'extrémité du pouce.	1	5	»
Depuis l'extrémité de la lèvre supérieure à l'angle de la bouche.	»	3	8
Depuis l'extrémité de la lèvre supérieure jusqu'à la base des oreilles.	»	8	»
Longueur des moustaches.	»	5	3
Longueur de la queue.	»	2	10
Longueur de l'ongle du doigt du milieu de la nageoire postérieure.	»	»	11
Hauteur des oreilles.	»	»	7

Si l'on veut comparer tout ce que nous avons dit de l'ours marin avec ce que nous venons de dire du lion marin, on peut voir qu'il y a beaucoup d'analogie entre ces animaux, tant par les habitudes naturelles que par plusieurs caractères extérieurs ; néanmoins comme il y a des différences essentielles, et que l'on a quelquefois confondu ces deux espèces, il est bon de résumer ici leurs principales différences :

1° Le lion marin a, comme le lion terrestre, une crinière fauve, et tout le reste de son poil est court, lisse, luisant et couché sur la peau, au lieu que l'ours marin n'a point de crinière, et que le poil du cou et de tout le corps est long et hérissé ; il y a de plus à la racine du long poil un second poil plus court ; c'est une espèce de fourrure ou feutre lanugineux qui manque au lion marin ;

2° La couleur du lion marin est fauve et jaunâtre, tirant sur le brun, et à peu près semblable à celle du lion terrestre, tandis que la couleur de l'ours marin est d'un brun foncé presque noir, moucheté quelquefois de petits points blancs ;

3° La taille des lions marins est ordinairement de dix à douze pieds, et celle des ours marins les plus grands n'excède jamais huit à neuf pieds ;

4° Les lions marins sont indolents et fort lourds, et ils ne marquent que bien peu d'attachement pour leur progéniture ; au contraire, les ours marins son très vifs et donnent des preuves d'un grand amour pour leurs petits par les soins qu'ils en prennent ;

5° Enfin, quoique les lions et les ours marins soient souvent sur le même terrain et dans les mêmes eaux, cependant ils y vivent toujours en troupes séparées et éloignées les unes des autres ; et s'ils sont assez voisins pour se mêler quelquefois, ce n'est jamais pour s'habituer ensemble, et chacun rejoint bientôt sa famille.

ADDITION

A L'ARTICLE QUI A POUR TITRE : DES MORSES OU VACHES MARINES.

Nous ajouterons, à ce que nous avons dit du morse, quelques observations que M. Crantz a faites sur cet animal dans son voyage au Groenland :

« Un de ces morses, dit-il, avait dix-huit pieds de longueur, et à peu près
» autant de circonférence dans sa plus grande épaisseur ; sa peau n'était
» pas unie, mais ridée par tout le corps et plus encore autour du cou ; sa
» graisse était blanche et ferme comme du lard, épaisse d'environ trois
» pouces ; la figure de sa tête était ovale ; la bouche était si étroite qu'on
». pouvait à peine y faire entrer le doigt ; la lèvre inférieure est triangulaire,
» terminée en pointe, un peu avancée entre les deux longues défenses qui
» partent de la mâchoire supérieure ; sur les deux lèvres et de chaque côté
» du nez on voit une peau spongieuse d'où sortent des moustaches d'un poil
» épais et rude, longues de six ou sept pouces, tressées comme une corde à
» trois brins, ce qui donne à cet animal une sorte de majesté hideuse. Il se
» nourrit principalement de moules et d'algues marines ; les défenses avaient
» vingt-sept pouces de longueur, dont sept pouces étaient cachés dans
» l'épaisseur de la peau et dans les alvéoles qui s'étendent jusqu'au crâne ;
» chaque défense pesait quatre livres et demie, et le crâne entier vingt-
» quatre livres (a). »

Selon le voyageur Kracheninnikow (b), les morses, qu'il appelle *chevaux marins*, n'entrent pas, comme les phoques, dans les eaux douces et ne remontent pas les rivières. « On voit peu de ces animaux, dit-il, dans les
» environs de Kamtschatka, et si l'on en trouve ce n'est que dans les mers
» qui sont au nord ; on en prend beaucoup auprès du cap Tchukotskoi, où
» ils sont plus gros et plus nombreux que partout ailleurs : le prix de leurs
» dents dépend de leur grandeur et de leur poids ; les plus chères sont celles
» qui pèsent vingt livres, mais elles sont fort rares ; on en voit même peu
» qui pèsent dix à douze livres, leur poids ordinaire n'étant que de cinq ou
» six livres. »

Frédéric Martens avait déjà observé quelques-unes des habitudes naturelles de ces animaux ; il assure qu'ils sont forts et courageux, et qu'ils se
défendent les uns les autres avec une résolution extraordinaire. « Lorsque
» j'en blessais un, dit-il, les autres s'assemblaient autour du bateau et le
» perçaient à coups de défenses, d'autres s'élevaient hors de l'eau et fai-
» saient tout leur possible pour s'élancer dedans ; nous en tuâmes plusieurs

(a) *Histoire générale des voyages*, t. XIX, p. 60 et suiv.
(b) *Histoire du Kamtschatka.* Lyon, 1767, t. Ier, p. 283.

» centaines à l'île de Moffen ; et l'on se contente ordinairement d'en empor-
» ter la tête pour arracher les défenses (a). »

Ces animaux, comme l'on sait, vont en très grandes troupes, et ils étaient autrefois en quantité presque innombrable dans plusieurs endroits des mers septentrionales. M. Gmelin rapporte qu'en 1705 et 1706 les Anglais en tuèrent à l'île de Cherry sept à huit cents en six heures ; qu'en 1708 ils en tuèrent en sept heures neuf cents ; et en 1710, en une journée, huit cents. « On » trouve, dit-il, les dents de ces animaux sur les bas bords de la mer ; et il » y a apparence que ces dents viennent de ceux qui meurent ; on trouve en » grand nombre de ces dents du côté des Tschutschis, où ces peuples les » ramassent en monceaux pour en faire des outils (b). »

On voit, par les relations de tous les voyageurs qui ont fréquenté les mers du Nord, qu'on a fait une énorme destruction de ces grands animaux, et que l'espèce en est actuellement bien moins nombreuse qu'elle ne l'était jadis ; ils se sont retirés vers le nord et dans les lieux les moins fréquentés par les pêcheurs, qui n'en rencontrent plus dans les mêmes endroits où ils étaient anciennement en si grand nombre : nous avons vu qu'il en est à peu près de même des phoques et de tous ces amphibies marins, dont le naturel les porte à se réunir en troupeaux et former une espèce de société : l'homme a rompu toutes ces sociétés, et la plupart de ces animaux vivent actuellement dans un état de dispersion, et ne peuvent se rassembler qu'auprès des terres désertes et inconnues.

LES LAMANTINS (c)

Nous avons dit que la nature semble avoir formé les lamantins pour faire la nuance entre les quadrupèdes amphibies et les cétacés : ces êtres mitoyens, placés au-delà des limites de chaque classe, nous paraissent imparfaits, quoiqu'ils ne soient qu'extraordinaires et anomaux ; car en les considérant avec attention, l'on s'aperçoit bientôt qu'ils possèdent tout ce qui leur était nécessaire pour remplir la place qu'ils doivent occuper dans la chaîne des êtres.

(a) *Voyage au Groenland.*
(b) *Voyage de Gmelin*, t. II.
(c) Voyez, sur l'étymologie de ce nom *lamantin*, ce que j'ai dit dans la note d.
Manati, par les Hollandais ; *sea-cov*, par les Anglais ; *morskaia, horowa*, par les Russes ; *manatée, manatte* par les Français..... On a aussi donné au lamantin le nom de *vache marine*, parce qu'on a cru trouver, dans la forme extérieure de sa tête, quelques rapports avec celle du bœuf, et que d'ailleurs il se nourrit aussi d'herbes ; plusieurs voyageurs l'ont même appelé *syrène*, et c'est peut-être en effet la véritable syrène des anciens, qui a donné lieu à tant de contes et de récits fabuleux.

Aussi les lamantins, quoique informes à l'extérieur, sont à l'intérieur très bien organisés, et, si l'on peut juger de la perfection d'organisation par les résultats du sentiment, ces animaux seront peut-être plus parfaits que les autres à l'intérieur, car leur naturel et leurs mœurs semblent tenir quelque chose de l'intelligence et des qualités sociales; ils ne craignent pas l'aspect de l'homme, ils affectent même de s'en approcher et de le suivre avec confiance et sécurité : cet instinct pour toute société est au plus haut degré pour celle de leurs semblables; ils se tiennent presque toujours en troupe et serrés les uns contre les autres avec leurs petits au milieu d'eux, comme pour les préserver de tout accident; tous se prêtent dans le danger des secours mutuels; on en a vu essayer d'arracher le harpon du corps de leurs compagnons blessés (*a*), et souvent l'on voit les petits suivre de près le cadavre de leurs mères jusqu'au rivage, où les pêcheurs les amènent en les tirant avec des cordes (*b*), ils montrent autant de fidélité dans leurs amours que d'attachement à leur société; le mâle n'a communément qu'une seule femelle, qu'il accompagne constamment avant et après leur union; ils s'accouplent dans l'eau, la femelle renversée sur le dos; car ils ne viennent jamais à terre et ne peuvent même se traîner dans la vase; ils ont le trou ovale du cœur ouvert (*), et par conséquent la femelle peut rester sous l'eau pendant la copulation.

Ces animaux ne se trouvent pas dans les hautes mers à une grande distance des terres; ils habitent au voisinage des côtes et des îles, et particulièrement sur les plages qui produisent les *fucus* et les autres herbes marines dont ils se nourrissent; leur chair et leur graisse sont également bonnes à manger, et c'est par cette raison qu'on leur fait une guerre cruelle, et que l'espèce en est diminuée sur la plupart des côtes où les hommes se sont habitués en nombre.

Nous connaissons quatre ou cinq espèces de lamantins; tous ont la tête très petite, le cou fort court, le corps épais et très gros jusqu'à l'endroit où commence la queue, et allant ensuite en diminuant de plus en plus jusqu'à l'origine de la pinne ou nageoire qui termine cette queue en forme d'un éventail étendu dans le sens horizontal; les yeux sont très petits et ordinairement situés à égale distance, entre les trous auditifs et l'extrémité du museau; ces trous, qui leur servent d'oreilles, sont indiqués par deux petites ouvertures qn'on ne peut apercevoir qu'au moyen d'une inspection attentive; la peau du corps est raboteuse, très épaisse, et dans quelques espèces elle est parsemée de poils rares; la langue est étroite, d'une moyenne longueur et assez menue relativement au volume du corps; la verge est placée dans

(*a*) Voyez, ci-après, l'article du lamantin de Kamtschatka.
(*b*) Voyez Dutertre, *Histoire des Antilles.*

(*) C'est une erreur, déjà relevée plus haut.

un fourreau adhérent à la peau du ventre, qui s'étend jusqu'au nombril; les femelles ont la vulve assez grande avec un clitoris apparent; cette partie n'est pas située, comme dans les autres animaux, au-dessous mais au-dessus de l'anus (*); elles ont les mamelles placées sur la poitrine et très proéminentes dans le temps de la gestation et de l'allaitement de leurs petits; mais dans tout autre temps elles ne sont apparentes que par leurs boutons.

Voilà les caractères généraux et communs à tous les lamantins; mais il y en a de particuliers par lesquels on peut distinguer les espèces; par exemple, le grand lamantin du Kamtschatka (**) manque absolument de doigts et d'ongles dans les deux mains ou nageoires; il manque aussi de dents, et n'a dans chaque mâchoire qu'un os fort et robuste qui lui sert à broyer les aliments : au contraire, les lamantins d'Amérique et d'Afrique ont des doigts et des ongles, et des dents molaires dans le fond de la gueule.

LE GRAND LAMANTIN DU KAMTSCHATKA

Cette espèce (***) se trouve en assez grand nombre dans les mers orientales au-delà de Kamtschatka, surtout aux environs de l'île Bering, où M. Steller en a décrit et même disséqué quelques individus (a). Ce grand lamantin paraît aimer les plages vaseuses des bords de la mer; il se tient aussi volontiers à l'embouchure des rivières, mais il ne les remonte pas pour se nourrir de l'herbe qui croît sur leurs bords, car il habite constamment les eaux salées ou saumâtres; il diffère donc à cet égard du petit lamantin de la Guyane et de celui du Sénégal comme il en diffère aussi par la grandeur du corps; ses mains ou bras ne peuvent lui servir à marcher sur la terre, et ne lui sont utiles que pour nager. « J'ai vu, dit M. Steller, au reflux de la » marée, un de ces animaux à sec; il lui fut impossible de se mouvoir pour » regagner le rivage, et on le tua sur la plage à coups de haches et de » perches. »

Ces grands lamantins, que l'on voit en troupe autour de l'île Bering, sont si peu farouches qu'ils se laissent approcher et toucher avec la main; ils veillent si peu à leur sûreté, qu'aucun danger ne les émeut, et qu'à peine lèvent-ils la tête hors de l'eau (b) lorsqu'ils sont menacés ou frappés, surtout dans le temps qu'ils prennent leur nourriture; il faut les frapper très

(a) Celui dont il est ici question a été décrit par ce voyageur dans ces *Novi commentarii Academiæ Petropol.*, t. II, 1751; et tué à l'île de Bering le 12 juillet 1742.

(b) Kracheninnikow, *Histoire du Kamtschatka.* Lyon, 1767, t. Ier, p. 317.

(*) Contrairement à ce que dit Buffon, la vulve est placée chez ces animaux au-dessous de l'anus, comme chez tous les autres mammifères.

(**) *Rhytina stelleri* Cuv.

(***) *Rhytina stelleri* Cuv. Cette espèce paraît aujourd'hui être éteinte.

rudement pour qu'ils prennent le parti de s'éloigner; mais un moment après on les voit revenir au même lieu, et ils semblent avoir oublié le mauvais traitement qu'ils viennent d'essuyer; et si la plupart des voyageurs ne disaient pas à peu près la même chose des autres espèces de lamantins, on croirait que ceux-ci ne sont si confiants et si peu sauvages autour de l'île déserte de Bering que parce que l'expérience ne leur a pas encore appris ce qu'il en coûte à tous ceux qui se familiarisent avec l'homme (a).

Chaque mâle ne paraît s'attacher qu'à une seule femelle, et tous deux sont ordinairement accompagnés ou suivis d'un petit de la dernière portée et d'un autre plus grand de la portée précédente; ainsi dans cette espèce le produit n'est que d'un; et comme le temps de la gestation est d'environ un an (b), on peut en inférer que les jeunes ne quittent leurs père et mère que quand ils sont assez forts pour se conduire eux-mêmes, et peut-être assez âgés pour devenir à leur tour les chefs d'une nouvelle famille.

Ces animaux s'accouplent au printemps, et plus souvent vers le déclin du jour qu'à toute autre heure; ils profitent cependant des moments où la mer est la plus tranquille, et préludent à leur union par des signes et des mouvements qui annoncent leurs désirs : la femelle nage doucement, en faisant plusieurs circonvolutions comme pour inviter le mâle, qui bientôt s'en approche, la suit de très près et attend impatiemment qu'elle se renverse sur le dos pour le recevoir; dans ce moment, il la couvre avec des mouvements très vifs; ils sont non seulement susceptibles des sentiments d'un amour fidèle et mutuel, mais aussi d'un fort attachement pour leur famille et même pour leur espèce entière; ils se donnent des secours réciproques lorsqu'ils sont blessés; ils accompagnent ceux qui sont morts et que les pêcheurs traînent au bord de la mer. « J'ai vu, dit M. Steller, l'attachement de ces ani-
» maux l'un pour l'autre, et surtout celui du mâle pour sa femelle : en ayant
» harponné une, le mâle la suivit à mesure qu'on l'entraînait au rivage, et
» les coups qu'on lui donnait de toutes parts ne purent le rebuter; il ne
» l'abandonna pas même après sa mort, car le lendemain, comme les mate-
» lots allaient pour mettre en pièces la femelle qu'ils avaient tué la veille, ils
» trouvèrent le mâle au bord de la mer qui ne l'avait pas quittée (c). »

(a) « Les loutres marines (sarcoviennes), les phoques, les isatis de l'île de Bering, ne con-
» naissant pas l'homme, dit M. Steller, n'en avaient nulle crainte, et ces mêmes animaux
» sont très farouches au contraire sur les côtes de Kamtschatka, parce qu'ils ont éprouvé la
» puissance de l'homme, dont la seule odeur les fait fuir. *Novi commentarii Academiæ
Petropol.*, t. II, ann. 1751.

(b) A en juger par ce que dit M. Kracheninnikow, *Histoire du Kamtschatka*, t. 1er,
p. 316, il semblerait que le temps de la gestation ne devrait être que de huit ou neuf mois,
car il assure que les femelles mettent bas en automne, et qu'elles s'accouplent au printemps;
mais comme M. Steller a observé longtemps ces animaux à l'île de Bering, et qu'il les a
très bien décrits, nous croyons devoir adopter son témoignage, et prononcer, d'après son
récit, que dans l'espèce de ce lamantin, le temps de la gestation est en effet d'environ un an.

(c) *Novi commentarii Academiæ Petropol.*, t. II, ann. 1751.

On harponne les lamantins d'autant plus aisément qu'ils ne s'enfoncent presque jamais en entier sous l'eau ; mais il est plus aisé d'avoir les adultes que les petits ou les jeunes, parce que ces derniers nagent beaucoup plus vite, et que souvent ils s'échappent en laissant le harpon teint de leur sang ou chargé de leur chair. Le harpon, dont la pointe est de fer, est attaché à une longue corde : quatre ou cinq hommes se mettent sur une barque ; le premier, qui est en avant, tient et lance le harpon, et lorsqu'il a frappé et percé le lamantin, vingt-cinq ou trente hommes, qui tiennent l'extrémité de la corde sur le rivage, tâchent de le tirer à terre ; ceux qui sont sur la barque tiennent aussi une corde qui est attachée à la première, et ils ne cessent de tirer l'animal jusqu'à ce qu'il soit tout à fait hors de l'eau.

Le lamatin rend beaucoup de sang par ses blessures ; « et j'ai remarqué, » dit M. Steller, que le sang jaillissait comme une fontaine, et qu'il s'arrêtait » dès que l'animal avait la tête plongée dans l'eau, mais que le jet se renouve- » lait toutes les fois qu'il l'élevait au-dessus pour respirer ; d'où j'ai conclu » que dans ces animaux, comme dans les phoques, le sang avait une double » voie de circulation, savoir, sous l'eau, par le trou ovale du cœur, et dans » l'air par le poumon (a). »

Les *fucus*, et quelques autres herbes qui croissent dans la mer, sont la seule nourriture de ces animaux : c'est avec leurs lèvres, dont la substance est très dure, qu'ils coupent la tige des herbes ; ils enfoncent la tête dans l'eau pour les saisir, et ne la relèvent que pour rendre l'air et en prendre de nouveau ; en sorte que pendant qu'ils mangent ils ont toujours la partie' antérieure du corps dans l'eau, la moitié des flancs et toute la partie postérieure au-dessus de l'eau ; lorsqu'ils sont rassasiés ils se couchent sur le dos, sans sortir de l'eau, et dorment dans cette situation fort profondément (b) ; leur peau, qui est continuellement lavée, n'est pas plus nette ; elle produit et nourrit une grande quantité de vermine que les mouettes et quelques autres oiseaux viennent manger sur leur dos. Au reste, ces lamantins, qui sont très gras au printemps et en été, sont si maigres en hiver qu'on voit aisément sous la peau le dessin de leurs vertèbres et de leurs côtes ; et c'est dans cette saison qu'on en rencontre quelques-uns qui ont péri entre les glaces flottantes.

La graisse, épaisse de plusieurs pouces, enveloppe tout le corps de l'ani- mal ; lorsqu'on l'expose au soleil, elle y prend la couleur jaune du beurre ; elle est de très bon goût et même de bonne odeur ; on la préfère à celle de tous les quadrupèdes, et la propriété qu'elle a d'ailleurs de pouvoir être con- servée longtemps, même pendant les chaleurs de l'été, lui donne encore un plus grand prix ; on peut l'employer aux mêmes usages que le beurre et la manger de même ; celle de la queue surtout est très délicate, elle brûle aussi très bien sans odeur forte ni fumée désagréable ; la chair a le goût de celle du

(a) *Novi commentarii Academiæ Petropol.*, t. II, ann. 1751.
(b) Kracheninnikow, *Histoire de Kamtschatka*, t. 1er, p. 318.

bœuf, seulement elle est moins tendre et exige une plus longue cuisson, surtout celle des vieux qu'il faut faire bouillir longtemps pour la rendre mangeable.

La peau est une espèce de cuir d'un pouce d'épaisseur, plus ressemblant à l'extérieur à l'écorce rude d'un arbre qu'à la peau d'un animal ; elle est de couleur noirâtre et sans poil ; il y a seulement quelques soies rudes et longues autour des nageoires, autour de la gueule et dans l'intérieur des narines, ce qui doit faire présumer que le lamantin ne les a pas aussi souvent ni aussi longtemps fermées que les phoques, dont l'intérieur des narines est dénué de poil ; cette peau du lamantin est si dure, surtout lorsqu'elle est sèche, qu'on a peine à l'entamer avec la hache. Les Tschutchis s'en servent pour faire des nacelles, comme d'autres peuples du nord en font avec la peau des grands phoques.

Le lamantin, décrit par M. Steller, pesait deux cents *puds* de Russie, c'est-à-dire environ huit milliers ; sa longueur était de vingt-trois pieds. La tête, fort petite en comparaison du corps, est de figure oblongue ; elle est aplatie au sommet et va toujours en diminuant jusqu'à l'extrémité du museau qui est rabattue, de manière que la gueule se trouve tout à fait au-dessous (*a*) ; l'ouverture en est petite et environnée de doubles lèvres, tant en haut qu'en bas ; les lèvres supérieures et inférieures externes sont spongieuses, épaisses et très gonflées ; l'on voit à leur surface un grand nombre de tubercules et c'est de ces tubercules que sortent des soies blanches ou moustaches de quatre ou cinq pouces de longueur : ces lèvres font les mêmes mouvements que celles des chevaux lorsque l'animal mange ; les narines, qui sont situées vers l'extrémité du museau, ont un pouce et demi de longueur sur autant de largeur environ quand elles sont entièrement ouvertes (*b*).

La mâchoire inférieure est plus courte que la supérieure ; mais ni l'une ni l'autre ne sont garnies de dents : il y a seulement deux os durs et blancs, dont l'un est fixé au palais supérieur et l'autre à la mâchoire inférieure, ces os sont criblés de plusieurs petits trous ; leur surface extérieure est néanmoins solide et crénelée de manière que la nourriture se broie entre ces deux os en assez peu de temps.

Les yeux sont fort petits et sont situés précisément dans les points milieux, entre l'extrémité du museau et les petits trous qui tiennent lieu d'oreilles ; il n'y a point de sourcils, mais dans le grand angle de chaque œil il se trouve une membrane cartilagineuse, en forme de crête, qui peut, comme dans la loutre marine (saricovienne), couvrir le globe de l'œil en entier, à la volonté de l'animal.

(*a*) Clusius et Hernandès, qui ont donné la description du lamantin des Antilles, ne paraissent pas l'avoir bien observé, car il n'a pas la tête telle qu'ils la représentent, mais assez semblable à celle de ce lamantin de Kamtschatka.

(*b*) Kracheninnikow. *Histoire de Kamtschatka*, t. Ier, p. 314.

Il n'y a point d'oreilles externes : ce ne sont que deux trous de figure ronde, si petits que l'on pourrait à peine y faire entrer une plume à écrire ; et comme ces conduits auditifs ont échappé à l'œil de la plupart des voyageurs, ils ont cru que les lamantins étaient sourds, d'autant qu'ils semblent être muets, car M. Steller assure que ceux de Kamtschatka ne font jamais entendre d'autre bruit que celui de leur forte respiration ; cependant Kracheninnikow dit qu'il brait ou qu'il beugle (a), et le P. Magnin de Fribourg (b), compare le cri du lamantin d'Amérique à un petit mugissement.

Dans le lamantin de Kamtschatka, le cou ne se distingue presque pas du corps : il est seulement un peu moins épais auprès de la tête que sur le reste de sa longueur ; mais un caractère singulier par lequel cet animal diffère de tous les autres animaux terrestres ou marins, c'est que les bras, qui partent des épaules auprès du cou, et qui ont plus de deux pieds de longueur, sont formés et articulés comme le bras et l'avant-bras dans l'homme ; cet avant-bras du lamantin finit avec le métacarpe et le carpe, sans aucun vestige de doigts ni d'ongles, caractères qui éloignent encore cet animal de la classe des quadrupèdes ; le carpe et le métacarpe sont environnés de graisse et d'une chair tendineuse, recouverte d'une peau dure et cornée.

On a compté soixante vertèbres dans ce lamantin, et la queue commence à la vingt-sixième et continue par trente-cinq autres ; en sorte que le tronc du corps n'en a que vingt-cinq ; le lamantin des Antilles en a cinquante-deux, depuis le cou jusqu'à l'extrémité de la queue ; dans un fœtus de lamantin de la Guyane, il y en avait vingt-huit dans la queue, seize dans le dos et six dans le cou, en tout cinquante ; ainsi, en supposant qu'il y eût sept vertèbres dans le cou du lamantin des Antilles, il en aurait en tout cinquante-neuf ; la queue va toujours en diminuant de grosseur, et sa forme extérieure est plutôt carrée qu'aplatie ; dans celui de Kamtschatka, elle est termiminée par une pinne épaisse et très dure qui s'élargit horizontalement, et dont la substance est à peu près pareille à celle du fanon de la baleine.

Le membre du mâle, qui ressemble beaucoup à celui du cheval, mais dont le gland est encore plus gros, a deux pieds et demi de longueur ; il est situé dans un fourreau adhérent à la peau du ventre, et il s'étend jusqu'au nombril ; dans la femelle, la vulve est située à huit pouces de distance au-dessus de l'anus ; le clitoris est apparent, il est presque cartilagineux et long de six lignes ; les deux mamelles sont placées sur la poitrine, elles ont environ six pouces de diamètre dans le temps de la gestation, et tant que la mère allaite son petit ; mais, dans tout autre temps, elles n'ont que l'apparence d'une grosse verrue ou d'un simple bouton ; le lait est gras et d'un goût à peu près semblable à celui de la brebis.

(a) *Histoire de Kamtschatka*, t. 1er, p. 321.
(b) Extrait d'un manuscrit traduit de l'espagnol, par M. de La Condamine.

LE GRAND LAMANTIN DES ANTILLES

Nous appelons cette espèce le *grand lamantin des Antilles*, parce qu'elle paraît se trouver encore aujourd'hui aux environs de ces îles, quoiqu'elle y soit néanmoins devenue rare depuis qu'elles sont bien peuplées. Ce lamantin diffère de celui de Kamtschatka par les caractères suivants : la peau, rude et épaisse, n'est pas absolument nue, mais parsemée de quelques poils qui sont de couleur d'ardoise ainsi que la peau (*a*) ; il a dans les mains cinq ongles apparents (*b*), assez semblables à ceux de l'homme ; ces ongles sont fort courts (*c*) ; il a de plus, non seulement une callosité osseuse au devant de chaque mâchoire, mais encore trente-deux dents molaires, au fond de la gueule (*d*) ; et, au contraire, il paraît certain que dans le lamantin du Kamtschatka la peau est absolument dénuée de poil, les mains sans phalanges ni doigts ni ongles, et les mâchoires sans dents : toutes ces différences sont plus que suffisantes pour en faire deux espèces distinctes et séparées ; ces lamantins sont d'ailleurs très différents par les proportions et par la grandeur du corps ; celui des Antilles est moins grand que celui de Kamtschatka ; il a aussi le corps moins épais ; sa longueur n'est que de douze, quatorze, quinze, dix-huit et rarement de vingt pieds, à moins qu'il ne soit très âgé ; celui qui est décrit dans le nouveau voyage aux îles de l'Amérique, imprimé à Paris en 1722, n'avait que huit pieds de circonférence sur quatorze de longueur, tandis que le lamantin de Kamtschatka, dont nous venons de parler, avait environ dix-huit pieds de circonférence, et vingt-trois pieds quelques pouces de longueur. Malgré toutes ces différences, ces deux espèces de lamantins se ressemblent par tout le reste de leur conformation ; ils ont aussi les mêmes habitudes naturelles ; tous deux également aiment la société de leur espèce et sont d'un naturel doux, tranquille et confiant ; ils semblent ne pas craindre la présence de l'homme.

On voit les lamantins des Antilles toujours en troupes dans le voisinage des côtes, et quelquefois aux embouchures des rivières, et c'est probablement ce qui a fait dire à Oviedo (*e*), et a Gomara (*f*), qu'ils fréquentaient aussi bien les eaux des fleuves que celles de la mer ; cependant ce fait ne paraît vrai que pour le petit lamantin dont nous parlerons dans la suite ; et il paraît cer-

(*a*) La peau du lamantin des Antilles est épaisse, ridée en quelques endroits, et parsemée de petits poils ; étant sèche, elle peut servir de rondache impénétrable aux flèches des Indiens. *Histoire naturelle et morale des Antilles*, p. 178.

(*b*) *Hist. mex.*, p. 323 et suiv.

(*c*) Voyez Clusius.

(*d*) Voyez Oexmelin, *Histoire des aventuriers*, t. XII, p. 134 et suiv.

(*e*) *Hist. Ind. occid.*, lib. XIII, cap. X.

(*f*) *Hist. gener.*, cap. XXXI.

tain que les grands lamantins des Antilles, non plus que ceux de Kamt-
schaka, ne remontent point les rivières et se tiennent toujours dans les eaux
salées et saumâtres.

Le grand lamantin des Antilles a, comme celui de Kamtschatka, le cou
fort court, le corps très gros et très épais jusqu'à l'endroit où commence la
queue, qui va toujours en diminuant jusqu'à la pinne qui la termine; tous
deux ont encore les yeux fort petits, et de très petits trous au lieu d'oreilles;
tous deux se nourrissent de fucus et d'autres herbes qui croissent dans la
mer, et leur chair et leur graisse, lorsqu'ils ne sont pas trop vieux, sont
également bonnes à manger; tous deux ne produisent qu'un seul petit, que
la mère embrasse et porte souvent entre ses mains; elle l'allaite pendant
un an, après quoi il est en état de se pourvoir lui-même et de manger de
l'herbe. Cependant, selon Oviedo (*a*), le lamantin des Antilles produirait
deux petits: mais comme il paraît que dans cette espèce, ainsi que dans
celle du lamantin de Kamtschatka, les petits ne quittent leurs mères que
deux ou trois ans après leur naissance, il se pourrait que cet auteur ayant
vu deux petits de portées différentes suivre la même mère, il en eût conclu
qu'elles produisaient en effet deux petits à la fois.

LE GRAND LAMANTIN DE LA MER DES INDES

Nous avons rapporté ce que les voyageurs Legat et Dampier ont dit des
lamantins qu'ils ont vus à l'île Rodrigue et aux Philippines (*), et qui nous
paraissent avoir plusieurs rapports de ressemblance avec les grands lamantins des Antilles; cependant nous ne croyons pas qu'ils soient absolument
de la même espèce, car il n'est guère possible que ces animaux aient fait
la traversée de l'Amérique aux grandes Indes; l'on verra dans l'article suivant les faits qui prouvent qu'ils ne peuvent voyager au loin ni parcourir les
hautes mers.

LE PETIT LAMANTIN D'AMÉRIQUE

Cette quatrième espèce (**), plus petite que les trois précédentes, est en
même temps plus nombreuse et plus répandue que la seconde dans les
climats chauds du nouveau monde; elle se trouve non seulement sur presque

(*a*) *Hist. Ind. occident.*, lib. xiii, cap. x.

(*) C'est un Dugong (*Halicore indica* Desm.)
(**) D'après Cuvier, ce serait une espèce imaginaire.

toutes les côtes, mais encore dans les rivières et les lacs qui se trouvent dans l'intérieur des terres de l'Amérique méridionale (*a*), comme sur l'Orénoque (*b*), l'Oyapoc, l'Amazone, etc.; on les trouve aussi dans les rivières; et, enfin, dans la baie de Campêche et autour des petites îles qui sont au midi de celle de Cuba.

Les grands lamantins des Antilles ne quittent pas la mer; mais le petit lamantin préfère les eaux douces et remonte dans les fleuves à mille lieues de distance de la mer (*c*); M. de La Condamine en a vu dans la rivière des Amazones jusqu'à la cataracte de Borja, au-dessus de laquelle il ne s'en trouve plus. Il paraît que ces petits lamantins d'Amérique fréquentent alternativement les eaux de la mer et celles des fleuves selon qu'ils y trouvent de la pâture, mais ils habitent constamment sur les fonds élevés des côtes basses et les rivières où croissent les herbes dont ils se nourrissent: on ne les rencontre jamais dans les endroits voisins des côtes escarpées où les eaux sont profondes (*d*), ni dans les hautes mers à de grandes distances des terres, car ils n'y pourraient vivre, puisqu'il ne paraît pas qu'ils mangent du poisson; ils ne fréquentent donc que les endroits qui produisent de l'herbe; et c'est par cette raison qu'ils ne peuvent traverser les grandes mers dont le fond ne produit point de végétaux, et où par conséquent ils périraient d'inanition : ainsi nous ne croyons pas que les lamantins de la mer des Indes et ceux des côtes du Sénégal soient de même espèce que les lamantins d'Amérique, petits ou grands.

Les voyageurs (*e*) s'accordent à dire que le petit lamantin d'Amérique, dont il est ici question, se nourrit non seulement des herbes qui croissent sous les eaux, mais qu'il broute encore celles qui bordent les rivages lorsqu'il peut les atteindre en avançant sa tête sans sortir entièrement de l'eau, car il n'a pas plus que les autres lamantins la faculté de marcher sur la terre ni même de s'y traîner.

Les femelles, dans cette espèce, produisent ordinairement deux petits (*f*), au lieu que les grands lamantins n'en produisent qu'un; la mère porte ces deux petits sous chacun de ses bras et serrés contre ses mamelles, dont ils ne se séparent point, quelque mouvement qu'elle puisse se donner, et lorsqu'ils sont devenus assez forts pour nager ils la suivent constamment et

---

(*a*) « A sept lieues de la ville (d'Ilhéos au Brésil), dans l'intérieur des terres, on rencontre » un lac d'eau potable long et large de trois lieues... dans lequel on trouve différentes espèces » de poissons très gros, surtout des manatées qui pèsent environ huit cents livres. » *Histoire générale des voyages*, t. XIV, p. 230.

(*b*) *Histoire de l'Orénoque*, par le P. Gumilla.

(*c*) *Voyage sur la rivière des Amazones*, par M. de La Condamine.

(*d*) *Voyage de Dampier*, t. Ier, p. 46 et suiv.

(*e*) Binet, *Voyage à Cayenne*, p. 346 ; le P. Magnin de Fribourg ; manuscrit communiqué par M. de La Condamine ; le P. Gumilla, *Histoire de l'Orénoque*.

(*f*) Gumilla, *Histoire de l'Orénoque*.

ne l'abandonnent pas lorsqu'elle est blessée, ni même après sa mort, car ils persistent à l'accompagner lorsque les pêcheurs la tirent avec des cordes pour l'amener au rivage.

La peau de ces petits lamantins adultes est, comme celle des grands, rude et fort épaisse ; leur chair est aussi très bonne à manger.

LE PETIT LAMANTIN DU SÉNÉGAL

Nous avons donné, d'après M. Adanson, la description de ce petit lamantin du Sénégal (*), qui est de la même grandeur que celui de Cayenne, mais qui paraît en différer en ce qu'il a des dents molaires et quelques poils sur le corps ; caractères qui suffisent pour le distinguer de celui d'Amérique, auquel les voyageurs ne donnent ni dents molaires ni poil sur le corps ; ainsi nous présumons qu'on peut compter cinq espèces (**) de lamantins : la première est le grand lamantin de Kamtschatka, qui, comme nous l'avons dit, surpasse tous les autres en grandeur, et qui n'a ni dents molaires ni ongles au bout des mains, ni poil sur le corps ; la seconde, le grand lamantin des Antilles, qui a des dents molaires, des ongles et quelques poils sur le corps, et dont la longueur n'est au plus que de dix-huit à vingt pieds, tandis que celle du lamantin de Kamtschatka est de plus de vingt trois pieds ; la troisième, le grand lamantin de la mer des Indes, qui n'est pas encore bien connu, mais qui doit être d'une espèce différente de celles de Kamtschatka et des Antilles, puisque ni l'une ni l'autre ne peut traverser les hautes mers parce qu'elles ne produisent point les herbes dont ces animaux se nourrissent ; la quatrième, le petit lamantin de l'Amérique méridionale, qui fréquente également les eaux salées et les eaux douces, et diffère beaucoup des trois premiers par la grandeur, qui est de plus des deux tiers au-dessous ; et la cinquième, le petit lamantin du Sénégal qui se trouve dans plusieurs fleuves de l'Afrique (a),

(a) On doit présumer que c'est le même animal que les voyageurs disent avoir vu dans quelques rivières du Congo, d'Angola, de Sofala, etc. ; voici ce qu'ils en ont écrit : « Les » rivières de Congo et d'Angola abondent en poissons de différentes espèces ; celle de Zaïre » en produit un fort remarquable..... La nature lui a donné deux mains, et lui a formé le » dos comme une targette ; sa chair est fort bonne..... il se nourrit de l'herbe qui croît sur » les bords de la rivière, sans jamais monter sur la rive ; quelques-uns de ces poissons pèsent » cinq cents livres. » *Histoire générale des voyages*, t. V, p. 2. — « Ces animaux se trou- » vent dans les lacs, surtout dans ceux d'Angola, de Quihite et d'Angolon..... ils ont huit » pieds de longueur et deux bras avec des mains, dont les doigts sont cachés dans la chair... » leur tête est de forme ovale, ils ont les yeux petits, le nez plat, la bouche grande, sans » aucune apparence d'oreilles..... les parties naturelles du mâle ressemblent à celles du che-

(*) *Manatus senegalensis* Desm.
(**) Il n'y a en réalité que deux espèces de *Manatus*, le *Manatus australis* Desm. et le *Manatus senegalensis* Desm.

comme le petit lamantin de la Guyane, dans ceux de l'Amérique. Ces deux petites espèces diffèrent en ce que la première n'a point de dents, et que les trous auditifs sont plus grands que dans la seconde.

Voilà ce que j'ai pu recueillir de moins incertain au sujet des différentes espèces de lamantins, qui, comme l'on voit, ne sont pas encore parfaitement connues. Quelques voyageurs ont parlé des lamantins des Philippines, et M. Forster m'a dit en avoir vu aussi sur les côtes de la Nouvelle-Hollande ; mais nous ignorons si ces espèces des Philippines et de la Nouvelle-Hollande peuvent se rapporter à celles dont nous venons de parler, ou si elles en diffèrent assez pour qu'on doive les regarder comme des espèces différentes (*).

» val ; la femelle a deux mamelles bien formées. » *Idem, ibidem.* — « On prend les mêmes » animaux vers Sofala, sur la côte orientale d'Afrique ; on les sale pour les provisions de la » mer, et on se trouve fort bien de cette nourriture lorsqu'elle n'a pas eu le temps de » vieillir ; mais, conservée longtemps, elle s'altère et devient dangereuse pour ceux qui sont » incommodés de quelque maladie vénérienne. » *Idem*, p. 93. — « La manatée de la rivière » de la Sierra-Leona a des dents au fond de la gueule..... ses yeux sont fort petits, et à peine » peut-on faire entrer un poinçon dans ses oreilles ; fort près des oreilles il y a deux larges » nageoires de seize ou dix-huit pouces de longueur..... sa queue est fort large..... et la » peau du corps est épaisse d'un doigt..... Pour prendre cet animal, les Nègres lui lancent » un harpon de fer au bout d'un manche de bois fort long ; l'animal se sentant blessé prend » la fuite, mais le manche du harpon qui se fait voir souvent au-dessus de l'eau, sert de » guide pour le suivre de vue ; lorsqu'il est arrêté on s'en approche une seconde fois pour » lui lancer d'autres dards, et lorsqu'il est enfin épuisé on l'amène au rivage. » *Histoire générale des voyages*, t. III, p. 240 et suiv. — « La chair de ces animaux est délicate.... » les meilleures parties sont celles qui approchent du ventre et des mamelles ; le lard a plu- » sieurs pouces d'épaisseur et ne le cède point à celui du porc..... Le Maire prétend qu'il » n'y a plus de lamantins dans la rivière du Sénégal que dans la Gambra, et qu'ils n'y sont » que de la grosseur du marsouin. » *Idem*, p. 316. — « Il y a aussi des lamantins sur la côte » d'Or. » *Idem*, t. IV, p. 261.

(*) Nous avons dit plus haut que c'est un Dugong, l'*Halicore indica* Desm.

NOMENCLATURE DES SINGES

Comment endoctriner des écoliers, ou parler à des hommes, sont deux choses différentes ; que les premiers reçoivent sans examen et même avec avidité l'arbitraire comme le réel, le faux comme le vrai, dès qu'il leur est présenté sous la forme de documents ; que les autres au contraire rejettent avec dégoût ces mêmes documents lorsqu'ils ne sont pas fondés ; nous ne nous servirons d'aucune des méthodes qu'on a imaginées pour entasser sous le même nom de *singes* une multitude d'animaux d'espèces différentes et même très éloignées.

J'appelle *singe* un animal sans queue, dont la face est aplatie, dont les dents, les mains, les doigts et les ongles ressemblent à ceux de l'homme, et qui, comme lui, marche debout sur ses deux pieds (*) : cette définition, tirée de la nature même de l'animal et de ses rapports avec celle de l'homme, exclut, comme l'on voit, tous les animaux qui ont des queues, tous ceux qui ont la face relevée ou le museau long ; tous ceux qui ont les ongles courbés, crochus ou pointus ; tous ceux qui marchent plus volontiers sur quatre que sur deux pieds. D'après cette notion fixe et précise, voyons combien il existe d'espèces d'animaux auxquels on doive donner le nom de *singe*. Les anciens n'en connaissaient qu'une seule : le *pithecos* des Grecs, le *simia* des Latins, est un *singe*, un vrai *singe*, et c'est celui sur lequel Aristote, Pline et Galien ont institué toutes les comparaisons physiques, et fondé toutes les relations du singe à l'homme ; mais ce pithèque, ce singe des anciens, si ressemblant à l'homme par la conformation extérieure, et plus semblable encore par l'organisation intérieure, en diffère néanmoins par un attribut qui, quoique relatif en lui-même, n'en est cependant ici pas moins essentiel, c'est la grandeur ; la taille de l'homme en général est au-dessus de cinq pieds, celle du pithèque n'atteint guère qu'au quart de cette hauteur : aussi ce singe eût-il encore été plus ressemblant à l'homme, les anciens auraient eu raison de ne le regarder que comme un homoncule, un nain manqué, un pygmée capable tout au plus de combattre avec les grues, tandis que l'homme sait dompter l'éléphant et vaincre le lion.

(*) Buffon veut sans doute dire « susceptible de marcher sur ses pieds. » Aucun singe ne marche réellement sur ses pieds de derrière d'une façon normale et continue.

Mais depuis les anciens, depuis la découverte des parties méridionales de l'Afrique et des Indes, on a trouvé un autre singe avec cet attribut de grandeur, un singe aussi haut, aussi fort que l'homme, aussi ardent pour les femmes que pour ses femelles; un singe qui sait porter des armes, qui se sert de pierres pour attaquer, et de bâtons pour se défendre, et qui d'ailleurs ressemble encore à l'homme plus que le pithèque; car indépendamment de ce qu'il n'a point de queue, de ce que sa face est aplatie, que ses bras, ses mains, ses doigts, ses ongles sont pareils aux nôtres, et qu'il marche toujours debout, il a une espèce de visage, des traits approchant de ceux de l'homme, des oreilles de la même forme, des cheveux sur la tête, de la barbe au menton, et du poil ni plus ni moins que l'homme en a dans l'état de nature. Aussi les habitants de son pays, les Indiens policés, n'ont pas hésité de l'associer à l'espèce humaine par le nom d'*orang-outang*, homme sauvage; tandis que les Nègres, presque aussi sauvages, aussi laids que ces singes, et qui n'imaginent pas que pour être plus ou moins policé l'on soit plus ou moins homme, leur ont donné un nom propre (*Pongo*), un nom de bête et non pas d'homme; et cet orang-outang ou ce pongo n'est en effet qu'un animal, mais un animal très singulier, que l'homme ne peut voir sans rentrer en lui-même, sans se reconnaître, sans se convaincre que son corps n'est pas la partie la plus essentielle de sa nature.

Voilà donc deux animaux, le pithèque et l'orang-outang, auxquels on doit appliquer le nom de *singe*, et il y en a un troisième auquel on ne peut guère le refuser, quoiqu'il soit difforme, et par rapport à l'homme et par rapport au singe : cet animal, jusqu'à présent inconnu, et qui a été apporté des Indes orientales sous le nom de *gibbon*, marche debout comme les deux autres, et a la face aplatie; il est aussi sans queue, mais ses bras, au lieu d'être proportionnés comme ceux de l'homme, ou du moins comme ceux de l'orang-outang ou du pithèque, à la hauteur du corps, sont d'une longueur si démesurée, que l'animal étant debout sur ses deux pieds, il touche encore la terre avec ses mains sans courber le corps et sans plier les jambes; ce singe est le troisième et le dernier auquel on doive donner ce nom; c'est dans ce genre une espèce monstrueuse, hétéroclite, comme l'est dans l'espèce humaine la race des hommes à grosses jambes, dite de *Saint-Thomas*.

Après les singes, se présente une autre famille d'animaux, que nous indiquerons sous le nom générique de *babouin*; et, pour les distinguer nettement de tous les autres, nous dirons que le babouin est un animal à queue courte, à face allongée, à museau large et relevé, avec des dents canines plus grosses à proportion que celles de l'homme, et des callosités sur les fesses : par cette définition, nous excluons de cette famille tous les singes qui n'ont point de queue, toutes les guenons, tous les sapajous et sagouins qui n'ont pas la queue courte, mais qui tous l'ont aussi longue ou plus longue que le corps, et tous les makis, loris et autres quadrumanes qui ont le museau mince et pointu. Les anciens n'ont jamais eu de nom propre pour ces animaux ; Aristote est le seul qui paraît avoir désigné l'un de ces babouins par le nom de *simia porcaria* (a), encore n'en donne-t-il qu'une indication fort indirecte ; les Italiens sont les premiers qui l'aient nommé *babuino*, les Allemands l'ont appelé *bavion ;* les Français *babouin*, et tous les auteurs qui, dans ces derniers siècles, ont écrit en latin, l'ont désigné par le nom de *papio ;* nous l'appellerons nous-même *papion* pour le distinguer des autres babouins qu'on a trouvés depuis dans les provinces méridionales de l'Afrique et des Indes. Nous connaissons trois espèces de ces animaux : 1º le *papion* ou *babouin* proprement dit, dont nous venons de parler, qui se trouve en Libye, en Arabie, etc., et qui vraisemblablement est le *simia porcaria* d'Aristote ; 2º le mandrill, qui est un babouin encore plus grand que le papion, avec la face violette, le nez et les joues sillonnées de rides profondes et obliques, qui se trouve en Guinée et dans les parties les plus chaudes de l'Afrique ; 3º l'ouanderou, qui n'est pas si gros que le papion, ni si grand que le mandrill, dont le corps est moins épais, et qui a la tête et toute la face environnée d'une espèce de crinière très longue et très épaisse ; on le trouve à Ceylan, au Malabar et dans les autres provinces méridionales de l'Inde : ainsi voilà trois singes et trois babouins bien définis, bien séparés, et tous six distinctement différents les uns des autres.

Mais, comme la nature ne connaît pas nos définitions, qu'elle n'a jamais rangé ses ouvrages par tas, ni les êtres par genres, que sa marche au contraire va toujours par degrés, et que son plan est nuancé partout et s'étend en tout sens, il doit se trouver entre le genre du singe (b) et celui du babouin quelque espèce intermédiaire qui ne soit précisément ni l'un ni l'autre, et qui cependant participe des deux. Cette espèce intermédiaire existe en effet, et c'est l'animal que nous appelons *magot ;* il se trouve placé entre nos deux définitions ; il fait la nuance entre les singes et les babouins ; il diffère des premiers en ce qu'il a le museau allongé et de grosses dents canines ; il diffère des seconds parce qu'il n'a réellement point de queue, quoiqu'il ait un petit appendice de peau qui a l'apparence d'une naissance de queue ; il n'est par conséquent ni singe ni babouin, et tient en même temps de la nature des deux. Cet animal, qui est fort commun dans la haute Égypte ainsi qu'en Barbarie, était connu des anciens : les Grecs et les Latins l'ont

(a) *Nota.* Cette dénomination, *simia porcaria*, qui ne se trouve que dans Aristote, et qui n'a été employée par aucun autre auteur, était néanmoins une très bonne expression pour désigner le babouin : car j'ai trouvé dans des voyageurs, qui probablement n'avaient jamais lu Aristote, la même comparaison du museau du babouin à celui du cochon ; et d'ailleurs ces deux animaux se ressemblent un peu par la forme du corps.

(b) *Nota.* Le gibbon commence déjà la nuance entre les singes et les babouins, en ce qu'il a des callosités sur les fesses comme les babouins, et les ongles des pieds de derrière plus pointus que ceux de l'orang-outang, qui n'a point de callosités sur les fesses, et qui a les ongles plats et arrondis comme l'homme.

CHIMPANZÉ.

A Le Vasseur, Éditeur

nommé *cynocéphale*, parce que son museau ressemble assez à celui d'un dogue. Ainsi, pour présenter ces animaux, voici l'ordre dans lequel on doit les ranger : l'*orang-outang* ou *pongo*, premier singe ; le *pithèque*, second singe ; le *gibbon*, troisième singe, mais difforme ; le *cynocéphale* ou *magot*, quatrième singe ou premier babouin ; le *papion*, premier babouin ; le *mandrill*, second babouin ; l'*ouanderou*, troisième babouin ; cet ordre n'est ni arbitraire ni fictif, mais relatif à l'échelle même de la nature.

Après les singes et les babouins, se trouvent les guenons ; c'est ainsi que j'appelle, d'après notre idiome ancien, les animaux qui ressemblent aux singes ou aux babouins, mais qui ont de longues queues, c'est-à-dire des queues aussi longues ou plus longues que le corps. Le mot *guenon* a eu, dans ces derniers siècles, deux acceptions différentes de celle que nous lui donnons ici ; l'on a employé ce mot *guenon* généralement pour désigner les singes de petite taille (*a*), et en même temps on l'a employé particulièrement pour nommer la femelle du singe ; mais plus anciennement nous appellions *singes* ou *magots* les singes sans queue, et *guenons* ou *mones* ceux qui avaient une longue queue : je pourrais le prouver par quelques passages de nos voyageurs (*b*) des xvi⁰ et xvii⁰ siècles. Le mot même de *guenon* ne s'éloigne pas, et peut-être a été dérivé de *kébos* ou *képos*, nom que les Grecs donnaient aux singes à longue queue. Ces *kèbes* ou *guenons* sont plus petites et moins fortes que les babouins et les singes ; elles sont aisées à distinguer des uns et des autres par cette différence, et surtout par leur longue queue. On peut aussi les séparer aisément des makis, parce qu'elles n'ont pas le museau pointu, et qu'au lieu de six dents incisives qu'ont les makis, elles n'en ont que quatre comme les singes et les babouins. Nous en connaissons neuf espèces, que nous indiquerons chacune par un nom différent, afin d'éviter toute confusion. Ces neuf espèces de guenons sont : 1° les macaques ; 2° les patas ; 3° les malbrouks ; 4° les mangabeys ; 5° la mone ; 6° le callitriche ; 7° le moustac ; 8° le talapoin ; 9° le douc. Les anciens Grecs ne connaissaient que deux de ces guenons, la mone et le callitriche, qui sont originaires de l'Arabie et des parties septentrionales de l'Afrique ; ils n'avaient aucune notion des autres parce qu'elles ne se trouvent que dans les provinces méridionales de l'Afrique et des Indes orientales, pays entièrement inconnus

(*a*) Les différences des singes se prennent, en français, principalement de leur grandeur ; car les grands sont simplement appelés *singes*, soit qu'ils aient une queue ou qu'ils n'en aient point, ou soit qu'ils aient le museau long comme un chien ou qu'ils l'aient court ; et les singes qui sont petits sont appelés *guenons*. *Mémoires pour servir à l'Histoire des animaux,* page 120.

(*b*) Il y a au Sénégal plusieurs espèces de singes, comme des *guenons*, avec une longue queue, et des *magots* qui n'en ont pas. *Voyage de Le Maire*, p. 101. — Dans les montagnes de l'Amérique méridionale, il se trouve une espèce de *mones* que les Sauvages appellent *cacuyen*, de même grandeur que les communes, sans autre différence, sinon qu'elle porte barbe au menton..... Avec ces *mones* se trouvent force petites bêtes jaunes, nommées *sagouins. Singularités de la France antarctique*, par Thevet, p. 103.

dans le temps d'Aristote. Ce grand philosophe, et les Grecs en général, étaient si attentifs à ne pas confondre les êtres par des noms communs et dès lors équivoques, qu'ayant appelé *pithecos* le singe sans queue, ils ont nommé *kébos* la guenon ou singe à longue queue ; comme ils avaient reconnu que ces animaux étaient d'espèces différentes et même assez éloignées, ils leur avaient à chacun donné un nom propre, et ce nom était tiré du caractère le plus apparent ; tous les singes et babouins qu'ils connaissaient, c'est-à-dire le *pythèque* ou *singe* proprement dit, le *cynocéphale* ou *magot*, et le *simia porcaria* ou *papion*, ont le poil d'une couleur à peu près uniforme ; au contraire, la guenon que nous appelons ici *mone*, et que les Grecs appelaient *kébos*, a le poil varié de couleurs différentes : on l'appelle même vulgairement le *singe varié* ; c'était l'espèce de guenon la plus commune et la mieux connue du temps d'Aristote, et c'est de ce caractère qu'est dérivé le nom de *kébos*, qui désigne en grec la variété dans les couleurs. Ainsi tous les animaux de la classe des singes, babouins et guenons, indiqués par Aristote, se réduisent à quatre, le *pythecos*, le *cynocephalos*, le *simia porcaria* et le *kébos*, que nous nous croyons fondés à représenter aujourd'hui comme étant réellement le *pithèque* ou *singe* proprement dit, le *magot*, le *papion* ou *babouin* proprement dit, et la *mone* ; parce que, non seulement lès caractères particuliers que leur donne Aristote leur conviennent en effet, mais encore parce que les autres espèces que nous avons indiquées et celles que nous indiquerons encore, devaient nécessairement lui être inconnues, puisqu'elles sont natives et exclusivement habitantes des terres où les voyageurs grecs n'avaient point encore pénétré de son temps.

Deux ou trois siècles après celui d'Aristote, on trouve dans les auteurs grecs deux nouveaux noms, *callithrix* et *cercopithecos*, tous deux relatifs aux *guenons* ou *singes* à longue queue : à mesure qu'on découvrait la terre et qu'on s'avançait vers le midi, soit en Afrique, soit en Asie, on trouvait de nouveaux animaux, d'autres espèces de guenons ; et comme la plupart de ces guenons n'avaient pas, comme le *kébos*, les couleurs variées, les Grecs imaginèrent de faire un nom générique, *cercopithecos*, c'est-à-dire *singe à queue*, pour désigner toutes les espèces de guenons ou singes à longue queue ; et ayant remarqué parmi ces espèces nouvelles une guenon d'un poil verdâtre et de couleur vive, ils appelèrent cette espèce *callithrix*, qui signifle *beau poil*. Ce callithrix se trouve, en effet, dans la partie méridionale de la Mauritanie et dans les terres voisines du cap Vert ; c'est la guenon que l'on connaît vulgairement sous le nom de *singe vert ;* et comme nous rejetons dans cet ouvrage toutes les dénominations composées, nous lui avons conservé son nom ancien, *callithrix* ou *callitriche.*

A l'égard des sept autres espèces de guenons que nous avons indiquées ci-dessus par les noms de *macaque, patas, malbrouk, mangabey, moustac, talapoin* et *douc*, elles étaient inconnues des Grecs et des Latins. Le macaque est natif de Congo; le patas, du Sénégal; le mangabey, de Madagascar; le malbrouk, de Bengale; le moustac, de Guinée; le talapoin, de Siam; et le douc de la Cochinchine. Toutes ces terres étaient également ignorées des anciens, et nous avons eu grand soin de conserver aux animaux qu'on y a trouvés les noms propres de leur pays.

Et comme la nature est constante dans sa marche, qu'elle ne va jamais par sauts, et que toujours tout est gradué, nuancé, on trouve entre les babouins et les guenons une espèce intermédiaire, comme celle du magot l'est entre les singes et les babouins : l'animal qui remplit cet intervalle, et forme cette espèce intermédiaire, ressemble beaucoup aux guenons, surtout au macaque, et en même temps il a le museau fort large, et la queue courte comme les babouins : ne lui connaissant point de nom, nous l'avons appelé *maimon* pour le distinguer des autres; il se trouve à Sumatra; c'est le seul de tous ces animaux, tant babouins que guenons, dont la queue soit dégarnie de poil; et c'est par cette raison que les auteurs qui en ont parlé l'ont désigné par la dénomination de *singe à queue de cochon* ou de *singe à queue de rat*.

Voilà les animaux de l'ancien continent auxquels on a donné le nom commun de *singe*, quoiqu'ils soient non seulement d'espèces éloignées, mais même de genres assez différents; et ce qui a mis le comble à l'erreur et à la confusion, c'est qu'on a donné ces mêmes noms de *singe*, de *cynocéphale*, de *kèbe* et de *cercopithèque*, noms faits il y a quinze cents ans par les Grecs, à des animaux d'un nouveau monde, qu'on n'a découverts que depuis deux ou trois siècles. On ne se doutait pas qu'il n'existait dans les parties méridionales de ce nouveau continent aucun des animaux de l'Afrique et des Indes orientales. On a trouvé en Amérique des bêtes avec des mains et des doigts; ce rapport seul a suffi pour qu'on les ait appelées *singes*, sans faire attention que, pour transférer un nom, il faut au moins que le genre soit le même, et que, pour l'appliquer juste, il faut encore que l'espèce soit identique : or, ces animaux d'Amérique, dont nous ferons deux classes sous les noms de *sapajous* et de *sagouins*, sont très différents de tous les singes de l'Asie et de l'Afrique; et de la même manière qu'il ne se trouve dans le nouveau continent ni singes, ni babouins, ni guenons, il n'existe aussi ni sapajous, ni sagouins dans l'ancien. Quoique nous ayons déjà posé ces faits en général dans notre Discours sur les animaux des deux continents, nous pouvons les prouver ici d'une manière plus particulière, et démontrer que de dix-sept espèces auxquelles on peut réduire tous les animaux appelés *singes* dans l'ancien continent, et de douze ou treize auxquelles on a transféré ce nom dans le nouveau, aucune n'est la même, ni ne se trouve également dans les deux : car sur ces dix-sept espèces de l'ancien continent, il faut d'abord retrancher les trois ou quatre singes, qui ne se trouvent certainement point en Amérique, et auxquels les sapajous et les sagouins ne ressemblent point du tout; 2° il faut en retrancher les trois ou quatre babouins, qui sont beaucoup plus gros que les sagouins ou les sapajous, et qui sont aussi d'une figure très différente : il ne reste donc que les neuf guenons auxquelles on puisse les comparer. Or toutes les guenons ont, aussi bien que les singes et les babouins, des caractères généraux et particuliers qui les séparent en entier des sapajous et des sagouins ; le premier de ces caractères est d'avoir les fesses pelées, et des callosités naturelles et inhérentes à ces parties; le second, c'est d'avoir des abajoues, c'est-à-dire des poches au bas des joues, où elles peuvent garder leurs aliments ; et le troisième, d'avoir la cloison des narines étroite, et ces mêmes narines ouvertes au-dessous du nez, comme celles de l'homme. Les sapajous et les sagouins n'ont aucun de ces caractères; ils ont tous la cloison des narines fort épaisse, les narines ouvertes sur les côtés du nez et non pas en dessous ; ils ont du poil sur les fesses et point de callosités ; ils n'ont point d'abajoues; ils diffèrent donc des guenons, non seulement par l'espèce, mais même par le genre, puisqu'ils n'ont aucun des caractères généraux qui leur sont communs à toutes ; et cette différence dans le genre en suppose nécessairement de bien plus grandes dans les espèces, et démontre qu'elles sont très éloignées.

C'est donc mal à propos que l'on a donné le nom de *singe* et de *guenon* aux *sapajous* et aux *sagouins;* il fallait leur conserver leurs noms, et, au lieu de les associer aux singes, commencer par les comparer entre eux : ces deux familles diffèrent l'une de l'autre par un caractère remarquable; tous les sapajous se servent de leur queue comme d'un doigt, pour s'accrocher et même pour saisir ce qu'ils ne peuvent prendre avec la main ; les sagouins, au contraire, ne peuvent se servir de leur queue pour cet usage; leur face, leurs oreilles, leur poil, sont aussi différents : on peut donc en faire aisément deux genres distincts et séparés.

Sans nous servir de dénominations qui ne peuvent s'appliquer qu'aux singes, aux babouins et aux guenons, sans employer des noms qui leur appartiennent et qu'on ne doit pas donner à d'autres, nous avons tâché d'indiquer tous les sapajous et tous les sagouins par les noms propres qu'ils ont dans leur pays natal. Nous connaissons six ou sept espèces de sapajous et six espèces de sagouins, dont la plupart ont des variétés ; nous en donnerons l'histoire plus loin ; nous avons recherché leurs noms avec le plus grand soin dans tous les auteurs, et surtout dans les voyageurs qui les ont indiqués les premiers. En général, lorsque nous n'avons pu savoir le nom que chacun porte dans son pays, nous avons cru devoir le tirer de la nature même de l'animal, c'est-à-dire d'un caractère qui seul fût suffisant pour le faire reconnaître et distinguer de tous les autres. L'on verra dans chaque article les raisons qui nous ont fait adopter ces noms.

Et à l'égard des variétés, lesquelles, dans la classe entière de ces animaux, sont peut-être plus nombreuses que les espèces, on les trouvera aussi très soigneusement comparées à chacune de leurs espèces propres. Nous connaissons et nous avons eu, la plupart vivants, quarante de ces animaux plus ou moins différents entre eux : il nous a paru qu'on devait les réduire à trente espèces, savoir : trois singes, une intermédiaire entre les singes et les babouins ; trois babouins, une intermédiaire entre les babouins et les guenons ; neuf guenons, sept sapajous et six sagouins, et que tous les autres ne doivent au moins, pour la plupart, être considérés que comme des variétés : mais, comme nous ne sommes pas absolument certains que quelques-unes de ces variétés ne puissent être en effet des espèces distinctes, nous tâcherons de leur donner aussi des noms qui ne seront que précaires, supposé que ce ne soient que des variétés, et qui pourront devenir propres et spécifiques, si ce sont réellement des espèces distinctes et séparées.

A l'occasion de toutes ces bêtes, dont quelques-unes ressemblent si fort à l'homme, considérons pour un instant les animaux de la terre sous un nouveau point de vue : c'est sans raison suffisante qu'on leur a donné généralement à tous le nom de quadrupèdes. Si les exceptions n'étaient qu'en petit nombre, nous n'attaquerions pas l'application de cette dénomination : nous avons dit, et nous savons que nos définitions, nos noms, quelque généraux qu'ils puissent être, ne comprennent jamais tout ; qu'il existe toujours des êtres en deçà ou au delà ; qu'il s'en trouve de mitoyens ; que plusieurs, quoique placés en apparence au milieu des autres, ne laissent pas d'échapper à la liste ; que le nom général qu'on voudrait leur imposer est une formule incomplète, une somme dont souvent ils ne font pas partie ; parce que la nature ne doit jamais être présentée que par unités et non par agrégats ; parce que l'homme n'a imaginé les noms généraux que pour aider à sa mémoire et tâcher de suppléer à la trop petite capacité de son entendement ; parce qu'ensuite il en a fait abus en regardant ce nom général comme quelque chose de réel (*) ; parce qu'enfin il a voulu y rappeler des êtres, et même des classes d'êtres, qui demandaient un autre nom ; je puis en donner et l'exemple et la preuve sans sortir de l'ordre des quadrupèdes, qui de tous les animaux sont ceux que l'homme connaît le mieux, et auxquels il était par conséquent en état de donner les dénominations les plus précises.

Le nom de *quadrupède* suppose que l'animal ait *quatre pieds ;* s'il manque de deux pieds, comme le lamantin, il n'est plus quadrupède ; s'il a des bras et des mains comme le singe, il n'est plus quadrupède ; s'il a des ailes comme la chauve-souris, il n'est plus quadrupède, et l'on fait abus de cette dénomination générale lorsqu'on l'applique à ces animaux. Pour qu'il y ait

(*) Cette pensée est très juste. Elle montre que Buffon est toujours resté fidèle à la façon de voir qu'il exprimait dans son *Discours sur la manière d'étudier l'histoire naturelle.*

de la précision dans les mots, il faut de la vérité dans les idées qu'ils représentent. Faisons pour les mains un nom pareil à celui qu'on a fait pour les
pieds, et alors nous dirons avec vérité et précision que l'homme est le seul
qui soit bimane et bipède, parce qu'il est le seul qui ait deux mains et deux
pieds ; que le lamantin n'est que bimane, que la chauve-souris n'est que
bipède, et que le singe est quadrumane (*). Maintenant appliquons ces
nouvelles dénominations générales à tous les êtres particuliers auxquels
elles conviennent, car c'est ainsi qu'il faut toujours voir la nature ; nous
trouverons que sur environ deux cents espèces d'animaux qui peuplent la
surface de la terre, et auxquelles on a donné le nom commun de *quadrupèdes*, il y a d'abord trente-cinq espèces de singes, babouins, guenons,
sapajous, sagouins et makis, qu'on doit en retrancher, parce qu'ils sont
quadrumanes ; qu'à ces trente-cinq espèces il faut ajouter celle du loris, du
sarigue, de la marmose, du cayopollin, du tarsier, du phalanger, etc., qui
sont aussi quadrumanes comme les singes, guenons, sapajous et sagouins ;
que par conséquent la liste des quadrumanes étant au moins de quarante
espèces (*a*), le nombre réel des quadrupèdes est déjà réduit d'un cinquième ;
qu'ensuite ôtant douze ou quinze espèces de bipèdes, savoir : les chauves-
souris et les roussettes, dont les pieds de devant sont plutôt des ailes que
des pieds, et en retranchant aussi trois ou quatre gerboises qui ne peuvent
marcher que sur les pieds de derrière, parce que ceux de devant sont trop
courts, en ôtant encore le lamantin, qui n'a point de pieds de derrière, les
morses, le dugon et les phoques, auxquels ils sont inutiles, ce nombre des
quadrupèdes se trouvera diminué de presque un tiers ; et si on en voulait
encore soustraire les animaux qui se servent des pieds de devant comme de
mains, tels que les ours, les marmottes, les coatis, les agoutis, les écureuils,
les rats et beaucoup d'autres, la dénomination de quadrupède paraîtra mal
appliquée à plus de la moitié des animaux ; et, en effet, les vrais quadrupèdes sont les solipèdes et les pieds-fourchus : dès qu'on descend à la classe
des fissipèdes, on trouve des quadrumanes ou des quadrupèdes ambigus,
qui se servent de leurs pieds de devant comme de mains, et qui doivent être
séparés ou distingués des autres. Il y a trois espèces de solipèdes, le cheval,
le zèbre et l'âne ; en y ajoutant l'éléphant, le rhinocéros, l'hippopotame, le
chameau, dont les pieds, quoique terminés par des ongles, sont solides et
ne leur servent qu'à marcher, l'on a déjà sept espèces auxquelles le nom de
quadrupède convient parfaitement. Il y a un beaucoup plus grand nombre de
pieds-fourchus que de solipèdes : les bœufs, les béliers, les chèvres, les

(*a*) *Nota.* Nous ne disons pas trop, en comptant quarante espèces dans la liste des quadrumanes ; car il y a dans les guenons, sapajous, sagouins, sarigues, etc., plusieurs variétés
qui pourraient bien être des espèces réellement distinctes.

(*) Le Singe est, en réalité, comme l'homme, bimane et bipède. L'organisation anatomique de ses pieds diffère en effet de celle de ses mains, comme chez l'homme.

gazelles, les bubales, les chevrotains, le lama, la vigogne, la girafe, l'élan, le renne, les cerfs, les daims, les chevreuils, etc., sont tous des pieds-fourchus et composent en tout un nombre d'environ quarante espèces ; ainsi voilà déjà cinquante animaux, c'est-à-dire dix solipèdes et quarante pieds-fourchus, auxquels le nom de quadrupède a été bien appliqué. Dans les fissipèdes, le lion, le tigre, les panthères, le léopard, les lynx, le chat, le loup, le chien, le renard, l'hyène, les civettes, le blaireau, les fouines, les belettes, les furets, les porcs-épics, les hérissons, les tatous, les fourmiliers et les cochons, qui font la nuance entre les fissipèdes et les pieds-fourchus, forment un nombre de plus de quarante autres espèces auxquelles le nom de quadrupède convient aussi dans toute la rigueur de l'acception, parce que, quoiqu'ils aient le pied de devant divisé en quatre ou cinq doigts, ils ne s'en servent jamais comme de main ; mais tous les autres fissipèdes, qui se servent de leurs pieds de devant pour saisir et porter à leur gueule, ne sont pas de purs quadrupèdes ; ces espèces, qui sont aussi au nombre de quarante, font une classe intermédiaire entre les quadrupèdes et les quadrumanes, et ne sont précisément ni des uns ni des autres : il y a donc dans le réel plus d'un quart des animaux auxquels le nom de quadrupède disconvient, et plus d'une moitié auxquels il ne convient pas dans toute l'étendue de son acception.

Les quadrumanes remplissent le grand intervalle qui se trouve entre l'homme et les quadrupèdes ; les bimanes sont un terme moyen dans la distance encore plus grande de l'homme aux cétacés (a) ; les bipèdes avec des ailes font la nuance des quadrupèdes aux oiseaux, et les fissipèdes, qui se servent de leurs pieds comme de mains, remplissent tous les degrés qui se trouvent entre les quadrumanes et les quadrupèdes ; mais c'est nous arrêter assez sur cette vue : quelque utile qu'elle puisse être pour la connaissance distincte des animaux, elle l'est encore plus par l'exemple et par la nouvelle preuve qu'elle nous donne qu'il n'y a aucune de nos définitions qui soit précise, aucun de nos termes généraux qui soit exact, lorsqu'on vient à les appliquer en particulier aux choses ou aux êtres qu'ils représentent.

Mais par quelle raison ces termes généraux, qui paraissent être le chef-d'œuvre de la pensée, sont-ils si défectueux? pourquoi ces définitions, qui semblent n'être que les purs résultats de la combinaison des êtres, sont-elles si fautives dans l'application? est-ce erreur nécessaire, défaut de rectitude dans l'esprit humain? ou plutôt n'est-ce pas simple incapacité, pure impuissance de combiner et même de voir à la fois un grand nombre de choses? Comparons les œuvres de la nature aux ouvrages de l'homme ; cherchons comment tous deux opèrent, et voyons si l'esprit, quelque actif, quelque étendu qu'il soit, peut aller de pair et suivre la même marche, sans se

(a) *Nota.* Dans cette phrase et dans toutes les autres semblables, je n'entends parler que de l'homme physique, c'est-à-dire de la forme du corps de l'homme, comparée à la forme du corps des animaux.

perdre lui-même ou dans l'immensité de l'espace, ou dans les ténèbres du temps, ou dans le nombre infini de la combinaison des êtres. Que l'homme dirige la marche de son esprit sur un objet quelconque : s'il voit juste, il prend la ligne droite, parcourt le moins d'espace et emploie le moins de temps possible pour atteindre à son but ; combien ne lui faut-il pas déjà de réflexions et de combinaisons pour ne pas entrer dans les lignes obliques, pour éviter les fausses routes, les culs-de-sac, les chemins creux qui tous se présentent les premiers, et en si grand nombre que le choix du vrai sentier suppose la plus grande justesse de discernement ; cela cependant est possible, c'est-à-dire n'est pas au-dessus des forces d'un bon esprit, il peut marcher droit sur sa ligne et sans s'écarter ; voilà sa manière d'aller la plus sûre et la plus ferme : mais il va sur une ligne pour arriver à un point, et s'il veut saisir un autre point, il ne peut l'atteindre que par une autre ligne ; la trame de ses idées est un fil délié qui s'étend en longueur sans autres dimensions ; la nature, au contraire, ne fait pas un seul pas qui ne soit en tout sens (*) ; en marchant en avant, elle s'étend à côté et s'élève au-dessus ; elle parcourt et remplit à la fois les trois dimensions ; et, tandis que l'homme n'atteint qu'un point, elle arrive au solide, en embrasse le volume et pénètre la masse dans toutes leurs parties. Que font nos Phidias lorsqu'ils donnent une forme à la matière brute ? A force d'art et de temps, ils parviennent à faire une surface qui représente exactement les dehors de l'objet qu'ils se sont proposé : chaque point de cette surface qu'ils ont créée leur a coûté mille combinaisons ; leur génie a marché droit sur autant de lignes qu'il y a de traits dans leur figure ; le moindre écart l'aurait déformée : ce marbre, si parfait qu'il semble respirer, n'est donc qu'une multitude de points auxquels l'artiste n'est arrivé qu'avec peine et successivement, parce que l'esprit humain, ne saisissant à la fois qu'une seule dimension, et nos sens ne s'appliquant qu'aux surfaces, nous ne pouvons pénétrer la matière et ne savons que l'effleurer ; la nature, au contraire, sait la brasser et la remuer à fond ; elle produit ses formes par des actes presque instantanés (**) ; elle les développe en les étendant à la fois dans les trois dimensions ; en même temps que son mouvement atteint à la surface, les forces pénétrantes dont elle est animée opèrent à l'intérieur ; chaque molécule est pénétrée ; le plus petit atome, dès qu'elle veut l'employer, est forcé d'obéir ; elle agit donc en tout sens, elle travaille en avant, en arrière, en bas, en haut, à droite, à gauche, de tous côtés à la fois, et par conséquent elle embrasse non seulement la

(*) Cette phrase est très juste ; elle indique que Buffon avait parfaitement vu les directions multiples dans lesquelles s'est faite l'évolution des êtres vivants.

(**) C'est une erreur. Buffon paraît céder ici, comme dans un certain nombre d'autres passages de ses œuvres, au désir de faire des antithèses brillantes au risque de sortir de la vérité ou même de ne pas exprimer sa propre pensée. La nature, bien loin de produire ses formes « par des actes presque instantanés » n'agit qu'avec la plus extrême lenteur.

surface, mais le volume, la masse et le solide entier dans toutes ses parties :
aussi quelle différence dans le produit, quelle comparaison de la statue au
corps organisé ! mais aussi quelle inégalité dans la puissance, quelle disproportion dans les instruments ! L'homme ne peut employer que la force qu'il
a : borné à une petite quantité de mouvement qu'il ne peut communiquer
que par la voie de l'impulsion, il ne peut agir que sur les surfaces, puisqu'en
général la force d'impulsion ne se transmet que par le contact des superfi-
cies ; il ne voit, il ne touche donc que la surface des corps ; et lorsque pour
tâcher de les mieux connaître il les ouvre, les divise et les sépare, il ne voit
et ne touche encore que des surfaces. Pour pénétrer l'intérieur, il lui faudrait une partie de cette force qui agit sur la masse, qui fait la pesanteur et
qui est le principal instrument de la nature ; si l'homme pouvait disposer de
cette force pénétrante comme il dispose de celle d'impulsion, si seulement il
avait un sens qui y fût relatif, il verrait le fond de la matière ; il pourrait
l'arranger en petit comme la nature la travaille en grand : c'est donc faute
d'instruments que l'art de l'homme ne peut approcher de celui de la nature ;
ses figures, ses reliefs, ses tableaux, ses dessins ne sont que des surfaces ou
des imitations de surfaces, parce que les images qu'il reçoit par ses sens
sont toutes superficielles et qu'il n'a nul moyen de leur donner du corps.

Ce qui est vrai pour les arts l'est aussi pour les sciences ; seulement elles
sont moins bornées, parce que l'esprit est leur seul instrument, parce que
dans les arts il est subordonné aux sens, et que dans les sciences il leur commande, d'autant qu'il s'agit de connaître et non pas d'opérer, de comparer et
non pas d'imiter. Or l'esprit, quoique resserré par les sens, quoique souvent
abusé par leurs faux rapports, n'en est ni moins pur ni moins actif ; l'homme,
qui a voulu savoir, a commencé par les rectifier, par démontrer leurs erreurs ;
il les a traités comme des organes mécaniques, des instruments qu'il faut
mettre en expérience pour les vérifier et juger de leurs effets : marchant ensuite la balance à la main et le compas de l'autre, il a mesuré et le temps
et l'espace ; il a reconnu tous les dehors de la nature, et ne pouvant en
pénétrer l'intérieur par les sens il l'a deviné par comparaison et jugé par analogie ; il a trouvé qu'il existait dans la matière une force générale, différente
de celle d'impulsion, une force qui ne tombe point sous nos sens, et dont par
conséquent nous ne pouvons disposer, mais que la nature emploie comme
son agent universel ; il a démontré que cette force appartenait à toute matière
également, c'est-à-dire proportionnellement à sa masse ou quantité réelle ;
que cette force ou plutôt son action s'étendait à des distances immenses, en
décroissant comme les espaces augmentent ; ensuite tournant ses vues sur
les êtres vivants, il a vu que la chaleur était une autre force nécessaire à leur
production ; que la lumière était une matière vive, douée d'une élasticité et
d'une activité sans bornes ; que la formation et le développement des êtres
organisés se font par le concours de toutes ces forces réunies ; que l'exten-

sion, l'accroissement des corps vivants ou végétants suit exactement les lois de la force attractive, et s'opère en effet en augmentant à la fois dans les trois dimensions ; qu'un moule une fois formé doit, par ces mêmes lois d'affinité, en produire d'autres tout semblables, et ceux-ci d'autres encore sans aucune altération de la forme primitive. Combinant ensuite ces caractères communs, ces attributs égaux de la nature vivante et végétante, il a reconnu qu'il existait et dans l'une et dans l'autre un fonds inépuisable et toujours reversible de substance organique et vivante ; substance aussi réelle, aussi durable que la matière brute ; substance permanente à jamais dans son état de vie, comme l'autre dans son état de mort ; substance universellement répandue, qui, passant des végétaux aux animaux par la voie de la nutrition, retournant des animaux aux végétaux par celle de la putréfaction, circule incessamment pour animer les êtres : il a vu que ces molécules organiques vivantes existaient dans tous les corps organisés, qu'elles y étaient combinées en plus ou moins grande quantité avec la matière morte, plus abondantes dans les animaux où tout est plein de vie, plus rare dans les végétaux où le mort domine et le vivant paraît éteint, où l'organique, surchargé par le brut, n'a plus ni mouvement progressif, ni sentiment, ni chaleur, ni vie, et ne se manifeste que par le développement et la reproduction ; et réfléchissant sur la manière dont l'un et l'autre s'opèrent, il a reconnu que chaque être vivant est un moule auquel s'assimilent les substances dont il se nourrit ; que c'est par cette assimilation que se fait l'accroissement du corps ; que son développement n'est pas une simple augmentation du volume, mais une extension dans toutes les dimensions, une pénétration de matière nouvelle dans toutes les parties de la masse ; que ces parties augmentant proportionnellement au tout, et le tout proportionnellement aux parties, la forme se conserve et demeure toujours la même jusqu'à son développement entier ; qu'enfin le corps ayant acquis toute son étendue, la même matière, jusqu'alors employée à son accroissement, est dès lors renvoyée, comme superflue, de toutes les parties auxquelles elle s'était assimilée ; et qu'en se réunissant dans un point commun elle y forme un nouvel être semblable au premier, qui n'en diffère que du petit au grand, et qui n'a besoin, pour le représenter, que d'atteindre aux mêmes dimensions en se développant à son tour par la même voie de la nutrition. Il a reconnu que l'homme, le quadrupède, le cétacé, l'oiseau, le reptile, l'insecte, l'arbre, la plante, l'herbe, se nourrissent, se développent et se reproduisent par cette même loi ; et que si la manière dont s'exécutent leur nutrition et leur génération paraît si différente, c'est que, quoique dépendante d'une cause générale et commune, elle ne peut s'exercer en particulier que d'une façon relative à la forme de chaque espèce d'êtres ; et chemin faisant (car il a fallu des siècles à l'esprit humain pour arriver à ces grandes vérités, desquelles toutes les autres dépendent), il n'a cessé de comparer les êtres ; il leur a donné des noms particuliers pour les distinguer les uns des

autres, et des noms généraux pour les réunir sous un même point de vue ;
prenant son corps pour le module physique de tous les êtres vivants, et les
ayant mesurés, sondés, comparés dans toutes leurs parties, il a vu que la
forme de tout ce qui respire est à peu près la même ; qu'en disséquant le
singe on pouvait donner l'anatomie de l'homme ; qu'en prenant un autre animal on trouvait toujours le même fond d'organisation, les mêmes sens, les
mêmes viscères, les mêmes os, la même chair, le même mouvement dans les
fluides, le même jeu, la même action dans les solides ; il a trouvé dans tous
un cœur, des veines et des artères ; dans tous, les mêmes organes de circulation, de respiration, de digestion, de nutrition, d'excrétion ; dans tous, une
charpente solide, composée des mêmes pièces à peu près assemblées de la
même manière ; et ce plan toujours le même, toujours suivi de l'homme au
singe, du singe aux quadrupèdes, des quadrupèdes aux cétacés, aux oiseaux,
aux poissons, aux reptiles ; ce plan, dis-je, bien saisi par l'esprit humain, est
un exemplaire fidèle de la nature vivante, et la vue la plus simple et la plus
générale sous laquelle on puisse la considérer : et lorsqu'on veut l'étendre et
passer de ce qui vit à ce qui végète on voit ce plan, qui d'abord n'avait varié
que par nuances, se déformer par degrés des reptiles aux insectes, des insectes aux vers, des vers aux zoophytes, des zoophytes aux plantes, et quoique
altéré dans toutes ses parties extérieures, conserver néanmoins le même
fond, le même caractère, dont les traits principaux sont la nutrition, le développement et la reproduction (*) ; traits généraux et communs à toute substance organisée, traits éternels et divins que le temps, loin d'effacer ou de
détruire, ne fait que renouveler et rendre plus évidents.

Si, de ce grand tableau des ressemblances dans lequel l'univers vivant se
présente comme ne faisant qu'une même famille (**), nous passons à celui
des différences, où chaque espèce réclame une place isolée et doit avoir son
portrait à part, on reconnaîtra qu'à l'exception de quelques espèces majeures,
telles que l'éléphant, le rhinocéros, l'hippopotame, le tigre, le lion, qui doivent avoir leur cadre, tous les autres semblent se réunir avec leurs voisins et
former des groupes de similitudes dégradées, des genres que nos nomenclateurs ont présentés par un lacis de figures dont les unes se tiennent par les
pieds, les autres par les dents, par les cornes, par le poil et par d'autres rapports encore plus petits. Et ceux même dont la forme nous paraît la plus parfaite, c'est-à-dire la plus approchante de la nôtre, les singes, se présentent
ensemble et demandent déjà des yeux attentifs pour être distingués les uns
des autres, parce que c'est moins à la forme qu'à la grandeur qu'est attaché
le privilège de l'espèce isolée, et que l'homme lui-même, quoique d'espèce

(*) Pensée très juste.
(**) Buffon se sert ici d'une expression très heureuse pour indiquer qu'il considère tous
les êtres vivants comme unis les uns aux autres, non seulement par la communauté des
traits, mais encore par une véritable filiation.

unique, infiniment différente de toutes celles des animaux, n'étant que d'une grandeur médiocre, est moins isolé et a plus de voisins que les grands animaux. On verra, dans l'histoire de l'orang-outang, que, si l'on ne faisait attention qu'à la figure, on pourrait également regarder cet animal comme le premier des singes ou le dernier des hommes, parce qu'à l'exception de l'âme, il ne lui manque rien de tout ce que nous avons, et parce qu'il diffère moins de l'homme pour le corps, qu'il ne diffère des autres animaux auxquels on a donné le même nom de singe.

L'âme, la pensée, la parole, ne dépendent donc pas de la forme ou de l'organisation du corps : rien ne prouve mieux que c'est un don particulier et fait à l'homme seul, puisque l'orang-outang, qui ne parle ni ne pense, a néanmoins le corps, les membres, les sens, le cerveau et la langue entièrement semblables à l'homme, puisqu'il peut faire ou contrefaire tous les mouvements, toutes les actions humaines, et que cependant il ne fait aucun acte de l'homme : c'est peut-être faute d'éducation, c'est encore faute d'équité dans votre jugement; vous comparez, dira-t-on, fort injustement le singe des bois avec l'homme des villes ; c'est à côté de l'homme sauvage, de l'homme auquel l'éducation n'a rien transmis, qu'il faut le placer pour les juger l'un et l'autre ; et a-t-on une idée juste de l'homme dans l'état de pure nature? la tête couverte de cheveux hérissés ou d'une laine crépue ; la face voilée par une longue barbe, surmontée de deux croissants de poils encore plus grossiers, qui par leur largeur et leur saillie raccourcissent le front et lui font perdre son caractère auguste, et non seulement mettent les yeux dans l'ombre, mais les enfoncent et les arrondissent comme ceux des animaux ; les lèvres épaisses et avancées ; le nez aplati ; le regard stupide ou farouche ; les oreilles, le corps et les membres velus ; la peau dure comme un cuir noir ou tanné ; les ongles longs, épais et crochus ; une semelle calleuse, en forme de corne, sous la plante des pieds ; et pour attributs du sexe des mamelles longues et molles, la peau du ventre pendante jusque sur les genoux ; les enfants se vautrant dans l'ordure et se traînant à quatre ; le père et la mère, assis sur leurs talons, tout hideux, tout couverts d'une crasse empestée (*). Et cette esquisse, tirée d'après le sauvage Hottentot, est encore un portrait flatté ; car il y a plus loin de l'homme dans l'état de pure nature à l'Hottentot, que de l'Hottentot à nous : chargez donc encore le tableau si vous voulez comparer le singe à l'homme, ajoutez-y les rapports d'organisation, les convenances de tempérament, l'appétit véhément des singes mâles pour les femmes, la même conformation dans les parties génitales des deux sexes; l'écoulement périodique dans les femelles, et les mélanges forcés ou volontaires des Négresses aux singes, dont le produit est rentré dans l'une ou l'autre espèce ;

(*) Buffon avait admirablement compris, on le voit par ce passage, que des relations étroites de parenté existent entre l'homme et le singe.

et voyez, supposé qu'elles ne soient pas la même, combien l'intervalle qui les sépare est difficile à saisir.

Je l'avoue, si l'on ne devait juger que par la forme, l'espèce du singe pourrait être prise pour une variété dans l'espèce humaine : le Créateur n'a pas voulu faire pour le corps de l'homme un modèle absolument différent de celui de l'animal ; il a compris sa forme, comme celle de tous les animaux, dans un plan général ; mais en même temps qu'il lui a départi cette forme matérielle, semblable à celle du singe, il a pénétré ce corps animal de son soufle divin ; s'il eût fait la même faveur, je ne dis pas au singe, mais à l'espèce la plus vile, à l'animal qui nous paraît le plus mal organisé, cette espèce serait bientôt devenue la rivale de l'homme ; vivifiée par l'esprit, elle eût primé sur les autres ; elle eût pensé, elle eût parlé : quelque ressemblance qu'il y ait donc entre l'Hottentot et le singe, l'intervalle qui les sépare est immense, puisqu'à l'intérieur il est rempli par la pensée, et au dehors par la parole (*).

Qui pourra jamais dire en quoi l'organisation d'un imbécile diffère de celle d'un autre homme ? Le défaut est certainement dans les organes matériels, puisque l'imbécile a son âme comme un autre : or, puisque d'homme à homme, où tout est entièrement conforme et parfaitement semblable, une différence si petite, qu'on ne peut la saisir, suffit pour détruire la pensée ou l'empêcher de naître, doit-on s'étonner qu'elle ne soit jamais née dans le singe, qui n'en a pas le principe (**)?

L'âme, en général, a son action propre et indépendante de la matière ; mais comme il a plu à son divin auteur de l'unir avec le corps, l'exercice de ses actes particuliers dépend de la constitution des organes matériels ; et cette dépendance est non seulement prouvée par l'exemple de l'imbécile, mais même démontrée par ceux du malade en délire, de l'homme en santé qui dort, de l'enfant nouveau-né qui ne pense pas encore, et du vieillard décrépit qui ne pense plus : il semble même que l'effet principal de l'éducation soit moins d'instruire l'âme ou de perfectionner ses opérations spirituelles que de modifier les organes matériels, et de leur procurer l'état le plus favorable à l'exercice du principe pensant. Or il y a deux éducations qui me paraissent devoir être soigneusemet distinguées, parce que leurs produits sont fort différents : l'éducation de l'individu qui est commune à l'homme et aux animaux, et l'éducation de l'espèce qui n'appartient qu'à l'homme. Un

---

(**) Nous avons montré, dans notre Introduction, que l'intervalle dont parle Buffon, tout en étant immense, ne l'est plus autant qu'il paraît le supposer. Il est tout à fait inexact par exemple que le singe soit dépourvu de pensée. Son intelligence est inférieure de beaucoup à celle de l'homme, mais elle n'en est pas moins réelle et même très grande. Quant à la parole, nous avons déjà dit ce qu'il en faut penser dans la note ajoutée à l'article de Buffon qui traite du Perroquet, tome VI.

(**) Cette considération est d'une très grande justesse. Bufion a-t-il compris qu'elle détruit en partie ce qu'il a dit plus haut au sujet de l'homme ?

jeune animal, tant par l'incitation que par l'exemple, apprend en quelques semaines d'âge à faire tout ce que ses père et mère font ; il faut des années à l'enfant, parce qu'en naissant il est, sans comparaison, beaucoup moins avancé, moins fort et moins formé que ne le sont les petits animaux (*); il l'est même si peu que dans ce premier temps il est nul pour l'esprit relativement à ce qu'il doit être un jour : l'enfant est donc beaucoup plus lent que l'animal à recevoir l'éducation individuelle ; mais par cette raison même il devient susceptible de celle de l'espèce ; les secours multipliés, les soins continuels qu'exige pendant longtemps son état de faiblesse entretiennent, augmentent l'attachement des père et mère, et en soignant le corps ils cultivent l'esprit ; le temps qu'il faut au premier pour se fortifier tourne au profit du second ; le commun des animaux est plus avancé pour les facultés du corps à deux mois que l'enfant ne peut l'être à deux ans : il y a donc douze fois plus de temps employé à sa première éducation, sans compter les fruits de celle qui suit, sans considérer que les animaux se détachent de leurs petits dès qu'ils les voient en état de se pourvoir d'eux-mêmes ; que dès lors ils se séparent et bientôt ne se connaissent plus; en sorte que tout attachement, toute éducation cessent de très bonne heure, et dès le moment où les secours ne sont plus nécessaires : or ce temps d'éducation étant si court le produit ne peut en être que très petit, et il est même étonnant que les animaux acquièrent en deux mois tout ce qui leur est nécessaire pour l'usage du reste de la vie; et si nous supposions qu'un enfant dans ce même petit temps devînt assez formé, assez fort de corps pour quitter ses parents et s'en séparer sans besoin, sans retour, y aurait-il une différence apparente et sensible entre cet enfant et l'animal? quelque spirituels que fussent les parents, auraient-ils pu, dans ce court espace de temps, préparer, modifier ses organes, et établir la moindre communication de pensée entre leur âme et la sienne? pourraient-ils éveiller sa mémoire, ni la toucher par des actes assez souvent réitérés pour y faire impression? pourraient-ils même exercer ou dégourdir l'organe de la parole? Il faut, avant que l'enfant prononce un seul mot, que son oreille soit mille et mille fois frappée du même son ; et avant qu'il ne puisse l'appliquer et le prononcer à propos, il faut encore mille et mille fois lui présenter la même combinaison du mot et de l'objet auquel il a rapport : l'éducation, qui seule peut développer son âme, veut donc être suivie longtemps et toujours soutenue ; si elle cessait, je ne dis pas à deux mois comme celle des animaux, mais même à un an d'âge, l'âme de l'enfant qui n'aurait rien reçu serait sans exercice, et faute de mouvement communiqué demeurerait inactive comme celle de l'imbécile, à laquelle le défaut des organes empêche que rien ne soit transmis ; et à plus forte raison si l'enfant était né dans l'état de pure nature, s'il n'avait pour institu-

(*) Cela est très exact.

teur que sa mère hottentote, et qu'à deux mois d'âge il fût assez formé de
corps pour se passer de ses soins et s'en séparer pour toujours, cet enfant
ne serait-il pas au-dessous de l'imbécile, et quant à l'extérieur tout à fait de
pair avec les animaux? mais dans ce même état de nature, la première éducation, l'éducation de nécessité exige autant de temps que dans l'état civil ;
parce que dans tous deux, l'enfant est également faible, également lent à
croître ; que par conséquent il a besoin de secours pendant un temps égal ;
qu'enfin il périrait s'il était abandonné avant l'âge de trois ans. Or cette
habitude nécessaire, continuelle et commune entre la mère et l'enfant pendant un si longtemps suffit pour qu'elle lui communique tout ce qu'elle possède ; et quand on voudrait supposer faussement que cette mère dans l'état
de nature ne possède rien, pas même la parole, cette longue habitude avec
son enfant ne suffirait-elle pas pour faire naître une langue? Ainsi cet état
de pure nature, où l'on suppose l'homme sans pensée, sans parole, est un
état idéal, imaginaire, qui n'a jamais existé ; la nécessité de la longue habitude des parents à l'enfant produit la société au milieu du désert ; la famille
s'entend et par signes et par sons, et ce premier rayon d'intelligence, entre-
tenu, cultivé, communiqué, a fait ensuite éclore tous les germes de la
pensée (*) : comme l'habitude n'a pu s'exercer, se soutenir si longtemps
sans produire des signes mutuels et des sons réciproques, ces signes ou ces
sons toujours répétés et gravés peu à peu dans la mémoire de l'enfant
deviennent des expressions constantes ; quelque courte qu'en soit la liste,
c'est une langue qui deviendra bientôt plus étendue si la famille augmente,
et qui toujours suivra dans sa marche tous les progrès de la société. Dès
qu'elle commence à se former, l'éducation de l'enfant n'est plus une éducation purement individuelle, puisque ses parents lui communiquent non seulement ce qu'ils tiennent de la nature, mais encore ce qu'ils ont reçu de leurs
aïeux et de la société dont ils font partie ; ce n'est plus une communication
faite par des individus isolés, qui, comme dans les animaux, se bornerait à
transmettre leurs simples facultés ; c'est une institution à laquelle l'espèce
entière a part, et dont le produit fait la base et le lien de la société.

Parmi les animaux même, quoique tous dépourvus du principe pensant,
ceux dont l'éducation est la plus longue sont aussi ceux qui paraissent avoir
le plus d'intelligence : l'éléphant, qui de tous est le plus longtemps à croître,
et qui a besoin des secours de sa mère pendant toute la première année, est
aussi le plus intelligent de tous ; le cochon d'Inde, auquel il ne faut que trois
semaines d'âge pour prendre tout son accroissement et se trouver en état
d'engendrer, est peut-être par cette seule raison l'un des plus stupides ; et à
l'égard du singe, dont il s'agit ici de décider la nature, quelque ressemblant

---

(*) Il est très vrai que la parole a dû exercer une très grande influence sur le développement de l'intelligence chez l'homme.

qu'il soit à l'homme, il a néanmoins une si forte teinture d'animalité qu'elle se reconnaît dès le moment de la naissance ; car il est à proportion plus fort et plus formé que l'enfant ; il croît beaucoup plus vite, les secours de la mère ne lui sont nécessaires que pendant les premiers mois, il ne reçoit qu'une éducation purement individuelle, et par conséquent aussi stérile que celle des autres animaux.

Il est donc animal, et malgré sa ressemblance à l'homme, bien loin d'être le second dans notre espèce, il n'est pas le premier dans l'ordre des animaux, puisqu'il n'est pas le plus intelligent ; c'est uniquement sur ce rapport de ressemblance corporelle qu'est appuyé le préjugé de la grande opinion qu'on s'est formée des facultés du singe ; il nous ressemble, a-t-on dit, tant à l'extérieur qu'à l'intérieur ; il doit donc non seulement nous imiter, mais faire encore de lui-même tout ce que nous faisons. On vient de voir que toutes les actions qu'on doit appeler *humaines* sont relatives à la société, qu'elles dépendent d'abord de l'âme et ensuite de l'éducation, dont le principe physique est la nécessité de la longue habitude des parents à l'enfant ; que dans le singe cette habitude est fort courte, qu'il ne reçoit, comme les autres animaux, qu'une éducation purement individuelle, et qu'il n'est pas même susceptible de celle de l'espèce ; par conséquent il ne peut rien faire de tout ce que l'homme fait, puisque aucune de ses actions n'a le même principe ni la même fin ; et à l'égard de l'imitation qui paraît être le caractère le plus marqué, l'attribut le plus frappant de l'espèce du singe, et que le vulgaire lui accorde comme un talent unique, il faut, avant de décider, examiner si cette imitation est libre ou forcée : le singe nous imite-t-il parce qu'il le veut, ou bien parce que sans le vouloir il le peut ? j'en appelle sur cela volontiers à tous ceux qui ont observé cet animal sans prévention, et je suis convaincu qu'ils diront avec moi qu'il n'y a rien de libre, rien de volontaire dans cette imitation ; le singe ayant des bras et des mains s'en sert comme nous, mais sans songer à nous : la similitude des membres et des organes produit nécessairement des mouvements et quelquefois même des suites de mouvements qui ressemblent aux nôtres ; étant conformé comme l'homme, le singe ne peut que se mouvoir comme lui ; mais se mouvoir de même n'est pas agir pour imiter ; qu'on donne à deux corps bruts la même impulsion ; qu'on construise deux pendules, deux machines pareilles, elles se mouvront de même, et l'on aurait tort de dire que ces corps bruts ou ces machines ne se meuvent ainsi que pour s'imiter ; il en est de même du singe relativement au corps de l'homme, ce sont deux machines construites, organisées de même, qui par nécessité de nature se meuvent à très peu près de la même façon : néanmoins parité n'est pas imitation ; l'une gît dans la matière et l'autre n'existe que par l'esprit ; l'imitation suppose le dessein d'imiter ; le singe est incapable de former ce dessein, qui demande une suite de pensées, et par cette raison l'homme peut, s'il le veut, imiter le singe, et le singe ne peut pas même vouloir imiter l'homme (*).

Et cette parité, qui n'est que le physique de l'imitation, n'est pas aussi complète ici que la similitude, dont cependant elle émane comme effet immédiat; le singe ressemble plus à l'homme par le corps et les membres que par l'usage qu'il en fait; en l'observant avec quelque attention, on s'apercevra aisément que tous ses mouvements sont brusques, intermittents, précipités; et que pour les comparer à ceux de l'homme, il faudrait leur supposer une autre échelle, ou plutôt un module différent. Toutes les actions du singe tiennent de son éducation, qui est purement animale; elles nous paraissent ridicules, inconséquentes, extravagantes, parce que nous nous trompons d'échelle en les rapportant à nous, et que l'unité qui doit leur servir de mesure est très différente de la nôtre : comme sa nature est vive, son tempérament chaud, son naturel pétulant, qu'aucune de ses affections n'a été mitigée par l'éducation, toutes ses habitudes sont excessives, et ressemblent beaucoup plus aux mouvements d'un maniaque qu'aux actions d'un homme ou même d'un animal tranquille; c'est par la même raison que nous le trouvons indocile, et qu'il reçoit difficilement les habitudes qu'on voudrait lui transmettre; il est insensible aux caresses, et n'obéit qu'au châtiment; on peut le tenir en captivité, mais non pas en domesticité; toujours triste ou revêche, toujours répugnant, grimaçant, on le dompte plutôt qu'on ne le prive : aussi l'espèce n'a jamais été domestique nulle part; et, par ce rapport, il est encore plus éloigné de l'homme que la plupart des animaux; car la docilité suppose quelque analogie entre celui qui donne et celui qui reçoit; c'est une qualité relative qui ne peut être exercée que lorsqu'il se trouve des deux parts un certain nombre de facultés communes, qui ne diffèrent entre elles que parce qu'elles sont actives dans le maître et passives dans le sujet. Or le passif du singe a moins de rapport avec l'actif de l'homme que le passif du chien ou de l'éléphant, qu'il suffit de bien traiter pour leur communiquer les sentiments doux et mêmes délicats de l'attachement fidèle, de l'obéissance volontaire, du service gratuit et du dévouemnt sans réserve.

Le singe est donc plus loin de l'homme que la plupart des autres animaux par les qualités relatives : il en diffère aussi beaucoup par le tempérament; l'homme peut habiter tous les climats; il vit, il multiplie dans ceux du Nord et dans ceux du Midi; le singe a de la peine à vivre dans les contrées tempérées, et ne peut multiplier que dans les pays les plus chauds. Cette différence dans le tempérament en suppose d'autres dans l'organisation, qui, quoique cachées, n'en sont pas moins réelles; elle doit aussi influer

(*) Cela est faux. Le singe non seulement imite l'homme, mais le fait tout aussi volontairement que l'homme imite le singe.

beaucoup sur le naturel ; l'excès de chaleur qui est nécessaire à la pleine
vie de cet animal rend excessives toutes ses affections, toutes ses qualités ;
et il ne faut pas chercher une autre cause à sa pétulance, à sa lubricité
et à ses autres passions, qui toutes nous paraissent aussi violentes que dé-
sordonnées.

Ainsi ce singe que les philosophes, avec le vulgaire, ont regardé comme
un être difficile à définir, dont la nature était au moins équivoque et moyenne
entre celle de l'homme et celle des animaux, n'est dans la vérité qu'un pur
animal portant à l'extérieur un masque de figure humaine, mais dénué à
l'intérieur de la pensée et de tout ce qui fait l'homme ; un animal au-dessous
de plusieurs autres par les facultés relatives, et encore essentiellement
différent de l'homme par le naturel, par le tempérament et aussi par la
mesure du temps nécessaire à l'éducation, à la gestation, à l'accroissement
du corps, à la durée de la vie, c'est-à-dire par toutes les habitudes réelles
qui constituent ce qu'on appelle *nature* dans un être particulier.

LES ORANGS-OUTANGS

OU LE PONGO (*a*) ET LE JOCKO (*b*)

Nous présentons ces deux animaux ensemble, parce qu'il se peut qu'ils
ne fassent tous deux qu'une seule et même espèce. Ce sont de tous les
singes ceux qui ressemblent le plus à l'homme, ceux qui par conséquent
sont les plus dignes d'être observés; nous avons vu le petit orang-outang ou
le jocko (*) vivant, et nous en avons conservé les dépouilles; mais nous ne
pouvons parler du pongo ou grand orang-outang (**) que d'après les relations
des voyageurs : si elles étaient fidèles, si souvent elles n'étaient pas obs-
cures, fautives, exagérées, nous ne douterions pas qu'il ne fût d'une autre
espèce que le jocko, d'une espèce plus parfaite et plus voisine encore de
l'espèce de l'homme. Bontius, qui était médecin en chef à Batavia, et qui
nous a laissé de bonnes observations sur l'histoire naturelle de cette partie

(*a*) *Orang-outang*, nom de cet animal aux Indes orientales; *pongo*, nom de ce même animal à Lowando, province de Congo; *kukurlacko* dans quelques endroits des Indes orientales, selon Kjoep, chap. LXXXVI, cité par Linnæus.

Homo sylvestris. Orang-outang. Bontius, p. 84, fig. *ibid. Nota*. Cette figure représente
plutôt une femme qu'une femelle de singe. — *Satyri sylvestres*, Orang-outang *dicti. Icones
arborum..... ut et animalium*. Lugd. Bat. *apud*. Vanderaa. *Tab. antepenult. duæ figuræ*. —
Troglodites. Homo nocturnus. Linn. *Syst. nat.*, édit. X, p. 24.

(*b*) *Jocko. Enjocko*, nom de cet animal à Congo que nous avons adopté. *En*, est l'article
que nous avons retranché. L'*enpakassa* de Congo s'appelle *pacassa* ou *pacasse*, et par conséquent on doit appeler l'*enjocko, jocko. Baris* en Guinée selon Fr. Pyrard, p. 369, et aussi
selon le P. du Jarric. *Champanzee, quimpezee*, par les Anglais qui fréquentent la côte d'Angole ; on l'a aussi appelé *homme sauvage : homme des bois*, comme le *pongo*, d'autres l'ont
nommé *pygmée de Guinée. Quojasmoras*, dans quelques endroits de l'Afrique, selon Dapper.

(*) Le Jocko de Buffon est le Chimpanzé (*Troglodytes niger* L.) de l'ordre des Primates
et du sous-ordre des Catarrhiniens ou singes à cloison nasale étroite. Tous les Catarrhiniens
ont trente-deux dents comme l'homme. Le Chimpanzé appartient à la famille des Anthropomorphes, qui comprend les singes sans queue, à membres antérieurs longs, à fesses dépourvues de callosités, sans abajoues. Buffon confond ici deux espèces réellement distinctes : le
Chimpanzé et l'Orang-outang. Dans toute cette étude, le lecteur aura soin de corriger les
erreurs que cette confusion entraîne. Ainsi le Chimpanzé est d'origine africaine tandis que
l'Orang-outang est de l'Asie.

(**) Le Pongo de Buffon est l'Orang-outang véritable (*Satyrus Orangs* L.) de la famille
des Anthropomorphes.

des Indes, dit expressément (a) qu'il a vu avec admiration quelques individus de cette espèce marchant debout sur leurs pieds, et entre autres une femelle (dont il donne la figure) qui semblait avoir de la pudeur, qui se couvrait de sa main à l'aspect des hommes qu'elle ne connaissait pas, qui pleurait, gémissait, et faisait les autres actions humaines, de manière qu'il semblait que rien ne lui manquât que la parole. M. Linnæus (b) dit, d'après Kjoep et quelques autres voyageurs, que cette faculté même ne manque pas à l'orang-outang, qu'il pense, qu'il parle et s'exprime en sifflant; il l'appelle *homme nocturne*, et en donne en même temps une description par laquelle il ne serait guère possible de décider si c'est un animal ou un homme. Seulement on doit remarquer que cet être, quel qu'il soit, n'a, selon lui, que la moitié de la hauteur de l'homme; et comme Bontius ne fait nulle mention de la grandeur de son orang-outang, on pourrait penser avec M. Linnæus que c'est le même : mais alors cet orang-outang de Linnæus et de Bontius ne serait pas le véritable, qui est de la taille des plus grands hommes; ce ne serait pas non plus celui que nous appelons *jocko* et que j'ai vu vivant; car, quoiqu'il soit de la taille que M. Linnæus donne au sien, il en diffère néanmoins par tous les autres caractères. Je puis assurer, l'ayant vu plusieurs fois, que non seulement il ne parle ni ne siffle pour s'exprimer, mais même qu'il ne fait rien qu'un chien bien instruit ne pût faire : et d'ailleurs il diffère presque en tout de la description que M. Linnæus donne de l'orang-outang, et se rapporte beaucoup mieux à celle du *satyrus* de ce même auteur : je doute donc beaucoup de la vérité de la description de cet *homme nocturne;* je doute même de son existence, et c'est probablement un Nègre blanc, un chacrelas (c), que les voyageurs cités par M. Linnæus auront mal vu et mal décrit; car ces chacrelas ont en effet, comme *l'homme nocturne* de cet auteur, les cheveux blancs, laineux et frisés, les yeux rouges, la vue faible, etc. Mais ce sont des hommes, et ces hommes ne sifflent pas et ne sont pas des pygmées de trente pouces de hauteur; ils pensent, parlent et agissent comme les autres hommes, et sont aussi de la même grandeur.

(a) « Quod meretnr admirationem, vidi ego aliquot utriusque sexûs erecte incedentes » imprimis (cujus effigiem hîc exhibeo) satyram femellam tantâ verecundiâ ab gnotis sibi » hominibus occulentem, tum quoque faciem manibus (liceat ita dicere) tegentem ubertimque » lacrymantem, gemitus cientem et cæteros humanos actus experimentem, ut nihil humani » ei deesse diceres præter loquelam..... Nomen ei indunt *ourang-outang* quod hominem » silvæ significat. » Jac. Bont. *Hist. nat. Ind.*, cap. xxxii, p. 84 et 85.

(b) « Homo nocturnus. Homo silvestris *orang-outang* Bontii. Corpus album, incessu » erectum, nostro dimidio minus, pili albi contortuplicati, oculi orbiculati, iridi pupillaque » aurea. Palpebræ antice incumbentes cum membrana nictitante. Visus lateralis, nocturnus. » Ætas viginti quinque annorum. Die cœcutit, latet; noctu videt, exit, furatur. *Loquitur* » *sibilo, cogitat, credit sui causâ factam tellurem, se aliquando iterum fore imperantem,* » si fides peregrinatoribus..... Habitat in Javæ, Amboinæ, Ternatæ speluncis. » Linn. *Syst. nat.*, edit. X, p. 24.

(c) Voyez ce que nous avons dit de cette race d'hommes dans notre discours sur les variétés de l'espèce humaine.

En écartant donc cet être mal décrit, en supposant aussi un peu d'exagération dans le récit de Bontius, un peu de préjugé dans ce qu'il raconte de la pudeur de sa femelle orang-outang, il ne nous restera qu'un animal, un singe, dont nous trouvons ailleurs des indications plus précises. Edward Tyson (*a*), célèbre anatomiste anglais, qui a fait une très bonne description tant des parties extérieures qu'intérieures de l'orang-outang, dit qu'il y en a de deux espèces, et que celui qu'il décrit n'est pas si grand que l'autre appelé *barris* (*b*) ou *baris* par les voyageurs, et vulgairement *drill* par les Anglais. Ce *barris* ou *drill* est en effet le grand orang-outang des Indes orientales, ou le pongo de Guinée ; et le pygmée décrit par Tyson est le jocko que nous avons vu vivant. Le philosophe Gassendi ayant avancé, sur le rapport d'un voyageur nommé Saint-Amand, qu'il y avait dans l'île de Java une espèce de créature qui faisait la nuance entre l'homme et le singe on n'hésita pas à nier le fait : pour le prouver, Peiresc produisit une lettre d'un M. Noël (*Natalis*), médecin qui demeurait en Afrique, par laquelle il assure (*c*) qu'on trouve en Guinée de très grands singes appelés *barris*, qui marchent sur deux pieds, qui ont plus de gravité et beaucoup plus d'intelligence que tous les autres singes, et qui sont très ardents pour les femmes. Darcos, et ensuite Nieremberg (*d*) et Dapper (*e*) disent à peu près les mêmes choses du barris. Battel (*f*) l'appelle *pongo*, et assure « qu'il est, dans toutes
» ses proportions, semblable à l'homme, seulement qu'il est plus grand ;
» grand, dit-il, comme un géant ; qu'il a la face comme l'homme, les yeux
» enfoncés, de longs cheveux aux côtés de la tête, le visage nu et sans poil,
» aussi bien que les oreilles et les mains ; le corps légèrement velu, et qu'il
» ne diffère de l'homme à l'extérieur que par les jambes, parce qu'il n'a
» que peu ou point de mollets ; que cependant il marche toujours debout ;
» qu'il dort sur les arbres et se construit une hutte, un abri contre le soleil
» et la pluie ; qu'il vit de fruits et ne mange point de chair ; qu'il ne peut
» parler, quoiqu'il ait plus d'entendement que les autres animaux ; que
» quand les Nègres font du feu dans les bois, ces pongos viennent s'asseoir
» autour et se chauffer, mais qu'ils n'ont pas assez d'esprit pour entretenir
» le feu en y mettant du bois ; qu'ils vont de compagnie, et tuent quelquefois
» des Nègres dans les lieux écartés ; qu'ils attaquent même l'éléphant,

(*a*) *The anatomy of a Pygmie.* London, 1699, in-4°.

(*b*) The *Baris* or *Barris*, which they describe to be much taller than our animal, probably may be what we call a *Drill*. Tyson, *Anat. of a Pygmie*, p. 1.

(*c*) « Sunt in Guineâ simiæ, barbâ procerâ canâque et pexâ propemodum venerabiles ; » incedunt lentè ac videntur præ cæteris sapere ; maximi sunt et *Barris* dicuntur ; pollent » maximè judicio, semel duntaxat quidpiam docendi. Veste induti illico bipedes incedunt. » Scitè ludunt fistulâ, cytharâ aliisque id genus..... Fœminæ denique in iis patiuntur menstrua, » et mares mulierum sunt appetentissimi. » Gassendi, lib. v.

(*d*) Nieremberg. *Hist. nat. peregr.*, lib. ix, cap. 44 et 45.

(*e*) *Description de l'Afrique*, par Dapper, p. 249.

(*f*) Purchass *Pilgrims,* part. ii, liv. vii, chap. iii. *Histoire générale des voyages*, t. V, p. 89.

» qu'ils le frappent à coups de bâton et le chassent de leurs bois ; qu'on ne
» peut prendre ces pongos vivants, parce qu'ils sont si forts que dix
» hommes ne suffiraient pas pour en dompter un seul ; qu'on ne peut donc
» attraper que les petits tout jeunes ; que la mère les porte marchant debout,
» et qu'ils se tiennent attachés à son corps avec les mains et les genoux ;
» qu'il y a deux espèces de ces singes très ressemblants à l'homme, le
» pongo, qui est aussi grand et plus gros qu'un homme, et l'enjoko, qui est
» beaucoup plus petit, etc. » : c'est de ce passage très précis que j'ai tiré
les noms de *pongo* et de *jocko*. Battel dit encore que lorsqu'un de ces animaux meurt, les autres couvrent son corps d'un amas de branches et de
feuillages. Purchass ajoute, en forme de note, que, dans les conversations
qu'il avait eues avec Battel, il avait appris de lui qu'un pongo lui enleva un
petit Nègre qui passa un an entier dans la société de ces animaux ; qu'à son
retour, ce petit Nègre raconta qu'ils ne lui avaient fait aucun mal ; que
communément ils étaient de la hauteur de l'homme, mais qu'ils sont plus
gros, et qu'ils ont à peu près le double du volume d'un homme ordinaire.
Jobson assure avoir vu dans les endroits fréquentés par ces animaux une
sorte d'habitation composée de branches entrelacées, qui pouvaient servir
du moins à les garantir de l'ardeur du soleil (*a*). « Les singes de Guinée, dit
» Bosman (*b*), que l'on appelle *smitten* en flamand, sont de couleur fauve,
» et deviennent extrêmement grands : j'en ai vu, ajoute-t-il, un de mes
» propres yeux qui avait cinq pieds de haut... Ces singes ont une assez
» vilaine figure, aussi bien que ceux d'une seconde espèce qui leur res-
» semblent en tout, si ce n'est que quatre de ceux-ci seraient à peine aussi
» gros qu'un de la première espèce... On peut leur apprendre presque tout
» ce que l'on veut. » Gauthier Schoutten (*c*) dit « que les singes, appelés
» par les Indiens *orangs-outangs*, sont presque de la même figure et de la
» même grandeur que les hommes, mais qu'ils ont le dos et les reins tout
» couverts de poil, sans en avoir néanmoins au-devant du corps ; que les
» femelles ont deux grosses mamelles ; que tous ont le visage rude, le
» nez plat, même enfoncé, les oreilles comme les hommes ; qu'ils sont
» robustes, agiles, hardis ; qu'ils se mettent en défense contre les hommes
» armés ; qu'ils sont passionnés pour les femmes ; qu'il n'y a point de sûreté
» pour elles à passer dans les bois, où elles se trouvent tout à coup atta-
» quées et violées par ces singes. » Dampier, Froger et d'autres voyageurs
assurent qu'ils enlèvent de petites filles de huit ou dix ans, qu'ils les emportent au-dessus des arbres, et qu'on a mille peines à les leur ôter. Nous
pouvons ajouter à tous ces témoignages celui de M. de la Brosse, qui a écrit
son voyage à la côte d'Angole en 1738, et dont on nous a communiqué l'ex-

(*a*) *Histoire générale des voyages*, t. III, p. 295.
(*b*) *Voyage de Guinée*, par Bosman, p. 258.
(*c*) *Voyage de Gaut. Schoutten*. Amsterdam, 1707, in-12.

trait : ce voyageur assure que les orangs-outangs, qu'il appelle *quimpezés*,
« tâchent de surprendre des Négresses ; qu'ils les gardent avec eux pour en
» jouir : qu'ils les nourrissent très bien. J'ai connu, dit-il, à Lowango, une
» Négresse qui était restée trois ans avec ces animaux ; ils croissent de
» six à sept pieds de haut ; ils sont d'une force sans égale ; ils cabanent et
» se servent de bâtons pour se défendre ; ils ont la face plate, le nez camus
» et épaté, les oreilles plates, sans bourrelet, la peau un peu plus claire
» que celle d'un mulâtre, un poil long et clair-semé dans plusieurs parties
» du corps, le ventre extrêmement tendu, les talons plats et élevés d'un
» demi-pouce environ par derrière ; ils marchent sur leurs deux pieds, et
» sur les quatre quand ils en ont la fantaisie : nous en achetâmes deux
» jeunes, un mâle qui avait quatorze lunes, et une femelle qui n'avait que
» douze lunes d'âge, etc. »

Voilà ce que nous avons trouvé de plus précis et de plus certain au sujet
du grand *orang-outang* ou *pongo ;* et comme la grandeur est le seul caractère bien marqué, par lequel il diffère du jocko, je persiste à croire qu'ils
sont de la même espèce (*) ; car il y a ici deux choses possibles : la première,
que le jocko soit une variété constante, c'est-à-dire une race beaucoup plus
petite que celle du pongo ; à la vérité, ils sont tous deux du même climat ; ils
vivent de la même façon, et devraient par conséquent se ressembler en tout,
puisqu'ils subissent et reçoivent également les mêmes altérations, les
mêmes influences de la terre et du ciel ; mais n'avons-nous pas dans l'espèce
humaine un exemple de variété semblable ? Le Lapon et le Finlandais, sous
le même climat, diffèrent entre eux presque autant par la taille, et beaucoup
plus pour les autres attributs, que le *jocko* ou *petit orang-outang* ne diffère
du grand. La seconde chose possible, c'est que le *jocko* ou *petit orang-outang*
que nous avons vu vivant, celui de Tulpius, celui de Tyson et les autres qu'on
a transportés en Europe, n'étaient peut-être tous que de jeunes animaux qui
n'avaient encore pris qu'une partie de leur accroissement. Celui que j'ai vu
avait près de deux pieds et demi de hauteur. Le sieur Nonfoux, auquel il
appartenait, m'assura qu'il n'avait que deux ans : il aurait donc pu parvenir
à plus de cinq pieds de hauteur s'il eût vécu, en supposant son accroissement proportionnel à celui de l'homme. L'orang-outang de Tyson était encore
plus jeune, car il n'avait qu'environ deux pieds de hauteur, et ses dents n'é-
taient pas entièrement formées. Celui de Tulpius était à peu près de la
grandeur de celui que j'ai vu ; il en est de même de celui qui est gravé dans
les Glanures de M. Edwards : il est donc très probable que ces jeunes animaux auraient pris avec l'âge un accroissement considérable, et que, s'ils
eussent été en liberté dans leur climat, ils auraient acquis la même hauteur,
les mêmes dimensions que les voyageurs donnent à leur grand orang-outang ;

(*) Nous avons déjà dit que Buffon commet en cela une erreur.

ainsi nous ne considèrerons plus ces deux animaux comme différents entre eux, mais comme ne faisant qu'une seule et même espèce, en attendant que des connaissances plus précises détruisent ou confirment cette opinion, qui nous paraît fondée.

L'orang-outang, que j'ai vu, marchait toujours debout sur ses deux pieds, même en portant des choses lourdes ; son air était assez triste, sa démarche grave, ses mouvements mesurés, son naturel doux et très différent de celui des autres singes ; il n'avait ni l'impatience du magot, ni la méchanceté du babouin, ni l'extravagance des guenons ; il avait été, dira-t-on, instruit et bien appris, mais les autres que je viens de citer, et que je lui compare, avaient eu de même leur éducation ; le signe et la parole suffisaient pour faire agir notre orang-outang, il fallait le bâton pour le babouin et le fouet pour tous les autres, qui n'obéissent guère qu'à la force des coups. J'ai vu cet animal présenter sa main pour reconduire les gens qui venaient le visiter, se promener gravement avec eux et comme de compagnie ; je l'ai vu s'asseoir à table, déployer sa serviette, s'en essuyer les lèvres, se servir de la cuiller et de la fourchette pour porter à sa bouche, verser lui-même sa boisson dans un verre, le choquer lorsqu'il y était invité, aller prendre une tasse et une soucoupe, l'apporter sur la table, y mettre du sucre, y verser du thé, le laisser refroidir pour le boire, et tout cela sans autre instigation que les signes ou la parole de son maître, et souvent de lui-même. Il ne faisait du mal à personne, s'approchait même avec circonspection, et se présentait comme pour demander des caresses ; il aimait prodigieusement les bonbons, tout le monde lui en donnait ; et comme il avait une toux fréquente et la poitrine attaquée, cette grande quantité de choses sucrées contribua sans doute à abréger sa vie : il ne vécut à Paris qu'un été, et mourut l'hiver suivant à Londres ; il mangeait presque de tout, seulement il préférait les fruits mûrs et secs à tous les autres aliments ; il buvait du vin, mais en petite quantité, et le laissait volontiers pour du lait, du thé ou d'autres liqueurs douces. Tulpius (a), qui a donné une bonne description avec la figure d'un de ces ani-

(a) « Erat hic satyrus quadrupes, sed ab humanâ specie quam præ se fert vocatur Indis
» *ourang-outang*, Homo silvestris, uti Africanis *quojasmorrou :* exprimens longitudine
» puerum trimum, ut crassitie sexennem ; corpore erat nec obeso nec gracili, sed quadrato,
» habilissimo tamen ac pernicissimo. Artubus verò tam strictis et musculis adeo vastis, ut
» quidvis et auderet et posset. Anterius undique glaber at ponè hirsutus ac nigris crinibus
» obsitus. Facies mentiebatur hominem, sed nares simæ et aduncæ rugosam et edentulam
» anum. Aures verò nil discrepant ab humanâ formâ, uti neque pectus ornatum utrinque
» mammâ prætumidâ (erat enim sexùs fœminei). Venter habebat umbilicum profundiorem,
» et artus, cum superiores tum inferiores, tam exactam cum homine similitudinem ut vix
» ovum ovo videris similius. Nec cubito defuit debita commissura, nec manibus digitorum
» ordo ; nedum pollici figura humana vel cruribus suræ vel pedi calcis fulcrum. Quæ concina
» ac decens membrorum forma in causa fuit, quòd multoties incederet erectus, neque attol-
» leret minus gravatè quam transferret facilè qualecumque gravissimi oneris pondus. Bibi-
» turus præhendebat canthari ansam manu altera, alteram verò vasis fundo supponens ; abster-
» gebat deinde madorem labiis relictum..... Eamdem dexteritatem observabat cubitum iturus ;

maux qu'on avait présenté vivant à Frédéric-Henri, prince d'Orange, en raconte les mêmes choses à peu près que celles que nous avons vues nous-même, et que nous venons de rapporter; mais si l'on veut reconnaître ce qui appartient en propre à cet animal, et le distinguer de ce qu'il avait reçu de son maître, si l'on veut séparer sa nature de son éducation, qui en effet lui était étrangère, puisque, au lieu de la tenir de ses père et mère, il l'avait reçue des hommes, il faut comparer ces faits, dont nous avons été témoins, avec ceux que nous ont donnés les voyageurs qui ont vu ces animaux dans leur état de nature, en liberté et en captivité. M. de la Brosse, qui avait acheté d'un Nègre deux petits orangs-outangs qui n'avaient qu'un an d'âge, ne dit pas si le Nègre les avait éduqués; il paraît assurer, au contraire, que c'était d'eux-mêmes qu'ils faisaient une grande partie des choses que nous avons rapportées ci-dessus. « Ces animaux, dit-il, ont l'instinct de s'asseoir » à table comme les hommes; ils mangent de tout sans distinction; ils se » servent du couteau, de la cuillère et de la fourchette pour couper et prendre » ce qu'on leur sert sur l'assiette; ils boivent du vin et d'autres liqueurs : » nous les portâmes à bord; quand ils étaient à table, ils se faisaient en- » tendre des mousses lorsqu'ils avaient besoin de quelque chose; et quelque- » fois, quand ces enfants refusaient de leur donner ce qu'ils demandaient, » ils se mettaient en colère, leur saisissaient les bras, les mordaient et les » abattaient sous eux..... Le mâle fut malade en rade; il se faisait soigner » comme une personne; il fut même saigné deux fois au bras droit : » toutes les fois qu'il se trouva depuis incommodé, il montrait son bras » pour qu'on le saignât, comme s'il eût su que cela lui avait fait du » bien. »

Henri Grosse (a) dit « qu'il se trouve de ces animaux vers le nord de Coro- » mandel, dans les forêts du domaine du raïa de Carnate; qu'on en fit pré- » sent de deux, l'un mâle, l'autre femelle, à M. Horne, gouverneur de » Bombay; qu'ils avaient à peine deux pieds de haut, mais la forme entière- » ment humaine; qu'ils marchaient sur leurs deux pieds, et qu'ils étaient » d'un blanc pâle, sans autres cheveux ni poil qu'aux endroits où nous en » avons communément; que leurs actions étaient très semblables pour la » plupart aux actions humaines, et que leur mélancolie faisait voir qu'ils » sentaient fort bien leur captivité; qu'ils faisaient leur lit avec soin dans la » cage dans laquelle on les avait envoyés sur le vaisseau; que quand on les » regardait, ils cachaient avec leurs mains les parties que la modestie em- » pêche de montrer. La femelle, ajoute-t-il, mourut de maladie sur le vais- » seau, et le mâle, donnant toutes sortes de signes de douleur, prit tellement

» inclinans caput in pulvinar et corpus stragulis convenienter operiens, etc. » Tulpii *Observ. Medicæ*, lib. III, cap. LVI.

(a) *Voyage aux Indes orientales*, par Henri Grosse, traduit de l'anglais. Londres, 1758, p. 329 et suivantes.

» à cœur la mort de sa compagne, qu'il refusa de manger et ne lui survécut
» pas plus de deux jours. »

François Pyrard (a) rapporte « qu'il se trouve dans la province de Sierra-
» Leona une espèce d'animaux, appelée *baris*, qui sont gros et membrus,
» lesquels ont une telle industrie que si on les nourrit et instruit de jeu-
» nesse ils servent comme une personne ; qu'ils marchent d'ordinaire sur les
» deux pattes de derrière seulement ; qu'ils pilent ce qu'on leur donne à
» piler dans des mortiers ; qu'ils vont quérir de l'eau à la rivière dans de
» petites cruches qu'ils portent toutes pleines sur leur tête, mais qu'arrivant
» à la porte de la maison, si on ne leur prend bientôt leurs cruches, ils les
» laissent tomber, et voyant la cruche versée et rompue, ils se mettent à
» crier et à pleurer. » Le P. du Jarric, cité par Nieremberg (b), dit la même
chose et presque dans les mêmes termes. Le témoignage de Schoutten (c)
s'accorde avec celui de Pyrard au sujet de l'éducation de ces animaux : « On
» en prend, dit-il, avec des lacs, on les apprivoise, on leur apprend à mar-
» cher sur les pieds de derrière et à se servir des pieds de devant, qui sont à
» peu près comme des mains, pour faire certains ouvrages et même ceux du
» ménage, comme rincer des verres, donner à boire, tourner la broche, etc. »
— « J'ai vu à Java, dit Le Gua (d), un singe fort extraordinaire ; c'était une
» femelle ; elle était de grande taille et marchait souvent fort droit sur ses
» pieds de derrière ; alors elle cachait d'une de ses mains l'endroit de son
» corps qui distinguait son sexe ; elle avait le visage sans autre poil que
» celui des sourcils, et elle ressemblait assez en général à ces faces grotes-
» ques des femmes Hottentotes que j'ai vues au Cap : elle faisait tous les jours
» proprement son lit, s'y couchait la tête sur un oreiller et se couvrait d'une
» couverture... Quand elle avait mal à la tête elle se serrait d'un mouchoir,
» et c'était un plaisir de la voir ainsi coiffée dans son lit. Je pourrais en ra-
» conter diverses autres petites choses qui paraissent extrêmement singu-
» lières ; mais j'avoue que je ne pouvais pas admirer cela autant que le
» faisait la multitude, parce que, n'ignorant pas le dessein qu'on avait de
» porter cet animal en Europe pour le faire voir, j'avais beaucoup de pen-
» chant à supposer qu'on l'avait dressé à la plupart des singeries que le
» peuple regardait comme lui étant naturelles : à la vérité, c'était une sup-
» position. Il mourut à la hauteur du cap de Bonne-Espérance dans un vais-
» seau sur lequel j'étais ; il est certain que la figure de ce singe ressemblait
» beaucoup à celle de l'homme, etc. » Gemelli-Carreri dit en avoir vu un qui
se plaignait comme un enfant, qui marchait sur les deux pieds de derrière,
en portant sa natte sous son bras, pour se coucher et dormir. Ces singes,

(a) *Voyage de François Pyrard de Laval.* Paris, 1619, t. II, p. 331.
(b) Eus. Nieremberg. *Hist. nat. peregrin*, lib. IX, cap. XLV.
(c) *Voyages de Gaut. Schoutten aux Indes orientales.* Amsterdam, 1707.
(d) *Voyages de Fr. Le Guat.*, t. II, p. 96 et 97.

ajoute-t-il, paraissent avoir plus d'esprit que les hommes, à certains égards ; car, quand ils ne trouvent plus de fruits sur les montagnes, ils vont au bord de la mer où ils attrapent des crabes, des huîtres et autres choses semblables. Il y a une espèce d'huîtres qu'on appelle *taclovo*, qui pèsent plusieurs livres et qui sont souvent ouvertes sur le rivage ; or le singe craignant que, quand il veut les manger, elles ne lui attrapent la patte en se refermant, il jette une pierre dans la coquille qui l'empêche de se fermer, et ensuite il mange l'huître sans crainte.

« Sur les côtes de la rivière de Gambie, dit Froger (a), les singes y sont
» plus gros et plus méchants qu'en aucun endroit de l'Afrique ; les Nègres
» les craignent et ils ne peuvent aller seuls dans la campagne sans courir
» risque d'être attaqués par ces animaux qui leur présentent un bâton et
» les obligent à se battre... Souvent on les a vus porter sur les arbres des
» enfants de sept à huit ans qu'on avait une peine incroyable à leur ôter ; la
» plupart des Nègres croient que c'est une nation étrangère qui est venue
» s'établir dans leur pays, et que, s'ils ne parlent pas, c'est qu'ils craignent
» qu'on ne les oblige à travailler. »

« On se passerait bien, dit un autre voyageur (b), de voir à Macaçar un
» aussi grand nombre de singes, car leur rencontre est souvent funeste ; il
» faut toujours être bien armé pour s'en défendre... Ils n'ont point de queue,
» ils se tiennent toujours droits comme des hommes, et ne vont jamais que
» sur les deux pieds de derrière. »

Voilà du moins, à très peu près, tout ce que les voyageurs les moins crédules et les plus véridiques nous disent de cet animal ; j'ai cru devoir rapporter leurs passages en entier, parce que tout peut paraître important dans l'histoire d'une bête si ressemblante à l'homme ; et pour qu'on puisse prononcer avec encore plus de connaissance sur sa nature, nous allons exposer aussi toutes les différences qui éloignent cette espèce de l'espèce humaine et toutes les conformités qui l'en approchent ; il diffère de l'homme à l'extérieur par le nez qui n'est pas proéminent, par le front qui est trop court, par le menton qui n'est pas relevé à la base ; il a les oreilles proportionnellement trop grandes, les yeux trop voisins l'un de l'autre, l'intervalle entre le nez et la bouche est aussi trop étendu ; ce sont là les seules différences de la face de l'orang-outang avec le visage de l'homme. Le corps et les membres diffèrent en ce que les cuisses sont relativement trop courtes, les bras trop longs, les pouces trop petits, la paume des mains trop longue et trop serrée, les pieds plutôt faits comme des mains que comme des pieds humains ; les parties de la génération du mâle ne sont différentes de celles de l'homme qu'en ce qu'il n'y a point de frein au prépuce ; les parties de la femelle sont à l'extérieur fort semblables à celles de la femme.

(a) *Relation du voyage de Gennes,* par Froger, p. 42 et 43.
(b) *Description historique du royaume de Macaçar.* Paris, 1688, p. 51.

A l'intérieur, cette espèce diffère de l'espèce humaine par le nombre des
côtes ; l'homme n'en a que douze, l'orang-outang en a treize (*); il a aussi
les vertèbres du cou plus courtes, les os du bassin plus serrés, les hanches
plus plates, les orbites des yeux plus enfoncées; il n'y a point d'apophyse
épineuse à la première vertèbre du cou ; les reins sont plus ronds que ceux
de l'homme, et les uretères ont une forme différente, aussi bien que la vessie
et la vésicule du fiel, qui sont plus étroites et plus longues que dans l'homme ;
toutes les autres parties du corps, de la tête et des membres, tant extérieures qu'intérieures, sont si parfaitement semblables à celles de l'homme
qu'on ne peut les comparer sans admiration et sans être étonné que d'une
conformation si pareille et d'une organisation qui est absolument la même il
n'en résulte pas les mêmes effets. Par exemple, la langue et tous les organes
de la voix sont les mêmes que dans l'homme, et cependant l'orang-outang
ne parle pas ; le cerveau est absolument de la même forme et de la même
proportion, et il ne pense pas (**) : y a-t-il une preuve plus évidente que la
matière seule, quoique parfaitement organisée, ne peut produire ni la pensée
ni la parole qui en est le signe, à moins qu'elle ne soit animée par un principe supérieur? L'homme et l'orang-outang sont les seuls qui aient des fesses
et des mollets, et qui par conséquent soient faits pour marcher debout; les
seuls qui aient la poitrine large, les épaules aplaties et les vertèbres conformées l'un comme l'autre ; les seuls dont le cerveau, le cœur, les poumons, le
foie, la rate, le pancréas, l'estomac, les boyaux, soient absolument pareils,
les seuls qui aient l'appendice vermiculaire au cæcum; enfin l'orang-outang
ressemble plus à l'homme qu'à aucun des animaux, plus même qu'aux babouins et aux guenons, non seulement par toutes les parties que je viens
d'indiquer, mais encore par la largeur du visage, la forme du crâne, des
mâchoires, des dents, des autres os de la tête et de la face, par la grosseur
des doigts et du pouce, par la figure des ongles, par le nombre des vertèbres lombaires et sacrées, par celui des os du coccyx, et enfin par la conformité dans les articulations, dans la grandeur et la figure de la rotule, dans
celle du sternum, etc.; en sorte qu'en comparant cet animal avec ceux qui
lui ressemblent le plus, comme avec le magot, le babouin ou la guenon, il se
trouve encore avoir plus de conformité avec l'homme qu'avec ces animaux,
dont les espèces cependant paraissent être si voisines de la sienne qu'on les
a toutes désignées par le même nom de *singes :* ainsi les Indiens sont excu-
sables de l'avoir associé à l'espèce humaine par le nom d'*orang-outang*,
homme sauvage, puisqu'il ressemble à l'homme par le corps plus qu'il ne
ressemble aux autres singes ou à aucun autre animal. Comme quelques-uns
des faits que nous venons d'exposer pourraient paraître suspects à ceux qui

(*) C'est le Chimpanzé qui a treize côtes et non l'Orang-Outang ; ce dernier n'en a que
douze.

(**) Il pense beaucoup plus que ne le dit Buffon.

n'auraient pas vu cet animal, nous avons cru devoir les appuyer de l'autorité de deux célèbres anatomistes, Tyson (a) et Cowper, qui l'ont ensemble disséqué avec une exactitude scrupuleuse, et qui nous ont donné les résultats des comparaisons qu'ils ont faites dans toutes les parties de son corps avec celui de l'homme. J'ai cru devoir traduire de l'anglais, et présenter ici cet article

(a) L'orang-outang ressemble plus à l'homme qu'aux singes ou aux guenons : 1° en ce qu'il a les poils des épaules dirigés en bas et ceux des bras dirigés en haut ; 2° par la face qui est plus semblable à celle de l'homme, étant plus large et plus aplatie que celle des singes ; 3° par la figure de l'oreille qui ressemble plus à celle de l'homme, à l'exception que la partie cartilagineuse est mince comme dans les singes ; 4° par les doigts qui sont proportionnellement plus gros que ceux des singes ; 5° en ce qu'il est à tous égards fait pour marcher debout, au lieu que les singes et les guenons ne sont pas conformés à cette fin ; 6° en ce qu'il a des fesses plus grosses que tous les autres singes ; 7° en ce qu'il a des mollets aux jambes ; 8° en ce que sa poitrine et ses épaules sont plus larges que celles des singes ; 9° son talon plus long ; 10° en ce qu'il a la membrane adipeuse, placée comme l'homme sous la peau ; 11° le péritoine entier et non percé ou allongé, comme il l'est dans les singes ; 12° les intestins plus longs que dans les singes ; 13° le canal des intestins de différent diamètre, comme dans l'homme et non pas égal ou à peu près égal comme il l'est dans les singes ; 14° en ce que le cæcum a l'appendice vermiculaire comme dans l'homme, tandis que cet appendice vermiculaire manque dans tous les autres singes, et aussi en ce que le commencement du colon n'est pas si prolongé qu'il l'est dans les singes ; 15° en ce que l'insertion du conduit biliaire et du conduit pancréatique n'ont qu'un seul orifice commun dans l'homme et l'orang-outang, au lieu que ces insertions sont à deux pouces de distance dans les guenons ; 16° en ce que le colon est plus long que dans les singes ; 17° en ce que le foie n'est pas divisé en lobes comme dans les singes, mais entier et d'une seule pièce comme dans l'homme ; 18° en ce que les vaisseaux biliaires sont les mêmes que dans l'homme ; 19° la rate la même ; 20° le pancréas le même ; 21° le nombre des lobes du poumon le même ; 22° le péricarde attaché au diaphragme comme dans l'homme et non pas comme il l'est dans les singes ou guenons ; 23° le cône du cœur plus émoussé que dans les singes ; 24° en ce qu'il n'a point d'abajoues ou poches au bas des joues comme les autres singes et guenons ; 25° en ce qu'il a le cerveau beaucoup plus grand que ne l'ont les singes, et dans toutes ses parties exactement conformé comme le cerveau de l'homme ; 26° le crâne plus arrondi et du double plus grand que dans les guenons ; 27° toutes les sutures du crâne semblables à celles de l'homme : les os appelés *ossa triquetra Wormiana* se trouvent dans la suture lambdoïde, ce qui n'est pas dans les autres singes ou guenons ; 28° il a l'os cribriforme et le *crista galli*, ce que les guenons n'ont pas ; 29° la selle, *sella equina*, comme dans l'homme, au lieu que dans les singes et guenons cette partie est plus élevée et plus proéminente ; 30° le *processus pterygoides* comme dans l'homme, cette partie manque aux singes et guenons ; 31° les os des tempes et les os appelés *ossa bregmatis* comme dans l'homme ; ces os sont d'une forme différente dans les singes et guenons ; 32° l'os zygomatique, petit, au lieu que dans les singes et guenons cet os est grand ; 33° les dents sont plus semblables à celles de l'homme qu'à celles des autres singes, surtout les canines et les molaires ; 34° les apophyses transverses des vertèbres du cou, et les sixième et septième vertèbres ressemblent plus à celles de l'homme qu'à celles des singes et des guenons ; 35° les vertèbres du cou ne sont pas percées comme dans les singes pour laisser passer les nerfs (*), elles sont pleines et sans trou dans l'orang-outang comme dans l'homme ; 36° les vertèbres du dos et leurs apophyses sont comme dans l'homme ; et dans les vertèbres du bas, il n'y a que deux apophyses inférieures, au lieu qu'il y en a quatre dans les singes ; 37° il n'y a que cinq vertèbres lombaires comme dans l'homme, au lieu que dans les guenons il y en a six ou sept ; 38° les apophyses épineuses des vertèbres lombaires sont droites comme dans l'homme ; 39° l'os

(*) C'est pour le passage des artères vertébrales que les vertèbres cervicales sont munies latéralement de trous.

de leurs ouvrages, afin que tout le monde puisse mieux juger de la ressemblance presque entière de cet animal avec l'homme ; j'observerai seulement, pour une plus grande intelligence de cette note, que les Anglais
ne sont pas réduits comme nous à un seul nom pour désigner les singes ;
ils ont, comme les Grecs, deux noms différents, l'un pour les singes sans

sacrum est composé de cinq vertèbres comme dans l'homme, au lieu que dans les singes et
guenons il n'est composé que de trois ; 40° le coccyx n'a que quatre os comme dans l'homme,
et ces os ne sont pas troués, au lieu que dans les singes et guenons le coccyx est composé
d'un plus grand nombre d'os, et ces os sont troués ; 41° dans l'orang-outang, il n'y a que
sept vraies côtes (*costæ veræ*), et les extrémités des fausses côtes (*nothæ*) sont cartilagineuses,
et les côtes sont articulées au corps des vertèbres ; dans les singes et guenons, il y a huit
vraies côtes, et les extrémités des fausses côtes sont osseuses, et leur articulation se trouve
placée dans l'interstice entre les vertèbres ; 42° l'os du sternum dans l'orang-outang est
large comme dans l'homme, et non pas étroit comme dans les guenons ; 43° les os des quatre
doigts sont plus gros qu'ils ne le sont dans les singes ; 44° l'os de la cuisse, soit dans son
articulation, soit à tous autres égards, est semblable à celui de l'homme ; 45° la rotule est
ronde et non pas longue, simple et non pas double comme elle est dans les singes ; 46° le
talon, le tarse et le métatarse de l'orang-outang sont comme ceux de l'homme ; 47° le doigt
du milieu dans le pied n'est pas si long qu'il l'est dans les singes ; 48° les muscles *obliquus
inferior capitis, pyriformis et biceps femoris* sont semblables dans l'orang-outang et dans
l'homme, tandis qu'ils sont différents dans les singes et guenons, etc.

L'orang-outang diffère de l'homme plus que des singes ou guenons : 1° en ce que le
pouce est plus petit à proportion que celui de l'homme, quoique cependant il soit plus gros
que celui des autres singes ; 2° en ce que la paume de la main est plus longue et plus étroite
que dans l'homme ; 3° il diffère de l'homme et approche des singes par la longueur des doigts
des pieds ; 4° il diffère de l'homme en ce qu'il a le gros doigt des pieds éloigné à peu près
comme un pouce, étant plutôt quadrumane comme les autres singes que quadrupède ; 5° en
ce qu'il a les cuisses plus courtes que l'homme ; 6° les bras plus longs ; 7° en ce qu'il n'a
pas les bourses pendantes ; 8° en ce qu'il a l'épiploon plus ample que dans l'homme ; 9° la
vésicule du fiel longue et plus étroite ; 10° les reins plus ronds que dans l'homme et les uretères différents ; 11° la vessie plus longue ; 12° en ce qu'il n'a point de frein au prépuce ;
13° les os de l'orbite de l'œil trop enfoncés ; 14° en ce qu'il n'a pas les deux cavités au-
dessous de la selle du turc (*sella turcica*) comme dans l'homme ; 15° en ce que les *processus
mastoïdes et styloïdes* sont très petits et presque nuls ; 16° en ce qu'il a les os du nez plats ;
17° il diffère de l'homme, en ce que les vertèbres du cou sont courtes comme dans les
singes, plates devant et non pas rondes, et que leurs apophyses épineuses ne sont pas four-
chues comme dans l'homme ; 18° en ce qu'il n'y a point d'apophyse épineuse dans la première vertèbre du cou ; 19° il diffère de l'homme en ce qu'il a treize côtes de chaque côté,
et que l'homme n'en a que douze ; 20° en ce que les os des îles sont parfaitement
semblables à ceux des singes, étant plus longs, plus étroits et moins concaves que dans
l'homme ; 21° il diffère de l'homme, en ce que les muscles suivants se trouvent dans le corps
humain et manquent dans celui de l'orang-outang, savoir, *occipitales, frontales, dilatatores
alarum nasi seu elevatores labii superioris, interspinales colli, glutæi minimi, extensor digitorum pedis brevis et transversalis pedis* ; 22° les muscles qui ne paraissent pas se trouver
dans l'orang-outang, et qui se trouvent quelquefois dans l'homme sont ceux qu'on appelle
pyramidales, caro musculosa quadrata ; le long tendon et le corps charnu du muscle *pal-
maire* ; les muscles *attollens et retrahens auriculam* ; 23° les muscles élévateurs des cla-
vicules sont dans l'orang-outang, comme dans les singes et non pas comme dans l'homme ;
24° les muscles par lesquels l'orang-outang ressemble aux singes et diffère de l'homme sont
les suivants : *longus colli, pectoralis, latissimus dorsi, glutæus maximus et medius, psoas
magnus et parvus, iliacus internus et gastrocnemius internus* ; 25° il diffère encore de l'homme
par la forme des muscles, *deltoïdes, pronator radii teres et extensor policis brevis. Anatomie
de l'orang-outang*, par Tyson. Londres, 1699, in-4°.

queue (*a*), qu'ils appellent *ape*, et l'autre pour les singes à queue, qu'ils appellent *monkey*. J'ai toujours traduit le mot *monkey* par celui de *guenon*, et le mot *ape* par celui de *singe;* et ces singes, que Tyson désigne par le mot *ape*, ne peuvent être que ceux que nous avons appelés le *pithèque* et le *magot;* et il y a même toute apparence que c'est au magot seul qu'on doit rapporter le nom *ape* ou *singe* de la comparaison de Tyson. Je dois observer aussi que cet auteur donne quelques caractères de ressemblance et de différence qui ne sont pas assez fondés : j'ai cru devoir faire sur cela quelques remarques; on trouvera peut-être que ce détail est long, mais il me semble qu'on ne peut pas examiner de trop près un être qui, sous la forme de l'homme, n'est cependant qu'un animal.

1° Tyson donne comme un caractère particulier à l'homme et à l'orang-outang d'avoir le poil des épaules dirigé en bas, et celui des bras dirigé en haut; il est vrai que la plupart des quadrupèdes ont le poil de toutes les parties du corps dirigé en bas ou en arrière, mais cela n'est pas sans exception. Le paresseux et le fourmillier ont le poil des parties antérieures du corps dirigé en arrière, et celui de la croupe et des reins dirigé en avant : ainsi ce caractère n'est pas d'un grand poids dans la comparaison de cet animal à l'homme.

2° J'ai aussi retranché dans ma traduction les quatre premières différences, qui, comme celles-ci, sont trop légères ou mal fondées : la première, c'est la différence de la taille; ce caractère est très incertain et tout à fait gratuit, puisque l'auteur dit lui-même que son animal était fort jeune; les seconde, troisième et quatrième ne roulent que sur la forme du nez, la quantité du poil et sur d'autres rapports aussi petits. Il en est de même de plusieurs autres que j'ai retranchées, par exemple du vingt et unième caractère tiré du nombre des dents; il est certain que cet animal et l'homme ont le même nombre de dents, et que s'il n'en avait que vingt-huit, comme le dit l'auteur, c'est qu'il était fort jeune, et l'on sait que l'homme dans sa jeunesse n'en a pas davantage.

3° Le onzième caractère des différences de l'auteur est aussi très équivoque; les enfants ont les bourses fort relevées; cet animal, étant fort jeune, ne devait pas les avoir pendantes.

4° Le quarante-huitième caractère des ressemblances, et les trente, trente et unième, trente-deuxième, trente-troisième et trente-quatrième caractères des différences ne désignant que la présence ou la figure de certains muscles qui, dans l'espèce humaine, varient pour la plupart d'un individu à l'autre, ne doivent pas être considérés comme des caractères essentiels.

5° Toutes les ressemblances et différences tirées de parties trop petites,

(*a*) « Simiæ dividuntur in caudâ carentes quæ simiæ simpliciter dicuntur et caudatas quæ
» cercopitheci appellantur; quæ prioris generis sunt, anglicè *apes* dicuntur; quæ posterioris,
» *monkeys.* » Ray, *Syn. quad.*, p. 149.

telles que les apophyses des vertèbres, ou prises de la position de certaines parties, de leur grandeur, de leur grosseur, ne doivent aussi être considérées que comme des caractères accessoires, en sorte que tout le détail de cette table de Tyson peut se réduire aux différences et aux ressemblances essentielles que nous avons indiquées.

6° Je crois devoir insister sur quelques caractères plus généraux, dont les uns ont été omis par Tyson, et les autres mal indiqués : 1° L'orang-outang est le seul de tous les singes qui n'ait point d'abajoues (*), c'est-à-dire de poches au bas des joues; toutes les guenons, tous les babouins, et même le magot et le gibbon (**), ont ces poches, où ils peuvent garder leurs aliments avant de les avaler : l'orang-outang seul a cette partie du dedans de la bouche faite comme l'homme. 2° Le gibbon, le magot, tous les babouins et toutes les guenons, à l'exception du douc, ont les fesses plates et des callosités sur ces parties; l'orang-outang est encore le seul qui ait les fesses renflées et sans callosités; le douc les a aussi sans callosités, mais elles sont plates et velues, en sorte qu'à cet égard le douc fait la nuance entre l'orang-outang et les guenons, comme le gibbon et le magot font cette même nuance à l'égard des abajoues, et le magot seul à l'égard des dents canines et de l'allongement du museau. 3° L'orang-outang est le seul qui ait des mollets ou gras de jambes ou de fesses charnues; ce caractère indique qu'il est de tous le mieux conformé pour marcher debout; seulement, comme les doigts de ses pieds sont fort longs, et que son talon pose plus difficilement à terre que celui de l'homme, il court plus facilement qu'il ne marche, et il aurait besoin de talons artificiels plus élevés que ceux de nos souliers si l'on voulait le faire marcher aisément et longtemps. 4° Quoique l'orang-outang ait treize côtes, et que l'homme n'en ait que douze, cette différence ne l'approche pas plus des babouins ou des guenons qu'elle l'éloigne de l'homme, parce que le nombre des côtes varie dans la plupart de ces espèces, et que les uns de ces animaux en ont douze, d'autres onze et d'autres dix, etc.; en sorte que les seules différences essentielles entre le corps de cet animal et celui de l'homme se réduisent à deux, savoir, la conformation des os du bassin et la conformation des pieds : ce sont là les seules parties considérables par lesquelles l'orang-outang ressemble plus aux autres singes qu'il ne ressemble à l'homme.

D'après cet exposé, que j'ai fait avec toute l'exactitude dont je suis capable, on voit ce que l'on doit penser de cet animal; s'il y avait un degré par lequel on pût descendre de la nature humaine à celle des animaux, si l'essence de cette nature consistait en entier dans la forme du corps et dépendait de son organisation, ce singe se trouverait plus près de l'homme que d'aucun ani-

(*) Tous les Antropomorphes, c'est-à-dire l'Orang-outang, le Chimpanzé et le Gorille sont dépourvus d'abajoues.

(**) Il en est de même chez tous les Anthropomorphes.

mal : assis au second rang des êtres, s'il ne pouvait commander en premier, il
ferait au moins sentir aux autres sa supériorité, et s'efforcerait de ne pas obéir ;
si l'imitation qui semble copier de si près la pensée en était le vrai signe ou
l'un des résultats, ce singe se trouverait encore à une plus grande distance
des animaux et plus voisin de l'homme ; mais, comme nous l'avons dit, l'intervalle qui l'en sépare réellement n'en est pas moins immense ; et la ressemblance de la forme, la conformité de l'organisation, les mouvements d'imitation qui paraissent résulter de ces similitudes, ni ne le rapprochent de la
nature de l'homme, ni même ne l'élèvent au-dessus de celle des animaux.

Caractères distinctifs de cette espèce.

L'orang-outang n'a point d'abajoues, c'est-à-dire point de poches au
dedans des joues, point de queue, point de callosités sur les fesses ; il les a
renflées et charnues ; il a toutes les dents et même les canines semblables à
celles de l'homme (*) ; il a la face plate, nue et basanée, les oreilles, les
mains, les pieds, la poitrine, le ventre aussi nus ; il a des poils sur la tête
qui descendent en forme de cheveux des deux côtés des tempes, du poil sur
le dos et sur les lombes, mais en petite quantité ; il a cinq ou six pieds de
hauteur, et marche toujours droit sur ses deux pieds (**). Nous n'avons pas
été à portée de vérifier si les femelles sont sujettes comme les femmes à
l'écoulement périodique, mais nous le présumons, et par analogie nous ne
pouvons guère en douter.

LE PITHÈQUE (a)

« Il y a, dit Aristote, des animaux dont la nature est ambiguë, et tient en
» partie de l'homme et en partie du quadrupède, tels que les *pithèques*,
» les *kèbes* et les *cynocéphales ;* le kèbe est un pithèque avec une queue ;
» le cynocéphale est tout semblable au pithèque, seulement il est plus grand
» et plus fort, et il a le museau avancé, approchant presque de celui du
» dogue, et c'est de là qu'on a tiré son nom ; il est aussi de mœurs plus
» féroces, et il a les dents plus fortes que le pithèque, et plus ressemblantes
» à celles du chien. » D'après ce passage, il est clair que le pithèque (***) et le

(a) Pithèque. Πίθηκός, en grec ; *Simia*, en latin.

(*) A l'état adulte, ses canines sont beaucoup plus développées que celles de l'homme. D'une
façon générale, tous les caractères des singes Anthropomorphes ressemblent beaucoup plus
à ceux de l'homme pendant le jeune âge que plus tard. A mesure que ces animaux avancent
en âge leurs caractères distinctifs s'accusent de plus en plus.
(**) C'est une erreur, l'Orang-outang s'appuie pour marcher sur les mains.
(***) D'après Cuvier, le Pithèque de Buffon n'est que le jeune de son Magot.

cynocéphale indiqués par Aristote n'ont ni l'un ni l'autre de queue, puisqu'il dit que les pithèques qui ont une queue s'appellent *kèbes*, et que le cynocéphale ressemble en tout au pithèque, à l'exception du museau qu'il a plus avancé, et des dents qu'il a plus grosses. Aristote fait donc mention de deux espèces de singes sans queue, le pithèque et le cynocéphale, et d'autres singes avec une queue, qu'il appelle *kèbes*. Maintenant, pour comparer ce que nous connaisons avec ce qui était connu d'Aristote, nous observerons que nous avons vu trois espèces de singes qui n'ont point de queue, savoir, l'orang-outang, le gibbon et le magot, et qu'aucune de ces trois espèces n'est le pithèque ; car les deux premières, c'est-à-dire l'orang-outang et le gibbon, n'étaient certainement pas connues d'Aristote, puisque ces animaux ne se trouvent que dans les parties méridionales de l'Afrique et des Indes, qui n'étaient pas découvertes de son temps, et que d'ailleurs ils ont des caractères très différents de ceux qu'il donne au pithèque ; mais la troisième espèce, que nous appelons *magot*, est le *cynocéphale* d'Aristote ; il en a tous les caractères, il n'a point de queue, il a le museau comme un dogue, et les dents canines grosses et longues ; d'ailleurs, il se trouve communément dans l'Asie Mineure et dans les autres provinces de l'Orient qui étaient connues des Grecs ; le pithèque est du même pays, mais nous ne l'avons pas vu, nous ne le connaissons que par le témoignage des auteurs ; et quoique depuis vingt ans que nous recherchons les singes, cette espèce ne se soit pas rencontrée sous nos yeux, nous ne doutons cependant pas qu'elle n'existe aussi réellement que celle du cynocéphale. Gessner et Jonston ont donné des figures de ce singe pithèque ; M. Brisson l'a indiqué comme l'ayant vu ; il le distingue du cynocéphale ou magot, qu'il désigne aussi comme l'ayant vu, et il confirme ce que dit Aristote, en assurant que ces deux animaux (a) se ressemblent à tous égards, à l'exception du museau, qui est court dans le *pithèque* ou *singe* proprement dit, et allongé dans le cynocéphale. Nous avons dit que l'orang-outang, le pithèque, le gibbon et le magot sont les seuls animaux auxquels on doive appliquer le nom générique de *singe*, parce qu'ils sont les seuls qui n'ont point de queue, et les seuls qui marchent plus volontiers et plus souvent sur deux pieds que sur quatre ; l'orang-outang et le gibbon sont très différents du pithèque et du magot ; mais comme ceux-ci se ressemblent en tout, à l'exception de la grandeur des mâchoires

(a) Race première des singes, ceux qui n'ont point de queue et qui ont le museau court : 1° le singe. J'ai vu plusieurs singes qui ne différaient entre eux que par la grandeur ; leur face, leurs oreilles et leurs ongles sont assez semblables au visage, aux oreilles et aux ongles de l'homme ; le poil qui couvre tout leur corps, excepté les fesses qui sont nues, est mêlé de verdâtre et de jaunâtre ; le verdâtre domine dans la partie supérieure du corps, et le jaunâtre dans la partie inférieure..... Race seconde des singes, ceux qui n'ont point de queue et qui ont le museau allongé : 1° le singe cynocéphale. Il ne diffère du singe que par son museau allongé comme celui d'un chien ; d'ailleurs, il lui ressemble en tout. J'en ai vu plusieurs qui ne différaient entre eux que par la grandeur. Brisson, *Règne animal*, p. 189 et 191.

et de la grosseur des dents canines, ils ont souvent été pris l'un pour l'autre ; on les a toujours indiqués par le nom commun de *singe*, et même dans les langues où il y a un nom pour les singes sans queue, et un autre nom pour les singes à queue, on n'a pas distingué le pithèque du magot ; on les appelle tous deux du même nom, *aff* en allemand, *ape* en anglais : ce n'est que dans la langue grecque que ces deux animaux ont eu chacun leur nom ; encore le mot *cynocéphale* est plutôt une dénomination adjective qu'un substantif propre, et c'est par cette raison que nous ne l'avons pas adopté.

Il paraît, par les témoignages des anciens, que le pithèque est le plus doux, le plus docile de tous les singes qui leur étaient connus, et qu'il était commun en Asie aussi bien que dans la Libye et dans les autres provinces de l'Afrique, qui étaient fréquentées par les voyageurs grecs et romains : c'est ce qui me fait présumer qu'on doit rapporter à cette espèce de singe les passages suivants de Léon l'Africain et de Marmol ; ils disent que les singes à longue queue qu'on voit en Mauritanie, et que les Africains appellent *mones,* viennent du pays des Nègres, mais que les singes sans queue sont naturels et se trouvent en très grande quantité dans les montagnes de Mauritanie, de Bougie et de Constantine. « Ils ont, dit Marmol, les pieds, les
» mains, et, s'il faut ainsi dire, le visage de l'homme, avec beaucoup d'esprit
» et de malice ; ils vivent d'herbes, de blé et de toutes sortes de fruits qu'ils
» vont en troupe dérober dans les jardins ou dans les champs, mais avant
» que de sortir de leur fort il y en a un qui monte sur une éminence, d'où
» il découvre toute la campagne, et quand il ne voit paraître personne, il
» fait signe aux autres par un cri pour les faire sortir, et ne bouge de là
» tandis qu'ils sont dehors ; mais sitôt qu'il voit venir quelqu'un il jette de
» grands cris, et sautant d'arbre en arbre, tous se sauvent dans les mon-
» tagnes ; c'est une chose admirable que de les voir fuir, car les femelles
» portent sur leur dos quatre ou cinq petits, et ne laissent pas avec cela de
» faire de grands sauts de branche en branche ; il s'en prend quantité par
» diverses inventions quoiqu'ils soient fort fins ; quand ils deviennent farou-
» ches ils mordent, mais pour peu qu'on les flatte ils s'apprivoisent aisément ;
» ils font grand tort aux fruits et au blé, parce qu'ils ne font autre chose
» que de cueillir, couper et jeter par terre, soit qu'il soit mûr ou non, et en
» perdent beaucoup plus qu'ils n'en mangent et qu'ils n'en emportent : ceux
» qui sont apprivoisés font des choses incroyables, imitant l'homme en tout
» ce qu'ils voient (a). » Kolbe rapporte les mêmes faits à peu près au sujet des singes du cap de Bonne-Espérance ; mais on voit, par la figure et la description qu'il en donne, que ces singes sont des babouins qui ont une queue courte, le museau allongé, les ongles pointus, etc., et qu'ils sont aussi beaucoup plus gros et plus forts que ces singes de Mauritanie (b) :

(a) *L'Afrique de Marmol*, t. Ier, p. 57.
(b) Voyez ci-après, l'article du Papion.

on peut donc présumer que Kolbe a copié le passage de Marmol, et appliqué aux babouins du Cap les habitudes naturelles des pithèques de Mauritanie.

Le pithèque, le magot et le babouin que nous avons appelé *papion*, étaient tous trois connus des anciens ; aussi ces animaux se trouvent dans l'Asie Mineure, en Arabie, dans la Haute-Égypte et dans toute la partie septentrionale de l'Afrique : on pourrait donc aussi appliquer ce passage de Marmol à tous trois ; mais il est clair qu'il ne convient pas au babouin, puisqu'il y est dit que ces singes n'ont point de queue ; et ce qui me fait présumer que ce n'est pas du magot, mais du pithèque, dont cet auteur a parlé, c'est que le magot n'est pas aisé à apprivoiser, qu'il ne produit ordinairement que deux petits, et non pas quatre ou cinq comme le dit Marmol, au lieu que le pithèque, qui est plus petit, doit en produire davantage ; d'ailleurs, il est plus doux et plus docile que le magot qui ne s'apprivoise qu'avec peine et ne se prive jamais parfaitement : je me suis convaincu, par toutes ces raisons, que ce n'est point au magot mais au pithèque qu'il faut appliquer ce passage des auteurs africains ; il en est de même de celui de Rubruquis, où il est fait mention des singes du Cathay. Il dit « qu'ils ont en toutes choses la forme et » les façons des hommes... qu'ils ne sont pas plus hauts qu'une coudée et » tout couverts de poils ; qu'ils habitent dans des cavernes ; que, pour les » prendre, on y porte des boissons fortes et enivrantes... qu'ils viennent tous » ensemble goûter de ce breuvage, en criant *chinchin*, dont on leur a donné » le nom de *chinchin*, et qu'ils s'enivrent si bien qu'ils s'endorment ; en sorte » que les chasseurs les prennent aisément (*a*). » Ces caractères ne conviennent qu'au pithèque, et point du tout au magot : nous avons eu celui-ci vivant, et nous ne l'avons jamais entendu crier *chinchin ;* d'ailleurs, il a beaucoup plus d'une coudée de hauteur et ressemble moins à l'homme que ne le dit l'auteur ; nous avons eu les mêmes raisons pour appliquer au pithèque, et non point au magot, la figure et l'indication de Prosper Alpin, par laquelle il assure que les petits singes sans queue qu'il a vus en Égypte s'apprivoisent plus vite et plus aisément que les autres, qu'ils ont plus d'intelligence et d'industrie, et qu'ils sont aussi plus gais et plus plaisants que tous les autres : or, le magot est d'une grosse et assez grande taille, il est maussade, triste, farouche, et ne s'apprivoise qu'à demi ; les caractères que donne ici Prosprer Alpin à son singe sans queue ne conviennent donc en aucune manière au magot, et ne peuvent appartenir à un autre animal qu'au pithèque.

Caractères distinctifs de cette espéce.

Le pithèque n'a point de queue, il n'a point les dents canines plus grandes à proportion que celles de l'homme (*), il a la face plate, les ongles plats aussi,

(*a*) *Relations de Rubruquis*, p. 176 et suiv.

(*) Il les a beaucoup plus saillantes à l'état adulte que ne le sont celles de l'homme.

et arrondis comme ceux de l'homme ; il marche sur ses deux pieds, il a environ une coudée, c'est-à-dire tout au plus un pied et demi de hauteur ; son
naturel est doux, et on l'apprivoise aisément. Les anciens ont dit que la
femelle est sujette à l'écoulement périodique, et l'analogie ne nous permet
pas d'en douter.

LE GIBBON (a)

Le gibbon (*) se tient toujours debout, lors même qu'il marche à quatre
pieds, parce que ses bras sont aussi longs que son corps et ses jambes ; nous
l'avons vu vivant, il n'avait pas trois pieds de hauteur, mais il était jeune,
il était en captivité : ainsi l'on doit présumer qu'il n'avait pas encore
acquis toutes ses dimensions, et que dans l'état de nature, lorsqu'il est
adulte, il parvient au moins à quatre pieds de hauteur ; il n'a nulle apparence de queue : mais le caractère qui le distingue évidemment des autres
singes, c'est cette prodigieuse grandeur de ses bras, qui sont aussi longs
que le corps et les jambes pris ensemble, en sorte que l'animal étant debout
sur ses pieds de derrière, ses mains touchent encore à terre, et qu'il peut
marcher à quatre pieds sans que son corps se penche ; il a tout autour de la
face un cercle de poils gris, de manière qu'elle se présente comme si elle
était environnée d'un cadre rond, ce qui donne à ce singe un air très extraordinaire ; ses yeux sont grands, mais enfoncés ; ses oreilles nues et bien bordées ; sa face est aplatie, de couleur tannée et assez semblable à celle de
l'homme ; le gibbon est, après l'orang-outang et le pithèque, celui qui appro-
cherait le plus de la figure humaine, si la longueur excessive de ses bras ne
le rendait pas difforme ; car, dans l'état de nature, l'homme aurait aussi une
mine bien étrange ; les cheveux et la barbe, s'ils étaient négligés, forme-
raient autour de son visage un cadre de poil assez semblable à celui qui environne la face du gibbon.

Ce singe nous paraît d'un naturel tranquille et de mœurs assez douces ;

(a) *Gibbon*, c'est le nom sous lequel M. Dupleix nous a donné ce singe, qu'il avait apporté
des Indes orientales ; j'ai d'abord cru que ce mot était indien, mais, en faisant des recherches
sur la nomenclature des singes, j'ai trouvé, dans une note de Dalechamp sur Pline, que
Strabon a désigné le *cephus* par le mot *keipon*, dont il est probable qu'on a fait, *guibon*,
gibbon. Voici le passage de Pline, avec la note de Dalechamp : « Pompeii magni primùm
» ludi ostenderunt ex Æthiopiâ quas vocant *cephos*, quarum pedes posteriores pedibus huma-
» nis et cruribus priores, manibus fuere similes ; hoc animal postea Roma non vidit. »

(*) Les Gibbons (*Hylobates* ILL.) sont des Primates du sous-ordre des Catarrhiniens. Ils
forment la petite famille des Hylobatides qui est caractérisée par une tête petite, arrondie, et
un corps élancé ; des membres antérieurs tellement longs qu'ils touchent presque à terre
quand l'animal est debout ; des callosités fessières étroites ; pas d'abajoues ni de queue. Ils
sont indigènes de diverses parties de l'Inde.

ses mouvements n'étaient ni trop brusques ni trop précipités, il prenait doucement ce qu'on lui donnait à manger ; on le nourrissait de pain, de fruits, d'amandes, etc. Il craignait beaucoup le froid et l'humidité, et il n'a pas vécu longtemps hors de son pays natal : il est originaire des Indes orientales, particulièrement des terres de Coromandel, de Malaca et des îles Moluques (a). Il paraît qu'il se trouve aussi dans des provinces moins méridionales, et qu'on doit rapporter au gibbon le singe du royaume de Gannaure, frontière de la Chine, que quelques voyageurs ont indiqué sous le nom de *fefé* (b) ; au reste, cette espèce varie pour la grandeur et pour les couleurs du poil ; il y en a deux au cabinet, dont le second, quoique adulte, est bien plus petit que le premier, et n'a que du brun dans tous les endroits où l'autre a du noir ; mais comme ils se ressemblent parfaitement à tous autres égards, nous ne doutons pas qu'ils ne soient tous deux d'une seule et même espèce (*).

Caractères distinctifs de cette espèce.

Le gibbon n'a point de queue, il a les fesses pelées avec de légères callosités ; sa face est plate, brune et environnée tout autour d'un cercle de poils gris ; il a les dents canines plus grandes à proportion que celles de l'homme ; il a les oreilles nues, noires et arrondies ; le poil brun ou gris, suivant l'âge ou la race ; les bras excessivement longs ; il marche sur ses deux pieds de derrière, il a deux pieds et demi ou trois pieds de hauteur. La femelle est sujette, comme les femmes, à un écoulement périodique de sang.

(a) Le P. le Comte dit avoir vu aux Moluques une espèce de singe, marchant naturellement sur ses deux pieds, se servant de ses bras comme un homme, le visage à peu près comme celui d'un Hottentot, mais le corps tout couvert d'une espèce de laine grise, étant exactement comme un enfant et exprimant parfaitement ses passions et ses appétits ; il ajoute que ces singes sont d'un naturel très doux, que pour montrer leur affection aux personnes qu'ils connaissent, ils les embrassent et les baisent avec des transports singuliers ; que l'un de ces singes qu'il a vu, avait au moins quatre pieds de hauteur ; qu'il était extrêmement adroit et encore plus agile. *Mémoires sur la Chine*, par Louis le Comte, p. 510.

(b) Dans le royaume de Gannaure, frontière de la Chine, il se trouve un animal qui est fort rare, qu'ils nomment *fefé* ; il a presque la forme humaine, les bras fort longs, le corps noir et velu, marche fort légèrement et fort vite. *Recueil des Voyages, etc.* Rouen, 1716, t. III, p. 168. — *Nota.* 1° Ce caractère des bras fort longs n'appartient qu'à ce singe, et, par conséquent, indique assez clairement que le fefé est le même que le gibbon. — *Nota.* 2° On peut présumer que le mot *fefé* vient de *jesef* ou *sesef*, nom du babouin dans les provinces de l'Afrique voisines de l'Arabie, et qu'on a transféré ce nom de babouin au gibbon ; car le babouin n'a pas les bras plus longs que les autres singes.

(*) On en a fait deux espèces distinctes. Le noir est l'*Hylobates Lar* ILL. ou Gibbon noir ; le brun est probablement l'*H. lenciscus* KUHL.

LE MAGOT (*a*)

Cet animal (*) est de tous les singes, c'est-à-dire de tous ceux qui n'ont point de queue (*b*), celui qui s'accommode le mieux de la température de notre climat : nous en avons nourri un pendant plusieurs années; l'été il se plaisait à l'air, et l'hiver on pouvait le tenir dans une chambre sans feu. Quoiqu'il ne fût pas délicat, il était toujours triste et souvent maussade ; il faisait également la grimace pour marquer sa colère ou montrer son appétit; ses mouvements étaient brusques, ses manières grossières, et sa physionomie encore plus laide que ridicule : pour peu qu'il fût agité de passion, il montrait et grinçait les dents en remuant la mâchoire ; il remplissait les poches de ses joues de tout ce qu'on lui donnait, et il mangeait généralement de tout, à l'exception de la viande crue, du fromage et d'autres choses fermentées ; il aimait à se jucher, pour dormir, sur un barreau, sur une patte de fer; on le tenait toujours à la chaîne, parce que, malgré sa longue domesticité, il n'en était pas plus civilisé, pas plus attaché à ses maîtres ; il avait apparemment été mal éduqué, car j'en ai vu d'autres de la même espèce qui en tout étaient mieux, plus connaissants, plus obéissants, même plus gais et assez dociles pour apprendre à danser, à gesticuler en cadence, et à se laisser tranquillement vêtir et coiffer.

Ce singe peut avoir deux pieds et demi ou trois pieds de hauteur lorsqu'il est debout sur ses jambes de derrière ; la femelle est plus petite que le mâle, il marche plus volontiers à quatre pieds qu'à deux ; lorsqu'il est en repos il

(*a*) *Magot*, nom ancien de ce singe en français, et que nous avons adopté. *Momenet*, selon Jonston ; on l'a aussi appelé *tartarin*, parce qu'il est fort commun dans la Tartarie méridionale. — *Simia cynocephala omnibus unguibus planis et rotundatis*..... Le singe cynocéphale. Briss., *Règne animal*, p. 191. — *Nota*. Il nous paraît que M. Brisson s'est trompé sur la forme des ongles de ce singe : il est vrai que ceux des pouces des pieds de devant et des pieds de derrière sont plats et arrondis à peu près comme ceux de l'homme ; mais les ongles des autres doigts sont courbés en forme de gouttière renversée. — *Sylvanus, simia ecaudata, clunibus tuberosocallosis. Cercopithecus*, Jonston, *Quad.* tab. LIX, fig. 5. Linn., *Syst. nat.*, édit. X, p. 25. — *Nota*. Il nous paraît que M. Linnæus s'est trompé en rapportant cet animal au *cercopithecus* de Jonston ; c'est plutôt le *cynocephalus* de la même planche; mais il est vrai qu'on pourrait regarder ce *cynocephalus* et ce *cercopithecus* comme le même animal, si le poil de ce dernier n'était pas trop épais et trop long.

(*b*) *Nota*. Il est certain que ce singe est sans queue, quoiqu'il en ait une légère apparence formée par un petit appendice de peau d'environ un demi-pouce de longueur, qui se trouve au-dessus de l'anus; mais cet appendice n'est point une queue avec des vertèbres, ce n'est qu'un bout de peau qui ne tient pas même plus particulièrement au coccyx que le reste de la peau.

(*) Le Magot (*Inuus sylvanus* L.) est un Primate du sous-ordre des Catarrhiniens, de la famille des Cercopithécides qui comprend des singes à formes gracieuses, munis de callosités très développées, d'abajoues et d'une longue queue. Ils sont indigènes de l'Afrique.

est presque toujours assis, et son corps porte sur deux callosités très éminentes qui sont situées au bas de la région où devraient être les fesses; l'anus est plus élevé, ainsi il est assis plus bas que sur le cul : aussi son corps est plus incliné que celui d'un homme assis; il diffère du *pithèque* ou *singe* proprement dit : 1° en ce qu'il a le museau gros et avancé comme un dogue, au lieu que le pithèque a la face aplatie; 2° en ce qu'il a de longues dents canines, tandis que le pithèque ne les a pas plus longues à proportion que l'homme; 3° en ce qu'il n'a pas les ongles des doigts aussi plats et aussi arrondis, et enfin parce qu'il est plus grand, plus trapu, et d'un naturel moins docile et moins doux.

Au reste, il y a quelques variétés dans l'espèce du magot : nous en avons vu de différentes grandeurs et de poils plus ou moins foncés et plus ou moins fournis; il paraît même que les cinq animaux dont Prosper Alpin a donné les figures et les indications, sous le nom de *cynocéphales* (a), sont tous cinq des magots qui ne diffèrent que par la grandeur et par quelques autres caractères trop légers, pour qu'on doive en faire des espèces distinctes et séparées. Il paraît aussi que l'espèce en est assez généralement répandue dans tous les climats chauds de l'ancien continent, et qu'on la trouve également en Tartarie, en Arabie, en Éthiopie, au Malabar (b), en Barbarie, en Mauritanie et jusque dans les terres du cap de Bonne-Espérance (c).

(a) Prosp. Alpin, *Hist. nat. Ægypt.*, lib. iv, tab. xv, fig. 1, et tab. xvi, xvii, xviii et xix.

(b) La troisième espèce de singe au Malabar est de couleur cendrée, sans queue ou n'en ayant qu'une très courte; elle est familière, apprend aisément tout ce qu'on lui enseigne..... On m'en avait donné un; je m'avisai un jour de le battre : à ses cris, il en accourut une si grande quantité de sauvages, que, crainte d'accident, je lui rendis sa liberté. *Voyage du P. Vincent Marie*, chap. xiii, p. 405. Trad. par M. le marquis de Montmirail.

(c) C'est vraisemblablement de cette espèce de singe dont parle Robert Lade, dans les termes suivants : « On nous fit traverser une grande montagne dans les terres du cap de » Bonne-Espérance, sur laquelle nous prîmes plaisir à chasser de gros singes qui y sont en » abondance.... Je ne puis représenter toutes les souplesses de ces animaux que nous pour- » suivions, ni avec combien de légèreté et d'impudence ils revenaient sur leurs pas après » avoir pris la fuite devant nous; quelquefois ils se laissaient approcher de si près et à si » peu de distance, que, m'arrêtant vis-à-vis d'eux pour prendre mes mesures, je me croyais » presque certain de les saisir, mais d'un seul saut ils s'élançaient à dix pas de moi, en mon- » tant avec la même agilité sur un arbre; ils demeuraient ensuite tranquilles à nous regarder, » comme s'ils eussent pris plaisir à se faire un spectacle de notre étonnement; il y en avait » de si gros, que, si notre interprète ne nous eût pas assurés qu'ils n'étaient pas d'une » férocité dangereuse, notre nombre ne nous aurait pas paru suffisant pour nous garantir de leurs » insultes; comme il nous aurait été inutile de les tuer, nous ne fîmes aucun usage de nos » fusils : mais le capitaine s'étant avisé d'en coucher en joue un fort gros qui était monté au » sommet d'un arbre, après nous avoir longtemps fatigués à le poursuivre, cette espèce de » menace, dont il se souvenait peut-être d'avoir vu quelquefois l'exécution sur quelques- » uns de ses semblables, lui causa tant de frayeur, qu'il tomba presque immobile à nos pieds, » et dans l'étourdissement de sa chute nous n'eûmes aucune peine à le prendre; cependant, » lorsqu'il fût revenu à lui, nous eûmes besoin de toute notre adresse et de tous nos efforts » pour le conserver, en lui liant étroitement les pattes; il se défendait encore par ses mor- » sures, ce qui nous mit dans la nécessité de lui couvrir la tête et de la serrer avec nos » mouchoirs. » *Voyage traduit de l'anglais*, t. Ier, p. 80 et 81.

Caractères distinctifs de cette espèce.

Le magot n'a point de queue, quoiqu'il y ait un petit bout de peau qui en ait l'apparence ; il a des abajoues, de grosses callosités proéminentes sur les fesses ; des dents canines beaucoup plus longues à proportion que celles de l'homme ; la face relevée par le bas en forme de museau, semblable à celui du dogue. Il a du duvet sur la face, du poil brun verdâtre sur le corps, et jaune blanchâtre sous le ventre. Il marche sur ses deux pieds de derrière et plus souvent à quatre ; il a trois pieds ou trois pieds et demi de hauteur, et il paraît qu'il y a dans cette espèce des races qui sont encore plus grandes. Les femelles sont, comme les femmes, sujettes à un écoulement périodique de sang.

LE PAPION (*a*) OU BABOUIN PROPREMENT DIT

Dans l'homme la physionomie trompe, et la figure du corps ne décide pas de la forme de l'âme ; mais dans les animaux on peut juger du naturel par la mine, et de tout l'intérieur par ce qui paraît au dehors : par exemple, en jetant les yeux sur nos singes et nos babouins, il est aisé de voir que ceux-ci doivent être plus sauvages, plus méchants que les autres ; il y a les mêmes différences, les mêmes nuances dans les mœurs que dans les figures. L'orang-outang, qui ressemble le plus à l'homme, est le plus intelligent, le plus grave, le plus docile de tous ; le magot, qui commence à s'éloigner de la forme humaine, et qui approche par le museau et par les dents canines de celle des animaux, est brusque, désobéissant et maussade ; et les babouins (*), qui ne ressemblent plus à l'homme que par les mains, et qui ont une queue, des ongles aigus, de gros museaux, etc., ont l'air

(*a*) *Papion*, mot dérivé de *papio*, nom de cet animal en latin moderne, et que nous avons adopté pour le distinguer des autres babouins. — *Papio.* Gessner. *Icon. quad.*, p. 76, fig. *ibid.* — *Nota.* 1° Cette figure donnée par Gessner a été copiée par Aldrovande, *Quad. digit.*, p. 260, et par Jonston, *Quad.*, tab. LXI, *sub nomine papio primus.* — *Nota.* 2° Gessner s'est beaucoup trompé en prenant cet animal pour l'hyène. — Sphinx. *Simia semicaudata, ore vibrissato, unguibus acuminatis.* Linn., *Syst. nat.*, édit. X, p. 25. — *Nota.* M. Linnæus s'est trompé en donnant des moustaches comme caractère distinctif à cet animal ; c'est probablement d'après la figure de Gessner qu'il a pris cet indice, et cette figure pèche en cela, car, dans le réel, le babouin n'a point de moustaches.

(*) Les Babouins ou Papions (*Cynocephalus* BRISS.) sont des Primates, du sous-ordre des Catarrhiniens, de la famille des Cynocéphalides qui contient des singes à corps lourd et trapu, à museau très saillant, à canines très développées, à queue peu développée, à abajoues bien formées et à callosités larges. Ils sont indigènes de l'Afrique. L'espèce décrite ici par Buffon est le grand Papion (*Cynocephalus Sphynx* L.) des côtes occidentales de l'Afrique ; sa queue est réduite à un simple moignon.

<table><tr><td>x.</td><td>9</td></tr></table>

de bêtes féroces, et le sont en effet. Celui que j'ai vu vivant n'était point hideux, et cependant il faisait horreur : grinçant continuellement les dents, s'agitant, se débattant avec colère, on était obligé de le tenir enfermé dans une cage de fer, dont il remuait si puissamment les barreaux avec ses mains qu'il inspirait de la crainte aux spectateurs ; c'est un animal trapu, dont le corps ramassé et les membres nerveux indiquent la force et l'agilité, qui, couvert d'un poil épais et long, paraît encore beaucoup plus gros qu'il n'est, mais qui, dans le réel, est si puissant et si fort qu'il viendrait aisément à bout d'un ou de plusieurs hommes, s'ils n'étaient point armés (a) : d'ailleurs, il paraît continuellement excité par cette passion, qui rend furieux les animaux les plus doux ; il est insolemment lubrique, et affecte de se montrer dans cet état, de se toucher, de se satisfaire seul aux yeux de tout le monde ; et cette action, l'une des plus honteuses de l'humanité et qu'aucun animal ne se permet, copiée par la main du babouin, rappelle l'idée du vice et rend abominable l'aspect de cette bête, que la nature paraît avoir particulièrement vouée à cette espèce d'impudence ; car dans tous les autres animaux, et même dans l'homme, elle a voilé ces parties ; dans le babouin, au contraire, elles sont tout à fait nues et d'autant plus évidentes que le corps est couvert de longs poils ; il a de même les fesses nues et d'un rouge couleur de sang, les bourses pendantes, l'anus découvert, la queue toujours levée ; il semble faire parade de toutes ces nudités, présentant son derrière plus souvent que sa tête, surtout dès qu'il aperçoit des femmes, pour lesquelles il déploie une telle effronterie qu'elle ne peut naître que du désir le plus immodéré (b). Le magot et quelques autres ont bien les mêmes inclinations, mais comme ils sont plus petits et moins pétulants, on les rend modestes à coups de fouet, au lieu que le babouin est non seulement incorrigible sur cela, mais intraitable à tous autres égards.

Quelque violente que soit la passion de ces animaux, ils ne produisent pas dans les pays tempérés ; la femelle ne fait ordinairement qu'un petit qu'elle porte entre ses bras et attaché, pour ainsi dire, à sa mamelle ; elle est su-

---

(a) C'est à cette espèce qu'il faut rapporter l'animal appelé *tré tré tré tré* à Madagascar ; il est (dit Flacourt) gros comme un veau de deux ans ; il a la tête ronde et une face d'homme, les pieds de devant et de derrière comme un singe, le poil frisotté, la queue courte, les oreilles comme celles de l'homme ; il ressemble au *tanach* décrit par Ambroise Paré : c'est un animal solitaire, les gens du pays en ont grand'peur. *Voyage à Madagascar*, p. 151.

(b) « Papio, animal ad libidinem pronum, cùm mulieres videt alacritatem suam osten- » dit..... Papio quem vidi vivum, ad nutum haud secus, atque caput reliqua animalia, anum » vertebat frequentius populo ostentans. » Gessner. *Icon. quad.*, p. 77. — Il y a aux Philippines des babouins très lubriques qui ne permettent pas aux femmes de s'éloiger de leurs maisons. *Voyage de Gemelli-Carreri*, t. V, p. 209. — Les babouins n'ont point de poils sur les fesses : elles sont si pleines de cicatrices et d'égratignures qu'il semble n'y avoir pas même de peau, ce sont des animaux d'une lascivité inexprimable. *Description du cap de Bonne-Espérance*, par Kolbe, t. III, p. 59. — Papio, *animal libidinosum, fœminis facilè vim infert.* Linn. *Syst. nat.*, édit. X, p. 25.

jette comme la femme à l'évacuation périodique, et cela lui est commun avec toutes les autres femelles de singes qui ont les fesses nues ; au reste, ces babouins, quoique méchants et féroces, ne sont pas du nombre des animaux carnassiers ; ils se nourrissent principalement de fruits, de racines et de grains ; ils se réunissent (a) et s'entendent pour piller les jardins ; ils se jettent les fruits de main en main et par-dessus les murs, et font de grands dégâts dans toutes les terres cultivées.

Caractères distinctifs de cette espèce.

Le papion a des abajoues et de larges callosités sur les fesses, qui sont nues et de couleur de sang ; il a la queue arquée et de sept ou huit pouces de long ; les dents canines beaucoup plus longues et plus grosses à proportion que celles de l'homme ; le museau très gros et très long, les oreilles nues, mais point bordées, le corps massif et ramassé, les membres gros et courts, les parties génitales nues et couleur de chair ; le poil long et touffu, d'un brun roussâtre et de couleur assez uniforme sur tout le corps ; il marche plus souvent à quatre qu'à deux pieds ; il a trois ou quatre pieds de hauteur lorsqu'il est debout ; il paraît qu'il y a dans cette espèce des races encore plus grandes et d'autres beaucoup plus petites. Le babouin que nous avons fait représenter est de la petite espèce, nous l'avons soigneusement comparé au *grand babouin* ou *papion,* et nous n'avons remarqué d'autres différences entre eux que celle de la grandeur, et cette différence ne venait pas de celle de l'âge, car le petit babouin nous a paru adulte comme le grand. Les femelles sont sujettes, comme les femmes, à un écoulement périodique.

(a) Les Babouins aiment passionnément les raisins, les pommes et en général les fruits qui croissent dans les jardins..... Leurs dents et leurs griffes les rendent redoutables aux chiens, qui ne les vainquent qu'avec peine, à moins que quelque excès de raisin ne les ait rendus raides et engourdis..... J'ai vu qu'ils ne mangent ni poisson ni viande, si elle n'a été premièrement cuite et qu'elle ne soit accommodée de la manière dont les hommes les mangent, et qu'ils avalent fort avidement de la viande ou du poisson bien apprêtés..... Voici la manière dont ils pillent un verger, un jardin ou une vigne : ils font pour l'ordinaire ces expéditions en troupes ; une partie entre dans l'enclos, tandis qu'une autre partie reste sur la cloison en sentinelle, pour avertir de l'approche de quelque danger ; le reste de la troupe est placé au dehors du jardin, à une distance médiocre les uns des autres, et forme ainsi une ligne qui tient depuis l'endroit du pillage jusqu'à celui du rendez-vous : tout étant ainsi disposé, les Babouins commencent le pillage, et jettent à ceux qui sont sur la cloison les melons, les courges, les pommes, les poires, etc., à mesure qu'ils les cueillent ; ceux qui sont sur la cloison jettent ces fruits à ceux qui sont au bas, et ainsi de suite tout le long de la ligne, qui pour l'ordinaire finit sur quelque montagne ; ils sont si adroits, et ils ont la vue si prompte et si juste, que rarement ils laissent tomber ces fruits à terre en se les jetant les uns aux autres : tout cela se fait dans un profond silence et avec beaucoup de promptitude. Lorsque les sentinelles aperçoivent quelqu'un, elles poussent un cri ; à ce signal, toute la troupe s'enfuit avec une vitesse étonnante. *Description du cap de Bonne-Espérance,* par Kolbe, t. III, p. 57 et suiv.

LE MANDRILL (a)

Ce babouin (*) est d'une laideur désagréable et dégoûtante : indépendamment de son nez tout plat ou plutôt de deux naseaux dont découle continuellement une morve qu'il recueille avec la langue; indépendamment de son très gros et long museau, de son corps trapu, de ses fesses couleur de sang et de son anus apparent, et placé pour ainsi dire dans les lombes, il a encore la face violette et sillonnée des deux côtés de rides profondes et longitudinales qui en augmentent beaucoup la tristesse et la difformité; il est aussi plus grand et peut-être plus fort que le papion, mais il est en même temps plus tranquille et moins féroce : le mâle et la femelle que nous avons vus vivants, soit qu'ils eussent été mieux éduqués, ou que naturellement ils soient plus doux que le papion, nous ont paru plus traitables et moins impudents sans être moins désagréables.

Cette espèce de babouin se trouve à la côte d'Or et dans les autres provinces méridionales de l'Afrique, où les Nègres l'appellent *boggo* et les Européens *mandrill;* il paraît qu'après l'orang-outang c'est le plus grand de tous les singes et de tous les babouins. Smith (*b*) raconte qu'on lui fit présent

(a) *Mandrill*, nom que les Anglais qui fréquentent la côte de Guinée ont donné à cet animal, et que nous avons adopté. — Espèce singulière, que les blancs de ce pays de Guinée appellent *mandrill*. Je ne saurais rien dire de l'origine de ce nom, que je n'avais jamais entendu auparavant; ceux même qui le nomment ainsi n'en peuvent indiquer la raison, à moins que ce ne soit à cause de la ressemblance de cet animal avec l'homme, pendant qu'il n'en a point du tout avec le singe. (*Man*, en anglais, veut dire *homme*.) *Nouveau voyage de Guinée*, par Smith, Paris, 1751, t. Ier, p. 104. — *Cercopithecus cynocephalus parte corporis anteriore longis pilis obsita naso violaceo nudo*, le *magot* ou *tartarin*. Brisson, *Règne animal*, p. 214. — *Nota*. Il me paraît que M. Brisson s'est trompé : 1° en donnant à ce singe le nom de *magot* ou de *tartarin*, qu'il aurait dû appliquer à son singe cynocéphale; 2° en rapportant cet animal au *cynocephalus* de Gessner, *Icon.*, fig. p. 93, au *cynocephalus secundus* de Jonston, p. 100, tab. LIX, et au *cynocephalus* de Clusius, *Exotic.*, p. 370 ; car les figures de ces trois auteurs ne ressemblent point au babouin dont il est ici question, qu'il est cependant aisé de distinguer de tous les autres par les sillons longitudinaux qu'il a sur la face, et que M. Brisson indique lui-même dans les termes suivants : « Son nez, dit-il, est fort gros, » dénué de poils, cannelé selon sa longueur et d'une couleur violette. » Or, ces caractères ne conviennent point au cynocéphale de Clusius, de Gessner et de Jonston.

(*b*) Le corps du mandrill, lorsqu'il a pris sa croissance, est aussi gros en circonférence que celui d'un homme ordinaire; les jambes sont beaucoup plus courtes et les pieds plus longs; les bras et les mains sont dans la même proportion; la tête est d'une grosseur monstrueuse ; la face large et plate, sans autres poils qu'aux sourcils; le nez est fort petit, la bouche large et les lèvres sont très minces; la face, qui est couverte d'une peau blanche, est d'une laideur effroyable et toute ridée ; les dents sont larges et fort jaunes ; les mains

(*) Les Mandrills (*Papio* ERXL.) appartiennent comme les Papions à la famille des Cynocéphalides; ils se distinguent par leurs narines saillantes et leurs joues creusées de sillons profonds. On en connaît deux espèces qui habitent les côtes occidentales de l'Afrique : le *P. Mormon* L. et le *P. Leucophæus* CUV.

d'une femelle mandrill, qui n'était âgée que de six mois, et qui était déjà
aussi grande à cet âge qu'un babouin adulte : il dit aussi que ces mandrills
marchent toujours sur deux pieds, qu'ils pleurent et qu'ils gémissent comme
des hommes ; qu'ils ont une violente passion pour les femmes, et qu'ils ne
manquent pas de les attaquer avec succès lorsqu'ils les trouvent à l'écart.

Caractères distinctifs de cette espèce.

Le mandrill a des abajoues et des callosités sur les fesses ; il a la queue
très courte, et seulement de deux ou trois pouces de long ; les dents canines
beaucoup plus grosses et plus longues à proportion que celles de l'homme ;
le museau très gros et très long, et sillonné des deux côtés de rides longitudinales profondes et très marquées ; la face nue et de couleur bleuâtre, les
oreilles nues aussi bien que le dedans des mains et des pieds ; le poil long,
d'un brun roussâtre sur le corps, et gris sur la poitrine et le ventre ; il marche
sur deux pieds plus souvent que sur quatre ; il a quatre ou quatre pieds et
demi de hauteur lorsqu'il est debout ; il paraît même qu'il y en a d'encore
plus grands. Les femelles sont sujettes, comme les femmes, à l'écoulement
périodique.

L'OUANDEROU (a) ET LE LOWANDO (b)

Quoique ces deux animaux nous paraissent être d'une seule et même
espèce, nous n'avons pas laissé de leur conserver à chacun le nom qu'ils

sont sans poil ; tout le reste du corps, à l'exception du visage et des mains, est couvert de
poil long et noir comme celui de l'ours ; ces animaux ne marchent jamais sur les quatre
pattes comme les guenons ; quand on les tourmente, ils crient précisément comme les
enfants ; on prétend que les mâles cherchent souvent à violer les femmes blanches, quand ils
les rencontrent seules dans les bois ; ils ont presque toujours le nez morveux, et se plaisent
à faire entrer la morve dans la bouche..... On me fit présent à Skerbro d'un de ces mandrills :
les gens du pays les appellent *boogoc ;* c'était une femelle qui n'avait que six mois, mais elle
était déjà plus grosse qu'un babouin, etc. *Nouveau voyage en Guinée*, par Smith, traduit de
l'anglais. Paris, 1751, t. Ier, p. 104. — *Nota.* Dans le même pays, l'on appelle donc *boogoc*
ou *boggo* et *mandrill*, l'animal dont il est ici question, et l'on appelle aussi *pongo* et *drill*,
l'*orang-outang* ; ces noms se ressemblent, et sont vraisemblablement dérivés les uns des
autres ; et en effet le pongo et le boggo, ou, si l'on veut, le drill et le mandrill, ont plusieurs
caractères communs ; mais le premier est un singe sans queue et presque sans poil, qui a la
face aplatie et ovale, au lieu que le second est un babouin avec une queue, de long poils, et
le museau gros et long. Le mot *man*, dans les langues allemande, anglaise, etc., signifie
l'*homme en général* ; et le mot *drill*, dans le jargon de quelques-unes de nos provinces de
France, comme en Bourgogne, signifie un *homme vigoureux et libertin :* les paysans disent,
c'est un bon drill, un maître drill.
   (a) *Ouanderou, wanderu,* nom de cet animal à Ceylan, et que nous avons adopté.
   (b) *Lowando elwandu,* nom de cet animal à Ceylan, et que nous avons adopté. — *Nota.*
1° Il nous paraît n'être qu'une variété de l'ouanderou. — *Nota.* 2° Il nous paraît qu'il y a

portent dans leur pays natal, à Ceylan, parce qu'ils forment au moins deux races distinctes et constantes ; l'ouanderou (*) a le corps couvert de poils bruns et noirs, avec une large chevelure et une grande barbe blanches ; au contraire, le lowando (**) a le corps couvert de poils blanchâtres, avec la chevelure et la barbe noires ; il y a encore dans le même pays une troisième race ou variété qui pourrait bien être la tige commune des deux autres, parce qu'elle est d'une couleur uniforme et entièrement blanche, corps, chevelure et barbe : ces trois animaux ne sont pas des singes, mais des babouins ; ils en ont tous les caractères, tant pour la figure que pour le naturel ; ils sont farouches et même un peu féroces ; ils ont le museau allongé, la queue courte, et sont à peu près de la même grandeur et de la même force que les papions ; ils ont seulement le corps moins ramassé, et paraissent plus faibles des parties de l'arrière du corps : celui que nous avons vu nous avait été présenté sous une fausse dénomination, tant pour le nom que pour le climat. Les gens auxquels il appartenait nous dirent qu'il venait du continent de l'Amérique méridionale, et qu'on l'appelait *cayouvassou*. Je reconnus bientôt que ce mot *cayouvassou* est un terme brésilien, qui se prononce *sajououassou*, et qui signifie *sapajou*, et que par conséquent ce nom avait été mal appliqué, puisque tous les sapajous ont de très longues queues, au lieu que l'animal dont il est ici question est un babouin à queue très courte ; d'ailleurs, non seulement cette espèce, mais même aucune espèce de babouin, ne se trouve en Amérique, et par conséquent on s'était aussi trompé sur l'indication du climat ; et cela arrive assez ordinairement, surtout à ces montreurs d'ours et de singes, qui, lorsqu'ils ignorent le climat et le nom d'un animal, ne manquent pas de lui appliquer une dénomination étrangère, laquelle, vraie ou fausse, est également bonne pour l'usage qu'ils en font. Au reste, ces babouins-ouanderous, lorsqu'ils ne sont pas domptés, sont si méchants qu'on est obligé de les tenir dans une cage de fer, où souvent ils s'agitent avec fureur ; mais lorsqu'on les prend jeunes, on les apprivoise aisément, et ils paraissent même être plus susceptibles d'éducation que les autres babouins : les Indiens se plaisent à les instruire, et ils prétendent que les autres singes, c'est-à-dire les guenons, respectent beaucoup ces babouins, qui ont plus de gravité et plus d'intelligence qu'elles. Dans leur état de liberté (a), ils sont extrême-

une seconde variété dans ces animaux ; l'ouanderou a le corps noir et la barbe grise, le lowando a le corps gris et la barbe noire, et il y en a d'autres de même espèce qui sont tout blancs, corps et barbe.

(a) On trouve au Malabar quatre espèces de singes : la première toute noire, le poil luisant, avec une barbe blanche qui lui ceint le menton, et qui a une palme et plus de longueur ; les autres singes ont tant de respect pour cette espèce, qu'ils s'humilient en sa présence comme s'ils étaient capables de reconnaître en elle quelque supériorité ; les princes et

(*) L'Ouanderou ou Macaque à crinière (*Macacus silenus* L.) est un Catarrhinien de la famille des Cercopithécides ; son corps est trapu, fort et la queue longue.

(**) Comme le dit Buffon, le Lowando n'est pas distinct spécifiquement de l'Ouanderou.

ment sauvages et se tiennent dans les bois (a). Si l'on en croit les voyageurs, ceux qui sont tout blancs sont les plus forts et les plus méchants de tous; ils sont très ardents pour les femmes, et assez forts pour les violer lorsqu'ils les trouvent seules (b), et souvent ils les outragent jusqu'à les faire mourir.

Caractères distinctifs de cette espèce.

L'ouanderou a des abajoues et des callosités sur les fesses, la queue de sept ou huit pouces de long, les dents canines plus longues et plus grosses que celles de l'homme, le museau gros et allongé, la tête environnée d'une large crinière et d'une grande barbe de poils rudes, le corps assez long et assez mince par le bas; il y a dans cette espèce des races qui varient par la couleur du poil; les uns ont celui du corps noir et la barbe blanche; les autres ont le poil du corps blanchâtre et la barbe noire. Ils marchent à quatre pieds plus souvent qu'à deux, et ils ont trois pieds ou trois pieds et demi de hauteur lorsqu'ils sont debout. Les femelles sont sujettes à l'écoulement périodique.

LE MAIMON (c)

Les singes, les babouins et les guenons forment trois troupes, qui laissent entre elles deux intervalles; le premier est rempli par le magot, et le second par le maimon (*) : celui-ci fait la nuance entre les babouins et les guenons,

les grands estiment beaucoup ces singes à barbe, qui paraissent avoir plus de gravité et d'intelligence que les autres; on les éduque pour des cérémonies et des jeux, et ils s'en acquittent si parfaitement, que c'est une chose admirable. *Voyage du P. Vincent Marie,* ch. XIII, p. 405, traduit par M. le marquis de Montmirail.

(a) A Ceylan, il se trouve des singes aussi grands que nos épagneuls, qui ont le poil gris, le visage noir avec une grande barbe blanche d'une oreille à l'autre..... On en voit d'autres de la même grosseur, mais d'une couleur différente : ils ont le corps, le visage et la barbe d'une blancheur éclatante; cette différence de couleur ne paraissant pas changer l'espèce, on les appelle également *ouanderous;* ils causent peu de mal aux terres cultivées, et se tiennent ordinairement dans les bois où ils ne vivent que de feuilles et de bourgeons, mais quand on les prend, ils mangent de tout. *Relation de Knox,* t. Ier, p. 107 et 111..... *Histoire générale des voyages,* t. VIII, p. 545.

(b) Les singes blancs, qui sont quelquefois aussi grands et aussi méchants que les plus gros dogues d'Angleterre, sont plus dangereux que les noirs, ils en veulent principalement aux femmes, et souvent, après leur avoir fait cent outrages, ils finissent par les étrangler. Quelquefois ils viennent jusqu'aux habitations, mais les Macaçarois, qui sont très jaloux de leurs femmes, n'ont garde de permettre l'entrée de leurs maisons à de si méchants galants : ils les chassent à coups de bâton. *Description de Macaçar,* p. 50.

(c) Maimon, *maimonet,* nom que l'on a donné dans les derniers siècles aux singes à queue courte, et que nous avons appliqué à celui-ci en attendant qu'on soit informé du nom qu'il porte dans son pays natal, à Sumatra et dans les autres provinces de l'Inde méridionale.

(*) Le Maimon ou Singe-Cochon (*Rhesus nemestrinus* GEOFF.) appartient comme le précédent à la famille des Cercopithécides; il se distingue par une queue de longueur moyenne

comme le magot la fait entre les singes et les babouins ; en effet, le maimon
ressemble encore aux babouins par son gros et large museau, par sa queue
courte et arquée ; mais il en diffère et s'approche des guenons par sa taille
qui est fort au-dessous de celle des babouins, et par la douceur de son naturel. M. Edwards nous a donné la figure et la description de cet animal sous
la dénomination de *singe à queue de cochon ;* ce caractère particulier suffit
pour le faire reconnaître, car il est le seul de tous les babouins et guenons
qui ait la queue nue, menue et tournée comme celle du cochon. Il est à peu
près de la grandeur du magot, et ressemble si fort au macaque qu'on pourrait le prendre pour une variété de cette espèce, si sa queue n'était pas tout
à fait différente ; il a la face nue et basanée, les yeux châtains, les paupières
noires, le nez plat, les lèvres minces, avec quelques poils raides, mais trop
courts pour faire une moustache apparente. Il n'a pas, comme les singes et
les babouins, les bourses à l'extérieur et la verge saillante ; le tout est caché
sous la peau ; aussi le maimon, quoique très vif et plein de feu, n'a rien de
la pétulance impudente des babouins ; il est doux, traitable et même caressant ; on le trouve à Sumatra, et vraisemblablement dans les autres provinces
de l'Inde méridionale ; aussi souffre-t-il avec peine le froid de notre climat :
celui que nous avons vu à Paris n'a vécu que peu de temps, et M. Edwards
dit n'avoir gardé qu'un an à Londres celui qu'il a décrit (*a*).

Caractères distinctifs de cette espèce.

Le maimon a des abajoues et des callosités sur les fesses, la queue nue,
recoquillée et longue de cinq ou six pouces ; les dents canines pas plus longues
à proportion que celles de l'homme ; le museau très large, les orbites des
yeux fort saillantes au-dessus, la face, les oreilles, les mains et les pieds nus
et de couleur de chair ; le poil d'un noir olive sur le corps et d'un jaune roussâtre sur le ventre ; il marche tantôt sur deux pieds et tantôt sur quatre : il
a deux pieds ou deux pieds et demi de hauteur lorsqu'il est debout. La femelle
est sujette à l'écoulement périodique.

(*a*) Le singe à queue de cochon de l'île de Sumatra dans la mer des Indes fut apporté en
Angleterre en 1752..... Il était extrêmement vif et plein d'action : il était approchant de la
grosseur d'un chat domestique ordinaire..... c'était un mâle..... il a vécu un an entre mes
mains ; je rencontrai une femelle de la même espèce qu'on montrait par curiosité à Londres,
elle était la moitié plus grande que mon mâle ; ils parurent fort charmés de se voir ensemble,
quoique ce fût leur première entrevue. *Glanures d'Edwards,* p. 8 et 9.

LE MACAQUE (*a*) ET L'AIGRETTE (*b*)

De toutes les guenons ou singes à longue queue, le macaque (*) est celui qui approche le plus des babouins ; il a, comme eux, le corps court et ramassé, la tête grosse, le museau large, le nez plat, les joues ridées, et en même temps il est plus gros et plus grand que la plupart des autres guenons ; il est aussi d'une laideur hideuse, en sorte qu'on pourrait le regarder comme une petite espèce de babouin, s'il n'en différait pas par la queue qu'il porte en arc comme eux, mais qui est longue et bien touffue, au lieu que celle des babouins, en général, est fort courte. Cette espèce est originaire de Congo et des autres parties de l'Afrique méridionale ; elle est nombreuse et sujette à plusieurs variétés pour la grandeur, les couleurs et la disposition du poil. Celui qu'Hasselquist a décrit avait le corps long de plus de deux pieds, et ceux que nous avons vus ne l'avaient guère que d'un pied et demi ; celui que nous appelons ici l'*aigrette*, parce qu'il a sur le sommet de la tête un épi ou aigrette de poil, ne nous a paru qu'une variété du premier auquel il ressemble en tout, à l'exception de cette différence et de quelques autres légères variétés dans le poil ; ils ont tous deux les mœurs douces et sont assez dociles ; mais indépendamment d'une odeur de fourmi ou de faux musc qu'ils répandent autour d'eux, ils sont si malpropres, si laids et même si affreux, lorsqu'ils font la grimace, qu'on ne peut les regarder sans horreur et dégoût. Ces guenons vont souvent par troupes et se rassemblent, surtout pour voler des fruits et des légumes. Bosman raconte qu'elles prennent dans chaque patte un ou deux pieds de milhio, autant sous leurs bras et autant dans leur bouche, qu'elles s'en retournent ainsi chargées, sautant continuellement sur les pattes de derrière, et que quand on les poursuit elles jettent les tiges de milhio qu'elles tenaient dans les mains et sous les bras, ne gardant que celles qui

(*a*) Macaque. *Macaquo*, nom de cet animal dans son pays natal, à Congo, et que nous avons adopté.

Simia (ægyptiaca) caudâ elongatâ, clunibus tuberosis nudis. Voyage d'Hasselquist. Rostock, 1762. — *Nota.* L'épithète *ægyptiaca* a été mal appliquée à ce singe, qui ne s'est trouvé en Égypte que parce qu'il y avait été apporté ; ce que nous disons est d'autant mieux fondé que ce voyageur se contredit lui-même, car après avoir appelé cet animal *singe d'Égypte*, il dit dans le même article qu'il vient d'Éthiopie ; l'on sait d'ailleurs qu'il n'y a aucune espèce de singe qui soit naturelle au pays de l'Égypte, et que tous ceux qu'on y voit viennent d'ailleurs par la voie du commerce. « Etsi in Ægypto (*dit Prosper Alpin*) nullum simiarum genus » nascatur, cujuslibet tamen generis et ex Arabiâ felici et ex Æthiopiâ, immensæ merca- » turæ causâ, illuc convehuntur. » *Hist. Ægypt.*, liv. IV, p. 240.

(*b*) Aigrette. Cette guenon ne nous paraît être qu'une variété du macaque ; nous l'avons appelée l'*aigrette*, parce qu'elle a un grand épi de poil au-dessus de la tête ; nous croyons que c'est le même que l'*aigula* de M. Linnæus, *Syst. nat.*, édit. X, p. 27.

(*) *Macacus cynomolgus* L. — L'Aigrette est sa femelle.

sont entre leurs dents, afin de pouvoir fuir plus vite sur les quatre pieds ;
au reste, ajoute ce voyageur, elles examinent avec la dernière exactitude
chaque tige de milhio qu'elles arrachent, et si elle ne leur plaît pas elles la
rejettent à terre et en arrachent d'autres : en sorte que par leur bizarre délicatesse elles causent beaucoup plus de dommage encore que par leurs vols (a).

Caractères distinctifs de ces espèces.

Le macaque a des abajoues et des callosités sur les fesses ; il a la queue
longue à peu près comme la tête et le corps pris ensemble, d'environ dix-
huit à vingt pouces ; la tête grosse, le museau très gros, la face nue, livide
et ridée, les oreilles velues, le corps court et ramassé, les jambes courtes et
grosses ; le poil des parties supérieures est d'un cendré verdâtre, et sur la
poitrine et le ventre d'un gris jaunâtre ; il porte une petite crête de poil
au-dessus de la tête ; il marche à quatre et quelquefois à deux pieds ; la
longueur de son corps, y compris celle de la tête, est d'environ dix-huit ou
vingt pouces. Il paraît qu'il y a dans cette espèce des races beaucoup plus
grandes et d'autres plus petites, telles que celle qui suit.

L'aigrette ne nous paraît être qu'une variété du macaque ; elle est plus
petite d'environ un tiers dans toutes les dimensions : au lieu de la petite
crête de poil qui se trouve au sommet de la tête du macaque, l'aigrette porte
un épi droit et pointu ; elle semble différer encore du macaque par le poil du
front qui est noir, au lieu que sur le front du macaque il est verdâtre ; il
paraît aussi que l'aigrette a la queue plus longue que le macaque, à proportion de la longueur du corps. Les femelles dans ces espèces sont sujettes,
comme les femmes, à l'écoulement périodique.

LE PATAS (b)

Le patas (*) est encore du même pays et à peu près de la même grosseur
que le macaque ; mais il en diffère en ce qu'il a le corps plus allongé, la face
moins hideuse et le poil plus beau ; il est même remarquable par la couleur
brillante de sa robe, qui est d'un roux si vif qu'elle paraît avoir été peinte ;
nous avons vu deux de ces animaux qui font variété dans l'espèce : le pre-

(a) *Voyage de Bosman.* Lettre XIV, p. 258 et suiv.

(b) Nom de cette espèce de guenon ou singe à longue queue dans son pays natal au
Sénégal, et que nous avons adopté ; on l'appelle vulgairement le *singe rouge du Sénégal.*

En arrivant à Tabao, Brue trouva une nouvelle espèce de singe d'un rouge si vif qu'on
l'aurait pris pour une peinture de l'art..... Les Nègres les nomment *patas.* Relation de Brue.
Hist. générale des voyages, t. II, p. 520.

(*) *Cercopithecus ruber* ERXL.

mier porte un bandeau de poils noirs au-dessus des yeux, qui s'étend d'une oreille à l'autre ; le second ne diffère du premier que par la couleur de ce bandeau, qui est blanc : tous deux ont du poil long au-dessous du menton et autour des joues, ce qui leur fait une belle barbe ; mais le premier l'a jaune, et le second l'a blanche ; cette variété paraît en indiquer d'autres dans la couleur du poil, et je suis fort porté à croire que l'espèce de guenons couleur de chat sauvage dont parle Marmol (*a*), et qu'il dit venir du pays des Nègres, sont des variétés de l'espèce du patas. Ces guenons sont moins adroites que les autres, et en même temps elles sont extrêmement curieuses ; « je les ai
» vues (dit Brue) (*b*) descendre du haut des arbres jusqu'à l'extrémité des
» branches pour admirer les barques à leur passage ; elles les considéraient
» quelque temps, et paraissant s'entretenir de ce qu'elles avaient vu, elles
» abandonnaient la place à celles qui arrivaient après ; quelques-unes
» devinrent familières jusqu'à jeter des branches aux Français, qui leur
» répondirent à coups de fusil ; il en tomba quelques-unes, d'autres demeu-
» rèrent blessées, et tout le reste tomba dans une étrange consternation ; une
» partie se mit à pousser des cris affreux, une autre à ramasser des pierres
» pour les jeter à leurs ennemis ; quelques-unes se vidèrent le ventre dans
» leur main et s'efforcèrent d'envoyer ce présent aux spectateurs ; mais
» s'apercevant à la fin que le combat était du moins égal, elles prirent le
» parti de se retirer. »

Il est à présumer que c'est de cette même espèce de guenons dont parle Le Maire : « On ne saurait exprimer, dit ce voyageur, le dégât que les singes
» font dans les terres du Sénégal lorsque le mil et les grains dont ils se
» nourrissent sont en maturité ; ils s'assemblent quarante ou cinquante ; l'un
» d'eux demeure en sentinelle sur un arbre, écoute et regarde de tous côtés
» pendant que les autres font la récolte ; dès qu'il aperçoit quelqu'un, il crie
» comme un enragé pour avertir les autres, qui, au signal, s'enfuient avec
» leur proie, sautant d'un arbre à l'autre avec une prodigieuse agilité ; les
» femelles, qui portent leurs petits contre leur ventre, s'enfuient comme les
» autres, et sautent comme si elles n'avaient rien (*c*). »

Au reste, quoiqu'il y ait dans toutes les terres de l'Afrique un très grand nombre d'espèces de singes, de babouins et de guenons, dont quelques-unes paraissent assez semblables, les voyageurs (*d*) ont cependant remarqué qu'elles ne se mêlent jamais, et que, pour l'ordinaire, chaque espèce habite un quartier différent.

(*a*) Les singes de couleur de chat sauvage avec la queue longue et le museau blanc ou noir qui s'appellent communément en Espagne, *galos-paulés*, viennent du pays des Nègres. *L'Afrique de Marmol*, t. Ier, p. 57.
(*b*) Relation de Brue. *Histoire générale des voyages*, t. II, p. 521.
(*c*) *Voyage de Le Maire*, p. 103 et 104.
(*d*) On s'engagerait dans un détail infini si l'on voulait décrire toutes les espèces de singes qui se trouvent depuis Arquin jusqu'à Sierra-Leona ; ce qu'il y a de plus remarquable, c'est

Caractères distinctifs de cette espèce.

Le patas a des abajoues et des callosités sur les fesses ; sa queue est moins longue que la tête et le corps pris ensemble ; il a le sommet de la tête plat, le museau long, le corps allongé, les jambes longues ; il a du poil noir sur le nez et un bandeau étroit de même couleur au-dessus des yeux, qui s'étend d'une oreille à l'autre ; le poil de toutes les parties supérieures du corps est d'un roux presque rouge, et celui des parties de dessous, telles que la gorge, la poitrine et le ventre, est d'un gris jaunâtre. Il y a variété dans cette espèce pour la couleur du bandeau qui est au-dessus des yeux : les uns l'ont noir et les autres blanc. Ils n'agitent pas leur mâchoire, comme le font les autres guenons lorsqu'elles sont en colère ; ils marchent à quatre pieds plus souvent qu'à deux, et ils ont environ un pied et demi ou deux pieds, depuis le bout du museau jusqu'à l'origine de la queue. Il paraît, par le témoignage des voyageurs, qu'il y en a de plus grands. Les femelles sont sujettes, comme les femmes, à un écoulement périodique.

LE MALBROUCK (*a*) ET LE BONNET CHINOIS (*b*)

Ces deux guenons ou singes à longue queue nous paraissent être de la même espèce (*), et cette espèce, quoique différente à quelques égards de celle du macaque, ne laisse pas d'en être assez voisine pour que nous soyons dans le doute si le macaque, l'aigrette, le malbrouck et le bonnet chinois ne sont pas quatre variétés, c'est-à-dire quatre races constantes d'une seule et

qu'elles ne se mêlent point et qu'on n'en voit jamais de deux sortes dans le même quartier. *Histoire générale des voyages*, t. II, p. 221.

(*a*) *Malbrouck*, nom de cet animal dans son pays natal, à Bengale, et que nous avons adopté.

Cercopithecus primus. Clusii *Exotic.*, p. 371. — *Nota*. Clusius est le seul qui ait donné la figure de ce singe, que Nieremberg et Jonston ont copiée : mais Clusius n'avait pas vu l'animal, il en avait seulement une figure enluminée qu'il dit même avoir fait corriger par son peintre. Je ne fais cette observation que pour fonder un doute que je crois très raisonnable, c'est que le flocon de poil qui est au bout de la queue est une imagination du dessinateur ; de tous les singes à queue qui nous sont connus, il n'y a que le *sagouin marikina* ou *petit lion*, qui ait un flocon de poils au bout de la queue, encore cela n'est-il pas fort sensible : en ôtant donc ce flocon de poils qui me paraît imaginaire dans la figure donnée par Clusius, ce singe sera notre malbrouck. — *Faunus*. Linn. *Syst. nat.*, édit. X, p. 26.

(*b*) *Bonnet chinois*, nom que l'on a donné à cette espèce de guenon ou singe à longue queue, parce qu'elle a le poil du sommet de la tête disposé en forme de calotte ou de bonnet plat, comme le sont les bonnets des chinois.

(*) Le Malbrouck (*Macacus Faunus* L.) et le Bonnet chinois (*Macacus Simius*) sont considérés comme formant deux espèces distinctes.

même espèce (*). Comme ces animaux ne produisent pas dans notre climat (**), nous n'avons pu acquérir par l'expérience aucune connaissance sur l'unité ou la diversité de leurs espèces, et nous sommes réduits à en juger par la différence de la figure et des autres attributs extérieurs. Le macaque et l'aigrette nous ont paru assez semblables pour présumer qu'ils sont de la même espèce; il en est de même du malbrouck et du bonnet chinois, mais comme ils diffèrent plus des deux premiers qu'ils ne diffèrent entre eux, nous avons cru devoir les en séparer. Notre présomption sur la diversité de ces deux espèces est fondée, 1° sur la différence de la forme extérieure, 2° sur celle de la couleur et de la disposition du poil, 3° sur les différences qui se trouvent dans les proportions du squelette de chacun de ces animaux, et enfin sur ce que les deux premiers sont natifs des contrées méridionales de l'Afrique, et que les deux dont il s'agit ici sont du pays de Bengale : cette dernière considération est d'un aussi grand poids qu'aucune autre ; car nous avons prouvé que dans les animaux sauvages et indépendants de l'homme, l'éloignement du climat est un indice assez sûr de celui des espèces. Au reste, le malbrouck et le bonnet chinois ne sont pas les seules espèces ou races de singes que l'on trouve à Bengale (*a*) ; il paraît, par le témoignage des voyageurs, qu'il y en a quatre variétés, savoir, des blancs, des noirs, des rouges et des gris ; ils disent que les noirs sont les plus aisés à apprivoiser : ceux-ci étaient d'un gris roussâtre, et nous ont paru privés et même assez dociles.

« Ces animaux, disent les voyageurs (*b*), dérobent les fruits et surtout les
» cannes de sucre ; l'un d'eux fait sentinelle sur un arbre, pendant que les
» autres se chargent du butin ; s'il aperçoit quelqu'un, il crie, *houp*, *houp*,
» *houp*, d'une voix haute et distincte ; au moment de l'avis, tous jettent les
» cannes qu'ils tenaient dans la main gauche, et ils s'enfuient en courant à
» trois pieds, et s'ils sont vivement poursuivis, ils jettent encore ce qu'ils
» tenaient dans la main droite, et se sauvent en grimpant sur les arbres, qui
» sont leurs demeures ordinaires ; ils sautent d'arbres en arbres ; les femelles
» même, chargées de leurs petits, qui les tiennent étroitement embrassées,
» sautent aussi comme les autres, mais tombent quelquefois. Ces animaux

(*a*) *Nota.* Je crois qu'on peut rapporter au Malbrouck de Bengale l'espèce de singe à poil grisâtre de Calicut dont parle Pyrard ; il est, dit ce voyageur, défendu de tuer aucun singe dans ce pays ; ils sont si importuns, si fâcheux et en si grand nombre qu'ils causent beaucoup de dommage, et que les habitants des villes et des campagnes sont obligés de mettre des treillis à leurs fenêtres pour les empêcher d'entrer dans les maisons. *Voyages de Fr. Pyrard*, t. 1er, p. 427.

(*b*) *Voyages d'Innigo de Biervillas*, partie 1re, p. 172.

(*) Le Macaque est réellement une espèce distincte. Quand à l'Aigrette nous avons dit plus haut que c'est la femelle du Macaque.

(**) Depuis l'époque de Buffon on les a vus produire en Europe, notamment au Muséum de Paris.

» ne s'apprivoisent qu'à demi, il faut toujours les tenir à la chaîne ; ils ne
» produisent pas dans leur état de servitude, même dans leur pays, il faut
» qu'ils soient en liberté dans leurs bois. Lorsque les fruits et les plantes
» succulentes leur manquent, ils mangent des insectes, et quelquefois ils
» descendent sur les bords des fleuves et de la mer pour attraper des poissons
» et des crabes ; ils mettent leur queue entre les pinces du crabe, et dès
» qu'elles serrent, ils l'enlèvent brusquement et l'emportent pour le manger
» à leur aise. Ils cueillent les noix de cocos, et savent fort bien en tirer la
» liqueur pour la boire, et le noyau pour le manger. Ils boivent aussi du *zari*
» qui dégoutte par des *bamboches* qu'on met exprès à la cime des arbres
» pour en attirer la liqueur, et ils se servent de l'occasion. On les prend
» par le moyen des noix de cocos, où l'on fait une petite ouverture ; ils y
» fourrent la patte avec peine, parce que le trou est étroit, et les gens qui
» sont à l'affût les prennent avant qu'ils ne puissent se dégager. Dans les
» provinces de l'Inde habitées par les Bramans, qui, comme l'on sait, épar-
» gnent la vie de tous les animaux, les singes, plus respectés encore que
» tous les autres, sont en nombre infini ; ils viennent en troupe dans les
» villes ; ils entrent dans les maisons à toute heure, en toute liberté : en
» sorte que ceux qui vendent des denrées, et surtout des fruits, des
» légumes, etc., ont bien de la peine à les conserver. » Il y a dans Amadabad,
capitale du Guzarate, deux ou trois hôpitaux d'animaux où l'on nourrit les
singes estropiés, invalides, et même ceux qui, sans être malades, veulent y
demeurer. Deux fois par semaine les singes du voisinage de cette ville se
rendent d'eux-mêmes, tous ensemble, dans les rues, ensuite ils montent sur
les maisons, qui ont chacune une petite terrasse où l'on va coucher pendant
les grandes chaleurs ; on ne manque pas de mettre ces deux jours-là, sur
ces petites terrasses, du riz, du millet, des cannes de sucre dans la saison,
et autres choses semblables ; car, si par hasard les singes ne trouvaient pas
leur provision sur ces terrasses, ils rompraient les tuiles dont le reste de la
maison est couvert, et feraient un grand désordre. Ils ne mangent rien sans
le bien sentir auparavant, et lorsqu'ils sont repus, ils remplissent pour
le lendemain les poches de leurs joues. Les oiseaux ne peuvent guère nicher
sur les arbres dans les endroits où il y a beaucoup de singes, car ils ne
manquent jamais de détruire les nids et de jeter les œufs par terre (a).

Les ennemis les plus redoutables pour les singes ne sont ni le tigre ni les
autres bêtes féroces, car ils leur échappent aisément par leur légèreté et par
le choix de leur domicile au-dessus des arbres, où il n'y a que les serpents qui
aillent les chercher et sachent les surprendre. « Les singes, dit un voyageur,

(a) Voyez les *Voyages de la Boulaye le Gouz*, p. 253 ; la *Relation de Thévenot*, t. III,
p. 20 ; le *Voyage de Gemelli-Carreri*, t. V, p. 164 ; le *Recueil des voyages qui ont servi à
l'établissement de la Compagnie des Indes orientales*, t. VII, p. 36 ; le *Voyage d'Orient* du
P. Philippe, p. 312 ; et le *Voyage de Tavernier*, t. III, p. 64.

» sont en possession d'être maîtres des forêts ; car il n'y a ni tigres, ni lions
» qui leur disputent le terrain ; ils n'ont rien à craindre que les serpents,
» qui nuit et jour leur font la guerre ; il y en a de prodigieuse grandeur, qui
» tout d'un coup avalent un singe ; d'autres moins gros, mais plus agiles, les
» vont chercher jusque sur les arbres..... Ils épient le temps où ils sont
» endormis, etc. (*a*). »

Caractères distinctifs de ces espèces.

Le malbrouck a des abajoues et des callosités sur les fesses, la queue à
peu près longue comme la tête et le corps pris ensemble, les paupières
couleur de chair, la face d'un gris cendré, les yeux grands, le museau
large et relevé, les oreilles grandes, minces et couleur de chair : il porte un
bandeau de poil gris, comme la mone ; mais au reste il a le poil d'une couleur
uniforme, d'un jaune brun sur les parties supérieures du corps, et d'un gris
jaunâtre sur celles du dessous ; il marche à quatre pieds, et il a environ un
pied et demi de longueur depuis l'extrémité du museau jusqu'à l'origine de
la queue.

Le bonnet chinois paraît être une variété du malbrouck ; il en diffère en
ce qu'il a le poil du sommet de la tête disposé en forme de calotte ou de
bonnet plat, et que sa queue est plus longue à proportion du corps. Les
femelles, dans ces deux races, sont sujettes, comme les femmes, à l'écoulement périodique.

LE MANGABEY (*b*)

Nous avons eu deux individus de cette espèce de guenons ou singes à longue queue ; tous deux nous ont été donnés sous la dénomination de *singes
de Madagascar :* il est facile de les distinguer de tous les autres par un
caractère très apparent. Les mangabeys (*) ont les paupières nues et d'une
blancheur frappante ; ils ont aussi le museau gros, large et allongé, et un
bourrelet saillant autour des yeux. Ils varient pour les couleurs ; les uns ont
le poil de la tête noir, celui du cou et du dessus du corps brun fauve, et le
ventre blanc ; les autres l'ont plus clair sur la tête et sur le corps, et ils dif-

(*a*) *Description historique de Macaçar*, p. 51.

(*b*) *Mangabey*, nom précaire que nous donnons à cet animal en attendant qu'on sache
son vrai nom ; comme il se trouve à Madagascar, dans les terres voisines de Mangabey, cette
dénomination en rappellera l'idée aux voyageurs qui seront à portée de le voir et de s'informer du nom qu'il porte dans cette île qui est son pays natal.

(*) Buffon confond ici le *Cercopithecus fuliginosus* Geoff. ou Mangabey sans collier et
le *C. æthiops* Cuv. ou Mangabey à collier.

fèrent surtout des premiers par un large collier de poils blancs qui leur environnent le cou et les joues : tous deux portent la queue relevée, et ont le poil long et touffu ; ils sont du même pays que le vari ; et comme ils lui ressemblent par l'allongement dn museau, par la longueur de la queue, par la manière de la porter et par les variétés de la couleur du poil, ils me paraissent faire la nuance entre les makis et les guenons.

Caractères distinctifs de cette espèce.

Le mangabey a des abajoues et des callosités sur les fesses, la queue aussi longue que la tête et le corps pris ensemble. Il a un bourrelet proéminent autour des yeux, et la paupière supérieure d'une blancheur frappante. Son museau est gros et long, ses sourcils sont d'un poil raide et hérissé, ses oreilles sont noires et presque nues ; le poil des parties supérieures du corps est brun, et celui des parties inférieures est gris. Il y a variété dans cette espèce, les uns étant de couleur uniforme, et les autres ayant un cercle de poil blanc en forme de collier autour du cou, et en forme de barbe autour des joues. Il marchent à quatre pieds, et ils ont à peu près un pied et demi de longueur, depuis le bout du museau jusqu'à l'origine de la queue. Les femelles, dans ces espèces, sont sujettes comme les femmes à un écoulement périodique.

LA MONE (a)

La mone (*) est la plus commune des guenons ou singes à longue queue ; nous l'avons eue vivante pendant plusieurs années ; c'est, avec le magot, l'espèce qui s'accommode le mieux de la température de notre climat : cela seul suffirait pour prouver qu'elle n'est pas originaire des pays les plus chauds de l'Afrique et des Indes méridionales ; et elle se trouve en effet en Barbarie, en Arabie, en Perse et dans les autres parties de l'Asie qui étaient connues des anciens ; ils l'avaient désignée par le nom de *kébos,*

(a) Mone, *mona, monina, mounina,* est le nom des *guenons* ou *singe à longue queue,* dans les langues moresque, espagnole et provençale..... « Reperiuntur in Mauritaniæ silvis simia- » rum variæ species quarum quæ caudam gerunt monæ dicuntur. » Leon Afric. *Desc. Africæ,* vol. II, p. 757. — « Simii caudati et barbati qui vulgo *monichi* vocantur. » Prosp. Alp. *Hist. Ægypt.,* lib. IV, p. 242. — *Nota.* Le nom *monkie* que les Anglais ont donné aux guenons ou singes à longue queue est dérivé de *monichi,* et tous deux paraissent venir de *mona* ou *monina,* nom primitif de ces animaux.

Kébos Aristotelis. *Kypor* Avicennæ. *Kébos* et *kipor* sont les noms par lesquels les Grecs et les Arabes désignaient les singes à longue queue, et dont les couleurs étaient variées ; celui dont il est ici question a plus qu'aucun autre cette variété dans les couleurs, et par cette raison on l'appelle vulgairement le *singe varié.*

(*) *Cercopithecus Mona* L.

cebus, *cæphus*, à cause de la variété de ses couleurs ; elle a en effet la face brune, avec une espèce de barbe mêlée de blanc, de jaune et d'un peu de noir ; le poil du dessus de la tête et du cou, mêlé de jaune et de noir ; celui du dos mêlé de roux et de noir ; le ventre blanchâtre, aussi bien que l'intérieur des cuisses et des jambes, l'extérieur des jambes et les pieds noirs, la queue d'un gris foncé, deux petites taches blanches, une de chaque côté de l'origine de la queue, un croissant de poil gris sur le front, une bande noire depuis les yeux jusqu'aux oreilles, et depuis les oreilles jusqu'à l'épaule et au bras ; quelques-uns l'ont appelée *nonne,* par corruption de *mone;* d'autres, à cause de sa barbe grise, l'ont appelée le *vieillard,* mais la dénomination vulgaire sous laquelle la mone est la plus connue est celle de *singe varié,* et cette dénomination répond parfaitement au nom *hébos,* que lui avaient donné les Grecs, et qui, par définition d'Aristote, désigne une *guenon* ou *singe à longue queue, de couleur variée.*

En général, les guenons sont d'un naturel beaucoup plus doux que les babouins, et d'un caractère moins triste que les singes ; elles sont vives jusqu'à l'extravagance et sans férocité, car elles deviennent dociles dès qu'on les fixe par la crainte ; la mone, en particulier, est susceptible d'éducation, et même d'un certain attachement pour ceux qui la soignent (*) ; celle que

(*) Brehm donne sur les mœurs des Cercopithèques certains détails observés par lui-même que le lecteur me pardonnera de reproduire ici parce qu'ils sont intéressants à plus d'un point de vue. Il insiste particulièrement sur un Cercopithèque de la côte occidentale d'Afrique, auquel il donne le nom de Koko et qui se montra remarquable par ses sentiments affectueux. Koko avait été acheté en même temps que quatre autres individus de la même espèce qui trouvèrent le moyen de s'enfuir. Koko ayant reconnu qu'il lui serait impossible d'en faire autant « en véritable philosophe, se résigna et se décida, dès le lendemain, à midi, à manger des graines de sorgho qu'on lui jetait. Il était furieux contre nous tous et mordait quiconque s'approchait de lui ; cependant il semblait désirer un compagnon. Il passa en revue tous les autres animaux qui étaient à bord et son choix tomba sur le plus singulier être de la collection, sur un calao-rhinocéros, oiseau qui venait des mêmes forêts que lui. Probablement la bonhomie de l'oiseau l'avait séduit. Leur liaison devint bientôt très intime. Koko agissait de la façon la plus impudente avec son protégé ; celui-ci souffrait tout de lui. Quoique libre et pouvant circuler où bon lui semblait, cependant il s'approchait souvent de Koko, qui le tourmentait alors de toutes les façons. Sans s'inquiéter de quelle nature était le vêtement de son ami, il cherchait des parasites sous les plumes, absolument comme il l'aurait fait dans le pelage d'un mammifère. L'oiseau, au bout de fort peu de temps, parut s'y être habitué, car il hérissait ses plumes dès que le singe commençait son opération favorite. Koko avait beau le tirer par le bec, par les jambes, par le cou, par les ailes et par la queue, la bonne bête ne lui en voulait pas pour si peu. Elle finit même par rester toujours dans le voisinage de son protecteur, mangeant le pain qui traînait devant lui, se faisant belle et semblant provoquer son ami quadrupède à s'occuper d'elle. Les deux animaux vécurent dans la plus grande intimité pendant plusieurs mois, même après notre retour à Charthum, alors que l'oiseau était libre de se promener dans la cour.

» La mort de ce dernier brisa cette belle amitié. Koko, redevenu seul, s'ennuyait. Il essaya de se lier avec des chats qui passaient par hasard devant lui, mais il n'en reçut que des coups de patte comme témoignage de leur sympathie. Un jour même, il eut à supporter contre un vieux chat un combat très sérieux, qui fut accompagné de miaulements, de grognements et de cris terribles ; la victoire resta indécise, quoique le chat qui avait, il est vrai, été attaqué à l'improviste, eût le premier battu en retraite.

nous avons nourrie se laissait toucher et enlever par les gens qu'elle connaissait, mais elle se refusait aux autres et même les mordait ; elle cherchait aussi à se mettre en liberté : on la tenait attachée avec une longue chaîne ; quand elle pouvait ou la rompre ou s'en délivrer, elle s'enfuyait à la campagne, et, quoiqu'elle ne revînt pas d'elle-même, elle se laissait assez aisément reprendre par son maître ; elle mangeait de tout, de la viande cuite, du pain et surtout des fruits ; elle cherchait aussi les araignées, les fourmis, les insectes (a) ; elle remplissait ses abajoues lorsqu'on lui donnait plusieurs morceaux de suite ; cette habitude est commune à tous les babouins et guenons, auxquels la nature a donné ces espèces de poches au bas des joues, où ils peuvent garder une quantité d'aliments assez grande pour se nourrir un jour ou deux.

(a) C'est vraisemblablement de cette espèce dont parle Ludolf, sous le nom de *singe de l'Abyssinie* : « Ils vont, dit-il, par grandes troupes ; comme ils aiment extrêmement les four-» mis et les vers, il n'y a aucunes pierres qu'ils ne renversent ou qu'ils ne remuent pour » attraper les insectes qui sont dessous. » *Histoire de l'Abyssinie*, p. 41.

» Un jeune singe qui avait perdu sa mère procura enfin au cœur de Koko l'occupation qu'il cherchait. Dès qu'il aperçut le petit animal, sa joie fit explosion et il lui tendit les bras ; le petit, laissé libre, courut aussitôt chez Koko, qui l'étouffa presque à force de démonstrations amicales, fit des grognements de contentement et se mit immédiatement à la besogne pour nettoyer son pelage, trop négligé jusque-là. Il grattait et enlevait soigneusement les poussières, les épines, qui s'attachent toujours au pelage des mammifères dans ces contrées couvertes de chardons et de broussailles ; puis venaient de nouvelles embrassades et d'autres témoignages de tendresse. Lorsque l'un de nous voulait lui ravir son protégé, Koko devenait furieux ; lorsque nous étions parvenus à le lui enlever, il devenait triste et agité. Il agissait comme s'il avait été la mère du petit orphelin. Celui-ci montrait beaucoup d'attachement pour son bienfaiteur et lui obéissait en tout.

» Malheureusement, le petit singe mourut aussi, après quelques semaines, malgré tous les soins dont on l'entourait. Koko était fou de douleur. J'ai souvent eu occasion d'observer des animaux accablés de tristesse, mais jamais je n'en ai vu d'aussi affligés que Koko. Il prenait dans ses bras le corps de son ami, le caressait et l'embrassait, faisait entendre les sons les plus tendres, il l'asseyait à la place qu'il avait toujours préférée, le voyait tomber comme une masse inerte et rester toujours sans mouvement ; alors il recommençait à pousser des cris plaintifs, pénibles à entendre. Les grognements prirent une expression de douleur qu'ils n'avaient jamais eue auparavant ; ils devenaient attendris et attendrissaient ; ils étaient sonores et exprimaient la douleur la plus profonde et le plus grand désespoir. Sans cesse, il s'efforçait de ranimer l'être qu'il venait de perdre, toujours ses efforts restaient inutiles, et il recommençait ses plaintes et ses gémissements. Sa douleur l'avait annobli ; il nous avait tous profondément émus. Je fis enlever le petit singe, parce que quelques heures avaient suffi pour que la décomposition du corps se manifestât ; et l'on jeta son cadavre par-dessus un mur très haut. Koko, qui nous avait attentivement observés, se démena follement, déchira ses liens en quelques minutes, sauta par-dessus le mur, chercha le cadavre et le rapporta dans ses bras. On l'attacha et on lui enleva une seconde fois le cadavre ; il brisa de nouveau les liens qui le retenaient et rechercha son ami. Enfin on enterra le cadavre ; — une demi-heure après, Koko avait disparu et le lendemain j'appris qu'on avait vu dans le pré voisin, où jamais il n'y avait eu de singe, un singe apprivoisé.

» Un mois après, je reçus une femelle de cercopithèque avec son nourrisson et je pus à mon aise épier la conduite de la mère envers lui ; celui-ci mourut bientôt, quoique rien ne lui manquât. A partir de ce moment, la mère cessa de manger et mourut peu de jours après. »

Caractères distinctifs de cette espèce.

La mone a des abajoues et des callosités sur les fesses ; elle a la queue d'environ deux pieds de longueur, plus longue d'un demi-pied que la tête et le corps pris ensemble ; la tête petite et ronde, le museau gros et court, la face couleur de chair basanée ; elle porte un bandeau de poil gris sur le front, une bande de poils noirs qui s'étend des yeux aux oreilles, et des oreilles jusqu'aux épaules et au bras ; elle a une espèce de barbe grise formée par les poils de la gorge et du dessous du cou qui sont plus longs que les autres ; son poil est d'un noir roussâtre sur le corps, blanchâtre sous le ventre ; l'extérieur des jambes et les pieds sont noirs, la queue est d'un gris brun avec deux taches blanches de chaque côté de son origine ; elle marche à quatre pieds, et la longueur de sa tête et de son corps, pris ensemble depuis l'extrémité du museau jusqu'à l'origine de la queue, est d'environ un pied et demi. La femelle est sujette, comme les femmes, à l'écoulement périodique.

LE CALLITRICHE (*a*)

Callitrix est un terme employé par Homère pour exprimer en général la belle couleur du poil des animaux : ce n'est que plusieurs siècles après celui d'Homère que les Grecs ont en particulier appliqué ce nom à quelques espèces de *guenons* ou *singes à longue queue*, remarquables par la beauté des couleurs de leur poil ; mais il doit appartenir de préférence à celui dont il est ici question (*). Il est d'un beau vert sur le corps, d'un beau blanc sur la gorge et le ventre, et il a la face d'un beau noir ; d'ailleurs il se trouve en Mauritanie et dans les terres de l'ancienne Carthage : ainsi il y a toute apparence qu'il était connu des Grecs et des Romains, et que c'était l'une des *guenons* ou *singes à longue queue* auxquels ils donnaient le nom de *callitrix* ; il y a d'autres guenons de couleur blonde dans les terres voisines de l'Égypte, soit du côté de l'Éthiopie, soit de celui de l'Arabie, que les anciens ont aussi désignées par le nom générique de *callitrix*. Prosper Alpin et Pietro della Valle (*b*) parlent de ces callitriches de couleur blonde ; nous n'avons

(*a*) On donne souvent à cet animal le nom de *singe vert*, et nous le distinguons par ce nom ; nos gens de mer l'appellent en général le *singe de Saint-Jacques*, parce qu'il se trouve dans cette île du Cap-Vert. *Glanures d'Edwards*, p. 10, fig. *ibid.*

(*b*) « Simium Callitrichum Cairi in ædibus habuimus, felem magnam quadamtenus ma-
» gnitudine æmulantem, prolixiori corporis figurâ, capite parvo erat et rotundo..... corpore
» circa ilia gracilissimo, toto corpore rufo rutilove spectabatur, facies vero humanæ similis

(*) *Cercopithecus sabæus* Cuv.

pas vu cette espèce blonde, qui n'est peut-être qu'une variété de celle-ci ou de celle de la mone, qui est très commune dans ces mêmes contrées.

Au reste, il paraît que le *callitriche* ou *singe vert* se trouve au Sénégal aussi bien qu'en Mauritanie et aux îles du Cap-Vert. M. Adanson rapporte que les environs des bois de Podor, le long du fleuve Niger, sont remplis de singes verts. « Je n'aperçus ces singes, dit cet auteur, que par les branches qu'ils » cassaient au haut des arbres, d'où elles tombaient sur moi : car ils étaient » d'ailleurs fort silencieux et si légers dans leurs gambades qu'il eût été dif- » ficile de les entendre ; je n'allai pas plus loin, et j'en tuai d'abord un, deux » et même trois sans que les autres parussent effroyés ; cependant, lorsque la » plupart se sentirent blessés, ils commencèrent à se mettre à l'abri, les uns » en se cachant derrière les grosses branches, les autres en descendant à » terre ; d'autres enfin, et c'était le plus grand nombre, s'élançaient de la » pointe d'un arbre sur la cime d'un autre... Pendant ce petit manège, je con- » tinuais toujours à tirer dessus, et j'en tuai jusqu'au nombre de vingt-trois » en moins d'une heure et dans un espace de vingt toises sans qu'aucun » d'eux eût jeté un seul cri, quoiqu'ils se fussent plusieurs fois rassemblés » par compagnie en sourcillant, grinçant des dents et faisant mine de » vouloir m'attaquer. » (*Voyage au Sénégal, par M. Adanson*, p. 178.)

Caractères distinctifs de cette espèce.

Le callitriche a des abajoues et des callosités sur les fesses, la queue beaucoup plus longue que la tête et le corps pris ensemble ; il a la tête petite, le museau allongé, la face noire aussi bien que les oreilles ; il porte une bande étroite au lieu de sourcils au bas du front, et cette bande est de longs poils noirs. Il est d'un vert vif mêlé d'un peu de jaune sur le corps, et d'un blanc jaunâtre sur la poitrine et le ventre ; il marche à quatre pieds, et la longueur de son corps, y compris celle de la tête, est d'environ quinze pouces. La femelle est sujette à l'écoulement périodique.

» fuit nigra, undique barbata, sed barba albi erat coloris.... caudamque longam rutilamque » habebat. » Prosp. Alp., *Hist. Ægypt.*, lib. iv, p. 244, fig. tab. xx, n° 4. — J'ai vu aussi dans le Caire plusieurs autres animaux vivants, comme des *callitriches* ou *guenons* de couleur blonde. *Voyage de Pietro della Valle*, t. Ier, p. 404.

LE MOUSTAC (*a*)

Le moustac (*) nous paraît être du même pays que le macaque, parce qu'il a, comme lui, le corps plus court et plus ramassé que les autres guenons; c'est, très vraisemblablement, le même animal que les voyageurs de Guinée. ont appelé *blanc-nez* (*b*), parce qu'en effet il a les lèvres au-dessous du nez d'une blancheur éclatante, tandis que le reste de sa face est d'un bleu noirâtre; il a aussi deux toupets de poils jaunes au-dessous des oreilles, ce qui lui donne l'air très singulier; et, comme il est en même temps d'assez petite taille, c'est de tous les singes à longue queue celui qui nous a paru le plus joli.

Caractères distinctifs de cette espèce.

Le moustac a des abajoues et des callosités sur les fesses, la queue beaucoup plus longue que la tête et le corps pris ensemble : elle a dix-neuf ou vingt pouces de longueur; il a la face d'un noir bleuâtre avec une grande et large marque blanche en forme de chevron au-dessous du nez et sur toute l'étendue de la lèvre supérieure, qui est nue dans toute cette partie ; elle est seulement bordée de poils noirs, aussi bien que la lèvre inférieure tout autour de la bouche; il a le corps court et ramassé; il porte deux gros toupets de poil d'un jaune vif au-dessous des oreilles; il a aussi un toupet de poils hérissé au-dessus de la tête; le poil du corps est d'un cendré verdâtre; la poitrine et le ventre d'un cendré blanchâtre; il marche à quatre pieds, et il n'a qu'environ un pied de longueur, la tête et le corps compris. La femelle est sujette à l'écoulement périodique.

LE TALAPOIN (*c*)

Cette guenon (**) est de petite taille et d'une assez jolie figure ; son nom paraîtrait indiquer qu'elle se trouve à Siam et dans les autres provinces de

(*a*) Moustac. *Mustax.* Moustache : comme la guenon dont il est ici question n'a point été nommée, nous lui avons donné ce nom, qui suffira pour la faire reconnaître et distinguer de toutes les autres ; elle est en effet très remarquable par sa lèvre supérieure, qui est nue et d'une blancheur d'autant plus frappante, que le reste de sa face est noir.

(*b*) Il y a d'autres singes à la côte d'Or, que l'on nomme *blancs-nez,* parce que c'est la seule partie de leur corps qui soit de cette couleur : ils sont puants et farouches. *Relations d'Artus, Histoire générale des voyages,* t. IV, p. 238.

(*c*) *Talapoin,* nom sous lequel ce singe nous a été donné, et que nous avons adopté.

(*) *Cercopithecus Cephus* L.
(**) *Cercopithecus Talapoin* L.

l'Asie orientale, mais nous ne pouvons l'assurer : seulement, il est certain qu'elle est originaire de l'ancien continent et qu'elle ne se trouve point dans le nouveau, parce qu'elle a des abajoues et des callosités sur les fesses, et que ces deux caractères n'appartiennent ni aux sagouins ni aux sapajous, qui sont les seuls animaux du nouveau monde qu'on puisse comparer aux guenons.

. Ce qui me porte à croire, indépendamment du nom, que cette guenon se trouve plus communément aux Indes orientales qu'en Afrique, c'est que les voyageurs rapportent que la plupart des singes de cette partie de l'Asie ont le poil d'un vert brun. « Les singes de Guzarate, disent-ils, sont d'un vert » brun, ils ont la barbe et les sourcils longs et blancs : ces animaux, que les » Bananes laissent multiplier à l'infini par un principe de religion, sont si » familiers qu'ils entrent dans les maisons à toute heure, et en si grand » nombre que les marchands de fruits et de confitures ont beaucoup de peine » à conserver leurs marchandises (a). »

M. Edwards a donné la figure et la description d'une guenon sous le nom de *Singe noir de moyenne grandeur*, qui nous paraît approcher de l'espèce du talapoin plus que d'aucune autre. J'ai cru devoir en rapporter ici la description (b), et renvoyer à la figure donnée par M. Edwards pour qu'on puisse comparer ces animaux : on verra que, à l'exception de la grandeur et de la couleur, ils se ressemblent assez pour qu'on doive présumer que ce sont au moins deux espèces bien voisines, si ce ne sont pas des variétés de la même espèce : dans ce cas, comme nous ne sommes pas sûrs que notre talapoin soit natif des Indes orientales, et que M. Edwards assure que celui qu'il décrit venait de Guinée, nous rendrions le talapoin à ce même climat, ou bien nous supposerions que cette espèce se trouve également dans les terres du Midi de l'Afrique et de l'Asie : c'est vraisemblablement de cette même espèce de singes noirs décrits par M. Edwards, dont parle Bosman sous le nom de *Baurdmannetjes*, et dont il dit que la peau fait une bonne fourrure,(c).

(a) *Histoire générale des voyages*, t. X, p. 67.

(b) Ce singe était à peu près de la taille d'un gros chat, il était d'un naturel doux, ne faisant mal à personne..... c'était un mâle, et il était un peu vieux..... sa tête était assez ronde, la peau de son visage était d'une couleur de chair rembrunie, couverte de poils noirs assez clairsemés ; les oreilles étaient faites comme celles de l'homme ; les yeux étaient d'une couleur de noisette rougeâtre, avec les paupières noires ; le poil était long au-dessous des yeux, et les sourcils se joignaient ; il était long aussi sur les tempes et couvrait en partie les oreilles ; la tête, le dos, les jambes de devant et de derrière et la queue étaient couverts d'assez longs poils d'un brun noirâtre, qui n'était ni trop doux ni trop rude; la poitrine, le ventre, etc., étaient presque sans poil, d'une couleur de chair rembrunie, ayant des bouts de sein à la poitrine. Les quatre pattes étaient faites à peu près comme la main de l'homme, étant couvertes d'une peau douce et noire presque sans poil; les ongles étaient plats. *Glanures d'Edwards*, p. 221.

(c) On trouve en Guinée une troisième espèce de singes parfaitement jolis, qui ont pour l'ordinaire deux pieds de hauteur ; leur poil est extrêmement noir, de la longueur d'un doigt

LE DOUC *(a)*

Le douc (*) est le dernier de la classe des animaux que nous avons appelés *singes, babouins* et *guenons :* sans être précisément d'aucun de ces trois genres, il participe de tous; il tient des guenons par sa queue longue, des babouins par sa grande taille, et des singes par sa face plate; il a de plus un caractère particulier, et par lequel il paraît faire la nuance entre les guenons et les sapajous : ces deux familles d'animaux diffèrent entre elles, en ce que les guenons ont les fesses pelées, et que tous les sapajous les ont couvertes de poil; le douc est la seule des guenons qui ait du poil sur les fesses comme les sapajous; il leur ressemble aussi par l'aplatissement du museau; mais, en tout, il approche infiniment plus des guenons que des sapajous, desquels il diffère en ce qu'il n'a pas la queue prenante, et aussi par plusieurs autres caractères essentiels : d'ailleurs l'intervalle qui sépare ces deux familles est immense, puisque le douc et toutes les guenons sont de l'ancien continent, tandis que tous les sapajous ne se trouvent que dans le nouveau. On pourrait dire aussi avec quelque raison que le douc ayant une longue queue comme les guenons, et n'ayant pas comme elles de callosités sur les fesses, il fait la nuance entre les orangs-outangs et les guenons, comme le gibbon la fait aussi à un autre égard, n'ayant point de queue comme les orangs-outangs, mais ayant des callosités sur les fesses comme les guenons. Indépendamment de ces rapports généraux, le douc a des caractères particuliers par lesquels il est très remarquable et fort aisé à distinguer de tous les singes, babouins, guenons ou sapajous, même au premier coup d'œil; sa robe, variée de toutes couleurs, semble indiquer l'ambiguïté de sa nature, et en même temps différencier son espèce d'une manière évidente. Il porte autour du cou un collier d'un brun pourpre, autour des joues une barbe blanche; il a les lèvres et le tour des yeux noirs, la face et les oreilles rouges, le dessus de la tête et le corps gris, la poitrine et le ventre jaunes, les jambes blanches en bas, noires en haut; la queue blanche avec une large tache de même couleur sur les lombes; les pieds noirs avec plusieurs autres nuances de couleur. Il me paraît que cet animal qu'on nous a assuré venir de la Cochinchine se trouve

et davantage, avec une barbe blanche, d'où les Hollandais les ont appelés *baurdmannetjes :* on fait des bonnets de leur peau, et chaque fourrure s'achète quatre écus. *Voyage de Bosman,* p. 258.

(a) *Douc,* nom de cet animal à la Cochinchine, et que nous avons adopté : ce nom que nous ignorions nous a été donné par M. Poivre, aussi bien que l'animal même.

(*) *Semnopithecus nemæus* L. — Le Douc est un Primate du sous-ordre des Catarrhiniens, de la famille des Semnopithécides qui comprend des singes à formes grêles, à membres longs et délicats, à queue longue, à museau court, à fesses pourvues de callosités très petites; ils n'ont pas d'abajoues, et les pouces de leurs mains sont très courts. Ils habitent tous l'Asie méridionale.

aussi à Madagascar, et que c'est le même que Flacourt indique sous le nom de *sifac* dans les termes suivants : « A Madagascar, il y a, dit-il, une » autre espèce de guenuche blanche qui a un chaperon tanné, et qui se » tient le plus souvent sur les pieds de derrière ; elle a la queue blanche et » deux taches tannées sur les flancs ; elle est plus grande que le *vari* » (mococo), mais plus petite que le *varicossi* (vari) ; cette espèce s'appelle » *sifac*, elle vit de fèves ; il y en a beaucoup vers Andrivoure, Dambourlomb » et Ranafoulchy (*a*) ». Le chaperon ou collier tanné, la queue blanche, les taches sur les flancs, sont des caractères qui indiquent assez clairement que ce sifac de Madagascar est de la même espèce que le douc de la Cochinchine.

Les voyageurs assurent que les grands singes des parties méridionales de l'Asie produisent des bézoards qu'on trouve dans leur estomac, et dont la qualité est supérieure à celle des bézoards des chèvres et des gazelles ; ces grands singes des parties méridionales de l'Inde sont l'ouanderou et le douc ; nous croyons donc que c'est à ces espèces qu'il faut rapporter la production des bézoards : on prétend que ces bézoards de singe sont toujours d'une forme ronde, au lieu que les autres bézoards sont de différentes figures (*b*).

Caractères distinctifs de cette espèce.

Le douc n'a point de callosités sur les fesses (*), il les a garnies de poil partout ; sa queue, quoique longue, ne l'est pas autant que la tête et le corps pris ensemble ; il a la face rouge et couverte d'un duvet roux ; les oreilles nues et de même couleur que la face, les lèvres brunes, aussi bien que les orbites des yeux ; le poil de couleurs très vives et très variées ; il porte un bandeau et un collier d'un brun pourpre ; il a du blanc sur le front, sur la tête, sur le corps, les bras et les jambes, etc., une espèce de barbe d'un blanc jaunâtre ; il a du noir au-dessous du front et à la partie supérieure des bras ; les parties du dessous du corps sont d'un gris cendré et d'un jaune blanchâtre ; la queue est blanche, aussi bien que le bas des lombes ; il marche aussi souvent sur deux pieds que sur quatre, et il a trois pieds et demi ou quatre pieds de hauteur lorsqu'il est debout. J'ignore si les femelles, dans cette espèce, sont sujettes à l'écoulement périodique.

(*a*) *Voyage de Flacourt*, page 153.

(*b*) Comme les singes, aussi bien que les chèvres, mangent les boutons de certains arbrisseaux, il se produit dans leur ventre des pierres de bézoard : on en trouve souvent dans leurs excréments, que la peur qu'ils ont d'être battus leur fait lâcher en courant : ces pierres de bézoard sont les plus chères et les plus estimées de toutes celles qui se trouvent dans les Indes, elles sont aussi plus rondes que les autres, et ont bien plus de force : on a éprouvé quelquefois qu'un grain de celles-ci avait autant d'effet que deux de celles qui viennent des chèvres, *Descrip. hist. de Macaçar*, page 51. — *Nota*. En comparant ce passage avec celui de Knox, que nous avons rapporté à l'article du ouanderou, il paraît que ce sont les ouanderous qui vivent de boutons d'arbres et que, par conséquent, ce sont eux qui produisent le plus communément des bézoards.

(*) Il en a, mais elles sont très petites.

GORILLE.

A. Le Vasseur éditeur

ADDITIONS

AUX SINGES DE L'ANCIEN CONTINENT

ADDITION

A L'ARTICLE DES ORANGS-OUTANGS.

Nous avons dit que les orangs-outangs pouvaient former deux espèces ;
ce mot indien, qui signifie *homme sauvage*, est en effet un nom générique ;
et nous avons reconnu qu'il existe réellement et au moins deux espèces
bien distinctes de ces animaux : la première, à laquelle, d'après Battel, nous
avons donné le nom de *pongo* et qui est bien plus grande que la seconde
espèce que nous avons nommée *jocko*, d'après le même voyageur. Comme
il y a plus de vingt ans que j'ai écrit l'histoire de ces singes, je n'étais pas
aussi bien informé que je le suis aujourd'hui, et j'étais alors dans le doute
si les deux espèces dont je viens de parler étaient réellement différentes
l'une de l'autre par des caractères autres que la grandeur (*). Le singe que
j'avais vu vivant et auquel j'avais cru devoir donner le nom de *jocko*, parce
qu'il n'avait que deux pieds et demi de hauteur, était un jeune pongo (**)
qui n'avait que deux ans d'âge, et serait parvenu à la hauteur de plus de
cinq pieds ; et, comme ce très jeune singe présentait tous les caractères attribués par les voyageurs au grand orang-outang ou pongo, j'avais cru pouvoir ne le regarder que comme une variété, ce qui me faisait croire qu'il se
pouvait qu'il n'y eût qu'une seule espèce d'orang-outang ; mais ayant reçu
depuis des grandes Indes un orang-outang bien différent du pongo, et
auquel nous avons reconnu tous les caractères que les voyageurs donnent
au jocko, nous pouvons assurer que ces deux dénominations de pongo et de
jocko appartiennent à deux espèces réellement différentes et qui, indépendamment de la grandeur, ont encore des caractères qui les distinguent.

Les principaux caractères qui distinguent ces deux espèces sont la grandeur, la différence de la couleur et de la quantité du poil, et le défaut d'on-

(*) Nous avons déjà dit que ces deux animaux réunis par Buffon sont deux espèces distinctes : l'Orang-Outang et le Chimpanzé.

(**) Le Jocko d'Afrique est le Chimpanzé et non un Pongo ou Orang-outang, qui habite
l'Asie. Il faut tenir compte de cela en lisant tout ce chapitre.

gle au gros orteil des pieds ou mains postérieures (*), qui toujours manque au jocko et se trouve toujours dans l'espèce du pongo. Il en est de même de leurs habitudes naturelles ; le pongo marche presque toujours debout sur ses deux pieds de derrière, au lieu que le jocko ne prend cette attitude que rarement, et surtout lorsqu'il veut monter sur les arbres. Ainsi tout ce que j'ai dit de l'orang-outang que j'ai vu vivant, et que je croyais être un jocko, doit au contraire s'attribuer au pongo, et s'accorde en effet avec tout ce que les voyageurs les plus récents ont observé sur les habitudes naturelles de ce grand orang-outang. Je dois même observer que la figure de ce jeune pongo a été faite d'après nature vivante, mais que le dessinateur l'a chargée dans quelques parties ; et c'est probablement cette différence entre cette figure et celle qu'a donnée Bontius qui a pu faire penser qu'elles ne représentaient pas le même animal. Cependant il est certain que la figure de Bontius est celle du grand orang-outang ou pongo adulte, et que celle que j'ai donnée représente le même orang-outang ou pongo jaune ; d'ailleurs la figure donnée par Bontius est peut-être un peu trop ressemblante à l'espèce humaine. Tupius a donné du pongo une figure encore plus imparfaite. C'est encore ce même animal que Bosman a nommé *smitten*, que plusieurs voyageurs ont nommé *barris,* d'autres *dril*, et quelques-autres *quimpezé ;* sur quoi cependant nous devons observer que la plupart de ces derniers noms ont été appliqués indifféremment au grand et au petit orang-outang. C'est à ce grand orang-outang qu'on doit rapporter les combats contre les Nègres, l'enlèvement et le viol des Négresses, et les autres actes de force et de violence cités par les voyageurs.

Mais nous devons ajouter à tout ce que nous avons dit les observations des naturalistes et des voyageurs qui ont été publiées, ou qui nous sont parvenues en différents temps, sur ce qui regarde ce pongo ou grand orangoutang. M. le chevalier d'Obsonville a bien voulu nous communiquer ce qu'il avait observé sur cet animal, qu'il a vu et décrit avec autant de sagacité que d'exactitude. « C'est, dit-il, de l'orang-outang qui a cinq pieds de haut qu'il » est ici question. Cet animal ne paraît maintenant exister que dans quelques » parties de l'Afrique et des grandes îles à l'est de l'Inde. D'après diverses » informations, je crois pouvoir dire que l'on n'en voit plus dans la presqu'île » en deçà du Gange, et que même il est devenu très rare dans les contrées » où il propage encore : aurait-il été détruit par les bêtes féroces, ou serait-il » confondu avec d'autres ?

» Un de ces individus, que j'ai eu occasion de voir deux mois après qu'il » fut pris, avait quatre pieds huit ou dix pouces de haut ; une teinte jau— » nâtre paraissait dominer dans ses yeux, qui étaient du reste petits et » noirs. Quoique ayant quelque chose de hagard, ils annonçaient plutôt l'in-

---

(*) C'est une erreur.

» quiétude, l'embarras et le chagrin que la férocité. Sa bouche était fort
» grande, les os du nez très peu proéminents, et ceux des joues étaient fort
» saillants... Son visage avait des rides ; le fond de sa carnation était d'un
» blanc bis ou basané ; sa chevelure, longue de quelques pouces, était bru-
» nâtre, ainsi que le poil du reste du corps qui était plus épais sur le dos
» que sur le ventre ; sa barbe était peu fournie, sa poitrine large, les fesses
» médiocrement charnues, les cuisses couvertes, les jambes arquées ; les
» pouces de ses pieds, quoiqu'un peu moins écartés des autres doigts que
» ceux des autres singes, l'étaient cependant assez pour devoir lui procurer
» beaucoup de facilité, soit pour grimper ou saisir...

» Je n'ai vu ce satyre qu'accroupi ou debout ; mais, quoique marchant
» habituellement droit, il s'aidait, me dit-on, dans l'état de liberté des mains
» ainsi que des pieds lorsqu'il était question de courir ou de franchir un fossé ;
» peut-être même est-ce l'exercice de cette faculté qui contribue à entre-
» tenir dans l'espèce la longueur un peu excessive des bras, car l'extrémité
» des doigts de ses mains approchait de ses genoux. Ses parties génitales
» étaient assez bien proportionnées ; sa verge, en état d'inertie, était lon-
» gue d'environ six pouces, et paraissait être celle d'un homme circoncis.

» Je n'ai point vu de femelles, mais on dit qu'elles ont les mamelles un
» peu aplaties ; leurs parties sexuelles, conformées comme celles des
» femmes sont aussi sujettes à un flux menstruel périodique : le temps de la
» gestation est présumée être d'environ sept mois ;..... elles ne propagent
» point dans l'état de servitude.....

» Le mâle, dont je viens de parler, poussait quelquefois une espèce de
» soupir élevé et prolongé, ou bien il faisait entendre un cri sourd ; mais
» c'était lorsqu'on l'inquiétait ou qu'on le maltraitait : ainsi ces modulations
» de voix n'expriment que l'impatience, l'ennui ou la douleur.

» Suivant les Indiens, ces animaux errent dans les bois et sur les mon-
» tagnes de difficile accès, et y vivent en petites sociétés.

» Les orangs-outangs sont extrêmement sauvages ; mais il paraît qu'ils
» sont peu méchants, et qu'ils parviennent assez promptement à entendre ce
» qu'on leur commande... Leur caractère ne peut se plier à la servitude ; ils
» y conservent toujours un fond d'ennui et de mélancolie profonde, qui,
» dégénérant en une espèce de consomption ou de marasme, doit bientôt
» terminer leurs jours. Les gens du pays ont fait cette remarque, et elle me
» fut confirmée par l'ensemble de ce que je crus entrevoir dans les regards
» et le maintien de l'individu dont il a été question. »

M. le professeur Allamand, dont j'ai eu si souvent occasion de faire l'éloge,
a ajouté d'excellentes réflexions et de nouveaux faits à ce que j'ai dit des
orangs-outangs.

« L'histoire des singes était très embrouillée, dit ce savant et judicieux
» naturaliste, avant que M. de Buffon entreprît de l'éclaircir ; nous ne sau-

» rions trop admirer l'ordre qu'il y a apporté et la précision avec laquelle il
» a déterminé les différentes espèces de ces animaux, qu'il était impossible
» de distinguer par les caractères qu'en avaient donnés les nomenclateurs.
» Son histoire des orangs-outangs est un chef-d'œuvre qui ne pouvait sortir
» que d'une plume telle que la sienne ; mais, quoiqu'il y ait rassemblé tout
» ce qui a été dit par d'autres sur ces animaux singuliers, en y ajoutant ses
» propres observations, qui sont bien plus sûres, et quoiqu'il y ait décrit un
» plus grand nombre de singes qu'aucun auteur n'en a décrit jusqu'à pré-
» sent, il ne faut pas croire cependant qu'il ait épuisé la matière : la race
» des singes contient une si grande variété d'espèces qu'il est bien difficile,
» pour ne pas dire impossible, de les connaître toutes ; on en apporte très
» souvent en Hollande plusieurs que M. de Buffon, ni aucun naturaliste, n'a
» jamais vues. Un de mes amis, revenu d'Amérique où il a séjourné pendant
» quelques années, et qui y a porté les yeux d'un observateur judicieux, m'a
» dit qu'il y avait vu plus de quatre-vingts espèces différentes de sapajous et
» de sagouins. M. de Buffon n'en a décrit que onze. Il s'écoulera donc encore
» bien du temps avant qu'on puisse parvenir à connaître tous ces animaux ;
» et même il est très douteux qu'on en puisse jamais venir à bout, vu l'éloi-
» gnement et la nature des lieux où ils habitent.

» Il y a quelques années qu'on apporta chez moi la tête et un pied d'un
» animal singulier : cette tête ressemblait tout à fait à celle d'un homme,
» excepté qu'elle était un peu moins haute ; elle était bien garnie de longs
» cheveux noirs : la face était couverte partout de poils courts ; il n'y avait
» pas moyen de douter que ce ne fût la tête d'un animal, mais qui par cette
» partie ne différait presque point de l'homme ; et M. Albinus, ce grand ana-
» tomiste, à qui je la fis voir, fut de mon avis. Si l'on doit juger par cette
» tête de la taille de l'animal auquel elle avait appartenu, il devait pour le
» moins avoir égalé celle d'un homme de cinq pieds. Le pied qu'on montrait
» avec cette tête, et qu'on assurait être du même animal, était plus long que
» celui d'un grand homme.

» M. de Buffon soupçonne qu'il y a un peu d'exagération dans le récit de
» Bontius, et un peu de préjugé dans ce qu'il raconte des marques d'intelli-
» gence et de pudeur de sa femelle orang-outang : cependant ce qu'il en dit
» est confirmé par ceux qui ont vu ces animaux aux Indes : au moins, j'ai
» entendu la même chose de plusieurs personnes qui avaient été à Batavia,
» et qui sûrement ignoraient ce qu'en a écrit Bontius. Pour savoir à quoi
» m'en tenir là-dessus, je me suis adressé à M. Relian, qui demeure dans
» cette même ville de Batavia, où il pratique la chirurgie avec beaucoup de
» succès : connaissant son goût pour l'histoire naturelle et son amitié pour
» moi, je lui avais écrit pour le prier de m'envoyer un orang-outang, afin
» d'en orner le cabinet de curiosités de notre Académie ; et en même temps
» je lui avais demandé qu'il me communiquât ses observations sur cet ani-

» mal, en cas qu'il l'eût vu. Voici sa réponse, qu'on lira avec plaisir ; elle est
» datée de Batavia, le 15 janvier 1770.

» J'ai été extrêmement surpris, écrit M. Relian, que l'homme sauvage,
» qu'on nomme en malais *orang-outang*, ne se trouve point dans votre Aca-
» démie ; c'est une pièce qui doit faire l'ornement de tous les cabinets d'his-
» toire naturelle. M. Pallavicini, qui a été ici *sabandhaar*, en a amené deux
» en vie, mâle et femelle, lorsqu'il partit pour l'Europe en 1759 ; ils étaient
» de grandeur humaine, et faisaient précisément tous les mouvements que
» font les hommes, surtout avec leurs mains, dont ils se servaient comme
» nous. La femelle avait des mamelles précisément comme celles d'une
» femme, quoique plus pendantes ; la poitrine et le ventre étaient sans poils,
» mais d'une peau fort dure et ridée. Ils étaient tous les deux fort honteux
» quand on les fixait trop ; alors la femelle se jetait dans les bras du mâle et
» se cachait le visage dans son sein, ce qui faisait un spectacle véritable-
» ment touchant ; c'est ce que j'ai vu de mes propres yeux. Ils ne parlent
» point, mais ils ont un cri semblable à celui du singe, avec lequel ils ont le
» plus d'analogie par rapport à la manière de vivre, ne mangeant que des
» fruits, des racines, des herbages, et habitant sur des arbres, dans les bois
» les moins fréquentés : si ces animaux ne faisaient pas une race à part qui
» se perpétue, on pourrait les nommer des *monstres de la nature humaine.*
» Le nom d'*hommes sauvages* qu'on leur donne leur vient du rapport qu'ils
» ont extérieurement avec l'homme, surtout dans leurs mouvements, et dans
» une façon de penser qui leur est sûrement particulière et qu'on ne re-
» marque point dans les autres animaux, car celle-ci est toute différente de
» cet instinct plus ou moins développé qu'on voit dans les animaux en géné-
» ral. Ce serait un spectacle bien curieux si l'on pouvait observer ces hommes
» sauvages dans les bois sans être aperçu, et si l'on était témoin de leurs
» occupations domestiques : je dis *hommes sauvages,* pour me conformer à
» l'usage, car cette dénomination n'est point de mon goût, parce qu'elle pré-
» sente d'abord une idée analogue aux sauvages des terres inconnues, aux-
» quels ces animaux-ci ne doivent point être comparés. L'on dit qu'on en
» trouve dans les montagnes inaccessibles de Java ; mais c'est dans l'île de
» Bornéo où il y en a le plus, et d'où l'on nous envoie la plupart de ceux
» qu'on voit ici de temps en temps. »

« Cette lettre, continue M. Allamand, confirme pleinement de ce qu'a dit
» Bontius ; elle est écrite par un témoin oculaire, par un homme qui est lui-
» même observateur curieux et attentif, et qui sait que ce qu'il assure avoir
» vu a été vu aussi par plusieurs personnes qui sont actuellement ici, et
» que je suis à portée de consulter tous les jours pour m'assurer de la vérité
» de sa relation ; ainsi, il n'y a pas la moindre raison pour douter de la
» vérité de ce qu'il m'a mandé. Au récit de Bontius, il ajoute la taille de ces
» orangs-outangs ; ils sont de grandeur humaine ; par conséquent, ce ne

» sont pas les hommes nocturnes de M. Linnæus, qui ne parviennent qu'à la
» moitié de cette stature, et qui, suivant cet auteur, ont l'admirable talent
» de parler; il est vrai que c'est en sifflant, ce qui pourrait bien signifier
» qu'ils parlent comme les autres singes, ainsi que l'observe M. Relian. Je
» ne dirai rien du degré d'intelligence que leur attribue mon correspondant;
» il n'y a rien à ajouter aux réflexions de M. de Buffon sur cet article. Si
» ceux que M. Pallavicini a embarqués avec lui quand il est venu en Europe
» étaient arrivés ici en vie, on serait en état d'en rapporter plusieurs autres
» particularités qui seraient vraisemblablement très intéressantes; mais sans
» doute ils sont morts sur la route; au moins est-il certain qu'ils ne sont
» pas parvenus en Hollande. »

Nous croyons devoir ajouter ici ce que M. le professeur Allamand rapporte
d'un grand singe d'Afrique, qui pourrait bien être une variété dans l'espèce
du pongo ou grand orang-outang, par laquelle cette espèce se rapprocherait
du mandrill.

« Plusieurs personnes m'ont parlé d'un singe qu'elles avaient vu à Suri-
» nam, où il avait été apporté des côtes de Guinée; mais, faisant peu de fond
» sur des relations vagues de gens qui, sans aucune connaissance de l'his-
» toire naturelle, examinent peu attentivement les objets nouveaux qui se
» présentent à eux, je me suis adressé à M. May, capitaine de haut bord au
» service de la province de Hollande; je savais qu'il avait été à Surinam
» pendant que cet animal y était, et je ne doutais pas qu'il ne l'y eût vu;
» personne ne pouvait m'en rendre un compte plus exact que lui : il est
» aussi distingué par son goût pour toutes sortes de sciences, que par les
» connaissances qui forment un excellent officier de mer. Voici ce que j'en
» ai appris :

» Étant avec son vaisseau sur les côtes de Guinée, un de ses matelots y
» fit l'acquisition d'un petit singe sans queue, âgé d'environ six mois, qui
» avait été apporté du royaume de Benin; de là, ayant fait voile pour se
» rendre à Surinam, il arriva heureusement à Paramaribo, où il vit ce grand
» singe dont je viens de parler. Il fut étonné en voyant qu'il était précisé-
» ment de la même espèce que celui qu'il avait à son bord; il n'yavait d'autre
» différence entre ces animaux que celle de la taille, mais aussi était-elle
» très considérable, puisque ce grand singe avait cinq pieds et demi de hau-
» teur, tandis que celui de son matelot surpassait à peine un pied. Il n'avait
» point de queue; son corps était couvert d'un poil brun, mais qui était assez
» peu touffu sur la poitrine pour laisser voir sa peau, qui était bleuâtre; il
» n'avait point de poil à la face; son nez était extrêmement long et plat et
» d'un très beau bleu; ses joues étaient sillonnées de rouge sur un fond noi-
» râtre; ses oreilles ressemblaient à celles de l'homme; ses fesses étaient
» nues et sans callosités. C'était un mâle, et il avait les parties de la géné-
» ration d'un rouge éclatant. Il marchait également sur deux pieds ou sur

» quatre ; son attitude favorite était d'être assis sur les fesses ; il était très
» fort ; le maître à qui il appartenait était un assez gros homme : M. May a
» vu ce singe le prendre par le milieu du corps, l'élever de terre avec faci-
» lité, et le jeter à la distance d'un pas ou deux. On m'a assuré qu'un jour il
» se saisit d'un soldat qui passait tout près de lui, et qu'il l'aurait emporté
» au haut de l'arbre au pied duquel il était attaché, si son maître ne l'en eût
» pas empêché. Il paraissait fort ardent pour les femmes ; il était depuis une
» vingtaine d'années à Surinam, et il ne semblait pas avoir acquis encore
» son plein accroissement. Celui à qui il appartenait assurait qu'il avait
» remarqué que sa hauteur était augmentée encore cette année même. Un
» capitaine anglais lui en offrit cent guinées ; il les refusa, et deux jours
» après cet animal mourut.

» En lisant ceci, on se rappellera d'abord le mandrill, avec lequel ce singe
» a beaucoup de rapport, tant pour la figure que pour la grandeur et la force.
» La seule différence bien marquée qu'il y ait entre ces animaux consiste
» dans la queue, qui, quoique fort courte, se trouve dans le mandrill, mais
» qui manque tout à fait à l'autre.

» Voilà donc une nouvelle espèce de singe sans queue, habitant de l'Afri-
» que, d'une taille qui égale, si même elle ne surpasse pas celle de l'homme,
» et dont la durée de la vie paraît être la même, vu le temps qui lui est né-
» cessaire pour acquérir toute sa grandeur. Ce singe ne pourrait-il pas être
» celui dont parlent quelques voyageurs, et dont les relations ont été appli-
» quées à l'orang-outang ? Au moins, je serais fort porté à croire que c'est
» le *smitten* de Bosman et le *quimpezé* de M. de La Brosse : les descriptions
» qu'ils en donnent lui ressemblent assez, et celui dont parle Battel, qui
» avait une longue chevelure, a bien l'air d'être de la même espèce que
» celui dont j'ai vu la tête ; il ne paraît en différer qu'en ce qu'il a le visage
» nu et sans poil. »

Nous venons de présenter tous les faits que nous avons pu recueillir au
sujet du pongo ou grand orang-outang ; il nous reste maintenant à parler du
jocko ou petit orang-outang. Nous en avons la dépouille au cabinet du Roi ;
c'est d'après cette dépouille que nous nous sommes assurés que les principaux caractères par lesquels il diffère du pongo sont le défaut ou, pour mieux
dire, le manque d'ongle au gros orteil des pieds de derrière, la quantité et la
couleur roussâtre du poil dont il est revêtu, et la grandeur, qui est d'environ
moitié au-dessous de la grandeur du pongo ou grand orang-outang. M. Allamand a vu cet animal vivant, et en a fait une très bonne description ; il en
a donné la figure (pl. ii) dans l'édition faite en Hollande de mes ouvrages sur
l'histoire naturelle.

« J'ai donné, a dit ce savant naturaliste, la figure d'un singe sans queue,
» ou orang-outang, qui m'avait été envoyé de Batavia : cette figure, faite
» d'après un animal qui avait été longtemps dans de l'eau-de-vie, d'où je

» l'avais tiré pour le faire empailler, ne pouvait que le représenter très
» imparfaitement ; je crus cependant devoir la publier, parce qu'on n'en
» avait alors aucune autre. Il me paraissait différent de celui qui a été décrit
» par Tulpius ; depuis, j'ai eu des raisons de croire que c'est le même, sans
» que pour cela j'aie trouvé meilleure la figure que cet auteur en a donnée.

» Quelques années après, au commencement de juillet 1776, on envoya, du
» cap de Bonne-Espérance à la ménagerie de M. le prince d'Orange, une
» femelle d'un de ces animaux, et de la même espèce que celui que j'avais
» décrit. On a profité de cette occasion pour en donner une figure plus
» exacte ; on la voit dans la planche XVIII.

» Elle arriva en bonne santé ; dès que j'en fus averti, j'allai lui rendre
» visite, et ce fut avec peine que je la vis attachée à un bloc par une grosse
» chaîne qui la prenait par le cou, et qui la gênait beaucoup dans ses mou-
» vements ; je m'insinuai bientôt dans ses bonnes grâces par les bonbons
» que je lui donnai, et elle eut la complaisance de souffrir que je l'exami-
» nasse tout à mon aise.

» La plus grande partie de son corps était couverte de poils roussâtres
» partout à peu près de la même longueur, excepté sur le dos, où ils étaient
» un peu plus longs ; il n'y en avait point sur le ventre, où la peau paraissait
» à nu ; mais, quelques semaines après, je fus fort surpris de voir cette même
» partie velue comme le reste du corps : j'ignore si elle avait été couverte
» auparavant de poils qui étaient tombés, ou s'ils y paraissaient pour la pre-
« mière fois. L'orang-outang que Tulpius a décrit, et qui était aussi une
» femelle, avait de même le ventre dénué de poils ; sa face était plate, ce-
» pendant un peu relevée vers le bas, mais beaucoup moins que dans le
» magot et les autres espèces de singes ; elle était nue et basanée, avec une
» tache autour de chaque œil, et une plus grande autour de la bouche,
» d'une couleur qui approchait un peu de la couleur de chair ; elle avait
» les dents telles que M. de Buffon les a décrites parmi les caractères dis-
» tinctifs des orangs-outangs ; la partie inférieure de son nez était fort large
» et très peu éminente ; ses narines étaient fort distantes de sa bouche, à
» cause de la hauteur considérable de sa lèvre supérieure ; ses yeux étaient
» environnés de paupières garnies de cils, et au-dessus il y avait quelques
» poils, mais qui ne pouvaient pas passer pour des sourcils ; ses oreilles
» étaient semblables à celles de l'homme ; ses gras de jambes étaient fort
» peu visibles, on pourrait même dire qu'elle n'en avait point ; ses fesses
» étaient velues, et on ne remarquait pas qu'il y eût des callosités.

» Quand elle était debout, sa longueur, depuis la plante des pieds jusqu'au
» haut de la tête, n'était que de deux pieds et demi. Ses bras étaient fort
» longs ; mesurés depuis l'aisselle jusqu'au bout des doigts, ils avaient vingt-
» trois pouces ; cependant, quand l'animal se dressait sur ses pieds, ils ne tou-
» chaient pas à terre comme ceux des deux gibbons décrits par M. de Buffon.

» Ses mains et ses pieds n'étaient point velus, leur couleur était noi-
» râtre, et ils étaient aussi fort longs proportionnellement à son corps :
» depuis le poignet jusqu'au bout du plus long doigt, la longueur de sa main
» était de sept pouces, et celle de son pied de huit; le gros orteil n'avait
» point d'ongle, pendant que le pouce et tous les autres doigts en avaient.
» L'on voit par cette description que, à la grandeur près, cette femelle était
» de la même espèce que l'animal que j'ai décrit ci-devant : elle était origi-
» naire de Bornéo ; on l'avait envoyée de Batavia au cap de Bonne-Espé-
» rance, où elle a passé une année ; de là elle est venue à la ménagerie de
» M. le prince d'Orange, où elle n'a pas vécu si longtemps ; elle est morte
» en janvier 1777.

» Elle n'avait point l'air méchant, elle donnait volontiers la main à ceux
» qui lui présentaient la leur ; elle mangeait sans gloutonnerie du pain, des
» carottes, des fruits, et même de la viande rôtie ; elle ne paraissait pas
» aimer la viande crue ; elle prenait la tasse qui contenait sa boisson d'une
» seule main, la portait à sa bouche, et elle la vidait fort tranquillement.
» Tous ses mouvements étaient assez lents, et elle témoignait peu de viva-
» cité ; elle paraissait plutôt mélancolique : elle jouait avec une couverture
» qui lui servait de lit, et souvent elle s'occupait à la déchirer. Son attitude
» ordinaire était d'être assise avec ses cuisses et ses genoux élevés : quand
» elle marchait, elle était presque dans la même posture, ses fesses étaient
» peu éloignées de la terre ; je ne l'ai point vue se tenir parfaitement debout
» sur ses pieds, excepté quand elle voulait prendre quelque chose d'élevé, et
» même encore alors les jambes étaient toujours un peu pliées, et elle était
» vacillante. Ce qui me confirme dans ce que j'en ai dit ci-devant, c'est que
» les animaux de cette espèce ne sont pas faits pour marcher debout comme
» l'homme, mais comme les autres quadrupèdes, quoique cette dernière
» allure doive être assez fatigante pour eux, à cause de la conformation de
» leurs mains : ils me paraissent principalement faits pour grimper sur les
» arbres ; aussi notre femelle grimpait-elle volontiers contre les barres de la
» fenêtre de sa chambre, aussi haut que le lui permettait sa chaîne.

» M. Vosmaër, qui l'a observée pendant tout le temps qu'elle a vécu dans
» la ménagerie de M. le prince d'Orange, en a publié une fort bonne descrip-
» tion, d'où j'ai tiré les dimensions que j'en ai données, parce qu'elles
» étaient plus justes que celles que j'avais prises sur l'animal vivant et en
» mouvement ; il a été fort attentif à examiner de près ses actions, et ce
» qu'il en rapporte est très intéressant. On aime à voir ou à lire le détail des
» actions d'un animal qui imite si bien les nôtres ; nous sommes tentés de
» lui accorder un degré d'intelligence supérieur à celui de toutes les autres
» brutes, quoique tout ce que nous admirons dans tout ce qu'il fait soit une
» suite de la forme de son corps, et particulièrement de ses mains, dont il se
» sert avec autant de facilité que nous. Si le chien avait de pareilles mains,

» et qu'il pût se tenir debout sur ses pieds, il nous paraîtrait bien plus intel-
» ligent qu'un singe. Pendant que cette femelle a été dans ce pays, M. Vos-
» maër n'a pas remarqué qu'elle ait eu des écoulements périodiques : il en
» a donné, en deux planches, trois figures qui la représentent très bien dans
» trois différentes attitudes.

» Dans le même temps que cet animal était ici, il y avait à Paris une
» femelle gibbon, comme je l'ai appris par la lettre de M. Daubenton, qui
» me manda que son allure était à peu près la même que celle que je viens
» de décrire ; elle courait étant presque debout sur ses pieds, mais les jambes
» et les cuisses étaient un peu pliées, et quelquefois la main touchait la
» terre pour soutenir le corps chancelant ; elle était vacillante : lorsque étant
» debout elle s'arrêtait, elle ne portait que sur le talon et relevait la plante
» du pied ; elle ne restait que peu de temps dans cette attitude qui parais-
» sait forcée.

» M. Gordon, que je dois presque toujours citer, m'a envoyé le dessin d'un
» orang-outang dont le roi d'Asham, pays situé à l'est du Bengale, avait fait
» présent, avec plusieurs autres curiosités, à M. Harwood, président du
» conseil provincial de Dinagipal. Le frère de M. Harwood l'apporta au Cap,
» et le donna à M. Gordon, chez qui malheureusement il ne vécut qu'un jour.
» Sur le vaisseau il avait été attaqué du scorbut, et en arrivant au cap de
» Bonne-Espérance, il était si faible qu'il mourut au bout de vingt-quatre
» heures ; ainsi M. Gordon n'a eu que le temps de le faire dessiner, et, ne
» pouvant point me donner ses propres observations, il m'a communiqué ce
» que lui en avait dit M. Harwood. Voici ce qu'il en avait appris.

» Cet orang-outang, nommé *voulock* dans le pays dont il est originaire,
» était une femelle qui avait régulièrement ses écoulements périodiques,
» mais qui cessèrent dès qu'elle fut attaquée du scorbut ; elle était d'un
» caractère fort doux ; il n'y avait que les singes qui lui déplaisaient, elle ne
» pouvait pas les souffrir. Elle se tenait toujours droite en marchant ; elle
» pouvait même courir très vite ; quand elle marchait sur une table ou
» parmi de la porcelaine, elle était fort attentive à ne rien casser ; lorsqu'elle
» grimpait quelque part, elle ne faisait usage que de ses mains ; elle avait les
» genoux comme un homme. Elle pouvait faire un cri si aigu que, quand on
» était près d'elle, il fallait se tenir les oreilles bouchées pour n'en être pas
» étourdi ; elle prononçait souvent et plusieurs fois de suite les syllabes
» *yaa-hou*, en insistant avec force sur la dernière. Quand elle entendait
» quelque bruit approchant de celui-là, elle commençait d'abord aussi à
» crier ; si elle était contente, on lui entendait faire un grognement doux
» qui partait de la gorge. Lorsqu'elle était malade, elle se plaignait comme
» un enfant et cherchait à être secourue. Elle se nourrissait de végétaux et
» de lait ; jamais elle n'avait voulu toucher à un animal mort, ni manger de
» la viande ; elle refusait même de manger sur une assiette où il y en avait

» eu. Quand elle voulait boire, elle plongeait ses doigts dans l'eau et les
» léchait ; elle se couvrait volontiers avec des morceaux de toile, mais elle
» ne voulait point souffrir d'habits. Dès qu'elle entendait prononcer son
» nom, qui était *Jenny*, elle venait : elle était ordinairement assez mélanco-
» lique et pensive. Quand elle voulait faire ses nécessités, lorsqu'elle était
» sur le vaisseau, elle se tenait à une corde par les mains et les faisait dans
» la mer.

» La longueur de son corps était de deux pieds cinq pouces et demi ; sa
» circonférence près de la poitrine était d'un pied deux pouces, et celle de
» la partie de son corps la moins grosse était de deux pouces et demi. Quand
» elle était en santé, elle était mieux en chair, et elle avait des gras de
» jambes. Le dessin que M. Gordon a eu la bonté de m'en envoyer a été fait
» lorsqu'elle était malade, ou peut-être lorsqu'elle était morte et d'une très
» grande maigreur ; ainsi il ne peut servir qu'à donner une idée de la lon-
» gueur et de la figure de sa face, qui me paraît être très semblable à celle
» de la femelle que nous avons eue ici. Je vois aussi, par l'échelle qui est
» ajoutée à ce dessin, que les dimensions des différentes parties sont à
» peu près les mêmes ; mais il y avait cette différence entre ces deux
» orangs-outangs, c'est que celui de Bornéo n'avait point d'ongle au gros
» orteil ou au pouce des pieds, au lieu que celui d'Asham en avait, comme
» M. Gordon me l'a mandé bien expressément ; aussi a-t-il eu soin que cet
» ongle fût représenté dans le dessin. Cette différence indiquerait-elle une
» diversité dans l'espèce, entre des animaux qui semblent d'ailleurs avoir
» tant de rapport entre eux, par des caractères plus essentiels ? »

Toutes ces observations de M. Allamand sont curieuses ; je ne doute
pas plus que lui que le nom *orang-outang* ne soit une dénomination générique qui comprend plusieurs espèces, telles que le pongo et le jocko, et
peut-être le singe dont il parle, comme en ayant vu la tête et le pied, et
peut-être encore celui qui pourrait faire la nuance entre le pongo et le
mandrill. M. Vosmaër a reçu, il y a quelques années, un individu de la
petite espèce de ce genre, qui n'est probablement qu'un jocko : il en a fait
un récit qui contient quelques faits que nous donnons par extrait dans cet
article.

« Le 29 juin 1776, dit-il, l'on m'informa de l'heureuse arrivée de cet
» orang-outang ;... c'était une femelle : nous avons apporté la plus grande
» attention à nous assurer si elle était sujette à l'écoulement périodique
» sans rien pouvoir découvrir à cet égard. En mangeant, elle ne fai-
» sait point de poches latérales au gosier, comme toutes les autres espèces
» de singes ; elle était d'un si bon naturel qu'on ne lui vit jamais montrer la
» moindre marque de méchanceté ou de fâcherie ; on pouvait sans crainte
» lui mettre la main dans la bouche : son air avait quelque chose de triste...
» Elle aimait la compagnie sans distinction de sexe, donnant seulement la

» préférence aux gens qui la soignaient journellement et qui lui faisaient du
» bien, qu'elle paraissait affectionner davantage ; souvent, lorsqu'ils se
» retiraient, elle se jetait à terre étant à la chaîne, comme au désespoir,
» poussant des cris lamentables, et déchirant par lambeaux tout le linge
» qu'elle pouvait attraper dès qu'elle se voyait seule. Son garde ayant
» quelquefois la coutume de s'asseoir auprès d'elle à terre, elle prenait
» d'autres fois du foin de sa litière, l'arrangeait à son côté, et semblait par
» toutes ses démonstrations l'inviter à s'asseoir auprès d'elle.....

» La marche ordinaire de cet animal était à quatre pieds comme les
» autres singes ; mais il pouvait bien aussi marcher debout sur les pieds de
» derrière, et muni d'un bon bâton il s'y tenait appuyé souvent fort long-
» temps ; cependant il ne posait jamais les pieds à plat, à la façon de
» l'homme, mais recourbés en dehors, de sorte qu'il se soutenait sur les
» côtés extérieurs des pieds de derrière, les doigts retirés en dedans, ce qui
» dénotait une attitude à grimper sur les arbres..... Un matin nous le trou-
» vâmes déchaîné.... et nous le vîmes monter avec une merveilleuse agilité
» contre les poutres et les lattes obliques du toit ; on eut de la peine à le
» reprendre..... Nous remarquâmes une force extraordinaire dans ses
» muscles ; on ne parvint qu'avec beaucoup de peine à le coucher sur le dos ;
» deux hommes vigoureux eurent chacun assez à faire à lui serrer les pieds,
» l'autre à lui tenir la tête, et le quatrième à lui repasser le collier par-dessus
» la tête et à le fermer mieux. Dans cet état de liberté, l'animal avait entre
» autres choses ôté le bouchon d'une bouteille contenant un reste de vin de
» Malaga qu'il but jusqu'à la dernière goutte, et remit ensuite la bouteille à
» sa même place.

» Il mangeait presque de tout ce qu'on lui présentait ; sa nourriture
» ordinaire était du pain, des racines, en particulier des carottes jaunes,
» toutes sortes de fruits, surtout des fraises ; mais il paraissait singuliè-
» rement friand de plantes aromatiques, comme du persil et de sa racine :
» il mangeait aussi de la viande bouillie ou rôtie et du poisson. On ne le
» voyait point chasser aux insectes dont les autres espèces de singes sont
» d'ailleurs si avides..... Je lui présentai un moineau vivant..... il en goûta
» la chair et le rejeta bien vite. Dans la ménagerie, et lorsqu'il était tant
» soit peu malade, je l'ai vu manger tant soit peu de viande crue, mais sans
» aucune marque de goût. Je lui donnai un œuf cru qu'il ouvrit des dents et
» suça tout entier avec beaucoup d'appétit..... Le rôti et le poisson
» étaient ses aliments favoris ; on lui avait appris à manger avec la
» cuillère et la fourchette. Quand on lui donnait des fraises sur une
» assiette, c'était un plaisir de voir comme il les piquait une par une et
» les portait à sa bouche avec la fourchette, tandis qu'il tenait de l'autre
» patte l'assiette. Sa boisson ordinaire était l'eau ; mais il buvait très
» volontiers toutes sortes de vins, et principalement le malaga. Lui donnait-

» on une bouteille, il en tirait le bouchon avec la main et buvait très
» bien dehors, de même que hors d'un verre à bière, et cela fait il
» s'essuyait les lèvres comme une personne..... Après avoir mangé, si on
» lui donnait un cure-dent, il s'en servait au même usage que nous. Il
» tirait fort adroitement du pain et autres choses hors des poches. On m'a
» assuré qu'étant à bord du navire il courait librement parmi l'équipage,
» jouait avec les matelots et allait querir comme eux sa portion à la cuisine.

 » A l'approche de la nuit, il allait se coucher..... Il ne dormait pas volon-
» tiers dans sa loge, de peur, à ce qu'il me parut, d'y être enfermé. Lors-
» qu'il voulait se coucher, il arrangeait le foin de sa litière, le secouait bien,
» en apportait davantage pour former son chevet, se mettait le plus souvent
» sur le côté, et se couvrait chaudement d'une couverture, étant fort
» frileux..... De temps en temps, nous lui avons vu faire une chose qui
» nous surprit extrêmement la première fois que nous en fûmes témoins.
» Ayant préparé sa couche à l'ordinaire, il prit un lambeau de linge qui
» était auprès de lui, l'étendit fort proprement sur le plancher, mit du foin
» au milieu en relevant les quatre coins du linge par-dessus, porta ce paquet
» avec beaucoup d'adresse sur son lit pour lui servir d'oreiller, tirant
» ensuite la couverture sur son corps..... Une fois, me voyant ouvrir à la
» clef et refermer ensuite le cadenas de sa chaîne, il saisit un petit morceau
» de bois... le fourra dans le trou de la serrure, le tournant et retournant
» en tous sens, et regardant si le cadenas ne s'ouvrait pas..... On l'a vu
» essayer d'arracher des crampons avec un gros clou dont il se servait
» comme d'un levier. Un jour, lui ayant donné un petit chat, il le flaira
» partout; mais le chat lui ayant égratigné le bras, il ne voulut plus le tou-
» cher..... Lorsqu'il avait uriné sur le plancher de son gîte, il l'essuyait
» proprement avec un chiffon..... Lorsqu'on allait le voir avec des bottes
» aux jambes, il les nettoyait avec un balai, et savait déboucler les souliers
» avec autant d'adresse qu'un domestique aurait pu le faire : il dénouait
» aussi fort bien les nœuds faits dans les cordes, quelque serrés qu'ils
» fussent, soit avec ses dents, soit avec ses ongles..... Ayant un verre ou un
» baquet dans une main et un bâton dans l'autre, on avait bien de la peine
» à le lui ôter, s'esquivant et s'escrimant continuellement du bâton pour le
» conserver.

 » Jamais on ne l'entendait pousser quelque cri, si ce n'est lorsqu'il se
» trouvait seul, et pour lors c'était d'abord un son approchant de celui d'un
» jeune chien qui hurle; ensuite il devenait très rude et rauque, ce que je
» ne puis mieux comparer qu'au bruit que fait une grosse scie en passant à
» travers le bois. Nous avons déjà remarqué que cet animal avait une force
» extraordinaire, mais elle était surtout apparente dans les pattes de devant
» ou mains dont il se servait à tout... pouvant lever et remuer de très lourds
» fardeaux.

» Ses excréments, lorsqu'il se portait bien, étaient en crottes ovales. Sa
» hauteur, mesuré debout, était de deux pieds et demi rhénaux..... Le ventre,
» surtout étant accroupi, était gros et gonflé... les tetins des mamelles
» étaient fort petits et tout près des aisselles ; le nombril ressemblait beau-
» coup à celui d'une personne.

» Les pieds de devant ou bras avaient, depuis les aisselles jusqu'au bout
» des doigts du milieu, sept pouces ; le doigt du milieu trois pouces et demi,
» le premier un peu plus court, le troisième un peu plus long, le quatrième,
» ou petit doigt, beaucoup plus court, mais le pouce l'est encore bien davan-
» tage : tous les doigts ont trois articulations, le pouce n'en a que deux ; ils
» sont tous garnis d'un ongle noir et rond.

» Les jambes, depuis la hanche jusqu'au talon, avaient vingt pouces, mais
» le fémur me parut à proportion beaucoup plus court que le tibia. Ses pieds,
» posés à plat, étaient, depuis le derrière du talon jusqu'au bout des doigts
» du milieu, longs de huit pouces. Les doigts des pieds sont plus courts que
» ceux des mains ; celui du milieu est aussi un peu plus long que les autres ;
» mais ici le pouce est beaucoup plus court que celui de la main... et ces doigts
» des pieds ont aussi des ongles noirs. Le pouce ou gros orteil, qui n'a que
» deux articulations, est absolument dépourvu d'ongle dans quatre sujets de
» cette espèce asiatique.

» Le côté intérieur des pieds de devant et de derrière est entièrement nu,
» sans poil, revêtu d'une peau assez douce, d'un noir fauve ; mais, après la
» mort de l'animal, et pendant sa maladie, cette peau était déjà devenue
» beaucoup plus blanche ; les doigts des pieds de devant et de derrière étaient
» aussi sans poil.

» Les cuisses ne sont ni pelées, ni calleuses..... On ne pouvait apercevoir
» ni fesses, ni mollets aux jambes, non plus que le moindre indice de
» queue.

» La tête est par devant toute recouverte d'une peau chauve, couleur de
» souris ; le museau ou la bouche est un peu saillant, quoique pas tant
» qu'aux espèces de magots, mais l'animal pouvait aussi beaucoup l'avan-
» cer et le retirer. L'ouverture de la bouche est fort large. Autour des
» yeux, sur les lèvres et sur le menton, la peau était un peu couleur de
» chair ; les yeux sont d'un brun bleuâtre, dans le milieu noirs ; les pau-
» pières sont garnies de petits cils... On voit aussi quelques poils au-dessus
» des yeux, ce que l'on ne peut pourtant pas bien nommer des sourcils.
» Le nez est très épaté et large vers le bas ; les dents de devant, à la mâ-
» choire supérieure, sont au nombre de quatre, suivies de chaque côté
» d'un intervalle après lequel... vient une dent mâchelière qui est plus
» longue... L'on compte encore trois dents molaires, dont la dernière est
» la plus grosse. Le même ordre règne à la mâchoire inférieure ; les dents
» sont fort semblables à celles de l'homme... Le palais est de couleur noire ;

» le dessous de la langue est couleur de chair... La langue est longue,
» arrondie par devant, lisse et douce ; les oreilles sont sans poil et de
» forme humaine, mais plus petites qu'elles ne sont représentées par
» d'autres.

- » A son arrivée, l'animal n'avait point de poil, si ce n'est du noir à la
» partie postérieure du corps, sur les bras, les cuisses et les jambes... A
» l'approche de l'hiver, il acquit beaucoup plus de poil... Le dos, la poitrine
» et toutes les autres parties du corps étaient couvertes de poils châtain
» clair... les plus longs poils du dos avaient trois pouces (a).

ADDITION

A L'ARTICLE DU PITHÈQUE.

Nous avons désigné, d'après Aristote, cet animal par tous les caractères
qui le distinguent des autres singes sans queue ; et, quoique nous ne l'eussions pas vu, nous ne doutions pas de son existence, que plusieurs naturalistes regardaient comme incertaine. Depuis ce temps, M. Desfontaines,
savant naturaliste et professeur au Jardin du Roi, a rencontré dans le
royaume d'Alger un singe qu'il a reconnu pour le pithèque que j'avais indiqué ; il l'a nourri pendant plusieurs mois en Barbarie, et à son retour en
France il a bien voulu m'en faire hommage, et j'ai eu la satisfaction de pouvoir reconnaître tous ses caractères et ses habitudes naturelles, depuis plus
d'un an que je l'ai vivant et sous mes yeux. Je l'ai fait dessiner dans deux
attitudes de mouvements, c'est-à-dire debout sur ses deux pieds de derrière et sur ses quatre pieds ; je l'ai fait aussi représenter en petit, assis,
troisième attitude qu'il prend lorsqu'il est en repos. Je dois donner
d'abord les observations de M. Desfontaines sur la nature et les mœurs de
cet animal.

« Les singes pithèques, a dit ce savant naturaliste, se trouvent dans les
» forêts de Bougie, du Côle, et de Stora dans l'ancienne Numidie, qui est
» aujourd'hui la province de Constantine, du royaume d'Alger ; ils habitent
» particulièrement ces contrées, et je n'ai pas ouï dire qu'on en eût observé
» dans aucun autre lieu de la Barbarie. Ils vivent en troupes dans les forêts
» de l'Atlas qui avoisinent la mer, et ils sont si communs à Stora, que les
» arbres des environs en sont quelquefois couverts. Ils se nourrissent de
» pommes de pin, de glands doux, de figues d'Inde, de melons, de pastèques,
» de légumes qu'ils enlèvent des jardins des Arabes, quelques soins qu'ils

(a) Description de l'espèce du singe, aussi singulier que très rare, nommé *orang-outang*,
de l'île de Bornéo. *Feuilles de Wosmaër.* Amsterdam, 1778.

» prennent pour écarter ces animaux malfaisants. Pendant qu'ils commettent
» leurs vols, il y en a deux ou trois qui montent sur la cime des arbres et
» des rochers les plus élevés pour faire sentinelle; et, dès que ceux-ci aper-
» çoivent quelqu'un, ou qu'ils entendent quelque bruit, ils poussent un cri
» d'alerte, et aussitôt toute la troupe prend la fuite en emportant tout ce
» qu'ils ont pu saisir.

» Le pithèque n'a guère que deux pieds de hauteur lorsqu'il est droit sur
» ses jambes; il peut marcher debout pendant quelque temps, mais il se
» soutient avec difficulté dans cette attitude qui ne lui est pas naturelle. Sa
» face est presque nue, un peu allongée et ridée, ce qui lui donne toujours
» un air vieux. Il a vingt-huit dents (*); les canines sont courtes et à peu
» près semblables à celles de l'homme. Ses abajoues ont peu de largeur;
» ses yeux sont arrondis, roussâtres et d'une grande vivacité; les fesses
» sont calleuses, et à la place de la queue il y a un petit appendice de peau,
» long de cinq à six lignes. Les ongles sont aplatis comme dans l'homme, et
» il se sert de ses pieds et de ses mains avec beaucoup d'adresse pour
» saisir les divers objets qui sont à sa portée : j'en ai vu qui dénouaient
» leurs liens avec la plus grande facilité. La couleur du pithèque varie
» du fauve au gris : dans tous ceux que j'ai observés, une partie de la
» poitrine et du ventre étaient recouverts d'une large tache noirâtre;
» la verge est grêle et pendante dans le mâle; les testicules ont peu de
» volume.

» Quoique ces animaux soient très lubriques, et qu'ils s'accouplent fré-
» quemment dans l'état de domesticité, comme j'ai eu occasion de l'observer,
» il n'y a cependant pas d'exemple qu'ils aient jamais produit dans cet état
» de servitude, même en Barbarie où l'on en élève beaucoup dans les mai-
» sons des Francs. Lorsqu'ils s'accouplent, le mâle monte sur la femelle qui
» est à quatre pieds; il lui appuie ceux de derrière sur les jambes, et il
» l'excite au plaisir en lui chatouillant les côtés avec les mains : elle est su-
» jette à un léger écoulement périodique, et je me suis aperçu que ses parties
» naturelles augmentaient alors sensiblement de volume.

» Dans l'état sauvage, elle ne produit ordinairement qu'un seul petit;
» presque aussitôt qu'il est né, il monte sur le dos de la mère, lui embrasse
» étroitement le cou avec les bras, et elle le transporte ainsi d'un lieu dans
» un autre; souvent il se cramponne à ses mamelles et s'y tient fortement
» attaché.

» Celui de tous les singes avec lequel le pithèque a le plus de rapports est
» le magot, dont il diffère cependant par des caractères si tranchés qu'il
» paraît bien former une espèce distincte. Le magot est plus grand, ses tes-
» ticules sont très volumineux; ceux du pithèque, au contraire, sont fort

(*) A l'âge adulte, il en a trente-deux.

» petits. Les dents canines supérieures du magot sont allongées comme les
» crocs des chiens ; celles du pithèque sont courtes et à peu près semblables
» à celles de l'homme. Le pithèque a des mœurs plus douces, plus sociales
» que le magot : celui-ci conserve toujours dans l'état de domesticité un ca-
» ractère méchant et même féroce ; le pithèque, au contraire, s'apprivoise
» facilement et devient familier. Lorsqu'il a été élevé jeune, il mord rare-
» ment, quelque mauvais traitement qu'on lui fasse subir. Il est naturelle-
» ment craintif, et il sait distinguer avec une adresse étonnante ceux qui lui
» veulent du mal. Il se rappelle les mauvais traitements, et, lorsqu'on lui en
» a souvent fait essuyer, il faut du temps et des soins assidus pour lui en faire
» perdre le souvenir. En revanche, il reconnaît ceux qui lui font du bien ; il
» les caresse, les appelle, les flatte par des cris et par des gestes très ex-
» pressifs ; il leur donne même des signes d'attachement et de fidélité ; il les
» suit comme un chien sans jamais les abandonner. La frayeur se peint sur
» la figure du pithèque ; j'ai souvent vu ces animaux changer sensiblement
» de couleur lorsqu'ils étaient saisis d'effroi. Ils annoncent leur joie, leur
» crainte, leurs désirs, leur ennui même par des accents différents et faciles
» à distinguer. Ils sont très malpropres et lâchent leurs ordures partout où
» ils se trouvent ; ils se plaisent à mal faire et brisent tout ce qui se ren-
» contre sous leur main sans qu'on puisse les en corriger, quelque châti-
» ment qu'on leur inflige. Les Arabes mangent la chair du pithèque et la
» regardent comme un bon mets. »

Je dois ajouter à ces remarques de M. Desfontaines les observations que
j'ai faites moi-même sur les habitudes naturelles, et même sur les habitudes
acquises de ce singe, que l'on nourrit depuis plus d'un an dans ma maison ;
c'est un mâle, mais qui ne paraît point avoir, comme les autres singes, aucune ardeur bien décidée pour les femmes. Son attitude de mouvement la
plus ordinaire est de marcher sur ses quatre pieds, et ce n'est jamais que
pendant quelques minutes qu'il marche quelquefois debout sur ses deux pieds,
le corps un peu en avant et les genoux un peu pliés. En général, il se balance en marchant ; il est très vif et presque toujours en mouvement ; son
plus grand plaisir est de sauter, grimper et s'accrocher à tout ce qui est à sa
portée. Il paraît s'ennuyer lorsqu'il est seul, car alors il fait entendre un cri
plaintif ; il aime la compagnie, et, lorsqu'il est en gaieté, il le marque par un
grand nombre de culbutes et de petits sauts. Au reste, il est d'un naturel fort
doux et ressemble par là aux orangs-outangs ; malgré sa grande vivacité, il
mord très rarement et toujours faiblement.

Cet individu avait, au mois d'avril 1787, deux pieds cinq pouces de hauteur, lorsqu'il se tenait debout sur ses pieds. Il était âgé de près de deux
ans ; il avait cru de près de six pouces en dix mois, et avait dans le même
temps pris en proportion plus de grosseur et d'épaisseur de corps ; son poil
avait bruni, surtout à la racine. De tous les animaux de ce genre, le patas

à bandeau blanc est celui auquel il ressemble le plus par la forme de la tête, qui est un peu allongée et aplatie au sommet ; le front est assez court et couvert de poils presque aussi longs que ceux de la tête ; il a les yeux enfoncés et l'iris d'un jaune rougeâtre ; l'os frontal au-dessus de l'orbite des yeux est saillant, et l'on ne voit autour de cette partie aucun poil disposé en forme de sourcils ; il a des cils aux deux paupières ; son nez est aplati et forme gouttière entre les deux narines qui sont posées obliquement et s'inclinent en dedans : toute la face est de couleur de chair pâle, avec des poils noirâtres très clairsemés, mais en plus grand nombre autour de la bouche et sur le menton, au-dessous duquel des poils encore nombreux et d'un blanc sale forment une espèce de petite barbe. Il a trente dents et deux alvéoles vides, d'où il en était tombé deux autres ; l'oreille est grande, ronde et large en bas, mince, sans rebord et presque sans poils ; elle a vingt-trois lignes de longueur sur quinze lignes à sa plus grande largeur. Chaque poil est noirâtre, tant à sa racine qu'à son extrémité, et d'un jaune doré dans son milieu ; ce qui présente à l'œil une couleur générale d'un brun jaunâtre sur la tête et sur tout le dessus du corps et des membres. Le ventre et la face intérieure des cuisses et des jambes sont d'un blanc sale, et les poils y sont plus courts et moins touffus ; la plus grande partie de la peau de cette face intérieure et du ventre est d'un beau bleu ; la peau du dessous des mains et des pieds est douce, brunâtre et sans poils ; les ongles sont arrondis et presque noirs ; l'appendice de peau qui est la place de la queue est souple et n'a que six lignes de longueur.

DU PETIT CYNOCÉPHALE

J'ai dit que le singe que nous avons appelé magot était le cynocéphale des anciens, et je crois mon opinion bien fondée ; mais il y a deux espèces de cynocéphales, l'une plus grande qui est en effet le magot, et l'autre plus petite. Ce petit cynocéphale est sans queue, et cet animal ne nous paraît avoir été indiqué par aucun naturaliste, à l'exception de Prosper Alpin, qui s'exprime dans les termes suivants : « Je donne ici, dit-il, la figure (pl. xx, » fig. 1), d'un petit cynocéphale qui n'a point de queue ; il s'apprivoise » plus aisément, et est aussi plus spirituel et plus gai que les autres cyno-» céphales. » On ne peut guère douter que ce ne soit le même animal. Nous aurions pu l'appeler petit magot ; mais nous avons mieux aimé lui donner le nom de petit cynocéphale, parce qu'il diffère du magot en ce qu'il n'a pas les fesses pelées, et qu'il est couvert d'un poil roux et plus doux que le magot ; et c'est par le caractère de n'avoir pas les fesses pelées, ainsi que par la grosseur et par la prolongation du museau, qu'il diffère aussi du pithèque, avec lequel on pourrait le confondre. J'ai dit que cette dernière espèce (le

magot) se trouvait en Espagne dans les montagnes de Gibraltar. M. Collinson,
qui doutait de ce fait, a écrit pour s'en informer. M. Charles Frédéric, commandant à Gibraltar, lui a répondu que ces singes habitent en effet sur le
côté de la montagne qui regarde la mer, qu'ils y sont nombreux, et que des
personnes dignes de foi lui ont attesté qu'ils s'y multiplient (a). C'est néanmoins le seul endroit de l'Europe où l'on trouve des singes dans leur état de
nature.

LE MACAQUE A QUEUE COURTE

Nous ne donnons cette dénomination à cet animal (*) que faute d'un nom
propre, et parce qu'il nous paraît approcher un peu plus du macaque que des
autres guenons; cependant il en diffère par un grand nombre de caractères
même essentiels. Il a la face moins large et plus effilée, la queue beaucoup
plus courte, les fesses nues, couleur de sang, aussi bien que toutes les parties voisines de la génération. Il n'a du macaque que la queue, très grosse à
son origine, où la peau forme des rides profondes, ce qui le rend différent du
maimon, ou singe à queue de cochon, avec lequel il a néanmoins beaucoup
de rapports par le caractère de la queue courte; et, comme ce macaque et le
singe à queue de cochon ont tous deux la queue beaucoup plus courte que
les autres guenons, on peut les regarder comme faisant à cet égard la nuance
entre le genre des babouins qui ont la queue courte et celui des guenons qui
l'ont très longue.

Tout le bas du corps de ce macaque, qui était femelle, est couvert, depuis
les reins, de grandes rides qui forment des inégalités sur cette partie et jusqu'à l'origine de la queue. Il a des abajoues et des callosités sur les fesses
qui sont d'un rouge très vif, aussi bien que le dedans des cuisses, le bas du
ventre, l'anus, la vulve, etc.; mais on pourrait croire que l'animal ne porte
cette belle couleur rouge que lorsqu'il est vivant et en bon état de santé;
car étant tombé malade, elle disparut entièrement, et après sa mort
(le 7 février 1778), il n'en paraissait plus aucun vestige. Il était aussi doux qu'un
petit chien ; il accueillait tous les hommes, mais il refusait les caresses des
femmes, et, lorsqu'il était en liberté, il se jetait après leurs jupons.

Ce macaque femelle n'avait que quinze pouces de longueur ; son nez était
aplati avec un enfoncement à la partie supérieure, qui était occasionné par
le rebord de l'os frontal. L'iris de l'œil était jaunâtre, l'oreille ronde et couleur de chair en dedans où elle était dénuée de poil. A la partie postérieure

(a) Lettre de feu M. Collinson à M. de Buffon, datée de Londres, le 9 février 1764.

(*) D'après Cuvier, le Macaque à queue courte de Buffon serait un Macaque commun qui
avait eu la queue coupée.

de chaque oreille, on remarquait une petite découpure, différente pour la
forme et la position de celle qui se trouve aux oreilles du macaque. La face,
ainsi que le dessous de la mâchoire inférieure et du cou, étaient dénués de
poils. Le dessus de la tête et du corps était jaune verdâtre, mêlé d'un peu
de gris ; le dessous du ventre blanc, nuancé de jaunâtre. La face externe des
bras et des jambes était de couleur cendrée, mêlée de jaune, et la face interne d'un gris cendré clair. Les pieds et les mains étaient d'un brun noirâtre en dessous, et couverts en dessus de poils cendrés. L'ongle du pouce
était plat et les autres courbés en gouttière. La queue était couverte, comme
les jambes, de poils cendrés mêlés de jaune ; elle finissait tout d'un coup en
pointe ; son extrémité était noire, et sa longueur était en tout de sept
pouces deux lignes. La dépouille de ce macaque est au cabinet du Roi.

ADDITION

A L'ARTICLE DE L'OUANDEROU.

M. Marcellus Bless m'a écrit que les habitants de Ceylan appellent *oswan-
derou*, ou *vanderou*, des singes blancs qui ont une longue barbe ; il ajoute
qu'il en avait embarqué quatre pour les amener en Hollande avec lui, mais
que tous étaient morts en route, quoique les autres singes amenés du même
pays, et en même temps, eussent bien soutenu la fatigue du voyage : ainsi
l'ouanderou paraît être l'espèce la plus délicate des singes de Ceylan. M. Marcellus Bless ajoute qu'il a eu chez lui, à Ceylan, un petit ouanderou né depuis
trois jours, et qu'il avait de la barbe autant à proportion que les vieux ; ce
qui prouve qu'ils naissent avec cette barbe.

Nous avons aussi été informés que l'ouanderou, ainsi que le lowando, sont
très adroits, qu'ils s'apprivoisent avec peine, et qu'ordinairement ils vivent
peu de temps en captivité. Dans leur pays natal, la taille des plus forts, lorsqu'ils sont debout, est à peu près de trois pieds et demi.

LA GUENON A CRINIÈRE

Nous donnons cette dénomination à une guenon qui nous était inconnue,
et qui a une crinière autour du cou et un flocon de poils au bout de la queue
comme le lion. Elle appartenait à M. le duc de Bouillon, et elle paraissait non
seulement adulte, mais âgée. C'était un mâle et il était assez privé ; il vivait
encore en 1775, à la ménagerie du Roi à Versailles. Voici la description que
nous en avons faite.

Il a deux pieds de longueur depuis le bout du nez jusqu'à l'origine de la
queue, et dix-huit pouces de hauteur lorsqu'il est sur ses quatre jambes, qui
paraissent longues à proportion de la longueur du corps. Il a la face nue et
toute noire ; tout le poil du corps et des jambes est de cette même couleur, et,
quoique long et luisant, il paraît court aux yeux parce qu'il est couché. Il
porte une belle crinière d'un gris brun autour de la face, et une barbe d'un
gris clair : cette crinière, qui s'étend jusqu'au-dessus des yeux, est mêlée de
poils gris, et dans son milieu elle est composée de poils noirs ; elle forme une
espèce d'enfoncement vers le sommet de la tête, et passe devant les oreilles
en venant se réunir sous le cou avec la barbe. Les yeux sont d'un brun foncé ;
le nez plat et les narines larges et écartées comme celles de l'ouanderou, dont
il a toute la physionomie par la forme du nez, de la bouche et de la mâchoire
supérieure, mais duquel il diffère tant par la crinière que par la queue et par
plusieurs autres caractères. La queue est couverte d'un poil court et noir partout, avec une belle touffe de longs poils à l'extrémité, et longue de vingt-
sept pouces. Le dessous de la queue, près de son origine, est sans poil, ainsi
que les deux callosités sur lesquelles s'assied cette guenon. Les pieds et les
mains sont un peu couverts de poils, à l'exception des doigts qui sont nus,
de même que les oreilles, qui sont plates et arrondies à leur extrémité et
cachées par la crinière, en sorte qu'on ne les aperçoit qu'en regardant l'animal de face. Nous conjecturons que cette espèce de grande guenon à crinière
se trouve en Abyssinie, sur le témoignage d'Alvarès, qui dit qu'aux environs
de Bernacasso il rencontra de grands singes aussi gros que des brebis, qui
ont une crinière comme le lion, et qui vont par nombreuses compagnies.

LE PATAS A QUEUE COURTE

Nous avons donné la description de deux patas, l'un à bandeau noir et
l'autre à bandeau blanc ; nous donnons ici la description d'un autre patas à
bandeau blanc, mais dont la queue est beaucoup plus courte que celle des
autres. Cependant, comme il ne semble différer du patas à bandeau blanc que
par ce seul caractère, nous ne pouvons pas décider si c'est une espèce
différente ou une simple variété dans l'espèce. Voici la description que nous
en avons faite sur un individu dont la dépouille bien préparée se trouve au
cabinet du Roi. La queue n'a que neuf pouces de longueur, au lieu que celle
des deux autres patas en a quatorze. Le diamètre de la queue était de dix à
onze lignes à son origine, et de deux lignes seulement à son extrémité, en
sorte que nous sommes assurés que l'animal n'en a rien retranché en la ron-
geant. La longueur de l'animal entier, depuis le bout du museau jusqu'à l'origine de la queue, était d'un pied cinq pouces dix lignes, ce qui approche

autant qu'il est possible des mêmes dimensions du corps des autres patas qui ont un pied six pouces. Celui-ci a la tête toute semblable à celles des autres, et il porte un bandeau de poils blancs au-dessus des yeux, mais d'un blanc plus sale que celui du patas. Le corps est couvert sur le dos d'un poil gris cendré, dont l'extrémité est un peu teinte de fauve. Sur la tête et vers les reins le fauve domine, et il est mêlé d'un peu d'olivâtre. Le ventre, le dessous de l'estomac et de la poitrine, les côtés du cou, le dedans des cuisses et des jambes, est d'un fauve mêlé de quelques teintes grises ; les pieds et les mains sont couverts de poils d'un gris cendré mêlé de brunâtre. Le poil du dos a un pouce dix lignes de longueur, les jambes de devant sont couvertes de poils gris cendré, mêlés d'une teinte brune qui augmente et devient plus foncée en approchant des mains. Dans tout le reste, ce singe nous a paru parfaitement semblable aux autres patas.

LE BABOUIN A LONGUES JAMBES (a)

Ce babouin (*) est plus haut monté sur ses jambes qu'aucun autre babouin, et même qu'aucune guenon ; il a la face incarnate, le front noir et avancé en forme de bourrelet, le poil d'un brun mêlé de jaune verdâtre sur la tête, le dos, les bras et les cuisses, blanchâtre sur la poitrine et sur le ventre, très long et très touffu sur le cou, ce qui fait paraître son encolure très grosse. Les callosités sur les fesses sont larges et rouges ; il a la queue très courte, très relevée, et presque entièrement dénuée de poil, surtout dans sa partie inférieure.

Ce babouin tient ordinairement ses pouces et ses gros orteils écartés de manière à former un angle droit avec les autres doigts. Le gros orteil est un peu réuni par une membrane avec le doigt qui l'avoisine ; les ongles des pouces sont ronds et plats ; ceux des autres doigts sont convexes et plus étroits.

Il se nourrit, ainsi que les autres babouins, de fruits, de feuilles de tabac, d'oranges, d'insectes, et particulièrement de scarabées, de fourmis et de mouches, qu'il saisit avec beaucoup d'adresse pendant qu'elles volent. Lorsqu'on lui donne de l'avoine, il en remplit ses abajoues, dont il retire les grains l'un après l'autre pour les peler. Il aime à boire de l'eau-de-vie, du vin, de la bière, même jusqu'à s'enivrer. M. Hermann, savant professeur d'histoire naturelle à Strasbourg, a vu vivants un mâle et une femelle de cette espèce ; ils ne différaient l'un de l'autre que par la longueur de la

---

(a) *Simia platypigos.* M. Schreber, *Hist. nat. des quadrup.*, vol. Ier, p. 87, pl. v.
Brown baboon. M. Pennant, *Histoire nat. des quadrup.*, vol. l^{er}, p. 177, pl. xx, fig. **2.**

(*) *Rhesus nemestrinus* Geoff.

queue, qui était de quatre pouces dans le mâle, de d'un pouce dans la femelle.

Cette femelle était fort douce ; elle se laissait toucher sans peine et paraissait se plaire à être caressée : elle aimait beaucoup les enfants, mais elle paraissait haïr les femmes.

Nous avons donné la figure d'un animal qui ressemble presque entièrement à celui dont il est ici question ; il n'en diffère que par la queue, qui est beaucoup plus longue. Une estampe gravée et enluminée de cet animal nous avait été envoyée par feu M. Edwards, et, comme ce naturaliste ne nous a donné aucun éclaircissement sur cet individu, nous prévenons que le dessinateur employé par M. Edwards s'est trompé, et que l'animal qu'il a représenté avait la queue aussi courte que le babouin à longues jambes, et était absolument de la même espèce que celui-ci.

LE BABOUIN DES BOIS

M. Pennant a fait connaître cette espèce, conservée à Londres dans la collection de M. Lever (a). Ce babouin a le museau très allongé et semblable à celui d'un chien ; sa face est couverte d'une peau noire et un peu luisante ; les pieds et les mains sont unis et noirs comme la face, mais les ongles sont blancs ; le poil de ce babouin est très long et agréablement mélangé de noir et de brun. L'individu décrit par M. Pennant n'avait que trois pieds de haut ; la queue n'avait que trois pouces de long, et le dessus en était très garni de poil. Cet animal se trouve en Guinée, où les Anglais l'ont appelé l'*homme des bois*.

Nous croyons devoir placer ici la notice de trois autres babouins, qui probablement ne sont que des variétés du babouin des bois, et que M. Pennant a également vus dans la collection de M. Lever (b).

Le premier de ces trois babouins, que M. Pennant a nommé le babouin jaune, avait la face noire, le museau allongé et des poils longs et bruns audessus des yeux ; les oreilles étaient cachées dans le poil, dont la couleur était, sur tout le corps, d'un jaune mélangé de noir.

Il avait deux pieds de hauteur, il ne différait du babouin des bois que par sa taille, et parce qu'il avait les mains couvertes de poils.

Le second de ces trois babouins avait la face d'un brun foncé ; son poil était d'un brun pâle sur la poitrine, d'un cendré obscur sur le corps et sur les jambes, et mélangé de jaune sur la tête. M. Pennant l'a appelé le *babouin cendré*.

(a) M. Pennant, *Histoire des quadrupèdes*, vol. Ier, p. 176.
(b) .M. Pennant, à l'endroit déjà cité.

Le troisième avait la face bleuâtre, de longs poils au-dessus des yeux, et une touffe de poils derrière chaque oreille. Le poil qui garnissait la poitrine était cendré, mêlé de noir et de jaunâtre : il avait trois pieds de hauteur.

On voit que les caractères de ces trois babouins se rapprochent de si près de ceux du babouin des bois, qu'on ne doit les regarder que comme de simples variétés d'une seule et même espèce.

LA GUENON COURONNÉE

Cette guenon (*) nous paraît très voisine du malbrouck, et encore plus du bonnet chinois. Un individu de cette espèce était à la foire Saint-Germain, en 1774 ; ses maîtres l'appelaient le singe couronné, à cause du toupet en hérisson qui était au-dessus de sa tête ; ce toupet formait une espèce de couronne qui, quoique interrompue par derrière, paraissait assez régulière en le regardant de face. Cet animal était mâle, et une femelle de même espèce, que nous avons eu occasion de voir aussi, avait également sur la tête des poils hérissés, mais plus courts que ceux du mâle ; ce qui prouve que, si ce n'est pas une espèce, c'est au moins une variété constante. Ces poils, longs de deux pouces à deux pouces et demi, sont bruns à la racine et d'un jaune doré jusqu'à leur extrémité ; ils s'élèvent en s'avançant en pointe vers le milieu du front, et remontent sur les côtés pour gagner le sommet de la tête, où ils se réunissent avec les poils qui couvrent le cou. Le poil est moins grand au centre de la couronne et forme comme un vide au milieu ; et en les couchant avec la main, ils paraissent partir circulairement de la circonférence d'un petit espace qui est nu.

La face n'a que vingt-deux lignes depuis la pointe du toupet, entre les yeux, jusqu'au bout du museau ; elle est nue et sillonnée de rides plus ou moins profondes ; la lèvre inférieure est noirâtre, et l'extrémité des mâchoires est garnie de petits poils noirs clairsemés ; le nez est large et aplati comme dans le malbrouck et dans le bonnet chinois. Les yeux sont grands, les paupières arquées et l'iris de l'œil couleur de cannelle mêlée de verdâtre. Les côtés de la tête sont légèrement couverts de petits poils bruns et grisâtres, semés de quelques poils jaunâtres. Les oreilles sont nues et d'un brun rougeâtre ; elles sont arrondies par le bas et forment une pointe à l'autre extrémité. Le poil du corps est d'un brun musc, mêlé de teintes d'un jaune foncé qui domine sur les bras en dehors, avec de légères teintes grises en dedans. En général, le poil du corps et des bras ressemble pour la couleur à

(*) *Cercopithecus pileatus.*

GUENON GRIVET

A Le Vasseur Editeur

celui qui forme la couronne de la tête ; les cuisses et les jambes sont d'un
jaune plus foncé et mêlé de brun ; le dessous du corps et le dedans des bras
et des jambes sont d'un blanc tirant sur le gris. Les mains et les pieds sont
couverts d'une peau d'un brun noirâtre, avec de petits poils rares et noirs
sur la partie supérieure. Les ongles sont en forme de gouttière et n'excèdent
pas le bout des doigts. Cette guenon avait rongé une partie de sa queue, qui
devait avoir treize ou quatorze pouces de longueur lorsqu'elle était entière.
Cette queue est garnie de poils bruns et ne sert point à l'animal pour s'attacher : lorsqu'il la porte en l'air, elle flotte par ondulation. Cette guenon
avait des abajoues et des callosités sur les fesses ; ces callosités étaient couleur de chair, en sorte que, par ces deux derniers caractères aussi bien que
celui des longs poils, elle paraît approcher de si près de l'espèce de la guenon que nous avons appelée *bonnet chinois*, que l'on pourrait dire qu'elle
n'en est qu'une variété. Il n'y a de différence très remarquable que dans la
position des poils du sommet de la tête ; lorsqu'on les couche avec la main,
ils restent aplatis sans former une sorte de calotte, comme on le voit dans
le bonnet chinois.

La guenon que M. Pennant a décrite sous le nom de *borneted monkey* ne
nous paraît être qu'une variété de cette guenon couronnée.

LE BLANC-NEZ *(a)*

Nous croyons devoir placer ici un article tiré des additions de M. Allamand :
il contient la description d'une guenon appelée par les Hollandais *blanc-nez*,
que je croyais être de la même espèce que le moustac, mais qui est en effet
d'une espèce différente (*).

« M. de Buffon, dit M. Allamand, est porté à croire que la guenon, que
» quelques voyageurs nomment *blanc-nez*, est la même que celle qu'il a
» appelée *moustac ;* et il se fonde sur le témoignage d'Artus, qui dit qu'on
» voit à la côte d'Or des singes que les Hollandais nomment *blanc-nez*, parce
» que c'est la seule partie de leur corps qui soit de cette couleur ; et il ajoute
» qu'ils sont puants et farouches. Il se peut que ces singes soient les mêmes
» que les moustacs de M. de Buffon, quoique ceux-ci aient la moustache et
» non le nez blanc ; mais il y en a une autre espèce en Guinée qui mérite à
» aussi juste titre le même nom que je lui donne. Son nez est effectivement
» couvert d'un poil court, d'un blanc très éclatant, tandis que le reste de sa

---

(a) Le *blanc-nez*. M. Schreber, *Hist. nat. des quadrup.*, p. 126, pl. XIX, B.

(*) *Cercopithecus petaurista* (*Simia petaurista* GMEL.).

» face est d'un beau noir, ce qui rend saillante cette partie et fait qu'elle
» frappe d'abord plus que toute autre.

» J'ai actuellement chez moi une guenon de cette espèce dont je suis rede-
» vable à M. Butini, qui me l'a envoyée de Surinam, où elle avait été apportée
» des côtes de Guinée. Ce n'est point celle dont parle Artus, car elle n'est ni
» puante ni farouche ; c'est au contraire le plus aimable animal que j'aie
» jamais vu. Il est extrêmement familier avec tout le monde, et on ne se
» lasse point de jouer avec lui, parce que jamais singe n'a joué de meilleure
» grâce. Il ne déchire ni ne gâte jamais rien ; s'il mord, c'est en badinant et de
» façon que la main la plus délicate n'en remporte aucune marque. Cepen-
» dant il n'aime pas qu'on l'interrompe quand il mange, ou qu'on se moque
» de lui quand il a manqué ce qu'il médite de faire ; alors il se met en colère,
» mais sa colère dure peu et il ne garde point de rancune. Il marche sur
» quatre pieds, excepté quand il veut examiner quelque chose qu'il ne con-
» naît pas ; alors il s'en approche en marchant sur ses deux pieds seule-
» ment. Je soupçonne que c'est le même dont parle Barbot (*a*), quand il dit
» qu'il y a en Guinée des singes qui ont la poitrine blanche, la barbe poin-
» tue de la même couleur, une tache blanche sur le bout du nez et une raie
» noire autour du front. Il en apporta un de Bontri qui fut estimé vingt louis
» d'or, et je n'en suis pas surpris ; sûrement je ne donnerais pas le mien pour
» ce prix. La description de Barbot lui convient fort, à l'exception de la cou-
» leur du corps qu'il dit être d'un gris clair et moucheté.

» La race de ces guenons doit être nombreuse aux côtes de Guinée, au
» moins en voit-on beaucoup aux établissements que les Hollandais y ont ;
» mais, quoique souvent ceux-ci aient tenté d'en rapporter en Europe, ils
» n'ont pas pu y réussir. La mienne est peut-être la seule qui ait tenu bon
» contre le froid de notre climat, et jusqu'à présent elle ne paraît pas en être
» affectée.

» Cet animal est d'une légèreté étonnante, et tous ses mouvements sont
» si prestes, qu'il semble voler plutôt que sauter. Quand il est tranquille,
» son attitude favorite est de reposer et de soutenir sa tête sur un de ses
» pieds de derrière, et alors on le dirait occupé de quelque profonde médi-
» tation. Quand on lui offre quelque chose de bon à manger, avant que
» de le goûter, il le roule avec ses mains comme un pâtissier roule sa
» pâte.

Caractères distinctifs de cette espèce.

» Le blanc-nez a des abajoues et des callosités sur les fesses ; la longueur
» de son corps et de sa tête, pris ensemble, est d'environ treize pouces, et
» celle de sa queue de vingt. La couleur de la partie supérieure de son corps

---

(*a*) *Histoire générale des Voyages*, t. IV, p. 239, édition de Paris ; et p. 330, t. V, édition
de Hollande.

» et de sa queue est un agréable mélange d'un vert couleur d'olive et de
» noir, mais où cependant le vert domine. Cette même couleur s'étend sur la
» partie extérieure des cuisses et des jambes, où, plus elle approche des
» pieds, plus elle devient noire. Les pieds sont sans poil et tout à fait noirs,
» de même que les ongles, qui sont plats.

» Le menton, la gorge, la poitrine et le ventre sont d'un beau blanc, qui
» s'étend en pointe, presque au-dessous des oreilles. Le dessous de la queue
» et la partie interne des jambes et des bras sont d'un gris noirâtre. Le
» front, le tour des yeux et des lèvres, des joues, en un mot toute la face est
» noire, à l'exception de la moitié inférieure du nez, remarquable par une
» tache blanche presque triangulaire qui en occupe toute la largeur, et qui
» se termine au-dessus de la lèvre en une espèce de pointe, aux deux côtés
» de laquelle sont posées les narines un peu obliquèment. Les oreilles sont sans
» poils et noirâtres; il en part une raie, aussi noire, qui entoure circulaire-
» ment toute la partie supérieure de la tête, dont le poil est tant soit peu
» plus long que celui qui couvre le dos et forme une sorte d'aigrette. Une
» ligne de poils blancs, qui a son origine près de l'angle postérieur de l'œil,
» s'étend de chaque côté au-dessous des oreilles et un peu plus loin, au
» milieu des poils noirs qui couvrent cette partie. La racine du nez et les
» yeux sont un peu enfoncés, ce qui fait paraître le museau allongé, quoi-
» qu'il soit aplati. Le nez est aussi fort plat dans toute sa longueur, surtout
» dans cette partie, qui est blanche. Il n'y a point de poils autour des yeux,
» ni sur une partie des joues; ceux qui couvrent le reste de la face sont
» fort courts. Les yeux sont bien fendus, la prunelle en est fort grande, et
» elle est entourée d'un cercle jaune assez large pour que le blanc reste
» caché sous les paupières. Les poils du menton sont plus longs que ceux
» des autres parties et forment une barbe qui est surtout visible quand
» l'animal a ses abajoues remplies de manger. Il n'aime pas à l'avoir mouillée,
» et il a soin de l'essuyer, dès qu'il a bu, contre quelque corps sec. Je ne
» saurais dire si les femelles de cette espèce sont sujettes aux écoulements
» périodiques; je n'en ai pu apercevoir aucune marque dans celle que
» j'ai. »

LA GUENON A NEZ BLANC PROÉMINENT

Il y a grande apparence, comme le soupçonne M. Allamand, qu'il y a plusieurs espèces de guenons auxquelles on peut donner le nom de *blanc-nez;*
mais on doit l'appliquer de préférence à celle qu'il vient de décrire, et laisser
le nom de moustac à celle dont j'ai parlé page 65.

On m'a apporté depuis, pour le cabinet du Roi, une peau assez bien conservée d'une autre guenon, à laquelle on pourrait aussi donner le nom de

blanc-nez, et qui a même plusieurs autres rapports avec le blanc-nez décrit par M. Allamand. Cette guenon était mâle, et celle de M. Allamand était femelle; on pourrait donc croire que leur différence pourrait provenir de celle du sexe. Je donne ici la description de cette guenon mâle (*), d'après sa dépouille conservée au cabinet du Roi.

Ce mâle a seize pouces sept lignes depuis le bout du museau jusqu'à l'origine de la queue, et la femelle décrite par M. Allamand n'en avait que treize. Le nez, qui est tout blanc, est remarquable par sa forme et sa couleur; il est large sans être aplati, et proéminent sur toute sa longueur. Ce seul caractère serait suffisant pour distinguer cet animal du blanc-nez, décrit dans l'article précédent, qui n'avait pas le nez proéminent ou arrondi en dessus, mais au contraire fort aplati. Le poil du corps est d'un brun noirâtre mêlé de gris, mais il est jaunâtre sur la tête; les bras et la poitrine sont aussi de couleur noirâtre : ce poil, tant du corps que des jambes et du dessus du corps, est long de treize lignes, et frisé ou crépu à peu près comme de la laine. Les orbites des yeux ont beaucoup de saillie, ce qui fait paraître l'œil enfoncé; l'iris en est jaunâtre, et son ouverture est de trois lignes. Les paupières supérieures sont de couleur de chair, et les inférieures sont d'un brun rougeâtre : il y a du noir sur le nez et au-dessous des yeux. La mâchoire inférieure est couverte de poils gris mêlés de roussâtre; et sur les tempes, l'occiput et le cou, les poils gris sont mêlés de noir. Les oreilles sont de couleur rougeâtre et dénuées de poils, ainsi que la face, qui est brune; elles ont un pouce six lignes de longueur, et onze lignes de largeur à la base. La queue a un pied neuf pouces trois lignes de longueur, quoiqu'elle ne soit pas entière et qu'il y manque quelques vertèbres; elle est couverte de poil noirâtre comme celui des jambes. Les pieds et les mains sont sans poil et de couleur brune tirant sur le noir; les pouces, surtout ceux des mains, sont plus menus que dans la plupart des singes et guenons.

Au reste, cet animal était encore jeune, car la verge était fort petite et cachée au fond du fourreau, qui ne paraissait pas excéder la peau du ventre, et d'ailleurs les testicules n'étaient pas encore apparents.

Mais ce que nous venons de dire ne suffit pas pour juger si cet animal et la femelle décrite par M. Allamand sont deux espèces réellement distinctes, ou si l'on ne doit les regarder que comme deux simples variétés dépendantes du sexe; et ce ne sera que quand on aura vu un plus grand nombre de ces animaux qu'on pourra décider s'ils ne forment pas deux espèces, ou du moins deux variétés constantes et appartenant au mâle comme à la femelle.

(*) *Cercopithecus nictitans* (*Simia nictitans* GMEL.).

LE MONA

Cet animal mâle, apporté de la côte de Guinée, doit être regardé comme une variété dans l'espèce de la *mone*, à laquelle il ressemble assez par sa grosseur et la couleur du poil : il a seulement plus de légèreté dans les mouvements et dans la forme de ses membres ; la tête a aussi plus de finesse, ce qui lui rend la physionomie agréable. Les oreilles n'ont point, comme celles de la *mone*, une échancrure sur le bord supérieur, et ce sont là les caractères par lesquels il diffère de la mone ; mais, au reste, il a comme elle des abajoues et des callosités sur les fesses. La face est d'un gris ardoisé ; le nez est plat et large, les yeux sont enfoncés et l'iris en est orangé ; la bouche et les mâchoires sont d'un rouge pâle ; les joues sont garnies de grands poils grisâtres et jaunes verdâtres qui lui forment comme une barbe épaisse qui s'étend jusque sous le menton. On voit au-dessus des yeux une bande noire qui se termine aux oreilles, lesquelles sont assez plates et noires, excepté à l'orifice du canal auditif, qui est recouvert de grands poils grisâtres. On voit sur le front un bandeau blanc grisâtre, plus large au milieu et en forme de croissant. Le sommet de la tête et le derrière du cou sont couverts de poils verdâtres mélangés de poils noirs. Le corps est couvert de poils bruns et jaunâtres, ce qui lui donne un reflet olivâtre. Les faces externes des bras et des jambes sont noires, et cette couleur tranche avec celle des faces internes, qui sont blanches, ainsi que tout le dessous du corps et du cou. La queue est très longue, de plus de vingt pouces de longueur, et garnie de poils courts et noirâtres. On remarque de chaque côté de l'origine de la queue une tache blanche de figure oblongue. Les pieds et les mains sont tout noirs, ainsi que le poignet.

Cet animal n'était âgé que de deux ans ; il avait seize pouces quatre lignes de longueur depuis le museau jusqu'à l'anus. Les dents étaient au nombre de trente-deux, seize en haut comme en bas, quatre incisives, deux canines et deux mâchelières de chaque côté : les deux canines supérieures étaient beaucoup plus longues que les inférieures.

Au reste, le naturel de cette guenon paraît être fort doux ; elle est même craintive, et semble peureuse. Elle mange volontiers du pain, des fruits et des racines.

C'est le même animal auquel Linnæus a donné le nom de *diana* (*), le même que M. Schreber a nommé *diane* (a), et encore le même que M. Pen-

(a) M. Schreber, *Hist. nat. des quadrup.*, vol. Ier, p. 115, pl. xv.

(*) La Diane (*Cercopithecus Diana*) est considérée comme une espèce distincte. C'est elle que Buffon décrit ensuite sous le nom de Roloway.

nant appelle *spotted monkey* (*a*) ; mais ils se sont trompés en le confondant avec l'exquima de Marcgrave, qui, comme je l'ai dit, n'est qu'une variété du coaïta d'Amérique, sapajou à queue prenante, au lieu que celui-ci est une guenon de l'ancien continent, dont la queue n'est point préhensile.

LE ROLOWAY OU LA PALATINE (*b*)

« La guenon qui est représentée dans la planche VIII (*c*), dit M. Allamand,
» n'a point encore été décrite : elle est actuellement vivante à Amsterdam,
» chez le sieur Bergmeyer, dont la maison est connue non seulement de
» tous les habitants de cette grande ville, mais encore de tous les étrangers
» qui y arrivent; et cela, parce qu'on voit toujours chez lui plusieurs
» animaux rares qu'il fait venir à grands frais des pays les plus éloignés.
» Cette guenon lui a été envoyée des côtes de Guinée sous le nom de *rolo-*
» *way*, que j'ai cru devoir lui conserver. C'est un fort joli animal, doux et
» caressant pour son maître ; mais il se défie de ceux qu'il ne connaît pas,
» et il se met en posture de défense quand ils veulent s'en approcher ou le
» toucher.
» Sa longueur, depuis l'origine de la queue jusqu'au-dessus de la tête, est
» d'environ un pied et demi. Le poil qui couvre son dos est d'un brun très
» foncé et presque noir ; celui qui est sur les flancs, les cuisses, les jambes
» et la tête, est terminé par une pointe blanchâtre, ce qui le fait paraître d'un
» gris obscur. Les poils qui couvrent la poitrine, le ventre, le contour des
» fesses et la partie intérieure des bras et des cuisses, sont blancs ; mais on
» assure que cette couleur ne leur est pas naturelle, et qu'en Guinée ils sont
» d'une belle couleur orangée qui se perd en Europe et se change en blanc,
» soit par l'influence du climat, soit par la qualité de la nourriture. Quand
» cette guenon est arrivée à Amsterdam, elle conservait encore quelques
» restes de cette couleur orangée, qui se sont dissipés peu à peu. Le sieur
» Bergmeyer en a reçu une seconde depuis quelques mois, dont la partie
» interne des cuisses est entièrement jaune : si elle reste en vie, nous saurons
» avec plus de certitude ce qu'il faut penser de ce changement de couleur.
» Ces guenons ont la face noire et de forme presque triangulaire ; leurs
» yeux sont assez grands et bien fendus ; leurs oreilles sont sans poil et peu
» éminentes. Un cercle de poils blanchâtres leur environne le sommet de la
» tête ; leur cou, ou plutôt le contour de la face, est aussi recouvert d'une

(*a*) M. Pennant, *Hist. nat. des quadrup.*, vol. Ier, p. 186.
(*b*) La *palatine*. M. Schreber, vol. Ier, p. 124, pl. **xxv**, *Palatine monkey*. M. Pennant,
vol. Ier, page 185.
(*c*) Voyez le volume XV de l'édition d'Allamand.

» raie de longs poils blancs qui s'étend jusqu'aux oreilles. Elles ont au men-
» ton une barbe de la même couleur, longue de trois ou quatre pouces, qui
» se termine en deux pointes, et qui contraste singulièrement avec le poil
» de la face. Quand elles sont dans une situation où cette barbe repose sur la
» poitrine et se confond avec ses poils, on la prendrait pour la continuation
» de ceux qui forment le collier ; et alors ces animaux, vus à une certaine
» distance, paraissent avoir autour du cou une *palatine* semblable à celles
» que les dames portent en hiver, et même je leur en ai d'abord donné le
» nom qui se trouve encore seul sur la planche qui a été gravée, et dans la
» table des articles de ce volume, qui a été imprimée avant que je susse
» celui qu'elles portent en Guinée. Leur queue égale, pour la longueur, celle
» de leur corps, et les poils qui la recouvrent m'ont paru plus longs et plus
» touffus que dans la plupart des autres espèces. Leurs fesses sont nues et
» calleuses. J'ignore si elles sont sujettes aux écoulements périodiques.

» Jonston a donné, dans la planche LXI de son histoire des quadrupèdes,
» la figure d'un singe qu'il a nommé *cercopithecus meerkatz,* qui paraît
» avoir quelque rapport à notre roloway. Je croirais même que c'est le même
» animal qu'il a voulu représenter, si la figure qu'il en donne n'était pas
» une mauvaise copie d'une figure plus mauvaise encore du guariba, publiée
» par Marcgrave. »

LA GUENON A CAMAIL (*a*)

Le sommet de la tête, le tour de la face, le cou, les épaules et la poitrine
de cette guenon sont couverts d'un poil long, touffu, flottant, d'un jaune
mêlé de noir, qui lui forme une sorte de camail (*). Elle a trois pieds de hauteur lorsqu'elle est debout sur ses pieds de derrière ; elle a la face noire ; le
corps, les bras et les jambes sont garnis d'un poil très court, luisant et d'un
beau noir, ce qui fait ressortir la couleur de la queue qui est d'un blanc de
neige et qui se termine par une touffe de poils également blancs. Tous les
membres de cet animal sont très déliés ; il n'a que quatre doigts aux mains,
comme le coaïta, dont il diffère cependant par un très grand nombre de
caractères, et principalement par les abajoues et par sa queue qui n'est
point prenante ; aussi n'est-il pas du nombre des sapajous, qui tous appartiennent au nouveau continent, mais de celui des guenons qui ne se trouvent
que dans l'ancien.

Elle habite en effet dans les forêts de Sierra-Leone et de Guinée, où les

(*a*) *Full-bottom.* M. Pennant, *Hist. nat. des quadrup.,* vol. Ier. p. 197, pl. xxiv.

(*) La Guenon à camail n'est pas une Guenon véritable, mais un Colobe (*Colobus poly-
comus* WAGNER). Les Colobes appartiennent à la famille des Semnopithécides.

Nègres lui donnent le nom de roi des singes, apparemment à cause de la beauté de ses couleurs et à cause de son camail qui représente une sorte de diadème ; ils estiment fort sa fourrure, dont ils se font des ornements et qu'ils emploient aussi à différents usages.

Nous ajoutons ici la notice d'une autre nouvelle espèce de guenon que M. Pennant a décrite (a). Elle a été apportée du même pays que la guenon à camail, et elle lui ressemble par ses membres déliés, par la longueur et le peu de grosseur de sa queue, et surtout en ce qu'elle a cinq longs doigts aux pieds de derrière, et qu'elle n'en a que quatre aux pieds de devant. Son poil est noir au-dessus de la tête et sur les jambes, bai foncé sur le dos et d'un bai très clair sur les joues, le dessous du corps et la face intérieure des jambes et des bras. Elle nous paraît être une variété dans l'espèce de la guenon à camail.

LA GUENON A LONG NEZ

Cette guenon (*), ou singe à longue queue, nous a été envoyée des grandes Indes, et n'était connue d'aucun naturaliste, quoique très remarquable par un trait apparent et qui n'appartient à aucune des autres espèces de guenons, ni même à aucun autre animal ; ce trait est un nez large proéminent, assez semblable par la forme à celui de l'homme, mais encore plus long, mince à son extrémité, et sur le milieu duquel règne un sillon qui semble le diviser en deux lobes. Les narines sont posées et ouvertes horizontalement comme celles de l'homme ; leur ouverture est grande, et la cloison qui les sépare est mince ; et comme le nez est très allongé en avant, les narines sont éloignées des lèvres, étant situées à l'extrémité du nez. La face entière est dénuée de poil comme le nez ; la peau en est d'un brun mêlé de bleu et de rougeâtre. La tête est ronde, couverte au sommet et sur toutes les parties postérieures d'un poil touffu assez court et d'un brun marron. Les oreilles, cachées dans le poil, sont nues, minces, larges, de couleur noirâtre et de forme arrondie, avec une échancrure assez sensible à leur bord. Le front est court, les yeux sont assez grands et assez éloignés l'un de l'autre ; il n'y a ni sourcils ni cils à la paupière inférieure, mais la paupière supérieure a des cils assez longs. La bouche est grande et garnie de fortes dents canines et de quatre incisives à chaque mâchoire, semblables à celles de l'homme. Le corps est gros et couvert d'un poil d'un brun marron plus ou moins foncé sur le dos et sur les flancs, orangé sur la poitrine, et d'un fauve mêlé de grisâtre sur le ventre, les cuisses et les bras, tant au dedans qu'au dehors.

(a) *Bay-monkey.* M. Pennant, *Hist. nat. des quadrup.*, vol. Ier, p. 198.

(*) *Semnopithecus nasicus* Cuv. Il habite Bornéo.

Il y a sous le menton, autour du col et sur les épaules, des poils bien plus longs que ceux du corps, et qui forment une espèce de camail dont la couleur contraste avec celle de la peau nue de la face. Cette guenon a, comme les autres, des callosités sur les fesses ; sa queue est très longue et garnie, en dessus et en dessous, de poils fauves assez courts ; ses mains et ses pieds, nus à l'intérieur, sont à l'extérieur couverts de poils courts et d'un fauve mêlé de gris. Elle a cinq doigts, tant aux mains qu'aux pieds, dont les ongles sont noirs ; celui des pouces est aplati, et les autres sont convexes.

LA GUENON A FACE POURPRE (*a*)

Cette guenon (*) est remarquable par sa face et ses mains qui sont d'un violet pourpre, et par une grande barbe blanche et triangulaire, courte et pointue sur la poitrine, mais s'étendant de chaque côté en forme d'aile jusqu'au delà des oreilles, ce qui lui donne quelque ressemblance avec la palatine décrite dans l'article précédent. Le poil du corps est noir ; la queue est très longue et se termine par une houppe de poils blancs très touffus. Cette espèce habite dans l'île de Ceylan, où on lui a donné quelquefois le nom d'*ouanderou*, ainsi qu'au babouin que nous avons décrit sous ce nom. Ses habitudes sont très douces ; elle demeure dans les bois, où elle se nourrit de fruits et de bourgeons ; lorsqu'on l'a prise, elle devient bientôt privée et familière. On trouve également à Ceylan quelques guenons qui sont entièrement blanches, mais qui ressemblent pour tout le reste à la guenon à face pourpre, et cette variété de guenons blanches est assez rare.

LA GUENON NÈGRE (*b*)

Cette guenon (**) a été ainsi nommée à cause d'une sorte de ressemblance des traits de sa face avec ceux du visage des Nègres. Sa face est aplatie, et représente des rides qui s'étendent obliquement depuis le nez jusqu'au bas des joues. Le nez est large et aplati ; les narines sont longues et évasées ; la bouche grande et les lèvres épaisses ; les oreilles larges et sans rebord saillant ; le menton et les joues sont couverts jusqu'aux oreilles de poils assez

(*a*) M. Pennant, *Hist. nat. des quadrup.*, vol. Ier, p. 184, pl. xxi.
(*b*) Le *singe-nègre*, M. Schreber, *Hist. nat. des quadrup.*, vol. Ier, p. 131, pl. xxii.

(*) *Semnopithecus latibarbatus.*
(**) *Semnopithecus Maurus* Desm.

longs, fins et jaunâtres. Cette guenon a le poil brun sur la tête, noirâtre sur le dos, les bras et les mains, un peu plus clair sur les cuisses et sur les jambes, clairsemé et jaunâtre sur la poitrine et sur le ventre. Les ongles sont allongés et convexes, excepté ceux des pouces, qui sont ronds et aplatis. La queue est aussi longue que le corps, et le poil qui la garnit est de même couleur que celui du dos. Au reste, l'espèce de cette guenon est peut-être la plus petite de toutes celles de l'ancien continent, car elle n'est guère plus grosse qu'un sagouin, et n'a communément que six ou sept pouces de longueur de corps. Albert Seba, Edwards et d'autres naturalistes, qui l'ont vue vivante, s'accordent sur la petitesse de sa taille. Celle que cite Edwards était très agile, assez douce, amusante par la légèreté de ses mouvements, et aimait beaucoup à jouer, surtout avec les petits chats. Son pays natal est la Guinée.

LA GUENON A MUSEAU ALLONGÉ (a)

Cette guenon (*) a en effet le museau très long, très délié et couvert d'une peau nue et rougeâtre. Son poil est très long sur tout le corps, mais principalement sur les épaules, la poitrine et la tête; la couleur en est d'un gris de fer mêlé de noir, excepté sur la poitrine et le ventre où elle est d'un cendré clair : la queue est très longue. Cet animal a deux pieds de haut lorsqu'il est assis; son naturel est fort doux. M. Pennant, qui l'a fait connaître, ignorait son pays natal ; mais il croyait qu'il avait été apporté d'Afrique.

Cette espèce ressemble beaucoup, par sa conformation, à celle dont nous avons parlé sous le nom de babouin à museau de chien; mais, indépendamment de ses habitudes qui sont bien plus douces que celles des babouins, elle en diffère par les couleurs de son poil, et surtout par la longueur de sa queue.

LE CHORAS

Ce grand et gros babouin (**), qu'on trouve dans les parties méridionales des grandes Indes (***), et particulièrement dans l'île de Ceylan, suivant quelques voyageurs, peut se distinguer des autres babouins par une touffe de poils qui se relève en forme de houppe au-dessus de sa tête, et par la cou-

(a) M. Pennant, *Hist. nat. des quadrup.*, vol. Ier, p. 187, pl. 23.

(*) Espèce douteuse.
(**) *Cynocephalus porcarius* SCHREB.
(***) Il habite le Cap de Bonne-Espérance.

leur de sa peau sur le nez, qui forme une bande d'un rouge très vif, et sur le milieu de sa face, dont les joues sont violettes.

M. Pennant en a vu, en 1779, un individu vivant qui avait cinq pieds de haut. Les oreilles de ce babouin sont petites et nues; son museau est très allongé et son nez paraît tronqué par le bout, ce qui lui donne de la ressemblance avec le boutoir d'un sanglier. Ce boutoir, ainsi que toute la partie supérieure qui forme le nez, est d'un rouge très éclatant; les joues, comme dans le mandrill, sont d'un violet clair et très ridées; l'ouverture de la bouche est très petite.

Sa houppe est composée de poils noirâtres et très longs; la tête, les bras et les jambes sont revêtus d'un poil court, dont la couleur est mêlée de jaune et de noirâtre; des poils bruns très longs couvrent les épaules; ceux qui garnissent la poitrine sont aussi très longs; les mains et les pieds sont noirs et les ongles plats; la queue, dont le poil est fort touffu et assez court, n'a que quatre pouces de longueur; les fesses sont pelées et d'un pourpre très vif qui s'étend sur le derrière des cuisses.

Un babouin de cette espèce, âgé de trois ans, que nous avons vu vivant, avait trois pieds un pouce de hauteur; son maître l'avait acheté à Marseille deux ans auparavant, et il n'était alors pas plus gros qu'un petit sapajou. Il était très remarquable par les couleurs de la face et les parties de la génération; il avait le nez, les naseaux et la lèvre supérieure d'un rouge vif écarlate; il avait aussi une petite tache de ce même rouge au-dessous des paupières. Les yeux étaient environnés de noir et surmontés de poils touffus de même couleur; les oreilles étaient pointues et de couleur brune; il portait sous le menton une barbe à flocons d'un blanc jaune, à peu près semblable à celle du mandrill. Les poils à côté des joues étaient d'un blanc sale et jaunâtre, mais longs et bien fournis; ses poils hérissés se couchaient et diminuaient de longueur en gagnant le sommet de la tête, et des taches blanches au-dessus des oreilles étaient d'un poil très court. Le milieu du front était couvert de poils noirs qui, s'élevant en pointe vers le sommet de la tête, y formaient une houppe et s'étendaient en forme de crinière, qui venait s'unir sur l'épine du dos à une raie noire, laquelle se prolongeait jusqu'à la queue. Le poil du corps était d'un brun verdâtre mêlé de noir, celui des flancs un peu ardoisé, et sur le ventre il était d'un blanc sale un peu jaunâtre. Le poil était plus long sous le ventre que sur le dos. Le fourreau de la verge, ainsi que les callosités sur les fesses, étaient d'un rouge écarlate aussi vif que celui des naseaux, tandis que les testicules étaient d'un violet foncé, ainsi que la peau de l'intérieur des cuisses. Ce choras avait, en marchant à quatre pattes, la même allure que le papion; le train de devant était sensiblement plus élevé que le train de derrière, les jambes de devant étant plus longues.

On a observé que cet animal se nourrissait de fruits, de citrons, d'avoine, de noix qu'il écrasait entre ses dents et qu'il avalait avec la coque ; il les serrait dans ses abajoues, qui pouvaient en contenir jusqu'à huit sans paraître très remplies. Il mangeait la viande cuite et refusait la crue ; il aimait les boissons fermentées, telles que le vin et l'eau-de-vie. On a observé aussi que ce babouin était moins agile, plus grave et moins malpropre que la plupart des autres singes. Schreber dit qu'on montrait en Allemagne, en 1764, un de ces grands babouins, qui avait grand soin de nettoyer sa hutte, d'en ôter les excréments (a), et qui même se lavait souvent le visage et les mains avec sa salive. Tous les naturalistes, qui ont vu ce babouin, s'accordent à dire qu'il est très ardent en amour, même pour les femmes.

L'individu que M. Pennant a vu en Angleterre était d'une très grande force, car il compare son cri au rugissement du lion. Jamais il ne se tenait sur les pieds de derrière que lorsqu'il y était forcé par son conducteur ; il s'asseyait souvent sur ses fesses, en se penchant en avant et en laissant tomber ses bras sur son ventre. Au reste, cet animal, que nous avons nommé *choras*, est le *papio* de Gessner, car la figure que ce naturaliste en a donnée est très conforme à celle que M. Pennant a fait dessiner d'après l'animal vivant, et on ne l'a regardée comme défectueuse que parce qu'on la rapportait à notre papion, dont il diffère principalement par les sillons et les couleurs rouges de la face, ainsi que par la touffe de poils qu'il porte au-dessus de sa tête.

LE BABOUIN A MUSEAU DE CHIEN

Ce babouin (*) a le museau très allongé, très épais et semblable à celui du chien, ce qui lui a fait donner sa dénomination. Sa face est couverte d'une peau rouge, garnie de poils gris très clairsemés, et la plupart fort courts ; le bout du museau est violet, les yeux sont petits. Les cils des paupières supérieures sont longs, noirs et touffus ; mais ceux des paupières inférieures sont très clairsemés. Les oreilles sont pointues et cachées dans le poil ; la tête est couverte, tout autour de la face, de poils touffus d'un gris plus ou moins mêlé d'un vert jaunâtre, dirigés en arrière, beaucoup plus longs au-dessus de chaque oreille, et y formant une houppe bien fournie. Les dents incisives sont très grandes, surtout les deux du milieu de la mâchoire supérieure ; celles de la mâchoire inférieure sont inclinées en avant : les dents canines sont très longues ; celles de dessus ont un pouce et demi de longueur, et avancent sur la lèvre inférieure. Le corps est gros et couvert d'un poil épais, de la même couleur que celui de la tête, et très long sur le

(a) Alströmer, à l'endroit déjà cité.

(*) *Cynocephalus Hamadryas* BRISS.

devant et au milieu du corps. Le poil du ventre est blanchâtre ; les callosités sur les fesses sont larges, proéminentes et roussâtres ; la queue est velue, plus mince vers l'extrémité qu'à son origine, presque aussi longue que le corps, et communément relevée. Ce caractère suffirait pour faire distinguer le babouin à museau de chien du papion, qui a la queue très courte, mais avec lequel le premier a cependant une très grande ressemblance, tant par sa conformation que par ses habitudes.

Le babouin à museau de chien a les bras et les jambes forts, épais et couverts d'un poil touffu. Les mains et les pieds sont noirâtres et presque nus ; tous les ongles sont arrondis et plats.

M. Edwards avait reçu un individu de cette espèce qui avait près de cinq pieds de hauteur, et qui avait été pris dans l'Arabie. Cette espèce de babouin s'y rassemble par centaines, ce qui oblige les propriétaires des plantations de café à être continuellement sur leurs gardes contre les déprédations de ces animaux. Celui que M. Edwards a vu vivant était fier, indomptable, et si fort qu'il aurait terrassé aisément un homme fort et vigoureux. Son inclination pour les femmes s'exprimait d'une manière très violente et très énergique. Quelqu'un étant allé le voir avec une jeune fille, et l'ayant embrassée devant ce babouin pour exciter sa jalousie, l'animal devint furieux ; il saisit un pot d'étain qui était à sa portée, et le jeta avec tant de force contre son prétendu rival, qu'il lui fit une blessure très considérable à la tête.

Au reste, cette espèce se trouve non seulement en Arabie, mais encore en Abyssinie, en Cumée, et en général dans tout l'intérieur de l'Afrique, jusqu'au cap de Bonne-Espérance ; ils y sont également en grand nombre. Ils ont les mêmes habitudes que les papions, et se réunissent de même pour aller piller les jardins plusieurs ensemble. Ils se nourrissent communément de fruits ; ils aiment aussi les insectes et particulièrement les fourmis, mais ils ne mangent point de viande, à moins qu'elle ne soit cuite.

Malgré leur grande force, il est aisé de les priver lorsqu'ils sont jeunes, et quelques voyageurs ont dit qu'au Cap de Bonne-Espérance on s'en servait quelquefois comme de chiens de garde. Ils ajoutent que lorsqu'on les frappe ils poussent des soupirs et des gémissements accompagnés de larmes.

SINGES DU NOUVEAU CONTINENT

LES SAPAJOUS [a] ET LES SAGOUINS [b]

Nous passons actuellement d'un continent à l'autre; tous les animaux quadrumanes dont nous avons donné la description dans le volume précédent, et que nous avons compris sous les noms génériques de *singes, babouins* et *guenons*, appartiennent exclusivement à l'ancien continent, et tous ceux dont il nous reste à faire mention ne se trouvent, au contraire, que dans le nouveau monde. Nous les distinguons d'abord par deux noms génériques, parce qu'on peut les diviser en deux classes : la première est celle des *sapajous*, et la seconde celle des *sagouins ;* les uns et les autres ont les pieds conformés à peu près comme ceux des singes, des babouins et des guenons; mais il diffèrent des singes en ce qu'ils ont des queues; ils diffèrent des babouins et des guenons en ce qu'ils n'ont ni poches au bas des joues, ni callosités sur les fesses; et enfin ils diffèrent de tous trois, c'est-à-dire des singes, des babouins et des guenons en ce que tous ceux-ci ont la cloison du nez mince, et les narines ouvertes à peu près comme celles de l'homme au-dessous du nez, au lieu que les sapajous et les sagouins ont cette cloison des narines fort large et fort épaisse, et les ouvertures des narines placées à côté et non pas au-dessous du nez; ainsi les sapajous et les sagouins sont non seulement spécifiquement, mais même génériquement différents des singes, des babouins et des guenons. Et, lorsqu'ensuite on vient à les comparer entre eux, on trouve qu'ils diffèrent aussi par quelques caractères généraux ; car tous les sapajous ont la queue *prenante*, c'est-à-dire musclée de manière qu'ils peuvent s'en servir comme d'un doigt pour saisir et prendre ce qui leur plaît : cette queue qu'ils plient, qu'ils étendent, dont ils recoquillent ou développent le bout à leur volonté, et qui leur sert principalement à s'accrocher aux branches par son extrémité, est ordinairement dégarnie de poil en dessous et couverte d'une peau lisse. Les sagouins, au contraire, ont tous la queue proportionnellement plus longue que les sapajous, et en même

(a) *Sapajou,* mot dérivé de *cayouassou,* nom de ces animaux au Brésil, et qui se prononce *sajouassou.*

(b) *Sagoin, sagouin,* mot dérivé de *cagui,* qui se prononce *sagoui,* et qui est le nom de ces animaux dans leur pays natal au Brésil.

temps ils l'ont entièrement velue, lâche et droite ; en sorte qu'ils ne peuvent s'en servir en aucune manière, ni pour saisir, ni pour s'accrocher : cette différence est si apparente qu'elle suffit seule pour qu'on puisse toujours distinguer un sapajou d'un sagouin.

Nous connaissons huit sapajous que nous croyons pouvoir réduire à cinq espèces : la première est l'*ouarine* ou *gouariba* du Brésil ; ce sapajou est grand comme un renard, et il ne diffère de celui qu'on appelle *alouate* à Cayenne que par la couleur : l'ouarine a le poil noir et l'alouate l'a rouge, et, comme ils se ressemblent à tous autres égards je n'en fais ici qu'une seule et même espèce ; la seconde est le *coaïta*, qui est noir comme l'ouarine, mais qui n'est pas si grand, et dont l'*exquima* nous paraît être une variété ; la troisième est le *sajou* ou *sapajou* proprement dit, qui est de petite taille, d'un poil brun, et qu'on connaît vulgairement sous le nom impropre de *singe capucin ;* il y a dans cette espèce une variété que nous appellerons le *sajou gris*, et qui ne diffère du *sajou brun* que par cette différence du poil ; la quatrième espèce est le *sai*, que les voyageurs ont appelé le *pleureur*, il est un peu plus grand que le sajou et il a le museau plus large : nous en connaissons deux qui ne diffèrent que par la couleur du poil ; le premier est d'un brun noirâtre, et le second d'un roux blanchâtre ; enfin la cinquième espèce est le *saimiri*, qu'on appelle vulgairement le *singe aurore* ou *sapajou orangé :* celui-ci est le plus petit et le plus joli des sapajous.

Nous connaissons de même six espèces de sagouins : le premier et le plus grand de tous est le *sahi*, qui a la queue couverte d'un poil si long et si touffu qu'on l'a nommé *singe à queue de renard ;* il semble qu'il y ait variété dans cette espèce pour la grandeur ; j'en ai vu deux qui paraissaient adultes, dont l'un était presque une fois plus grand que l'autre ; le second sagouin est le *tamarin ;* il est ordinairement noir avec les quatre pieds jaunes ; mais il varie pour la couleur, car il s'en trouve de bruns mouchetés de jaune ; le troisième est l'*ouistiti*, qui est remarquable par les larges toupets de poil qui accompagnent sa face et par sa queue annelée ; le quatrième est le *marikina* qui a une crinière autour du cou et un flocon de poil au bout de la queue comme le lion, ce qui lui a fait donner le nom de *petit lion ;* le cinquième est le *pinche*, qui a la face d'un beau noir, avec des poils blancs qui descendent du dessus et des côtés de la tête en forme de cheveux longs et lisses ; le sixième et le dernier est le *mico*, qui est le plus joli de tous, dont le poil est d'un blond argentin, et qui a la face colorée d'un rouge aussi vif que du vermillon. Nous allons donner l'histoire et la description de chacun de ces sapajous et de ces sagouins, dont la plupart n'étaient ni dénommés, ni décrits, ni connus.

L'OUARINE (a) ET L'ALOUATE (b)

L'ouarine et l'alouate (*) sont les plus grands animaux quadrumanes du nouveau continent; ils surpassent de beaucoup les plus grosses guenons, et approchent de la grandeur des babouins; ils ont la queue prenante, et sont par conséquent de la famille des sapajous, dans laquelle ils tiennent un rang bien distinct, non seulement par leur taille, mais aussi par leur voix, qui retentit comme un tambour et se fait entendre à une très grande distance. « Marcgrave raconte (c) que tous les jours, matin et soir, les ouarines s'as- » semblent dans les bois; que l'un d'entre eux prend une place élevée et » fait signe de la main aux autres de s'asseoir autour de lui pour l'écouter; » que dès qu'il les voit placés il commence un discours à voix si haute et si » précipitée qu'à l'entendre de loin on croirait qu'ils crient tous ensemble; » que cependant il n'y en a qu'un seul, et que pendant tout le temps qu'il » parle tous les autres sont dans le plus grand silence; qu'ensuite lorsqu'il » cesse il fait signe de la main aux autres de répondre, et qu'à l'instant tous » se mettent à crier ensemble jusqu'à ce que par un autre signe de la main » il leur ordonne le silence; que dans le moment ils obéissent et se taisent; » qu'enfin alors le premier reprend son discours ou sa chanson, et que ce » n'est qu'après l'avoir encore écoutée bien attentivement qu'ils se séparent » et rompent l'assemblée. » Ces faits, dont Marcgrave dit avoir été plusieurs fois témoin, pourraient bien être exagérés et assaisonnés d'un peu de mer-

(a) *Ouarin, ouarine,* nom de cet animal au Maragnon, et que nous avons adopté. — *Guenons,* appelées *ouarines,* sont toutes noires et grandes comme les grands chiens; elles crient si haut qu'on peut les entendre d'environ une lieue. *Miss. du P. d'Abbeville,* p. 152. — *Guariba Brasiliensibus.* Marcgr., *Hist. nat. Bras.,* p. 226, fig. *Nota.* Il est vraisemblable que le mot de *ouarine, ouarina,* vient de *guariba,* qu'on doit prononcer *gouariba.* — *Cercopithecus niger.* Briss., *Règne animal,* p. 194. — *Panicus,* Linn. *Syst. nat.,* édit. X, page 26. *Nota.* M. Linnæus a mal indiqué cet animal, il le confond avec le coaïta; et sa description, ainsi que sa phrase, est composée et mêlée de celle de Brown et de celle de Marcgrave, dont le dernier a décrit le *guariba,* et le premier le *coaïta.*

(b) *Alouate, allouata* à Cayenne, n'est qu'une variété de l'ouarine; celui-ci est d'un brun noir, et l'alouate d'un rouge brun : tous deux font un bruit épouvantable, et on leur a donné également l'épithète de *hurleurs. Arabata* dans les terres de l'Orénoque, selon Gumilla. « Les » singes jaunes, dit cet auteur, qu'ils appellent *arabata* font un bruit insupportable et si » lugubre qu'ils font horreur. » *Histoire de l'Orénoque,* par Gumilla, p. 8.

(c) Marcgrav., *Hist. Bras.,* page 226.

(*) L'Ouarine et l'Alouate sont deux espèces du genre *Mycetes* qui appartient au sous-ordre des Platyrrhiniens ou Singes à cloison nasale large et à narines écartées. Les platyrrhiniens ont trente-six dents; ils n'ont jamais ni abajoues ni callosités; leur pouce est souvent atrophié et n'est jamais aussi opposable que l'orteil; leur queue est longue. Les Mycètes appartiennent à la famille des Cébides qui est caractérisée par sa queue jaunâtre. L'Ouarine est le *Mycetes barbatus;* l'Alouate est le *Mycetes seniculus.*

veilleux : le tout n'est peut-être fondé que sur le bruit effroyable que font
ces animaux ; ils ont dans la gorge une espèce de tambour osseux dans la
concavité duquel le son de leur voix grossit, se multlplic et forme des hurlements par écho ; aussi a-t-on distingué ces sapajous de tous les autres par
le nom de *hurleurs* : nous n'avons pas vu l'ouarine, mais nous avons les dépouilles d'un alouate et un embryon desséché de cette même espèce, dans
lequel l'instrument du grand bruit, c'est-à-dire l'os de la gorge, est déjà très
sensible (*a*). Selon Marcgrave, l'ouarine a la face large et carrée, les yeux
noirs et brillants, les oreilles courtes et arrondies, la queue nue à son extrémité, avec laquelle il s'accroche et s'attache fermement à tout ce qu'il peut
embrasser ; les poils de tout le corps sont noirs, longs, luisants et polis ; des
poils plus longs sous le menton et sur la gorge lui forment une espèce de
barbe ronde ; le poil des mains, des pieds et d'une partie de la queue est
brun. Le mâle est de la même couleur que la femelle, et n'en diffère qu'en
ce qu'il est un peu plus grand. Les femelles portent leurs petits sur le dos et
sautent avec cette charge de branches en branches et d'arbres en arbres ; les
petits embrassent avec les bras et les mains le corps de leur mère dans la
partie la plus étroite, et s'y tiennent fermement attachés tant qu'elle est en
mouvement. Au reste, ces animaux sont sauvages et méchants ; on ne peut
les apprivoiser ni même les dompter ; ils mordent cruellement, et quoiqu'ils
ne soient pas du nombre des animaux carnassiers et féroces, ils ne laissent
pas d'inspirer de la crainte, tant par leur voix effroyable que par leur air
d'impudence : comme ils ne vivent que de fruits, de légumes, de graines et
de quelques insectes, leur chair n'est pas mauvaise à manger (*b*). « Les

(*a*) Ce singe *alouate* est un animal sauvage, rouge bai, fort gros, qui fait un bruit
effroyable, semblable à un râlement, qu'on entend de bien loin, et c'est par le moyen de l'os
hyoïde qui est d'une structure singulière. Barrère, *Essai sur l'histoire naturelle de la France
équin.*, page 150. — Dans l'île Grande ou l'île Saint-George, sous le Tropique, à deux lieues
du continent de l'Amérique, il y a des singes grands comme des veaux, qui font un bruit si
étrange que ceux qui n'y sont pas accoutumés croient que les montagnes vont s'écrouler.....
Ils sont très farouches. *Voyage de le Gentil*, t. Ier, page 15.

(*b*) Les singes sont le gibier le plus ordinaire et le plus du goût des Indiens de l'Amazone... Il y en a d'aussi grands qu'un lévrier. *Voyage sur la rivière de l'Amazone*, par M. de
la Condamine, page 164. — Cayenne est le pays des singes Quand on a une fois vaincu sa
répugnance pour en manger, il est certain qu'on les trouve fort bons ; leur chair est blanche,
et, quoique peu chargée de graisse pour l'ordinaire, elle ne laisse pas d'être tendre, délicate
et de bon goût ; leurs têtes font de bonnes soupes, et on les sert dessus, comme un chapon
bouilli, etc. *Voyage de Desmarchais*, t. III, p. 311 et 338. — Il y a des guenons à Cayenne
aussi grosses que de grands chiens, de couleur de rouge-de-vache ; on les appelle les *hurleurs*, parce qu'étant en troupes, ils hurlent d'une façon que d'abord l'on croit que c'est une
troupe de pourceaux qui se battent ; ils sont affreux et ont une gueule fort large ; je crois
qu'ils sont furieux ; si les Sauvages les flèchent, ils retirent la flèche de leur corps avec leurs
mains comme une personne ; la chair de ces hurleurs est très bonne à manger, elle ressemble
à la chair du mouton ; il y a à manger pour dix personnes ; ils ont un cornet intérieur en la
gorge qui leur rend le cri effroyable. *Voyage de Binet*, p. 341 et 342. — Les Sauvages
Achaguas de l'Orénoque sont friands des singes jaunes, qu'ils appellent *arabata*, lesquels
font matin et soir un bruit insupportable. *Histoire de l'Orénoque*, par Gumilla, p. 8.

» chasseurs, dit Oexmelin, apportèrent sur le soir des singes qu'ils avaient
» tués dans les terres du cap Gracias-a-Dio; on fit rôtir une partie de ces
» singes et bouillir l'autre, ce qui nous sembla fort bon; la chair en est
» comme celle du lièvre, mais elle n'a pas le même goût étant un peu dou-
» ceâtre, c'est pourquoi il y faut mettre beaucoup de sel en la faisant cuire;
» la graisse en est jaune comme celle du chapon, et plus même, et a fort bon
» goût; nous ne vécûmes que de ces animaux pendant tout le temps que
» nous fûmes là, parce que nous ne trouvions pas autre chose; si bien que
» tous les jours les chasseurs en apportaient autant que nous en pouvions
» manger. Je fus curieux d'aller à cette chasse, et surpris de l'instinct qu'ont
» ces bêtes de connaître plus particulièrement que les autres animaux ceux
» qui leur font la guerre et de chercher les moyens quand ils sont attaqués
» de se secourir et de se défendre. Lorsque nous les approchions, ils se joi-
» gnaient tous ensemble, se mettaient à crier et faire un bruit épouvantable
» et à nous jeter des branches sèches qu'ils rompaient des arbres; il y en
» avait même qui faisaient leur saleté dans leurs pattes qu'ils nous en-
» voyaient à la tête; j'ai remarqué aussi qu'ils ne s'abandonnent jamais, et
» qu'ils sautent d'arbres en arbres si subtilement que cela éblouit la vue; je
» vis encore qu'ils se jetaient à corps perdu de branches en branches sans
» jamais tomber à terre; car avant qu'ils puissent être à bas ils s'accrochent
» ou avec leurs pattes ou avec la queue; ce qui fait que quand on les tire à
» coups de fusil, à moins qu'on ne les tue tout à fait, on ne les saurait avoir;
» car lorsqu'ils sont blessés, et même mortellement, ils demeurent toujours
» accrochés aux arbres où ils meurent souvent et ne tombent que par pièces.
» J'en ai vu de morts depuis plus de quatre jours qui pendaient encore aux
» arbres, si bien que fort souvent on en tirait quinze ou seize pour en avoir
» trois ou quatre tout au plus : mais ce qui me parut plus singulier, c'est
» qu'au moment que l'un d'eux est blessé on les voit s'assembler autour de
» lui, mettre leurs doigts dans la plaie, et faire de même que s'ils la vou-
» laient sonder; alors s'ils voient couler beaucoup de sang ils la tiennent
» fermée pendant que d'autres apportent quelques feuilles, qu'ils mâchent
» et poussent adroitement dans l'ouverture de la plaie; je puis dire avoir vu
» cela plusieurs fois et l'avoir vu avec admiration. Les femelles n'ont ja-
» mais qu'un petit, qu'elles portent de la même manière que des Négresses
» portent leur enfant; ce petit sur le dos de sa mère lui embrasse le cou
» par-dessus les épaules avec les deux pattes de devant; et des deux de
» derrière il la tient par le milieu du corps; quand elle veut lui donner à
» teter, elle le prend dans ses pattes et lui présente la mamelle comme les
» femmes..... On n'a point d'autre moyen d'avoir le petit que de tuer la mère,
» car il ne l'abandonne jamais; étant morte il tombe avec elle, et alors on le
» peut prendre. Lorsque ces animaux sont embarrassés, ils s'entr'aident
» pour passer d'un arbre ou d'un ruisseau à un autre, ou dans quelque au-

» tre rencontre que ce puisse être..... On a coutume de les entendre de plus
» d'une grande lieue (*a*). »

Dampierre (*b*) confirme la plupart de ces faits ; néanmoins il assure que ces
animaux produisent ordinairement deux petits, et que la mère en porte un
sous le bras et l'autre sur le dos. En général les sapajous, même de la plus
petite espèce, ne produisent pas en grand nombre, et il est très vraisemblable
que ceux-ci, qui sont les plus grands de tous, ne produisent qu'un ou deux
petits.

Caractères distinctifs de ces espèces.

L'ouarine a les narines ouvertes à côté et non pas au-dessous du nez, la
cloison des narines très épaisse ; il n'a point d'abajoues, point de callosités
sur les fesses ; ces parties sont couvertes de poil comme le reste du corps. Il
a la queue prenante et très longue, le poil noir et long, et dans la gorge un
gros os concave ; il est de la grandeur d'un lévrier ; le poil long qu'il a sous
le cou lui forme une espèce de barbe ronde ; il marche ordinairement à
quatre pieds.

L'alouate a les mêmes caractères que l'ouarine, et ne paraît en différer
qu'en ce qu'il n'a point de barbe bien marquée et qu'il a le poil d'un rouge

(*a*) *Histoire des aventuriers*, par Oexmelin, t. II, p. 251 et suivantes.
(*b*) Les singes qui se trouvent dans les terres de la baie de Campêche sont les plus laids
que j'aie vus de ma vie ; ils sont beaucoup plus gros qu'un lièvre, et ont de grandes queues
de près de deux pieds et demi de long ; le dessous de leur queue est sans poil, et la peau
en est dure et noire, mais le dessus, aussi bien que tout le reste du corps, est couvert d'un
poil rude, long, noir et hérissé ; ils vont de vingt ou trente de compagnie, rôder dans les
bois où ils sautent d'un arbre à l'autre ; s'ils trouvent une personne seule, ils font mine de la
vouloir dévorer. Lors même que j'ai été seul, je n'ai pas osé les tirer, surtout pour la première fois que je les vis ; il y en avait une grosse troupe, qui se lançaient d'arbre en arbre
par-dessus ma tête, craquetaient des dents et faisaient un bruit enragé ; il y en avait même
plusieurs qui faisaient des grimaces de la bouche et des yeux, et mille postures grotesques ;
quelques-uns rompaient des branches sèches et me les jetaient ; d'autres répandaient leur
urine et leurs ordures sur moi ; à la fin il y en eut un, plus gros que les autres, qui vint sur
une petite branche au-dessus de ma tête et sauta tout droit contre moi, ce qui me fit reculer
en arrière ; mais il se prit à la branche au bout de la queue, et il demeura là supendu à se
brandiller et à me faire la moue ; enfin, je me retirai, et ils me suivirent jusqu'à nos huttes
avec les mêmes postures menaçantes. Ces singes se servent de leur queue aussi bien que
de leurs pattes, et ils tiennent aussi ferme avec elle. Si nous étions deux ou plusieurs
ensemble, ils s'enfuyaient de nous. Les femelles sont fort embarrassées pour sauter après
les mâles avec leurs petits ; car elles en ont ordinairement deux ; elles en portent un sous un
de leurs bras, et l'autre qui est assis sur leur dos se tient accroché à leur cou avec ses deux
pattes de devant : ces singes sont les plus farouches que j'aie vus de ma vie, et il ne nous
fut jamais possible d'en apprivoiser aucun, quelque artifice que nous missions en œuvre pour
en venir à bout ; il n'est guère plus aisé de les avoir quand on les a tirés, parce que s'ils
peuvent s'attacher à quelques branches avec la queue ou les pattes, ils ne tombent point à
terre pendant qu'il leur reste le moindre souffle de vie ; après en avoir tiré un, et quelquefois lui avoir cassé une jambe ou un bras, j'ai eu compassion de voir cette pauvre bête
regarder fixement, et manier la partie blessée et la tourner d'un côté ou d'autre. Ces singes
sont fort rarement à terre, et il y en a même qui disent qu'ils n'y vont jamais. T. III, p. 304.

brun, au lieu que l'ouarine l'a noir. J'ignore si les femelles dans ces espèces sont sujettes à l'écoulement périodique ; mais par analogie je présume que non, ayant observé généralement qu'il n'y avait que les singes, babouins et guenons à fesses nues qui soient sujets à cet écoulement.

LE COAÏTA (*a*) ET L'EXQUIMA (*b*)

Le coaïta (*) est, après l'ouarine et l'alouate, le plus grand des sapajous ; je l'ai vu vivant à l'hôtel de M. le duc de Bouillon, où, par sa familiarité et même par ses caresses empressées, il méritait l'affection de ceux qui le soignaient ; mais, malgré les bons traitements et les soins, il ne put résister aux froids de l'hiver 1764 ; il mourut, et fut regretté de son maître, qui eut la bonté de me l'envoyer pour le placer au cabinet du Roi. J'en ai vu un autre chez M. le marquis de Montmirail ; celui-ci était un mâle, et le premier une femelle ; tous deux étaient également traitables et bien apprivoisés. Ce sapajou, par son naturel doux et docile, diffère donc beaucoup de l'ouarine et de l'alouate, qui sont indomptables et farouches ; il diffère aussi en ce qu'il n'a pas comme eux une poche osseuse dans la gorge ; il a, comme l'ouarine, le poil noir, mais hérissé ; il en diffère encore, aussi bien que tous les autres sapajous, en ce qu'il n'a que quatre doigts aux mains et que le pouce lui manque ; par ce seul caractère et par sa queue prenante il est aisé de le distinguer des guenons, qui toutes ont la queue lâche et cinq doigts aux mains.

L'animal que Marcgrave appelle *exquima* est d'une espèce très voisine de celle du *coaïta*, et même n'en est peut-être qu'une simple variété ; il me paraît que cet auteur a fait une faute lorsqu'il a dit que l'exquima était de Guinée et de Congo ; la figure qu'il en donne suffit seule pour démontrer l'erreur, car cet animal y est représenté avec la queue recoquillée à l'extrémité, caractère qui n'appartient qu'aux seuls sapajous et point aux guenons, qui toutes ont la queue lâche : or nous sommes assurés qu'il n'y a en Guinée

---

(*a*) *Coaïta* ou *qoata*, nom de cet animal à la Guyane, et que nous avons adopté ; *chameck*, au Pérou. — *Nota*. Le mot *coaïta* pourrait bien venir de *caitaia*, nom d'un autre sapajou dans la langue brasilienne, qui cependant doit se prononcer *saitaia*.

(*b*) « Cercopithecus barbatus Guineensis in Congo vocatur *exquima*. » Marcg. *Hist. nat. Bras.*, p. 277. — *Nota*. Je crois que c'est à cette espèce de coaïta qu'il faut rapporter le passage suivant du P. d'Abbeville : « Il y a, dit-il, en l'île de Maragnon d'autres guenons » qui s'appellent *cayou* (*sajou*), d'autant qu'elles sont toutes noires ; elles portent une barbe » longue de plus de quatre doigts, aucunes environ d'un demi-pied de long, et sont très » belles et plaisantes à voir. » *Miss. au Maragnon*, p. 252.

(*) *Ateles paniscus* L. Les *Ateles* appartiennent comme les *Mycetes* à la famille des Cébides, dont ils se distinguent par le peu de développement de leur pouce.

et à Congo que des guenons et point de sapajous; par conséquent, l'exquima de Marcgrave n'est pas comme il le dit une *guenon* ou *cercopithèque* de Guinée, mais un *sapajou à queue prenante*, qui sans doute y avait été transporté du Brésil: le nom d'*exquima* ou *quima*, en ôtant l'article *ex*, et qui doit se prononcer *gouima*, ne s'éloigne pas de *quoaïta*, et c'est ainsi que plusieurs auteurs ont écrit le nom du *coaïta :* tout concourt donc à faire croire que cet *exquima* de Marcgrave, qu'il dit être une *guenon* ou un *cercopithèque* de Guinée, est un *sapajou* du Brésil, et que ce n'est qu'une variété dans l'espèce du coaïta, auquel il ressemble par le naturel, par la grandeur, par la couleur et par la queue prenante; la seule différence remarquable, c'est que l'exquima a du poil blanchâtre sur le ventre, et qu'il porte au-dessous du menton une barbe blanche, longue de deux doigts (*a*). Nos coaïtas n'avaient ni ce poil blanc ni cette barbe; mais ce qui me fait présumer que cette différence n'est qu'une variété dans l'espèce du coaïta, c'est que j'ai reconnu par le témoignage des voyageurs qu'il y en a de blancs et de noirs, les uns sans barbe et d'autres avec une barbe. « Il y a, dit Dam-
» pierre (*b*), dans les terres de l'isthme de l'Amérique, de grands troupeaux
» de singes dont les uns sont blancs et la plupart noirs; les uns ont de la
» barbe, les autres n'en ont point; ils sont d'une taille médiocre... Ces ani-
» maux ont quantité de vers dans les entrailles (*c*)... Ces singes sont fort
» drôles; ils faisaient mille postures grotesques lorsque nous traversions les
» bois ; ils sautaient d'une branche à l'autre avec leurs petits sur le dos ; ils
» faisaient des grimaces contre nous, craquetaient des dents et cherchaient
» l'occasion de pisser sur nous; quand ils veulent passer du sommet d'un
» arbre à l'autre, dont les branches sont trop éloignées pour y pouvoir
» atteindre d'un saut, ils s'attachent à la queue les uns des autres et ils se
» brandillent ainsi jusqu'à ce que le dernier attrape une branche de l'arbre
» voisin, et il tire tout le reste après lui. » Tout cela et jusqu'aux vers dans les entrailles convient à nos coaïtas; M. Daubenton, en disséquant ces animaux, y a trouvé une grande quantité de vers dont quelques-uns avaient jusqu'à douze et treize pouces de longueur; nous ne pouvons donc guère douter que l'exquima de Marcgrave ne soit un sapajou de l'espèce même, ou de l'espèce très voisine de celle du coaïta.

(*a*) « Cercopithecus barbatus Guineensis ; in Congo vocatur *Exquima :* pilos habet fuscos,
» sed per totum dorsum quasi adustos seu ferrugineos ; fuscis autem punctulatim inspersus
» color albus, venter albicat et mentum inferius ; barbam quoque egregiè albam habet, con-
» stantem capillis duos digitos longis et amplius passis quasi ordinatim pexa fuisset ; quando
» hæc species irascitur, os amplè diducendo et mandibulas celeriter movendo exagitat ho-
» minem : egregiè saltant, varios fructus comedunt. » Marcgr., *Hist. nat. Brasil.*, p. 227
et 228, *ubi vidi figuram.*

(*b*) *Voyage de Dampierre*, t. IV, p. 225.

(*c*) Ces animaux ont quantité de vers dans les entrailles ; j'en tirai une fois ma pleine main du corps d'un que nous ouvrîmes, et il y en avait de sept ou huit pouces de long. *Voyage de Dampierre*, t. IV, page 225.

Nous ne pouvons aussi nous dispenser d'observer que si l'animal indiqué par M. Linnæus, sous le nom de *diana* (a), est en effet, comme il le dit, l'*exquima* de Marcgrave, il a manqué dans sa description le caractère essentiel, qui est la *queue prenante*, et qui seul doit décider si ce *diana* est du genre des *sapajous* ou de celui des *guenons*, et par conséquent s'il se trouve dans l'ancien ou dans le nouveau continent.

Indépendamment de cette variété, dont les caractères sont très apparents, il y a d'autres variétés moins sensibles dans l'espèce du coaïta ; celui qu'a décrit M. Brisson avait du poil blanchâtre sur toutes les parties inférieures du corps, au lieu que ceux que nous avons vus étaient entièrement noirs et n'avaient que très peu de poils sur ces parties inférieures, où l'on voyait la peau qui était noire comme le poil. Des deux coaïtas dont parle M. Edwards (b), l'un était noir et l'autre était brun ; on leur avait donné, dit-il, le nom de *singe-araignée*, à cause de leur queue et de leurs membres qui étaient fort longs et fort minces : ces animaux sont en effet fort effilés du corps et des jambes, et mal proportionnés.

On m'en présenta un, il y a plusieurs années, sous le nom de *chameck*, que l'on me dit venir des côtes du Pérou ; j'en fis prendre les mesures et faire une description (c) ; je la rapporte ici pour qu'on puisse la comparer avec celle

(a) « Diana simia caudata barbata, fronte barbaque fastigiata. » Linn., *Act. Stockh.*, 1754, page 210. tab. 6. « Cercopithecus barbatus Guineensis, Marcgravii..... Habitat in » *Guineâ*, magnitudo felis majoris ; nigra punctis albidis. Dorsum postice ferrugineum, » femora subtus helvola, gula pectusque alba, frons pilis erectis albis fastigiatis, linea trans- » versa in formam lunæ crescentis, barba fastigiata nigra, subtus alba, insidens tuberi adi- » poso, linea alba ab ano ad genua ab exteriori latere femorum ducta. Ludibunda omnia » dejicit, peregrinos nutitando salutat, irata ore hiat maxillasque exagitat ; vocata respondet » *greek*. » Linn., *Syst. nat.*, édit. X, pages 26 et 27.

(b) Voyez *Glanures*, page 222.

(c) Cet animal venait de la côte de Bancet au Pérou, il était âgé de treize mois ; il pesait environ six livres ; il était noir par tout le corps ; la face nue, avec une peau grenue et de couleur de mulâtre ; le poil de deux à trois pouces de longueur et un peu rude ; les oreilles de même couleur que la face et aussi dégarnies de poil, fort ressemblantes à celles de l'homme ; la queue longue d'un pied dix pouces, grosse de cinq pouces de circonférence à la base, et de onze lignes à l'extrémité ; elle était ronde et garnie de poils en dessus et en dessous à son origine, et sur une longueur de treize pouces, mais sans poil par-dessous sur une longueur de neuf pouces à son extrémité, où elle est aplatie par-dessous et sillonnée dans son milieu, et ronde par-dessus ; l'animal se sert de sa queue pour se suspendre et s'accrocher, il s'en sert aussi comme d'une cinquième main pour saisir ce qu'il veut amener à lui ; il avait treize pouces de longueur, depuis le bout du nez jusqu'à l'origine de la queue ; neuf pouces et demi de circonférence derrière les bras, et un pied un pouce sur la pointe du sternum qui est très relevé ; neuf pouces et demi devant les pattes de derrière ; le cou avait cinq pouces et demi de circonférence ; il n'y avait que deux mamelles, placées presque sous les aisselles ; la tête avait cinq pouces de circonférence prise à l'endroit le plus gros, et deux pouces au-dessous des yeux ; le nez treize lignes de longueur ; les yeux étaient fort ressemblants à ceux d'un enfant ; ils avaient neuf lignes de longueur d'un angle à l'autre, l'iris en était brun et environné d'un petit cercle jaunâtre, la prunelle était grande, et il y avait d'un œil à l'autre huit lignes de distance ; l'oreille avait un pouce six lignes de longueur et dix lignes de largeur ; le tour de la bouche treize lignes ; les bras six pouces trois lignes de longueur et trois

que M. Daubenton a faite du coaïta, et reconnaître qu'à quelques variétés près, ce chameck du Pérou est le même animal que le coaïta de la Guyane.

Ces sapajous sont intelligents et très adroits ; ils vont de compagnie, s'avertissent, s'aident et se secourent ; la queue leur sert exactement d'une cinquième main ; il paraît même qu'ils font plus de choses avec la queue qu'avec les mains ou les pieds (*a*) : la nature semble les avoir dédommagés par là du pouce qui leur manque. On assure qu'ils pêchent et prennent du poisson avec cette longue queue, et cela ne nous paraît pas incroyable, car nous avons vu l'un de nos coaïtas prendre de même avec sa queue et amener à lui un écureuil qu'on lui avait donné pour compagnon dans sa chambre. Ils ont l'adresse de casser l'écaille des huîtres pour les manger (*b*), et il est certain qu'ils se suspendent plusieurs les uns au bout des autres, soit pour traverser un ruisseau, soit pour s'élancer d'un arbre à un autre (*c*). Ils ne produisent ordinairement qu'un ou deux petits, qu'ils portent toujours sur le dos ; ils mangent du poisson, des vers et des insectes, mais les fruits sont leur nourriture la plus ordinaire : ils deviennent très gras dans le temps de l'abon-

pouces de circonférence ; l'avant-bras six pouces de longueur et deux pouces et demi de circonférence ; le reste de la main cinq pouces de longueur ; la paume de la main un pouce trois lignes de largeur ; il avait aux mains quatre grands doigts garnis d'ongles, et un petit pouce sans ongle qui n'était long que de deux lignes ; l'index avait deux pouces deux lignes de longueur ; le doigt du milieu deux pouces et demi ; l'annulaire deux pouces quatre lignes, et le petit doigt deux pouces ; les ongles trois lignes et demie à quatre lignes de longueur ; la jambe six pouces jusqu'au genou et quatre pouces huit lignes de circonférence au plus gros, depuis le genou jusqu'au talon cinq pouces quatre lignes, et trois pouces de circonférence ; le pied cinq pouces et demi de longueur ; il avait aux pieds cinq doigts mieux proportionnés que ceux des mains : le pouce avait un pouce six lignes de longueur, l'index deux pouces, le doigt du milieu deux pouces deux lignes, l'annulaire deux pouces, et le petit doigt un pouce neuf lignes ; le pied deux pouces trois lignes de largeur.

(*a*) « This creature has no more than four fingers to each of its fore paws, but the top of » the tail is smooth underneath, and on this it depends for its chief actions, fort the creature » holds every thing by it, and sling it self with the greatest ease from every tree and post » by its means... It is a native of the main continent ; and a part of the food of the Indians. » Russel, *Hist. of Jamaïca*, chap. v, sect. v.

(*b*) A l'île de Gorgonia, sur la côte du Pérou, je remarquai des singes qui venaient cueillir des huîtres lorsque la marée était basse, et qui les ouvraient de cette manière : ils en prenaient une qu'ils mettaient sur une pierre, et avec une autre pierre ils la frappaient jusqu'à ce qu'ils eussent rompu l'écaille en morceaux, ensuite ils en avalaient les poissons. *Voyage de Dampierre*, t. IV, page 288.

(c) En allant à Panama, je vis en Capira qu'une de ces guenons sauta d'un arbre à un autre, qui était de l'autre côté de la rivière, ce qui me fit beaucoup émerveiller ; elles sautent où elles veulent, s'entortillant la queue en une branche pour se branler, et quand elles veulent sauter en un lieu éloigné et qu'elles ne peuvent y atteindre d'un saut, elles usent alors d'une gentille façon, qui est qu'elles s'attachent à la queue les unes des autres, et font par ce moyen comme une chaîne de plusieurs, puis après elles s'élancent et se jettent en avant, et la première, étant aidée de la force des autres, atteint où elle veut et s'attache à un rameau, puis elle aide et soutient tout le reste jusqu'à ce qu'elles soient toutes parvenues, attachées, comme je l'ai dit, à la queue les unes des autres. *Histoire naturelle des Indes*, par Joseph d'Acosta, p. 200.

dance et de la maturité des fruits, et l'on prétend qu'alors leur chair est fort bonne à manger (*a*).

Caractères distinctifs de ces espèces.

Le coaïta n'a ni abajoues ni callosités sur les fesses ; il a la queue prenante et très longue, la cloison des narines très épaisse, et les narines ouvertes à côté et non pas au-dessous du nez ; il n'a que quatre doigts aux mains ou pieds de devant ; il a le poil et la peau noirs, la face nue et tannée, les oreilles aussi nues et faites comme celles de l'homme ; il a environ un pied et demi de longueur, et la queue est plus longue que le corps et la tête pris ensemble : il marche à quatre pieds.

L'exquima (*) est à peu près de la même grandeur que le coaïta ; il a comme lui la queue prenante, mais il n'a pas de poil noir sur tout le corps ; il varie pour les couleurs ; il y en a de noirs et de fauves sur le dos, et de blancs sur la gorge et le ventre ; il a d'ailleurs une barbe remarquable : néanmoins ces différences ne m'ont pas paru suffisantes pour en faire deux espèces séparées, d'autant qu'il y a des coaïtas qui ne sont pas tout noirs, et qui ont du poil blanchâtre sur la gorge et le ventre. Les femelles, dans ces deux espèces, ne sont pas sujettes à l'écoulement périodique.

LE SAJOU (*b*)

Nous connaissons deux variétés dans cette espèce : le sajou brun (**), qu'on appelle vulgairement le *singe-capucin*, et le *sajou gris*, qui ne diffère du sajou brun que par les couleurs du poil ; ils sont de la même grandeur, de la même figure et du même naturel : tous deux sont très vifs, très agiles et très plaisants par leur adresse et leur légèreté ; nous les avons eus vivants, et il nous a paru que de tous les sapajous, ce sont ceux auxquels la température de notre climat disconvenait le moins : ils y subsistent sans peine et pendant quelques années, pourvu qu'on les tienne dans une chambre à feu pendant l'hiver ; ils peuvent même produire, et nous en citerons plusieurs exemples : il est né deux de ces petits animaux chez Mme la marquise de

---

(*a*) Ces animaux sont de taille médiocre, mais fort gras dans la belle saison, lorsque les fruits sont mûrs ; la chair en est exquise, et nous en mangions beaucoup. *Voyage de Dampierre*, t. IV, p. 225.

(*b*) *Sajou*, mot abrégé de *cayouassou* ou *sajouassou*, nom de ces animaux au Maragnon. — *Nota.* Cayassou doit se prononcer *sajouassou*, c'est là l'origine du mot *sapajou*.

(*) Espèce douteuse.
(**) *Cebus Apella* L., de la famille des Cébides.

A. Le Vasseur Éditeur

Imp. R. Tanœur

SAJOU À GORGE BLANCHE

Pompadour à Versailles, un chez M. de Réaumur à Paris, et un autre chez Mme de Poursel en Gâtinais (*a*); mais chaque portée n'est ici que d'un petit, au lieu que dans leur climat ils en font souvent deux. Au reste, ces sajous sont fantasques dans leurs goûts et dans leurs affections : ils paraissent avoir une forte inclination pour de certaines personnes, et une grande aversion pour d'autres, et cela constamment.

Nous avons observé dans ces animaux une singularité qui fait qu'on prend souvent les femelles pour les mâles ; le clitoris est proéminent au dehors, et paraît autant que la verge du mâle.

Caractères distinctifs de cette espèce.

Les sajous n'ont ni abajoues ni callosités sur les fesses ; ils ont la face et les oreilles couleur de chair, avec un peu de duvet par-dessus ; la cloison des narines épaisses, et les narines ouvertes à côté et non pas au-dessous du nez ; les yeux châtains et placés assez près l'un de l'autre ; ils ont la queue prenante, nue par-dessous à l'extrémité, et fort touffue sur tout le reste de sa longueur ; les uns ont le poil noir et brun, tant autour de la face que sur toutes les parties supérieures du corps ; les autres l'ont gris autour de la face, et d'un fauve brun sur le corps ; ils ont également les mains noires et nues ; ils n'ont qu'un pied de longueur depuis l'extrémité du museau jusqu'à l'origine de la queue ; ils marchent à quatre pieds. Les femelles ne sont pas sujettes à l'écoulement périodique.

LE SAÏ (*b*)

Nous avons vu deux de ces animaux qui nous ont paru faire variété dans l'espèce ; le premier (*) a le poil d'un brun noirâtre ; le second, que nous

(*a*) M. Sanches, ci-devant premier médecin à la cour de Russie, et que j'ai déjà eu occasion de citer avec reconnaissance, m'a communiqué ce dernier fait par une lettre de Mme de Poursel, dont voici l'extrait : « A Bordeaux en Gâtinois, le 26 janvier 1764. Le 13 de ce mois, » la femelle sapajou a fait un petit, qui avait la tête presque aussi grosse que celle de sa » mère ; elle a beaucoup souffert pendant plus de deux heures, on fut obligé de lui couper » la ceinture par laquelle on la tenait attachée, sans cela elle n'aurait pu mettre bas : rien » de si joli que de voir le père et la mère, avec leur petit, qu'ils tourmentent sans cesse, » soit en le portant, soit en le caressant. *Fernambuco* (on a donné ce nom au sapajou mâle, » qui est venu de cette partie du Brésil l'été dernier 1763 à Lisbonne, et qu'on a apporté » avec sa femelle à Paris au mois de septembre suivant) aime son enfant à la folie ; le père » et la mère le portent chacun à leur tour, et quand il ne se tient pas bien, il est mordu » bien serré. »

(*b*) *Cay*, que l'on doit prononcer *saï*, nom de cet animal au Brésil, et que nous avons adopté.

(*) *Cebus Capucinus* L.

avons appelé *saï à gorge blanche,* a du poil blanc sur la poitrine, sous le cou et autour des oreilles et des joues ; il diffère encore du premier en ce qu'il a la face plus dégarnie de poil ; mais au reste ils se ressemblent en tout, ils sont du même naturel, de la même grandeur et de la même figure. Les voyageurs ont indiqué ces animaux sous le nom de *pleureurs* (*a*), parce qu'ils ont un cri plaintif, et que pour peu qu'on les contrarie ils ont l'air de se lamenter ; d'autres les ont appelés *singes musqués,* parce qu'ils ont, comme le macaque, une odeur de faux musc (*b*) ; d'autres enfin leur ont donné le nom de *macaque* (*c*), qu'ils avaient emprunté du macaque de Guinée ; mais les macaques sont des guenons à queue lâche, et ceux-ci sont de la famille des sapajous, car ils ont la queue prenante. Ils n'ont que deux mamelles, et ne produisent qu'un ou deux petits ; ils sont doux, dociles, et si craintifs, que leur cri ordinaire, qui ressemble à celui du rat, devient un gémissement dès qu'on les menace. Dans ce pays-ci ils mangent des hannetons et des limaçons (*d*) de préférence à tous les autres aliments qu'on peut leur présenter ; mais au Brésil, dans leur pays natal, ils vivent principalement de graines et de fruits sauvages qu'ils cueillent sur les arbres (*e*), où ils demeurent, et d'où ils ne descendent que rarement à terre.

Caractères distinctifs de cette espèce.

Les saïs n'ont ni abajoues ni callosités sur les fesses ; ils ont la cloison des narines fort épaisse, et l'ouverture des narines à côté, et non pas au-dessous du nez ; la face ronde et plate, les oreilles presque nues ; ils ont la queue prenante, nue par-dessous vers l'extrémité, le poil d'un brun noirâtre sur les parties supérieures du corps, et d'un fauve pâle, ou même d'un blanc sale sur les parties inférieures. Ces animaux n'ont qu'un pied ou quatorze pouces de grandeur ; leur queue est plus longue que le corps et la tête pris ensemble ; ils marchent à quatre pieds. Les femelles ne sont pas sujettes à l'écoulement périodique.

(*a*) Dans l'île Grande ou l'île Saint-George sous le Tropique, à deux lieues du continent de l'Amérique, il y a des singes qu'on appelle *pleureurs,* qui imitent les cris d'un enfant. *Voyage de Le Gentil,* t. Ier, p. 15.

(*b*) Il y a dans les terres de la baie de Tous-les-Saints de petits singes, qui sont d'une laideur affreuse, et qui sentent beaucoup le musc. *Voyage de Dampierre,* t. IV, p. 69.

(*c*) J'ai vu à la baie de Tous-les-Saints deux espèces de singes, les uns qu'on appelle *sagouins* et les autres qu'on appelle *macaques.* Les sagouins sont de la grosseur d'un écureuil, il y en a de gris, et d'autres d'un poil fin et de couleur d'aurore ; ils sont tout à fait jolis... Les macaques sont plus gros et d'un poil brun ; ils pleurent toujours, etc. *Voyage de de Gennes,* par Froger, p. 150.

(*d*) Tous les singes de ce pays de l'Amérique méridionale vivent de fruits et de fleurs, et de quelques insectes, comme cigales, etc. *Histoire des aventuriers,* par Oexmelin, t. II, page 256.

(*e*) Le naturel des cays (*saïs*) est tel, que ne bougeant guère de dessus un arbre qui porte un fruit, ayant gousse presque comme nos grosses fèves, de quoi ils se nourrissent : ils

LE SAÏMIRI (a)

Le saïmiri (*) est connu vulgairement sous le nom de *sapajou aurore,* de *sapajou orangé* et de *sapajou jaune;* il est assez commun à la Guyane, et c'est par cette raison que quelques voyageurs l'ont aussi indiqué sous la dénomination de *sapajou de Cayenne.* Par la gentillesse de ses mouvements, par sa petite taille, par la couleur brillante de sa robe, par la grandeur et le feu de ses yeux, par son petit visage arrondi, le saïmiri a toujours eu la préférence sur tous les autres sapajous, et c'est en effet le plus joli, le plus mignon de tous; mais il est aussi le plus délicat (b), le plus difficile à transporter et à conserver; par tous ces caractères, et particulièrement encore par celui de la queue, il paraît faire la nuance entre les sapajous et les sagouins, car la queue, sans être absolument inutile et lâche comme celle des sagouins, n'est pas aussi musclée que celle des sapajous; elle n'est, pour ainsi dire, qu'à demi prenante, et, quoiqu'il s'en serve pour s'aider à monter et descendre, il ne peut ni s'attacher fortement, ni saisir avec fermeté, ni amener à lui les choses qu'il désire; et l'on ne peut plus comparer cette queue à une main comme nous l'avons fait pour les autres sapajous.

s'assemblent ordinairement par troupes, et principalement en temps de pluie ; c'est un plaisir de les ouïr crier et mener leur sabbat sur ces arbres. Au reste, cet animal n'en porte qu'un d'une ventrée ; mais le petit ayant cette industrie de nature, que sitôt qu'il est hors du ventre, il embrasse et tient ferme le cou du père et de la mère ; s'ils se voient pourchassés des chasseurs, sautant et l'emportant ainsi de branches en branches le sauvent de cette façon ; partant, les sauvages n'en pouvant guère prendre, ni jeunes ni vieux, n'ont d'autre moyen de les avoir, sinon qu'à coups de flèches, les abattent de dessus les arbres dont tombant étourdis et quelquefois bien blessés, après qu'ils les ont guéris et un peu apprivoisés les changent pour quelques marchandises ; je dis nommément apprivoisés, car du commencement qu'ils sont pris ils sont si farouches qu'ils mordent si opiniâtrément qu'il faut les assommer pour les faire lâcher prise. *Voyage de de Lery,* p. 164.

(a) *Caymiri,* nom de cet animal dans les terres du Maragnon, et que l'on doit prononcer *saïmiri.*

Nota. Je crois qu'on doit rapporter à cette espèce le *caitaia* ou *saitia* de Marcgrave qu'il décrit en ces termes : « *Caitaia* Brasiliensibus, pilo longiore ex albido flavescente, caput habet » subrotundum, frontem haud elatam aut pene nullam, nasum parvum et compressum. Cau- » dam gestat arcuatam, redolet moschum. Hæc unica ipsi inest gratia. Mite tractari debet, » alias altissima voce clamat et facile ad iram concitari potest. Alius ejusdem speciei sed » major, et pilo magis fusco instar zebellinorum, etiam moschum redolet. » Marcgr., *Hist. nat. Brasil.,* page 227. Le premier de ces deux animaux de Marcgrave me paraît être notre saïmiri, et le second notre saï ; le poil d'un jaune blanchâtre, le front si court qu'il paraît nul, sont les deux caractères distinctifs du saïmiri ; le poil d'un brun noirâtre, et l'odeur du musc me paraissent indiquer assez le saï, qui comme le saïmiri est sujet à gémir et crier pour peu qu'on le maltraite.

(b) Le sapajou de Cayenne est une espèce de petit singe d'un poil jaunâtre ; il a de gros

(*) *Chrysothrix Sciura* L. Il appartient à la famille des Pithécides qui comprend tous les Platyrrhiniens à queue non prenante et entièrement couverte de poils.

Caractères distinctifs de cette espèce.

Le saïmiri n'a ni abajoues, ni callosités sur les fesses; il a la cloison des narines épaisse, les narines ouvertes à côté et non pas au-dessous du nez; il n'a, pour ainsi dire, point de front; son poil est d'un jaune brillant, il a deux bourrelets de chair en forme d'anneau autour des yeux; il a le nez élevé à la racine et aplati à l'endroit des narines; la bouche petite, la face demi prenante, plate et nue, les oreilles garnies de poil et un peu pointues; la queue plus longue que le corps; il n'a guère que dix ou onze pouces de longueur, depuis le bout du museau jusqu'à l'origine de la queue; il se tient aisément sur ses pieds de derrière, mais il marche ordinairement à quatre pieds. La femelle n'est pas sujette à l'écoulement périodique.

LE SAKI (*a*)

Le saki (*), que l'on appelle vulgairement *singe à queue de renard*, parce qu'il a la queue garnie de poils très longs, est le plus grand des *sagouins*; lorsqu'il est adulte, il a environ dix-sept pouces de longueur, au lieu que des cinq autres sagouins le plus grand n'en a que neuf ou dix. Le saki a le poil très long sur le corps, et encore plus long sur la queue; il a la face rousse et couverte d'un duvet blanchâtre; il est aisé à reconnaître et à distinguer de tous les autres sagouins, de tous les sapajous et de toutes les guenons par les caractères suivants.

Caractères distinctifs de cette espèce.

Le saki n'a ni abajoues, ni callosités sur les fesses: il a la queue lâche, non prenante et de plus d'une moitié plus longue que la tête et le corps pris ensemble; la cloison entre les narines fort épaisse et leurs ouvertures à côté; la face tannée et couverte d'un duvet fin, court et blanchâtre, le poil des parties supérieures du corps d'un brun noir, celui du ventre et des autres parties inférieures d'un blanc roussâtre; le poil partout très long et encore

yeux, la face blanche, le menton. noir et la taille menue : il est alerte et caressant, mais il est aussi sensible au froid que les sagouins du Brésil. *Relation du voyage de Gennes*, par Froger. Paris, 1698, p. 163.

(*a*) *Saki.* « Simia minima, capite albido, dorso fusco pone rufescente, caudâ crinitâ. » Sakee Winkee. Brown's, *Hist. nat. of Jamaïca*, chap. v, sect. v. — *Nota. Sakee winkee*, doit se prononcer *saki winki*; nous avons adopté ce nom *saki*, d'autant plus volontiers qu'il nous paraît dérivé du mot *cacuien*, qui doit se prononcer *sacuien*, lequel, selon Thevet, page 103, était le nom des grands sagouins dans plusieurs endroits de l'Amérique méridionale.

(*) *Pitecia Satanas.* De la famille des Pithécides.

plus long sur la queue, dont il déborde l'extrémité de près de deux
pouces ; ce poil de la queue est ordinairement d'un brun noirâtre comme
celui du corps. Il paraît qu'il y a variété dans cette espèce pour la couleur
du poil, et qu'il se trouve des sakis qui ont le poil du corps et de la queue
d'un fauve roussâtre : cet animal marche à quatre pieds, et a près d'un
pied et demi de longueur depuis l'extrémité du nez jusqu'à l'origine de la
queue. Les femelles, dans cette espèce, ne sont pas sujettes à l'écoulement
périodique.

LE TAMARIN (*a*)

Cette espèce (*) est beaucoup plus petite que la précédente, et en diffère
par plusieurs caractères, principalement par la queue qui n'est couverte que
de poils courts, au lieu que celle du saki est garnie de poils très longs. Le
tamarin est remarquable aussi par ses larges oreilles et ses pieds jaunes ;
c'est un joli animal (*b*), très vif, aisé à apprivoiser, mais si délicat qu'il ne
peut résister longtemps à l'intempérie de notre climat.

Caractères distinctifs de cette espèce.

Le tamarin n'a ni abajoues, ni callosités sur les fesses ; il a la queue lâche,
non prenante, et une fois plus longue que la tête et le corps pris ensemble ;
la cloison entre les narines fort épaisse et leurs ouvertures à côté ; la face
couleur de chair obscure ; les oreilles carrées, larges, nues et de la même
couleur ; les yeux châtains, la lèvre supérieure fendue à peu près comme
celle du lièvre ; la tête, le corps et la queue garnis de poils d'un brun noir
et un peu hérissés, quoique doux ; les mains et les pieds couverts de poils
courts d'un jaune orangé ; il a le corps et les jambes bien proportionnés, il

(*a*) *Tamarin*, nom de cet animal à Cayenne.

(*b*) Il y a de fort petits singes à Cayenne que l'on appelle des *tamarins*, beaux à merveilles ; ils ne sont pas plus gros que des écureuils, et ont la tête et la face comme un lion,
de petites dents blanches comme l'ivoire, qui sont de la grosseur et aussi bien arrangées
que celles d'une montre horloge ; ils sont noirs avec de petites taches sur le train de devant
de couleur isabelle ; les pattes sont comme celles des singes et de couleur de franchipane ;
ils sont familiers et font mille singeries. *Voyage à Cayenne*, par Antoine Binet, p. 341 et 342.

(*) Le Tamarin appartient à un sous-ordre de Primates auquel on a donné le nom d'Arctopithèques, et qui comprend des Singes de l'Amérique méridionale, de très petite taille,
couverts de poils longs et laineux, possesseurs d'une queue à poils très longs et ayant les
doigts munis de griffes ; le pouce seul, qui est opposable, présente un ongle véritable ; ils ont
trente-deux dents, mais leurs molaires sont surmontées de tubercules pointus, les prémolaires
sont plus nombreuses que les molaires et les canines sont petites.

Les Tamarins forment dans ce petit groupe le genre *Midas*; l'espèce décrite ici est le
Midas rufimanus GEOFF.

marche à quatre pieds, et la tête et le corps pris ensemble n'ont que sept ou huit pouces de longueur. Les femelles ne sont pas sujettes à l'écoulement périodique.

———

L'OUISTITI (*a*)

L'ouistiti (*) est encore plus petit que le tamarin ; il n'a pas un demi-pied de longueur, le corps et la tête compris, et sa queue a plus d'un pied de long ; elle est marquée, comme celle du mococo, par des anneaux alternativement noirs et blancs ; le poil en est plus long et plus fourni que celui du mococo ; l'ouistiti a la face nue et d'une couleur de chair assez foncée ; il est coiffé fort singulièremeut par deux toupets de longs poils blancs au-devant des oreilles, en sorte que, quoiqu'elles soient grandes, on ne les voit pas en regardant l'animal en face. M. Parsons a donné une très bonne description de cet animal dans les Transactions philosophiques (*b*). Ensuite M. Edwards en a donné une bonne figure dans ses Glanures ; il dit en avoir vu plusieurs, et que les plus gros ne pesaient guère que six onces, et les plus petits quatre onces et demie ; il observe très judicieusement que c'est à tort que l'on a supposé que le petit singe d'Éthiopie, dont Ludolf fait mention sous le nom de *fonkes* ou *guereza*, était le même animal que celui-ci (*c*) ; il est en effet très certain que l'ouistiti ni aucun sagouin ne se trouve en Éthiopie, et il est très vraisemblable que le *fonkes* ou *guereza* de Ludolf est ou le *mococo* ou le *loris*, qui se trouvent dans les terres méridionales de l'ancien continent. M. Edwards dit encore que le sanglin (*ouistiti*), lorsqu'il est en bonne santé, a le poil très fourni et très touffu ; que l'un de ceux qu'il a vus, et qui était des plus vigoureux, se nourrissait de plusieurs choses, comme de biscuits, fruits, légumes, insectes, limaçons, et qu'un jour étant déchaîné, il se jeta sur un petit poisson doré de la Chine qui était dans un bassin, qu'il le tua et le dévora avidement ; qu'ensuite on lui donna de petites anguilles qui l'effrayèrent d'abord en s'entortillant autour de son cou, mais que bientôt il s'en rendit maître et les mangea. Enfin M. Edwards ajoute un

(*a*) *Ouistiti*, son articulé que cet animal fait entendre toutes les fois qu'il donne de la voix, et que nous lui avons donné pour nom.

(*b*) *Transactions philos.*, volume XLVII, page 146.

(*c*) Jean Ludolph, dans son Histoire d'Éthiopie ou d'Abyssinie, a donné deux figures de cet animal ; on en trouve la description à la page 58 de la traduction anglaise de cet ouvrage : il l'appelle *fonkes* ou *guereza* ; mais sa description ne répond point aux figures ; de sorte que je m'imagine que ceci a été trouvé en Hollande, et qu'on a supposé que c'était le petit singe décrit par Ludolph, quoiqu'il eût été apporté par les Hollandais du Brésil, qui leur appartenait dans le temps de la publication de cette Histoire de Ludolph. *Glanures de M. Edwards*, p. 16.

(*) *Hapale jacchus* GEOFF. ; fait aussi partie du sous-ordre des Arctopithèques.

exemple qui prouve que ces petits animaux pourraient peut-être se
multiplier dans les contrées méridionales de l'Europe; ils ont, dit-il, produit
des petits en Portugal, où le climat leur est favorable; ces petits sont
d'abord fort laids, n'ayant presque point de poil sur le corps; ils s'attachent
fortement aux tettes de leur mère; quand ils sont devenus un peu grands,
ils se cramponnent fortement sur son dos ou sur ses épaules, et quand
elle est lasse de les porter, elle s'en débarrasse en se frottant contre la
muraille; lorsqu'elle les a écartés, le mâle en prend soin sur-le-champ,
et les laisse grimper sur son dos pour soulager la femelle (*a*).

Caractères distinctifs de cette espèce.

L'ouistiti n'a ni abajoues, ni callosités sur les fesses; il a la queue lâche,
non prenante, fort touffue, annelée alternativement de noir et de blanc, ou
plutôt de brun et de gris, et une fois plus longue que la tête et le corps pris
ensemble; la cloison des narines fort épaisse, et leurs ouvertures à côté; la
tête ronde, couverte de poil noir au-dessus du front, sur le bas duquel il y a
au-dessus du nez une marque blanche et sans poil; sa face est aussi presque
sans poil et d'une couleur de chair foncée; il a des deux côtés de la tête,
au-devant des oreilles, deux toupets de longs poils blancs; ses oreilles sont
arrondies, plates, minces et nues; ses yeux sont d'un châtain rougeâtre; le
corps est couvert d'un poil doux d'un gris cendré, et d'un gris plus clair, et
mêlé d'un peu de jaune sur la gorge, la poitrine et le ventre; il marche à
quatre pieds, et n'a souvent pas un demi-pied de longueur depuis le bout du
nez jusqu'à l'origine de la queue. Les femelles ne sont pas sujettes à l'écoulement périodique.

LE MARIKINA (*b*)

Le marikina (*) est assez vulgairement connu sous le nom de petit *singe-
lion :* nous n'admettons pas cette dénomination composée, parce que le
marikina n'est point un singe, mais un sagouin, et que d'ailleurs il ne ressemble pas plus au lion qu'une alouette ressemble à une autruche, et qu'il
n'a de rapport avec lui que par l'espèce de crinière qu'il porte autour de la
face, et par le petit flocon de poils qui termine sa queue. Il a le poil touffu,
long, soyeux et lustré; la tête ronde, la face brune, les yeux roux, les oreilles
rondes, nues et cachées sous les longs poils qui environnent sa face; ces

(*a*) *Glanures de M. Edwards*, p. 17.
(*b*) *Marikina*, nom de cet animal au Maragnon, et que nous avons adopté.

(*) *Midas rosalia* L.

poils sont d'un rouge vif, ceux du corps et de la queue sont d'un jaune très pâle et presque blanc : cet animal a les mêmes manières, la même vivacité et les mêmes inclinations que les autres sagouins, et il paraît être d'un tempérament un peu plus robuste, car nous en avons vu un qui a vécu cinq ou six ans à Paris, avec la seule attention de le garder pendant l'hiver dans une chambre, où tous les jours on allumait du feu.

Caractères distinctifs de cette espèce.

Le marikina n'a ni abajoues, ni callosités sur les fesses; il a la queue lâche, non prenante, et presque une fois plus longue que la tête et le corps pris ensemble; la cloison entre les narines épaisse, et leurs ouvertures à côté; il a les oreilles rondes et nues, de longs poils d'un roux doré autour de la face; du poil presque aussi long, d'un blanc jaunâtre et luisant sur tout le reste du corps, avec un flocon assez sensible à l'extrémité de la queue; il marche à quatre pieds, et n'a qu'environ huit ou neuf pouces de longueur en tout. La femelle n'est pas sujette à l'écoulement périodique.

LE PINCHE (a)

Le pinche (*), quoique fort petit, l'est cependant moins que l'ouistiti, et même que le tamarin; il a environ neuf pouces de long, la tête et le corps compris, et sa queue est au moins une fois plus longue. Il est remarquable par l'espèce de chevelure blanche et lisse qu'il porte au-dessus et aux côtés de la tête, d'autant que cette couleur tranche merveilleusement sur celle de la face, qui est noire et ombrée par un petit duvet gris; il a les yeux tout noirs, la queue d'un roux vif à son origine et jusqu'à près de la moitié de sa longueur, où elle change de couleur et devient d'un noir brun jusqu'à l'extrémité; le poil des parties supérieures du corps est d'un brun fauve; celui de la poitrine, du ventre, des mains et des pieds est blanc; la peau est noire partout, même sous les parties où le poil est blanc; il a la gorge

(a) *Pinche*, nom de cet animal à Maynas, et que nous avons adopté. Je ne parle pas (dit M. de la Condamine) de la petite espèce connue sous le nom de *sapajous*, mais d'autres plus petits encore, difficiles à apprivoiser, dont le poil est long, lustré, ordinairement couleur de marron et quelquefois moucheté de fauve : ils ont la queue deux fois aussi longue que le corps; la tête petite et carrée, les oreilles pointues et saillantes comme les chiens et les chats, et non comme les autres singes, avec lesquels ils ont peu de ressemblance, ayant plutôt l'air et le port d'un petit lion; on les appelle *pinche* à Maynas. *Voyage sur la rivière des Amazones*, page 165.

(*) *Midas Œdipus* L.

nue et noire comme la face : c'est encore un joli animal et d'une figure très
singulière ; sa voix est douce et ressemble plus au chant d'un petit oiseau
qu'au cri d'un animal ; il est très délicat, et ce n'est qu'avec de grandes précautions qu'on peut le transporter d'Amérique en Europe (a).

Caractères distinctifs de cette espèce.

Le pinche n'a ni abajoues, ni callosités sur les fesses ; il a la queue lâche,
non prenante et une fois plus longue que la tête et le corps pris ensemble ; la
cloison entre les narines épaisse, et leurs ouvertures à côté ; la face, la gorge
et les oreilles noires, de longs poils blancs en forme de cheveux lisses ; le
museau large, la face ronde ; le poil du corps assez long, brun fauve ou roux
sur le corps jusques auprès de la queue où il devient orangé, blanc sur la
poitrine, le ventre, les mains et les pieds, où il est plus court que sur le
corps ; la queue d'un roux vif à son origine et dans la première partie de sa
longueur, ensuite d'un roux brun, et enfin noires à son extrémité ; il marche
à quatre pieds et n'a qu'environ neuf pouces de longueur en tout. Les
femelles ne sont pas sujettes à l'écoulement périodique.

LE MICO (*b*)

C'est à M. de la Condamine à qui nous devons la connaissance de cet
animal (*) ; ainsi nous ne pouvons mieux faire que de rapporter ce qu'il en

(a) *Nota.* Voici ce que de Lery dit au sujet de ce petit animal : « Il se trouve en cette terre
» du Brésil un marmot, que les sauvages appellent *sagouin*, non plus grand qu'un escuriau
» et de même poil roux ; mais quant à sa figure, le mufle comme celui d'un lion et fier de
» même ; c'est le plus joli petit animal que j'aie vu par-delà ; et de fait, s'il était aussi aisé
» à repasser que la guenon, il serait beaucoup plus estimé ; mais outre qu'il est si délicat,
» qu'il ne peut endurer le branlement du navire sur la mer, encore est-il si glorieux que pour
» peu de fâcherie qu'on lui fasse, il se laisse mourir de dépit. » *Voyage de Jean Lery,* p. 163.
(*b*) *Mico,* nom que l'on donne aux plus petites espèces de sagouins dans les terres de
l'Orénoque, selon Gumilla, pages 8 et 9 ; nous l'avons appliqué à cette espèce, afin de le
distinguer des autres. — *Nota.* On voit, par un passage de Joseph d'Acosta, que ce mot *mico*
signifiait *guenon,* c'est-à-dire *singe à longue queue,* et que de son temps on appliquait également le nom de *mico* aux sapajous et aux sagouins : « Il y a (dit cet auteur) dans toutes
» les montagnes de la terre ferme des Andes, un nombre infini de *micos* ou *guenons,* qui
» sont du genre des singes, mais différents en ce qu'ils ont une queue voire fort longue ; il
» y en a entre eux quelques races qui sont trois fois plus grandes voire quatre que les
» autres. » Mais depuis le temps d'Acosta, il paraît qu'on a restreint le nom de *mico* aux
plus petites espèces, et c'est pour cela que j'ai cru pouvoir le donner au petit sagouin dont
il est ici question.
« Cercopithecus ex cinereo albus argenteus, facie auriculisque rubris splendentibus, caudâ
» castanei coloris. » Le petit singe de Para. Brisson, *Règne animal,* p. 201.

(*) *Hapale argentata* L.

x.   14

écrit dans la relation de son voyage sur la rivière des Amazones : « Celui-ci,
» dont le gouverneur du Para m'avait fait présent, était l'unique de son
» espèce qu'on eût vu dans le pays ; le poil de son corps était argenté et
» de la couleur des plus beaux cheveux blonds ; celui de sa queue était d'un
» marron lustré approchant du noir. Il avait une autre singularité plus remar-
» quable : ses oreilles, ses joues et son museau étaient teints d'un vermillon
» si vif qu'on avait peine à se persuader que cette couleur fût naturelle ; je l'ai
» gardé pendant un an, et il était encore en vie lorsque j'écrivais ceci,
» presque à la vue des côtes de France, où je me faisais un plaisir de l'apporter
» vivant : malgré les précautions continuelles que je prenais pour le préserver
» du froid, la rigueur de la saison l'a vraisemblablement fait mourir..... Tout
» ce que j'ai pu faire a été de le conserver dans l'eau-de-vie, ce qui suffira
» peut-être pour faire voir que je n'ai rien exagéré dans ma description (a). »
Par ce récit de M. de la Condamine, il est aisé de voir que la première espèce
des animaux dont il parle est celui que nous avons appelé *tamarin*, et que
le dernier auquel nous appliquons le nom de *mico* est d'une espèce très
différente et vraisemblablement beaucoup plus rare, puisque aucun auteur
ni aucun voyageur avant lui n'en avait fait mention, quoique ce petit animal
soit très remarquable par le rouge vif qui anime sa face et par la beauté de
son poil.

Caractères distinctifs de cette espèce.

Le mico n'a ni abajoues, ni callosités sur les fesses ; il a la queue lâche,
non prenante et d'environ moitié plus longue que la tête et le corps pris
ensemble ; la cloison des narines moins épaisse que les autres sagouins,
mais leurs ouvertures sont situées de même à côté et non pas au bas du
nez ; il a la face et les oreilles nues, et couleur de vermillon, le museau
court, les yeux éloignés l'un de l'autre, les oreilles grandes, le poil d'un
beau blanc argenté, celui de la queue d'un brun lustré et presque noir ;
il marche à quatre pieds, et il n'a qu'environ sept ou huit pouces de
longueur en tout. Les femelles ne sont pas sujettes à l'écoulement périodique.

(a) *Voyage sur la rivière des Amazones*, par M. de La Condamine, p. 165 et suiv.

ADDITIONS

AUX SINGES DU NOUVEAU CONTINENT

SAPAJOUS

ADDITION

A L'ARTICLE DE L'ALOUATE.

Le grand sapajou que nous avons appelé *alouate*, et qu'on nomme à Cayenne singe rouge, est désigné aussi assez communément, ainsi que l'ouarine, par la dénomination de singe hurleur. L'alouate diffère de l'ouarine par la couleur, et par quelques caractères qu'on pourrait attribuer à la différence des contrées qu'ils habitent. L'ouarine ou le hurleur noir, quoique fort commun au Brésil, ne se trouve point à la Guyane, et nous n'avons pu nous en procurer un individu. L'alouate ou le hurleur rouge est au contraire très rare au Brésil, et très commun dans les terres voisines de Cayenne.

Ce grand sapajou avait vingt-trois pouces et demi de longueur, et peut-être un pouce ou deux de plus, parce que la peau en est fort desséchée. La face est sans poil, le nez est aplati, les narines sont larges, les joues garnies sur les côtés de poils fauves et clairsemés, avec de grands poils noirs au-dessus des yeux, et il y a quatre dents incisives au-devant de chacune des mâchoires ; les supérieures sont plus grosses et plus larges que les inférieures. Il y a aussi deux canines qui sont fort grosses à la base ; et entre les incisives et les canines supérieures, de même qu'entre les canines et les mâchelières inférieures, il se trouve un espace vide dans lequel la dent canine de la mâchoire opposée entre lorsque la bouche se ferme. Nous n'avons pu voir les dents mâchelières à cause du desséchement de la peau. Ce que ce sapajou a de particulier, outre sa grande taille, ce sont de longs poils d'un roux foncé sur les côtés de la tête et du cou, qui lui forment comme une grande barbe sous le menton. Il a les jambes et les bras fort courts relativement à la longueur de son corps. Les bras, depuis l'épaule au poignet, n'ont que dix pouces neuf lignes, et les cuisses et les jambes, jusqu'au talon, onze pouces huit lignes. La main, depuis le poignet jusqu'à l'extrémité du plus long doigt, a quatre pouces ; et le pied cinq pouces deux lignes depuis le talon jusqu'au bout du plus long doigt. Le dedans et le dessous des pieds et des mains est une peau nue, et le dessus est couvert de petits poils d'un brun roux. Le corps est très fourni de poils, surtout aux épaules, où ils sont le plus longs, et ont jusqu'à deux pouces six lignes de longueur, tandis que le poil du corps n'a que treize ou quatorze lignes. Les bras sont bien couverts de poils sur leurs parties extérieures, mais leur partie intérieure est presque sans poil, et nous ne savons si ce manque de poil ne vient pas d'un défaut de cette peau desséchée. La couleur générale du poil de ce sapajou l'a fait nommer *singe rouge*, parce qu'en effet il paraît rouge par l'opposition des couleurs des différents endroits où le poil est d'un roux brûlé, mêlé de teintes brunes roussâtres, et cette couleur domine sur la barbe, sur la tête et sur l'intérieur des cuisses. Les bras, depuis le coude jusqu'au poignet, sont d'un brun roux très foncé qui domine sur le fauve au dedans du bras, lequel est néanmoins d'un fauve plus foncé que celui du corps. Le poil, sous le ventre, est du même fauve que sur les reins, mais sur la partie de la poitrine voisine du cou il est mélangé de poils noirs plus longs que ceux du ventre. La queue est longue d'un pied sept pouces et demi sur un pouce neuf lignes de diamètre à l'origine ; elle va toujours en diminuant de grosseur, et n'est revêtue par-dessous que d'une peau sans poil sur une longueur de dix pouces vers l'extrémité, ce qui démontre que l'animal s'en sert pour s'attacher et s'accrocher, ou pour prendre les différentes choses qu'il veut amener à lui comme le font les autres sapajous qui tous, à l'exception de l'ouarine, sont plus petits que celui-ci : au reste, cette queue, dont la peau est très brune, est couverte en dessus de poils d'un roux brun.

On épie ou l'on poursuit ces animaux à la chasse, et la chair n'en est pas absolument mauvaise à manger, quoique toujours très dure. Si l'on ne fait que les blesser sur un arbre, ils s'attachent à une branche par leur longue queue, et ne tombent à terre que lorsqu'ils sont morts ; quelquefois même ils ne se détachent que plus de vingt-quatre heures après leur mort ; la contraction dans les muscles qui replient le bout de la queue se conserve et dure pendant tout ce temps.

Ces gros sapajous mangent de différentes espèces de fruits. Ils ne sont pas féroces, mais ils causent de l'épouvante par leurs cris réitérés et presque continuels qu'on entend de fort loin, et qui leur ont fait donner le nom de hurleurs. Ils ne font qu'un petit que la mère porte sur le dos, et prend entre ses bras pour lui donner à teter. Ceux qu'on élève dans les maisons ont l'air triste et morne, et ne font point ces gentillesses qu'on nomme communément des singeries ; ils portent ordinairement la tête basse et ne se remuent qu'avec lenteur et nonchalance ; ils s'accrochent très souvent avec le bout de leur queue, dont ils font un, deux et trois tours, selon qu'ils veulent être plus ou

moins fortement attachés. L'état de domesticité change leur humeur et influe
trop sensiblement sur leurs habitudes naturelles, car ils ne vivent pas longtemps en captivité; ils y perdent leur voix, ou du moins ils ne la font jamais
entendre, tandis qu'en liberté ils ne cessent de hurler : on entend leur cri
plusieurs fois par jour dans les habitations voisines des forêts ; leur carillon
lugubre dure souvent quelques heures de suite. C'est ordinairement à deux
heures après minuit qu'ils commencent à hurler ou crier, et ce cri, qui retentit au loin, se fait d'une manière singulière. Ils inspirent fortement et pendant longtemps l'air qu'ils rendent ensuite peu à peu , et ils font autant de
bruit en l'inspirant qu'en le rendant ; cela dépend d'une conformation singulière dans l'organe de la voix. Vers le milieu de la trachée-artère on trouve
une cavité osseuse qui ressemble par sa forme extérieure au talon d'un sou-
lier de femme ; cette cavité osseuse est attachée par des ligaments membraneux qui l'environnent ; l'air, poussé des poumons par la trachée-artère dans
cette cavité, passe en montant par un canal membraneux, épais et sinueux,
se rétrécissant et s'ouvrant en manière d'une bourse à cheveux : c'est à l'entrée et à la sortie de ce conduit membraneux que l'air éprouve toutes les
modifications qui forment les tons successifs de leur forte voix. Les femelles
ont un organe osseux comme les mâles.

Un observateur, qui a vu et nourri quelques-uns de ces animaux à Cayenne,
m'a communiqué la note qui suit : « Les alouates habitent les forêts humides
» qui sont près des eaux ou des marais. On en trouve communément dans les
» îlots boisés des grandes savanes noyées, et jamais sur les montagnes de
» l'intérieur de la Guyane. Ils vont en petit nombre, souvent par couples et
» quelquefois seuls. Le cri, ou plutôt le râlement effroyable qu'ils font en-
» tendre, est bien capable d'inspirer la terreur; il semble que les forêts
» retentissent des hurlements de toutes les bêtes féroces rassemblées. C'est
» ordinairement le matin et le soir qu'ils font ce bruit ; ils le répètent aussi
» dans le cours de la journée et quelquefois pendant la nuit. Ce râlement est
» si fort et si varié que l'on juge souvent qu'il est produit par plusieurs de
» ces animaux, et l'on est surpris de n'en voir qu'un seul. L'alouate vit rare-
» ment longtemps en captivité. Le mâle est plus gros que la femelle ; celle-ci
» porte son petit sur son dos.

» Rien n'est plus difficile à tuer que ces animaux ; il faut leur tirer plu-
» sieurs coups de fusil pour les achever, et tant qu'il leur reste un peu de
» vie, et quelquefois même après leur mort, ils demeurent accrochés aux
» branches par les pieds et la queue. Souvent le chasseur s'impatiente de
» perdre son temps et ses munitions pour un aussi mauvais gibier ; car, mal-
» gré le témoignage de quelques voyageurs, la chair n'en est pas bonne ; elle
» est presque toujours d'une dureté excessive, aussi est-elle exclue de toutes
» les tables : c'est uniquement le besoin et la privation des autres mets qui
» en font manger aux habitants peu aisés et aux voyageurs. »

J'ai dit que j'ignorais si les femelles ouarines étaient sujettes à l'écoulement périodique, et que je présumais qu'il n'y avait que les singes, les babouins et les guenons à fesses nues qui fussent sujettes à cet écoulement. Cette présomption était peut-être bien fondée, car M. Sonnini de Manoncourt dit s'être assuré qu'aucune femelle, dans les grands et les petits sapajous, et dans tous les sagouins, n'est sujette à cet écoulement. Il a remarqué de plus qu'en général les sapajous et les sagouins vivent en troupes dans les forêts, qu'ils portent sur le dos leurs petits qui les embrassent étroitement et que, lorsque l'on tue la mère, le petit tombant avec elle se laisse prendre ; c'est même, selon lui, le seul moyen d'en avoir de vivants.

Nous pouvons ajouter à ces observations que la plupart de ces animaux, tels que l'alouate, l'ouarine, le coaïta, etc., ont une physionomie triste et mélancolique, et que néanmoins les mâles marquent assez insolemment beaucoup de désir pour les femmes.

A l'égard de l'organe de la voix de ces sapajous hurleurs, M. Camper, très savant anatomiste, qui s'est occupé de la comparaison des organes vocaux dans plusieurs animaux, et particulièrement dans les singes, m'écrit au sujet de l'alouate dans les termes suivants (a) :

« J'ai trouvé dans le quinzième volume de votre excellent ouvrage sur » l'histoire naturelle la description d'un os hyoïde, qui appartient à l'alouate, » et de près de huit pouces de circonférence, etc.

» Mon ardeur pour disséquer cet animal fut d'autant plus animée, que vous » me paraissiez beaucoup désirer de connaître la conformation singulière de » cette partie.

» M. Vicq d'Azyr eut la bonté de me faire voir deux os pareils, lorsque » j'étais à Paris, en 1777 ; le plus grand de ces os avait un peu plus de huit » pouces de circonférence... et je le dessinai avec empressement... Je vis bien » que la caisse osseuse, quoique très mince, était la base de la langue ; j'y » distinguai même les articulations qui avaient servi aux cornes de cet os ; » mais je ne comprenais rien de sa situation, ni de sa connexion avec les » parties voisines...

» Curieux de connaître un animal si extraordinaire, je fis des recherches » pour le trouver, mais personne, même dans toute la Hollande, ne possédait » ce singe, quoique nous soyons très à portée de l'avoir de Surinam et de nos » autres colonies de la Guyane, où il se trouve en très grand nombre ; cependant je le trouvai à la fin, au mois d'octobre de cette année 1778, à Amster-» dam, chez M. le docteur Clokner, naturaliste célèbre, dont vous connaîtrez » le mérite par les additions que M. le professeur Allamand a ajoutées à l'édi-» tion hollandaise de votre ouvrage.

» Retourné en Frise à ma campagne, je me mis en devoir de satisfaire

(a) Lettre écrite par M. Camper à M. de Buffon, datée de Klein-lankum, le 15 novembre 1778.

» ma curiosité en disséquant l'organe de la voix de cet animal singulier...
» et je vais, monsieur, vous faire part de mes observations à ce sujet, en
» vous envoyant la copie de mes dessins anatomiques, afin de vous donner
» avec plus de précision une idée de la structure de cette partie intéressante.

» L'animal avait depuis l'occiput jusqu'à l'origine de la queue quinze pouces
» de longueur, et douze pouces depuis la mâchoire inférieure, vers l'os pubis.
» La queue était longue de vingt-deux pouces, y compris la partie prenante,
» qui l'était de dix.

	Pieds.	Pouces.	Lignes.
« Largeur de la tête depuis l'occiput jusqu'à l'extrémité du museau.	»	4	6
« Largeur de la mâchoire inférieure	»	2	»
« Longueur de l'os du bras	»	6	»
« Longueur du cubitus	»	5	6
« Longueur de la paume de la main	»	1	6
« Longueur des doigts	»	2	3
« Longueur des cuisses	»	6	»
« Longueur des jambes	»	6	».
« Longueur de la plante du pied	»	3	6
« Longueur des orteils	»	1	6

» La couleur du poil et la forme de toutes les parties du corps et des
» membres étaient comme vous les avez décrites.

» Les dents incisives sont très petites ainsi que les canines, et le museau
» est assez court.

» Les quatre premières figures représentent l'organe de cet alouate ; la
» cinquième, l'os hyoïde dont M. Vicq d'Azyr m'a fait présent.

» La première et la seconde donnent les glandes et les muscles du cou,
» la tête étant couchée sur la table. Toutes ces parties sont de grandeur
» naturelle.

» Dans la troisième et la quatrième figure on voit l'organe de la voix en
» profil, et détaché du cou. J'ai donné, autant que je l'ai pu, les mêmes
» caractères aux parties analogues, afin d'éviter la confusion.

» Dans les babouins, j'ai trouvé que la base de l'os hyoïde était aussi
» creuse, mais beaucoup moins ; la poche membraneuse, au contraire, est
» très considérable dans ces animaux, et forme un boursouflement au cou
» quand ils crient. La racine de l'épiglotte est perforée dans ceux-ci comme
» dans le pithèque. Dans les orangs-outangs l'os hyoïde est semblable au
» nôtre ; ils ont cependant deux poches membraneuses d'une grandeur con-
» sidérable qui descendent quelquefois sur l'os de la poitrine, sur les os du
» bras, jusque vers le dos au-dessus des omoplates ; chaque poche a alors
» son orifice distinct au-dessus de la fente de la glotte. La modulation de la
» voix est donc impossible dans ces animaux.

» Mais ce qui m'a paru fort extraordinaire, c'est l'organe de la voix dans le
» renne, qui est en tout conforme à celui des babouins, comme je l'ai déjà
» indiqué dans mes observations sur le renne.

» Comme l'alouate que j'ai disséqué avait déjà changé ses dents, il paraît
» avoir acquis sa grandeur naturelle; mais en comparant le grand os du
» cabinet du Roi, et celui qui est dans le cabinet de M. Vicq d'Azyr, dont l'ori-
» fice est simple et sans éminences pointues, il paraît qu'il y a deux espèces
» d'alouates, et que la seconde est très probablement près de deux fois plus
» grande que celle dont nous venons de donner la description : la grandeur
» de la caisse osseuse semble autoriser cette conjecture. Le corps sera donc
» de deux pieds et demi, ce qui fait pour un tel animal déjà une taille gigan-
» tesque, surtout lorsqu'il se tient debout sur ses deux jambes postérieures,
» longues aussi de deux pieds et demi. »

Cette dernière réflexion de M. Camper est très juste; car il y a des alouates
et des ouarines qui ont plus de cinq pieds lorsqu'ils sont debout, et il est à
désirer que ce célèbre anatomiste réunisse dans un seul ouvrage toutes les
observations qu'il a faites sur les organes de la voix et de l'ouïe, et sur
la conformation de plusieurs autres parties intérieures de différents animaux.

<hr>

ADDITION

A L'ARTICLE DU COAÏTA.

M. Vosmaër dit, page 5 de la description qu'il a faite de cet animal, qu'il
est étonné que M. de Buffon ôte à la plus grande partie d'un genre d'animaux
aussi connus que les singes l'ancien nom de *singe* qu'on lui donne partout.
La réponse est aisée ; je ne leur ai point ôté le nom général de *singes*, mais
je l'ai seulement affecté de préférence aux espèces de ces animaux qui,
n'ayant point de queue et marchant sur leurs deux pieds, ressemblent le plus
à l'homme ; et ce n'est que pour distinguer les différents genres de ces animaux que je les ai divisés par cinq noms génériques, savoir : les singes,
les babouins, les guenons, les sapajous et les sagouins, dont les trois premiers genres appartiennent aux climats chauds de l'ancien continent, et les
deux derniers aux climats chauds du nouveau continent.

« Il n'y a que M. de Buffon, dit M. Vosmaër, qui ait pris la peine de bien
» représenter le coaïta. Cependant en le comparant avec la figure qu'il en
» donne, l'on s'apercevra bientôt qu'il est un peu trop maigre, que la face
» est trop saillante, et que le dessinateur a trop allongé le museau. » La
réponse à ceci est que j'ai vu l'animal vivant, que M. de Sève l'a dessiné,
qu'il est le plus habile dessinateur que nous ayons dans ce genre, et qu'ayant
moi-même soigneusement comparé le dessin avec l'animal vivant, je n'en ai
pas trouvé la représentation différente de la nature ; ainsi la figure n'est pas
trop maigre, ni la face trop saillante, ni le museau trop allongé : en sorte

qu'il est probable que le *coaïta* ou *gouatto*, dont M. Vosmaër donne la description, était un animal plus gras, ou peut-être une variété dans l'espèce, qui diffère de notre coaïta, par ces mêmes caractères dont M. Vosmaër reproche le défaut à celui que M. de Sève a dessiné.

M. Vosmaër dit, page 10 de la même description, que l'exquima de Marcgrave, que M. Linnæus a indiqué sous le nom de *diana*, n'a point la queue prenante. « Nous pouvons, dit-il, assurer M. de Buffon que le diana n'a » point la queue prenante, puisque nous l'avons vu vivant. » Je réponds que je ne doute point du tout de ce témoignage de M. Vosmaër, mais que je doute très fort que le diana de Linnæus soit l'exquima de Marcgrave ; et j'ajouterai qu'il n'y a point dans le nouveau continent d'animal du genre des sapajous et des coaïtas qui n'ait la queue prenante, en sorte que, si le diana n'a pas la queue prenante, non seulement il n'est pas voisin du coaïta par l'espèce, mais même par le climat, puisque, n'ayant pas la queue prenante, il serait du genre des guenons, et non pas de celui des sapajous. Je ne donne point ici la description de M. Vosmaër, parce que je n'y ai rien trouvé qui soit essentiellement différent de la nôtre, sinon que son coaïta était aussi gras que le nôtre était maigre, et que M. Vosmaër lui a fait des yeux d'homme, au lieu de lui faire des yeux de singe.

Nous devons seulement ajouter, à ce que nous avons écrit sur le coaïta, que c'est le plus laid de tous les sapajous, et le plus grand après l'ouarine et l'alouate. Il habite comme eux les forêts humides ; il vit des fruits de toutes les espèces de palmiers aquatiques, de balatas, etc.; il mange de préférence ceux du *palmier commun*. Sa queue, dégarnie de poils en dessous, vers l'extrémité, lui sert de main ; lorsqu'il ne peut atteindre un objet avec ses longs bras, il a recours à sa queue, et ramasse les choses les plus minces, les brins de paille, les pièces de monnaie, etc. Il semble qu'il ait des yeux au bout de cette queue, tant le toucher en est délicat, car il saisit avec sa queue plusieurs choses différentes ; il l'introduit même dans des trous étroits, sans détourner la tête pour y voir. Au reste, dans quelque situation qu'il se tienne sa queue est toujours accrochée, et il ne reste que malgré lui dans une place où elle ne peut avoir de prise.

Cet animal s'apprivoise aisément, mais il n'a nulle gentillesse. Il est peu vif, toujours triste et mélancolique ; il semble éviter la vue des hommes ; il penche souvent sa tête sur son estomac, comme pour la cacher : lorsqu'on le touche alors, il regarde en jetant un cri plaintif, et ayant l'air de demander grâce. Si on lui présente quelque chose qu'il aime, il fait entendre un cri doux qui témoigne sa joie.

Dans l'état de liberté ces animaux vivent en troupes très nombreuses, et se livrent quelquefois à des actes de méchanceté ; ils cassent des branches qu'ils jettent sur les hommes, et descendent à terre pour les mordre ; mais un coup de fusil les disperse bientôt. Ces coaïtas sauvages sont ordinairement très gras, et leur graisse est jaune, mais ils maigrissent en domesticité. Leur chair est bonne et préférable à celle de toutes les autres espèces de sapajous ; néanmoins ils ont l'estomac, les intestins et le foie remplis d'une quantité de vers longs, grêles et blancs. Ils sont aussi très délicats et supportent difficilement les fatigues du voyage, et encore moins le froid de nos climats : c'est probablement par cette raison et par sa longue domesticité que le coaïta dont nous avons donné la description était maigre et avait le visage allongé.

Les grands sapajous noirs que M. de la Borde indique sous le nom de *quouata*, dans les notes qu'il m'a communiquées, sont, selon lui, plus gros que les alouates ou grands sapajous rouges. Il dit qu'ils ne sont point timides, qu'ils viennent à l'homme armés d'une branche sèche, cherchant à le frapper, ou qu'ils lui jettent le fruit d'une espèce de palmier, qu'ils lancent plus adroitement que nous ne pourrions faire. Ils arrachent même de leur corps les flèches qu'on leur a lancées pour les renvoyer ; mais ils fuient au bruit des armes à feu. Lorsqu'il y en a un de blessé et qu'il crie, les chasseurs doivent se retirer, à moins qu'ils n'aient avec eux des chiens, que ces animaux craignent beaucoup. Ils sautent de branches en branches, auxquelles ils s'attachent par l'extrémité de leur queue. Ils se battent souvent entre eux. Ils vivent et se nourrissent comme les alouates ou grands sapajous rouges ; ils s'apprivoisent aisément, mais ils sont toujours mornes et tristes. Lorsqu'on leur jette une pierre, ils portent la main devant la tête pour se garantir du coup (*a*).

ADDITION

A L'ARTICLE DU SAJOU BRUN.

On trouve dans une description de M. Vosmaër, imprimée à Amsterdam en 1770, l'espèce de notre sajou brun, donnée sous la dénomination d'*espèce rare de singe voltigeur américain, qui n'a point encore été décrit, nommé le siffleur, etc.* Cependant il nous paraît que c'est le même animal que le sajou brun, dont nous avons donné l'histoire et la description.

Ce qui a pu faire écrire à M. Vosmaër que c'était une espèce nouvelle différente, c'est la propriété singulière, dit-il, de siffler ; et j'avoue que je n'avais pas cru devoir faire mention de cette faculté de siffler de ce sajou, parce qu'elle est commune non seulement à tous les sapajous, mais même aux sagouins : ainsi cette propriété n'est pas singulière comme le dit M. Vosmaër, et je ne puis douter que *son singe rare, voltigeur et siffleur*, ne soit le même que notre sajou brun que l'on appelle vulgairement *capucin*, à cause

(*a*) Note communiquée par M. de la Borde, médecin du roi à Cayenne.

de sa couleur, que les nègres et les créoles nomment improprement *makaque ;* et enfin que les Hollandais de Surinam, et même les naturels de la Guyane, nomment *mikou* ou *méékoé.* Bien loin d'être rares, ce sont les plus communs, les plus adroits et les plus plaisants. Ils varient pour la couleur et la taille, et il est assez difficile de déterminer si ces différences constituent des espèces vraiment distinctes : on en peut dire autant des saïs. Il y a cependant dans les sajous une différence qui pourrait bien faire espèce ; l'on en voit dont la taille est incomparablement plus grande, et qui ont sur la tête, près des oreilles, un long bouquet de poils, ce qui leur a fait donner à Cayenne la dénomination de *makaques cornus,* et dont nous donnerons ci-après la description sous son vrai nom de *sajou cornu.*

La chair des sajous est meilleure que celle de l'alouate, mais moins bonne que celle des coaïtas ; ils ont aussi des vers dans l'estomac et dans les intestins, mais en plus petite quantité que les coaïtas.

Ils font entendre un sifflement fort et monotone qu'ils repètent souvent ; ils crient lorsqu'ils sont en colère, et secouent très vivement la tête en articulant aussi vivement ces trois syllabes, *pi, ca, rou.*

Ils vivent de fruits et de gros insectes dans l'état de liberté, mais ils mangent de tout ce qu'on leur donne lorsqu'ils sont apprivoisés; ils boivent du vin, de l'eau-de-vie, etc. Ils recherchent soigneusement les araignées, dont ils sont très friands. Ils se lavent souvent les mains, la face et le corps avec leur urine. Ils sont malpropres, lascifs et indécents ; leur tempérament est aussi chaud que le climat qu'ils habitent. Lorsqu'ils s'échappent, ils brisent, bouleversent et déchirent tout. Ils se servent de leur queue pour s'accrocher et saisir, mais avec beaucoup moins d'adresse que les coaïtas.

Comme ce sapajou s'appelle à la Guyane *mikou,* M. de la Borde m'a envoyé sous ce nom les notices suivantes. Il dit « qu'il y en a quatre ou cinq espèces,
» et qu'ils sont très communs à Cayenne ; que de tous les animaux de ce
» genre, ce sont ceux qu'on aime le mieux garder dans les maisons; qu'on en voit
» fréquemment dans les grands bois, surtout le long des rivières; qu'ils vont
» toujours par troupes nombreuses de plus de trente, et qu'ils sont farou-
» ches dans les bois, et très doux lorsqu'ils sont apprivoisés. On remarque
» aussi qu'ils sont naturellement curieux ; on peut les garder sans les con-
» traindre ni les attacher. Ils vont partout et reviennent d'eux-mêmes ; mais
» il est vrai qu'ils sont incommodes, parce qu'ils dérangent toutes les petites
» choses qu'ils peuvent déplacer. Il y en a qui suivent leur maître partout.
» Les Indiens, qui sont très froids et très indifférents sur toutes choses,
» aiment néanmoins ces petits animaux ; ils arrêtent souvent leurs canots
» pour les regarder faire des cabrioles singulières et sauter de branches en
» branches ; ils sont doux et badins dès qu'ils sont apprivoisés. Il y en au
» moins cinq espèces dans la Guyane, qui ne paraissent différer que par des
» variétés assez légères ; cependant elles ne se mêlent point ensemble. En

» peu de temps ils parcourent une forêt sur la cime des arbres; ils vont con-
» stamment dormir sur certaines espèces de palmier, ou sur les comberouses,
» espèce de roseau très gros. On en mange la chair à Cayenne. »

LE SAJOU NÈGRE

Aux différents sapajous de moyenne et de petite taille dont nous avons donné la description sous les noms de sajou brun, sajou gris, saï, à gorge blanche, et saïmiri, nous devons ajouter le sapajou ou sajou nègre, qui nous parait être une variété constante dans l'espèce des sajous.

LE SAJOU CORNU

Cet animal (*) est aisé à distinguer des autres sajous ou sapajous, par les deux bouquets de poils noirs en forme de cornes qu'il porte sur les côtés du sommet de la tête et qui ont seize lignes de longueur, et sont distants l'un de l'autre à leur extrémité de deux pouces trois lignes.

Cet animal a quatorze pouces de longueur depuis le bout du nez jusqu'à l'origine de la queue, sa tête est oblongue, et son museau épais et couvert de poils d'un blanc sale. Le nez est aplati par le bout, et la cloison des narines épaisse de huit lignes. Sa queue est longue de quatorze pouces une ligne ; elle est recouverte de poils noirs et finit en pointe. Le dos est de couleur roussâtre, mêlé de brun et de grisâtre, ainsi que la face extérieure des cuisses, qui sont grisâtres en dedans. Il y a sur le cou et le dos une raie brune qui se prolonge jusqu'à la queue ; le poil des côtés du corps a deux pouces quatre lignes de longueur ; il est d'un fauve foncé, ainsi que celui du ventre ; mais il y a du fauve plus clair ou jaunâtre sur le bras, depuis l'épaule jusqu'au coude, ainsi que sous le cou et sur une partie de la poitrine. Au-dessous de ce fauve clair du bras, l'avant-bras ou la jambe de devant est couverte de poils noirs mêlés de roussâtre ; celui du front, des joues et des côtés de la tête est blanchâtre, avec quelques nuances de fauve ; il y a sur l'occiput des poils noirs semblables à ceux des cornes ou des aigrettes, mais moins longs, qui s'étendent et forment une pointe sur l'extrémité du cou. Les oreilles sont grandes et dénuées de poil ; celui du dessus des pieds et des mains est de couleur noire. Le pouce est plat, et tous les ongles sont courbés en forme de gouttière.

(*) *Simia fatuellus* GMEL.

De tous les sapajous, le sajou brun est celui qui a le plus de rapport avec le sajou cornu ; mais il n'a pas, comme ce dernier, de bouquet de poils en forme de cornes sur la tête, ils se ressemblent tous deux par le noir qui est sur la face, l'avant-bras, les jambes, les pieds et la queue ; seulement le sajou brun a plus de jaune sur le bras et le dessous du corps.

<hr>

ADDITION

A L'ARTICLE DU SAÏMIRI.

Quelques observateurs qui ont demeuré à Cayenne nous ont assuré que les sapajous que j'ai nommés saïmiri vivent en troupes nombreuses, et que, quoiqu'ils soient fort alertes, ils sont cependant moins vifs que les petits sagouins auxquels j'ai donné le nom de tamarin ; ils assurent de plus qu'ils prennent en captivité un ennui qui souvent les fait mourir. Néanmoins ces saïmiri ne sont pas aussi délicats que les tamarins ; on en connaît qui ont vécu quelques années en France, et qui ont résisté à une traversée de mer pendant quatre mois dans les temps les plus froids de l'hiver. Ce sont de tous les sapajous ceux qui se servent le moins de leur queue. On remarque quelque variété dans la couleur du poil sur différents individus ; mais ces variétés n'indiquent peut-être pas toutes des espèces, ni même des races différentes.

<hr>

SAGOUINS

<hr>

L'YARQUÉ, ESPÈCE DE SAKI

Ce saki ou sagouin à queue touffue ne nous paraît être qu'une variété du saki, et qui n'en diffère que par les couleurs et leur distribution, ayant la face plus blanche et plus nue, ainsi que le devant du corps blanc, en sorte qu'on pourrait croire que ces légères différences proviennent de l'âge ou des différents sexes de ces deux animaux. Nous n'avons pas eu d'autres informations à cet égard. M. de la Borde appelle *yarqué* cette même espèce que nous avons appelée saki, et c'est peut-être son véritable nom que nous ignorions. Voici la notice qu'il en donne : « L'yarqué a les côtés de la face » blancs, le poil noir, long d'environ quatre pouces ; la queue touffue comme » celle du renard, longue d'environ un pied et demi, avec laquelle il ne s'ac-

» croche pas. Il est assez rare et se tient dans les broussailles. Ces animaux
» vont en troupes de sept à huit et jusqu'à douze. Ils se nourrissent de goya-
» ves et de mouches à miel dont ils détruisent les ruches, et mangent aussi
» de toutes les graines dont nous faisons usage. Ils ne font qu'un petit que
» la mère porte sur le dos. » Ils sifflent comme les sapajous, et vont en troupes. On a remarqué des variétés dans la couleur des différents individus de
cette espèce.

LE SAGOUIN

VULGAIREMENT APPELÉ SINGE DE NUIT

Ce sagouin (*) est d'une espèce voisine de celle du saki ; on l'appelle à
Cayenne *singe de nuit ;* mais il diffère de l'yarqué dont nous venons de
parler, ainsi que du saki, par quelques caractères, et particulièrement par
la distribution et la teinte des couleurs du poil, qui est aussi beaucoup plus
touffu dans le sagouin, appelé *singe de nuit,* que dans celui auquel on donne
dans le même pays le nom d'*yarqué.*

Cet animal m'a été envoyé de Cayenne par M. de la Borde, médecin du
Roi dans cette colonie ; il était adulte, et, selon ce naturaliste, l'espèce en
est assez rare.

C'est une espèce particulière dans le genre des sagouins. Il ressemble au
saki par le poil qui lui environne la face, par celui qui couvre tout le corps
et les jambes de devant, et par sa longue queue touffue.

La tête est petite et la face environnée de longs poils touffus, de couleur
jaune ou fauve pâle mêlée de brun foncé. Cette couleur domine sur le corps
et les jambes, parce que ces poils, qui sont d'un brun minime, ont la pointe
ou l'extrémité d'un jaune clair.

La tête ressemble beaucoup à celle des autres sakis par la grandeur des
yeux, les narines à large cloison et la forme de la face. Il y a au-dessus
des yeux une tache blanchâtre ; un petit poil jaune pâle prend au-dessous
des yeux, couvre les joues, s'étend sur le cou, le ventre et les faces intérieures des jambes de derrière et de devant. Il devient grisâtre en s'approchant des poils bruns des jambes et du corps. Sa queue, qui est grosse et
fort touffue, finit en pointe à son extrémité. Les pieds de derrière et de devant sont brunâtres et couverts de poils noirs.

(*) *Pithecia rufiventer* GEOFF.

LE TAMARIN NÈGRE

Ce tamarin à face noire, que nous avons appelé tamarin nègre (*), ne diffère en effet du tamarin que parce qu'il a la face noire, au lieu que l'autre l'a blanche, et parce qu'il a aussi le poil beaucoup plus noir ; mais, au reste, ces deux animaux, se ressemblant à tous égards, ne paraissent former qu'une variété d'une seule et même espèce.

M. de la Borde dit que les sagouins tamarins sont moins communs que les sapajous. Ils se tiennent dans les grands bois, sur les plus gros arbres, et dans les terres les plus élevées ; au lieu qu'en général les sapajous habitent les terrains bas où croissent les forêts humides. Il ajoute que les tamarins ne sont pas peureux, qu'ils ne fuient pas à l'aspect de l'homme, et qu'ils approchent même d'assez près les habitations. Ils ne font ordinairement qu'un petit que la mère porte sur le dos ; ils ne courent presque pas à terre mais ils sautent très bien de branche en branche sur les arbres. Ils vont par troupes nombreuses et ont un petit cri ou sifflement fort aigu.

Ils s'apprivoisent aisément, et néanmoins ce sont peut-être de tous les sagouins ceux qui s'ennuient le plus en captivité. Ils sont colères et mordent quelquefois assez cruellement lorsqu'on veut les toucher. Ils mangent de tout ce qu'on leur donne, pain, viandes cuites et fruits. Ils montent assez volontiers sur les épaules et la tête des personnes qu'ils connaissent et qui ne les tourmentent point en les touchant. Ils se plaisent beaucoup à prendre les puces aux chiens, et ils s'avisent quelquefois de tirer leur langue qui est de couleur rouge, en faisant en même temps des mouvements de tête singulier. Leur chair n'est pas bonne à manger.

(*) *Midas ursulus* GEOFF.

ADDITIONS AUX QUADRUPÈDES

LES MAKIS

LE GRAND MONGOUS

Nous avons dit qu'il y a dans l'espèce du maki-mongous (*) plusieurs variétés, non seulement pour le poil, mais pour la grandeur. Celui que nous avons décrit était de la taille d'un chat; ce n'était qu'un des plus petits, car celui dont je parle ici était au moins d'un tiers plus grand, et cette différence ne pouvait provenir ni de l'âge, puisque j'avais fait nourrir le premier pendant plusieurs années, ni du sexe, puisque tous deux étaient mâles : ce n'était donc qu'une variété peut-être individuelle, car du reste ils se ressemblaient si fort qu'on ne peut pas douter qu'ils ne fussent de même espèce. Les gens qui l'avaient apporté à Paris lui donnaient le nom de *maki-cochon*. Il ne différait du premier que par le poil de la queue qui était beaucoup moins touffu et plus laineux, et par la forme de la queue qui allait en diminuant de grosseur jusqu'à l'extrémité; au lieu que dans le mongous la queue paraît d'égale grosseur dans toute son étendue. Il y a aussi quelque différence dans la couleur du poil, celui-ci étant d'un brun beaucoup plus clair que l'autre; mais néanmoins ces légères variétés ne nous paraissent pas suffisantes pour faire de ces animaux deux espèces distinctes et séparées.

LE MOCOCO

Les mococos (**) ou makis mococos sont plus jolis et plus propres que les mongous; ils sont aussi plus familiers et paraissent plus sensibles : ils ont, comme les singes, beaucoup de goût pour les femmes. Ils sont très doux et même caressants; et quelques observateurs ont remarqué qu'ils avaient une habitude naturelle assez singulière, c'est de prendre souvent devant le soleil une attitude d'admiration ou de plaisir. Ils s'asseyent, disent-ils, et ils étendent les bras en regardant cet astre; ils répètent plusieurs fois le jour cette sorte de démonstration qui les occupe pendant des heures entières, car ils se tournent vis-à-vis le soleil à mesure qu'il s'élève ou décline. « J'en ai nourri un, dit M. de Manoncourt, pendant » longtemps à Cayenne, où il avait été apporté par un vaisseau venant des Moluques : ce » qui me détermina à en faire l'emplette, ce fut sa constance à ne pas changer de situation

(*) Buffon place ces additions à l'histoire des Makis à la suite des additions aux singes du nouveau continent et sous le même titre. Les Makis ne sont cependant pas des singes véritables; on ne les classe plus aujourd'hui dans l'ordre des Primates, mais dans celui des Prosimiens.

(**) *Lemur Catta* L.

» devant le soleil. Il était sur la dunette du vaisseau, et je le vis pendant une heure, tou-
» jours étendant les bras vers le soleil, et l'on m'assura qu'ils avaient tous cette même
» habitude dans les Indes orientales. »

Il me paraît que cette habitude, observée par M. de Manoncourt, vient de ce que ces animaux sont très frileux. Le mongous que j'ai nourri pendant plusieurs années en Bourgogne se tenait toujours assis très près du feu, et étendait les bras pour les chauffer de plus près ; ainsi je pense que l'habitude de se chauffer en déployant leurs bras, soit au feu, soit au soleil, est commune à ces deux espèces de makis.

LE PETIT MAKI GRIS

Ce joli petit animal (*) a été apporté de Madagascar par M. Sonnerat. Il a tout le corps, excepté la face, les pieds et les mains, couvert d'un poil grisâtre, laineux, mat et doux au toucher. Sa queue est très longue, garnie d'un poil doux et laineux comme celui de tout le corps. Il tient beaucoup du mococo, tant par la forme extérieure que par ses attitudes et la légèreté de ses mouvements ; cependant le mococo paraît être plus haut de jambes. Dans tous deux les jambes de devant sont plus courtes que celles de derrière.

La couleur grisâtre de ce petit maki est comme jaspée de fauve pâle, parce que le poil, qui a un duvet gris de souris à la racine, est fauve pâle à l'extrémité. Le poil a sur le corps six lignes de longueur et quatre sous le ventre : tout le dessous du corps, à prendre depuis la mâchoire d'en bas, est blanc ; mais ce blanc commence à se mêler de jaunâtre et de grisâtre sous le ventre, au dedans des cuisses et des jambes.

La tête est fort large au front et fort pointue au museau, ce qui donne beaucoup de finesse à la physionomie de cet animal. Le chanfrein est droit et ne se courbe qu'au bout du nez. Les yeux sont ronds et saillants.

Les oreilles sont différentes de celles des autres makis, qui les ont larges et comme aplaties sur l'extrémité. Celles de ce petit maki en bas et arrondies au bout ; elles sont couvertes et bordées de poils cendrés. Le tour des yeux, des oreilles, et les côtés des joues sont d'un cendré clair, ainsi que le dedans des cuisses et des jambes.

	Pieds.	Pouces.	Lignes
Longueur de cet animal mesuré en ligne droite....................	»	10	3
Longueur suivant la courbure du corps........................	1	2	»
Longueur de la tête, depuis le bout du nez jusqu'à l'occiput.........	»	2	5

La tête est large au front et fort pointue au museau, ce qui donne beaucoup de finesse à la physionomie de cet animal. Le chanfrein est droit et ne se courbe qu'au bout du nez. Les yeux sont ronds et saillants.

	Pieds.	Pouces.	Lignes.
Les oreilles ont de hauteur.....................................	»	»	9
De largeur..	»	»	7

Les oreilles sont différentes de celles des autres makis, qui les ont larges et comme aplaties sur l'extrémité. Celles de ce petit maki sont larges en bas et arrondies au bout ; elles sont couvertes et bordées de poils cendrés. Le tour des yeux, des oreilles, et les côtés des joues sont d'un cendré clair, ainsi que le dedans des cuisses et des jambes.

	Pieds.	Pouces.	Lignes.
Les mains ou pieds de devant ont de longueur depuis le poignet.....	»	1	4
Les doigts en sont minces et allongés : les deux du milieu, qui sont grands, ont..	»	1	»

(*) *Hapalemur cinereus* Geoff.

X.   15

	Pieds.	Pouces.	Lignes
Les deux autres, qui sont les plus courts, n'ont que...............	»	»	4
Le pouce a..	»	»	$5\frac{1}{2}$
Les pieds de derrière ont de longueur, du talon au bout des doigts..	»	2	8
Le second doigt externe, qui est le plus grand, a...................	»	»	9
Le pouce, qui est large et plat, a.................................	»	»	8

Le premier doigt interne, qui est le plus court, a un ongle mince et crochu, les autres ont l'ongle plat et allongé : les quatre doigts sont de longueur inégale.

La queue a quinze pouces de longueur; elle est également grosse et couverte d'un poil laineux et de la même couleur que le corps : les plus grands poils de l'extrémité de cette queue où le fauve domine ont sept lignes de longueur.

AUTRE ESPÈCE DE MAKI

Je crois devoir joindre à l'espèce du petit maki gris un autre maki que M. Sonnerat a de même rapporté de Madagascar, et qui ne diffère du premier que par la teinte et la distribution des couleurs du poil (*).

Il a, comme tous les autres makis, un poil doux et laineux, mais plus touffu et en flocons conglomérés, ce qui fait paraître son corps large et gros. La tête est large, assez petite et courte; il n'a pas le museau aussi allongé que le vari, le mongous et le mococo. Les yeux sont très gros, et les paupières bordées de noirâtre. Le front est large; les oreilles courtes sont cachées dans le poil.

Il a les jambes de devant courtes en comparaison des jambes de derrière, ce qui rend, lorsqu'il marche, le train de derrière très élevé comme dans le mococo. La queue est longue de dix pouces dix lignes, couverte d'un poil touffu, et de la même grosseur dans toute sa longueur.

La longueur de cet animal, du bout du nez à l'origine de la queue, le corps étendu, est de onze pouces six lignes. Sa tête a de longueur, du bout du nez à l'occiput, deux pouces trois lignes. Une grande tache noire, qui se termine en pointe par le haut, couvre le nez, les naseaux et une partie de la mâchoire supérieure. Les pieds sont couverts de poil fauve teinté de cendré; les doigts et les ongles sont noirs; le pouce des pieds de derrière est grand et assez gros, avec un ongle large, mince et plat : ce premier doigt tient au second par une membrane noirâtre.

En général, la couleur du poil de l'animal est brune et d'un fauve cendré plus ou moins foncé en différents endroits, parce que les poils sont bruns dans leur longueur, et fauves à la pointe. Le dessous du cou, la gorge, la poitrine, le ventre, la face intérieure des quatre jambes, sont d'un blanc sale teinté de fauve; le brun domine sur la tête, le cou, le dos, le dessus des bras et des jambes; le fauve cendré se montre sur les côtés du corps, les cuisses et une partie des jambes : un fauve plus foncé se voit autour des oreilles, ainsi que sur la face externe des bras et des jambes jusqu'au talon; toute la partie du dos voisine de la queue est blanche, teintée d'une couleur fauve, qui devient orangée sur toute la longueur de la queue.

LE LORIS DU BENGALE

Cet animal (**) nous paraît d'une espèce voisine de celle du loris dont nous avons donné l'histoire. M. Vosmaër en a donné, sous le nom de *paresseux pentadactyle du Bengale*, une

(*) C'est probablement le *Lichanotus longicaudatus* GEOFF. (*Lemur laniger* GMEL.)
(**) *Nycticebus tardigradus* L.

description que je crois devoir rapporter ici : « On peut suffisamment juger de la grandeur
» de cet animal, si je dis que la longueur depuis le sommet de la tête jusqu'à l'anus est de
» treize pouces. La figure qu'on en donne ici, et qui est très exacte, montre quelle est la
» conformation de tout le corps. Il a la tête presque ronde, n'ayant que le museau qui soit
» un peu pointu. Les oreilles sont fort minces, ovales et droites, mais presque entièrement
» cachées sous le poil laineux, et en dedans aussi velues. Les yeux sont placés sur le devant
» du front, immédiatement au-dessus du nez et tout proche l'un de l'autre ; ils sont parfaite-
» ment orbiculaires et fort gros à proportion du corps ; leur couleur est le brun obscur. La
» prunelle était fort petite de jour, quand on éveillait l'animal, mais elle grossissait par
» degrés à un point considérable. Lorsqu'il s'éveillait le soir, et qu'on apportait la chan-
» delle, on voyait également cette prunelle s'étendre et occuper à peu près toute la rondeur
» de l'œil. Le nez est petit, aplati en devant et ouvert sur les côtés.

» La mâchoire inférieure a au-devant du museau quatre dents incisives étroites et plates,
» suivies des deux côtés d'une plus grande, et enfin deux grosses dents canines. Après
» la dent canine viennent de chaque côté encore deux dents rondes et pointues, faisant
» ainsi en tout douze dents. Du reste, pour autant que j'ai pu voir dans le museau, il y a
» de chaque côté deux ou trois mâchelières. La mâchoire supérieure n'a au-devant, dans
» le milieu, que deux petites dents écartées ; un peu plus loin deux petites dents canines ;
» une de chaque côté ; encore deux dents plus petites, et deux ou trois mâchelières, ce qui
» fait en tout huit dents, sans compter les mâchelières. La langue est passablement épaisse
» et longue, arrondie au-devant et rude.

» Le poil est assez long, fin et laineux, mais rude au toucher. Sa couleur est en général
» le gris ou cendré jaunâtre clair, un peu plus roux sur les flancs et aux jambes. Autour
» des yeux et des oreilles, la couleur est aussi un peu plus foncée, et depuis la tête, tout
» le long du dos, règne une raie brune.

» Cet animal a une apparence de queue d'environ deux ou trois lignes de longueur.

» Les doigts des pieds de devant sont au nombre de cinq ; le pouce est plus gros que
» les autres doigts, dont celui du milieu est le plus long ; les ongles sont comme ceux de
» l'homme.

» Les doigts des pieds de derrière sont conformés de même, à l'exception que dans
» ceux-ci l'ongle du doigt antérieur est fort long et se termine en pointe aiguë. Les doigts
» me paraissent tous avoir trois articulations ; ils sont tant soit peu velus en dessus, mais
» sans poil en dessous, et garnis d'une forte pellicule brune.

» La longueur des pieds de devant est d'environ six pouces, et celle des pieds de der-
» rière d'environ huit pouces. Il m'a paru être du sexe masculin. »

Par l'inspection de la figure, ainsi que par la description de M. Vosmaër, il me paraît
que cet animal, qu'il nomme mal à propos le paresseux de Bengale, approche plus de
l'espèce du loris que de celle d'aucun autre animal, et que ces deux loris se trouvant également dans l'ancien continent, on ne doit pas les dénommer par le nom de paresseux, ni
les confondre avec l'unau et l'aï, qui portent ce nom de paresseux, et qu'on ne trouve
qu'en Amérique. Cependant M. Vosmaër, qui n'est pas de ce sentiment, me fait à cet égard
quelques objections auxquelles je vais répondre. Il dit, page 7 : « M. de Buffon nie que
» l'animal qu'on nomme proprement paresseux se trouve dans l'ancien monde, en quoi il
» se trompe. »

Réponse. Je n'ai jamais parlé d'aucun animal qu'*on nomme proprement paresseux* ; j'ai
seulement dit que l'unau et l'aï, qui sont deux animaux auxquels on donne également le
nom de paresseux, ne se trouvent en effet que dans le nouveau continent, et je persiste à
nier aussi fermement aujourd'hui que ces deux animaux se trouvent nulle autre part qu'en
Amérique.

M. Vosmaër dit « que Seba donne deux paresseux de Ceylan, la mère avec son petit,

» qui à la figure paraissent être de l'espèce de l'unau que M. de Buffon prétend n'exister
» que dans le nouveau monde. J'ai même acheté, dit M. Vosmaër, le plus grand des deux,
» savoir : la mère, représentée dans Seba, planche XXXIV, et l'on doit avouer qu'il n'y a
» guère de différence entre ce paresseux que Seba dit être de Ceylan. La tête du premier
» me paraît seulement un peu plus arrondie et un peu plus remplie, ou moins enfoncée
» auprès du nez que dans le dernier. Je conviens qu'il est étonnant de voir tant de res-
» semblance entre deux animaux de contrées aussi éloignées que l'Asie et l'Amérique.....
» L'on peut objecter à cela, comme M. de Buffon semble l'insinuer, que ce paresseux peut
» avoir été transporté de l'Amérique en Asie : c'est ce qui n'est nullement croyable.....
» Valentin dit que ce paresseux se trouve aux Indes orientales, et Seba, qu'il l'a reçu de
» Ceylan..... Laissons au temps à découvrir si le paresseux de Seba, qui ressemble si bien
» à celui des Indes occidentales, se trouve réellement aussi dans l'île de Ceylan. »

Réponse. Le temps ne découvrira que ce qui est déjà découvert sur cela, c'est-à-dire
que l'unau et l'aï d'Amérique ne se sont point trouvés, et ne se trouveront pas à Ceylan,
à moins qu'on ne les y ait transportés. Seba a pu être trompé ou s'être trompé lui-même
sur le climat de l'unau, et je l'ai remarqué très précisément, puisque j'ai rapporté à l'espèce de l'unau ces animaux de Seba. Il n'est donc pas douteux que ces animaux de Seba,
la mère et le petit, ne soient en effet des unaux d'Amérique; mais il est également certain
que l'espèce n'en existe pas à Ceylan, ni dans aucun autre lieu de l'ancien continent, et
que très réellement elle n'existe qu'en Amérique dans son état de nature. Au reste, cette
assertion n'est point fondée sur des propositions idéales, comme le dit M. Vosmaër, page 7,
puisqu'elle est au contraire établie sur le plus grand fait, le plus général, le plus inconnu
à tous les naturalistes avant moi : ce fait est que les animaux des parties méridionales de
l'ancien continent ne se trouvent pas dans le nouveau, et que réciproquement ceux de
l'Amérique méridionale ne se trouvent point dans l'ancien continent.

Ce fait général est démontré par un si grand nombre d'exemples qu'il présente une
vérité incontestable. C'est donc sans fondement et sans raison que M. Vosmaër parle de
ce fait comme d'une supposition idéale, puisque rien n'est plus opposé à une supposition
qu'une vérité acquise et confirmée par une aussi grande multitude d'observations. Ce n'est
pas que, philosophiquement parlant, il ne pût y avoir sur cela quelques exceptions; mais
jusqu'à présent l'on n'en connaît aucune, et le paresseux pentadactyle du Bengale, de
M. Vosmaër, n'est point du tout de l'espèce ni du genre du paresseux de l'Amérique, c'est-
à-dire ni de l'unau ni de l'aï, dont les pieds et les ongles sont conformés très différemment
de ceux de cet animal du Bengale : il est, je le répète, d'une espèce voisine de celle du
loris, dont il ne semble différer que par l'épaisseur du corps. Un coup d'œil de comparaison sur les figures de l'unau et de l'aï d'Amérique, et sur celle de ce prétendu paresseux d'Asie, suffit pour démontrer qu'ils sont d'espèces différentes et même très éloignées.
M. Vosmaër avoue lui-même, page 10, qu'au premier coup d'œil son paresseux pentadactyle et le loris de M. de Buffon ne semblent différer que très peu. J'ai donc toute raison de
le donner ici comme une espèce voisine de celle du loris, et quand même il en différerait
beaucoup plus, il n'en serait pas moins vrai que ce paresseux pentadactyle du Bengale
n'est ni un unau ni un aï, et que par conséquent il n'existe pas plus en Amérique que les
deux autres n'existent en Asie. Tous les petits rapports que M. Vosmaër trouve entre
son paresseux pentadactyle et ces animaux de l'Amérique ne font rien contre le fait, et il
est bien démontré, par la seule inspection de ces animaux, qu'ils sont aussi différents par
l'espèce qu'ils le sont par le climat; car je ne nie pas que ce *pentadactyle de Bengale* ne
puisse être aussi lent, aussi lourd et aussi paresseux que les paresseux d'Amérique; mais
cela ne prouve pas que ce soient les mêmes animaux, non plus que les autres rapports
dans la manière de vivre, dormir, etc. C'est comme si l'on disait que les grandes gazelles
et les cerfs sont également légers à la course, qu'ils dorment et se nourrissent de même, etc.

M. Vosmaër fournit lui-même une preuve que l'animal *didactyle* de Seba, qui est certainement l'unau, n'existe point à Ceylan, puisqu'il rapporte, d'après M. de Joux, qui a demeuré trente-deux ans dans cette île, que cette espèce (le didactyle) lui était inconnue. Il paraît donc évidemment démontré que l'unau et l'aï d'Amérique ne se trouvent point dans l'ancien continent, et que le paresseux pentadactyle est un animal d'une espèce très différente des paresseux d'Amérique, et c'est tout ce que j'avais à prouver : je suis même persuadé que M. Vosmaër reconnaîtra cette vérité, pour peu qu'il veuille y donner d'attention.

Il nous reste maintenant à rapporter les observations que M. Vosmaër a faites sur le naturel et les mœurs de ce loris de Bengale : « Je reçus, dit-il, cet animal singulier le
» 25 juin 1768..... La curiosité de l'observer de près m'engagea, malgré son odeur désa-
» gréable, à le prendre dans ma chambre..... Il dormait tout le jour et jusque vers le soir,
» et, se trouvant ici en été, il ne s'éveillait qu'à huit heures et demie du soir. Enfermé dans
» une cage de forme carrée oblongue, garnie d'un treillis de fer, il dormait constamment
» assis sur son derrière tout auprès du treillis, la tête penchée en avant entre les pattes
» antérieures repliées contre le ventre. Dans cette attitude il se tenait toujours en dormant
» très fermement attaché au treillis par les deux pattes de derrière, et souvent encore par
» une des pattes antérieures, ce qui me fait soupçonner que l'animal d'ordinaire dort sur
» les arbres et se tient attaché aux branches. Son mouvement étant éveillé était extrême-
» ment lent, et toujours le même depuis le commencement jusqu'à la fin ; se traînant de
» barre en barre, il en empoignait une par le haut avec les pattes antérieures, et ne la
» quittait jamais qu'une de ses pattes de devant n'eût saisi lentement et bien fermement
» une autre barre du treillis. Quand il rampait à terre sur le foin, il se mouvait avec la
» même lenteur, posant un pied après l'autre, comme s'il eût été perclus ; et dans ce mou-
» vement il n'élevait le corps que tant soit peu, et ne faisait que se traîner en avant, de
» sorte que le plus souvent il y avait à peine un doigt de distance entre son ventre et la
» terre. En vain le chassait-on en passant un bâton à travers le treillis, il ne lâchait pas
» pour cela prise ; si on le poussait trop rudement, il mordait le bâton, et c'était là toute
» sa défense.

» Sur le soir il s'éveillait peu à peu, comme quelqu'un dont on interromprait le sommeil,
» après avoir veillé longtemps. Son premier soin était de manger, car de jour les moments
» étaient trop précieux pour les ravir à son repos. Après s'être acquitté de cette fonction,
» assez vite encore pour un paresseux comme lui, il se débarrassait du souper de la
» veille. Son urine avait une odeur forte, pénétrante et désagréable ; sa fiente ressemblait
» à de petites crottes de brebis. Son aliment ordinaire, au rapport du capitaine du vaisseau
» qui l'avait pris à bord, n'était que du riz cuit fort épais, et jamais on ne le voyait
» boire.

» Persuadé que cet animal ne refuserait pas d'autre nourriture, je lui donnai une
» branche de tilleul avec ses feuilles, mais il la rejeta. Les fruits, tels que les poires et les
» cerises, étaient plus de son goût ; il mangeait volontiers du pain sec et du biscuit ; mais
» si on les trempait dans l'eau, il n'y touchait pas : chaque fois qu'on lui présentait de
» l'eau, il se contentait de la flairer sans en boire. Il aimait à la fureur les œufs..... Sou-
» vent, quand il mangeait, il se servait de ses pattes et de ses doigts de devant comme
» les écureuils. Je jugeai par l'expérience des œufs qu'il pourrait manger aussi des oiseaux ;
» en effet, lui ayant donné un moineau vivant, il le tua d'abord d'un coup de dent, et le
» mangea tout entier fort goulument..... Curieux d'éprouver si les insectes étaient aussi
» de son goût, je lui jetai un hanneton vivant ; il le prit dans sa patte et le mangea en
» entier. Je lui donnai ensuite un pinson, qu'il mangea aussi avec beaucoup d'appétit,
» après quoi il dormit le reste de la journée.

» Je l'ai vu souvent encore éveillé à deux heures après minuit, mais dès les six heures
» et demie du matin on le trouvait profondément endormi, au point qu'on pouvait net-

» toyer sa cage sans troubler son repos. Pendant le jour, étant éveillé à force d'être
» agacé, il se fâchait et mordait le bâton, mais le tout avec un mouvement lent, et sous
» le cri continuel et réitéré d'*aï*, *aï*, *aï*, traînant fort longtemps chaque *aï* d'un son plaintif,
» langoureux et tremblant, de la même manière qu'on le rapporte du paresseux d'Amé-
» rique. Après l'avoir ainsi longtemps tourmenté et bien éveillé, il rampait deux ou trois
» tours dans sa cage, mais se rendormait tout de suite. »

C'est sans doute cette conformité dans le cri et dans la lenteur de l'aï de l'Amérique
qui a porté M. Vosmaër à croire que c'était le même animal; mais, je le répète encore, il
n'y a qu'à comparer seulement leurs figures pour être bien convaincu du contraire. De
tout ce que M. Vosmaër expose et dit à ce sujet, on ne peut conclure autre chose, sinon
qu'il y a, dans l'ancien continent, des animaux peut-être aussi paresseux que ceux du nouveau continent; mais le nom de paresseux, qu'on peut leur donner en commun, ne prouve
nullement que ce soient des animaux du même genre.

Au reste, cet animal auquel nous avons donné la dénomination de loris de Bengale,
parce que nous n'en connaissons pas le nom propre, se trouve, ou s'est autrefois trouvé
dans les climats de l'Asie beaucoup moins méridionaux que le Bengale; car nous avons
reconnu que la tête décharnée dont M. Daubenton a donné la description (*), et qui a été
tirée d'un puits desséché de l'ancienne Sidon, appartient à cette espèce, et qu'on doit y
rapporter aussi une dent qui m'a été envoyée par M. Pierre-Henri Tesdorpf, savant naturaliste de Lubeck. « Cette dent, dit-il, m'a été envoyée de la Chine; elle est d'un animal
» peut-être encore inconnu à tous les naturalistes; elle a la plus parfaite ressemblance
» avec les dents canines de l'hippopotame, dont je possède une tête complète dans sa
» peau. Autant que j'ai pu juger de la dernière dent, aussi jolie et complète que petite,
» quoiqu'elle ne pèse pas quatorze grains, elle semble avoir tout son accroissement, parce
» que l'animal dont elle est prise l'a déjà usée à proportion aussi fort que l'hippopotame
» le plus grand les siennes. Le noir, qu'on voit à chaque côté de la pointe de la dent,
» semble prouver qu'elle n'est pas d'un animal jeune. L'émail est aussi précisément de la
» même espèce que celui des dents canines de l'hippopotame, ce qui me faisait présumer
» que ce très petit animal est cependant de la même classe que l'hippopotame, qui est
» si gros (*a*). »

Je répondis, en 1771, à M. Tesdorpf, que je ne connaissais point l'animal auquel avait
appartenu cette dent; et ce n'est en effet qu'en 1775 que nous avons eu connaissance du
loris de Bengale, auquel elle appartient, aussi bien que la tête décharnée trouvée dans le
territoire de l'ancienne Sidon.

C'est au premier loris que j'ai décrit, au loris de Bengale, qu'on peut rapporter le nom
de thevangue que M. le chevalier d'Obsonville dit que cet animal porte dans les Indes
orientales, et sur lequel il a bien voulu me donner les notices suivantes :

« Le thevangue, qui, selon M. d'Obsonville, s'appelle aussi dans l'Inde le *tâtonneur*, et
» *tongre* en Tamoul, vit retiré dans les rochers et les bois les plus solitaires de la partie
» méridionale de l'Inde, ainsi qu'à Ceylan : malgré quelques rapports d'organisation, il
» n'appartient ni à l'espèce du singe ni à celle du maki; il est, à ce qu'on croit, peu
» multiplié.

» En 1775, j'eus occasion d'acheter un thevangue; il avait, étant debout, un peu moins
» d'un pied de haut, mais on dit qu'il y en a de plus grands; cependant le mien parais-
» sait être tout formé, car, pendant près d'un an que je l'ai eu, il n'a point pris d'accrois-
» sement.

(*a*) Lettre de M. Tesdorph à M. de Buffon, de Lubecken, 1771.

(*) D'après Cuvier, la tête dont il est ici question et qui fut étudiée par Daubenton comme
tête de Loris était une tête de Daman.

» La partie postérieure de sa tête, ainsi que ses oreilles, paraissaient assez semblables
» à celles d'un singe ; mais il avait le front à proportion plus large et aplati ; son mu-
» seau, aussi effilé et plus court que celui d'une fouine, se relevait au-dessous des yeux à
» peu près comme celui des chiens épagneuls que l'on tire d'Espagne. Sa bouche, très
» fendue et bien garnie de dents, était armée de quatre canines longues et aiguës. Ses
» yeux étaient grands et à fleur de tête ; l'iris en paraissait d'un gris brun, mêlé d'une
» teinte jaunâtre. Il avait le cou court, le corps très allongé. Sa grosseur, au-dessus des
» hanches, était de moins de trois pouces de circonférence. Je le fis châtrer ; ses testi-
» cules, quoique proportionnellement fort gros, étaient absolument renfermés dans la ca-
» pacité du bas-ventre ; sa verge était détachée et couverte de son prépuce comme celle
» de l'homme... Il n'avait point de queue ; ses fesses étaient charnues et sans callosités ;
» leur carnation est d'une blancheur douce et agréable ; sa poitrine était large ; ses bras,
» ses mains et ses jambes paraissaient être bien formés ; cependant les doigts en sont
» écartés comme ceux des singes. Le poil de la tête et du dos est d'un gris sale tirant
» un peu sur le fauve ; celui de la partie antérieure du corps est moins épais et presque
» blanchâtre.

» Sa démarche a quelque chose de contraint ; elle est lente au point de parcourir au
» plus quatre toises en une minute ; ses jambes étaient trop longues à proportion du corps
» pour qu'il pût courir commodément comme les autres quadrupèdes ; il allait plus libre-
» ment debout, lors même qu'il emportait un oiseau entre ses pattes de devant.

» Il faisait quelquefois entendre une sorte de modulation ou de sifflement assez doux ;
» je pouvais aisément distinguer le cri du besoin, du plaisir, de la douleur, et même celui
» du chagrin ou de l'impatience. Si, par exemple, j'essayais de retirer sa proie, alors ses
» regards paraissaient altérés, il poussait une sorte d'inspiration de voix tremblante, et
» dont le son était aigu. Les Indiens disent qu'il s'accouple en se tenant accroupi, et en
» se serrant face à face avec sa femelle.

» Le thevangue diffère beaucoup des singes par l'extérieur de sa conformation, mais
» encore plus par le caractère et les habitudes ; il est né mélancolique, silencieux, patient,
» carnivore et noctambule, vivant isolé avec sa petite famille ; tout le jour il reste accroupi,
» et dort la tête appuyée sur ses deux mains réunies entre ses cuisses. Mais, au milieu du
» sommeil, ses oreilles sont très sensibles aux impressions du dehors, et il ne néglige
» point l'occasion de saisir ce qui vient se mettre à sa portée. Le grand soleil paraît lui
» déplaire, et cependant il ne paraît pas que la pupille de ses yeux se resserre ou soit
» fatiguée par le jour qui entre dans les appartements.....

» Celui que je nourrissais fut d'abord mis à l'attache, et ensuite on lui donna la liberté.
» A l'approche de la nuit il se frottait les yeux ; ensuite, en portant attentivement ses
» regards de tous côtés, il se promenait sur les meubles, ou plutôt sur des cordes que
» j'avais disposées à cet effet. Un peu de laitage et quelques fruits bien fondants ne lui
» déplaisaient pas, mais il n'était friand que de petits oiseaux ou d'insectes. S'il aperce-
» vait quelqu'un de ces derniers objets, il s'approchait d'un pas allongé et circonspect, tel
» que celui de quelqu'un qui marche en tâtonnant et sur la pointe des pieds pour aller en
» surprendre un autre. Arrivé environ à un pied de distance de sa proie, il s'arrêtait ;
» alors, se levant droit sur ses jambes, il avançait d'abord en étendant doucement ses
» bras, puis tout à coup il la saisissait et l'étranglait avec une prestesse singulière.

» Ce malheureux petit animal périt par accident ; il me paraissait fort attaché ; j'avais
» l'usage de le caresser après lui avoir donné à manger. Les marques de sa sensibilité
» consistaient à prendre le bout de ma main et à le serrer contre son sein, en fixant ses
» yeux à demi ouverts sur les miens. »

CHÉIROPTÈRES

DE LA ROUSSETTE ET DE LA ROUGETTE (*)

J'ai trouvé, dans une note de M. Commerson, qu'il a vu à l'île de Bourbon des milliers de grandes chauves-souris (roussettes et rougettes) (**), qui voltigeaient sur le soir en bandes comme les corbeaux, et se posaient particulièrement sur les arbres de *vaccoun*, dont elles mangent les fruits. Il ajoute que, prises dans la bonne saison, elles sont bonnes à manger, que leur goût approche absolument de celui du lièvre, et que leur chair est également noire.

Feu M. de la Nux, qui était mon correspondant dans cette même île, m'a envoyé, depuis l'impression de mon ouvrage, quelques observations, et de très bonnes réflexions critiques sur ce que j'ai dit de ces animaux. Voici l'extrait d'une très longue lettre fort instructive qu'il m'a écrite à ce sujet de l'île de Bourbon, le 24 octobre 1772.

« J'aime également, me dites-vous, monsieur, dans votre lettre du 8 mars 1770, j'aime
» également quelqu'un qui m'apprend une vérité ou qui me relève d'une erreur ; ainsi
» écrivez-moi, je vous supplie, en toute liberté et toute franchise..... Oh ! pour le coup, je
» réponds, monsieur, on ne peut pas mieux à votre noble invitation. Je n'ai point hésité
» de me livrer aux détails, et je ne veux point excuser ma prolixité, bien fâché même de
» n'en savoir pas plus sur les roussettes, pour avoir à vous en dire davantage. Les preuves
» ne peuvent être trop multipliées, me semble, quand il s'agit de combattre des erreurs
» accréditées depuis longtemps. L'on dirait que l'on n'a vu ces animaux qu'avec les yeux
» de l'effroi ; on les a trouvés laids, monstrueux, et, sans autre examen que la première
» inspection de leur figure, on leur a fait des mœurs, un caractère et des habitudes qu'ils
» n'ont point du tout, comme si la méchanceté, la férocité, la malpropreté, étaient insépa-
» rables de la laideur. »

M. de la Nux observe que, dans ma description, le volume de la roussette est exagéré, ainsi que le nombre de ces animaux, que leur cri n'a rien d'épouvantable ; il ajoute qu'un homme ouvrant la bouche et rétrécissant le passage de la voix, en aspirant et respirant successivement avec force, donne à peu près le son rauque du cri d'une roussette, et que cela n'est pas fort effrayant. Il dit encore que, quand ces animaux sont tranquilles sur un grand arbre, ils ont un gazouillement de société léger, et qui n'est point déplaisant.

« Pline a eu raison, dit-il, de traiter de fabuleux le récit d'Hérodote ; les roussettes, les
» rougettes, au moins dans ces îles, ne se jettent point sur les hommes ; elles les fuient,
» bien loin de les attaquer. Elles mordent et mordent très dur, mais c'est à leur corps
» défendant, quand elles sont abattues, soit par le *court-bâton*, soit par le coup de fusil,
» ou prises dans des filets ; et quiconque en est mordu ou égratigné n'a qu'à s'en prendre
» à sa maladresse, et non à une férocité que l'animal n'a point.

» Le volume des roussettes est ici plus approchant du vrai..... *Les chauves-souris volent*
» *en plein jour dans le Malabar.* Cela est vrai des roussettes, et non des rougettes. Les autres
» volent en plein jour : cela veut seulement dire qu'on en voit voler de temps à autre

---

(*) J'ai conservé dans toutes ces Additions aux Quadrupèdes l'ordre adopté par Flourens qui avait disposé les articles d'après le groupe auquel appartiennent les animaux étudiés.

(**) *Pteropus edulis* GEOFF.

» dans le cours du jour ; mais une à une et point en troupes. Alors elles volent très haut
» et assez pour que leur ampleur paraisse moindre de plus de moitié. Elles vont fort loin
» et à tire-d'aile, et je crois très possible qu'elles traversent de cette île Bourbon à l'île de
» France en assez peu de temps (la distance est au moins de trente lieues). Elles ne pla-
» nent pas comme l'oiseau de proie, comme la frégate, etc.; mais dans cette grande éléva-
» tion au-dessus de la surface de la terre, de cent, peut-être deux cents toises et plus, le
» mouvement de leurs bras est lent ; il est prompt quand elles volent bas, et d'autant plus
» prompt qu'elles sont plus proches de terre.

» A parler exactement, la roussette ne vit pas en société ; le besoin d'aliments, la
» pâture, les réunissent en troupes, en compagnies plus ou moins nombreuses. Ces compa-
» gnies se forment fortuitement sur les arbres de haute futaie, ou chargés ou à proximité
» des fleurs ou des fruits qui leur conviennent. On voit les roussettes y arriver successi-
» vement, se prendre par les griffes de leurs pattes de derrière et rester là tranquilles fort
» longtemps, si rien ne les effarouche ; il y en a cependant toujours quelques-unes, de
» temps en temps, qui se détachent et font compagnie. Mais qu'un oiseau de proie passe
» au-dessus de l'arbre, que le tonnerre vienne à éclater, qu'il se tire un coup de fusil ou
» sur elles ou dans le canton, ou que déjà, pourchassées ou effarouchées elles entrevoient
» au-dessous d'elles quelqu'un, soit chasseur ou autre, elles s'envolent toutes à la fois, et
» c'est pour lors qu'on voit en plein jour de ces compagnies, qui, quoique bien fournies,
» n'obscurcissent point l'air ; elles ne peuvent voler assez serrées pour cela ; l'expression
» est au moins hyperbolique. Mais dire : *on voit sur les arbres une infinité de grandes chauves-*
» *souris qui pendent attachées les unes aux autres sur les arbres*, c'est dire assez mal une
» fausseté, ou du moins une absurdité. Les roussettes sont trop hargneuses pour se tenir
» ainsi par la main ; et en considérant leur forme, on reconnaît aisément l'impossibilité
» d'une pareille chaîne. Elles branchent ou au-dessus ou au-dessous, ou à côté les unes des
» autres, mais toujours une à une.

» Je dois placer ici le peu que j'ai à dire des rougettes. On n'en voit point voler de jour ;
» elles vivent en société dans de grands creux d'arbres pourris, en nombre quelquefois de
» plus de quatre cents. Elles ne sortent que sur le soir à la grande brune et rentrent avant
» l'aube. L'on assure, et il passe en cette île pour constant, que, quelle que soit la quantité
» d'individus qui composent une de ces sociétés, il ne s'y trouve qu'un seul mâle : je n'ai pu
» vérifier le fait. Je dois seulement dire que ces animaux sédentaires parviennent à une
» haute graisse ; que, dans le commencement de la colonie, nombre de gens peu aisés et
» point délicats, instruits sans doute par les Malacasses, s'approvisionnaient largement
» de cette graisse pour en apprêter leur manger. J'ai vu le temps où un bois de chauves-
» souris (c'est ainsi qu'on appelait les retraites de nos rougettes) était une vraie trouvaille.
» Il était facile, comme on en peut juger, de défendre la sortie de ces animaux, puis de
» les tirer en vie un à un, ou de les étouffer par la fumée, et de façon ou d'autre de con-
» naître le nombre de femelles et de mâles qui composaient la société : je n'en sais pas
» plus sur cette espèce. Je reviens à la note... Autre hyperbole. *Le bruit que ces animaux*
» *font pendant la nuit en dévorant en grande troupe les fruits mûrs qu'ils savent discerner*
» *dans l'épaisseur des bois.....* En lisant cela, qui n'attribuera ce prétendu bruit à l'acte de
» mastication? le bruit que l'on entend de fort loin, et de jour comme de nuit, est celui
» naturel à ces animaux quand ils sont en colère et quand ils se disputent la pâture ; et il
» ne faut pas croire que les roussettes ne mangent que la nuit. Elles ont l'œil bon ainsi
» que l'odorat, elles voient très bien le jour ; il n'est point merveilleux qu'elles discernent
» dans l'épaisseur des bois les fruits, les graines mûres ainsi que les fleurs. D'ailleurs les
» bananes de toutes espèces, dont elles sont très friandes, les pêches et les autres fruits que
» les Indiens cultivent, ne sont point dans l'épaisseur des bois... *La roussette est un bon*
» *gibier.* Oui, pour qui peut vaincre la répugnance qu'inspire sa figure. La jeune, surtout

» de quatre à cinq mois, déjà grasse, est en son genre aussi bonne que le pintadeau, que
» le marcassin dans le leur. Les vieilles sont dures, bien que très grasses, dans la saison
» des fruits qui leur conviennent, c'est-à-dire pendant l'été et une partie de l'automne.
» Les mâles surtout acquièrent en vieillissant un fumet déplaisant et fort... Il n'est pas
» autrement exact de dire, en général, *les Indiens en mangent*. On sait que l'Indien ne
» mange d'aucun animal, qu'il n'en tue aucun. Peut-être bien les Maures, les Malays en
» mangent-ils ; certainement bien des Européens en mangent ; ainsi, dans le vrai, on mange
» des roussettes dans l'Inde, quoique l'Indien, proprement dit, n'en mange pas. Dans cette
» île on mange des roussettes et des rougettes.

» Après l'examen ci-dessus, je viens au corps de l'histoire ; il a besoin de rectification.
» Et pour preuve, je n'ai qu'à opposer ce que je connais des roussettes, ce que j'en ai vu,
» et ce qu'en ont imaginé les autres, d'après lesquels l'Historien de la nature a parlé.

» Les roussettes et les rougettes sont naturelles dans les îles de France, de Bourbon et
» de Madagascar. Il y a cinquante ans et plus (en 1772) que j'habite celle de Bourbon. Quand
» j'y arrivai, en septembre 1722, ces animaux étaient aussi communs, même dans les quar-
» tiers déjà établis, qu'ils y sont rares actuellement. La raison en est toute naturelle : 1° la
» forêt n'était pas encore éloignée des établissements, et il leur faut la forêt ; aujourd'hui
» elle est très reculée ; 2° la roussette est vivipare, et ne met au monde qu'un seul petit par
» an ; 3° elle est chassée pour sa viande, pour sa graisse, pour les jeunes individus, pen-
» dant tout l'été, tout l'automne et une partie de l'hiver, par les blancs au fusil, par les
» nègres au filet ; il faut que l'espèce diminue beaucoup et en peu de temps ; outre qu'aban-
» donnant les quartiers établis pour se retirer dans les lieux qui ne le sont pas encore, et
» dans l'intérieur de l'île, les nègres marrons ne les épargnent pas quand ils le peuvent.

» Le temps des amours de ces animaux est ici vers le mois de mai, c'est-à-dire, en géné-
» ral, dans le milieu de l'automne. Celui de la sortie des fœtus est environ un mois après
» l'équinoxe du printemps ; ainsi la durée de la gestation est de quatre et demi à cinq mois.
» J'ignore celle de l'accroissement des petits, mais je sais qu'il paraît fait au solstice d'hiver,
» c'est-à-dire à peu près au bout de huit mois, depuis la naissance. Je sais de plus qu'on
» ne voit plus de petites roussettes passé avril et mai, temps auquel on distingue aisément
» les vieilles des jeunes, par les couleurs plus vives des robes de celles-ci. Les vieilles gri-
» sonnent, je ne sais pas au bout de quel temps, et c'est pour lors qu'elles sont très dures,
» les mâles surtout ; c'est pour lors que ceux-ci sentent très fort, comme je l'ai déjà dit ;
» qu'il n'y a que des nègres qui puissent en manger, et qu'il n'y a de bon que leur graisse,
» dont en général l'espèce est assez bien pourvue depuis la fin du printemps jusqu'au
» commencement de l'hiver.

» Ce n'est certainement pas la chair de quelque espèce que ce soit qui fournit l'em-
» bonpoint des roussettes et des rougettes, ni même qui fait le moindrement partie de
» leur nourriture ; ce n'est pas de la viande qu'il leur faut. Bref, ces animaux ne sont du
» tout point carnassiers ; ils sont et ne sont que frugivores. Les bananes, les pêches, les
» goyaves, bien des sortes de fruits dont nos forêts sont successivement pourvues, les
» baies de gui et autres, voilà de quoi ils se nourrissent, et ils ne se nourrissent que de
» cela ; ils sont encore très friands de sucs de certaines fleurs à ombelles, telles entre
» autres celles de nos bois puants, dont le *nectareum* est très succinct ; ce sont ces fleurs,
» très abondantes en janvier et février, plus généralement au cœur de l'été, qui attirent
» vers le bas de notre île les roussettes en grand nombre ; elles font pleuvoir à terre les
» étamines nombreuses de ces fleurs, et il est très probable que c'est pour la succion du
» *nectareum* des fleurs à ombelles, peut-être encore de nombre d'autres fleurs de genres
» différents, que leur langue est telle que l'apprend l'exacte et savante description qu'en
» a donnée M. Daubenton. J'observerai que la mangue est un fruit dont la peau est résineuse,
» et que nos animaux n'y touchent point. Je sais qu'en cage on leur a fait manger du

» pain, des cannes de sucre, etc.; je n'ai pas su si on leur a fait manger de la viande,
» crue surtout; mais en eussent-elles mangé en cage, ce n'est point dans l'état d'esclavage
» que je les considère, il change trop les mœurs, les caractères, les habitudes de tous les
» animaux. Dans le très vrai, l'homme n'a rien à craindre de ceux-ci pour lui personnel-
» lement ni pour sa volaille. Il leur est de toute impossibilité de prendre, je ne dis pas
» une poule, mais le moindre petit oiseau. Une roussette ne peut pas, comme un faucon,
» comme un épervier, etc., fondre sur une proie. Si elle approche trop la terre, elle y
» tombe et ne peut reprendre le vol qu'en grimpant contre quelque appui que ce puisse
» être, fût-ce un homme qu'elle rencontrât (a). Une fois à terre, elle ne peut que s'y traîner
» maussadement et assez lentement, aussi ne s'y tient-elle que le moins de temps qu'elle
» peut; elle n'est point faite pour la course; voudrait-elle attraper un oiseau sur une
» branche, la dégaine avec laquelle elle est souvent obligée d'en parcourir une pour aller
» vers le bout mettre le vent dans ses voiles, pour aller prendre son vol, montre évidem-
» ment que telles tentatives ne lui réussiraient jamais. Et afin de me mieux faire entendre,
» je dois dire que, pour s'envoler, ces animaux ne peuvent, comme les oiseaux, s'élancer
» dans l'air; il faut qu'ils le battent des ailes à plusieurs reprises avant de dépendre les
» griffes de leurs pattes de l'endroit où ils se sont accrochés; et quelque pleines que
» soient les voiles en quittant la place, leur poids les abaisse, et, pour s'élever, ils par-
» courent la concavité d'une courbe. Mais la place où ils se trouvent quand il faut partir
» n'est pas toujours commode pour le jeu libre de leurs ailes; il peut se trouver des branches
» trop proches qui l'empêcheraient, et dans cette conjoncture la roussette parcourt la
» branche jusqu'à ce qu'elle puisse prendre son essor sans risque. Il arrive assez souvent,
» dans une nombreuse troupe de ces quadrupèdes volants, surprise, ou par un coup de
» tonnerre, ou par un coup de fusil, ou par tel autre épouvantail subit, et surprise sur un
» arbre de médiocre hauteur, comme de vingt à trente pieds, sous les branches; il arrive,
» dis-je, assez ordinairement que plusieurs tombent jusqu'à terre avant d'avoir pu prendre
» l'air nécessaire pour les soutenir, et on les voit incontinent remonter le long des arbres
» qui se trouvent à leur portée, pour prendre leur vol sitôt qu'elles le peuvent. Que l'on
» se représente des voyageurs chassant ces animaux qu'ils ne connaissent point, dont la
» forme et la figure leur causent un certain effroi, entourés tout à coup d'un nombre de
» roussettes tombées de leur fait; que quelqu'un de la bande se trouve empêtré d'une ou
» deux roussettes grimpantes, et que cherchant à se débarrasser, et s'y prenant mal, il
» soit égratigné, même mordu, ne voilà-t-il pas le thème d'une relation qui fera les rous-
» settes féroces, se ruant sur les hommes, cherchant à les blesser au visage, les dévorer, etc.,
» et, au bout du compte, cela se réduira à la rencontre fortuite d'animaux d'espèces bien
» différentes, qui avaient grande peur les uns des autres. J'ai dit plus haut qu'il fallait la
» forêt aux roussettes; on voit bien ici que c'est par instinct de conservation qu'elles la
» cherchent, et non par caractère sauvage et farouche. A ce que j'ai déjà fait connaître
» des roussettes et des rougettes, si j'ajoute qu'elles ne donnent point sur la charogne,
» que naturellement elles ne mangent point à terre, qu'il faut qu'elles soient appendues
» pour prendre leur nourriture, j'aurai, je pense, détruit le préjugé qui les fait carnivores,
» voraces, méchantes, cruelles, etc.; si je dis de plus que leur vol est aussi lourd, aussi
» bruyant, surtout proche de terre, que celui des vampires doit l'être peu, doit être léger,
» j'aurai, par ce dernier caractère, éloigné considérablement encore une espèce de l'autre.

(a) J'ai vu une roussette, toute jeune encore, entrer au vol dans ma maison à la grande
brune; s'abattre exactement aux pieds d'une jeune négresse de sept à huit ans, et incontinent
grimper le long de cet enfant, qui par bonheur était proche de moi. Je la débarrassai assez
promptement pour que les crochets des ailes n'eussent point encore atteint ou ses épaules,
ou son visage.

» De ce que l'on voit parfois des roussettes raser la surface de l'eau, à peu près comme
» fait l'hirondelle, on les a fait se nourrir de poisson, on en a fait des pêcheurs, et il le
» fallait bien dès qu'on voulait qu'elles mangeassent de tout. Cette chair ne leur convient
» pas plus que toute autre. Encore une fois, elles ne se nourrissent que de végétaux.
» C'est pour se baigner qu'elles rasent l'eau, et si elles se soutiennent au vol plus près de
» l'eau qu'elles ne le peuvent de la terre, c'est que la résistance de celle-ci intéresse le
» battement des ailes qui est libre sur l'eau. De ceci résulte évidemment la propreté natu-
» relle des roussettes. J'en ai bien vu, j'en ai bien tué, je n'ai jamais trouvé sur aucune
» d'elles la moindre saleté; elles sont aussi propres que le sont en général les oiseaux.

« La roussette n'est pas de ces animaux que nous sommes portés à trouver beaux;
» elle est même déplaisante à voir en mouvement et de près. Il n'y a qu'un seul point
» de vue, et il n'y a qu'une seule attitude qui lui soit avantageuse relativement à nous,
» dans laquelle on la voie avec une sorte de plaisir, dans laquelle tout ce qu'elle a de
» hideux, de monstrueux disparaît. Branchée à un arbre, elle s'y tient la tête en bas, les
» ailes pliées et exactement plaquées contre le corps; ainsi sa voilure qui fait sa diffor-
» mité, de même que ses pattes de derrière, qui la soutiennent à l'aide des griffes dont
» elles sont armées, ne paraissent point. L'on ne voit en pendant qu'un corps rond, potelé,
» vêtu d'une robe d'un brun foncé, très propre et bien colorié, auquel tient une tête dont
» la physionomie a quelque chose de vif et de fin. Voilà l'attitude de repos des roussettes;
» elles n'ont que celle-là, et c'est celle dans laquelle elles se tiennent le plus longtemps
» pendant le jour. Quant au point de vue, c'est à nous à le choisir. Il faut se placer de
» manière à les voir dans un demi-raccourci, c'est-à-dire à l'élévation au-dessus de terre
» de quarante à soixante pieds, et dans une distance de cent cinquante pieds, plus ou
» moins. Maintenant, qu'on se représente la tête d'un grand arbre garnie dans son pour-
» tour et dans son milieu de cent, cent cinquante, peut-être deux cents de pareilles giran-
» doles, n'ayant de mouvement que celui que le vent donne aux branches, et l'on se fera
» l'idée d'un tableau qui m'a toujours paru curieux, et qui se fait regarder avec plaisir.
» Dans les cabinets les plus riches en sujets d'histoire naturelle on ne manque pas de pla-
» cer une roussette éployée et dans toute l'étendue de son envergure; de sorte qu'on la
» montre dans son action et dans tout son laid. Il faudrait, me semble, s'il était possible,
» en montrer à côté ou au-dessus quelqu'une dans l'attitude naturelle du repos : on ne
» voit jamais les roussettes à terre tranquilles sur leurs quatre jambes.

» Je terminerai ces notes en disant que la roussette et la rougette fournissent une
» nourriture saine. On n'a jamais entendu dire que qui que ce soit en ait été incommodé,
» quoique nombre de fois on en ait mangé avec excès. Cela ne doit point surprendre dès
» que l'on sait bien que ces animaux ne vivent que de fruits mûrs, de sucs et de fleurs, et
» peut-être des exsudations de nombre d'arbres. Je le soupçonnais fortement; le passage
» d'Hérodote me le fait croire; mais je ne l'ai pas assez vu pour donner la chose comme
» une vérité constante. »

DES CHAUVES-SOURIS

M. Pallas, qui nous a donné des descriptions de deux chauves-souris, qu'il regarde
comme nouvelles, avertit que la chauve-souris-fer-de-lance, dont j'ai donné la description,
ne doit pas être confondue avec la chauve-souris donnée par Seba sous la dénomination
de chauve-souris commune d'Amérique. M. Pallas dit avoir vu les deux espèces, et qu'après
les avoir comparées, il s'est assuré qu'elles sont très différentes l'une de l'autre. Je ne puis
que le remercier de m'avoir indiqué cette méprise.

Il nous donne ensuite la description d'une de ces chauves-souris nouvelles, qu'il dit être des Indes, et qu'il appelle *céphalotte* (*), laquelle est en effet différente de toutes les chauves-souris que nous avons décrites dans notre ouvrage. Voici l'extrait de ce qu'en dit M. Pallas :

« Cette espèce de chauve-souris, jusqu'à présent inconnue des naturalistes, se trouve » aux îles Moluques, d'où on a envoyé deux individus femelles à M. Schlosser, à Ams- » terdam. La femelle ne produit qu'un petit ; on peut le conjecturer par ce que M. Pallas, » dans la dissection qu'il a faite d'une de ces femelles, n'a trouvé qu'un fœtus. »

Il appelle cette chauve-souris céphalotte, parce qu'elle a la tête plus grosse à proportion du corps que les autres chauves-souris ; le cou y est aussi plus distinct, parce qu'il est moins couvert de poil.

« Cette chauve-souris, continue M. Pallas, diffère de toutes les autres par les dents, qui » ont quelque ressemblance avec les dents des souris ou même des hérissons, paraissant » plutôt faites pour entamer les fruits que pour déchirer une proie ; les dents canines dans » la mâchoire supérieure sont séparées par deux petites dents ; et dans la mâchoire infé- » rieure ces petites dents manquent, et les deux canines de cette mâchoire sont comme » les incisives dans les souris. »

Je crois devoir rapporter ici une table du nombre et de l'ordre des dents dans les espèces de chauves-souris, et qui m'a été communiquée par M. Daubenton. On verra d'autant mieux par cette table que la chauve-souris céphalotte, et une autre dont je parlerai tout à l'heure sous le nom de *chauve-souris-musaraigne*, sont de nouvelles espèces qui n'ont été indiquées que par M. Pallas.

NOMS DES CHAUVES-SOURIS.	INCISIVES SUPÉRIEURES.	INCISIVES INFÉRIEURES.	MACHELIÈRES SUPÉRIEURES.	MACHELIÈRES INFÉRIEURES.	CANINES.	TOTAL.
Le Fer-à-Cheval	»	4	8	10	4	26
La Feuille	»	4	8	10	4	26
Le Rat volant	2	2	8	10	4	26
Le Mulot volant	2	2	8	10	4	26
La Marmotte volante	2	6	8	8	4	28
Le Lérot volant	»	4	10	10	4	28
Le Campagnol volant	4	6	8	8	4	30
La Noctule	4	6	8	10	4	32
Le Serotine	4	6	8	10	4	32
Le Chien volant	4	4	8	12	4	32
La Roussette	4	4	8	12	4	32
La Pipistrelle	4	6	10	10	4	34
L'Oreillard	4	6	10	12	4	36
La Chauve-Souris	4	6	12	12	4	33
Le Muscardin volant	4	6	12	12	4	38
Le Fer-de-Lance	4	4	10	10	4	32
La Céphalotte	2	»	6	10	4	22
La Chauve-Souris-Musaraigne	4	4	6	6	4	24

« La queue de cette chauve-souris céphalotte n'est pas longue ; elle est, dit M. Pallas, » située sous la membrane, entre les deux cuisses. La forme des narines est un caractère » par lequel on peut distinguer, au premier coup d'œil, cette chauve-souris de toutes les » autres. La forme de la pupille des yeux diffère aussi de celle des autres chauves- » souris ; la poitrine a une plus grande amplitude, et ressemble plus que dans aucune » autre espèce à la poitrine des oiseaux. »

(*) *Vespertilio cephalotes* PALL.

On peut voir la description détaillée des parties extérieures et intérieures de cet animal dans l'ouvrage de M. Pallas. Nous nous contenterons d'en extraire ici les dimensions principales.

	Pieds.	Pouces.	Lignes.
Envergure	1	2	6
Longueur de l'animal jusqu'à l'origine de la queue	»	3	9
Longueur de la tête	»	1	3
Largeur de la tête	»	»	9
Épaisseur de la tête	»	»	8
Longueur des oreilles	»	»	5
Largeur des oreilles	»	»	4
Longueur de l'humérus des ailes	»	1	8
Longueur de l'avant-bras	»	2	3
Longueur du fémur	»	»	$7\frac{1}{2}$
Longueur des jambes	»	»	$9\frac{1}{2}$
Longueur de la queue	»	»	10
Longueur de la partie de la queue au delà de la membrane	»	»	$5\frac{2}{3}$

La seconde espèce de chauve-souris, donnée par M. Pallas sous la dénomination de *vespertilio soricinus*, ou chauve-souris-musaraigne, est du genre de celles qui n'ont point de queue et qui portent une feuille sur le nez, mais c'est la plus petite espèce de ce genre ; elle est assez commune dans les régions les plus chaudes de l'Amérique, comme aux îles Caraïbes et à Surinam. Il paraît que la figure en a été donnée par Edwards, planche CCI, figure 1 ; cette chauve-souris a le museau plus long et plus menu que les autres, et c'est ce qui fait qu'elle a aussi un plus grand nombre de dents. La langue est très singulière, tant par sa longueur que par la structure. Le mâle et la femelle ne diffèrent presque en rien que par les parties sexuelles.

	Pieds.	Pouces.	Lignes.
Envergure	»	8	3
Longueur de l'animal jusqu'à la queue	»	2	1
Longueur de la tête	»	»	11
Largeur de la tête	»	»	5
Longueur de la feuille au-dessus du nez	»	»	2
Longueur des oreilles	»	»	$4\frac{1}{2}$
Longueur du lobe interne de l'oreille	»	»	2
Largeur de l'oreille	»	»	4
Longueur de l'humérus	»	1	»
Longueur de l'avant-bras	1	»	4
Longueur du fémur	»	»	6
Longueur des jambes	»	»	6
Longueur des pieds avec les ongles	»	»	$6\frac{1}{2}$

Je renvoie à l'ouvrage de M. Pallas pour le détail de la description des parties extérieures et intérieures de cet animal, que ce savant naturaliste a faite avec beaucoup de soin et de précision.

LA GRANDE SÉROTINE DE LA GUYANE

Nous donnons ici la description d'une grande chauve-souris qui nous a été apportée de Cayenne, et qui nous paraît assez différente de celle dont nous avons donné la description sous le nom de *vampire*, pour qu'on doive la regarder comme formant une autre espèce, quoique toutes deux se trouvent dans le même pays. C'est à celle que nous

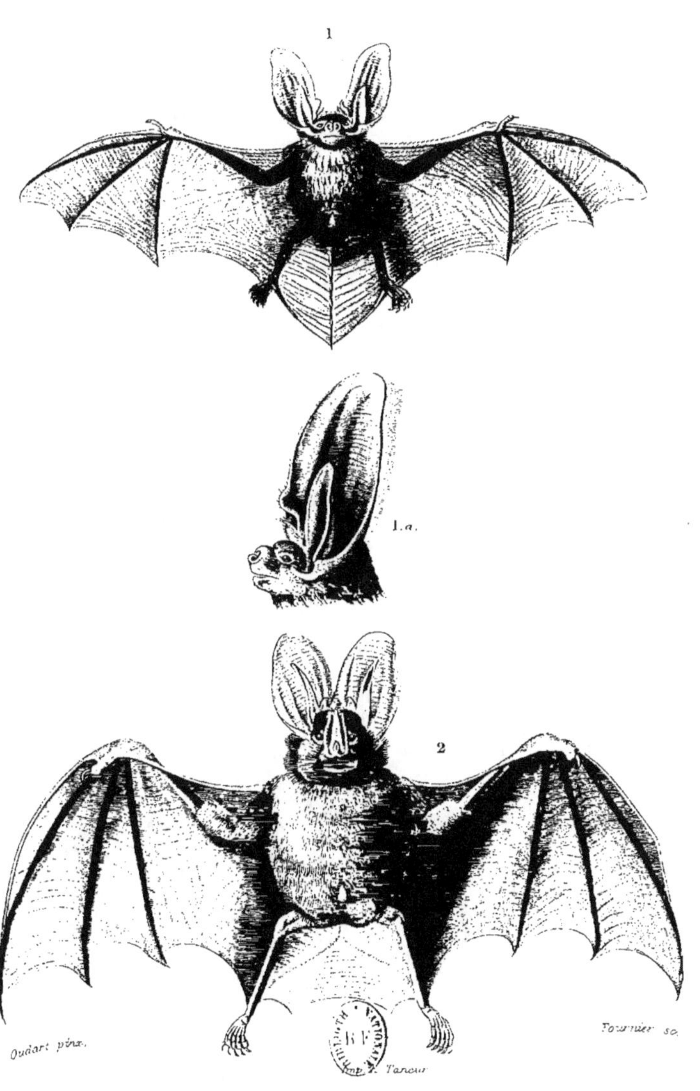

1. Oreillard vulgaire — 2. Mégaderme feuille

A. Le Vasseur Éditeur

avons appelée *sérotine* (*) de notre climat que cette grosse chauve-souris de la Guyane ressemble le plus; mais elle en diffère beaucoup par la grandeur, la sérotine n'ayant que deux pouces sept lignes, au lieu que cette chauve-souris de la Guyane a cinq pouces huit lignes de longueur; elle a cependant le museau plus long, et la tête d'une forme plus allongée et moins couverte de poil au sommet que celle de la sérotine; les oreilles paraissent aussi être plus grandes, ayant treize lignes de longueur sur neuf lignes d'ouverture à la base; en sorte qu'indépendamment de la très grande différence de grandeur et de l'éloignement des climats, cette chauve-souris de la Guyane ne peut pas être regardée comme une variété dans l'espèce de la sérotine : cependant, comme elle ressemble beaucoup plus à la sérotine qu'à aucune autre chauve-souris, nous l'avons désignée par le nom de *grande sérotine de la Guyane*, afin que les voyageurs puissent la distinguer aisément du vampire et des autres chauves-souris de ces climats éloignés.

Elle avait, avant d'être desséchée, près de deux pieds d'envergure, et elle est très commune aux environs de la ville de Cayenne. On voit ces grandes chauves-souris se rassembler en nombre le soir, et voltiger dans les endroits découverts, surtout au-dessus des prairies; les tette-chèvres ou engoulevents se mêlent avec ces légions de chauves-souris, et quelquefois ces troupes, mêlées d'oiseaux et de quadrupèdes volants, sont si nombreuses et si serrées, que l'horizon en paraît couvert.

Cette grande sérotine a les poils du dessus du corps d'un roux marron; les côtés du corps, d'un jaune clair; sur le dos, le poil est long de quatre lignes; mais, sur le reste du corps, il est un peu moins long que celui des sérotines de l'Europe; il est très court et d'un blanc sale sous le ventre, ainsi que sur le dedans des jambes; les ongles sont blancs et crochus; l'envergure des membranes qui lui servent d'ailes est d'environ dix-huit pouces; ces membranes sont de couleur noirâtre, ainsi que la queue.

DU VAMPIRE

M. Roume de Saint-Laurent nous a écrit de la Grenade, en date du 18 avril 1778, au sujet de la grande chauve-souris ou vampire de l'île de la Trinité (**). Les remarques de ce judicieux observateur confirment tout ce que nous avions dit et pensé d'abord sur les blessures que fait le vampire, et sur la manière particulière dont il suce le sang, et dont se fait l'excoriation de la peau dans ces blessures. J'en avais, pour ainsi dire, deviné la mécanique; cependant l'amour de la vérité et l'attention scrupuleuse à rapporter tout ce qui peut servir à l'éclaircir m'avaient porté à donner sur ce sujet des témoignages qui semblaient contredire mon opinion; mais j'ai vu qu'elle était bien fondée, et que MM. de Saint-Laurent et Gaulthier ont observé tout ce que j'avais présumé sur la manière dont ces animaux font des plaies sans douleur, et peuvent sucer le sang jusqu'à épuiser le corps d'un homme ou d'un animal, et les faire mourir.

LA GRANDE CHAUVE-SOURIS FER-DE-LANCE DE LA GUYANE

Cette chauve-souris mâle (***), envoyée de Cayenne par M. de La Borde, est très commune à la Guyane; elle est assez grande, ayant quatre pouces du bout du museau à l'anus; ses ailes ont d'envergure seize pouces quatre lignes; un poil assez serré couvre

(*) *Vespertilio maximus* DESM.
(**) *Vampyrus Spectrum* L.
(***) *Phyllostoma perspicillatum* GEOFF.

tout le corps, la tête et les côtés ; la membrane des ailes est noirâtre et garnie d'un petit poil ras. Elle diffère des chauves-souris communes en ce qu'elle n'a point de queue ; les oreilles sont droites, un peu courbées en dehors, arrondies à leurs extrémités et sans oreillon ; au-dessus de la lèvre supérieure est la membrane saillante en forme d'un fer de lance, dont le bord est comme à la partie inférieure, et qui diffère par là de celle du fer-de-lance, dont les larges rebords ressemblent à un fer à cheval ; cette membrane est brunâtre comme les oreilles.

Le poil de cette chauve-souris est très doux, couleur de musc foncé sur tout le corps, excepté sur la poitrine et sur le ventre, où cette couleur est un peu grisâtre ; les plus longs poils sont sur le dos, où ils ont trois lignes de longueur.

Il n'y a point de dents incisives à la mâchoire supérieure, mais il y a deux canines en haut comme en bas.

	Pieds.	Pouces.	Lignes.
Longueur de la tête depuis le museau jusqu'à l'occiput	»	1	3
Distance entre le bout du museau et l'angle antérieur de l'œil	»	»	$6\frac{1}{2}$
Distance de l'œil entre l'angle postérieur et l'oreille	»	»	$3\frac{1}{2}$
Longueur des oreilles	»	»	$7\frac{1}{2}$
Distance entre la base des deux oreilles	»	»	8
Longueur de l'avant-bras, depuis le coude jusqu'au poignet	»	2	10
Longueur depuis le poignet jusqu'au bout des doigts	»	5	5
Longueur de la jambe, depuis le genou jusqu'au talon	»	1	4
Longueur depuis le talon jusqu'au bout des ongles	»	»	$6\frac{1}{2}$
Longueur totale de l'aile	»	8	11
Largeur la plus grande du poignet aux échancrures	»	2	10

AUTRE CHAUVE-SOURIS DE LA GUYANE

Cette chauve-souris (*), dont la longueur, du bout du museau à l'anus, est de trois pouces quatre lignes, a été envoyée de Cayenne par M. de La Borde. Elle est commune dans la Guyane, et généralement à peu près de la grosseur de notre *noctule*. Elle a, comme toutes les chauves-souris, les yeux petits, le bout du nez saillant, les joues allongées et aplaties sur les côtés ; le bout du nez est large ; la distance entre les deux naseaux est d'une ligne et demie ; la longueur de la tête, du bout du museau à l'occiput, est de dix lignes. Les oreilles, qui sont aplaties sur les côtés, prennent du milieu du front en formant plusieurs plis, et s'étendent sur les joues en s'aplatissant sur le conduit auditif ; l'oreillon, qui est placé au-devant de ce conduit, est petit, large et rond à son extrémité. Cette forme écrasée qu'ont les oreilles, et le rebord supérieur qui est saillant, donnent à cette chauve-souris un caractère qui la distingue de toutes les autres espèces. Mais un caractère qui lui est encore propre, c'est d'avoir les ailes très longues et fort étroites ; elles ont quinze pouces deux lignes d'envergure ; chaque aile a sept pouces de longueur sur deux pouces à sa plus grande largeur. L'os du bras paraît attaché au corps plus bas que dans d'autres chauves-souris, ce qui balance la grande longueur des ailes ; la membrane des ailes qui couvre les jambes et la queue est de couleur brune ou grisâtre : la queue, enveloppée dans la membrane, a treize lignes de longueur ; elle est étroite et terminée par un petit crochet.

Le poil sur le corps a deux lignes et demie de longueur ; sa couleur est d'un brun marron foncé ou noirâtre qui s'étend sur la tête ; la couleur est moins foncée sous le

(*) *Molossus amplexicaudatus* Geoff.

ventre, et cendrée sur les côtés : la face et les oreilles sont de même couleur que les ailes. Le nez, les joues et les mâchoires sont couverts d'un duvet ou poil très court.

La mâchoire supérieure n'a point d'incisives; il y a de chaque côté une grande canine et une petite dent pointue qui l'accompagne. La mâchoire inférieure a deux très petites incisives qui se touchent; les deux canines d'en bas finissent en pointe, et leur côté présente un sillon dans la cavité duquel s'appliquent les canines supérieures.

INSECTIVORES

DE LA TAUPE

Pontoppidan assure que la taupe ne se trouve en Norvège que dans la partie orientale du pays, et que le reste de ce royaume est tellement rempli de rochers qu'elle ne peut s'y établir (a).

Depuis la publication du volume de mon ouvrage où j'ai donné la description de la taupe, il a paru un très bon mémoire de M. de la Faille sur l'histoire naturelle de cet animal, imprimé en 1769, dont je crois devoir donner ici l'extrait, parce que ce mémoire contient plusieurs observations nouvelles et quelques faits qui ne m'étaient pas connus.

Selon M. de la Faille, on peut distinguer en Europe cinq taupes différentes : 1° celle de nos jardins, dont le poil est fin et d'un très beau noir;

2° La taupe blanche, qui ne diffère de la taupe noire commune que par la couleur; elle est plus commune en Hollande qu'en France, et se trouve encore plus fréquemment dans les contrées septentrionales;

3° La taupe fauve, qui, selon lui, ne se trouve guère que dans le pays d'Aunis, et qui a le poil d'un roux clair, tirant sur le ventre de biche, sans aucune tache ni mélange; il paraît que c'est une nuance dans l'espèce de la taupe blanche, seulement elle est un peu plus grosse; mais M. de la Faille n'en a vu qu'un seul individu, qui avait été pris près de la Rochelle, dans le même terrain que la taupe blanche;

4° La taupe jaune verdâtre ou couleur de citron, qui se trouve dans le territoire d'Alais en Languedoc; elle est d'une belle couleur de citron, et l'on prétend que cette couleur n'est due qu'à la qualité de la terre qu'elle habite; c'est entre le bourg d'Aulas et les hameaux qu'on appelle les Carrières, dans le diocèse d'Alais, que se trouve cette taupe citron;

5° La taupe tachetée ou variée, qu'on trouve dans plusieurs contrées de l'Europe. Celles de l'Ost-Frise ont tout le corps parsemé de taches blanches et noires : en Suisse, en Angleterre et dans le pays d'Aunis, elles ont le poil noir varié de fauve.

Indépendamment de ces cinq races de taupes qui se trouvent en Europe, les voyageurs parlent d'une taupe de l'île de Java, dont les quatre pieds sont blancs, ainsi que la moitié des jambes; en Amérique, celles de Virginie ont le poil noirâtre et luisant, mêlé d'un pourpre foncé. Toutes ces taupes ne paraissent être que de simples variétés de l'espèce de la taupe commune, parce qu'elles n'en diffèrent que par les couleurs; mais il y en a d'autres qui semblent constituer des espèces différentes, parce qu'elles diffèrent de la taupe commune, non seulement par les couleurs, mais par la forme du corps et des membres.

(a) *Histoire naturelle de la Norvège*, par Pontoppidan. *Journal étranger*, juin 1756.

LA TAUPE ROUGE D'AMÉRIQUE

La première espèce est la taupe d'Amérique (*), qui a le poil roux mêlé de cendré clair, et qui n'a pas les pieds conformés comme ceux de la taupe d'Europe, n'ayant que trois doigts aux pieds de devant, et quatre à ceux de derrière (**), qui sont à peu près égaux, tandis que ceux des pieds de devant sont très inégaux, le doigt extérieur étant beaucoup plus long que les deux autres, et armé d'un ongle plus fort et plus crochu; le second doigt est plus petit, et le troisième l'est encore beaucoup plus. J'ai dit à ce sujet que cette prétendue taupe était un autre animal que notre taupe d'Europe, et je crois devoir persister dans cette opinion, jusqu'à ce qu'elle ait été mieux observée et décrite plus en détail.

TAUPE DE PENSYLVANIE

« Il y a, dit M. Kalm, en Pensylvanie une espèce de taupe qui se nourrit principale-
» ment de racines. Cet animal se creuse dans les champs de petites allées souterraines qui
» se prolongent en formant des détours et des sinuosités..... Il a dans les pattes plus de
» force et de raideur que beaucoup d'autres animaux, à proportion de leur grandeur.....
» Pour creuser la terre, il se sert de ses pieds comme des avirons. M. Kalm en mit un dans
» son mouchoir, il s'aperçut qu'en moins d'une minute il y avait fait quantité de petits
» trous qui avaient l'air d'avoir été percés avec un poinçon..... Il était très méchant, et
» dès que l'on mettait ou qu'il trouvait quelque chose sur son passage, il y faisait tout de
» suite, en mordant, de grands trous. Je lui présentai, dit M. Kalm, mon écritoire qui était
» d'acier; il commença d'abord à la mordre, mais il fut bientôt rebuté par la dureté du
» métal, et ne voulut mordre après aucune des choses qu'on lui présentait. Cet animal
» n'élève pas la terre en dôme comme les taupes d'Europe; il se fait seulement de petites
» allées sous terre (a). »

Ces indications ne sont pas suffisantes pour donner connaissance de cet animal, ni même pour décider s'il est vraiment du genre des taupes.

TAUPE DORÉE

Enfin, pour n'omettre aucun des animaux du Nord, et même des plus petits, il paraît qu'il y a en Sibérie une sorte de taupe qu'on appelle *taupe dorée* (***), et dont l'espèce pourrait être différente de celle de la taupe ordinaire parce que cette taupe de Sibérie n'a point de queue et qu'elle a le museau court, le poil mêlé de roux et de vert, et qu'elle n'a que trois doigts aux pieds de devant et quatre aux pieds de derrière, au lieu que la taupe ordinaire a cinq doigts à tous les pieds. Nous ignorons le nom de cet animal, dont Séba a donné la figure (b).

(a) *Voyage de Kalm*, t. II, p. 333. Gottingen, 1757.
(b) Séba, vol. Ier, page 51. tab. 32. Mas. fig. 4. Fœmina, fig. 5.

(*) *Talpa rubra* L.
(**) D'après Flourens, elle a cinq doigts aux pieds de derrière.
(***) *Chrysochloris capensis* Cuv.

LA MUSARAIGNE MUSQUÉE DE L'INDE

Cette musaraigne (*), apportée de Pondichéry par M. Sonnerat, est beaucoup plus grande que la musaraigne de notre pays, qui n'a que deux pouces onze lignes, au lieu que celle-ci a cinq pouces deux lignes, le corps étendu.

Elle a la tête longue et pointue ; le nez est effilé, et la mâchoire supérieure avance sur l'inférieure ; les narines sont petites et le bout du nez est séparé comme par deux petits tubercules ; les yeux sont si petits qu'on a peine à les apercevoir.

Les oreilles sont courtes, rondes, nues et sans poil.

Les poils des moustaches et ceux du dessus des yeux sont grisâtres, et les plus grands ont sept lignes de longueur.

Les jambes sont petites et courtes ; il y a cinq doigts à tous les pieds.

La queue a un pouce huit lignes de longueur ; elle est couverte de petits poils courts, et parsemée de grands poils fins et grisâtres.

La couleur du poil de cet animal est d'un gris de souris ou d'ardoise claire, teint de roussâtre, qui domine le nez, le dos et la queue.

Cette musaraigne qui, à beaucoup d'égards, ressemble à la musaraigne d'Europe, a une odeur de musc si forte, qu'elle se fait sentir dans tous les endroits où elle passe. Elle habite dans les champs, mais elle vient aussi dans les maisons.

DU HÉRISSON

J'ai dit, à l'article du hérisson, que je doutais qu'il montât sur les arbres, et qu'il emportât des fruits sur ses piquants ; cependant quelques chasseurs m'ont assuré avoir vu des hérissons monter sur des arbres, et remporter des fruits à la pointe de leurs piquants.

Ils m'ont dit aussi qu'ils avaient vu des hérissons nager, et traverser même de grands espaces d'eau avec assez de vitesse. Dans quelques campagnes, on est dans l'usage de prendre une peau de hérisson et d'en couvrir la tête d'un veau lorsqu'on veut le sevrer ; la mère se sentant piquée, lui refuse le pis et s'éloigne.

Voici quelques observations sur des hérissons que j'ai fait élever en domesticité :

Le 4 juin 1781, on m'apporta quatre jeunes hérissons avec la mère ; leurs pointes ou épines étaient bien formées, ce qui paraît indiquer qu'ils avaient plusieurs semaines d'âge. Je les fis mettre ensemble dans une grande volière de fil de fer pour les observer commodément, et l'on garnit de branches et de feuillages le fond de cette volière, afin de procurer à ces animaux une petite retraite pour dormir.

Pendant les deux premiers jours, on ne leur donna pour nourriture que quelques morceaux de bœuf bouilli qu'ils ne mangèrent pas ; ils en sucèrent seulement toute la partie succulente, sans manger les fibres de la chair. Le troisième jour, on leur donna plusieurs sortes d'herbes, telles que du seneçon, du liseron, etc. ; ils n'en mangèrent pas : ainsi on peut dire qu'ils jeûnèrent à peu près pendant ces trois premiers jours ; cependant la mère n'en parut pas affaiblie et donna souvent à teter à ses petits.

Les jours suivants ils eurent des cerises, du pain, du foie de bœuf cru ; ils suçaient ce dernier mets avec avidité, et la mère et les petits ne le quittaient pas qu'ils ne parussent

(*) *Sorex indicus* Geoff.

rassasiés; ils mangèrent aussi un peu de pain, mais ils ne touchèrent pas aux cerises : ils montrèrent beaucoup d'appétit pour les intestins crus de la volaille, de même que pour les pois et les herbes cuites; mais, quelque chose qu'ils aient pu manger, il n'a pas été possible de voir leurs excréments, et il est à présumer qu'ils les mangent, comme font quelques autres animaux.

Il paraît qu'ils peuvent se passer d'eau, ou du moins que la boisson ne leur est pas plus nécessaire qu'aux lapins, aux lièvres, etc. Ils n'ont rien eu à boire pendant tout le temps qu'on les a conservés, et néanmoins ils ont toujours été fort gras et bien portants.

Lorsque les jeunes hérissons voulaient prendre la mamelle, la mère se couchait sur le côté, comme pour les mettre plus à leur aise; ces animaux ont les jambes si courtes que les petits avaient peine à se mettre sous le ventre de leur mère. Si elle se tenait sur ses pieds ils s'endormaient à la mamelle; la mère ne les réveillait pas, elle semblait même n'oser se remuer dans la crainte de troubler leur sommeil. Voulant reconnaître si cette espèce d'attention de la mère pour ses petits était un effet de son attachement pour eux, ou si elle-même n'était pas intéressée à les laisser tranquilles, on s'aperçut bientôt que, quelque amour qu'elle eût pour eux, elle en avait encore plus pour la liberté. On ouvrit la volière pendant que ses petits dormaient; dès qu'elle s'en aperçut, elle se leva doucement, sortit dans le jardin et s'éloigna du plus vite qu'elle put de sa cage, où elle ne revint pas d'elle-même, mais où il fallut la rapporter. On a souvent remarqué que, lorsqu'elle était renfermée avec ses petits, elle employait ordinairement tout le temps de leur sommeil à rôder autour de la volière pour tâcher, selon toute apparence, de trouver une issue propre à s'échapper, et qu'elle ne cessait ses manœuvres et ses mouvements inquiets que lorsque les petits venaient à s'éveiller. Dès lors il fut facile de juger que cette mère aurait quitté volontiers sa petite famille, et que si elle semblait craindre de l'éveiller, c'était seulement pour se mettre à l'abri de ses importunités; car les jeunes hérissons étaient si avides de la mamelle qu'ils y restaient attachés souvent pendant plusieurs heures de suite. C'est peut-être ce grand appétit des jeunes hérissons qui est cause que les mères, ennuyées ou excédées par leur gourmandise, se déterminent quelquefois à les détruire.

Dès que les hérissons entendaient marcher ou qu'ils voyaient quelqu'un auprès d'eux, ils se tapissaient à terre et ramenaient leur museau sur la poitrine, de sorte qu'ils présentaient en avant les piquants qu'ils ont sur le haut du front, et qui sont les premiers à se dresser; ils ramenaient ensuite leurs pieds de derrière en avant, et à force d'approcher ainsi les extrémités de leur corps, ou plutôt de les resserrer l'un contre l'autre, ils se donnaient la forme d'une pelote ou d'une boule hérissée de piquants ou de pointes. Cette pelote ou boule n'est pas tout à fait ronde; elle est toujours plus mince vers l'endroit où la tête se joint à la partie postérieure du corps. Plus ils étaient prompts à prendre cette forme de boule, et plus ils comprimaient fortement les deux extrémités de leur corps : la contraction de leurs muscles paraît être si grande alors que lorsqu'une fois ils se sont arrondis autant qu'il leur est possible, il serait presque aussi aisé de leur disloquer les membres que de les allonger assez pour donner à leur corps toute son étendue en longueur. On essayait souvent de les étendre, mais plus on faisait d'efforts, plus ils semblaient opposer de résistance et se resserrer dans l'instant où ils prenaient la forme de pelotes. On a remarqué qu'il se faisait un petit bruit de cliquetis qui était occasionné par le frottement réciproque des pointes, lesquelles se dirigent et se croisent dans tous les sens possibles. C'est alors que le corps de ces animaux paraît hérissé d'un plus grand nombre de pointes, et qu'ils sont vraiment sur la défensive. Lorsque rien ne les inquiète, ces mêmes pointes ou épines si hérissées, quand il est question de se préserver, sont couchées en arrière les unes sur les autres comme le poil lisse des autres animaux; néanmoins ceci n'a lieu que lorsque les hérissons étant éveillés jouissent du calme et de la tranquillité; car, quand ils dorment, leurs armes sont prêtes, c'est-à-dire que leurs pointes se croisent dans tous les sens, comme s'ils avaient à repousser une attaque. Il semble donc que, pendant leur sommeil, qui est assez profond, la nature leur ait donné l'instinct de se prémunir contre la surprise.

Au reste, ces animaux n'ont pas les moyens d'en attaquer d'autres; ils sont naturellement indolents et même paresseux; le repos semble être aussi nécessaire à leur genre de vie que la nourriture, et l'on pourrait dire avec assez de vérité que leurs uniques et seules occupations sont de manger et dormir. En effet, ceux que nous avons nourris et élevés cherchaient à manger dès qu'ils étaient éveillés, et quand ils avaient assez mangé ils allaient se livrer au sommeil sur des feuillages. Ce sont là leurs habitudes pendant le jour; mais pendant la nuit ils sont moins tranquilles; ils cherchent les limaçons, les gros scarabées, et autres insectes dont ils font leur principale nourriture.

DU TANREC

M. de Brugnières, médecin du Roi, très habile botaniste, qui a été envoyé pour faire des recherches d'histoire naturelle aux terres australes, en 1772, nous a donné un petit animal que nous avons reconnu pour être un jeune tanrec (*). Il ne diffère de l'autre que par sa petitesse et par trois bandes blanchâtres qui nous paraissent être la livrée de ce jeune animal. La première de ces bandes s'étend depuis le museau tout le long de la tête, et continue sur le cou et sur l'épine du dos : les deux autres bandes sont chacune sur les flancs; et comme tous les autres caractères, notamment la forme du museau, les longs poils parsemés sur le corps, la couleur noire des piquants, etc., se trouvent dans ce petit tanrec semblables à ceux du grand, nous avons cru être fondés à n'en faire qu'une seule et même espèce.

DU TANDRAC

Nous donnons ici la description d'un très petit tandrac (**) qui a été envoyé de l'île de France par M. Poivre à M. Aubry, curé de Saint-Louis; il ne nous paraît différer de notre tandrac que par sa petitesse et par quelques bandes blanches qui semblent être la livrée de cet animal fort jeune. On a écrit à M. le curé de Saint-Louis qu'il se trouve à Madagascar, et que les Français de cette contrée le connaissaient sous le nom de *rat-épic*. Voici les dimensions et la courte description de ce très petit animal :

	Pieds.	Pouces.	Lignes.
Longueur du corps entier, depuis le bout du nez jusqu'à l'extrémité du corps près l'anus...	»	2	2
Distance du bout du nez à l'œil......................................	»	»	6
Distance entre l'œil et l'oreille.....................................	»	»	3
Longueur de la tête, depuis le bout du nez jusqu'à l'occiput..........	»	»	11
Longueur des piquants..	»	»	4
Longueur des grands ongles des pieds de devant.....................	»	»	2
Longueur des grands ongles des pieds de derrière...................	»	»	1

Cet animal a le museau très allongé et presque pointu; sa tête est couverte d'un poil d'un roux noirâtre, et le corps, qui est couvert du même poil, porte une grande quantité de piquants d'un blanc jaunâtre qui semblent se réunir par bandes irrégulières. On remarque

(*) C'est l'*Erinaceus semi-spinosus*.
(**) C'est encore l'*Erinaceus semi-spinosus*.

au-dessus du nez une bande jaunâtre qui s'étend jusqu'au commencement du dos, et se termine en pointe à ses deux extrémités ; cette bande blanche est du même poil que le brun du corps et des côtés de la tête : ce poil est assez rude, mais cependant fort délié en comparaison des piquants. Le dessous du cou et du corps est d'un blanc jaune, ainsi que les jambes et les pieds, qui sont néanmoins un peu mêlés de brun ; les plus grands poils des moustaches ont huit lignes de longueur. Les pieds ont chacun cinq doigts, et l'on ne voit dans ce très petit animal aucune apparence de queue.

CARNIVORES

DE L'OURS

M. de Musly, major d'artillerie au service des états généraux, a bien voulu me donner quelques notices sur des ours élevés en domesticité, dont voici l'extrait :

« A Berne, où l'on nourrit de ces animaux, dit M. de Musly, on les loge dans de grandes
» fosses carrées où ils peuvent se promener ; ces fosses sont couvertes par-dessus et
» maçonnées de pierre de taille, tant au fond qu'aux quatre côtés. Leurs loges sont maçon-
» nées sous terre au rez-de-chaussée de la fosse, et sont partagées en deux par des murailles,
» et on peut fermer les ouvertures, tant extérieures qu'intérieures, par des grilles de fer qu'on
» y laisse tomber comme à une porte de ville. Au milieu de ces fosses il y a des trous dans
» de grosses pierres, où l'on peut dresser debout de grands arbres ; il y a de plus une
» auge dans chaque fosse qui est toujours pleine d'eau de fontaine.

» Il y a trente et un ans qu'on a transporté de Savoie ici deux ours bruns fort jeunes,
» dont la femelle vit encore ; le mâle eut les reins cassés, il y a deux mois, en tombant
» du haut d'un arbre qui est dans la fosse. Ils ont commencé d'engendrer à l'âge de cinq
» ans, et depuis ce temps ils sont entrés en chaleur tous les ans au mois de juin, et la
» femelle a toujours mis bas au commencement de janvier ; |la première fois elle n'a
» produit qu'un petit, et dans la suite tantôt un, tantôt deux, tantôt trois, mais jamais plus,
» et les trois dernières années elle n'a fait qu'un petit chaque fois ; l'homme qui en a
» soin croit qu'elle porte encore actuellement (17 octobre 1771). Les petits, en venant au
» monde, sont d'une assez jolie figure, couleur fauve avec du blanc autour du cou, et n'ont
» point l'air d'un ours ; la mère en a un soin extrême. Ils ont les yeux fermés pendant
» quatre semaines ; ils n'ont d'abord guère plus de huit pouces de longueur, et trois mois
» après ils ont déjà quatorze à quinze pouces depuis le bout du museau jusqu'à la racine
» de la queue, et du poil de près d'un pouce. Ils sont alors d'une figure presque ronde, et
» le museau paraît être fort pointu à proportion du reste, de façon qu'on ne les reconnaît
» plus ; ensuite ils deviennent fluets pendant qu'ils sont adultes ; le blanc s'efface peu à
» peu, et de fauves ils deviennent bruns.

» Lorsque le mâle et la femelle sont accouplés, le mâle commence par des mouvements
» courts, mais fort prompts, pendant environ un quart de minute, ensuite il se repose deux
» fois aussi longtemps sur la femelle et sans s'en dégager, puis il recommence de la même
» manière jusqu'à trois ou quatre reprises, et l'accouplement étant consommé, le mâle va
» se baigner dans l'auge jusqu'au cou. Les ours se battent quelquefois assez rudement avec
» un murmure horrible ; mais, dans le temps des amours, la femelle a ordinairement le
» dessus, parce qu'alors le mâle la ménage. Les fosses qui étaient autrefois dans la ville

1 Hérisson d'Europe._2 Tupaïa ferrugineux.

A. Le Vasseur Éditeur

» ont été comblées; et on en a fait d'autres entre les remparts et la vieille enceinte. Ces
» deux ours ayant été séparés pendant quelques heures pour les transporter l'un après
» l'autre dans les nouvelles fosses, lorsqu'ils se sont retrouvés ensemble, ils se sont dressés
» debout pour s'embrasser avec transport. Après la mort du mâle, la femelle a paru fort
» affligée, et n'a voulu prendre de nourriture qu'au bout de plusieurs jours; mais, à moins
» que ces animaux ne soient élevés et nourris ensemble dès leur tendre jeunesse, ils ne
» peuvent se supporter; et lorsqu'ils y ont été habitués, celui qui survit ne veut plus en
» souffrir d'autres.

» Les arbres que l'on met dans les fosses tous les ans au mois de mai sont des mélèzes
» verts, sur lesquels les ours se plaisent à grimper; néanmoins ils en cassent quelquefois
» les branches, surtout lorsque ces arbres sont nouvellement plantés. On les nourrit avec
» du pain de seigle que l'on coupe en gros morceaux et que l'on trempe dans l'eau chaude.
» Ils mangent aussi de toutes sortes de fruits, et quand les paysans en apportent au marché
» qui ne sont pas mûrs, les archers les jettent aux ours par ordre de police. Cependant
» on a remarqué qu'il y a des ours qui préfèrent les légumes aux fruits des arbres.
» Quand la femelle est sur le point de mettre bas, on lui donne force paille dans
» sa loge dont elle se fait un rempart, après qu'on l'a séparée du mâle de peur qu'il
» ne mange les petits; et quand elle a mis bas, on lui donne une meilleure nourriture qu'à
» l'ordinaire. On ne trouve jamais rien de l'enveloppe, ce qui fait juger qu'elle l'avale. On
» lui laisse les petits pendant dix semaines, et, après les en avoir séparés, on les nourrit
» pendant quelque temps avec du lait et des biscuits.

» L'ourse en question, que l'on croyait pleine, fut munie de paille comme à l'ordinaire
» dans le temps que l'on croyait qu'elle allait mettre bas; elle s'en fit un lit où elle resta
» pendant trois semaines, sans avoir rien produit. Elle a mis bas à trente et un ans, au mois
» de janvier 1771, pour la dernière fois; au mois de juin suivant elle s'est encore accouplée,
» mais au mois de janvier 1772, à trente-deux ans, elle n'a plus rien fait. Il serait à sou-
» haiter qu'on la laissât vivre jusqu'au terme que la nature lui a fixé, afin de le connaître.

» Il y a des ours bruns au mont Jura, sur les frontières de notre canton, de la
» Franche-Comté et du pays de Gex; quand ils descendent dans la plaine, si c'est en
» automne, ils vont dans les bois de châtaigniers où ils font un grand dégât. Dans ce
» pays-ci, les ours passent pour avoir le sens de la vue faible, mais ceux de l'ouïe, du
» toucher et de l'odorat très bons (a).

En Norvège, les ours sont plus communs dans les provinces de Berghen et de Drontheim que dans le reste de cette contrée. On en distingue deux races, dont la seconde est
considérablement plus petite que la première; les couleurs de toutes deux varient beaucoup : les uns sont d'un brun foncé, les autres d'un brun clair, et même il y en a de gris
et de tout blancs. Ils se retirent au commencement d'octobre dans des tanières ou des
huttes qu'ils se préparent eux-mêmes, et où ils disposent une espèce de lit de feuilles et
de mousse. Comme ces animaux sont fort à craindre, surtout quand ils sont blessés, les
chasseurs vont ordinairement en nombre, au moins de trois ou quatre, et comme l'ours
tue aisément les grands chiens, on n'en mène que de petits qui lui passent aisément sous
le ventre et le saisissent par les parties de la génération. Lorsqu'il se trouve excédé, il
s'appuie le dos contre un rocher ou contre un arbre, ramasse du gazon et des pierres qu'il
jette à ses ennemis, et c'est ordinairement dans cette situation qu'il reçoit le coup de la
mort (b).

(a) Extrait de deux lettres écrites par M. de Musly, major d'artillerie au service de Hollande,
à M. de Buffon, l'une datée à Berne, le 17 octobre 1771, et l'autre datée à la Haye, le 3
juin 1772.

(b) *Histoire naturelle de la Norvège*, par Pontoppidan. *Journal étranger*, juin 1756.

Nous avons vu à la ménagerie de Chantilly un ours de l'Amérique ; il était d'un très beau noir et le poil était doux, droit et long comme celui d'un grand sapajou, que nous avons appelé le *coaïta*. Nous n'avons remarqué d'autres différences dans la forme de cet ours d'Amérique, comparé à celui d'Europe, que celle de la tête, qui est un peu plus allongée, parce que le bout du museau est moins plat que celui de nos ours.

On trouve, dans le journal de l'expédition de M. Bartram, une notice d'un ours d'Amérique, tué près de la rivière Saint-John, à l'est de la Floride :

« Cet ours, dit la relation, ne pesait que quatre cents livres, quoique le corps eût sept » pieds de longueur, depuis l'extrémité du nez jusqu'à la queue. Les pieds de devant » n'avaient que cinq pouces de large, la graisse était épaisse de quatre pouces. On l'a fait » fondre et on en a tiré soixante pintes de graisse, mesure de Paris (*a*). »

DE L'OURS BLANC

Un animal fameux de nos terres septentrionales, c'est l'ours blanc (*). Martens et quelques autres voyageurs en ont fait mention, mais aucun n'en a donné une assez bonne description pour qu'on puisse prononcer affirmativement qu'il soit d'une espèce différente de celle de l'ours ; il paraît seulement qu'on doit le présumer en supposant exact tout ce qu'ils nous en disent ; mais, comme nous savons d'ailleurs que l'espèce de l'ours varie beaucoup suivant les différents climats, qu'il y en a de bruns, de noirs, de blancs et de mêlés, la couleur devient un caractère nul, et par conséquent la dénomination d'*ours blanc* est insuffisante, si l'espèce est différente : j'ai vu deux petits ours apportés de Russie qui étaient entièrement blancs (*b*) ; néanmoins ils étaient très certainement de la même espèce que notre ours des Alpes. Ces animaux varient beaucoup aussi pour la grandeur : comme ils vivent assez longtemps et qu'ils deviennent très gros et très gras dans les endroits où ils ne sont pas tourmentés et où ils trouvent de quoi se nourrir largement, le caractère tiré de la grandeur est encore équivoque ; ainsi, l'on ne serait pas fondé à assurer que l'ours des mers du Nord est d'une espèce particulière, uniquement parce qu'il est blanc et qu'il est plus grand que l'ours commun (*c*). La différence dans les habitudes ne me paraît pas plus décisive que celle de la couleur et de la grandeur ; l'ours des mers du Nord se nourrit de poisson ; il ne quitte pas les rivages de la mer, et souvent même il habite en pleine eau sur des glaçons flottants ; mais, si l'on fait attention que l'ours en général est un animal qui se nourrit de tout, et qui, lorsqu'il est affamé, ne fait aucun choix, si l'on pense aussi qu'il ne craint pas l'eau, ces habitudes ne paraîtront pas assez différentes

(*a*) Lettre de M. Collinson à M. de Buffon. Londres, 6 février 1767.

(*b*) On trouve des ours blancs terrestres non seulement en Russie, mais en Pologne, en Sibérie et même en Tartarie. Les montagnes de la grande Tartarie fournissent quantité d'ours blancs, dit l'auteur de la *Relation de la grande Tartarie*, page 8. Ces ours de montagne ne fréquentent pas la mer, et cependant sont blancs ; ainsi, cette couleur paraît plutôt venir de la différence du climat que de celle de l'élément qu'habitent ces animaux.

(*c*) « Ursus in Polonia variat, maximus nigricans, minor fulvus, minimus argentinus, in » confiniis Moschoviæ pilis nigris et argentei coloris mixti..... ex urso occiso pellis detracta » fere ad ulnas sex protendebatur in terra Chelmensi, altera in Palatinatu Braclaviensi, » tertia ad ulnas quinque in Bondargouto pago Palatinatus Pomeraniæ...., non raro ex » Lithuania advehuntur Gedanum pelles octo pedum.» Rzaczinski. *Auct.*, p. 322. — *Nota.* Ce passage prouve qu'il y a des ours terrestres blancs et aussi grands que les ours blancs des mers du Nord.

(*) *Ursus maritimus* L.

pour en conclure que l'espèce n'est pas la même; car le poisson que mange l'ours des mers du Nord est plutôt de la chair; c'est principalement les cadavres des baleines, des morses et des phoques qui lui servent de pâture, et cela dans un pays où il n'y a ni autres animaux, ni grains, ni fruits sur la terre, et où par conséquent il ne peut subsister que des productions de la mer : n'est-il pas probable que si l'on transportait nos ours de Savoie sur les montagnes de Spitzberg, n'y trouvant nulle nourriture sur la terre, ils se jetteraient à la mer pour y chercher leur subsistance?

La couleur, la grandeur et la façon de vivre ne suffisant pas, il ne reste pour caractères différentiels que ceux qu'on peut tirer de la forme : or tout ce que les voyageurs en ont dit se réduit à ce que l'ours des mers du Nord a la tête plus longue que notre ours, le corps plus allongé, le poil plus long et le crâne beaucoup plus dur. Si ces caractères ont été bien saisis, et si ces différences sont réelles et considérables, elles suffiraient pour constituer une autre espèce; mais je ne sais si Martens a bien vu, et si les autres, qui l'ont copié, n'ont pas exagéré (a). « Ces ours blancs, dit-il, sont faits tout autrement que » les nôtres; ils ont la tête longue, semblable à celle d'un chien, et le cou long aussi; ils » aboient presque comme des chiens qui sont enroués; ils sont avec cela plus déliés et » plus agiles que les autres ours : ils sont à peu près de la même grandeur; leur poil est » long et aussi doux que de la laine; ils ont le museau, le nez et les griffes noires... On » dit que les autres ours ont la tête fort tendre; mais c'est tout le contraire pour les ours » blancs : quelques coups de massue que nous leur donnassions sur la tête, ils n'en étaient » point du tout étourdis, quoique ces coups eussent pu assommer un bœuf. » On doit remarquer dans cette description : 1° que l'auteur ne fait pas ces ours plus grands que les autres ours, et que par conséquent on doit regarder comme suspect le témoignage de ceux qui ont dit que ces ours de mer avaient jusqu'à treize pieds de longueur (b); 2° que le poil aussi doux que de la laine ne fait pas un caractère qui distingue spécifiquement ces ours, puisqu'il suffit qu'un animal habite souvent dans l'eau pour que son poil devienne plus doux et même plus touffu; on voit cette même différence dans les castors d'eau et dans les castors terriers : ceux-ci, qui habitent plus la terre que l'eau, ont le poil plus rude et moins fourni; et ce qui me fait présumer que les autres différences ne sont ni réelles ni même aussi apparentes que le dit Martens, c'est que Dithmar Blefken, dans sa description de l'Islande, parle de ces ours blancs, et assure en avoir vu tuer un en Groenland, qui se dressa sur ses deux pieds comme les autres ours; et dans ce récit il ne dit pas un mot qui puisse indiquer que cet ours blanc du Groenland ne fût pas entièrement semblable aux autres ours (c). D'ailleurs, lorsque ces animaux trouvent quelque proie sur terre, ils ne se donnent pas la peine d'aller chasser en mer; ils dévorent les rennes et les autres bêtes qu'ils peuvent saisir; ils attaquent même les hommes, et ne manquent jamais de déterrer les cadavres (d); mais la disette où ils se trouvent souvent dans ces terres sté-

(a) Anderson, dans son *Histoire d'Islande et de Groenland*, t. II, p. 47. Ellis, dans son *Voyage de la baie d'Hudson*, t. I, p. 56.

(b) On porta à bord un ours qu'on avoit tué, sa peau avoit treize pieds de longueur. *Troisième voyage des Hollandois par le nord*, p. 35.

(c) « Habet Islandia coloris albi ingentes ursos..... in Groenlandiâ ursum magnum et » album habuimus obviam qui neque nos timebat neque nostro clamore abigi poterat, verùm » rectè ad nos tanquam ad certam prædam contendebat, cùmque propius nos accessisset, is » bombardâ trajectus, ibi demum erectus, posterioribus pedibus tanquam homo stabat donec » tertio trajiceretur, atque ita exanimatus concidit. » Dithmar Blefken, *Islana*, Ludg., Bat., 1067, p. 64.

(d) Les ours blancs vivent de baleines mortes, et c'est près de ces charognes que l'on en trouve le plus; ils mangent aussi les hommes en vie lorsqu'ils en peuvent surprendre; s'ils viennent à sentir l'endroit où l'on a enterré un corps mort, ils savent fort bien le déterrer,

riles les force à s'habituer à l'eau ; ils s'y jettent pour attraper les phoques, de jeunes morses, de petits baleinaux ; ils se gitent sur des glaçons où ils les attendent, et d'où ils peuvent les voir venir, les observer de loin, et tant qu'ils trouvent que ce poste leur produit une subsistance abondante, ils ne l'abandonnent pas, en sorte que, quand les glaces commencent à se détacher au printemps, ils se laissent emmener et voyagent avec elles ; et comme ils ne peuvent plus regagner la terre, ni même abandonner pour longtemps le glaçon sur lequel ils se trouvent embarqués, ils périssent en pleine mer ; et ceux qui arrivent avec ces glaces sur les côtes d'Islande ou de Norvège (a) sont affamés au point de se jeter sur tout ce qu'ils rencontrent pour le dévorer, et c'est ce qui a pu augmenter encore le préjugé que ces ours de mer sont d'une espèce plus féroce et plus vorace que l'espèce ordinaire ; quelques auteurs se sont même persuadé qu'ils étaient amphibies comme les phoques, et qu'ils pouvaient demeurer sous l'eau aussi longtemps qu'ils voulaient ; mais le contraire est évident, et résulte de la manière dont on les chasse ; ils ne peuvent nager que pendant un petit temps, ni parcourir de suite un espace de plus d'une lieue ; on les suit avec une chaloupe, et on les force de lassitude ; s'ils pouvaient se passer de respirer, ils se plongeraient pour se reposer au fond de l'eau ; mais s'ils plongent, ce n'est que pour quelques instants, et, dans la crainte de se noyer, ils se laissent tuer à fleur d'eau (b).

La proie la plus ordinaire des ours blancs sont les phoques (c), qui ne sont pas assez forts pour leur résister ; mais les morses, auxquels ils enlèvent quelquefois leurs petits, les percent de leurs défenses et les mettent en fuite ; il en est de même des baleines ; elles les assomment par leur masse et les chassent des lieux qu'elles habitent, où néanmoins ils ravissent et dévorent souvent leurs petits baleinaux. Tous les ours ont naturellement beaucoup de graisse, et ceux-ci, qui ne vivent que d'animaux chargés d'huile, en ont plus que les autres ; elle est aussi à peu près semblable à celle de la baleine. La chair de ces ours n'est, dit-on, pas mauvaise à manger, et leur peau fait une fourrure très chaude et très durable (d).

öter toutes les pierres dont la fosse est couverte, et ouvrir ensuite le cercueil pour manger ce corps. *Recueil des voyages du Nord*, t. II, page 116.

(a) Quand les glaces sont détachées du Groenland septentrional, et qu'elles sont poussées vers le midi, les ours blancs qui se trouvent dessus n'en osent sortir ; et comme ils abordent ou en Islande ou en Norvège à l'endroit où les glaces les portent, ils deviennent enragés de faim, et l'on dit d'étranges histoires des ravages que font alors ces animaux. *Recueil des voyages du Nord*, t. Ier, page 100.

(b) Cet ours blanc nagea en mer quasi l'espace d'un mille ; nous le poursuivîmes vivement avec trois esquifs, et après que nous l'eûmes lassé, il fut surmonté et tué. *Trois navigations des Hollandois au Nord*, par Gérard de Vera. Paris, 1599, page 110. — Ils nagent d'une pièce de glace à l'autre et plongent ; lorsque nous les poursuivions dans nos chaloupes, ils plongeaient à un bout et sortaient de l'eau à l'autre extrémité ; ils savent aussi fort bien courir à terre. *Recueil des voyages du Nord*, t. II, page 116. — Sur la côte de Spitzberg un ours blanc entra dans l'eau et nagea plus d'une lieue au large ; on le suivit avec des chaloupes, et on le tua, etc. *Troisième voyage des Hollandois*, page 34.

(c) Quand on eut achevé de tuer cet ours blanc, on lui fendit le ventre, où l'on trouva des morceaux de chien-marin encore entiers, avec la peau et le poil qui étoient des marques, qu'il ne venoit que d'être dévoré. *Troisième voyage des Hollandois par le Nord*, page 36.

(d) Les ours blancs vont à la quête des loups et des chiens-marins, et sont avides de baleineaux qu'ils trouvent friands sur tous les autres poissons..... Ils craignent les baleines qui les sentent et les poursuivent par une antipathie naturelle, parce qu'ils mangent leurs petits. *Recueil des voyages du Nord*, t. Ier, p. 99. — Les peaux des ours blancs sont d'un grand soulagement pour ceux qui voyagent en hiver ; on prépare ces peaux à Spitzberg même, en les jetant dans de la sciure qu'on fait bien chauffer, et qui de cette manière tire toute la graisse des peaux et les dessèche..... Leur graisse est comme du suif, elle devient aussi claire que l'huile ou graisse de baleine après qu'on l'a bien fondue ; on s'en sert ordinairement pour les lampes, et

L'OURS BLANC (*suite*)

Si le dessin de l'ours blanc de mer, qui m'a été envoyé d'Angleterre par feu M. Collinson, est exact, il paraît certain que l'ours de mer est fort différent de celui de terre, et qu'on peut le regarder comme formant une espèce particulière. La tête surtout est si longue, en comparaison de celle de l'ours ordinaire, que ce caractère seul suffirait pour en faire deux espèces distinctes ; et les voyageurs ont eu raison de dire que ces ours sont faits tout autrement que les nôtres ; qu'ils ont la tête beaucoup plus longue et le cou aussi plus long que les ours de terre ; d'ailleurs dans ce dessin de l'ours de mer il paraît que les extrémités des pieds sont fort différentes de celles des pieds de l'ours de terre ; celles-ci tiennent quelque chose de la forme de la main humaine, tandis que l'extrémité des pieds de l'ours de mer est faite à peu près comme celle des grands chiens ou des autres animaux carnassiers de ce genre ; d'ailleurs il paraît, par quelques relations, qu'il y a de ces ours de mer beaucoup plus grands de corps que nos plus grands ours de terre. Gérard de Veira dit positivement qu'ayant tué un de ces ours, et ayant mesuré la longueur de la peau après l'avoir écorché, elle avait vingt-trois pieds de longueur, ce qui serait plus du triple de celle de nos plus grands ours de terre (*a*). On trouve aussi dans le recueil des voyages du Nord que ces ours de mer sont bien plus grands et bien plus féroces que les autres. Mais il est vrai que dans ce même recueil on trouve que, quoique ces ours soient faits tout autrement que les nôtres et qu'ils aient la tête et le cou beaucoup plus longs, le corps plus délié, plus effilé et plus agile, ils sont néanmoins à peu près de la même grandeur que nos ours (*b*).

Tous les voyageurs s'accordent à dire qu'ils diffèrent encore de l'ours commun en ce qu'ils ont les os de la tête beaucoup plus durs, et si durs en effet que, quelque coup de massue qu'on puisse leur donner, ils ne paraissent point en être étourdis, quoique le coup soit assez fort pour assommer un bœuf, et à plus forte raison un ours ordinaire. Les relateurs conviennent aussi que la voix de ces ours marins ressemble plutôt à l'aboiement d'un chien enroué qu'au cri ou au gros murmure de l'ours ordinaire. Rober Lade assure qu'aux environs de la rivière de Rupper on tua deux ours de mer d'une prodigieuse grosseur, et que ces animaux affamés et féroces avaient attaqué si furieusement les chasseurs, qu'ils avaient tué plusieurs sauvages et blessé deux Anglais. On trouve, pages 34 et 35 du Troisième Voyage des Hollandais au Nord, qu'ils tuèrent sur les côtes de la Nouvelle-Zemble un ours de mer dont la peau avait treize pieds de longueur, en sorte que, tout considéré, je serais porté à croire que cet animal, si célèbre par sa férocité, est en effet d'une espèce plus grande que celle de nos ours.

DU RATON

M. Blanquart des Salines m'a écrit de Calais, le 29 octobre 1775, au sujet de cet animal, dans les termes suivants :

« Mon raton a vécu toujours enchaîné avant qu'il m'appartint ; dans cette captivité il

elle ne sent pas si mauvais que l'huile de poisson. Nos mariniers la vendent pour huile de baleine. La chair de ces ours est grasse et blanchâtre.... Leur lait est fort blanc et gras. *Troisième voyage des Hollandois*, t. II, p. 115.

(*a*) *Trois navigations admirables faites par les Hollandois au septentrion.* Paris, 1599, p. 110 et 111.

(*b*) *Recueil des voyages du Nord.* Rouen, 1716, t. II, p. 115 et suiv.

» se montrait assez doux, quoique peu caressant ; les personnes de la maison lui faisaient
» toutes le même accueil, mais il les recevait différemment ; ce qui lui plaisait de la part
» de l'une le révoltait de la part d'une autre, sans que jamais il prît le change. (Nous
» avons observé la même chose au sujet du surikate.) Sa chaîne s'est rompue quelque-
» fois, et la liberté le rendait insolent ; il s'emparait d'un appartement et ne souffrait pas
» qu'on y abordât ; ce n'était qu'avec peine qu'on raccommodait ses liens. Depuis son
» séjour chez moi, sa servitude a été fréquemment suspendue. Sans le perdre de vue je le
» laisse promener avec sa chaîne, et chaque fois mille gentillesses m'expriment sa recon-
» naissance. Il n'en est pas ainsi quand il s'échappe de lui-même ; alors il rôde quelque-
» fois trois ou quatre jours de suite sur les toits du voisinage, et descend la nuit dans les
» cours, entre dans les poulaillers, étrangle la volaille, lui mange la tête, et n'épargne
» pas surtout les pintades. Sa chaîne ne le rendait pas plus humain, mais seulement plus
» circonspect ; il employait alors la ruse, et familiarisait les poules avec lui, leur permet-
» tait de venir partager ses repas, et ce n'était qu'après leur avoir inspiré la plus grande
» sécurité qu'il en saisissait une et la mettait en pièces. Quelques jeunes chats ont de sa
» part éprouvé le même sort..... Cet animal, quoique très léger, n'a que des mouvements
» obliques, et je doute qu'il puisse atrraper d'autres animaux à la course. Il ouvre mer-
» veilleusement les huîtres ; il suffit d'en briser la charnière, ses pattes font le reste. Il
» doit avoir le tact excellent. Dans toute sa petite besogne, rarement se sert-il de la vue
» ni de l'odorat ; pour une huître, par exemple, il la fait passer sous ses pattes de der-
» rière, puis, sans regarder, il cherche de ses mains l'endroit le plus faible ; il y enfonce
» ses ongles, entr'ouvre les écailles, arrache le poisson par lambeaux, n'en laisse aucun
» vestige, sans que dans cette opération ses yeux ni son nez, qu'il tient éloignés, lui soient
» d'aucun usage.

» Si le raton n'est pas fort reconnaissant des caresses qu'il reçoit, il est singulièrement
» sensible aux mauvais traitements : un domestique de la maison l'avait un jour frappé
» de quelques coups de fouet ; vainement cet homme a-t-il cherché depuis à se réconcilier ;
» ni les œufs, ni les sauterelles marines, mets délicieux pour cet animal, n'ont jamais pu
» le calmer. A son approche il entre dans une sorte de rage ; les yeux étincelants, il
» s'élance contre lui, pousse des cris de douleur ; tout ce qu'on lui présente alors il le
» refuse, jusqu'à ce que son ennemi disparaisse. Les accents de la colère sont, chez lui,
» singuliers ; on se figurerait entendre tantôt le sifflement du courlis, tantôt l'aboiement
» enroué d'un vieux chien.

» Si quelqu'un le frappe, s'il est attaqué par un animal qu'il croie plus fort que lui, il
» n'oppose aucune résistance : semblable à un hérisson, il cache et sa tête et ses pattes,
» forme de son corps une boule ; aucune plainte ne lui échappe ; dans cette position il
» souffrirait la mort.

» J'ai remarqué qu'il ne laissait jamais ni foin ni paille dans sa niche. Il préfère cou-
» cher sur le bois. Quand on lui donne de la litière, il l'écarte dans l'instant même. Je ne
» me suis point aperçu qu'il fût sensible au froid : de trois hivers il en a passé deux exposé
» à toutes les rigueurs de l'air. Je l'ai vu couvert de neige, n'ayant aucun abri, et se
» portant très bien..... Je ne pense pas qu'il recherche beaucoup la chaleur : pendant les
» gelées dernières, je lui faisais donner séparément et de l'eau tiède et de l'eau presque
» glacée pour détremper ses aliments ; celle-ci a constamment eu la préférence. Il lui était
» libre de passer la nuit dans l'écurie, et souvent il dormait dans un coin de ma cour.

» Le défaut de salive ou son peu d'abondance est, à ce que j'imagine, ce qui engage cet
» animal à laisser pénétrer d'eau sa nourriture ; il n'humecte point une viande fraîche et
» sanglante, jamais il n'a mouillé une pêche, ni une grappe de raisin ; il plonge au con-
» traire tout ce qui est sec au fond de sa terrine.

» Les enfants sont un des objets de sa haine ; leurs pleurs l'irritent, il fait tous ses

» efforts pour s'élancer sur eux. Une petite chienne qu'il aime beaucoup est sévèrement
» corrigée par lui quand elle s'avise d'aboyer avec aigreur. Je ne sais pourquoi plusieurs
» animaux détestent également les cris. En 1770, j'avais cinq souris blanches ; je m'avisai par
» hasard d'en faire crier une, les autres se jetèrent sur elle ; je continuai, elles l'étranglèrent.

» Ce raton est une femelle qui entre en chaleur au commencement de l'été ; le besoin
» de trouver un mâle dure plus de six semaines ; pendant ce temps on ne saurait la
» fixer, tout lui déplaît, à peine se nourrit-elle ; cent fois le jour elle passe entre ses
» cuisses, puis entre ses pattes de devant, sa queue touffue, qu'elle saisit par le bout avec
» ses dents, et qu'elle agite sans cesse pour frotter ses parties naturelles. Durant cette
» crise, elle est à tout moment sur le dos, grognant et appelant son mâle, ce qui me ferait
» penser qu'elle s'accouple dans cette attitude.

» L'entier accroissement de cet animal ne s'est guère fait en moins de deux ans
» et demi. »

DU RATON-CRABIER

Cet animal (*), qui nous a été envoyé de Cayenne par M. de la Borde, sous la dénomination impropre de *chien-crabier*, n'a d'autre rapport avec le crabier que l'habitude de
manger également des crabes ; mais il tient beaucoup du raton par la grandeur, la forme
et les proportions de la tête, du corps et de la queue ; et, comme nous ignorons le nom
qu'il porte dans son pays natal, nous lui donnerons, en attendant que nous en soyons informés, la dénomination de *raton-crabier*, pour le distinguer et du raton et du crabier.

Cet animal a été envoyé de Cayenne avec le nom et l'indication suivante : *chien-crabier
adulte, femelle prise nourrissant trois petits* ; mais, comme nous venons de le dire, il n'a
nul rapport apparent avec le crabier ; il n'en a ni la forme du corps, ni la queue écailleuse ;
sa longueur, depuis le bout du museau jusqu'à l'origine de la queue, est de vingt-trois
pouces six lignes, et par conséquent elle est à peu près égale à celle du raton, qui est de
vingt-deux pouces six lignes ; les autres dimensions sont proportionnellement les mêmes
entre ces deux animaux, à l'exception de la queue, qui est plus courte et beaucoup plus
mince dans cet animal que celle du raton.

La couleur de ce raton-crabier est d'un fauve mêlé de noir et de gris ; le noir domine
sur la tête, le cou et le dos, mais le fauve est sans mélange sur les côtes du cou et du
corps ; le bout du nez et les naseaux sont noirs ; les plus grands poils des moustaches ont
quatre pouces de longueur, et ceux du dessus de l'angle des yeux ont deux pouces deux
lignes ; une bande d'un brun noirâtre environne les yeux et s'étend presque jusqu'aux
oreilles ; elle passe sur le museau, se prolonge et s'unit au noir du sommet de la tête ; le
dedans des oreilles est garni d'un poil blanchâtre, et une bande de cette même couleur
règne au-dessus des yeux, et il y a une tache blanche au milieu du front ; les joues, les
mâchoires, le dessous du cou, de la poitrine et du ventre sont d'un blanc jaunâtre ; les
jambes et les pieds sont d'un brun noirâtre, celles de devant sont couvertes d'un poil
court ; les doigts sont longs et bien séparés les uns des autres ; la queue est environnée
de six anneaux noirs, dont les intervalles sont d'un fauve grisâtre ; ce qui établit encore
une différence entre cet animal et le vrai raton, dont la queue longue, grosse et touffue,
est seulement annelée sur la face supérieure. Ces deux espèces de ratons diffèrent encore
entre elles par la couleur du poil, qui, dans le raton, est sur le corps d'un noir mêlé de
gris et de fauve pâle, et, sur les jambes, de couleur blanchâtre ; au lieu que dans celui-ci
il est d'un fauve mêlé de noir et de gris sur le corps, et d'un brun noirâtre sur les jambes.
Ainsi, quoique ces deux animaux aient plusieurs rapports entre eux, leurs différences
nous paraissent suffisantes pour en faire deux espèces distinctes.

(*) *Procion cancrivorus* L.

DU COATI

Quelques personnes, qui ont séjourné dans l'Amérique méridionale, m'ont informé que les coatis produisent ordinairement trois petits ; qu'ils se font des tanières en terre comme des renards ; que leur chair a un mauvais goût de venaison, mais qu'on peut faire de leurs peaux d'assez belles fourrures. Ils m'ont assuré que ces animaux s'apprivoisent fort aisément, qu'ils deviennent même très caressants, et qu'ils sont sujets à manger leur queue, ainsi que les sapajous, guenons, et la plupart des autres animaux à longue queue des climats chauds. Lorsqu'ils ont pris cette habitude sanguinaire, on ne peut pas les en corriger ; ils continuent de ronger leur queue et finissent par mourir, quelques soins et quelque nourriture qu'on puisse leur donner ; il semble que cette inquiétude est produite par une vive démangeaison ; mais peut-être les préserverait-on du mal qu'ils se font en couvrant l'extrémité de la queue avec une plaque mince de métal, comme l'on couvre quelquefois les perroquets sur le ventre, pour les empêcher de se déplumer.

LE KINKAJOU

Je suis persuadé que le carcajou d'Amérique (*) est le même animal que le glouton d'Europe, ou du moins qu'il est d'une espèce très voisine ; mais je dois observer que, faute d'être assez informé, je crois être tombé dans une méprise occasionnée par la ressemblance du nom et de quelques habitudes naturelles communes à deux animaux différents. J'ai cru que le kinkajou était le même animal que le carcajou, et je n'ai reconnu cette erreur qu'à la vue de deux animaux, dont l'un était à la foire Saint-Germain, en 1773, annoncé sur l'affiche *animal inconnu à tous les naturalistes ;* et il l'était en effet. Un autre tout pareil est encore actuellement vivant à Paris, chez M. Chauveau, qui l'a amené de la Nouvelle-Espagne, et M. Messier, astronome de l'Académie des sciences, l'a nourri pendant deux ou trois ans. C'est celui que nous croyons être le vrai kinkajou. M. Chauveau pensait que ce pouvait être un acouchi ou un coati ; il dit qu'à la vérité, il n'a ni le nez allongé ni la queue annelée du coati, mais qu'il a d'ailleurs le même poil, les mêmes membres, le même nombre de doigts, et surtout des dents canines pareilles, et telles que M. Perrault les a fait dessiner pour le coati, c'est-à-dire anguleuses et cannelées sur les trois faces. M. Chauveau avoue qu'il diffère encore du coati par sa queue prenante, avec laquelle il se suspend et s'accroche à tout ce qu'il rencontre lorsqu'il veut descendre.

« Il ne la redresse même, dit-il, que quand ses pieds sont assurés ; il s'en sert heureu-
» sement pour saisir et approcher de lui les choses auxquelles il ne peut atteindre ; il se
» couche et dort dès qu'il voit le jour, et s'éveille à l'approche de la nuit. Alors il est
» d'une vivacité extraordinaire. Il grimpe avec une grande facilité, et furète partout. Il
» arrache tout ce qu'il trouve soit en jouant, soit en cherchant des insectes, sans cela on
» pourrait le laisser en liberté ; et même avant d'être en France on ne l'attachait pas du
» tout, il sortait et allait où il voulait pendant la nuit, et le lendemain matin on le retrou-
» vait toujours couché à la même place ; on vient à bout de l'éveiller en l'excitant pen-
» dant le jour, mais il semble que le soleil ou sa réverbération l'effraie ou le suffoque. Il
» est assez caressant, sans cependant être docile, il sait seulement distinguer son maître
» et le suivre. Il boit de tout, de l'eau, du café, du lait, du vin et même de l'eau-de-vie,

(*) *Cercoleptes caudivolvulus* ILL., animal de la famille des Ursides.

» surtout s'il y a du sucre, et il en boit jusqu'à s'enivrer, ce qui le rend malade pendant
» plusieurs jours ; il mange aussi de tout indistinctement, du pain, de la viande, des
» légumes, des racines, principalement des fruits ; on lui a donné longtemps pour nour-
» riture ordinaire du pain trempé de lait, des légumes et des fruits. Il aime passionnément
» les odeurs, et est très friand de sucre et de confitures.

» Il se jette sur les volailles, et c'est toujours sous l'aile qu'il les saisit ; il paraît en
» boire le sang, et il les laisse sans les déchirer ; quand il a le choix, il préfère un canard
» à une poule, et cependant il craint l'eau. Il a différents cris ; quand il est seul pendant
» la nuit, on l'entend très souvent jeter des sons qui ressemblent assez en petit à l'aboie-
» ment d'un chien et il commence toujours par éternuer. Quand il joue et qu'on lui fait du
» mal, il se plaint par un petit cri pareil à celui d'un jeune pigeon. Quand il menace, il
» siffle à peu près comme une oie ; quand il est en colère, ce sont des cris confus et écla-
» tants. Il ne se met guère en colère que quand il a faim ; il tire une langue d'une longueur
» démesurée lorsqu'il bâille ; c'était une femelle, et l'on a cru remarquer que depuis trois
» ans qu'elle est en France elle n'a été qu'une fois en chaleur. Elle était alors presque
» toujours furieuse » (a).

Voici la description que M. de Sève a faite d'un animal tout semblable, qui était à la
foire Saint-Germain en 1773 :

« Par le poil, dit-il, il a plus d'analogie à la loutre qu'aux autres animaux ; mais il
» n'a point de membranes entre les doigts des pieds ; il a la queue aussi longue que le
» corps, au lieu que celle de la loutre n'est que moitié de la longueur du corps. Il a bien
» en marchant l'allure de la fouine par son corps allongé, mais il n'y ressemble pas par
» la queue, ni par les formes de la tête, qui ont plus de rapport dans cette partie à celle
» de la loutre ; l'œil est plus gros que celui de la fouine, qui a le museau plus allongé ; la
» tête, de face, tient un peu du petit chien danois ; il a une langue extrêmement longue
» et menue, qu'il allonge quelquefois dans la journée ; cette langue est douce lorsqu'il
» lèche, car cet animal paraît être d'un assez bon naturel ; il était fort doux ce carème
» dernier, quand j'ai commencé à le dessiner, mais le public, qui l'agace, l'a rendu méchant ;
» à présent il mord quelquefois après avoir léché. Il est jeune, et ses dents ne me parais-
» sent pas formées, comme je le dirai ci-après. Il est d'un tempérament remuant, aimant
» à grimper ; souvent il se tient sur son derrière, se gratte avec ses pieds de devant
» comme les singes, joue, retourne ses pattes l'une dans l'autre et fait d'autres singeries.
» Il mange comme l'écureuil, tenant entre ses pattes les fruits ou herbes qu'on lui donne.
» On ne lui a jamais donné de viande ni de poisson. Lorsqu'il s'irrite, il cherche à s'élan-
» cer, et son cri, dans sa colère, tient beaucoup de celui d'un gros rat. Son poil n'a aucune
» odeur. Il a la dextérité de se servir de sa queue pour accrocher les différentes choses qu'il
» veut attirer à lui. Il se pend avec cette queue et aime à s'attacher de cette façon à tout
» ce qu'il rencontre. J'ai observé que ses pieds, dont les doigts ont une certaine longueur,
» se réunissent volontiers quand il marche ou grimpe ; ils ne s'écartent point en s'ap-
» puyant, comme font les doigts des autres animaux, et les pieds ont par conséquent une
» forme allongée ; il a aussi en marchant un peu les pieds en dedans. Enfin cet animal
» (au dire de Saint-Louis, oiseleur, rue de Richelieu, à Paris, qui l'a acheté d'un particu-
» lier), vient de la côte d'Afrique ; on l'appelait kinkajou, et l'espèce en est rare ; il se
» figure que c'est le nom de l'ile ou du pays d'où il vient, ne pouvant avoir, par les per-
» sonnes qui le lui ont vendu, les éclaircissements nécessaires ; je dirai seulement que ce
» kinkajou, qui est femelle, tient en général plus de la loutre que des autres animaux, par
» rapport aux poils, qui sont courts et épais, mêlés de quelques poils plus longs. Les poils
» de la tête, comme ceux du corps et de la queue, sont d'une teinte jaune olivâtre, mêlés

(a) Note communiquée par M. Simon Chauveau à M. de Buffon.

» de gris et de brun ; par le luisant du poil, qui est changeant à l'aspect du jour, il forme
» des tons différents plus gris, plus verdâtres (qui est le dominant), ou plus brun. Ce poil
» est de couleur grise blanchâtre dans la plus grande partie, et d'un fauve verdâtre sale à
» l'extrémité ; il est mélangé d'autres poils dont l'extrémité est de couleur brune, indépen-
» damment de plus grands poils noirs, mêlés plus ou moins dans les autres poils, et qui
» forment, à côté des yeux, des bandes qui s'étendent vers le front, et une autre au milieu
» qui s'affaiblit vers le cou. L'œil tient beaucoup de celui de la loutre, la pupille est fort
» petite, et l'iris d'un brun musc ou roussâtre. Le museau est d'un brun noir, comme le
» tour des yeux. Le bout du nez est méplat, comme aux petits chiens, et les narines très
» arquées. L'ouverture de la bouche est de quinze lignes ; les dents, qui paraissent jaunes,
» sont au nombre de trente-deux. Dans la mâchoire supérieure, il y a six incisives, comme
» dans la mâchoire inférieure, deux canines au-devant de chacune, et quatre mâchelières
» de chaque côté aux deux mâchoires ; ces dents canines sont très grosses ; la supérieure
» croise l'inférieure : aussi, dans la mâchoire inférieure, y a-t-il un vide entre les incisives
» et la canine inférieure pour y recevoir la supérieure. Les mâchelières paraissent peu
» fournies, surtout les dernières, qui annoncent la jeunesse de ce petit animal. Ainsi il a
» douze dents incisives, quatre canines, seize mâchelières, qui lui font trente-deux dents (*).
» Ses oreilles, plus longues que larges, sont arrondies à leurs extrémités, et couvertes d'un
» poil court de la couleur de celui du corps. Les côtés et le dessous du cou, le dedans des
» jambes, sont d'un jaune doré, extrêmement vif par endroits. Cette même teinte dorée
» et plus foncée domine dans plusieurs endroits de la tête et des jambes de derrière. Le
» ventre est d'un blanc grisâtre, teint de jaune par endroits ; la queue est partout garnie
» de poils ; elle est grosse à l'origine du tronçon et va en diminuant imperceptiblement,
» et finit en pointe à l'extrémité. Il la porte horizontalement en marchant. Le dessous de
» ses pattes, qui est sans poil, est couleur de chair vermeille. Les ongles sont blancs, cro-
» chus, et faisant la gouttière en dessous. »

	Pieds.	Pouces.	Lignes.
Longueur du corps entier, prise en ligne superficielle	2	5	6
Longueur du corps entier, mesuré en ligne droite	2	3	»
Longueur de la tête, du bout du museau à l'occiput	»	2	6
Circonférence du bout du museau	»	3	9
Circonférence du museau au-dessus des yeux	»	5	1
Distance entre le bout du museau et l'angle antérieur de l'œil	»	1	5
Même distance entre l'angle postérieur et l'œil	»	1	7
Largeur de l'œil d'un angle à l'autre	»	»	7
Ouverture de l'œil	»	»	6
Distance entre les angles postérieurs des yeux en ligne superficielle	»	»	11
La même distance en ligne droite	»	»	9
Circonférence de la tête entre les yeux et les oreilles	»	7	6
Longueur des oreilles	»	1	1
Largeur de la base mesurée en ligne droite	»	»	7
Longueur du cou	»	1	9
Circonférence du cou	»	6	11
Hauteur du train de devant	»	6	9
Longueur de l'avant-bras depuis le coude jusqu'au poignet	»	3	1
Longueur de l'avant-bras près le coude	»	1	9
Épaisseur de l'avant-bras près le coude	»	1	2
Circonférence du poignet	»	2	7
Circonférence du métacarpe	»	2	8
Longueur du poignet jusqu'au bout des ongles	»	1	9

(*) Il en a 36 à l'âge adulte.

	Pieds.	Pouces.	Lignes.
Circonférence du corps, prise derrière les jambes de devant.........	»	10	4
Circonférence du corps, prise à l'endroit le plus gros..............	»	11	6
Circonférence du corps devant les jambes de derrière..............	»	9	10
Hauteur du train de derrière......................	»	7	3
Longueur de la jambe depuis le genou jusqu'au talon..............	»	4	7
Largeur du haut de la jambe......................	»	2	1
Épaisseur......................	»	1	4
Largeur à l'endroit du talon..	»	1	3
Circonférence du métatarse......................	»	2	9
Longueur depuis le talon jusqu'au bout des ongles..............	»	3	»
Largeur du pied de devant......................	»	1	1
Largeur du pied de derrière......................	»	1	2
Longueur des plus grands ongles......................	»	»	$4\frac{1}{2}$
Largeur à la base......................	»	3	»
Longueur de la queue......................	1	3	9
Circonférence de la queue à son origine......	»	4	6
Diamètre de la queue à son origine (a)......................	»	2	1

La conformité des noms de kinkajou et de carcajou m'avait porté à croire, avec tous les autres naturalistes, qu'ils appartenaient au même animal. Cependant, ayant recherché dans les anciens voyageurs, j'ai retrouvé ce même passage de Denis, que je n'avais cité qu'en partie, volume III, page 100, note *c*, parce que j'avais imaginé que ce voyageur s'était trompé en disant que le kinkajou, que je prenais alors pour le carcajou, ressemblait à un chat, d'autant que tous les autres voyageurs s'accordaient à donner au carcajou une figure différente et semblable à celle du glouton. Voici donc ce passage en entier :

» Le kinkajou ressemble un peu à un chat d'un poil roux brun ; il a la queue longue
» et la relève sur son dos, pliée en deux ou trois plis ; il a des griffes et grimpe sur les
» arbres, où il se couche tout de son long sur les branches pour attendre sa proie et se
» jeter dessus pour la dévorer. Il se jette sur le dos d'un orignal, l'entoure de sa queue,
» lui ronge le cou au-dessus des oreilles jusqu'à ce qu'il tombe. Quelque vite que puisse
» courir l'orignal, et quelque fort qu'il puisse se frotter contre les arbres ou les buissons,
» le kinkajou ne lâche jamais prise ; mais, s'il peut gagner l'eau, il est sauvé, parce qu'alors
» le kinkajou lâche prise et saute à terre. Il y a quatre ans qu'un kinkajou m'attrapa une
» génisse et lui coupa le cou. Les renards sont ses chasseurs ; ils vont à la découverte,
» tandis que le kinkajou est en embuscade, où il attend l'orignal que les renards ne man-
» quent pas de lui amener (*b*). »

Cette notice s'accorde assez avec la figure et la description que nous venons de donner de cet animal pour présumer que c'est le même, et que le carcajou et le kinkajou sont deux animaux d'espèces distinctes et séparées, qui n'ont de commun entre eux que de se jeter sur les orignaux et sur les autres bêtes fauves pour en boire le sang.

Nous venons de dire que le kinkajou se trouve dans les montagnes de la Nouvelle-Espagne ; mais il se trouve aussi dans celles de la Jamaïque, où les naturels du pays le nomment *poto* et non pas kinkajou. M. Collinson m'a envoyé le dessin de ce poto ou kinkajou avec la notice suivante :

« Le corps de cet animal est de couleur uniforme et d'un roux mêlé de gris cendré ; le
» poil court, mais très épais, la tête arrondie, le museau court, nu et noirâtre, les yeux
» bruns, les oreilles courtes et arrondies, des poils longs tout autour de la gueule, qui sont

(*a*) Description donnée par M. de Sève.
(*b*) *Description géographique et historique des côtes de l'Amérique septentrionale*, par M. Denis. Paris, 1672, t. II, page 327.

» appliqués sur le museau et ne forment pas de moustaches ; la langue étroite, longue, et
» que l'animal fait souvent sortir de sa gueule de trois ou quatre pouces ; la queue de cou-
» leur uniforme, diminuant toujours de grosseur jusqu'à l'extrémité, qui se recourbe
» lorsque l'animal le veut, et avec laquelle il s'attache et peut saisir et serrer fortement ;
» cette queue est plus longue que le corps, qui a quinze pouces depuis le bout du nez
» jusqu'à l'extrémité du corps, et la queue en a dix-sept.

    » Cet animal avait été pris dans les montagnes de la Jamaïque ; il est doux et on peut
» le manier sans crainte ; il est comme endormi la journée et très vif pendant la nuit. Il
» diffère beaucoup de tous ceux dont le genre est déterminé ; sa langue n'est pas si rude
» que celle des chats ou des autres animaux du genre des *viverra*, auquel il a rapport par
» la forme de la tête et par celle des griffes. Il a autour de la bouche beaucoup de poils
» longs de deux à trois pouces, qui sont bouclés et très doux. Les oreilles sont placées bas
» et presque vis-à-vis de l'œil ; quand il dort, il se met en boule, à peu près comme le
» hérisson, ses pieds ramassés en devant et étendus sous les joues. Il se sert de sa queue
» pour tirer un poids aussi pesant que son corps » (a).

    Il est évident, en comparant les deux dessins, et la description de M. Collinson avec
celle de M. Simon Chauveau, qu'elles ont toutes deux rapport au même animal, à quelques
variétés près, qui n'en changent pas l'espèce.

DU KINKAJOU (*suite*)

    Nous avons reconnu que le kinkajou, que nous n'avions pas d'abord distingué
du carcajou ou glouton d'Amérique, est néanmoins d'une espèce toute différente ; l'on peut
voir ce que nous en avons dit dans l'article précédent. Il ne nous reste qu'à y ajouter une
note que M. Simon Chauveau (b) nous a donnée depuis sur les habitudes du kinkajou qu'il
a gardé vivant durant plusieurs années.

    « Son attitude favorite est d'être assis d'aplomb sur son cul et ses pattes de derrière,
» le corps droit, avec un fruit dans les pattes de devant, et la queue roulée en volute
» horizontale.

    » J'ai plusieurs fois pris la résolution, continue M. Simon Chauveau, de vous offrir cet
» animal vivant pour le soumettre à vos observations ; mais il venait dans ces instants
» me caresser si doucement et jouer autour de moi avec tant de gaieté, que, séduit par ses
» gentillesses, je n'ai jamais eu le courage de m'en séparer. Il est mort le 3 janvier de cette
» année (1780), et c'était le neuvième hiver qu'il passait à Paris, sans que le froid ni
» aucune autre chose eût paru l'avoir incommodé. »

LE CARCAJOU

    On a envoyé d'Amérique à M. Aubry, curé de Saint-Louis, sous le nom de *carcajou* (*),
la peau bourrée d'un animal, mais qui n'a pas autant de rapport que je l'aurais pensé avec
celui que j'ai dit être le même que le glouton de notre nord ; car il semble même approcher de très près de notre blaireau d'Europe ; ses ongles ne sont point faits pour déchirer
une proie, mais pour creuser la terre ; en sorte que nous le regardons comme une espèce
voisine, ou même comme une variété de l'espèce du blaireau ; il ne faut que le comparer

(a) Note envoyée par M. Collinson à M. de Buffon, 12 décembre 1766.
(b) Lettre à M. de Buffon, datée de Paris, le 31 janvier 1780.

(*) C'est un Blaireau *Meles americanus* Bodd.

avec la figure de notre blaireau pour en reconnaître la ressemblance. Cependant il en diffère en ce qu'il n'a que quatre doigts aux pieds de devant, tandis que notre blaireau en a cinq ; mais le cinquième petit doigt qui paraît lui manquer peut avoir été oblitéré dans la peau desséchée ; il différait également du carcajou ou glouton par ce même caractère, car le glouton a aussi comme le blaireau cinq doigts aux pieds de devant ; ainsi nous doutons beaucoup que cet animal, envoyé sous le nom de carcajou, soit en effet le vrai carcajou. Nous joignons ici la description de sa peau bourrée qui est bien conservée dans le cabinet de M. le curé de Saint-Louis. On lui a assuré qu'il venait du pays des Esquimaux. Il a deux pieds deux pouces du bout du museau à l'origine de la queue ; quoiqu'il ressemble beaucoup au blaireau, il en diffère par la couleur et la qualité du poil, qui est bien plus doux, plus soyeux et plus long, et ce n'est que par ce seul caractère qu'il pourrait se rapprocher du carcajou et du glouton du nord de l'Europe. Il est à peu près de la couleur du loup-cervier, d'un blanc grisâtre ; sa tête est rayée de bandes blanches, mais différemment de celle du blaireau. Les oreilles sont courtes et blanches ; il a trente-deux dents (*), six incisives, deux canines fort grosses, quatre mâchelières de chaque côté, et le blaireau en a cinq. Le bout du nez est noirâtre. Les poils du corps, qui ont communément quatre pouces et demi ou cinq pouces, sont de quatre couleurs dans leur longueur, d'un brun clair depuis l'origine jusqu'à près de la moitié, ensuite fauve clair, puis noirs près de l'extrémité qui est blanche ; le dessous du corps est couvert de poils blancs ; les jambes sont aussi couvertes de longs poils d'un brun musc foncé ; les pieds de devant n'ont que quatre doigts, et ceux de derrière cinq. Les ongles des pieds de devant sont fort grands ; le plus long a jusqu'à seize lignes, et le plus long des pieds de derrière n'en a que sept ; la queue n'a que trois pouces huit lignes de tronçon ; elle est terminée par de longs poils qui l'environnent et qui sont de couleur fauve.

DU GLOUTON

Cet animal m'a été envoyé vivant des parties les plus septentrionales de la Russie ; il a néanmoins vécu pendant plus de dix-huit mois à Paris ; il était si fort privé qu'il n'était aucunement féroce et ne faisait de mal à personne ; sa voracité a été aussi exagérée que sa cruauté ; il est vrai qu'il mangeait beaucoup, mais il n'importunait pas vivement ni fréquemment quand on le privait de nourriture. Il avait deux pieds deux pouces de longueur depuis le bout du nez jusqu'à l'origine de la queue ; le museau noir jusqu'aux sourcils, les yeux petits et noirs ; depuis les sourcils jusqu'aux oreilles, le poil était blanc mêlé de brun ; les oreilles fort courtes, c'est-à-dire d'un pouce de longueur ; le poil ras sur les oreilles ; sous la mâchoire inférieure il est tacheté de blanc, ainsi qu'entre les deux pieds de devant ; les jambes de devant ont onze pouces de longueur, depuis l'extrémité des ongles jusqu'au corps ; celles de derrière un pied ; la queue huit pouces, y compris quatre pouces de poil à son extrémité ; les quatre jambes, la queue et le dessus du dos noirs, ainsi que le dessous du ventre ; au nombril une tache blanche, les parties de la génération rousses ; le poil roux depuis les épaules jusqu'à l'origine de la queue ; le poil intérieur ou duvet blanc ; il n'est pas aussi épais dans ces endroits que sur le dos ; les pieds de devant, depuis le talon jusqu'au bout des ongles, longs de trois pouces neuf lignes ; cinq ongles fort crochus et séparés, celui du milieu d'un pouce et demi de long ; cinq durillons sous les ongles, quatre se tenant ensemble et formant sous le pied un demi-cercle et un autre au talon ; cinq ongles de même aux pieds de derrière, neuf durillons et point de talon. Largeur du pied de devant deux pouces et demi ; longueur des pieds de derrière, quatre pouces

____

(*) Il en a trente-six à l'âge adulte.

neuf lignes ; largeur des pieds de derrière, deux pouces neuf lignes. Six dents incisives à la mâchoire supérieure, dont une de chaque côté, un peu plus grosse que les quatre autres ; deux grosses dents de sept lignes de longueur un peu crochues ; cinq dents mâchelières, dont une du côté de la gorge entre en dedans de la gueule, et dont deux sont beaucoup plus grosses que les trois autres. Cinq dents mâchelières à la mâchoire inférieure, dont une fort grosse ; deux grandes dents un peu crochues, et six petites presque rases ; un peu de poil de deux pouces de longueur autour de la gueule et au-dessus des yeux.

Cet animal était assez doux ; il craint l'eau, il a peur des chevaux et des hommes habillés de noir ; il marche en sautant, mange considérablement ; quand il avait bien mangé et qu'il restait de la viande, il avait soin de la cacher dans sa cage et de la couvrir de paille. En buvant il lape comme un chien ; il n'a aucun cri. Quand il a bu, il jette avec ses pattes ce qui reste d'eau par dessous son ventre ; il est rare de le voir tranquille, parce qu'il se remue toujours ; il mangerait plus de quatre livres de viande par jour si on les lui donnait ; il ne mange point de pain et mange si goulument, presque sans mâcher, qu'il s'en étrangle (a).

Cet animal, qui n'est pas rare dans la plupart des contrées septentrionales de l'Europe, et même de l'Asie, ne se trouve fréquemment en Norvège, selon Pontoppidan, que dans le diocèse de Drontheim. Il dit que la peau en est très précieuse, et qu'on ne le tire point à coup de fusil pour ne la pas endommager ; que le poil en est doux et d'un noir nuancé de brun et de jaune (b).

DU GLOUTON (*suite*)

J'ai dit que le glouton n'est pas rare dans les contrées septentrionales de l'Europe et même de l'Asie. M. Kracheninnikow rapporte à ce sujet qu'il y a eu à Kamtschatka un animal appelé *glouton*, dont la fourrure est si estimée que, pour dire qu'un homme est richement habillé, on dit qu'il est vêtu de fourrure de glouton. « Les femmes de Kamt-
» schatka, dit-il, ornent leurs cheveux avec les pattes blanches de cet animal, et elles en
» font très grand cas ; cependant les Kamtschatdales en tuent si peu qu'ils sont obligés d'en
» tirer des jakutski qui leur reviennent fort cher : ils préfèrent les blanches et les jaunes,
» quoique les noires et les brunes soient plus estimées..... Ils ne peuvent faire un plus
» grand présent à leurs femmes ou à leurs maîtresses que de leur donner une de ces peaux,
» et c'est pourquoi elles se vendaient autrefois depuis trente jusqu'à soixante roubles ; ils
» donnent pour deux de leurs pattes jusqu'à deux castors marins (saricoviennes). On trouve
» aussi beaucoup de ces gloutons dans les environs de Karaga, d'Anadirska et de Kolima.
» Ils sont très adroits a la chasse des cerfs, et voici la manière dont ils s'y prennent pour
» les tuer. Ils montent sur un arbre avec quelques brins de cette mousse qu'ils ont coutume
» de manger ; lorsqu'ils en voient venir quelques-uns, ils la laissent tomber à terre, et
» prenant le moment que le cerf s'approche pour la manger, ils s'élancent sur son dos, le
» saisissent par le bois, lui crèvent les yeux et le tourmentent si fort que ce malheureux
» animal, pour mettre fin à ses peines et se débarrasser de son ennemi, se heurte la tête
» contre un arbre et tombe mort sur la place. Il n'est pas plus tôt à bas que le glouton le
» dépèce par morceaux, cache sa chair dans la terre pour empêcher que les autres animaux
» ne la mangent, et n'y touche point qu'il ne l'ait mise en sûreté. Les gloutons qui se trou-
» vent aux environs du fleuve Léna s'y prennent de la même manière pour tuer les che-
» vaux ; cependant quelque cruels que paraissent ces animaux on les prive aisément, et
» ils paraissent alors bien moins voraces (c). »

(a) Description donnée par M. de Sève.
(b) *Hist. nat. de la Norvège*, par Pontoppidan. *Journal étranger*, juin 1756.
(c) *Histoire de Kamtschatka*, par Kracheninnikow. Lyon, 1767, t. Ier, p. 230 et suiv.

LE GRISON

Voici une espèce voisine de celle de la belette et de l'hermine, et que nous ne connaissions pas. C'est encore M. Allamand qui en a donné le premier la description et la figure, sous le nom de *grison* (*), dans le quinzième volume de l'édition de Hollande de mon ouvrage, et je ne puis mieux faire que de rapporter ici cette description en entier :

« J'ai reçu, dit-il, de Surinam, le petit animal qui est représenté dans la planche viii ; et » dans la liste de ce que contenait la caisse où il était renfermé il était nommé *belette* » *grise*, d'où j'ai tiré le nom de *grison*, parce que j'ignore celui qu'on lui donne dans le » pays où il se trouve, et qu'il indique assez bien sa couleur. Toute la partie supérieure » de son corps est couverte de poils d'un brun foncé, et dont la pointe est blanche, ce qui » forme un gris où le brun domine ; mais le dessus de la tête et du cou est d'un gris plus » clair, parce que là les poils sont fort courts, et que ce qu'ils ont de blanc égale en lon- » gueur la partie brune. Le museau, tout le dessous du corps et les jambes sont d'un noir » qui contraste singulièrement avec cette couleur grise, dont il est séparé de la tête par » une raie blanche qui prend son origine à une épaule, et passe par-dessous les oreilles » au-dessus des yeux et du nez, et s'étend jusqu'à l'autre épaule.

» La tête de cet animal est fort grosse à proportion de son corps ; ses oreilles, qui for- » ment presque un demi-cercle, sont plus larges que hautes ; ses yeux sont grands : sa » gueule est armée de dents mâchelières et de dents canines fortes et pointues. Il y a six » dents incisives dans chaque mâchoire, mais il n'y a que celles des extrémités des *deux* » *rangées* qui soient visibles, les quatre intermédiaires sortent à peine de leurs alvéoles. » Les pieds, tant ceux de devant que de derrière, sont partagés en cinq doigts, armés de » forts ongles jaunâtres ; la queue, qui est assez longue, se termine en pointe.

» La belette est celui de tous les animaux de notre continent auquel celui-ci a le plus de » rapport ; ainsi je ne suis pas surpris qu'il m'ait été envoyé de Surinam sous le nom de » belette grise. Cependant ce n'est pas une belette, quoiqu'il lui ressemble par le nombre » et la forme de ses dents ; il n'a pas le corps aussi allongé, et ses pieds sont beaucoup » plus hauts. Je ne connais aucun auteur ni voyageur qui en ait parlé, et l'individu qui » m'a été envoyé est le seul que j'aie vu. Je l'ai montré à diverses personnes qui avaient » séjourné longtemps à Surinam, mais il leur était inconnu ; ainsi il doit être rare dans » les lieux où il est originaire, ou il faut qu'il habite dans des endroits peu fréquentés. » Celui qui me l'a envoyé ne m'a marqué aucune particularité propre à éclaircir son his- » toire naturelle ; c'est pourquoi je n'ai pu faire autre chose que de décrire sa figure. » Voici ses dimensions :

	Pieds.	Pouces.	Lignes.
Longueur du corps entier, mesuré en ligne droite, depuis le bout du museau jusqu'à l'anus	»	7	»
Hauteur du train de devant	»	2	6
Hauteur du train de derrière	»	3	4
Longueur de la tête, depuis le bout du museau jusqu'à l'occiput	»	2	2
Circonférence du bout du museau	»	1	11
Circonférence du museau prise au-dessous des yeux	»	3	9
Contour de l'ouverture de la bouche	»	1	7
Distance entre les deux naseaux	»	»	3
Distance entre le bout du museau et l'angle antérieur de l'œil	»	»	8

(*) *Viverra vittata* L.

	Pieds.	Pouces.	Lignes.
Distance entre l'angle postérieur et l'oreille	»	»	6
Longueur de l'œil d'un angle à l'autre	»	»	3
Distance entre les angles antérieurs des yeux, mesurée en suivant la courbure du chanfrein	»	»	10
La même distance mesurée en ligne droite	»	»	8
Circonférence de la tête prise entre les yeux et les oreilles	»	4	5
Longueur des oreilles	»	»	5
Largeur de la base mesurée sur la courbure extérieure	»	»	9
Distance entre les deux oreilles, prise dans le bas en droite ligne	»	1	6
Circonférence du cou	»	2	11
Circonférence du corps, prise derrière les jambes de devant	»	4	3
Circonférence prise à l'endroit le plus gros	»	5	5
Circonférence prise devant les jambes de derrière	»	5	»
Longueur du tronçon de la queue	»	1	10

DE LA FOUINE DE LA GUYANE

Nous donnons ici la figure d'un animal américain (*) qui a été envoyé de la Guyane à
M. Aubry, curé de Saint-Louis, et qui est en très bon état, comme tout ce qu'on voit dans
son cabinet. Quoique les dents manquent à cet animal, il m'a paru dans toutes ses autres
parties si semblable à nos fouines par la forme du corps, que j'ai pensé qu'on pouvait
le regarder comme une variété dans l'espèce de la fouine, dont celle-ci ne diffère que par
la couleur du poil jaspé de noir et de blanc, par les taches de la tête, et par la queue plus
courte. Cette fouine de la Guyane a vingt pouces de longueur du bout du museau jusqu'à
la naissance de la queue; elle est plus grande par conséquent que notre fouine, qui n'a
que seize pouces et demi ou dix-sept pouces; mais la queue est bien plus courte à proportion du corps. Le museau semble un peu plus allongé que celui de nos fouines; il est tout
noir, et ce noir s'étend au-dessus des yeux, passe sous les oreilles le long du cou et se
perd dans le poil brun des épaules. Il y a une grande tache blanche au-dessus des yeux,
qui s'étend sur tout le front, enveloppe les oreilles, et forme le long du cou une bande
blanche et étroite qui se perd au delà du cou vers les épaules. Les oreilles sont tout
à fait semblables à celles de nos fouines; le dessus de la tête paraît gris et mêlé de poils
blancs; le cou est brun, mêlé de gris cendré, et le corps est couvert de poils mêlés comme
celui du lapin que l'on appelle *riche*, c'est-à-dire de poil blanc et de poil noirâtre. Ces poils
sont gris et cendrés à leur origine, ensuite bruns, noirs et blancs à leur extrémité. Le
dessous de la mâchoire est d'un noir brun qui s'étend sous le cou et diminue de couleur
sous le ventre, où il est d'un brun clair ou châtain. Les jambes et les pieds sont couverts
d'un poil luisant d'un noir roussâtre, et les doigts des pieds ressemblent peut-être plus
à ceux des écureuils et des rats qu'à ceux de la fouine. Le plus grand ongle des pieds de
devant a quatre lignes de long, et le plus grand ongle des pieds de derrière n'en a que
deux; la queue est beaucoup plus fournie de poil à sa naissance qu'à son extrémité; ce
poil est châtain ou brun clair mêlé de poils blancs.

Un autre animal de Cayenne (**), qui a rapport avec le précédent, est celui dont nous
donnons ici la figure. Il a été dessiné vivant à la foire Saint-Germain en 1768; il avait
quinze pouces de longueur du bout du nez à l'origine de la queue, laquelle était longue
de huit pouces, plus large et plus fournie de poils à sa naissance qu'à son extrémité. Cet

(*) D'après Cuvier, la Fouine de la Guyane de Buffon est le même animal que le Grison
(*Viverra vittata* L.).

(**) D'après Desmarets, cet animal serait un Coati jeune.

animal était bas de jambes, comme nos fouines ou nos martres. La forme de la tête est
fort approchante de celle de la fouine, à l'exception des oreilles qui ne sont pas semblables.
Le corps est couvert d'un poil laineux ; il y a cinq doigts à chaque pied, armés de petits
ongles comme ceux de nos fouines.

LE TAYRA OU GALERA

Cet animal (*), dont M. Browne nous a donné la description et la figure, est de la
grandeur d'un petit lapin, et ressemble assez à la belette ou à la fouine ; il se creuse un
terrier ; il a beaucoup de force dans les pieds de devant, qui sont considérablement plus
courts que ceux de derrière ; son museau est allongé, un peu pointu et garni d'une moustache ; la mâchoire inférieure est beaucoup plus courte que la supérieure ; il a six dents
incisives et deux canines à chaque mâchoire, sans compter les mâchelières ; sa langue est
rude comme celle du chat ; sa tête est oblongue ; ses yeux, qui sont aussi un peu oblongs,
sont à une égale distance des oreilles et de l'extrémité du museau ; ses oreilles sont plates
et assez semblables à celles de l'homme ; ses pieds sont forts et faits pour creuser ; les
métatarses sont allongés, il y a cinq doigts à tous les pieds ; la queue est longue et droite,
et va toujours en diminuant ; le corps est oblong et ressemble beaucoup à celui d'un gros
rat ; il est couvert de poils bruns, dont les uns sont assez longs et les autres beaucoup
plus courts (a). Cet animal nous parait être une petite espèce de fouine ou de putois.
M. Linnæus a soupçonné, avec quelque raison, que la belette noire du Brésil pourrait bien
être le *galera* de M. Browne, et, en effet, les deux descriptions s'accordent assez pour qu'on
puisse le présumer (b) ; au reste, cette belette noire du Brésil se trouve aussi à la Guyane,
où elle se nomme *tayra* (c) ; et je soupçonne que le nom *galera*, dont M. Browne ne
donne pas l'origine, est un mot corrompu et dérivé de tayra, qui est le vrai nom de cet
animal.

DE LA GRANDE MARTE DE LA GUYANE

Cet animal (**), qui nous a été envoyé de Cayenne, est plus grand que notre marte de
France ; il a deux pieds de longueur, depuis le bout du nez jusqu'à l'origine de la queue ;
son poil est noir, à l'exception de celui de la tête et du cou, qui est grisâtre ; le bout du

(a) *The history of Jamaïca*, by Patr. Browne. Lond., 1756, chap. 5, p. 485, tab. xlix, fig. 1.
(b) *Mustela atrá collo subtus maculá albâ trilobá. Habitat in Brasilia.....* Holmens.
Confer. Browne. *Jam.* 485, tab. xlix, fig. 1. Galera. « Statura martis at nigra, pilis rigidio-
« ribus, auriculæ rotundæ villosæ. Area ante oculos cinerascens, maculæ sub medio collo,
» non verò sub gula. Mammæ pone umbilicum quatuor. » Nota. M. Browne dit, à la vérité,
qu'il n'a pu voir que deux mamelles au bas du ventre, mais il se peut que les deux autres
lui aient échappé ; il dit aussi que le galera se trouve en Guinée, et la belette noire se trouve
au contraire au Brésil, mais cela ne doit point arrêter, car tous les jours il arrive que des
animaux du Brésil, premièrement transportés en Guinée et ensuite ailleurs, passent pour
être de Guinée, et réciproquement ; en sorte que je suis de l'avis de M. Linnæus, et je crois
que le galera de M. Browne est le même que la belette noire du Brésil.
(c) *Mustela maxima atra, moschum redolens.* Tayra. *Grosse belette.* Cet animal, en se
frottant contre les arbres, y laisse une espèce d'humeur onctueuse qui sent beaucoup le musc.
Barrère, *Histoire naturelle de la France équinoxiale*, p. 155 et 156.

(*) *Mustela barbata* L.
(**) D'après Cuvier, c'est le Taïra (*Mustela barbata* L.).

nez et les naseaux sont noirs ; le tour des yeux et des mâchoires, ainsi que le dessus du nez, sont d'un brun roussâtre. Il y a douze dents incisives, six en haut et six en bas ; ces dernières sont les plus petites ; les canines sont très fortes, et nous n'avons pu compter les mâchelières. Il y a, comme dans la fouine et la marte de France, de longs poils en forme de moustaches de chaque côté du museau ; les oreilles sont larges et presque rondes comme celles de nos fouines ; il a sur le cou une grande tache d'un blanc jaune qui descend en s'élargissant sur la poitrine. Tous les pieds ont cinq doigts avec des ongles blanchâtres courbés en gouttière ; les ongles des pieds de devant ont six lignes de longueur, et ceux de derrière cinq seulement.

La queue, qui a dix-huit pouces de long, et dont l'extrémité finit en pointe, est couverte de poil noir comme celui du corps, mais long de deux ou trois pouces ; cette queue est plus longue à proportion que celle de notre marte, car elle est des trois quarts de la longueur du corps, tandis que dans cette dernière elle n'est que de la moitié.

LA BELETTE

« La belette, appelée *moustelle* dans le Vivarais, est naturellement sauvage et carnas-
» sière, la chair toute crue est l'aliment qu'elle préfère ; elle exhale une odeur forte, sur-
» tout lorsqu'elle est irritée.

» Les belettes qu'on prend très jeunes perdent leur caractère sauvage et revêche ; ce
» caractère se change même en soumission et fidélité envers le maître qui pourvoit à
» leur subsistance.

» Une belette que j'ai conservée dix mois, et qu'on avait prise fort jeune, perdit une
» partie de son agilité naturelle lorsqu'elle fut réduite en captivité, et que je l'eus atta-
» chée à la chaîne ; elle mordait furieusement lorsqu'elle avait faim ; on lui coupa les
» quatre dents canines très aiguës, qui déchiraient les mains jusqu'à l'os. Dépourvue de
» ses armes naturelles, et n'ayant plus que des dents molaires ou incisives, peu propres
» à déchirer, elle devint moins féroce, et, comme elle avait sans cesse besoin de mes ser-
» vices pour manger ou dormir, elle commença à prendre de l'affection pour moi ; car
» manger et dormir sont les deux fréquents besoins de cet animal.

» J'avais un petit fouet de fil qui pendait près de son lit ; c'était un instrument de puni-
» tion lorsqu'elle essayait de mordre ou qu'elle se mettait en colère. Le fouet dompta telle-
» ment son caractère colérique, qu'elle tremblait, se couchait ventre à terre, et baissait la
» tête lorsqu'elle voyait prendre cet instrument. Je n'ai jamais vu la soumission extérieure
» mieux dépeinte dans aucun animal : ce qui prouve bien que les châtiments raisonnables
» employés à propos, accompagnés de soins, de caresses et de bienfaits, peuvent assujettir
» et attacher à l'homme les animaux sauvages que nous croyons peu susceptibles d'édu-
» cation et de reconnaissance.

» Les belettes ont l'odorat exquis ; elles sentent de douze pas un petit morceau de
» viande gros comme un noyau de cerise, et plié dans du papier.

» La belette est très vorace ; elle mange de la viande jusqu'à ce qu'elle en soit remplie.
» Elle rend peu d'excréments, mais elle perd presque tout par la transpiration et par les
» urines, qui sont épaisses et puantes.

» J'ai été singulièrement surpris de voir un jour ma belette, qui avait faim, rompre sa
» chaîne de fil d'archal, sauter sur moi, entrer dans ma poche, déchirer le petit paquet, et
» dévorer en un instant la viande que j'y avais cachée.

» Ce petit animal, qui m'était si soumis, avait conservé d'ailleurs son caractère pétu-
» lant, cruel et colérique pour tout autre que moi ; il mordait sans discrétion tous ceux
» qui voulaient badiner avec lui ; les chats, ennemis de sa race, furent toujours l'objet de

» sa haine ; il mordait au nez les gros mâtins qui venaient le sentir lorsqu'il était dans
» mes mains ; alors il poussait un cri de colère et exhalait une odeur fétide qui faisait fuir
» tous les animaux, criant *chi, chi, chi, chi*. J'ai vu des brebis, des chèvres, des chevaux
» reculer à cette odeur, et il est certain que quelques maisons voisines, où il ne manquait
» pas de souris. ne furent plus incommodées de ces animaux tant que ma belette vécut.

   » Les poussins, les rats et les oiseaux étaient surtout l'objet de sa cruauté ; la belette
» observe leur allure et s'élance ensuite prestement sur eux ; elle se plaît à répandre le
» sang dont elle se soûle, et sans être fatiguée du carnage, elle tue dix à douze poussins
» de suite, éloignant la mère par son odeur forte et désagréable qu'on sent à la distance
» de deux pas.

   » Ma belette dormait la moitié du jour et toute la nuit ; elle cherchait dans mon cabinet
» un petit recoin à côté de moi ; mon mouchoir ou une poche étaient son lit ; elle se plai-
» sait à dormir dans le sein, elle se repliait autour d'elle-même, dormait d'un sommeil
» profond, et n'était pas plus grande dans cette attitude qu'une grosse noix du pays de
» l'espèce des bombardes.

   » Lorsqu'elle était une fois endormie, je pouvais la déplier ; tous ses muscles étaient
» alors relâchés et sans aucune tension ; en la suspendant par la tête, tout son corps était
» flasque. se pliait et pouvait faire le jeu du pendule cinq à six fois avant que la bête
» s'éveillât, ce qui prouve la grande flexibilité de l'épine du dos de cet animal.

   » Ma belette avait un goût décidé pour le badinage, les agaceries, les caresses et le cha-
» touillement ; elle s'étendait alors sur le dos ou sur le ventre, se ruait et mordait tout
» doucement, comme les jeunes chiens qui badinent. Elle avait même appris une sorte
» de danse, et lorsque je frappais avec les doigts sur une table, elle tournait autour de la
» main, se levait droite, allait par sauts et par bonds, faisant entendre quelques murmures
» de joie ; mais bientôt, fatiguée, elle se laissait aller au sommeil et dormait presque dans
» l'instant.

   » La belette dort repliée autour d'elle-même comme un peloton, la tête entre les deux
» jambes de derrière ; le museau sort alors un peu au dehors, ce qui facilite la respiration ;
» cependant lorsqu'elle n'est pas couchée à son aise, elle dort dans une autre posture, la
» tête couchée sur son lit de repos, mais elle se plaît et dort bien plus longtemps lors-
» qu'elle peut se plier en peloton ; il faut pour cela qu'elle ait une place commode. Elle
» avait pris l'habitude de se glisser sous mes draps, de chercher un des points du matelas
» qui forme un enfoncement, et d'y dormir des six heures entières.

   » La belette est très rusée : l'ayant fouettée pour avoir fait ses ordures sur mes papiers,
» contre son usage, elle vint dormir auprès de moi sur ma table ; la crainte l'éveilla sou-
» vent au moindre bruit, elle ne changea pas de place, mais elle observa, les yeux ouverts,
» ma démarche, faisant semblant de dormir. Elle connaissait parfaitement le ton de ca-
» resse ou de menace, et j'ai été souvent surpris de trouver tant d'intelligence dans une
» bête si petite dans l'ordre des quadrupèdes.

   » Les phénomènes que nous présente la belette sont parfaitement expliqués. La belette
» a l'épine du dos très flexible ; elle se fourre dans des trous de sept lignes de largeur,
» elle se plie et replie en tout sens ; son poil, ou plutôt sa belle soie, est très fine et très
» souple ; une langue, très large pour le corps, saisit toutes les surfaces plates, saillantes
» et rentrantes ; elle aime à lécher ; ses pattes sont larges et point racornies, courtes ; le
» sens du toucher étant ainsi répandu dans tout le corps de la bête, elle a appris à s'en
» servir, ce qui motive le jugement que nous portons de son intelligence. Ce sens est d'ail-
» leurs très bien servi par ceux de l'odorat et de la vue.

   » Lorsque j'oubliais de lui donner à manger, elle se levait de nuit, et se rendait d'une
» maison à une autre à Antragues, où elle mangeait chaque jour. Elle allait par les che-
» mins les plus courts, descendant d'abord dans un balcon et dans la rue, descendant

» encore et montant plusieurs marches, entrant dans une basse-cour, passant à travers
» des amas de feuilles sèches de châtaigniers de trois pieds de hauteur, pour prendre le
» plus court chemin, ce qui fait voir que l'odorat guide cet animal; elle passait ensuite
» dans la cuisine, où elle mangeait à l'aise, après avoir fait un chemin de deux cents pas.

» Le mâle est très libertin : je l'ai vu se satisfaire sur un mâle mort et empaillé; mille
» caresses et murmures de joie et de désir l'animaient : en sentant mes mains qui avaient
» touché ce cadavre, il reconnut une odeur qui lui plaisait si fort, qu'il restait immobile
» pour la savourer à son aise.

» Ma belette bâillait souvent; elle se levait après avoir dormi, en tiraillant ses membres
» et soulevant le dos en arc. Elle léchait l'eau en buvant ; sa langue était âpre et hérissée
» de pointes; elle ronflait quelquefois en dormant, et avait communiqué son odeur forte et
« désagréable à une petite cage où elle avait son lit ; son petit matelas était aussi puant
» qu'elle même dans l'état de colère.

» Ma belette souffrait impatiemment d'être renfermée dans sa cage, et elle aimait la
» compagnie et les caresses; elle avait rongé à différentes reprises quatre petits bâtons
» pour se faire une issue pour sortir de sa prison.

» Cet animal aime extrêmement la propreté; sa robe est toujours luisante.

» En faisant observer un certain régime à ces bêtes, on peut tempérer l'odeur forte
» qu'elles exhalent, et leur affreuse puanteur lorsqu'elles sont en colère. Le laitage adoucit
» beaucoup leurs humeurs, de même que le régime végétal.

» Les belettes ont les yeux étincelants et lumineux ; mais cette lumière n'est point
» propre à cet animal, elle n'est point électrique et ne réside pas dans l'organe de la vue :
» ce n'est qu'une simple réflexion de lumière qui a lieu toutes les fois que l'œil de l'ob-
» servateur est placé entre la lumière et les yeux de la belette, ou qu'une bougie se trouve
» entre les yeux de l'observateur et de l'animal. Ce phénomène est commun à un grand
» nombre de quadrupèdes et à quelques serpents, et cette cause est prouvée par les expé-
» riences que j'ai lues en 1780 à l'Académie des sciences sur les yeux des chats, etc.

» Les observations de M. de Buffon, la description anatomique de M. Daubenton, la
» lettre de M. Giély, et le présent détail, forment l'histoire complète de la belette. M. de
» Buffon dit que ces animaux ne s'apprivoisent pas et demeurent sauvages dans des cages
» de fer : je sais par expérience que cela est vrai, lorsque les belettes sont prises vieilles,
» ou même à l'âge de trois ou quatre mois. Pour donner aux belettes l'éducation dont elles
» sont susceptibles, et leur faire goûter la domesticité, il faut les prendre jeunes et lors-
» qu'elles ne peuvent s'enfuir : on fut obligé de couper les quatre dents canines de celle
» qu'on m'apporta à Antragues, et de la châtier souvent pour fléchir son caractère.

» On voit, d'après ce que j'ai dit sur cet animal, que, quelque petit qu'il soit c'est un
» de ceux que la nature a le moins négligés. Dans l'état sauvage, c'est le tigre des petits
» individus; il se garantit par son agilité des quadrupèdes plus grands que lui, et il est
» bien servi par l'oreille et par la vue. Il est pourvu d'armes offensives dont il fait usage
» en peu de temps avec une sorte de discernement; il aime le sang et le carnage; il se plait
» à la destruction, sans qu'il ait même besoin de satisfaire son appétit.

» En état de domesticité, ses sens se perfectionnent et ses mœurs s'adoucissent par le
» châtiment. La belette devient susceptible d'amitié, de reconnaissance et de crainte; elle
» s'attache à celui qui la nourrit, qu'elle reconnaît à l'odorat et à la simple vue. Elle est
» rusée et libertine à l'excès; elle aime les caresses, le repos et le sommeil; elle est gour-
» mande, et si vorace qu'elle pèse jusqu'à un cinquième de plus après ses repas. Sa vue
» est perçante, son oreille bonne, l'odorat est exquis; le sens du toucher est répandu dans
» tout son corps, et la flexibilité de ce petit corps menu et long favorise infiniment la
» bonté de ce sens en lui-même. Tous ces phénomènes tiennent à l'état de ses sens, qui
» sont achevés et parfaits. » (*Extrait d'une lettre adressée à M. le comte de Buffon.*)

Ces observations sur les habitudes de la belette en domesticité s'accordent parfaitement avec celles que Mlle de Laistre a faites sur cet animal, et qu'elle a bien voulu me communiquer par une lettre datée de Brienne le 6 décembre 1782.

« Le hasard, dit Mlle de Laistre, m'a procuré une jeune belette de la petite espèce. Sol-
» licitée par quelqu'un à qui elle faisait pitié, et sa faiblesse m'en inspirant, je lui donnai
» mes soins. Les deux premiers jours, je la nourris de lait chaud ; mais jugeant qu'il lui
» fallait des aliments qui eussent plus de consistance, je lui présentai de la viande crue
» qu'elle mangea avec plaisir ; depuis elle a vécu de bœuf, de veau ou de mouton indiffé-
» remment, et s'est privée au point qu'il n'y a pas de chien plus familier.

» J'ose vous assurer que ce petit animal ne préfère pas la victuaille corrompue ; il ne
» se soucie pas même de celle qui est hâlée ; c'est toujours la plus fraîche qu'il choisit : à
» la vérité il mange avec avidité et s'éloigne, mais souvent aussi il mange dans ma main
» ou sur mes genoux ; il préfère même prendre les morceaux de ma main. Il aime beau-
» coup le lait : je lui en présente dans un vase, il se met auprès et me regarde ; je le lui
» verse peu à peu dans ma main, il en boit beaucoup ; mais, si je n'ai pas cette complai-
» sance, à peine en goûte-t-il. Lorsqu'il est rassasié, il va ordinairement dormir, mais il fait
» des repas plus légers qui ne troublent point ses plaisirs : ma chambre est l'endroit qu'il
» habite. Par des parfums j'ai trouvé moyen de chasser son odeur ; c'est dans un de mes
» matelas, où il a trouvé moyen de s'introduire par un défaut de la couture, qu'il dort
» pendant le jour : la nuit je le mets dans une boîte grillée ; toujours il y entre avec peine
» et en sort avec joie. Si on lui donne la liberté avant que je sois levée, après mille gen-
» tillesses qu'il fait sur mon lit, il y entre et vient dormir dans ma main ou sur mon sein.
» Suis-je levée la première, pendant une grande demi-heure il me fait des caresses, se joue
» avec mes doigts comme un jeune chien, saute sur ma tête, sur mon cou, tourne autour
» de mes bras, de mon corps avec une légèreté et des agréments que je n'ai vus à aucun
» quadrupède. Je lui présente les mains à plus de trois pieds, il saute dedans sans jamais
» manquer. Il a beaucoup de finesse et singulièrement de ruses pour venir à ses fins, et
» semble ne vouloir faire ce qu'on lui défend que pour agacer : dès que vous ne le regardez
» plus, sa volonté cesse. Comme il semble ne jouer que pour plaire, seul il ne joue jamais,
» et à chaque saut qu'il fait, à chaque fois qu'il tourne, il regarde si vous l'examinez ; si
» vous cessez, il va dormir. Dans le temps qu'il est le plus endormi, le réveillez-vous, il
» entre en gaieté, agace et joue avec autant de grâce que si on ne l'eût pas éveillé ; il ne
» montre d'humeur que lorsqu'on l'enferme ou qu'on le contrarie trop longtemps, et par de
» petits grognements très différents l'un de l'autre il montre sa joie et son humeur.

» Au milieu de vingt personnes, ce petit animal distingue ma voix, cherche à me voir
» et saute par-dessus tout le monde pour venir à moi ; son jeu avec moi est plus gai,
» ses caresses sont plus pressantes ; avec ses deux petites pattes il me flatte le menton
» avec des grâces et une joie qui peignent le plaisir : je suis la seule qu'il caresse de cette
» manière, mille autres petites préférences me prouvent qu'il m'est réellement attaché.
» Lorsqu'il me voit habiller pour sortir, il ne me quitte pas ; quand avec peine je m'en
» suis débarrassée, j'ai un petit meuble près ma porte, il va s'y cacher ; et lorsque je passe,
» il saute si adroitement sur moi que souvent je ne m'en aperçois pas.

» Il semble beaucoup tenir de l'écureuil par la vivacité, la souplesse, la voix, le petit
» grognement : pendant les nuits d'été, il criait en courant, et était en mouvement presque
» toute la nuit ; depuis qu'il fait froid je ne l'ai point entendu. Quelquefois le jour, sur mon
» lit, lorsqu'il fait soleil, il tourne, se retourne, se culbute et grogne pendant quelques
» instants. Son penchant à boire dans ma main où je mets très peu de lait à la fois, et
» qu'il boit toujours en prenant les petites gouttes et les bords où il y en a le moins, sem-
» blerait annoncer qu'il boit de la rosée. Rarement il boit de l'eau, et ce n'est qu'au grand
» besoin et à défaut de lait ; alors il ne fait que rafraîchir sa langue une fois ou deux ; il

» paraît même craindre l'eau. Pendant les chaleurs il s'épluchait beaucoup; je lui fis pré-
» senter de l'eau dans une assiette, je l'agaçai pour l'y faire entrer, jamais je n'y pus réussir.
» Je fis mouiller un linge et le mis près de lui; il se roula dedans avec une joie extrême.
» Une singularité de ce charmant animal est sa curiosité : je ne puis ouvrir une armoire,
» une boîte, regarder un papier qu'il ne vienne regarder avec moi. Si, pour me contrarier,
» il s'écarte ou entre dans quelques endroits ou je crains de le voir, je prends un papier
» ou un livre que je regarde avec attention; aussitôt il accourt sur ma main et parcourt
» ce que je tiens avec un air de satisfaire sa curiosité. J'observerai encore qu'il joue avec
» un jeune chat et un jeune chien, l'un et l'autre déjà gros, se met autour de leur cou, de
» leurs pattes, sur leur dos, sans qu'ils se fassent de mal, etc. »

DE LA BELETTE ET DE L'HERMINE

Je dois citer ici avec éloge et reconnaissance une lettre qui m'a été écrite par Mme la comtesse de Noyan, datée au château de la Mancelière en Bretagne, le 20 juillet 1771 :

« Vous êtes trop juste, monsieur, pour ne pas faire réparation d'honneur à ceux que
» vous avez offensés. Vous avez fait un outrage à la race de l'hermine en l'annonçant
» comme une bête que l'on ne pouvait apprivoiser. J'en ai une depuis un mois que l'on a
» prise dans mon jardin, qui, reconnaissante des soins que l'on prend d'elle, vient m'em-
» brasser, me lécher et jouer avec moi comme le pourrait faire un petit chien. Elle est à
» peu près de la taille d'une belette, roussâtre sur le dos, le ventre et les pattes blanches;
» cinq belles petites griffes à ses jolies petites pattes; sa bouche bien fendue, et ses dents
» pointues comme des aiguilles; le tour des oreilles blanc, la barbe longue, blanche et
» noire, et le bout de la queue d'un beau noir. Sa vivacité surpasse celle de l'écureuil.....
» Cette jolie petite bête, jouissant de sa liberté jusqu'à l'heure que nous nous retirons,
» joue, vole nos sacs d'ouvrage et tout ce qu'elle peut emporter. »

J'avoue que je ne me suis peut-être pas assez occupé de l'éducation des belettes et des
hermines que j'ai fait nourrir, car toutes m'ont paru également farouches. Je ne doute pas
néanmoins de ce que me marque Mme de Noyan, et d'autant moins que voici un second
exemple qui confirme le premier.

M. Giély de Mornas, dans le Comtat Venaissin, m'écrit dans les termes suivants :

« Un homme, ayant trouvé une portée de jeunes belettes, résolut d'en élever une, et le
» succès répondit promptement à ses soins. Ce petit animal s'attacha à lui, et il s'amusa
» à l'exercer un jour de fête dans une promenade publique, où la jeune belette le suivit
» constamment, et sans prendre le change pendant plus de six cents pas, et dans tous les
» détours qu'il fit à travers les spectateurs. Cet homme donna ensuite ce joli animal à ma
» femme. La méthode de les apprivoiser est de les manier souvent en leur passant douce-
» ment la main sur le dos, mais aussi de les gronder, et même de les battre si elles mor-
» dent. Elle est, comme la belette ordinaire et le roselet, rousse supérieurement, et blanche
» inférieurement. Le fouet de la queue est d'un poil brun approchant du noir; elle n'a
» que cinq semaines, et j'ignore si avec l'âge ce poil du bout de la queue ne deviendra
» pas tout noir. Le tour des oreilles n'est pas blanc comme au roselet, mais elle a comme
» lui l'extrémité des deux pattes de devant blanche, les deux de derrière étant rousses,
» même par-dessous. Elle a une petite tache blanche sur le nez, et deux petites taches
» rousses oblongues, isolées dans le blanc au-dessous des yeux, selon la longueur du
» museau. Elle n'exhale encore aucune mauvaise odeur, et ma femme, qui a élevé plu-
» sieurs de ces animaux, assure qu'elle n'a jamais été incommodée de leur odeur, excepté
» les cas où quelqu'un les excédait et les irritait. On la nourrit de lait, de viande bouillie
» et d'eau; elle mange peu, et prend son repas en moins de quinze secondes; à moins

» qu'elle n'ait bien faim, elle ne mange pas le miel qu'on lui présente. Cet animal est
» propre, et s'il dort sur vous et que ses besoins l'éveillent, il vous gratte pour le mettre
» à terre.

» Au surplus, cette belette est très familière et très gaie; ce n'est pas contrainte ni
» tolérance, c'est plaisir, goût, attachement. Rechercher les caresses, provoquer les aga-
» ceries, se coucher sur le dos, et répondre à la main qui la flatte de mille petits coups de
» pattes et de dents très aiguës, dont elle sait modérer et retenir l'impression au simple
» chatouillement, sans jamais s'oublier; me suivre partout, me grimper et parcourir tout
» le corps, s'insinuer dans mes poches, dans ma manche, dans mon sein, et de là m'in-
» viter au badinage, dormir sur moi, manger à table sur mon assiette, boire dans mon
» gobelet, me baiser la bouche et sucer ma salive qu'elle paraît aimer beaucoup (sa langue
» est rude comme celle du chat); folâtrer sans cesse sur mon bureau pendant que j'écris,
» et jouer seule et sans agacerie ni retour de ma part avec mes mains et ma plume : voilà
» la mignarderie de ce petit animal..... Si je me prête à son jeu, elle le continuera deux
» heures de suite et jusqu'à la lassitude (a). »

Par une seconde lettre de M. Giély de Mornas, du 15 août 1775, il m'informe que sa
belette a été tuée par accident, et il ajoute les observations suivantes :

« 1° Ses excréments commençaient à empuanter le lieu où je la logeais; il faut y
» apporter beaucoup de soins et de propreté, et la nourrir plus souvent d'œufs ou d'ome-
» lette aux herbes que de viande ;

» 2° Il ne faut pas la toucher ni la prendre pendant qu'elle prend son repas; dans ce
» court intervalle elle est intraitable ;

» 3° Elle me saigna des poussins qu'on avait placés à sa portée par inadvertance, mais
» elle n'a jamais osé attaquer de front de gros poulets que j'engraissais en cage; ils la
» harcelaient et la mettaient en fuite à coups de bec. Il était amusant d'observer les ruses
» et les feintes qu'elle employait pour tâcher de les surprendre ;

» 4° Quant à sa familiarité et aux grâces de son badinage, et même à son attachement.
» je n'ai rien avancé qui ne se soit soutenu jusqu'à sa fin prématurée : seulement elle
» s'oubliait parfois dans la chaleur de ses agaceries, et comme par transports elle serrait
» un peu trop les dents; mais la correction opérait d'abord l'amendement. Il faut, lors-
» qu'on la corrige, la gronder et la frapper postérieurement, et jamais vers la tête, ce qui
» les irrite ;

» 5° Elle n'avait pas beaucoup grossi, et était probablement de la petite espèce; car.
» lors de son accident, c'est-à-dire ayant plus de deux mois, tout son corps glissait encore
» dans le même collier. »

On trouve dans l'*Histoire naturelle de la Norvège*, par Pontoppidan, les observations
suivantes :

« En Norvège, l'hermine fait sa demeure dans des monceaux de pierres. Cet animal
» pourrait bien être de l'espèce des belettes. Sa peau est blanche, à l'exception du cou,
» qui est taché de noir. Celles de Norvège et de Laponie conservent leur blancheur mieux
» que celles de Moscovie, qui jaunissent plus facilement; et c'est par cette raison que les
» premières sont recherchées à Pétersbourg même. L'hermine prend des souris comme les
» chats, et emporte sa proie quand cela lui est possible. Elle aime particulièrement les
» œufs, et lorsque la mer est calme, elle passe à la nage dans les îles voisines des côtes de
» Norvège, où elle trouve une grande quantité d'oiseaux de mer. On prétend qu'une her-
» mine, venant à faire des petits sur une île, les ramène au continent sur un morceau de
» bois qu'elle dirige avec son museau. Quelque petit que soit cet animal, il fait périr les
» plus grands, tels que l'élan et l'ours; il saute dans l'une de leurs oreilles pendant qu'ils

(a) Lettre de M. Giély à M. de Buffon ; Mornas, 16 juin 1775.

» dorment, et s'y accroche si fortement avec ses dents, qu'ils ne peuvent s'en débar-
» rasser. Il surprend de la même manière les aigles et les coqs de bruyère, sur lesquels
» il s'attache, et ne les quitte pas, même lorsqu'ils s'envolent, que la perte de leur sang
» ne les fasse tomber (a). »

DE LA ZIBELINE

Nous n'avons rien à ajouter à ce que nous avons dit de la zibeline, que quelques faits rapportés par les voyageurs russes, et qui ont été insérés dans les derniers volumes de l'*Histoire générale des Voyages.*

« Les zibelines vivent dans des trous, leurs nids sont ou dans des creux d'arbres ou
» dans leurs troncs couverts de mousse, ou sous leurs racines, ou sur des hauteurs par-
» semées de rochers. Elles construisent ces nids de mousse, de branches et de gazon.
» Elles restent dans leurs trous ou dans leurs nids pendant douze heures en hiver comme
» en été, et le reste du temps elles vont chercher leur nourriture. En attendant la plus
» belle saison, elles se nourrissent de belettes, d'hermines, d'écureuils, et surtout de liè-
» vres. Mais dans le temps des fruits elles mangent des baies, et plus volontiers le fruit
» du sorbier. En hiver elles attaquent des oiseaux et des coqs de bois. Quand il fait de la
» neige, elles se retirent dans leurs trous, où elles restent quelquefois trois semaines. Elles
» s'accouplent au mois de janvier. Leurs amours durent un mois, et souvent excitent des
» combats sanglants entre les mâles. Après l'accouplement, elles gardent leurs nids environ
» quinze jours. Elles mettent bas vers la fin de mars, et font depuis trois jusqu'à cinq
» petits qu'elles allaitent pendant quatre ou six semaines.

» On ne les chasse qu'en hiver, et les chasseurs vont ensemble jusqu'au nombre de
» quarante à cette chasse; ils y vont en canots, et prennent des provisions pour trois ou
» quatre mois. Ils ont un chef qui, arrivé au lieu du rendez-vous, ainsi que tous les chas-
» seurs, assigne à chaque bande son quartier, et tous les chasseurs doivent lui obéir. On
» écarte la neige où l'on veut dresser des pièges; chaque chasseur en dresse vingt par
» jour. On choisit un petit espace auprès des arbres; on l'entoure à une certaine hauteur
» de pieux pointus; on le couvre de petites planches, afin que la neige ne tombe pas
» dedans; on y laisse une entrée fort étroite, au-dessus de laquelle est placée une poutre
» qui n'est suspendue que par un léger morceau de bois, et sitôt que la zibeline y touche
» pour prendre le morceau de viande ou de poisson qu'on a mis pour amorce, la bascule
» tombe et la tue. On porte toutes les zibelines au conducteur général, ou bien on les
» cache dans des trous d'arbres, de crainte que les Tunguses ou d'autres peuples sauvages
» ne viennent les enlever de force. Si les zibelines ne se prennent pas dans les pièges, on
» a recours aux filets. Quand le chasseur a trouvé la trace d'un de ces animaux, il la
» suit jusqu'à son terrier, et l'oblige d'en sortir au moyen de la fumée du feu qu'il
» allume; il tend son filet autour de l'endroit où la trace finit, et se tient deux ou trois
» jours de suite aux aguets avec son chien; ce filet a treize toises de long sur quatre ou
» cinq pieds de haut. Lorsque la zibeline sort de son terrier, elle manque rarement de se
» prendre; et quand elle est bien embarrassée dans le filet, les chiens l'étranglent. Si on
» les voit sur les arbres, on les tue à coups de flèches, dont la pointe est obtuse pour ne
» point endommager la peau. La chasse étant finie, on regagne le rendez-vous général, et
» on se rembarque aussitôt que les rivières sont devenues navigables par le dégel (b). »

(a) *Histoire naturelle de Norvége,* par Pontoppidan. *Journal étranger,* juin 1756.
(b) *Histoire générale des Voyages,* t. XIX, p. 144 et suiv.

1 VAMPIRE SPECTRE. — 2. GALÉOPITHÈQUE ROUX.

DU VANSIRE

Le vansire est, comme nous l'avons dit, un animal de Madagascar et de l'intérieur de l'Afrique, qui ressemble beaucoup au furet, à l'exception du nombre et de la forme des dents et de la longueur de la queue, qui est beaucoup plus grande dans le vansire que dans notre furet. Un animal qui nous a été envoyé de la partie orientale de l'Afrique sous le nom de *neipse;* par sa forme, aussi bien que par cette dénomination, j'ai reconnu que c'était une espèce de furet, car *nems* ou *nims* est le nom du furet en langue arabe; et ces furets d'Arabie, ou ces *nems*, ressemblent beaucoup plus au vansire qu'à nos furets d'Europe. Voici la description qu'en a faite M. de Sève :

« Le *nems* est un vrai furet, à le considérer dans le détail de sa forme et de sa sou-
» plesse; quand il marche, il s'allonge et paraît bas de jambes. Il a beaucoup de confor-
» mité avec nos furets. Celui-ci était mâle, et avait treize pouces dix lignes de longueur,
» du museau à l'anus, le tronçon de la queue un pied; la hauteur du train de devant est
» de cinq pouces six lignes, celle du train de derrière six pouces six lignes; l'oreille est
» sans poil et de la même forme que celle du furet commun. Son œil est vif, et l'iris d'un
» fauve foncé. Son museau, qui est très fin, ne m'a pas paru avoir de moustaches; tout le
» corps est couvert d'un poil long, jaspé d'un brun foncé, mêlé d'un blanc sale, qui a dix
» lignes de longueur, ce qui fait que par ses rayures il ressemble au lapin *riche*. Le ventre
» est couvert d'un poil fauve clair sans mélange. Le fond du poil de la tête, autour de
» l'œil, est d'une couleur jaunâtre claire, et sur le nez, les joues, les autres parties de la
» face où le poil est court, un ton fauve plus ou moins brun par endroits règne partout
» sans mélange, se continue et se perd en diminuant dans les parties de la tête au-dessus
» des yeux. Ses jambes sont couvertes d'un poil ras fauve foncé; les pattes ont quatre
» doigts, et un petit doigt par derrière. Les ongles sont petits et noirs; la queue, qui est
» au moins du double plus longue que celle de nos furets, est très grosse au commence-
» ment du tronçon, et très menue au bout, qui finit en pointe. De grands poils jaspés,
» comme sur le corps, couvrent cette queue. Cet animal ne boit point, à ce qu'a dit avoir
» observé le garçon qui en a soin. »

DU VANSIRE (*suite*)

M. Forster a bien voulu m'envoyer les remarques suivantes au sujet de cet animal :
« J'ai vu, dit-il, à la ménagerie du cap de Bonne-Espérance, un animal du genre des man-
» goustes, qui venait de l'île de Madagascar et qui répondait exactement à la description du
» vansire donnée par M. de Buffon. Il se plaisait beaucoup à être dans un baquet rempli
» d'eau, d'où il sortait de temps en temps. Le garde qui prenait soin de la ménagerie nous
» assura que, lorsqu'on tenait cet animal pendant quelque temps à sec et hors de l'eau, il
» s'y replongeait avec empressement, dès qu'on lui en laissait la liberté. La figure qu'en a
» donnée M. de Buffon est assez exacte, mais elle paraît un peu trop allongée, parce qu'elle
» a été donnée sur une peau bourrée de cet animal, et d'ailleurs le poil est plus court que
» celui du vansire de la ménagerie du Cap. Ce dernier était à peu près de la taille de la
» marte ordinaire; sa queue égalait en longueur celle du corps jusqu'à la tête; son poil
» était de couleur brune noirâtre; il y avait cinq doigts à chaque pied, bien divisés et
» sans membranes. Les dents incisives étaient au nombre de six, tant en haut qu'en bas;
» il y avait huit mâchelières à chaque mâchoire, c'est-à-dire quatre de chaque côté, et les
» canines étaient isolées, ce qui fait en tout trente-deux dents. L'animal marchait, comme
» les mangoustes, en appuyant sur le talon. »

LA PETITE FOUINE DE MADAGASCAR

Il y a plusieurs variétés dans l'espèce de la fouine ; nous donnons ici la description d'une petite fouine qu'on trouve à Madagascar.

	Pieds.	Pouces.	Lignes.
La longueur du corps, du bout du nez à l'origine de la queue, est de..	1	2	4

Elle a, comme toutes les fouines, les jambes courtes et le corps allongé; sa tête est longue et menue; les oreilles sont larges et courtes; la queue est couverte de longs poils.

	Pieds.	Pouces.	Lignes.
Le tronçon de cette queue est de...	»	5	9
La longueur totale de la queue, y compris celle du poil, est de......	»	8	»
Les poils de l'extrémité de la queue ont...	»	2	3
Les poils de dessus le corps ont...	»	»	11

Leur couleur est un brun roussâtre, ou musc foncé teint de fauve rouge, ce qui est produit par le mélange des poils qui sont brun foncé dans la longueur et fauve rouge à la pointe; ce fauve foncé ou rougeâtre est le dominant aux faces latérales de la tête, sous le ventre et le cou. Cette petite fouine diffère de nos fouines par la couleur qui est plus rougeâtre, et par la queue qui est touffue, longue, couverte de grands poils, large à son origine, et qui se termine en une pointe très déliée.

DE LA MOUFFETTE DU CHILI

M. Dombey, correspondant du cabinet du Roi, et que nous avons eu occasion de citer plusieurs fois, nous a apporté la dépouille d'un individu de cette espèce. Cette mouffette (*) se trouve au Chili et appartient à la la famille du zorille, du conépate et d'autres animaux appelés *bêtes puantes*, et qui se trouvent également dans l'Amérique méridionale. Ses habitudes, sur lesquelles nous n'avons reçu aucune observation particulière, doivent être assez semblables à celles de ces animaux puants dont elle se rapproche par sa conformation, ainsi que par la distribution de ses couleurs. L'individu dont nous avons vu la peau bourrée était mâle : il avait la tête large et courte, les oreilles rondes et un peu aplaties, le corps épais et large à l'endroit des reins, les cuisses larges et charnues, les jambes courtes, les pieds petits, cinq doigts à chaque pied, et les ongles longs, crochus et recourbés en gouttière (a). Sa queue, relevée au-dessus du dos comme celle des écureuils, était large et garnie de poils touffus, longs de près de trois pouces. Le poil qui couvrait sa tête, son corps, ses jambes et le dessus de sa queue vers l'origine de cette partie, avait en quelques endroits un pouce de longueur, et était d'un brun noirâtre et luisant; le reste du poil qui garnissait sa queue était blanc, et l'on voyait sur le dos deux larges bandes blanches qui se réunissaient en une seule (b).

(a) L'ongle le plus long des pieds de devant avait onze lignes de longueur ; et celui des pieds de derrière, cinq lignes.

(b) Cet individu avait un pied sept pouces trois lignes, depuis le bout du museau jusqu'à l'anus ; et la queue était longue de sept pouces quatre lignes, en y comprenant la longueur du poil : les dents manquaient à la dépouille.

(*) *Mephitis chiliensis* GEOFF.

DE LA LOUTRE

Pontoppidan assure qu'en Norvège la loutre se trouve également autour des eaux salées comme autour des eaux douces, qu'elle établit sa demeure dans des monceaux de pierres, d'où les chasseurs la font sortir en imitant sa voix au moyen d'un petit sifflet : il ajoute qu'elle ne mange que les parties grasses du poisson, et qu'une loutre apprivoisée, à laquelle on donnait tous les jours un peu de lait, rapportait continuellement du poisson à la maison (a).

DE LA LOUTRE (*suite*)

Nous avons dit que la loutre ne paraissait pas susceptible d'éducation, et que nous n'avions pu réussir à l'apprivoiser : mais des tentatives sans succès ne démontrent rien, et nous avons souvent reconnu qu'il ne fallait pas trop restreindre le pouvoir de l'éducation sur les animaux : ceux même qui semblent le plus s'y refuser cèdent néanmoins et s'y soumettent dans certaines circonstances ; le tout est de rencontrer ces circonstances favorables et de trouver le point flexible de leur naturel, d'y appuyer ensuite assez pour former une première habitude de nécessité ou de besoin, qui bientôt s'assujettit toutes les autres. L'éducation de la loutre dont on va parler en est un exemple. Voici ce que M. le marquis de Courtivron, mon confrère à l'Académie des sciences, a bien voulu m'écrire, en date du 15 octobre 1779, sur une loutre très privée et très docile qu'il a vue à Autun :

« Vous autorisez, monsieur, ceux qui ont quelques observations sur les animaux à vous
» les communiquer, même quand elles ne sont pas absolument conformes à ce qui peut
» paraître avoir été votre première opinion. En relisant l'article de la loutre, j'ai vu que
» vous doutez de la facilité qu'on aurait d'apprivoiser cet animal. Dans ce que je vais vous
» dire, je ne rapporterai rien que je n'aie vu, et que mille personnes n'aient vu comme
» moi à l'abbaye de Saint-Jean-le-Grand, à Autun, dans les années 1775 et 1776 ; j'ai vu,
» dis-je, pendant l'espace de près de deux ans, à différentes fois, une loutre femelle qui
» avait été apportée peu de temps après sa naissance dans ce couvent, et que les tourières
» s'étaient plu à élever ; elles l'avaient nourrie de lait jusqu'à deux mois d'âge, qu'elles
» commencèrent à accoutumer cette jeune loutre à toutes sortes d'aliments ; elle mangeait
» des restes de soupe, de petits fruits, des racines, des légumes, de la viande et du poisson ;
» mais elle ne voulait point de poisson cuit, et elle ne mangeait le poisson cru que lorsqu'il
» était de la plus grande fraîcheur ; s'il avait plus d'un jour, elle n'y touchait pas. J'essayai
» de lui donner de petites carpes ; elle mangeait celles qui étaient vives, et pour les mortes
» elle les visitait en ouvrant l'ouïe avec sa patte, les flairait, et le plus souvent les laissait,
» même quand on les lui présentait avant de lui en donner de vives. Cette loutre était
» privée comme un chien, elle répondait au nom de *lou-lou* que lui avaient donné les
» tourières ; elle les suivait, et je l'ai vue revenir à leur voix du bout d'une vaste cour où
» elle se promenait en liberté ; et quoique étranger je m'en faisais suivre en l'appelant par
» son nom ; elle était familiarisée avec le chat des tourières, avec lequel elle avait été
» élevée, et jouait avec le chien du jardinier, qu'elle avait aussi connu de bonne heure :
» pour tous les autres chiens et chats, quand ils approchaient d'elle, elle les battait. Un
» jour j'avais un petit épagneul avec moi, elle ne lui dit rien d'abord, mais le chien ayant
» été la flairer, elle lui donna vingt soufflets avec ses pattes de devant, comme les chats ont
» coutume de faire lorsqu'ils attaquent de petits chiens, et le poursuivit à coups de nez et

(a) *Histoire naturelle de la Norvège,* par Pontoppidan. *Journal étranger,* juin 1756.

» de tête jusqu'entre mes jambes ; et depuis, toutes les fois qu'elle le vit, elle le poursuivit
» de même ; tant que les chiens ne se défendaient pas, elle ne se servait pas de ses dents ;
» mais si le chien faisait tête et voulait mordre, alors le combat devenait à outrance ; et
» j'ai vu des chiens assez gros déchirés et bien mordus prendre le parti de la fuite.

» Cette loutre habitait la chambre des tourières, et la nuit elle couchait sur leur lit ; le
» jour elle se tenait ordinairement sur une chaise de paille où elle dormait couchée en rond,
» et quand la fantaisie lui en prenait, elle allait se mettre la tête et les pattes de devant dans
» un seau d'eau qui était à son usage, ensuite elle se secouait et venait se remettre sur sa
» chaise ou allait se promener dans la cour ou dans la maison extérieure ; je l'ai vue plusieurs
» fois couchée au soleil, alors elle fermait les yeux ; je l'ai portée, maniée, prise par les
» pattes et flattée, elle jouait avec mes mains, les mordait insensiblement et faisait petites
» dents, si cela peut se dire comme on dit que les chats font patte de velours. Je la menai
» un jour auprès d'une petite flaque d'eau, où la rivière d'Aroux en laisse lorsqu'elle est
» débordée : ce qui vous paraîtra surprenant, et ce qui m'étonnait aussi, c'est qu'elle parut
» craindre de voir de l'eau en si grand volume ; elle n'y entra pas, passé le bord où elle
» se mouilla la tête comme dans le seau ; je la fis jeter à quelques pas dans l'eau, elle
» regagna le bord bien vite avec une sorte d'effroi, et nous suivit très contente de retrouver
» ses tourières. Si l'on peut raisonner d'après un seul fait et un seul individu, la nature
» paraît n'avoir pas donné à cet animal le même instinct qu'aux canards qui barbotent
» aussitôt qu'ils sont éclos, en sortant de dessous une poule.

» Cette loutre était très malpropre ; le besoin de se vider paraissait lui prendre subite-
» ment, et elle se satisfaisait de même quelque part qu'elle fût, excepté sur les meubles, mais
» à terre et dans la chambre comme ailleurs ; les tourières n'avaient jamais pu, même par
» des corrections, l'accoutumer à aller, pour ses besoins, à la cour qui était peu éloignée ;
» dès qu'elle s'était vidée, elle venait flairer ses excréments, ainsi que les chats, et faisait
» un petit saut d'allégresse ensuite, comme satisfaite de s'être débarrassée de ce poids.

» J'ai souvent eu occasion de voir cette loutre, parce que je ne passais point à Autun
» sans aller à l'abbaye de Saint-Jean-le-Grand, où madame de Courtivron avait une tante ; et
» j'ai dîné dix fois avec la loutre qui était de très bonne compagnie. On me l'offrit ; je l'aurais
» acceptée pour la mettre enchaînée sur le fossé de ma maison, à Courtivron, où elle aurait
» eu occasion de se marier, si je n'avais reconnu la difficulté de l'enchaîner, à cause que le
» cou de cet animal est presque du même diamètre de sa tête et son corps ; je pensai qu'elle
» pourrait s'échapper et multiplier chez moi les loutres qui n'y sont que trop communes.

» Je me reproche de m'être si fort étendu sur cet article des loutres, comme susceptibles
» d'être bien apprivoisées ; mais j'ai cru devoir vous donner un exemple de ce que j'ai vu
» dans notre Bourgogne : ainsi, sans recourir aux exemples de Danemark et de Suède, s'ils
» existent tels que le P. Vanière, dans son poème du *Prædium rusticum*, les a célébrés,
» voilà des choses sur lesquelles vous pouvez compter, et il n'y a rien de poétique dans ce
» que je vous dis. »

DE LA SARICOVIENNE

Je trouve dans les notes communiquées par M. de la Borde qu'il y a à Cayenne trois
espèces de loutre : la noire, qui peut peser quarante ou cinquante livres ; la seconde, qui est
jaunâtre, et qui peut peser vingt ou vingt-cinq livres ; et une troisième espèce, beaucoup
plus petite, dont le poil est grisâtre et qui ne pèse que trois ou quatre livres. Il ajoute que
ces animaux sont très communs à la Guyane le long de toutes les rivières et des marécages,
parce que le poisson y est fort abondant ; elles vont même par troupes quelquefois fort
nombreuses, elles sont farouches et ne se laissent point approcher ; pour les avoir, il faut
les surprendre ; elles ont la dent cruelle et se défendent bien contre les chiens ; elles font

leurs petits dans des trous qu'elles creusent au bord des eaux ; on en élève souvent dans les maisons : j'ai remarqué, dit M. de la Borde, que tous les animaux de la Guyane s'accoutument facilement à la domesticité, et deviennent incommodes par leur grande familiarité (a).

M. Aublet, savant botaniste que nous avons déjà cité, et M. Olivier, chirurgien du Roi, qui ont demeuré tous deux longtemps à Cayenne et dans le pays d'Oyapock, m'ont assuré qu'il y avait des loutres si grosses qu'elles pesaient jusqu'à quatre-vingt-dix et cent livres ; elles se tiennent dans les grandes rivières qui ne sont pas fort fréquentées, et on voit leur tête au-dessus de l'eau ; elles font des cris que l'on entend de très loin ; leur poil est très doux, mais plus court que celui du castor ; leur couleur ordinaire est d'un brun minime ; ces loutres vivent de poisson, et mangent aussi les graines qui tombent dans l'eau sur le bord des fleuves.

DE LA SARICOVIENNE OU LOUTRE MARINE

Nous avons dit, à l'article de la loutre saricovienne (*) ou *carigueibeju* de Marcgrave, que cet animal paraissait se trouver sur la plupart des côtes poissonneuses et des embouchures des grands fleuves, dans les plages désertes de l'Amérique méridionale ; mais nous ignorions alors que ce même animal se retrouve au Kamtschatka et sur les côtes et les îles de toute cette partie du nord-est de l'ancien continent, et sans que la différence de climat paraisse avoir influé sur l'espèce, qui semble être partout la même. Ces saricoviennes de Kamtschatka ont été soigneusement décrites par M. Steller, et l'on ne peut douter, en comparant sa description avec celle de Marcgrave, que l'espèce de ces saricoviennes de Kamtschatka ne soit la même que celle du carigueibeju, ou saricoviennes de l'Amérique ; on verra de même que les lions marins, les ours marins et la plupart des phoques se retrouvent les mêmes dans les mers les plus éloignées les unes des autres, et sous les climats les plus opposés.

Les Russes qui demeurent au Kamtschatka donnent à la saricovienne le nom de *bohr* ou *castor*, quoiqu'elle ne ressemble au castor que par la longueur de son poil, et qu'elle n'ait que peu de rapport avec lui par sa forme extérieure ; car c'est une véritable loutre, à laquelle non seulement nous rapporterons ces grandes loutres de la Guyane et du Brésil dont nous avons parlé, mais aussi cette loutre du Canada dont nous avons donné la notice, et qui paraît être de la taille et de l'espèce des saricoviennes.

On voit ces saricoviennes ou loutres marines sur les côtes orientales du Kamtschatka et dans les îles voisines, depuis le 50ᵉ degré jusqu'au 56ᵉ, et il ne s'en trouve que peu ou point dans la mer intérieure, à l'occident du Kamtschatka, ni au delà de la troisième île des Kuriles ; elles ne sont ni féroces, ni farouches, étant même assez sédentaires dans les lieux qu'elles ont choisis pour demeure ; elles semblent craindre les phoques, ou du moins elles évitent les endroits qu'ils habitent, et n'aiment que la société de leur espèce ; on les voit en très grand nombre dans toutes les îles inhabitées des mers orientales du Kamtschatka ; il y en avait en 1742 une si grande quantité à l'île de Bering, que les Russes en tuèrent plus de huit cents. Comme ces animaux n'avaient jamais vu d'hommes auparavant, dit M. Steller, ils n'étaient ni timides ni sauvages ; ils s'approchaient même des feux

(a) Observations de M. de la Borde, médecin du Roi à Cayenne.

(*) La Saricovienne et la Loutre marine sont généralement considérées comme deux espèces distinctes. La première est le *Mustela Lutra brasiliensis* de Gmelin, la seconde le *Mustela Lutris* de Linnée.

que nous allumions, jusqu'à ce qu'instruits par leur malheur, ils commencèrent à nous fuir (*a*).

Pendant l'hiver, ces saricoviennes se tiennent tantôt dans la mer sur les glaces, et tantôt sur le rivage ; en été, elles entrent dans les fleuves et vont même jusque dans les lacs d'eau douce, où elles paraissent se plaire beaucoup ; dans les jours les plus chauds, elles cherchent pour se reposer les lieux frais et ombragés ; en sortant de l'eau elles se secouent et se couchent en rond sur la terre comme les chiens ; mais avant que de s'endormir, elles cherchent à reconnaître, par l'odorat plutôt que par la vue qu'elles ont faible et courte, s'il n'y a pas quelques ennemis à craindre dans les environs ; elles ne s'éloignent du rivage qu'à de petites distances, afin de pouvoir regagner promptement l'eau dans le péril ; car, quoiqu'elles courent assez vite, un homme leste peut néanmoins les atteindre ; mais en revanche elles nagent avec une très grande célérité et comme il leur plaît, c'est-à-dire sur le ventre, sur le dos, sur les côtés, et même dans une situation presque perpendiculaire.

Le mâle ne s'attache qu'à une seule femelle, avec laquelle il va de compagnie, et qu'il parait aimer beaucoup, ne la quittant ni sur mer ni sur terre ; il y a apparence qu'ils s'aiment en effet dans tous les temps de l'année, car on voit des petits nouveau-nés dans toutes les saisons, et quelquefois les pères et mères sont encore suivis par des jeunes, de différents âges, des portées précédentes, parce que leurs petits ne les quittent que quand ils sont adultes et qu'ils peuvent former une nouvelle famille ; les femelles ne produisent qu'un petit à la fois, et très rarement deux ; le temps de la gestation est d'environ huit à neuf mois ; elles mettent bas sur les côtes ou sur les îles les moins fréquentées, et le petit, dès sa naissance, a déjà toutes ses dents : les canines sont seulement moins avancées que les autres ; la mère l'allaite pendant près d'un an, d'où l'on peut présumer qu'elle n'entre en chaleur qu'environ un an après qu'elle a produit ; elle aime passionnément son petit, et ne cesse de lui prodiguer des soins et des caresses, jouant continuellement avec lui, soit sur la terre, soit dans l'eau ; elle lui apprend à nager, et, lorsqu'il est fatigué, elle le prend dans sa gueule pour lui donner quelques moments de repos ; si l'on vient à le lui enlever, elle jette des cris et des gémissements lamentables ; il faut même user de précautions lorsqu'on veut le lui dérober, car, quoique douce et timide, elle le défend avec un courage qui tient du désespoir, et se fait souvent tuer sur la place plutôt que de l'abandonner.

Ces animaux se nourrissent de crustacés, de coquillages, de grands polypes et autres poissons mous qu'ils viennent ramasser sur les grèves et sur les rivages fangeux lorsque la marée est basse, car ils ne peuvent demeurer assez longtemps sous l'eau pour les prendre au fond de la mer, n'ayant pas, comme les phoques, le trou ovale du cœur ouvert (*) ; ils mangent aussi des poissons à écailles, comme des anguilles de mer, etc., des fruits rejetés sur le rivage en été, et même des fucus, faute de tout autre aliment ; mais ils peuvent se passer de nourriture pendant trois ou quatre jours de suite ; leur chair est meilleure à manger que celle des phoques, surtout celle des femelles, qui est grasse et tendre, lorsqu'elles sont pleines et prêtes à mettre bas ; celle des petits, qui est très délicate, est assez semblable à la chair de l'agneau ; mais la chair des vieux est ordinairement très dure (*b*).

(*a*) *Novi commentarii Academiæ Petropol.*, t. II, 1751.

(*b*) « Les Russes jetés dans cette île (de Bering), après s'être réservé une provision de » huit cents livres de farine, pour faire le trajet du Kamtschatka, dès que la saison et leur » santé le permettraient, eurent recours aux loutres marines ; un de ces animaux leur four- » nissait quarante ou cinquante livres de chair, mais si dure, du moins celle des mâles, qu'il

(*) C'est une erreur ; le trou ovale se ferme chez cet animal comme chez tous les Mammifères.

Ce fut, dit M. Steller, notre nourriture principale à l'île de Bering ; elle ne nous fit aucun mal, quoique mangée seule et sans pain, et souvent à demi crue : le foie, les rognons et le cœur sont absolument semblables à ceux du veau (a).

On voit souvent, au Kamtschatka et dans les îles Kuriles, arriver les saricoviennes sur des glaçons poussés par un vent d'orient qui règne de temps en temps sur ces côtes en hiver ; les glaçons qui viennent du côté de l'Amérique sont en si grande quantité qu'ils s'amoncellent et forment une étendue de plusieurs milles de longueur sur la mer ; les chasseurs s'exposent, pour avoir les peaux des saricoviennes, à aller fort au loin sur ces glaçons avec des patins qui ont cinq ou six pieds de long sur environ huit pouces de large et qui, par conséquent, leur donnent la hardiesse d'aller dans les endroits où les glaces ont peu d'épaisseur ; mais, lorsque ces glaces sont poussées au large par un vent contraire, ils se trouvent souvent en danger de périr ou de rester quelquefois plusieurs jours de suite errants sur la mer avant que d'être ramenés à terre avec ces mêmes glaces par un vent favorable ; c'est dans les mois de février, de mars et d'avril qu'ils font cette chasse périlleuse, mais très profitable, car ils prennent alors une plus grande quantité de ces animaux qu'en toute autre saison ; cependant ils ne laissent pas de les chasser en été, en les cherchant sur la terre, où souvent on les trouve endormis ; on les prend aussi, dans cette même saison, avec des filets que l'on tend dans la mer, ou bien on les poursuit en canot jusqu'à ce qu'on les ait forcés de lassitude.

Leur peau fait une très belle fourrure ; les Chinois les achètent presque toutes, et ils les payent jusqu'à soixante-dix, quatre-vingts et cent roubles chacune ; et c'est par cette raison qu'il en vient très peu en Russie. La beauté de ces fourrures varie suivant la saison ; les meilleures et les plus belles sont celles des saricoviennes tuées au mois de mars, d'avril et de mai ; néanmoins ces fourrures ont l'inconvénient d'être épaisses et pesantes ; sans cela elles seraient supérieures aux zibelines, dont les plus belles ne sont pas d'un aussi beau noir. Il ne faut cependant pas croire que le poil de ces saricoviennes soit également noir dans tous les individus, car il y en a dont la couleur est brunâtre, comme celle de la loutre de rivière ; d'autres qui sont de couleur argentée sur la tête ; plusieurs qui ont la tête, le menton et la gorge variés de longs poils très blancs et très doux ; enfin, d'autres qui ont la gorge jaunâtre et qui portent plutôt un feutre crépu, brun et court sur le corps qu'un véritable poil propre à la fourrure : au reste, les poils bruns ou noirs ne le sont que jusqu'à la moitié de leur longueur ; tous sont blancs à leur racine, et leur longueur est en tout d'environ un pouce ou un pouce et demi sur le dos, la queue et les côtés du corps ; ils sont plus courts sur la tête et sur les membres ; mais au-dessous de ce premier long poil il y a, comme dans les ours marins, une espèce de duvet ou de feutre qui est de couleur brune ou noire, comme l'extrémité des grands poils du corps. On distingue aisément les peaux des femelles de celles des mâles, parce qu'elles sont plus petites, plus noires, et qu'elles ont le poil plus long sous le ventre ; les petits ont aussi, dans le premier âge, le poil noir, ou très brun et très long ; mais à cinq ou six mois ils perdent ce beau poil, et à un an ils ne sont couverts que de leur feutre, et les longs poils ne les recouvrent que dans

» fallait la hacher et l'avaler presque sans mâcher ; on en préparait les viscères pour les
» malades. Du reste, quoique M. Steller prétende que la loutre est bonne contre le scorbut,
» M. Muller en doute, puisque les Russes qui moururent de cette maladie en avaient mangé
» comme les autres ; cependant on en tua beaucoup, même quand on eut cessé de s'en
» nourrir, parce que les peaux en sont très belles, et valent aux Russes, qui les vont porter
» à la Chine, jusqu'à quatre-vingts ou cent roubles la pièce ; aussi ramassa-t-on neuf cents
» de ces peaux à la chasse des loutres qui dura jusqu'au mois de mars ; alors elles disparu-
» rent et l'équipage eut recours à la pêche des chiens, des ours et des lions que la mer leur
» offrit. » *Voyage de Bering ; Histoire générale des Voyages*, t. XIX, p. 379.

(a) *Novi commentarii Academiæ Petropol.*, t. II, 1751.

l'année suivante; la mue se fait dans les adultes d'une manière différente de celle des autres animaux ; quelques poils tombent aux mois de juillet et d'août, et les autres prennent alors une couleur un peu plus brune.

Communément les saricoviennes ont environ deux pieds dix pouces de longueur, depuis le bout du museau jusqu'à l'origine de la queue, qui a douze ou treize pouces de long ; leur poids est de soixante-dix à quatre-vingts livres. La saricovienne ressemble à la loutre terrestre par la forme du corps, qui seulement est beaucoup plus épais en tout sens ; toutes deux ont les pieds de derrière plus près de l'anus que les autres quadrupèdes ; les oreilles sont droites, coniques et couvertes de poils comme dans l'ours marin ; elles sont longues de près d'un pouce, sur autant de largeur, et distantes l'une de l'autre d'environ cinq pouces ; les yeux et les paupières sont assez semblables à ceux du lièvre, et sont à peu près de la même grandeur ; la couleur de l'iris varie dans différents individus, car cette couleur est brune dans les uns et noirâtre dans les autres ; il y a une membrane au grand angle de chaque œil, comme dans les ours marins, mais qui ne peut guère couvrir l'œil qu'à moitié ; les narines sont très noires, ridées et sans poil, et les lèvres sont d'une épaisseur à peu près égale à celles du phoque commun, l'ouverture de la gueule est médiocre, n'ayant qu'environ deux pouces trois lignes de longueur, depuis le bout du museau jusqu'à l'angle ; la mâchoire supérieure s'avance d'un demi-pouce sur la mâchoire inférieure ; toutes deux sont garnies de moustaches blanches dirigées en bas, et dont les poils raides ont trois pouces de longueur à côté des coins de la gueule, mais qui ne sont longs que d'un pouce auprès des narines ; la mâchoire supérieure est armée de quatorze dents ; il y a d'abord quatre incisives très aiguës et longues de deux lignes ; ensuite une canine de chaque côté, de figure conique, un peu recourbée en arrière et d'environ un pouce de longueur ; après les canines il y a quatre molaires de chaque côté qui sont larges et épaisses, surtout celles du fond ; et ces dernières dents sont très propres à casser les coquilles et broyer les crustacés.

Dans la mâchoire inférieure, le nombre des dents est ordinairement de seize ; il y a d'abord, comme dans la mâchoire supérieure, quatre incisives et deux canines ; ces dernières n'ont qu'environ huit lignes de longueur, mais il y a cinq dents molaires de chaque côté, dont les deux dernières sont situées dans la gorge ; ainsi le nombre total des dents de la saricovienne est de trente ordinairement ; néanmoins, comme il y a des individus qui ont aussi cinq dents molaires de chaque côté de la mâchoire supérieure, il se trouve que ce nombre des dents est quelquefois de trente-deux ; la langue, depuis son insertion jusqu'à son extrémité, est longue de trois pouces trois lignes, sur une largeur d'un demi-pouce seulement ; elle est garnie de papilles et un peu fourchue à l'extrémité.

Les pieds, tant ceux de devant que ceux de derrière, sont couverts de poil jusqu'auprès des ongles, et ne sont point engagés dans la peau ; ils sont apparents et extérieurs comme ceux des quadrupèdes terrestres, en sorte que la saricovienne peut marcher et courir, quoique assez lentement ; ceux de devant n'ont que onze ou douze pouces de longueur et sont plus courts que ceux de derrière, qui ont quatorze ou quinze pouces, ce qui fait que cet animal est plus élevé par le train de derrière, et que son dos paraît un peu voûté ; les pieds de devant sont assez semblables, par les ongles, à ceux des chats, et ils diffèrent de ceux de la loutre terrestre en ce qu'ils sont réunis par une membrane qui est couverte de poil ; la plante du pied, qui est brune avec des tubercules par dessous, est arrondie et divisée en cinq doigts : les deux du milieu sont un peu plus longs que les autres, et l'interne est un peu plus court que l'externe ; ces ongles crochus des pieds de devant servent à détacher les coquillages des rochers ; les pieds de derrière ont aussi cinq doigts qui sont de même joints par une membrane velue, et qui ont la forme de ceux des oiseaux palmipèdes ; le tarse, le métatarse et les doigts de ces pieds de derrière sont beaucoup plus longs et plus larges que ceux des pieds de devant ; les ongles en sont aigus, mais assez courts; le doigt externe est un peu plus long que les autres, qui vont successivement en diminuant, et la peau de la plante de ces pieds de derrière est aussi de couleur brune ou noire, comme dans les pieds de devant.

La queue est tout à fait semblable à celle de la loutre de terre, c'est-à-dire plate en dessus et en dessous ; seulement elle est un peu plus courte à proportion du corps ; elle est recouverte d'une peau épaisse, garnie de poils très doux et très serrés.

La verge du mâle est contenue dans un fourreau sous la peau, et l'orifice de ce fourreau est situé à un tiers de la longueur du corps ; cette verge, longue d'environ huit pouces, contient un os qui en a six ; les testicules ne sont point renfermés dans une bourse, mais seulement recouverts par la peau commune ; la vulve de la femelle est assez grande et située à un pouce au-dessous de l'anus.

Nous devons observer que l'animal indiqué par M. Kracheninnikow (a), sous le nom de *castor-marin*, pourrait bien être le même que la saricovienne, quoiqu'il le dise aussi grand que celui qu'il nomme *chat marin*, et qui est l'ours marin, car il y a des saricoviennes beaucoup plus grandes que celles dont nous venons de donner les dimensions d'après M. Steller ; et on en a vu à la Guyane et au Brésil de beaucoup plus grosses que celles du Kamtschatka ; d'ailleurs il paraît, par l'indication même de M. Kracheninnikow, que son castor marin a les mêmes habitudes que la saricovienne, qui porte le nom de *bobr* ou *castor* chez les Russes de Sibérie. M. Steller, qui a demeuré si longtemps dans les parages du Kamtschatka, et qui en a décrit tous les animaux, ne fait nulle mention de ce castor marin, gros comme l'ours marin, et il y a toute apparence que M. Kracheninnikow n'en a parlé que sur des relations peut-être exagérées. On peut ajouter à ces preuves les inductions que l'on peut tirer du résultat des observations de différents voyageurs au Kamtschatka, dont la récapitulation se trouve tome XIX, page 365 des *Voyages*, où il est dit que « les peaux de castors marins sont d'un profit considérable pour la Russie ; que les Kamtschatdales peuvent, avec ces peaux, acheter des Cosaques tout ce qui leur est nécessaire, et que les Cosaques troquent ces fourrures pour d'autres effets avec les marchands russes, qui gagnent beaucoup dans le commerce qu'ils en font à la Chine, et que le temps de la chasse des castors marins est le plus favorable pour lever les tributs, car les Kamtschatdales donnent un castor pour un renard ou une zibeline, quoiqu'il vaille au moins cinq fois davantage et qu'il se vende quatre-vingt-dix roubles, etc. ». On voit que tout cela se rapporte à la saricovienne, et qu'il y a toute apparence que Kracheninnikow s'est trompé lorsqu'il a dit que son *castor marin* était aussi grand que son *chat marin*, c'est-à-dire l'ours marin.

Au reste, la saricovienne, qui s'appelle *bobr* ou *castor* en langue russe, est nommée *kaikon* en langue kamtschatdale, *kalaga* chez les Koriaques, et *rakkon* chez les Kouriles.

Je dois ajouter qu'ayant reçu de la Guyane de nouvelles informations au sujet des saricoviennes d'Amérique, il paraît qu'elles varient beaucoup pour la grandeur et pour la couleur ; l'espèce en est commune sur les côtes basses et à l'embouchure des grandes rivières de l'Amérique méridionale.

Leur peau est très épaisse, et leur poil est ordinairement d'un gris plus ou moins foncé, et quelquefois argenté ; leur cri est un son rauque et enroué ; ces animaux vont en troupes et fréquentent les savanes noyées ; ils nagent la tête hors de l'eau, et souvent la gueule ouverte ; quelquefois même, au lieu de fuir, ils entourent en grand nombre un canot en jetant des cris, et il est aisé d'en tuer un grand nombre : au reste, l'on dit qu'il est assez difficile de prendre une saricovienne dans l'eau lors même qu'on l'a tuée, qu'elle se laisse aller au fond de l'eau dès qu'elle est blessée, et qu'on perdrait son temps à

(a) *Histoire générale des Voyages*, t. XIX, p. 260.

attendre le moment où elle pourrait reparaître, surtout si c'est dans une eau courante qui puisse l'entraîner.

Les jaguars et couguars leur font la guerre et ne laissent pas d'en ravir et d'en manger beaucoup; ils se tiennent à l'affût, et lorsqu'une saricovienne passe, ils s'élancent dessus, la suivent au fond de l'eau, l'y tuent, et l'emportent ensuite à terre pour la dévorer.

Nous avons dit, d'après le témoignage de M. de la Borde, qu'il y a à Cayenne trois espèces de loutres très différentes par la grandeur; les deux plus grandes de ces loutres paraissent être des saricoviennes, qui se ressemblent si fort par la forme, que l'on peut sans difficulté les rapporter à une seule et même espèce, d'autant qu'on doit remarquer comme un fait général que, dans l'espèce de la saricovienne ainsi que dans celle du jaguar et de plusieurs autres animaux des contrées presque désertes, ils sont plus petits dans les lieux voisins des habitations que dans la profondeur des terres, parce qu'on les tue plus jeunes, et qu'on ne leur donne pas le temps de prendre leur entier accroissement.

VARIÉTÉS DANS LES CHIENS

Il y avait ces années dernières, à la foire Saint-Germain, un chien de Sibérie qui nous a paru assez différent de celui dont nous avons parlé pour que nous en ayons retenu une courte description. Il était couvert d'un poil beaucoup plus long, et qui tombait presque à terre. Au premier coup d'œil, il ressemblait à un gros bichon, mais ses oreilles étaient droites et en même temps beaucoup plus grandes. Il était tout blanc, et avait vingt pouces et demi de longueur, depuis le bout du nez jusqu'à l'extrémité du corps; onze pouces neuf lignes de hauteur, mesuré aux jambes de derrière, et onze pouces trois lignes à celles de devant : l'œil d'un brun châtain, le bout du nez noirâtre, ainsi que le tour des narines et le bord de l'ouverture de la gueule; les oreilles, qu'il porte toujours droites, sont très garnies de poil, d'un blanc jaune en dedans, et fauve sur les bords et aux extrémités. Les longs poils qui lui couvrent la tête lui cachent en partie les yeux, et tombent jusque sur le nez; les doigts et les ongles des pieds sont aussi cachés par les longs poils des jambes, qui sont de la même grandeur que ceux du corps; la queue, qui se recourbe comme celle du chien-loup, est aussi couverte de très grands poils pendants, longs en général de sept à huit pouces. C'est le chien le plus vêtu et le mieux fourré de tous les chiens.

D'autres chiens amenés à Paris par des Russes, en 1759, et auxquels ils donnaient le nom de *chiens de Sibérie*, étaient d'une race très différente du précédent. Ils étaient de grosseur égale, le mâle et la femelle, à peu près de la grandeur des lièvres de moyenne taille, le nez pointu, les oreilles demi-droites, un peu pliées par le milieu; ils n'étaient point effilés comme les lièvres, mais bien ronds sous le ventre. Leur queue avait environ huit à neuf pouces de long, assez grosse et obtuse à son extrémité; ils étaient de couleur noire et sans poils blancs; la femelle en avait seulement une touffe grise au milieu de la tête, et le mâle une touffe de même couleur au bout de la queue. Ils étaient si caressants qu'ils en étaient incommodes, et d'une gourmandise ou plutôt d'une voracité si grande qu'on ne pouvait jamais les rassasier. Ils étaient en même temps d'une malpropreté insupportable, et perpétuellement en quête pour assouvir leur faim. Leurs jambes n'étaient ni trop grosses ni trop menues, mais leurs pattes étaient larges, plates, et même fort épatées; enfin leurs doigts étaient unis par une petite membrane. Leur voix était très forte, ils n'avaient nulle inclination à mordre, et caressaient indistinctement tout le monde; mais leur vivacité était au-dessus de toute expression (a). D'après cette notice, il paraît que ces

(a) Extrait d'une lettre de M. Pasumot, de l'Académie de Dijon, à M. de Buffon, en date du 2 mars 1775.

chiens prétendus de Sibérie sont plutôt de la race de ceux que j'ai appelés *chiens d'Islande*, qui présente un grand nombre de caractères semblables à ceux qui sont indiqués
dans la description ci-dessus.

« Je me suis informé (m'écrit M. Collinson) des chiens de Sibérie; ceux qui tirent des
» traîneaux et des charrettes sont de médiocre grandeur; ils ont le nez pointu, les oreilles
» droites et longues; il portent leur queue recourbée, quelques-uns sont comme des loups,
» et d'autres comme des renards, et il est certain que ces chiens de Sibérie s'accouplent
» avec des loups et des renards. Je vois, continue M. Collinson, par vos expériences, que,
» quand ces animaux sont contraints, ils ne veulent pas s'accoupler; mais en liberté, ils y
» consentent : je l'ai vu moi-même en Angleterre pour le chien et la louve, mais je n'ai
» trouvé personne qui m'ait dit avoir vu l'accouplement des chiens et des renards; cepen-
» dant, par l'espèce que j'ai vu venir d'une chienne qui vivait en liberté dans les bois, je
» ne peux pas douter de l'accouplement d'un renard avec cette chienne. Il y a des gens à
» la campagne qui connaissent cette espèce de mulet, qu'ils appellent *chiens-renards (a)*. »

La plupart des chiens du Groenland sont blancs, mais il s'en trouve aussi de noirs et
d'un poil très épais; ils hurlent et grognent plutôt qu'ils n'aboient; ils sont stupides, et
ne sont propres à aucune sorte de chasse. On s'en sert néanmoins pour tirer des traîneaux,
auxquels on les attelle au nombre de quatre ou six. Les Groenlandais en mangent la chair,
et se font des habits de leurs peaux (*b*).

Les chiens du Kamtschatka sont grossiers, rudes et demi-sauvages comme leurs maîtres. Il sont communément blancs ou noirs, plus agiles et plus vifs que nos chiens : ils
mangent beaucoup de poisson; on les fait servir à tirer des traîneaux; on leur donne
toute liberté pendant l'été, on ne les rassemble qu'au mois d'octobre pour les atteler aux
traîneaux, et pendant l'hiver on les nourrit avec une espèce de pâte faite de poisson, qu'on
laisse fermenter dans une fosse. On fait chauffer et presque cuire ce mélange avant de le
leur donner (*c*).

Il paraît, par ces deux derniers passages tirés des voyageurs, que la race des chiens de
Groenland et de Kamtschatka, et peut-être des autres climats septentrionaux, ressemble
plus aux chiens d'Islande qu'à toutes autres races de chiens, car la description que nous
avons donnée ci-dessus des deux chiens amenés de Russie à Paris, aussi bien que les notices qu'on vient de lire sur les chiens de Groenland et sur ceux de Kamtschatka, conviennent assez entre elles, et peuvent se rapporter également à notre chien d'Islande.

Quoique nous ayons donné toutes les variétés constantes que nous avons pu rassembler
dans l'espèce du chien, il en reste néanmoins quelques-unes que nous n'avons pu nous
procurer. Par exemple, il y a une race de chiens sauvages dont j'ai vu deux individus, et
que je n'ai pas été à portée de décrire ni de faire dessiner. M. Aubry, curé de Saint-Louis,
dont tous les savants connaissent le beau cabinet, et qui joint à beaucoup de connaissance en histoire naturelle le goût de les rendre utiles par la communication franche et
honnête de ce qu'il possède en ce genre, nous a souvent fourni des animaux nouveaux
qui nous étaient inconnus; et au sujet des chiens il nous a dit avoir vu, il y a plusieurs
années, un chien de la grandeur à peu près d'un épagneul de la moyenne espèce, qui avait
de longs poils et une grande barbe au menton. Ce chien provenait de parents de même
race, qui avaient autrefois été donnés à Louis XIV par M. le comte de Toulouse. M. le
comte de Lassai eut aussi de ces mêmes chiens; mais on ignore ce que cette race singulière est devenue.

A l'égard des chiens sauvages, dans lesquels il se trouve, comme dans les chiens do-

(*a*) Lettre de feu M. Collinson à M. de Buffon, datée de Londres, 9 février 1764.
(*b*) *Histoire générale des Voyages*, t. XIX, p. 39.
(*c*) *Ibidem*, page 39.

mestiques, des races diverses, je n'ai pas eu d'autres informations que celles dont j'ai fait mention dans mon ouvrage. Seulement M. le vicomte de Querhoënt a eu la bonté de me communiquer une note au sujet des chiens sauvages qui se trouvent dans les terres voisines du cap de Bonne-Espérance. « Il dit qu'il y a au Cap des compagnies très nom-
» breuses de chiens sauvages (*) qui sont de la taille de nos grands chiens, et qui ont le
» poil marqué de diverses couleurs. Ils ont les oreilles droites, courent d'une grande
» vitesse, et ne s'établissent nulle part fixement. Ils détruisent une quantité étonnante de
» bêtes fauves; on en tue rarement, et ils se prennent difficilement aux pièges, car ils
» n'approchent pas aisément des choses que l'homme a touchées. Comme on rencontre
» quelquefois de leurs petits dans les bois, on a tenté de les rendre domestiques, mais ils
» sont si méchants, étant grands, qu'on y a renoncé. »

DU CHIEN

M. de Mailly, de l'Académie de Dijon, connu par plusieurs bons ouvrages de littérature, m'a communiqué un fait qui mérite de trouver place dans l'histoire naturelle du chien. Voici l'extrait de la lettre qu'il m'a écrite à ce sujet, le 6 octobre 1772 :
« Le curé de Norges, près Dijon, possède une chienne qui, sans avoir jamais porté ni
» mis bas, a cependant tous les symptômes qui caractérisent ces deux manières d'être.
» Elle entre en chaleur à peu près dans le même temps que tous les autres animaux de
» son espèce, avec cette différence qu'elle ne souffre aucun mâle ; elle n'en a jamais reçu.
» Au bout du temps ordinaire de sa portée, ses mamelles se remplissent comme si elle
» était en gésine, sans que son lait soit provoqué par aucune traite particulière, comme
» il arrive quelquefois à d'autres animaux auxquels on en tire, ou quelque substance fort
» semblable, en fatiguant leurs mamelles. Il n'y a rien ici de pareil; tout se fait selon
» l'ordre de la nature, et le lait paraît être si bien dans son caractère que cette chienne a
» déjà allaité des petits qu'on lui a donnés, et pour lesquels elle a autant de tendresse, de
» soins et d'attention que si elle était leur véritable mère. Elle est actuellement dans ce
» cas, et je n'ai l'honneur de vous assurer que ce que je vois. Une chose plus singulière
» peut-être est que la même chienne, il y a deux ou trois ans, allaita deux chats, dont
» l'un contracta si bien les inclinations de sa nourrice, que son cri s'en ressentit; au bout
» de quelque temps on s'aperçut qu'il ressemblait beaucoup plus à l'aboiement du chien
» qu'au miaulement du chat. »
Si ce fait de la production du lait, sans accouplement et sans prégnation, était plus fréquent dans les animaux quadrupèdes femelles, ce rapport les rapprocherait des oiseaux femelles qui produisent des œufs sans le concours du mâle.

DU CHIEN (*suite*)

On a vu, dans l'histoire et la description que j'ai données des différentes races de chiens, que le chien de berger paraît être la souche ou tige commune de toutes les autres races, et j'ai rendu cette conjecture probable par quelques faits et par plusieurs comparaisons. Ce chien de berger, que je regarde comme le vrai chien de nature, se trouve dans presque tous les pays du monde. MM. Cook et Forster nous disent « qu'ils remarquèrent à la Nouvelle-
» Zélande un grand nombre de chiens que les habitants du pays paraissent aimer beaucoup,
» et qu'ils tenaient attachés dans leurs pirogues par le milieu du ventre : ces chiens étaient

(*) Ils ont reçu de Temming le nom d'*Hyæna picta*.

» de l'espèce à longs poils, et ils ressemblaient beaucoup au chien de berger de M. de Buffon.
» Ils étaient de diverses couleurs, les uns tachés, ceux-ci entièrement noirs, et d'autres
» parfaitement blancs. Ces chiens se nourrissent de poissons ou des mêmes aliments que
» leurs maîtres, qui ensuite les tuent pour manger leur chair et se vêtir de leurs peaux.
» De plusieurs de ces animaux qu'ils nous vendirent, les vieux ne voulurent rien manger,
» mais les jeunes s'accoutumèrent à nos provisions (a).

» A la Nouvelle-Zélande, disent les mêmes voyageurs, et suivant les relations des pre-
» miers voyages aux îles tropiques de la mer du Sud, les chiens sont les animaux les plus
» stupides et les plus tristes du monde; ils ne paraissent pas avoir plus de sagacité que
» nos moutons; et comme à la Nouvelle-Zélande on ne les nourrit que de poisson, et seu-
» lement de végétaux dans les îles de la mer du Sud, ces aliments peuvent avoir contribué
» à changer leur instinct (b). »

M. Forster ajoute « que la race des chiens des îles de la mer du Sud ressemble beau-
» coup aux chiens de berger; mais leur tête est, dit-il, prodigieusement grosse; ils ont
» des yeux d'une petitesse remarquable, des oreilles pointues, le poil long, et une queue
» courte et touffue; ils se nourrissent surtout de fruits aux îles de la Société; mais sur les
» îles basses, et à la Nouvelle-Zélande, ils ne mangent que du poisson. Leur stupidité est
» extrême; ils aboient rarement ou presque jamais, mais ils hurlent de temps en temps;
» ils ont l'odorat très faible, et ils sont excessivement paresseux. Les naturels les engrais-
» sent pour leur chair, qu'ils aiment passionnément, et qu'ils préfèrent à celle du cochon;
» ils fabriquent d'ailleurs avec leurs poils des ornements; ils en font des franges, des cui-
» rasses aux îles de la Société, et ils en garnissent leurs vêtements à la Nouvelle-Zé-
» lande (c). »

On trouve également des chiens comme indigènes dans l'Amérique méridionale, où on
les a nommés chiens des bois, parce qu'on ne les a pas encore réduits, comme nos chiens,
en domesticité constante.

D'UN CHIEN TURC ET GREDIN

Je donne ici la description d'une petite chienne, âgée de treize ans; elle avait eu pour
mère une gredine toute noire, plus grosse que celle-ci, qui n'avait qu'un pied de longueur
depuis le bout du nez jusqu'à l'origine de la queue, sept pouces de hauteur aux jambes de
devant, et sept pouces neuf lignes au train de derrière. La tête est très grosse à l'occiput,
et forme un enfoncement à la hauteur des yeux; le museau est court et menu, le dessus
du nez noir, ainsi que l'extrémité et les naseaux; les mâchoires d'un brun noirâtre, le
globe des yeux fort gros, l'œil noir et les paupières bien marquées; la tête et le corps
d'un gris d'ardoise clair, mêlé de couleur de chair à quelques endroits; les oreilles droites
et longues de deux pouces dix lignes sur quinze lignes de diamètre à la base : elles sont
lisses et sans poil en dedans, et de couleur de chair, surtout à leur base; elles finissent en
une pointe arrondie, et sont couvertes à l'extérieur de poils blanchâtres assez clairsemés.
Ces poils sont longs, surtout à la base de l'oreille, où ils ont seize lignes de longueur; et
comme tout le tour de l'oreille est garni de longs poils blancs, il semble qu'elle soit bordée
d'hermine. Le corps, au contraire, est antérieurement nu, sans aucun poil ni duvet. La
peau forme des rides sur le cou, le dos et le ventre, où l'on voit six petites mamelles. Il
y a de longs poils en forme de soies blanches autour du cou et de la poitrine, ainsi

(a) Second *Voyage de Cook*, t. Ier, p. 256.
(b) *Ibidem*, page 275.
(c) Observations de M. Forster à la suite du second *Voyage de Cook*, t. V, p. 172.

qu'autour de la tête. Ces poils sont clair-semés sur le cou jusqu'aux épaules, mais ils sont comme collés sur le front et les joues, ce qui rend le tour de la face blanchâtre. La queue, qui a trois pouces onze lignes de longueur, est plus grosse à son origine qu'à son extrémité, et sans poils comme le reste du corps. Les jambes sont de la couleur du corps, nues et sans poil; les ongles sont fort longs, crochus et d'un noir grisâtre en dessus.

On voit que cette petite chienne, née d'une gredine noire et d'un père inconnu, ressemble au chien turc par la nudité et la couleur de son corps. Elle est, à la vérité, un peu plus basse que le chien turc; elle a aussi la tête plus grosse, surtout à l'occiput, ce qui lui donne par cette partie plus de rapport avec le petit danois. Mais ce qui semble former un caractère particulier dans cette petite chienne, ce sont ses grandes oreilles toujours droites qui ont quelques rapports avec les oreilles du rat, ainsi que la queue qui ne se relève pas, et qui est horizontalement droite ou pendante entre les jambes; cependant cette queue n'est point écailleuse comme celle du rat, elle est seulement nue et comme noueuse en quelques endroits. Cette petite chienne ne tenait donc rien de sa mère, excepté le peu de poil aux endroits que nous avons indiqués; et il y a apparence que le père était un chien turc de petite taille. Elle avait l'habitude de tirer la langue et de la laisser pendante hors de sa gueule souvent de plus d'un pouce et demi de longueur, et l'on nous assura que cette habitude lui était naturelle, et qu'elle tirait ainsi la langue dès le temps de sa naissance. Au reste, sa mère n'avait produit de cette portée qu'un chien mort-assez gros, et ensuite cette petite chienne si singulière qu'on ne peut la rapporter à aucune des races connues dans l'espèce du chien.

LE GRAND CHIEN-LOUP

M. le marquis d'Amezaga, par sa lettre datée de Paris, le 3 décembre 1782, m'a donné connaissance de ce chien.

M. le duc de Bourbon avait ramené ce chien de Cadix. Il a à très peu près, quoique très jeune, la forme et la grandeur d'un gros loup, bien fait et de grande taille; mais ce chien n'est pas, comme le loup, d'une couleur uniforme; il présente au contraire deux couleurs, le brun et le blanc, bien distinctes et assez irrégulièrement réparties : on voit du brun noirâtre sur la tête, les oreilles, autour des yeux, sur le cou, la poitrine, le dessus et les côtés du corps, et sur le dessus de la queue. Le blanc se trouve sur les mâchoires, sur les côtés des joues, sur une partie du museau, dans l'intérieur des oreilles, sous la queue, sur les jambes, les faces internes des cuisses, le dessous du ventre et la poitrine.

Sa tête est étroite, son museau allongé, et cette conformation lui donne une physionomie fine; le poil des moustaches est court; les yeux sont petits et l'iris en est verdâtre. On remarque une assez grande tache blanche au-dessus des yeux, et une petite en pointe au milieu du front; les oreilles sont droites et larges à la base. La queue a seize pouces de longueur jusqu'à l'extrémité des poils, qui sont longs de six pouces neuf lignes. Il la porte haute; elle représente une sorte de panache, et elle est recourbée en avant comme celle du chien-loup. Les poils qui sont sur le corps sont longs d'un pouce; ils sont blancs à la racine, et bruns dans leur longueur jusqu'à leur extrémité. Les poils de dessous le ventre sont blancs et ont trois pouces deux lignes; ceux des cuisses ont cinq pouces; ils sont bruns dans leur longueur et blancs à leur extrémité; et, en général, au-dessous du long poil il y en a de plus court qui est laineux et de couleur fauve. La tête est pointue comme celle des loups-lévriers; « car les chasseurs distinguent, dit M. d'Amezaga, les » loups-mâtins et les loups-lévriers, dont l'espèce est beaucoup plus rare que l'autre : ainsi » la tête de ce chien ressemble à celle d'un lévrier; le museau est pointu. Il n'est âgé que » d'environ huit mois; il paraît assez doux et fort caressant. Les oreilles sont très courtes et

» ressemblent à celles des chiens de berger : le poil en est épais, mais fort court; en
» dedans il est de couleur fauve et châtain en dehors. Les pattes, depuis l'épaule et depuis
» la cuisse, sont aussi de couleur fauve; elles sont larges et fortes, et le pied est exacte-
» ment celui du loup. Il marque beaucoup de désir de courir après les poules. D'après
» cela, j'ai pensé qu'il tirait son origine de la race primitive : j'opine pour qu'on le marie
» avec une belle chienne de berger. Il paraît avoir l'odorat très fin, et ne semble pas être
» sensible à l'amitié. »

Voilà tout ce que nous avons pu savoir des habitudes de ce chien, dont nous ignorons
le pays natal.

LE GRAND CHIEN DE RUSSIE

En 1783, mon fils amena de Pétersbourg à Paris un chien et une chienne d'une race
différente de toutes celles dont j'ai donné la description. Le chien, quoique encore fort
jeune, était déjà plus grand que le plus grand danois; son corps était plus allongé et plus
étroit à la partie des reins, la tête un peu plus petite, la physionomie fine et le museau fort
allongé; les oreilles étaient pendantes comme dans le danois et le lévrier, les jambes fines
et les pieds petits. Ce chien avait la queue pendante et touchant à terre dans ses moments
de repos; mais, dans les mouvements de liberté, il la portait élevée, et les grands poils
dont elle était garnie formaient un panache replié en avant. Il diffère des grands lévriers,
non seulement par la grande longueur de corps, mais encore par les grands poils qui sont
autour des oreilles, sur le cou, sous le ventre, sur le derrière des jambes de devant, sur
les cuisses et sur la queue, où ils sont le plus longs.

Il est presque entièrement couvert de poil blanc, à l'exception de quelques taches grisâtres qui sont sur le dos et entre les yeux et les oreilles. Le tour des yeux et le bout du
nez sont noirs; l'iris de l'œil est d'un jaune rougeâtre assez clair. Les oreilles, qui finissent en pointe, sont jaunes et bordées de noir; le poil est brun autour du conduit auditif
et sur une partie du dessus de l'oreille. La queue, longue d'un pied neuf pouces, est très
garnie de poils blancs longs de cinq pouces; ils n'ont sur le corps que treize lignes, sous
le ventre deux pouces deux lignes, et sur les cuisses trois pouces.

La femelle était un peu plus petite que le mâle dont nous venons de donner la description; sa tête était plus étroite et le museau plus effilé; en général, cette chienne était
de forme plus légère que le chien, et en proportion plus garnie de longs poils. Ceux du
mâle étaient blancs presque sur tout le corps, au lieu que la femelle avait de très grandes
taches d'un brun marron sur les épaules, sur le dos, sur le train de derrière et sur la
queue, qu'elle relevait moins souvent; mais par tous les autres caractères elle ressemblait
au mâle.

LE CHIEN DES BOIS DE CAYENNE

Il y a en effet plusieurs animaux que les habitants de la Guyane ont nommés chiens
des bois (*), et qui méritent ce nom, puisqu'ils s'accouplent et produisent avec les chiens
domestiques : la première espèce est celle dont nous donnons ici la description, et de
laquelle M. de la Borde nous a envoyé la dépouille. Cet animal avait deux pieds quatre
pouces de longueur; la tête, six pouces neuf lignes depuis le bout du nez jusqu'à l'occiput;
elle est arquée à la hauteur des yeux, qui sont placés à cinq pouces trois lignes de distance du bout du nez : on voit que ses dimensions sont à peu près les mêmes que celles
du chien de berger, et c'est aussi la race de chien à laquelle cet animal de la Guyane

(*) Desmarets en a fait une espèce, sous le nom de *Canis cancrivorus*.

ressemble le plus, car il a, comme le chien de berger, les oreilles droites et courtes, et la forme de la tête toute pareille; mais il n'en a pas les longs poils sur le corps, la queue et les jambes. Il ressemble au loup par le poil, au point de s'y méprendre, sans cependant avoir ni l'encolure ni la queue du loup. Il a le corps plus gros que le chien de berger, les jambes et la queue un peu plus petites : le bord des paupières est noir, ainsi que le bout du museau; les joues sont rayées de deux petites bandes noirâtres; les moustaches sont noires, les plus grands poils ont deux pouces cinq lignes. Les oreilles n'ont que deux pouces de longueur sur quatorze lignes de largeur à leur base; elles sont garnies à l'entrée d'un poil blanc jaunâtre, et couvertes d'un poil court roux, mêlé de brun : cette couleur rousse s'étend des oreilles jusque sur le cou; elle devient grisâtre vers la poitrine, qui est blanche, et tout le milieu du ventre est d'un blanc jaunâtre, ainsi que le dedans des cuisses et des jambes de devant. Le poil de la tête et du corps est mélangé de noir, de fauve, de gris et de blanc. Le fauve domine sur la tête et les jambes, mais il y a plus de gris sur le corps, à cause du grand nombre de poils blancs qui y sont mêlés. Les jambes sont menues, et le poil en est court; il est, comme celui des pieds, d'un brun foncé mêlé d'un peu de roux. Les pieds sont petits et n'ont que dix-sept lignes jusqu'à l'extrémité du plus long doigt; les ongles des pieds de devant ont cinq lignes et demie : le premier des ongles internes est plus fort que les autres; il a six lignes de longueur et trois lignes de largeur à sa naissance; ceux des pieds de derrière ont cinq lignes. Le tronçon de la queue a onze pouces, il est couvert d'un petit poil jaunâtre tirant sur le gris; le dessus de la queue a quelques nuances de brun, et son extrémité est noire.

Plusieurs personnes m'ont assuré qu'il y a de plus, dans l'intérieur des terres de la Guyane, surtout dans les grands bois du canton d'Oyapock, une autre espèce de chiens des bois, plus petite que la précédente, dont le poil est noir et fort long, la tête très grosse et le museau plus allongé : les sauvages élèvent ces animaux pour la chasse des agoutis et des acouchis. Ces chiens des bois s'accouplent aussi avec les chiens d'Europe, et produisent des métis que les sauvages estiment beaucoup, parce qu'ils ont encore plus de talents pour la chasse que les chiens des bois.

Au reste, ces deux espèces chassent les agoutis, les pacas, etc. ; ils s'en saisissent et les tuent; faute de gibier, ils montent sur les arbres dont ils aiment les fruits, tels que ceux du bois rouge, etc. Ils marchent par troupes de six ou sept; ils ne s'apprivoisent que difficilement, et conservent toujours un caractère de méchanceté.

L'ALCO

Nous avons dit qu'il y avait au Pérou et au Mexique, avant l'arrivée des Européens, des animaux domestiques nommés *alco*, qui étaient de la grandeur et à peu près du même naturel que nos petits chiens, et que les Espagnols les avaient appelés *chiens du Mexique, chiens du Pérou*, par cette convenance et parce qu'ils ont le même attachement, la même fidélité pour leurs maîtres; en effet, l'espèce de ces animaux ne paraît pas être essentiellement différente de celle du chien, et d'ailleurs il se pourrait que le mot *alco* fût un terme générique, et non pas spécifique. Recchi nous a laissé la figure d'un de ces alcos, qui s'appelait en langue mexicaine *ytzcuinte porzotli*; il était prodigieusement gras, et probablement dénaturé par l'état de domesticité et par une nourriture trop abondante; la tête est représentée si petite qu'elle n'a, pour ainsi dire, aucune proportion avec la grosseur du corps; il a les oreilles pendantes, autre signe de domesticité; le museau ressemble assez à celui d'un chien, tout le devant de la tête est blanc, et les oreilles sont en partie fauves; le cou est si court qu'il n'y a point d'intervalle entre la tête et les épaules; le dos est arqué et couvert d'un poil jaune; la queue est blanche et courte, elle est pendante et ne descend pas plus bas que les cuisses; le ventre est gros et tendu, marqué de taches noires, avec six mamelles très apparentes; les jambes et les pieds sont blancs, les doigts sont comme ceux du chien et armés d'ongles longs et pointus (a). Fabri, qui nous a donné cette description, conclut, après une très longue dissertation, que cet animal est le même que celui qu'on appelle *alco*, et je crois que son assertion est fondée; mais il ne faut pas la regarder comme exclusive, car il y a encore une autre race de chiens en Amérique à laquelle ce nom convient également; outre les chiens, dit Fernandès, que les Espagnols ont transportés d'Europe en Amérique, on y trouve trois autres espèces qui sont assez semblables aux nôtres par la nature et les mœurs, et qui n'en diffèrent pas infiniment par la forme. Le premier et le plus grand de ces chiens américains est celui qu'on appelle *xoloiztcuintli*; souvent il a plus de trois coudées de longueur, et ce qui lui est particulier, c'est qu'il est tout nu et sans poil; il est seulement couvert d'une peau douce, unie, et marquée de taches jaunes et bleues. Le second est couvert de poil, et pour la grandeur assez semblable à nos petits chiens de Malte; il est marqué de blanc, de noir et de jaune; il est singulier et agréable par sa difformité, ayant le dos bossu et le cou si court qu'il semble que sa tête sorte immédiatement des épaules; on l'appelle *michuacanens*, du nom de son pays. Le troisième de ces chiens se nomme *techichi*, il est assez semblable à nos petits chiens; mais il a la mine sauvage et triste. Les Américains en mangent la chair (b).

En comparant ces témoignages de Fabri et de Fernandès, il est clair que le second chien, que ce dernier auteur appelle *michuacanens*, est le même que l'*ytzcuinte porzotli*, et que cette espèce d'animal existait en effet en Amérique avant l'arrivée des Européens; il doit en être de même de la troisième espèce appelée *techichi*. Je suis donc persuadé que le mot *alco* était un nom générique qui les désignait toutes deux, et peut-être encore d'autres races ou variétés que nous ne connaissons pas. Mais, à l'égard de la première, il me paraît que Fernandès s'est trompé sur le nom et la chose; aucun auteur ne dit qu'il se trouve des chiens nus à la Nouvelle-Espagne; cette race de chiens, vulgairement appelés *chiens turcs*, vient des Indes et des autres pays les plus chauds de l'ancien continent, et il est probable que ceux que Fernandès a vus en Amérique y avaient été transportés, d'autant plus qu'il dit expressément qu'il avait vu cette espèce en Espagne avant son départ pour l'Amérique: ces deux raisons sont suffisantes pour qu'on doive présumer que ce chien nu n'en était pas originaire, mais qu'il y avait été transporté; et ce qui achève de le prouver, c'est que cet animal n'avait point de nom américain, et que Fernandès, pour lui en donner un, emprunte celui de *xoloitzcuintli*, qui est le nom du loup de Mexique; ainsi des trois espèces ou variétés de chiens américains, dont cet auteur fait mention, il n'en reste que deux que l'on désignait indifféremment par le nom d'*alco*. Car, indépendamment de l'alco gras et potelé, qui servait de chien bichon aux dames péruviennes, il y avait un alco maigre et à mine triste qu'on employait à la chasse; et il est très possible que ces animaux, quoique de races très différentes en apparence de celles de tous nos chiens, soient cependant issus de la même souche. Les chiens de Laponie, de Sibérie, d'Islande, etc., ont dû passer comme les renards et les loups d'un continent à l'autre, et se dénaturer ensuite comme les autres chiens par le climat et la domesticité. Le premier *alco* dont le cou est si court se rapproche du chien d'Islande; et le *techichi* de la Nouvelle-Espagne est peut-être le même animal que le *koupara* (c) ou *chien-crabe* de la Guyane, qui ressemble au renard par

(a) Ytzcuinte porzotli. « *Canis Mexicana...* Ad unguem animal quod hic prostat, nanum, » pingue et mansuetum effigiatum, mihi videtur illud esse quod Americani nomine communi » Alco *vocabant.* » Hernand., *Hist. Mex.*, p. 465 et 478, fig. 466.

(b) Fernandès, *Hist. anim. nov. Hisp.*, p. 6 et 7. cap. xx; et p. 10, cap. xxi.

(c) *Canis ferus, major, cancrosus, vulgo dictus* Koupara. *Barrère, Essai d'Hist. nat. de la France équin.*, p. 149.

la figure, et au chacal par le poil ; on l'a nommé *chien-crabe* parce qu'il se nourrit principalement de crabes et d'autres crustacés. Je n'ai vu qu'une peau de cet animal de la Guyane, et je ne suis pas en état de décider s'il est d'une espèce particulière, ou si l'on doit le rapporter à celles du chien, du renard ou du chacal.

DU LOUP

Nous avons dit, dans l'histoire du loup, qu'on les avait détruits en Angleterre : il semble que, pour dédommagement, ces animaux aient trouvé de nouveaux pays à occuper. Pontoppidan prétend qu'il n'en existait point en Norvége, et que c'est vers l'année 1718 qu'ils s'y sont établis ; il dit que ce fut à l'occasion de la dernière guerre entre les Suédois et les Danois qu'ils passèrent les montagnes, à la suite des provisions que suivaient ces armées (a).

Quelques Anglais, qui ont travaillé à une zoologie dont ils ont exclu tous les *animaux* qui n'étaient pas *bretons*, m'ont fait reproche d'avoir dit qu'il y avait encore des loups dans le Nord de leur île ; je ne l'ai point affirmé, mais j'ai seulement dit que l'on m'avait assuré qu'il y en avait en Écosse. C'est mylord comte de Morton, alors président de la Société royale, homme très respectable, très véridique, Écossais possédant de grandes terres, qui m'a en effet assuré ce fait en 1756 ; je m'en rapporte à son témoignage encore aujourd'hui, parce qu'il est positif, et que l'assertion de ceux qui ont travaillé à la zoologie britannique n'est qu'un témoignage négatif.

M. le vicomte de Querhoënt dit, dans ses observations, qu'il y a au cap de Bonne-Espérance deux espèces de loups dont il a vu la peau : l'un gris, tigré de noir, et l'autre noir. Il ajoute qu'ils sont plus grands que ceux d'Europe, et qu'ils ont la peau plus épaisse et la dent plus meurtrière ; que néanmoins leur lâcheté les fait peu redouter, quoiqu'ils viennent quelquefois, la nuit, comme les onces, dans les rues de la ville du Cap.

LE LOUP DU MEXIQUE

Comme le loup est originaire des pays froids, il a passé par les terres du Nord et se trouve également dans les deux continents. Nous avons parlé des loups noirs et des loups gris de l'Amérique septentrionale ; il paraît que cette espèce s'est répandue jusqu'à la Nouvelle-Espagne et au Mexique, et que dans ce climat plus chaud elle a subi des variétés, sans cependant avoir changé ni de nature, ni de naturel ; car ce loup du Mexique (*) a la même figure, les mêmes appétits et les mêmes habitudes que le loup d'Europe ou le loup de l'Amérique septentrionale, et tous paraissent être d'une seule et même espèce. Le loup du Mexique, ou plutôt de la Nouvelle-Espagne, où on le trouve bien plus communément qu'au Mexique, a cinq doigts aux pieds de devant, quatre à ceux de derrière, les oreilles longues et droites, et les yeux étincelants comme nos loups ; mais il a la tête un peu plus grosse, le cou plus épais et la queue moins velue : au-dessus de la gueule il a quelques piquants aussi gros, mais moins raides que ceux du hérisson ; sur un fond de poil gris son corps est marqué de quelques taches jaunes ; la tête, de même couleur que le corps, est traversée de raies brunes, et le front est taché de fauve ; les oreilles sont grises comme la tête et le corps : il y a une longue tache fauve sur le cou, une seconde tache semblable sur la poitrine et une troisième sur le ventre ; les flancs sont marqués de bandes transversales

---

(a) *Hist. nat. de la Norvége*, par Pontoppidan. *Journal étranger*, juin 1756.

(*) *Canis mexicanus* L.

depuis le dos jusqu'au ventre ; la queue est grise et marquée d'une tache fauve dans son milieu ; les jambes sont rayées de haut en bas de gris et de brun (*a*). Ce loup est, comme l'on voit, le plus beau des loups, et sa fourrure doit être recherchée par la variété des couleurs (*b*) ; mais, au reste, rien n'indique qu'il soit d'une espèce différente des nôtres, qui varient du gris au blanc, du blanc au noir et au mêlé, sans pour cela changer d'espèce ; et l'on voit, par le témoignage de Fernandès, que ces loups de la Nouvelle-Espagne, dont nous venons de donner la description, d'après Recchi et Fabri, varient comme le loup d'Europe, puisque dans ce pays même ils ne sont pas tous marqués comme nous le venons de dire, et qu'il s'en trouve qui sont de couleur uniforme et même de tout blancs (*c*).

LE PETIT CHACAL OU CHACAL ADIVE

La peau de cet animal, donnée au cabinet du Roi par M. Sonnerat, sous le nom de renard des Indes, est celle d'un chacal adive. Les caractères que l'on retrouve dans cette peau offrent peu de différences marquées avec l'adive.

Ce chacal adive, qui a de longueur vingt et un pouces du nez à l'occiput, et vingt-trois pouces dix lignes suivant la courbure du corps, est un peu plus petit que le renard, et plus léger dans les formes ; sa tête, qui a cinq pouces trois lignes du bout du nez à l'occiput, est longue et menue ; le museau est effilé, ce qui lui rend la physionomie fine ; les yeux sont grands et les paupières inclinées comme dans tous les renards.

Les couleurs de cet adive sont le fauve, le gris et le blanc ; c'est le mélange de ces trois couleurs, où le blanc domine, qui fait la couleur générale de cet animal. La tête est fauve, mêlée de blanc sur l'occiput, autour de l'oreille, aux joues, et plus brunâtre sur le nez et les mâchoires ; le bord des yeux est brunâtre : de l'angle antérieur de l'œil part une bande qui s'élargit au coin de l'œil, et s'étend jusque sur la mâchoire supérieure ; celle qui part de l'angle postérieur est étroite, et se perd en s'affaiblissant dans la joue sous l'oreille. Le bout du nez et les naseaux, le contour de l'ouverture de la gueule et le bord des paupières sont noirs, ainsi que les grands poils au-dessus des yeux, et les moustaches, dont les plus grands poils ont trois pouces deux lignes de longueur ; tout le dessous du cou, la partie supérieure du dos, les épaules et les cuisses, sont de couleur grisâtre, mais un peu plus fauve sur le dos et aux épaules, la partie extérieure des jambes de devant et de derrière est d'un fauve foncé, mais pâle sur le dessus du pied ; la face interne est blanche et fauve, pâle en partie.

Le pied de devant a cinq doigts, dont le premier, qui fait pouce, a l'ongle placé au poignet ; le plus grand ongle a huit lignes : le pied de derrière n'a que quatre doigts, et a les ongles plus petits, puisque le plus grand n'a que cinq lignes ; les ongles sont un peu courbes et en gouttière. La queue est longue de dix pouces six lignes ; elle est étroite à son origine, large et touffue dans sa longueur ; sa couleur est d'un fauve pâle, teint de blanc jaunâtre et de brun foncé jusqu'à plus d'un tiers de son extrémité, avec quelques taches de même couleur sur la face postérieure ; la longueur des poils est de vingt-deux lignes.

(*a*) Xoloitscuiltni, *Lupus Mexicanus*. Fernand. *Hist. Mex.*, p. 479, fig. *ibid*.

(*b*) On pourrait soupçonner, à cause de la variété des couleurs, que ce loup du Mexique est un *lynx* ou *loup-cervier*, dont l'espèce se trouve, aussi bien que celle du loup, dans les deux continents : mais il suffit de jeter les yeux sur la figure que nous a donnée Recchi pour reconnaître qu'elle ressemble tout à fait à celle du loup, et point du tout à celle du lynx.

(*c*) Cuetlachtli, *seu Lupus indicus*. Jo. Fabri. Xoloitscuintli. « Forma, colore, moribus et » mole corporis lupo nostrati similis est atque adeo ejus (ut mihi quidem videtur) speciei, » sed ampliori capite. Tauros verò sicut et nostras lupus aggreditur et interdum etiam » homines ; reperiuntur nonnulli candentes..... Vivit in calidis novæ Hispaniæ locis. » Fernand. *Hist. anim. Nov. Hisp.*, p. 7.

DU CHACAL

Nous avons reçu d'Angleterre un dessin d'un chacal que nous croyons être le petit chacal ou adive. M. le chevalier Bruce m'a assuré que cette espèce était commune en Barbarie, où on l'appelle *thaleb*, et comme la figure ne ressemble pas à la description que nous avons donnée du chacal, je suis persuadé que c'est celle de l'adive ou petit chacal dont nous avons parlé, et qui diffère du grand chacal par la figure autant que par les mœurs, puisqu'on peut apprivoiser celui-ci et l'élever en domesticité, au lieu que nous n'avons pas appris que le grand chacal ait été rendu domestique nulle part.

DU RENARD

Les voyageurs nous disent que les renards du Groenland sont assez semblables aux chiens par la tête et par les pieds, et qu'ils aboient comme eux. La plupart sont gris ou bleus, et quelques-uns sont blancs. Ils changent rarement de couleur, et quand le poil dans l'espèce bleue commence à muer, il devient pâle et la fourrure n'est plus bonne à rien. Ils vivent d'oiseaux et de leurs œufs, et lorsqu'ils n'en peuvent pas attraper, ils se contentent de mouches, de crabes et de ce qu'ils pêchent. Ils font leurs tanières dans les fentes des rochers (a).

Au Kamtschatka, les renards ont un poil épais, si luisant et si beau que la Sibérie n'a rien à leur comparer en ce genre. Les plus estimés sont les châtains noirs, ceux qui ont le ventre noir et le corps rouge, et aussi ceux à poil couleur de fer (b).

. Nous avons parlé des renards noirs de Sibérie, dont les fourrures se vendent encore bien plus cher que celles de ces renards rouges ou châtains noirs de Kamtschatka.

En Norvège il y a des renards blancs, des renards bais et des noirs; d'autres qui ont deux raies noires sur les reins; ceux-ci et les tout noirs sont les plus estimés. On en fait un très grand commerce. Dans le seul port de Berghen on embarque tous les ans plus de quatre mille de ces peaux de renards. Pontoppidan, qui souvent donne dans le merveilleux, prétend qu'un renard avait mis par rangées plusieurs têtes de poissons à quelque distance d'une cabane de pêcheurs, qu'on ne pouvait guère deviner son but, mais que peu de temps après un corbeau qui vint fondre sur ces têtes de poissons fut la proie du renard. Il ajoute que ces animaux se servent de leur queue pour prendre des écrevisses, etc. (c).

DU RENARD (*suite*)

On pourrait croire que l'espèce du renard, dont nous avons indiqué plusieurs variétés, se serait répandue d'un pôle à l'autre, car les voyageurs ont indiqué des animaux sous ce nom au Spitzberg et à la terre de Feu, ainsi qu'aux îles Malouines. Le capitaine Phipps rapporte qu'on trouve des renards sur la grande terre de Spitzberg et dans les îles adjacentes, qu'à la vérité il n'y en a pas une grande quantité, et qu'indépendamment de la couleur, qui est blanche, ils diffèrent encore de notre renard, en ce qu'ils ont les oreilles

(a) *Histoire générale des voyages*, t. XIX, p. 38.
(b) *Histoire générale des voyages*, t. XIX, p. 252.
(c) *Histoire nat. de la Norvège*, par Pontoppidan. *Journal étranger*, juin 1756.

beaucoup plus arrondies, et qu'ils ont très peu d'odeur ; il ajoute avoir mangé de la chair de ces animaux, et l'avoir trouvée bonne (a).

M. de Bougainville nous apprend qu'il n'a trouvé qu'une seule espèce de quadrupèdes dans les îles Malouines ou Falkland, et que cette espèce tient à celles du loup et du renard. Cet animal se creuse un terrier ; sa queue est plus longue et plus fournie de poils que celle du loup ; il habite dans les dunes, sur les bords de la mer ; il suit les oiseaux, qui sont très nombreux dans ces îles ; il se fait des routes avec intelligence, toujours par le plus court chemin, d'une baie à l'autre ; il est de la taille d'un chien ordinaire, dont il a aussi l'aboiement, mais faible ; il détruit beaucoup d'œufs et de jeunes oiseaux (b). Ces indications ne seraient pas suffisantes pour décider si les animaux du nord de notre continent sont les mêmes que ceux de l'Amérique australe et des îles Falkland ; mais ayant reçu deux individus de ces animaux des îles Falkland, et les ayant soigneusement comparés avec les renards de l'Europe, nous avons reconnu qu'ils étaient absolument de la même espèce. Il en est de même du renard blanc, qui probablement est de la même race que les renards blancs du Spitzberg, dont le capitaine Phipps a parlé.

La peau de cet animal nous a été montrée par M. de la Villemarais de la Rochelle, auquel je dois aussi des observations au sujet des genettes de France, et qui nous a dit qu'elle venait du Nord.

	Pieds.	Pouces.	Lignes.
Sa longueur, du bout du museau à l'origine de la queue, était de....	1	10	6
La hauteur du train de devant.......	1	»	9
Celle du train de derrière............... ·	1	1	4

Il diffère un peu de nos renards des pays tempérés par la grandeur du poil, qui est très long sur le corps, de même qu'aux jambes et aux cuisses. Il a les oreilles plus petites ; la distance de l'œil à l'oreille est très grande ; le bout du nez et les naseaux sont rougeâtres.

	Pieds.	Pouces.	Lignes.
Les longs poils qui distinguent cet animal des autres renards ont de longueur sur le dos	»	2	»
Aux flancs, sur tout le ventre et aux cuisses......................	»	2	9

Il se trouve au-dessous de ces poils, qui sont longs et fermes, un duvet ou feutre très doux et fort touffu, d'un blanc jaunâtre.

	Pieds.	Pouces.	Lignes.
Les poils des moustaches, qui sont blancs, ont de longueur..........	»	1	10
La queue a de longueur.................................	1	2	8
Le tronçon...	1	»	8

Cette queue est épaisse et garnie de poils dans toute sa longueur.

Les ongles des pieds sont presque égaux entre eux ; ils sont blancs et crochus.

	Pieds.	Pouces.	Lignes.
Le plus grand du pied de devant a............................	»	»	7
Celui de derrière	»	»	6
Largeur à la base...................................	»	»	3
Épaisseur...	»	»	1

(a) *Voyage du capitaine Phipps*, page 188.
(b) *Voyage autour du monde*, t. Ier, in-8°, p. 113.

DE L'ISATIS

Par une lettre datée de Londres, le 19 février 1768, M. Collinson m'écrit dans les termes suivants :

« Un de mes amis, M. Paul Demidoff, Russien, qui admire vos ouvrages, vous envoie
» le dessin d'un animal qui n'est point encore décrit, appelé *cossac* (*) ; il vient des grands
» déserts de Tartarie, situés entre les rivières *Jaïck*, *Emba* et les sources de l'*Irtisch* ; ces
» cossacs y sont en si grand nombre, que les Tartares en apportent tous les ans cinquante
» mille peaux à *Oremburgh*, d'où on les porte en Sibérie et en Turquie. »

	Pieds.	Pouces.	Lignes.
Il y a du bout du museau à l'origine de la queue	1	7	11
De la plante du pied au sommet de la tête	1	2	5
De la plante du pied au-dessus des épaules.	»	11	»
Longueur de la tête	»	5	2
Longueur des oreilles	»	2	2
Distance entre les oreilles	»	3	»
Longueur de la queue	»	10	»

« La forme de la tête, le doux regard et l'aboiement de cet animal, semblent le rappro-
» cher du chien ; néanmoins il a de commun avec le renard sa queue et sa fourrure très
» belle et très douce. Son sang est d'une nature ardente, et il répand une assez mauvaise
» odeur par la respiration, comme le chacal et le loup. »

Il m'a paru, par ce dessin et encore plus par cette courte description de M. Demidoff et par celle de M. Gmelin, que cet animal est l'isatis dont nous avons parlé.

DE LA CIVETTE

M. de Ladebat a envoyé, en 1772, à M. Bertin, ministre et secrétaire d'État, une civette vivante. Cet animal avait été donné par le gouverneur hollandais du fort de la Mine, sur la côte d'Afrique, au capitaine d'un des navires de M. de Ladebat père, en 1770 ; elle fut débarquée à Bordeaux au mois de novembre 1772 ; elle arriva très faible, mais, après quelques jours de repos, elle prit des forces, et au bout de cinq à six mois elle a grandi d'environ quatre pouces. On l'a nourrie avec de la chair crue et cuite, du poisson, de la soupe, du lait. On a eu soin de la tenir chaudement pendant l'hiver, car elle paraît beaucoup souffrir du froid, et elle devient moins méchante lorsqu'elle y est exposée (a).

DE LA GENETTE

J'ai dit, à l'article de la genette, que l'espèce n'en est pas fort répandue, qu'il n'y en a point en France ni dans aucune province de l'Europe, à l'exception de l'Espagne et de la Turquie. Je n'étais pas alors informé qu'il se trouve des genettes dans nos provinces méridionales, et qu'elles sont assez communes en Poitou, où elles sont connues sous le nom de genettes, même par les paysans, qui assurent qu'elles n'habitent que les endroits humides et le bord des ruisseaux (b).

(a) Lettre de M. de Ladebat à M. de Buffon. Bordeaux, 3 novembre 1772.
(b) Extrait des affiches du Poitou, du jeudi 10 février 1774.

(*) *Canis Corsac* DESM.

M. l'abbé Roubaud, auteur de la *Gazette d'agriculture* et de plusieurs autres ouvrages utiles, est le premier qui ait annoncé au public que cet animal existait en France dans son état de liberté ; il m'en a même envoyé une, cette année 1775, au mois d'avril, qui avait été tuée à Livray, en Poitou, et c'est bien le même animal que la genette d'Espagne, à quelques variétés près dans les couleurs du poil. Il se trouve aussi des genettes dans les provinces voisines.

« Depuis trente ans que j'habite la province de Rouergues, m'écrit M. Delpèche, j'ai
» toujours vu les paysans apporter des genettes mortes, surtout en hiver, chez un mar-
» chand qui m'a dit qu'il y en avait peu, mais qu'elles habitaient aux environs de la ville
» de Villefranche, et qu'elles demeuraient pendant l'hiver dans des terriers à peu près
» comme les lapins. Je pourrais en envoyer des mortes s'il était nécessaire (*a*). »

DE LA GENETTE DU CAP

M. Sonnerat, correspondant du cabinet, nous a envoyé le dessin d'un animal sous la dénomination de *chat musqué* du cap de Bonne-Espérance, mais qui nous paraît être du genre des genettes. Par la comparaison que nous en avons faite avec la genette de France et avec la genette d'Espagne, elle nous paraît avoir plus de rapport avec celle-ci : cependant cette genette du Cap en diffère par la couleur du poil, qu'elle a beaucoup plus blanc ; elle n'a pas, comme l'autre, une tache blanche au-dessous des yeux, parce que sa tête est entièrement blanche, tandis que la genette d'Espagne a les joues noires, ainsi que le dessus du museau. Les taches noires du corps dans cette genette du Cap sont aussi différemment distribuées ; et comme les terres du cap de Bonne-Espérance sont fort éloignées de l'Espagne et de la France, où se trouvent ces deux premiers animaux, il nous paraît que ce troisième animal, que l'on a rencontré à l'extrémité de l'Afrique, doit être regardé comme une espèce différente, plutôt que comme une variété de nos genettes d'Europe.

DU BIZAAM

M. Wosmaër a donné la description d'un animal sous le nom de *chat bizaam*, dans une feuille imprimée à Amsterdam en 1771, dont voici l'extrait :

« Sa grandeur est à peu près celle d'un chat domestique ; la couleur dominante par
» tout le corps est le gris cendré clair rehaussé de taches brunes. Au milieu du dos règne
» une raie noire jusqu'à la queue, qui est à bandes noires et blanches, mais la pointe en
» est noire ou d'un brun très foncé. Les pattes de devant et de derrière sont brunes en
» dedans et grises tachées de brun en dehors ; le ventre et la poitrine sont d'un gris cen-
» dré. Aux deux côtés de la tête et sur le nez se voient des raies brunes ; au bout du nez
» et sous les yeux il y a des taches blanches. Les oreilles, rondes et droites, sont couvertes
» de poils courts et gris ; le nez est noir, et de chaque côté sont plusieurs longs poils bruns
» et blancs. Les pattes sont armées de petites griffes blanches et crochues qui se retirent
» en dedans.

» Ce joli animal est d'un naturel un peu triste, sans cependant être méchant ; on le
» tenait à la chaîne. Il mangeait volontiers de la viande, mais surtout des oiseaux vivants.
» On ne l'a pas entendu miauler, mais quand on le tourmentait il grommelait et soufflait
» comme un chat. »

M. Wosmaër dit aussi qu'il a nourri ce chat bizaam pendant trois ans, et qu'il n'a

(*a*) Lettre de M. Delpèche, maître ès arts, à M. de Buffon. Villefranche de Rouergue,
6 août 1771.

jamais senti qu'il eût la plus légère odeur de musc; ainsi ceux qui l'ont appelé *chat musqué* l'ont apparemment confondu avec la civette ou la genette du Cap; néanmoins ces
deux animaux ne se ressemblent point du tout, car M. Wosmaër compare le bizaam au
margay. « De tous les animaux, dit-il, que M. de Buffon nous a fait connaître, le margay
» de Cayenne est celui qui a le plus de ressemblance avec le chat bizaam, quoiqu'en les com-
» parant exactement, le margay ait le museau bien plus menu et plus pointu : il diffère
» aussi beaucoup par la queue et la figure des taches. »

J'observerai à ce sujet que ces premières différences ont été bien saisies par M. Wosmaër;
mais ces animaux diffèrent encore par la grandeur, le margay étant de la taille du chat
sauvage, et le bizaam de celle du chat domestique, c'est-à-dire une fois plus petit; d'ailleurs,
le margay n'a point de raie noire sur le dos; sa queue est beaucoup moins longue et
moins pointue; et ce qui achève de décider la différence réelle de l'espèce du margay et
de celle du bizaam, c'est que l'un est de l'ancien continent, et l'autre du nouveau.

LE PUTOIS RAYÉ DE L'INDE

Cet animal (*), que M. Sonnerat a apporté de l'Inde, et que dans son Voyage il a nommé
chat sauvage de l'Inde, ne nous paraît pas être du genre des chats, mais plutôt de celui
des putois. Il n'a du chat ni la forme de la tête, ni celle du corps, ni les oreilles, ni les
pieds. qui sont courts dans les chats et longs dans cet animal, surtout ceux de derrière;
ses doigts sont courbés comme ceux des écureuils; les ongles crochus comme ceux des
chats, et c'est probablement ce dernier caractère qui a induit M. Sonnerat à regarder cet
animal comme un chat; cependant son corps est allongé comme celui des putois, auxquels
il ressemble encore par la forme des oreilles, qui sont très différentes de celles des chats.

Cet animal, qui habite la côte de Coromandel, a quinces pouces de longueur du bout
du museau à l'anus; sa grosseur approche de celle de nos putois. La tête, qui a quatre
pouces du nez à l'occiput, est d'une couleur brune mêlée de fauve; l'orbite de l'œil est
très grande et bordée de brun; la distance du bout du museau à l'angle antérieur de l'œil
est de dix lignes, et celle de l'angle postérieur à l'oreille est de quatorze lignes. Le tour
des yeux, le dessous du nez et les joues sont d'un fauve pâle; le bout du nez et les
naseaux sont noirs, ainsi que les moustaches et les poils au-dessus des yeux. L'oreille est
plate, ronde et de la forme de celle du putois; elle est nue, et il y a seulement quelques
poils blanchâtres autour du conduit auditif. Six larges bandes noires s'étendent sur le
corps depuis l'occiput jusqu'au-dessus du croupion, et ces bandes noires sont séparées les
unes des autres alternativement par cinq longues bandes blanchâtres et plus étroites. Le
dessous de la mâchoire inférieure est fauve très pâle, de même que la face intérieure des
jambes de devant; la face extérieure du bras est brune, mélangée de blanc sale; la face
externe des jambes de derrière est brune, mêlée d'un peu de fauve et de blanc gris; les
cuisses et les jambes de derrière ont la face interne blanche, et, en quelques endroits,
fauve pâle; tout le dessous du ventre est d'un blanc sale; le plus grand poil de dessus le
corps a huit lignes.

La queue, longue de neuf pouces, finit en pointe; elle est couverte de poils bruns,
mêlés de fauve comme le dessus de l'occiput. Les pieds sont longs, surtout ceux de derrière, car ceux de devant ont, y compris l'ongle, seize lignes de longueur, et ceux de
derrière vingt et une lignes. Les cinq doigts de chaque pied sont couverts de poils blanchâtres et bruns; les ongles des pieds de devant ont trois lignes; ceux des pieds de derrière quatre lignes.

Il y a six dents incisives et deux canines en haut comme en bas.

(*) *Viverra fasciata* GMEL.

LE POUGOUNE OU MARTE DES PALMIERS

Une genette femelle, qu'on montrait à la foire Saint-Germain en 1772, nous a paru différer assez de la genette commune pour mériter d'être décrite (*) ; elle était farouche et cherchait à mordre ; son maître la tenait dans une cage ronde et étroite ; on ne la nourrissait que de viande ; elle avait la physionomie et tous les principaux caractères de la genette, la tête longue et fine, le museau allongé et avancé sur la mâchoire inférieure, l'œil grand, la pupille étroite, les oreilles rondes, le poil de la tête et du corps moucheté, la queue longue et velue ; elle était un peu plus grosse que la genette que nous avons décrite, quoiqu'elle fût encore jeune, car elle avait grandi assez considérablement en trois ou quatre mois ; nous n'avons pu savoir de quel pays elle venait ; son maître l'avait achetée à Londres sept ou huit mois auparavant. C'est un animal vif et sans cesse en mouvement, et qui ne se repose qu'en dormant.

Cette genette avait vingt pouces de longueur sur sept pouces et demi de hauteur ; elle avait le dessus du cou plus fourni de poil que l'autre genette ; celui de tout le corps est aussi plus long ; les anneaux circulaires de la queue sont moins distincts, et même il n'y a point d'anneaux du tout au delà du tiers de la queue ; les moustaches sont beaucoup plus grandes, noires, longues de deux pouces sept lignes, couchées sur les joues et non droites, et saillantes comme dans les chats ou les tigres. Le nez noir et les narines très arquées : au-dessus du nez s'étend une raie noire qui se prolonge entre les yeux, laquelle est accompagnée de deux bandes blanchâtres. Il y a une tache blanche au-dessus de l'œil, et une bande blanche au-dessous. Les oreilles sont noires, mais plus allongées et moins larges à la base que les oreilles de la première genette. Le poil du corps est d'un blanc gris, mêlé de grands poils noirs dont le reflet paraît former des ondes noires ; le dessus du dos est rayé et moucheté de noir ; le reste du corps moucheté de même, mais d'un noir plus faible. Le dessous du ventre blanc, les jambes et les cuisses noires, les pattes courtes ; cinq doigts à chaque pied, les ongles blancs et crochus, la queue longue de seize pouces, grosse de deux pouces à l'origine ; dans le premier tiers de sa longueur elle est de la couleur du corps, rayée de petits anneaux noirs assez mal terminés. Les deux autres tiers de la queue sont tous noirs jusqu'à l'extrémité.

	Pieds.	Pouces.	Lignes.
Longueur du bout du museau à l'angle extérieur de l'œil............	»	1	8
Ouverture de l'angle à l'autre..	»	»	9
Distance entre les angles extérieurs des yeux......................	»	»	11
Distance entre l'angle postérieur de l'œil à l'oreille......	»	»	11
Longueur de l'oreille...	»	1	5
Largeur à la base........	»	1	5

DE LA MANGOUSTE

Il y a une grande mangouste qui nous parait former une variété dans l'espèce des mangoustes ; elle a le museau plus gros et un peu moins long, le poil plus hérissé et plus long, les ongles aussi plus longs, la queue plus hérissée et aussi plus longue, à proportion du corps.

(*) C'est le *Paradoxus typus* de F. Cuvier. Il est originaire de l'Inde.

DU SURIKATE

Nous avons dit que le surikate ne faisait aucun mal aux enfants, qu'il ne mordait que quelques personnes adultes, et entre autres le maître de la maison, qu'il avait pris en aversion. J'ai appris, depuis, qu'en effet il ne mordait ni la femme ni les enfants de cette maison, mais qu'il a mordu nombre d'autres personnes des deux sexes. M. de Sèves a observé que c'était par l'odorat qu'il était induit à mordre ; lorsque quelqu'un le prenait, le cartilage du bout du nez se pliait pendant qu'il flairait, et suivant l'odeur qu'il recevait de la personne, il mordait ou ne mordait pas. Cela s'est trouvé constamment sur un assez grand nombre de gens qui ont risqué l'épreuve ; et ce qu'il y a de singulier, c'est que, quand il avait mordu une fois quelqu'un, il le mordait toujours : en sorte qu'on ne pouvait pas dire que ce fût par humeur ou par caprice. Il y avait des gens qui lui déplaisaient si fort, qu'il cherchait à s'échapper pour les mordre, et quand il ne pouvait pas attraper les jambes, il se jetait sur les souliers et sur les jupons, qu'il déchirait ; il employait quelquefois la ruse pour approcher les personnes qu'il voulait mordre.

M. Wosmaër, dans une note de sa description d'un écureuil volant, fait une remarque qui m'a paru juste, et dont je dois témoigner ici ma reconnaissance.

« M. de Buffon (dit M. Wosmaër) a vraisemblablement été trompé sur le nom de suri-
» kate et sur le lieu de l'origine de cet animal, qui a été envoyé l'été dernier par M. Tul-
» bagh à S. A. S. Mgr le prince d'Orange. Il n'appartient point à l'Amérique, maisbien à
» l'Afrique. Ce petit animal, dont on m'avait adressé deux de sexe différent, mais dont la
» femelle est morte pendant le voyage, n'a pas été connu de Kolbe, qui du moins n'en fait
» aucune mention, et il parait qu'il ne se trouve que fort avant dans les terres, ce qu'on
» peut inférer de la lettre de M. le gouverneur, que je reçus en même temps, et où il est
» dit : J'ai encore remis audit capitaine deux petits animaux vivants, mâle et femelle,
» auxquels nous ne pouvons cependant donner de nom, ni les rapporter à aucune autre
» espèce, attendu qu'on me les a envoyés pour la première fois, et de bien loin, des
» déserts et montagnes de pierres de cette vaste contrée. Ils sont fort doux, gentils, et
» mangent de la viande fraiche, cuite ou crue, des œufs crus et des fourmis qand ils peu-
» vent en attraper. Je souhaite que ces petits animaux arrivent en vie, puisque je ne crois
» pas qu'on en ait encore vu en Europe de pareils.

Ce témoignage de M. Tulbagh est positif, et ce que dit auparavant M. Wosmaër est juste ; j'y souscris avec plaisir, car, quoique j'aie eu cet animal vivant pendant longtemps, et que je l'aie décrit et fait représenter, je n'étais assuré ni de son nom, ni de son climat originaire, que par le rapport d'un marchand d'animaux, qui me dit l'avoir acheté en Hollande sous le nom de surikate, et qu'il venait de Surinam. Ainsi nous dirons maintenant qu'il ne se trouve point à Surinam ni dans les autres provinces de l'Amérique méridionale, mais en Afrique dans les terres montagneuses, au-dessus du cap de Bonne-Espérance. Et à l'égard du nom, il ne fait rien à la chose, et nous changerons volontiers celui de surikate lorsque nous serons mieux informés.

DE L'HYÈNE

L'hyène, dont nous avons donné la description, était très féroce, au lieu que celle dont nous parlons ici, et qu'on montrait à la foire Saint-Germain en 1773, ayant été apprivoisée de jeunesse, était fort douce, car, quoique son maître l'irritàt souvent avec un bâton pour lui faire hérisser sa crinière lors du spectacle, l'instant d'après elle ne paraissait pas s'en souvenir; elle jouait avec son maître, qui lui mettait la main dans la gueule sans en rien craindre. Au reste, cette hyène étant absolument de la même espèce et toute semblable à celle dont nous avons donné la description, nous n'avons rien à y ajouter, sinon que cette dernière avait la queue toute blanche, sans aucun mélange d'autre couleur; elle était un peu plus grande que la première, car elle avait trois pieds deux pouces, mesurée avec un cordeau, du bout du museau à l'origine de la queue. Sa hauteur était de deux pieds trois pouces. Son poil était blanc, mêlé et rayé de taches noires plus ou moins grandes, tant sur le corps que sur les jambes.

Il existe dans la partie du sud de l'île de Méroé une hyène beaucoup plus grande et plus grosse que celle de Barbarie, et qui a aussi le corps plus long à proportion, et le museau plus allongé et plus ressemblant à celui du chien, en sorte qu'elle ouvre la gueule beaucoup plus large; cet animal est si fort, qu'il enlève aisément un homme et l'emporte à une ou deux lieues sans le poser à terre. Il a le poil très rude, plus brun que celui de l'autre hyène, les bandes transversales sont plus noires; la crinière ne rebrousse pas du côté de la tête, mais du côté de la queue. M. le chevalier Bruce a observé le premier que cette hyène, ainsi que celle de Syrie et de Barbarie, et probablement toutes les autres espèces, ont un singulier défaut : c'est qu'au moment qu'on les force à se mettre en mouvement, elles sont boiteuses de la jambe gauche; cela dure pendant environ une centaine de pas, et d'une manière si marquée, qu'il semble que l'animal aille culbuter du côté gauche, comme un chien auquel on aurait blessé la jambe gauche de derrière (a).

DU TIGRE

Nous donnons ici les dimensions d'un jeune tigre que nous avons vu vivant à la foire Saint-Germain en 1784.

	Pieds.	Pouces.	Lignes.
Il avait, mesuré en ligne droite, du bout du nez à l'origine de la queue.	4	3	5
Et en suivant la courbure du corps	5	3	»

Celui dont nous avons la dépouille au cabinet du Roi était beaucoup plus grand, parce qu'il était plus âgé.

	Pieds.	Pouces.	Lignes.
Sa peau bourrée a de longueur	6	6	»

Il nous a paru que les bandes transversales, et qui descendent presque perpendiculairement sur les flancs, étaient beaucoup plus noires dans l'animal vivant qu'elles ne le sont sur la peau bourrée, dont la couleur s'est probablement effacée.

Ce grand tigre, qu'on appelle *tigre royal*, est, comme je l'ai dit, moins répandu, et l'espèce en paraît moins nombreuse que celle des léopards et des onces.

On pourra voir, dans l'ouvrage que M. le chevalier d'Obsonville va publier sur les animaux de l'Inde, plusieurs faits intéressants sur les habitudes naturelles de ce cruel animal, qui fait la désolation des pays qu'il habite.

JAGUAR DE LA GUYANE

M. Sonnini de Manoncour a fait quelques bonnes observations sur les jaguars de la Guyane, que je crois devoir publier.

(a) Note communiquée, par M. le chevalier Bruce, à M. de Buffon.

« Le jaguar, dit-il, n'a pas le poil crêpé lorsqu'il est jeune, comme le dit M. de Buffon.
» J'ai vu de très jeunes jaguars qui avaient le poil aussi lisse que les grands; cette obser-
» vation m'a été confirmée par des chasseurs instruits. Quant à la taille des jaguars, j'ose
» encore assurer qu'elle est bien au-dessus de celle que leur donne M. de Buffon, lorsqu'il
» dit qu'il est à peine de la taille d'un dogue ordinaire ou de moyenne race quand il a pris
» son accroissement entier. J'ai eu deux peaux de jaguars que l'on m'a assuré appartenir
» à des sujets de deux ou trois ans, dont l'une avait près de cinq pieds de long depuis
» le bout du museau jusqu'à l'origine de la queue, laquelle a deux pieds de largeur; il y
» en a de bien plus grands. J'ai vu moi-même dans les forêts de la Guyane des traces de
» ces animaux, qui faisaient juger, ainsi que l'a dit M. de la Condamine, que les tigres,
» ou les animaux que l'on appelle ainsi en Amérique, ne différaient pas en grandeur de
» ceux d'Afrique. Je pense même qu'à l'exception du vrai tigre (le tigre royal), celui de
» l'Amérique est le plus grand des animaux auxquels on a donné cette dénomination,
» puisque, selon M. de Buffon, la panthère, qui est le plus grand de ces animaux, n'a que
» cinq ou six pieds de longueur lorsqu'elle a pris son accroissement entier, et que bien
» certainement il existe en Amérique des quadrupèdes de ce genre qui passent de beaucoup
» cette dimension. La couleur de la peau du jaguar varie suivant l'âge; les jeunes l'ont
» d'un fauve très foncé presque roux et même brun; cette couleur s'éclaircit à mesure qui
» l'animal vieillit.

» Le jaguar n'est pas aussi indolent ni aussi timide que quelques voyageurs, et d'après
» eux M. de Buffon, l'ont écrit : il se jette sur tous les chiens qu'il rencontre, loin d'en
» avoir peur; il fait beaucoup de dégât dans les troupeaux : ceux qui habitent dans les
» déserts de la Guyane sont même dangereux pour les hommes. Dans un voyage que j'ai
» fait dans ces grandes forêts nous fûmes tourmentés pendant deux nuits de suite par un
» jaguar, malgré un très grand feu que l'on avait eu soin d'allumer et d'entretenir; il rôdait
» continuellement autour de nous : il nous fut impossible de le tirer, car, dès qu'il se voyait
» couché en joue, il se glissait d'une manière si prompte qu'il disparaissait pour le mo-
» ment; il revenait ensuite d'un autre côté, et nous tenait ainsi continuellement en alerte;
» malgré notre vigilance, nous ne pûmes jamais venir à bout de le tirer; il continua son
» manège durant deux nuits entières; la troisième il revint, mais, lassé apparemment de
» ne pouvoir venir à bout de son projet, et voyant d'ailleurs que nous avions augmenté
» le feu, duquel il craignait d'approcher de trop près, il nous laissa en hurlant d'une ma-
» nière effroyable. Son cri *hou*, *hou*, a quelque chose de plaintif, et il est grave et fort
» comme celui du bœuf.

» Quant au goût de préférence que l'on suppose au jaguar pour les naturels du pays
» plutôt que pour les nègres et les blancs, je présume fort que c'est un conte. A Cayenne,
» j'ai trouvé cette opinion établie, mais j'ai voyagé avec les sauvages dans des endroits
» où les tigres d'une grandeur démesurée étaient communs; jamais je n'ai remarqué qu'ils
» aient une peur bien grande de ces animaux; ils suspendaient comme nous leurs hamacs
» à des arbres, s'éloignaient à une certaine distance de nous, et ne prenaient pas la même
» précaution que nous d'allumer un grand feu; ils se contentaient d'en faire un très petit,
» qui le plus souvent s'éteignait dans le cours de la nuit; ces sauvages étaient cependant
» habitants de l'intérieur des terres, et connaissaient par conséquent le danger qu'il y avait
» pour eux; j'assure qu'ils ne prenaient aucune précaution, et qu'ils paraissaient fort peu
» émus, quoique entourés de ces animaux. » Je ne puis m'empêcher de remarquer ici que ce
dernier fait prouve, comme je l'ai dit, que ces animaux ne sont pas fort dangereux, du
moins pour les hommes.

« La chair des jaguars n'est pas bonne à manger; ils font la guerre avec le plus grand
» avantage à toutes les espèces de quadrupèdes du nouveau continent, qui tous le fuient
» et le redoutent. Les jaguars n'ont point de plus cruel ennemi que le fourmilier ou tama-

» noir, quoiqu'il n'ait point de dents pour se défendre; dès qu'il est attaqué par un jaguar,
» il se couche sur le dos, le saisit avec ses griffes, qu'il a d'une grandeur prodigieuse,
» l'étouffe et le déchire. »

JAGUAR DE LA NOUVELLE-ESPAGNE

Dans le mois de juin dernier il a été donné à M. Lebrun, inspecteur général du domaine,
un jaguar femelle envoyé de la Nouvelle-Espagne (*), qui était fort jeune, puisqu'il n'avait
pas toutes ses dents, et qu'il a grossi depuis qu'il est à Chaillot. Nous estimons qu'il pouvait avoir neuf à dix mois d'âge. Sa longueur, du museau jusqu'à l'anus, était d'un pied
onze pouces, sur treize à quatorze pouces de hauteur au train de derrière. Le jaguar qui
est décrit page 73 du IIIe volume avait deux pieds cinq pouces quatre lignes de longueur,
sur un pied quatre pouces neuf lignes de hauteur au train de derrière; mais il avait deux
ans. Au reste, il y a une grande conformité entre ces deux animaux, quoique de pays
différents. Il y a quelques différences dans la forme des taches qui ne paraissent être que
des variétés individuelles. L'iris est d'un brun tirant sur le verdâtre, le bord des yeux est
noir, avec une bande blanche au-dessus comme au-dessous; la couleur du poil de la tête
est d'un fauve mêlé de gris. Cette même teinte fait le fond des taches du corps, qui sont
bordées ou mouchetées de bandes noires. Ces taches et ces bandes sont sur un fond d'un
blanc sale roussâtre, et tirant plus ou moins sur le gris. Les oreilles sont noires et ont
une grande tache très blanche sur la partie externe; la queue est fort grande et bien
fournie de poil.

COUGUAR DE PENSYLVANIE

Le jaguar, ainsi que le couguar, habitent dans les contrées les plus chaudes de l'Amérique méridionale, mais il y a une autre espèce de couguar qui se trouve dans les parties
tempérées de l'Amérique septentrionale, surtout dans les montagnes de la Caroline, de la
Géorgie, de la Pensylvanie et des provinces adjacentes. Le dessin de ce couguar m'a été
envoyé d'Angleterre par feu M. Collinson, avec la description ci-jointe : si elle est exacte,
ce couguar ne laisse pas de différer beaucoup du couguar ordinaire. Voici ce que m'en a
écrit alors M. Collinson :
« Le couguar de Pensylvanie diffère beaucoup, par sa taille et par ses dimensions, du
» couguar de Cayenne; il est plus bas de jambes, beaucoup plus long de corps, la queue
» aussi de trois ou quatre pouces plus longue. Au reste, ils se ressemblent parfaitement
» par la couleur du poil, par la forme de la tête et par celle des oreilles. Le couguar de
» Pensylvanie, ajoute M. Collinson, est un animal remarquable par son corps mince et très
» allongé, ses jambes courtes et sa longue queue (a). »

COUGUAR NOIR

M. de la Borde, médecin du Roi à Cayenne, m'écrit qu'il y a dans ce continent trois
animaux de ces espèces voraces, dont le premier est le jaguar, que l'on appelle *tigre*; le
second, le couguar, qu'on nomme *tigre rouge*, à cause de la couleur uniforme de son poil

(a) Lettre de M. Collinson à M. de Buffon, 30 avril 1763.

(*) *Felis mitis* Cuv.

roux ; que le jaguar est de la grandeur d'un gros dogue, et qu'il pèse environ deux cents livres : que le couguar est plus petit, moins dangereux et en moindre nombre que le jaguar dans les terres voisines de Cayenne, et que ces deux animaux sont environ six ans à prendre leur accroissement entier.

Il ajoute qu'il y a une troisième espèce assez commune dans ce pays, que l'on appelle *tigre noir*, et c'est celui que nous appelons ici *couguar noir*.

« La tête, dit M. de la Borde, est assez semblable à celle des couguars ; mais il a le » poil noir et long, la queue fort longue aussi, avec d'assez fortes moustaches. Il ne pèse » guère que quarante livres. Il fait ses petits dans des trous d'arbres creux. »

Ce couguar noir pourrait bien être le même animal que Pison et Marcgrave ont indiqué sous le nom de *jaguarette,* ou *jaguar à poil noir*, et dont aucun autre voyageur n'a fait mention sous ce même nom de jaguarette ; je trouve seulement, dans une note de M. Sonnini de Manoncour, que le jaguarette s'appelle à Cayenne *tigre noir*, qu'il est d'une espèce différente de celle du jaguar, étant d'une plus petite taille et ayant le corps fort effilé ; cet animal est très méchant et très carnassier, mais il est rare dans les terres voisines de Cayenne.

« Les jaguars et les couguars, continue M. de la Borde, sont fort communs dans toutes » les terres qui avoisinent la rivière des Amazones, jusqu'à celle de Sainte-Marthe ; leur » peau est assez tendre pour que les Indiens leur envoient des flèches qui pénètrent avant, » poussées avec de simples sarbacanes. Au reste, tous ces animaux ne sont pas absolument » avides de carnage ; une seule proie leur suffit : on les rencontre presque toujours seuls, » et quelquefois deux ou trois ensemble quand les femelles sont en chaleur.

» Lorsqu'ils sont fort affamés, ils attaquent les vaches et les bœufs en leur sautant sur » le dos ; ils enfoncent les griffes de la patte gauche sur le cou, et lorsque le bœuf est » courbé, ils le déchirent et traînent les lambeaux de la chair dans le bois, après lui » avoir ouvert la poitrine et le ventre pour boire tout le sang, dont ils se contentent pour » une première fois. Ils couvrent ensuite avec des branches les restes de leur proie, et ne » s'en écartent jamais guère ; mais, lorsque la chair commence à se corrompre, ils n'en » mangent plus. Quelquefois ils se mettent à l'affût sur des arbres pour s'élancer sur les » animaux qui viennent à passer. Ils suivent aussi les troupes de cochons sauvages et » tombent sur les traîneurs ; mais, s'ils se laissent une fois entourer par ces animaux, ils » ne trouvent de salut que dans la fuite.

» Au reste, les jaguars, ainsi que les couguars, ne sont pas absolument féroces et n'at-» taquent pas les hommes, à moins qu'ils ne se sentent blessés ; mais ils sont intrépides » contre les attaques des chiens, et vont les prendre près des habitations ; lorsque plu-» sieurs chiens les poursuivent et les forcent à fuir par leur nombre, ils grimpent sur les » arbres. Ces animaux rôdent souvent le long des bords de la mer, et ils mangent les » œufs que les tortues viennent y déposer. Ils mangent aussi des caïmans, des lézards et » du poisson, quelquefois les bourgeons et les feuilles tendres des palétuviers. Ils sont » bons nageurs et traversent des rivières très larges. Pour prendre les caïmans, ils se « couchent ventre à terre au bord de la rivière, et battent l'eau pour faire du bruit, afin » d'attirer le caïman, qui ne manque pas de venir aussitôt et de lever la tête, sur laquelle » le jaguar se jette ; il le tue et le traîne plus loin pour le manger à loisir.

» Les Indiens prétendent que les jaguars attirent l'agouti en contrefaisant son cri, mais » ils ajoutent qu'ils attirent aussi le caïman par un cri semblable à celui des jeunes » chiens, ou en contrefaisant la voix d'un homme qui tousse, ce qui est plus difficile à » croire.

» Ces animaux carnassiers détruisent beaucoup de chiens de chasse qu'ils surprennent » à la poursuite du gibier. Les Indiens prétendent qu'on peut préserver les chiens de leur » attaque en les frottant avec une certaine herbe dont l'odeur les éloigne.

1. COMBATTANT ORDINAIRE. _ 2. RÉCURVIROSTRE AVOCETTE.

A. Le Vasseur, Éditeur.

« Quand ces animaux sont en chaleur, ils ont une espèce de rugissement effrayant et
» qu'on entend de fort loin. Ils ne font ordinairement qu'un petit, qu'ils déposent toujours
» dans de gros troncs d'arbres pourris. On mange à Cayenne la chair de ces animaux,
» surtout celle des jeunes, qui est blanche comme celle du lapin (a). »

Le couguar, réduit en captivité, est presque aussi doux que les autres animaux domestiques.

« J'ai vu (dit l'auteur des *Recherches sur les Américains*) un couguar vivant chez Ducos,
» maître des bêtes étrangères ; il avait la tranquillité d'un chien et beaucoup plus que la
» corpulence d'un très grand dogue ; il est haut monté sur ses jambes, ce qui le rend
» svelte et alerte ; ses dents canines sont coniques et très grandes. On ne l'avait ni désarmé
» ni emmuselé, et on le conduisait en laisse... Il se laissait flatter de la main, et je vis de
» petits garçons monter sur son dos et s'y tenir à califourchon. Le nom de tigre poltron
» lui a été bien donné (b). »

DU CHAT

J'ai dit à l'article du chat que ces animaux *dormaient moins qu'ils ne font semblant
de dormir*. Quelques personnes ont pensé, d'après ce passage, que j'étais dans l'opinion
que les chats ne dormaient point du tout. Cependant je savais très bien qu'ils dorment,
mais j'ignorais que leur sommeil fût quelquefois très profond : à cette occasion, j'ai reçu
de M. Pasumot, de l'Académie de Dijon, qui est fort instruit dans les différentes parties
de l'histoire naturelle, une lettre dont voici l'extrait :

« Permettez-moi, monsieur, de remarquer que je crois que vous avez dit au sujet du
» chat qu'il ne dormait point. Je puis vous assurer qu'il dort ; à la vérité, il dort rare-
» ment, mais son sommeil est si fort que c'est une espèce de léthargie. Je l'ai observé dix
» fois au moins sur différents chats. J'étais assez jeune quand j'en fis l'observation pour
» la première fois. De coutume je couchais avec moi, dans mon lit, un chat que je plaçais
» toujours à mes pieds ; dans une nuit que je ne dormais pas, je repoussai le chat, qui
» me gênait. Je fus étonné de le trouver d'un poids si lourd et en même temps si immo-
» bile que je le crus mort ; je le tirai bien vite avec la main, et je fus encore tout aussi
» étonné en le tirant de ne lui sentir aucun mouvement. Je le remuai bien fort, et à force
» de l'agiter il se réveilla, mais ce fut avec peine et lentement. J'ai observé le même
» sommeil par la suite et la même difficulté dans le réveil. Presque toujours ç'a été dans
» la nuit. Je l'ai aussi observé durant le jour, mais une seule fois, à la vérité, et c'est
» depuis que j'ai eu lu ce que vous dites du défaut de sommeil dans cet animal. Je n'ai
» même cherché à l'observer qu'à cause de ce que vous en avez dit. Je pourrais vous
» citer encore le témoignage d'une personne qui, comme moi, a souvent observé le som-
» meil d'un chat, même en plein jour et avec les mêmes circonstances. Cette personne a
» même reconnu de plus que, quand cet animal dort en plein jour, c'est dans le fort de la
» chaleur, et surtout lors de la proximité des orages. »

M. de Lestrée, négociant de Châlons en Champagne, qui faisait coucher souvent des
chats avec lui, a remarqué :

« 1° Que dans le temps que ces animaux font une espèce de ronflement, lorsqu'ils sont
» tranquilles ou qu'ils semblent dormir, ils font quelquefois une inspiration un peu longue,
» et aussitôt une forte expiration, et que dans ce moment ils exhalent par la bouche
» une odeur qui ressemble beaucoup à l'odeur du musc ou de la fouine ;

» 2° Quand ils aperçoivent quelque chose qui les surprend, comme un chien ou un

(a) Extrait des observations de M. de la Borde, envoyés à M. de Buffon en 1774.
(b) Défenses des *Recherches sur les Américains*, page 86.

» autre objet qui les frappe inopinément, ils font une sorte de sifflement faux qui répand
» encore la même odeur. Cette remarque n'est pas particulière aux mâles, car j'ai fait la
» même observation sur des chattes comme sur des chats de différentes couleurs et de
» différents âges. »

De ces faits, M. de Lestréc semblerait croire que le chat aurait dans la poitrine ou
l'estomac quelques vésicules remplies d'une odeur parfumée qui se répand au dehors par
la bouche ; mais l'anatomie ne nous démontre rien de semblable.

Nous avons dit qu'il y avait à la Chine des chats à oreilles pendantes ; cette variété ne
se trouve nulle part ailleurs, et fait peut-être une espèce différente de celle du chat, car les
voyageurs parlant d'un animal appelé *sumxu*, qui est tout à fait domestique à la Chine,
disent qu'on ne peut mieux le comparer qu'au chat, avec lequel il a beaucoup de rapport.
Sa couleur est noire ou jaune, et son poil extrêmement luisant. Les Chinois mettent à ces
animaux des colliers d'argent au cou et les rendent extrêmement familiers. Comme ils ne
sont pas communs, on les achète fort cher, tant à cause de leur beauté que parce qu'ils
font aux rats la plus cruelle guerre (a).

Il y a aussi à Madagascar des chats sauvages rendus domestiques, dont la plupart ont
la queue tortillée : on les appelle *saca* ; mais ces chats sauvages sont de la même espèce
que les chats domestiques de ce pays, car ils s'accouplent et produisent ensemble (b).

Une autre variété que nous avons observée, c'est que dans notre climat il naît quelquefois des chats avec des pinceaux à l'extrémité des oreilles. M. de Sève, que j'ai déjà plusieurs fois cité, m'écrit (16 novembre 1773) qu'il est né dans sa maison, à Paris, une
petite chatte de la race que nous avons appelée *chat d'Espagne*, avec des pinceaux au
bout des oreilles, quoique le père et la mère eussent les oreilles comme les autres chats,
c'est-à-dire sans pinceaux ; et quelques mois après, les pinceaux de cette jeune chatte
étaient aussi grands, à proportion de sa taille, que ceux du lynx de Canada.

On m'a envoyé récemment de Cayenne la peau d'un animal qui ressemble beaucoup à
celle de notre chat sauvage. On appelle cet animal *haïra* dans la Guyane, où l'on en mange
la chair, qui est blanche et de bon goût : cela seul suffit pour faire présumer que le haïra,
quoique fort ressemblant au chat, est néanmoins d'une espèce différente ; mais il se peut
que le nom *haïra* soit mal appliqué ici, car je présume que ce nom est le même que *taïra*,
et il n'appartient pas à un chat, mais à une petite fouine dont nous avons déjà parlé.

CHAT SAUVAGE DE LA NOUVELLE-ESPAGNE

On m'a envoyé d'Espagne un dessin colorié d'un chat-tigre ou chat des bois, avec la
notice suivante :

« Chat-tigre, chat des bois, ou chat sauvage de la Nouvelle-Espagne (*) : sa hauteur est
» de près de trois pieds, sa longueur, depuis le bout du nez jusqu'à la naissance de la
» queue, de plus de quatre pieds ; il a les yeux petits et la queue assez courte ; le poil
» d'un gris cendré bleuâtre, moucheté de noirâtre. Ce poil est assez rude pour qu'on en
» puisse faire des pinceaux à pointe fixe et ferme. »

Ce chat-tigre, ou chat des bois de la Nouvelle-Espagne, me paraît être le même que le
serval.

(a) *Journal des savans*, t. Ier, in-4°, p. 264.
(b) *Voyage de Flacourt*, page 152.

(*) *Felis mexicana* Desm. — Espèce douteuse.

DU LYNX ET DU CARACAL

Nous donnons ici la description du lynx de Canada qui est au cabinet du Roi : il n'a
que deux pieds trois pouces de long, depuis le bout du nez jusqu'à l'extrémité du corps,
qui n'est élevée que de douze à treize pouces ; le corps est couvert de longs poils grisà-
tres, mêlés de poils blancs, moucheté et rayé de fauve, les taches plus ou moins noires,
la tête grisâtre, mêlée de poils blancs et de fauve clair, et comme rayée de noir en quelques endroits. Le bout du nez est noir, ainsi que le bord de la mâchoire inférieure ; les
poils des moustaches sont blancs, longs d'environ trois pouces ; les oreilles ont deux
pouces trois lignes de hauteur et sont garnies de grands poils blancs en dedans et de
poils un peu fauves sur les rebords ; le dessus des oreilles est couvert de poil gris-de-
souris, et les bords extérieurs sont noirs ; à l'extrémité des oreilles, il y a de grands poils
noirs qui se réunissent et forment un pinceau très menu de sept lignes de hauteur ; la
queue, qui est grosse, courte et bien fournie de poils, n'a que trois pouces neuf lignes de
longueur ; elle est noire depuis l'extrémité jusqu'à moitié, et ensuite d'un blanc roussâtre.
Le dessous du ventre, les jambes de derrière, l'intérieur des jambes de devant les pattes,
sont d'un blanc sale ; les ongles sont blancs et ont six lignes de longueur. Ce lynx a beaucoup
de ressemblance, par les taches et par la nature de son poil, avec celui que nous avons
décrit plus haut ; mais il en diffère par la longueur de la queue et par les pinceaux qu'il a
sur les oreilles ; on peut donc regarder cet animal du Canada comme une variété assez distincte du lynx ou loup-cervier de l'ancien continent. On pourrait même dire qu'il s'approche un peu de l'espèce du caracal par les pinceaux de poils qu'il a sur les oreilles ;
néanmoins il en diffère, encore plus que du lynx, par la longueur de la queue et par les
couleurs du poil. D'ailleurs, les caracals ne se trouvent que dans les climats les plus
chauds, au lieu que les lynx ou loups-cerviers préfèrent les pays froids. Le pinceau de
poils au bout des oreilles, qui paraît faire un caractère distinctif, parce qu'il est fort apparent, n'est cependant qu'une chose accidentelle et qui se trouve dans les animaux de cette
espèce et même dans les chats domestiques et sauvages. Nous en avons donné un exemple
dans l'addition à l'article du chat. Ainsi nous persistons à croire que le lynx ou loup-
cervier d'Amérique ne doit être regardé que comme une variété du loup-cervier d'Europe.

Le lynx de Norvège, décrit par Pontoppidan, est blanc ou d'un gris clairsemé de
taches foncées. Ses griffes, ainsi que celles des autres lynx, sont comme celles des chats ;
il voûte son dos et saute, comme eux, avec beaucoup de vitesse sur sa proie. Lorsqu'il
est attaqué par un chien, il se renverse sur le dos et se défend avec ses griffes, au point
de le rebuter bien vite. Cet auteur ajoute qu'il y en a quatre espèces en Norvège, que les
uns approchent de la figure du loup, les autres de celle du renard, d'autres de celle du
chat, et enfin d'autres qui ont la tête formée comme celle d'un poulain : ce dernier
fait, que je crois faux, me fait douter des précédents. L'auteur ajoute des choses plus
probables.

« Le loup-cervier, dit-il, ne court pas les champs, il se cache dans les bois et dans les
» cavernes ; il fait sa retraite tortueuse et profonde, et on l'en fait sortir par le feu et la
» fumée. Sa vue est perçante, il voit de très loin sa proie ; il ne mange souvent d'une
» brebis ou d'une chèvre que la cervelle, le foie et les intestins, et il creuse la terre sous
» les portes pour entrer dans les bergeries (a). »

L'espèce en est répandue non seulement en Europe, mais dans toutes les provinces du

(a) *Histoire naturelle de la Norvège*, par Pontoppidan. *Journal étranger*, juin 1756.

nord de l'Asie. On l'appelle *chulon* ou *chelason* en Tartarie (*a*). Les peaux en sont fort estimées, et quoiqu'elles soient assez communes, elles se vendent également cher en Norvège, en Russie, et jusqu'à la Chine, où l'on en fait un grand usage pour des manchons et d'autres fourrures.

Un fait qui prouve encore que les pinceaux au-dessus des oreilles ne font pas un caractère fixe par lequel on doive séparer les espèces dans ces animaux, c'est qu'il existe dans cette partie du royaume d'Alger, qu'on appelle Constantine, une espèce de caracal sans pinceaux au bout des oreilles, et qui par là ressemble au lynx, mais qui a la queue plus longue ; son poil est d'une couleur roussâtre avec des raies longitudinales, noires depuis le cou jusqu'à la queue, et des taches séparées sur les flancs, posées dans la même direction, une demi-ceinture noire au-dessus des jambes de devant, et une bande de poil rude sur les quatre jambes, qui s'étend depuis l'extrémité du pied jusqu'au-dessus du tarse, et ce poil est retroussé en haut, au lieu de se diriger en bas comme le poil de tout le reste du corps (*b*).

J'ai dit, à l'article du caracal, que le mot *gal-el-challah* signifiait chat aux oreilles noires. M. le chevalier Bruce m'a assuré qu'il signifiait chat du désert ; il a vu, dans la partie de la Nubie qu'on appelait autrefois l'île de Méroé, un caracal qui a quelque différence avec celui de Barbarie. Le caracal de Nubie a la face plus ronde, les oreilles noires en dehors, mais semées de quelques poils argentés ; il n'a pas la croix de mulet sur le garrot comme l'ont la plupart des caracals de Barbarie. Sur la poitrine, le ventre et l'intérieur des cuisses, il y a de petites taches fauves claires et non pas brunes noirâtres comme dans le caracal de Barbarie. Ces petites différences ne sont que de légères variétés dont on peut encore augmenter le nombre, car il se trouve même en Barbarie, ou plutôt dans la Libye, aux environs de l'ancienne Capsa, un caracal à oreilles blanches, tandis que les autres les ont noires. Ces caracals à oreilles blanches ont aussi des pinceaux, mais courts, minces et noirs. Ils ont la queue blanche à l'extrémité et ceinte de quatre anneaux noirs, et quatre guêtres noires derrière les quatre jambes, comme celui de Nubie ; ils sont aussi beaucoup plus petits que les autres caracals, n'étant guère que de la grosseur d'un grand chat domestique ; les oreilles, qui sont fort blanches en dedans et garnies d'un poil fort touffu, sont d'un roux vif en dehors (*c*). Si cette différence dans la grandeur était constante, on pourrait dire qu'il y a deux espèces de caracals qui se trouvent également en Barbarie : l'une grande à oreilles noires et longs pinceaux, et l'autre beaucoup plus petite à oreilles blanches et à très petits pinceaux. Il paraît que ces animaux, qui varient si fort par les oreilles, varient également par la forme et la longueur de la queue, et par la hauteur des jambes ; car M. Edwards nous a envoyé la figure d'un caracal de Bengale, dont la queue et les jambes sont bien plus longues que dans le caracal ordinaire.

DU LYNX (*suite*)

Nous donnons ici la description d'un lynx du Mississipi (*), dont les oreilles sont encore plus dépourvues de pinceaux que celles du lynx du Canada, et dont la queue moins grosse et moins touffue, et le poil d'une couleur plus claire, semblent le rapprocher davantage du lynx ou loup-cervier d'Europe ; mais je suis persuadé que ces trois animaux, dont l'un est de l'Europe et les deux autres de l'Amérique septentrionale, ne

(*a*) *Histoire générale des voyages*, t. VI, p. 602.
(*b*) Note communiquée par M. le chevalier Bruce, à M. de Buffon.
(*c*) Note communiquée par M. le chevalier Bruce, à M. de Buffon.

(*) *Felis montana* DESM.

forment néanmoins qu'une seule et même espèce. On avait envoyé celui-ci à feu M. l'abbé
Aubry, curé de Saint-Louis, sous le nom de chat-tigre du Mississipi; mais il ne faut que
le comparer avec le lynx dont nous avons donné la description et avec le lynx du Canada
dont il est question dans l'article précédent, pour reconnaître évidemment qu'il ne fait
qu'une variété dans l'espèce du lynx, quoiqu'il n'ait point de pinceaux et que la queue
soit fort petite.

Il a, du nez à l'origine de la queue, deux pieds cinq pouces de longueur; la queue est
fort courte, n'ayant que trois pouces trois lignes, au lieu que celle du lynx d'Europe a six
pouces six lignes : celle du lynx du Canada est beaucoup plus grosse et plus fournie;
mais elle est tout aussi courte que celle du lynx du Mississipi, dont la robe est aussi de
couleur plus uniforme et moins variée de taches que dans le lynx de l'Europe et dans
celui du Canada; mais ces légères différences n'empêchent pas qu'on ne doive regarder ces
trois animaux comme de simples variétés d'une seule et même espèce.

DU MARGAY

Nous devons rapporter à l'article du margay le chat-tigre de Cayenne, dont M. de la
Borde parle dans les termes suivants :

« La peau du chat-tigre est, comme celle de l'once, fort tachetée; il est un peu moins
» gros que le renard, mais il en a toutes les inclinations. On le trouve communément à
» Cayenne dans les bois. Il détruit beaucoup de gibier, tels que les agoutis, acouchis, per-
» drix, faisans et autres oiseaux qu'il prend dans leurs nids quand ils sont jeunes. Il est
» fort leste pour grimper sur les arbres, où il se tient caché. Il ne court pas vite, et tou-
» jours en sautant. Son air, sa marche, sa manière de se coucher, ressemblent parfaite-
» ment à celles du chat. J'en ai vu plusieurs dans les maisons de Cayenne qu'on tenait
» enchaînés; ils se laissaient un peu toucher sur le dos, mais il leur reste toujours dans
» la figure un air féroce; on ne leur donnait pour nourriture que du poisson et de la
» viande cuite ou crue; tout autre aliment leur répugne. Ils produisent en toutes saisons,
» soit l'été, soit l'hiver, et font deux petits à la fois dans des creux d'arbres pourris. »

Il y a un autre chat-tigre, ou plutôt une espèce de chat sauvage à la Caroline, duquel
feu M. Collinson m'a envoyé la notice suivante :

« Le mâle était de la grandeur d'un chat commun; il avait dix-neuf pouces anglais du
» nez à la queue, qui était de quatre pouces de long, et avait huit anneaux blancs, comme
» le *mococo*. La couleur était d'un brun clair, mêlé de poils gris; mais ce qu'il avait de
» plus remarquable sont les raies noires, assez larges, placées en forme de rayons tout le
» long de son corps, sur les côtés, depuis la tête jusqu'à la queue. Le ventre est d'une
» couleur claire avec des taches noires; les jambes sont minces, tachetées de noir;
» les oreilles avaient une large ouverture, elles étaient couvertes de poils fins. Il avait
» deux larges taches noires très remarquables sous les yeux, de chaque côté du nez; et
» de la partie la plus basse de cette tache, joignant à la lèvre, il part un bouquet de
» poils raides et noirs. La femelle est de taille plus mince, elle était toute gris rous-
» sâtre, sans aucune tache sur le dos : seulement une tache noire sur le ventre, qui était
» blanc sale (*a*). »

(*a*) Lettre de M. Collinson à M. de Buffon, 23 décembre 1766.

DU JAGUAR OU DU LÉOPARD

Le dessin d'un animal de l'espèce des léopards ou des jaguars nous a été envoyé par feu M. Collinson, mais sans nom et sans aucune notice. Et comme nous ignorons s'il appartient à l'ancien ou au nouveau continent et qu'en même temps il diffère de l'once et du léopard par la forme des taches, et plus encore du jaguar et de l'ocelot, nous ne pouvons décider auquel de ces animaux on doit le rapporter ; seulement il nous paraît qu'il a un peu plus de rapport avec le jaguar qu'avec le léopard.

LE PÉROUASCA

Il y a encore en Russie et en Pologne, surtout en Wolhinie, un animal (*) appelé par les Russes *perewiazka*, et par les Polonais *przewiaska* (*a*), nom qu'on peut rendre par la dénomination de *belette à ceintures* (*mustela præcincta*), comme le dit Rzaczynski : cet animal est plus petit que le putois, il est couvert d'un poil blanchâtre, rayé transversalement de plusieurs lignes d'un jaune roux, qui semblent lui faire autant de ceintures ; il demeure dans les bois et se creuse un terrier. Sa peau est recherchée et fait une jolie fourrure.

DU SARIGUE, DE LA MARMOSE ET DU PHALANGER

M. de la Borde, médecin du Roi, à Cayenne, m'a écrit qu'il avait nourri dans un petit tonneau trois sarigues, où ils se laissaient aisément manier ; ils mangent du poisson, de la viande cuite ou crue, du pain, du biscuit, etc. ; ils sont continuellement à se lécher les uns les autres ; ils font le même murmure que les chats quand on les manie.

« Je ne me suis pas aperçu, dit-il, qu'ils eussent aucune mauvaise odeur. Il y a des » espèces plus grandes et d'autres plus petites (*b*). Ils portent également leurs petits dans » une poche sous le ventre, et ces petits ne quittent jamais la mamelle, même lorsqu'ils » dorment ; les chiens les tuent, mais ne les mangent pas. Ils ont un grognement qui ne » se fait pas entendre de fort loin ; on les apprivoise aisément ; ils cherchent à entrer » dans les poulaillers où ils mangent la volaille, mais leur chair n'est pas bonne à man- » ger ; dans certaines espèces elle est même d'une odeur insupportable, et l'animal est » appelé *puant* par les habitants de Cayenne. »

Il ne faut pas confondre ces sarigues puants de M. de la Borde avec les vrais puants ou mouffettes qui forment un genre d'animaux très différents de ceux-ci.

M. Wosmaër, directeur des cabinets d'Histoire naturelle de S. A. S. M. le prince d'Orange, a mis une note, page 6 de la description d'un écureuil volant, Amsterdam, 1767, dans laquelle il dit :

« Le *coescoes* est le *bosch* ou *beursrull* des Indes orientales, le *philander* de Séba, et le » *didelphis* de Linnæus. Le savant M. de Buffon nie absolument son existence aux Indes » orientales, et ne l'accorde qu'au nouveau monde en particulier. Nous pouvons néan-

(*a*) Rzaczinski, *Auct.*, page 328.

(*b*) On m'a nouvellement envoyé, pour le Cabinet, une peau de ces petits sarigues de Cayenne, qui n'avait que trois pouces et demi de longueur, quoique l'animal fût adulte, et la queue quatre pouces et demi.

(*) *Mustela sarmatica* L.

» moins assurer ce célèbre naturaliste que Valentin et Séba ont fort bien fait de placer
» ces animaux tant en Asie qu'en Amérique. J'ai moi-même reçu l'été dernier, des Indes
» orientales, le mâle et la femelle. La même espèce a aussi été envoyée à M. le docteur
» Schlosser, à Amsterdam, par un ami d'Amboine; quoique pour moi je n'en connaisse
» pas d'autres que ceux-ci, de sorte qu'ils ne sont pas si communs. La principale diffé-
» rence entre le *coescoes* des Indes orientales et celui des Indes occidentales consiste, sui-
» vant mon observation, dans la couleur du poil, qui, au mâle des Indes orientales, est
» tout à fait blanc, un peu jaunâtre. Celui de la femelle est un peu plus brun, avec une raie
» noire ou plutôt brune sur le dos. La tête de celui des Indes orientales est plus courte,
» mais le mâle me paraît l'avoir un peu plus longue que la femelle. Les oreilles, dans
» cette espèce, sont beaucoup plus courtes qu'à celles des Indes occidentales. La description
» de la seconde espèce, dont parle aussi Valentin, est trop diffuse pour pouvoir s'y rap-
» porter avec quelque certitude. »

Je ne doute pas que M. Wosmaër n'ait reçu des Indes orientales des animaux mâles et
femelles sous le nom de *coescoes*, mais les différences qu'il indique lui-même entre ces
coescoes et les sarigues pourraient déjà faire penser que ce ne sont pas des animaux de
même espèce. J'avoue néanmoins que la critique de M. Wosmaër est juste, en ce que j'ai
dit que les trois philanders de Séba n'étaient que le même animal, tandis qu'en effet le
troisième, c'est-à-dire celui de la planche xxxix de Séba, est un animal différent et qui se
trouve réellement aux Philippines, et peut-être dans quelques autres endroits des Indes
orientales, où il est connu sous le nom de *coescoes* ou *cuscus* ou *cusos*. J'ai trouvé dans le
Voyage de Christophe Barchewitz la notice suivante :

« Dans l'île de Lethy, il y a des *cuscus* ou *cusos*, dont la chair a à peu près le goût de
» celle du lapin. Cet animal ressemble beaucoup pour la couleur à une marmotte; les yeux
» sont petits, ronds et brillants, les pattes courtes, et la queue, qui est longue, est sans
» poil. Cet animal saute d'un arbre à un autre comme un écureuil, et alors il fait de sa
» queue un crochet avec lequel il se tient aux branches pour manger plus facilement les
» fruits. Il répand une odeur désagréable qui approche de celle du renard. Il a une poche
» sous le ventre dans laquelle il porte ses petits, qui entrent et sortent par-dessous la
» queue de l'animal. Les vieux sautent d'un arbre à l'autre en portant leurs petits dans
» cette poche (*a*). »

Il paraît, par le caractère de la poche sous le ventre et de la queue prenante, que ce
cuscus ou cusos des Indes orientales est en effet un animal du même genre que les philanders d'Amérique; mais cela ne prouve pas qu'ils soient de la même espèce d'aucun de ceux
du nouveau continent. Ce serait le seul exemple d'une pareille identité. Si M. Wosmaër
eût fait graver les figures de ces coescoes, comme il le dit dans le texte, on serait plus en
état de juger tant de la ressemblance que des différences des coescoes d'Asie avec les sarigues ou philanders d'Amérique, et je demeure toujours persuadé que ceux d'un continent
ne se trouveront pas dans l'autre, à moins qu'on ne les y ait apportés. Je renvoie sur cela
le lecteur à ce que j'en ai dit.

Ce n'est pas qu'absolument parlant, et même raisonnant philosophiquement, il ne fût
possible qu'il se trouvât dans les climats méridionaux des deux continents quelques animaux qui seraient précisément de la même espèce; nous avons dit ailleurs que la même
température doit faire dans les différentes contrées du globe les mêmes effets sur la nature
organisée, et par conséquent produire les mêmes êtres, soit animaux, soit végétaux, si toutes
les autres circonstances étaient, comme la température, les mêmes à tous égards (*); mais

(*a*) *Voyage de Barchewitz*. Erfurt, 1751, page 532.

(*) Buffon montre dans ce passage toute l'importance qu'il attache à l'influence des condi-
tions cosmiques sur la formation des espèces.

il ne s'agit pas ici d'une possibilité philosophique, qu'on peut regarder comme plus ou moins probable ; il s'agit d'un fait, et d'un fait très général, dont il est aisé de présenter les nombreux et très nombreux exemples. Il est certain qu'au temps de la découverte de l'Amérique il n'existait dans ce nouveau monde aucun des animaux que je vais nommer : l'éléphant, le rhinocéros, l'hippopotame, la girafe, le chameau, le dromadaire, le buffle, le cheval, l'âne, le lion, le tigre, les singes, les babouins, les guenons, et nombre d'autres dont j'ai fait l'énumération ; et que de même le tapir, le lama, la vigogne, le pécari, le jaguar, le couguar, l'agouti, le paca, le coati, l'unau, l'aï, et beaucoup d'autres dont j'ai donné l'énumération, n'existaient point dans l'ancien continent. Cette multitude d'exemples, dont on ne peut nier la vérité, ne suffit-elle pas pour qu'on soit au moins fort en garde lorsqu'il s'agit de prononcer, comme le fait ici M. Wosmaër, que tel ou tel animal se trouve également dans les parties méridionales des deux continents?

C'est à ce cuscus, ou cusos des Indes, qu'on doit rapporter le passage suivant :

« Il se trouve, dit Mandeslo, aux îles Moluques un animal qu'on appelle *cusos* ; il se » tient sur les arbres et ne vit que de leurs fruits ; il ressemble à un lapin et a le poil épais, » frisé et rude, entre le gris et le roux ; les yeux ronds et vifs, les pieds petits, et la queue » si forte qu'il s'en sert pour se prendre aux branches afin d'atteindre plus aisément aux » fruits *(a)*. »

Il n'est pas question, dans ce passage, de la poche sous le ventre, qui est le caractère le plus marqué des philanders ; mais, je le répète, si le cuscus ou cusos des Indes orien-tales a ce caractère, il est certainement d'une espèce qui approche beaucoup de celle des philanders d'Amérique, et je serais porté à penser qu'il en diffère à peu près comme le jaguar diffère du léopard. Ces deux derniers animaux, sans être de la même espèce, sont les plus ressemblants et les plus voisins de tous les animaux des parties méridionales des deux continents.

LE CRABIER

Le nom de *crabier*, ou chien crabier, que l'on a donné à cet animal, vient de ce qu'il se nourrit principalement de crabes. Il a très peu de rapport au chien ou au renard, auxquels les voyageurs ont voulu le comparer. Il aurait plus de rapport avec les sarigues, mais il est beaucoup plus gros, et d'ailleurs la femelle du crabier ne porte pas, comme la femelle du sarigue, ses petits dans une poche sous le ventre : ainsi le crabier nous paraît être d'une espèce isolée et différente de toutes celles que nous avons décrites.

On remarquera la longue queue écailleuse et nue, les gros pouces sans ongles des pieds de derrière, et les ongles plats des pieds de devant. Cet animal, que nous conservons au cabinet du Roi, était encore jeune lorsqu'on nous a envoyé sa dépouille ; il est mâle, et voici la description que nous en avons pu faire :

La longueur du corps entier, depuis le bout du nez jusqu'à l'origine de la queue, est d'environ dix-sept pouces.

La hauteur du train de devant, de six pouces trois lignes, et celle du train de derrière de six pouces six lignes.

La queue, qui est grisâtre, écailleuse et sans poil, a quinze pouces et demi de longueur sur dix lignes de grosseur à son commencement ; elle est très menue à son extrémité.

Comme cet animal est fort bas de jambes, il a de loin quelques ressemblances avec le chien basset ; la tête même n'est pas fort différente de celle d'un chien : elle n'a que quatre pouces une ligne de longueur depuis le bout du nez jusqu'à l'occiput ; l'œil n'est pas grand, le bord des paupières est noir, et au-dessus de l'œil se trouvent de longs poils

____

(a) Voyage de Mandeslo, suite d'Oléarius, t. II, p. 384 et suiv.

qui ont jusqu'à quinze lignes de longueur ; il y en a aussi de semblables à côté de la joue, vers l'oreille. Les moustaches autour de la gueule sont noires et ont jusqu'à dix-sept lignes de long ; l'ouverture de la gueule est de près de deux pouces ; la mâchoire supérieure est armée, de chaque côté, d'une dent canine crochue et qui excède sur la mâchoire inférieure ; l'oreille, qui est de couleur brune, paraît tomber un peu sur elle-même ; elle est nue, large et ronde à son extrémité.

Le poil du corps est laineux et parsemé d'autres grands poils raides, noirâtres, qui vont en augmentant sur les cuisses et vers l'épine du dos, qui est toute couverte de ces longs poils, ce qui forme à cet animal une espèce de crinière, depuis le milieu du dos jusqu'au commencement de la queue : ces poils ont trois pouces de longueur, ils sont d'un blanc sale à leur origine jusqu'au milieu, et ensuite d'un brun minime jusqu'à l'extrémité. Le poil des côtés est d'un blanc jaune, ainsi que sous le ventre, mais il tire plus sur le fauve vers les épaules, les cuisses, le cou, la poitrine et la tête, où cette teinte de fauve est mélangée de brun dans quelques endroits. Les côtés du cou sont fauves. Les jambes et les pieds sont d'un brun noirâtre ; il y a cinq doigts à chaque pied ; le pied de devant a un pouce neuf lignes, le plus grand doigt neuf lignes, et l'ongle en gouttière deux lignes ; les doigts sont un peu pliés, comme ceux des rats ; il n'y a que le pouce qui soit droit ; les pieds de derrière ont un pouce huit lignes, les plus grands doigts neuf lignes, le pouce six lignes ; il est gros, large et écarté comme dans les singes, l'ongle en est plat, tandis que les ongles des quatre autres doigts sont crochus et excèdent le bout des doigts. Le pouce du pied de devant est droit et n'est point écarté de l'autre doigt.

M. de la Borde m'a écrit que cet animal était fort commun à Cayenne, et qu'il habite toujours les palétuviers et autres endroits marécageux.

« Il est, dit-il, fort leste pour grimper sur les arbres, sur lesquels il se tient plus sou- » vent qu'à terre, surtout pendant le jour. Il a de bonnes dents, et se défend contre les » chiens ; les crabes font sa principale nourriture, et lui profitent, car il est toujours gras. » Quand il ne peut pas tirer les crabes de leur trou avec sa patte, il y introduit sa queue, » dont il se sert comme d'un crochet ; le crabe, qui lui serre quelquefois la queue, le fait » crier ; ce cri ressemble assez à celui d'un homme, et s'entend de fort loin, mais sa voix » ordinaire est une espèce de grognement semblable à celui des petits cochons ; il produit » quatre ou cinq petits, et les dépose dans de vieux arbres creux ; les naturels du pays » en mangent la chair, qui a quelque rapport à celle du lièvre. Au reste, ces animaux se » familiarisent aisément, et on les nourrit à la maison comme les chiens et les chats, » c'est-à-dire avec toutes sortes d'aliments : ainsi leur goût pour la chair du crabe n'est » point du tout un goût exclusif (a). »

On prétend qu'il se trouve dans les terres de Cayenne deux espèces d'animaux auxquels on donne le même nom de crabier, parce que tous deux mangent des crabes. Le premier est celui dont nous venons de parler, l'autre est non seulement d'une espèce différente, mais paraît même être d'un autre genre. Il a la queue toute garnie de poil, et ne prend les crabes qu'avec ses pattes. Ces deux animaux ne se ressemblent que par la tête, et diffèrent par la forme et les proportions du corps, aussi bien que par la conformation des pieds et des ongles (b).

(a) Lettre de M. de la Borde à M. de Buffon. Cayenne, 12 juin 1774.
(b) Note communiquée par MM. Aublet et Olivier.

DU SARIGUE DES ILLINOIS

Ce sarigue (*) nous paraît n'être qu'une variété dans l'espèce du sarigue, mais les différences sont néanmoins assez grandes pour que nous ayons cru devoir le décrire. Ce sarigue se trouve dans le pays des Illinois, et diffère de l'autre par la couleur et par le poil qui est long sur tout le corps; il a la tête moins allongée et entièrement blanche, à l'exception d'une tache brunâtre qui prend du coin de l'œil et finit en s'affaiblissant du côté du nez, dont l'extrémité est la seule partie de la face qui soit noire; la queue est écailleuse et sans poil dans toute sa longueur, au lieu que celle de l'autre sarigue est garnie de poil depuis son origine jusqu'à plus des trois quarts de sa longueur; cependant ces différences ne me paraissent pas suffisantes pour constituer deux espèces; et d'ailleurs, comme le climat des Illinois et celui du Mississipi, où se trouve le premier sarigue, ne sont pas éloignés, il y a toute apparence que ce second sarigue n'est qu'une simple variété dans l'espèce du premier.

	Pieds.	Pouces.	Lignes.
Longueur du corps entier, depuis le bout du nez jusqu'à l'origine de la queue	1	3	3
Longueur des oreilles	»	1	1
Largeur des oreilles	»	»	9
Longueur des moustaches	»	2	2
Longueur de la queue	»	1	3

Les oreilles sont d'une peau lisse, semblable à du parchemin brun, sans aucun poil en dedans ni en dehors; le poil qui couvre le corps jusqu'à la queue, ainsi que les jambes, est d'un brun plus ou moins nuancé de cendré et mêlé de longs poils blancs, qui ont jusqu'à deux pouces trois lignes sur le dos, et deux pouces six lignes près de la queue; le dessous du corps est d'un cendré blanchâtre; il a cinq doigts à tous les pieds; le pouce ou doigt interne des pieds de derrière a un ongle plat qui n'excède pas la chair; les autres ongles sont blancs et crochus.

LE SARIGUE A LONGS POILS

Nous donnons ici la description d'un sarigue mâle à longs poils, qui est d'un quart plus grand que le précédent (**), et qui en diffère aussi par la queue, qui est beaucoup plus courte à proportion; la longueur de ce sarigue est de vingt pouces trois lignes, du bout du museau jusqu'à l'origine de la queue, au lieu que l'autre n'a que quinze pouces trois lignes; la tête est semblable dans tous deux, à l'exception du bout du nez, qui est noir dans le précédent, et couleur de chair dans celui-ci; les plus grands poils des moustaches ont près de trois pouces de longueur; il y a encore une petite différence, c'est que dans le sarigue illinois les deux dents incisives du milieu de la mâchoire supérieure sont les plus petites, tandis que dans celui-ci ces deux mêmes dents incisives sont les plus grandes; ils diffèrent encore par les couleurs du poil, qui, dans ce sarigue, est brun sur les jambes et les pieds, blanchâtre sur les doigts, et rayé sur le corps de plusieurs bandes brunes indécises, une sur le dos, jusqu'auprès de la queue, et une de chaque côté du corps, qui s'étend de l'aisselle jusqu'aux cuisses; le cou est roussâtre depuis l'oreille aux

(*) *Didelphis virginiana* L.
(**) Il paraît cependant appartenir à la même espèce que le précédent.

épaules, et cette couleur s'étend sous le ventre et domine par endroits sur plusieurs parties du corps ; la queue est écailleuse et garnie à son origine de poils blancs et de poils bruns : nous ne déciderons pas par cette simple comparaison de l'identité ou de la diversité de ces deux espèces de sarigues, qui toutes deux pourraient bien n'être que des variétés de celle du sarigue commun.

LE PHILANDRE DE SURINAM

Cet animal est du même climat et d'une espèce voisine de celles du sarigue, de la marmose, du cayopollin et du phalanger. Sibylle Mérian est le premier auteur qui en ait donné la figure avec une courte indication (a). Ensuite Séba a donné pour la femelle la figure même de Mérian, et pour le mâle une nouvelle figure avec une espèce de description : cet animal, dit-il, a les yeux très brillants et environnés d'un cercle de poil brun foncé ; le corps couvert d'un poil doux, ou plutôt d'une espèce de laine d'un jaune roux ou rouge, clair sur le dos ; le front, le museau, le ventre et les pieds sont d'un jaune blanchâtre ; les oreilles sont nues et assez raides ; il y a de longs poils en forme de moustaches sur la lèvre supérieure et aussi au-dessus des yeux ; ses dents sont, comme celles du loir, pointues et piquantes ; sur la queue, qui est nue et d'une couleur pâle, il y a dans le mâle des taches d'un rouge obscur qui ne se remarquent pas sur la queue de la femelle ; les pieds ressemblent aux mains d'un singe : ceux de devant ont les quatre doigts et le pouce garnis d'ongles courts et obtus, au lieu que, des cinq doigts des pieds de derrière, il n'y a que le pouce qui ait un ongle plat et obtus ; les quatre autres sont armés de petits ongles aigus. Les petits de ces animaux ont un grognement assez semblable à celui d'un petit cochon de lait. Les mamelles de la mère ressemblent à celles de la marmose. Séba remarque avec raison que, dans la figure donnée par Mérian, les pieds et les doigts sont mal représentés (b). Ces philandres produisent cinq ou six petits, ils ont la queue très longue et prenante comme celle des sapajous ; les petits montent sur le dos de leur mère et s'y tiennent en accrochant leur queue à la sienne ; dans cette situation, qui leur est familière, elle les porte et transporte avec autant de sûreté que de légèreté.

DE LA MARMOSE

On sait qu'en général les sarigues, marmoses et cayopolins portent également leurs petits dans une poche sous le ventre, et que ces petits sont attachés à la mamelle longtemps avant d'avoir pris leur accroissement entier ; ce fait, l'un des plus singuliers de la nature, me faisait désirer des éclaircissements au sujet de la génération de ces animaux, qui ne naissent pas à terme comme les autres. Voici ce que M. Roume de Saint-Laurent m'en a écrit en m'envoyant le catalogue du Cabinet d'histoire naturelle qu'il a fait à l'île de la Grenade :

« Des personnes dignes de croyance, dit M. de Saint-Laurent, m'ont assuré avoir

(a) « Hic genus gliris sylvestris depictum est qui catulos quorum vulgo quinque vel sex
» una fœtura enititur in dorso secum portat ; ex flavo fusci coloris, at subucula ejus alba
» est : cùm antris exeunt alimenti causa, à catulis circumcurruntur qui jam saturi vel molestia
» suspicantes, illico matris dorsum ascendunt, et caudas suas parentum caudis involvunt, qui
» illos statim in antra apportant. » Mar. Sibyl. Merian., *Insect. Surinam.* Amst., p. 66, fig.
tab. LXVI.

(b) Séba. Volume 1er, page 49, tab. XXI, fig. 4.

» trouvé des femelles de *manicou* (marmose), dont les petits n'étaient point encore formés;
» on voyait au bout des mamelons de petites bosses claires dans lesquelles on trouvait
» l'embryon ébauché : tout extraordinaire que ce fait doive paraître, je ne puis le révo-
» quer en doute, et je vais ajouter ici la dissection que je fis d'un de ces animaux en 1767,
» qui peut donner quelques lumières sur la façon dont la génération s'effectue dans cette
» espèce.

» La mère avait dans son sac sept petits, au bout d'autant de mamelons, auxquels ils
» étaient fortement fixés, sans qu'ils y adhérassent ; ils avaient environ trois lignes de
» longueur, et une ligne et demie de grosseur ; la tête était fort grosse à proportion du
» corps, dont la partie antérieure était plus formée que la postérieure ; la queue était moins
» avancée que tout le reste ; ces petits n'avaient point de poil ; leur peau, très fine, parais-
» sait sanguinolente ; les yeux ne se distinguaient que par deux petits filets en cercles ;
» les cornes de la matrice étaient gonflées, fort longues, formant un tour et se portant
» ensuite vers les ovaires ; elles contenaient un mucus blanc, épais et parsemé de globules
» d'air nombreux ; l'extrémité des cornes se terminait par des filets gros comme de forts
» crins, d'une substance à peu près semblable à celle des trompes de Fallope, mais plus
» blanche et plus solide ; on suivait ces filets jusque dans le corps glanduleux des
» mamelles, où ils aboutissaient chacun à des mamelons, sans que l'on pût en distinguer la
» fin. parce qu'elle se confondait dans la substance des mamelles ; ces filets paraissaient
» être creux et remplis du même mucus qui était contenu dans les cornes : peut-être les
» petits embryons, produits dans la matrice. passent-ils dans ces canaux pour se rendre
» aux mamelons contenus dans le sac. »

Cette observation de M. de Saint-Laurent mérite assurément beaucoup d'attention ; mais
elle nous paraît si singulière qu'il serait bon de la répéter plus d'une fois et de s'assurer
de cette marche très extraordinaire des fœtus, et de leur passage immédiat de la matrice
aux mamelles, et du temps où se fait ce passage après la conception ; il faudrait pour
cela élever et nourrir un certain nombre de ces animaux, et disséquer les femelles peu de temps
après leur avoir donné le mâle à un jour, deux jours, trois jours, quatre jours après l'accouplement ; on pourrait saisir le progrès de leur développement, et reconnaître le temps
et la manière dont ils passent réellement de la matrice aux mamelles qui sont renfermées
dans la poche de la mère.

LE TOUAN

Un petit animal nous a été envoyé de Cayenne par M. de la Borde, sous le nom de
touan (*); nous ne pouvons en rapporter l'espèce qu'au genre de la belette. Dans la courte
notice que M. de la Borde nous a laissée de cet animal, il est dit seulement qu'il était
adulte, qu'il se tient dans les troncs d'arbres, et qu'il se nourrit de vers et d'insectes. La
femelle produit deux petits qu'elle porte sur le dos.

Ce touan adulte n'a que cinq pouces neuf lignes de longueur, depuis le bout du museau
jusqu'à l'origine de la queue ; il est plus petit que la belette d'Europe qui a communément
six pouces six lignes de long, mais il lui ressemble par la forme de la tête et par celle de
son corps allongé sur de petites jambes, et il en diffère par les couleurs du poil : le tête n'a
qu'un pouce de longueur ; la queue a deux pouces trois lignes, au lieu que la queue de
notre belette d'Europe n'est longue que de quinze lignes, et n'est pas comme celle du
touan, grosse et épaisse à sa naissance et très mince à son extrémité. Le touan a cinq
doigts armés d'ongles à chaque pied : le dessus du museau, de la tête et du corps jusqu'auprès de la queue, est couvert d'un poil noirâtre ; les flancs du corps sont d'un roux

(*) *Didelphis brachyura* PALL.

vif, le dessous du cou et du corps entier d'un beau blanc ; les côtés de la tête, ainsi que
le dessus des quatre jambes, sont d'un roux moins vif que celui des flancs. La queue est
couverte, depuis son origine jusqu'à un tiers de sa longueur, d'un poil semblable à celui
qui couvre les jambes, et dans le reste de la longueur, elle est sans poil ; l'intérieur des
jambes est blanc comme le dessous du corps : tout le poil de ce petit animal est doux au
toucher.

LA PETITE LOUTRE DE LA GUYANE

Un petit animal nous a été envoyé de la Guyane sous le nom de *petite loutre d'eau
douce de Cayenne* (*) ; c'est la troisième dont parle M. de la Borde. Elle n'a que sept pouces
de longueur depuis le bout du nez jusqu'à l'extrémité du corps ; cette petite loutre a la
queue sans poil, comme le rat d'eau, longue de six pouces sept lignes, et cinq lignes de
grosseur à l'origine, allant toujours en diminuant jusqu'à l'extrémité qui est blanche,
tandis que tout le reste de la queue est brun, et au lieu de poil elle est couverte d'une
peau grenue, rude comme du chagrin ; elle est plate par-dessous et convexe par-dessus.
Les moustaches ont un pouce de long, aussi bien que les grands poils qui sont au-dessus
des yeux ; tout le dessous de la tête et du corps est blanc, ainsi que le dedans des jambes
de devant. Le dessus et les côtés de la tête et du corps sont marqués de grandes taches
d'un brun noirâtre, dont les intervalles sont remplis par un gris jaunâtre. Les taches
noires sont symétriques de chaque côté du corps ; il y a une tache blanche au-dessus de
l'œil ; les oreilles sont grandes et paraissent un peu plus allongées que celles de nos
loutres. Les jambes sont fort courtes ; les pieds de devant ont cinq doigts sans membranes ;
les pieds de derrière ont aussi cinq doigts, mais avec des membranes.

DU PHALANGER

Nous étions mal informés lorsque nous avons dit que les animaux auxquels nous avons
donné le nom de phalangers appartenaient au nouveau continent. Un marchand dont je
les ai achetés me les avait donnés sous le nom de rats de Surinam, mais probablement il
avait été trompé lui-même. M. Pallas est le premier qui ait remarqué cette méprise, et
nous sommes maintenant assurés que le phalanger se trouve dans les Indes méridionales
et même dans les terres australes, comme à la Nouvelle-Hollande. Nous savons aussi
qu'on n'en a jamais vu dans les terres de l'Amérique. M. Banks (*a*) dit avec raison que je
me suis trompé et qu'il a trouvé dans la Nouvelle-Hollande un animal, qui a tant de rapports avec le phalanger, qu'on doit les regarder comme deux espèces très voisines.

(*a*) « M. Bancks, parcourant la campagne, prit un animal de la classe des opossums,
» c'était une femelle, et il prit en outre deux petits : il trouva qu'ils ressemblaient beaucoup
» au quadrupède décrit par M. de Buffon sous le nom de *phalanger* ; mais ce n'est pas le
» même. Cet auteur suppose que cette espèce est particulière à l'Amérique, mais il s'est
» sûrement trompé en ce point ; il est probable que le phalanger est indigène des Indes
» orientales, puisque l'animal que prit M. Bancks avait quelque analogie avec lui par la
» conformation extraordinaire de ses pieds, en quoi il diffère de tous les autres quadru-
» pèdes. » *Voyage autour du monde*, t. IV, p. 56. — Je crois que cette critique est juste,
et que le phalanger appartient en effet aux climats des Indes orientales et méridionales ;
mais, quoiqu'il ait quelque ressemblance avec les opossums ou sarigues, je n'ai pas dit qu'il
fût du même genre ; j'ai au contraire assuré qu'il différait de tous les sarigues, marmoses et

(*) *Didelphis palmata* GEOFF.

DE L'ÉCUREUIL

Les écureuils sont plutôt des animaux originaires des terres du Nord que des contrées tempérées, car ils sont si abondants en Sibérie, qu'on en vend les peaux par milliers. Les Sibériens, à ce que dit M. Gmelin, les prennent avec des espèces de trappes, faites à peu près comme des quatre en chiffre, dans lesquels on met pour appât un morceau de poisson fumé, et on tend ces trappes sur les arbres (a).

Nous avons déjà parlé des écureuils noirs qui se trouvent en Amérique. M. Aubry, curé de Saint-Louis, a dans son cabinet un écureuil qui lui a été envoyé de la Martinique (*), qui est tout noir ; les oreilles n'ont presque point de poil, ou du moins n'ont qu'un petit poil très court, ce qui le distingue des autres écureuils.

M. de la Borde, médecin du roi à Cayenne, dit qu'il n'y a à la Guyane qu'une seule espèce d'écureuil, qu'il se tient dans les bois, que son poil est rougeâtre, et qu'il n'est pas plus grand que le rat d'Europe, qu'il vit de graines de *maripa*, d'*aouara*, de *comana*, etc., qu'il fait ses petits dans des trous d'arbres au nombre de deux, qu'il mord comme le rat, et que cependant il s'apprivoise aisément, que son cri est un petit sifflement, qu'on le voit toujours seul sautant de branche en branche sur les arbres.

Je ne suis pas bien assuré que cet animal de la Guyane, dont parle M. de la Borde, soit un véritable écureuil, parce que ces animaux, en général, ne se trouvent guère dans les climats très chauds, tels que celui de la Guyane. Leur espèce est au contraire fort nombreuse et très variée dans les contrées tempérées et froides de l'un et de l'autre continent.

« On trouve, dit M. Kalm, plusieurs espèces d'écureuils en Pensylvanie, et l'on élève
» de préférence la petite espèce (l'écureuil de terre), parce qu'il est le plus joli, quoique
» assez difficile à apprivoiser. Les grands écureuils font beaucoup de dommages dans les
» plantations de maïs ; ils montent sur les épis et les coupent en deux pour en manger la
» moelle ; ils arrivent quelquefois par centaines dans un champ, et le détruisent souvent
» dans une seule nuit. On a mis leur vie à prix pour tâcher de les détruire ; on mange
» leur chair, mais on fait peu de cas de la peau (b).... Les écureuils gris sont fort com-
» muns en Pensylvanie et dans plusieurs autres parties de l'Amérique septentrionale. Ils
» ressemblent à ceux de Suède pour la forme, mais, en été et en hiver, ils conservent
» leur poil gris, et ils sont aussi un peu plus gros. Ces écureuils font leurs nids dans des
» arbres creux avec de la mousse et de la paille. Ils se nourrissent des fruits des bois, mais
» ils préfèrent le maïs. Ils se font des provisions pour l'hiver et se tiennent dans leur ma-
» gasin pendant le temps des grands froids. Non seulement ces animaux font beaucoup de
» tort aux maïs, mais encore aux chênes dont ils coupent la fleur dès qu'elle vient à

cayopollins, par la conformation des pieds qui me paraissait unique dans cette espèce. Ainsi je ne me suis pas trompé en avançant que le genre des opossums ou sarigues appartient au nouveau continent, et ne se trouve nulle part dans l'ancien. Au reste, l'éditeur du voyage de M. Cook s'est certainement trompé lui-même en disant que l'animal trouvé par M. Bancks était de la classe des opossums ou sarigues ; car le phalanger n'a point de poche sous le ventre (**).

(a) *Voyage de Gmelin en Sibérie*, t. II, p. 232.
(b) *Voyage de Kalm*, t. II, p. 245.

(*) *Sciurus niger* DESM.

(**) C'est une erreur ; les femelles ont sur le ventre une poche comme les Sarigues et les autres Marsupiaux.

» paraître, en sorte que ces arbres rapportent très peu de gland... On prétend qu'ils sont
» actuellement plus nombreux qu'autrefois dans les campagnes de la Pensylvanie, et qu'ils
» se sont multipliés à mesure qu'on a augmenté les plantations de maïs, dont ils font leur
» principale nourriture (a). »

LE PETIT-GRIS DE SIBÉRIE

Nous donnons ici la description d'un petit-gris de Sibérie que M. l'abbé Aubry, curé de
Saint-Louis, conservait dans son cabinet, et qui diffère assez du petit-gris des autres contrées septentrionales pour que nous puissions présumer qu'ils forment deux espèces distinctes. Celui-ci a de longs poils aux oreilles, la robe d'un gris clair, et la queue blanche
et assez courte; au lieu que le petit-gris a les oreilles nues, le dessus du corps et les flancs
d'un gris cendré, et la queue de cette même couleur. Il est aussi un peu plus grand et
plus épais de corps, et il a la queue considérablement plus longue que le petit-gris de
Sibérie, dont voici les dimensions :

	Pieds.	Pouces.	Lignes.
Longueur du corps entier, mesuré en ligne droite....................	»	9	9
Longueur de la tête, depuis le bout du museau jusqu'à l'occiput.....	»	2	2
Longueur des oreilles..	»	»	7
Longueur du tronçon de la queue.................................	»	5	11
Longueur des plus grands ongles des pieds de devant..............	»	»	4
Longueur des plus grands ongles des pieds de derrière.............	»	»	3

Le poil de ce joli petit animal a neuf lignes de longueur ; il est d'un gris argenté à la
superficie et d'un gris foncé à la racine, ce qui donne à cette fourrure un coup d'œil gris de
perle jaspé; cette couleur s'étend sur le dessus du corps, la tête, les flancs, les jambes
et le commencement de la queue. Tout le dessus du corps, à commencer de la mâchoire
inférieure, est d'un beau blanc; le dessus du museau est gris, mais le front, le sommet de
la tête et les côtés des joues, jusqu'aux oreilles, sont mêlés d'une légère teinte de roux,
qui devient plus sensible au-dessus des yeux et de la mâchoire inférieure. Le dedans des
oreilles est garni d'un poil plus gris que celui du corps; le tour et le dessus des oreilles
portent de grands poils roux qui forment une espèce de bouquet d'un pouce quatre ou
cinq lignes de longueur. La face externe de la moitié des jambes de devant est d'un fauve
mêlé de gris cendré; la face interne est d'un blanc mêlé d'un peu de fauve; les jambes de
derrière, depuis le jarret et les quatre pieds, sont d'un brun mélangé de roux : les pieds
de devant ont quatre doigts, et ceux de derrière en ont cinq. Les poils de la queue ont
vingt et une lignes de longueur, et ceux qui la terminent à l'extrémité ont jusqu'à deux
pouces : cette queue blanche, avec de si longs poils, paraît très différente de l'autre petit-
gris.

LE GRAND ÉCUREUIL DE LA COTE MALABAR

Cet écureuil (*), dont M. Sonnerat nous a apporté la peau, est bien différent des nôtres
par la grandeur et les couleurs du corps. Il a la queue aussi longue que le corps, et les
poils qui couvrent les oreilles ont une disposition différente des autres écureuils.
Si l'on compare donc cet écureuil à ceux de notre pays, c'est un géant.

(a) *Voyage de Kalm*, t. II, p. 450.

(*) *Sciurus maximus* GMEL.

	Pieds.	Pouces.	Lignes.
Sa tête, du bout du nez à l'occiput, a......................................	»	3	2
Du bout du nez à l'angle antérieur de l'œil.........................	»	1	6
De l'angle postérieur de l'œil à l'oreille.	»	1	»

La face supérieure de la tête est d'un brun marron, et forme une grande tache qui s'étend depuis le front jusqu'au milieu du nez. Les autres parties de la tête sont couvertes d'un beau jaune orangé, et sur l'extrémité du nez cette couleur n'est que jaunâtre, mêlée d'un peu de blanc.

La couleur orangée règne aussi autour des yeux et sur les joues.

	Pieds.	Pouces.	Lignes.
Les moustaches sont noires, et les plus longs poils ont de longueur...	»	2	10
Il y a aussi près des tempes des poils longs de....................	»	1	9

Les oreilles sont couvertes d'un poil très touffu et peu long qui fait la houppe : ces poils. qui ont huit lignes de longueur, se présentent comme une brosse dont on aurait coupé les extrémités. La couleur de ces poils est d'un marron foncé, ainsi que la bande qui prend de l'oreille sur la joue en arrière, et tout ce qui couvre l'occiput. Entre les oreilles prend une bande blanche, inégale en largeur, qui sépare les couleurs de la tête et du cou ; de l'occiput prend une pointe très noire qui tranche sur le cou, les bras, et s'étend aux épaules sur le brun mordoré foncé qui couvre tout le corps et les flancs, ainsi que les jambes de derrière. Ce même noir prend en bande au milieu du dos, et s'étend sur le train de derrière, les cuisses et la queue.

Le dessous de la mâchoire inférieure, du cou, du ventre et des cuisses, est blanc jaunâtre, ainsi que les jambes et les pieds de devant ; mais cette couleur est plus orangée sous le ventre et les pieds de derrière ; la queue a quinze pouces six lignes de longueur, et elle est couverte de longs poils très noirs qui ont deux pouces trois lignes.

Au reste, cet écureuil ressemble à notre écureuil par toutes les formes du corps, de la tête et des membres ; la seule différence remarquable est dans la queue et dans le poil qui couvre les oreilles.

L'ÉCUREUIL DE MADAGASCAR

On connaît à Madagascar un grand écureuil (*) qui ressemble par la forme de la tête et du corps, et par d'autres caractères extérieurs, à nos écureuils d'Europe, mais qui en diffère par la grandeur de la taille, par la couleur du poil et par la longueur de sa queue. Il a dix-sept pouces de longueur en le mesurant en ligne superficielle, depuis le bout du museau jusqu'à l'origine de la queue, et treize pouces deux lignes en le mesurant en ligne droite, tandis que l'écureuil de nos bois n'a que huit pouces neuf lignes. De même la tête, mesurée du bout du museau à l'occiput, a trois pouces quatre lignes, au lieu que celle de notre écureuil n'a que deux pouces ; ainsi cet écureuil d'Afrique est d'une espèce différente de celle des écureuils d'Europe et d'Amérique. D'ailleurs son poil est d'un noir foncé : cette couleur commence sur le nez, s'étend sous les yeux jusqu'aux oreilles, couvre le dessus de la tête ou du cou, tout le dessus du corps, ainsi que les faces externes des jambes de devant, des cuisses, des jambes de derrière et des quatre pieds. Les joues, le dessous du cou, la poitrine et les faces internes des jambes de devant sont d'un blanc jaunâtre ; le ventre et la face interne des cuisses sont d'un brun mêlé d'un peu de jaune ; les poils du corps ont onze lignes de longueur. La queue, qui est toute noire, est remarquable en ce qu'elle est menue et plus longue que le corps, ce qui ne se trouve dans

(*) *Sciurus madagascariensis* Desm.

aucune autre espèce d'écureuil. Le tronçon seul a seize pouces neuf lignes, sans compter la longueur du poil, qui l'allonge encore de deux pouces; il forme sur les côtés de la queue un panache, qui la fait paraître plate dans son milieu.

DU PALMISTE

Nous avons dit que cet animal passait sa vie sur les palmiers, et qu'il se trouvait principalement en Barbarie; on nous a aussi assuré qu'on le trouve très communément au Sénégal, dans le pays des nègres Jalofes et dans les terres voisines du cap Vert. Il fréquente les lieux découverts et voisins des habitations, et il se tient encore plus souvent dans les buissons, à terre que sur les palmiers. Ce sont de petits animaux très vifs; on les voit pendant le jour traverser les chemins pour aller d'un buisson à l'autre, et ils demeurent à terre aussi souvent au moins que sur les arbres.

LES GUERLINGUETS

Il y a deux espèces ou variétés constantes de ces petits animaux à la Guyane, où on leur donne ce nom. La première, dont nous donnons ici la description, sous le nom de *grand guerlinguet* (*), est du plus du double plus grande que la seconde, que nous appelons *petit guerlinguet* (**). Toutes deux nous ont été données par M. Sonnini de Manoncourt, et nous avons reconnu que ce sont les mêmes animaux dont M. de la Borde nous avait parlé sous le nom d'*écureuil* : j'en ai fait mention page 358. J'ai eu raison de dire que je n'étais pas assuré que cet animal fût un véritable écureuil, parce que les écureuils ne se trouvent point dans les climats très chauds. En effet, j'ai été bien informé depuis qu'il n'y a aucune espèce de vrais écureuils à la Guyane. L'animal qu'on y appelle *guerlinguet* ressemble à la vérité à l'écureuil d'Europe par la forme de la tête, par les dents et par l'habitude de relever la queue sur le dos; mais il en diffère en ce qu'il l'a plus longue et moins touffue, et en général son corps n'a pas la même forme ni les mêmes proportions que celui de notre écureuil. La petite espèce de guerlinguet, qui ne diffère de la grande qu'en ce qu'elle est plus de deux fois plus petite, est encore plus éloignée de celle de notre écureuil; on a même donné à ce petit animal un autre nom, car on l'appelle *rat de bois* à Cayenne, parce qu'il n'est pas en effet plus gros qu'un rat. L'autre guerlinguet est à peu près de la même taille que nos écureuils de France, mais il a le poil moins long et moins roux, et le petit guerlinguet a le poil encore plus court, et la queue moins fournie que le premier : tous deux vivent des fruits du palmier; ils grimpent très lestement sur les arbres, où néanmoins ils ne se tiennent pas constamment, car on les voit souvent courir à terre.

Voici la description de ces deux animaux.

Le grand guerlinguet mâle n'a point de bouquet de poil aux oreilles comme les écureuils; sa queue ne forme pas un panache, et il est plus petit, n'ayant que sept pouces cinq lignes depuis l'extrémité du nez jusqu'à l'origine de la queue, tandis que l'écureuil de nos bois a huit pouces six lignes. Le poil est d'un brun minime à la racine, et d'un roux foncé à l'extrémité; il n'a que quatre lignes de longueur; il est d'un brun marron sur la tête, le corps, l'extérieur des jambes et la queue, et d'un roux plus pâle sur le cou, sur la poitrine, le ventre et l'intérieur des jambes : il y a même du gris et du blanc jaunâtre sous la mâchoire et le cou; mais le roux pâle domine sur la poitrine et sur une partie du

(*) *Sciurus æstuans* L.
(**) *Sciurus pusillus* GEOFF.

ventre, et cette couleur orangée du poil est mêlée de nuances grises sur l'intérieur des cuisses. Les moustaches sont noires et longues d'un pouce neuf lignes. La queue est aussi longue que le corps entier, ayant sept pouces cinq lignes ; ainsi elle est plus longue à proportion que celle de l'écureuil d'Europe ; elle est plus plate que ronde, et d'une grosseur presque égale dans toute sa longueur : le poil qui la couvre est long de dix à onze lignes, et elle est comme rayée de bandes indécises de brun et de fauve ; l'extrémité en est terminée par des poils noirs. Il y a aussi sur la face interne de l'avant-bras, proche du poignet, un faisceau de sept ou huit poils noirs, qui ont sept lignes de longueur, et ce caractère ne se trouve pas dans nos écureuils.

Le petit guerlinguet n'a que quatre pouces trois lignes depuis l'extrémité du nez jusqu'à l'origine de la queue, qui, n'ayant que trois pouces trois lignes de long, est bien plus courte à proportion que celle du grand guerlinguet ; mais, du reste, ces deux animaux se ressemblent parfaitement pour la forme de la tête, du corps et des membres : seulement le poil du petit guerlinguet est moins brun ; le corps, les jambes et la queue sont nuancés d'olivâtre et de cendré, parce que le poil, qui n'a que deux lignes de longueur, est brun cendré à la racine et fauve à son extrémité. Le fauve foncé domine sur la tête, sur le basventre et sur la face interne des cuisses ; les oreilles sont garnies de poils fauves en dedans, au lieu que celles du grand guerlinguet sont nues. Les moustaches sont noires et composées de poils assez souples, dont les plus longs ont jusqu'à treize lignes ; les jambes et les pieds sont couverts d'un petit poil fauve ; les ongles, qui sont noirâtres, sont larges à leur origine et crochus à leur extrémité, à peu près comme ceux des chats. La poitrine et le haut du ventre sont d'un gris de souris mêlé de roux, au lieu que dans le grand guerlinguet ces mêmes parties sont d'un roux pâle et blanchâtre. Les poils de la queue sont mélangés de brun et de fauve ; les testicules de ce petit guerlinguet étaient beaucoup plus gros que ceux du grand guerlinguet, à proportion du corps, quoique ces parties fussent dans le grand guerlinguet de la même grosseur que dans nos écureuils.

DU TAGUAN OU GRAND ÉCUREUIL VOLANT

Nous avons dit qu'il existe de plus grands polatouches que ceux dont nous avons donné la description, et que nous avions au Cabinet une peau qui ne peut provenir que d'un animal plus grand que le polatouche ordinaire. M. Daubenton a fait la description de cette peau, qui a en effet cinq pouces et demi de long, tandis que la peau du polatouche ordinaire n'a guère que quatre pouces de longueur ; mais cette différence n'est rien en comparaison de celle qui se trouve pour la grandeur entre notre polatouche et le taguan des Indes orientales, dont la dépouille a été envoyée de Mahé à S. A. S. M. le prince de Condé, qui a eu assez de bonté pour me le faire voir et en conférer avec moi. Ce grand écureuil volant (*), conservé dans le très riche cabinet de Chantilly, a vingt-trois pouces de longueur depuis le bout du nez jusqu'à l'extrémité du corps ; il se trouve non seulement à Mahé, mais aux îles Philippines, et vraisemblablement dans plusieurs autres endroits des Indes méridionales ; celui-ci a été pris dans les terres voisines de la côte du Malabar ; c'est un géant en comparaison du polatouche de Russie et même de celui d'Amérique ; car communément ceux-ci n'ont que quatre pouces et demi, ou cinq pouces tout au plus. Néanmoins le taguan ressemble pour la forme au polatouche dont il a les principaux caractères, tel que le prolongement de la peau qui est tout à fait conforme ; mais, comme il en diffère excessivement par la grandeur et assez évidemment par d'autres caractères que je vais indiquer, on doit en faire une espèce séparée de celle du polatouche, et

(*) *Pteromys Petaurista* Desm.

c'est par cette raison que nous l'avons indiqué par le nom de *taguan* qu'il porte aux îles Philippines, selon le témoignage de quelques voyageurs.

Le taguan diffère donc du polatouche : 1° par la grandeur, ayant vingt-trois pouces de long, tandis que le polatouche n'en a pas cinq ; 2° par la queue qui a près de vingt et un pouces, tandis que celle du polatouche n'a guère que trois pouces et demi ; d'ailleurs la queue n'est point aplatie comme celle du polatouche, mais de forme ronde, assez semblable à celle du chat, et couverte de longs poils brun noirâtre ; 3° il paraît que les yeux et les oreilles de ce grand écureuil volant sont placés et enfoncés comme ceux du polatouche, et que les moustaches noires sont relativement les mêmes ; mais la tête de ce grand écureuil volant est moins grosse à proportion du corps que celle du polatouche ; 4° la face est toute noire ; les côtés de la tête et des joues sont mêlés de poils noirâtres et de poils blancs ; le dessus du nez et le tour des yeux sont couverts des mêmes poils noirs, roux et blancs ; derrière les oreilles sont de grands poils brun musc ou minime qui couvrent les côtés du cou, ce qui ne se voit point sur le polatouche. Le dessus de la tête et de tout le corps, jusqu'auprès de la queue, est jaspé de poils noirs et blancs où le noir domine, car le poil blanc est noirâtre à son origine, et ne devient blanc qu'à un tiers de distance de son extrémité. Le dessous du corps est d'un blanc gris terne, et cette couleur s'étend jusque sous le ventre ; 5° le prolongement de la peau est couvert au-dessus de poils d'un brun musc, et en dessous de poils cendrés et jaunâtres : les jambes sont d'un roux noir qui se réunit au-dessus de la queue, et rend la partie supérieure de la queue brune ; cette nuance de brun augmente imperceptiblement jusqu'au noir, qui est la couleur de l'extrémité de la queue ; 6° les pieds de ce grand écureuil volant ont le même nombre de doigts que ceux du polatouche, mais ces doigts sont couverts de poils noirs, tandis que ceux du polatouche le sont de poils blancs. Les ongles sont courbes et assez minces, et leur empatement est large et crochu à l'extrémité, comme dans les chats ; ces rapports et celui de la ressemblance de la queue ont fait donner à cet animal la dénomination de *chat volant* par ceux qui l'avaient apporté. Au reste, le plus grand ongle des pieds de devant avait cinq lignes et demie de longueur, et le plus grand ongle des pieds de derrière cinq lignes seulement, quoiqu'il soit d'une forme plus allongée que ceux de devant.

Nous avons donné à cet animal le nom de *taguan*, en conséquence d'un passage que nous avons trouvé dans les voyageurs, et que je dois rapporter ici :

« Les îles Philippines sont le seul endroit où l'on voit une espèce de chat volant de la » grandeur des lièvres et de la couleur des renards, auxquels les insulaires donnent le nom » de *taguan*. Ils ont des ailes comme les chauves-souris, mais couvertes de poil, dont ils » se servent pour sauter d'un arbre sur l'autre, à la distance de trente palmes (a) ».

Après avoir rédigé cet article, l'ouvrage de M. Wosmaër, qui contient la description de quelques animaux quadrupèdes et de quelques oiseaux, m'est tombé entre les mains ; j'y ai vu avec plaisir la description de ce grand écureuil volant, et quelques notices au sujet du polatouche, ou petit écureuil volant.

M. Wosmaër dit qu'il a vu deux polatouches vivants, mais qu'ils n'ont pas vécu long-temps à la ménagerie de S. A. S. Msr le prince d'Orange.

« Ils dormaient, dit-il, presque toute la journée ; quand on les poussait vivement, ils » faisaient bien un petit saut comme pour voler, mais ils s'esquivaient d'abord avec frayeur, » car ils sont peureux : ils aiment beaucoup la chaleur, et si on les découvrait, ils se » fourraient au plus vite sous de la laine qu'on leur donnait pour se coucher ; leur nour- » riture était du pain trempé, des fruits, etc., qu'ils mangeaient de la même façon que » les écureuils, avec leurs pattes de devant et assis sur leur derrière. A l'approche de la » nuit on les voyait plus en mouvement : la différence du climat influe certainement beau-

(a) *Histoire générale des voyages*, t. X, p. 110.

» coup dans le changement de nature de ces petits animaux, qui paraissent fort déli-
» cats (*a*) ».

Ce que je viens de citer, d'après M. Wosmaër, est très conforme à ce que j'ai vu moi-
même sur plusieurs de ces petits animaux ; j'en ai encore actuellement un (17 mars 1775)
vivant dans une cage, au fond de laquelle est une petite cabane faite exprès ; il se tient
tout le jour fourré dans du coton, et n'en sort guère que le soir pour prendre sa nourriture ; il a un très petit cri, comme une souris, qu'il ne fait entendre que quand on le force
à sortir de son coton ; il mord même assez serré, quoique ses dents soient très petites ;
son poil est de la plus grande finesse au toucher ; on a de la peine à lui faire étendre ses
membranes, il faut pour cela le jucher haut et l'obliger à tomber, sans quoi il ne les développe pas. Ce qu'il y a de plus singulier dans cet animal, c'est qu'il paraît extrêmement
frileux, et je ne conçois pas comment il peut se garantir du froid pendant l'hiver dans
les climats septentrionaux, puisqu'en France, si on ne le tenait pas dans la chambre et
qu'on ne lui donnât pas de la laine ou du coton pour se coucher et même pour s'envelopper, il périrait en peu de temps.

A l'égard du taguan ou grand écureuil volant, voici ce qu'en dit M. Wosmaër :

« Le polatouche décrit par M. de Buffon a, sans contredit, une grande conformité avec
» celui-ci ; il a les membranes pareilles au polatouche, non pas pour voler, mais pour se
» soutenir en l'air quand il saute de branche en branche.

» Le grand écureuil volant que je décris (*b*) ne m'a été envoyé qu'en peau desséchée.
» M. Allamand a donné une description abrégée de cet animal d'après un sujet femelle
» conservé à Leyde dans le Cabinet de l'Académie.

» Valentin est le premier qui en ait parlé ; il dit qu'il se trouve dans l'île de Gilolo ; il
» appelle ces animaux des *civettes volantes* ; il dit qu'ils ont de fort longues queues, à peu
» près semblables à celles des guenons ; lorsqu'ils sont en repos, on ne voit point leurs
» ailes : ils sont sauvages et peureux ; ils ont la tête rousse, avec un mélange de gris
» foncé ; les ailes, ou plutôt les membranes, couvertes de poils en dedans et en dehors ;
» ils mordent fortement et sont en état de briser très facilement une cage de bois dans
» une seule nuit ; quelques-uns les appellent des *singes volants* ; ils se trouvent aussi à l'île
» de Ternate, où l'on prit d'abord cet animal pour un écureuil, mais il avait la tête plus
» effilée et ressemblait davantage à un *coescoes*, ayant le poil gris depuis le museau, avec
» une raie noire le long du dos jusqu'au derrière. La peau était adhérente au corps et
» s'étendait ; elle est garnie d'un poil plus blanc par-dessous, et blanc comme celui du
» ventre. Lorsqu'il saute d'un arbre à l'autre, il étend ses membranes et il paraît comme
» s'il était aplati.

» Dans l'ouvrage de M. l'abbé Prévost, on trouve un passage relatif à cet animal, qu'il
» dit, d'après les *Lettres édifiantes*, se trouver aux îles Philippines, où on l'appelle
» *taguan*.

» J'ai vu quatre pièces relatives à cet animal, l'une au cabinet de Leyde, l'autre
» au cabinet de M. Heeteren à La Haye, toutes deux femelles, de couleur châtain clair
» sur le corps, plus foncé sur le dos, et le bout de la queue noirâtre : la différence de
» sexe se connaissait à six petits mamelons placés à distance égale, en deux rangs, à la
» poitrine et au ventre ; les deux mâles étaient dans le cabinet de S. A. S. Mgr le prince
» d'Orange. »

(*a*) *Description d'un écureuil volant*, par M. Wosmaër, p. 9. Amsterdam, 1767.

(*b*) Ce nom me paraît plus propre que celui de *chat volant*, sous lequel cet animal nous
est autrement connu. La tête, les dents et les griffes ont plus de rapport avec les *écureuils*
que n'en a la simple queue velue, qui est particulière au chat. L'épithète de *volant* convient
d'ailleurs assez, à cause du grand saut que fait l'animal.

Voici la description que M. Wosmaër donne de cet animal :

DIMENSIONS PRISES A LA MESURE DU RHIN.

	Pieds.	Pouces.	Lignes.
Longueur du corps de l'animal.....................................	1	5	»
Largeur du corps, les membranes étendues, prise auprès des pieds de devant..	»	$4\frac{3}{4}$	»
Largeur du corps, les membranes étendues, prise auprès des pieds de derrière..	»	$5\frac{1}{4}$	»
Longueur de la queue jusqu'à l'extrémité du poil..................	1	8	»
Les pieds de devant étant écartés, la ligne de distance, entre le bout des onglets d'un côté à l'autre, donne...........................	1	»	6
Et celle des pieds de derrière...................................	1	3	»

» La tête est plus pointue que celle d'un écureuil.

» Les oreilles petites, pointues, couvertes en dehors d'un poil brun clair très court et
» très fin ; les yeux sont surmontés de deux longs poils d'un brun fauve, les paupières
» paraissent sans poils. Il y a des deux côtés du museau plusieurs poils en moustaches.
» longs, noirs et très raides ; le nez est sans poils ; les dents sont, comme celles des écu-
» reuils, au nombre de deux en dessus et deux en dessous, d'un jaune foncé ; les inté-
» rieures sont fort longues ; les dents molaires se trouvent aussi au fond du museau.

» Ses pieds de devant et de derrière, surtout ceux-ci, sont comme cachés sous la peau
» à voler, qui les recouvre presque jusqu'aux pattes, dont les antérieures sont divisées
» en quatre doigts tout noirs, les deux du milieu plus longs que les autres, surtout le troi-
» sième. Celles des pieds postérieurs sont aussi noires, et ont cinq doigts, quatre desquels
» sont d'égale longueur ; mais le cinquième, qui est l'intérieur, est beaucoup plus court et
» ne parait que comme un simple appendice. Les onglets sont fort grands et aigus, noirs
» en devant, blancs en dessous et larges à leur origine. Les articulations de ces doigts
» sont semblables à celles des écureuils.

» La peau à voler, qui dans notre figure se montre étendue entre les pieds de devant
» et ceux de derrière, est le plus mince au milieu, où elle a environ quatre pouces de
» largeur de chaque côté, et ne passe pas l'épaisseur du fin papier des Indes. Ailleurs
» elle est cependant aussi fort mince, d'un tissu clair, et garnie de petits poils châtains.
» Près des pieds de devant et de derrière, elle devient plus épaisse ou s'élève en forme
» de coussinet, plus large aux cuisses, et allant en se rétrécissant vers l'extrémité des
» pattes. Cette partie est couverte de poils bruns et noirs fort serrés. Sur les pattes de
» devant elle paraît lâche et pend auprès ou par-dessus, comme un lambeau qui est rond
» et revêtu de poils drus. Les bords extérieurs de cette peau sont courbés d'une lisière
» épaisse de poils noirs et gris.

» La partie supérieure de la tête, le dos et l'origine de la queue, sont garnis de poils
» drus, assez longs, noirs à leur partie inférieure, et les sommités ou extrémités, pour la
» plupart, d'un blanc grisâtre.

» Les poils de la queue sont noirs, plus gris vers le corps et dispersés de façon que la
» queue parait être ronde.

» Les joues, à côté de la tête, sont d'un gris brun, le gosier d'un gris blanchâtre clair,
» ainsi que la poitrine, le ventre et en dessous vers la queue. La peau à voler a aussi en
» dessus des poils gris, mais fort clairsemés. »

DU TAGUAN (*suite*)

Un autre taguan, quoique beaucoup plus petit que celui dont la dépouille est conservée dans le cabinet de S. A. S. Mgr le prince de Condé, me parait néanmoins être de la même espèce. Il a été envoyé des côtes du Malabar à M. Aubry, curé de Saint-Louis, et il est maintenant au Cabinet du Roi. Il n'a que quinze pouces neuf lignes de longueur, ce qui ne fait que les deux tiers de la grandeur de celui de Mgr le prince de Condé; mais aussi est-il évidemment beaucoup plus jeune, car à peine voit-on les dents molaires hors des gencives; il a, comme les écureuils, deux dents incisives en haut et deux en bas; la tête parait être petite à proportion du corps; le nez est noir, le tour des yeux et les mâchoires sont noirs aussi, mais mêlés de quelques poils fauves. Les joues et le dessus de la tête sont mêlés de noir et de blanc; les plus grands poils des moustaches sont noirs et ont un pouce dix lignes de longueur; les oreilles sont, comme dans les écureuils, garnies de grands poils noirâtres qui ont jusqu'à quatorze lignes de longueur; derrière les oreilles les poils sont d'un brun marron, et ils ont plus de longueur que ceux du corps. Le dessous du cou est d'un fauve foncé mélangé de noir; les bras ou jambes de devant jusqu'au poignet, où commence le prolongement de la peau, sont, ainsi que cette peau elle-même, d'un noir mélangé de fauve; le dessous de cette peau est d'une couleur cendrée, mêlée de fauve et de brun. Tout le poil de dessus le corps, depuis le sommet de la tête jusqu'a la queue, est jaspé de noir et de blanc, et cette dernière couleur domine en quelques endroits; la longueur de ce poil est d'environ un pouce. Les cuisses, au-dessous du prolongement de la peau, sont d'un fauve où le noir domine; les jambes et les pieds sont noirs; les ongles, qui ont cinq lignes de longueur, sont assez courts. Le dessous du corps est d'un blanc gris qui s'étend jusque sous le cou. La queue, longue d'un pied cinq pouces, est garnie de longs poils qui ont dix-huit lignes de longueur; ce poil est d'un gris noir à l'origine de la queue, et devient toujours plus noir jusqu'à l'extrémité.

En comparant cette description avec celle du taguan du Cabinet de Chantilly, on n'y trouvera qu'une seule différence, qui d'abord pourrait paraitre essentielle; c'est que les oreilles de ce grand taguan ne paraissent pas garnies de poils, au lieu que celles de celui-ci en sont très bien fournies; mais cette différence n'est pas réelle, parce que la tête du taguan de Chantilly avait été maltraitée et même mutilée, tandis que celui-ci a été soigneusement conservé et est arrivé des Indes en très bon état.

L'ANIMAL ANONYME

Nous donnons ici la description d'un animal nouveau (*), c'est-à-dire inconnu à tous les naturalistes, dont le dessin a été fait par M. le chevalier Bruce. Cet animal, dont nous ignorons le nom, et que nous appellerons l'*anonyme*, en attendant qu'on nous dise son nom, a quelques rapports avec le lièvre et d'autres avec l'écureuil. Voici ce que M. Bruce m'en a laissé par écrit :

« Il existe dans la Libye, au midi du lac qu'on appelait autrefois *Palus Tritonides*, un » très singulier animal, de neuf à dix pouces de long, avec les oreilles presque aussi lon- » gues que la moitié du corps et larges à proportion, ce qui ne se trouve dans aucun ani- » mal quadrupède, à l'exception de la chauve-souris *oreillard*. Il a le museau presque » comme le renard, et cependant il parait tenir de plus près à l'écureuil; il vit sur les

(*) *Canis Zerda* Gmel.

» palmiers et en mange le fruit ; il a les ongles courts qu'il peut encore retirer. C'est un
» très joli animal, sa couleur est d'un blanc mêlé d'un peu de gris et de fauve clair, l'in-
» térieur des oreilles n'est nu que dans le milieu, elles sont couvertes d'un petit poil brun
» mêlé de fauve, et garnies en dedans de grands poils blancs, le bout du nez noir, la
» queue fauve et noire à son extrémité : elle est assez longue, mais d'une forme diffé-
» rente de celle des écureuils, et tout le poil, tant du corps que de la queue, est très doux
» au toucher. »

DU RAT DE MADAGASCAR

Ce petit animal de Madagascar (*) nous paraît approcher de l'espèce de l'écureuil ou
de celle du palmiste plus que de celle du rat, car on nous a assuré qu'on le trouvait sur
les palmiers ; nous n'avons pu obtenir de plus amples indications sur cet animal. On doit
seulement observer que, comme il n'a point d'ongles saillants aux pieds de derrière ni à
ceux de devant, il paraît faire une espèce particulière très différente de celle des rats, et
s'approcher de l'écureuil et du palmiste. Il semble qu'on peut rapporter à cet animal le
rat de la côte sud-ouest de Madagascar, dont parlent les voyageurs hollandais, car ils
disent que ces rats se tiennent sur les palmiers, en mangent les fruits, qu'ils ont le corps
long, le museau aigu, les pieds courts et une longue queue tachetée (a). Ces caractères
s'accordent assez avec ceux que présente notre rat de Madagascar, pour qu'on puisse
croire qu'il est de cette espèce.

Un individu de cette espèce a vécu plusieurs années chez Mme la comtesse de Marsan :
il avait les mouvements très vifs, mais un petit cri plus faible que celui de l'écureuil et à
peu près semblable ; il mange aussi comme les écureuils avec ses pattes de devant, relevant sa queue, se dressant et grimpant aussi de même en écartant les jambes ; il mord
assez serré et ne s'apprivoise pas ; on l'a nourri d'amandes et de fruits ; il ne sortait guère
de sa caisse que la nuit, et il a très bien passé les hivers dans une chambre où le froid
était tempéré par un peu de feu.

DE L'AYE-AYE

Aye-aye (**) est une exclamation des habitants de Madagascar, que M. Sonnerat a cru
devoir appliquer à cet animal qui se trouve dans la partie ouest de cette île. Il dit « qu'il
» ne se rapproche d'aucun genre, et qu'il tient du maki, de l'écureuil et du singe. Ses
» oreilles, plates et larges, ressemblent beaucoup à celles de la chauve-souris ; ce sont deux
» peaux noires presque lisses, parsemées de quelques longs poils noirs terminés de blanc,
» qui forment la robe : quoique la queue paraisse toute noire, cependant les poils à leur
» base sont blancs jusqu'à la moitié. Son caractère principal, et un des plus singuliers, est
» le doigt du milieu de ses pieds de devant ; les deux dernières articulations sont très lon-
» gues, grêles, dénuées de poils : il s'en sert pour tirer les vers des troncs d'arbres, et
» pour les pousser dans son gosier ; il semble aussi lui être utile pour s'accrocher aux
» branches. Cet animal paraît terrier, ne voit pas pendant le jour, et son œil couleur

(a) *Recueil de voyages qui ont servi à l'établissement de la Compagnie des Indes orientales*,
t. 1er, p. 413 et suiv.

(*) *Galago pallidus* GRAY ; petit animal de l'ordre des Prosimiens ou Lémuriens, de la
famille des Tarsides.
(**) *Chiromys madagascariensis* DESM. ; animal de l'ordre des Lémuriens, de la famille
des Chiromydes.

» d'ocre de rue est comme celui du chat-huant. Il est très paresseux et par conséquent
» très doux ; celui-ci restait toujours couché, et ce n'est qu'en le secouant plusieurs fois
» qu'on venait à bout de le faire remuer. Il a vécu près de deux mois, n'ayant pour toute
» nourriture que du riz cuit ; il se servait pour le manger de ses deux doigts, comme les
» Chinois de baguettes. »

J'ai examiné de près la peau d'un de ces animaux, que M. Sonnerat m'a donnée pour
le Cabinet du Roi ; il m'a paru se rapprocher du genre des écureuils plus que d'aucun
autre ; il a aussi quelque rapport à l'espèce de gerboise que j'ai donnée sous le nom de
tarsier.

Les pieds semblent faire un caractère unique et très distinctif, par la longueur des
doigts aux pieds de devant.

	Pieds.	Pouces.	Lignes.
Longueur de l'animal mesuré en ligne droite, depuis le bout du museau jusqu'à l'origine de la queue............................	1	2	2
Suivant la courbure du corps............................	1	6	6
Longueur de la tête depuis le bout du museau jusqu'à l'occiput......	»	4	7
Longueur de la jambe de devant, depuis le coude jusqu'au poignet...	»	3	10
Longueur depuis le poignet jusqu'au bout des ongles..............	»	4	1
Longueur de la jambe depuis le genou jusqu'au talon..............	»	5	3
Longueur depuis le talon jusqu'au bout des ongles..............	»	4	1
Longueur du tronçon de la queue............................	1	3	»

La couleur de cet animal est d'un brun musc mêlé de noir et de gris cendre ; il a sur
la tête, autour des yeux, sur le corps, aux cuisses et aux jambes, une couleur de musc
foncé dans laquelle, néanmoins, le noir domine sur le dos et en plusieurs endroits du
corps et des jambes. La queue est tout à fait noire ; les côtés de la tête, le cou, la mâchoire
et le ventre sont grisâtres ; des poils laineux de cette couleur grise sont au-dessous des
grands poils noirs ou blancs, de deux ou trois pouces de long, qui sont sur le corps et
les jambes ; mais les jambes et les cuisses sont d'un brun rougeâtre : le noir domine à
l'approche des pieds, qui sont couverts de petits poils de cette couleur.

La tête a la forme de celle de l'écureuil ; il y a deux incisives au-devant de chaque
mâchoire. Les oreilles sont grandes, nues et sans poil, larges à leur ouverture, droites et
rondes à leurs extrémités.

	Pieds.	Pouces.	Lignes.
Elles ont de longueur............................	»	2	1
Largeur au conduit auditif............................	»	1	3

Il y a autour des yeux une bande brunâtre, et les paupières sont noires.

	Pieds.	Pouces.	Lignes.
Et au-dessus des yeux il y a de grands poils noirs qui ont de longueur.	»	2	5
Ceux qui sont aux côtés des joues ont............................	»	1	10
Le pied des jambes de devant, pris depuis le poignet jusqu'à l'extrémité des doigts, a............................	»	3	9
Le doigt intérieur qui fait pouce........................	1	1 l'ongle 6	
Le premier doigt interne après le pouce........................	2	9 — 6	
Le second doigt, qui est le plus mince et grêle, n'ayant qu'une ligne d'épaisseur, a de longueur........................	2	7 — 3	
Le troisième doigt............................	3	2 — 6	
Le quatrième doigt ou le premier externe........................	1	9 — 6	
Les pieds de derrière ont de longueur, jusqu'à l'extrémité des doigts.	3	2 — »	

Ces doigts, qui ont deux lignes de largeur, sont à peu près égaux en grosseur ; mais le
premier doigt, qui fait pouce et qui a de longueur douze lignes, a un ongle de trois pouces

six lignes, qui est large et plat comme ceux des makis. Ce caractère de doigt l'éloigne beaucoup du genre de l'écureuil.

	Pouces.	Lignes.		Lignes.
Le premier doigt interne..	1	3	l'ongle	5 $\frac{1}{2}$
Le second doigt...	1	7	—	6
Le troisième doigt..	1	2	—	6
Le quatrième et le premier doigt externe.........................	1	2	—	6
Ces ongles sont bruns, courbes et en gouttières.				
Les poils de la queue ont de longueur............................	3	3	—	»

Ces poils sont rudes comme du crin. Tout le temps que M. Sonnerat a eu cet animal vivant, il ne lui a jamais vu porter la queue élevée comme les écureuils ; il ne la portait que traînante.

De tous les animaux qui ont le pouce aplati, le tarsier est celui qui se rapproche le plus de l'aye-aye ; ils ont entre eux ce caractère commun, et de plus ils se ressemblent par la queue, qui est longue et couverte de poils, par les oreilles droites, nues et transparentes, et par ce poil laineux qui couvre immédiatement la peau. Il y a aussi quelque rapport de ressemblance dans les pieds, car le tarsier a les doigts très longs.

Cet aye-aye était femelle ; elle avait deux mamelons dans la partie inférieure du ventre ; ces mamelons avaient cinq lignes de hauteur.

Voyez l'article de l'aye-aye dans le *Voyage de M. Sonnerat aux Indes orientales*, tome II, page 137. Il a eu vivants le mâle et la femelle.

DE LA MARMOTTE

Un dessin de l'animal que nous avons indiqué sous le nom de *monax, marmotte du Canada*, nous a été envoyé par M. Collinson, mais sans aucune description. Cette espèce de marmotte me paraît différer des autres marmottes en ce qu'elle n'a que quatre doigts aux pieds de devant, tandis que la marmotte des Alpes et le bobak, ou marmotte de Pologne, en ont cinq, comme aux pieds de derrière. Il y a aussi quelque différence dans la forme de la tête, qui est beaucoup moins couverte de poil. La queue est plus longue et moins fournie dans le monax que dans notre marmotte : en sorte qu'on doit regarder cet animal du Canada comme une espèce voisine, plutôt que comme une simple variété de la marmotte des Alpes. Je présume qu'on peut rapporter à cette espèce l'animal dont parle le baron de la Hontan (a), et qu'il nomme siffleur ; il dit qu'il se trouve dans les pays septentrionaux du Canada, qu'il approche du lièvre pour la grosseur, mais qu'il est plus court de corps ; que la peau en est fort estimée, et qu'on ne recherche cet animal que pour cela, parce que la chair n'en est pas bonne à manger ; il ajoute que les Canadiens appellent ces animaux siffleurs, parce qu'ils sifflent en effet à l'entrée de leurs tanières lorsque le temps est beau. Il dit avoir entendu lui-même ce sifflet à diverses reprises. On sait que nos marmottes des Alpes sifflent de même et d'un ton très aigu.

LE SOUSLIK

On trouve à Casan et dans les provinces qu'arrose le Volga, et jusque dans l'Autriche, un petit animal appelé *souslik* (*) en langue russe, dont on fait d'assez jolies fourrures ; il ressemble beaucoup au campagnol par la figure, et il a comme lui la queue courte ; mais

(a) *Voyage du baron de la Hontan*, t. 1er, page 95.

(*) *Arctomys citillus* DESM.

ce qui le distingue du campagnol et de tous les autres rats, c'est que sa robe, qui est d'un gris fauve, est semée partout de petites taches d'un blanc vif et lustré; ces petites taches n'ont guère qu'une ligne de diamètre, et sont à deux ou trois lignes de distance les unes des autres; elles sont plus apparentes et mieux terminées sur les lombes de l'animal que sur les épaules et la tête. M. Pennant (a), gentilhomme anglais, très versé dans l'histoire naturelle, et qui connaît très bien les animaux, a eu la bonté de me donner un de ces sousliks qu'on lui avait envoyé d'Autriche comme un animal inconnu des naturalistes, et qui n'avait point de nom dans ce pays; je le reconnus pour être le même que celui dont j'avais une fourrure, et dont M. Sanchez (b) m'avait fourni la notice suivante : « Les rats » que l'on appelle *sousliks* se prennent en grand nombre sur les barques chargées de sel » dans la rivière de Kama, qui descend de Solikamskie, où sont les salines, et vient tom- » ber dans le Volga, au-dessus de la ville de Casan, au confluent de Teluschin; le Volga, » depuis Simbuski jusqu'à Somtof, est couvert de ces bateaux de sel, et c'est dans les » terres voisines de ces rivières, aussi bien que sur les bateaux, qu'on prend ces animaux. » On leur a donné le nom de *souslik*, qui veut dire *friand*, parce qu'ils sont très avides » de sel. »

DU SOUSLIK (*suite*)

M. le prince de Galitzin a eu la bonté de demander, à la prière de M. de Buffon, huit sousliks, et de donner tous les ordres nécessaires pour les faire arriver vivants jusqu'en France ; il s'adressa pour cela à M. le général Betzki, qui les envoya à M. le marquis de Beausset, alors ambassadeur de France à la cour de Petersbourg. Ces huit petits animaux arrivèrent vivants à Pétersbourg après un long voyage depuis la Sibérie, mais ils ont péri dans la traversée depuis Pétersbourg en France, quoiqu'on eût eu les plus grandes atten- tions, tant pour leur nourriture que pour les autres soins nécessaires à leur conservation. On avait recommandé de Sibérie de ne leur donner à manger que du blé ou de chènevis, de les laisser à l'air autant qu'on pourrait, d'empêcher seulement que l'eau des grandes pluies ne les inondât dans leur caisse ; de leur mettre dans cette même caisse une forte épaisseur de sable assez lié pour ne pouvoir s'ébouler, parce que dans leur état de nature ils font leurs trous dans les terres légères.

Ces animaux habitent ordinairement les déserts, se font des tanières sur les pentes des montagnes, pourvu que le fond de la terre soit noir. Leurs tanières ne sont pas égales en profondeur, elles sont de sept ou huit pieds de longueur, jamais droites, mais tortueuses, ayant deux, trois, quatre et cinq sorties; leur distance est aussi inégale, ayant depuis deux jusqu'à sept pieds de séparation. Ils pratiquent dans ces tanières différents endroits où, en temps d'été, ils font leurs provisions pour l'hiver. Dans les terres labourées ils ramassent, pendant le temps de la moisson, les épis de froment, de même que la graine des pois, du lin et du chanvre, qu'ils mettent séparément l'un de l'autre dans les endroits préparés exprès et d'avance à l'intérieur de leurs tanières. Dans les endroits incultes, ils ramassent des graines de différentes herbes. En été ils se nourrissent de grains, d'herbes, de racines et de jeunes souris; pour peu qu'elles soient grosses, le souslik ne peut en faire sa proie. Indépendamment des magasins où ces animaux gardent leurs provisions d'hiver, ils se pratiquent encore dans leurs tanières des endroits pour reposer, et qui en sont dis- tants de quelques pieds ; ils rejettent leurs ordures hors de leurs retraites. Les femelles portent depuis deux jusqu'à cinq petits; ils naissent aveugles et sans poil, et ne commen- cent à voir que quand le poil paraît. On ne sait pas au juste le temps de la gestation des femelles.

(a) Thomas Pennant, Esq. at Downing in Flintshire.
(b) R. Sanchez, ci-devant premier médecin à la cour de Russie.

LE ZIZEL

Quelques auteurs, et entre autres M. Linnæus, ont douté si le *zizel* (*) ou *ziesel* (*a*) (*citillus*), était un animal différent du hamster (*cricetus*) : il est vrai qu'ils se ressemblent à plusieurs égards, et qu'ils sont à peu près du même pays (*b*); mais ils diffèrent néanmoins par un assez grand nombre de caractères pour que nous soyons convaincus qu'ils sont d'espèces réellement différentes. Le zizel est plus petit que le hamster, il a le corps long et menu comme la belette, au lieu que le hamster a le corps assez gros et ramassé comme le rat ; il n'a point d'oreilles extérieures, mais seulement des trous auditifs cachés sous le poil ; le hamster, à la vérité, a les oreilles courtes, mais elles sont très apparentes et fort larges. Le zizel est d'un gris plus ou moins cendré et d'une couleur uniforme ; le hamster est marqué de chaque côté sur l'avant du corps de trois grandes taches blanches : ces différences, jointes à ce que ces deux animaux, quoique habitants des mêmes terres, ne se mêlent pas, et que les espèces subsistent séparées, suffisent pour qu'on ne puisse douter que ce soient en effet deux espèces différentes, quoiqu'ils se ressemblent en ce qu'ils ont tous deux la queue courte, les jambes basses, les dents semblables à celles des rats et les mêmes habitudes naturelles, comme celle de se creuser des retraites, d'y faire des magasins, de dévaster les blés, etc. D'ailleurs, ce qui n'aurait dû laisser aucun doute à des naturalistes un peu instruits, quand même ils n'auraient pas vu ces deux animaux, c'est qu'Agricola, auteur exact et judicieux, dans son petit traité sur les animaux souterrains, donne la description de l'un et de l'autre, et les distingue si clairement qu'il n'est pas possible de les confondre (*c*). Ainsi nous pouvons donner pour certain que le hamster et le zizel sont deux animaux différents, et peut-être d'espèces aussi éloignées que celle de la belette l'est de celle du rat.

(*a*) « Mus noricus, quem citillum appellant, in terræ cavernis habitat : ei corpus et
» mustelæ domesticæ longum et tenue, cauda admodum brevis, color pilis ut cuniculorum
» quorumdam pilis, cinereus, sed obscurior. Sicut talpa caret auribus sed non caret forami-
» nibus quibus sonum et avis recipit. Dentes habet muris dentium similes ; ex hujus etiam
» pellibus quanquam non sint preciosæ vestes solent confici. » Georg. Agricolæ *De animan-*
tibus subterraneis Brasil., 1561, p. 488.

Citellus, Mus noricus Ag. icolæ ein Zeisel. Schwenfeld. *Theriotropheum Silesiæ.* Lignieii, 1604, page 86.

Mus noricus vel citellus, Gessner, *Hist. quad.*, page 747.

(*b*) Le *hamster* se trouve en Misnie, en Thuringe, dans le pays de Hanovre. Le *zizel*, en Hongrie, en Autriche et en Pologne, où on l'appelle *susel*.

(*c*) « Istius (viverræ scilicet) ferocitatis est etiam agri vastator et cereris hostis *hamster*
» quem quidam *cricetum* nominant..... Existit iracundus et mordax..... In terræ cavernis
» habitat non aliter atque cuniculus sed angustis, et idcirco pellis qua parte untrinque coxam
» tegit a pilis est nuda. Major paulo quam domestica mustela existit, pedes habet admodum
» breves : pilis in dorso color est fere Leporis, in ventre niger ; in lateribus rutilus ; sed
» utrinque latus maculis albis tribus numero distinguitur. Suprema capitis pars ut etiam
» cervix, eumdem quem dorsum habet colorem ; tempora rutila sunt, guttur est candidum.
» Caudæ quæ ad tres digitos transversos longa ut similiter leporis color. Pili autem sic
» inhærent cuti ut ex ea difficulter evelli possint. Ac cutis quidem a carne facilius avellitur
» quam pili ex cute radicitus extrahantur, atque ob hanc causam et varietatem pelles ejus
» sunt preciosæ. » Georg. Agricol. *De anim. subt.*, page 490. — *Nota.* Il suffit de comparer
cette description du Hamster, qui est fort bonne, avec celle que le même auteur donne du

(*) *Arctomys citillus* DESM.

MARMOTTE DE KAMTSCHATKA

Les voyageurs russes ont trouvé, dans les terres du Kamtschatka, un animal qu'ils ont appelé *marmotte*, mais dont ils ne donnent qu'une très légère indication ; ils disent seulement que sa peau ressemble de loin, par ses bigarrures, au plumage varié d'un bel oiseau ; que cet animal se sert, comme l'écureuil, de ses pattes de devant pour manger, et qu'il se nourrit de racines, de baies et de noix de cèdre (a). Je dois observer que cette expression, *noix de cèdre*, présente une fausse idée, car le vrai cèdre porte des cônes, et les autres arbres qu'on a désignés par le même nom de *cèdre* portent des baies.

LE LÉROT A QUEUE DORÉE

Nous donnons ici, d'après M. Allamand, la description de ce petit animal (*) qui ressemble au lérot par la taille, la figure et la forme de la queue, mais qui, par la position et la forme des oreilles, et par la couleur dorée de la moitié de la queue, ressemble au muscardin ; il semble donc faire une espèce moyenne entre celles de ces deux animaux. « C'est,
» dit M. Allamand (b), à M. le docteur Klockner qu'on doit la connaissance de ce petit
» lérot ; il l'a reçu de Surinam sans aucune notice ni du nom qu'on lui donne dans le pays,
» ni des lieux où il habite. Jusqu'à présent il n'a jamais été décrit, ni même connu, quoi-
» qu'il soit marqué de façon à s'attirer l'attention. Les nomenclateurs à systèmes ne man-
» queront pas de le ranger dans la classe des *glires* ou *loirs* de M. Linnæus, et effectivement
» il mérite bien autant d'y avoir place que le rhinocéros ; et sans doute ils en feront un
» membre de la famille des rats, qui comprend tant d'autres animaux qui en approchent
» moins que celui-ci. Mais, sans chercher à déterminer le genre auquel il appartient, j'en
» donnerai une description exacte qui m'a été fournie par M. Klockner, qui, toujours zélé
» pour l'avancement de l'histoire naturelle, a bien voulu me la communiquer en m'en-
» voyant l'animal même, afin que je pusse mieux me convaincre de son exactitude. J'ai
» d'abord été embarrassé sur le nom que je lui donnerais ; je n'aime pas ces noms compo-
» sés qui déterminent l'espèce à laquelle on doit rapporter l'animal qui le porte, lorsqu'il
» n'est pas très évident qu'il en soit. Cependant j'ai cru devoir adopter celui que lui a
» donné M. Klockner, qui est en droit de le désigner par celui qu'il juge le plus conve-
» nable ; il l'a appelé *lérot à queue dorée*, sans prétendre qu'il tombe dans cet engourdis-
» sement causé par le froid aux loirs d'Europe : un quadrupède, habitant de la zone tor-
» ride, ne paraît pas devoir y être sujet. Quelque conformité de figure, et surtout de sa
» queue, avec celle de nos lérots, lui a fait préférer cette dénomination à toute autre.
» C'est par la singularité et la beauté de ses couleurs que cet animal se fait remarquer.
» Son corps est de couleur de marron tirant sur le pourpre, plus foncée aux côtés de la
» tête et sur le dos, et plus claire sous le ventre. Cette couleur s'étend sur la queue à une
» petite distance de son origine : là, les poils fins et courts qui la couvrent deviennent
» tout à fait noirs jusqu'à la moitié de sa longueur, où ils sont plus longs et où ils pren-

zizel, et que nous avons rapportée dans la note de la page précédente, pour être très convaincus que ces deux animaux sont fort différents l'un de l'autre.

(a) *Histoire générale des voyages*, t. XIX. p. 253.

(b) T. IV, *Supplément*, édition de Hollande, p. 161 et suiv. ; et pl. LXVII.

(*) *Hystrix chrysuros* SCHREB.

» nent, sans aucune nuance intermédiaire, une belle couleur d'orange approchant de celle
» de l'or, et qu'ils gardent jusqu'à l'extrémité de la queue : une longue tache de cette
» même couleur jaune orne aussi le front ; elle prend son origine au-dessus du nez : là
» elle est fort étroite, ensuite elle va en s'élargissant jusqu'à la hauteur des oreilles, où elle
» finit. Cet assemblage de couleurs si fort tranchantes, et si rares dans les quadrupèdes.
» offre un coup d'œil très frappant. Sa tête est fort grosse, à proportion de son corps ; il
» a le museau et le front étroits. les yeux petits ; ses oreilles présentent une large ouver-
» ture, mais elles sont courtes et ne s'élèvent pas jusqu'au-dessus de la tête ; elles sont
» couvertes, en dehors et en dedans. de poils très fins, et il y en a de plus longs sur leurs
» bords, mais il faut les regarder de près pour les apercevoir. La mâchoire supérieure
» avance sensiblement au delà de l'inférieure ; l'os du nez est assez élevé, et le haut du
» museau est couvert de poils, ce qu'on ne voit guère dans les autres quadrupèdes. La
» lèvre de dessus est fendue du haut en bas, comme dans tous les animaux de ce genre,
» et les bords de la fente vont en s'écartant vers les côtés, ce qui donne à l'extrémité du
» groin la forme d'un triangle isocèle. Cette division laisse voir deux dents incisives fort
» blanches et courtes ; il y en a aussi deux à la mâchoire inférieure, mais qui sont plus
» grandes ; cette mâchoire, avec la lèvre qui la couvre, est plus reculée du côté de la
» gorge.

» Aux deux côtés de la lèvre supérieure, il y a une touffe de longs poils d'un brun
» sombre ; leur longueur surpasse celle de la tête ; ceux qui forment la partie inférieure de
» cette moustache sont moins longs, et dirigés en bas : derrière chaque œil, il y a une verrue
» d'où partent aussi six longs poils, et il y en a deux de même longueur placés au-dessus
» des yeux.

» Les jambes de devant sont courtes ; leurs pieds ont quatre longs doigts armés d'ongles
» crochus et aigus ; plus haut est un bouton obtus qui forme une espèce de pouce, mais sans
» ongle. Au-dessous de ces pieds il y a cinq éminences très remarquables, couvertes d'une
» peau mince et fort douce au toucher ; les jambes de derrière sont plus longues, et leurs
» pieds ont cinq doigts, qui sont aussi plus longs que ceux de devant, et sont de même
» garnis d'ongles crochus et pointus, excepté les deux doigts intérieurs dont les ongles sont
» un peu obtus. La plante de ces pieds postérieurs ressemble à celle des antérieurs ; mais
» les protubérances qu'on y voit sont plus grandes.

» La queue est fort longue. et très épaisse près du corps. mais son diamètre diminue à
» mesure qu'elle s'en éloigne. et elle se termine en pointe : quand on en écarte un peu les
» poils, on voit que sa peau est écailleuse comme celle du rat.

» Au derrière de la tête et tout le long du dos. parmi les poils dont l'animal est cou-
» vert, il y en a qui sont plats, et de la longueur d'un pouce ; ainsi ils s'élèvent au-dessus
» des autres ; ils sont aussi plus raides, et résistent davantage quand on les touche. Ils
» paraissent sortir de petits étuis transparents ; leur nombre va en diminuant sur les côtés
» et ils deviennent plus petits ; sous le ventre ils disparaissent tout à fait. Leur conforma-
» tion est assez singulière ; près du corps ils sont cylindriques et fort minces, ensuite ils
» deviennent plats. et leur largeur augmente jusqu'à égaler une demi-ligne ; après quoi, ils
» se terminent en une pointe fort fine. Dans la partie plate du milieu, les bords sont relevés.
» et forment une espèce de gouttière, dont le fond, vu au microscope, paraît jaunâtre et
» transparent, et dont les côtés sont bruns, ce qui occasionne un double reflet de lumière
» qui donne ce coloris pourpré dont j'ai parlé.

» Le corps, à l'exception du ventre, est couvert d'une peau, ou plutôt d'un cuir fort
» rude.

» L'animal qui vient d'être décrit est une femelle qui a huit petites mamelles ; il y en a
» deux entre les cuisses, les six autres sont placées obliquement en s'écartant de côté et
» d'autre, et les deux dernières sont entre les jambes de devant.

» Il paraît être fait pour grimper sur les arbres dont il mange les fruits ; c'est dommage
» qu'un si joli animal ne soit connu que par ce seul échantillon, dont les couleurs ont sans
» doute perdu une partie de leur beauté dans la liqueur où il a été mis pour être envoyé.
» On se formera une idée juste de sa grandeur par les dimensions suivantes :

	Pieds.	Pouces.	Lignes.
« Longueur du corps depuis le bout du museau jusqu'à l'origine de la » queue	»	5	»
» Longueur de la queue	»	6	9
» Longueur de la tête mesurée depuis le commencement du nez jusqu'au » dessus du front, et suivant sa courbure	»	2	»
» Circonférence de la tête mesurée entre les yeux et les oreilles	»	2	11
» Circonférence du cou	»	2	8
» Longueur des oreilles	»	»	3
» Leur largeur	»	»	4
» Circonférence du corps mesurée derrière les jambes de devant	»	3	3
» Circonférence du corps mesurée devant les jambes de derrière	»	3	»
» Longueur des jambes de devant, depuis les doigts jusqu'au coude	»	1	6
» Longueur des jambes entières, depuis l'épaule jusqu'aux doigts	»	2	»
» Longueur des jambes de derrière, depuis les doigts jusqu'au genou	»	1	2
» Longueur totale depuis la hanche jusqu'à l'extrémité des doigts	»	3	»

DES SOURIS ET DES RATS

Nous avons dit, à l'article de la souris, que les souris blanches aux yeux rouges
n'étaient qu'une variété, une sorte de dégénération dans l'espèce de la souris ; cette variété
se trouve non seulement dans nos climats tempérés, mais dans les contrées méridionales
et septentrionales des deux continents.

« Les souris blanches aux yeux rouges, dit Pontoppidan, ont été trouvées dans la petite
» ville de Molle ou *Roms-Dallem*, mais on ne sait si elles y sont indigènes ou si elles y
» ont été apportées des Indes orientales. »

Cette dernière présomption ne paraît fondée sur rien, et il y a plus de raison de croire
que les souris blanches se trouvent quelquefois en Norvège, comme elles se trouvent quelquefois partout ailleurs dans notre continent ; et les souris en général se sont même actuellement si fort multipliées dans l'autre qu'elles sont aussi communes en Amérique qu'en
Europe, surtout dans les colonies les plus habitées. Le même auteur ajoute : « que les rats
de bois et les rats d'eau ne peuvent vivre dans les terres les plus septentrionales de la
» Norvège et qu'il y a plusieurs districts comme celui de *Hardenver*, dans le diocèse de
» *Berghen*, et d'autres dans le diocèse d'*Aggerhum*, où l'on ne voit point de rats, quoiqu'il y
» en ait sur le bord méridional de la rivière de *Vormen* et que, lorsqu'ils sont transportés de
» l'autre côté, c'est-à-dire à la partie boréale de cette rivière, ils y périssent en peu de temps,
» différence qu'on ne peut attribuer qu'à des exhalaisons du sol contraires à ces animaux. »

Ces faits peuvent être vrais, mais nous avons souvent reconnu que Pontoppidan n'est
pas un auteur qui mérite foi entière.

Dans les observations que M. le vicomte de Querhoënt a eu la bonté de me communiquer,
il dit : que les rats, transportés d'Europe à l'Ile de France par les vaisseaux s'y étaient
multipliés au point qu'on prétend qu'ils firent quitter l'île aux Hollandais ; les Français en
ont diminué le nombre, quoiqu'il y en ait encore une très grande quantité. Depuis quelque
temps, ajoute M. de Querhoënt, un rat de l'Inde commence à s'y établir ; il a une odeur de
musc des plus fortes, qui se répand aux environs des lieux qu'il habite, et l'on croit que

lorsqu'il passe dans un endroit où il y a du vin, il le fait aigrir (a). Il me paraît que ce rat de l'Inde, qui répand une odeur de musc, pourrait bien être le même rat que les Portugais ont appelé *chéroso*, ou rat odoriférant. La Boullaye-le-Gouz en a parlé : « Il est, dit-il, extrê-
» mement petit, il est à peu près de la figure d'un furet, sa morsure est venimeuse ; quand
» il entre dans une chambre, on le sent incontinent et on l'entend crier *kric, kric, kric* (b). »
Ce même rat se trouve aussi à Maduré, où on le nomme *rat de senteur ;* les voyageurs hollandais en ont fait mention ; ils disent qu'il a le poil aussi fin que la taupe, mais seulement un peu moins noir (c).

DES RATS ET DES SOURIS (*suite*)

L'espèce du rat paraît exister dans toutes les contrées habitées ou fréquentés par les hommes ; car, suivant le récit des voyageurs, elle a été trouvée et reconnue partout, et « même dans les pays nouvellement découverts. M. Forter dit que le rat « se trouve dans les
» îles de la mer du Sud et dans les terres de la Nouvelle-Zélande ; qu'il y en a une prodi-
» gieuse quantité aux îles de la Société, et surtout à Taïti, où ils vivent des restes d'aliments
» que les naturels laissent dans leurs huttes, des fleurs et des casses de l'*erythrina corallo-
» dendrum*, de bananes et d'autres fruits, et, à ce défaut, d'excréments de toute sorte : leur
» hardiesse va jusqu'à mordre quelquefois les pieds des naturels endormis. Ils sont beau-
» coup plus rares aux Marquises et aux îles des Amis, et on les voit rarement aux Nou-
» velles-Hébrides (d). »

Il est assez singulier qu'on ait trouvé les espèces de nos rats dans ces îles et terres de la mer du Sud, tandis que, dans toute l'étendue du continent de l'Amérique, ces mêmes espèces ne se sont pas trouvées, et que tous les rats qui existent actuellement dans ce nouveau continent y sont arrivés avec nos vaisseaux.

Suivant M. de Pagès (e), il y a dans les déserts d'Arabie une espèce de rat très différente de toutes celles que nous connaissons : « Leurs yeux, dit-il, sont vifs et grands ; leurs
» moustaches, leur museau et le haut du front sont blancs, ainsi que le ventre, les pattes
» et le bout de la queue ; le reste du corps est jaune et d'un poil assez long et très propre ;
» la queue est médiocrement longue, mais elle est grosse, de couleur jaune comme le corps,
» et terminée de blanc. Mes compagnons arabes mangeaient ces rats, après les avoir tués
» à coups de bâton qu'ils lancent avec beaucoup d'adresse sur le chemin du quadrupède ou
» de l'oiseau qu'ils veulent attraper. »

LE RAT PERCHAL

Ce rat, dont M. Sonnerat nous a apporté la peau sous la dénomination de *rat perchal* (*), est plus gros que nos rats ordinaires.

	Pieds.	Pouces.	Lignes.
Sa longueur est de..	1	3	2
Longueur de la tête, du bout du nez à l'occiput......................	»	3	5

(a) Note communiquée par M. le vicomte de Querhoënt, à M. de Buffon.

(b) *Voyage de la Boullaye-le-Gouz*, p. 256.

(c) *Recueil des voyages qui ont servi à l'établissement de la Compagnie des Indes orientales*, t. VII, p. 275.

(d) Voyez le *Second voyage de Cook*, t. V, p. 170.

(e) Voyage autour du monde, manuscrit, par M. de Pagès.

(*) *Mus Perchal* L.

Elle est plus allongée que celle de nos rats ; les oreilles nues, sans poil, sont de la forme et de la couleur de celles de tous les rats. Les jambes sont courtes, et le pied de derrière est très grand en comparaison de celui de devant, puisqu'il a, du talon au bout des ongles, deux pouces, et que celui de devant n'a que dix lignes du poignet à l'extrémité des ongles. La queue, qui est semblable en tout à celle de nos rats, est moins longue en proportion, quoiqu'elle n'ait que huit pouces trois lignes de longueur.

Le poil est de couleur d'un brun musc foncé sur la partie supérieure de la tête, du cou, des épaules, du dos, jusqu'à la croupe et sur la partie supérieure des flancs ; le reste du corps a une couleur grise plus claire sous le ventre et le cou.

Les moustaches sont noires et longues de deux pouces six lignes ; la queue est écailleuse, comme par anneaux ; sa couleur est d'un brun grisâtre.

Les poils sur le corps ont de longueur onze lignes, et sur la croupe deux pouces ; ils sont gris à leur racine et bruns dans leur longueur jusqu'à l'extrémité ; ils sont mélangés d'autres poils gris en plus grande quantité sous le ventre et les flancs.

Ce rat est très commun dans l'Inde, et l'espèce en est nombreuse ; il habite dans les maisons de Pondichéry comme le rat ordinaire dans les nôtres, et les habitants de cette ville le trouvent bon à manger.

DU HAMSTER OU RAT DE BLÉ

On trouve, dans la *Gazette de Littérature* du 13 septembre 1774, un extrait des observations faites sur le hamster, et tirées d'un ouvrage allemand de M. Sulzer, que j'ai cru devoir donner ici.

« Le rat de blé, en allemand *hamster*, ne pouvait être mieux décrit ni plus commodé-
» ment qu'à Gotha, où dans une seule année on en a livré onze mille cinq cent soixante-
» quatorze peaux à l'hôtel de ville ; dans une autre cinquante-quatre mille quatre cent
» vingt-neuf, et une troisième fois quatre-vingt mille cent neuf. Cet animal habite en
» général les pays tempérés ; quand il est irrité, le cœur lui bat jusqu'à cent quatre-vingts
» fois par minute ; le poids du cerveau est à celui de tout le corps comme 1 est à 193.

» Ces rats se font des magasins où ils placent jusqu'à douze livres de grains. En hiver,
» la femelle s'enfonce fort avant dans la terre. Cet animal est courageux, il se défend
» contre les chiens, contre les chats, contre les hommes : il est naturellement querelleur,
» ne s'accorde pas avec son espèce, et tue quelquefois dans sa furie sa propre famille. Il
» dévore ses semblables lorsqu'ils sont plus faibles, aussi bien que les souris et les
» oiseaux, et il vit avec cela de toutes sortes d'herbes, de fruits et de grains. Il boit peu,
» la femelle sort plus tard que le mâle de sa retraite d'hiver ; elle porte quatre semaines
» et fait jusqu'à six petits. Il ne faut que quelques mois pour que les petites femelles
» deviennent fécondes. L'espèce de rat qu'on nomme *iltis* (*a*) tue le hamster.

» Quand l'animal est dans son engourdissement, on n'y observe ni respiration, ni au-
» cune sorte de sentiment. Le cœur bat néanmoins environ quinze fois par minute, comme
» on s'en aperçoit en ouvrant la poitrine ; le sang demeure fluide, les intestins immo-
» biles ne sont pas irritables ; le coup électrique même ne réveille pas l'animal, tout est
» froid en lui : au grand air il ne s'engourdit jamais. » M. Sulzer rapporte par quels degrés il passe pour sortir de son engourdissement.

» Cet animal n'a guère d'autre utilité que celle de détruire les souris ; mais il fait bien
» plus de mal qu'elles (*b*). »

(*a*) L'iltis désigne le putois et non pas un rat, comme le dit ici l'auteur.

(*b*) *Observations sur le rat de blé*, par M. Sulzer. *Gazette de Littérature*, 13 septembre 1774.

Nous eussions désiré que M. Sulzer eût indiqué précisément le degré de froid ou de manque d'air auquel ces animaux s'engourdissent, car nous répétons ici affirmativement ce que nous avons dit : que dans une chambre sans feu où il gelait assez fort pour y glacer l'eau, un hamster, qui y était dans une cage, ne s'engourdit pas pendant l'hiver 1763. On va voir la pleine confirmation de ce fait dans les additions que M. Allamand a fait imprimer à la suite de mon ouvrage et que je viens de recevoir.

LE HAMSTER (a) (suite)

« Le hamster est un quadrupède du genre des souris, qui passe l'hiver à dormir, comme
» les marmottes. Il a les jambes basses, le cou court, la tête un peu grosse, la bouche
» garnie de moustaches des deux côtés, les oreilles grandes et presque sans poil, la queue
» courte et demi-nue, les yeux ronds et sortant de la tête, le poil mêlé de roux, de jaune,
» de blanc et de noir ; tout cela ne lui donne pas la figure fort revenante. Ses mœurs ne
» le rendent pas plus recommandable. Il n'aime que son propre individu, et n'a pas une
» seule qualité sociable. Il attaque et dévore tous les autres animaux dont il peut se
» rendre maître, sans excepter ceux de sa propre race. L'instinct même qui le porte vers
» l'autre sexe ne dure que quelques jours, au bout desquels sa femelle n'éprouverait pas
» un meilleur sort, si elle ne prenait pas la précaution d'éviter la rencontre de son ingrat,
» ou de le prévenir et de le tuer la première. A ces qualités odieuses la nature a néan-
» moins su en allier d'autres qui, sans rendre cet animal plus aimable, lui font mériter une
» place distinguée dans l'histoire naturelle des animaux. Il est du petit nombre de ceux
» qui passent l'hiver dans un état d'engourdissement, et le seul en Europe qui soit pourvu
» de bajoues. Son adresse à se pratiquer une demeure sous terre, et l'industrie avec la-
» quelle il fait ses provisions d'hiver, ne méritent pas moins l'attention des curieux.
» Le hamster n'habite pas indifféremment dans toutes sortes de climats ou de terrains.
» On ne le trouve ni dans les pays trop chauds, ni dans les pays trop froids. Comme il vit de
» grains et qu'il demeure sous terre, une terre pierreuse, sablonneuse, argileuse, lui con-
» vient aussi peu que les prés, les forêts et les endroits bourbeux. Il lui faut un terroir
» aisé à creuser, qui néanmoins soit assez ferme pour ne point s'écrouler. Il choisit encore
» des contrées fertiles en toutes sortes de graines, pour n'être pas obligé de chercher sa
» nourriture au loin, étant peu propre à faire de longues courses. Les terres de Thuringe
» réunissant toutes ces qualités, les hamsters s'y trouvent en plus grand nombre que par-
» tout ailleurs.
» Le terrier que le hamster se creuse à trois ou quatre pieds sous terre consiste, pour
» l'ordinaire, en plus ou moins de chambres, selon l'âge de l'animal qui l'habite. La
» principale est tapissée de paille et sert de logement, les autres sont destinées pour y
» conserver les provisions, qu'il ramasse en grande quantité dans le temps des moissons.
» Chaque terrier a deux trous ou ouvertures, dont celle par laquelle l'animal est arrivé
» sous terre descend obliquement. L'autre, qui a été pratiquée du dedans en dehors, est
» perpendiculaire, et sert pour entrer et sortir.
» Les terriers des femelles, qui ne demeurent jamais avec les mâles, diffèrent des au-
» tres en plusieurs points. Dans ceux où elles mettent bas, on voit rarement plus qu'une
» chambre de provision, parce que le peu de temps que les petits demeurent avec la mère
» n'exige pas qu'elle amasse beaucoup de nourriture ; mais, au lieu d'un seul trou per-
» pendiculaire, il y en a jusqu'à sept ou huit qui servent à donner une entrée et une

(a) Cet article est d'un auteur anonyme, et se trouve t. XIII, p. 69 de l'*Histoire naturelle*, édition de Hollande.

» sortie libre aux petits. Quelquefois la mère, ayant chassé ses petits, reste dans ce ter-
» rier ; mais pour l'ordinaire elle s'en pratique un autre, qu'elle remplit d'autant de pro-
» visions que la saison lui permet d'en ramasser.

» Les hamsters s'accouplent la première fois vers la fin du mois d'avril, où les mâles
» se rendent dans les terriers des femelles, avec lesquelles ils ne restent cependant que
» peu de jours. S'il arrive que deux mâles, cherchant femelle, se rencontrent dans le même
» trou, il s'élève un combat furieux entre eux, qui pour l'ordinaire finit par la mort du plus
» faible. Le vainqueur s'empare de sa femelle, et l'un et l'autre, qui dans tout autre temps
» se persécutent et s'entre-tuent, déposent leur férocité naturelle pendant le peu de jours que
» durent leurs amours. Ils se défendent même réciproquement contre les agresseurs. Quand
» on ouvre un terrier dans ce temps-là, et que la femelle s'aperçoit qu'on veut lui enlever
» son mari, elle s'élance sur le ravisseur, et lui fait souvent sentir la fureur de sa ven-
» geance par des morsures profondes et douloureuses.

» Les femelles mettent bas deux ou trois fois par an. Leur portée n'est jamais au-des-
» sous de six, et le plus souvent de seize à dix-huit petits. Le cru de ces animaux est fort
» prompt. A l'âge de quinze jours ils essayent déjà à creuser la terre : peu après la mère
» les oblige de sortir du terrier, de sorte qu'à l'âge d'environ trois semaines ils sont aban-
» donnés à leur propre conduite. Cette mère montre en général fort peu de tendresse ma-
» ternelle pour ses petits ; elle qui, dans le temps de ses amours, défend si courageusement
» son mari, ne connaît que la fuite quand sa famille est menacée d'un danger : son unique
» soin est de pourvoir à sa propre conservation. Dans cette vue, dès qu'elle se sent pour-
» suivie, elle s'enfonce en creusant plus avant dans la terre, ce qu'elle exécute avec une
» célérité surprenante. Les petits ont beau la suivre, elle est sourde à leurs cris, et elle
» bouche même la retraite qu'elle s'est pratiquée.

» Le hamster se nourrit de toutes sortes d'herbes, de racines et de grains, que
» les différentes saisons lui fournissent. Il s'accommode même très volontiers de la
» chair des autres animaux dont il devient le maître. Comme il n'est pas fait pour les
» longues courses, il fait le premier fonds de son magasin par ce que lui présen-
» tent les champs voisins de son établissement, ce qui est la raison pourquoi l'on voit
» souvent quelques-unes de ses chambres remplies d'une seule sorte de grains. Quand les
» champs sont moissonnés, il va chercher plus loin ses provisions, et prend ce qu'il trouve
» dans son chemin pour le porter dans son habitation et l'y déposer sans distinction. Pour
» lui faciliter le transport de sa nourriture, la nature l'a pourvu de bajoues de chaque côté
» de l'intérieur de la bouche. Ce sont deux poches membraneuses, lisses et luisantes en
» dehors, et parsemées d'un grand nombre de glandes en dedans, qui distillent sans cesse
» une certaine humidité, pour les tenir souples et les rendre capables de résister aux
» accidents que des grains souvent raides et pointus pourraient causer. Chacune de ses bajoues
» peut contenir une once et demie de grains, que cet animal, de retour dans sa demeure,
» vide moyennant ses deux pieds de devant, qu'il presse extérieurement contre ses joues
» pour en faire sortir les grains. Quand on rencontre un hamster, ses poches remplies de
» provisions, on peut le prendre avec la main sans risquer d'être mordu, parce que dans cet
» état il n'a pas le mouvement des mâchoires libre. Mais, pour peu qu'on lui laisse du temps,
» il vide promptement ses poches et se met en défense. La quantité de provisions qu'on
» trouve dans les terriers varie suivant l'âge et le sexe de l'animal qui les habite. Les
» vieux hamsters amassent jusqu'à cent livres de grains, mais les jeunes et les femelles se
» contentent de beaucoup moins. Les uns et les autres s'en servent, non pour s'en nourrir
» pendant l'hiver, temps qu'ils passent à dormir et sans manger, mais pour avoir de
» quoi vivre après leur réveil au printemps, et pendant l'espace de temps qui précède leur
» engourdissement.

» A l'approche de l'hiver, les hamsters se retirent dans leurs habitations souterraines.

» dont ils bouchent l'entrée avec soin. Ils y restent tranquilles et vivent de leurs provi-
» sions, jusqu'à ce que le froid étant devenu plus sensible, ils tombent dans un état d'en-
» gourdissement semblable au sommeil le plus profond. Quand, après ce temps-là, on ouvre
» un terrier, qu'on reconnaît par un monceau de terré qui se trouve auprès du conduit
» oblique dont nous avons parlé, on y voit le hamster mollement couché sur un lit de
» paille menue et très douce. Il a la tête retirée sous le ventre, entre les deux jambes de
» devant : celles de derrière sont appuyées contre le museau. Les yeux sont fermés, et quand
» on veut écarter les paupières elles se referment dans l'instant. Les membres sont raides
» comme ceux d'un animal mort, et tout le corps est froid au toucher comme la glace. On ne
» remarque pas la moindre respiration ni autre signe de vie. Ce n'est qu'en le disséquant
» dans cet état d'engourdissement qu'on voit le cœur se contracter et se dilater ; mais ce
» mouvement est si lent, qu'on peut compter à peine quinze pulsations dans une minute,
» au lieu qu'il y en a au moins cent cinquante dans le même espace de temps lorsque l'ani-
» mal est éveillé ; la graisse est comme figée : les intestins n'ont pas plus de chaleur que
» l'extérieur du corps, et sont insensibles à l'action de l'esprit-de-vin et même à l'huile de
» vitriol qu'on y verse, et ne marquent pas la moindre irritabilité. Quelque douloureuse
» que soit toute cette opération, l'animal ne paraît pas la sentir beaucoup : il ouvre quel-
» quefois la bouche comme pour respirer, mais son engourdissement est trop fort pour
» s'éveiller entièrement.

» On a cru que la cause de cet engourdissement dépendait uniquement d'un certain
» degré de froid en hiver. Cela peut être vrai à l'égard des loirs, des lérots, des chauves-
» souris ; mais pour mettre le hamster dans cet état, l'expérience prouve qu'il faut encore
» que l'air extérieur n'ait aucun accès à l'endroit où il s'est retiré. On peut s'en con-
» vaincre en enfermant un hamster dans une caisse remplie de terre et de paille, on aura
» beau l'exposer au froid le plus sensible de l'hiver et assez fort pour glacer l'eau, on ne
» parviendra jamais à le faire dormir ; mais, dès qu'on met cette caisse à quatre ou cinq
» pieds sous terre, qu'il faut avoir soin de bien battre pour empêcher l'air extérieur
« d'y pénétrer, on le trouvera, au bout de huit ou dix jours, engourdi comme dans son
» terrier. Si l'on retire cette caisse de la terre, le hamster se réveillera au bout de quel-
» ques heures, et se rendormira de nouveau quand on le remet sous terre. On peut répé-
» ter cette expérience avec le même succès, aussi longtemps que le froid durera, pourvu
» qu'on observe d'y mettre l'intervalle de temps nécessaire. Ce qui prouve encore que
» l'absence de l'air extérieur est une des causes de l'engourdissement du hamster, c'est
» que, retiré de son terrier au plus gros de l'hiver, il se réveille immanquablement au
» bout de quelques heures, quand on l'expose à l'air. Qu'on fasse cette expérience de jour
» ou de nuit, cela est indifférent, de sorte que la lumière n'y a aucune part.

» C'est un spectacle curieux de voir passer un hamster de l'engourdissement au réveil.
» D'abord il perd la raideur des membres ; ensuite il respire profondément, mais par de
» longs intervalles ; on remarque du mouvement dans les jambes ; il ouvre la bouche,
» comme pour bâiller, et fait entendre des sons désagréables et semblables au râlement.
» Quand ce jeu a duré pendant quelque temps, il ouvre enfin les yeux et tâche de se
» mettre sur les pieds ; mais tous ses mouvements sont encore peu assurés et chancelants,
» comme ceux d'un homme ivre. Il réitère cependant ses essais jusqu'à ce qu'il parvienne
» à se tenir sur ses jambes. Dans cette attitude, il reste tranquille, comme pour se recon-
» naître et se reposer de ses fatigues ; mais peu à peu il commence à marcher, à manger
» et à agir, comme il faisait avant le temps de son sommeil. Ce passage de l'engourdis-
» sement au réveil demande plus ou moins de temps, selon la température de l'endroit où
» se trouve l'animal. Si on l'expose à un air sensiblement froid, il faut quelquefois plus
» de deux heures pour le faire éveiller, et dans un lieu plus tempéré cela se fait en moins
» d'une heure. Il est vraisemblable que dans les terriers cette catastrophe arrive imper-

» ceptiblement, et que l'animal ne sent aucune des incommodités qui accompagnent un
» réveil forcé et subit.

» La vie du hamster est partagée entre les soins de satisfaire aux besoins naturels et
» la fureur de se battre. Il paraît n'avoir d'autres passions que celle de la colère, qui le
» porte à attaquer tout ce qui se trouve en son chemin, sans faire attention à la supério-
» rité des forces de l'ennemi. Ignorant absolument l'art de sauver sa vie en se retirant du
» combat, il se laisse plutôt assommer de coups de bâtons que de céder. S'il trouve le
» moyen de saisir la main d'un homme, il faut le tuer pour se débarrasser de lui. La
» grandeur du cheval l'effraye aussi peu que l'adresse du chien ; ce dernier aime à lui
» donner la chasse : quand le hamster l'aperçoit de loin, il commence par vider ses
» poches, si par hasard il les a remplies de grains, ensuite il les enfle si prodigieusement
» que la tête et le cou surpassent beaucoup en grosseur le reste du corps ; enfin il se
» redresse sur ses jambes de derrière et s'élance dans cette attitude sur l'ennemi ; s'il l'at-
» trape, il ne le quitte qu'après l'avoir tué ou perdu la vie ; mais le chien le prévient pour
» l'ordinaire, en cherchant à le prendre par derrière et à l'étrangler. Cette fureur de se
» battre fait que le hamster n'est en paix avec aucun des autres animaux. Il fait même
» la guerre à ceux de sa race, sans en excepter la femelle. Quand deux hamsters se ren-
» contrent, ils ne manquent jamais de s'attaquer réciproquement, jusqu'à ce que le plus
» faible succombe sous les coups du plus fort, qui le dévore. Le combat entre un mâle et
» une femelle dure pour l'ordinaire plus longtemps que celui de mâle à mâle. Ils com-
» mencent par se donner la chasse et se mordre ; ensuite chacun se retire d'un autre côté,
» comme pour prendre haleine ; peu après ils renouvellent le combat et continuent à se
» fuir et à se battre jusqu'à ce que l'un ou l'autre succombe. Le vaincu sert toujours de
» repas au vainqueur. »

RAT D'EAU BLANC

On trouve en Canada le rat d'eau d'Europe, mais avec des couleurs différentes ; il n'est
brun que sur le dos, le reste du corps est blanc et fauve en quelques endroits ; la tête et
le museau même sont blancs, aussi bien que l'extrémité de la queue ; le poil paraît plus
doux et plus lustré que celui de notre rat d'eau ; mais, au reste, tout est semblable, et
l'on ne peut pas douter que ces deux animaux ne soient de la même espèce : le blanc du
poil vient du froid du climat, et l'on peut présumer qu'en recherchant les animaux dans
le nord de l'Europe, on y trouvera, comme en Canada, ce rat d'eau blanc.

LE SCHERMAN OU RAT D'EAU DE STRASBOURG

Je donne ici la description d'une espèce de rat d'eau (*) qui m'a été envoyé de Strasbourg par M. Hermann, le 8 octobre 1776. « Ce petit animal, m'écrivit-il, a échappé à vos
» recherches, et je l'avais pris moi-même pour le rat d'eau commun ; cependant il en
» diffère par quelques caractères. Il est plus petit ; il a la queue, le poil et les oreilles
» différents de ceux du rat d'eau : on le connaît autour de Strasbourg sous le nom de
» *scherman*. L'espèce en est assez commune dans les jardins et les prés qui sont proches
» de l'eau. Cet animal nage et plonge fort bien : on en trouve assez souvent dans les
» nases des pêcheurs, et ils font autant de dégâts dans les terrains cultivés. Ils creusent
» la terre, et il y a quelques années que dans une de nos promenades publiques, appelée

(*) *Mus terrestris* L.

» le *Contade,* hors de la ville, un homme qui fait métier de prendre les hamsters en a
» pris un bon nombre dans les mêmes pièges (*a*). »

Par ces indications et par la description que nous allons donner de ce petit animal, il
me paraît certain qu'il est d'une espèce différente, quoique voisine de celle de notre rat
d'eau, mais que ses habitudes naturelles sont à peu près les mêmes. Au reste, l'individu
que M. Hermann a eu la bonté de nous envoyer pour le Cabinet y a été placé, et il est
très bien conservé. Il ne ressemble en effet à aucun des rats dont nous avons parlé, qui
tous ont les oreilles assez grandes; celui-ci les a presque aussi courtes que la taupe, et
elles sont cachées sous le poil, qui est fort long. Plusieurs rats ont aussi la queue couverte de petites écailles, tandis que celui-ci l'a couverte de poil, comme le rat d'eau.

La longueur du corps entier, depuis l'extrémité du nez jusqu'à l'origine de la queue,
est de six pouces; la queue est longue de deux pouces trois lignes; mais il nous a paru
que les dernières vertèbres y manquent; en sorte que, dans l'état de nature, elle peut
avoir deux pouces neuf lignes. La couleur du poil est en général d'un brun noirâtre mêlé
de gris et de fauve, parce que le poil, qui a quinze lignes de longueur, est d'un noir gris
à la racine et fauve à son extrémité. La tête est plus courte et le museau plus épais que
dans le rat domestique, et elle approche par la forme de la tête du rat d'eau; les yeux
sont petits; l'ouverture de la bouche est bordée d'un poil blanc et court; les moustaches,
dont les plus grands poils ont treize lignes de longueur, sont noires; le dessous du ventre
est d'un gris de souris. Les jambes sont courtes et couvertes d'un petit poil noirâtre, ainsi
que les pieds, qui sont fort petits; il y a, comme dans plusieurs rats, quatre doigts aux
pieds de devant et cinq à ceux de derrière; les ongles sont blancs et un peu courbés en
gouttière. La queue est couverte de petits poils bruns et cendrés, mais moins fournis que
sur la queue du rat d'eau.

DE LA GERBOISE OU GERBO

Nous avons donné une courte histoire des différentes espèces de gerboises (*), et une
description particulière de la gerboise (gerbo), tirée d'Edwards et d'Hasselquist.

Il existe dans le désert de Barca une gerboise différente de celle-là, en ce qu'elle a le
corps encore plus mince, les oreilles plus longues, arrondies, et à peu près également
larges du haut en bas; les ongles des quatre pieds beaucoup plus courts, et les couleurs
en général moins foncées, la bande sur les cuisses moins marquée, les talons noirs, la
pointe du museau beaucoup plus aplatie (*b*). On voit que ces disconvenances sont encore
assez légères, et qu'on peut les regarder comme de simples variétés.

Les gerboises se trouvent dans tous les climats de l'Afrique, depuis la Barbarie jusqu'au cap de Bonne-Espérance : on en voit aussi en Arabie et dans plusieurs autres contrées de l'Asie; mais il paraît qu'il y en a de grandeur très différente, et il est assez étonnant que dans ces animaux à longues jambes il s'en trouve de vingt et même de cent
fois plus gros que les petites gerboises dont nous avons parlé. « J'ai vu, dit M. le vicomte
» de Querhoënt, à la ménagerie du Cap, un animal pris dans le pays, qu'on nomme *lièvre*
» *sauteur* (**); il est de la grandeur du lapin d'Europe; il a la tête à peu près comme lui,
» les oreilles au moins de la même longueur; les pattes de devant très courtes et très

(*a*) Extrait d'une lettre de M. Hermann, datée de Strasbourg, le 8 octobre 1776.
(*b*) Note communiquée à M. de Buffon par M. le chevalier Bruce.

(*) *Dipus sagitta* Gmel.
(**) *Helamys Capensis* Cuv.

X.   22

» petites; il s'en sert pour porter à sa gueule, et je ne crois pas qu'elles lui servent beau-
» coup à marcher; il les tient ordinairement ramassées dans son long poil qui les recouvre
» entièrement; les pattes de derrière sont grandes et grosses; les doigts du pied, au
» nombre de quatre, sont longs et séparés; la queue est de la longueur du corps au moins
» et couverte de longs poils couchés; le poil du corps est jaunâtre; le bout des oreilles et
» de la queue sont de la même couleur; les yeux sont noirs, grands et saillants; on le
» nourrissait de feuilles de laitue; il aime beaucoup à ronger; on lui mettait exprès dans
» sa cage de petits morceaux de bois pour l'amuser (*a*). »

M. Forster nous a communiqué un dessin de cette grande gerboise ou lièvre sauteur
du Cap. Ce dessin était accompagné de la notice suivante : « Cette gerboise, dit-il, a cinq
» doigts aux pieds de devant et quatre à ceux de derrière; les ongles du devant sont
» noirs, longs, minces et courbés; ceux des jambes de derrière sont bruns, gros, courts,
» de figure conique, un peu courbés vers l'extrémité; l'œil est noir et fort gros; le nez
» et les naseaux sont d'un brun roux; les oreilles sont grandes, lisses, nues en dedans et
» couvertes en dehors d'un petit poil court qui est couleur d'ardoise; la tête ressemble
» assez à celle des petites gerboises; il y a des moustaches autour de la gueule et aux
» angles des yeux; les jambes ou plutôt les bras de devant sont très courts et les mains
» fort petites; les jambes de derrière, au contraire, sont très grosses et les pieds excessi-
» vement longs; la queue, qui est aussi fort longue et fort chargée de poil, paraît mince
» à sa naissance et fort grosse à son extrémité; elle est d'un fauve foncé sur la plus
» grande partie de sa longueur, et d'un brun minime vers le bout; les jambes et les pieds
» sont d'un fauve pâle mêlé de gris; la couleur du corps et de la tête est d'un jaune pâle
» presque blanc; les cuisses et le dessous du corps sont plus jaunes; tout le dessus du
» corps, ainsi que l'extrémité de la mâchoire, le dessus du nez, les mains, ont une teinte
» de fauve; le derrière de la tête est couvert de grands poils mêlés de noir, de gris et de
» fauve. » Au reste, nous pensons que cette gerboise du Cap, décrite par M. de Querhoënt
et par M. Forster, est la même que celle dont M. Allamand a donné l'histoire et la figure
pl. XV de l'*Histoire naturelle*, édition de Hollande.

Il nous paraît aussi que l'animal dont nous avons donné la description, sous le nom de
tarsier, est du même genre que les gerboises (*), et qu'il appartient à l'ancien continent :
aucune espèce de gerboises, grandes et petites, ne se trouvant qu'en Afrique et en Asie,
nous ne pouvons guère douter que le tarsier ne soit de l'une ou de l'autre de ces parties
du monde.

J'ai vu plusieurs figures de gerboises dessinées d'après des pièces antiques, et surtout
d'après une ancienne médaille de Cyrène qui portait en revers une gerboise dont la figure
ne ressemble point à celle de la gerboise dont le docteur Shaw a donné la description
sous le nom de daman-Israël; car elle en diffère beaucoup par la grandeur, par la forme
de la tête, par les yeux et par plusieurs autres caractères; il est aisé de démontrer que le
docteur Shaw s'est trompé en rapportant le daman-Israël à cette espèce de gerboise. Celle
qui est dessinée sur la médaille de Cyrène est une vraie gerboise, et n'a nul rapport avec
le daman. Dans d'autres gravures tirées des marbres antiques d'Oxford, j'ai vu la figure
de quelques gerboises, dont les unes avaient les pattes de devant, et surtout les oreilles,
beaucoup plus longues que celle dont nous donnons ici la description; mais, au reste, ces
gerboises gravées sur des marbres antiques ne sont pas assez bien représentées pour
pouvoir les rapporter aux espèces que nous venons d'indiquer.

(*a*) Extrait du Journal du Voyage de M. le vicomte de Querhoënt.

(*) C'est une erreur. Le Tarsier est un Lémurien, tandis que la Gerboise est un Rongeur.

DE LA GERBOISE OU GERBO (*suite*)

(Article de M. le professeur Allamand).

« Dans l'histoire des gerboises, M. de Buffon distingue quatre espèces différentes de
» ces animaux ; mais il n'en a vu qu'une qui est celle du tarsier, aussi est-ce la seule dont
» il ait donné la figure ; ce qu'il a dit des trois autres est tiré des auteurs qui en ont parlé
» avant lui ; il a emprunté entre autres la description du gerbo, qui appartient à la seconde
» espèce, de MM. Edwards et Hasselquist. Cet animal est actuellement vivant à Amster-
» dam, chez le docteur Klockner, qui nous a permis de le faire dessiner, et qui a bien
» voulu nous communiquer ce qu'il a offert de plus remarquable ; c'est en faisant usage
» de ces observations que nous allons ajouter quelques particularités à celles que M. de
» Buffon en a rapportées.

» La description que celui-ci en a faite est très exacte : on retrouve dans le gerbo de
» M. Klockner tout ce qu'il en a dit, à l'exception de cette grande bande noire transver-
» sale en forme de croissant, qui est au bas des reins, près de la queue ; c'est une femelle,
» et peut-être cette bande ne se voit-elle que sur le mâle ; ce qui me porte à le croire, c'est
» que j'ai mis dans le cabinet de l'académie de Leyde la peau d'un autre gerbo femelle,
» où cette bande ne paraît pas non plus.

» M. Klockner a reçu cette gerboise de Tunis ; la caisse dans laquelle elle lui a été
» apportée était garnie en dedans de fer-blanc ; elle en avait enlevé avec ses dents quel-
» ques pièces, et en avait rongé le bois en différents endroits ; elle fait la même chose
» dans la cage où elle est actuellement gardée ; elle n'aime pas à être renfermée, cepen-
» dant elle n'est point farouche, car elle souffre qu'on la tire de son nid et qu'on l'y
» remette avec la main nue, sans qu'elle morde jamais ; au reste, elle ne s'apprivoise que
» jusqu'à un certain point, comme l'a remarqué M. de Buffon ; car elle ne paraît mettre
» aucune différence entre celui qui lui donne à manger et les étrangers ; lorsqu'elle est en
» repos, elle est assise sur ses genoux, et ses jambes de derrière étendues sous le ventre
» atteignent presque ses jambes de devant, en formant une espèce d'arc de cercle ; sa
» queue alors est posée le long de son corps ; dans cette attitude, elle recueille les grains
» de blé ou les pois dont elle se nourrit ; c'est avec ses pattes de devant qu'elle les porte
» à sa bouche, et cela si promptement qu'on a peine à en suivre de l'œil les mouvements ;
» elle porte chaque grain à sa bouche et en rejette l'écorce pour ne manger que l'intérieur.

» Quand elle se meut, elle ne marche pas en avançant un pied devant l'autre, mais en
» sautant comme une sauterelle, et en s'appuyant uniquement sur l'extrémité des doigts
» de ses pieds de derrière ; alors elle tient ses pieds de devant si bien appliqués contre sa
» poitrine, qu'il semble qu'elle n'en a point ; la figure qu'en offre la planche la représente
» dans l'attitude où elle est quand elle se prépare à sauter, et il est difficile de concevoir
» comment elle peut se soutenir ; quelquefois même son corps forme, avec ses jambes, un
» angle plus aigu encore, mais pour l'ordinaire elle se tient dans une situation qui
» approche plus de la perpendiculaire ; si on l'épouvante, elle saute à huit ou dix pieds de
» distance ; lorsqu'elle veut grimper sur une hauteur, elle fait usage de ses quatre pieds,
» mais lorsqu'il faut descendre dans un creux, elle traîne après soi ses jambes de derrière
» sans s'en servir, et elle avance en s'aidant uniquement des pieds de devant.

» Il semble que la lumière incommode cet animal : aussi dort-il pendant tout le jour,
» et il faut qu'il soit bien pressé par la faim pour qu'il lui arrive de manger quand le
» soleil luit encore ; mais dès qu'il commence à faire obscur, il se réveille, et durant toute
» la nuit il est continuellement en mouvement, et c'est alors seulement qu'il mange ;

» quand le jour paraît, il rassemble en tas le sable qui est dispersé dans sa cage, il met
» par-dessus le coton qui lui sert de lit et qui est fort dérangé par le mouvement qu'il
» vient de se donner ; et après avoir raccommodé son nid, il s'y fourre jusqu'à la nuit
» suivante.

    » Pendant le voyage qu'il a fait de Tunis à Amsterdam, et qui a été de quelques mois,
» on l'a nourri de gruau ou de biscuit sec, sans lui donner à boire. Dès qu'il fut arrivé,
» le premier soin de M. Klockner fut de lui présenter un morceau de pain trempé dans
» l'eau, ne doutant pas qu'il ne fût fort altéré, mais il ne voulut point y toucher, et il
» préféra un biscuit dur; cependant M. Klockner, ne soupçonnant pas qu'il pût se passer
» d'eau, lui donna des pois verts et des grains de blé qui en étaient imbibés, mais ce fut
» inutilement, il n'en goûta point; il fallut en revenir à ne lui donner que du manger
» sec sans eau; et jusqu'à présent, depuis une année et demie, il s'en est bien trouvé.

    » Quelques auteurs ont rangé cet animal parmi les lapins, auxquels il ressemble par la
» couleur et la finesse de son poil, et par la longueur de ses oreilles; d'autres l'ont pris
» pour un rat, parce qu'il est à peu près de la même grandeur; mais il n'est ni lapin ni
» rat; l'extrême disproportion qu'il y a entre ses jambes de devant et celles de derrière.
» et l'excessive longueur de sa queue, le distinguent des uns et des autres. Il forme un
» genre à part et même très singulier avec l'alagtaga, dont M. Gmelin nous a donné la
» description et la figure, mais qui approche si fort de notre gerbo, qu'on ne peut le
» regarder, avec M. de Buffon, que comme une variété de la même espèce.

    » Il ne faut pas oublier que le gerbo a autour de la bouche une moustache composée
» de poils assez raides, parmi lesquels il y en a un de côté d'une longueur extraordinaire,
» puisqu'il est long de trois pouces.

    » Je me suis servi de la peau bourrée qui est dans le cabinet de l'académie de Leyde,
» pour prendre les dimensions que voici :

	Pieds.	Pouces.	Lignes.
Longueur du corps entier mesuré en ligne droite, depuis le bout du museau jusqu'à l'anus	»	6	7
Longueur des oreilles	»	»	10
Distance entre l'oreille et l'œil	»	»	6
Longueur de l'œil d'un angle à l'autre	»	»	$6\frac{1}{2}$
Ouverture de l'œil	»	»	5
Distance entre l'œil et le bout du museau	»	1	»
Circonférence du bout du museau	»	2	6
Circonférence de la tête entre les oreilles et les yeux	»	5	»
Circonférence du corps prise derrière les jambes de devant..	»	5	5
Circonférence prise devant les jambes de derrière	»	6	1
Longueur des jambes de devant, depuis l'extrémité des doigts jusqu'à la poitrine	»		10
Longueur des jambes de derrière, depuis l'extrémité des pieds jusqu'à l'abdomen	»	5	6
Longueur de la queue	»	8	»

    » Ces dimensions sont celles du gerbo dont j'ai la dépouille et elles sont à peu près
» celles du gerbo de M. le docteur Klockner, et de presque tous ceux qui ont été décrits par
» les naturalistes; il y en a cependant qui sont beaucoup plus grands. Prosper Alpin, en
» parlant du daman ou agneau d'Israël, que M. de Buffon range, avec raison, au nombre
» des gerboises (a), avait déjà dit que cet animal est plus gros que notre lapin d'Europe,
» ce qui a paru douteux au docteur Shaw et même à M. de Buffon. A présent, nous
» sommes certains que cet auteur n'a point exagéré; toute l'Europe sait que MM. Banks et

(a) On verra, ci-après, les raisons que j'ai de changer de sentiment à cet égard.

1 Castor du Canada _ 2 Gerboise ordinaire

A Le Vasseur, Editeur

» Solander, animés d'un zèle, je dirais presque héroïque, pour avancer nos connaissances
» dans l'astronomie et dans l'histoire naturelle, ont entrepris le tour du monde : à leur
» retour en Angleterre, ils ont fait voir deux gerbos qui surpassent en grosseur nos plus
» grands lièvres (*); en courant sur leurs deux pieds de derrière ils mettent en défaut les
» meilleurs chiens. Ce n'est là qu'une des moindres curiosités qu'ils ont apportées avec
» eux ; ils en ont fait une ample collection, qui leur fournira de quoi remplir un millier de
» planches. On prépare, par ordre de l'amirauté d'Angleterre, une relation de leur voyage;
» on y verra des particularités très intéressantes sur un pays des terres australes que
» nous ne connaissions jusqu'à présent que de nom; je veux parler de la Nouvelle-
» Zélande, etc. »

DES GERBOISES (*suite*)

(Second article de M. Allamand).

« Dans l'histoire que j'ai donnée du gerbo, j'ai remarqué que Prosper Alpin a eu raison
» de dire que le daman, qui appartient au genre des gerboises (a), était plus gros que notre
» lapin d'Europe. J'ai avancé cela, fondé sur ce qu'on m'avait écrit d'Angleterre, que
» M. Banks, revenu de son voyage autour du monde, avait apporté un de ces animaux
» qui surpassait en grosseur nos plus grands lièvres (**). A présent, je suis en état de dire
» quelque chose de plus positif sur cet animal, dont M. Banks a eu la bonté de me faire
» voir la dépouille, et dont nous avons la description et la figure dans la relation du
» voyage de M. le capitaine Cook (b). Il diffère de toutes les espèces de gerboises décrites
» jusqu'à présent, non seulement par sa grandeur, qui approche de celle d'une brebis,
» mais encore par le nombre ou l'arrangement de ses doigts. Parkinson (c), qui était parti
» avec M. Banks, en qualité de son dessinateur, et dont on a publié les mémoires, nous
» apprend qu'il avait cinq doigts aux pieds de devant, armés d'ongles crochus, et quatre
» à ceux de derrière : comme c'était un jeune qui n'était pas encore parvenu à toute sa
» grandeur, il ne pesait que trente-huit livres ; sa tête, son cou et ses épaules, étaient fort
» petits en comparaison des autres parties de son corps ; ses jambes de devant avaient
» huit pouces de longueur, et celles de derrière en avaient vingt-deux ; il avançait en
» faisant de très grands sauts et en se tenant debout; il tenait ses jambes de devant appli-
» quées à sa poitrine, et elles paraissaient ne lui servir qu'à creuser la terre ; sa queue
» était épaisse à son origine, et son diamètre allait en diminuant jusqu'à son extrémité ;
» tout son corps était couvert d'un poil gris de souris foncé, excepté à la tête et aux oreilles
» qui avaient quelque ressemblance à celles d'un lièvre.

» Par cette description, on voit que cet animal n'est pas le gerbo, qui a quatre doigts
» aux pieds de devant et trois à ceux de derrière, ni le daman ou agneau d'Israël qui a
» quatre doigts aux pieds de devant et cinq à ceux de derrière (d), avec lequel par consé-

(a) Le daman du docteur Shaw appartient en effet au genre des gerboises; mais nous ver-
rons, comme nous venons d'en avertir, les raisons qui nous persuadent que le docteur Shaw
a mal appliqué à cet animal le nom de daman.

(b) Voyez *An account of the Voyages* perfomed by commodore Byron, captain Wallis,
captain Carteret, and captain Cook, vol. III, p. 577.

(c) *A journal of a Voyage to the south sea*, by Sydney Parkinson, p. 145.

(d) Cela est vrai du prétendu daman du docteur Shaw, qui est une gerboise, mais faux à
l'égard du véritable daman, qui n'a que trois doigts aux pieds de derrière. Voyez, plus loin,
son article.

(*) C'est le Kanguroo.
(**) Nous avons dit déjà que l'animal de Banks était un Kanguroo.

» quent je n'aurais pas dû le confondre ; l'alagtaga est l'espèce des gerboises qui en appro-
» che le plus par le nombre des doigts ; il en a cinq aux pieds de devant et trois à ceux
» de derrière, avec un éperon qui peut passer pour un pouce ou quatrième doigt, comme
» le remarque M. de Buffon ; mais la différence de grandeur, la distance des lieux et la
» diversité du climat où ces deux animaux se trouvent ne permettent guère de les regar-
» der comme une seule et même espèce. Celui que M. Banks nous a fait connaître est
» habitant de la Nouvelle-Hollande, et l'alagtaga est commun en Tartarie et sur le Wolga.

» Nous avons actuellement en Hollande un animal vivant qui pourrait bien être le
» même que celui de la Nouvelle-Hollande : on en jugera par la description suivante, dont
» je suis redevable à M. le docteur Klockner, à qui j'ai dû aussi celle que j'ai donnée ci-
» devant du petit gerbo.

» Cet animal a été apporté du cap de Bonne-Espérance par le sieur Holst, à qui il appar-
» tient ; il a été pris sur une montagne nommée Snenwberg, située à une très grande
» distance du Cap, et fort avant dans les terres ; les paysans hollandais lui donnent le nom
» de *aerdmannetje*, de *springendehaas* ou *lièvre sautant* ; il est de la grandeur d'un lièvre
» ou d'un lapin ; son pelage est de couleur fauve par le haut, mais de couleur de cendré
» sur la peau, et entremêlé de quelques poils plus longs, dont la pointe est noire ; sa tête
» est fort courte, mais large et plate entre les oreilles, et elle se termine par un museau
» obtus qui a un fort petit nez ; sa mâchoire supérieure est fort ample et cache l'inférieure,
» qui est très courte et petite ; il n'est point de quadrupède connu qui ait l'ouverture de la
» gueule si en arrière au-dessous de la tête.

» Les oreilles sont d'un tiers plus courtes que celles du lapin ; elles sont fort minces et
» transparentes au grand jour ; leur partie supérieure est noirâtre, l'inférieure est de cou-
» leur de chair, et plus transparente que la partie supérieure ; il a de grands yeux à fleur
» de tête d'un brun tirant sur le noir ; ses paupières sont garnies de cils et surmontées de
» cinq ou six poils très longs ; chaque mâchoire est garnie de deux dents incisives très
» fortes : celles de la supérieure ne sont pas si longues que celles de la mâchoire infé-
» rieure ; la lèvre d'en haut est garnie d'une moustache composée de longs poils.

» Les pieds de devant sont petits, courts et situés tout près du cou ; ils ont chacun cinq
» doigts aussi très courts, placés sur la même ligne ; ils sont armés d'ongles crochus de
» deux tiers plus grands que les doigts mêmes ; il y a au-dessous une éminence charnue
» sur laquelle ces ongles reposent ; les deux jambes de derrière sont plus grandes que
» celles de devant ; les pieds ont quatre doigts, dont les deux intérieurs sont plus courts
» que le troisième, qui est un tiers plus grand que l'extérieur ; ils sont tous garnis d'ongles
» dont le dos est élevé, et qui sont concaves en dessous.

» Le corps est étroit en avant et un peu plus gros en arrière ; la queue est aussi longue
» que le corps, les deux tiers en sont couverts de longs poils fauves, et l'autre tiers de
» poils noirs.

» Comme les autres sortes de gerboises, il ne se sert que de ses pieds de derrière pour
» marcher, ou, pour parler juste, pour sauter : aussi ces pieds sont-ils très forts, et si on
» le prend par la queue, il en frappe avec beaucoup de violence. On n'a pas pu détermi-
» ner la longueur de ses plus grands sauts, parce qu'il ne peut pas exercer sa force dans
» le petit appartement où il est renfermé : dans l'état de liberté, on dit que ces animaux
» font des sauts de vingt à trente pieds.

» Son cri est une espèce de grognement : quand il mange, il s'assied en étendant hori-
» zontalement ses grandes jambes et en courbant son dos ; il se sert de ses pieds de devant
» comme de mains pour porter sa nourriture à sa gueule ; il s'en sert aussi pour creuser
» la terre, ce qu'il fait avec tant de promptitude qu'en peu de minutes il peut s'y enfoncer
» tout à fait.

» Sa nourriture ordinaire est du pain, des racines, du blé, etc.

» Quand il dort, il prend une attitude singulière, il est assis avec les genoux étendus;
» il met sa tête à peu près entre ses jambes de derrière, et avec ses deux pieds de devant
» il tient ses oreilles appliquées sur ses yeux, et semble ainsi protéger sa tête par ses
» mains; c'est pendant le jour qu'il dort, et pendant la nuit il est ordinairement éveillé.

» Par cette description on voit que cet animal doit être rangé dans la classe des ger-
» boises, décrites par M. de Buffon, mais qu'il en diffère cependant beaucoup, tant par sa
» grandeur que par le nombre de ses doigts. Nous en donnons ici la figure, qui, quoiqu'elle
» ait beaucoup de rapport avec celle que nous avons donnée du gerbo, en diffère cependant
» assez pour qu'on ne puisse pas les confondre : nous avons fait graver au bas de la
» planche les pieds de cet animal (*), pour qu'on comprenne mieux ce que nous en
» avons dit.

» S'il est le même animal que celui qui a été décrit dans la relation du voyage du capi-
» taine Cook, comme il y a grande apparence, la figure qui s'en trouve dans l'ouvrage
» anglais et dans la traduction française n'est pas exacte : la tête en est trop longue, ses
» jambes de devant ne sont jamais dans la situation où elles sont représentées comme
» pendantes vers le bas; le nôtre les tient toujours appliquées à sa poitrine, de façon que
» ses ongles sont placés immédiatement sous sa mâchoire inférieure : situation qui s'accorde
» avec celle que leur donne l'auteur anglais, mais qui a été mal exprimée par le dessina-
» teur et par le graveur.

» Voici les dimensions de notre grand gerbo, qui feront mieux connaître combien il
» diffère de toutes les autres espèces décrites.

	Pieds.	Pouces.	Lignes.
» Longueur du corps mesuré en ligne droite, depuis le bout du museau » jusqu'à l'origine de la queue	1	2	»
» Longueur des oreilles	»	3	9
» Distance entre les yeux	»	2	»
» Longueur de l'œil d'un angle à l'autre	»	1	1
» Ouverture de l'œil	»	»	9
» Circonférence du corps, prise derrière les jambes de devant	»	11	»
» Circonférence prise devant les jambes de derrière	1	»	2
» Hauteur des jambes de devant, depuis l'extrémité des ongles jusqu'à » la poitrine	»	3	»
» Longueur des jambes de derrière, depuis l'extrémité des pieds jusqu'à » l'abdomen	»	8	9
» Longueur de la queue	1	2	9

En comparant ces descriptions de M. Allamand, et en résumant les observations que
l'on vient de lire, nous trouverons dans ce genre des gerboises quatre espèces bien distinctement connues : 1° la *gerboise* ou *gerbo* d'Edwards, d'Hasselquist et de M. Allamand,
dont nous avons donné plus haut la description, et à laquelle nous laissons simplement
le nom de gerboise, en persistant à lui rapporter l'alagtaga, et en lui rapportant encore,
comme simple variété, la *gerboise de Barca* de M. le chevalier Bruce (**); 2° notre *tarsier* (***), qui est bien du genre de la gerboise et même de sa taille, mais qui néanmoins
forme une espèce différente, puisqu'il a cinq doigts à tous les pieds; 3° la grande gerboise
ou lièvre sauteur du Cap (****), que nous venons de reconnaître dans les descriptions de

(*) Qui est l'*Helamys capensis* Cuv.

(**) La Gerboise et l'Alagtaga sont deux espèces différentes; la Gerboise de Barca n'est
qu'une variété du *Dipus sagitta*.

(***) Nous avons dit déjà que le Tarsier diffère à ce point de la Gerboise, qu'on les a
placés tous les deux dans des ordres distincts.

(****) *Helamys capensis* Cuv.

MM. de Querhoënt, Forster et Allamand ; 4° la très grande gerboise de la Nouvelle-Hollande, appelée *kanguroo* (*) par les naturels du pays ; elle approche de la grosseur d'une brebis, et par conséquent est d'une espèce beaucoup plus forte que celle de notre grande gerboise ou lièvre sauteur du Cap, quoique M. Allamand semble les rapporter l'une à l'autre. Nous n'avons pas cru devoir copier la figure de cette gerboise, donnée dans le premier Voyage du capitaine Cook, parce qu'elle nous paraît trop défectueuse ; mais nous devons rapporter ici ce que ce célèbre navigateur a dit de ce singulier animal, qui jusqu'à ce jour ne s'est trouvé nulle part que dans le continent de la Nouvelle-Hollande.

« Comme je me promenais le matin à peu de distance du vaisseau, dit-il (*à la baie d'Endea-*
» *vour, côte de la Nouvelle-Hollande*), je vis un des animaux que les gens de l'équipage m'a-
» vaient décrit si souvent ; il était d'une légère couleur de souris, et ressemblait beaucoup
» par la grosseur et la figure à un lévrier, et je l'aurais en effet pris pour un chien sauvage, si
» au lieu de courir il n'avait pas sauté comme un lièvre ou un daim..... M. Banks, qui vit
» imparfaitement cet animal, pensa que son espèce était encore inconnue..... Un des jours
» suivants, comme nos gens partaient au premier crépuscule du matin pour aller chercher
» du gibier, ils virent quatre de ces animaux, dont deux furent très bien chassés par le
» lévrier de M. Banks, mais ils le laissèrent bientôt derrière en sautant par-dessus l'herbe
» longue et épaisse qui empêchait le chien de courir ; on observa que ces animaux ne mar-
» chaient pas sur leurs quatre jambes, mais qu'ils sautaient sur les deux de derrière (*a*),
» comme le *gerbua* ou *mus jaculus*..... Enfin M. Gore, mon lieutenant, faisant peu de jours
» après une promenade dans l'intérieur du pays avec son fusil, eut le bonheur de tuer un
» de ces quadrupèdes qui avait été si souvent l'objet de nos spéculations. Cet animal n'a
» pas assez de rapport avec aucun autre déjà connu, pour qu'on puisse en faire la compa-
» raison ; sa figure est très analogue à celle du *gerbo*, à qui il ressemble aussi par ses
» mouvements, mais sa grosseur est fort différente, le gerbo étant de la taille d'un rat
» ordinaire, et cet animal, parvenu à son entière croissance, de celle d'un mouton ; celui
» que tua mon lieutenant était jeune, et comme il n'avait pas encore pris tout son accrois-
» sement, il ne pesait que trente-huit livres ; la tête, le cou et les épaules sont très petits
» en proportion des autres parties du corps ; la queue est presque aussi longue que le
» corps, elle est épaisse à sa naissance et elle se termine en pointe à l'extrémité ; les jambes
» de devant n'ont que huit pouces de long, et celles de derrière en ont vingt-deux ; il
» marche par sauts et par bonds ; il tient alors la tête droite et ses pas sont fort longs :
» il replie ses jambes de devant tout près de la poitrine, et il ne paraît s'en servir que
» pour creuser la terre ; la peau est couverte d'un poil court, gris ou couleur de souris
» foncé ; il faut en excepter la tête et les oreilles, qui ont une légère ressemblance avec
» celles du lièvre : cet animal est appelé *kanguroo* par les naturels du pays... Le même
» M. Gore, dans une autre chasse tua un second *kanguroo*, qui, avec la peau, les entrailles
» et la tête, pesait quatre-vingt-quatre livres, et néanmoins en l'examinant nous recon-
» nûmes qu'il n'avait pas encore pris toute sa croissance, parce que les dents mâchelières
» intérieures n'étaient pas encore formées... Ces animaux paraissent être l'espèce de qua-
» drupèdes la plus commune à la Nouvelle-Hollande, et nous en rencontrions presqu'
» toutes les fois que nous allions dans les bois (*b*). »

On voit clairement, par cette description historique, que le kanguroo ou très grande gerboise de la Nouvelle-Hollande n'est pas le même animal que la grande gerboise ou

(*a*) Le traducteur dit les *deux de devant;* mais c'est évidemment une faute, comme le prouve ce qui suit.

(*b*) *Premier voyage de Cook :* collection d'Hawkeswort, traduction française, t. IV, pages 24, 24, 45, 56 et 62.

(*) Le Kanguroo diffère beaucoup de la Gerboise ; il appartient à l'ordre des Marsupiaux.

lièvre sauteur du cap de Bonne-Espérance ; et MM. Forster, qui ont été à portée d'en faire la comparaison avec le *kanguroo* de la Nouvelle-Hollande, ont pensé, comme nous, que c'étaient deux espèces différentes dans le genre des gerboises ; d'un autre côté, si l'on compare ce que dit le docteur Shaw de l'animal qu'il appelle *daman*, avec la description du lièvre sauteur, on reconnaîtra aisément que ces deux animaux ne sont qu'une seule et même espèce, et que ce savant voyageur s'est trompé sur l'application du nom *daman*, qui appartient à un animal tout différent.

On peut aussi inférer de ce qui vient d'être dit, que l'espèce du lièvre sauteur appartient non seulement à l'Afrique, mais encore à la Phénicie, la Syrie et autres régions de de l'Asie Mineure, dont la communication avec l'Afrique est bien établie par l'Arabie, pour des animaux surtout qui vivent dans les sables brûlants du désert. En séparant donc le vrai daman des gerboises, nous devons indiquer les caractères qui les distinguent.

LA GRANDE TAUPE DU CAP

MM. Gordon et Allamand nous ont donné la description et la figure, sous la dénomination de *grande taupe du Cap* (*) ou *taupe des Dunes*, d'une espèce de taupe qui est en effet si grande et si grosse, en comparaison de toutes les autres, qu'on n'a pas besoin de lui donner un autre nom que celui de grande taupe, pour en distinguer et reconnaître aisément l'espèce.

« L'animal, dit M. Allamand, que nous avons fait représenter, a été jusqu'à présent
» inconnu à tous les naturalistes, et vraisemblablement il l'aurait été encore longtemps
» sans les soins toujours actifs de M. le capitaine Gordon, qui ne néglige aucune occasion
» d'enrichir l'histoire naturelle par de nouvelles découvertes ; c'est lui qui m'en a envoyé
» le dessin. Je nomme cet animal, avec les habitants du Cap, la *taupe des Dunes*, et c'est un
» peu malgré moi, je n'aime pas ces noms composés, et d'ailleurs celui de taupe lui con-
» vient encore moins qu'à la taupe du Cap, que je décris ci-après ; j'aurais souhaité de
» pouvoir lui donner le nom par lequel les Hottentots le désignent, mais il est lui-même
» composé et fort dur à l'oreille : c'est celui de *kauw howba*, qui signifie *taupe hippopotame*.
» Les Hottentots l'appellent ainsi à cause de je ne sais quelle ressemblance qu'ils lui trou-
» vent avec ce gros animal : peut-être faut-il la chercher dans ses dents incisives, qui sont
» très remarquables par leur longueur. Quoi qu'il en soit, s'il diffère de la taupe à quel-
» ques égards, il a aussi diverses affinités avec elle, et il n'y a point d'autre animal dont
» le nom lui convienne mieux.

» Ces taupes habitent dans les dunes qui sont aux environs du cap de Bonne-Espérance
» et près de la mer ; on n'en trouve point dans l'intérieur du pays ; celle dont je parle ici
» était un mâle dont la longueur, depuis le museau jusqu'à la queue, en suivant la cour-
» bure du corps, était d'un pied ; sa circonférence, prise derrière les jambes de devant,
» était de dix pouces, et de neuf devant les jambes de derrière ; la partie supérieure de son
» corps était blanchâtre, avec une légère teinte de jaune, qui se changeait en couleur grise
» sur les côtés et sous le ventre.

» Sa tête n'était pas ronde comme celle de la taupe du Cap, elle était allongée et elle se
» terminait par un museau plat de couleur de chair, assez semblable au boutoir d'un
» cochon ; ses yeux étaient fort petits, et ses oreilles n'étaient marquées que par l'ouver-
» ture du canal auditif, placée au milieu d'une tache ronde, plus blanche que le reste du
» corps ; elle avait à chaque mâchoire deux dents incisives qui se montraient, quoique la
» gueule fût fermée ; celles d'en bas étaient fort longues, celles d'en haut étaient beaucoup

(*) *Bathiergus maritimus* Desm.

» plus courtes; au premier coup d'œil il semblait qu'il y en eût quatre; elles étaient fort
» larges, et chacune avait par devant un profond sillon qui la partageait en deux et la fai-
» sait paraître double, mais par derrière elles étaient tout à fait unies; ses dents molaires
» étaient au nombre de huit dans chaque mâchoire : ainsi, avec les incisives, elle avait
» vingt-deux dents en tout; les inférieures avançaient un peu au delà des supérieures;
» mais ce qu'elles offraient de plus singulier, c'est qu'elles étaient mobiles, et que l'animal
» pouvait les écarter ou les réunir à volonté, faculté qui ne se trouve dans aucun qua-
» drupède qui me soit connu.

» Sa queue était plate et de la longueur de deux pouces six lignes; elle était couverte
» de longs poils qui, de même que ceux qui formaient ses moustaches et ceux de dessous
» ses pattes, étaient raides comme des soies de cochon.

» Il y avait à chaque pied cinq doigts munis d'ongles fort longs et blanchâtres.

» On voit, par cette description, que, si ces animaux surpassent de beaucoup les autres
» taupes en grandeur et en grosseur, ils leur ressemblent par les yeux et par les oreilles;
» mais il y a plus encore, ils vivent comme elles sous terre; ils y font des trous profonds
» et de longs boyaux; ils jettent la terre, comme nos taupes, en l'accumulant en de très
» gros monceaux : cela fait qu'il est dangereux d'aller à cheval dans les lieux où ils sont,
» souvent il arrive que les jambes des chevaux s'enfoncent dans ces trous jusqu'aux
» genoux.

» Il faut que ces taupes multiplient beaucoup, car elles sont très nombreuses; elles
» vivent de plantes et d'oignons, et par conséquent elles causent beaucoup de dommage
» aux jardins qui sont près des dunes; on mange leur chair et on la dit fort bonne.

« Elles ne courent pas vite, et en marchant elles tournent leurs pieds en dedans comme
» les perroquets; mais elles sont très expéditives à creuser la terre; leur corps touche
» toujours le sol sur lequel elles sont; elles sont méchantes, elles mordent très fort, et
» il est dangereux de les irriter.

LA GRANDE TAUPE D'AFRIQUE

Ces taupes d'Afrique (*), suivant M. l'abbé de la Caille, sont plus grosses que celles
d'Europe, et sont si nombreuses dans les terres du Cap, qu'elles y forment des trous et
des élévations en si grand nombre qu'on ne peut les parcourir à cheval sans courir risque
de broncher à chaque pas (a).

TAUPE DU CAP DE BONNE-ESPÉRANCE

On trouve, au cap de Bonne-Espérance, une taupe (**), dont la peau bourrée nous a
été donnée par M. Sonnerat, correspondant du Cabinet. Cette taupe ressemble assez à la
taupe ordinaire par la forme du corps, par les yeux, qu'elle a très petits, par les oreilles,
qui ne sont point apparentes, et par la queue, qu'il faut chercher dans le poil, et qui est à
peu près de la même longueur que celle de notre taupe, mais elle en diffère par la tête,
qu'elle a plus grosse, et par le museau, qui ressemble à celui du cochon d'Inde. Les pieds
de devant sont aussi différents; le poil du corps n'est pas noir, mais d'un brun minime

(a) *Voyage de* **M.** *l'abbé de la Caille*, p. 299.

(*) *Bathiergus maritimus* Desm.
(**) *Bathiergus capensis* Desm.

avec un peu de fauve à l'extrémité de chaque poil; la queue est couverte de grands poils
d'un jaune blanchâtre, et en général le poil de cette taupe du Cap est plus long que celui
de la taupe d'Europe. Ainsi l'on doit conclure de toutes ces différences que c'est une
espèce particulière et qui, quoique voisine de celle de la taupe, ne peut pas être regardée
comme une simple variété.

LA TAUPE DU CAP DE BONNE-ESPÉRANCE (*suite*)

Depuis la publication de l'article précédent, j'ai reçu de M. Allamand une description
plus exacte de cette taupe du Cap, avec une figure faite sur l'animal vivant. Voici ce que
cet habile naturaliste a publié cette année 1781 sur cet animal, que je n'avais guère pu
qu'indiquer d'après MM. Sonnerat et de la Caille.

« M. de Buffon a donné une figure de cette taupe, faite d'après une peau bourrée qui
» lui a été donnée par M. Sonnerat, et il ne lui était pas possible d'en donner une meil-
» leure, parce qu'un tel animal ne peut pas être transporté vivant en Europe; mais cette
» figure représente si imparfaitement son original, que je n'ai pas hésité d'en donner une
» meilleure. M. Gordon m'en a envoyé le dessin.

» Cette taupe ressemble à la taupe ordinaire par les habitudes et par la forme du corps,
» mais elle en diffère aussi en des parties si essentielles, que M. de Buffon a eu raison de
» dire que c'était une espèce particulière, qui ne pouvait pas être regardée comme une
» simple variété. Sa longueur est de sept pouces, et son poil est d'un brun minime, qui
» devient plus foncé et presque noir sur la tête; vers les côtés et sous le ventre, il est
» d'un blanc cendré ou bleuâtre.

» La tête de cette taupe est presque aussi haute que longue, et elle est terminée par un
» museau aplati, et non pas allongé comme celui de nos taupes; cependant elle a ceci de
» commun avec ces dernières, c'est que son museau ressemble à une espèce de boutoir de
» couleur de chair, où l'on voit les ouvertures des narines, comme dans le cochon, mais
» qui n'avance point au delà des dents; la gueule est environnée d'une bande blanche de
» la largeur de quatre ou cinq lignes, qui passe au-dessus du museau; il en part
» quelques longs poils blancs qui forment une espèce de moustache; elle a à chaqu'
» mâchoire deux dents incisives fort longues, qui paraissent même quand la gueule est
» fermée; celles d'en haut sont de la longueur de quatre lignes, et celles d'en bas de plus
» de six; ses yeux sont extrêmement petits et placés presqu'à égale distance du museau
» et des oreilles; ils occupent le centre d'une tache ovale blanche dont ils sont environnés,
» ce qui fait qu'on n'a pas de peine à les trouver, comme dans nos taupes; ses oreilles
» n'ont point de conque qui paraisse en dehors; tout ce qu'on voit extérieurement consiste
» dans l'orifice du canal auditif, qui est assez grand, et dont le rebord a un peu de saillie;
» cet orifice est aussi placé au milieu d'une tache blanche; enfin, il y a une troisième
» tache de la même couleur au-dessus de la tête; et c'est à cause de ces différentes taches
» qu'on la nomme au Cap *blesmol* ou *taupe tachetée*; ses pieds ont tous cinq doigts munis
» de forts ongles; ils sont sans poils en dessus, mais ils en ont d'assez longs en dessous;
» ceux de devant sont faits comme ceux de derrière, et ils n'ont rien qui ressemble à ceux
» des taupes d'Europe, qui sont beaucoup plus grands que les pieds postérieurs, et dont la
» figure approche de celle d'une main dont la paume serait tournée en arrière.

» Sa queue, qui ne surpasse pas sept ou huit lignes, est couverte de longs poils de la
» même couleur que ceux des côtés.

» Ces taupes ressemblent encore aux nôtres par leurs habitudes : elles vivent sous
» terre, elles y creusent des galeries, et elles font beaucoup de mal aux jardins. M. Gordon
» a vu, fort avant dans l'intérieur du pays, une espèce beaucoup plus petite et de couleur

» d'acier, aussi lui en donne-t-on le nom ; mais, quant au reste, elle était tout à fait sem-
» blable à celle que nous venons de décrire. Ce que nous en avons dit est une nouvelle
» preuve du peu d'attention que Kolbe a donné à ce qu'il a vu ; en parlant de la taupe du
» Cap, voici comment il s'exprime :

« Il y a des taupes au Cap, et même en fort grande quantité, qui ressemblent à tous
» égards à celles que nous avons en Europe, ainsi je n'ai rien à dire à ce sujet ;. — il aurait
» donc pu se passer d'en faire un article où il n'est question que du piège qu'on leur tend,
» en lui faisant tirer une corde qui fait partir un coup de fusil qui les tue, et même
» encore je doute qu'on se donne la peine de faire tant d'appareil pour un aussi petit
» animal que cette taupe ; le piège paraît plutôt être tendu pour une autre taupe, dont il
» a été question dans un article précédent, mais dont Kolbe n'aura connu que le nom ;
» cependant il serait dangereux de prendre ces animaux avec la main, ils sont méchants
» et mordent bien fort.

» M. de Buffon, dans l'article intéressant qu'il a donné de la taupe ordinaire,
» a remarqué que, pour la dédommager du sens de la vue dont elle est presque privée, la
» nature lui a accordé avec magnificence les organes qui servent à la génération. La taupe
» du Cap aurait besoin du même dédommagement, mais j'ignore si la nature a été si libé-
» rale à son égard.

» Dans le Journal d'un voyage entrepris par l'ordre du gouvernement du Cap, il est
» dit dans une note de l'éditeur que cette taupe ressemble plus au hamster qu'à tout autre
» animal de l'Europe. Je ne comprends pas où l'auteur de cette note trouve la ressem-
» blance. Si l'on compare la description que j'en donne ici avec celle du hamster, je doute
» qu'on trouve aucun rapport entre elles. »

LA TAUPE DU CANADA

Une autre espèce de taupe est celle que M. de la Faille a fait graver à la suite de son
Mémoire (*). M. de la Faille dit qu'elle se trouve au Canada et qu'elle n'a été indiquée par
aucun auteur ; et voici la courte description qu'il en donne :

« Ce quadrupède n'a de la taupe vulgaire que quelques parties ; dans d'autres il porte
» un caractère qui le rapproche beaucoup plus de la classe des rats ; il en a la forme et
» la légèreté ; sa queue, longue de trois pouces, est noueuse et presque nue, ainsi que ses
» pieds, qui ont chacun cinq doigts ; ils sont défendus par de petites écailles brunes et
» blanches, qui n'en couvrent que la partie supérieure ; cet animal est plus élevé de terre
» et moins rampant que la taupe d'Europe ; il a le corps effilé et couvert d'un poil noir,
» grossier, moins soyeux et plus long ; il a aussi les mains moins fortes et plus délicates.....
» les yeux sont cachés sous le poil ; le museau est relevé d'une moustache qui lui est
» particulière, et ce museau n'est pas pointu, ni terminé par un cartilage propre à fouiller
» la terre, mais il est bordé de muscles charnus et très déliés, qui ont l'air d'autant
» d'épines ; toutes ces pointes sont nuancés d'une belle couleur de rose, et jouent à la
» volonté de l'animal, de façon qu'elles se rapprochent et se réunissent au point de ne
» former qu'un corps aigu et très délicat ; quelquefois aussi ces muscles épineux s'ouvrent
» et s'épanouissent à la manière du calice des fleurs ; ils enveloppent et renferment le
» conduit nasal, auquel ils servent d'abri ; il serait difficile de décider à quels autres
» usages qu'à fouiller la terre cet animal fait servir une partie aussi extraordinaire.

» Cette taupe se trouve au Canada, où cependant elle n'est pas fort commune ; comme
» elle est forcée de passer la plus grande partie de sa vie sous la neige, elle s'accoutume

(*) *Condylura cristata* Desm.

» probablement à vivre en retraite, et sort fort peu de sa tanière, même dans le bon
» temps ; elle manœuvre comme nos taupes, mais avec plus de lenteur, aussi ses taupi-
» nières sont-elles peu nombreuses et assez petites. »

M. de la Faille conserve dans son cabinet l'individu dont il a fait graver la figure, et
on lui doit en effet la connaissance de cet animal singulier.

DU CASTOR

Nous avons dit que le castor était un animal commun aux deux continents ; il se trouve
en effet tout aussi fréquemment en Sibérie qu'au Canada ; on peut les apprivoiser aisément et même leur apprendre à pêcher du poisson et le rapporter à la maison. M. Kalm
assure ce fait.

« J'ai vu, dit-il, en Amérique des castors tellement apprivoisés qu'on les envoyait à la
» pêche et qu'ils rapportaient leurs prises à leur maître. J'y ai vu aussi quelques loutres
» qui étaient si fort accoutumées avec les chiens et avec leurs maîtres qu'elles les sui-
» vaient, les accompagnaient dans le bateau, sautaient dans l'eau et le moment d'après
» revenaient avec un poisson (a). »

« Nous vîmes, dit M. Gmelin, dans une petite ville de Sibérie, un castor qu'on élevait
» dans la chambre et qu'on maniait comme on voulait ; on m'assura que cet animal faisait
» quelquefois des voyages à une distance très considérable, et qu'il enlevait aux autres
» castors leurs femelles, qu'il ramenait à la maison, et qu'après le temps de la chaleur
» passé, elles s'en retournaient seules et sans qu'il les conduisît (b). »

LE PORC-ÉPIC DE MALACA

Nous avons parlé d'un porc-épic des Indes orientales, et nous avons dit que ce porc-
épic ne nous paraît être qu'une variété de l'espèce du porc-épic d'Italie ; mais il existe dans
les contrées méridionales de notre continent, et particulièrement à Malaca, une autre espèce
de porc-épic (*). Nous en avons vu un tout semblable entre les mains d'un marchand
d'animaux, qui le faisait voir à Paris au mois d'octobre 1777. Cette espèce diffère de l'espèce commune par plusieurs caractères très sensibles, et surtout par la forme et la longueur
de la queue ; elle est terminée par un bouquet de poils longs et plats, ou plutôt de petites
lanières blanches semblables à des rognures de parchemin ; et la queue, qui porte cette
houppe à son extrémité, est nue, écailleuse, et peut avoir le tiers de la longueur du corps,
qui est de quinze à seize pouces. Ce porc-épic de Malaca est plus petit que celui d'Europe ;
sa tête est néanmoins plus allongée, et son museau, revêtu d'une peau noire, porte des
moustaches de cinq à six pouces de longueur. L'œil est petit et noir ; les oreilles sont
lisses, nues et arrondies ; il y a quatre doigts réunis par une membrane aux pieds de
devant, et il n'y a qu'un tubercule en place du cinquième ; les pieds de derrière en ont
cinq, réunis par une membrane plus petite que celle des pieds de devant. Les jambes
sont couvertes de poils noirâtres ; tout le dessous du corps est blanc ; les flancs et le dessus du corps sont hérissés de piquants, moins longs que ceux du porc-épic d'Italie, mais
d'une forme toute particulière, étant un peu aplatis et sillonnés sur leur longueur d'une

(a) *Voyage de Kalm*, t. II, page 350.
(b) *Voyage de Kamtschatka*, page 73.

(*) *Hystrix fasciculata* L.

raie en gouttière. Ces piquants sont blancs à la pointe, noirs dans leur milieu, et plusieurs sont noirs en dessus et blancs en dessous ; de ce mélange résulte un reflet ou un jeu de traits blancs et noirâtres sur tout le corps de ce porc-épic.

Cet animal, comme ceux de son genre, que la nature semble n'avoir armés que pour la défensive, n'a de même qu'un instinct repoussant et farouche. Lorsqu'on l'approche, il trépigne des pieds et vient en s'enflant présenter ses piquants, qu'il hérisse et secoue. Il dort beaucoup le jour et n'est bien éveillé que sur le soir ; il mange assis et tenant entre ses pattes les pommes et autres fruits à pepin qu'il pèle avec les dents ; mais les fruits à noyau, et surtout l'abricot, lui plaisent davantage ; il mange aussi du melon et il ne boit jamais.

LE COENDOU

La Guyane fournit deux espèces de coendous. Les plus grands pèsent douze à quinze livres. Ils se tiennent sur le haut des arbres et sur les lianes qui s'élèvent jusqu'aux plus hautes branches. Ils ne mangent pas le jour. Leur odeur est très forte et on les sent de fort loin. Ils font leurs petits dans des troncs d'arbres au nombre de deux. Ils se nourrissent des feuilles de ces arbres, et ne sont pas absolument bien communs. Leur viande est fort bonne : les nègres l'aiment autant que celle du paca. Suivant M. de la Borde, les deux espèces ne se mêlent pas ; on ne les trouve deux à deux que quand ils sont en chaleur ; dans les autres temps, ils sont seuls, et les femelles ne quittent jamais l'arbre où elles font leurs petits ; ces animaux mordent quand on s'y expose, sans cependant serrer beaucoup.

Ceux de la petite espèce peuvent peser six livres ; ils ne sont pas plus nombreux que les autres ; les tigres leur font la guerre, et on ne les trouve jamais à terre pendant le jour.

Nous avons parlé de ces deux espèces de coendous, lesquelles existent en effet dans les climats chauds de l'Amérique méridionale.

LE COENDOU A LONGUE QUEUE

Un autre animal à piquants (*), qui ne nous était pas connu, a été apporté de Cayenne à Paris avec la collection de M. Malouet, intendant de cette colonie.

Il est plus grand que le coendou.

	Pieds.	Pouces.	Lignes.
Sa longueur du bout du museau à l'origine de la queue...............	2	»	6
Longueur de la queue.................	1	5	6

Il est couvert de piquants noirs et blancs à la tête, sur le corps, les jambes et une partie de la queue, et sa longue queue le distingue de toutes les autres espèces de ce genre. Elle n'a pas de houppe ou bouquet de piquants à son extrémité comme celle des autres porcs-épics.

Le diamètre de la queue, mesurée à son origine, est de vingt et une lignes ; elle va en diminuant et finit en pointe. Il n'y a sur cette queue d'autres piquants que ceux de l'extrémité du tronc, qui s'étendent jusqu'au milieu de la queue ; elle est noirâtre et couverte d'écailles depuis ce milieu jusqu'à son extrémité, et le dessous de cette queue jusqu'au milieu, c'est-à-dire jusqu'à l'endroit où s'étendent les piquants, est couvert de petits poils d'un brun clair. Le reste est garni d'écailles en dessus comme en dessous.

(*) *Hystrix prehensilis* L.

La tête de ce coendou ressemble plus à celle du porc-épic de Malaca qu'à toute autre, cependant elle est un peu moins allongée; les plus grands poils des moustaches, qui sont noirs, ont quatre pouces cinq lignes de longueur.

Les oreilles, nues et sans poil, ont quelques piquants sur le bord. Au reste, il n'a pas les piquants aussi grands que les porcs-épics d'Italie, et par ce caractère il se rapproche du coendou. La pointe de ces piquants est blanche, le milieu noir, et ils sont blancs à l'origine; ainsi le blanc domine sur le noir.

	Pouces.	Lignes.
Les plus longs piquants sur le corps ont	2	8
Sur les jambes de devant	1	6
Sur celles de derrière	»	10

Il y a quelques poils longs de deux pouces à deux pouces et demi, interposés entre les piquants sur le haut, les jambes de devant et de derrière.

Il n'y a point de membrane entre les doigts des pieds de devant, qui sont au nombre de quatre. Ceux de derrière ont cinq doigts, mais le pouce est peu excédant; ces doigts sont couverts de poils bruns et courts; les ongles sont bruns, courbes et en gouttière.

C'est à ce coendou à longue queue que nous croyons devoir rapporter ce que M. Roume de Saint-Laurent a écrit dans les notices qu'il a bien voulu nous adresser des objets qui composent sa riche collection d'histoire naturelle. « Ce coendou, dit-il, qui est un individu » jeune, m'est venu de l'île de la Trinité; sa longueur est d'environ un pied; la queue a » dix pouces de long, elle est couverte de piquants sur la moitié de sa longueur, où ils » finissent en s'accourcissant par gradation; le reste de la queue est recouvert par une » peau grise, remplie de rides transversales très près les unes des autres et très profondes. » Les piquants les plus longs ont environ deux pouces un quart; ils sont blancs à leur » origine et à leurs extrémités et noirs au milieu: le poil ne se laisse apercevoir que sur » le ventre, où les piquants sont très courts; les moustaches sont déliées, noires, et ont » environ trois pouces de longueur. Le plus grand des ongles des quatre doigts de devant » a cinq lignes de longueur, ceux des pattes de derrière sont de la même longueur; il n'a » que quatre doigts onglés aux pattes de derrière, avec un tubercule un peu plus allongé » que celui des pattes de devant. Cet individu diffère de celui décrit dans l'Histoire natu- » relle de M. de Buffon en ce qu'il a la queue plus longue à proportion et en partie nue; » qu'il n'a que quatre doigts onglés derrière; que les ongles paraissent moins grands que » ceux de l'animal représenté dans ce même ouvrage, et qu'il n'a pas le corps garni de » poils plus longs que les piquants : les bouts des piquants de celui-ci sont blancs, et » ceux du premier sont noirs. »

DU LIÈVRE

Tout le monde sait que les lièvres se forment un gîte, et qu'ils ne creusent pas profondément la terre, comme les lapins, pour se faire un terrier; cependant j'ai été informé par M. Hettlinger, habile naturaliste, qui fait travailler actuellement aux mines des Pyrénées, que dans les montagnes des environs de Baigory les lièvres se creusent souvent des tanières entre des rochers, chose, dit-il, qu'on ne remarque nulle part (a).

On sait aussi que les lièvres ne se tiennent pas volontiers dans les endroits qu'habitent les lapins; mais il paraît que réciproquement les lapins ne multiplient pas beaucoup dans les pays où les lièvres sont en grand nombre.

(a) Extrait d'une lettre écrite par M. Hettlinger à M. de Buffon, datée de Baigory. le 16 juillet 1774.

« Dans la Norvège (dit Pontoppidan), les lapins ne se trouvent que dans peu d'en-
» droits, mais les lièvres sont en fort grand nombre ; leur poil, brun et gris en été, devient
» blanc en hiver ; ils prennent et mangent les souris comme les chats ; ils sont plus petits
» que ceux du Danemark (a).

Je doute fort que ces lièvres mangent des souris, d'autant que ce n'est pas le seul fait merveilleux ou faux que l'on puisse reprocher à Pontoppidan.

« A l'île de France, dit M. le vicomte de Querhoënt, les lièvres ne sont pas plus grands
» que les lapins de France ; ils ont la chair blanche, et ils ne font point de terriers ; leur
» poil est plus lisse que celui des nôtres, et ils ont une grande tache noire derrière la tête
» et le cou ; ils sont très répandus. »

M. Adanson dit aussi que les lièvres du Sénégal ne sont pas tout à fait comme ceux de France, qu'ils sont un peu moins gros, qu'ils tiennent par la couleur du lapin et du lièvre, que leur chair est délicate et d'un goût exquis (b).

LE TOLAÏ

Cet animal (*), qui est fort commun dans les terres voisines du lac Baïkal en Tartarie, est un peu plus grand qu'un lapin, auquel il ressemble par la forme du corps, par le poil, par les allures, par la qualité, la saveur, la couleur de la chair, et aussi par l'habitude de creuser de même la terre pour se faire une retraite : il n'en diffère que par la queue, qui est considérablement plus longue que celle du lapin ; il est aussi conformé de même à l'intérieur (c) ; il me parait donc assez vraisemblable que, n'en différant que par la seule longueur de la queue, il ne fait pas une espèce réellement différente, mais une simple variété dans celle du lapin : Rubruquis, en parlant des animaux de Tartarie, dit : « Il y a
» des connils à longue queue, qui ont au bout d'icelle des poils noirs et blancs..... Point
» de cerfs, peu de lièvres, force gazelles, etc. » Ce passage semble indiquer que notre lapin à courte queue ne se trouve point en Tartarie (d), ou plutôt qu'il a subi dans ce climat quelques variétés, et notamment celle d'une queue plus allongée, car le tolaï ressemblant au lapin à tous autres égards, on ne peut guère douter que ce ne soit en effet un lapin à queue longue, et je ne crois pas qu'il soit nécessaire d'en faire une espèce distincte et séparée de celle du lapin.

(a) *Histoire naturelle de la Norvège*, par Pontoppidan. *Journal étranger*, juin 1756.
(b) *Voyage au Sénégal*, par M. Adanson, page 25.
(c) « Cuniculus insigniter caudatus coloris leporini..... Circa internas partes hæc observavi :
» cœcum colo paulo augustius erat sed longius, utpote octo pollicum longitudinem æquans ;
» prope ilei insertionem cærulescens, digiti medii capax, sensimque decrescens, in extremitate
» vix calamum scriptorium latitudine capit, colore ibidem albente gaudens. OEsophagus uti
» in lepore ventriculum medium subit. A Mongolis *tolai* dicitur, idemque nomen Russis etiam
» harum regionum usitatum est. » Gmelin. *Nov. Comment.* Act. Petrop., t. V, tab. xi, fig. 2.
(d) *Relation des Voyages en Tartarie*, par Rubruquis, page 25.

(*) *Lepus Tolaï* Gmel.

LE TAPETI

Le tapeti (a) me paraît être une espèce très voisine (*), et peut-être une variété de celle du lièvre ou du lapin ; on le trouve au Brésil et dans plusieurs autres endroits de l'Amérique ; il ressemble au lapin d'Europe par la figure, au lièvre par la grandeur et par le poil, qui seulement est un peu plus brun ; il a les oreilles très longues et de la même forme ; son poil est roux sur le front et blanchâtre sous la gorge : quelques-uns ont un cercle de poil blanc autour du cou, tous sont blancs sous la gorge, la poitrine et le ventre ; ils ont les yeux noirs, et des moustaches comme nos lapins, mais ils n'ont point de queue (b). Le tapeti ressemble encore au lièvre par sa manière de vivre, par sa fécondité et par la qualité de sa chair, qui est très bonne à manger ; il demeure dans les champs ou dans les bois, comme le lièvre, et ne se creuse pas un terrier comme le lapin (c). Il me paraît que l'animal de la Nouvelle-Espagne, indiqué par Fernandès sous le nom de *citli* (d), est le même que le *tapeti* du Brésil (e), et que ces animaux ne sont qu'une variété de nos lièvres d'Europe, qui ont pu passer, par le nord, d'un continent à l'autre (f).

Il y aurait bien encore quelques espèces d'animaux à ajouter à ceux qui sont compris dans les notices précédentes, mais ils sont si mal indiqués qu'elles deviendraient trop incertaines, et j'aime mieux me borner à ce que l'on sait avec quelque certitude, que de me livrer à des conjectures et tomber dans l'inconvénient de donner pour existants des êtres fabuleux, et, pour des espèces réelles, des animaux défigurés : avec cette limite, et malgré ce retranchement, que j'ai cru nécessaire, les personnes instruites s'apercevront aisément que notre histoire des animaux est aussi complète qu'on pouvait l'espérer ; elle contient un grand nombre d'animaux nouveaux, et il n'y en a aucun de ceux qui étaient anciennement connus dont il ne soit fait mention dans le cours de cet ouvrage.

Les notices, quoique composées de vingt et un articles, ne contiennent réellement que neuf ou dix espèces d'animaux différents, car tous les autres ne sont que des variétés ; l'ours blanc n'est qu'une variété de l'espèce de l'ours, la vache de Tartarie de celle du bison, le cochon de Guinée et le cochon du cap Vert de celle du cochon, etc. Ainsi en ajoutant ces dix espèces à cent quatre-vingts ou environ, dont nous avons donné l'histoire, le nombre de tous les animaux quadrupèdes dont l'existence est certaine et bien constatée, n'est tout au plus que de deux cents espèces sur la surface entière de la terre connue.

DU CABIAI

Nous n'avons que peu de choses à ajouter aux faits historiques, et rien à la description très exacte que nous avons donnée de cet animal d'Amérique. M. de la Borde nous a seulement écrit qu'il est fort commun à la Guyane, et encore plus dans les terres qui avoisi-

(a) *Tapity*, selon le P. d'Abbeville. *Miss. au Maragnon*, page 251.

(b) Marcgrav., *Hist. nat. Brasil.*, page 223, fig. page 224.

(c) Pison, *Hist. Brasil.*, page 102.

(d) « Citli..... Lepores novæ Hispaniæ nostratibus similes formâ atque alimento, sed auri-
» culis longissimis pro corporis magnitudine, latissimisque. » Fernandès, *Hist. anim. nov. Hisp.*, page 2, cap. III.

(e) *Histoire naturelle de la Norvège*, par Pontoppidan. *Journal étranger*, juin 1756.

(f) *Voyage au Sénégal*, par M. Adanson, page 25.

(*) *Lepus americanus* Gmel.

nent le fleuve de l'Amazone, où le poisson est très abondant : il dit que ces animaux vont toujours par couple, le mâle et la femelle, et que les plus grands pèsent environ cent livres. Ils fuient les endroits habités, ne quittent pas le bord des rivières, et s'ils aperçoivent quelqu'un, ils se jettent à l'eau, sans plonger, comme les loutres, mais toujours nageant comme les cochons; quelquefois, néanmoins, ils se laissent aller au fond de l'eau, et y restent même assez longtemps. On en prend souvent de jeunes qu'on élève dans les maisons, où ils s'accoutument aisément à manger du pain, du mil et des légumes, quoique dans leur état de nature ils vivent principalement de poisson. Ils ne font qu'un petit; ils ne sont nullement dangereux, ne se jetant jamais ni sur les hommes ni sur les chiens. Leur chair est blanche, tendre et de fort bon goût. Ce dernier fait semble contredire ce que disent les autres relateurs, que la chair du cabiai a plutôt le goût d'un mauvais poisson que celui d'une bonne viande. Cependant il se pourrait que la chair du cabiai, vivant de poisson, eût ce mauvais goût, et que celle du cabiai, vivant de pain et de grain, fût en effet très bonne.

Au reste, comme nous avons eu à Paris cet animal vivant, et que nous l'avons gardé longtemps, je suis persuadé qu'il pourrait vivre dans notre climat : c'est par erreur que j'ai dit qu'il était mort de froid. J'ai été informé depuis qu'il supportait fort bien le froid de l'hiver, mais que comme on l'avait enfermé dans un grenier, il se jeta par la fenêtre et tomba dans un bassin où il se noya, ce qui ne lui serait pas arrivé s'il n'eût pas été blessé dans sa chute sur les bords du bassin.

L'APÉRÉA

Cet animal, qui se trouve au Brésil, n'est ni lapin ni rat, et paraît tenir quelque chose de tous deux; il a environ un pied de longueur sur sept pouces de circonférence; le poil de la même couleur que nos lièvres, et blanc sous le ventre; il a aussi la lèvre fendue de même; les grandes dents incisives, et la moustache autour de la gueule et à côté des yeux; mais ses oreilles sont arrondies comme celles du rat, et elles sont si courtes qu'elles n'ont pas un travers de doigt de hauteur; les jambes de devant n'ont que trois pouces de hauteur, celles de derrière sont un peu plus ongues; les pieds de devant ont quatre doigts couverts d'une peau noire et munis de petits ongles courts; les pieds de derrière n'ont que trois doigts, dont celui du milieu est plus long que les deux autres; l'apéréa n'a point de queue; sa tête est un peu plus allongée que celle du lièvre, et sa chair est comme celle du lapin, auquel il ressemble par la manière de vivre (a). Il se recèle aussi dans des trous, mais il ne creuse pas la terre comme le lapin; c'est plutôt dans des fentes de rochers et de pierres que dans des sables qu'il se retire : aussi est-il bien aisé à prendre dans sa retraite. On le chasse comme un très bon gibier, ou du moins aussi bon que nos meilleurs lapins (b). Il me paraît que l'animal dont Oviédo, et après lui Charlevoix (c) et Duperrier de Montfraisier, font mention sous le nom de *cori*, pourrait bien être le même que l'*apéréa* (d); que dans quelques endroits des Indes occidentales on a peut-être élevé de

(a) Marcgrav., *Hist., nat. Brasil.*, page 223, fig., *ibid.*

(b) Pison, *Hist. Brasil.*, page 103.

(c) Oviédo dit que le *cori* est comme un petit lapin, qu'il y en a de tout blancs et d'autres de couleurs mêlées. *Histoire de Saint-Domingue*, par le P. Charlevoix, t. Ier, p. 35.

(d) Le *cori* (des Indes espagnoles) est un petit animal à quatre pieds, assez semblable à nos lapins et aux taupes; il a les oreilles petites, et les porte tellement couchées sur le dos qu'à peine les aperçoit-on; il n'a point de queue. Les uns sont tout blancs, les autres tout noirs, les autres mouchetés de noir et de blanc; il y en a de tout rouges et d'autres mouchetés de

ces animaux dans les maisons ou dans des garennes, comme nous élevons des lapins ; et qu'enfin c'est par cette raison qu'il s'en trouve de roux, de blancs, de noirs et de variés de couleurs différentes ; ma conjecture est fondée, car Garcilasso dit expressément qu'il y avait au Pérou des lapins champêtres et d'autres domestiques, qui ne ressemblaient point à ceux d'Espagne (a).

DE L'AGOUTI

Nous avons peu de chose à ajouter à ce que nous avons dit de l'agouti. M. de la Borde nous écrit seulement que c'est le quadrupède le plus commun de la Guyane : tous les bois en sont pleins, soit sur les hauteurs, soit dans les plaines, et même dans les marécages.

« Il est, dit-il, de la grosseur d'un lièvre : sa peau est dure et propre à faire des em-
» peignes de souliers qui durent très longtemps ; il n'a point de graisse ; sa chair est aussi
» blanche et presque aussi bonne que celle du lapin, ayant le même goût et le même
» fumet. Vieux ou jeune, la chair en est toujours tendre, mais ceux du bord de la mer
» sont les meilleurs ; on les prend avec des trappes, on les tue à l'affût, on les chasse avec
» des chiens. Les Indiens et les nègres, qui savent les siffler, en tuent tant qu'ils veulent.
» Quand ils sont poursuivis ils se sauvent à l'eau, ou bien ils se cachent, comme les
» lapins, dans des trous qu'ils ont creusés, ou dans des arbres creux. Ils mangent avec
» leurs pattes comme les écureuils ; leur nourriture ordinaire, et qu'ils cachent souvent
» en terre pour la retrouver au besoin, sont des noyaux de maripa, de tourloury, de
» carona, etc., et lorsqu'ils ont caché ces noyaux, ils les laissent quelquefois six mois
» dans la terre sans y toucher ; ils peuplent autant que les lapins. Ils font trois ou quatre
» petits, et quelquefois cinq dans toutes les saisons de l'année. Ils n'habitent pas en
» nombre dans le même trou ; on les y trouve seuls, ou bien la mère avec ses petits ; ils
» s'apprivoisent aisément et mangent à peu près de tout : devenus domestiques, ils ne
» vont pas courir loin et reviennent à la maison volontiers ; cependant ils conservent un
» peu de leur humeur sauvage. En général, ils restent dans leurs trous pendant la nuit, à
» moins qu'il ne fasse clair de lune, mais ils courent pendant la plus grande partie du
» jour, et il y a de certaines contrées, comme vers l'embouchure du fleuve des Amazones,
» où ces animaux sont si nombreux qu'on les rencontre fréquemment par vingtaines. »

L'AKOUCHI

L'akouchi (*) est assez commun à la Guyane et dans les autres parties de l'Amérique méridionale ; il diffère de l'agouti en ce qu'il a une queue, au lieu que l'agouti n'en a point ; l'akouchi est ordinairement plus petit que l'agouti, et son poil n'est pas roux, mais de couleur olivâtre (b) : voilà les seules différences que nous connaissions entre ces deux animaux, qui néanmoins nous paraissent suffisantes pour constituer deux espèces distinctes et séparées.

rouge et de blanc..... Ils sont privés et ne font aucune ordure dans les maisons ; ils mangent de l'herbe et se nourrissent de peu de chose ; ils ont le goût et le fumet des meilleurs lapins. *Histoire des voyages*, par Duperrier de Montfraisier. Paris, 1707, p. 343.

(a) *Histoire des Incas*, t. II, page 267.

(b) *Cuniculus minor, caudatus, olivaceus.* Akouchi. Barrère, *Hist. nat. de la Fr. équin.*, page 153.

(*) *Cavia Acuchi* GMEL.

DE L'AKOUCHI (*suite*)

Nous avons dit que l'akouchi était une espèce différente de l'agouti, parce qu'il a une queue et que l'agouti n'en a point. Il en diffère encore beaucoup par la grandeur, n'étant guère plus gros qu'un lapereau de six mois; on ne le trouve que dans les grands bois. Il vit des mêmes fruits et il a presque les mêmes habitudes que l'agouti. Dans les îles de Sainte-Lucie et de la Grenade on l'appelle *agouti*; sa chair est un des meilleurs gibiers de l'Amérique méridionale; elle est blanche et a du fumet comme celle du lapereau. Lorsque les akouchis sont poursuivis par les chiens, ils se laissent prendre plutôt que de se jeter à l'eau. Ils ne produisent qu'un petit ou deux tout au plus, à ce que dit M. de la Borde, mais je doute de ce fait. On les apprivoise aisément dans les maisons; ils ont un petit cri qui ressemble à celui du cochon d'Inde, mais ils ne le font entendre que rarement.

MM. Aublet et Olivier m'ont assuré qu'à Cayenne on appelle l'agouti le lièvre, et l'akouchi le lapin, mais que l'agouti est le meilleur à manger; et, en parlant du gibier de ce pays, ils m'ont dit que les tatous sont encore meilleurs à manger, à l'exception du tatou-cabassou qui a une forte odeur de musc; qu'après les tatous le paca est le meilleur gibier, parce que la chair en est saine et grasse, ensuite l'agouti, et enfin l'akouchi. Ils assurent aussi qu'on mange le couguar rouge, et que cette viande a le goût du veau.

DU PACA

Comme nous n'avons donné que la description d'un très jeune paca (*) qui n'avait pas encore pris la moitié de son accroissement, et qu'il nous est arrivé un de ces animaux vivant qui était déjà plus grand que celui que nous avons décrit, je l'ai fait nourrir dans ma maison, et depuis le mois d'août dernier 1774, jusqu'à ce jour 28 mai 1775, il n'a cessé de grandir assez considérablement. J'ai donc cru devoir donner les observations que l'on a faites sur sa manière de vivre : le sieur Trécourt les a rédigées avec exactitude, et je vais en donner ici l'extrait.

On a fait construire pour cet animal une petite loge en bois, dans laquelle il demeurait assez tranquille pendant le jour, surtout lorsqu'on ne le laissait pas manquer de nourriture. Il semble même affectionner sa retraite tant que le jour dure, car il s'y retire de lui-même après avoir mangé; mais dès que la nuit vient, il marque le désir violent qu'il a de sortir en s'agitant continuellement, et en déchirant avec les dents les barreaux de sa prison; chose qui ne lui arrive jamais pendant le jour, à moins que ce ne soit pour faire ses besoins, car non seulement il ne fait jamais, mais même il ne peut souffrir aucune ordure dans sa petite demeure; il va pour faire les siennes au plus loin qu'il peut. Il jette souvent la paille qui lui sert de litière dès qu'elle a pris de l'odeur. comme pour en demander de la nouvelle; il pousse cette vieille paille dehors avec son museau, et va chercher du linge et du papier pour la remplacer. Sa loge n'était pas le seul endroit qui parût lui plaire, tous les recoins obscurs semblaient lui convenir, il établissait souvent un nouveau gîte dans les armoires qu'il trouvait ouvertes, ou bien sous les fourneaux de l'office et de la cuisine; mais auparavant il s'y préparait un lit, et quand il s'était une fois donné la peine de s'y établir, on ne pouvait que par force le faire sortir de ce nouveau domicile; la propreté semble être si naturelle à cet animal, qui était femelle, que lui ayant donné un gros lapin mâle, dans le temps qu'elle était en chaleur, pour tenter leur union, elle le

(*) *Cœlogenus niger* Cuv.

prit en aversion au moment qu'il fit ses ordures dans leur cage commune : auparavant, elle l'avait assez bien reçu pour en espérer quelque chose, elle lui faisait même des avances très marquées en lui léchant le nez, les oreilles et le corps ; elle lui laissait même presque toute la nourriture, sans chercher à la partager ; mais dès que le lapin eut infecté la cage, elle se retira sur-le-champ dans le fond d'une vieille armoire, où elle se fit un lit de papier et de linge, et ne revint à sa loge que quand elle la vit nette et libre de l'hôte malpropre qu'on lui avait donné.

Le paca s'accoutume aisément à la vie domestique : il est doux et traitable tant qu'on ne cherche point à l'irriter ; il aime qu'on le flatte, et lèche les mains des personnes qui le caressent ; il connaît fort bien ceux qui prennent soin de lui, et sait parfaitement distinguer leur voix. Lorsqu'on le gratte sur le dos, il s'étend et se couche sur le ventre : quelquefois même il s'exprime par un petit cri de reconnaissance, et semble demander que l'on continue. Néanmoins il n'aime pas qu'on le saisisse pour le transporter, et il fait des efforts très vifs et très réitérés pour s'échapper.

Il a les muscles très forts et le corps massif ; cependant il a la peau si sensible que le plus léger attouchement suffit pour lui causer une vive émotion. Cette grande sensibilité, quoique ordinairement accompagnée de douceur, produit quelquefois des accès de colère, lorsqu'on le contrarie trop fort ou qu'il se présente un objet déplaisant ; la seule vue d'un chien qu'il ne connaît pas le met de mauvaise humeur. On l'a vu, renfermé dans sa loge, en mordre la porte et faire en sorte de l'ouvrir, parce qu'il venait d'entrer un chien étranger dans la chambre ; on crut d'abord qu'il ne voulait sortir que pour faire ses besoins, mais on fut assez surpris, lorsque étant mis en liberté, il s'élança tout d'un coup sur le chien qui ne lui faisait aucun mal, et le mordit assez fort pour le faire crier ; néanmoins il s'est accoutumé en peu de jours avec ce même chien. Il traite de même les gens qu'il ne connaît pas et qui le contrarient, mais il ne mord jamais ceux qui ont soin de lui ; il n'aime pas les enfants, et il les poursuit assez volontiers. Il manifeste sa colère par une espèce de claquement de dents, et par un grognement qui précède toujours sa petite fureur.

Cet animal se tient souvent debout, c'est-à-dire assis sur son derrière, et quelquefois il demeure assez longtemps dans cette situation ; il a l'air de se peigner la tête et la moustache avec ses pattes, qu'il lèche et humecte de salive à chaque fois ; souvent il se sert de ses deux pattes à la fois pour se peigner ; ensuite il se gratte le corps jusqu'aux endroits où il peut atteindre avec ces mêmes pattes de devant, et, pour achever sa petite toilette, il se sert de celles de derrière, et se gratte dans tous les autres endroits qui peuvent être souillés.

C'est cependant un animal d'une grosse corpulence et qui ne paraît ni délicat, ni leste, ni léger ; il est plutôt pesant et lourd, ayant à peu près la démarche d'un petit cochon ; il court rarement, lentement, et d'assez mauvaise grâce ; il n'a de mouvements vifs que pour sauter, tantôt sur les meubles et tantôt sur les choses qu'il veut saisir ou emporter. Il ressemble encore au cochon par sa peau blanche, épaisse et qu'on ne peut tirer ni pincer, parce qu'elle est adhérente à la chair.

Quoiqu'il n'ait pas encore pris son entier accroissement, il a déjà dix-huit pouces de longueur dans sa situation naturelle et renflée, mais lorsqu'il s'étend il a près de deux pieds depuis le bout du museau jusqu'à l'extrémité du corps, au lieu que le paca dont nous avons donné la description n'avait que sept pouces cinq lignes : différence qui ne provient néanmoins que de celle de l'âge, car du reste ces deux animaux se ressemblent en tout.

La hauteur, prise aux jambes de devant dans celui que nous décrivons actuellement, était de sept pouces, et cette hauteur prise aux jambes de derrière était d'environ neuf pouces et demi, en sorte qu'en marchant son derrière paraît toujours bien plus haut que sa tête. Cette partie postérieure du corps, qui est la plus élevée, est aussi la plus épaisse en tous sens ; elle a dix-neuf pouces et demi de circonférence, tandis que la partie antérieure du corps n'a que quatorze pouces.

Le corps est couvert d'un poil court, rude et clairsemé, couleur de terre d'ombre et plus foncé sur le dos ; mais le ventre, la poitrine, le dessous du cou et les parties intérieures des jambes sont au contraire couverts d'un poil blanc sale ; et, ce qui le rend très remarquable, ce sont cinq espèces de bandes longitudinales formées par des taches blanches, la plupart séparées les unes des autres. Ces cinq bandes sont dirigées le long du corps de manière qu'elles tendent à se rapprocher les unes des autres à leurs extrémités.

La tête, depuis le nez jusqu'au sommet du front, a près de cinq pouces de longueur, et elle est fort convexe ; les yeux sont gros, saillants et de couleur brunâtre, éloignés l'un de l'autre d'environ deux pouces ; les oreilles sont arrondies et n'ont que sept ou huit lignes de longueur, sur une largeur à peu près égale à leur base ; elles sont plissées en forme de fraise, et recouvertes d'un duvet très fin presque insensible au tact et à l'œil. Le bout du nez est large, de couleur presque noire, divisé en deux comme celui des lièvres : les narines sont fort grandes. L'animal a beaucoup de force et d'adresse dans cette partie, car nous l'avons vu souvent soulever avec son nez la porte de sa loge qui fermait à coulisse. La mâchoire inférieure est d'un pouce plus courte et moins avancée que la mâchoire supérieure, qui est beaucoup plus large et plus longue. De chaque côté et vers le bas de la mâchoire supérieure, il règne une espèce de pli longitudinal dégarni de poil dans son milieu, en sorte que l'on prendrait, au premier coup d'œil, cet endroit de la mâchoire pour la bouche de l'animal en le voyant de côté ; car sa bouche n'est apparente que quand elle est ouverte, et n'a que six ou sept lignes d'ouverture ; elle n'est éloignée que de deux ou trois lignes des plis dont nous venons de parler.

Chaque mâchoire est armée en devant de deux dents incisives fort longues, jaunes comme du safran, et assez fortes pour couper le bois. On a vu cet animal en une seule nuit faire un trou dans une des planches de sa loge, assez grand pour y passer sa tête· Sa langue est étroite, épaisse et un peu rude. Ses moustaches sont composées de poils noirs et de poils blancs placés de chaque côté du nez ; et il a de pareilles moustaches plus noires, mais moins fournies de chaque côté de la tête au-dessous des oreilles. Nous n'avons pu voir ni compter les dents mâchelières par la forte résistance de l'animal.

Chaque pied, tant de devant que de derrière, a cinq doigts, dont quatre sont armés d'ongles longs de cinq ou six lignes ; les ongles sont couleur de chair, mais il ne faut pas regarder cette couleur comme un caractère constant ; car dans plusieurs animaux, et particulièrement dans les lièvres, on trouve souvent les ongles noirs, tandis que d'autres les ont blanchâtres ou couleur de chair. Le cinquième doigt, qui est l'interne, ne paraît que quand l'animal a la jambe levée, et n'est qu'un petit éperon fort court. Entre les jambes de derrière, à peu de distance des parties naturelles, se trouvent deux mamelles de couleur brunâtre. Au reste, quoique la queue ne soit nullement apparente, on trouve néanmoins, en la recherchant, un petit bouton de deux ou trois lignes de longueur qui paraît en être l'indice.

Le paca domestique mange de tout ce qu'on veut lui donner, et il paraît avoir un très grand appétit : on le nourrissait ordinairement de pain, et soit qu'on le trempât dans l'eau, dans le vin et même dans du vinaigre, il le mangeait également ; mais le sucre et les fruits sont si fort de son goût, que lorsqu'on lui en présentait il en témoignait sa joie par des bonds et des sauts. Les racines et les légumes étaient aussi de son goût ; il mangeait également les navets, le céleri, les oignons, et même l'ail et l'échalote. Il ne refusait pas les choux ni les herbes, même la mousse et les écorces de bois ; nous l'avons souvent vu manger aussi du bois et du charbon dans les commencements. La viande était ce qu'il paraissait aimer le moins ; il n'en mangeait que rarement et en très petite quantité. On pourrait le nourrir aisément de grain ; car souvent il en cherchait dans la paille de sa litière. Il boit comme le chien en soulevant l'eau avec la langue. Son urine est fort épaisse et d'une odeur insupportable. Sa fiente est en petites crottes, plus allongées que celles des lapins et des lièvres.

D'après les petites observations que nous venons de rapporter, nous sommes très portés à croire qu'on pourrait naturaliser cette espèce en France ; et comme la chair en est bonne à manger, et que l'animal est peu difficile à nourrir, ce serait une acquisition utile. Il ne paraît pas craindre beaucoup le froid, et d'ailleurs, pouvant creuser la terre, il s'en garantirait aisément pendant l'hiver : un seul paca fournirait autant de bonne chair que sept ou huit lapins.

M. de la Borde dit que le paca habite ordinairement le bord des rivières, et qu'il construit son terrier de manière qu'il peut y entrer ou en sortir par trois issues différentes. « Lorsqu'il est poursuivi il se jette à l'eau, dit-il, dans laquelle il se plonge en levant la » tête de temps en temps ; mais enfin lorsqu'il est assailli par les chiens il se défend très » vigoureusement. » Il ajoute « que la chair de cet animal est fort estimée à Cayenne, » qu'on l'échaude comme un cochon de lait, et que de quelque manière qu'on la prépare » elle est excellente.

» Le paca habite seul dans son terrier, et il n'en sort ordinairement que la nuit pour se » procurer sa nourriture. Il ne sort pendant le jour que pour faire ses besoins, car on ne » trouve jamais aucune ordure dans son terrier, et toutes les fois qu'il rentre il a soin » d'en boucher les issues avec des feuilles et de petites branches. Ces animaux ne pro- » duisent ordinairement qu'un petit, qui ne quitte la mère que quand il est adulte, et » même, si c'est un mâle, il ne s'en sépare qu'après s'être accouplé avec elle. Au reste, » on en connaît de deux ou trois espèces à Cayenne, et l'on prétend qu'ils ne se mêlent » point ensemble. Les uns pèsent depuis quatorze jusqu'à vingt livres, et les autres depuis » vingt-cinq à trente livres. »

LE POUC

Rzaczinski fait mention d'un autre animal que les Russes appellent *pouch ;* il est plus grand que le rat domestique ; il a le museau oblong ; il creuse la terre, se fait un terrier et dévaste aussi les jardins : il y en avait un si grand nombre auprès de Suraz en Volhynie, que les habitants furent obligés d'abandonner la culture de leurs jardins. Ce pouc pourrait bien être le même que Séba nomme *rat de Norvège*, et dont il donne la description et la figure (a).

LE ZEMNI

Il y a en Pologne et en Russie un autre animal appelé *ziemni* ou *zemni* (*), qui est du même genre que le *zizel*, mais qui est plus grand, plus fort et plus méchant ; il est un peu

---

(a) « Mus ex Norwegia cinereo fuscus ; rostro gaudet suillo, capite longiusculo, brevibus » latisque auriculis, promisso mystace utrinque ad latera narium rigente, dorsum ejus latum » et incurvum est, abdomen pendulum, femora grossa, pedum digiti longi acutis unguibus » ad fodiendum adaptatis ; talparum enim instar in erutis sub terra antris degit ; pilus ex dilute » cinereo fuscus est. » Séba, volume II, p. 64, fig. tab. LXIII, fig. 5.

(*) *Mus aspalax* GMEL?

plus petit qu'un chat domestique ; il a la tête assez grosse, le corps menu, les oreilles courtes et arrondies ; quatre grandes dents incisives qui lui sortent de la gueule, dont les deux de la mâchoire inférieure sont trois fois plus longues que les deux de la mâchoire supérieure ; les pieds très courts et couverts de poils, divisés en cinq doigts et armés d'ongles courbes ; le poil mollet, court et de couleur de gris-de-souris, la queue médiocrement grande, les yeux aussi petits et aussi cachés que ceux de la taupe. Rzaczinski a appelé cet animal *petit chien de terre* (*canicula subterranea*) : cet auteur me paraît être le seul qui ait parlé du zemni, qui néanmoins est fort commun dans quelques provinces du Nord (*a*). Son naturel et ses habitudes sont à peu près les mêmes que celles du hamster et du zizel ; il mord dangereusement, mange avidement, et dévaste les moissons et les jardins ; il se fait un terrier, il vit de grains, de fruits et de légumes, dont il fait des magasins dans sa retraite, où il passe tout le temps de l'hiver.

LE TUCAN

Fernandès donne le nom de *tucan* à un petit quadrupède de la Nouvelle-Espagne, dont la grandeur, la figure et les habitudes naturelles approchent plus de celles de la taupe que d'aucun autre animal ; il me paraît que c'est le même qu'a décrit Séba sous le nom de *taupe rouge* d'Amérique (*b*), au moins les descriptions de ces deux auteurs s'accordent assez pour qu'on doive le présumer. Le tucan est peut-être un peu plus grand que notre taupe ; il est, comme elle, gras et charnu, avec des jambes si courtes que le ventre touche à terre ; il a la queue courte, les oreilles petites et rondes, les yeux si petits qu'ils lui sont pour ainsi dire inutiles ; mais il diffère de la taupe par la couleur du poil, qui est d'un jaune roux, et par le nombre des doigts, n'en ayant que trois aux pieds de devant et quatre à ceux de derrière, au lieu que la taupe a cinq doigts à tous les pieds ; il paraît en différer encore en ce que sa chair est bonne à manger, et qu'il n'a pas l'instinct de la taupe pour retrouver sa retraite lorsqu'il en est sorti ; il creuse à chaque fois un nouveau trou, en sorte que, dans de certaines terres qui lui conviennent, les trous que font ces animaux (*c*) sont en si grand nombre, et si près les uns des autres, qu'on ne peut y marcher qu'avec précaution.

LA MUSARAIGNE DU BRÉSIL

Nous indiquons cet animal par la dénomination de *musaraigne du Brésil*, parce que nous en ignorons le nom, et qu'il ressemble plus à la musaraigne qu'à aucun autre animal ; il est cependant considérablement plus grand, ayant environ cinq pouces depuis l'extrémité du museau jusqu'à l'origine de la queue, qui n'a pas deux pouces, et qui par conséquent est plus courte à proportion que celle de la musaraigne commune ; il a le museau pointu et les dents très aiguës : sur un fond de poil brun on remarque trois bandes noires assez larges qui s'étendent longitudinalement depuis la tête jusqu'à la queue, au-dessous de laquelle on remarque aussi la bourse avec les testicules, qui sont pendants entre les pieds de derrière : cet animal, dit Marcgrave, jouait avec les chats,

(*a*) » Reperitur hoc animal in Podolia, Ukraina, Volhinia circa Suraz, Chodaki, Rienki, » Mossezenica, Sezurowoe et alibi ; non raro eruitur ab agricolis ibidem vomeribus. » Rzaczinski. *Auct.*, p. 325 et 326.

(*b*) Séba, volume Iᵉʳ, page 51, table xxxii, fig. 2.

(*c*) Fernandès. *Hist. anim. nov. Hisp.*, p. 9, cap. xxiv.

qui d'ailleurs ne se soucient pas de le manger (a); et c'est encore une chose qu'il a de commun avec la musaraigne d'Europe, que les chats tuent, mais qu'ils ne mangent jamais.

DE L'UNAU ET DE L'AÏ

On connaît à Cayenne, dit M. de la Borde, deux espèces de ces animaux, l'une appelée *paresseux-honteux*, l'autre *mouton-paresseux* : celui-ci est une fois plus long que l'autre et de la même grosseur; il a le poil long, épais et blanchâtre, pèse environ vingt-cinq livres. Il se jette sur les hommes depuis le haut des arbres, mais d'une manière si lourde et si pesante qu'il est aisé de l'éviter. Il mange le jour comme la nuit.

« Le paresseux-honteux a des taches noires, peut peser douze livres, se tient toujours » sur les arbres, mange des feuilles de bois canon, qui sont réputées poison. Leurs boyaux » empoisonnent les chiens qui les mangent, et néanmoins leur chair est bonne à manger; » mais ce n'est que le peuple qui en fait usage.

» Les deux espèces ne font qu'un petit qu'ils portent tout de suite sur le dos (*). Il y a » grande apparence que les femelles mettent bas sur les arbres, mais on n'en est pas sûr. » Ils se nourrissent de feuilles de monbin et de bois canon. Les deux espèces sont égale- » ment communes, mais un peu rares aux environs de Cayenne. Ils se pendent quelque- » fois par leurs griffes à des branches d'arbres qui se trouvent sur les rivières, et alors » il est aisé de couper la branche et de les faire tomber dans l'eau; mais ils ne lâchent » point prise et y restent fortement attachés avec leurs pattes de devant.

» Pour monter sur un arbre, cet animal étend nonchalamment une de ses pattes de » devant qu'il pose le plus haut qu'il peut sur le pied de l'arbre, il s'accroche ainsi avec » sa longue griffe, lève ensuite son corps fort lourdement, et petit à petit pose l'autre » patte, et continue de grimper ainsi. Tous ces mouvements sont exécutés avec une len- » teur et une nonchalance inexprimable. Si on en élève dans les maisons, ils grimpent » toujours sur quelques poteaux ou même sur les portes, et ils n'aiment pas à se tenir à » terre; si on leur présente un bâton lorsqu'ils sont à terre, ils s'en saisissent tout de suite » et montent jusqu'à l'extrémité, où ils se tiennent fortement accrochés avec les pattes » de devant, et serrent avec tout le corps l'endroit où ils se sont ainsi perchés. Ils ont un » petit cri fort plaintif et langoureux qui ne se fait pas entendre de loin (b). »

On voit que le paresseux-mouton de M. de la Borde est celui que nous avons appelé *unau*, et que son paresseux-honteux est l'*aï*, dont nous avons donné la description.

M. Wosmaër, habile naturaliste et directeur des Cabinets de S. A. S. Msr le prince d'Orange, m'a reproché deux choses que j'ai dites au sujet de ces animaux : la première, sur la manière dont ils se laissent quelquefois tomber d'un arbre. Voici les expressions de M. Wosmaër :

« On doit absolument rejeter le rapport de M. de Buffon, qui prétend que ces animaux » (l'unau et l'aï), trop lents pour descendre de l'arbre, sont obligés de se laisser tomber » comme un bloc lorsqu'ils veulent être à terre (c). »

Cependant je n'ai avancé ce fait que sur le rapport de témoins oculaires, qui m'ont assuré avoir vu tomber cet animal quelquefois à leurs pieds, et l'on voit que le témoi- gnage de M. de la Borde, médecin du Roi à Cayenne, s'accorde avec ceux qui m'ont ra-

---

(a) Marcgrav. *Hist. nat. Brasil.*, page 229.
(b) Extrait des observations de M. de la Borde, médecin du Roi à Cayenne.
(c) *Description d'un paresseux pentadactyle de Bengale*, p. 5. Amsterdam, 1767.

(*) C'est sous le ventre et non sur le dos qu'ils portent leur petit.

conté le fait, et que par conséquent l'*on ne doit pas* (comme le dit M. Wosmaër) *rejeter absolument mon rapport* à cet égard.

Le second reproche est mieux fondé. J'avoue très volontiers que j'ai fait une méprise lorsque j'ai dit que l'unau et l'aï n'avaient pas de dents, et je ne sais point du tout mauvais gré à M. Wosmaër d'avoir remarqué cette erreur, qui n'est venue que d'une inattention. J'aime autant une personne qui me relève d'une erreur, qu'une autre qui m'apprend une vérité, parce qu'en effet une erreur corrigée est une vérité.

LE KOURI OU LE PETIT UNAU

L'animal dont nous parlons ici est d'une espèce voisine de celle de l'unau; il est à la vérité la moitié plus petit, mais il lui ressemble beaucoup par la forme du corps. Cet animal a été trouvé dans une habitation de la Guyane française : il était dans la basse-cour au milieu des poules, et il mangeait avec elles; c'est, dit-on, le seul individu de cette espèce que l'on ait vu à Cayenne, d'où il nous a été envoyé pour le Cabinet du Roi, sous le nom de *kouri;* mais nous n'avons eu aucune information sur ses habitudes naturelles, et nous sommes obligés de nous restreindre à une simple description.

Ce petit unau ressemble au grand par un caractère essentiel; il n'a, comme lui, que deux doigts aux pieds de devant, au lieu que l'aï en a trois, et par conséquent il est d'une espèce différente de celle de l'aï; il n'a que douze pouces de longueur depuis l'extrémité du nez jusqu'à l'origine de la queue, tandis que l'unau, dont nous avons donné l'histoire et la description, avait dix-sept pouces six lignes; cependant ce petit unau paraissait être adulte; il a, comme le grand, deux doigts aux pieds de devant et cinq à ceux de derrière; mais il en diffère non seulement par la taille, mais encore par son poil, qui est d'un brun musc nuancé de grisâtre et de fauve; et ce poil est bien plus court et plus terne en couleur que dans le grand unau; sous le ventre il est d'une couleur de musc clair, nuancé de cendré, et cette couleur s'éclaircit encore davantage sous le cou jusqu'aux épaules, où il forme une bande faible de fauve pâle; les plus grands ongles de ce petit unau n'ont que neuf lignes, tandis que ceux du grand ont un pouce sept lignes et demie.

Nous avons eu le grand unau vivant, mais, comme nous n'avons pu faire la description du petit que d'après une peau bourrée, nous ne sommes pas en état de prononcer sur toutes les différences qui peuvent se trouver entre ces deux animaux : nous présumons néanmoins qu'ils ne forment qu'une seule et même espèce, dans laquelle il se trouve deux races, l'une plus grande et l'autre plus petite.

J'ai dit, d'après M. de la Borde, que le paresseux, qu'il nomme *mouton,* se jette sur les hommes depuis le haut des arbres : cela a été mal exprimé par M. de la Borde; il est certain qu'il n'attaque pas les hommes; mais, comme tous les paresseux en général ne peuvent descendre des arbres, ils sont forcés de se laisser tomber, et tombent quelquefois sur les hommes. M. de la Borde, dans ses nouveaux Mémoires, indique quatre espèces de paresseux; savoir : le *paresseux cabri,* le *paresseux mouton,* le *paresseux dos brûlé,* et le nouveau paresseux que nous venons d'appeler *kouri.* Comme il ne donne point la description exacte de ces quatre espèces, nous ne pouvons les comparer avec celles que nous connaissons; nous présumons seulement que son paresseux cabri et son paresseux mouton sont notre aï et notre unau; il nous a envoyé une peau qui nous paraît être celle de son paresseux dos brûlé, mais qui n'est pas assez bien conservée pour que nous puissions juger si elle vient d'un animal dont l'espèce soit différente de celle de l'aï, à laquelle cette peau nous paraît ressembler plus qu'à celle de l'unau.

DES TATOUS

M. de Sève m'a remis, sur le tatou encoubert, la description suivante :

« L'encoubert mâle a quatorze pouces de longueur sans la queue; il est assez conforme
» à la description qui se trouve dans l'Histoire naturelle, mais il est bon d'observer qu'il
» est dit, dans cette description, que le bouclier des épaules est formé par cinq bandes ou
» rangs parallèles de petites pièces à cinq angles avec un ovale dans chacune; je pense
» que cela varie, car celui que j'ai dessiné a le bouclier des épaules composé de six rangs
» parallèles, dont les petites pièces sont des hexagones irréguliers. Le bouclier de la croupe
» a dix rangs parallèles, composés de petites pièces droites, qui forment comme des car-
» rés; les rangs qui approchent de l'extrémité vers la queue perdent la forme carrée et
» deviennent plus arrondis. La queue, qui a été coupée par le bout, a actuellement quatre
» pouces six lignes; je l'ai faite dans le dessin de six pouces, parce qu'elle a quinze lignes
» de diamètre à son origine, et six lignes de diamètre au bout coupé. En marchant, il
» porte la queue haute et un peu courbée. Le tronçon est revêtu d'un test osseux comme
» sur le corps. Six bandes, inégales par gradation, commencent ce tronçon; elles sont
» composées de petites pièces hexagones irrégulières. La tête a trois pouces dix lignes de
» long, et les oreilles un pouce trois lignes. L'œil, au lieu d'être enfoncé comme il est dit
» dans l'Histoire naturelle, est à la vérité très petit, mais le globule est élevé et très
» masqué par les paupières qui le couvrent. Son corps est fort gras, et la peau forme des
» rides sous le ventre; il y a sur cette peau du ventre nombre de petits tubercules, d'où
» partent des poils blancs assez longs, et elle ressemble à celle d'un dindon plumé. Le
» test, sur la plus grande largeur du corps, a six pouces sept lignes. La jambe de devant
» a deux pouces deux lignes, celle de derrière trois pouces quatre lignes. Les ongles de la
» patte de devant sont très longs; le plus grand a quinze lignes, celui de côté quatorze
» lignes, le plus petit dix lignes; les ongles de la patte de derrière ont au plus six lignes.
» Les jambes sont couvertes d'un cuir écailleux jaunâtre jusqu'aux ongles. Lorsque cet
» animal marche, il se porte sur le bout des ongles de ses pattes de devant; sa verge est
» fort longue; en la tirant elle a six pouces sept lignes de long, sur près de quatre lignes
» de grosseur, en repos, ce qui doit beaucoup augmenter dans l'érection. Quand cette
» verge s'allonge d'elle-même, elle se pose sur le ventre en forme de limaçon, laissant
» environ une ligne ou deux d'espace dans les circonvolutions. On m'a dit que quand ces
» animaux veulent s'accoupler, la femelle se couche sur le dos pour recevoir le mâle.
» Celui dont il est question n'était âgé que de dix-huit mois. »

M. de la Borde rapporte, dans ses observations, qu'il se trouve à la Guyane deux espèces
de tatous : le tatou noir, qui peut peser dix-huit à vingt livres, et qui est le plus grand;
l'autre, dont la couleur est brune ou plutôt gris de fer, a trois griffes plus longues les unes
que les autres; sa queue est mollasse, sans cuirasse, couverte d'une simple peau sans
écailles; il est bien plus petit que l'autre et ne pèse qu'environ trois livres.

« Le gros tatou, dit M. de la Borde, fait huit petits et même jusqu'à dix dans des trous
» qu'il creuse fort profonds. Quand on veut le découvrir, il travaille de son côté à rendre
» son trou plus profond, en descendant presque perpendiculairement. Il ne court que la
» nuit, mange des vers de terre, des poux de bois et des fourmis; sa chair est assez bonne
» à manger et a un peu du goût du cochon de lait. Le petit tatou gris cendré ne fait
» que quatre ou cinq petits, mais il fouille la terre encore plus bas que l'autre, et il est
» aussi plus difficile à prendre; il sort de son trou pendant le jour quand la pluie l'inonde,
» autrement il ne sort que la nuit. On trouve toujours ces tatous seuls, et l'on connaît
» qu'ils sont dans leurs trous lorsqu'on en voit sortir un grand nombre de certaines mou-

» ches qui suivent ces animaux à l'odeur. Quand on creuse pour les prendre, ils creusent
» aussi de leur côté, jetant la terre en arrière, et bouchent tellement leurs trous qu'on ne
» saurait les en faire sortir en y faisant de la fumée. Ils font leurs petits au commence-
» ment de la saison des pluies. »

Il me paraît qu'on doit rapporter le grand tatou noir, dont parle ici M. de la Borde,
au cabassou, dont nous avons donné la description, qui est en effet le plus grand de tous
les tatous, et que l'on peut de même rapporter le petit tatou gris de fer au tatuète, quoique
M. de la Borde dise que sa queue est sans cuirasse, ce qui mériterait d'être vérifié.

Il y a encore un tatou à neuf bandes mobiles et à très longue queue. La description et
la figure se trouvent dans les *Transactions philosophiques*, vol. LIV, pl. 7. M. William
Watson, docteur en médecine, a donné la description de ce tatou, dont voici l'extrait :
« Cet animal était vivant à Londres, chez milord Southwell, il venait d'Amérique ; cepen-
» dant la figure que cet auteur en donne, dans les *Transactions philosophiques*, n'a été des-
» sinée qu'après l'animal mort, et c'est par cette raison qu'elle est un peu dure et raide.
» Cet animal pesait sept livres et n'était que de la grosseur d'un chat ordinaire ; c'était un
» mâle qui avait même assez grandi pendant quelques mois qu'il a vécu chez milord
» Southwell ; on le nourrissait de viande et de lait, il refusait de manger du grain et des
» fruits ; ceux qui l'ont apporté d'Amérique ont assuré qu'il fouillait la terre pour s'y
» loger. »

LE COCHON DE TERRE

Nous avons dit et répété souvent qu'aucune espèce des animaux de l'Afrique ne s'est
trouvée dans l'Amérique méridionale, et que réciproquement aucun des animaux de cette
partie de l'Amérique ne s'est trouvé dans l'ancien continent. L'animal dont il est ici question a pu induire en erreur des observateurs peu attentifs, tels que M. Wosmaër ; mais
on va voir, par la comparaison de sa description avec celle des fourmiliers d'Amérique,
qu'il est d'une espèce très différente, et qu'il n'a guère d'autres rapports avec eux que
d'être de même privé de dents et d'avoir une langue assez longue pour l'introduire dans
les fourmilières. Nous avons donc adopté le nom de cochon de terre (*) que Kolbe donne
à ce mangeur de fourmis, de préférence à celui de fourmilier, qui doit être réservé aux
mangeurs de fourmis d'Amérique, puisqu'en effet cet animal d'Afrique en diffère essentiellement par l'espèce et même par le genre. Le nom de cochon de terre est relatif à ses
habitudes naturelles et même à sa forme, et c'est celui sous lequel il est communément
connu dans les terres du Cap. Voici la description que M. Allamand a faite de cet animal
dans le nouveau supplément à mon ouvrage :

« M. de Buffon semble avoir épuisé tout ce qu'on peut dire sur les animaux mangeurs
» de fourmis ; l'article qu'il en a dressé doit lui avoir coûté beaucoup de peine, tant à
» cause des recherches qu'il a dû faire de tout ce qui a été dit de ces animaux que de la
» nécessité où il a été de relever les fautes de ceux qui en ont parlé avant lui, et particu-
» lièrement de Séba. Celui-ci ne les a pas seulement mal décrits, mais il a encore rangé
» parmi eux un animal d'un genre très différent.

» M. de Buffon, après avoir dissipé la confusion qui régnait dans l'histoire de ces ani-
» maux, n'admet que trois espèces de mangeurs de fourmis : le tamanoir, le tamandua et
» celui auquel il a conservé le nom de fourmilier ; mais ensuite il a donné la description
» d'un animal qui semble être une nouvelle espèce de tamandua plutôt qu'une simple
» variété ; enfin il conclut de tout ce qu'il a dit que les mangeurs de fourmis ne se trou-
» vent que dans les pays chauds de l'Amérique, et qu'ils n'existent pas dans l'ancien

(*) *Myrmecophaga capensis* PALL.

» continent. Il est vrai que Desmarchais et Kolbe disent qu'il y en a en Afrique ; mais le
» premier affirme simplement la chose sans en dire rien de plus, ni sans en apporter
» aucune preuve ; quant à Kolbe, son témoignage est si suspect que M. de Buffon a été
» très autorisé à n'y pas ajouter foi. J'ai pensé comme lui au sujet de Kolbe, et je n'ai
» point cru qu'il y eût des mangeurs de fourmis en Afrique. M. le capitaine Gordon m'a
» tiré de l'erreur où j'étais ; il m'a envoyé la dépouille d'un de ces animaux tué au cap de
» Bonne-Espérance, où ils sont connus sous le nom de cochons de terre ; c'est précisément
» celui que Kolbe leur donne, ainsi je lui fais réparation d'avoir révoqué en doute sa
» véracité, et je suis persuadé que M. de Buffon lui rendra la même justice. Il est
» vrai que M. Pallas a confirmé le témoignage de Kolbe par ses propres observations ; il a
» donné la description d'un fœtus de mangeur de fourmis envoyé du cap de Bonne-Espé-
» rance au cabinet de S. A. S. Mᵍʳ le prince d'Orange ; mais un fœtus, dénué de son
» poil, était peu propre à donner une idée juste de l'animal dont il tirait son origine,
» et il pouvait avoir été envoyé d'ailleurs au Cap ; cependant le nom de cochon,
» par lequel on l'avait désigné, a commencé à me faire revenir de mon préjugé contre
» Kolbe.

» J'ai fait remplir la peau que M. Gordon m'a envoyée, ce qui m'a très bien réussi ; et
» c'est d'après cette peau bourrée que j'ai fait graver la figure. Si l'on doit appeler man-
» geur de fourmis un animal qui n'a point de dents et qui a une langue fort longue qu'il
» enfonce dans les fourmilières pour avaler ensuite les fourmis qui s'y attachent, on ne
» peut pas douter que celui que j'ai fait représenter n'en mérite le nom ; cependant il
» diffère très fort des trois espèces décrites par M. de Buffon, et que je crois avec lui être
» particulières à l'Amérique.

» Il est à peu près aussi gros et aussi grand que le tamanoir. Les poils qui couvrent sa
» tête, le dessus de son corps et sa queue, sont très courts et tellement couchés et appli-
» qués sur sa peau qu'ils semblent y être collés ; leur couleur est d'un gris sale, un peu
» approchant de celui du lapin, mais plus obscur ; sur les flancs et sous le ventre, ils sont
» plus longs et d'une couleur roussâtre ; ceux qui couvrent les jambes sont aussi beaucoup
» plus longs ; ils sont tout à fait noirs et droits.

» Sa tête est presqu'un cône tronqué, un peu comprimé vers son extrémité ; elle est
» terminée par un plan ou plutôt par un boutoir tel que celui d'un cochon, dans lequel
» sont les trous des narines, et qui avance de près d'un pouce au delà de la mâchoire infé-
» rieure ; celle-ci est très petite ; sa langue est longue, fort mince et plate, mais plus large
» que dans les autres mangeurs de fourmis, qui l'ont presque cylindrique ; il n'a absolu-
» ment aucune dent (*) ; ses yeux sont beaucoup plus près des oreilles que du museau ; ils
» sont assez grands, et d'un angle à l'autre ils ont un pouce de longueur ; ses oreilles
» assez semblables à celles des cochons, s'élèvent à la hauteur de six pouces et se termi-
» nent en pointe ; elles sont formées par une membrane presque aussi mince que du
» parchemin et couvertes de poils à peine remarquables, tant ils sont courts ; j'ignore si
» dans l'animal vivant elles sont pendantes comme dans les tamandua ; M. Pallas dit
» qu'elles le sont, mais il en juge d'après celles du fœtus, où leur longueur doit leur faire
» prendre cette position, sans qu'on en doive conclure qu'elles l'aient dans l'animal lors-
» qu'il est hors du ventre de sa mère ; sa queue surpasse le tiers de la longueur de tout le
» corps ; elle est fort grosse à son origine et va en diminuant jusqu'à son extrémité ; ses
» pieds de devant ont quatre doigts, ceux de derrière en ont cinq, tous armés de forts
» ongles, dont les plus longs sont aux pieds postérieurs, car ils égalent en longueur les
» doigts mêmes ; ils ne sont pas pointus, mais arrondis à leur extrémité, un peu recourbés
» et propres à creuser la terre ; il ne paraît pas qu'il puisse s'en servir pour saisir forte-

---

(*) C'est une erreur, il possède des dents molaires.

» ment ou pour se défendre, comme les autres mangeurs de fourmis ; cependant il doit
» avoir beaucoup de force dans ses jambes, qui sont très grosses proportionnellement à son
» corps.

» On voit par cette description que cet animal est très différent du tamanoir par son
» poil, sa couleur, sa tête et sa queue ; il surpasse aussi fort en grandeur le tamandua,
» dont il diffère de même par son pelage, par sa couleur et par ses ongles ; je ne dis rien
» de sa différence avec le fourmilier, avec lequel personne ne le confondra ; il appartient
» donc à une quatrième espèce inconnue jusqu'à présent ; et tout ce que j'en sais de cer-
» tain, c'est que cet animal fourre sa langue dans les fourmilières, qu'il avale les fourmis
» qui s'y attachent, et qu'il se cache en terre dans des trous ; quoiqu'il ait une queue qui
» ressemble un peu à celle du tamandua, je doute qu'il s'en serve comme lui pour se sus-
» pendre à des branches d'arbres, elle ne me parait pas pour cela assez flexible, et les
» ongles ne sont pas faits pour grimper.

» Comme je l'ai déjà dit, on lui donne au Cap le nom de cochon de terre, mais il res-
» semble au cochon, et cela encore très imparfaitement, uniquement par sa tête allongée,
» par le boutoir qui la termine et par la longueur de ses oreilles : d'ailleurs il en diffère
» essentiellement par les dents qu'il n'a pas, par sa queue, et principalement par ses pieds,
» aussi bien que la conformation de tout son corps.

» A défaut de bonnes autorités sur ce qui regarde ce mangeur de fourmis (car c'est le
» nom que je crois devoir lui donner pour le distinguer des trois espèces décrites par
» M. de Buffon), je mettrai ici en note ce que Kolbe en a dit (a) : il a été plus exact dans
» la description qu'il en a faite qu'il ne l'est ordinairement.

» Voici ses dimensions :

	Pieds.	Pouces.	Lignes.
» Longueur du corps, depuis le bout du musseau jusqu'à l'origine de la queue	3	5	»
» Circonférence du milieu du corps	2	8	»
» Longueur de la tête	»	11	»
» Sa circonférence entre les yeux et les oreilles	1	1	»
» Sa circonférence près du bout du museau	»	7	»
» Longueur des oreilles	»	6	»
» Distance entre leurs bases	»	2	»
» Longueur des yeux mesurée d'un angle à l'autre	»	1	»
» Distance des yeux aux oreilles	»	2	»
» Distance au bout du museau	»	7	»
» Distance entre les deux yeux, en ligne droite	»	4	»
» Longueur de la queue	1	9	»
» Sa circonférence près de l'anus	1	3	»
» Sa circonférence près de l'extrémité	«	2	»
» Longueur des jambes de devant	1	»	»
» Sa circonférence près du corps	»	11	»
» Sa circonférence près du poignet	»	6	6
» Longueur des jambes de derrière	1	1	»
» Leur circonférence près du corps	1	»	»
» Leur circonférence près du talon	»	7	6

(a) « La quatrième espèce des cochons se nomme le *cochon de terre;* il ressemble très fort
» aux cochons rouges (*Nota.* Pourquoi aux cochons rouges ? il ne leur ressemble pas plus par
» la couleur qu'aux autres) ; il a seulement la tête plus longue et le groin plus pointu ; il n'a
» absolument point de dents, et les soies ne sont pas si fortes ; sa langue est longue et affilée ;
» sa queue est longue ; il a aussi les jambes longues et fortes ; la terre lui sert de demeure,
» il s'y creuse une grotte, ouvrage qu'il fait avec beaucoup de vivacité et de promptitude ; et

DU TAMANOIR

Nous avons donné la description du tamanoir ou grand fourmilier, mais comme elle n'a été faite que d'après une peau qui avait été assez mal préparée, elle n'est pas aussi exacte que celle qu'on trouvera ici, qui a été faite sur un animal envoyé de la Guyane, bien empaillé, à M. Mauduit, docteur en médecine, dont le Cabinet ne contient que des choses précieuses, par les soins que cet habile naturaliste prend de recueillir tout ce qu'il y a de plus rare, et de maintenir les animaux et les oiseaux dans le meilleur état possible. Quoique le tamanoir que nous donnons ici soit précisément de la même espèce que celui de notre IIIe volume, on verra néanmoins qu'il a le museau plus court, la distance de l'œil à l'oreille plus petite, les pieds plus courts ; ceux du devant n'ont que quatre ongles, les deux du milieu très grands, les deux de côté fort petits ; cinq ongles aux pieds de derrière, et tous ces ongles noirs. Le museau, jusqu'aux oreilles, est couvert d'un poil brun fort court : près des oreilles le poil commence à devenir plus grand, il a deux pouces et demi de longueur sur les côtés du corps ; il est rude au toucher comme celui du sanglier. Il est mêlé de poils d'un brun foncé, et d'autres d'un blanc sale. La bande noire du corps n'a point de petites taches blanches décidées et qui la bordent, comme dans le tamanoir ; celui-ci a trois pieds onze pouces de longueur, c'est-à-dire trois pouces de plus que le premier, décrit au volume III.

M. de la Borde, médecin du Roi à Cayenne, m'a envoyé les observations suivantes au sujet de cet animal :

« Le tamanoir habite les bois de la Guyane ; on y en connaît de deux espèces : les indi-
» vidus de la plus grande pèsent jusqu'à cent livres ; ils courent lentement et plus lourde-
» ment qu'un cochon ; ils traversent les grandes rivières à la nage, et alors il n'est pas
» difficile de les assommer à coups de bâton. Dans les bois on les tue à coups de fusil : ils
» n'y sont pas fort communs, quoique les chiens refusent de les chasser.

» Le tamanoir se sert de ses grandes griffes pour déchirer les ruches des poux de bois
» qui se trouvent partout sur les arbres, sur lesquels il grimpe facilement ; il faut prendre
» garde d'approcher cet animal de trop près, car ses griffes font des blessures profondes ;
» il se défend même avec avantage contre les animaux les plus féroces de ce continent, tels
» que les jaguars, couguars, etc., il les déchire avec ses griffes, dont les muscles et les ten-
» dons sont d'une grande force ; il tue beaucoup de chiens, et c'est par cette raison qu'ils
» refusent de le chasser.

» s'il a seulement la tête et les pieds de devant dans la terre, il s'y cramponne si bien que
» l'homme le plus robuste ne saurait l'en arracher.

» Lorsqu'il a faim, il va chercher une fourmilière. Dès qu'il a fait cette bonne trouvaille, il
» regarde tout autour de lui, pour voir si tout est tranquille et s'il n'y a point de danger ; il ne
» mange jamais sans avoir pris cette précaution, alors il se couche, et plaçant son groin tout
» près de la fourmilière, il tire la langue tant qu'il peut : les fourmis montent dessus en foule,
» et dès qu'elle est bien couverte, il la retire et les gobe toutes ; ce jeu se recommence plu-
» sieurs fois, et jusqu'à ce qu'il soit rassasié. Afin de lui procurer plus aisément cette nourri-
» ture, la nature, toute sage, a fait en sorte que la partie supérieure de cette langue, qui doit
» recevoir les fourmis, est toujours couverte et comme enduite d'une matière visqueuse et
» gluante qui empêche ces faibles animaux de s'en retourner, lorsqu'une fois leurs jambes y
» sont empêtrées : c'est là leur manière de manger. Ils ont la chair de fort bon goût et très
» saine ; les Européens et les Hottentots vont souvent à la chasse de ces animaux ; rien n'est
» plus facile que de les tuer, il ne faut que leur donner un petit coup de bâton sur la tête. »
Description du cap de Bonne-Espérance, par Kolbe, t. III, p. 43.

« On voit souvent des tamanoirs dans les grandes savanes incultes ; on dit qu'ils se
» nourrissent de fourmis ; son estomac a plus de capacité que celui d'un homme. J'en ai
» ouvert un qui avait l'estomac plein de poux de bois qu'il avait nouvellement mangés. La
» structure et les dimensions de sa langue semblent prouver qu'il peut aussi se nourrir de
» fourmis. Il ne fait qu'un petit dans des trous d'arbres près de terre ; lorsque la femelle
» nourrit, elle est très dangereuse, même pour les hommes. Les gens du commun, à
» Cayenne, mangent la chair de cet animal ; elle est noire, sans graisse et sans fumet.
» Sa peau est dure et épaisse, sa langue est d'une forme presque conique comme son
» museau. »

M. de la Borde en donne une description anatomique que je n'ai pas cru devoir publier
ici, pour lui laisser les prémices de ce travail, qu'il me paraît avoir fait avec soin.

« Le tamanoir, continue M. de la Borde, n'acquiert son accroissement entier qu'en quatre
» ans. Il ne respire que par les narines ; à la première vertèbre qui joint le cou avec la
» tête, la trachée-artère est fort ample, mais elle se rétrécit tout à coup, et forme un con-
» duit qui se continue jusqu'aux narines, dans cette espèce de cornet qui lui sert de
» mâchoire supérieure. Ce cornet a un pied de longueur, et il est au moins aussi long que
» le reste de la tête ; il n'a aucun conduit de la trachée-artère à la gueule, et néanmoins
» l'ouverture des narines est si petite, qu'on avait de la peine à y introduire un tuyau de
» plume à écrire. Les yeux sont aussi très petits, et il ne voit que de côté. La graisse de
» cet animal est de la plus grande blancheur. Lorsqu'il traverse les eaux, il porte sa grande
» et longue queue repliée sur le dos et jusque sur la tête. »

MM. Aublet et Olivier m'ont assuré que le tamanoir ne se nourrit que par le moyen de
sa langue, laquelle est enduite d'une humeur visqueuse et gluante, avec laquelle il prend
des insectes ; ils disent aussi que sa chair n'est point mauvaise à manger.

DU TAMANDUA

Nous croyons devoir rapporter à l'espèce du tamandua l'animal dont nous donnons ici
la description et duquel la dépouille bien préparée était au Cabinet de M. le duc de Caylus,
et se voit actuellement dans le Cabinet du Roi ; il est différent du tamanoir, non seulement par la grandeur, mais aussi par la forme. Sa tête est à proportion bien plus grosse ;
l'œil est si petit qu'il n'a qu'une ligne de grandeur, encore est-il environné d'un rebord
de poils relevés. L'oreille est ronde et bordée de grands poils noirs par-dessus. Le corps
entier n'a que treize pouces, depuis le bout du nez jusqu'à l'origine de la queue, et dix
pouces faibles de hauteur ; le poil de dessus le dos est long de quinze lignes, celui du
ventre, qui est d'un blanc sale, est de la même longueur ; la queue n'a que sept pouces et
demi de longueur, couverte partout de longs poils fauves, avec des bandes ou des anneaux
d'une teinte légèrement noirâtre.

Il n'y a dans toute cette description que deux caractères qui ne s'accordent pas avec
celle que Marcgrave nous a donnée du tamandua. Le premier est la queue, qui est partout
garnie de poils, au lieu que celui de Marcgrave a la queue nue à son extrémité. Le second,
c'est qu'il y a cinq doigts aux pieds de devant dans notre tamandua, et que celui de Marcgrave n'en avait que quatre, mais du reste tout convient assez pour qu'on puisse croire
que l'animal dont il s'agit ici est au moins une variété de l'espèce du tamandua, s'il n'est
pas précisément de la même espèce.

M. de la Borde semble l'indiquer, dans ses observations, sous le nom de petit tamanoir.

« Il a, dit-il, le poil blanchâtre, long d'environ deux pouces ; il peut peser un peu plus
» de soixante livres ; il n'a point de dents, mais il a aussi des griffes fort longues ; il ne
» mange que le jour comme l'autre, et ne fait qu'un petit. Il vit aussi de même, et se tient

« dans les grands bois ; sa chair est bonne à manger, mais on le trouve plus rarement
» que le grand tamanoir. »

J'aurais bien désiré que M. de la Borde m'eût envoyé des indications plus précises et
plus détaillées, qui auraient fixé nos incertitudes au sujet de cette espèce d'animal.

Voici ce qu'il m'écrit en même temps sur le petit fourmilier, dont nous avons donné
la description.

« Il a le poil roux, luisant, un peu doré ; se nourrit de fourmis, tire sa langue, qui est
» fort longue et faite comme un ver, et les fourmis s'y attachent. Cet animal n'est guère
» plus grand qu'un écureuil ; il n'est pas difficile à prendre, il marche assez lentement,
» s'attache comme le paresseux sur un bâton qu'on lui présente, dont il ne cherche pas
» à se détourner, et on le porte ainsi attaché où l'on veut. Il n'a aucun cri ; on en trouve
» souvent d'accrochés à des branches par leurs griffes. Ils ne font qu'un petit dans des
» creux d'arbres, sur des feuilles, qu'ils charrient sur le dos. Ils ne mangent que la nuit ;
» leurs griffes sont dangereuses, et ils les serrent si fort qu'on ne peut pas leur faire lâcher
» prise. Ils ne sont pas rares, mais difficiles à apercevoir sur les arbres. »

M. Wosmaër a fait une critique assez mal fondée de ce que j'ai dit au sujet des fourmiliers (a).

« Je dois remarquer, dit-il, contre le sentiment de M. de Buffon, que l'année passée
» M. Tulbagh a envoyé un animal sous le nom de *porc de terre*, qui est le *myrmécophage*
» de Linnæus ; en sorte que Desmarchais et Kolbe ont raison de dire que cet animal
» se trouve en Afrique, aussi bien qu'en Amérique. A juger de celui-ci qui a été envoyé
» dans de l'esprit-de-vin, paraissant être tout nouvellement né, et ayant déjà la gran-
» deur d'un bon cochon de lait, l'animal parfait doit être d'une taille fort considérable.
» Voici les principales différences, autant qu'on peut les reconnaître à cet animal si
» jeune.

» Le groin est à son extrémité un peu gros, rond et aussi comme écrasé en dessus.
» Leurs oreilles sont fort grandes, longues, minces, pointues et pendantes. Les pieds de
» devant ont quatre doigts, le premier et le troisième d'une longueur égale, le second un
» peu plus long, et le quatrième ou l'extérieur un peu plus court que le troisième. Les
» quatre onglets sont fort longs, peu crochus, pointus, et à peu près d'une égale grandeur ;
» les pieds de derrière ont cinq doigts, dont les trois intermédiaires sont presque également
» longs, et les deux extérieurs beaucoup plus courts ; les onglets en sont moins grands, et
» les deux extérieurs les plus petits. Sa queue, sans être fort longue, est grosse et se ter-
» mine en pointe. Les deux *myrmécophages* de Séba, tome 1er, planche XXXVII, fig. 2, et
» planche XL, fig. 1, sont certainement les mêmes et ne diffèrent entre eux que par la cou-
» leur ; la figure en est fort bonne. C'est une espèce particulière tout à fait différente du
» tamanduaguacu de Marcgrave, ou tamanoir de M. de Buffon. »

On croirait, après la lecture de ce passage, que je me suis trompé au sujet de cet animal,
donné par Séba, planche XXXVII, n° 2. Cependant j'ai dit précisément, volume III, p. 129,
ce que dit ici M. Wosmaër. Voici comme je me suis exprimé : *L'animal que Séba désigne
par le nom de* tamandua, myrmécophage d'Amérique, tome 1er, p. 60, *et dont il donne la
figure*, planche XXXVII, n° 2, *ne peut se rapporter à aucun des trois dont il est ici question.*
Or les trois animaux d'Amérique dont j'ai parlé sont le tamanoir, le tamandua et le petit
fourmilier ; donc tout ce que dit ici M. Wosmaër ne fait rien contre ce que j'ai avancé,
puisque ce que j'ai avancé se réduit à ce que le tamanoir, le tamandua et le fourmilier ne
se trouvent qu'en Amérique, et non dans l'ancien continent. Cela est si positif que
M. Wosmaër ne peut rien y opposer. Si le *myrmécophage* de Séba, planche XXXVII, fig. 2,
se trouve en Afrique, cela prouve seulement que Séba s'est trompé en l'appelant myrmé-

---

(a) *Description d'un grand écureuil volant.*

cophage d'*Amérique;* mais cela ne prouve rien contre ce que j'ai avancé, et je persiste, avec toute raison, à soutenir que le tamanoir, le tamandua et le fourmilier ne se trouvent qu'en Amérique, et point en Afrique.

DE L'ÉLÉPHANT

Je donne ici la description d'un éléphant qui était à la foire Saint-Germain en 1773 : c'était une femelle qui avait six pieds sept pouces trois lignes de longueur, cinq pieds sept pouces de hauteur, et qui n'était âgée que de trois ans neuf mois. Ses dents n'étaient pas encore toutes venues, et ses défenses n'avaient que six pouces six lignes de longueur. La tête était très grosse, l'œil fort petit, l'iris d'un brun foncé. La masse de son corps, informe et ramassée, paraissait varier à chaque mouvement, en sorte que cet animal semble être plus difforme dans le premier âge que quand il est adulte ; la peau était fort brune, avec des rides et des plis assez fréquents ; les deux mamelles, avec des mamelons apparents, sont placées dans l'intervalle des deux jambes de devant.

Il nous a paru, en comparant le mâle et la femelle que nous avons tous deux vus, le premier en 1771, et l'autre en 1773, qu'en général la femelle a les formes plus grosses et plus charnues que le mâle, au point qu'il ne serait pas possible de s'y tromper : seulement elle a les oreilles plus petites, à proportion, que le mâle ; mais le corps paraissait plus renflé, la tête plus grosse et les membres plus arrondis.

Dans l'espèce de l'éléphant, comme dans toutes les autres espèces de la nature, la femelle est plus douce que le mâle : celle-ci était même caressante pour les gens qu'elle ne connaissait pas, au lieu que l'éléphant mâle est souvent redoutable. Celui que nous avons vu en 1771 était plus fier, plus indifférent et beaucoup moins traitable que cette femelle. C'est d'après ce mâle que M. de Sève a dessiné la trompe et l'extrémité de la verge. Dans l'état de repos, cette partie ne paraît point du tout à l'extérieur; le ventre semble être absolument uni, et ce n'est que dans le moment où l'animal veut uriner que l'extrémité sort du fourreau. Cet éléphant mâle, quoique presque aussi jeune que la femelle, était, comme je viens de le dire, bien plus difficile à gouverner; il cherchait même à saisir avec sa trompe les gens qui l'approchaient de près, et il a souvent arraché les poches et les basques de l'habit des curieux. Ses maîtres même étaient obligés de prendre avec lui des précautions, au lieu que la femelle semblait obéir avec complaisance. Le seul moment où on l'a vue marquer de l'humeur a été celui de son emballage dans son caisson de voyage : lorsqu'on voulut la faire entrer dans ce caisson, elle refusa d'avancer, et ce ne fut qu'à force de contrainte et de coups de poinçon dont on la piquait par derrière qu'on la força d'entrer dans cette espèce de cage qui servait alors à la transporter de ville en ville. Irritée des mauvais traitements qu'elle venait d'essuyer, et ne pouvant se retourner dans cette prison étroite, elle prit le seul moyen qu'elle avait de se venger, ce fut de remplir sa trompe et de jeter le volume d'un seau d'eau au visage et sur le corps de celui qui l'avait le plus harcelée.

Au reste, on a représenté la trompe vue par-dessous, pour en faire mieux connaître la structure extérieure et la flexibilité.

J'ai dit, dans l'histoire naturelle de l'éléphant, qu'on pouvait présumer que ces animaux ne s'accouplaient pas à la manière des autres quadrupèdes, parce que la position relative des parties génitales dans les individus des deux sexes paraît exiger que la femelle se renverse sur le dos pour recevoir le mâle. Cette conjecture, qui me paraissait plausible, ne se trouve pas vraie, car je crois qu'on doit ajouter foi à ce que je vais rapporter d'après un témoin oculaire.

M. Marcel Bles, seigneur de Moërgestel, écrit de Bois-le-Duc dans les termes suivants :

« Ayant trouvé dans le bel ouvrage de M. le comte de Buffon qu'il s'est trompé tou-

» chant l'accouplement des éléphants, je puis dire qu'il y a plusieurs endroits en Asie et
» en Afrique où ces animaux se tiennent toujours dans les bois écartés et presque inac-
» cessibles, surtout dans le temps qu'ils sont en chaleur, mais que dans l'île de Ceylan,
» où j'ai demeuré douze ans, le terrain étant partout habité, ils ne peuvent pas se cacher
» si bien; et que les ayant constamment observés, j'ai vu que la partie naturelle de la
» femelle se trouve en effet placée presque sous le milieu du ventre, ce qui ferait croire,
» comme le dit M. de Buffon, que les mâles ne peuvent la couvrir à la façon des autres
» quadrupèdes; cependant il n'y a qu'une légère différence de situation : j'ai vu, lorsqu'ils
» veulent s'accoupler, que la femelle se courbe la tête et le cou, et appuie les deux pieds et le
» devant du corps, également courbés, sur la racine d'un arbre, comme si elle se proster-
» nait par terre, les deux pieds de derrière restant debout et la croupe en haut, ce qui
» donne au mâle la facilité de la couvrir et d'en user comme les autres quadrupèdes. Je
» puis dire aussi que les femelles portent leurs petits neuf mois ou environ. Au reste, il
» est vrai que les éléphants ne s'accouplent point lorsqu'ils ne sont pas libres. On enchaîne
» fortement les mâles, quand ils sont en rut, pendant quatre à cinq semaines; alors on
» voit parfois sortir de leurs parties naturelles une grande abondance de sperme, et ils
» sont si furieux, pendant ces quatre ou cinq semaines, que leurs cornacs ou gouverneurs
» ne peuvent les approcher sans danger. On a une annonce infaillible du temps où ils
» entrent en chaleur, car quelques jours avant ce temps on voit couler une liqueur huileuse
» qui leur sort d'un petit trou qu'ils ont à chaque côté de la tête. Il arrive quelquefois
» que la femelle, qu'on garde à l'écurie dans ce temps, s'échappe et va joindre dans les
» bois les éléphants sauvages; mais quelques jours après son cornac va la chercher, et
» l'appelle tant de fois qu'à la fin elle arrive, se soumet avec docilité, et se laisse conduire
» et renfermer : et c'est dans ce cas où l'on a vu que la femelle fait son petit à peu près
» au bout de neuf mois. »

Il me paraît qu'on ne peut guère douter de la première observation sur la manière de
s'accoupler des éléphants, puisque M. Marcel Bles assure l'avoir vu; mais je crois qu'on
doit suspendre son jugement sur la seconde observation touchant la durée de la gestation,
qu'il dit n'être que de neuf mois, tandis que tous les voyageurs assurent qu'il passe pour
constant que la femelle de l'éléphant porte deux ans.

DE L'ÉLÉPHANT, DE L'HIPPOPOTAME ET DU CHAMEAU

J'ai rapporté, dans l'article précédent, l'extrait d'une lettre de M. Marcel Bles, seigneur
de Moërgestel, au sujet de l'accouplement des éléphants, et il a eu la bonté de m'en écrire
une autre le 25 janvier 1776, dans laquelle il me donne connaissance de quelques faits que
je crois devoir rapporter ici.

Les Hollandais de Ceylan, dit M. Bles, ont toujours un certain nombre d'éléphants en
réserve pour attendre l'arrivée des marchands du continent de l'Inde, qui y viennent
acheter ces animaux dans la vue de les revendre ensuite aux princes indiens; souvent il
s'en trouve qui ne sont pas assez bien conditionnés, et que ces marchands ne peuvent
vendre; ces éléphants, défectueux et rebutés, restent à leur maître pendant nombre d'années, et l'on s'en sert pour la chasse des éléphants sauvages. Quelquefois il arrive, soit
par la négligence des gardiens, soit autrement, que la femelle, lorqu'elle est en chaleur,
dénoue et rompt pendant la nuit les cordes avec lesquelles elle est toujours attachée par
les pieds; alors elle s'enfuit dans les forêts, y cherche des éléphants sauvages, s'accouple
et devient pleine; les gardiens vont la chercher partout dans les bois en l'appelant par
son nom; elle revient dès lors sans contrainte, et se laisse ramener tranquillement à son
étable; c'est ainsi qu'on a reconnu que quelques femelles ont produit leur petit neuf mois

après leur fuite : en sorte qu'il est plus que probable que la durée de la gestation n'est en effet que de neuf mois. La hauteur d'un éléphant nouveau-né n'est guère que de trois pieds du Rhin : il croît jusqu'à l'âge de seize à vingt ans, et peut vivre soixante-dix, quatre-vingts et même cent ans.

Le même M. Bles dit qu'il n'a jamais vu, pendant un séjour de onze années qu'il a fait à Ceylan, que la femelle ait produit plus d'un petit à la fois. Dans les grandes chasses qu'on fait tous les ans dans cette île, auxquelles il a assisté plusieurs fois, il en a vu souvent prendre quarante à cinquante parmi lesquels il y avait des éléphants tout jeunes, et il dit qu'on ne pouvait pas reconnaître quelles étaient les mères de chacun de ces petits éléphants, car tous ces jeunes animaux paraissent faire mense commune ; ils tettent indistinctement celles des femelles de toute la troupe qui ont du lait, soit qu'elles aient elles-mêmes un petit en propre, soit qu'elles n'en aient point.

M. Marcel Bles a vu prendre les éléphants de trois manières différentes : ils vont ordinairement en troupes séparées, quelquefois à une lieue de distance l'une de l'autre ; la première manière de les prendre est de les entourer par un attroupement de quatre ou cinq cents hommes, qui resserrant toujours ces animaux de plus près en les épouvantant par des cris, des pétards, des tambours et des torches allumées, les forcent à entrer dans une espèce de parc entouré de fortes palissades dont on ferme ensuite l'ouverture pour qu'ils n'en puissent sortir.

La seconde manière de les chasser ne demande pas un si grand appareil ; il suffit d'un certain nombre d'hommes lestes et agiles à la course, qui vont les chercher dans les bois ; ils ne s'attaquent qu'aux plus petites troupes d'éléphants, qu'ils agacent et inquiètent au point de les mettre en fuite ; ils les suivent aisément à la course, et leur jettent un ou deux lacs de cordes très fortes aux jambes de derrière ; ils tiennent toujours le bout de ces cordes jusqu'à ce qu'ils trouvent l'occasion favorable de l'entortiller autour d'un arbre ; et lorsqu'ils parviennent à arrêter ainsi un éléphant sauvage dans sa course, ils amènent à l'instant deux éléphants privés, auxquels ils attachent l'éléphant sauvage, et, s'il se mutine, ils ordonnent aux deux apprivoisés de le battre avec leur trompe jusqu'à ce qu'il soit comme étourdi, et enfin ils le conduisent au lieu de sa destination.

La troisième manière de prendre les éléphants est de mener quelques femelles apprivoisées dans les forêts : elles ne manquent guère d'attirer quelqu'un des éléphants sauvages et de les séparer de leur troupe ; alors une partie des chasseurs attaque le reste de cette troupe pour lui faire prendre la fuite, tandis que les autres chasseurs se rendent maîtres de cet éléphant sauvage isolé, l'attachent avec deux femelles, et l'amènent ainsi jusqu'à l'étable ou jusqu'au parc où on veut le garder.

Les éléphants, dans l'état de liberté, vivent dans une espèce de société durable ; chaque bande ou troupe reste séparée, et n'a aucun commerce avec d'autres troupes, et même ils paraissent s'entre-éviter très soigneusement.

Lorsqu'une de ces troupes se met en marche pour voyager ou changer de domicile, ceux des mâles qui ont les défenses les plus grosses et les plus longues marchent à la tête, et s'ils rencontrent dans leur route une rivière un peu profonde, ils la passent les premiers à la nage, et paraissent sonder le terrain du rivage opposé ; ils donnent alors un signal par un son de leur trompe, et dès lors la troupe avertie entre dans la rivière, et, nageant en file, les éléphants adultes transportent leurs petits en se les donnant, pour ainsi dire, de main en main ; après quoi, tous les autres les suivent et arrivent au rivage, où les premiers les attendent.

Une autre singularité remarquable, c'est que, quoiqu'ils se tiennent toujours par troupes, on trouve cependant de temps en temps des éléphants séparés et errants seuls et éloignés des autres, et qui ne sont jamais admis dans aucune compagnie, comme s'ils étaient bannis de toute société. Ces éléphants solitaires ou réprouvés sont très méchants ;

ils attaquent souvent les hommes et les tuent, et, tandis que sur le moindre mouvement, et à la vue de l'homme (pourvu qu'il ne se fasse pas avec trop de précipitation), une troupe entière d'éléphants s'éloignera, ces éléphants solitaires l'attendent non seulement de pied ferme, mais même l'attaquent avec fureur, en sorte qu'on est obligé de les tuer à coups de fusil. On n'a jamais rencontré deux de ces éléphants farouches ensemble; ils vivent seuls et sont tous mâles, et l'on ignore s'ils recherchent les femelles, car on ne les a jamais vus les suivre ou les accompagner.

Une autre observation assez intéressante, c'est que dans toutes les chasses auxquelles M. Marcel Bles a assisté, et parmi des milliers d'éléphants qu'il dit avoir vus dans l'île de Ceylan, à peine en a-t-il trouvé un sur dix qui fût armé de grosses et grandes défenses; et, quoique ces éléphants aient autant de force et de vigueur que les autres, ils n'ont néanmoins que de petites défenses, minces et obtuses, qui ne parviennent jamais qu'à la longueur d'un pied à peu près, et on ne peut, dit-il, guère voir avant l'âge de douze à quatorze ans si leurs défenses deviendront longues, ou si elles resteront à ces petites dimensions.

Le même M. Marcel Bles m'a écrit en dernier lieu qu'un particulier, homme très instruit, établi depuis longtemps dans l'île de Ceylan, l'avait assuré qu'il existe dans cette île une petite race d'éléphants qui ne deviennent jamais plus gros qu'une génisse; la même chose lui a été dite par plusieurs personnes dignes de foi; il est vrai, ajoute-t-il, qu'on ne voit pas souvent ces petits éléphants, dont l'espèce ou la race est bien plus rare que celle des autres; la longueur de leur trompe est proportionnée à leur petite taille; ils ont plus de poil que les autres éléphants, ils sont aussi plus sauvages, et au moindre bruit s'enfuient dans l'épaisseur des bois.

Les éléphants, dont nous sommes actuellement obligés d'aller étudier les mœurs à Ceylan ou dans les autres climats les plus chauds de la terre, ont autrefois existé dans les zones aujourd'hui tempérées, et même dans les zones froides : leurs ossements trouvés en Russie, en Sibérie, Pologne, Allemagne, France, Italie, etc., démontrent leur ancienne existence dans tous les climats de la terre, et leur retraite successive vers les contrées les plus chaudes du globe, à mesure qu'il s'est refroidi; nous pouvons en donner un nouvel exemple. M. le prince de Porentrui, évêque de Bâle, a eu la bonté de m'envoyer une dent molaire et plusieurs autres ossements d'un squelette d'éléphant trouvé dans les terres de sa principauté, à une très médiocre profondeur. Voici ce qu'il a bien voulu m'en écrire en date du 15 mai de cette année 1780 :

« A six cents pas de Porentrui, sur la gauche d'un grand chemin que je viens de faire
» construire pour communiquer avec Béfort, en excavant le flanc méridional de la mon-
» tagne, l'on découvrit l'été dernier, à quelques pieds de profondeur, la plus grande partie
» du squelette d'un très gros animal. Sur le rapport qui m'en fut fait, je me transportai
» moi-même sur le lieu, et je vis que les ouvriers avaient déjà brisé plusieurs pièces de ce
» squelette, et qu'on en avait enlevé quelques-unes des plus curieuses, entre autres la plus
» grande partie d'une très grosse défense qui avait près de cinq pouces de diamètre à la
» racine, sur plus de trois pieds de longueur, ce qui fit juger que ce ne pouvait être que le
» squelette d'un éléphant. Je vous avouerai, monsieur, que, n'étant pas naturaliste, j'eus
» peine à me persuader que cela fût; je remarquai cependant de très gros os, et particuliè-
» rement celui de l'omoplate, que je fis déterrer; j'observai que le corps de l'animal, quel
» qu'il fût, était partie dans un rocher, partie en un sac de terre, dans l'anfractuosité de
» deux rochers, que ce qui était dans le rocher était pétrifié, mais que ce qui était dans la
» terre était une substance moins dure que ne le sont ordinairement de pareils os. L'on
» m'apporta un morceau de cette défense que l'on avait brisée en la tirant de cette terre
» où elle était devenue mollasse; l'enveloppe extérieure ressemblait assez à l'ivoire; l'inté-
» rieur était blanchâtre et comme savonneux : on en brûla une parcelle, et ensuite une

» autre parcelle d'une véritable défense d'éléphant : elles donnèrent l'une et l'autre une
» huile d'une odeur à peu près pareille. Tous les morceaux de cette première défense,
» ayant été exposés quelque temps à l'air, sont tombés insensiblement en poussière.

» Il m'est resté un morceau de la mâchoire pétrifiée, avec quelques-unes des petites
» dents : je les fis voir à M. Robert, géographe ordinaire de Sa Majesté, qui, m'ayant témoi-
» gné que ce morceau d'histoire naturelle ne déparerait pas la belle collection que vous
» avez dans le Jardin du Roi, je lui dis qu'il pouvait vous l'offrir de ma part, et j'ai l'hon-
» neur de vous l'envoyer. »

J'ai reçu en effet ce morceau, et je ne puis qu'en témoigner ma respectueuse reconnaissance à ce prince, ami des lettres et de ceux qui les cultivent : c'est réellement une très
grosse dent molaire d'éléphant, beaucoup plus grande qu'aucune de celles des éléphants
vivants aujourd'hui. Si l'on rapproche de cette découverte toutes celles que nous avons
rapportées de squelettes d'éléphants trouvés en terre en différentes parties de l'Europe, et
dont la note ci-jointe, que nous communique M. l'abbé Bexon, indique encore un plus
grand nombre (a), on demeurera bien convaincu qu'il fut un temps où notre Europe fut
la patrie des éléphants, ainsi que l'Asie septentrionale, où leurs dépouilles se trouvent en
si grande quantité. Il dut en être de même des rhinocéros, des hippopotames et des chameaux ; on peut remarquer entre les *argalis* ou petites figures de fonte, tirées des anciens
tombeaux trouvés en Sibérie, celles de l'hippopotame et du chameau (b) : ce qui prouve
que ces animaux, qui sont actuellement inconnus dans cette contrée, y subsistaient autrefois ; l'hippopotame surtout a dû s'en retirer le premier, et presque en même temps que
l'éléphant ; et le chameau, quoique moins étranger aux pays tempérés ou froids, n'est
cependant plus connu dans ce pays de Sibérie que par les monuments dont on vient de
parler : on peut le prouver par le témoignage des voyageurs récents.

« Les Russes, disent-ils, pensèrent que les chameaux seraient plus propres que d'autres
» animaux au transport des vivres de leurs caravanes dans les déserts de la Sibérie méri-
» dionale ; ils firent en conséquence venir à Jakutzk un chameau pour essayer son service ;
» les habitants du pays le regardèrent comme un monstre, qui les effraya beaucoup. La
» petite vérole commençait à faire des ravages dans leurs bourgades ; les Jakutes s'ima-
» ginèrent que le chameau en était la cause..... et on fut obligé de le renvoyer ; il mourut
» même dans son retour, et l'on jugea avec fondement que ce pays était trop froid pour
» qu'il pût y subsister, et encore moins y multiplier. »

Il faut donc que ces figures du chameau et de l'hippopotame aient été faites en ce pays
dans un temps où on y avait encore quelque connaissance et quelque souvenir de ces

(a) Tentzel (Wilhelm. Ernest.) *Epistola de sceleto elephantino Tonnæ nuper effosso.* Gotting, 1696, in-4°, *germanicè. (Ext. in Phil. Transact.,* vol. XIX, n° 234, page 757).—Klein,
De dentibus elephantinis : ad calcem Miss. 2, de piscib., pages 29 et 32. — Marsigl. *Danub.,*
t. II, page 31, tab. 30. — Rzaczynski, *Hist. nat. Polon.,* t. Ier, p. 1. — *Epist.* Basil. Tatis-
chau ad Eric, Benzel. *in Act. litt. Suec.* ann. 1715, page 36. — Beyschlag (Jo. Frid.) *Dis-
sertatio de Ebore fossili Suevico-hallensi.* Halæ Magdeburgicæ, 1734, in-4°. — Scaramucci
(Jo. Bapt.) *Meditationes familiares ad Antonium Magliabechium de sceleto elephantino.* Ur-
bini, 1697, in-12. — Wedellii (Georg. Wolfg.) *Programma de unicornu et ebore fossili.*
Jenæ, 1699, in-4°. — Hartenfels (Georg. Christ. Petr.) *Elephantographia curiosa...* part. III,
cap. VIII. *De ebore fossili.* Erfurti, 1715, in-4°. — Transact. philosoph., vol. XLIII, page 331.
Extraordinari fossil toot of an elephant, vol. XL, n° 446, page 124. *Letter... upon mam-
moth's bones du gup in Siberia,* vol. XLVIII, page 626. *Bones an elephant found at Leys-
down in the Island of Sheppey,* vol. XXXV, nos 403 et 404. — *Epit.* Transact. philos.
V, b, page 104 et seq. — *Acta Hafniens.,* vol. I, obser. XLVI. — *Misc. curios.* Déc. III, ann. 7,
8, 1699, 1700, page 294, obs. 175 : *De ebore fossili, et sceleto elephantis in collo sabuloso
reperto.* — Déc. II, ann. 7, 1688, p. 446, obs. 234 : *De ossibus elephantum repertis,* etc.

(b) Voyez ces figures gravées dans l'*Histoire générale des voyages,* t. XVIII, p. 171.

animaux. Cependant nous remarquerons, à l'égard des chameaux, qu'ils pouvaient être connus des anciens Jakutes, car M. Guldenstaëdt assure (a) qu'ils sont actuellement en nombre dans les gouvernements d'Astracan et d'Orembourg, aussi bien que dans quelques parties de la Sibérie méridionale, et que les Kalmouks et les Cosaques ont même l'art d'en travailler le poil. Il se pourrait donc, absolument parlant, que les Jakutes eussent pris connaissance du chameau dans leurs voyages au midi de la Sibérie; mais, pour l'hippopotame, nulle supposition ne peut en rendre la connaissance possible à ce peuple : et dès lors on ne peut rapporter qu'au refroidissement successif de la terre l'ancienne existence de ces animaux, ainsi que des éléphants, dans cette contrée du Nord, et leurs migrations forcées dans celles du Midi.

Après avoir livré à l'impression les feuilles précédentes, j'ai reçu un dessin fait aux Indes d'un jeune éléphant tetant sa mère : c'est à la prévenante honnêteté de M. Gentil, chevalier de l'ordre royal et militaire de Saint-Louis, qui a demeuré vingt-huit ans au Bengale, que je dois ce dessin et la connaissance d'un fait dont je doutais. Le petit éléphant ne tette pas par la trompe, mais par la gueule, comme les autres animaux : M. Gentil en a été souvent témoin, et le dessin a été fait sous ses yeux.

DU RHINOCÉROS

Nous avons vu un second rhinocéros nouvellement arrivé à la ménagerie du Roi. Au mois de septembre 1770 il n'était âgé que de trois mois, si l'on en croit les gens qui l'avaient amené; mais je suis persuadé qu'il avait au moins deux ou trois ans, car son corps, y compris la tête, avait déjà huit pieds deux pouces de longueur sur cinq pieds six pouces de hauteur et huit pieds deux pouces de circonférence. Observé un an après, son corps s'était allongé de sept pouces : en sorte qu'il avait, le 28 août 1771, huit pieds neuf pouces, y compris la longueur de la tête; cinq pieds neuf pouces de hauteur, et huit pieds neuf pouces de circonférence. Observé deux ans après, le 12 août 1772, la longueur de son corps, y compris la tête, était de neuf pieds quatre pouces; la plus grande hauteur, qui était celle du train de derrière, de six pieds quatre pouces, et la hauteur du train de devant était de cinq pieds onze pouces seulement. Sa peau avait la couleur et la même apparence que l'écorce d'un vieil orme, tachetée en certains endroits de noir et de gris, et, dans d'autres, repliée en sillons profonds qui formaient des espèces d'écailles. Il n'avait qu'une corne de couleur brune, d'une substance ferme et dure. Les yeux sont petits et saillants, les oreilles larges et assez ressemblantes à celles de l'âne. Le dos, qui est creux, semble être couvert d'une selle naturelle, les jambes sont courtes et très grosses, les pieds arrondis par derrière, avec des sabots par devant, divisés en trois parties. La queue est assez semblable à celle du bœuf, et garnie de poils noirs à son extrémité. La verge s'allonge sur les testicules, et s'élève pour l'écoulement de l'urine que l'animal pousse assez loin de lui, et cette partie paraît fort petite relativement à la grosseur du corps; elle est d'ailleurs très remarquable par son extrémité, qui forme une cavité comme l'embouchure d'une trompette; le fourreau ou l'étui dont elle sort est une partie charnue d'une chair vermeille semblable à celle de la verge; et cette même partie charnue, qui forme le premier étui, sort d'un second fourreau pris dans la peau comme dans les autres animaux; sa langue est dure et rude au point d'écorcher ce qu'il lèche : aussi mange-t-il de grosses épines sans en ressentir de douleur. Il lui faut environ cent soixante livres de nourriture par jour; les Indiens et les Africains, et surtout les Hottentots, en trouvent la chair bonne à manger.

(a) Discours sur les productions de la Russie.

Cet animal peut devenir domestique en l'élevant fort jeune, et il produirait dans l'état de domesticité plus aisément que l'éléphant.

« Je n'ai jamais pu concevoir (dit avec raison M. Paw), pourquoi on a laissé en Asie » le rhinocéros dans son état sauvage, sans l'employer à aucun usage, tandis qu'il est » soumis en Abyssinie, et y sert à porter des fardeaux (a).

» M. de Buffon, dit M. le chevalier Bruce, a conjecturé qu'il y avait au centre de » l'Afrique des rhinocéros à deux cornes; cette conjecture s'est vérifiée. En effet, tous les » rhinocéros que j'ai vus en Abyssinie ont deux cornes; la première, c'est-à-dire la plus » proche du nez, est de la forme ordinaire : la seconde, plus tranchante à la pointe, est » toujours plus courte que la première; toutes deux naissent en même temps, mais la » première croît plus vite que l'autre et la surpasse en grandeur non seulement pendant » tout le temps de l'accroissement, mais pendant toute la vie de l'animal (b). »

D'autre part, M. Allamand, très habile naturaliste, écrit à M. Daubenton, par une lettre datée de Leyde le 31 octobre 1766, dans les termes suivants :

« Je me rappelle une chose qu'a dite M. Parsons dans un passage cité par M. de Buffon. » Il soupçonne que les rhinocéros d'Asie n'ont qu'une corne, et que ceux du cap de Bonne- » Espérance en ont deux : je soupçonnerais tout le contraire. J'ai reçu de Bengale et d'au- » tres endroits de l'Inde des têtes de rhinocéros toujours à doubles cornes, et toutes celles » qui me sont venues du Cap n'en avaient qu'une. »

Ceci paraît prouver ce que nous avons déjà dit, que ces rhinocéros à doubles cornes forment une variété dans l'espèce, une race particulière, mais qui se trouve également en Asie et en Afrique.

DU RHINOCÉROS (*suite*)

(Par M. le professeur Allamand).

« M. de Buffon a très bien décrit le rhinocéros d'Asie, et il en a donné une figure qui » est fort exacte; il n'avait aucune raison de soupçonner que le rhinocéros d'Afrique en » différât; aucune relation n'a insinué que ces animaux ne fussent pas précisément sem- » blables dans tous les lieux où ils se trouvent; il y a cependant une très grande diffé- » rence entre eux : ce qui frappe le plus quand on voit un rhinocéros, tel que celui que » M. de Buffon a décrit, ce sont les énormes plis de sa peau qui partagent si singulière- » ment son corps, et qui ont fait croire, à ceux qui ne l'ont aperçu que de loin, qu'il était » tout couvert de boucliers. Ces plis ne se font point remarquer dans le rhinocéros » d'Afrique, et sa peau paraît tout unie; si l'on compare la figure que j'en donne avec » celle qu'en a donnée M. de Buffon, et qu'on fasse abstraction de la tête, on ne dirait pas » qu'elles représentent deux animaux de la même espèce. C'est encore à M. le capitaine » Gordon que l'on doit la connaissance de la véritable figure de ce rhinocéros d'Afrique, » et l'on verra dans la suite que l'histoire naturelle lui a bien d'autres obligations : voici » le précis de quelques remarques qu'il a ajoutées au dessin qu'il m'en a envoyé.

» Le rhinocéros est nommé *nabal* par les Hottentots, qui prononcent la première syl- » labe de ce mot avec un claquement de langue qu'on ne saurait exprimer par l'écriture. » Le premier coup d'œil qu'on jette sur lui fait d'abord penser à l'hippopotame, dont il » diffère cependant très fort par la tête; il n'a pas non plus la peau aussi épaisse, et il » n'est pas aussi difficile de la percer qu'on le prétend. M. Gordon en a tué un à la dis- » tance de cent dix-huit pas avec une balle de dix à la livre; et pendant le voyage qu'il a » fait dans l'intérieur du pays avec M. le gouverneur de Plettenberg, on en a tué une dou-

(a) Défense des *Recherches sur les Américains*, p. 95.
(b) Note communiquée par M. le chevalier Bruce à M. de Buffon.

RHINOCÉROS DES INDES.

A. Le Vasseur- Éditeur

» zaine, ce qui fait voir que ces animaux ne sont point à l'épreuve des coups de fusil. Je
» crois cependant que ceux d'Asie ne pourraient pas être facilement percés, au moins j'en
» ai porté ce jugement en examinant la peau de celui dont M. de Buffon a donné la figure,
» et que j'ai eu occasion de voir ici.

» Les rhinocéros d'Afrique ont tout le corps couvert de ces incrustations en forme de
» galles ou tubérosités qui se voient sur ceux d'Asie, avec cette différence, qu'en ceux-ci
» elles ne sont pas parsemées également partout; il y en a moins sur le milieu du corps,
» et il n'y en a point à l'extrémité des jambes : quant aux plis de la peau, comme je l'ai
» dit, ils sont peu remarquables. M. Gordon soupçonne qu'ils ne sont produits que par
» les mouvements que se donnent ces animaux, et ce qui semblerait confirmer cette con-
» jecture, c'est la peau bourrée d'un jeune rhinocéros, de la longueur de cinq pieds, que
» nous avons ici, où il ne paraît aucun pli ; les adultes en ont un à l'aine, profond de trois
» pouces, un autre derrière l'épaule d'un pouce de profondeur, un derrière les oreilles mais
» peu considérable, quatre petits devant la poitrine, et deux au-dessus du talon ; ceux qui
» se font remarquer le plus, et qui ne se trouvent point sur ceux d'Asie, sont au nombre
» de neuf sur les côtes, dont le plus profond ne l'est que d'un demi-pouce ; autour des yeux
» ils ont plusieurs rides, qui ne peuvent pas passer pour des plis.

» Tous ceux que M. Gordon a vus, jeunes et vieux, avaient deux cornes, et s'il y en a
» en Afrique qui n'en aient qu'une, ils sont inconnus aux habitants du cap de Bonne-
» Espérance ; ainsi j'ai été dans l'erreur quand j'ai écrit à M. Daubenton que j'avais raison
» de soupçonner que les rhinocéros d'Asie avaient deux cornes, pendant que ceux du Cap
» n'en ont qu'une : j'avais reçu de ce dernier endroit des têtes à une seule corne, et des
» Indes des têtes à deux cornes, mais sans aucune notice du lieu où avaient habité ces
» animaux. Depuis, il m'est arrivé souvent de recevoir des Indes des productions du Cap,
» et du Cap des curiosités qui y ont été envoyées des Indes ; c'est là ce qui m'avait jeté
» dans l'erreur que je dois rectifier ici. La plus grande de ces cornes est placée sur le nez ;
» celle que j'ai fait représenter était longue de seize pouces, mais il y en a qui ont huit à
» neuf pouces de plus, sans que l'animal soit plus grand.

» Elle est aplatie en dessus et comme usée en labourant la terre ; la seconde corne avait
» sa base à un demi-pouce au-dessous de la première, et elle était longue de huit pouces ;
» l'une et l'autre sont uniquement adhérentes à la peau et placées sur une éminence unie
» qui est au-devant de la tête ; en les tirant fortement en arrière on peut les ébranler, ce
» qui me fait un peu douter de ce que dit Kolbe des prodigieux effets que le rhinocéros
» produit ; si on l'en croit, il déracine avec sa corne les arbres, il enlève les pierres qui
» s'opposent à son passage et les jette derrière lui fort haut à une grande distance et avec
» un très grand bruit ; en un mot, il abat tous les corps sur lesquels elle peut avoir quelque
» prise. Une corne si peu adhérente et si peu ferme ne semble guère propre à de si grands
» efforts : aussi M. Gordon m'écrit-il que le rhinocéros fait bien autant de mal avec ses
» pieds qu'avec sa tête.....

» Ce rhinocéros a les yeux plus petits que l'hippopotame ; ils ont peu de blanc ; le plus
» grand diamètre de la prunelle est de huit lignes, et l'ouverture des paupières est d'un
» pouce ; ils sont situés aux côtés de la tête, presqu'à égale distance de la bouche et des
» oreilles ; ainsi cette situation des yeux démontre la fausseté de l'opinion de Kolbe, qui
» dit que le rhinocéros ne peut voir de côté, et qu'il n'aperçoit que les objets qui sont en
» droite ligne devant lui. Il aurait peine à voir de cette dernière manière, si ses yeux ne
» s'élevaient pas un peu au-dessus des rides qui les environnent. Il paraît cependant qu'il
» se fie plus à son odorat et à son ouïe qu'à sa vue, aussi a-t-il les naseaux fort ouverts et
» longs de deux pouces et demi ; ses oreilles ont neuf pouces de longueur, et leur contour
» est de deux pieds ; leur bord extérieur est garni de poils rudes, longs de deux pouces et
» demi, mais il n'y en a point en dedans.

» Sa couleur est d'un brun obscur, qui devient couleur de chair sous le ventre et dans
» les plis ; mais, comme il se vautre fréquemment dans la boue, il parait avoir la couleur
» de la terre sur laquelle il se trouve ; il a sur le corps quelques poils noirs, mais très
» clairsemés, entre les tubérosités de sa peau et au-dessus des yeux.

» Il a vingt-huit dents en tout ; savoir : six molaires à chaque côté des deux mâchoires,
» et deux incisives en haut et en bas. Les dents d'en haut semblent être un peu plus avan-
» cées, de manière qu'elles recouvrent celles de dessous, lorsque la gueule est fermée ; la
» lèvre supérieure n'avance que d'un pouce au delà de l'inférieure. M. Gordon n'a pas eu
» occasion de voir s'il la peut allonger et s'en servir pour saisir ce qu'il veut approcher de
» sa gueule.

» Sa queue a environ un pied et demi de longueur ; son extrémité est garnie de quel-
» ques poils, longs de deux pouces, qui partent de chaque côté, comme de deux espèces de
» coutures ; cette queue est ronde par dessus et un peu aplatie en dessous.

» Les pieds ont trois doigts munis d'ongles ou plutôt de sabots ; la longueur des pieds
» de devant égale leur largeur, mais ceux de derrière sont un peu allongés ; j'en donnerai
» les dimensions à la fin de cet article. Il a sous la plante du pied une semelle épaisse et
» mobile.

» La verge de ce rhinocéros était précisément comme celle qui a été décrite par M. Par-
» sons, terminée par un gland qui a la figure d'une fleur, et de couleur de chair ; sa lon-
» gueur est de vingt-sept pouces, et à peu près aux deux tiers de cette longueur elle paraît
» recourbée en arrière, aussi dit-on que c'est en arrière que l'animal jette son urine.
» M. Gordon m'en a envoyé un dessin fort exact, mais, comme il s'accorde parfaitement
» avec celui qu'en a donné M. Parsons, *Philosophical Transactions*, n° 470, il n'est pas né-
» cessaire que je le joigne ici ; les testicules sont en dedans du corps vers les aines, et au-
» devant de la verge sont situés deux mamelons, au lieu que dans l'hippopotame ils sont
» en arrière. Ce dernier animal a une vésicule du fiel, placée à l'extrémité de son foie, mais
» le rhinocéros n'en a point.

» Ces rhinocéros sont actuellement assez avant dans l'intérieur du pays ; pour en trou-
» ver, il faut s'avancer à cent cinquante lieues dans les terres du Cap. On n'en voit guère
» que deux ou trois ensemble, quelquefois cependant ils marchent en plus grande compa-
» gnie, et en marchant ils tiennent leur tête baissée comme les cochons ; ils courent plus
» vite qu'un cheval ; le moyen le plus sûr de les éviter est de se tenir sous le vent ; car
» leur rencontre est dangereuse.

» Ils tournent souvent la tête de côté et d'autre en courant ; il semble qu'ils prennent
» plaisir à creuser la terre avec leurs cornes ; quelquefois ils y impriment deux sillons par
» le balancement de leur tête, et alors ils sautent et courent à droite et à gauche, en dres-
» sant leur queue, comme s'ils avaient des vertiges. Leurs femelles n'ont jamais qu'un
» petit à la fois ; elles ont aussi deux cornes, et, quant à la grandeur, il y a entre elles et
» les mâles la même différence qu'entre les hippopotames des deux sexes, c'est-à-dire que
» cette différence n'est pas considérable. Leur cri est un grognement suivi d'un fort siffle-
» ment qui ressemble un peu au son d'une flûte. On n'entend point parler au Cap de leurs
» prétendus combats avec les éléphants.

» Le rhinocéros dont j'ai donné la figure a été tué par M. le capitaine Gordon près de
» la source de la rivière *Gamka* ou rivière des Lions. »

DE LA MARMOTTE DU CAP DE BONNE-ESPÉRANCE

C'est encore à M. Allamand, savant naturaliste et professeur à Leyde, que nous devons la première connaissance de cet animal (*); M. Pallas l'a indiqué sous le nom de *cavia capensis*, et ensuite M. Wosmaër sous la dénomination de *marmotte bâtarde d'Afrique;* tous deux en donnent la même figure tirée sur la même planche, dont M. Allamand nous avait envoyé une gravure. Il marquait à ce sujet à M. Daubenton :

« Je vous envoie la figure d'une espèce de cabiai (je ne sais par quel autre nom le
» désigner) que j'ai reçue du cap de Bonne-Espérance. Il n'est pas tout à fait aussi bien
» représenté que je le désirerais; mais, comme j'ai cet animal empaillé dans mon Cabinet,
» je vous l'enverrai par la première occasion si vous souhaitez de le voir. »

Nous n'avons pas profité de cette offre très obligeante de M. Allamand, parce que nous avons été informés peu de temps après qu'il était arrivé en Hollande un ou deux de ces animaux vivants, et que nous espérions que quelque naturaliste en ferait une bonne description. En effet, MM. Pallas et Wosmaër ont tous deux décrit cet animal, et je vais donner ici l'extrait de leurs observations.

« Cet animal, dit M. Wosmaër, est connu au cap de Bonne-Espérance sous le nom de
» *blaireau des rochers*, vraisemblablement parce qu'il fait son séjour entre les rochers et
» dans la terre, comme le blaireau, auquel néanmoins il ne ressemble point. Il ressemble
» plus à la marmotte, et cependant il en diffère..... C'est Kolbe qui le premier a parlé de
» cet animal, et a dit qu'il ressemble mieux à une marmotte qu'à un blaireau. »

Nous adopterons donc la dénomination de marmotte du Cap, et nous la préférerons à celle de cavia du Cap, parce que l'animal dont il est ici question est très différent du cavia ou cabiai : 1º par le climat, le cavia ou cabiai étant de l'Amérique méridionale, tandis que celui-ci ne se trouve qu'en Afrique; 2º parce que le nom de cavia est un mot brésilien qui ne doit point être transporté en Afrique, puisqu'il appartient au cavia qui est le vrai cabiai, et au cavia-cobaïa qui est le cochon d'Inde; 3º enfin, parce que le cabiai est un animal qui n'habite que le bord des eaux, qui a des membranes entre les doigts des pieds, tandis que la marmotte du Cap n'habite que les rochers et les terres les plus sèches qu'elle peut creuser avec ses ongles.

« Le premier animal de cette espèce, dit M. Wosmaër, qui a paru en Europe a été
» envoyé à M. le prince d'Orange par M. Tulbagh, et on en conserve la dépouille dans le
» Cabinet de ce prince. La couleur de ce premier animal diffère beaucoup de celle d'un
» autre qui est arrivé depuis; il était aussi fort jeune et très petit; celui que je vais
» décrire était un mâle, et il m'a été envoyé par M. Berg-meyer d'Amsterdam..... Le
» genre de vie de ces animaux, suivant les informations qui m'en ont été données, est
» fort triste, dormant souvent pendant la journée. Leur mouvement est lent et s'exécute
» par bonds. Mais, dans leur état de nature, peut-être est-il aussi vif que celui des lapins;
» ils poussent fréquemment des cris de courte durée, mais aigus et perçants. »

Je remarquerai, en passant, que ce caractère rapproche encore cet animal de la marmotte, car on sait que nos marmottes des Alpes font souvent entendre un sifflet fort aigu.

« On nourrissait en Hollande cette marmotte du Cap, continue M. Wosmaër, avec du
» pain et diverses sortes d'herbes potagères. Il est fort vraisemblable que ces animaux ne
» portent pas longtemps leurs petits, qu'ils mettent bas souvent et en grand nombre. La

(*) C'est le Daman (*Hyrax capensis* Schreb.), petit animal de la famille des Proboscidiens.

» forme de leurs pieds paraît aussi dénoter qu'ils sont propres à fouir la terre ; cet animal
» étant mort à Amsterdam, je le donnai à M. Pallas pour le disséquer.

» Il ressemble beaucoup pour la taille au lapin commun, mais il est plus gros et plus
» ramassé : le ventre est surtout fort gros ; les yeux sont beaux et médiocrement grands ;
» les paupières ont en dessous et en dessus quelques petits poils courts et noirs, au-
» dessus desquels on en voit cinq ou six aussi noirs, mais longs, qui sortent à peu près
» du coin de la paupière antérieure, et retournent en arrière vers la tête. Il y a de pareilles
» moustaches sur la lèvre supérieure vers le milieu du museau.

» Le nez est sans poil, noir, et comme divisé par une fine couture qui descend jusque
» sur la lèvre : les narines paraissent comme un cordon rompu au milieu ; sous le museau,
» vers le gosier et sur les joues, on voit quelques longs poils noirs plus ou moins longs et
» tous plus raides que l'autre poil ; des poils de même espèce sont semés de distance en
» distance sur tout le corps..... Le palais de la bouche a huit cannelures ou sillons pro-
» fonds ; la langue est fort épaisse, passablement longue, garnie de petits mamelons, et
» ovale à son extrémité. La mâchoire supérieure a deux dents fort longues, saillantes au
» devant du museau, et écartées l'une de l'autre ; elles ont la forme d'un triangle allongé
» et aplati. Les dents de la mâchoire inférieure sont posées au-devant du museau, elles
» sont coupantes, fort serrées et au nombre de quatre ; elles sont assez longues, plates et
» larges..... Les dents molaires sont assez grosses, quatre en haut et quatre en bas de
» chaque côté ; on en pourrait compter une cinquième plus petite que les autres..... Cet
» animal a les jambes de devant fort courtes et cachées à moitié sous la peau du corps.
» Les pieds sont nus et ne présentent qu'une peau noire. Ceux de devant ont quatre doigts,
» dont trois très apparents et celui du milieu le plus long ; le quatrième, qui est au côté
» extérieur, est beaucoup plus court que les autres et comme adhérent au troisième ; le
» bout de ces doigts est armé d'onglets courts et ronds, attachés à la peau de la même
» façon que nos ongles. Les pieds de derrière ont trois doigts dont il n'y a que celui du
» milieu qui ait un ongle courbe ; le doigt extérieur est un peu plus court que les autres.
» L'animal saute sur ses pieds de derrière comme le lapin..... Il n'y a pas le moindre
» indice de queue ; l'anus se montre fort long, et le prépuce en bourrelet rond découvre
» un peu la verge. La couleur du poil est le gris ou le brun fauve, comme le poil des
» lièvres ou des lapins de garenne. Il est plus foncé sur la tête et sur le dos, et il est blan-
» châtre sur la poitrine et le ventre. Il y a aussi une bande blanchâtre sur le cou tout près
» des épaules ; cette bande ne fait point un collier, mais se termine à la hauteur des
» jambes de devant ; et, en général, le poil est doux et laineux. »

Nous ne donnerons pas ici la description des parties intérieures de cet animal : on la
trouvera] dans l'ouvrage de M. Pallas, qui a pour titre *Spicilegia zoologica*. Cet habile
naturaliste l'a faite avec beaucoup de soin, et il faudrait la copier en entier pour ne rien
perdre de ses observations.

DU DAMAN-ISRAEL (*suite*)

C'est à M. le chevalier Bruce que nous devons l'exacte connaissance et la vraie description du daman, déjà bien indiqué par Prosper Alpin, et mal à propos rapporté par le
docteur Shaw à la grande gerboise. Voici ce que m'a écrit à ce sujet cet illustre voyageur :

« Le daman-Israël (*) n'est point une gerboise ; il est mal indiqué par notre docteur
» Shaw, qui dit que ses pattes de devant sont courtes en comparaison de celles de der-
» rière, dans la même proportion que celles des gerboises ; ce fait n'est point vrai. Il est

(*) C'est la même espèce que le précédent.

» fort commun aux environs du mont Liban, et encore plus dans l'Arabie Pétrée ; il se
» trouve aussi dans les montagnes de l'Arabie Heureuse et dans toutes les parties hautes
» de l'Abyssinie ; il est de la forme et de la grandeur d'un lapin, les jambes de devant un
» peu plus courtes que celles de derrière, mais non pas plus que le lapin ; un caractère
» très distinct, c'est qu'il n'a point du tout de queue, et qu'il a trois doigts à chaque
» patte (*), à peu près comme ceux des singes, sans aucun ongle, et environnés d'une
» chair molle d'une forme ronde ; par ce caractère et par le manque de queue, il paraît
» approcher du loris ; les oreilles sont petites et courtes, couvertes de poil en dedans
» comme en dehors, par où il diffère encore du lapin ; tout le dessous du corps est blanc,
» et le dedans à peu près de la couleur de nos lapins sauvages ; il lui sort, sur le dos et
» sur tout le dessus du corps et des cuisses, de longs poils isolés d'un noir fort luisant. Ces
» animaux vivent toujours dans les cavernes des rochers, et non pas dans la terre,
» puisqu'ils n'ont point d'ongles. »

Il paraît, par le témoignage de M. Bruce, que le docteur Shaw s'est trompé ; et ce qui
le confirme encore, c'est que, ne voulant pas s'en tenir à ce que Prosper Alpin avait dit
du daman, que sa chair est excellente à manger, et qu'il est *plus gros que notre lapin
d'Europe*, il a retranché ce dernier fait du passage de Prosper Alpin, qu'il cite au reste en
entier. Il faut donc rectifier ce que j'en ai dit moi-même, et rendre à Prosper Alpin la
justice d'avoir indiqué le premier le daman-Israël, et de lui avoir donné ses véritables
caractères.

Au reste, il ne paraît pas douteux que ce daman ou agneau d'Israël ne soit le *saphan*
de l'Écriture sainte. M. le chevalier Bruce dit qu'il l'a vu non seulement dans les différentes parties de l'Asie, mais jusqu'en Abyssinie ; mais il existe, dans les terres du cap de
Bonne-Espérance, une autre espèce de daman que M. Sonnerat nous a rapporté, et dont
nous donnons ici la description. Ce daman du Cap diffère du daman-Israël par plus de
rondeur dans la taille, et aussi parce qu'il n'a pas autant de poils saillants ni aussi longs
que ceux du daman-Israël ; il a de plus un grand ongle courbe et creusé en gouttière au doigt
intérieur du pied de derrière, ce qui ne se trouve pas dans les pieds du daman-Israël. Ces
caractères nous paraissent suffisants pour faire un espèce distincte de ce daman du Cap
et le séparer, comme nous le faisons ici, de celle du daman de Syrie, avec lequel néanmoins il a la plus grande ressemblance par la grandeur et la conformation, par le nombre
des doigts et par le manque de queue.

Au reste, nous devons ajouter ici qu'à l'inspection seule de ce daman du Cap, nous
l'avons reconnu pour le même animal que celui dont nous avons donné la description sous
le nom de *Marmotte du Cap*, en avertissant en même temps que je n'adoptais cette dénomination que provisionnellement, et en attendant que je fusse mieux informé de la nature
et du vrai nom de cet animal ; et, comme la description que j'en ai donnée est incomplète,
on doit consulter de préférence celle que je donne ici ; ainsi il faut rapporter à ce daman
du Cap ce que nous avons dit de cette prétendue marmotte, et encore tout ce que nous
donne M. Allamand, d'après M. Klockner, sur ce même animal, sous la dénomination de
klipdaas ou *blaireau de roches*, en observant que par la seule conformation de ses pieds
il ne doit pas être mis dans le genre des blaireaux, et que c'est mal à propos qu'on lui
en a appliqué le nom. Voici ce qu'en dit ce savant naturaliste dans ses additions à mon
ouvrage :

« MM. Pallas et Wosmaër croient que cet animal se creuse des trous en terre comme
» notre marmotte ou notre blaireau, et cela, disent-ils, parce que ses pieds sont propres
» à cette opération ; mais, à en juger par ces mêmes pieds, on serait porté à croire qu'il ne
» s'en sert jamais pour un pareil usage, car ils ne paraissent point propres à creuser ;

(*) Il a trois doigts aux pattes de derrière et quatre à celles de devant.

» ils sont couverts en dessous d'une peau fort douce, et les doigts sont armés d'ongles
» courts et plats qui ne s'étendent point au delà de la peau : cela n'indique guère un animal
» qui gratte la terre pour s'y former une retraite. M. Pallas dit, à la vérité, que les
» ongles sont très courts, ou plutôt qu'il n'en a point, pour qu'en creusant ils ne s'usent
» pas contre les rochers au milieu desquels ces animaux habitent ; cette raison est ingénieu-
» sement trouvée, mais ne serait-on pas autorisé aussi à dire, et peut-être avec plus de fon-
» dement, la nature ne leur a donné des ongles si courts que parce qu'ils n'ont pas besoin
» de s'en servir pour creuser ? Au moins est-il sûr que celui qui est à Amsterdam ne les
» emploie pas à cela : jamais on ne le voit gratter ou creuser la terre.....

» M. Wosmaër dit que ces animaux sont lents dans leurs mouvements : cela est vrai,
» sans doute, de celui qu'il a vu, mais M. Pallas nous apprend qu'il était mort pour avoir
» trop mangé ; ainsi ne pourrait-on pas supposer que la graisse dont il était surchargé le
» rendait lourd et pesant ? Au moins ceux que M. Klockner a observés ne sont point tels ;
» au contraire, ils sont très prestes de leurs mouvements, ils sautent avec beaucoup d'a-
» gilité de haut en bas, et tombent toujours sur leurs quatre pattes ; ils aiment à être sur
» des endroits élevés ; leurs jambes de derrière sont plus longues que celles de devant, ce
» qui fait que leur démarche ressemble plus à celle du cochon d'Inde que de tout autre ani-
» mal ; mais ils ont celle du cochon quand ils courent ; ils ne dorment point pendant le
» jour : quand la nuit arrive, ils se retirent dans leur nid, ou ils se fourrent au milieu du
» foin, dont ils se couvrent tout le corps. On dit qu'au Cap ils ont leur nid dans les fentes
» des rochers, où ils se font un lit de mousse et de feuilles d'épines qui leur servent aussi
» de nourriture, de même que les autres feuilles, qui sont peu charnues : au moins, celui
» qui est à Amsterdam paraît les préférer aux racines et au pain qu'on lui donne ; il ne
» mange pas volontiers des noix ni des amandes ; quand il mâche, sa mâchoire inférieure
» se meut comme celle des animaux qui ruminent, quoiqu'il n'appartienne point à cette
» classe. Si l'on peut juger de toute l'espèce par lui, ces animaux ne parviennent pas aussi
» vite à toute leur grandeur que les cochons d'Inde : quand il a été pris, il était de la
» grosseur d'un rat et était vraisemblablement âgé de cinq ou six semaines ; depuis onze
» mois qu'il est dans ce pays, il n'a pas encore la taille d'un lapin sauvage, quoique ces
» animaux parviennent à celle de nos lapins domestiques.

» Les Hottentots estiment beaucoup une sorte de remède que les Hollandais nomment
» *pissat de blaireau* : c'est une substance noirâtre, sèche et d'assez mauvaise odeur, qu'on
» trouve dans les fentes des rochers et dans les cavernes ; on prétend que c'est à l'urine
» de ces bêtes qu'elle doit son origine ; ces animaux, dit-on, ont la coutume de pisser
» toujours dans le même endroit, et leur urine dépose cette substance, qui, séchée
» avec le temps, prend de la consistance ; cela est assez vraisemblable ; celui qui est à
» Amsterdam lâche presque toujours son urine dans le même coin de la loge où il est
» renfermé.

» Sa tête est petite à proportion de son corps ; ses yeux n'ont guère que la moitié de la
» grandeur de ceux du lapin ; sa mâchoire inférieure est un peu plus courte que celle de
» dessus ; ses oreilles sont rondes et peu élevées ; elles sont bordées de poils très fins,
» mais qui deviennent plus longs à mesure qu'ils approchent de ceux de la tête ; son cou
» est plus haut que large, et il en est de même de tout le corps ; ses pieds de devant sont
» sans poils en dessous et partagés en lobes ; en dessus ils sont couverts de poils jusqu'à
» la racine des ongles. M. Wosmaër dit que ses pieds sont nus, cela ne doit s'entendre que
» de la partie inférieure ; quand il court, les jambes de derrière ne paraissent guère plus
» longues que celles de devant ; leurs pieds n'ont que trois doigts, dont deux sont toujours
» appliqués contre terre quand ils marchent ; mais le troisième, ou l'intérieur, est plus
» court et séparé des deux autres ; quelque mouvement que l'animal fasse, il le tient tou-
» jours élevé ; ce doigt est armé d'un ongle dont la construction est singulière. M. Wosmaër

» se contente de dire qu'il a un ongle courbe (a); M. Pallas n'en dit pas davantage.
» et la figure qu'il en a donnée ne le fait pas mieux connaître (b). Cet ongle forme
» une gouttière dont les bords sont fort minces; ils se rapprochent à leur origine, et s'éloi-
» gnent en avançant au devant, puis ils se recourbent en dessous et ils se réunissent en
» se terminant en une petite pointe qui s'étend dans la cavité de la gouttière presque jus-
» qu'à son milieu. Ces ongles sont situés de façon que la cavité de celui du pied droit est
» en partie tournée vers celle du pied gauche, et en partie vers en bas; placés au bout du
» doigt que l'animal tient toujours élevé, ils ne touchent jamais le sol sur lequel il mar-
» che; il ne paraît pas vraisemblable qu'ils servent à jeter en arrière la terre, comme
» M. Pallas l'a soupçonné; ils sont trop tendres pour cela. M. Klockner a mieux vu quel
» était leur usage; l'animal s'en sert pour se gratter le corps et se délivrer des insectes ou
» des ordures qui se trouvent sur lui; ses autres ongles, vu leur figure, lui seraient inutiles
» pour cela. Le créateur n'a pas voulu qu'aucun des animaux qu'il a formés manquât de
» ce qui lui était nécessaire pour se délivrer de tout ce qui pourrait l'incommoder.

» On voit sur le corps de notre klip-das quelques poils noirs parsemés, un peu plus
» longs que les autres; c'est une singularité qui mérite d'être remarquée; cependant je ne
» voudrais pas conclure avec Pallas que ces poils peuvent être comparés aux épines du
» porc-épic; ils ne leur ressemblent en rien.

» La longueur du corps de cet animal, que M. Klockner a observé à Amsterdam, est,
» depuis le museau jusqu'à l'anus, de onze pouces trois quarts; celui que j'ai placé au
» cabinet de notre Académie n'a que dix pouces; mais celui qui a été décrit par M. Pallas
» était long d'un pied trois pouces trois lignes; et la longueur de sa tête égalait trois pouces
» quatre lignes; celle de l'individu d'Amsterdam n'était que de trois pouces et demi.

» Les femelles de ces animaux n'ont que quatre mamelles, deux de chaque côté, et si
» elles font plusieurs petits à la fois, comme il est très vraisemblable, c'est une nouvelle
» confirmation de ce qu'a dit M. de Buffon; savoir, que le nombre des mamelles n'est point
» relatif, dans chaque espèce d'animal, au nombre des petits que la femelle doit produire
» et allaiter. »

LA MARMOTTE DU CAP DE BONNE-ESPÉRANCE (*suite*)

Nous avions donné à cet animal le nom de marmotte du Cap, d'après Kolbe et
M. Wosmaër, parce qu'en effet il a quelque ressemblance avec la marmotte; cependant
il n'est point du genre des marmottes, et n'en a pas les habitudes; mais M. Allamand
nous a informés qu'on appelait *klipdas* ce même animal, auquel on donnait aussi le nom
de *blaireau des rochers*. Nous l'avons fait dessiner de nouveau d'après la figure qui nous
a été envoyée par ce célèbre naturaliste, et nous avons adopté le nom de *klipdas* (*), parce
qu'en effet il n'est ni du genre des marmottes, ni de celui des blaireaux.

M. le comte de Mellin, que nous avons déjà eu occasion de citer avec éloge, m'a envoyé
la gravure faite d'après le dessin qu'il a fait lui-même de cet animal vivant, et il a eu la
bonté d'y ajouter plusieurs observations intéressantes sur ses habitudes naturelles. Voici
l'extrait de la lettre qu'il m'a écrite à ce sujet.

« Monsieur le comte a donné l'histoire d'un petit animal auquel il donne le nom de

(a) Celui qui a traduit ce passage pour M. de Buffon s'est trompé en disant que c'est
le doigt du milieu qui a cet ongle; il aurait dû dire le doigt intérieur, comme il y a dans
le texte hollandais.

(b) Voyez ses *Spicilegia zoologica*. Fascic. II, tab. III, fig. 4.

(*) C'est le Daman.

» *marmotte du cap de Bonne-Espérance*. Permettez-moi, monsieur le comte, de vous dire
» que cet animal n'a dans ses mœurs aucune ressemblance avec la marmotte. J'en ai reçu
» une femelle du cap de Bonne-Espérance qui vit encore et que j'ai donnée à ma sœur, la
» comtesse Borke, qui l'a présentement depuis quatre ans. Je l'ai peinte d'après nature, et
» j'ai l'honneur de vous envoyer une gravure faite d'après cette peinture et qui représente
» ce petit animal très au naturel. Celle qui est dans votre ouvrage, copiée de celle qui se
» trouve dans les *Spicilegia zoologica* de M. Pallas, est absolument manquée. Le genre de
» vie de ces petits animaux n'est pas aussi triste que le prétend M. Wosmaër; tout au
» contraire, il est d'un naturel gai et dispos; cela dépend de la manière dont on le tient.
» Pendant les premières semaines que je l'avais, je le tins toujours attaché avec une
» ficelle à sa petite loge, et il passa la plus grande partie des jours et des nuits à dormir
» blotti dans sa loge; et que pouvait-il faire de mieux pour supporter l'ennui de l'es-
» clavage? mais depuis qu'on lui permet de courir en liberté par les chambres, il se
» montre tout autre; il est non seulement très apprivoisé, mais même susceptible d'atta-
» chement. Il se plaît à être sur les genoux de sa maîtresse; il la distingue des autres, au
» point que, quand il est enfermé dans une chambre et qu'il l'entend venir, il reconnaît
» sa démarche, il s'approche de la porte, se met aux écoutes, et si elle s'en retourne sans
» entrer chez lui, il s'en retourne tristement et à pas lents. Quand on l'appelle, il répond
» par un petit cri point désagréable, et vient promptement chez la personne qui le de-
» mande. Il saute légèrement et avec beaucoup de précision; il est frileux et cherche
» de préférence à se coucher tout au haut du poêle sur lequel il saute en deux sauts; il
» ne grimpe pas, mais il saute aussi légèrement que les chats sans jamais rien renverser.
» Il aime à être tout à côté du feu, et comme le poêle de la chambre est ce que nous nom-
» mons un *windofcn* qu'on chauffe par une espèce de cheminée pratiquée dans le poêle, et
» qu'on ferme d'une porte de fer, il est déjà arrivé qu'il s'est glissé dans le poêle pendant
» que le bois y brûlait; et, comme on avait fermé la porte sur lui ne sachant pas qu'il y
» était, il souffrit une chaleur bien violente pendant quelques minutes, jusqu'à ce qu'il mit
» le nez à la petite porte de fer qui est pratiquée dans la grande porte, et qu'on avait
» laissée ouverte pour y faire entrer l'air, sur quoi on le fit sortir promptement : quoiqu'il
» se fût brûlé le poil des deux côtés, cet accident ne l'a pas rendu plus prévoyant, et il
» recherche encore toujours à être bien près du feu. Ce petit animal est extrêmement
» propre, au point qu'on l'a accoutumé à se servir d'un pot pour y faire ses ordures et y
» lâcher son eau; on remarqua que pour se vider il lui fallait un lieu commode et une
» attitude particulière, car alors il se dresse sur ses pattes de derrière, en les appuyant
» contre un mur ou quelque chose de stable, qui ne recule pas sous lui, et il pose les pieds
» de devant sur un bâton ou quelque chose d'élevé, en léchant sa bouche avec sa langue
» pendant tout le temps que l'opération dure. On dirait qu'il se décharge avec peine, et
» pour profiter de l'inclination qu'il a pour la propreté, on lui a préparé un lieu commode,
» une espèce de chaise percée dont il se sert toujours.
    » Il se nourrit d'herbes, de fruits, de patates qu'il aime beaucoup crues et cuites, et
» même il mange du bœuf fumé, mais il ne mange que de cette viande et jamais de la crue,
» ni d'autres viandes : apparemment que pendant son transport par mer, on lui a fait con-
» naître cette nourriture qui doit cependant être souvent variée, car il se lasse bientôt, et
» perd l'appétit lorsqu'on lui donne la même pendant plusieurs jours. Alors il passe une
» journée entière sans manger, mais le lendemain il répare le temps perdu; il mange la
» mousse et l'écorce du chêne, et sait se glisser adroitement jusqu'au fond de la caisse à
» bois, pour l'enlever des bûches qui en sont encore couvertes. Il ne boit pas ordinaire-
» ment, et ce n'est que lorsqu'il a mangé du bœuf salé qu'on l'a vu boire fréquemment.
» Il se frotte dans le sable comme les oiseaux pulvérateurs pour se défaire de la vermine
» qui l'incommode, et ce n'est pas en se vautrant comme les chiens et les renards, mais

Meunier pinx.   Imp. R. Tanner.   Fournier sc.

HIPPOPOTAME

» d'une manière tout étrangère à tout autre quadrupède, et exactement comme le faisan
» ou la perdrix. Il est toujours très dispos pendant tout le cours de l'année, et il me paraît
» être trop éveillé pour imaginer qu'il puisse passer une partie de l'hiver dans un état
» de torpeur comme la marmotte ou le loir. Je ne vois pas non plus qu'il puisse
» se creuser un terrier comme les marmottes ou les blaireaux, n'ayant ni des ongles
» crochus aux doigts, ni ceux-ci assez forts pour un travail aussi rude. Il ne peut que se
» glisser dans les crevasses des rochers, pour y établir sa demeure, et pour échapper aux
» oiseaux de proie, qu'il craint beaucoup ; au moins, chaque corneille que le nôtre voit
» voler, lorsqu'il est assis sur la fenêtre, place favorite pour lui, l'alarme ; il se précipite
» d'abord et court se cacher dans sa loge d'où il ne sort que longtemps après, lorsqu'il
» imagine le danger passé. Il ne mord pas violemment ; et quoiqu'il en fasse des tentatives
» lorsqu'on l'irrite, il ne peut guère se défendre à coups de dents, pas même contre le petit
» épagneul de sa maîtresse, qui, jaloux des faveurs qu'on lui prodigue, prend quelquefois
» querelle avec lui. Il ne trouve probablement en état de liberté son salut que dans la
» fuite et dans la célérité de ses sauts, talents très utiles pour ce petit animal, qui, selon le
» rapport des voyageurs, habite les rochers du sud de l'Afrique. Quoiqu'il engraisse beau-
» coup lorsqu'on le tient enfermé ou à l'attache, il ne prend guère plus d'embonpoint
» qu'un autre animal bien nourri, dès qu'on lui donne pleine liberté de courir et de se
» donner de l'exercice. »

DE L'HIPPOPOTAME

Nous donnons ici la description d'un jeune hippopotame mâle dont la dépouille bien entière a été envoyée à S. A. S. Mgr le prince de Condé, et se voit dans son magnifique Cabinet
d'histoire naturelle à Chantilly. Ce très jeune hippopotame venait de naître, car il n'a que
deux pieds onze pouces trois lignes de l'extrémité du nez jusqu'au bout du corps ; la tête
dix pouces de longueur sur cinq pouces dix lignes dans sa plus grande largeur ; cette tête,
vue de face, ressemble à celle d'un bœuf sans cornes. Les oreilles, petites et arrondies par
le bout, n'ont que deux pouces deux lignes ; les jambes sont grosses et courtes, le pied
tient beaucoup de celui de l'éléphant ; la queue n'est longue que de trois pouces onze
lignes, et elle est couverte, comme tout le reste du corps, d'un cuir dur et ridé. Sa forme
est ronde, mais large à son origine, et plus aplatie vers son extrémité, qui est arrondie
au bout en forme de petite palette, en sorte que l'animal peut s'en aider à nager.

Par une note que m'a communiquée M. le chevalier Bruce, il assure que, dans son
voyage en Abyssinie, il a vu un nombre d'hippopotames dans le lac de Tzana, situé dans la
haute Abyssinie, à peu de distance des vraies sources du Nil, et que ce lac Tzana, qui a
au moins seize lieues de longueur sur dix ou douze de largeur, est peut-être l'endroit du
monde où il y a le plus d'hippopotames. Il ajoute qu'il en a vu qui avaient au moins vingt
pieds de longueur, avec les jambes fort courtes et fort massives.

Nous avons reçu de la part de M. L. Boyer, de Calais, officier de marine, une petite
relation qui ne peut appartenir qu'à l'hippopotame.

« Je crois, dit-il, devoir vous faire part de l'histoire d'une fameuse bête que nous venons
» de détruire à Louangue. Cet animal, qu'aucun marin ne connaît, était plus grand et plus
» gros qu'un cheval de carrosse. Il habitait la rade de Louangue depuis deux ans. Sa tête
» est monstrueuse et sans cornes, ses oreilles sont petites, il a le mouflon du lion. Sa peau
» n'a point de poil, mais elle est épaisse de quatre pouces. Il a les jambes et les pieds
» semblables à ceux du bœuf, mais plus courts. C'est un amphibie qui nage très bien, et
» toujours entre deux eaux ; il ne mange que de l'herbe ; son plaisir était d'enfoncer toutes
» les petites chaloupes ou canots, et après qu'il avait mis à la nage le monde qu'elles

» contenaient, il s'en retournait sans faire de mal aux hommes ; mais, comme il ne laissait
» pas que d'être incommode et même nuisible, on prit le parti de le détruire. Mais on ne
» put en venir à bout avec les armes à feu ; il a le coup d'œil si fin, qu'à la seule lumière
» de l'amorce il était bientôt plongé. On le blessa sur le nez d'un coup de hache, parce
» qu'il approchait le monde de fort près et qu'il était assez familier ; alors il devint si
» furieux, qu'il renversa toutes les chaloupes et canots sans exception. On ne réussit pas
» mieux avec un piége de grosses cordes, parce qu'il s'en aperçut, et que dès lors il se
» tenait au loin. On crut pouvoir le joindre à terre, mais il n'y vient que la nuit, s'en
» retourne avant le jour, et passe tantôt dans un endroit, tantôt dans un autre ; cependant,
» comme on avait remarqué qu'il ne s'était pas éloigné d'un passage pendant plusieurs
» jours de suite, nous fûmes cinq nous y embusquer la nuit armés de fusils chargés de
» lingots, et munis de sabres ; l'animal ayant paru, nous tirâmes tous ensemble sur lui ;
» il fut blessé dangereusement, mais il ne resta pas sur le coup, car il fut encore se jeter
» dans un étang voisin où nous le perdîmes de vue, et ce ne fut que le surlendemain que
» les nègres vinrent dire qu'ils l'avaient trouvé mort sur le bord de l'étang. Je pris deux
» dents de cet animal, longues d'un pied et grosses comme le poing ; il en avait six de
» cette taille, et trois au milieu du palais beaucoup plus petites ; ces dents sont d'un très
» bel ivoire (a). »

DE L'HIPPOPOTAME (*suite*)

(Par M. le professeur Allamand).

« Il ne manque à la description que M. de Buffon a donnée de l'hippopotame adulte,
» d'après Zerenghi, qu'une figure qui représente au vrai cet animal. M. de Buffon, toujours
» original, n'a pas voulu copier celles que différents auteurs en ont publiées ; elles sont
» toutes trop imparfaites pour qu'il ait daigné en faire usage ; et quant à l'animal-même, il
» ne lui était guère possible de se le procurer : il est fort rare dans les lieux mêmes dont
» il est originaire, et trop gros pour être transporté sans de grandes difficultés. On en
» voit à Leyde, dans le Cabinet des curiosités naturelles de l'Université, une peau bourrée
» qui y a été envoyée du cap de Bonne-Espérance. Quoiqu'elle y soit depuis près d'un siècle,
» elle a été si bien préparée qu'elle offre encore à présent la figure exacte de cet animal ;
» elle est soutenue par des cercles de fer et par des pièces de bois assez solides pour que
» le desséchement n'y ait produit que des altérations peu considérables. Comme c'est vrai-
» semblablement la seule curiosité de ce genre qui soit en Europe, je crois que tous ceux
» qui aiment l'histoire naturelle me sauront bon gré de la leur avoir fait connaître par la
» gravure, et d'en avoir enrichi le magnifique ouvrage de M. de Buffon. Ainsi la planche
» que nous ajoutons ici représente l'hippopotame mieux qu'il n'a été représenté jusqu'à
» présent, ou plutôt c'est la seule figure que l'on en ait ; car dans toutes les autres qui ont
» été publiées, cet animal n'est pas reconnaissable, si l'on en excepte celle qui se trouve
» dans un livre hollandais où il est question du Léviathan, dont il est parlé dans l'Écriture
» sainte, et qui a été faite sur le même modèle que l'on a copié ici ; mais les proportions y
» ont été mal observées.

» Il serait inutile de joindre ici une description de ce monstrueux animal : il n'y a rien
» à ajouter à celle que MM. de Buffon et Daubenton en ont donnée. »

Comme la figure du jeune hippopotame que j'ai fait dessiner dans le Cabinet de
S. A. S. Mgr le prince de Condé diffère de celle que M. Allamand a fait graver d'après la
peau bourrée du cabinet de Leyde, et qu'elle ressemble plus à une nouvelle figure donnée

(a) Lettre de M. L. Boyer, de Calais, datée à Louangue, côte d'Angole, le 20 août 1767.

par M. le docteur Klockner, d'après une autre peau d'hippopotame du cabinet de Mgr le prince d'Orange, je crois devoir joindre ici une note avec quelques observations du même auteur, que j'ai fait traduire du hollandais.

DE L'HIPPOPOTAME (*suite*)

(Par M. le docteur Klockner, d'Amsterdam).

« Je m'étonne que M. de Buffon ne cite pas un passage remarquable de Diodore de
» Sicile, touchant l'hippopotame ou cheval de rivière, d'autant plus que cet auteur ancien
» y observe que la voix de cet animal ressemble au hennissement du cheval, ce qui peut-
» être lui a fait donner le nom d'*hippopotame* ou *cheval de fleuve*. M. de Buffon appuie
» son sentiment, sur cette singularité, des témoignages des auteurs anciens et des voyageurs
» modernes ; et Diodore de Sicile doit certainement tenir le premier rang parmi les anciens,
» puisque non seulement il a voyagé lui-même en Égypte, mais qu'il passe encore avec
» justice pour un des meilleurs historiens de l'antiquité. Quoi qu'il en soit, je placerai ici
» ce passage, où il est dit : « Le Nil nourrit plusieurs espèces d'animaux, dont deux entre
» autres méritent de fixer notre attention, qui sont le crocodile et l'hippopotame... Celui-ci
» est long de cinq coudées ; il a les pieds fourchus comme les bêtes à cornes, et de chaque
» côté trois dents saillantes, plus grandes que les défenses d'un sanglier. La masse entière
» du corps ressemble beaucoup à celle de l'éléphant. Sa peau est très dure et très ferme, et
» peut-être plus que celle d'aucun autre animal. Il est amphibie, se tenant pendant le jour
» au fond de l'eau, où il se meut et agit comme sur la terre même, où il vient la nuit pour
» paître l'herbe des campagnes. Si cet animal était plus fécond, il causerait de grands
» dommages à la culture des Égyptiens. La chasse de l'hippopotame exige un nombre de
» personnes qui cherchent à le percer avec des dagues de fer. On l'assaillit avec plusieurs
» barques jointes ensemble, et on le frappe avec des harpons de fer, dont quelques-uns ont
» des angles ou des accrocs ; on attache à quelques-uns de ces dards une corde, et on laisse
» ensuite l'animal se débattre jusqu'à ce qu'il ait perdu ses forces avec son sang. La chair
» en est fort dure et de difficile digestion (*a*). »

Voilà peut-être la meilleure description que l'on trouve de cet animal chez les anciens, car Diodore ne s'est trompé que sur le nombre des doigts.

DE L'HIPPOPOTAME (*suite*)

(Par J.-C. Klockner, docteur en médecine, à Amsterdam).

« J'ai reçu fort sèche, de La Haye, la peau de cet hippopotame, avec la tête qui s'y
» trouvait enveloppée. Cette peau avait été premièrement salée, puis séchée, et ensuite on
» avait pris la peau d'un jeune hippopotame (qui de même est placée dans le cabinet de
» S. A. S.) trempée de saumure, et on l'avait mise encore mouillée dans celle-ci ; après
» quoi, le tout avait été emballé dans de la grosse toile et expédié du cap de Bonne-Espé-
» rance pour la Hollande. La petite peau et la tête occasionnaient par conséquent une odeur
» infecte de graisse gâtée ou rance, ce qui avait attiré les insectes, qui ont beaucoup
» endommagé la grande peau, qui se trouvait la première et la plus exposée.

» Lorsque j'eus trempé la tête, elle se gonfla beaucoup. Le bâillement ou l'ouverture de

(*a*) Diodore de Sicile, liv. 1, page 42, édit. Wisselingii.

» la gueule était de plus de seize pouces, mesure d'Amsterdam (*a*). Les lèvres inférieure et
» supérieure étaient assez larges pour couvrir et envelopper toutes les dents de l'animal,
» ce qui naturellement se fait avec d'autant plus de facilité que les longues dents ou dents
» canines inférieures, qui sont courbes, glissent par-dessus les supérieures en forme de
» ciseaux, et passent le long de la courbure des dents canines supérieures, dans un étui
» formé par la peau de la lèvre et par les gencives. Entre les dents de devant, ou dents
» incisives, et entre les dents cylindriques et molaires, de même qu'entre la langue et les
» dents incisives, il y a une peau lisse et dure, et le palais est plein de hoches ou entail-
» lures. La langue avait été coupée... On avait de même coupé beaucoup de chair des deux
» côtés de la tête et des mâchoires, et la graisse qui s'y trouvait était presque toute gâtée.
» Cependant le tout était encore mêlé de muscles très forts ; et ce qui se trouvait de plus,
» sur le devant dans les lèvres inférieure et supérieure, était d'une chair rouge et blanche,
» de la couleur d'une langue de bœuf.

» Immédiatement derrière les dents canines et inférieures, on voyait dans la lèvre infé-
» rieure, dans l'endroit où commence la mâchoire, une grosseur qui, en fermant la gueule,
» remplissait l'ouverture qui se fait derrière les dents canines. Cette ouverture, quoique
» remplie, s'est rétrécie de moitié en se séchant, de même que les lèvres.

» Sous les oreilles, autour du conduit auditif, qui est singulièrement petit, il y avait
» beaucoup de graisse, de même que dans les orbites des yeux.

« Les oreilles sont placées comme sur une éminence, et de manière qu'il s'y forme tout
» autour des plis en cercles. L'élévation de l'oreille droite s'est beaucoup rétrécie en séchant,
» mais on l'aperçoit encore distinctement à l'oreille gauche.

» On sait que les oreilles de l'hippopotame sont très petites ; mais celles de notre sujet
» présentent encore une singularité que je dois observer, savoir, que les bords supérieurs
» ou cercles des deux oreilles avaient été rongés également, selon mon estimation, de la
» moitié ou de trois quarts de pouce ; ce qui vraisemblablement est l'ouvrage des insectes
» de terre ou d'eau, mais qu'ils doivent avoir fait du vivant de l'animal, puisque les bords
» rongés se trouvaient déjà recouverts d'un nouvel épiderme. L'intérieur des oreilles était
» bien garni d'un poil fin et serré, mais il n'y en avait que très peu au dehors.

» Les yeux doivent avoir été fort petits, puisque l'ouverture était extraordinairement
» petite en raison de la grandeur de l'animal. Cette petitesse des yeux de l'hippopotame
» se trouve confirmée par plusieurs rapports. Les yeux que j'ai placés dans mon sujet sont
» peut-être un peu plus grands que les naturels ; mais, lorsque j'en avais mis de plus petits,
» ils paraissaient ne pas convenir à l'animal, et je fus par conséquent obligé de lui en
» donner de plus grands.

» Les narines vont extérieurement en baissant de biais, avec une petite ouverture,
» ensuite elles se joignent par une ligne courbe dans l'intérieur, et puis remontent de rechef.
» Lorsque la peau était sèche, on n'apercevait qu'à peine ces conduits ou tuyaux ; je les ai
» un peu élargis avant de les faire sécher.

» Les dents sont si dures, qu'on en tire facilement du feu avec un acier. J'en ai vu
» tirer avec une lime d'un morceau de la dent d'un autre hippopotame.

» Je dois remarquer ici que je n'ai trouvé que trente-deux dents dans la tête de l'hippo-
» potame, ce qui ne s'accorde pas avec la description de Zerenghi, ni avec celle de M. Dau-
» benton. Le premier dit en avoir trouvé quarante-quatre dans ses hippopotames, et le
» second trente-six dans la tête qui se trouve dans le Cabinet du Roi. Cette différence m'a
» rendu attentif ; mais je puis assurer qu'on n'apercevait aucune marque que quelques
» dents en fussent tombées, sinon une des dents incisives, qui paraît avoir été cassée avec

---

(*a*) Le pied d'Amsterdam ne fait que dix pouces cinq lignes trois points du pied de roi
de France.

» force. J'y ai trouvé quatre dents canines qui sont placées perpendiculairement, huit dents
» incisives, quatre dans la mâchoire supérieure, dont la position est perpendiculaire, et
» quatre dans la mâchoire inférieure qui sont posées horizontalement. De plus, j'ai trouvé
» deux dents molaires dans chaque mâchoire inférieure et trois dents placées devant les
» dents molaires, qui ont la forme d'une quille. Dans les mâchoires supérieures, j'ai
» trouvé dans chacune trois dents molaires, et deux de ces dents de figure cylindrique.
» Il y a entre ces dents de figure cylindrique un espace d'un demi-pouce. »

Je dois observer que, communément, les hippopotames ont trente-six dents (*), comme
nous l'avons dit, savoir : quatre incisives en haut, et quatre incisives en bas ; deux canines
en haut, et deux canines en bas ; et douze mâchelières en haut, et douze mâchelières en
bas. Je l'ai vérifié sur trois têtes qui sont anciennement au Cabinet, et en dernier lieu sur
une quatrième tête qui m'a été envoyée, en décembre 1775, par M. de Sartine, ministre et
secrétaire d'État au département de la marine. La dernière des mâchelières, au fond de la
gueule, est beaucoup plus grosse, plus large, et plus aplatie sur la tranche que les cinq
autres mâchelières ; mais je serais porté à croire que le nombre de ces dents mâchelières
varie suivant l'âge, et qu'au lieu de vingt-quatre il peut s'en trouver vingt-huit et même
trente-deux, ce qui ferait quarante-quatre en tout, comme le dit Zerenghi.

« Les lèvres supérieure et inférieure se trouvent garnies, à des distances assez consi-
» dérables, de petites touffes de poil, qui, comme des pinceaux, sortent d'un tuyau ou
» racine. J'en ai compté environ vingt. Pour faire une observation plus exacte, j'ai placé
» une tranche de la racine sous le microscope, et j'ai vu sortir sept racines d'un tuyau. Ces
» sept racines se partagent ou se fendent ensuite, et forment chacune plusieurs poils, qui
» forment des espèces de pinceaux.

» Aux côtés de la gueule, où se fait le bâillement, vers le bas, on voit des poils fins
» qui sont plus serrés que les autres.

» De plus, on aperçoit par-ci par-là, sur le corps, quelques poils rares, mais il ne s'en
» trouve presque point aux jambes, aux flancs ni sous le ventre.

» L'extrémité et les parties tranchantes inférieure et supérieure de la queue étaient
» garnies de poils ou pinceaux comme au nez, mais un peu plus longs.

» Je n'ai pu découvrir le sexe de cet animal. Il y avait près du fondement une décou-
» pure triangulaire, de la grandeur de cinq à six pouces, où je pense que les parties géni-
» tales étaient placées ; mais, comme on n'en avait laissé aucune marque, il ne m'a pas été
» possible d'en déterminer le sexe.

» La peau du ventre, près des pieds de derrière, avait un pouce neuf lignes d'épaisseur ;
» les insectes y avaient aussi fait un trou, ce qui donnait toute facilité de mesurer cette
» épaisseur. La substance de cette peau était blanche, cartilagineuse et coriacée, et dans
» cet endroit elle était bien séparée de la graisse et de la chair. Plus haut, vers le dos, on
» avait coupé et enlevé beaucoup de peau, sans doute pour la rendre plus légère et plus
» facile à être transportée ; c'est par cette raison que je n'ai trouvé la peau, vers l'épine
» du dos, épaisse que d'un pouce en y passant un poinçon.

» Les doigts étaient garnis d'ongles ; la peau entre les doigts était fort ample, et je crois
» que les pieds de cet animal, lorsqu'il était vivant, étaient plutôt plats qu'arrondis. Le
» talon, qui se retire en arrière et en haut, paraît très propre à nager : le sabot, quoique
» épais et durillonné, est néanmoins flexible.

» On m'a dit que cet hippopotame était fort avancé dans les terres du Cap, et même
» près de l'endroit nommé les *montagnes de neige*, lorsqu'il a été tiré par un paysan
» nommé Charles Marais, d'extraction française. Ce paysan en a fait tenir les peaux à

(*) Les hippopotames ont quarante dents : $\frac{2}{2} \frac{1}{1} \frac{4}{4} \frac{3}{3}$.

» M. de Plettenberg, gouverneur du Cap, qui les a envoyées à S. A. S. Ce rapport m'a été
» fait par un neveu de C. Marais, qui se trouve à Amsterdam. Suivant le dire de cet
» homme, qui assure le tenir de la bouche de Marais même, l'hippopotame est fort agile à
» la course, tant dans la boue et la fange que sur la terre ferme; et il court si vite que les
» paysans, quoique bons chasseurs, n'osent tirer sur lui lorsqu'il se trouve hors de l'eau.
» Mais ils l'épient au soleil couchant : alors cet animal élève la partie supérieure de la
» tête hors de l'eau, tient ses petites oreilles dans une continuelle agitation pour écouter
» s'il n'entend aucun bruit. Lorsque quelque objet qui peut lui servir de proie se fait voir
» sur l'eau, il s'élance sur lui, et part comme une flèche de l'arc, pour s'en rendre maître.
» Tandis que l'hippopotame est occupé de cette manière à écouter en nageant ou flottant
» sur l'eau, on cherche à le tirer à la tête. Celui que j'ai empaillé avait été tiré entre l'œil
» ét l'oreille droite; et le jeune, qui est placé de même au cabinet de S. A. S., avait été
» tiré ou harponné dans la poitrine, comme on pouvait le voir facilement. L'hippopotame,
» lorsqu'il se sent blessé, plonge sous l'eau, et marche ou nage jusqu'à ce qu'il perde le
» mouvement avec la vie. Alors, par le moyen de vingt bœufs, plus ou moins, on le tire
» sur le rivage où on le dissèque. Un hippopotame qui a toute sa croissance donne ordi-
» nairement deux mille livres de lard, qu'on sale et qu'on envoie au Cap, où il se vend
» fort cher. On assure que ce lard est fort bon, et qu'il surpasse toutes les autres graisses
» pour le goût. Il ne cause jamais d'aigreurs, et quand il est exprimé, il fournit une huile
» douce et blanche, comme de la crème : on recommande même ce lard en Afrique comme
» un remède souverain contre les maladies de poitrine.

      » Par la quantité indiquée de lard qu'on tire ordinairement de l'hippopotame qui a
» atteint toute sa croissance, on est confirmé dans la remarque qu'on a déjà dù faire,
» savoir, que c'est un animal d'une grandeur et d'une pesanteur surprenantes.

      » Quelques soins que je me sois donnés pour rendre cette pièce aussi légère qu'il était
» possible, je me suis vu contraint de me servir de tout ce qui pouvait aider à la soutenir,
» et je crois qu'elle pèse quatre mille livres, y compris la planche sur laquelle je l'ai
» placée.

      » Avant que je finisse ces observations, j'ajouterai ici quelques particularités relatives
» à l'histoire naturelle de l'hippopotame, qui ne se trouvent pas dans la description précé-
» dente.

      » On a vu que l'hippopotame doit peut-être son nom à la ressemblance qu'il y a entre
» sa voix et le hennissement du cheval. Cependant nous avons des relations certaines qui
» assurent que son cri ressemble plus à celui de l'éléphant, ou aux sons roulants et
» bégayants d'une personne née sourde. Quoi qu'il en soit, l'hippopotame forme encore
» une autre espèce de son ronflant lorsqu'il dort, ce qui le fait découvrir de loin. Pour
» prévenir le danger qu'il court par là, il se couche pour l'ordinaire sur des terrains
» marécageux, dans les roseaux, dont on ne peut approcher que difficilement.

      » Je n'ai trouvé nulle part la particularité que je tiens du parent de Marais, touchant la
» grande agilité de cet animal. On assure, au contraire, constamment, qu'on l'attaque plus
» volontiers sur la terre que dans l'eau, ce qui serait contradictoire s'il était aussi léger à
» la course. Selon quelques autres historiens, on lui coupe le passage à la rivière par des
» arbres et des fossés, parce que l'on sait qu'il préfère de regagner l'eau plutôt que de
» combattre ou fuir à terre. Il se trouve, à cet égard, plus avantageusement dans l'eau, où
» il n'a aucun animal à craindre. Le grand requin et le crocodile évitent l'hippopotame et
» n'osent pas s'engager au combat avec lui.

      » La peau de l'hippopotame est extrêmement dure sur le dos, la croupe et la partie exté-
» rieure des cuisses et des fesses; de sorte que les balles de fusil coulent par-dessus, et que
» les flèches en rebondissent. Mais elle est moins dure et moins épaisse sous le ventre et
» aux parties intérieures des cuisses, où l'on cherche à le tirer, ou à lui enfoncer le dard.

» Il a la vie fort dure et ne se rend pas facilement; c'est pourquoi l'on cherche à lui casser,
» par adresse, les pattes, en le tirant avec de gros mousquets chargés de lingots; quand
» on y réussit, on est, pour ainsi dire, maître de l'animal. Les nègres, qui attaquent les
» requins et les crocodiles avec de longs couteaux et des javelots, craignent l'hippopotame
» qu'ils n'oseraient peut-être jamais combattre, s'ils ne couraient pas plus vite que lui.
» Ils croient néanmoins que cet animal est plus ennemi des blancs que des nègres.

» La femelle de l'hippopotame fait son petit à terre; elle l'y allaite et nourrit, et ensuite
» elle lui apprend de bonne heure à se réfugier dans l'eau au moindre bruit.

» Les nègres d'Angola, de Congo, d'Elmina, et en général de toute la côte occidentale
» d'Afrique, regardent l'hippopotame comme une de ces divinités subalternes, qu'ils nomment
» *fétiches.* Ils ne font cependant aucune difficulté d'en manger la chair, lorsqu'ils peuvent
» se rendre maîtres d'un de ces animaux.

» Je ne sais si j'ose citer ici le passage du père Labat, où il dit que cet animal, qui est
» très sanguin, sait se tirer du sang lui-même d'une m nière particulière. Pour cet effet,
» cet animal cherche, dit-il, la pointe tranchante d'un rocher, et s'y frotte jusqu'à ce qu'il
» se soit fait une ouverture assez considérable pour en laisser couler le sang. Il se donne
» alors beaucoup de mouvement pour le faire sortir en plus grande quantité, et lorsqu'il
» juge qu'il en a perdu assez, il se roule dans la fange, afin de fermer la blessure qu'il
» s'est faite. On ne trouve rien d'impossible dans ce rapport; mais comment le père Labat
» a-t-il découvert cette singularité?

» Outre les usages susmentionnés de la peau et des dents, on assure que les peintres
» indiens se servent du sang de cet animal pour les couleurs. »

DE L'HIPPOPOTAME (*suite*)

Comme les feuilles précédentes étaient déjà imprimées, j'ai reçu de la part de M. Schneider des observations récentes sur cet animal, qui ont été rédigées par M. le professeur
Allamand, et publiées à Amsterdam au commencement de cette année 1781. Voici l'extrait
de ces observations :

« Ce que M. de Buffon a dit de l'hippopotame était tout ce qu'on pouvait en dire de
» plus exact dans le temps qu'il écrivait cet article. Il me parut alors qu'il n'y manquait
» qu'une planche qui représentât mieux cet animal qu'il n'est représenté dans les figures
» que divers auteurs en ont données. Je pris la liberté d'en ajouter une à la description de
» M. de Buffon, faite d'après une peau bourrée qui est dans le cabinet de l'université de
» Leyde depuis plus d'un siècle.

» Deux années après, j'en donnai une meilleure : une peau récemment envoyée au
» cabinet de S. A. S. Msr le prince d'Orange me servit de modèle. Elle avait été très
» bien préparée par M. le docteur Klockner; je l'accompagnai de quelques remarques
» intéressantes qui m'avaient été communiquées par M. le capitaine Gordon.

» Je croyais que cela suffisait pour faire bien connaître cet animal, lorsque le même
» M. Gordon m'envoya, au commencement de cette année 1780, deux dessins qui repré-
» sentaient un hippopotame mâle et une femelle, faits d'après les animaux mêmes au mo-
» ment qu'on venait de les tuer. Je fus frappé en les comparant avec les figures que j'en
» avais données, et je vis clairement que la peau d'un si gros animal, quoique préparée et
» dressée avec tout le soin possible, était bien éloignée de représenter au juste son origi-
» nal ; aussi n'hésitai-je pas à faire graver ces deux dessins.

» M. Gordon a encore eu la bonté d'y joindre des descriptions et de nouvelles observa-
» tions très curieuses qu'il a eu fréquemment occasion de faire. Son zèle infatigable pour
» les nouvelles découvertes et pour l'avancement de l'histoire naturelle l'a engagé à péné-

» trer beaucoup plus avant dans l'intérieur de l'Afrique qu'il ne l'avait fait encore; et si
» les hippopotames sont devenus rares aux environs du cap de Bonne-Espérance, il les a
» trouvés très nombreux dans les lieux où il a été. On n'en doutera pas quand on saura
» que pour sa part il en a tué neuf, et que dans une chasse à laquelle il a assisté avec
» M. de Plettenberg, gouverneur du Cap, on en a tué vingt et un en quelques heures de
» temps, et que même ce ne fut qu'à son intercession qu'on n'en fit pas un plus grand
» carnage. Cette chasse se fit sur la rivière qu'il a nommée *Plettenberg*, à peu près à sept
» degrés de longitude à l'est du Cap et à trente degrés de latitude méridionale. Le nombre
» de ces animaux doit donc être fort grand dans tout l'intérieur de l'Afrique, où ils sont
» peu inquiétés par les habitants. C'est là où il faut les voir pour les bien connaître, et
» jamais personne n'en a eu une plus belle occasion que M. Gordon : aussi en a-t-il profité
» en les observant avec les yeux d'un véritable naturaliste. En donnant l'extrait de ce qu'il
» m'en a écrit, je suppose que le lecteur se souvient du contenu des articles de cet ouvrage
» où il est parlé de ces animaux.

» Lorsque les hippopotames sortent de l'eau, ils ont le dessus du corps d'un brun
» bleuâtre qui s'éclaircit en descendant sur les côtés, et se termine par une légère teinte
» couleur de chair; le dessous du ventre est blanchâtre, mais ces différentes couleurs
» deviennent plus foncées partout lorsque leur peau se sèche; dans l'intérieur et sur les
» bords de leurs oreilles, il y a des poils assez doux et d'un brun roussâtre; il y en a
» aussi de la même couleur aux paupières, et par-ci par-là quelques-uns sur le corps, par-
» ticulièrement sur le cou et les côtés, mais qui sont plus courts et fort rudes.

» Les mâles surpassent toujours les femelles en grandeur, mais non pas d'un tiers,
» comme l'a dit Zerenghi, si l'on en excepte les dents incisives et canines, qui, dans la femelle,
» peuvent en effet être d'un tiers plus petites que dans le mâle. M. Gordon a tué une femelle
» dont la longueur du corps était de onze pieds, et le plus grand hippopotame mâle qu'il
» ait tué était long de onze pieds huit pouces neuf lignes. Ces dimensions diffèrent beau-
» coup de celles qu'a données Zerenghi; car, à en juger par les dimensions de la femelle
» qu'il a décrite, le mâle, d'un tiers plus grand, devait être long de seize pieds neuf pouces;
» elles diffèrent plus encore de celles des hippopotames du lac de Tzana, dont quelques-
» uns, suivant M. Bruce, ont plus de vingt pieds en longueur. Des animaux de cette der-
» nière grandeur seraient énormes; mais on se trompe facilement sur la taille d'un animal
» quand on en juge uniquement en le voyant de loin et sans pouvoir le mesurer.

» Le nombre des dents varie dans les hippopotames suivant leur âge, comme M. de
» Buffon l'a soupçonné : tous ont quatre dents incisives et deux canines dans chaque mâ-
» choire, mais ils diffèrent dans le nombre des molaires : celui dont j'ai donné la figure
» avait trente-six dents en tout; M. Gordon en a vu un qui avait vingt-deux dents dans la
» mâchoire supérieure et vingt dans l'inférieure. Il m'a envoyé une tête qui en a dix-huit
» dans la mâchoire d'en bas et dix-neuf dans celle d'en haut; mais ces dents surnumé-
» raires ne sont ordinairement que de petites pointes qui précèdent les véritables molaires
» et qui sont peu fermes.

» La largeur de la partie de la mâchoire supérieure qui forme le museau est de seize
» pouces et un quart, et son contour, mesuré d'un angle de la gueule jusqu'à l'autre, est de
» trois pieds trois pouces ; la lèvre supérieure avance d'un pouce par-dessus l'inférieure et
» cache toutes les dents; à côté des incisives antérieures d'en haut il y a deux éminences
» charnues qui sont reçues dans deux cavités de la mâchoire inférieure quand la gueule se
» ferme.

» L'hippopotame a les yeux petits : leur plus long diamètre est de onze lignes, et leur
» largeur de neuf et demie; la prunelle est d'un bleu obscur et le blanc de l'œil paraît peu.

» La queue varie en longueur dans ces animaux; celui qui est représenté ici en avait
» une de la longueur d'un pied trois pouces six lignes ; son contour à son origine était d'un

» pied sept pouces ; là, elle a une forme un peu triangulaire, et un des côtés plats est en
» dessous : ainsi, ayant un mouvement perpendiculaire, elle bouche exactement l'ouverture
» de l'anus ; vers son milieu, ses côtés s'aplatissent, et son articulation lui permettant un
» mouvement horizontal, elle peut servir à diriger l'animal quand il nage ; au premier coup
» d'œil elle paraît couverte d'écailles, mais qui ne sont que des rides de la peau ; les bords
» extérieurs de cette queue semblent être des coutures arrondies.

   » Le pénis, tiré hors de son fourreau, est long de deux pieds un pouce six lignes, et
» ressemble assez à celui du taureau ; sa circonférence près du corps est de neuf pouces,
» et, à un pouce de son extrémité, elle est de trois pouces neuf lignes ; quand il est tout à
» fait retiré, sa pointe est recouverte par des anneaux charnus et ridés qui terminent le
» fourreau ; c'est sur la base de ce fourreau, du côté de l'anus, que sont placés les mame-
» lons. Dans plusieurs des hippopotames que M. Gordon a examinés, il a trouvé que le
» fourreau même était entièrement retiré en dedans du corps, aussi bien que le pénis, et
» que le ventre était tout à fait uni ; s'il paraissait dans les autres, c'était par l'effet des
» mouvements qu'ils avaient éprouvés quand on les avait tirés à terre ; les testicules ne
» sont pas renfermés dans un scrotum extérieur, ils sont en dedans du corps et ne parais-
» sent point en dehors ; on peut les sentir à travers l'épaisseur de la peau : ainsi, tout ce
» qui appartient à ces parties est caché en dedans, excepté dans les temps du rut.

   » Dans la femelle, au-dessous de l'entrée du vagin, est un follicule qui a environ deux
» deux pouces de profondeur, mais où l'on ne peut voir aucune ouverture en dedans ; il
» ressemble assez à celui de l'hyène, excepté qu'il est au-dessous de la vulve, au lieu que
» dans l'hyène il est situé entre l'anus et la queue. L'hippopotame femelle n'a point de ma-
» melles pendantes, mais seulement deux petits mamelons ; quand on les presse, il en
» jaillit un lait doux et aussi bon que celui de la vache.

   » Les os de ces animaux sont extrêmement durs ; dans un os de la cuisse, scié en tra-
» vers, on trouva un canal long de cinq pouces et de dix lignes en diamètre, assez res-
» semblant à la cavité où est la moelle : cependant il n'y en avait point immédiatement
» après la mort, mais on y vit un corps fort dur où l'on croyait remarquer du sang.

   » La largeur du pied de devant est égale à sa longueur : l'une et l'autre est de dix
» pouces ; la plante du pied de derrière est tant soit peu plus petite ; elle a neuf pouces
» neuf lignes dans ses deux dimensions ; ces pieds sont propres pour nager, car les doigts
» peuvent se mouvoir, s'approcher les uns des autres et se plier en dessous ; les ongles
» sont un peu creux, comme les sabots des autres animaux ; le dessous du pied est une
» semelle fort dure, séparée des doigts par une fente profonde : elle n'est pas horizontale,
» mais un peu en biais, comme si l'animal en marchant avait plus pressé son pied d'un côté
» que de l'autre : aussi les a-t-il tous un peu en dehors ; comme il a les jambes courtes et
» les jointures pliables, il peut appliquer et presser ses jambes contre le corps, ce qui
» lui facilite encore les mouvements nécessaires pour nager. Aidé de quelques hommes,
» M. Gordon a roulé, comme un tonneau, un grand hippopotame hors de l'eau sur un ter-
» rain uni, sans que les pieds fissent un obstacle sensible.

   » Quoique les hippopotames passent une partie de leur vie dans l'eau, ils ont cependant
» le trou ovale fermé. Quand ils sont parvenus à toute leur grandeur, le plus long dia-
» mètre de leur cœur est d'un pied...

   » M. Gordon s'est assuré, par l'ouverture de plusieurs hippopotames jeunes et adultes,
» que ces animaux n'ont qu'un seul estomac et ne ruminent point, quoiqu'ils ne mangent
» que de l'herbe, qu'ils rendent en pelote et mal broyée dans leurs excréments.

   » J'ai dit ci-devant, continue M. Allamand, qu'il me paraissait très douteux que les hip-
» popotames mangeassent des poissons ; à présent, je puis dire qu'il est presque certain
» qu'ils n'en mangent pas. Dans une trentaine de ces animaux, dont M. Gordon a fait
» ouvrir les estomacs en sa présence, il n'y a trouvé que de l'herbe et jamais aucun reste

» de poisson ; j'ai dit aussi qu'il n'y avait pas d'apparence qu'ils entrassent dans la mer :
» on peut voir dans l'endroit cité les raisons que j'avais pour penser ainsi, et M. de Buffon
» semble avoir été dans la même idée. Les nouvelles observations de M. Gordon m'ont
» désabusé ; il a tué un hippopotame à l'embouchure de la rivière Gambous, où l'eau était
» salée ; il en a vu dans la baie de Sainte-Hélène, et il en a vu sortir d'autres de la mer à
» deux lieues de toute rivière : à la vérité ils ne s'éloignent pas beaucoup de terre, la
» nécessité d'y venir prendre leur nourriture ne le leur permet pas ; ils vont le long des
» côtes d'une rivière à l'autre : cependant cela suffit pour prouver qu'ils peuvent vivre
» dans l'eau salée, et justifier en quelque façon ceux qui leur ont donné le nom de chevaux
» marins, aussi bien que Kolbe, qui suppose qu'ils vivent indifféremment dans les rivières
» et dans la mer ; ceux qui habitent dans l'intérieur du pays n'y vont vraisemblablement
» jamais ; si ceux qui en sont près y entrent, ce n'est pas pour aller fort loin, à cause de
» la raison que je viens de dire, et cette même raison doit les engager à préférer les rivières.

» Lorsqu'ils se rencontrent au fond de l'eau, ils cherchent à s'éviter ; mais sur terre il
» leur arrive souvent de se battre entre eux d'une manière terrible : aussi en voit-on fort
» peu qui n'aient pas quelques dents cassées ou quelques cicatrices sur le corps ; en se
» battant ils se dressent sur leurs pieds de derrière, et c'est dans cette attitude qu'ils se
» mordent.

» Dans les lieux où ils sont peu inquiétés, ils ne sont pas fort craintifs ; quand on tire
» sur eux, ils viennent voir ce que c'est ; mais, quand une fois ils ont appris à connaître
» l'effet des armes à feu, ils fuient devant les hommes en trottant pesamment, comme les
» cochons ; quelquefois même ils galopent, mais toujours pesamment : cependant un homme
» doit marcher bien vite pour être en état de les suivre. M. Gordon en a accompagné un
» pendant quelque temps, mais, quoiqu'il coure très vite, si la course avait été plus longue,
» l'hippopotame l'aurait devancé.

» M. de Buffon a eu raison de révoquer en doute ce que disent quelques voyageurs des
» femelles hippopotames, c'est qu'elles portent trois ou quatre petits ; l'analogie l'a con-
» duit à regarder ce fait comme très suspect ; l'observation en démontre la fausseté.
» M. Gordon a vu ouvrir plusieurs femelles pleines, et jamais il n'y a trouvé qu'un seul
» petit ; il en a tiré un du corps de la mère, qu'il a eu la bonté de m'envoyer : ce fœtus,
» qui était presque entièrement formé, était long de trois pieds deux pouces ; le cordon
» ombilical était parsemé de petits boutons de couleur rouge, ses ongles étaient mous et
» élastiques, on pouvait déjà lui sentir les dents, et ses yeux avaient à peu près leur forme
» et toute leur grandeur. Dès qu'un jeune hippopotame est né, son instinct le porte à cou-
» rir à l'eau, et quelquefois il s'y met sur le dos de sa mère.

» La chair de l'hippopotame, comme il a été dit ci-devant, est fort bonne au goût et très
» saine ; le pied rôti est surtout un morceau délicat, de même que la queue ; quand on
» fait cuire son lard, il surnage une graisse que les paysans aiment fort : c'est un remède
» qu'on estime beaucoup au Cap, en exagérant cependant ses qualités.

» Pour bien fixer nos idées sur la grandeur de ces animaux et sur la proportion qu'il y
» a entre celle du mâle et de la femelle, j'ai vérifié les dimensions prises par M. Gordon
» sur deux des plus grands sujets qu'il ait eu occasion de voir ; quoiqu'elles diffèrent de
» celles qu'on peut prendre sur des peaux bourrées, j'ai été surpris qu'elles s'accordent si
» bien avec celles que Zerenghi a données ; je les ai aussi vérifiées sur la peau d'un grand
» hippopotame mâle que S. A. S. Mgr le prince d'Orange a eu la bonté de me donner
» pour être placée au cabinet des Curiosités naturelles que j'ai formé dans l'université de
» Leyde. Cette peau, récemment envoyée du cap de Bonne-Espérance, est arrivée entière
» et bien conservée ; j'ai heureusement réussi à la faire dresser suivant le dessin que j'ai
» reçu de M. Gordon, de manière qu'elle offre aussi exactement qu'il est possible la figure
» de l'animal vivant. »

DU COCHON

Je n'ai rien à ajouter aux faits historiques que j'ai donnés sur la race de nos cochons d'Europe et sur celle des cochons de Siam ou de la Chine, qui toutes trois se mêlent ensemble, et ne font par conséquent qu'une seule et même espèce, quoique la race des cochons d'Europe soit considérablement plus grande que l'autre par la grosseur et la grandeur du corps ; elle pourrait même le devenir encore plus si on laissait vivre ces animaux pendant un plus grand nombre d'années dans leur état de domesticité. M. Collinson, de la Société royale de Londres, m'a écrit qu'un cochon engraissé par les ordres de M. Joseph Leastarm, et tué par le sieur Meck, boucher à Cougleton en Chestershire, pesait huit cent cinquante livres, savoir : l'un des côtés trois cent treize livres, l'autre côté trois cent quatorze livres, et la tête, l'épine du dos, la graisse intérieure, les intestins, etc.; deux cent vingt-trois livres (a).

LE COCHON DE SIAM OU DE LA CHINE

L'espèce du cochon est, comme nous l'avons dit, l'une des plus universellement répandues : MM. Cook et Forster l'ont trouvée aux îles de la Société, aux Marquises, aux îles des Amis, aux nouvelles Hébrides. « Il n'y a, disent-ils, dans toutes ces îles de la mer du » Sud que deux espèces d'animaux domestiques, le cochon et le chien. La race des » cochons est celle de la Chine (ou de Siam); ils ont le corps et les jambes courtes, le » ventre pendant jusqu'à terre, les oreilles droites, et très peu de soies. Je n'en ai jamais » mangé, dit M. Forster, qui fût aussi succulente, et la graisse d'un goût aussi agréable ; » cette qualité ne peut être attribuée qu'à l'excellente nourriture qu'ils prennent; ils se » nourrissent surtout de fruits à pain, frais, ou de la pâte aigrie de ce fruit, d'ignames, etc. » Il y en a une grande quantité aux îles de la Société; on en voit autour de presque » toutes les cabanes..... Ils sont abondants aussi aux Marquises, et à Amsterdam, l'une » des îles des Amis; mais ils sont plus rares aux îles occidentales des nouvelles » Hébrides (b). »

LE COCHON DE GUINÉE

Quoique cet animal diffère du cochon ordinaire par quelques caractères assez marqués, je présume néanmoins qu'il est de la même espèce, et que ces différences ne sont que des variétés produites par l'influence du climat : nous en avons l'exemple dans le cochon de Siam, qui diffère aussi du cochon d'Europe, et qui cependant est certainement de la même espèce, puisqu'ils se mêlent et produisent ensemble. Le cochon de Guinée est à peu près de la même figure que notre cochon, et de la même grosseur que le cochon de Siam, c'est-à-dire plus petit que notre sanglier ou que notre cochon; il est originaire de Guinée et a été transporté au Brésil, où il s'est multiplié comme dans son pays natal; il y est domestique et tout à fait privé; il a le poil court, roux et brillant; il n'a point de soies, pas même sur le dos : le cou seulement et la croupe, près de l'origine de la queue, sont couverts de poils un peu plus longs que ceux du reste du corps; il n'a pas la tête si

(a) Lettre de M. Collinson à M. de Buffon. Londres, 30 janvier 1767.
(b) Forster, Observations à la suite du second *Voyage de Cook*, p. 172.

grosse que le cochon d'Europe, et il en diffère encore par la forme des oreilles, qu'il a très longues, très pointues et couchées en arrière le long du cou ; sa queue est aussi beaucoup plus longue, elle touche presqu'à terre, et elle est sans poil jusqu'à son extrémité (*a*). Au reste, cette race du cochon qui, selon Marcgrave, est originaire de Guinée, se trouve aussi en Asie et particulièrement dans l'île de Java (*b*), d'où il paraît qu'elle a été transportée au cap de Bonne-Espérance par les Hollandais (*c*).

LE SANGLIER DU CAP VERT

Il y a, dans les terres voisines du cap Vert, un autre *cochon* ou *sanglier* (*) qui, par le nombre des dents et par l'énormité des deux défenses de la mâchoire supérieure, nous paraît être d'une race et peut-être même d'une espèce différente de tous les autres cochons, et s'approcher un peu du babiroussa : ces défenses du dessus ressemblent plus à des cornes d'ivoire qu'à des dents ; elles ont un demi-pied de longueur et cinq pouces de circonférence à la base ; elles sont courbées et recourbées à peu près comme les cornes d'un taureau ; ce caractère seul ne suffirait pas pour qu'on dût regarder ce sanglier comme une espèce particulière ; mais ce qui semble fonder cette présomption, c'est qu'il diffère encore de tous les autres cochons par la longue ouverture de ses narines, par la grande largeur et la forme de ses mâchoires, et par le nombre et la figure des dents mâchelières : cependant nous avons vu les défenses d'un sanglier, tué dans nos bois de Bourgogne, qui approchaient un peu de celles de ce sanglier du cap Vert ; ces défenses avaient environ trois pouces et demi de long sur quatre pouces de circonférence à la base ; elles étaient contournées comme les cornes d'un taureau, c'est-à-dire qu'elles avaient une double courbure, au lieu que les défenses ordinaires n'ont qu'une simple courbure en portion de cercle ; elles paraissaient être aussi d'un ivoire solide, et il est certain que ce sanglier devait avoir la mâchoire plus grande que les autres ; ainsi nous pouvons présumer, avec quelque fondement, que ce sanglier du cap Vert est une simple variété, une race particulière dans l'espèce du sanglier ordinaire (**).

DU SANGLIER DU CAP VERT (*suite*)

Nous avons donné, dans l'article précédent, une notice au sujet d'un animal qui se trouve en Afrique, et que nous avons appelé *sanglier du cap Vert*. Nous avons dit que, par l'énormité des deux défenses de la mâchoire supérieure, il nous paraissait être d'une race et peut-être même d'une espèce différente de tous les autres cochons, desquels il diffère encore par la longue ouverture de ses narines et par la grande largeur et la forme de ses mâchoires ; que néanmoins nous avions vu les défenses d'un sanglier tué dans nos bois de

(*a*) Marcgrav. *Hist. nat. Brasil.*, page 230, fig. 16.

(*b*) Leurs porcs (à l'île de Java) n'ont point de poil, et sont si gras que leur ventre traîne à terre. *Voyage de Mandelslo*, t. II, p. 349.

(*c*) Les cochons qui ont été apportés de Java au cap de Bonne-Espérance, ont les jambes fort courtes, et sont noirs et sans soies ; leur ventre qui est fort gros pend presque jusqu'à terre ; il s'en faut de beaucoup que leur graisse ait la consistance qu'a celle des cochons d'Europe... La chair en est très bonne à manger. *Description du cap de Bonne-Espérance*, par Kolbe, t. III, p. 48.

(*) *Phacochærus africanus* Cuv.

(**) *Phacochærus æthiopicus* Cuv.

Bourgogne, qui approchaient un peu de celles de ce sanglier du cap Vert, puisque ces défenses avaient environ trois pouces et demi de long sur quatre pouces de circonférence à la base, etc., ce qui nous fait présumer, avec quelque fondement, que ce sanglier du cap Vert pouvait être une simple variété, et non pas une espèce particulière dans le genre des cochons. M. Allamand, très célèbre professeur en histoire naturelle à Leyde, eut la bonté de nous envoyer la gravure de cet animal, et ensuite il écrivit à M. Daubenton dans les termes suivants :

« Je crois avec vous, monsieur, que le sanglier représenté dans la planche que je vous
» ai envoyée est le même que celui que vous avez désigné par le nom de *sanglier du cap*
» *Vert*. Cet animal est encore vivant (5 mai 1767) dans la ménagerie de M. le prince
» d'Orange. Je vais de temps en temps lui rendre visite, et cela toujours avec un nouveau
» plaisir. Je ne puis me lasser d'admirer la forme singulière de sa tête. J'ai écrit au gou-
» verneur du cap de Bonne-Espérance pour le prier de m'en envoyer un autre, s'il est pos-
» sible, ce que je n'ose pas espérer, parce qu'au Cap même il a passé pour un monstre, tel
» que personne n'en avait jamais vu de semblable. Si, contre toute espérance, il m'en vient
» un, je l'enverrai en France, afin que M. de Buffon et vous le voyiez. On a cherché à
» accoupler celui que nous avons ici avec une truie, mais, dès qu'elle s'est présentée, il s'est
» jeté sur elle avec fureur et l'a éventrée. »

C'est d'après cette planche gravée, qui nous a été envoyée par M. Allamand, que nous avons fait dessiner et graver ce même animal dont nous donnons ici la figure. Nous avons retrouvé dans les *Miscellanea* et les *Spicilegia zoologica* de M. Pallas, et aussi dans les descriptions de M. Wosmaër, la même planche gravée; et ces deux derniers auteurs ont chacun donné une description de cet animal : aussi M. Allamand, par une lettre datée de Leyde le 31 octobre 1766, écrivait à M. Daubenton qu'un jeune médecin établi à La Haye en avait donné la description dans un ouvrage qui probablement ne nous était pas encore parvenu, et qu'il en avait fait faire la planche. Ce jeune médecin est probablement M. Pallas, et c'est à lui, par conséquent, auquel le public a la première obligation de la connaissance de cet animal. M. Allamand dit dans la même lettre que ce qu'il y a de plus singulier dans ce cochon c'est la tête; qu'elle diffère beaucoup de celle de nos cochons, surtout par deux appendices extraordinaires en forme d'oreilles qu'il a à côté des yeux.

Nous observerons ici que le premier fait rapporté par M. Allamand du dédain et de la cruauté de ce sanglier envers la truie en chaleur semble prouver qu'il est d'une espèce différente de nos cochons. La disconvenance de la forme de la tête, tant à l'extérieur qu'à l'intérieur, paraît le prouver aussi : cependant, comme il est beaucoup plus voisin du cochon que d'aucun autre animal, et qu'il se trouve non seulement dans les terres voisines du cap Vert, mais encore dans celles du cap de Bonne-Espérance, nous l'appellerons le *sanglier d'Afrique,* et nous allons en donner l'histoire et la description par extrait, d'après MM. Pallas et Wosmaër.

Celui-ci l'appelle *porc à large groin,* ou *sanglier d'Afrique;* il le distingue, avec raison, du porc de Guinée à longues oreilles pointues, et du pécari ou tajacu d'Amérique, et aussi du babiroussa des Indes.

« M. de Buffon, dit-il, en parlant d'une partie des mâchoires, de la queue et des pieds
» d'un sanglier extraordinaire du cap Vert, qu'on conserve dans le Cabinet du Roi, dit
» qu'il y a des dents de devant à ces mâchoires : or elles manquent à notre sujet. »

Et de là M. Wosmaër insinue que ce n'est pas le même animal : cependant on vient de voir que M. Allamand pense, comme moi, que ce sanglier du cap Vert, dont je n'avais vu qu'une partie de la tête, se trouve néanmoins être le même porc à large groin que M. Wosmaër dit être inconnu à tous les naturalistes.

M. Tulbagh, gouverneur au cap de Bonne-Espérance, qui a envoyé ce sanglier, a écrit qu'il avait été pris entre la Cafrerie et le pays des grands Namaquas, à environ deux cents

lieues du Cap, ajoutant que c'était le premier de cette espèce qu'on eût vu en vie. M. Wosmaër reçut aussi la peau d'un animal de même espèce, qui paraissait différer, à plusieurs
égards, de celle de l'animal vivant.

On avait mis cet animal dans une cage de bois, et « comme j'étais prévenu, dit M. Wos-
» maër, qu'il n'était pas méchant, je fis ouvrir la porte de sa cage. Il sortit sans donner
» aucune marque de colère ; il courait, bondissant gaiement ou furetant pour trouver quelque
» nourriture, et prenait avidement ce que nous lui présentions ; ensuite l'ayant laissé seul
» pendant quelques moments, je le trouvai, à mon retour, fort occupé à fouiller en terre,
» où, nonobstant le pavé fait de petites briques bien liées, il avait déjà fait un trou d'une
» grandeur incroyable pour se rendre maître, comme nous le découvrîmes ensuite, d'une
» rigole très profonde qui passait au-dessous. Je le fis interrompre dans son travail, et ce
» ne fut qu'avec beaucoup de peine, et avec l'aide de plusieurs hommes, qu'on vint à bout
» de vaincre sa résistance et de le faire rentrer dans sa cage, qui était à claire-voie. Il
» marqua son chagrin par des cris aigus et lamentables. On peut croire qu'il a été pris
» jeune dans les bois de l'Afrique, car il paraît avoir grandi considérablement ici ; il est
» encore vivant (dit l'auteur, dont l'ouvrage a été imprimé en 1767). Il a très bien passé
» l'hiver dernier, quoique le froid ait été fort rude et qu'on l'ait tenu enfermé la plus
» grande partie du temps.

» Il semble l'emporter en agilité sur les porcs de notre pays ; il se laisse frotter volon-
» tiers de la main, et même avec un bâton : il semble qu'on lui fait encore plus de plaisir
» en le frottant rudement ; c'est de cette manière qu'on est venu à bout de le faire demeu-
» rer tranquille pour le dessiner. Quand on l'agace ou qu'on le pousse, il se recule en
» arrière, faisant toujours face du côté qu'il se trouve assailli, et secouant ou heurtant
» vivement de la tête. Après avoir été longtemps enfermé, si on le lâche, il paraît fort gai,
» il saute et donne la chasse aux daims et aux autres animaux en redressant la queue,
» qu'autrement il porte pendante ; il exhale une forte odeur que je ne puis trop comparer,
» et que je ne trouve pas désagréable. Quand on le frotte de la main, cette odeur approche
» beaucoup de celle du fromage vert ; il mange de toutes sortes de graines ; sa nourriture
» à bord du vaisseau était le maïs et de la verdure autant qu'on en avait ; mais depuis
» qu'il a goûté ici de l'orge et du blé sarrasin, avec lesquels on nourrit plusieurs autres
» animaux de la ménagerie, il s'est décidé préférablement pour cette mangeaille et pour
» les racines d'herbes et de plantes qu'il fouille dans la terre. Le pain de seigle est ce qu'il
» aime le mieux ; il suit les personnes qui en ont. Lorsqu'il mange, il s'appuie fort en
» avant sur ses genoux courbés, ce qu'il fait aussi en buvant, en humant l'eau de la sur-
» face, et il se tient souvent, dans cette position, sur les genoux des pieds de devant.
» Il a l'ouïe et l'odorat très bons, mais il a la vue bornée, tant par la petitesse que par la
» situation de ses yeux, qui l'empêchent de bien apercevoir les objets qui sont autour de
» lui, les yeux se trouvant non seulement placés beaucoup plus haut et plus près l'un de
» l'autre que dans les autres porcs, mais étant encore, à côté et en dessous, plus ou moins
» offusqués par deux lambeaux que bien des gens prennent pour de doubles oreilles. Il a
» plus d'intelligence que le porc ordinaire.

» La tête est d'une figure affreuse ; la forme un peu aplatie et large du nez, jointe à la
» longueur extraordinaire de la tête, à son large groin, aux lambeaux singuliers, aux pro-
» tubérances pointues, saillantes des deux côtés de ses yeux, et à ses fortes défenses, tout
» cela lui donne un aspect des plus monstrueux.

» La forme du corps approche assez de celle de notre cochon domestique. Il me paraît
» plus petit, ayant le dos plus aplati en dessus et les pieds plus courts.

» La tête, en comparaison de celle des autres porcs, est difforme, tant par la structure
» que par sa grandeur. Le museau est fort large, aplati et très dur. Le nez est mobile, à
» côté un peu recourbé vers le bas, et coupé obliquement. Les narines sont grandes, éloi-

» gnées l'une de l'autre; elles ne se voient que quand on soulève la tête. La lèvre supé-
» rieure est dure et épaisse à côté, près des défenses, par-dessus et autour desquelles elle
» est fort avancée et pendante, formant, surtout derrière les défenses, une fraise demi-
» ovale, pendante et cartilagineuse, qui couvre les coins du museau.

» Cet animal n'a point de dents de devant ni en dessus ni en dessous, mais les gencives
» antérieures sont lisses, arrondies et dures.

» Les défenses à la mâchoire supérieure sont, à leur base, d'un bon pouce d'épaisseur,
» recourbées et saillantes de cinq pouces et demi dans leur ligne courbe, fort écartées en
» dehors et se terminant en une pointe obtuse; elles sont aussi, à côté de chacune, pour-
» vues d'une espèce de raie ou cannelure, celles de la mâchoire inférieure sont beaucoup
» plus petites, moins recourbées, presque triangulaires, et usées par leur frottement conti-
» nuel contre les défenses supérieures; elles paraissent comme obliquement coupées. Il y a
» des dents molaires, mais elles sont fort en arrière dans le museau, et la résistance de
» l'animal nous a empêché de les voir.

» Les yeux, à proportion de la tête, sont petits, placés plus hauts dans la tête, et plus
» près l'un de l'autre et des oreilles que dans le porc commun. L'iris est d'un brun foncé,
» sur une cornée blanche. Les paupières supérieures sont garnies de cils bruns, raides,
» droits et fort serrés, plus longs au milieu que des deux côtés; les paupières inférieures
» en sont dépourvues.

» Les oreilles sont assez grandes, plus rondes que pointues, en dedans fort velues de
» poil jaune; elles se renversent en arrière contre le corps. Sous les yeux on aperçoit une
» espèce de petit sac bulbeux et glanduleux, et immédiatement au-dessous se font voir deux
» pellicules rondes, plates, épaisses, droites et horizontales, que j'appelle *lambeaux des*
» *yeux*; leur longueur et largeur est d'environ deux pouces un quart..... Sur une ligne
» droite, entre ces pellicules et le museau, paraît de chaque côté de la tête une protubé-
» rance dure, ronde et pointue, saillante en dehors.

» La peau semble fort épaisse et remplie de lard aux endroits ordinaires, mais déten-
» due au cou, aux aines et au fanon; en quelques endroits elle paraît légèrement cannelée,
» inégale, et comme si la peau supérieure muait par intervalles. Sur tout le corps se mon-
» trent quelques poils clairsemés, comme en petite brosse de trois, quatre et cinq poils
» qui sont plus ou moins longs et posés en ligne droite les uns près des autres. Le front,
» entre les oreilles, paraît ridé, et il est garni de poils blancs et bruns fort serrés, qui,
» partant du centre, s'aplatissent ou s'abaissent de plus en plus. De là, vers le bas du mu-
» seau, descend au milieu de la tête une bande étroite de poils noirs et gris qui, partant
» du milieu, s'abattent de chaque côté de la tête: du reste, ils sont clairsemés. C'est prin-
» cipalement sur la nuque du cou et sur la partie antérieure du dos qu'il y a le plus de
» soies, qui sont aussi les plus serrées et les plus longues; leur couleur est le brun obscur
» et le gris; quelques-unes ont jusqu'à sept ou huit pouces de longueur avec l'épaisseur de
» celles des porcs communs, et se fendent de même. Toutes ces soies ne sont pas droites,
» mais légèrement inclinées. Plus loin, sur le dos, elles s'éclaircissent et diminuent telle-
» ment en nombre, qu'elles laissent voir partout la peau nue. Du reste, les flancs, le poi-
» trail et le ventre, les côtés de la tête et le cou, sont garnis de petites soies blanches.

» Les pieds sont conformes à ceux de nos porcs, divisés en deux ongles pointus et
» noirs. Les faux onglets posent aussi à terre, mais sont pendants la plupart du temps. La
» queue est nue, perpendiculairement pendante, rase, et se termine presque en pointe.
» Les testicules sont adhérents à la peau du ventre entre les cuisses; le prépuce est fort
» vaste au bout.

» La couleur de l'animal est noirâtre à la tête; mais d'un gris roux clair sur le reste
» du dos et du ventre.

» Comparé avec la peau d'un autre sujet de même espèce, et venu de même du cap de

» Bonne-Espérance, M. Wosmaër a remarqué que la tête de ce dernier était plus petite et
» le museau moins large. Il lui manquait les deux lambeaux sous les yeux ; cependant on
» y voyait de petites éminences qui en paraissaient être les bases ou principes ; mais il
» n'y avait point ces protubérances rondes et pointues qui sont placées, en ligne droite,
» entre ces lambeaux des yeux et le museau ; en revanche, les défenses sont beaucoup plus
» grandes ; les supérieures, qui ont des deux côtés une profonde fossette ou cannelure, et
» qui se terminent en pointes aiguës, sortant de plus de six pouces et demi des côtés du
» museau, et les inférieures de deux pouces et demi ; celles-ci, par leur frottement contre
» les premières, sont obliquement usées et par là fort aiguës. La grandeur des défenses du
» dernier sujet montre assez que cette peau ne peut être d'un jeune animal. Au reste, je
» n'ai trouvé aucune différence aux pieds. »

M. Wosmaër termine ainsi cette description, et soupçonne que ces différences qu'il
vient d'indiquer peuvent provenir de la différence du sexe. Pour moi, je ne suis pas encore convaincu que ce sanglier d'Afrique, malgré la première répugnance qu'il a marquée
pour la truie qui lui a été présentée, ne soit une simple variété de notre cochon d'Europe. Nous voyons sous nos yeux cette même espèce varier beaucoup en Asie, à Siam et à
la Chine ; et les grosses défenses que j'ai trouvées sur une tête énorme d'un sanglier, tué
dans mes propres bois il y a environ trente ans, défenses qui étaient presque aussi grosses
que celles du sanglier du Cap, me laissent toujours dans l'incertitude si ce sont en effet
deux espèces différentes, ou deux variétés de la même espèce produites par la seule influence du climat et de la nourriture.

Au reste, je trouve une note de M. Commerson, dans laquelle il est dit que l'on voit à
Madagascar des cochons sauvages dont la tête, depuis les oreilles jusqu'aux yeux, est de la
figure ordinaire, mais qu'au-dessous des yeux est un renfort qui va en diminuant jusqu'au
bout du groin, de manière qu'il semble que ce soient deux têtes, dont la moitié de l'une est
enchâssée dans l'autre ; qu'au reste, la chair de ce cochon est glaireuse et a peu de goût.
Cette notice me fait croire que l'animal que j'ai d'abord indiqué sous le nom de *sanglier
du cap Vert*, parce que la tête nous avait été envoyée des terres voisines de ce cap, qu'ensuite je nomme *sanglier d'Afrique*, parce qu'il existe dans les terres du cap de Bonne-
Espérance, se trouve aussi dans l'île de Madagascar (*).

Dans le temps même que je revoyais la feuille précédente et que j'en corrigeais l'épreuve
pour l'impression, il m'est arrivé de Hollande une nouvelle édition de mon ouvrage sur
l'histoire naturelle, et j'ai trouvé dans le quinzième volume de cette édition des additions
très importantes faites par M. Allamand, dont je viens de parler. Quoique ce quinzième
volume soit imprimé à Amsterdam en 1771, je n'en ai eu connaissance qu'aujourd'hui
23 juillet 1775, et j'avoue que c'est avec la plus grande satisfaction que j'ai parcouru l'édition entière, qui est bien soignée à tous égards ; j'ai trouvé les notes et les additions de
M. Allamand, si judicieuses et si bien écrites que je me fais un grand plaisir de les adopter : je les insérerai donc à la suite des articles auxquels ces observations ont rapport. Je
me serais dispensé de copier ce que l'on vient de lire ; j'aurais même évité quelques recherches pénibles et plusieurs discussions que j'ai été contraint de faire, si j'avais eu plus
tôt connaissance de ce travail de M. Allamand. Je crois que l'on en sera aussi satisfait que
moi, et je vais commencer par donner ici ce que ce savant homme a dit au sujet du sanglier d'Afrique.

(*) Cuvier a donné le nom de *Sus larvatus* au Sanglier de Madagascar.

LE SANGLIER D'AFRIQUE

(Par M. le professeur Allamand).

« Dans l'histoire que M. de Buffon nous a donnée du cochon, il a démontré que cet
» animal échappe à toutes les méthodes de ceux qui veulent réduire les productions de la
» nature en classes et en genres qu'ils distinguent par des caractères tirés de quelques-unes
» de leurs parties. Quoique les raisons par lesquelles il appuie ce qu'il avance soient sans
» réplique, elles auraient acquis un nouveau degré de force s'il avait connu l'animal que
» nous allons décrire.

» C'est un sanglier qui a été envoyé en 1765 du cap de Bonne-Espérance à la ménage-
» rie du prince d'Orange, et qui jusqu'alors a été inconnu de tous les naturalistes. Outre
» toutes les singularités qui font de notre cochon d'Europe un animal d'une espèce isolée,
» celui-ci nous offre de nouvelles anomalies qui le distinguent de tous les autres du même
» genre ; car non seulement il a la tête différemment figurée, mais encore il n'a point de
» dents incisives, d'où la plupart des nomenclateurs ont tiré les caractères distinctifs de
» cette sorte d'animaux, quoique leur nombre ne soit point constant dans nos cochons
» domestiques.

» M. Tulbagh, gouverneur du cap de Bonne-Espérance, qui ne perd aucune occasion
» de rassembler et d'envoyer en Europe tout ce que la contrée où il habite fournit de
» curieux, est celui à qui l'on est redevable de ce sanglier ; dans la lettre dont il l'accom-
» pagna, il marquait qu'il avait été pris fort avant dans les terres, à environ deux cents
» lieues du Cap, et que c'était le premier qu'on y eût vu vivant. Cependant il en a envoyé
» un autre l'année passée, qui vit encore ; et en 1757 il en avait envoyé une peau dont
» on n'a pu conserver que la tête : ce qui semble indiquer que ces animaux ne sont pas
» rares dans leur pays natal. Je ne sais si c'est d'eux que Kolbe a voulu parler, quand il
» dit (a) « on ne voit que rarement des *cochons sauvages* dans les contrées qu'occupent les
» Hollandais : comme il n'y a que peu de bois, qui sont leurs retraites ordinaires, ils ne
» sont pas tentés d'y venir. D'ailleurs les lions, les tigres et autres animaux de proie les
» détruisent si bien qu'ils ne sauraient beaucoup multiplier. »

» Comme il n'ajoute à cela aucune description, on n'en peut rien conclure ; et ensuite
» il range au nombre des cochons du Cap le grand fourmilier ou le tamandua, qui est un
» animal d'Amérique qui ne ressemble en rien au cochon. Quel cas peut-on faire de ce
» que dit un auteur aussi mal instruit ?

» Notre sanglier africain ressemble à celui d'Europe par le corps, mais il en diffère par
» la tête, qui est d'une grosseur monstrueuse ; ce qui frappe d'abord les yeux, ce sont
» deux énormes défenses qui sortent de chaque côté de la mâchoire supérieure, et qui sont
» dirigées presque perpendiculairement en haut. Elles ont près de sept pouces de longueur
» et se terminent en une pointe émoussée. Deux semblables dents, mais plus petites, et
» surtout plus minces dans leur côté intérieur, sortent de la mâchoire inférieure et s'appli-
» quent exactement au côté extérieur des défenses supérieures quand la gueule est fermée :
» ce sont là de puissantes armes dont il peut se servir utilement dans le pays qu'il habite,
» où il est vraisemblablement exposé souvent aux attaques des bêtes carnassières.

» Sa tête est fort large et plate par devant ; elle se termine en un ample boutoir d'un
» diamètre presque égal à la largeur de la tête, et d'une dureté qui approche de celle de
» la corne ; il s'en sert comme nos cochons pour creuser la terre ; ses yeux sont petits et

(a) Voyez sa *Description du cap de Bonne-Espérance*, t. III, p. 43.

» placés sur le devant de la tête, de façon qu'il ne peut guère voir de côté, mais seulement
» devant soi ; ils sont moins distants l'un de l'autre et des oreilles que dans le sanglier
» européen : au-dessous est un enfoncement de la peau qui forme une espèce de sac très
» ridé ; ses oreilles sont fort garnies de poil en dedans. Un peu plus bas, presqu'à côté
» des yeux, la peau s'élève et forme deux excroissances qui, vues d'une certaine distance,
» ressemblent tout à fait à deux oreilles ; elles en ont la figure et la grandeur, et, sans être
» fort mobiles, elles forment presque un même plan avec le devant de la tête ; au-dessous,
» entre ces excroissances et les défenses, il y a une grosse verrue à chaque côté de la tête ;
» on comprend aisément qu'une telle configuration doit donner à cet animal une physio-
» nomie très singulière. Quand on le regarde de front, on croit voir quatre oreilles sur une
» tête qui ne ressemble à celle d'aucun autre animal connu, et qui inspire de la crainte
» par la grandeur de ses défenses. MM. Pallas (a) et Wosmaër (b), qui nous en ont donné
» une bonne description, disent qu'il était fort doux et très apprivoisé quand il arriva en
» Hollande : comme il avait été plusieurs mois sur un vaisseau et qu'il avait été pris assez
» jeune, il était presque devenu domestique ; cependant si on le poursuivait, et s'il ne
» connaissait pas les gens, il se retirait lentement en arrière, en présentant le front d'un
» air menaçant, et ceux-là même qu'il voyait tous les jours devaient s'en défier. L'homme
» à qui la garde en était confiée en a fait une triste expérience : cet animal se mit un jour
» de mauvaise humeur contre lui, et d'un coup de ses défenses il lui fit une large blessure
» à la cuisse dont il mourut le lendemain. Pour prévenir de pareils accidents dans la suite,
» on fut obligé de l'ôter de la ménagerie et de le tenir dans un endroit renfermé où per-
» sonne ne pouvait en approcher. Il est mort au bout d'une année, et sa dépouille se voit
» dans le Cabinet d'histoire naturelle du prince d'Orange. Celui qui l'a remplacé, et qui
» est actuellement dans la même ménagerie, est encore fort jeune ; ses défenses n'ont guère
» plus de deux pouces de longueur. Quand on le laisse sortir du lieu où on le renferme, il
» témoigne sa joie par des bonds et des sauts, et en courant avec beaucoup plus d'agilité
» que nos cochons ; il tient alors sa queue élevée et fort droite. C'est pour cela sans doute
» que les habitants du Cap lui ont donné le nom de *hartlooper*, ou de coureur.

　　» On ne peut pas douter que cet animal ne fasse un genre très distinct de ceux qui ont
» été connus jusqu'à présent dans la race des cochons : quoiqu'il leur ressemble par le
» corps, le défaut de dents incisives et la singulière configuration de sa tête sont des
» caractères distinctifs trop marqués pour qu'on puisse les attribuer aux changements
» opérés par le climat, et cela d'autant plus qu'il y a en Afrique des cochons qui ne dif-
» fèrent en rien des nôtres que par la taille, qui est plus petite. Ce qui confirme ce que
» je dis ici, c'est qu'il ne paraît pas qu'il puisse multiplier avec nos cochons. Du moins
» a-t-on lieu de le présumer par l'expérience qu'on en a faite. On lui donna une truie de
» Guinée : après qu'il l'eut flairée pendant quelque temps, il la poursuivit jusqu'à ce qu'il
» la tint dans un endroit d'où elle ne pouvait pas s'échapper, et là il l'éventra d'un coup
» de dents. Il ne fit pas meilleur accueil à une truie ordinaire qu'on lui présenta quelque
» temps après ; il la maltraita si fort, qu'il fallut bientôt la retirer pour lui sauver la vie.

　　» Il est étonnant que cet animal, qui, comme je l'ai remarqué, paraît n'être pas rare
» dans les lieux dont il est originaire, n'ait point été décrit par aucun voyageur, ou que,
» s'ils en ont parlé, ce soit en termes si vagues qu'on ne peut s'en former aucune idée.
» Flacourt (c) dit qu'il y a à Madagascar des sangliers qui ont deux cornes à côté du nez
» qui sont comme deux callosités, et que ces animaux sont presque aussi dangereux

　　(a) Voyez Pallas : *Miscellanea zoologica, et ejusdem Spicilegia zoologica : fascicu'us
secundus.*
　　(b) Voyez *Beschryving van een Africaausch Breedsnentig Varken*, door A. Wosmaër.
　　(c) *Histoire de la grande île de Madagascar*, page 132.

» qu'en France. M. de Buffon croit qu'il s'agit, dans ce passage, du babiroussa, et peut-
» être a-t-il raison ; peut-être aussi y est-il question de notre sanglier : ces cornes, qui
» ressemblent à deux callosités, peuvent aussi bien être les défenses de ce sanglier que
» celles du babiroussa, mais très mal décrites ; et ce que Flacourt ajoute, que ces animaux
» sont dangereux, semble mieux convenir à notre sanglier africain. M. Adanson (a), en
» parlant d'un sanglier qu'il a vu au Sénégal, s'exprime en ces termes : « J'aperçus,
» dit-il, un de ces énormes sangliers particuliers à l'Afrique, et dont je ne sache pas
» qu'aucun naturaliste ait encore parlé. Il était noir comme le sanglier d'Europe, mais
» d'une taille infiniment plus haute. Il avait quatre grandes défenses, dont les deux supé-
» rieures étaient recourbées en demi-cercle vers le front, où elles imitaient les cornes que
» portent d'autres animaux. » M. de Buffon suppose encore que M. Adanson a voulu
» parler du babiroussa, et sans son autorité je serais porté à croire que cet auteur a indi-
» qué notre sanglier, car je ne comprends pas comment il a pu dire qu'aucun naturaliste
» n'en a parlé, s'il a eu le babiroussa en vue ; il est trop versé dans l'histoire naturelle
» pour ignorer que cet animal a été souvent décrit, et qu'on trouve la tête de son squelette
» dans presque tous les Cabinets de l'Europe.

» Mais peut-être aussi y a-t-il en Afrique une autre espèce de sanglier qui ne nous est
» pas encore connue, et qui est celle qui a été aperçue par M. Adanson. Ce qui me le fait
» soupçonner est la description que M. Daubenton a donnée d'une partie des mâchoires
» d'un sanglier du cap Vert : ce qu'il en dit prouve clairement qu'il diffère de nos san-
» gliers, et serait tout à fait applicable à celui dont il est ici question, s'il n'y avait pas
» des dents incisives dans chacune de ces mâchoires. »

Je souscris bien volontiers à la plupart des réflexions que fait ici M. Allamand : seulement je persiste à croire, comme il l'a cru d'abord lui-même, que le sanglier du Cap dont
nous avons parlé et des mâchoires duquel M. Daubenton a donné la description, est le
même animal que celui-ci, quoiqu'il n'eût point de dents incisives ; il n'y a aucun genre
d'animaux où l'ordre et le nombre des dents varient plus que dans le cochon. Cette différence seule ne me paraît donc pas suffisante pour faire deux espèces distinctes du sanglier
d'Afrique et de celui du cap Vert, d'autant que tous les autres caractères de la tête
paraissent être les mêmes.

LE SANGLIER DU CAP VERT

Nous avons dit, dans l'article qui précède, que le sanglier du cap Vert, dont M. Daubenton a donné la description des mâchoires, nous paraissait être le même animal que
celui dont nous avons parlé sous le nom de *sanglier d'Afrique*. Nous sommes maintenant
bien assurés que ces deux animaux forment deux espèces très distinctes. Elles diffèrent en
effet l'une de l'autre par plusieurs caractères remarquables, surtout par la conformation
tant intérieure qu'extérieure de la tête, et particulièrement par le défaut de dents incisives, qui manquent constamment au sanglier d'Afrique, tandis qu'on en trouve six dans
la mâchoire inférieure du sanglier du cap Vert, et deux dans la mâchoire supérieure.

Le sanglier du cap Vert a la tête longue et le museau délié, au lieu que celui d'Afrique
ou d'Éthiopie a le museau très large et aplati. Les oreilles sont droites, relevées et pointues ; les soies qui les garnissent sont très longues, ainsi que celles qui couvrent le corps,
particulièrement sur les épaules, le ventre et les cuisses, où elles sont plus longues que
partout ailleurs. La queue est menue, terminée par une grosse touffe de soies, et ne descend que jusqu'à la longueur des cuisses. On le rencontre non seulement au cap Vert,

_____

(a) Histoire naturelle du Sénégal, par Adanson, page 76 du *Voyage*.

mais sur toute la côte occidentale de l'Afrique jusqu'au cap de Bonne-Espérance (a). Il paraît que c'est cette espèce de sanglier que M. Adanson a vue au Sénégal, et qu'il a désignée sous le nom de *très grand sanglier d'Afrique*.

DU BABIROUSSA

Nous n'avons donné que les faits historiques relatifs au babiroussa, et la description de sa tête, dépouillée des chairs ; nous avons reçu deux esquisses représentant cet animal, dont l'une nous a été donnée par M. Sonnerat, correspondant du Cabinet du Roi, l'animal y est représenté debout ; l'autre m'a été envoyée d'Angleterre par M. Pennant ; l'animal y est représenté couché sur le ventre ; cette dernière esquisse, envoyée par M. Pennant, était surmontée de l'inscription suivante : *Un babiroussa de l'île de Banda, dessiné d'après nature ; sa couleur est noirâtre ; il croît en grandeur comme le plus grand cochon, et sa chair est très bonne à manger.* Notre dessinateur, ayant combiné ces esquisses, en a fait un dessin d'après lequel on a gravé la planche XII, qui ne peut pas être exacte, mais qui du moins donne une idée assez juste de la forme du corps et de la tête de cet animal.

DU PÉCARI OU TAJACU

M. de la Borde dit, dans ses observations, qu'il y a deux espèces de pécaris à Cayenne bien distinctes, et qui ne se mêlent ni ne s'accouplent ensemble. La plus grosse espèce (*), dit-il, a le poil de la mâchoire blanc, et des deux côtés de la mâchoire il y a une tache ronde de poils blancs de la grandeur d'un petit écu ; le reste du corps est noir ; l'animal pèse environ cent livres. La plus petite espèce a le poil roux, et ne pèse ordinairement que soixante livres.

C'est la grande espèce dont nous avons donné la description : et à l'égard de la petite espèce, nous ne croyons pas que cette différence dans la couleur du poil et la grandeur du corps, dont parle M. de la Borde, puisse être autre chose qu'une variété produite par l'âge ou par quelque autre circonstance accidentelle.

M. de la Borde dit néanmoins que ceux de la plus grande espèce ne courent pas, comme ceux de la petite, après les chiens et les hommes ; il ajoute que les deux espèces habitent les grands bois, qu'ils vont par troupes de deux ou trois cents. Dans le temps des pluies ils habitent les montagnes, et lorsque le temps des pluies est passé, on les trouve constamment dans les endroits bas et marécageux. Ils se nourrissent de fruits, de graines, de racines, et fouillent aussi les endroits boueux pour en tirer des vers et des insectes. On les chasse sans chiens et en les suivant à la piste. On peut les tirer aisément et en tuer plusieurs, car ces animaux, au lieu de fuir, se rassemblent et donnent quelquefois le temps de recharger et de tirer plusieurs coups de suite. Cependant ils poursuivent les chiens et quelquefois les hommes : il raconte qu'étant un jour à la chasse de ces animaux avec plusieurs autres personnes et un seul chien qui s'était, à leur aspect, réfugié entre les jambes de son maître, sur un rocher où tous les chasseurs étaient montés pour se mettre en sûreté, ils n'en furent pas moins investis par la troupe de ces cochons, et qu'ils ne cessèrent de faire feu sans pouvoir les forcer à se retirer, qu'après en avoir tué un grand nombre. Cependant, dit-il, ces animaux s'enfuient lorsqu'ils ont été chassés plusieurs fois.

(a) M. Pennant, *Histoire naturelle des quadrupèdes*, volume Ier, p. 132.

(*) *Dicotyles labiatus.*

Les petits que l'on prend à la chasse s'apprivoisent aisément, mais ils ne veulent pas suivre les autres cochons domestiques, et ne se mêlent jamais avec eux. Dans leur état de liberté ils se tiennent souvent dans les marécages et traversent quelquefois les grandes rivières ; ils font beaucoup de ravages dans les plantations : leur chair, dit-il, est de meilleur goût, mais moins tendre que celle des cochons domestiques ; elle ressemble à celle du lièvre, et n'a ni lard ni graisse. Ils ne font que deux petits, mais ils produisent dans toutes les saisons. Il faut avoir soin, lorsqu'on les tue, d'ôter la glande qu'ils ont sur le dos : cette glande répand une odeur fétide qui donnerait un mauvais goût à la viande.

M. de la Borde parle d'une autre espèce de cochon qui se nomme *patira* (*), et qui se trouve également dans le continent de la Guyane. Je vais rapporter ce qu'il en dit, quoique j'avoue qu'il soit difficile d'en tirer aucune conséquence ; je le cite dans la vue que M. de la Borde lui-même ou quelque autre observateur pourra nous donner des renseignements plus précis et des descriptions un peu plus détaillées.

» Le patira est de la grosseur du pécari de la petite espèce ; il en diffère par une ligne » de poils blancs qu'il a, tout le long de l'épine du dos, depuis le cou jusqu'à la queue.

» Il vit dans les grands bois, dont il ne sort point ; ces animaux ne vont jamais en » nombreuses troupes, mais seulement par familles. Ils sont cependant très communs, ne » quittent pas leur pays natal. On les chasse avec des chiens, ou même sans chiens, si » l'on ne peut pas s'en servir. Quand les chiens les poursuivent, ils tiennent ferme et se » défendent courageusement. Ils se renferment dans des trous d'arbres ou dans des creux » en terre que les tatous kabassous ont creusés, mais ils y entrent à reculons et autant » qu'ils peuvent y tenir, et si peu qu'on les agace ils sortent tout de suite. Et pour les » prendre à leur sortie, on commence par faire une enceinte avec du branchage, ensuite un » des chasseurs se porte sur le trou, une fourche à la main pour les saisir par le cou à » mesure qu'un autre chasseur les fait sortir, et les tue avec un sabre.

» S'il n'y en a qu'un dans un trou, et que le chasseur n'ait pas le temps de le prendre, » il en bouche la sortie et est sûr de retrouver le lendemain son gibier. Sa chair est bien » supérieure à celle des cochons ; on les apprivoise aisément lorsqu'on les prend petits, » mais ils ne peuvent souffrir les chiens, qu'ils attaquent à tout moment. Ils ne font » jamais plus de deux petits à la fois, et toutes les saisons de l'année sont propres à leur » génération. Ils se tiennent toujours dans des marécages, à moins qu'ils ne soient tout à » fait inondés.

» Le poil du patira n'est pas si dur que celui du sanglier, ou même du cochon domes- » tique : ce poil est, comme celui du pécari, doux et pliant. Les patiras suivent leur maître » lorsqu'ils sont apprivoisés ; ils se laissent manier par ceux qu'ils connaissent, et menacent » de la tête et des dents ceux qu'ils ne connaissent pas. »

DU PÉCARI (*suite*)

Je suis maintenant assuré, par plusieurs témoignages, qu'il existe en effet deux espèces distinctes dans le genre des pécaris ou tajacus : la plus grande espèce est celle dont nous avons donné la description t. III, mais nous n'avons pas encore pu nous procurer un seul individu de la seconde espèce. On nomme cet animal *patira*, et il est en général beaucoup plus petit que le pécari. Les patiras ont dans leur jeunesse une bande noire tout le long de l'épine du dos ; mais ils deviennent bruns et presque noirs sur tout le corps à mesure qu'ils vieillissent. Les patiras vont, ainsi que les pécaris, par grandes troupes, et on les chasse de même ; la seule différence, indépendamment de la grandeur, qui soit bien remarquable

(*) *Dicotyles torquatus.*

entre ces deux espèces si voisines l'une de l'autre, c'est que le patira a les jambes sensiblement plus menues que le pécari ; mais, comme ils ne se mêlent point ensemble, quoique
habitant les mêmes terres, on doit les regarder comme deux espèces, ou du moins comme
deux races très distinctes ; et ces deux espèces ou races sont les seules qui soient bien
constatées. Il nous est arrivé pour le Cabinet du Roi une peau bourrée d'un jeune pécari
âgé de trois semaines, qui est beaucoup plus petit qu'un cochon de lait de même âge, et
dont les couleurs sont bien plus faibles que celles du pécari adulte, auquel il ressemble
par tous les autres caractères.

DU TAPIR OU MAÏPOURI

Cet animal, qu'on peut regarder comme l'éléphant du nouveau monde, ne le représente
néanmoins que très imparfaitement par la forme, et en approche encore moins par la grandeur. Nous avons eu ici l'animal vivant, auquel notre climat ne convient guère, car après
son arrivée il n'a vécu que très peu de temps à Paris entre les mains du sieur Rugiéri, qui
cependant en avait beaucoup de soin.

L'espèce de trompe qu'il porte au bout du nez n'est qu'un vestige ou rudiment de celle
de l'éléphant ; c'est le seul caractère de conformation par lequel on puisse dire que le tapir
ressemble à l'éléphant. M. de la Borde, médecin du Roi à Cayenne, qui cultive avec succès
différentes parties de l'histoire naturelle, m'écrit que le tapir est en effet le plus gros de
tous les quadrupèdes de l'Amérique méridionale, et qu'il y en a qui pèsent jusqu'à cinq
cents livres : or, ce poids est dix fois moindre que celui d'un éléphant de taille ordinaire,
et l'on n'aurait jamais pensé à comparer deux animaux aussi disproportionnés, si le tapir,
indépendamment de cette espèce de trompe, n'avait pas quelques habitudes semblables à
celles de l'éléphant. Il va très souvent à l'eau pour se baigner et non pour y prendre du
poisson, dont il ne mange jamais, car il se nourrit d'herbes comme l'éléphant, et de feuilles
d'arbrisseaux : il ne produit aussi qu'un petit.

Ces animaux fuient de même le voisinage des lieux habités, et demeurent aux environs
des marécages et des rivières, qu'ils traversent souvent pendant le jour et même pendant la
nuit. La femelle se fait suivre par son petit, et l'accoutume de bonne heure à entrer dans
l'eau, où il plonge et joue devant sa mère, qui semble lui donner des leçons pour cet exercice ; le père n'a point de part à l'éducation, car l'on trouve les mâles toujours seuls, à
l'exception du temps où les femelles sont en chaleur.

L'espèce en est assez nombreuse dans l'intérieur des terres de la Guyane, et il en vient
de temps en temps dans les bois qui sont à quelque distance de Cayenne. Quand on les
chasse, ils se réfugient dans l'eau, où il est aisé de les tirer ; mais, quoiqu'ils soient d'un
naturel tranquille et doux, ils deviennent dangereux lorsqu'on les blesse : on en a vu se
jeter sur le canot d'où le coup était parti, pour tâcher de se venger en le renversant ; il
faut aussi s'en garantir dans les forêts ; ils y font des sentiers, ou plutôt d'assez larges
chemins battus par leurs fréquentes allées et venues, car ils ont l'habitude de passer et
repasser toujours par les mêmes lieux, et il est à craindre de se trouver sur ces chemins,
dont ils ne se détournent jamais, parce que leur allure est brusque, et que, sans chercher
à offenser, ils heurtent rudement tout ce qui se rencontre devant eux (a). Les terres voi-

(a) Un voyageur m'a raconté qu'il avait failli d'être la victime de son peu d'expérience à
ce sujet ; que dans un voyage par terre, il avait attaché son hamac à deux arbres pour y
passer la nuit, et que le hamac traversait un chemin battu par les tapirs. Vers les neuf à dix
heures du soir, il entendit un grand bruit dans la forêt ; c'était un tapir qui venait de son
côté ; il n'eut que le temps de se jeter hors de son hamac et de se serrer contre un arbre.

sines du haut des rivières de la Guyane sont habitées par un assez grand nombre de tapirs, et les bords des eaux sont coupés par les sentiers qu'ils y pratiquent ; ces chemins sont si frayés que les lieux les plus déserts semblent, au premier coup d'œil, être peuplés et fréquentés par les hommes. Au reste, on dresse des chiens pour chasser ces animaux sur terre et pour les suivre dans l'eau : mais, comme ils ont la peau très ferme et très épaisse, il est rare qu'on les tue du premier coup de fusil.

Les tapirs n'ont pas d'autre cri qu'une espèce de sifflet vif et aigu que les chasseurs et les sauvages imitent assez parfaitement pour les faire approcher et les tirer de près ; on ne les voit guère s'écarter des cantons qu'ils ont adoptés. Ils courent lourdement et lentement ; ils n'attaquent ni les hommes ni les animaux, à moins que les chiens ne les approchent de trop près, car dans ce cas ils se défendent avec les dents et les tuent.

La mère tapir paraît avoir grand soin de son petit ; non seulement elle lui apprend à nager, jouer et plonger dans l'eau, mais encore, lorsqu'elle est à terre, elle s'en fait constamment accompagner ou suivre, et si le petit reste en arrière, elle retourne de temps en temps sa trompe, dans laquelle est placé l'organe de l'odorat, pour sentir s'il suit ou s'il est trop éloigné, et dans ce cas elle l'appelle et l'attend pour se remettre en marche.

On en élève quelques-uns à Cayenne en domesticité ; ils vont partout sans faire de mal : ils mangent du pain, de la cassave, des fruits ; ils aiment qu'on les caresse et sont grossièrement familiers, car ils ont un air pesant et lourd, à peu près comme le cochon. Quelquefois ils vont pendant le jour dans les bois, et reviennent le soir à la maison : néanmoins il arrive souvent, lorsqu'on leur laisse cette liberté, qu'ils en abusent et ne reviennent plus. Leur chair se mange, mais n'est pas d'un bon goût ; elle est pesante, semblable, pour la couleur et par l'odeur, à celle du cerf. Les seuls morceaux assez bons sont les pieds et le dessus du cou.

M. Bajon, chirurgien du Roi à Cayenne, a envoyé à l'Académie des sciences, en 1774, un mémoire au sujet de cet animal. Nous croyons devoir donner par extrait les bonnes observations de M. Bajon, et faire remarquer en même temps deux méprises qui nous paraissent s'être glissées dans son écrit, qui d'ailleurs mérite des éloges.

» La figure de cet animal, dit M. Bajon, approche en général de celle du cochon ; il est
» cependant de la hauteur d'un petit mulet, ayant le corps extrêmement épais, porté sur
» des jambes très courtes ; il est couvert de poils plus gros, plus longs que ceux de l'âne
» ou du cheval, mais plus fins et plus courts que les soies du cochon, et beaucoup moins
» épais. Il a une crinière dont les crins, toujours droits, ne sont qu'un peu plus longs que
» les poils du reste du corps ; elle s'étend depuis le sommet de la tête jusqu'au commen-
» cement des épaules. La tête est grosse et un peu allongée, les yeux sont petits et très
» noirs, les oreilles courtes, ayant pour la forme quelque rapport avec celles du cochon ; il
» porte au bout de sa mâchoire supérieure une trompe d'environ un pied de long, dont
» les mouvements sont très souples, et dans laquelle réside l'organe de l'odorat : il s'en
» sert, comme l'éléphant, pour ramasser des fruits, qui font une partie de sa nourriture ;
» les deux ouvertures des narines partent de l'extrémité de la trompe ; sa queue est très
» petite, n'ayant que deux pouces de long : elle est presque sans poils.

» Le poil du corps est d'un brun légèrement foncé, les jambes sont courtes et grosses,
» les pieds sont aussi fort larges et un peu ronds ; les pieds de devant ont quatre doigts,
» et ceux de derrière n'en ont que trois : tous ces doigts sont enveloppés d'une corne
» dure et épaisse ; la tête, quoique fort grosse, contient un très petit cerveau ; les mâchoires
» sont fort allongées et garnies de dents, dont le nombre ordinaire est de quarante :

L'animal ne s'arrêta point, il fit sauter le hamac aux branches et froissa cet homme contre l'arbre ; ensuite sans se détourner de son sentier battu, il passa au milieu de quelques nègres qui dormaient à terre auprès d'un grand feu, et ne leur fit aucun mal.

» cependant il y en a quelquefois plus et quelquefois moins ; les dents incisives sont tran-
» chantes, et c'est dans celles-ci qu'on observe de la variété dans le nombre. Après les
» incisives on trouve une dent canine de chaque côté, tant supérieurement qu'inférieure-
» ment, qui a beaucoup de rapport aux défenses du sanglier. On trouve ensuite un petit
» espace dégarni de dents, et les molaires suivent après, qui sont très grosses et ont des
» surfaces fort étendues.

» En disséquant le tapir ou maïpouri, la première chose qui m'avait frappé, continue
» M. Bajon, c'est de voir qu'il est animal ruminant... Les pieds et les dents du maïpouri
» n'ont pourtant aucun rapport avec ceux de nos animaux ruminants... Cependant le maï-
» pouri a trois poches ou estomacs considérables qui communément sont fort pleins,
» surtout le premier, que j'ai toujours trouvé comme un ballon... Cet estomac répond à la
» panse du bœuf, mais ici le réseau ou bonnet n'est presque point distinct, de sorte que
» ces deux parties n'en font qu'une. Le deuxième estomac, nommé le *feuillet*, est aussi
« fort considérable, et ressemble beaucoup à celui du bœuf, avec cette différence que les
» feuillets en sont beaucoup plus petits, et que les tuniques en paraissent plus minces ;
» enfin, le troisième estomac est le moins grand et le plus mince, on n'y observe dans
» l'intérieur que de simples rides, et je l'ai presque toujours trouvé plein de matière tout
» à fait digérée. Les intestins ne sont pas bien gros, mais très longs ; l'animal rend les
» matières en boules, à peu près comme celles du cheval. »

Je suis obligé de contredire ici ce qu'avance M. Bajon, et d'assurer en même temps que
cet animal n'est point ruminant, et n'a pas trois estomacs, comme il le dit. Voici mes
preuves. On nous avait amené d'Amérique un tapir ou maïpouri vivant ; il avait bien
supporté la mer et était arrivé à vingt lieues de Paris, lorsque tout à coup il tomba
malade et mourut ; on ne perdit pas de temps à nous l'envoyer, et je priai M. Mertrud,
habile chirurgien-démonstrateur en anatomie aux écoles du Jardin du Roi, d'en faire
l'ouverture et d'examiner les parties intérieures, chose très familière à M. Mertrud, puisque
c'est lui qui a bien voulu disséquer, sous les yeux de M. Daubenton, de l'Académie des
sciences, la plupart des animaux dont nous avons donné les descriptions. M. Mertrud joint
d'ailleurs à toutes les connaissances de l'art de l'anatomie une grande exactitude dans ses
opérations. De plus, cette dissection a, pour ainsi dire, été faite en ma présence, et
M. Daubenton le jeune en a suivi toutes les opérations et en a rédigé les résultats ; enfin
M. de Sève, notre dessinateur, qui voit très bien, y était aussi. Je ne rapporte ces circonstances que pour faire voir à M. Bajon que nous ne pouvons nous dispenser de le contredire sur un premier point très essentiel, c'est qu'au lieu de trois estomacs nous n'en avons
trouvé qu'un seul dans cet animal ; la capacité en était à la vérité fort ample et en forme
d'une poche étranglée en deux endroits, mais ce n'était qu'un seul viscère, un estomac
simple et unique qui n'avait qu'une simple issue dans le duodénum, et non pas trois estomacs distincts et séparés, comme le dit M. Bajon : cependant il n'est pas étonnant qu'il
soit tombé dans cette méprise, puisque l'un des plus célèbres anatomistes de l'Europe, le
docteur Tyson, de la Société royale de Londres, s'est trompé en disséquant le *pécari* ou
tajacu d'Amérique, duquel, au reste, il a donné une très bonne description dans les
Transactions philosophiques, n° 153. Tyson assure, comme M. Bajon le dit du tapir, que
le pécari a trois estomacs, tandis qu'il n'en a réellement qu'un seul, mais partagé à peu
près comme celui du tapir par deux étranglements qui semblent au premier coup d'œil en
indiquer trois.

Il nous paraît donc certain que le tapir ou maïpouri n'a pas trois estomacs, et qu'il
n'est point animal ruminant, car nous pouvons encore ajouter à la preuve que nous venons
d'en donner que jamais cet animal, qui est arrivé vivant jusque auprès de Paris, n'a
ruminé. Ses conducteurs ne le nourrissaient que de pain, de grain, etc.; mais cette méprise
de M. Bajon n'empêche pas que son mémoire ne contienne de très bonnes observations :

1. TAPIR INDIEN. _ 2. DAUW.

A Le Vasseur, Editeur

l'on en va juger par la suite de cet extrait, dans lequel j'ai cru devoir interposer quelques faits qui m'ont été communiqués par des témoins oculaires.

» Le tapir ou maïpouri mâle, dit M. Bajon, est constamment plus grand et plus fort que » la femelle ; les poils de la crinière sont plus longs et plus épais. Le cri de l'un et de » l'autre est précisément celui d'un gros sifflet ; le cri du mâle est plus aigu, plus fort et » plus perçant que celui de la femelle. Les parties de la génération du mâle semblent avoir » un rapport très grand avec celles du cheval ou de l'âne ; elles sont situées de la même » façon ; et on observe sur le fourreau, comme dans le cheval, à peu de distance des tes- » ticules, deux petits mamelons très peu apparents qui indiquent l'endroit des mamelles. » Les testicules sont très gros et pèsent jusqu'à douze ou quatorze onces chacun... La » verge est grosse et n'a qu'un corps caverneux. Dans son état ordinaire elle est renfer- » mée dans une poche considérable formée par le fourreau ; mais lorsqu'elle est en érec- » tion elle sort tout entière comme celle du cheval. »

Une des femelles que M. Bajon a disséquées avait six pieds de longueur, et paraissait n'avoir pas encore porté ; ses mamelles, au nombre de deux, n'étaient pas bien grosses ; elles ressemblent en tout à celles de l'ânesse ou de la jument ; la vulve était à un bon pouce de l'anus.

Les femelles entrent ordinairement en chaleur aux mois de novembre et de décembre ; chaque mâle suit une femelle, et c'est là le seul temps où l'on trouve deux de ces animaux ensemble. Lorsque deux mâles se rencontrent auprès de la même femelle, ils se battent et se blessent cruellement. Quand la femelle est pleine, le mâle la quitte et la laisse aller seule ; le temps de la gestation est de dix à onze mois, car on en voit de jeunes dès le mois de septembre. Pour mettre bas, la femelle choisit toujours un endroit élevé et un terrain sec.

Cet animal, bien loin d'être amphibie, comme quelques naturalistes l'ont dit, vit continuellement sur la terre, et fait constamment son gîte sur les collines et dans les endroits les plus secs. Il est vrai qu'il fréquente les lieux marécageux, mais c'est pour y chercher sa subsistance et parce qu'il y trouve plus de feuilles et d'herbes que sur les terrains élevés. Comme il se salit beaucoup dans les endroits marécageux et qu'il aime la propreté, il va tous les matins et tous les soirs traverser quelque rivière ou se laver dans quelque lac. Malgré sa grosse masse, il nage parfaitement bien et plonge aussi fort adroitement, mais il n'a pas la faculté de rester sous l'eau plus de temps que tout autre animal terrestre ; aussi le voit-on à tout instant tirer sa trompe hors de l'eau pour respirer. Quand il est poursuivi par les chiens, il court aussitôt vers quelque rivière qu'il traverse promptement pour tâcher de se soustraire à leur poursuite.

Il ne mange point de poisson ; sa nourriture ordinaire sont des rejetons et des pousses tendres, et surtout des fruits tombés des arbres ; c'est plutôt la nuit que le jour qu'il cherche sa nourriture ; cependant il se promène le jour, surtout pendant la pluie ; il a la vue et l'ouïe très fines ; au moindre mouvement qu'il entend, il s'enfuit et fait un bruit considérable dans le bois. Cet animal très solitaire est fort doux et même assez timide ; il n'y a pas d'exemple qu'il ait cherché à se défendre des hommes ; il n'en est pas de même avec les chiens, il s'en défend très bien, surtout quand il est blessé ; il les tue même assez souvent, soit en les mordant, soit en les foulant aux pieds ; lorsqu'il est élevé en domesticité, il semble être susceptible d'attachement. M. Bajon en a nourri un qu'on lui apporta jeune et qui n'était encore pas plus gros qu'un mouton ; il parvint à l'élever fort grand, et cet animal prit pour lui une espèce d'amitié ; il le distinguait à merveille au milieu de plusieurs personnes ; il le suivait comme un chien suit son maître, et paraissait se plaire beaucoup aux caresses qu'il lui faisait ; il lui léchait les mains ; enfin, il allait seul se promener dans les bois, et quelquefois fort loin, et il ne manquait jamais de revenir tous les soirs d'assez bonne heure. On en a vu un autre, également apprivoisé, se promener dans les rues de Cayenne, aller à la campagne en toute liberté et revenir chaque soir ; néanmoins, lorsqu'on voulut l'embarquer pour l'amener en Europe, dès qu'il fut à bord du navire, on ne put le tenir ; il cassa des cordes très fortes avec lesquelles on l'avait attaché, il se précipita dans l'eau, gagna le rivage à la nage et entra dans un fort de palétuviers, à une distance considérable de la ville ; on le crut perdu, mais le soir même il se rendit à son gîte ordinaire. Comme on avait résolu de l'embarquer, on prit de plus grandes précautions qui ne réussirent que pendant un temps ; car environ moitié chemin de l'Amérique en France, la mer étant devenue fort orageuse, l'animal se mit de mauvaise humeur, brisa de nouveau ses liens, enfonça sa cabane et se précipita dans la mer d'où on ne put le retirer.

L'hiver, pendant lequel il pleut presque tous les jours à Cayenne, est la saison la plus favorable pour chasser ces animaux avec succès.

« Un chasseur indien qui était à mon service, dit M. Bajon, allait se poster au milieu » des bois, il donnait cinq à six coups d'un sifflet fait exprès et qui imitait très bien leur » cri ; s'il s'en trouvait quelqu'un aux environs, il répondait tout de suite, et alors le chas- » seur s'acheminait doucement vers l'endroit de la réponse, ayant soin de la faire répéter » de temps en temps et jusqu'à ce qu'il se trouvât à portée de tirer. L'animal, pendant la » sécheresse de l'été, reste au contraire tout le jour couché ; cet Indien allait alors sur les » petites hauteurs et tâchait d'en découvrir quelqu'un et de le tuer au gîte : mais cette » manière était bien plus stérile que la première. On se sert de lingots ou de très grosses » balles pour les tirer, parce que leur peau est si dure que le gros plomb ne fait que » l'égratigner ; et avec les balles et même les lingots il est rare qu'on les tue du premier » coup : on ne saurait croire combien ils ont la vie dure. Leur chair n'est pas absolument » mauvaise à manger ; celle des vieux est coriace et a un goût que bien des gens trouvent » désagréable ; mais celle des jeunes est meilleure et a quelque rapport avec celle du veau. »

Je n'ai pas cru devoir tirer par extrait du mémoire de M. Bajon les faits anatomiques ; je n'ai cité que celui des prétendus trois estomacs qui néanmoins n'en font qu'un ; j'espère que M. Bajon le reconnaîtra lui-même, s'il se donne la peine d'examiner de nouveau cette partie intérieure de l'animal.

Une autre remarque qui me paraît nécessaire, et que nous croyons devoir faire, quoique nous ne soyons pas aussi certain du fait que de celui du seul estomac, c'est au sujet des cornes de la matrice. M. Bajon assure que, dans toutes les femelles qu'il a disséquées, l'extrémité des trompes qui répond aux ovaires est exactement fermée, et que leur cavité n'a absolument aucune communication avec ces parties.

« J'ai, dit-il, soufflé de l'air dans ces trompes et je l'ai pressé avec force, il ne s'en est » point échappé, il n'en est point entré du côté des ovaires ; cette extrémité des trompes, » qu'on appelle le *papillon* ou le *morceau frangé*, paraît être terminée en rond, et on observe » à l'extérieur de son extrémité plusieurs culs-de-sac, que l'on dirait d'abord être autant » de communications avec son intérieur ; mais ils sont fermés par des replis membraneux » produits par la membrane qui leur est fournie par les ligaments larges, au moyen de » laquelle membrane les trompes se trouvent attachées aux ovaires. L'entière oblitération » de l'extrémité des trompes qui répond aux ovaires est un phénomène qui portera sans » doute quelque atteinte au système ordinaire de la génération. La nouveauté, l'importance » et la singularité de ce phénomène, ajoute M. Bajon, a fait que je me suis mis en garde » contre mes propres observations. J'ai donc cherché à m'assurer du fait par de nouvelles » recherches, pour qu'il ne me restât point de doute ; de sorte que la dissection de dix à » douze femelles, que j'ai faite dans l'espace de trois à quatre mois, m'a mis à même de » pouvoir attester la réalité du fait, tant dans les jeunes femelles que dans celles qui » avaient porté, car j'en ai disséqué qui avaient du lait dans les mamelles, et d'autres qui » étaient pleines. »

Quelque positive que soit cette assertion, et quelque nombreuses que puissent être à cet égard les observations de M. Bajon, elles ont besoin d'être répétées, et nous paraissent si opposées à tout ce que l'on sait d'ailleurs, que nous ne pouvons y ajouter foi.

Voici maintenant les notes que j'ai recueillies pendant la dissection que M. Mertrud a faite de cet animal à Paris.

L'estomac était situé de manière qu'il paraissait également étendu à droite comme à gauche; la poche s'en terminait en pointe, moins allongée que dans le cochon, et il y avait un angle bien marqué entre l'œsophage et le pylore, qui faisait une espèce d'étranglement, et la partie gauche était beaucoup plus ample que la droite ; le colon avait beaucoup d'ampleur, il était plus étroit à son origine et à son extrémité que dans son milieu; la grande circonférence de l'estomac était de trois pieds un pouce; la petite circonférence de deux pieds six lignes.

Dans le temps que l'on a fait cette dissection, nous n'avions pas encore reçu le mémoire de M. Bajon. Nous eussions sans doute examiné de beaucoup plus près l'estomac et surtout les cornes de la matrice de cet animal; mais, quoique cet examen ultérieur n'ait pas été fait, nous sommes néanmoins convaincus qu'il n'y a qu'un estomac, et en même temps très persuadés qu'il y a communication entre les ovaires et l'extrémité des trompes de la matrice.

Au reste, le tapir, qui est le plus gros quadrupède de l'Amérique méridionale, ne se trouve que dans cette partie du monde. L'espèce ne s'est pas étendue au delà de l'isthme de Panama ; et c'est probablement parce qu'il n'a pu franchir les montagnes de cet isthme, car la température du Mexique et des autres provinces adjacentes aurait convenu à la nature de cet animal, puisque Samuel Wallis (a) et quelques autres voyageurs disent en avoir trouvé, ainsi que des lamas, jusque dans les terres du détroit de Magellan.

DU TAPIR (*suite*)

(Par M le professeur Allamand).

« Quoique les tapirs soient assez communs dans les parties de l'Amérique méridionale
» où les Européens ont des établissements, et qu'on en voie quelquefois dans les basses-
» cours des particuliers, où on les nourrit avec les autres animaux domestiques, il est
» cependant fort rare qu'on en transporte en Europe. Je ne crois pas même que jusqu'à
» présent on y en ait vu plus d'un, qui a été montré à Amsterdam en 1704 sous le nom de
» *cheval marin*, et dont un peintre de ce temps-là a fait des dessins qui se conservent
» dans les collections de quelques curieux, mais qui représentent cet animal si imparfaite-
» ment, qu'on ne saurait l'y reconnaître. M. de Buffon n'a jamais vu le tapir (b), non plus
» que les autres naturalistes qui en ont parlé : dans l'histoire qu'il en a donnée, il a été
» obligé de copier la description qui en a été faite par Marcgrave et par Barrère, et de citer
» ce qu'en ont dit les voyageurs; la figure qu'il y a ajoutée lui a été communiquée par
» M. de la Condamine, et c'est la seule qui en donne une idée passable; c'est même la
» seule qui en ait été faite, car il faut compter pour rien celle que Marcgrave en a publiée
» et qui a été copiée par Pison; elle est trop mauvaise pour qu'elle mérite aucune
» attention.

» Depuis quelques semaines nous avons ici, en Hollande, deux de ces animaux, dont

(a) *Premier Voyage de Cook*, t. II, page 34.
(b) Ceci était vrai pour le temps où M. Allamand a écrit, mais depuis le tapir m'a été bien connu, et je l'ai fait dessiner d'après nature.

» l'un est promené de ville en ville pour être montré dans les foires, et l'autre est dans
» la ménagerie du prince d'Orange, qui est peut-être la plus intéressante de l'Europe pour
» un naturaliste, vu le grand nombre d'animaux rares qu'on y envoie tous les ans, tant
» des Indes orientales, que d'Afrique et d'Amérique. Le tapir qui est dans cette ména-
» gerie est un mâle, l'autre est une femelle. Le premier est représenté dans la planche IX (a).
» Si l'on compare cette figure avec celle que M. de Buffon a donnée d'après le dessin qui
» lui a été fourni par M. de la Condamine, on y trouvera des différences assez sensibles (b).
» La planche X représente la femelle dans une attitude que cet animal prend souvent.

» Marcgrave a donné une très bonne description du tapir, et M. de Buffon, ne l'ayant
» jamais vu, ne pouvait rien faire de mieux que de la rapporter toute comme il l'a fait.
» Cependant, comme quelques particularités lui sont échappées, j'ajouterai ici les obser-
» vations que j'ai faites sur l'animal même. Celui qui est dans la ménagerie du prince
» d'Orange doit être fort jeune, si au moins cet animal parvient à la grandeur d'une petite
» vache, comme le disent quelques voyageurs : il égale à peine la hauteur d'un cochon,
» avec lequel même il est aisé de le confondre si on le voit de loin. Il a le corps fort gros à
» proportion de la taille; il est arqué vers la partie postérieure du dos, et terminé par une
» large croupe assez semblable à celle d'un jeune poulain bien nourri. La couleur de sa
» peau et de son pelage est d'un brun foncé qui est le même par tout le corps. Il faut pro-
» mener sa main sur son dos pour s'apercevoir qu'il y a des poils qui ne sont pas plus
» grands que du duvet; il en a très peu aux flancs, et ceux qui couvrent la partie infé-
» rieure de son corps sont assez rares et courts. Il a une crinière de poils noirâtres d'un
» pouce et demi de hauteur, et raides comme des soies de cochon, mais moins rudes au
» toucher, et qui diminuent en longueur à mesure qu'ils s'approchent des extrémités : cette
» crinière s'étend dans l'espace de trois pouces sur le front, et de sept sur le cou. Sa tête
» est fort grosse et relevée en bosse près de l'origine du museau. Ses oreilles sont presque
» rondes, et bordées dans leur contour d'une raie blanchâtre. Ses yeux sont petits et placés
» à une distance presque égale des oreilles et de l'angle de la bouche. Son groin est ter-
» miné par un plan circulaire à peu près semblable au boutoir d'un cochon, mais moins
» large, son diamètre n'égalant pas un pouce et demi : et c'est là que sont les ouvertures
» des narines, qui, comme celles de l'éléphant, sont à l'extrémité de sa trompe, avec laquelle
» le nez du tapir a beaucoup de rapport ; car il s'en sert à peu près de la même façon.
» Quand il ne l'emploie pas pour saisir quelque chose, cette trompe ne s'étend guère au
» delà de la lèvre inférieure, et alors elle est toute ridée circulairement; mais il peut
» l'allonger presque d'un demi-pied, et même la tourner de côté et d'autre pour prendre ce
» qu'on lui présente, mais non pas comme l'éléphant, avec cette espèce de doigt qui est
» au bout supérieur de sa trompe, et avec lequel j'ai vu un de ces animaux relever un sou
» de terre pour le donner à son maître. Le tapir n'a point ce doigt; il saisit avec la partie
» inférieure de son nez allongé, qui se replie pour cet effet en dessous. J'ai eu le plaisir de
» lui voir prendre de cette manière plusieurs morceaux de pain que je lui offrais, et qui
» paraissaient être fort de son goût. Ce n'est donc pas simplement la lèvre, comme celui
» du rhinocéros, qui lui sert de trompe; c'est son nez qui, à la vérité, lui tient aussi lieu
» de lèvre, car quand il l'allonge, en levant la tête pour attraper ce qu'on lui présente,
» elle laisse à découvert les dents de la mâchoire supérieure; en dessus elle est de couleur
» brune, comme tout le reste du corps, et presque sans aucun poil; en dessous elle est
» de couleur de chair : on peut voir que c'est un fort muscle susceptible d'allongement et
» de contraction, qui, en se courbant, pousse dans la bouche les aliments qu'il a saisis.

(a) Tome **XV**, édition de Hollande.
(b) M. Allamand a raison pour cette ancienne figure, mais celle que j'ai donnée ayant été
faite d'après nature, comme la sienne, on peut les regarder comme également bonnes.

» Les jambes du tapir sont courtes et fortes; les pieds de devant ont quatre doigts.
» trois antérieurs, dont celui du milieu est le plus long; le quatrième est au côté extérieur;
» il est placé plus haut et il est plus petit que les autres : les pieds de derrière n'en ont
» que trois. Ces doigts sont terminés par des ongles noirs, pointus et plats; on peut les
» comparer aux sabots des animaux à pieds fourchus; ils environnent et renferment
» toute l'extrémité des doigts; chaque doigt est marqué d'une raie blanche à l'origine des
» ongles; la queue mérite à peine ce nom, ce n'est qu'un tronçon gros et long comme le
» petit doigt, et de couleur de chair en dessous.

» Marcgrave dit que les jeunes tapirs portent la livrée, mais qu'ils la perdent quand ils
» sont adultes, et sont partout de couleur de terre d'ombre, sans aucune tache de différentes
» couleurs : comme c'est là le cas du tapir que je décris, on en pourrait conclure qu'il n'est
» pas aussi jeune que sa taille semble l'indiquer.

» Cet animal est fort doux, il s'approche de ceux qui entrent dans sa loge, il les suit
» familièrement, surtout s'ils ont quelque chose à lui donner, et il souffre d'en être caressé.
» Je n'ai pu remarquer dans sa physionomie cet air triste et mélancolique qu'on lui prête,
» et qui pourrait bien avoir été confondu avec la douceur qu'annonce son regard.

» Il ne m'a pas été possible de compter exactement ses dents incisives; il ne les décou-
» vrait pas assez longtemps pour que je puisse m'assurer de leur nombre, et quand je vou-
» lais lui relever son nez pour les mieux voir, il secouait fortement la tête et m'obligeait
» de lâcher prise; il m'a semblé cependant qu'il y en avait huit à chaque mâchoire très
» bien arrangées (a), et de la grosseur des dents incisives de l'homme. Marcgrave dit qu'il
» en a compté dix à chaque mâchoire; les dents canines ne m'ont pas paru les surpasser
» en grandeur, et ne sortaient point hors de la bouche, comme la figure donnée par M. de
» la Condamine à M. de Buffon semblerait le faire croire; quant aux dents mâchelières, je
» n'ai pu les apercevoir.

» Je n'ai point vu la femelle dont j'ai parlé ci-dessus, et qu'on promène dans nos foires;
» mais une personne qui s'intéresse à tout ce qui peut contribuer à la perfection de notre
» édition l'a observée avec soin, et voici le résultat des remarques qu'elle m'a communiquées :

« Cette femelle est un peu plus grande que le mâle que je viens de décrire; on la nourrit
» avec du pain de seigle, du gruau cuit, des herbes, etc.; elle aime surtout les pommes,
» qu'elle sent de loin; elle s'approche de ceux qui en ont, et fourre son groin dans leurs
» poches pour les y prendre. Au reste, elle mange tout ce qu'on lui présente : des carottes,
» du poisson, de la viande, et jusqu'à ses propres excréments quand elle a faim.

» Elle connaît son maître autant qu'un cochon connaît celui qui le nourrit; elle est fort
» douce, et ne fait entendre aucun son de voix; l'homme qui la fait voir dit que, quand
» elle est fatiguée ou irritée, elle pousse un cri aigu qui ressemble à une sorte de siffle-
» ment : le mâle qui est dans la ménagerie du prince d'Orange fait la même chose, si je
» dois m'en rapporter à celui à qui la garde en est confiée.

» Ses poils sont, comme ceux du mâle, très courts ou presque nuls sur le dos; elle en a
» quelques-uns plus sensibles à la mâchoire inférieure, aux flancs, et derrière les pieds de
» devant. Ses oreilles sont bordées de petits poils très fins d'un blanc jaunâtre. Elle n'a
» point de crinière comme le mâle, mais seulement, là où elle devrait être, quelques poils
» éloignés les uns des autres, et plus longs que ceux du reste du corps. La crinière serait-
» elle une marque qui différencierait les sexes, comme cela se voit dans le lion et dans
» d'autres animaux ?

(a) M. Allamand n'a pas pu voir toutes les dents incisives du tapir, mais nous les avons
vues, et elles sont au nombre de dix en haut et de dix en bas (*).

(*) La formule dentaire du Tapir est $\frac{3}{3} \frac{1}{1} \frac{4}{3} \frac{3}{3}$.

» Elle a deux mamelles, longues d'un demi-pouce, entre les jambes de derrière.

» Elle a deux dents canines à chaque mâchoire, et celles de la mâchoire supérieure sont
» plus grandes que celles d'en bas, ce qui est le contraire de ce qu'on voit dans les cochons,
» et de ce que présente la figure qu'a donnée M. de Buffon. Il n'y a pas eu moyen de comp-
» ter ses dents incisives.

» Lorsqu'elle étend son nez, ses narines offrent de larges ouvertures, et elles se refer-
» ment quand elle le retire ; la même chose arrive au mâle.

» Elle a beaucoup de force dans ses dents ; on lui voit quelquefois transporter d'un
» endroit à un autre la crèche dans laquelle on lui donne à manger.

» Son attitude favorite est de s'asseoir sur ses pieds de derrière comme un chien ; et c'est
» là l'attitude la plus agréable où l'on puisse la voir.

» Dans nos colonies américaines, on donne le nom de buffle aux tapirs, et je ne sais
» pourquoi : ils ne ressemblent en rien aux animaux qui portent ce nom. »

LE CHEVAL

Nous avons donné la manière dont on traite les chevaux en Arabie, et le détail des soins
particuliers que l'on prend pour leur éducation. Ce pays sec et chaud, qui paraît être la première patrie et le climat le plus convenable à l'espèce de ce bel animal, permet ou exige
un grand nombre d'usages qu'on ne pourrait établir ailleurs avec le même succès. Il ne
serait pas possible d'élever et de nourrir les chevaux en France et dans les contrées septentrionales comme on le fait dans les climats chauds ; mais les gens qui s'intéressent à
ces animaux utiles seront bien aises de savoir comment on les traite dans les climats
moins heureux que celui de l'Arabie, et comment ils se conduisent et savent se gouverner
eux-mêmes lorsqu'ils se trouvent indépendants de l'homme.

Suivant les différents pays et selon les différents usages auxquels on destine les chevaux,
on les nourrit différemment : ceux de race arabe, dont on veut faire des coureurs pour la
chasse en Arabie et en Barbarie, ne mangent que rarement de l'herbe et du grain. On ne
les nourrit ordinairement que de dattes et de lait de chameau, qu'on leur donne le soir et le
matin ; ces aliments, qui les rendent plutôt maigres que gras, les rendent en même temps
très nerveux et fort légers à la course. Ils tettent même les femelles chameaux, qu'ils suivent, quelque grands qu'ils soient (a), et ce n'est qu'à l'âge de six ou sept ans qu'on commence à les monter.

En Perse, on tient les chevaux à l'air dans la campagne le jour et la nuit, bien couverts
néanmoins contre les injures du temps, surtout l'hiver, non seulement d'une couverture de
toile, mais d'une autre par-dessus qui est épaisse et tissue de poil, et qui les tient chauds
et les défend du serein et de la pluie. On prépare une place assez grande et spacieuse, selon
le nombre des chevaux, sur un terrain sec et uni, qu'on balaie et qu'on accommode fort
proprement ; on les y attache, à côté l'un de l'autre, à une corde assez longue pour les contenir tous, bien tendue et liée fortement par les deux bouts à deux chevilles de fer enfoncées dans la terre ; on leur lâche néanmoins le licou auquel ils sont liés autant qu'il le faut
pour qu'ils aient la liberté de se remuer à leur aise. Mais, pour les empêcher de faire aucune
violence, on leur attache les deux pieds de derrière à une corde assez longue qui se partage
en deux branches, avec des boucles de fer aux extrémités, où l'on place une cheville
enfoncée en terre au-devant des chevaux, sans qu'ils soient néanmoins serrés si étroitement
qu'ils ne puissent se coucher, se lever et se tenir à leur aise, mais seulement pour les
empêcher de faire aucun désordre ; et quand on les met dans des écuries, on les attache et

(a) *Voyage de Marmol*, t. 1ᵉʳ, p. 50.

on les tient de la même façon. Cette pratique est si ancienne chez les Persans qu'ils l'observaient dès le temps de Cyrus, au rapport de Xénophon. Ils prétendent, avec assez de fondement, que ces animaux en deviennent plus doux, plus traitables, moins hargneux entre eux, ce qui est utile à la guerre, où les chevaux inquiets incommodent souvent leurs voisins lorsqu'ils sont serrés par escadrons. Pour litière on ne leur donne, en Perse, que du sable et de la terre en poussière bien sèche, sur laquelle ils reposent et dorment aussi bien que sur la paille (a). Dans d'autres pays, comme en Arabie et au Mogol, on fait sécher leur fiente que l'on réduit en poudre et dont on leur fait un lit très doux (b). Dans toutes ces contrées on ne les fait jamais manger à terre ni même à un râtelier, mais on leur met de l'orge et de la paille hachée dans un sac qu'on attache à leur tête, car il n'y a point d'avoine, et l'on ne fait guère de foin dans ce climat; on leur donne seulement de l'herbe ou de l'orge en vert au printemps, et en général on a grand soin de ne leur fournir que la quantité de nourriture nécessaire; car, lorsqu'on les nourrit trop largement, leurs jambes se gonflent, et bientôt ils ne sont plus de service. Ces chevaux, auxquels on ne met point de bride et que l'on monte sans étriers, se laissent conduire fort aisément; ils portent la tête très haute au moyen d'un simple petit bridon, et courent très rapidement et d'un pas très sûr dans les plus mauvais terrains. Pour les faire marcher, on n'emploie point la houssine et fort rarement l'éperon; si quelqu'un en veut user, il n'a qu'une petite pointe cousue au talon de sa botte. Les fouets dont on se sert ordinairement ne sont faits que de petites bandes de parchemin nouées et cordelées; quelques petits coups de ce fouet suffisent pour les faire partir et les entretenir dans le plus grand mouvement.

Les chevaux sont en si grand nombre en Perse que, quoiqu'ils soient très bons, ils ne sont pas fort chers. Il y en a peu de grosse et grande taille, mais ils ont tous plus de force et de courage que de mine et de beauté. Pour voyager avec moins de fatigue, on se sert de chevaux qui vont l'amble, et qu'on a précédemment accoutumés à cette allure en leur attachant, par une corde, le pied de devant à celui de derrière du même côté; et dans la jeunesse on leur fend les naseaux, dans l'idée qu'ils en respirent plus aisément; ils sont si bons marcheurs, qu'ils font très aisément sept à huit lieues de chemin sans s'arrêter (c).

Mais l'Arabie, la Barbarie et la Perse ne sont pas les seules contrées où l'on trouve de beaux et bons chevaux; dans les pays même les plus froids, s'ils ne sont point humides, ces animaux se maintiennent mieux que dans les climats très chauds. Tout le monde connaît la beauté des chevaux danois et la bonté de ceux de Suède, de Pologne, etc. En Islande, où le froid est excessif, et où souvent on ne les nourrit que de poissons desséchés, ils sont très vigoureux quoique petits (d); il y en a même de si petits qu'ils ne peuvent servir de monture qu'à des enfants (e). Au reste, ils sont si communs dans cette île que les bergers gardent leurs troupeaux à cheval; leur nombre n'est point à charge, car ils ne coûtent rien à nourrir. On mène ceux dont on n'a pas besoin dans les montagnes, où on les laisse plus ou moins de temps après les avoir marqués; et lorsqu'on veut les reprendre, on les fait chasser pour les rassembler en une troupe, et on leur tend des cordes pour les saisir parce qu'ils sont devenus sauvages. Si quelques juments donnent des poulains dans ces montagnes, les propriétaires les marquent comme les autres et les laissent là trois ans. Ces chevaux de montagne deviennent communément plus beaux, plus fiers et plus gras que tous ceux qui sont élevés dans les écuries (f).

(a) *Voyage de della Valle.* Rouen, 1745, in-12, t. V, p. 284 jusqu'à 302.
(b) *Voyage de Thévenot*, t. III, pages 129 et suiv.
(c) *Voyage de della Valle.* Rouen, 1745, in-12, t. V, p. 284 jusqu'à 302.
(d) *Recueil des voyages du Nord.* Rouen, 1716, t. Ier, p. 18.
(e) *Description de l'Islande*, etc., par Jean Anderson, p. 79.
(f) *Histoire générale des Voyages*, t. XVIII, p. 19.

Ceux de Norvège ne sont guère plus grands, mais bien proportionnés dans leur petite taille; ils sont jaunes pour la plupart, et ont une raie noire qui leur règne tout le long du dos; quelques-uns sont châtains, il y en a aussi d'une couleur de gris de fer. Ces chevaux ont le pied extrêmement sûr; ils marchent avec précaution dans les sentiers des montagnes escarpées, et se laissent glisser en mettant sous le ventre les pieds de derrière lorsqu'ils descendent un terrain raide et uni. Ils se défendent contre l'ours, et lorsqu'un étalon aperçoit cet animal vorace et qu'il se trouve avec des poulains ou des juments, il les fait rester derrière lui, va ensuite attaquer l'ennemi, qu'il frappe avec ses pieds de devant, et ordinairement il le fait périr sous ses coups. Mais, si le cheval veut se défendre par des ruades, c'est-à-dire avec les pieds de derrière, il est perdu sans ressource, car l'ours lui saute d'abord sur le dos et le serre si fortement, qu'il vient à bout de l'étouffer et de le dévorer (a).

Les chevaux de Nordlande ont tout au plus quatre pieds et demi de hauteur. A mesure qu'on avance vers le nord, les chevaux deviennent petits et faibles. Ceux de la Nordlande occidentale sont d'une forme singulière; ils ont la tête grosse, de gros yeux, de petites oreilles, le cou fort court, le poitrail large, le jarret étroit, le corps un peu long, mais gros, les reins courts entre queue et ventre, la partie supérieure de la jambe longue, l'inférieure courte, le bas de la jambe sans poil, la corne petite et dure, la queue grosse, les crins fournis, les pieds petits, sûrs et jamais serrés; ils sont bons, rarement rétifs et fantasques, grimpant sur toutes les montagnes. Les pâturages sont si bons en Nordlande, que lorsqu'on amène de ces chevaux à Stockholm, ils y passent rarement une année sans dépérir ou maigrir et perdre leur vigueur. Au contraire, les chevaux qu'on amène en Nordlande des pays plus septentrionaux, quoique malades dans la première année, y reprennent leurs forces (b).

L'excès du chaud et du froid semble être également contraire à la grandeur de ces animaux. Au Japon, les chevaux sont généralement petits; cependant il s'en trouve d'assez bonne taille, et ce sont probablement ceux qui viennent des pays de montagnes, et il en est à peu près de même à la Chine. Cependant on assure que ceux du Tonquin sont d'une taille belle et nerveuse, qu'ils sont bons à la main, et de si bonne nature qu'on peut les dresser aisément et les rendre propres à toutes sortes de marches (c).

Ce qu'il y a de certain, c'est que les chevaux qui sont originaires des pays secs et chauds dégénèrent, et même ne peuvent vivre dans les climats et les terrains trop humides, quelque chauds qu'ils soient; au lieu qu'ils sont très bons dans tous les pays de montagnes, depuis le climat de l'Arabie jusqu'en Danemark et en Tartarie, dans notre continent, et depuis la Nouvelle-Espagne jusqu'aux terres Magellaniques dans le nouveau continent : ce n'est donc ni le chaud, ni le froid, mais l'humidité seule qui leur est contraire.

On sait que l'espèce du cheval n'existait pas dans ce nouveau continent, lorsqu'on en a fait la découverte, et l'on peut s'étonner avec raison de leur prompte et prodigieuse multiplication, car en moins de deux cents ans le petit nombre de chevaux qu'on y a transportés d'Europe s'est si fort multiplié, et particulièrement au Chili, qu'ils y sont à très bas prix. Frézier dit que cette prodigieuse multiplication est d'autant plus étonnante que les Indiens mangent beaucoup de chevaux et qu'ils les ménagent si peu pour le service et le travail qu'il en meurt un très grand nombre par excès de fatigue (d). Les chevaux que

---

(a) *Essai d'une Histoire naturelle de la Norvège*, par Pontoppidan. *Journal étranger*, mois de juin 1756.

(b) *Histoire générale des Voyages*, t. XIX, p. 561.

(c) *Histoire du Tonquin*, par le P. de Rhodes, jésuite, p. 51 et suiv.

(d) *Voyage de Frézier dans la mer du Sud*, etc., p. 67, in-4°. Paris, 1732.

les Européens ont transportés dans les parties les plus orientales de notre continent, comme aux îles Philippines, y ont aussi prodigieusement multiplié (a).

En Ukraine (b) et chez les Cosaques du Don, les chevaux vivent errants dans les campagnes. Dans le grand espace de terre compris entre le Don et le Niéper, espace très mal peuplé, les chevaux sont en troupe de trois, quatre ou cinq cents, toujours sans abri, même dans la saison où la terre est couverte de neige; ils détournent cette neige avec le pied de devant pour chercher et manger l'herbe qu'elle recouvre. Deux ou trois hommes à cheval ont le soin de conduire ces troupes de chevaux, ou plutôt de les garder, car on les laisse errer dans la campagne, et ce n'est que dans les temps des hivers les plus rudes qu'on cherche à les loger pour quelques jours dans les villages, qui sont fort éloignés les uns des autres dans ce pays. On a fait sur ces troupes de chevaux, abandonnés pour ainsi dire à eux-mêmes, quelques observations qui semblent prouver que les hommes ne sont pas les seuls qui vivent en société et qui obéissent de concert au commandement de quelqu'un d'entre eux. Chacune de ces troupes de chevaux a un cheval-chef qui la commande, qui la guide, qui la tourne et range quand il faut marcher ou s'arrêter; ce chef commande aussi l'ordre et les mouvements nécessaires lorsque la troupe est attaquée par les voleurs ou par les loups. Ce chef est très vigilant et toujours alerte; il fait souvent le tour de sa troupe, et si quelqu'un de ses chevaux sort du rang ou reste en arrière, il court à lui, le frappe d'un coup d'épaule et lui fait prendre sa place. Ces animaux, sans être montés ni conduits par les hommes, marchent en ordre à peu près comme notre cavalerie. Quoiqu'ils soient en pleine liberté, ils paissent en files et par brigades, et forment différentes compagnies sans se séparer ni se mêler. Au reste, le cheval-chef occupe ce poste, encore plus fatigant qu'important, pendant quatre ou cinq ans, et lorsqu'il commence à devenir moins fort et moins actif, un autre cheval ambitieux de commander, et qui s'en sent la force, sort de la troupe, attaque le vieux chef, qui garde son commandement s'il n'est pas vaincu, mais qui rentre avec honte dans le gros de la troupe s'il a été battu, et le cheval victorieux se met à la tête de tous les autres et s'en fait obéir (c).

En Finlande, au mois de mai, lorsque les neiges sont fondues, les chevaux partent de chez leurs maîtres et s'en vont dans de certains cantons des forêts, où il semble qu'ils se soient donné le rendez-vous. Là ils forment des troupes différentes, qui ne se mêlent ni ne se séparent jamais; chaque troupe prend un canton différent de la forêt pour sa pâture; ils s'en tiennent à un certain territoire et n'entreprennent point sur celui des autres. Quand la pâture leur manque, ils décampent et vont s'établir dans d'autres pâturages avec le même ordre. La police de leur société est si bien réglée et leurs marches sont si uniformes, que leurs maîtres savent toujours où les trouver lorsqu'ils ont besoin d'eux, et ces animaux, après avoir fait leur service, retournent d'eux-mêmes vers leurs compagnons dans les bois. Au mois de septembre, lorsque la saison devient mauvaise, ils quittent les forêts, s'en reviennent par troupes et se rendent chacun à leur écurie.

Ces chevaux sont petits, mais bons et vifs, sans être vicieux. Quoiqu'ils soient généralement assez dociles, il y en a cependant quelques-uns qui se défendent lorsqu'on les prend ou qu'on veut les attacher aux voitures; ils se portent à merveille et sont gras quand ils reviennent de la forêt, mais l'exercice presque continuel qu'on leur fait faire l'hiver et le

(a) *Voyage de Gemelli Careri*, t. V, p. 162.

(b) Dans l'Ukraine il y a des chevaux qui vont par troupes de cinquante ou soixante; ils ne sont pas capables de service, mais ils sont bons à manger; leur chair est agréable à voir et plus tendre que celle du veau, et le peuple la mange avec du poivre. Les vieux chevaux, n'étant point faits pour être dressés, sont engraissés pour la boucherie, où on les vend chez les Tartares au prix du bœuf et du mouton. *Description de l'Ukraine*, par Beauplan.

(c) Extrait d'un mémoire fourni à M. de Buffon par M. Sanchez, ancien premier médecin des armées de Russie.

peu de nourriture qu'on leur donne leur font bientôt perdre cet embonpoint. Ils se roulent sur la neige comme les autres chevaux se roulent sur l'herbe; ils passent indifféremment les nuits dans la cour comme dans l'écurie, lors même qu'il fait un froid très violent (*a*).

Ces chevaux, qui vivent en troupes et souvent éloignés de l'empire de l'homme, font la nuance entre les chevaux domestiques et les chevaux sauvages. Il s'en trouve de ces derniers à l'île de Sainte-Hélène, qui, après y avoir été transportés, sont devenus si sauvages et si farouches qu'ils se jettent du haut des rochers dans la mer plutôt que de se laisser prendre (*b*). Aux environs de Nippes il s'en trouve qui ne sont pas plus grands que des ânes, mais plus ronds, plus ramassés et bien proportionnés : ils sont vifs et infatigables, d'une force et d'une ressource fort au-dessus de ce qu'on en devrait attendre. A Saint-Domingue on n'en voit point de la grandeur des chevaux de carrosse, mais ils sont d'une taille moyenne et bien prise. On en prend quantité avec des pièges et des nœuds coulants. La plupart de ces chevaux, ainsi pris, sont ombrageux (*c*). On en trouve aussi dans la Virginie, qui, quoique sortis de cavales privées, sont devenus si farouches dans les bois qu'il est difficile de les aborder, et ils appartiennent à celui qui peut les prendre ; ils sont ordinairement si revêches qu'il est très difficile de les dompter (*d*). Dans la Tartarie, surtout dans le pays entre Urgentz et la mer Caspienne, on se sert pour chasser les chevaux sauvages, qui y sont communs, d'oiseaux de proie dressés pour cette chasse ; on les accoutume à prendre l'animal par la tête et par le cou, tandis qu'il se fatigue sans pouvoir faire lâcher prise à l'oiseau (*e*). Les chevaux sauvages du pays des Tartares Mongoux et Kakas ne sont pas différents de ceux qui sont privés ; on les trouve en plus grand nombre du côté de l'ouest, quoiqu'il en paraisse aussi quelquefois dans le pays des Kakas qui borde le Harni. Ces chevaux sauvages sont si légers, qu'ils se dérobent aux flèches même des plus habiles chasseurs. Ils marchent en troupes nombreuses et, lorsqu'ils rencontrent des chevaux privés, ils les environnent et les forcent à prendre la fuite (*f*). On trouve encore au Congo des chevaux sauvages en assez bon nombre (*g*). On en voit quelquefois aussi aux environs du cap de Bonne-Espérance ; mais on ne les prend pas, parce qu'on préfère les chevaux qu'on y amène de Perse (*h*).

J'ai dit à l'article du cheval que, par toutes les observations tirées des haras, le mâle paraît influer beaucoup plus que la femelle sur la progéniture, et ensuite je donne quelques raisons qui pourraient faire douter de la vérité générale de ce fait, et qui pourraient en même temps laisser croire que le mâle et la femelle influent également sur leur production. Maintenant je suis assuré depuis, par un très grand nombre d'observations, que non seulement dans les chevaux, mais même dans l'homme et dans toutes les autres espèces d'animaux, le mâle influe beaucoup plus que la femelle sur la forme extérieure du produit, et que le mâle est le principal type des races dans chaque espèce.

J'ai dit que, dans l'ordonnance commune de la nature, ce ne sont pas les mâles, mais les femelles qui constituent l'unité de l'espèce ; mais cela n'empêche pas que le mâle ne soit le vrai type de chaque espèce, et ce que j'ai dit de l'unité doit s'entendre seulement de la plus grande facilité qu'a la femelle de représenter toujours son espèce, quoiqu'elle se prête à différents mâles. Nous avons discuté ce point avec grande attention dans l'article

(*a*) *Journal d'un voyage au Nord*, par M. Outhier, en 1736 et 1737. Amsterdam, 1746.
(*b*) *Mémoires pour servir à l'histoire des Indes orientales*, p. 199.
(*c*) *Nouveau voyage aux îles de l'Amérique*, t. V, p. 192 et suiv. Paris, 1722.
(*d*) *Histoire de la Virginie*. Orléans, page 406.
(*e*) *Histoire générale des voyages*, t. VII, page 156.
(*f*) *Ibidem*, t. VI, page 602.
(*g*) *Il Genio vagante del conte Aurelio degli Anzi*, In Parma, t. II, p. 475.
(*h*) *Description du Cap*, par Kolbe, t. III, p. 20.

du mulet, et nous y reviendrons dans l'article du serin ; en sorte que, quoique la femelle paraisse influer plus que le mâle sur le spécifique de l'espèce, ce n'est jamais pour la perfectionner, le mâle seul étant capable de la maintenir pure et de la rendre plus parfaite.

LE CHEVAL (*suite*)

Sur ce que j'ai dit, d'après quelques voyageurs (*a*), qu'il y avait des chevaux sauvages à l'île de Sainte-Hélène, M. Forster m'a écrit qu'il y avait tout lieu de douter de ce fait : « J'ai, dit-il, parcouru cette île d'un bout à l'autre sans y avoir rencontré de chevaux sau
» vages, et l'on m'a même assuré qu'on n'en avait jamais entendu parler ; et, à l'égard
» des chevaux domestiques et nés dans l'île, je fus informé qu'on n'en élevait qu'un petit
» nombre pour la monture des personnes d'un certain rang ; et même plutôt que de les
» propager dans l'île même, on fait venir la plupart des chevaux dont on a besoin des
» terres du cap de Bonne-Espérance, où ils sont en grand nombre, et où on les achète à
» un prix modéré. Les habitants de l'île prétendent que, si l'on en nourrissait un plus
» grand nombre, cela serait préjudiciable à la pâture des bœufs et des vaches, dont la
» compagnie des Indes tâche d'encourager la propagation ; et, comme il y en a déjà deux
» mille six cents, et qu'on veut en augmenter le nombre jusqu'à trois mille, il n'est pas
» probable qu'on y laissât vivre des chevaux sauvages, d'autant que l'île n'a que trois
» lieues de diamètre, et qu'on les aurait au moins reconnus s'ils y eussent existé. Il y a
» encore un petit nombre de chèvres sauvages qui diminue tous les jours, car les soldats
» de la garnison les tuent dès qu'elles se présentent sur les rebords ou bancs des montagnes
» qui entourent la vallée où se trouve le fort de James : à plus forte raison tueraient-ils
» de même les chevaux sauvages s'il y en avait.
» A l'égard des chevaux sauvages qui se trouvent dans toute l'étendue du milieu de
» l'Asie, depuis le Volga jusqu'à la mer du Japon, ils paraissent être, dit M. Forster, les
» rejetons des chevaux communs qui sont devenus sauvages. Les Tartares, habitants de
» tous ces pays, sont des pâtres qui vivent du produit de leurs troupeaux, lesquels con
» sistent principalement en chevaux, quoiqu'ils possèdent aussi des bœufs, des dromadaires
» et des brebis. Il y a des Kalmouks ou des Kirghizes qui ont des troupes de mille che
» vaux qui sont toujours au désert pour y chercher leur nourriture. Il est impossible de
» garder ces nombreux troupeaux assez soigneusement pour que de temps en temps il ne
» se perde pas quelques chevaux qui deviennent sauvages et qui, dans cet état même
» de liberté, ne laissent pas de s'attrouper ; on peut en donner un exemple récent. Dans
» l'expédition du czar Pierre Ier contre la ville d'Azoph, on avait envoyé les chevaux de
» l'armée au pâturage, mais on ne put jamais venir à bout de les rattraper tous ; ces che
» vaux devinrent sauvages avec le temps, et ils occupent actuellement le *step* (désert) qui
» est entre le Don, l'Ukraine et la Crimée : le nom *tartare* que l'on donne à ces chevaux
» en Russie et en Sibérie est *tarpan*. Il y a de ces tarpans dans les terres de l'Asie, qui
» s'étendent depuis le 50e degré jusqu'au 30e de latitude. Les nations tartares, les Mon
» goux et les Mantchoux, aussi bien que les Cosaques du Jaïk, les tuent à la chasse pour
» en manger la chair. On a observé que ces chevaux sauvages marchent toujours en com
» pagnie de quinze ou vingt, et rarement en troupes plus nombreuses ; on rencontre seule
» ment quelquefois un cheval tout seul, mais ce sont ordinairement de jeunes chevaux
» mâles que le chef de la troupe force d'abandonner sa compagnie lorsqu'ils sont parve
» nus à l'âge où ils peuvent lui donner ombrage : le jeune cheval relégué tâche de trouver
» et de séparer quelques jeunes juments des troupeaux voisins, sauvages ou domestiques,

(*a*) Voyez les *Mémoires pour servir à l'histoire des Indes orientales*, page 199.

» et de les emmener avec lui, et il devient ainsi le chef d'une nouvelle troupe sauvage.
» Toutes ces troupes de tarpans vivent communément dans les déserts arrosés de ruisseaux
» et fertiles en herbages ; pendant l'hiver, ils cherchent et prennent leur pâture sur les
» sommets des montagnes dont les vents ont emporté la neige ; ils ont l'odorat très fin, et
» sentent un homme de plus d'une demi-lieue ; on les chasse et on les prend en les entou-
» rant et les enveloppant avec des cordes enlacées. Ils ont une force surprenante, et ne
» peuvent être domptés lorsqu'ils ont un certain âge, et même les poulains ne s'apprivoi-
» sent que jusqu'à un certain point, car ils ne perdent pas entièrement leur férocité, et
» retiennent toujours une nature revêche.

 » Ces chevaux sauvages sont, comme les chevaux domestiques, de couleurs très dif-
» férentes : on a seulement observé que le brun, l'isabelle et le gris-de-souris sont les
» poils les plus communs ; il n'y a parmi eux aucun cheval pie, et les noirs sont aussi
» extrêmement rares. Tous sont de petite taille, mais la tête est à proportion plus grande
» que dans les chevaux domestiques : leur poil est bien fourni, jamais ras, et quelquefois
» même il est long et ondoyant ; ils ont aussi les oreilles plus longues, plus pointues, et
» quelquefois rabattues de côté. Le front est arqué, et le museau garni de longs poils ; la
» crinière est aussi très touffue, et descend au delà du garrot : ils ont les jambes très
» hautes, et leur queue ne descend jamais au delà de l'inflexion des jambes de derrière ;
» leurs yeux sont vifs et pleins de feu. »

DE L'ANE, DU ZÈBRE ET DU CZIGITHAI

 L'âne domestique ou sauvage s'est trouvé dans presque tous les climats chauds et tempérés de l'ancien continent, et n'existait pas dans le nouveau lorsqu'on en fit la découverte.
Mais maintenant l'espèce y subsiste avec fruit, et s'est même fort multipliée depuis plus de
deux siècles qu'elle y a été transportée d'Europe, en sorte qu'elle est aujourd'hui répandue
à peu près également dans les quatre parties du monde. Au contraire, le zèbre, qui nous
est venu du cap de Bonne-Espérance, semble être une espèce confinée dans les terres méridionales de l'Afrique, et surtout dans celles de la pointe de cette grande presqu'île, quoique Lopez dise qu'on trouve le zèbre plus souvent en Barbarie qu'à Congo, et que Dapper
rapporte qu'on en rencontre des troupes dans les forêts d'Angola.

 Ce bel animal qui, tant par la variété de ses couleurs que par l'élégance de sa figure, est
si supérieur à l'âne, paraît néanmoins lui tenir d'assez près pour l'espèce, puisque la
plupart des voyageurs lui ont donné le nom d'*âne rayé*, parce qu'ils ont été frappés de la
ressemblance de sa taille et de sa forme, qui semble au premier coup d'œil avoir plus de
rapport avec l'âne qu'avec le cheval. Car ce n'est pas avec les petits ânes communs qu'ils
ont fait la comparaison du zèbre, mais avec les plus grands et les plus beaux de l'espèce.
Cependant je serais porté à croire que le zèbre tient de plus près au cheval qu'à l'âne, car
il est d'une figure si élégante que, quoiqu'il soit en général plus petit que le cheval, il
n'en est pas moins voisin de cette espèce à plusieurs égards ; et ce qui paraît confirmer
mon opinion, c'est que, dans les terres du cap de Bonne-Espérance qui paraissent être le
pays naturel et la vraie patrie du zèbre, on a remarqué avec quelque étonnement qu'il y a
des chevaux tachetés, sur le dos et sous le ventre, de jaune, de noir, de rouge et d'azur (*a*),
et cette raison particulière est encore appuyée sur un fait général qui est que, dans tous
les climats, les chevaux varient beaucoup plus que les ânes par la couleur du poil. Néanmoins, nous ne déciderons pas si le zèbre est plus près de l'espèce du cheval que de celle
de l'âne ; nous espérons seulement qu'on ne tardera pas à le savoir. Comme les Hollandais ont fait venir dans ces dernières années un assez grand nombre de ces beaux ani-

(*a*) *Voyage du capitaine Robert*, t. Ier, p. 94.

maux, et qu'ils en ont même fait des attelages pour le prince Stathouder, il est probable que nous serons bientôt mieux informés de tout ce qui peut avoir rapport à leur nature. Sans doute on n'aura pas manqué d'essayer de les unir entre eux, et probablement avec les chevaux et les ânes pour en tirer une race directe ou des races bâtardes. Il y a en Hollande plusieurs personnes habiles qui cultivent l'histoire naturelle avec succès, ils réussiront peut-être mieux que nous à tirer du produit de ces animaux, sur lesquels on n'a fait qu'un essai à la ménagerie de Versailles en 1761. Le zèbre mâle, âgé de quatre ans, qui y était alors, ayant dédaigné toutes les ânesses en chaleur, n'a pas été présenté à des juments : peut-être aussi était-il trop jeune; d'ailleurs il lui manquait d'être habitué avec les femelles qu'on lui présentait, préliminaire d'autant plus nécessaire pour le succès de l'union des espèces diverses, que la nature semble même l'exiger dans l'union des individus de même espèce.

Le mulet fécond de Tartarie, que l'on y appelle *czigithai*, et dont nous avons parlé, pourrait bien être un animal de la même espèce ou tout au moins de l'espèce la plus voisine de celle du zèbre, car il n'en diffère évidemment que par les couleurs du poil. Or l'on sait que la différence de la couleur du poil ou des plumes est de toutes les différences la plus légère et la plus dépendante de l'impression du climat. Le czigithai se trouve dans la Sibérie méridionale, au Thibet, dans la Daourie et en Tartarie. Gerbillon dit qu'on trouve ces animaux dans le pays des Mongoux et des Kakas, qu'ils diffèrent des mulets domestiques, et qu'on ne peut les accoutumer à porter des fardeaux (a). Muller et Gmelin assurent qu'ils se trouvent en grand nombre chez les Tunguses, où on les chasse comme d'autre gibier; qu'en Sibérie, vers Borsja, dans les années sèches, on en voit un grand nombre, et ils ajoutent qu'ils sont comparables pour la figure, la grosseur et la couleur à un cheval bai clair, excepté la queue, qui est comme celle d'une vache, et les oreilles qui sont fort longues (b). Si ces voyageurs qui ont observé le czigithai avaient pu le comparer en même temps au zèbre, ils y auraient peut-être trouvé plus de rapports que nous n'en supposons. Il existe dans le Cabinet de Pétersbourg des peaux bourrées de czigithai et de zèbre : quelque différentes que paraissent ces deux peaux par les couleurs, elles pourraient appartenir également à des animaux de même espèce, ou du moins d'espèces très voisines. Le temps seul peut sur cela détruire ou confirmer nos doutes ; mais, ce qui paraît fonder la présomption que le czigithai et le zèbre pourraient bien être de la même espèce, c'est que tous les autres animaux de l'Afrique se trouvent également en Asie, et qu'il n'y aurait que le zèbre seul qui ferait exception à ce fait général.

Au reste, si le czigithai n'est pas le même que le zèbre, il pourrait être encore le même animal que l'onagre, ou âne sauvage de l'Asie. J'ai dit qu'il ne fallait pas confondre l'onagre avec le zèbre ; mais je ne sais si l'on peut dire la même chose de l'onagre et du czigithai, car il paraît, en comparant les relations des voyageurs, qu'il y a différentes sortes d'ânes sauvages, dont l'onagre est la plus remarquable, et il se pourrait bien aussi que le cheval, l'âne, le zèbre et le czigithai constituassent quatre espèces ; et dans le cas où ils n'en feraient que trois, il est encore incertain si le czigithai est plutôt un onagre qu'un zèbre, d'autant que quelques voyageurs parlent de la légèreté de ces onagres et disent qu'ils courent avec assez de rapidité pour échapper à la poursuite des chasseurs à cheval, ce qu'ils ont également assuré du czigithai. Quoi qu'il en soit, le cheval, l'âne, le zèbre et le czigithai sont tous du même genre et forment trois ou quatre branches de la même famille, dont les deux premières sont de temps immémorial réduites en domesticité, ce qui doit faire espérer qu'on pourra de même y réduire les deux dernières et en tirer peut-être beaucoup d'utilité.

(a) *Histoire générale des voyages*, t. VI, p. 601.
(b) *Voyages de MM. Muller et Gmelin*, t. II, pages 105 et 107.

DU CZIGITHAI, DE L'ONAGRE ET DU ZÈBRE (*suite*)

On peut voir, dans l'article précédent, les doutes qui me restaient encore sur la diffé-rence ou sur l'identité d'espèces de ces trois animaux. M. Forster a bien voulu me commu-niquer quelques éclaircissements qui semblent prouver que ce sont réellement trois animaux différents et qu'il y a même dans l'espèce du zèbre une variété constante. Voici l'extrait de ce qu'il m'a écrit sur ce sujet :

« On trouve, dans le pays des Tartares Mongoux, une grande quantité de chevaux sau-
» vages, ou *tarpans*, et un autre animal appelé *czigithai*, ce qui, dans la langue mongoux,
» signifie *longue oreille* : ces animaux vont par troupes ; on en voit quelques-uns dans les
» déserts voisins de l'empire de Russie et dans le grand désert de Gobée (ou Cobi) ; ils
» sont en troupes de vingt, trente et même cent. La vitesse de cet animal surpasse de
» beaucoup celle du meilleur coursier parmi les chevaux ; toutes les nations tartares en
» conviennent ; une mauvaise qualité de cet animal, c'est qu'il reste toujours indomptable.
» Un Cosaque, ayant attrapé un de ces jeunes czigithais et l'ayant nourri pendant plusieurs
» mois, ne put le conserver, car il se tua lui-même par les efforts qu'il fit pour s'échapper
» ou se soustraire à l'obéissance.

» Chaque troupe de czigithais a son chef, comme dans les tarpans ou chevaux sau-
» vages. Si le czigithai-chef découvre ou sent de loin quelques chasseurs, il quitte sa
» troupe et va seul reconnaître le danger, et dès qu'il s'en est assuré, il donne le signal de
» la fuite et s'enfuit en effet suivi de toute sa troupe ; mais, si malheureusement ce chef
» est tué, la troupe n'étant plus conduite se disperse, et les chasseurs sont sûrs d'en tuer
» plusieurs autres.

» Les czigithais se trouvent principalement dans les déserts des Mongoux et dans celui
» qu'on appelle Gobée ; c'est une espèce moyenne entre l'âne et le cheval, ce qui a donné
» occasion au docteur Messchersmidt d'appeler cet animal *mulet fécond de Daourie* (a),
» parce qu'il a quelque ressemblance avec le mulet, quoique réellement il soit infiniment
» plus beau. Il est de la grandeur d'un mulet de moyenne taille ; la tête est un peu lourde,
» les oreilles sont droites, plus longues qu'aux chevaux, mais plus courtes qu'aux mulets :
» le poitrail est grand, carré en bas et un peu comprimé ; la crinière est courte et hérissée,
» et la queue est entièrement semblable à celle de l'âne ; les cornes des pieds sont petites.
» Ainsi, le czigithai ressemble à l'âne par la crinière, la queue et les sabots ; il a aussi les
» jambes moins charnues que le cheval, et l'encolure encore plus légère et plus leste. Les
» pieds et la partie inférieure des jambes sont minces et bien faits. L'épine du dos est droite
» et formée comme celle d'un âne, mais cependant un peu plate. La couleur dominante dans
» ces animaux est le brun jaunâtre. La tête, depuis les yeux jusqu'au mufle, est d'un
» fauve jaunâtre ; l'intérieur des jambes est de la même couleur ; la crinière et la queue
» sont presque noires, et il y a le long du dos une bande de brun noirâtre qui s'élargit sur
» le train de derrière et se rétrécit vers la queue. En hiver, leur poil devient fort long et
» ondoyé, mais en été il est ras et poli. Ces animaux portent la tête haute et présentent
» en courant le nez au vent. Les Tunguses et d'autres nations voisines du grand désert
» regardent leur chair comme une viande délicieuse.

» Outre les tarpans ou chevaux sauvages, et les czigithais ou mulets féconds de Daourie,
» on trouve dans les grands déserts au delà du Jaïk, du Yemba, du Sarason, et dans le
» voisinage du lac Aral, une troisième espèce d'animal, que les Kirghises et les Kalmouks

(a) *Daourie* est une province russe en Sibérie, vers les frontières de la Tartarie chinoise. On ne doit pas la confondre avec la *Dorie* des anciens.

» appellent *koulan* ou *khoulan*, qui paraît être l'*onager* ou l'*onagre* des auteurs, et qui
» semble faire une nuance entre le czigithai et l'âne. Les koulans vivent en été dans les
» grands déserts dont nous venons de parler, et vers les montagnes du Tamanda, et ils se
» retirent à l'approche de l'hiver vers les confins de la Perse et des Indes. Ils courent avec
» une vitesse incroyable ; on n'a jamais pu venir à bout d'en dompter un seul, et il y en
» a des troupeaux de plusieurs mille ensemble. Ils sont plus grands que les tarpans, mais
» moins que les czigithais. Leur poil est d'un beau gris, quelquefois avec une nuance
» légèrement bleuâtre, et d'autres fois avec un mélange de fauve ; ils portent le long du
» dos une bande noire, et une autre bande de même couleur traverse le garrot et descend
» sur les épaules : leur queue est parfaitement semblable à celle de l'âne, mais les oreilles
» sont moins grandes et moins amples.

» A l'égard des zèbres, j'ai eu occasion de les bien examiner dans mes séjours au cap
» de Bonne-Espérance, et j'ai reconnu dans cette espèce une variété qui diffère du zèbre
» ordinaire en ce qu'au lieu de bandes ou raies brunes et noires, dont le fond de son poil
» blanc est rayé, celui-ci, au contraire, est d'un brun roussâtre, avec très peu de bandes
» larges et d'une teinte faible et blanchâtre ; on a même peine à reconnaître et distinguer
» ces bandes blanchâtres dans quelques individus qui ont une couleur uniforme de brun
» roussâtre, et dont les bandes ne sont que des nuances peu distinctes d'une teinte un peu
» plus pâle ; ils ont, comme les autres zèbres, le bout du museau et les pieds blanchâtres,
» et ils leur ressemblent en tout, à l'exception des belles raies de la robe. On serait donc
» fondé à prononcer que ce n'est qu'une variété dans cette espèce du zèbre ; cependant ils
» semblent différer de ce dernier par le naturel, ils sont plus doux et plus obéissants ; car
» on n'a pas d'exemple qu'on ait jamais pu apprivoiser assez le zèbre rayé pour l'atteler à
» une voiture, tandis que ces zèbres à poil uniforme et brun sont moins revêches et s'ac-
» coutument aisément à la domesticité. J'en ai vu un dans les campagnes du Cap qui était
» attelé avec des chevaux à une voiture, et on m'assura qu'on élevait un assez grand
» nombre de ces animaux pour s'en servir à l'attelage, parce qu'on a trouvé qu'ils sont à
» proportion plus forts qu'un cheval de même taille. »

J'ai dit qu'on avait fait des attelages de zèbres pour le prince Stathouder : ce fait,
qui m'avait été assuré par plus d'une personne, n'est cependant pas vrai. M. Allamand, que
j'ai eu si souvent occasion de citer avec reconnaissance et avec des éloges bien mérités,
m'a fait savoir que j'avais été mal informé sur ce fait ; le prince Stathouder n'a eu qu'un
seul zèbre ; mais M. Allamand ajoute dans sa lettre, au sujet de ces animaux, un fait aussi
singulier qu'intéressant. Milord Clive, dit-il, en revenant de l'Inde, a amené avec lui une
femelle zèbre dont on lui avait fait présent au cap de Bonne-Espérance ; après l'avoir
gardée quelque temps dans son parc en Angleterre, il lui donna un âne pour essayer s'il
n'y aurait point d'accouplement entre ces animaux ; mais cette femelle zèbre ne voulut
point s'en laisser approcher. Milord s'avisa de faire peindre cet âne comme un zèbre : la
femelle, dit-il, en fut dupe, l'accouplement se fit, et il en est né un poulain parfaitement
semblable à sa mère, et qui peut-être vit encore. La chose a été rapportée à M. Allamand
par le général Carnat, ami particulier de milord Clive, et lui a été confirmée par milord
Clive fils (*a*). Milord Pitt a eu aussi la bonté de m'en écrire dans les termes suivants :
« Feu milord Clive avait une très belle femelle de zèbre que j'ai vue à Clennom, l'une de
» ses maisons de campagne, avec un poulain mâle (*foal*) provenant d'elle, qui n'avait
» pas encore un an d'âge, et qui avait été produit par le stratagème suivant. Lorsque la
» femelle zèbre fut en chaleur, on essaya plusieurs fois de lui présenter un âne qu'elle
» refusa constamment d'admettre ; milord Clive pensa qu'en faisant peindre cet âne, qui
» était de couleur ordinaire, et en imitant les couleurs du zèbre mâle, on pourrait

(*a*) Lettre écrite par M. Allamand à M. Daubenton, datée à Leyde, le 21 mars 1777.

tromper la femelle, ce qui réussit si bien qu'elle produisit le poulain dont on vient de parler.

» J'ai été dernièrement, c'est-à-dire cet été 1778, à Clennom pour m'informer de ce » qu'étaient devenus la femelle zèbre et son poulain, et on m'a dit que la mère était morte » et que le poulain avait été envoyé à une terre assez éloignée de milord Clive, où l'on a » souvent essayé de le faire accoupler avec des ânesses, mais qu'il n'en est jamais rien » résulté. »

Je ferai cependant sur ces faits une légère observation, c'est que j'ai de la peine à croire que la femelle zèbre ait reçu l'âne uniquement à cause de son bel habit, et qu'il y a toute apparence qu'on le lui a présenté dans un moment où elle était en meilleure disposition que les autres fois ; il faudrait d'ailleurs un grand nombre d'expériences, tant avec le cheval qu'avec l'âne, pour décider si le zèbre est plus près de l'un que de l'autre. Sa production avec l'âne indiquerait qu'il est aussi près que le cheval de l'espèce de l'âne ; car on sait que le cheval produit avec l'ânesse, et que l'âne produit avec la jument ; mais il reste à reconnaître, par l'expérience, si le cheval ne produirait pas aussi bien que l'âne avec la femelle zèbre, et si le zèbre mâle ne produirait pas avec la jument et avec l'ânesse. C'est au cap de Bonne-Espérance où l'on pourrait tenter ces accouplements avec succès.

DU KWAGGA OU COUAGGA

Cet animal (*), dont je n'ai eu aucune connaissance qu'après l'impression des feuilles précédentes, où il est question de l'onagre et du zèbre, me paraît être une espèce bâtarde ou intermédiaire entre le cheval et le zèbre, ou peut-être entre le zèbre et l'onagre. Voici ce que M. le professeur Allamand en a publié nouvellement dans un supplément à l'édition de mes ouvrages imprimée en Hollande :

« Jusqu'à présent, dit ce savant naturaliste, on ne connaissait que le nom de cet ani- » mal, et même encore très imparfaitement, sans savoir quel quadrupède ce nom indiquait. » Dans le journal d'un voyage entrepris dans l'intérieur de l'Afrique par ordre du gouver- » neur du cap de Bonne-Espérance, il est dit que les voyageurs virent, entre autres ani- » maux, des chevaux sauvages, des ânes et des *quachas*. La signification de ce dernier mot » m'était absolument inconnue, lorsque M. Gordon m'a appris que le nom de *quachas* était » celui de *kwagga*, que les Hottentots donnent à l'animal dont il s'agit, et que j'ai cru » devoir retenir, parce que n'ayant jamais été décrit ni même connu en Europe, il ne peut » être désigné que par le nom qu'il porte dans le pays dont il est originaire. Les raies dont » sa peau est ornée le font d'abord regarder comme une variété dans l'espèce du zèbre, » dont il diffère cependant à divers égards. Sa couleur est d'un brun foncé, et, comme le » zèbre, il est rayé très régulièrement de noir, depuis le bout du museau jusque au-dessus » des épaules, et cette même couleur des raies passe sur une jolie crinière qu'il porte sur » le cou. Depuis les épaules, les raies commencent à perdre de leur longueur, et, allant en » diminuant, elles disparaissent à la région du ventre avant d'avoir atteint les cuisses. » L'entre-deux de ces raies est d'un brun plus clair, et il est presque blanc aux oreilles. » Le dessous du corps, les cuisses et les jambes sont blanches ; sa queue, qui est un peu » plate, est aussi garnie de crins ou de poils de la même couleur ; la corne des pieds est » noire, sa forme ressemble beaucoup plus à celle du pied du cheval qu'à la forme du pied » du zèbre. On s'en convaincra en comparant la figure que j'en donne avec celle de ce » dernier animal. Ajoutez à cela que le caractère de ces animaux est aussi fort différent : » celui des couaggas est plus docile, car il n'a pas encore été possible d'apprivoiser les

(*) *Equus Quaggà* Gmel.

» zèbres assez pour pouvoir les employer à des usages domestiques, au lieu que les paysans
» de la colonie du Cap attellent les couaggas à leurs charrettes, qu'ils tirent très bien ; ils
» sont robustes et forts, il est vrai qu'ils sont méchants : ils mordent et ruent ; quand un
» chien les approche de trop près, ils le repoussent à grands coups de pieds, et quelquefois
» ils le saisissent avec les dents ; les hyènes même, que l'on nomme loups au Cap, n'osent
» pas les attaquer ; ils marchent en troupes, souvent au nombre de plus de cent, mais
» jamais on ne voit un zèbre parmi eux, quoiqu'ils vivent dans les mêmes endroits.

» Tout cela semble indiquer que ces animaux sont d'espèces différentes ; cependant ils
» ne diffèrent pas plus entre eux que les mulets ne diffèrent des chevaux ou des ânes. Les
» couaggas ne seraient-ils pas une race bâtarde de zèbre ? Il y a en Afrique des chevaux
» sauvages blancs : Léon l'Africain et Marmol l'assurent positivement ; et, ce qui est plus
» authentique encore, c'est le témoignage de ces voyageurs dont j'ai cité le journal ; ils ont
» vu de ces chevaux blancs, ils ont vu aussi des ânes sauvages. Ces animaux ne peuvent-
» ils pas se mêler avec les zèbres et produire une race qui participera des deux espèces ?
» J'ai rapporté ci-devant un fait qui prouve qu'une femelle zèbre, couverte par un âne, a
» eu un poulain. On ne peut guère douter que l'accouplement d'un cheval avec une zèbre
» ne fût aussi prolifique. Si celui des chevaux avec des ânesses ne produit pour l'ordinaire
» que des mulets stériles, cela n'est pas constant ; on a vu des mules avoir des poulains,
» et il est fort naturel de supposer que les chevaux ayant plus d'affinité avec les zèbres
» qu'avec les ânes, il peut résulter du mélange de ces animaux d'autres animaux féconds,
» capables de faire souche, et ceci est également applicable aux ânes, puisque les zèbres
» sont une espèce mitoyenne entre les chevaux et les ânes : ainsi je suis fort porté à croire
» que les couaggas ne sont qu'une race bâtarde de zèbres qui, pour la figure et les carac-
» tères, tiennent quelque chose des deux espèces dont ils tirent leur origine.

» Quoi qu'il en soit, on a beaucoup d'obligation à M. Gordon de nous les avoir fait con-
» naître, car c'est lui qui m'en a envoyé le dessin et la description. Il en vit un jour
» deux troupes, l'une d'une dizaine de couaggas adultes, et l'autre composée uniquement
» de poulains qui couraient après leurs mères ; il poussa son cheval entre ces deux troupes,
» et un des poulains, ayant perdu de vue celle qui précédait, suivit aussitôt de lui-même
» le cheval, comme s'il eût été sa mère. Les jeunes zèbres en font autant en pareil cas.
» M. Gordon était alors dans le pays des Bosjemans, et fort éloigné de toute habitation :
» ainsi il fut obligé d'abandonner ce poulain le lendemain, faute de lait pour le nourrir,
» et il le laissa courir où il voulut. Il en a actuellement un autre, qu'il réserve pour la
» ménagerie de Mgr le prince d'Orange. N'ayant pas pu se procurer un couagga adulte,
» il n'a pu m'envoyer que le dessin d'un poulain ; mais il me mande qu'il n'y a aucune
» différence entre un poulain et un couagga qui a fait toute sa crue, si ce n'est dans la
» grandeur, qui égale celle d'un zèbre, et dans la tête, qui est à proportion un peu plus
» grosse dans le couagga adulte. La différence qu'il y a entre les mâles et les femelles est
» aussi très petite.

» Depuis que le Cap est habité, ces animaux en ont quitté les environs, et ils ne se
» trouvent plus que fort avant dans l'intérieur du pays. Leur cri est une espèce d'aboie-
» ment très précipité, où l'on distingue souvent la répétition de la syllabe *kwah, kwah*. Les
» Hottentots trouvent leur chair fort bonne, mais elle déplaît aux paysans hollandais par
» son goût fade.

» Le poulain que j'ai fait représenter avait, depuis le bout du museau jusqu'à la queue,
» trois pieds sept pouces et trois lignes ; le train de devant était haut de deux pieds et dix
» pouces, et celui de derrière était plus bas d'un pouce ; sa queue était longue de quatorze
» pouces. »

Voilà tout ce que M. Allamand a pu recueillir sur l'histoire de cet animal ; mais je ne
puis m'empêcher d'observer qu'il paraît y avoir deux faits contraires dans le récit de

M. Gordon : il dit en premier lieu que *les paysans des terres du Cap attellent les couaggas à la charrette, et qu'ils tirent très bien*, et ensuite il avoue qu'il n'a pu se procurer un couagga adulte pour en faire le dessin ; il paraît donc que ces animaux sont rares dans ces mêmes terres du Cap, puisqu'il n'a pu faire dessiner qu'un poulain. Si l'espèce était réduite en domesticité, il lui aurait été facile de se procurer un de ces animaux adultes. Nous espérons que ce naturaliste voyageur voudra bien nous donner de plus amples informations sur cet animal, qui me paraît tenir au zèbre de plus près qu'aucun autre.

DU CHAMEAU ET DU DROMADAIRE

Nous n'avons presque rien à ajouter à ce que nous avons dit des chameaux et des dromadaires ; nous rapporterons seulement ici ce qu'en a écrit M. Niebuhr dans sa description de l'Arabie, page 144.

« La plupart des chameaux du pays d'Iman sont de taille médiocre et d'un brun clair ;
» cependant on en voit aussi de grands et lourds et d'un brun foncé. Lorsque les chameaux
» veulent s'accoupler, la femelle se couche sur les jambes ; on lui lie les pieds de devant
» pour qu'elle ne puisse se relever. Le mâle, assis derrière comme un chien, touche la
» terre de ses deux pieds de devant ; il paraît froid pendant l'accouplement et plus indo-
» lent qu'aucun animal ; il faut le chatouiller quelquefois longtemps avant de pouvoir l'ex-
» citer ; l'accouplement étant achevé, on recouvre le mâle, on fait lever promptement la
» femelle en la frappant d'une pantoufle au derrière, tandis qu'une autre personne la fait
» marcher. Il en est de même, dit-on, en Mésopotamie, en Natolie, et probablement par-
« tout. »

J'ai dit qu'on avait transporté des chameaux et des dromadaires aux îles Canaries, aux Antilles, au Pérou, et qu'ils n'avaient réussi nulle part dans le nouveau continent. Le docteur Browne, dans son histoire de la Jamaïque, assure y avoir vu des dromadaires que les Anglais y ont amenés en assez grand nombre dans ces derniers temps, et que, quoiqu'ils y subsistent, ils y sont néanmoins de peu de service, parce qu'on ne sait pas les nourrir et les soigner convenablement. Ils ont néanmoins multiplié dans tous ces climats, et je ne doute pas qu'ils ne pussent même produire en France. On peut voir dans la *Gazette* du 9 juin 1775 que M. Brinkenof, ayant fait accoupler des chameaux dans ses terres, près de Berlin, a obtenu, le 24 mars de cette année 1775, après douze mois révolus, un petit chameau qui se porte bien ; ce fait confirme celui que j'ai cité de la production des chameaux et des dromadaires à Dresde, et je suis per uadé qu'en faisant venir avec les chameaux des domestiques arabes ou barbaresques accoutumés à les soigner, on viendrait à bout d'établir chez nous cette espèce, que je regarde comme la plus utile entre tous les animaux.

DU LAMA

Nous donnons ici la description d'un lama qui est encore actuellement vivant (août 1777) à l'École vétérinaire au château d'Alfort. Cet animal, amené des Indes espagnoles en Angleterre, nous fut envoyé au mois de novembre 1773 ; il était jeune alors, et sa mère qui était avec lui est morte presque en arrivant : on en peut voir la peau bourrée et le corps injecté sans la peau dans le beau cabinet anatomique de M. Bourgelat.

Quoique ce lama fût encore jeune et que le transport et la domesticité eussent sans doute influé sur son accroissement et l'eussent en partie retardé, il avait néanmoins près de cinq pieds de hauteur, en le mesurant en ligne droite depuis le sommet de la tête aux pieds de devant, et dans son état de liberté il devient considérablement plus grand et plus épais de corps. Cet animal est, dans le nouveau continent, le représentant du chameau dans l'ancien ; il semble en être un beau diminutif, car sa figure est élégante, et sans avoir aucune des difformités du chameau, il lui tient néanmoins par plusieurs rapports et lui ressemble à plusieurs égards : comme le chameau, il est propre à porter des fardeaux ; il a le poil laineux, les jambes assez minces, les pieds courts et conformés à peu près comme les jambes et les pieds du chameau, mais il en diffère en ce qu'il n'a point de bosse, qu'il a la queue courte, les oreilles longues, et qu'en général il est beaucoup mieux fait et d'une forme plus agréable par les proportions du corps ; son cou long, bien couvert de laine, et sa tête qu'il tient toujours haute, lui donnent un air de noblesse et de légèreté que la nature a refusé au chameau ; ses oreilles, longues de sept pouces, sur deux pouces dans leur plus grande largeur, se terminent en pointe et se tiennent toujours droites en avant ; elles sont garnies d'un poil ras et noirâtre ; la tête est longue, légère et d'une forme élégante ; les yeux sont grands, noirs et ornés dans les angles internes de grands poils noirs ; le nez est plat et les narines sont écartées ; la lèvre supérieure est fendue et tellement séparée au-devant des mâchoires, qu'elle laisse paraître les deux dents incisives du milieu, qui sont longues et plates, et au nombre de quatre à la mâchoire inférieure ; ces dents incisives manquent à la mâchoire supérieure, comme dans les autres animaux ruminants ; il y a seulement cinq mâchelières en haut comme en bas de chaque côté, ce qui fait en tout vingt dents mâchelières et quatre incisives ; la tête, le dessus du corps, de la croupe, de la queue et des jambes sont couverts d'un poil laineux couleur de musc un peu vineux, plus clair sur les joues, sous le cou et sur la poitrine, et plus foncé sur les cuisses et les jambes, où cette couleur devient brune et presque noire ; le sommet de la tête est aussi noirâtre, et c'est de là que part le noir qui se voit sur le front, le tour des yeux, le nez, les narines, la lèvre supérieure et la moitié des joues ; la laine qui est sur le cou est d'un brun foncé et forme comme une crinière qui prend du sommet de la tête et va se perdre sur le garrot ; cette même couleur brune s'étend, mais en diminuant de teinte sur le dos, et y forme une bande d'un brun faible ; les cuisses sont couvertes d'une grande laine sur les parties postérieures, et cette longue laine est en assez gros flocons ; les jambes ne sont garnies que d'un poil ras d'un brun noirâtre ; les genoux de devant sont remarquables par leur grosseur, au lieu que dans les jambes de derrière il se trouve vers le milieu un espace sous la peau qui est enfoncé d'environ deux pouces ; les pieds sont séparés en deux doigts ; la corne du sabot de chaque doigt est longue de plus d'un pouce et demi, et cette corne est noire, lisse, plate sur sa face interne et arrondie sur sa face externe ; les cornes du sabot des pieds de derrière sont singulières en ce qu'elles forment un crochet à leurs extrémités ; le tronçon de la queue a plus d'un pied de longueur, il est couvert d'une laine assez courte ; cette queue ressemble à une houppe, l'animal la porte droite, soit en marchant, soit en courant, et même lorsqu'il est en repos et couché.

	Pieds.	Pouces.	Lignes.
Longueur du lama..	5	4	4
Hauteur du train de devant...............................	3	3	»
Hauteur du train de derrière	3	6	»
Hauteur du ventre au-dessus de terre...................	1	9	2
Longueur de la tête du bout des lèvres à l'occiput	»	11	»

Cet animal est fort doux, il n'a ni colère, ni méchanceté, il est même caressant ; il se laisse monter par celui qui le nourrit, et ne refuserait pas le même service à d'autres ; il marche au pas, trotte et prend même une espèce de galop. Lorsqu'il est en liberté, il bondit et se roule sur l'herbe. Ce lama que je décris était un mâle. On a observé qu'il paraît souvent être excité par le besoin d'amour ; il urine en arrière, et la verge est petite pour

la grosseur de son corps ; il avait passé plus de dix-huit mois sans boire au mois de mai
dernier, et il me paraît que la boisson ne lui est pas nécessaire, attendu la grande abondance de salive dont l'intérieur de sa bouche est continuellement humecté.

On lit, dans le voyage du commodore Byron (*a*), qu'on trouve des guanaques, c'est-
à-dire des lamas, à l'île des Pingouins et dans l'intérieur des terres, jusqu'au cap des
Vierges, qui forme au nord l'entrée du détroit de Magellan : ainsi ces animaux ne craignent nullement le froid ; dans leur état de nature et de liberté, ils marchent ordinairement par troupes de soixante ou quatre-vingts, et ne se laissent point approcher (*b*) ;
cependant ils sont très aisés à apprivoiser, car les gens de l'équipage du vaisseau de
Byron, s'étant saisis d'un jeune lama, dont on admirait la jolie figure, ils l'apprivoisèrent
au point qu'il venait leur lécher les mains. Le commodore Byron et le capitaine Wallis
comparent cet animal au daim pour la grandeur, la forme et la couleur ; mais Wallis est
tombé dans l'erreur en disant qu'il a une bosse sur le dos.

DE LA VIGOGNE

Nous donnons ici la description d'une vigogne mâle (*), qui a été dessinée vivante à
l'École vétérinaire en 1774, et dont la dépouille empaillée se voit dans le cabinet de
M. Bourgelat ; cet animal est plus petit que le lama, et voici ses dimensions :

	Pieds.	Pouces.	Lignes.
Longueur du corps mesuré en ligne droite, depuis le bout du nez jusqu'à l'origine de la queue	4	4	6
Hauteur du train de devant	2	4	9
Hauteur du train de derrière	2	6	2
Hauteur du ventre au-dessus de terre	1	8	»
Longueur de la tête	»	6	6
Longueur des oreilles	»	4	3
Largeur des oreilles	»	1	5
Grandeur de l'œil	»	1	4
Distance entre l'œil et le bout du museau	»	3	9
Longueur de la queue avec sa laine	»	8	9

La vigogne a beaucoup de rapport et même de ressemblance avec le lama, mais elle
est d'une forme plus légère ; ses jambes sont plus longues à proportion du corps, plus
menues et mieux faites que celles du lama ; sa tête, qu'elle porte droite et haute sur un
cou long et délié, lui donne un air de légèreté, même dans l'état de repos ; elle est aussi
plus courte à proportion que la tête du lama, elle est large au front et étroite à l'ouverture
de la bouche, ce qui rend la physionomie de cet animal fine et vive, et cette vivacité de
physionomie est encore fort augmentée par ses beaux yeux noirs, dont l'orbite est fort
grande ayant seize lignes de longueur ; l'os supérieur de l'orbite est fort relevé et la paupière inférieure est blanche ; le nez est aplati et les naseaux, qui sont écartés l'un de
l'autre, sont, comme les lèvres, d'une couleur brune mêlée de gris ; la lèvre supérieure
est fendue comme celle du lama, et cette séparation est assez grande pour laisser voir
dans la mâchoire inférieure deux dents incisives longues et plates.

La vigogne porte aussi les oreilles droites, longues et se terminant en pointe ; elles
sont nues en dedans et couvertes en dehors d'un poil court ; la plus grande partie du corps

(*a*) Voyez le t. Iᵉʳ du *Premier voyage de Cook*, p. 18 et 33.
(*b*) *Ibidem*, page 25.

(*) *Auchenia Vicugna* Gmel.

de l'animal est d'un brun rougeâtre tirant sur le vineux, et le reste est de couleur isabelle ; le dessous de la mâchoire est d'un blanc jaune ; la poitrine, le dessous du ventre, le dedans des cuisses et le dessous de la queue sont blancs ; la laine qui pend sous la poitrine a trois pouces de longueur, et celle qui couvre le corps n'a guère qu'un pouce ; l'extrémité de la queue est garnie de longue laine. Cet animal a le pied fourchu, séparé en deux doigts qui s'écartent lorsqu'il marche ; les sabots noirs, minces, plats par-dessous et convexes par-dessous ; ils ont un pouce de longueur sur neuf lignes de hauteur, et cinq lignes de largeur ou d'empatement.

Cette vigogne a vécu quatorze mois à l'École vétérinaire, et avait passé peut-être autant de temps en Angleterre ; cependant elle n'était pas, à beaucoup près, aussi privée que le lama ; elle nous a aussi paru d'un naturel moins sensible, car elle ne donnait nulle marque d'attachement à la personne qui la soignait ; elle cherchait même à mordre lorsqu'on voulait la contraindre, et elle soufflait ou crachait continuellement au visage de ceux qui l'approchaient ; on lui donnait du son sec et quelquefois détrempé dans l'eau ; elle n'a jamais bu d'eau pure ni d'aucune autre liqueuer, et il paraît que la vigogne a, comme le lama, une si grande abondance de salive qu'ils n'ont nul besoin de boire ; enfin elle jette, comme le lama, son urine en arrière, et par toutes ces ressemblances de nature on peut regarder ces deux animaux comme des espèces du même genre, mais non pas assez voisines pour se mêler ensemble.

Lorsque j'ai écrit, en 1766, l'histoire du lama et de la vigogne, je croyais qu'il n'y avait dans ce genre que ces deux espèces, et je pensais que l'alpaco ou alpaca était le même animal que la vigogne sous un nom différent ; l'examen que j'ai fait de ces deux animaux, et dont je viens de rendre compte, m'avait encore confirmé dans cette idée ; mais j'ai été récemment informé que l'alpaca ou paco forme une troisième espèce qu'on peut regarder comme intermédiaire entre le lama et la vigogne. C'est à M. le marquis de Nesle que je dois ces connaissances nouvelles ; ce seigneur, aussi zélé pour l'avancement des sciences que pour le bien public, a même formé le projet de faire venir des Indes espagnoles un certain nombre de ces animaux, lamas, alpacas et vigognes, pour tâcher de les naturaliser et multiplier en France, et il serait très à désirer que le gouvernement voulût seconder ses vues, la laine de ces animaux étant, comme l'on sait, d'un prix inestimable. Les avantages et les difficultés de ce projet sont présentés dans le mémoire suivant, qui a été donné à M. le marquis de Nesle par M. l'abbé Béliardy, dont le mérite est bien connu, et qui s'est trouvé à portée, par son long séjour en Espagne, d'être bien informé.

« Le nom de lama, dit-il, est un mot générique que les Indiens du Pérou donnent indif-
» féremment à toutes sortes de bêtes à laine. Avant la conquête des Espagnols, il n'y avait
» point de brebis en Amérique ; ces conquérants les y ont introduites, et les Indiens du
» Pérou les ont appelées *lamas*, parce qu'apparemment dans leur langue c'est le mot pour
» désigner tout animal laineux ; cependant, dans les provinces de Cusco, Potosi et Tucuman,
» on distingue trois espèces de lamas, dont les variétés leur ont fait assigner des noms
» différents.

» Le lama, dans son état de nature et de liberté, est un animal qui a la forme d'un petit
» chameau ; il est de la hauteur d'un gros âne, mais beaucoup plus long ; il a le pied
» fourchu comme les bœufs ; son cou a trente à quarante pouces de long ; sa tête, qu'il
» porte toujours haute, ressemble assez à celle d'un poulain ; une longue laine lui couvre
» tout le corps ; celle du cou et du ventre est beaucoup plus courte.

» Cet animal est originairement sauvage ; on en trouve encore en petites troupes sur
» des montagnes élevées et froides ; les naturels du pays l'ont réduit à l'état de domesticité,
» et on a remarqué qu'il vit également dans les climats chauds comme dans les plus froids ;
» il produit aussi dans cet état ; la femelle ne fait qu'un petit à chaque portée, et on n'a
» pu me dire de combien de temps est la gestation.

» Depuis que les Espagnols ont introduit dans le royaume du Pérou les chevaux et les
» mulets, l'usage des lamas est fort diminué ; cependant on ne laisse pas de s'en servir
» encore, surtout pour les ouvrages de la campagne ; on le charge comme nous chargeons
» nos ânes ; il porte de soixante-quinze à cent livres sur son dos ; il ne trotte ni ne galope,
» mais son pas ordinaire est si doux que les femmes s'en servent de préférence à toute
» autre monture ; on les envoie paître dans les campagnes en toute liberté sans qu'ils
» cherchent à s'enfuir. Outre le service domestique qu'on en tire, on a l'avantage de pro-
» fiter de leur laine ; on les tond une fois l'an, ordinairemeut à la fin de juin ; on emploie
» dans ces contrées leur laine aux mêmes usages que nous employons le crin, quoique
» cette laine soit aussi douce que notre soie et plus belle que celle de nos brebis.

» Le lama de la seconde espèce est l'*alpaca*. Cet animal ressemble en général au lama,
» mais il en diffère en ce qu'il est plus bas de jambes et beaucoup plus large de corps ;
» l'alpaca est absolument sauvage et se trouve en compagnie des vigognes ; sa laine est
» plus fournie et beaucoup plus fine que celle du lama, aussi est-elle plus estimée.

» La troisième espèce est la vigogne, qui est encore semblable au lama, à la réserve
» qu'elle est bien plus petite ; elle est comme l'alpaca tout à fait sauvage. Quelques per-
» sonnes de Lima en nourrissent par rareté et par pure curiosité (mais on ignore si dans
» cet état ces animaux se multiplient et même s'ils s'accouplent). Les vigognes, dans cet
» état de captivité, mangent à peu près de tout ce qu'on leur présente, du maïs ou blé de
» Turquie, du pain, et toutes sortes d'herbes.

» La laine de la vigogne est encore plus fine que celle de l'alpaca, et ce n'est que pour
» avoir sa dépouille qu'on lui fait la guerre ; il y a dans sa toison trois sortes de laine :
» celle du dos, plus foncée et plus fine, est la plus estimée ; ensuite celle des flancs, qui
» est d'une couleur plus claire ; et la moins appréciée est celle du ventre, qui est argentée.
» On distingue dans le commerce ces trois sortes de laine pour la différence de leur prix.

» Les vigognes vont toujours par troupes assez nombreuses ; elles se tiennent sur la
» croupe des montagnes de Cusco, de Potosi et du Tucuman, dans des rochers âpres et
» des lieux sauvages ; elles descendent dans les vallons pour paître. Lorsqu'on veut les
» chasser, on recherche leurs pas ou leurs crottes qui indiquent les endroits où on peut les
» trouver, car ces animaux ont la propreré et l'instinct d'aller déposer leur crottin dans
» le même tas... On commence par tendre des cordes dans les endroits par où elles pour-
» raient s'échapper ; on attache de distance en distance à ces cordes des chiffons d'étoffes
» de différentes couleurs ; cet animal est si timide qu'il n'ose franchir cette faible barrière ;
» les chasseurs font grand bruit et tâchent de pousser les vigognes contre quelques rochers
» qu'elles ne puissent surmonter ; l'extrême timidité de cet animal l'empêche de tourner
» la tête vers ceux qui le poursuivent ; dans cet état il se laisse prendre par les jambes de
» derrière, et l'on est sûr de n'en pas manquer un ; on a la cruauté de massacrer la troupe
» entière sur le lieu. Il y a des ordonnances qui défendent ces tueries, mais elles ne sont
» pas observées. Il serait cependant aisé de les tondre lorsqu'ils sont pris, et de se ména-
» ger une nouvelle laine pour l'année suivante : ces chasses produisent ordinairement
» de cinq cents à mille peaux de vigognes ; quand les chasseurs ont le malheur de trouver
» quelque alpaca dans leur battue, leur chasse est perdue ; cet animal, plus hardi, sauve
» immanquablement les vigognes ; il franchit la corde sans s'effrayer ni s'embarrasser des
» chiffons qui flottent, rompt l'enceinte et les vigognes le suivent.

» Dans toutes les Cordillères du nord de Lima, en se rapprochant de Quito, on ne
» trouve plus ni lamas, ni alpacas, ni vigognes dans l'état sauvage ; cependant le lama
» domestique est fort commun à Quito, où on le charge et on l'emploie pour tous les
» ouvrages de la campagne.

» Si on voulait se procurer des vigognes en vie de la côte du sud du Pérou, il faudrait
» les faire descendre des provinces de Cusco ou Potosi au port d'Arica ; là on les embar-

» querait pour l'Europe : mais la navigation depuis la mer du Sud, par le cap de Horn,
» est si longue et sujette à tant d'événements qu'il serait peut-être très difficile de les con-
» server pendant la traversée ; le meilleur expédient et le plus sûr serait d'envoyer un
» bâtiment exprès dans la rivière de la Plata ; les vigognes qu'on aurait fait prendre, sans
» les maltraiter, dans la province de Tucuman, se trouveraient très à portée de descendre
» à Buenos-Ayres et d'y être embarquées ; mais *il* serait difficile de trouver à Buenos-
» Ayres un bâtiment de retour préparé et arrangé pour le transport de trois ou quatre
» douzaines de vigognes ; il n'en coûterait pas davantage pour l'armement en Europe d'un
» bâtiment destiné tout exprès pour cette commission que pour le fret d'un navire trouvé
» par hasard à Buenos-Ayres.

» Il faudrait en conséquence charger une maison de commerce à Cadix de faire armer
» un bâtiment espagnol pour la rivière de la Plata : ce bâtiment, qui serait chargé en mar-
» chandises permises pour le compte du commerce, ne ferait aucun tort aux finances
» d'Espagne ; on demanderait seulement la permission d'y mettre à bord un ou deux
» hommes chargés de la commission des vigognes pour le retour ; ces hommes seront
» munis de passe-ports et de recommandations efficaces du ministère d'Espagne pour les
» gouverneurs du pays, afin qu'ils soient aidés dans l'objet et pour le succès de leur com-
» mission. Il faut nécessairement que de Buenos-Ayres on donne ordre à Santa-Cruz de
» la Sierra pour que des montagnes de Tucuman on y amène en vie trois ou quatre dou-
» zaines de vigognes femelles avec une demi-douzaine de mâles, quelques alpacas et quel-
» ques lamas, moitié mâles et moitié femelles. Le bâtiment sera arrangé de manière à les
» y recevoir et à les y placer commodément ; c'est pour cela qu'il faudrait lui défendre de
» prendre aucune autre marchandise en retour, et lui ordonner de se rendre d'abord à
» Cadix, où les vigognes se reposeraient, et d'où l'on pourrait ensuite les transporter en
» France... Une pareille expédition, dans les termes qu'on vient de la projeter, ne saurait
» être fort coûteuse... On pourrait même donner ordre aux officiers de la marine du Roi,
» ainsi qu'à tous les bâtiments qui reviennent de l'île de France et de l'Inde, que si par
» hasard ils sont jetés sur les côtes de l'Amérique et obligés d'y chercher un abri, de pré-
» férer la relâche dans la rivière de la Plata. Pendant qu'on serait occupé aux réparations
» du vaisseau, il faudrait ne rien épargner avec les gens du pays pour obtenir quelques
» vigognes en vie, mâles et femelles, ainsi que les lamas et quelques alpacas ; on trouvera
» à Montevideo des Indiens qui font trente à quarante lieues par jour, qui iront à Santa-
» Cruz de la Sierra, et qui s'acquitteront fort bien de la commission... Cela serait d'autant
» plus facile que les vaisseaux français qui reviennent de l'île de France ou de l'Inde peu-
» vent relâcher à Montevideo, au lieu d'aller à Sainte-Catherine, sur la côte du Brésil,
» comme il leur arrive très souvent. Le ministre qui aurait contribué à enrichir le royaume
» d'un animal aussi utile pourrait s'en applaudir comme de la conquête la plus importante.
» Il est surprenant que les jésuites n'aient jamais songé à essayer de naturaliser les vigo-
» gnes en Europe, eux qui, maîtres du Tucuman et du Paraguai, possédaient ce trésor au
» milieu de leurs missions et de leurs plus beaux établissements. »

Ce mémoire intéressant de M. l'abbé Béliardy m'ayant été communiqué, j'en fis part à
mon digne et respectable ami M. de Tolozan, intendant du commerce, qui dans toutes les
occasions agit avec zèle pour le bien public ; il a donc cru devoir consulter, sur ce
mémoire et sur le projet qu'il contient, un homme intelligent (M. de la Folie, inspecteur
général des manufactures), et voici les observations qu'il a faites à ce sujet :

« L'auteur du mémoire, animé d'un zèle très louable, dit M. de la Folie, propose comme
» une grande conquête à faire par un ministre la population des lamas, alpacas et vigo-
» gnes en France ; mais il me permettra les réflexions suivantes :

» Les *lamas*, ainsi nommés par les Péruviens, et *carneros de la terra* par les Espa-
» gnols, sont de bons animaux domestiques, tels que l'auteur l'annonce. On observe seule-

» ment qu'ils ne peuvent point marcher pendant la nuit avec leurs charges : c'est la raison
» qui détermina les Espagnols à se servir de mulets et de chevaux. Au reste, ne considé-
» rons point ces animaux comme bêtes de charge (nos ânes de France sont bien préféra-
» bles) ; le point essentiel est leur toison : non seulement leur laine est très inférieure à
» celle des vigognes, comme l'observe l'auteur, mais elle a une odeur forte et désagréable
» qu'il est difficile d'enlever.

» La laine de l'alpaca est en effet, comme il le dit, bien supérieure à celle du lama ; on
» la confond tous les jours avec celle de la vigogne, et il est rare que cette dernière n'en
» soit pas mêlée.

» Le lama s'apprivoise très bien, comme l'observe l'auteur, mais on lui objecte que les
» Espagnols ont fait beaucoup d'essais chez eux pour y naturaliser les alpacas et les vigo-
» gnes. L'auteur, qui prétend le contraire, n'a pas eu à cet égard des éclaircissements fidèles.
» Plusieurs fois on a fait venir en Espagne une quantité de ces animaux, et on a tenté de
» les faire peupler ; les épreuves qu'on a multipliées à cet égard ont été absolument infruc-
« tueuses ; ces animaux sont tous morts, et c'est ce qui est cause qu'on a depuis longtemps
» abandonné ces expériences.

« Il y aurait donc bien à craindre que ces animaux n'éprouvassent le même sort en
» France ; ils sont accoutumés dans leur pays à une nourriture particulière ; cette nourri-
» ture est une espèce de jonc très fin, appelé *ycho*, et peut-être nos herbes de pâturages
» n'ont-elles pas les mêmes qualités, les mêmes principes nutritifs en plus ou en moins.

» La laine de vigogne fait de belles étoffes, mais qui ne durent pas autant que celles
» qui sont faites avec de la laine des brebis. »

Ayant reçu cette réponse satisfaisante à plusieurs égards, et qui confirme l'existence
réelle d'une troisième espèce, c'est-à-dire de l'alpaca, dans le genre du lama, mais qui
semble fonder quelques doutes sur la possibilité d'élever ces animaux, ainsi que la vigogne
en Europe, je l'ai communiquée, avec le mémoire précédent de M. Béliardy, à plusieurs
personnes instruites, et particulièrement à M. l'abbé Bexon, qui a fait sur cela les observations suivantes :

« Je remarque, dit-il, que le lama vit dans les vallées basses et chaudes du Pérou, aussi
» bien que dans la partie la plus froide de la Sierra, et que par conséquent ce n'est pas
» la température de notre climat qui pourrait faire obstacle et l'empêcher de s'y habituer.

» A le considérer comme animal de monture, son pas est si doux que l'on s'en sert de
» préférence au cheval et à l'âne ; il paraît de plus qu'il vit aussi durement que l'âne,
» d'une manière aussi agreste, et sans exiger plus de soins.

» Il semble que les Espagnols eux-mêmes ne savent pas faire le meilleur ou le plus bel
» emploi de la laine du lama, puisqu'il est dit *que, quoique cette laine soit plus belle que
» celle de nos brebis, et aussi douce que la soie, on l'emploie aux mêmes usages que nous
» employons le crin.*

» L'alpaca, espèce intermédiaire entre le lama et la vigogne, et jusqu'ici peu connue,
» même des naturalistes, est encore entièrement sauvage : néanmoins c'est peut-être, des
» trois animaux péruviens, celui dont la conquête serait la plus intéressante, puisque avec
» une laine plus fournie et beaucoup plus fine que celle du lama, l'alpaca paraît avoir une
» constitution plus forte et plus robuste que celle de la vigogne.

» La facilité avec laquelle se sont nourries les vigognes privées que l'on a eues par
» curiosité à Lima, mangeant du maïs, du pain et de toutes sortes d'herbes, garantit celle
» qu'on trouverait à faire en grand l'éducation de ces animaux : une négligence inconce-
» vable nous laisse ignorer si les vigognes privées que l'on a eues jusqu'ici ont produit en
» domesticité ; mais je ne fais aucun doute que cet animal, social par instinct, faible par
» nature, et doué comme le mouton d'une timidité douce, ne se plût en troupeaux rassemblés,
» et ne se propageât volontiers dans l'asile d'un parc ou dans la paix d'une étable, et bien

» mieux que dans les vallons sauvages, où leurs troupes fugitives tremblent sous la serre
» de l'oiseau de proie ou à l'aspect du chasseur.

» La cruauté avec laquelle on nous dit que se font au Pérou les grandes chasses, ou
» plutôt les grandes tueries de vigognes, est une raison de plus de se hâter de sauver dans
» l'asile domestique une espèce précieuse que ces massacres auront bientôt détruite, ou du
» moins affaiblie au dernier point.

» Les dangers et les longueurs de la navigation par le cap Horn me semblent, comme
» à M. Béliardy, être un grand obstacle à tirer les vigognes de la côte du Sud par Arica,
» Cusco ou Potosi; et la véritable route pour amener ces animaux précieux serait en effet
» de les faire descendre du Tucuman par Rio de la Plata jusqu'à Buénos-Ayres, où un bâti-
» ment, frété exprès et monté de gens entendus aux soins délicats qu'exigeraient ces ani-
» maux dans la traversée, les amèneraient à Cadix, ou mieux encore dans quelques-uns
» de nos ports les plus voisins des Pyrénées ou des Cévennes, où il serait le plus conve-
» nable de commencer l'éducation de ces animaux dans une région analogue à celle des
» *Sierras*, d'où on les a fait descendre.

» Il me reste quelques remarques à faire sur la lettre de M. de la Folie, qui ne me paraît
» offrir que des doutes assez peu fondés et des difficultés assez légères.

» 1° On a vu que, si le cheval et l'âne l'emportent par la constance du service sur le
» lama, celui-ci, à son tour, leur est préférable à d'autres égards, et d'ailleurs l'objet est
» bien moins ici de considérer le lama comme bête de somme, que de le regarder conjoin-
» tement, avec la vigogne et l'alpaca, comme bétail à toison.

» 2° Qui peut nous assurer qu'on ait fait en Espagne beaucoup d'essais pour naturaliser ces
» animaux, et les essais supposés faits l'ont-ils été avec intelligence? Ce n'est point dans
» une plaine chaude, mais, comme nous venons de l'insinuer, sur des croupes de montagnes
» voisines de la région des neiges, qu'il faut faire retrouver aux vigognes un climat ana-
» logue à leur climat natal.

» 3° C'est moins des vigognes venues du Pérou que l'on pourrait espérer de former des
» troupeaux que de leur race née en Europe, et c'est à obtenir cette race et à la multiplier
» qu'il faudrait diriger les premiers soins, qui, sans doute, devraient être grands et conti-
» nuels pour des animaux délicats et aussi dépaysés.

» 4° Quant à l'herbe *ycho*, il est difficile de croire qu'elle ne puisse pas être remplacée par
» quelques-uns de nos gramens ou de nos joncs; mais, s'il le fallait absolument, je propo-
» serais de transporter l'herbe *ycho* elle-même; il ne serait probablement pas plus difficile
» d'en faire le semis que tout autre semis d'herbage, et il serait heureux d'acquérir une
» nouvelle espèce de prairie artificielle avec une nouvelle espèce de troupeaux.

» 5° Et pour la crainte de voir dégénérer la toison de la vigogne transplantée, elle
» paraît peu fondée; il n'en est pas de la vigogne comme d'une race domestique et factice
» perfectionnée, ou, si l'on veut, dégénérée tant qu'elle peut l'être, telle que la chèvre
» d'Angora, qui, en effet, quand on la transporte hors de la Syrie, perd en peu de temps
» sa beauté; la vigogne est dans l'état sauvage, elle ne possède que ce que lui a donné
» la nature, et que la domesticité pourrait sans doute, comme dans toute autre espèce,
» perfectionner pour notre usage. »

J'adopte entièrement ces réflexions très justes de M. l'abbé Bexon, et je persiste à
croire qu'il est aussi possible qu'il serait important de naturaliser chez nous ces trois
espèces d'animaux si utiles au Pérou et qui paraissent si disposés à la domesticité.

LE CHEVROTAIN DE CEYLAN

Nous avons dit que le chevrotain à peau marquetée de taches blanches, et que Séba dit se trouver à Surinam, ne se trouve point en Amérique, mais au contraire aux Grandes-Indes, où il s'appelle *memina*. Nous avons reçu la dépouille d'un chevrotain de Ceylan (*), sous ce nom *memina*, qui a une parfaite ressemblance avec la description que j'en ai publiée. En comparant cette description avec la dépouille dont il s'agit ici, on voit que ces deux petits animaux sont également sans cornes et qu'ils ne font tous deux qu'une simple variété dans la même espèce.

DU MUSC

La figure de l'animal du musc, que j'ai fait dessiner d'après nature vivante, manquait à mon ouvrage, et n'a jamais été donnée que d'une manière très incorrecte par les autres naturalistes. Il paraît que cet animal, qui n'est commun que dans les parties orientales de l'Asie, pourrait s'habituer et peut-être même se propager dans nos climats, car il n'exige pas des soins trop recherchés ; il a vécu pendant trois ans dans un parc de M. le duc de la Vrillière, à l'Ermitage, près de Versailles, où il n'est arrivé qu'au mois de juin 1772, après avoir été trois autres années en chemin : ainsi voilà six années de captivité et de malaise, pendant lesquelles il s'est très bien soutenu, et il n'est pas mort de dépérissement, mais d'une maladie accidentelle. On avait recommandé de le nourrir avec du riz crevé dans l'eau, de la mie de pain mêlée avec de la mousse prise sur le tronc et les branches de chêne ; on a suivi exactement cette recette, il s'est toujours bien porté, et sa mort, en avril 1775, n'a été causée que par une *égagropile*, c'est-à-dire par une pelote ou gobbe de son propre poil qu'il avait détaché en se léchant et qu'il avait avalé. M. Daubenton, de l'Académie des sciences, qui a disséqué cet animal, a trouvé cette pelote dans la caillette, à l'orifice du pylore. Il ne craignait pas beaucoup le froid ; néanmoins, pour l'en garantir, on le tenait en hiver dans une orangerie, et pendant toute cette saison il n'avait point d'odeur de musc, mais il en répandait une assez forte en été, surtout dans les jours les plus chauds ; lorsqu'il était en liberté, il ne marchait pas à pas comptés, mais courait en sautant, à peu près comme un lièvre.

Voici la description de cet animal, que M. de Sève a faite avec exactitude.

Le musc est un animal d'une jolie figure ; il a deux pieds trois pouces de longueur, vingt pouces de hauteur au train de derrière et dix-neuf pouces six lignes à celui de devant ; il est vif et léger à la course et dans tous ses mouvements ; ses jambes de derrière sont considérablement plus longues et plus fortes que celles de devant. La nature l'a armé de deux défenses de chaque côté de la mâchoire supérieure, qui sont larges, dirigées en bas et recourbées en arrière ; elles sont tranchantes sur leur bord postérieur en finissant en pointe ; leur longueur au-dessous de la lèvre est de dix-huit lignes, et leur largeur d'une ligne et demie ; elles sont de couleur blanche, et leur substance est une sorte d'ivoire ; les yeux sont grands à proportion du corps, et l'iris est d'un brun roux ; le bord des paupières est de couleur noire, ainsi que les naseaux ; les oreilles sont grandes et larges, elles ont quatre pouces de hauteur sur deux pouces quatre ou cinq lignes de largeur ; elles sont garnies en dedans de grands poils d'un blanc mêlé de grisâtre et en dessus de poils noirs roussâtres mêlés de gris, comme celui du front et du nez ; le noir du

(*) *Moschus Memina* L.

1 CHEVROTAIN _ 2 ELAN.

front est relevé par une tache blanche qui se trouve au milieu; il y a du fauve jaunâtre au-dessus et au-dessous des yeux, mais le reste de la tête paraît d'un gris d'ardoise, parce que le poil y est mélangé de noir et de blanc, comme celui du cou, où il y a de plus quelques légères teintes de fauve; les épaules et les jambes de devant sont d'un brun noir, ainsi que les pieds; mais cette couleur noire est moins foncée sur les cuisses et les jambes de derrière, où il y a quelques teintes de fauve; les pieds sont petits, ceux de devant ont deux ergots qui touchent la terre et qui sont situés au talon; les sabots des pieds de derrière sont inégaux en longueur, l'intérieur étant considérablement plus long que l'extérieur; il en est de même des ergots, dont l'interne est aussi bien plus long que l'externe; tous les sabots des pieds, qui sont fendus comme ceux des chèvres, sont de couleur noire, ainsi que les ergots; le poil du dessus, du dessous et des côtés du corps est noirâtre, mélangé de teintes fauves et même de roussâtre en quelques endroits, parce qu'en général les poils, et surtout les plus longs, sont blancs sur la plus grande partie de leur longueur, tandis que leur extrémité est brune, noire ou de couleur fauve; les crottes de cet animal sont très petites, d'un brun luisant et de forme allongée, et n'ont aucune odeur, et le parfum que l'animal répand dans sa cabane n'est guère plus fort que l'odeur d'une civette. Au reste, le musc paraît être un animal fort doux, mais en même temps timide et craintif; il est remuant et très agile dans ses mouvements, et il paraissait se plaire à sauter et à s'élancer contre un mur qui lui servait de point d'appui pour le renvoyer à l'opposite.

Comme M. Daubenton a donné à l'Académie des sciences (a) un bon mémoire au sujet de cet animal, nous croyons devoir en rapporter ici l'extrait :

« L'odeur forte et pénétrante du musc, dit-il, est trop sensible pour que ce parfum n'ait » pas été remarqué en même temps que l'animal qui le porte : aussi leur a-t-on donné à » tous les deux le même nom de *musc*. Cet animal se trouve dans les royaumes de Boutan » et de Tunquin, à la Chine et dans la Tartarie chinoise, et même dans quelques parties » de la Tartarie moscovite. Je crois que de temps immémorial il a été recherché par les » habitants de ces contrées, parce que sa chair est très bonne à manger et que son parfum » a toujours dû faire un commerce; mais on ne sait pas en quel temps le musc a com- » mencé à être-connu en Europe et même dans la partie occidentale de l'Asie. Il ne paraît » pas que les Grecs ni les Romains aient eu connaissance de ce parfum, puisque Aristote » ni Pline n'en ont fait aucune mention dans leurs écrits. Les auteurs arabes sont les » premiers qui en aient parlé; Sérapion donna une description de cet animal dans le » VIIIᵉ siècle.

» Je l'ai vu, au mois de juillet 1772, dans un parc de M. de la Vrillière, à Versailles : » l'odeur du musc qui se répandait de temps en temps, suivant la direction du vent autour » de l'enceinte où était le porte-musc, aurait pu me servir de guide pour trouver cet ani- » mal. Dès que je l'aperçus, je reconnus dans sa figure et dans ses attitudes beaucoup de » ressemblance avec le chevreuil, la gazelle et le chevrotain; aucun animal de ce genre n'a » plus de légèreté, de souplesse et de vivacité dans les mouvements que le porte-musc; il » ressemble encore aux animaux ruminants en ce qu'il a les pieds fourchus et qu'il manque » de dents incisives à la mâchoire supérieure; mais on ne peut le comparer qu'au chevro- » tain pour les deux défenses ou longues dents canines qui tiennent à la mâchoire de des- » sus et sortent d'un pouce et demi au dehors des lèvres.

» La substance de ces dents est une sorte d'ivoire, comme celle des défenses du babi- » roussa et de plusieurs autres espèces d'animaux; mais les défenses du porte-musc ont » une forme très particulière, elles ressemblent à de petits couteaux courbes, placés au- » dessous de la gueule et dirigés obliquement de haut en bas, et de devant en arrière; leur

(a) *Mémoires de l'Académie des sciences*, année 1772, seconde partie, p. 215 et suiv.

» bord postérieur est tranchant...; je crois qu'il s'en sert à différents usages, suivant les
» circonstances, soit pour couper les racines, soit pour se soutenir dans les endroits où il
» ne peut pas trouver d'autre point d'appui, soit enfin pour se défendre ou pour attaquer.

» Le porte-musc n'a point de cornes; les oreilles sont longues, droites et très mobiles;
» les deux dents blanches qui sortent de la gueule et les renflements qu'elles forment à la
» lèvre supérieure donnent à la physionomie du porte-musc, vu de face, un air singulier
» qui pourrait le faire distinguer de tout autre animal, à l'exception du chevrotain.

» Les couleurs du poil sont peu apparentes; au lieu de couleur décidée, il n'y a que des
» teintes de brun, de fauve et de blanchâtre, qui semblent changer lorsqu'on regarde l'ani-
» mal sous différents points de vue, parce que les poils ne sont colorés en brun ou en
» fauve qu'à leur extrémité, le reste est blanc et parait plus ou moins à différents aspects.
» Il y a du blanc et du noir sur les oreilles du porte-musc et une étoile blanche au milieu
» du front.

» Cette étoile me parait être une sorte de livrée qui disparaîtra lorsque l'animal sera
» plus âgé, car je ne l'ai pas vue sur deux peaux de porte-musc qui m'ont été adressées
» pour le Cabinet du Roi par M. le Monnier, médecin du Roi, de la part de Mᵐᵉ la comtesse
» de Marsan... Les deux peaux dont il s'agit m'ont paru venir d'animaux adultes, l'un
» mâle et l'autre femelle; les teintes des couleurs du poil y sont plus foncées que sur le
» porte-musc vivant que je viens de décrire; il y a de plus sur la face intérieure du cou
» deux bandes blanchâtres, larges d'environ un pouce, qui s'étendent irrégulièrement le
» long du cou et qui forment une sorte d'ovale allongé, en se rejoignant en avant sur la
» gorge, et en arrière entre les jambes de devant.

» Le musc est renfermé dans une poche placée sous le ventre à l'endroit du nombril;
» je n'ai vu sur le porte-musc vivant que de petites éminences sur le milieu de son ventre;
» je n'ai pu les observer de près parce que l'animal ne se laisse pas approcher... La poche
» du musc tient à l'une des peaux envoyées au Cabinet du Roi; mais cette poche est des-
» séchée; il m'a paru que si elle était dans son état naturel, elle aurait au moins un pouce
» et demi de diamètre; il y a dans le milieu un orifice très sensible dont j'ai tiré de la
» substance du musc, très odorante et de couleur rousse... M. Gmelin, ayant observé la
» situation de cette poche sur deux mâles, rapporte, dans le IVᵉ volume des *Mémoires de
» l'Académie impériale de Pétersbourg*, qu'elle était placée au devant et un peu à droite du
» prépuce...

» Le porte-musc diffère de tout autre animal par la poche qu'il a sous le ventre et qui
» enferme le musc; cependant, quoique ce caractère soit unique par sa situation..., il ne
» contribue nullement à déterminer la place du porte-musc parmi les quadrupèdes, parce
» qu'il y a des substances odoriférantes qui viennent d'animaux très différents du porte-
» musc...

» Les caractères extérieurs du porte-musc qui indiquent ses rapports avec les autres
» quadrupèdes sont les pieds fourchus, les deux longues dents canines de la mâchoire
» supérieure et les huit dents incisives de la mâchoire du dessous, sans qu'il y en ait dans
» celle du dessus. Par ces caractères, le porte-musc ressemble plus au chevrotain qu'à
» aucun autre animal; il en diffère en ce qu'il est beaucoup plus grand, car il a plus d'un
» d'un pied et demi de hauteur, prise depuis le bas des pieds de devant jusqu'au-dessus des
» épaules, tandis que le chevrotain n'a guère plus d'un demi-pied.

» Les dents molaires du porte-musc sont au nombre de six de chaque côté de chacune
» des mâchoires; le chevrotain n'en a que quatre (*); il y a aussi de grandes différences
» entre ces deux animaux pour la forme des dents molaires et des couleurs du poil; la
» poche du musc fait un caractère qui n'appartient qu'au porte-musc mâle; la femelle n'a

(*) C'est une erreur, il a six molaires à chaque mâchoire, de chaque côté.

» ni poche, ni musc, ni dents canines (*), suivant les observations de M. Gmelin, que j'ai
» cité.

» Le porte-musc que j'ai vu vivant paraît n'avoir point de queue. M. Gmelin a trouvé
» sur trois individus de cette espèce, au lieu de queue, un petit prolongement charnu
» long d'environ un pouce... Il y a des auteurs qui ont fait représenter le porte-musc avec
» une queue bien apparente, quoique fort courte. Grew dit qu'elle a deux pouces de lon-
» gueur; mais il n'a pas observé si cette partie renfermait des vertèbres (**).

» Dans la description que M. Gmelin a faite du porte-musc, les viscères m'ont paru
» ressemblants à ceux des animaux ruminants, surtout les quatre estomacs, dont le pre-
» mier a trois convexités, comme dans les animaux sauvages qui ruminent. Si l'on joint
» ce caractère à celui des deux dents canines dans la mâchoire du dessus, le porte-musc
» ressemble plus, par ces deux caractères, au cerf qu'à aucun autre animal ruminant,
» excepté le chevrotain, au cas qu'il rumine, comme il y a lieu de le croire.

» Ray dit qu'il est douteux que le porte-musc rumine. Les gens qui soignent celui que
» j'ai décrit vivant ne savent pas s'il rumine; je ne l'ai pas vu assez longtemps pour en
» juger par moi-même, mais je sais, par les observations de M. Gmelin, qu'il a les organes
» de la rumination, et je crois qu'on le verra ruminer, etc., etc. »

LE CHEVROTAIN APPELÉ A JAVA PETITE GAZELLE

Un chevrotain venu de Java (***), sous le nom de *petite gazelle*, nous paraît être de la
même espèce à très peu près que celle du chevrotain *memina* de Ceylan : les seules différences que nous puissions y remarquer sont qu'il n'a point, comme le memina, de bandes
ou de livrée sur le corps ; le poil est seulement ondé ou jaspé de noir sur un fond couleur
de musc foncé, avec trois bandes blanches distinctement marquées sur la poitrine ; le bout
du nez est noir et la tête est moins arrondie et plus fine que celle du memina, et les sabots
des pieds sont plus allongés. Ces différences assez légères pourraient n'être qu'individuelles
et ne doivent pas nous empêcher de regarder cé chevrotain de Java comme une simple
variété dans l'espèce du memina de Ceylan. Au reste, nous n'avons pas eu d'autre indication sur ce petit animal, qui n'est certainement pas du genre des gazelles, mais de celui
des chevrotains.

DU RENNE

Nous avons fait dessiner la figure d'une femelle renne qui était vivante à Chantilly,
dans les parcs de S. A. S. Mgr le prince de Condé, auquel le roi de Suède l'avait envoyée
avec deux mâles de même espèce, dont l'un mourut en chemin, et le second ne vécut
que très peu de temps après son arrivée en France. La femelle a résisté plus longtemps ; elle était de la grandeur d'une biche, mais moins haute de jambes et plus épaisse
de corps ; elle portait un bois comme les mâles, divisé de même par andouillers, dont les
uns pointaient en devant et les autres en arrière ; mais ce bois était plus court que celui
des mâles. Voici la description détaillée de cet animal, telle que M. de Sève me l'a donnée.

« La hauteur du train de devant est de deux pieds onze pouces, et celle du train de
» derrière de deux pieds onze pouces neuf lignes. Son poil est épais et uni comme celui du

(*) Elle a des canines moins développées que celles du mâle.
(**) Elle contient des vertèbres caudales.
(***) *Moschus javanicus* Cuv.

» cerf; les plus courts sur le corps ont au moins quinze lignes de longueur. Il est plus long
» sous le ventre, fort court sur les jambes, et très long sur le boulet jusqu'aux ergots. La
» couleur du poil qui couvre le corps est d'un brun roussâtre, plus ou moins foncé dans
» différents endroits du corps, et mélangé ou jaspé plus ou moins d'un blanc jaunâtre; sur
» une partie du dos, les cuisses, le dessus de la tête et le chanfrein, le poil est plus foncé,
» surtout au-dessus du larmier, que le renne a comme le cerf. Le tour de l'œil est noir. Le
» museau est d'un brun foncé et le tour des naseaux noir; le bout du museau jusqu'aux
» naseaux est d'un blanc vif, ainsi que le bout de la mâchoire inférieure. L'oreille est
» couverte en dessus d'un poil épais, blanc, tirant sur le fauve, mêlé de poil brun, le
» dedans de l'oreille est garni de grands poils blancs. Le cou et la partie supérieure du
» corps sont d'un blanc jaunâtre ou fauve très clair, ainsi que les grands poils qui lui
» pendent sur la poitrine au bas du cou. Le dessous du ventre est blanc. Sur les côtés
» au-dessus du ventre, est une bande large et brune comme à la gazelle. Les jambes sont
» fort menues pour le corps; elles sont, ainsi que les cuisses, d'un brun foncé, et d'un
» blanc sale en dedans, de même que l'extrémité du poil qui couvre les sabots. Les pieds
» sont fendus comme ceux du cerf. Les deux ergots de devant sont larges et minces; les
» deux petits de derrière sont longs, assez minces et plats en dedans; ces quatre ergots
» sont très noirs. »

Au reste, il ne faut pas juger par la figure que nous avons donnée du renne de l'étendue en longueur et en grosseur de son bois. Il y a de ces bois qui s'étendent en arrière depuis la tête de l'animal jusqu'à sa croupe et qui pointent en avant par de grands andouillers de plus d'un pied de longueur. Les grandes cornes ou bois fossiles que l'on a trouvés dans plusieurs endroits, et notamment en Irlande, paraissent avoir appartenu à l'espèce du renne. J'ai été informé par M. Collinson qu'il avait vu de ces grands bois fossiles qui avaient dix pieds d'intervalle entre leurs extrémités, avec des andouillers qui s'étendent en avant de la face de l'animal, comme dans le bois de renne (a).

C'est donc à cette espèce, et non pas à celle de l'élan, que l'on doit rapporter les bois ou cornes fossiles de l'animal que les Anglais ont appelé *moose-deer;* mais il faut néanmoins convenir qu'actuellement il n'existe pas de rennes assez grands et assez puissants pour porter des bois aussi gros et aussi longs que ceux qu'on a trouvés sous terre en Irlande, ainsi que dans quelques autres endroits de l'Europe, et même dans l'Amérique septentrionale (b).

Au reste, je ne connaissais qu'une seule espèce de renne, auquel j'ai rapporté le caribou d'Amérique et le daim de Groenland, dont M. Edwards a donné la figure et la description, et ce n'est que depuis peu d'années que j'ai été informé qu'il y en avait deux espèces, ou plutôt deux variétés, l'une beaucoup plus grande que l'autre. Le renne dont nous donnons ici la description est de la petite espèce et probablement la même que le daim de Groenland de M. Edwards.

Quelques voyageurs disent que le renne est le daim du Nord, qu'il est sauvage en Groenland, et que les plus forts n'y sont que de la grosseur d'une génisse de deux ans (c).

Pontoppidan assure que les rennes périssent dans tous les pays du monde, à l'exception de ceux du Nord, où il faut même qu'ils habitent les montagnes; mais il ajoute des choses moins croyables en disant que leur bois est mobile, de façon que l'animal peut le

(a) Extrait d'une lettre de M. Collinson à M. de Buffon. Londres, 6 février 1765.

(b) On trouve dans l'Amérique septentrionale des *cornes* qui ont dû appartenir à un animal d'une grandeur prodigieuse; on en trouve de pareilles, en Irlande. Ces cornes sont branchues, etc. *Voyage de P. Kalm,* t. II, p. 435.

(c) *Histoire générale des Voyages,* t. XIX, p. 37.

plier en avant ou en arrière, et qu'il a au-dessus des paupières une petite ouverture dans la peau par laquelle il voit un peu, quand une neige trop abondante l'empêche d'ouvrir les yeux. Ce dernier fait me paraît imaginé d'après l'usage des Lapons, qui se couvrent les yeux d'un morceau de bois fendu pour éviter le trop grand éclat de la neige, qui les rend aveugles en peu d'années lorsqu'ils n'ont pas l'attention de diminuer, par cette précaution, le reflet de cette lumière trop blanche qui fait grand mal aux yeux (a).

Une chose remarquable dans ces animaux, c'est le craquement qui se fait entendre dans tous leurs mouvements ; il n'est pas même nécessaire pour cela que leurs jambes soient en mouvement. Il suffit de leur causer quelque surprise ou quelque crainte en les touchant, pour que ce craquement se fasse entendre. On assure que la même chose arrive à l'élan, mais nous n'avons pas été à portée de le vérifier.

L'ÉLAN, LE CARIBOU ET LE RENNE (*suite*)

(Par M. le professeur Allamand.)

« C'est avec raison que M. de Buffon croit que l'élan de l'Europe se trouve aussi dans
» l'Amérique septentrionale, sous le nom d'*orignal*. S'il y a quelque différence entre les
» animaux désignés par ces deux noms, elle ne consiste guère que dans la grandeur, qui,
» comme l'on sait, varie beaucoup suivant le climat et la nourriture, et encore même
» n'est-il pas bien décidé quels sont ceux qui sont les plus grands. M. de Buffon croit que
» ce sont ceux d'Europe, et il est naturel de le croire, puisque l'on voit que les mêmes
» animaux sont constamment plus petits dans le nouveau monde que dans l'ancien conti-
» nent ; cependant la plupart des voyageurs nous représentent l'orignal comme plus grand
» que notre élan. M. Dudley, qui en a envoyé une très bonne description à la Société
» royale, dit que ses chasseurs en ont tué un qui était haut de plus de dix pieds (b) ; il a
» besoin d'une pareille taille pour porter les énormes cornes dont sa tête est chargée et
» qui pèsent cent cinquante et même jusqu'à trois ou quatre cents livres, s'il faut en croire
» la Hontan (c).

» Milord duc de Richemont, qui se fait un plaisir de rassembler, pour l'utilité publique,
» tout ce qui peut contribuer à la perfection des arts et a l'augmentation de nos connais-
» sances en histoire naturelle, a eu une femelle d'orignal qui lui avait été envoyée par
» M. le général Carleton, gouverneur du Canada, en 1766. Elle n'avait alors qu'une année,
» et elle a vécu pendant neuf ou dix mois dans son parc de Goedvoed. Quelque temps
» avant qu'elle mourût, il en fit faire un dessin fort exact, qu'il a eu la bonté de me
» communiquer. J'ai cru qu'on le verrait ici avec plaisir (pl. II, t. XII, édition de Hol-
» lande) pour suppléer à celui que M. de Buffon n'a pas eu le temps de faire achever à
» Paris. Comme cette femelle était encore jeune, elle n'avait guère plus de cinq pieds
» de hauteur ; sa couleur était d'un brun foncé par-dessus le corps et plus clair par-
» dessous.

» J'ai aussi reçu du Canada la tête d'une femelle d'orignal plus âgée. Sa longueur, depuis
» le bout du museau jusqu'aux oreilles, est de deux pieds trois pouces ; sa circonférence,
» prise des oreilles, est de deux pieds huit pouces, et près de la bouche d'un pied dix
» pouces ; ses oreilles sont longues de neuf pouces ; mais, comme cette tête est desséchée,
» on comprend que ces dimensions sont plus petites que dans l'animal vivant.

(a) *Histoire naturelle de la Norvège*, par Pontoppidan. *Journal étranger*, juin 1756.
(b) Voyez les *Transactions philosophiques*, pour l'année 1721, n° 368, p. 165.
(c) Voyez le t. XII de cet ouvrage, édition de Hollande, p. 47.

» M. de Buffon est aussi dans l'idée que le caribou de l'Amérique est le renne de
» Laponie, et l'on ne peut pas refuser de se rendre aux raisons par lesquelles il appuie
» son sentiment. J'ai donné une planche du renne qui ne se trouve point dans l'édition de
» Paris, c'est la onzième du douzième tome ; elle est une copie de celle qui a été publiée
» par le fameux peintre et graveur Ridinger, qui a dessiné l'animal d'après nature. Ici je
» crois devoir ajouter une autre planche qui représente le caribou d'Amérique. C'est encore
» au duc de Richemont que j'en suis redevable (a). Cet animal lui a été envoyé du Canada
» et il a vécu assez longtemps dans son parc ; son bois ne faisait que commencer à pousser
» quand il a été dessiné. Quoique je ne puisse rien dire pour l'éclaircissement de cette
» planche, je suis persuadé qu'on la verra avec plaisir ; c'est la seule qui représente au
» vrai le caribou. En la comparant avec celle du renne, il paraîtra d'abord qu'il y a une
» assez grande différence entre les deux animaux qui y sont représentés ; mais l'absence
» des cornes dans le caribou change beaucoup sa physionomie. La différence entre ce
» caribou et le renne paraîtra encore plus marquée si l'on jette les yeux sur la planche IV (b).
» Elle représente un animal qui a été vu en 1769 à la foire d'Amsterdam. S'il en faut
» croire les matelots qui le faisaient voir, il avait été pris dans la mer du Nord, à 76 degrés
» de latitude et environ à cinquante lieues de terre. Le capitaine Bré, de Schiedam, qui
» commandait un vaisseau destiné à la pêche de la baleine, vit quatre de ces animaux
» nageant en pleine mer ; il fit mettre d'abord quelques hommes dans la chaloupe, qui les
» suivirent à force de rames pendant près de trois heures sans pouvoir les atteindre ;
» enfin, ils en attrapèrent deux qui étaient jeunes : l'un est mort avant que d'arriver en
» Hollande, et l'autre est celui dont je donne la figure et qui a été montré à Amsterdam.
» Voilà l'histoire de la prise de cet animal, telle qu'elle a été racontée par des matelots
» qui disaient en avoir été les témoins. On ne sera pas fort disposé à la croire : la cir-
» constance de ces animaux nageant à cinquante lieues de toute terre est plus que suspecte.
» Le capitaine Bré aurait pu me donner là-dessus des informations plus sûres ; aussi ai-je
» voulu m'adresser à lui pour lui en demander ; mais j'ai appris qu'il était parti pour un
» nouveau voyage dont il n'est pas encore de retour.

» Quoi qu'il en soit de cette histoire, cet animal venait sûrement d'un pays très froid ;
» la moindre chaleur l'incommodait, et, pour le rafraîchir, on lui jetait souvent des seaux
» d'eau sur le corps, sans que son poil en parût mouillé ; il n'y eut pas moyen de le con-
» server longtemps en vie ; il mourut au bout de quatre mois à Groningue, où on le faisait
» voir pour de l'argent. On le donnait pour un renne, et c'en était véritablement un.
» Il ressemblait fort à ce daim de Groenland dont M. Edwards nous a conservé la figure,
» et que M. de Buffon a pris pour un renne (c). Ces deux animaux ne diffèrent presque
» qu'en ce que le bois de ce daim est sans empaumures ; mais les variétés que M. Dau-
» benton a trouvées entre les bois de renne qui sont dans le Cabinet du Roi nous prouvent
» assez que les empaumures n'ont rien de constant dans ces animaux, et que les caractères
» distinctifs qu'on en voudrait tirer sont très équivoques. »

(a) Planche III, t. XV, édition de Hollande.
(b) Volume XV, édition de Hollande.
(c) Voyez le t. XII de cet ouvrage, p. 46, édition de Hollande.

DU RENNE (*suite*)

(Par M. le professeur Allamand.)

« Le renne qui est représenté dans la planche IV (*a*) était un mâle ; la couleur de son
» poil était d'un gris cendré à l'extrémité, mais blanche vers sa racine. Tout son corps
» était couvert d'un duvet fort épais, d'où sortaient en divers endroits quelques poils assez
» raides dont la pointe était brune. La partie inférieure de son cou se faisait remarquer
» par des poils de huit à neuf pouces, dont elle était toute couverte, et qui étaient beau-
» coup plus fins que des crins, et d'un beau blanc. Le bout de son museau était noir et
» velu. Chacune des perches de son bois était chargée de trois andouillers ; ceux qui sor-
» taient de la partie inférieure étaient dirigés en avant sur le front ; ils se terminaient tous
» en pointe, et ce n'était qu'à l'extrémité supérieure de chaque perche qu'on remarquait
» des empaumures ; mais vraisemblablement il en aurait paru d'autres si l'animal avait
» vécu plus longtemps : je vois, par un dessin que M. Camper a fait de cet animal lorsqu'il
» était plus âgé de quatre mois, et qu'il a eu la bonté de me communiquer, que les empau-
» mures du haut du bois s'étaient élargies, qu'elles commençaient à former de nouveaux
» andouillers, et que ceux qui sont représentés pointus dans notre planche avaient acquis
» plus de largeur.

» Ce renne avait les jambes plus courtes, mais plus fortes et plus grosses que celles du
» cerf. Ses sabots étaient aussi beaucoup plus larges, et par là même plus propres à le
» soutenir sur la neige ; le bout de l'un était placé sur l'extrémité de l'autre.

» Ce renne n'est pas le seul qui ait paru dans nos provinces ; M. le professeur Camper
» en a reçu un qui malheureusement n'a vécu chez lui que vingt-quatre heures. Sa
» prompte mort est une perte pour l'histoire naturelle ; si cet animal avait pu être observé
» pendant quelque temps par un homme aussi exact et pénétrant que M. Camper, nous
» serions parfaitement instruits de tout ce qui le regarde. Cependant nous avons lieu de
» nous féliciter qu'il soit tombé en si bonnes mains. M. Camper l'a anatomisé avec soin, et
» il m'a envoyé une description très intéressante, qui le fera connaître mieux qu'il ne
» nous est connu par tout ce que les autres en ont dit jusqu'à présent ; on la lira ici avec
» plaisir : la voici donc telle qu'il a bien voulu me la communiquer.

OBSERVATIONS SUR LE RENNE

faites à Groningue, par M. le professeur P. Camper.

« Le renne qu'on m'avait envoyé de la Laponie par Dronthiem et Amsterdam arriva à
» Groningue le 21 juin 1771. Il était fort faible, non seulement à cause de la fatigue du
» voyage et de la chaleur du climat, mais probablement surtout à cause d'un ulcère entre le
» bonnet ou deuxième estomac, et le diaphragme, dont il mourut le lendemain. Dès qu'il
» fut chez moi, il mangea avec appétit de l'herbe, du pain et autres choses qu'on lui pré-
» senta, et il but assez copieusement. Il ne mourut point faute de nourriture, car en l'ou-
» vrant je trouvai ses estomacs et ses boyaux remplis. Sa mort fut lente et accompagnée
» de convulsions qui étaient tantôt universelles et tantôt uniquement visibles à la tête :
» les yeux surtout en souffrirent beaucoup.

» C'était un mâle âgé de quatre ans. Tous les os de son squelette offraient encore les
» épiphyses ; ce qui prouve qu'il n'avait pas atteint son plein accroissement, auquel il ne

(*a*) *Histoire naturelle*, t. XV, p. 52, édition de Hollande.

» serait parvenu qu'à l'âge de cinq ans. Ainsi on en peut conclure que cet animal peut
» vivre au moins vingt ans.

» La couleur du corps était brune et mêlée de noir, de jaune et de blanc; le poil du
» ventre, et surtout les flancs, était blanc·avec des pointes brunes, comme dans les autres
» bêtes fauves. Celui des jambes était d'un jaune foncé; celui de la tête tirait sur le noir;
» celui des flancs était très touffu; celui du cou et du poitrail était aussi fort épais et
» très long.

» Le poil qui couvrait le corps était si fragile, qu'il se cassait transversalement dès
» qu'on le tirait un peu; il était d'une figure ondoyée et d'une substance assez semblable
» à celle de la moelle des joncs dont on fait les nattes; sa partie fragile était blanche. Le
» poil de la tête, de dessous du cou et des jambes, jusqu'aux ongles, n'avait point cette
» fragilité; il était, au contraire, aussi fort que celui d'une vache.

» La couronne des sabots était recouverte de tous côtés d'un poil fort long. Les pieds
» de derrière avaient entre les doigts une pellicule assez large, faite de la peau qui cou-
» vrait le corps, mais parsemée de petites glandes.

» A la hauteur des couronnes des sabots il y avait une espèce de canal qui pénétrait
» jusqu'à l'articulation du canon avec les osselets des doigts; il était de la largeur du
» tuyau d'une plume à écrire, et rempli de fort longs poils. Je n'ai pas pu découvrir un
» semblable canal aux pieds de devant, et j'en ignore l'usage.

» La figure de cet animal différait beaucoup de celle qui a été décrite par les auteurs
» qui en ont parlé, et de celle que j'ai dessinée il y a deux ans, et cela parce qu'il était
» extrêmement maigre. MM. Linnæus, les auteurs de l'Encyclopédie et Edwards, le dépei-
» gnent tous fort gras, et par conséquent plus rond et plus épais.

» Les yeux ne diffèrent pas de ceux du daim ou du cerf; sa prunelle est transversale,
» et l'iris brun tirant sur le noir; ses larmiers, semblables à ceux des cerfs, sont remplis
» d'une matière blanchâtre, résineuse et plus ou moins transparente. Il y a deux points
» lacrymaux et deux canaux, comme dans le daim. La paupière supérieure a des cils
» fort longs et noirs; elle n'est pas percée, comme l'ont prétendu quelques auteurs, elle
» est entière. L'évêque Pontoppidan, et sur son autorité M. Haller, ont même voulu rendre
» raison de cette perforation de la paupière; ils l'ont jugée nécessaire dans un pays presque
» toujours couvert de neige, dont la blancheur aurait pu nuire par son éclat aux yeux de
» ces animaux sans ce secours. Les hommes, faits pour pouvoir vivre dans tous les cli-
» mats, préviennent autant qu'ils peuvent la cécité par des voiles ou de petites machines
» trouées qui affaiblissent l'éclat de la lumière : le renne, fait pour ce seul climat, n'avait
» pas besoin de ce mécanisme; mais il a cette membrane ou paupière interne, si visible
» dans les oiseaux, et qui se trouve dans plusieurs quadrupèdes, sans y être mobile que
» dans un petit nombre. Cette membrane n'est pas non plus percée dans le renne; elle
» peut couvrir toute la cornée, jusqu'au petit angle de l'œil.

» Son nez est fort large, comme dans les vaches, et le museau est plus ou moins plat,
» couvert d'un poil long grisâtre, et qui s'étend jusqu'à l'intérieur des narines. Les lèvres
» sont aussi revêtues de poils, excepté un petit bord qui est noirâtre, dur et très poreux.
» Les narines sont fort éloignées l'une de l'autre. La lèvre inférieure est étroite, et la
» bouche très fendue, comme dans la brebis.

» Il a huit dents incisives à la mâchoire inférieure, mais très petites, et très lâchement
» attachées; il n'en a point à la mâchoire supérieure, non plus que les autres ruminants;
» mais j'ai cru y remarquer des crochets, quoiqu'ils ne paraissent pas encore hors des
» gencives; dans la mâchoire inférieure je n'en ai vu aucun indice. Les chevaux en ont
» aux deux mâchoires, mais il est rare que les juments en aient; les daims, tant mâles
» que femelles, n'en ont presque jamais; mais j'ai préparé cet été la tête d'une biche nou-
» vellement née, qui a un très grand crochet à la mâchoire supérieure du côté gauche. La

» nature varie trop dans cette partie pour qu'on puisse y déterminer rien de constant. Il
» y a six dents mâchelières à chaque côté des deux mâchoires, c'est-à-dire qu'il y en a
» vingt-quatre en tout.

» Je n'ai rien à remarquer au sujet des cornes, elles ne faisaient que de naître ; l'une
» avait un pouce et l'autre un pouce et demi de hauteur : leur base était située entre l'or-
» bite et l'occiput, un peu plus près de ce dernier. Le poil qui les couvrait était joliment
» contourné, et d'un gris tirant sur le noir ; en le voyant d'une certaine distance on aurait
» pris les deux touffes de ce poil pour deux grandes souris posées sur la tête de l'animal.

» Le cou est court, et un peu plus arqué que celui de la brebis, mais moins que celui
» du chameau. Le corps paraît robuste ; le dos est un peu élevé vers les épaules, et assez
» droit partout ailleurs, quoique les vertèbres soient un peu formées en arc.

» La queue est fort petite, recourbée en bas et très garnie de poils.

» Les testicules sont très petits et ne paraissent point hors du corps. La verge n'est pas
» grande ; le prépuce est sans poil, comme un nombril ; il est fort ridé en dedans et chargé
» ou couvert d'une croûte pierreuse.

» Les sabots sont grands, longs et convexes en dehors ; mais ils n'avaient pas les bouts
» placés les uns sur les autres, comme ceux du renne que j'ai dessiné il y a deux ans. Les
» ergots sont aussi fort longs, et ceux des pieds antérieurs touchaient à terre quand l'ani-
» mal était debout ; mais ceux des pieds postérieurs étaient placés plus hauts, et ne des-
» cendaient pas si bas ; aussi les os des doigts en sont-ils plus courts.

» Ces huit ergots étaient creux, apparemment parce que l'animal ne les usait pas.

» Les intestins étaient exactement semblables à ceux du daim. Il n'y avait point de
» vésicule du fiel ; les reins étaient lisses et sans division ; les poumons étaient grands ; la
» trachée-artère était extrêmement large.

» Le cœur était d'une grandeur médiocre, et comme celui du daim, ne contenait qu'un
» seul osselet. Cet osselet soutient la base de la valvule sémilunaire de l'aorte, qui est
» opposée aux deux autres, sur lesquelles les artères coronaires du cœur prennent leur
» origine. Ce même osselet donne de la fermeté à la cloison membraneuse qui est entre les
» deux sinus du cœur, et à la base de la valvule triglochine du ventricule droit.

» Ce qui m'a paru de plus remarquable dans cet animal est une poche membraneuse
» et fort large, placée sous la peau du cou, et qui prenait son origine entre l'os hyoïde et
» le cartilage thyroïde par un canal conique ; ce canal allait en s'élargissant, et se chan-
» geait en une espèce de sac membraneux, soutenu par deux muscles oblongs ; ces muscles
» tirent leur origine de la partie inférieure de l'os hyoïde précisément là où la base, l'os
» graniforme et les cornes se réunissent.

» Ces muscles sont plats, minces, larges d'un demi-pouce, et descendent des deux côtés
» de la poche jusqu'au milieu du sac, où les fibres se séparent et se perdent dans la mem-
» brane extérieure et musculeuse de la poche ; ils relèvent et soutiennent cette partie à peu
» près comme les crémastères soutiennent et élèvent le péritoine, qui est autour des testi-
» cules dans les singes et autres animaux semblables.

» Cette poche s'ouvre dans le larynx, sous la racine de l'épiglotte, par un large orifice
» qui admettait mon doigt très aisément.

» Lorsque l'animal fait sortir avec force l'air des poumons, comme quand il fait des
» mugissements, l'air tombe dans cette poche, l'enfle et cause nécessairement une tumeur
» considérable à l'endroit indiqué ; le son doit aussi nécessairement changer beaucoup par
» là ; les deux muscles vident la poche de l'air quand l'animal cesse de mugir.

» J'ai démontré, il y a vingt ans, une semblable poche dans plusieurs papions et gue-
» nons ; et l'année passée j'ai eu occasion de faire voir à mes auditeurs qu'il y en avait une
» double dans l'orang-outang : j'en donnerai la description et la figure dans un mémoire que
» je me propose de publier, sur la voix de l'homme et de plusieurs animaux. Je ne saurais

» déterminer si la femelle renne a cette poche comme le mâle : dans les singes, les deux
» sexes en sont pourvus ; je ne me souviens pas de l'avoir trouvée dans le daim ; la biche
» ne l'a pas. »

DU RENNE (*suite*)

Nous ajouterons à ce que nous avons dit, au sujet du craquement qui se fait entendre
dans tous les mouvements du renne, une observation que M. le marquis d'Amezaga a eu
la bonté de nous communiquer : « On pourrait croire, dit-il, que ce bruit ou craquement
» vient des pinces du pied, qui se frapperaient l'une contre l'autre comme des castagnettes,
» d'autant que les rennes ont le pied long et plat. Je cherchai à reconnaître d'où provenait
» ce bruit dans les rennes que le roi de Suède avait envoyés à S. A. S. Mgr le prince de
» Condé, je le demandai aux Lapons qui les avaient amenés ; ils touchèrent assez légèrement
» l'un de ces rennes, et j'entendis le craquement sans pouvoir distinguer d'où il venait ;
» l'animal avait été touché si faiblement qu'il n'avait pas même changé de place ; je jugeai
» dès lors que le bruit ne venait pas de ses pinces ; je me mis sur le ventre, et sans
» faire marcher le renne, je guettai le moment où il lèverait son pied ; dès qu'il fit ce mou-
» vement, j'entendis l'articulation du pied faire le bruit que j'avais entendu d'abord, mais
» plus fort, parce que ce mouvement avait été plus grand ; je restai dans la même attitude
» pour m'assurer du craquement dans les pieds de derrière comme dans ceux de devant ;
» j'entendis aussi celui du genou, mais bien moins fort que celui du pied ; celui du jarret
» ne s'entend presque pas. »

Ces rennes sont morts tous deux à Chantilly de la même maladie ; c'est une inflammation à la gorge, depuis la langue jusqu'aux bronches du poumon. On aurait peut-être pu les
guérir en leur donnant des breuvages rafraîchissants, car ils se portaient très bien, et étaient
même assez gras jusqu'au jour où ils ont été atteints de cette inflammation ; ils paissaient
comme des vaches, et ils étaient très avides de la mousse grise qui s'attache aux arbres.

Il est donc certain, par les observations de M. le marquis d'Amezaga, que dans les
rennes ce n'est qu'aux articulations des os des jambes que se fait le craquement, et il est
plus que probable qu'il en est de même dans l'élan et dans les autres animaux qui font
entendre ce bruit.

En Laponie et dans les provinces septentrionales de l'Asie, il y a peut-être plus de
rennes domestiques que de rennes sauvages ; mais, dans le Groenland, les voyageurs disent
qu'ils sont tous sauvages.

Ces animaux sont timides et fuyards, et sentent les hommes de loin. Les plus forts de
ces rennes du Groenland ne sont pas plus gros qu'une génisse de deux ans, et c'est ce qui
me fait présumer qu'ils sont de la petite espèce qu'Edwards appelle *daims de Groenland,
moins grands de plus d'un tiers que ceux de la grande espèce ;* les uns et les autres perdent
leur bois au printemps, et leur poil tombe presque en même temps ; ils maigrissent alors
et leur peau devient mince, mais en automne ils engraissent, et leur peau s'épaissit. C'est
par cette alternative, dit M. Anderson (a), que tous les animaux du Nord supportent mieux
les extrêmes du froid et du chaud ; gras et fourrés en hiver, légers et secs durant l'été :
dans cette dernière saison ils broutent l'herbe tendre des vallons ; dans l'autre, ils fouillent sous la neige et cherchent la mousse des rochers.

(a) *Histoire naturelle du Groenland.*

DU RENNE (*suite*)

Extrait de la lettre de M. le comte de Mellin, chambellan du roi de Prusse,
datée du château d'Anizow, près Stettin, le 15 novembre 1784.

« J'ai encore l'honneur de communiquer à monsieur le comte la gravure d'un renne
» mâle, que j'ai peint d'après nature; celle de la femelle et du faon, je l'attends tous les
» jours de mon graveur, et j'aurai l'honneur de vous en envoyer un exemplaire, si vous
» le désirez. Le renne, lorsque je l'ai peint, n'avait que deux ans et portait son second
» bois; c'est pourquoi il n'est pas encore si large d'empaumure et chargé de tant de che-
» villes ou de cornichons que ceux que ces mêmes rennes portent présentement. Il faut
» aussi remarquer que le graveur a fait une faute en donnant à la barbe pendante du
» renne la figure d'une crinière qu'on dirait descendre du côté opposé. Si je puis, mon-
» sieur, vous faire plaisir par des miniatures peintes en couleur d'après nature de ces
» animaux, que j'ai faites avec beaucoup de soin, je vous les enverrai avec bien de la
» satisfaction..... S. A. R. Mgr le marcgrave de Brandebourg-Schwetz Frédéric-Henri,
» cousin du roi de Prusse, en a fait venir de la Suède et de la Russie, et m'a donné la
» permission de les dessiner, de les mesurer et de les observer. J'ai publié dans les
» mémoires de la Société de Berlin, en allemand, les observations que j'ai faites, et j'ai
» l'honneur de vous en communiquer la substance. Il y a, comme vous le remarquez,
» monsieur le comte, deux espèces, ou plutôt deux variétés, l'une beaucoup plus grande
» que l'autre, du renne; je les connais toutes les deux. La différence entre ces deux espèces
» est aussi remarquable qu'entre le cerf et le daim. Les grands rennes qui sont de la taille
» de nos cerfs furent envoyés de la province Mezeu, dans le gouvernement d'Archangel,
» province renommée pour avoir les plus beaux et les plus grands rennes de toute la
» Russie : ce sont deux mâles et deux femelles. Deux femelles et un mâle vinrent de la
» Suède, qui n'étaient guère plus grands que nos daims, c'est-à-dire les rennes femelles,
» car le mâle n'est pas parvenu jusqu'ici, étant mort sur le vaisseau. Voici quelques
» dimensions principales qui vous feront voir d'un coup d'œil combien les rennes de Rus-
» sie surpassent en grandeur ceux de Suède.

| | RENNES DE RUSSIE | | | | | | RENNE DE SUÈDE | | |
| | MALE. | | | FEMELLE. | | | FEMELLE. | | |
	Pieds	Pouces	Lignes	Pieds	Pouces	Lignes	Pieds	Pouces	Lignes
Longueur du corps en ligne droite, depuis le museau jusqu'à l'anus.	6	2	4	5	8	»	4	8	3
Hauteur du train de devant.....	3	10	6	3	5	8	2	10	6
Hauteur du train de derrière....	3	7	7	3	5	3	2	11	»
Circonférence du corps mesuré devant les cuisses...........	3	9	8	3	8	3	2	11	6
Circonférence du corps au milieu.	5	3	»	4	9	»	3	4	»
Circonférence du corps derrière les épaules................	4	4	»	3	5	6	3	»	»
Longueur de la tête jusqu'à l'origine du bois................	1	4	»	1	1	5	1	»	»
Circonférence du museau prise derrière les naseaux..........	1	1	3	»	11	»	»	9	»
Longueur du cou...	1	1	7	1	4	10	1	1	»
Circonférence derrière la tête....	2	4	4	1	4	1	1	2	»
Circonférence devant les épaules.	3	»	6	2	2	9	1	5	»

» Ce qui est très remarquable, et dont cependant aucun naturaliste ne fait mention, c'est
» que les faons des rennes ont d'abord en naisssant des bossettes, et qu'âgés de quinze
» jours ils ont déjà de petites dagues longues d'un pouce, de manière qu'ils touchent au
» bois peu de temps après leur mère. Les faons des rennes de Russie avaient le bois long
» d'un pied, et chaque perche avait trois andouillers, au lieu que ceux de Suède ne por-
» taient que des dagues moins longues qui se séparaient au bout en deux andouillers. La
» figure du daim de Groenland que donne M. Edwards me paraît être celle d'un faon de
» trois mois, à la couleur près, qui est toute différente. Il est singulier que les femelles,
» qui étaient pleines en arrivant et qui, depuis trois ans qu'elles sont à Schwetz, ont mis
» bas chaque année un faon, n'ont produit que des femelles ; ainsi je ne saurais dire si les
» faons mâles portent des bois plus longs et plus chargés d'andouillers que les femelles ;
» mais on peut le supposer en jugeant de la grande différence qu'il y a entre le bois du
» mâle et celui de la femelle. Les faons naissent aux mois de juin et de juillet, et ne portent
» pas de livrée ; ils sont bruns, plus foncés sur le dos et plus roux aux pieds, au cou et
» au ventre ; cependant cette couleur se noircit tous les jours, et au bout de six semaines
» ils ont le dos, les épaules, les côtés, le dessus du cou, le front et le nez d'un gris noir ;
» le reste est jaunâtre et les pieds fauves. J'ai dit que les faons touchent au bois d'abord
» après leur mère ; cela arrive au mois d'octobre, et c'est aussi alors que le rut commence.

» Les rennes mâles poursuivent longtemps les femelles avant d'en pouvoir jouir. Les
» femelles russes entraient en rut quinze jours plus tôt que les femelles de Suède ; il y eut
» même une femelle des faons russes qui, quoique âgée à peine de cinq mois, souffrit au
» commencement de novembre les approches du mâle et mit bas l'année suivante un faon
» aussi grand que les autres. Cela prouve que le développement des parties de la généra-
» tion du renne est plus prompt que dans aucun autre animal de cette grandeur ; peut-être
» aussi la plus grande chaleur de notre climat et la nourriture dont ils jouissent ont hâté
» l'accroissement de ces rennes. Cependant le bois que portent les rennes femelles à l'âge
» de cinq mois n'indiquerait-il pas une surabondance de molécules organiques qui peut
» occasionner un développement plus prompt des parties de la génération ? Il se peut même
» que les faons mâles soient en état d'engendrer au même âge. Le comportement du renne
» mâle que j'observais pendant le rut ressemblait plus à celui du daim qu'à celui du cerf.
» En s'approchant de la femelle, il la caressait de sa langue, haussait la tête et rayait
» comme le daim, mais d'une voix moins forte, quoique plus rauque. Il gonflait en même
» temps ses grosses lèvres, et en en faisant échapper l'air, il les faisait trembloter contre les
» gencives ; alors il baissait les jarrets des pieds de derrière, et je crus qu'il couvrirait ainsi
» la femelle, qui semblait aussi l'attendre ; mais au lieu de cela, il fit jaillir beaucoup de
» semence sans bouger, après quoi il était pendant quelques minutes comme perclus des
» pieds de derrière et marchait avec peine. Jamais je ne l'ai vu couvrir de jour, mais c'était
» toujours la nuit ; il s'y prêtait lentement et point en fuyant, comme les cerfs et les daims,
» qui, ainsi que je l'ai souvent observé dans mon bois et dans mon parc, sautent sur les
» biches tout en courant, en les arrêtant et les serrant quelquefois si rudement des pieds
» de devant, qu'ils leur enfoncent les ergots à travers la peau et mettent leurs côtés en
» sang. Le rut commence à la mi-octobre et finit à la fin du mois de novembre. Les rennes
» mâles ont pendant ce temps une odeur de bouc extrêmement forte.

» On a fait des tentatives infructueuses pour faire couvrir des biches ou des daims par
» le renne. Le premier renne qui vint à Schwetz fut pendant plusieurs années sans femelles,
» et, comme il parut ressentir les impressions du rut, on l'enferma avec deux biches et
» deux daines dans un parc, mais il n'en approchait pas. On lui présenta des vaches l'an-
» née suivante, qu'il refusa constamment, quoiqu'il attaquât des femmes, et que, plus il
» avançait en âge, plus il devenait furieux pendant le rut. Il donne non seulement des
» coups violents du haut de son bois, mais il frappe plus dangereusement des pieds de

» devant. Je me souviens qu'un jour le renne étant sorti de la ville de Schwetz, et se prome-
» nant par les champs, il fut attaqué par un gros chien de boucher ; mais lui, sans s'épou-
» vanter, se cabra et donna des pieds de devant un coup si violent au chien, qu'il l'as-
» somma sur la place. Il n'avait pas de bois en ce temps-là. Le bois tombe aux mâles vers
» Noël et au commencement de l'année, selon qu'ils sont plus ou moins vieux, et ils l'ont
» refait au mois d'août ; les femelles, au contraire, muent au mois de mai, et elles touchent
» au bois au mois d'octobre ; elles ont donc leur bois tout refait au bout de cinq mois, au
» lieu que les mâles y emploient huit mois ; aussi les mâles, passé cinq ans, ont des bois
» d'une longueur prodigieuse ; les surandouillers ont des empaumures larges, ainsi que le
» haut des perches, mais il est moins gros et plus cassant que celui du cerf ou du daim.
» C'est peut-être aussi pour le garantir d'autant plus lorsqu'il est encore tendre, que la
» nature l'a recouvert d'une peau beaucoup plus grosse que celle du refait du cerf ; car le
» refait du renne est beaucoup plus gros que celui du cerf, et cependant, lorsqu'il a touché
» au bois, les perches en sont bien plus minces. Le renne ne peut guère blesser des an-
» douillers comme le cerf, mais il frappe des empaumures du haut en bas, ce que Gaston
» Phœbus a déjà très bien observé dans la description qu'il donne du rangier, page 97 de
» *la Vénerie* de du Fouilloux... Tous ceux qui ont donné l'histoire du renne prétendent
» que le lait qu'on tire des femelles ne donne pas de beurre : cela dépend, je crois, ou de
» la nourriture, ou de la manière de traiter le lait. Je fis traire à Schwetz les rennes, et je
» trouvai le lait excellent, ayant un goût de noix ; j'en pris avec moi dans une bouteille
» pour en donner à goûter chez moi, et fus très surpris de voir, à mon arrivée, que le
» cahotement de ma voiture, pendant trois heures de chemin qu'il faut faire pour venir
» de Schwetz à mon château, avait changé ce lait en beurre ; il était blanc comme celui
» de brebis et d'un goût admirable. Je crois donc, fondé sur cette expérience, pouvoir
» assurer que le lait de renne donne de très bon beurre s'il est battu après avoir été tiré,
» car ce n'est que de la crème toute pure. En Suède, on prétend que le lait de renne a
» un goût rance et désagréable ; ici j'ai éprouvé le contraire : mais, en Suède, la pâture
» est très inférieure à celle d'Allemagne ; ici, les rennes paissent sur des prairies de trèfle, et
» on les nourrit d'orge, car l'avoine, ils l'ont constamment refusée ; ce n'est que rarement
» qu'on leur donne du *lichen rangiferinus*, qui croît ici en petite quantité dans nos bois,
» et ils le mangent avidement. J'ai remarqué que le craquement que les rennes font en
» marchant n'est formé que par les pinces des sabots, qui se choquent, et par les ergots,
» qui frappent contre les sabots. On peut s'en convaincre aisément en mettant un linge
» entre les pinces des sabots et en enveloppant les ergots de même ; alors tout craque-
» ment cesse. Je crus, comme tout le monde, que ce craquement se formait entre le boulet
» et le genou, quoique cela ne me parût guère possible ; mais un cerf apprivoisé que j'ai
» dans mon parc me fit entendre un craquement pareil, quoique plus sourd, lorsqu'il me
» suivait sur la pelouse ou sur le gravier, et je vis très distinctement, en l'observant de
» près, que c'étaient les pinces des sabots qui, en claquant l'une contre l'autre, formaient ce
» craquement. En réitérant cette observation sur les rennes, je me suis convaincu qu'il en
» est tout de même avec eux. Je remarque aussi que, sans marcher, ils font entendre le
» même craquement lorsqu'on leur cause quelque surprise ou quelque crainte en les tou-
» chant subitement ; mais cela provient de ce qu'en se tenant debout, ils ont toujours les
» sabots éloignés et distinctement séparés ; et que dès qu'ils s'effrayent où qu'ils lèvent le
» pied pour marcher, ils joignent subitement les pinces du sabot et craquent. Au reste,
» c'est un événement très remarquable pour un naturaliste, que ces rennes se conservent
» et se multiplient dans un pays où la température du climat est bien plus douce que
» dans leur patrie, dans un pays où les neiges ne sont pas fréquentes et les hivers bien
» moins rudes, tandis qu'on a déjà tenté inutilement, depuis le XVIe siècle, de les natura-
» liser en Allemagne, quoique alors le climat fût bien plus rude et les hivers plus rigou-

» reux. Le roi Frédéric Ier de Prusse en reçut de la Suède qui moururent quelques mois
» après leur arrivée, et cependant dans ce temps-là il y avait dans la Poméranie et dans
» la Marche, ainsi qu'aux environs de Berlin, beaucoup plus de marais et bien plus de
» bois, et il y faisait par cette raison beaucoup plus froid qu'à présent. Il y a présente-
» ment cinq ans que ces rennes subsistent et se multiplient à Schwetz; et étant voisin de
» cette petite ville, et S. A. R. me permettant de venir souvent chez elle, j'ai eu de fré-
» quentes occasions de les voir et de les observer, et tout ce que j'ai eu l'honneur de vous
» dire au sujet de ces rennes est le fruit de ces observations fréquemment réitérées. »

DU RENNE (*suite*)

Extrait d'une lettre de M. le chevalier de Buffon à M. le comte de Buffon. Lille, 30 mai **1785**.

« Il vient d'arriver ici trois rennes, dont un mâle âgé de six ans, une femelle âgée de
» trois ans, et une petite femelle âgée d'un an. L'homme qui les conduit et qui les montre
» pour de l'argent assure qu'il les a achetés dans une peuplade de Lapons, nommée en
» suédois *Deger Forth Capel,* dans la province de Wertu-bollo, à quatre-vingt-dix milles
» (deux cent soixante-dix lieues de France) de Stockholm, et huit milles (vingt-quatre
» lieues) d'Uma; il les a débarqués à Lubeck au mois de novembre de l'année dernière.
» Ces trois jolis animaux sont très familiers; le jeune surtout joue comme un chien avec
» ceux qui le caressent; ils sont gras, fort gais et se portent très bien.

» J'ai comparé, le livre à la main, ces rennes à la description que vous en faites; elle
» est parfaite sur tous les points. Le mâle a un bois couvert de duvet, comme le refait du
» cerf; ce bois est très chaud au toucher; chaque branche a dix-sept pouces de longueur
» depuis la naissance jusqu'à l'extrémité, où l'on commence à reconnaître deux andouil-
» lers qui se forment à tête ronde, et non pointue comme ceux du cerf. Ces deux branches
» se séparent de manière que leur courbure est en avant; elles sont uniformes et de la
» plus belle venue; les deux andouillers qui sont près de la tête croissent en avant en se
» rapprochant du nez de l'animal, deviennent plats et larges avec six petits andouillers,
» le tout imitant la forme d'une main qui aurait six doigts écartés, le reste du bois pro-
» duisant beaucoup de rameaux qui croissent presque tous en avant, autant que j'ai pu
» en juger par un dessin très mal fait que le maître de ces rennes m'a présenté du der-
» nier bois d'un renne qu'il a vendu en Allemagne. Ce bois avait quatre pieds de hauteur
» et pesait vingt-sept livres. L'extrémité de chaque branche se termine par de larges
» palettes qui portent de petits andouillers, comme celles qui sont près de la tête. La
» régularité du jeune bois que j'ai vu et sa belle venue annoncent qu'il sera superbe.

» Ils mangent du foin, dont ils choisissent les brins qui portent la graine; la chicorée
» sauvage, les fruits et le pain de seigle sont la nourriture qu'ils préfèrent à toute autre.
» Quand ils veulent boire, ils mettent un pied dans le seau et cherchent à troubler l'eau
» en la battant; ils ont tous trois le même usage et laissent presque toujours leur pied
» dans le seau en buvant.

» La femelle a deux proéminences qui annoncent la naissance du refait; le petit en a
» de même; j'ai vu le bois de la femelle de l'année dernière, il n'est pas plus grand qu'un
» bois de chevreuil; il est tortueux, noueux, et chaque branche est d'une forme très irré-
» gulière.

» J'y ai reconnu tous les caractères que vous désignez, le craquement des pieds lors-
» qu'ils marchent et surtout après le repos, le poil long et blanchâtre sous le cou, leur
» forme qui tient de celle du bœuf et du cerf, la tête semblable à celle du bœuf, ainsi que
» les yeux, la queue très courte et semblable à celle du cerf, le derrière de la croupe blan-

» châtre comme sur le cerf : ce renne n'a dans ses mouvements ni la pesanteur du bœuf,
» ni la légèreté du cerf, mais il a la vivacité de ce dernier, tempérée par sa forme, qui
» n'est pas aussi svelte. Je les ai vus ruminant ; ils se mettent à genoux pour se coucher,
» ils ont horreur des chiens, ils les fuient avec frayeur ou cherchent à les frapper avec les
» pieds de devant ; leur poil est d'un brun fauve ; ce fauve se dégrade jusqu'au blanchâtre
» sous le ventre, aux deux côtés du cou et derrière la croupe.

» On remarque au-dessous de l'angle intérieur de chaque œil une ouverture longitudi-
» nale où il serait aisé de faire entrer un gros tuyau de plume ; c'est sans doute le larmier
» de ces animaux.

» Les deux éperons qu'ils ont à chaque jambe en arrière sont gros et assez longs pour
» que la corne pointue dont ils sont armés pose à terre lorsque l'animal marche ; les épe-
» rons s'écartent dans cette position, et l'animal marque toujours quatre pointes en mar-
» chant, dont les deux de derrière entrent de quatre à cinq lignes dans le sable. Cette con-
» formation doit leur être fort utile pour se cramponner dans la neige.

» Le mâle a cinq pieds six pouces de longueur depuis le bout du museau jusqu'à la
» naissance de la queue, et trois pieds quatre pouces de hauteur depuis la sole jusqu'au
» garrot.

» La femelle, quatre pieds six pouces de longueur et trois pieds de hauteur.

» Le petit, quatre pieds un pouce de longueur et deux pieds sept pouces de hauteur ; il
» croît à vue d'œil.

» Ils ont huit petites dents incisives du plus bel émail et rangées à merveille à l'extré-
» mité antérieure de la mâchoire inférieure, cinq molaires (*) de chaque côté au fond de la
» bouche ; il y a un espace de quatre doigts entre les molaires et les incisives de chaque
» côté, dans lequel espace il n'y a point de dents. La mâchoire supérieure a de même et
» seulement cinq molaires de chaque côté au fond de la bouche, mais elle n'a aucune
» incisive.

» Le temps du rut est le même que celui du cerf ; la femelle a été couverte au mois de
» novembre de l'année dernière, à quatre lieues d'Upsal.

» En voilà bien long et peut-être beaucoup trop sur des animaux que vous connaissez
» mieux que moi sans les avoir vus ; mais, comme il n'en a point paru jusqu'ici de vivants
» en France, j'ai pensé que mes observations pourraient vous être agréables, etc. »

DE L'ÉLAN

Nous avons fait représenter un élan mâle que l'on a vu vivant à la foire Saint-Germain
en 1784 ; il n'avait pas encore trois ans. Les dagues de son bois n'avaient que deux pouces,
les dernières étaient tombées dans le commencement de janvier de la même année ; et,
comme il m'a paru nécessaire de donner une idée de ce même bois lorsque l'animal est
adulte, j'ai fait dessiner sa tête, surmontée des bois figurés dans la planche VIII du volume XII. Ce jeune animal avait été pris à cinquante lieues au delà de Moscou ; et au rapport de son conducteur sa mère était une ou deux fois plus grande qu'il ne l'était à cet âge
de trois ans. Il était déjà plus grand qu'un cerf, et beaucoup plus haut monté sur ses
jambes : mais il n'a point la forme élégante du cerf, ni la position noble et élevée de sa
tête. Il semble que ce qui oblige l'élan à porter la tête basse, c'est qu'indépendamment de
la pesanteur de son large bois, il a le cou fort court. Dans le cerf, le train de derrière est
plus haut que celui de devant ; dans l'élan, au contraire, le train de devant est le plus
élevé, et ce qui paraît encore augmenter la hauteur du devant de son corps, c'est une

---

(*) C'est une erreur ; ils ont six molaires de chaque côté à chaque mâchoire.

grosse partie charnue qu'il a sur le dos, au-dessus des épaules, et qui est couverte de poils noirs.

Les jambes sont longues et d'une forme légère, les boulets larges, surtout ceux de derrière ; les pieds sont très forts, et les sabots, qui sont noirs, se touchent par leur extrémité, qui est menue et arrondie. Les deux ergots des pieds de devant ont deux pouces neuf lignes de longueur ; ils sont longs, droits et plats, et ne se touchent point, mais leur extrémité touche presque à terre. Ceux des pieds de derrière ont de longueur, en ligne droite, deux pouces neuf lignes ; ils sont plats, courbes, élevés au-dessus de terre de deux pouces cinq lignes, et se touchent derrière le boulet. La queue est très courte, et ne forme qu'un tronçon couvert de poils.

La tête est d'une forme longue, un peu aplatie sur les côtés ; l'os frontal forme un creux entre les yeux ; le nez est un peu bombé en dessus ; le bout du nez est large, aplati et faisant un peu gouttière au milieu ; le nez et les naseaux sont grisâtres. La bouche a d'ouverture, en ligne droite, quatre pouces trois lignes ; il y a huit incisives dans la mâchoire inférieure, et il n'y en a point dans la supérieure.

L'œil est saillant, l'iris est d'un brun marron ; la prunelle, lorsqu'elle est à demi fermée, forme une ligne horizontale ; la paupière supérieure est arquée et garnie de poils noirs ; l'angle antérieur de l'œil est ouvert ; il forme, en se prolongeant, une espèce de larmier. L'oreille est grande, élevée, et finissant en pointe arrondie ; elle est d'un brun noirâtre en dessus, et garnie en dedans de grands poils grisâtres à la partie supérieure, et brun noirâtres à l'inférieure.

On remarque au-dessous des mâchoires un grand flocon de poil noir ; le cou est large, court et couvert de grands poils noirâtres sur la partie supérieure, et gris roussâtres à l'inférieure.

La couleur du corps de ce jeune animal était d'un brun foncé mêlé de fauve et de gris ; elle était presque noire sur les pieds et le paturon, ainsi que sur le cou et la partie charnue au-dessus des épaules. Les plus longs poils avaient cinq pouces dix lignes ; sur le cou, ils avaient six pouces six lignes ; sur le dos, trois pouces : ceux du corps étaient gris à leur racine, bruns dans leur longueur, et fauves à leur extrémité.

DE L'ÉLAN (*suite*)

Plusieurs voyageurs ont prétendu qu'il existe dans l'Amérique septentrionale des élans d'une taille beaucoup plus considérable que celle des élans d'Europe, et même de ceux qu'on trouve le plus communément en Amérique. M. Dudley (*a*), qui a envoyé à la Société royale de Londres une très bonne description de l'orignal, dit que ses chasseurs en tuèrent un qui était haut de plus de dix pieds.

Josselyn (*b*) assure qu'on a trouvé dans l'Amérique septentrionale des élans de douze pieds de haut. Les voyageurs qui ont parlé de ces élans gigantesques donnent six pieds de longueur à leur bois ; et, suivant Josselyn, les extrémités des deux perches sont éloignées l'une de l'autre de deux brasses, ou de dix à onze pieds ; la Hontan dit qu'il y a des bois d'élan d'Amérique qui pèsent jusqu'à trois et quatre cents livres (*c*). Tous ces récits peuvent être exagérés, ou n'être fondés que sur les rapports infidèles des sauvages, qui prétendent qu'il existe à sept ou huit cents milles au sud-ouest du fort d'York, une espèce d'élan beaucoup plus grande que l'espèce ordinaire, et qu'ils appellent *waskesser* ; mais ce

(*a*) M. Dudley, *Transact. philosoph.*, année 1721, n° 368.
(*b*) Josselyn's *Voy. New Engl.*, 88.
(*c*) *Voy. N. America*, i, 57.

qui cependànt pourrait faire présumer que ces récits ne sont pas absolument faux, c'est qu'on a trouvé en Irlande une grande quantité d'énormes bois fossiles que l'on a attribués aux grands élans de l'Amérique septentrionale dont Josselyn a parlé (a), parce qu'aucun autre animal connu ne peut être supposé avoir porté des bois aussi grands et aussi pesants. Ces bois diffèrent de ceux des élans d'Europe, ou des élans ordinaires d'Amérique, en ce que les perches sont en proportion plus longues; elles sont garnies d'andouillers plus larges et plus gros, surtout dans les parties supérieures. Un de ces bois fossiles, composé de deux perches, avait cinq pieds cinq pouces de longueur depuis son insertion dans le crâne jusqu'à la pointe; les andouillers ont onze pouces de longueur, l'empaumure dix-huit pouces de largeur, et la distance entre les deux extrémités était de sept pieds neuf pouces; mais cet énorme bois était cependant très petit en comparaison des autres, qui ont été trouvés également en Irlande. M. Wright a donné la figure d'un de ces bois, qui avait huit pieds de long, et dont les deux extrémités étaient distantes de quatorze pieds. Ces très grands bois fossiles ont peut-être appartenu à une espèce qui ne subsiste plus depuis longtemps (*) ni dans l'ancien ni dans le nouveau monde; mais, s'il existe encore des individus semblables à ceux qui portaient ces énormes bois, l'on peut croire que ce sont les élans que les Indiens ont nommé *waskesser*; et dès lors les récits de M. Dudley, de Josselyn et de la Hontan seraient entièrement confirmés.

DU CERF

On sait que dans plusieurs animaux, tels que les chats, les chouettes, etc., la pupille de l'œil se rétrécit au grand jour et se dilate dans l'obscurité; mais on ne l'avait pas remarqué sur les yeux du cerf. J'ai reçu de M. Beccaria, savant physicien et célèbre professeur à Pise, la lettre suivante, datée de Turin, le 28 octobre 1767, dont voici la traduction par extrait:

« Je présentais du pain, dit M. Beccaria, à un cerf enfermé dans un endroit obscur pour » l'attirer vers la fenêtre, et pour admirer à loisir la forme rectangulaire et transversale » de ses pupilles, qui, dans la lumière vive, n'avaient au plus qu'une demi-ligne de lar- » geur sur environ quinze lignes de longueur. Dans un jour plus faible elles s'élargissaient » de plus d'une ligne et demie, mais en conservant leur figure rectangulaire; et dans le » passage des ténèbres elles s'élargissaient d'environ quatre lignes, toujours transversa- » lement, c'est-à-dire horizontalement, en conservant la même forme rectangulaire. L'on » peut aisément s'assurer de ces faits en mettant la main sur l'œil d'un cerf; au moment » qu'on découvrira cet œil, on verra la pupille s'élargir de plus de quatre lignes. »

Cette observation fait penser, avec raison, à M. Beccaria, que les autres animaux du genre des cerfs ont la même faculté de dilater et de contracter leurs pupilles; mais, ce qu'il y a de plus remarquable ici, c'est que la pupille des chats, des chouettes, et de plusieurs autres animaux, se dilate et se contracte verticalement, au lieu que la pupille du cerf se contracte et se dilate horizontalement.

Je dois encore ajouter à l'histoire du cerf un fait qui m'a été communiqué par M. le marquis d'Amezaga, qui joint à beaucoup de connaissances une grande expérience de la chasse.

« Les cerfs, dit-il, mettent leur tête bas au mois de mars, plus tôt ou plus tard, selon

(a) Josselyn's *Voy. New Engl.*, 88.

(*) On voit, par ce simple mot, que Buffon avait la connaissance exacte des espèces disparues.

» leur âge. A la fin de juin, les gros cerfs ont leur tête allongée et elle commence à leur
» démanger. C'est aussi dans ce même temps qu'ils commencent à toucher au bois pour
» se défaire de la peau veloutée qui entoure le merrain et les andouillers. Au commence-
» ment d'août, leur tête commence à prendre la consistance qu'elle doit avoir pour le reste
» de l'année. Le 17 octobre, l'équipage de S. A. S. Mgr le prince de Condé attaqua un cerf
» de dix cors jeunement ; c'est dans cette saison que les cerfs tiennent leur rut, et par con-
» séquent ils sont alors bien moins vigoureux, et ce fut avec grand étonnement que nous
» vîmes ce cerf aller grand train et nous conduire à près de six lieues de son lancé.

    » Ce cerf pris, nous trouvâmes sa tête blanche et sanguinolente, comme elle aurait dû
» l'être dans le temps que les cerfs ordinaires touchent au bois ; cette tête était couverte
» de lambeaux de la peau veloutée qui se détache de la ramure. Il avait andouillers sur
» andouillers et chevillures, avec deux perches sans empaumures. Tous les chasseurs qui
» arrivèrent à la mort de ce cerf furent fort étonnés de ce phénomène ; mais ils le furent
» bien davantage lorsqu'on voulut lui lever les daintiers ; on n'en trouva point dans le
» *scrotum*, mais, après avoir ouvert le corps, on trouva en dedans deux petits daintiers
» gros comme des noisettes, et nous vîmes clairement qu'il n'avait point donné au rut
» comme les autres, et nous estimâmes que même il n'avait jamais donné. On sait que
» pendant les mois de juin, juillet et août, les cerfs sont prodigieusement chargés de suif,
» et qu'au 15 septembre ils pissent ce suif, en sorte qu'il ne leur reste que de la chair ;
» celui dont je parle avait conservé tout son suif, par la raison qu'il n'était point en état
» de ruter. Ce cerf avait un autre défaut que nous observâmes en lui levant les pieds ; il
» lui manquait dans le pied droit l'os du dedans du pied, et cet os qui se trouvait dans le
» pied gauche était long d'un demi-pouce, pointu et gros comme un cure-dent.

    » Il est notoire qu'un cerf que l'on coupe quand il n'a pas sa tête, elle ne repousse plus ;
» on sait aussi que lorsqu'on coupe un cerf qui a sa tête dans sa perfection, il la conserve
» toujours. Or il paraît ici que les très petites parties de la génération de l'animal dont je
» viens de parler ont suffi pour lui faire changer de tête, mais que la nature a toujours été
» tardive dans ses opérations pour la conformation naturelle de cet animal, car nous
» n'avons trouvé aucune trace d'accidents qui puisse faire croire que ce même ordre de la
» nature ait pu être dérangé ; en sorte qu'on peut dire, avec grande raison, que ce retar-
» dement ne vient que du peu de facultés des parties de la génération dans cet animal,
» lesquelles étaient néanmoins suffisantes pour produire la chute et la renaissance de la
» tête, puisque les meules nous indiquaient qu'il avait eu sa tête de daguet, sa seconde
» tête, sa troisième, la quatrième et dix cors jeunement au temps où nous l'avons pris. »

    Cette observation de M. le marquis d'Amezaga semble prouver encore mieux que toutes
les observations qu'on avait faites précédemment, que la chute et le renouvellement de la
tête des cerfs dépendent en totalité de la présence des daintiers ou testicules, et en partie
de leur état plus ou moins complet ; car ici les testicules étant, pour ainsi dire, imparfaits
et beaucoup trop petits, la tête était par cette raison plus longtemps à se former, et tombait aussi beaucoup plus tard que dans les autres cerfs.

    Nous avons donné une indication assez détaillée au sujet d'une race particulière de cerf,
connu sous le nom de *cerf noir* ou *cerf des Ardennes;* mais nous ignorions que cette race
eût des variétés. Feu M. Collinson m'a écrit que le roi d'Angleterre, Jacques Ier, avait fait
venir plusieurs cerfs noirs ou du moins très bruns de différents pays, mais surtout du
Holstein, de Danemark et de Norvège, et il m'observe en même temps que ces cerfs sont
différents de celui que j'ai décrit dans mon ouvrage.

    « Ils ont, dit-il, des empaumures larges et aplaties à leurs bois comme les daims. Ce
» qui n'est pas dans celui des Ardennes. Il ajoute que le roi Jacques avait fait mettre plu-
» sieurs de ces cerfs dans deux forêts voisines de Londres, et qu'il en avait envoyé quelques
» autres en Écosse, d'où ils se sont répandus dans plusieurs endroits ; pendant l'hiver ils

» paraissent noirs et ils ont le poil hérissé ; l'été ils sont bruns et ont le poil lisse, mais
» ils ne sont pas si bons à manger que les cerfs ordinaires (a). »

Pontoppidan, en parlant des cerfs de Norvège, dit « qu'il ne s'en trouve que dans les
» diocèses de Berghen et de Drontheim, c'est-à-dire dans la partie occidentale du royaume,
» et que ces animaux traversent quelquefois en troupes les canaux qui sont entre le conti-
» nent et les îles voisines de la côte, ayant la tête appuyée sur la croupe les uns des
» autres, et quand le chef de la ligne est fatigué il se retire pour se reposer, et le plus
» vigoureux prend sa place (b). »

Quelques gens ont pensé qu'on pourrait rendre domestiques les cerfs de nos bois, en les
traitant comme les Lapons traitent les rennes, avec soin et douceur. Nous pouvons citer
à ce sujet un exemple qu'on pourrait suivre. Autrefois il n'y avait point de cerfs à l'île
de France, ce sont les Portugais qui en ont peuplé cette île. Ils sont petits et ont le poil
plus gris que ceux d'Europe, desquels néanmoins ils tirent leur origine. Lorsque les
Français s'établirent dans l'île, ils trouvèrent une grande quantité de ces cerfs ; ils en
ont détruit une partie, et le reste s'est réfugié dans les endroits les moins fréquentés de
l'île. On est parvenu à les rendre domestiques, et quelques habitants en ont des troupeaux (c).

DU CERF (*suite*)

Nous devons ajouter aux faits que nous avons rapportés dans l'histoire naturelle de
ces animaux, quelques autres faits intéressants qui m'ont été communiqués par M. le comte
de Mellin, chambellan de Sa Majesté prussienne, qui joint beaucoup de connaissances à un
discernement excellent, et qui s'est occupé, en observateur habile et en chasseur infatigable, de tout ce qui a rapport aux animaux sauvages du pays qu'il habite. Voici ce qu'il
m'a écrit, au sujet du cerf et du chevreuil, par sa lettre datée du château d'Anizow, près
Stettin, le 5 novembre 1784 :

« Vous dites, monsieur le comte, dans votre histoire naturelle du cerf : « *La disette*
» *retarde donc l'accroissement du bois, et en diminue le volume très considérablement;*
» *peut-être même ne serait-il pas impossible, en retranchant beaucoup la nourriture, de*
» *supprimer entièrement cette production sans avoir recours à la castration.* Ce cas est
» arrivé, monsieur, et je puis vous dire que votre supposition a été pleinement vérifiée.
» Un cerf fut tué de nuit au clair de la lune, dans un jardin, au mois de janvier. Le chas-
» seur qui lui avait porté le coup le prit pour une vieille biche, et fut très surpris, en
» l'approchant, de le reconnaître pour un vieux cerf, mais qui n'avait pas de bois : il
» examina d'abord les daintiers, qui étaient en bon état; mais en approchant de la tête,
» il vit que la mâchoire inférieure avait été emportée en partie par un coup de fusil long-
» temps auparavant. La blessure en était guérie, mais la difficulté qu'avait eue le cerf de
» prendre sa nourriture l'avait privé de toute surabondance, et avait absolument retranché
» la production du bois. Ce cerf était d'une si grande maigreur qu'il n'avait que la peau et
» les os, et, son bois une fois tombé, il ne lui avait plus été possible d'en reproduire un
» autre; les couronnes étaient absolument sans refaits et simplement recouvertes d'une
» peau veloutée, comme elles le sont les premiers jours que le cerf a mis bas. Ce fait,
» peut-être unique, est très rare; il est arrivé dans le voisinage de mes terres, que j'ha-
» bite, et pourrait être attesté juridiquement, si on le demandait. »

(a) Extrait de deux lettres de M. Collinson à M. de Buffon, en date des 30 décembre 1764 et 6 février 1765.
(b) *Hist. nat. de la Norvège*, par Pontoppidan. *Journal étranger*, juin 1756.
(c) Note communiquée par M. le vicomte de Querhoënt, à M. de Buffon.

Dans une lettre postérieure, M. le comte de Mellin me fait part de quelques expériences qu'il a faites en retranchant le bois des cerfs, ce qui les prive, comme la castration, de la puissance d'engendrer.

« Il est clairement démontré que les daintiers et une surabondance de nourriture sont
» la cause de l'accroissement du bois de cerf et de tous les animaux qui portent du bois,
» et qu'ainsi le bois est l'*effet*, et les daintiers et la surabondance la *cause*. Mais qui eût
» imaginé que dans le cerf il y eût une réaction de l'effet à la cause, et que si l'on
» coupait le bois du cerf d'abord après qu'il est refait, c'est-à-dire avant le rut, on détrui-
» rait en lui, pour cette année, les moyens de se reproduire ? et cependant il n'y a rien
» de plus vrai. J'en ai été convaincu cette année par une observation très remarquable.
» J'avais enfermé en 1782, dans un parc de daims que j'ai à côté de mon château, un cerf
» et une biche, tous les deux du même âge, et qui tous deux étaient parfaitement appri-
» voisés. L'étendue du parc est assez considérable, et malgré les daims qui y sont, l'abon-
» dance de nourriture y est si grande que le cerf, immédiatement après la chute des
» dagues, refit un bois (en 1782) de dix cors, portant cinq andouillers sur chaque perche.
» Cependant ce cerf devint dangereux pour ceux qui se promenaient dans mon parc, et
» cela m'engagea à lui faire scier les perches tout au-dessous du premier andouiller,
» d'abord après qu'il eut touché au bois. En automne, ce cerf entra en rut, raya fortement,
» couvrit la biche et se comporta comme un vieux cerf ; mais la biche ne conçut point.
» L'année suivante, en 1783, le cerf porta un bois plus fort que le précédent, je le fis scier de
» même : ce cerf entra encore en rut, mais ses accouplements ne furent pas prolifiques. La
» biche, qui n'avait jamais porté, n'était entrée dans le parc que lorsque le cerf avait perdu
» ses premières dagues, le seul bois que je ne lui avais pas fait couper. La troisième année,
» 1784, le cerf était plus grand et plus fort que le plus vieux cerf de mes forêts, et portait
» un bois de six andouillers sur chaque perche, que je fis encore scier ; et, quoiqu'il
» entrât en rut, il ne produisit rien encore. Cela m'engagea à lui laisser son bois l'année
» suivante, 1745, parce que l'état de vigueur dans lequel lui et la biche se trouvèrent
» me fit douter que peut-être leur stérilité pouvait provenir de ce que je lui avais fait
» toujours couper le bois, et l'effet m'assura que j'avais eu raison ; car l'automne passé,
» je m'aperçus que la biche ne souffrit que peu de temps les approches du cerf. Elle
» conçut, et j'en ai eu cette année, en 1786, un faon qui vit encore, et qui est gros et
» vigoureux ; mais pour la biche, je l'ai perdue cette année pendant le rut, le cerf lui ayant
» fait une blessure d'un coup d'andouiller, dont elle est morte quelques semaines après. »

DU DAIM ET DE L'AXIS

M. le duc de Richemont avait dans son parc, en 1765, une grande quantité de cette espèce de daims, qu'on appelle vulgairement *cerfs du Gange*, et que j'ai nommés *axis*. M. Collinson m'a écrit qu'on lui avait assuré qu'ils engendraient avec les autres daims.

« Ils vivent volontiers avec eux, dit-il, et ne forment pas des troupes séparées. Il y a
» plus de soixante ans que l'on a cette espèce en Angleterre ; elle y existe avant celle des
» daims noirs et des daims blancs, et même avec celle du cerf, qui sont plus nouvelles
» dans l'île de la Grande-Bretagne, et que je crois avoir été envoyées de France, car il n'y
» avait auparavant en Angleterre que le daim commun *fallow-deer*, et le chevreuil en
» Écosse ; mais, indépendamment de cette première espèce de daims, il y a maintenant le
» daim axis, le daim noir, le daim fauve et le daim blanc ; le mélange de toutes ces cou-
» leurs fait que dans les parcs il se trouve de très belles variétés (*a*). »

(*a*) Lettres de M. Collinson à M. de Buffon. Londres, 3 décembre 1764 et 21 novembre 1765.

Il y avait, en 1764, à la ménagerie de Versailles, deux daims chinois, l'un mâle et l'autre femelle ; ils n'avaient que deux pieds trois ou quatre pouces de hauteur ; le corps et la queue étaient d'un brun minime, le ventre et les jambes fauve clair, les jambes courtes, le bois large, étendu et garni d'andouillers : cette espèce, plus petite que celle des daims ordinaires et même que celle de l'axis, n'est peut-être néanmoins qu'une variété de celui-ci, quoiqu'il en diffère en ce qu'il n'a pas de taches blanches ; mais on a observé qu'au lieu de ces taches blanches il avait en plusieurs endroits quelques grands poils fauves qui tranchaient visiblement sur le brun du corps ; au reste, la femelle était de la même couleur que le mâle, et je présume que la race pourrait non seulement se perpétuer en France, mais peut-être même se mêler avec celle de l'axis, d'autant que ces animaux sont également originaires de l'orient de l'Asie.

LE CERF-COCHON

Nous avons vu à l'École vétérinaire une petite espèce de cerf (*) qu'on nous a dit venir du cap de Bonne-Espérance, dont la robe était semée de taches blanches comme celles de l'axis ; on lui donnait le nom de *cerf-cochon*, parce qu'il n'a pas la même légèreté de corps et qu'il a les jambes plus grosses que les autres animaux de ce genre. Il n'avait que trois pieds quatre pouces et demi de long, depuis le bout du museau jusqu'à l'extrémité du corps, les jambes courtes, les pieds et les sabots fort petits ; le pelage fauve semé de taches blanches, l'œil noir et bien ouvert, avec de grands poils noirs à la paupière supérieure, les naseaux noirs, une bande noirâtre des naseaux aux coins de la bouche ; la tête couleur de ventre de biche mêlée de grisâtre, brune sur le chanfrein et à côté des yeux ; les oreilles fort larges, garnies de poils blancs en dedans et d'un poil ras, gris mêlé de fauve en dehors. Le bois de ce cerf avait onze pouces sept lignes de long sur dix lignes de grosseur ; le dessus du dos était plus brun que le reste du corps ; la queue fauve dessus et blanche dessous, et les jambes étaient d'un brun noirâtre.

Il paraît que cet animal approche plus de l'espèce du cerf que de celle du daim. On en peut juger par la seule inspection de son bois.

LE CHEVREUIL DES INDES

Nous donnons ici la description d'un animal des Indes (**) qui nous paraît être d'une espèce très voisine de celle de nos chevreuils d'Europe, mais qui néanmoins en diffère par un caractère assez essentiel pour qu'on ne puisse pas le considérer comme ne formant qu'une simple variété dans l'espèce du chevreuil ; ce caractère consiste dans la structure des os supérieurs de la tête, sur lesquels sont appuyées les meules qui portent le bois de ce chevreuil. C'est encore au savant professeur M. Allamand que je dois la connaissance de cet animal, et je ne puis mieux faire que de rapporter ici la description qu'il en a publiée dans le nouveau supplément à mon ouvrage sur les animaux quadrupèdes.

« Nous avons vu, dans les articles précédents, que l'Afrique renferme grand nombre » d'animaux qui n'ont jamais été décrits ; cela n'est pas étonnant ; l'intérieur de cette vaste » partie du monde nous est presque encore entièrement inconnue. On a plus de raison » d'être surpris que l'Asie, habitée en général par des peuples plus policés et très fré-

(*) *Cervus porcinus* GMEL.
(**) *Cervus Muntjac* GMEL.

» quentée par les Européens, en fournisse souvent, dont aucun voyageur n'a parlé. Nous
» en avons un exemple dans le joli animal dont je parle ici.

» Il a été envoyé de Bengale, en 1778, à feu M. Van der Stel, commissaire de la ville
» d'Amsterdam ; il est arrivé chez lui en très bon état et il y a vécu pendant quelque
» temps ; ignorant le nom sous lequel il est connu dans le pays dont il est originaire, je
» lui ai donné celui de *chevreuil*, parce qu'il lui ressemble par son bois et par toute sa
» figure, quoiqu'il soit beaucoup plus petit. Celui de chevrotain aurait mieux répondu
» répondu à sa taille, mais ceux d'entre les chevrotains qui portent des cornes (*) les ont
» creuses et non pas solides comme le sont celles de l'animal dont nous parlons, qui par
» conséquent en diffère par un caractère essentiel ; il y a plus de traits de ressemblance
» avec le cerf ; mais il en est trop différent par la grandeur pour qu'on puisse lui en donner
» le nom : à peine a-t-il deux pieds sept pouces de longueur, et sa plus grande hauteur
» n'est que d'un pied et demi.

» Le poil court dont son corps est couvert est blanc depuis sa racine jusqu'à la moitié
» de sa longueur ; l'extrémité en est brune, ce qui fait un pelage gris, où cependant le brun
» domine, principalement sur le dos et moins sous le ventre ; l'intérieur des cuisses et le
» dessous du cou sont blanchâtres ; les sabots sont noirs et surmontés d'une petite tache
» blanche ; les ergots sont à peine visibles.

» Sa tête, comme celle de la plupart des animaux mâles à pieds fourchus, est chargée
» de deux cornes qui offrent des singularités bien remarquables ; elles ont une origine
» commune à la distance de deux pouces du bout du museau : là elles commencent à s'é-
» carter l'une de l'autre en faisant un angle d'environ quarante degrés sous la peau qu'elles
» soulèvent d'une manière très sensible ; ensuite elles montent en ligne droite le long des
» bords de la tête, toujours recouvertes de la peau, mais de façon que l'œil peut les suivre
» avec autant de facilité que l'attouchement les fait découvrir, car elles forment sur les os,
» auxquels elles sont appliquées, une arête d'un travers de doigt d'élévation ; parvenues
» au haut de la tête, elles prennent une autre direction : elles s'élèvent perpendiculaire-
» ment au-dessus de l'os frontal, jusqu'à la hauteur de trois pouces, sans que la peau, qui
» les environne là de tous côtés, les ait quittées ; à ce degré d'élévation elles sont sur-
» montées par ce qu'on nomme les meules et leurs pierrures dans les cerfs ; elles couron-
» nent la peau qui reste en dessous ; du milieu de ces meules les cornes continuent à
» monter, mais inégalement ; la corne gauche s'élève jusqu'à la hauteur de trois pouces,
» et elle est recourbée à son extrémité qui se termine en pointe ; elle pousse, presque im-
» médiatement au-dessus de la meule, un andouiller, dirigé en avant, de la longueur d'un
» demi-pouce ; la corne droite n'a que deux pouces et demi de longueur, et il en sort un
» andouiller plus petit encore que celui de la gauche et dirigé en arrière. La figure qui a
» été faite d'après l'animal vivant représente bien tout ce que je viens de dire ; ces cornes
» sont sans écorces, lisses et d'un blanc tirant un peu sur le jaune ; elles sont sans per-
» lures, et par conséquent sans gouttières.

» Cet animal n'a pas vécu fort longtemps dans ce pays, et rien n'a indiqué son âge ;
» ainsi j'ignore s'il aurait mis bas sa tête, comme les chevreuils, ou si celle qu'il avait
» était naissante, et serait devenue plus grande et plus chargée d'andouillers.

» Si l'on regarde comme une portion du bois cette partie qui a son origine près du museau,
» qui s'étend sous la peau de la face, et qui en reste couverte jusqu'à la meule, on ne peut
» pas douter que ce bois ne soit permanent ; et dans ce cas cet animal offrira, de même
» que la girafe, une anomalie très remarquable dans la classe des animaux qui ont du
» bois ou des cornes solides.

» Mais on sait que le bois des cerfs, des daims et des chevreuils pose sur deux émi-

(*) Les Chevrotains véritables sont tous dépourvus de cornes.

» nences de l'os frontal. Dans notre chevreuil indien, ces éminences sont des tubérosités
» beaucoup plus élevées, dont les prolongements s'étendent entre les yeux jusqu'au mu-
» seau, en s'appliquant fortement aux os du nez, si même ils ne font pas corps avec eux ;
» car quelque effort que j'aie fait pour insinuer à travers la peau une pointe entre deux,
» il m'a été impossible d'y réussir. Comme la dépouille de cet animal ne m'appartient pas,
» je regrette de n'avoir pas la permission d'enlever le peau qui couvre ces os, pour savoir
» au juste ce qui en est ; quoi qu'il en soit, il peut mettre bas sa tête avec autant de facilité
» que le cerf, puisque posée sur le haut de ces éminences, les meules ne sont pas plus
» fortement adhérentes à ce point d'appui que dans les autres animaux qui perdent leur
» bois chaque année ; ainsi je suis très porté à croire qu'il le perd aussi : mais ce qu'il y
» a ici de certain, c'est que cette singulière conformation en forme une espèce particulière
» dans la classe des ruminants, et non pas une simple variété, tel qu'est le *cuguacu-*
» *apara* du Brésil, qui est à peu près de la même grandeur.

» Au milieu du front, entre les deux prolongements des tubérosités dont je viens de
» parler, il y a une peau molle, plissée et élastique, dans les plis de laquelle on re-
» marque une substance glanduleuse d'où il suinte une matière qui a de l'odeur.

» Il a huit dents incisives dans la mâchoire inférieure, et six dents molaires à chaque
» côté des deux mâchoires ; il a de plus deux crochets dans la mâchoire supérieure, comme
» le cerf, qui ne se trouvent point dans le chevreuil d'Europe ; ces crochets se projettent
« tant soit peu en dehors, et ils font une légère impression sur la lèvre inférieure.

» Il a de beaux yeux bien fendus ; au-dessous sont deux larmiers très remarquables par
» leur grandeur et leur profondeur, comme ceux du cerf ; ces larmiers, qui manquent au
» chevreuil avec les deux dents en crochets, m'ont fait dire ci-dessus qu'il avait plus de
» ressemblance avec le cerf qu'avec ce dernier animal.

» Il a la langue fort longue ; il s'en servait non seulement à nettoyer ses larmiers, mais
» encore ses yeux, et quelquefois même il la poussait au delà.

» Ses oreilles ont trois pouces en longueur ; elles sont placées à un demi-pouce de
» distance de la partie inférieure des éminences qui soutiennent le bois ; sa queue est fort
» courte, mais assez large : elle est blanche en dessous.

» Le figure de cet animal avait la même grâce et la même élégance que celle de notre
» chevreuil ordinaire, il paraissait même être plus leste et plus éveillé ; il n'aimait pas à
» être touché de ceux qu'il ne connaissait point, il prenait cependant ce qu'ils lui présen-
» taient ; il mangeait du pain, des carottes et toutes sortes d'herbes ; il était dans un parc,
» où il entra en chaleur dans les mois de mars et d'avril ; il y avait avec lui une femelle
» d'axis qu'il tourmentait beaucoup pour la couvrir, mais il était trop petit pour y réussir.
» Il mourut pendant l'hiver 1779.

» Voici ses dimensions :

	Pieds.	Pouces.	Lignes.
Longueur du corps, depuis le bout du museau jusqu'à l'origine de la queue.	2	7	»
Hauteur du train de devant.	1	4	»
Hauteur du train de derrière.	1	6	»
Longueur de la tête, depuis le bout du museau jusqu'aux oreilles.	»	7	»
Distance entre le bout du museau et l'extrémité des prolongements des éminences de l'os frontal qui soutiennent le bois.	»	2	»
Longueur de ces prolongements jusqu'à l'endroit où ils s'élèvent au-dessus de la tête.	»	5	»
Longueur des éminences de l'os frontal qui sont recouvertes de la peau, et terminées par les meules.	»	3	»
Longueur de la corne gauche, depuis la meule jusqu'à son extrémité en ligne droite.	»	3	»

	Pieds.	Pouces.	Lignes.
Longueur de son andouiller...	»	»	6
Longueur de la corne droite, depuis sa meule jusqu'à son extrémité ...	»	2	6
Longueur de son andouiller	»	»	4
Distance entre les cornes, mesurée sur l'os frontal....................	»	2	1
Circonférence des cornes au-dessous de la meule........	»	2	»
Longueur des oreilles..	»	3	»
Longueur des yeux d'un angle à l'autre...............................	»	1	»
Largeur des oreilles..	»	2	»
Ouverture des yeux	»	»	9
Longueur de la queue........	»	3	»
Circonférence du museau derrière les naseaux....................	»	4	»
Circonférence de la tête entre les cornes et les oreilles......	»	11	»
Circonférence du milieu du cou......................................	1	»	»
Circonférence du corps, derrière les jambes de devant................	1	9	»
Circonférence du milieu du corps	1	10	»
Circonférence du corps devant les jambes de derrière	1	9	»

DU CHEVREUIL

J'ai dit, en plusieurs endroits de mon ouvrage, que dans les animaux libres le fauve, le brun et le gris sont les couleurs ordinaires, et que c'est l'état de domesticité qui a produit les daims blancs, les lapins blancs, etc. Cependant la nature seule produit aussi quelquefois ce même effet dans les animaux sauvages. M. l'abbé de la Villette m'a écrit qu'un particulier des terres de M. son frère, situées près d'Orgelet, en Franche-Comté, venait de lui apporter deux chevrillards, dont l'un était de la couleur ordinaire, et l'autre, qui était femelle, était d'un blanc de lait et n'avait de noirâtre que l'extrémité du nez et les ongles (a).

Dans toute l'Amérique septentrionale, on trouve des chevreuils semblables à ceux d'Europe ; ils sont seulement plus grands et d'autant plus que le climat devient plus tempéré. Les chevreuils de la Louisiane sont ordinairement du double plus gros que ceux de France (b). M. de Fontenette, qui m'a assuré ce fait, ajoute qu'ils s'apprivoisent aisément. M. Kalm dit la même chose ; il cite un chevreuil qui allait pendant le jour prendre sa nourriture au bois et revenait le soir à la maison (c) ; mais dans les terres de l'Amérique méridionale, il ne laisse pas d'y avoir d'assez grandes variétés dans cette espèce. M. de la Borde, médecin du roi à Cayenne, dit :

« Qu'on y connaît quatre espèces de *cerfs* qui portent indistinctement, mâles ou fe-
» melles, le nom de *biches*. La première espèce, appelée *biche des bois* ou *biche rouge* (*),
» se tient toujours dans les bois fourrés pour être moins tourmentée des maringouins.
» Cette biche est plus grande et plus grosse que l'autre espèce que l'on appelle *biche des
» palétuviers*, qui est la plus petite des quatre, et néanmoins elle n'est pas si grosse que
» la biche appelée *biche de barallou* (**), qui fait la seconde espèce et qui est de la même

(a) Extrait d'une lettre écrite par M. l'abbé de la Villette à M. de Buffon, datée à Lons-le-Saunier, le 17 juin 1773.

(b) Extrait d'une lettre écrite à M. de Buffon par M. de Fontenette, medecin du Roi à la Nouvelle-Orléans, 20 octobre 1750.

(c) *Voyage de Pierre Kalm*. Gotting., 1757, t. II, page 350.

(*) *Cervus rufus* Cuv.
(**) *Cervus mexicanus* Cuv.

» couleur que la biche des bois. Quand les mâles sont vieux, leurs bois ne forment qu'une
» branche de médiocre grandeur et grosseur, et en tout temps ces bois n'ont guère que
» quatre ou cinq pouces de hauteur. Ces biches de barallou sont rares et se battent avec
» les biches des bois. On remarque dans ces deux espèces, à la partie latérale de chaque
» narine, deux glandes d'une grosseur fort apparente qui répandent une humeur blanche
» et fétide.

» La troisième espèce est celle que l'on appelle la *biche des savanes* (*); elle a le
» pelage grisâtre, les jambes plus longues que les précédentes et le corps plus allongé.
» Les chasseurs ont assuré à M. de la Borde que cette biche des savanes n'avait pas de
» glandes au-dessus des narines comme les autres, qu'elle en diffère aussi par le naturel
» en ce qu'elle est moins sauvage, et même curieuse au point de s'approcher des hommes
» qu'elle aperçoit.

» La quatrième est celle des palétuviers (**), plus petite et plus commune que les
» trois autres ; ces petites biches ne sont point du tout farouches ; leur bois est plus long
» que celui des autres et plus branchu, portant plusieurs andouillers. On les appelle *biches
» des palétuviers*, parce qu'elles habitent les savanes noyées et les terrains couverts de
» palétuviers.

» Ces animaux sont friands de manioc et en détruisent souvent les plantations ; leur
» chair est fort tendre et d'un très bon goût ; les vieux se mangent comme les jeunes et
» sont d'un goût supérieur à celui des cerfs d'Europe. Elles s'apprivoisent aisément ; on en
» voit dans les rues de Cayenne, qui sortent de la ville et vont partout sans que rien les
» épouvante. Il y a même des femelles qui vont dans les bois chercher des mâles sauvages
» et qui reviennent ensuite avec leurs petits.

» Le cariacou est plus petit ; son poil est gris, tirant sur le blanc ; ses bois sont droits
» et pointus. Il est plutôt de la race des chevreuils que de celle des cerfs ; il ne fréquente
» pas les endroits habités ; on n'en voit pas aux environs de la ville de Cayenne, mais il
» est fort commun dans les grands bois ; cependant on l'apprivoise aisément. Il ne fait
» qu'un petit tous les ans (a). »

Si l'on compare ce que l'on vient de lire avec ce que nous avons dit à l'article des
mazames, on verra que tous ces prétendus cerfs ou biches de M. de la Borde ne sont que
des chevreuils dont les variétés sont plus nombreuses dans le nouveau continent que dans
l'ancien.

DU CHEVREUIL (*suite*)

Je n'ai parlé, dans l'histoire naturelle du chevreuil, que de deux races, l'une fauve ou
plutôt rousse, plus grande que la seconde, dont le pelage est d'un brun plus ou moins
foncé ; mais M. le comte de Mellin m'a donné connaissance d'une troisième race, dont le
pelage est absolument noir.

« En parlant du pelage du chevreuil, m'écrit cet illustre observateur, vous ne nommez
» pas l'*exactement noir*, quoique vous fassiez mention d'un chevrillard tout blanc. Cela
» me fait croire qu'*une variété constante de chevreuils noirs* vous est peut-être inconnue ;
» elle subsiste cependant dans un très petit canton de l'Allemagne, et nulle part ailleurs.
» C'est dans une forêt, nommée la *Lucie*, du comté de Dannenberg, appartenant au roi d'An-
» gleterre, comme duc de Lunebourg, que ces chevreuils se trouvent. Je me suis adressé

(a) Extrait des observations manuscrites de M. de la Borde, médecin du Roi à Cayenne.

(*) *Cervus nemorivagus* Cuv.
(**) *Cervus simplicicornis* Smith.

» au grand maître des forêts de Dannenberg pour avoir de ces chevreuils dans mon parc,
» et voici ce qu'il me répond : « Les chevreuils noirs sont absolument de la même gran-
» deur et ont les mêmes qualités que les fauves ou les bruns ; cependant c'est une variété
» qui est constante, et je crois que c'est le chevreuil et non la chevrette qui donne la
» couleur au faon (j'ai fait la même observation sur le daim), car j'en ai vu de noirs qui
» avaient des faons fauves. J'ai observé qu'en 1781 une chevrette noire avait deux faons,
» l'un fauve et l'autre noir : une chevrette fauve avait deux faons noirs ; une autre chevrette
» fauve avait un faon noir, et deux chevrettes noires, en revanche, deux faons fauves. Il
» y en a qui ne sont que noirâtres, mais la plupart sont noirs comme du charbon. Entre
» autres il y a un chevreuil, le plus beau de son espèce, qui a le pelage noir comme de
» l'encre de la Chine, et le bois de couleur jaune. Au reste, j'ai fait bien des tentatives
» pour en élever, mais inutilement ; ils sont tous morts, au lieu que les faons fauves
» qu'on m'a apportés ont été élevés heureusement. Je conclus de là que le chevreuil noir
» a le tempérament plus délicat que les fauves..... » Quelle peut être la cause d'une variété
» si constante, et cependant si peu répandue ? »

DE LA GIRAFE

   Nous avons donné la figure de la girafe d'après un dessin qui nous a été envoyé du
cap de Bonne-Espérance, et que nous avons rectifié, dans quelques points, d'après les
notices de M. le chevalier Bruce. Nous avons donné aussi la figure des cornes de cet animal ; nous ne sommes pas encore assurés que ces cornes soient permanentes comme celles
des bœufs, des gazelles, des chèvres, etc. ; ou, si l'on veut, comme celles du rhinocéros ;
ni qu'elles se renouvellent tous les ans comme celles des cerfs, quoiqu'elles paraissent être
de la même substance que le bois des cerfs ; il semble qu'elles croissent pendant les premières années de la vie de l'animal, sans cependant s'élever jamais à une grande hauteur,
puisque les plus longues que l'on ait vues n'avaient que douze à treize pouces de longueur,
et que communément elles n'ont que six ou huit pouces. C'est à M. Allamand, célèbre
professeur à Leyde, que je dois la connaissance exacte de ces cornes. Voici l'extrait de la
lettre qu'il a écrite à ce sujet, le 31 octobre 1766, à M. Daubenton, de l'Académie des
sciences :
   « J'ai eu l'honneur de vous dire que j'avais ici une jeune girafe empaillée, et vous
» m'avez paru souhaiter, ainsi que M. de Buffon, de connaître la nature de ses cornes ;
» cela m'a déterminé à en faire couper une, que je vous envoie pour vous en donner une
» juste idée. Vous observerez que cette girafe était fort jeune. Le gouverneur du Cap, de
» qui je l'ai reçue, m'a écrit qu'elle avait été tuée couchée auprès de sa mère ; sa hauteur
» n'est en effet que d'environ six pieds, et par conséquent ses cornes sont courtes et
» n'excèdent guère la hauteur de deux pouces et demi ; elles sont couvertes partout de la
» peau bien garnie de poils, et ceux qui terminent la pointe sont beaucoup plus grands
» que les autres, et forment un pinceau dont la hauteur excède celle de la corne. La base
» de ces cornes est large de plus d'un pouce, ainsi elle forme un cône obtus. Pour savoir
» si elle est creuse ou solide, si c'est un bois ou une corne, je l'ai fait scier dans sa lon-
» gueur avec le morceau du crâne auquel elle était adhérente ; je l'ai trouvée solide et un
» peu spongieuse, sans doute parce qu'elle n'avait pas encore acquis toute sa consistance.
» Sa contexture est telle, qu'il ne parait point qu'elle soit formée de poils réunis comme
» celle du rhinocéros, et elle ressemble plus à celle du bois d'un cerf qu'à toute autre
» chose. Je dirais même que sa substance n'en diffère point, si j'étais sûr qu'une corne
» qu'on m'a donnée, depuis quelques jours, pour une corne de girafe, et qui m'a été en-
» voyée sous ce nom, en fût véritablement une ; elle est droite, longue d'un demi-pied et

» assez pointue ; on y voit encore quelques vestiges de la peau dont elle a été recouverte,
» et elle ne diffère du bois d'un cerf que par la forme. Si ces observations ne vous suffi-
» sent pas, je vous enverrai avec plaisir ces deux cornes, pour que vous puissiez les exa-
» miner avec M. de Buffon. Je dois encore remarquer, par rapport à cet animal, que je
» crois qu'on a exagéré en parlant de la différence qu'il y a entre la longueur de ses jambes
» de devant et celles de derrière ; cette différence est assez peu sensible dans la jeune
» girafe que j'ai. »

C'est d'après ces cornes, envoyées par M. Allamand, que nous en avons donné la figure.

Mais indépendamment de ces deux cornes ou bois qui se trouvent sur la tête de la femelle girafe aussi bien que sur celle du mâle, il y a au milieu de la tête, presqu'à distance égale entre les narines et les yeux, une excroissance remarquable qui paraît être un os couvert d'une peau molle, garnie d'un poil doux : ce tubercule osseux a plus de trois pouces de longueur et est fort incliné vers le front, c'est-à-dire qu'il fait un angle très aigu avec l'os du nez. Les couleurs de la robe de cet animal sont d'un fauve clair et brillant, et les taches en général sont de figure rhomboïdale.

Il est maintenant assez probable, par l'inspection de ces cornes solides et d'une substance semblable aux bois des cerfs, que la girafe pourrait être mise dans le genre des cerfs, et cela ne serait pas douteux si l'on était assuré que son bois tombe tous les ans ; mais il est bien décidé qu'on doit la séparer du genre des bœufs et des autres animaux dont les cornes sont creuses. En attendant, nous considérons ce grand et bel animal comme faisant un genre particulier et unique, ce qui s'accorde très bien avec les autres faits de la nature, qui, dans les grandes espèces, ne double pas ses productions ; car l'éléphant, le rhinocéros, l'hippopotame, et peut-être la girafe, sont des animaux qui forment des genres particuliers ou des espèces uniques, qui n'ont point d'espèces collatérales ; c'est un privilège qui ne paraît accordé qu'à la grandeur de ces animaux, qui surpasse de beaucoup celle de tous les autres.

Dans une lettre que j'ai reçue de Hollande, et dont je n'ai pu lire la signature, on m'a envoyé la description et les dimensions d'une girafe, que je vais rapporter ici :

« La girafe est l'animal le plus beau et le plus curieux que l'Afrique produise ; il a
» vingt-cinq pieds de longueur du bout de la tête à la queue. On lui a donné le nom de
» *chameau-léopard*, parce qu'il a quelque ressemblance au chameau par la forme de
» sa tête, par la longueur de son cou, etc., et que sa robe ressemble à celle des léopards,
» par les taches dispersées aussi régulièrement ; on en trouve à quatre-vingts lieues
» du cap de Bonne-Espérance, et encore plus communément à une profondeur plus
» grande. Cet animal a les dents comme les cerfs ; ses deux cornes sont plus longues d'un
» pied, elles sont droites et grosses comme le bras, garnies de poil et comme coupées
» à leurs extrémités. Le cou fait au moins la moitié de la longueur du corps, qui, pour la
» forme, ressemble assez à celui du cheval. La queue serait aussi assez semblable, mais
» elle est moins garnie de poil que celle du cheval. Les jambes ressemblent assez à celles
» d'un cerf ; les pieds sont garnis de sabots très noirs, obtus et écartés. Quand l'animal
» saute, il lève ensemble les deux pieds de devant, et ensuite les deux de derrière, comme
» un cheval qui aurait les deux jambes de devant attachées ; il court mal et de mauvaise
» grâce : on peut très aisément l'attraper à la course. Il porte toujours la tête très haute et
» ne se nourrit que des feuilles des arbres, ne pouvant paître l'herbe à terre, à cause de sa
» trop grande hauteur. Il est même forcé de se mettre à genoux pour boire. Les femelles
» sont en général d'un fauve plus clair, et les mâles d'un fauve brun. Il y en a aussi de
» presque blancs, les taches sont brunes ou noires. Voici les dimensions d'un de ces ani-
» maux, dont les peaux ont été envoyées en Europe.

	Pieds.	Pouces.	Lignes.
Longueur de la tête	1	8	»
Hauteur du pied de devant jusqu'au garrot	10	»	»
Hauteur du garrot au-dessus de la tête	7	»	»
Longueur depuis le garrot jusqu'aux reins	5	6	»
Longueur depuis les reins jusqu'à la queue	1	6	»
Hauteur depuis les pieds de derrière jusqu'aux reins	8	5	»

J'avais livré cet article sur la girafe à l'impression, lorsque j'ai reçu, le 23 juillet 1775, la belle édition que M. Schneider a faite de mon ouvrage, et dans laquelle j'ai vu, pour la première fois, les excellentes additions que M. Allamand y a jointes; je ne puis donc mieux faire aujourd'hui que de copier en entier ce que MM. Schneider et Allamand disent, au sujet de cet animal, tome XIII, page 17 de l'*Histoire naturelle*, édition de Hollande :

« M. de Buffon blâme, avec raison, nos nomenclateurs modernes, de ce qu'en parlant » de la girafe ils ne nous disent rien de la nature de ses cornes, qui seules peuvent fournir » le caractère propre à déterminer le genre auquel elle appartient, et de ce qu'ils se sont » amusés à nous en faire une description sèche et minutieuse, sans y joindre aucun figure. » Nous allons remédier à ce double défaut.

» M. Allamand, professeur d'histoire naturelle à l'université de Leyde, a placé dans le » Cabinet des curiosités d'histoire naturelle de l'Université la peau bourrée d'une jeune » girafe; il a bien voulu nous en communiquer le dessin, que nous avons fait graver dans » la planche I (a), et il y a joint la description suivante :

» M. Tulbagh, gouverneur du cap de Bonne-Espérance, qui a enrichi le Cabinet de notre » Académie de plusieurs curiosités naturelles très rares, m'a écrit, en m'envoyant la jeune » girafe que nous avons ici, qu'elle avait été tuée, par ses chasseurs, fort avant dans les » terres, couchée auprès de sa mère, qu'elle tetait encore. Par là il est constaté que la » girafe n'est pas particulière à l'Éthiopie, comme l'a cru Thévenot.

» Dès que je l'eus reçue, mon premier soin fut d'en examiner les cornes, pour éclaircir » le doute dans lequel est M. de Buffon sur leur substance. Elles ne sont point creuses » comme celles des bœufs et des chèvres, mais solides comme le bois des cerfs, et d'une » consistance presque semblable; elles n'en diffèrent qu'en ce qu'elles sont minces, droites » et simples, c'est-à-dire sans être divisées en branches ou andouillers; elles sont recou- » vertes dans toute leur longueur de la peau de l'animal, et jusqu'aux trois quarts de » leur hauteur cette peau est chargée de poils courts, semblables à ceux qui trouvent tout » le corps; vers leur extrémité, ces poils deviennent plus longs; ils s'élèvent environ trois » pouces au-dessus du bout mousse de la corne, et ils sont noirs : ainsi ils sont très diffé- » rents du duvet qu'on voit sur le refait des cerfs.

» Ces cornes ne paraissent point être composées de ces poils réunis comme celles du rhi- » nocéros, aussi leur substance et leur texture est tout autre. Quand on les scie, suivant leur » longueur, on voit que, comme les os, elles sont formées d'une lame dure qui en fait la » surface extérieure, et qui renferme au dedans un tissu spongieux; au moins cela est-il » ainsi dans les cornes de ma jeune girafe; peut-être que les cornes d'une girafe adulte » sont plus solides; c'est ce que M. de Buffon est actuellement en état de déterminer : je » lui ai envoyé une des cornes de ma girafe, avec celle d'une autre plus âgée, qu'un de » mes amis a reçue des Indes orientales.

» Quoique ces cornes soient solides comme celles des cerfs, je doute qu'elles tombent de » même que ces dernières; elles semblent être une excroissance de l'os frontal, comme » l'os qui sert de noyau aux cornes creuses des bœufs et des chèvres, et il n'est guère pos- » sible qu'elles s'en détachent. Si mon doute est fondé, la girafe fera un genre particulier,

(a) Tome XIII de cet ouvrage, édition de Hollande, in-4°.

GIRAFE

A Le Vasseur Éditeur

» différent de ceux sous lesquels on comprend les animaux dont les cornes tombent, et
» ceux qui ont des cornes creuses, mais permanentes.

» Les girafes adultes ont au milieu du front un tubercule qui semble être le commen-
» cement d'une troisième corne ; ce tubercule ne paraît point sur la tête de la nôtre, qui
» vraisemblablement était encore trop jeune.

» Tous les auteurs, tant anciens que modernes, qui ont décrit cet animal, disent qu'il
» y a une si grande différence entre la longueur de ses jambes que celles de devant sont
» une fois plus hautes que celles de derrière. Il n'est pas possible qu'ils se soient trompés
» sur un caractère si marqué ; mais j'ose assurer qu'à cet égard la girafe doit changer
» beaucoup en grandissant, car, dans la jeune que nous avons ici, la hauteur des jambes
» postérieures égale celle des jambes antérieures : ce qui n'empêche pas que le train de
» devant ne soit plus haut que celui de derrière, et cela à cause de la différence qu'il y a
» dans la grosseur du corps ; mais cette différence n'approche pas de ce qu'on en dit.

» Le cou de la girafe est ce qui frappe le plus ceux qui la voient pour la première fois :
» il n'y a aucun quadrupède qui l'ait aussi long, sans en excepter le chameau, qui d'ailleurs
» fait replier son cou en diverses façons, ce qu'il ne paraît pas que la girafe puisse faire.

» Sa couleur est d'un blanc sale, parsemé de taches fauves, ou d'un jaune pâle, fort
» près les uns des autres au cou, plus éloignées du reste du corps, et d'une figure qui
» approche du parallélogramme ou du rhombe.

» La queue est mince par rapport à la longueur et à la taille de l'animal ; son extré-
» mité est garnie de poils ou plutôt de crins noirs, qui ont sept à huit pouces de longueur.

» Une crinière composée de poils roussâtres de trois pouces de longueur, et inclinée
» vers la partie postérieure du corps, s'étend depuis la tête tout le long du cou jusqu'à la
» moitié du dos : là elle continue à la distance de quelques pouces, mais les poils qui la
» forment sont penchés vers la tête, et près de l'origine de la queue elle semble recom-
» mencer et s'étendre jusqu'à son extrémité, mais les poils en sont fort courts et à peine
» les distingue-t-on de ceux qui couvrent le reste du corps.

» Ses paupières, tant les supérieures que les inférieures, sont garnies de cils formés par
» une rangée de poils fort raides ; on en voit de semblables, mais clairsemés et plus longs
» autour de la bouche.

» Sa physionomie indique un animal doux et docile, et c'est là ce qu'en disent ceux
» qui l'ont vue vivante.

» Cette description de la girafe, ajoutée à ce qu'en dit M. de Buffon, d'après divers
» auteurs, suffit pour en donner des idées plus justes que celles qu'on en a eues jusqu'à pré-
» sent. »

On voit, par cette description, non seulement la grande intelligence, mais la circonspection et la prudence que M. Allamand met dans les sujets qu'il traite ; j'aurais fait copier
sa planche pour accompagner sa description, mais, comme j'en ai donné une autre, et que
d'ailleurs sa girafe était fort jeune, j'ai cru que je devais m'en dispenser. Je ferai seulement une observation au sujet des cornes que le même M. Allamand a eu la bonté de
m'envoyer ; je doute beaucoup que la plus longue ait appartenu à une girafe, elle n'a nul
rapport de proportion avec les autres, qui sont très grosses relativement à leur longueur,
tandis que celle-ci est menue, c'est-à-dire fort longue pour sa grosseur. Il est dit, dans la
description anonyme rapportée ci-dessus, que les girafes adultes ont les cornes *longues d'un
pied et grosses comme le bras* ; si celle-ci, qui est longue d'un demi-pied, était en effet une
corne de girafe, elle serait deux fois plus grosse qu'elle ne l'est : d'ailleurs cette prétendue
corne de girafe m'a paru si semblable à la dague d'un daguet, c'est-à-dire au premier bois
d'un jeune cerf, que je crois qu'on peut, sans se tromper, la regarder comme telle.

Mais je serais assez de l'avis de M. Allamand au sujet de la nature des cornes de girafe ;
le tubercule qui, dans cet animal, fait pour ainsi dire une troisième corne au milieu du

chanfrein, ce tubercule, dis-je, est certainement osseux ; les deux petites cornes sciées étaient adhérentes au crâne sans être appuyées sur des meules : elles doivent donc être regardées comme des prolongements osseux de cette partie. D'ailleurs le poil, ou plutôt le crin dont elles sont environnées et surmontées, ne ressemble en rien au velours du refait des cerfs ou des daims ; ces crins paraissent être permanents, ainsi que la peau d'où ils sortent, et dès lors la corne de la girafe ne sera qu'un os qui ne diffère de celui de la vache que par son enveloppe, celui-ci étant recouvert d'une substance cornée, ou corne creuse, et celui de la girafe couvert seulement de poil et de peau.

DE LA GIRAFE (*suite*)

Lorsque nous avons donné la première addition à l'article de cet animal, dont la hauteur surpasse celle de tous les autres animaux quadrupèdes, nous n'avions pu recueillir encore que des notions imparfaites, tant par rapport à sa conformation qu'à ses habitudes. Avec quelque soin que nous eussions comparé tout ce qui a été écrit au sujet de la girafe par les anciens naturalistes et les modernes, nous ignorions encore si elle portait sur la tête des bois ou des cornes, et quoique la figure que nous avons donnée de cet animal soit moins défectueuse qu'aucune de celles que l'on avait publiées avant nous, cependant nous avons reconnu qu'elle n'est point exacte à plusieurs égards. M. Gordon, observateur très éclairé, que nous avons cité plusieurs fois avec éloge, a fait un second voyage dans l'intérieur de l'Afrique méridionale ; il a vu et pris plusieurs girafes, et les ayant examinées avec attention, il en a envoyé à M. Allamand un dessin, que j'ai fait copier et graver ; nous y joindrons plusieurs détails intéressants sur les habitudes et la conformation de cet animal, si remarquable par sa grandeur.

Les girafes se trouvent, dit-il, vers le 28e degré de latitude méridionale, dans les pays habités par des nègres, que les Hottentots appellent *brinas* ou *briquas*. L'espèce ne parait pas être répandue vers le sud au delà du 29e degré, et ne s'étend à l'est qu'à cinq ou six degrés du méridien du Cap. Les Cafres, qui habitent les côtes orientales de l'Afrique, ne connaissent point les girafes ; il paraît aussi qu'aucun voyageur n'en a vu sur les côtes occidentales de ce continent, dont elles habitent seulement l'intérieur. Elles sont confinées dans les limites que nous venons d'indiquer vers le sud, l'est et l'ouest, et du côté du nord on les retrouve jusqu'en Abyssinie et même dans la haute Égypte.

Lorsque ces animaux sont debout et en repos, leur cou est dans une position verticale. Leur hauteur, depuis la terre jusqu'au-dessus de la tête, est, dans les adultes, de quinze à seize pieds. La girafe que j'ai fait représenter, et dont la dépouille est dans le cabinet de M. Allamand, était haute de quinze pieds deux pouces ; sa longueur était peu proportionnée à sa hauteur. Elle n'avait que cinq pieds cinq pouces de longueur de corps, mesurée en droite ligne depuis le devant de la poitrine jusqu'à l'anus. Le train de devant, mesuré depuis terre jusqu'au-dessus des épaules, avait neuf pieds onze pouces de hauteur ; mais celui de derrière n'était haut que de huit pieds deux pouces.

On a cru qu'en général la grande différence de hauteur qui se trouve entre le derrière et le devant de la girafe provenait de l'inégalité de hauteur dans les jambes ; mais M. Gordon a envoyé à M. Allamand tous les os d'une des jambes de devant et d'une des jambes de derrière ; elles sont à peu près de la même longueur, en sorte que l'inégalité des deux trains ne peut être attribuée à cette cause, mais provient de la grandeur des omoplates et des apophyses épineuses des vertèbres du dos. L'os de l'omoplate a deux pieds de longueur et les premières apophyses épineuses sont longues de plus d'un pied, ce qui suffit pour que le train de devant soit plus élevé que celui de derrière d'environ un pied huit à neuf pouces, comme on peut le voir dans le squelette de cet animal que nous avons donné.

La peau de la girafe est parsemée de taches rousses ou d'un fauve foncé sur un fond blanc. Ces taches sont très près l'une de l'autre et de figure rhomboïdale ou ovale, et même ronde. La couleur de ces taches est moins foncée dans les femelles et dans les jeunes mâles que dans les adultes, et toutes, en général, deviennent plus brunes et même noires à mesure que l'animal vieillit. Pline a écrit que le caméléopard, qui est le même animal que la girafe, avait des taches blanches sur un fond roussâtre; et en effet, lorsqu'on voit de loin une girafe, elle paraît presque entièrement rousse, parce que les taches sont beaucoup plus grandes que les espaces qu'elles laissent entre elles, de façon que ces intervalles semblent être des taches blanches semées sur un fond roussâtre. La forme de la tête de la girafe a quelque ressemblance avec celle de la tête d'une brebis : sa longueur est de plus de deux pieds; le cerveau est très petit; elle est couverte de poils parsemés de taches semblables à celles du corps, mais plus petites. La lèvre supérieure dépasse l'inférieure de plus de deux pouces; il y a huit dents incisives assez petites dans la mâchoire inférieure; et, comme dans tout autre animal ruminant, il ne s'en trouve point dans la mâchoire supérieure.

Joseph Barbaro, cité par Aldrovande, a écrit que la girafe a une langue ronde, déliée, violette, longue de deux pieds, et qu'elle s'en sert comme d'une main pour cueillir les feuilles dont elle se nourrit; mais c'est une erreur, et M. Gordon a reconnu, dans toutes les girafes qu'il a prises et disséquées, que la langue de ces animaux ressemble par la forme et la substance à la langue des gazelles, et il a reconnu aussi que leur structure intérieure est à peu près la même, et que la vésicule du fiel est fort petite.

Les yeux sont grands, bien fendus, brillants, et le regard en est doux. Leur plus long diamètre est de deux pouces neuf lignes, et les paupières sont garnies de poils longs et raides en forme de cils, et il n'y a point de larmier au bas des yeux.

La girafe porte au-dessus du front deux cornes un peu inclinées en arrière. Nous avions déjà pensé, d'après celle que M. Allamand nous avait envoyée, qu'elles ne tombaient point chaque année, comme les bois des cerfs, mais qu'elles étaient permanentes comme celles des bœufs, des béliers, etc. Notre opinion a été entièrement confirmée par les observations de M. Allamand sur une tête décharnée qu'il a dans sa collection. Les cornes de la girafe sont une excroissance de l'os du front, dont elles font partie, et sur lequel elles s'élèvent à la hauteur de sept pouces ; leur circonférence à la base est de plus de neuf pouces; leur extrémité est terminée par une espèce de gros bouton. Elles sont recouvertes d'une peau garnie de poils noirs, et plus longs vers l'extrémité, où ils forment une sorte de pinceau qui manque cependant à plusieurs individus, vraisemblablement parce qu'ils les usent en se frottant contre les arbres. Ainsi les cornes de la girafe ne sont pas des bois, mais des cornes comme celles des bœufs, et elles n'en diffèrent que par leur enveloppe, les cornes des bœufs étant renfermées dans une substance cornée, et celles de la girafe étant seulement recouvertes d'une peau garnie de poils.

Indépendamment de ces deux cornes, il y a au milieu du front un tubercule qu'on prendrait au premier coup d'œil pour une troisième corne, mais qui n'est qu'une excroissance spongieuse de l'os frontal, d'environ quatre pouces de diamètre sur deux pouces de hauteur. La peau qui le couvre est quelquefois calleuse et dégarnie de poils, à cause de l'habitude qu'ont ces animaux de frotter leur tête contre les arbres.

Les oreilles ont huit à neuf pouces de longueur, et l'on remarque entre les oreilles et les cornes deux protubérances composées de glandes qui forment un assez gros volume.

Le cou a six pieds de longueur, ce qui donne à chaque vertèbre une si grande épaisseur que le cou ne peut guère se fléchir. Il est à l'extérieur garni en dessus d'une crinière qui commence à la tête et qui se termine au-dessus des épaules dans les adultes, mais qui s'étend jusqu'au milieu du dos dans les jeunes girafes. Les poils qui la composent sont longs de trois pouces et forment des touffes alternativement plus ou moins foncées.

La partie du dos qui est près des épaules est fort élevée ; il s'abaisse ensuite, il se relève et se rabaisse encore vers la queue, qui est très mince et a deux pieds de longueur. Elle est couverte de poils très courts, et son extrémité est garnie d'une touffe de poils noirs aplatis, très forts et longs de deux pieds. Les nègres se servent de ces crins de girafe pour lier les anneaux de fer et de cuivre qu'ils portent en forme de bracelets.

Le ventre, élevé au-dessus de terre de cinq pieds sept pouces vers la poitrine, et seulement de cinq pieds vers les jambes de derrière, est couvert de poils blanchâtres. Les jambes sont tachetées, comme le reste du corps, jusqu'au canon, qui est sans tache et d'un blanc sale.

Les sabots sont beaucoup plus hauts par devant que par derrière, et ne sont point surmontés d'ergots comme dans les autres animaux à pieds fourchus.

D'après toutes les comparaisons que l'on a pu faire entre les mâles et les femelles, soit pour la forme, soit pour les couleurs, on n'y a pas trouvé de différence sensible ; et il n'y en a qu'une qui est réelle, c'est celle de la grandeur, les femelles étant toujours plus petites que les mâles. Elles ont quatre mamelles, et cependant ne portent ordinairement qu'un petit, ce qui s'accorde avec ce que nous savons de tous les grands animaux, qui communément ne produisent qu'un petit à chaque portée.

Quoique le corps de ces animaux paraisse disproportionné dans plusieurs de leurs parties, ils frappent cependant les regards et attirent l'attention par leur beauté lorsqu'ils sont debout et qu'ils relèvent leur tête. La douceur de leurs yeux annonce celle de leur naturel. Ils n'attaquent jamais les autres animaux, ne donnent jamais de coups de tête, comme les béliers, et ce n'est que quand ils sont aux abois qu'ils se défendent avec les pieds, dont ils frappent alors la terre avec violence.

Le pas de la girafe est un amble ; elle porte ensemble le pied de derrière et celui de devant du même côté, et dans sa démarche le corps paraît toujours se balancer. Lorsqu'elle veut précipiter son mouvement elle ne trotte pas, mais galope en s'appuyant sur les pieds de derrière ; et alors, pour maintenir l'équilibre, le cou se porte en arrière lorsqu'elle élève ses pieds de devant, et en avant lorsqu'elle les pose à terre ; mais en général les mouvements de cet animal ne sont pas très vifs ; cependant, comme ses jambes sont très longues, qu'elle fait de très grands pas, et qu'elle peut marcher de suite pendant très longtemps, il est difficile de la suivre et de l'atteindre, même avec un bon cheval.

Ces animaux sont fort doux, et l'on peut croire qu'il est possible de les apprivoiser et de les rendre domestiques ; néanmoins ils ne le sont nulle part, et dans leur état de liberté ils se nourrissent des feuilles et des fruits des arbres, que, par la conformation de leur corps et la longueur de leur cou, ils saisissent avec plus de facilité que l'herbe qui est sous leurs pieds, et à laquelle ils ne peuvent atteindre qu'en pliant les genoux.

Leur chair, surtout celle des jeunes, est assez bonne à manger, et leurs os sont remplis d'une moelle que les Hottentots trouvent exquise : aussi vont-ils souvent à la chasse des girafes, qu'ils tuent avec leurs flèches empoisonnées. Le cuir de ces animaux est épais d'un demi-pouce. Les Africains s'en servent à différents usages ; ils en font des vases où ils conservent de l'eau.

Les girafes habitent uniquement dans les plaines ; elles vont en petites troupes de cinq ou six, et quelquefois de dix ou douze ; cependant l'espèce n'est pas très nombreuse. Quand elles se reposent, elles se couchent sur le ventre, ce qui leur donne des callosités au bas de la poitrine et aux jointures des jambes.

DES GAZELLES ET DES ANTILOPES

Depuis l'année 1764 que j'ai publié le volume de l'*Histoire naturelle*, dans lequel j'ai traité des gazelles et des chèvres étrangères, quelques voyageurs naturalistes ont reconnu en Asie et en Afrique de nouvelles espèces dans le genre de ces animaux et ont donné des figures entières de quelques autres dont je n'avais pu donner que quelques parties détachées, comme les têtes, les cornes, etc. M. Pallas, docteur en médecine de l'Université de Leyde, a publié à Amsterdam, en 1767, un premier ouvrage sous le nom de *Miscellanea zoologica* et peu de temps après il en a donné une seconde édition, corrigée et imprimée à Berlin dans la même année sous le titre de *Spicilegia zoologica*. Nous avons lu ces deux ouvrages avec satisfaction : l'auteur y montre partout autant de discernement que de connaissances, et nous donnerons l'extrait de ses observations.

D'autre part, MM. Forster père et fils, qui ont accompagné M. Cook dans son second voyage, ont eu la bonté de me communiquer les remarques et observations qu'ils ont faites sur les chèvres du cap de Bonne-Espérance, aussi bien que sur les lions marins, ours marins, etc., dont ils m'ont donné des figures très bien dessinées. J'ai reçu toutes ces instructions avec reconnaissance, et l'on verra que ces savants naturalistes m'ont été d'un grand secours pour perfectionner l'histoire de ces animaux.

Enfin, M. Allamand, que je regarde comme l'un des plus savants naturalistes de l'Europe, ayant pris soin de l'édition, qui se fait en Hollande, de mes ouvrages, y a joint d'excellentes remarques et de très bonnes descriptions de quelques animaux que je n'ai pas été à portée de voir. Je réunis ici toutes ces nouvelles connaissances qui m'ont été communiquées, et je les joins à celles que j'ai acquises par moi-même depuis l'année 1764 jusqu'en 1780.

M. Pallas impose aux gazelles et aux chèvres sauvages le nom générique d'*antilopes*, et il dit que les zoologistes méthodistes ont eu tort de joindre le genre des gazelles à celui des chèvres, et qu'il en est plus éloigné que du genre des brebis. La nature, selon lui, a placé le genre des gazelles entre celui des cerfs et celui des chèvres. Au reste, il convient avec moi, dans son second ouvrage, que les gazelles ne se trouvent ni en Europe ni en Amérique, mais seulement en Asie, et surtout en Afrique, où les espèces en sont très variées et fort nombreuses. Le chamois est, dit-il, le seul animal qu'on pourrait regarder comme une gazelle européenne, et le bouquetin semble faire la nuance entre les chèvres et certaines espèces de gazelles. L'animal du musc, ajoute-t-il, et les chevrotains ne doivent point être rangés avec les gazelles, mais peuvent aller ensemble, parce que les uns et les autres, dans les deux sexes, manquent de cornes, et ont de grandes dents ou défenses dans la mâchoire supérieure.

Ce que je rapporte ici d'après M. Pallas souffre quelques exceptions, car il y a une espèce de chevrotain dont le mâle a des cornes, et le chamois, qu'il prétend être du genre des gazelles et non de celui des chèvres, s'unit néanmoins avec les chèvres ; on les a souvent vus s'accoupler, et l'on nous a même assuré qu'ils avaient produit ensemble ; le premier fait est certain, et suffit seul pour démontrer que le chamois est non seulement du même genre, mais d'espèce très voisine de celle de la chèvre commune.

Et d'ailleurs le genre des chèvres et celui des brebis est si voisin, qu'on peut les faire produire ensemble, comme j'en ai donné des exemples ; ainsi l'on ne peut guère admettre un genre intermédiaire entre eux, de même que l'on ne doit pas dire que les gazelles, dont les cornes sont permanentes dans toutes les espèces, soient voisines du genre des chevreuils ou des cerfs, dont les bois tombent et se renouvellent chaque année. Nous ne nous arrêterons donc pas plus longtemps sur cette discussion méthodique de M. Pallas, et nous passerons aux observations nouvelles que nous avons faites sur chacun de ces animaux en particulier.

DU SAÏGA

M. Pallas pense que le saïga qui se trouve en Hongrie, en Transylvanie, en Valachie et en Grèce, peut aussi se trouver dans l'île de Candie, et il croit qu'on doit lui rapporter le *strepsiceros* de Belon. Je ne suis pas du même avis, et j'ai rapporté le strepsiceros de Belon au genre des brebis et non à celui des gazelles.

« Saïgis, saïga, dit M. Gmelin, est un animal qui ressemble beaucoup au chevreuil, » sinon que ses cornes, au lieu d'être branchues, sont droites et permanentes (au lieu que » celles du chevreuil sont annuelles). On ne connaît cet animal que dans quelques cantons » de la Sibérie, car celui qu'on appelle *saïga* dans la province d'Irkutzk est le musc. Cette » espèce de chèvre sauvage (le saïga) est assez commune dans certaines contrées ; on en » mange la chair ; cependant notre compagnie ne voulut point en goûter, vraisemblable- » ment parce que nous n'y étions point accoutumés et que d'ailleurs il est dégoûtant de » voir dans cet animal des vers, même de son vivant, nichés entre la peau charnue et » l'épiderme ; c'est une grande quantité de vers blancs et gros d'environ trois quarts de » pouce de long et pointus des deux côtés ; on trouve la même chose aux élans, aux » rennes et aux biches ; les vers de ces chèvres paraissent être les mêmes que ceux de » ces autres animaux et n'en différer que par la grosseur. Quoi qu'il en soit, il nous suffit » d'avoir vu les vers pour ne point vouloir de cette viande, dont on nous dit d'ailleurs que » le goût était exactement semblable à celle du cerf (a). »

J'observerai que ce n'est que dans une saison, après le temps du rut, que les cerfs, les élans et probablement les saïgas ont des vers sous la peau : voyez ce que j'ai dit de la production de ces vers à l'article du cerf.

M. Forster m'a écrit « que le saïga se trouve depuis la Moldavie et la Bessarabie jus- » qu'à la rivière d'Irtish, en Sibérie ; il aime les déserts secs et remplis d'absinthes, » aurones et armoises, qui font sa principale nourriture ; il court très vite et il a l'odorat » fort fin, mais il n'a pas la vue bonne parce qu'il a sur les yeux quatre petits corps » spongieux qui servent à le défendre du trop grand reflet de la lumière dans ces terrains, » dont le sol est aride et blanc en été, et couvert de neige en hiver ; il a le nez large et » l'odorat si fin qu'il sent un homme de plus d'une lieue lorsqu'il est sous le vent, et on » ne peut même l'approcher que de l'autre côté du vent. On a observé que le saïga semble » réunir tout ce qui est nécessaire pour bien courir : il a la respiration plus facile qu'aucun » autre animal, ses poumons étant très grands, la trachée-artère fort large et les narines, » ainsi que les cornets du nez, fort étendus, en sorte que la lèvre supérieure est plus » longue que l'inférieure ; elle paraît pendante, et c'est probablement à cette forme des » lèvres qu'on doit attribuer la manière dont cet animal paît, car il ne broute qu'en rétro- » gradant. Ces animaux vont la plupart en troupeaux, qu'on assure être quelquefois jus- » qu'au nombre de dix mille ; cependant les voyageurs modernes ne font pas mention de » ces grands attroupements ; ce qui est plus certain, c'est que les mâles se réunissent pour » défendre leurs petits et leurs femelles contre les attaques des loups et des renards, car » ils forment un cercle autour d'elles et combattent courageusement ces animaux de proie. » Avec quelques soins, on vient à bout d'élever leurs petits et de les rendre privés ; leur » voix ressemble au bêlement des brebis. Les femelles mettent bas au printemps et ne » font qu'un chevreau à la fois et rarement deux. On en mange la chair en hiver comme » un bon gibier ; mais on la rejette en été à cause des vers qui s'engendrent sous la peau. » Ces animaux sont en chaleur en automne et ils ont alors une forte odeur de musc ; les

(a) Gmelin, *Voyage en Sibérie.*

» cornes du saïga sont transparentes et estimées pour différents usages ; les Chinois sur-
» tout les achètent assez cher ; on trouve quelquefois des saïgas à trois cornes, et même
» on en voit qui n'en ont qu'une seule, ce qui est confirmé par M. Pallas ; et il semble que
» c'est le même animal dont Rzaczinsky parle en disant : *Aries campestris (Baran poluy)*
» *unius cornu instructus spectatur in desertis locis ultra Braclaviam Oczokoviam usque*
» *protensis.*

   » Le saïga est de la grandeur d'une chèvre commune ; les cornes sont longues d'un
» pied, transparentes, d'un jaune terne, ridées en bas d'anneaux et lisses à la pointe ;
» elles sont courbées en arrière, et les pointes se rapprochent ; les oreilles sont droites et
» terminées en pointe mousse ; la tête est arquée ou en chanfrein, depuis le front jusqu'au
» museau, et en la regardant de profil on lui trouve quelque rapport avec celle de la
» brebis ; les narines sont grandes et en forme de tube ; il y a huit dents incisives à la
» mâchoire inférieure, elles ne tiennent pas fortement dans leurs alvéoles et tombent au
» moindre choc. Il n'y a que les mâles qui aient des cornes, et les femelles en sont dé-
» pourvues ; la queue est courte, n'ayant à peu près que trois pouces de longueur ; le poil
» du dessus et des côtés du corps est de couleur isabelle, et celui du ventre est blanc ; il
» y a une ligne brune le long de l'épine du dos.

   » Saïga est un mot tartare qui signifie chèvre sauvage ; mais communément ils appel-
» lent le mâle *matgatch* et la femelle *saïga.* »

DE LA GAZELLE KEVEL

   M. Pallas me paraît se tromper en avançant que le kevel et la corine ne sont pas deux
espèces différentes, *mais le mâle et la femelle dans la même espèce de gazelle ;* s'il eût fait
attention que j'ai décrit les deux sexes, ce savant naturaliste ne serait pas tombé dans
cette méprise.

DU KOBA ET DU KOB

   J'ai donné, d'après M. Adanson, le nom de *koba* (*) à un animal d'Afrique que quelques
voyageurs ont appelé *grande vache brune*, et dont l'espèce n'est pas éloignée de celle du
bubale. J'ai donné de même le nom de *kob* à un animal un peu moins grand, et que les
voyageurs ont appelé *petite vache brune*. Le koba est grand comme un cerf, et par conséquent approche de la grandeur du bubale, tandis que le kob (**) n'est pas tout à fait si
grand qu'un daim. M. Pallas dit que de toutes les antilopes celle-ci lui paraît être la plus
voisine du genre des cerfs, le pelage étant semblable. Les cornes du kob ont à peu près
un pied de longueur, ce qui ne s'accorde pas avec ce que dit M. Pallas, qui ne leur donne
qu'un demi-pied ; et ce qui me paraît démontrer que M. Pallas n'avait pris cette mesure
des cornes que sur un jeune individu, c'est que M. Forster m'a écrit qu'il avait rapporté
du cap de Bonne-Espérance des cornes de cet animal kob de même grandeur, et toutes
semblables à celles que j'ai fait représenter. Il dit que cet animal avait une tache triangulaire blanche au bas des cornes ; que son pelage est en général d'un rouge brun, et il
pense comme moi que le kob n'est qu'une variété du koba, et que tous deux ne s'éloignent
pas de l'espèce du bubale.

(*) *Antilope senegalensis* Cuv.
(**) *Antilope Kob* Cuv.

DE LA GAZELLE OU CHÈVRE SAUTANTE DU CAP DE BONNE-ESPÉRANCE

Nous avons donné la figure de cet animal (*) d'après un dessin qui m'a été communiqué par M. Forster, et qu'il a fait d'après nature vivante. Il me paraît qu'on doit le rapporter au genre des gazelles plutôt qu'à celui des chèvres, quoiqu'on l'ait appelé *chèvre sautante*. L'espèce de ces gazelles est si nombreuse dans les terres du Cap, où M. Forster les a vues, qu'elles arrivent quelquefois par milliers, surtout dans de certains temps de l'année où elles passent d'une contrée à l'autre. Il m'a assuré qu'ayant vu, pendant son séjour en Afrique, un grand nombre de gazelles de plusieurs espèces, il a reconnu que la forme et la direction des cornes n'est pas un caractère bien constant, et que dans la même espèce on trouve des individus dont les cornes sont de différente grandeur et contournées différemment.

Au reste, il paraît que dans les terres du cap de Bonne-Espérance il se trouve deux espèces de ces gazelles ou chèvres sautantes, car on m'a donné un dessin que j'ai fait graver, dont l'animal porte le nom de *klipspringer*, sauteur de rochers, et dont nous parlerons dans l'article suivant. En comparant sa figure avec celle de la chèvre sautante, on voit que ce sauteur de rochers a les cornes plus droites et moins longues, la queue beaucoup plus courte, le pelage plus gris, plus uniforme que la chèvre sautante; ces différences me paraissent plus que suffisantes pour en faire deux espèces distinctes.

Voici les observations que M. Forster a faites sur la première espèce de ces chèvres sautantes, qui jusqu'ici n'était pas bien connue.

« Les Hollandais du cap de Bonne-Espérance appellent, dit-il, ces animaux *springbok*,
» chèvres sautantes; elles habitent les terres intérieures de l'Afrique, et n'approchent des
» colonies du Cap que lorsque la grande sécheresse ou le manque d'eau et d'herbage les
» force de changer de lieu; mais c'est alors qu'on en voit des troupes, depuis dix mille
» jusqu'à cinquante mille, quoiqu'elles soient toujours accompagnées ou suivies par les
» lions, les onces, les léopards ,et les hyènes qu'on appelle au Cap *chiens sauvages*, qui en
» dévorent une grande quantité. L'avant-garde de la troupe, en s'approchant des habita-
» tions, a de l'embonpoint, le corps d'armée est en moins bonne chair, et l'arrière-garde
» est fort maigre et mourant de faim, mangeant jusqu'aux racines des plantes dans ces
» terrains pierreux; mais en s'en retournant l'arrière-garde devient à son tour plus grasse,
» parce qu'elle part la première, et l'avant-garde, qui alors se trouve la dernière, devient
» plus maigre. Au reste, ces chèvres ne sont point peureuses lorsqu'elles sont ainsi ras-
» semblées, et ce n'est même qu'à coups de fouet ou de bâton qu'un homme peut passer
» à travers leur troupe. En les prenant jeunes elles s'apprivoisent aisément; on peut les
» nourrir de lait, de pain, de blé, de feuilles de choux, etc. ; les mâles sont assez pétu-
» lants et méchants même en domesticité, et ils donnent des coups de cornes aux per-
» sonnes qu'ils ne connaissent pas; lorsqu'on leur jette des pierres, ils se mettent en pos-
» ture de défense, et parent souvent le coup de pierre avec les cornes. Une de ces chèvres
» sautantes, âgée de trois ans, que nous avions prise au Cap, et qui était fort farouche,
» s'apprivoisa sur le vaisseau au point de venir prendre du pain dans la main, et elle
» devint si friande de tabac qu'elle en demandait avec empressement à ceux qui en usaient;
» elle semblait le savourer et l'avaler avec avidité; on lui donna une assez grande quan-
» tité de tabac en feuille, qu'elle mangea de même avec les côtes et les tiges de ces feuilles;
» mais nous remarquâmes en même temps que les chèvres d'Europe qu'on avait embar-
» quées sur le vaisseau pour avoir du lait mangeaient aussi très volontiers du tabac.

(*) *Antilope euchore* Forster.

» Les chèvres sautantes ont une longue tache blanche qui commence par une ligne au
» milieu du dos, et finit vers le croupion en s'élargissant ; cette tache blanche n'est pas
» apparente sur le dos lorsque l'animal est tranquille, parce qu'elle est couverte par les
» longs poils fauves qui l'entourent ; mais, lorsqu'il saute ou bondit en baissant la tête, on
» voit alors cette grande tache blanche à découvert.

» Les chèvres sautantes sont de la grandeur des axis du Bengale, mais le corps et les
» membres en sont plus délicats et plus déliés ; les jambes sont plus hautes ; le pelage, en
» général, est d'un fauve jaunâtre ou d'une couleur de cannelle vive ; la partie postérieure
» des pieds, une partie du cou, la poitrine, le ventre et la queue, sont d'un assez beau
» blanc, à l'exception de l'extrémité de la queue, qui est noire ; le blanc du ventre est
» bordé par une bande d'un brun rougeâtre qui s'étend tout le long du flanc ; il y a aussi
» une bande de brun noirâtre qui descend depuis les yeux jusqu'aux coins de la bouche ;
» et sur le front une autre bande triangulaire de fauve jaunâtre qui descend quelquefois
» jusque sur le museau, où elle finit en pointe, et qui en remontant sur le sommet de la
» tête, où elle s'élargit, se joint au fauve jaunâtre du dessus du corps ; le reste de la tête
» est de couleur blanche, elle est de forme oblongue ; les narines sont étroites et en forme
» de croissant ; leur cloison répond à la division de la lèvre supérieure qui est fendue, et
» c'est là qu'on remarque un amas de petites éminences hémisphériques, noires, dénuées
» de poils et toujours humides ; les yeux sont grands, vifs et pleins de feu ; l'iris est de
» couleur brune ; sous l'angle antérieur de chaque œil il y a un larmier dont l'orifice est
» presque rond ; les oreilles sont à peu près aussi longues que la tête entière ; elles for-
» ment d'abord un tube assez étroit, s'élargissent ensuite et finissent en pointe mousse ;
» le cou est assez long, grêle et un peu comprimé sur les côtés ; les jambes de devant pa-
» raissent moins hautes que celles de derrière qui sont divergentes, de manière qu'en mar-
» chant l'animal semble se balancer de côté et d'autre ; les sabots des quatre pieds sont
» petits, de forme triangulaire et de couleur noire, de même que les cornes, qui ont envi-
» ron un pied de longueur, avec douze anneaux, à compter depuis la base, et qui se ter-
» minent en une pointe lisse.

» Il semble que ces chèvres sautantes aient quelque pressentiment de l'approche du
» mauvais temps, surtout du vent du sud-est, qui, au cap de Bonne-Espérance, est très
» orageux et très violent ; c'est alors qu'elles font des sauts et des bonds, et que la tache
» blanche qui est sur le dos et le croupion paraît à découvert ; les plus vieilles commen-
» cent à sauter, et bientôt tout le reste de la troupe en fait de même. La femelle, dans
» cette espèce, a des cornes ainsi que le mâle, et la corne qui est figurée dans le tome XII
» de l'*Histoire naturelle* est celle d'un vieux mâle. Au reste, les cornes sont de figures si
» différentes dans ces animaux que, si on voulait ranger l'ordre des gazelles par ce ca-
» ractère, il y aurait des chèvres sauvages dans toutes les divisions. »

Après avoir comparé cette description de M. Forster et la figure que nous avons donnée
de cette chèvre sautante du Cap, il paraîtrait au premier coup d'œil que c'est le même
animal que celui que M. Allamand appelle *bontebok*, et dont il donne la description et la
figure dans le nouveau Supplément à mon ouvrage, imprimé à Amsterdam cette année 1781,
et que j'ai fait copier ; cependant j'avoue qu'il me reste encore quelque doute sur l'identité
de ces deux espèces, d'autant que la chèvre sautante est appelée *springerbok*, et non pas
bontebok par les Hollandais du Cap.

Il se pourrait donc que cette chèvre sautante, décrite par M. Forster, fût de la même
espèce ou d'une espèce très voisine de celle que M. Allamand a nommée la *gazelle à bourse
sur le dos*, d'autant que tous deux s'accordent à dire qu'on n'aperçoit la bande blanche qui
est sur le dos que quand cette chèvre ou gazelle court ou saute, et qu'on ne voit pas ce
blanc lorsqu'elle est en repos : voici ce que ce savant naturaliste en a publié dans le Supplément à mes ouvrages, volume IV, édition de Hollande, page 142.

DE LA GAZELLE A BOURSE SUR LE DOS

(Par M. le professeur Allamand.)

« Avec sa sagacité ordinaire, M. de Buffon a éclairci tout ce qui a été dit jusqu'à présent
» d'embrouillé au sujet des gazelles ; il en a exactement décrit et déterminé toutes les diffé-
» rentes espèces qui sont parvenues à sa connaissance, et il en a connu plus que personne
» avant lui ; mais dans la nombreuse liste qu'il nous en a donnée, il n'a pas cru qu'il les
» avait toutes comprises. Ces animaux habitent pour la plupart l'Afrique, dont l'intérieur
» est presque encore entièrement inconnu ; ainsi on ne peut pas douter qu'il n'y en ait
» nombre d'espèces qui n'ont point été décrites. La gazelle dont je vais parler en est une
» preuve ; c'est à M. le capitaine Gordon que nous en sommes redevables. Cet officier, que
» j'ai eu plus d'une fois occasion de nommer, joint à toutes les connaissances de l'art mili-
» taire un vif désir d'enrichir l'histoire naturelle de nouvelles découvertes : c'est ce qui l'a
» déterminé, il y a quelques années, à entreprendre un voyage au cap de Bonne-Espérance
» et à y retourner l'année passée, après avoir obtenu de la Compagnie des Indes un emploi
» de confiance qui ne pouvait être mieux exercé que par lui, mais qui ne l'empêchera
» point de pousser ses recherches comme naturaliste. Depuis qu'il y est arrivé, j'ai eu la
» satisfaction d'apprendre par ses lettres qu'il a déjà découvert trois animaux qu'il m'en-
» voie et qui jusqu'à présent n'ont point été vus en Europe. En les attendant avec impatience,
» je vais faire connaître la gazelle qui fera le sujet de cet article et qu'il avait placée
» dans la ménagerie du prince d'Orange. C'était la seule qui fût en vie d'une douzaine qu'il
» avait amenées avec lui.

» Nous sommes redevables du dessin de cette gazelle à M. J. Temminck, receveur de la
» Compagnie des Indes, amateur bien connu par sa ménagerie précieuse d'oiseaux vivants
» et par son Cabinet d'oiseaux préparés très rares. Cette gazelle ressemble presque en tout
» à la gazelle commune, décrite par M. de Buffon ; elle a les cornes annelées et contour-
« nées de la même façon, et également noires ; elle est de la même couleur, avec les mêmes
» taches ; elle est un peu plus grande, mais ce qui la distingue est une raie de poils blancs
» longue de dix pouces qui, au premier coup d'œil, n'offre rien de particulier et qui est
» placée sur la partie postérieure du dos, en s'étendant vers l'origine de la queue ; quand
» elle court, on est frappé de voir tout d'un coup cette raie s'élargir et se convertir en une
» grande tache blanche qui s'étend presque de côté et d'autre sur toute la croupe ; voici com-
» ment cela s'opère : l'animal a sur le dos une espèce de bourse faite par la peau qui, se
» repliant des deux côtés, forme deux lèvres qui se touchent presque ; le fond de cette
» bourse est couvert de poils blancs, et c'est à l'extrémité de ces poils qui, passant entre
» les deux lèvres, paraît une raie ou ligne blanche ; lorsque la gazelle court, cette bourse
» s'ouvre, le fond blanc paraît à découvert, et dès qu'elle s'arrête, la bourse se referme.
» Cette belle gazelle n'a pas vécu longtemps dans ce pays, elle est morte quelques mois
» après son arrivée ; elle était fort douce et craintive, la moindre chose lui faisait peur et
» l'engageait à courir. J'ai joui très souvent du plaisir de lui voir ouvrir sa bourse. »

LE KLIPSPRINGER OU SAUTEUR DES ROCHERS

Voici la seconde espèce de gazelle ou chèvre sautante (*) dont MM. Forster ont bien
voulu me donner le dessin, et que j'ai fait graver.

(*) *Antilope oreotragus* Forster.

« **M.** Kolbe est le seul, disent-ils, qui ait jamais parlé de ce bel animal, le plus leste de
» tous ceux de son genre ; il se tient sur les rochers les plus inaccessibles, et lorsqu'il aper-
» çoit un homme, il se retire d'abord vers des places qui sont entourées de précipices ; il
» franchit d'un saut de grands intervalles d'une roche à l'autre, et sur des profondeurs
» affreuses ; et lorsqu'il est pressé par les chiens ou les chasseurs, il se laisse tomber sur
» de petites saillies de rocher, où l'on croirait qu'à peine il y eût assez d'espace pour le
» recevoir ; quelquefois les chasseurs, qui ne peuvent les tirer que de très loin et à balle
» seule, les blessent et les font tomber dans le fond des précipices. Leur chair est excel-
» lente à manger, et passe pour le meilleur gibier du pays ; leur poil est léger, peu adhé-
» rent, et tombe aisément en toute saison ; on s'en sert au Cap pour faire des matelas, et
» même on pique avec ces poils des jupes de femmes.

» Ce sauteur des rochers est de la grandeur de la chèvre commune, mais il a les jambes
» beaucoup plus longues ; sa tête est arrondie, elle est d'un gris jaunâtre, marqueté par-ci
» par-là de petites raies noires ; le museau, les lèvres et les environs des yeux sont noirs ;
» devant chaque œil il y a un larmier avec un grand orifice de forme ovale ; les oreilles
» sont assez grandes et finissent en pointe ; les cornes ont environ cinq pouces de longueur,
» elles sont droites et lisses à la pointe, mais ridées de quelques anneaux à la base ; la
» femelle n'a point de cornes ; le poil du corps est d'un fauve jaunâtre, chaque poil est
» blanc à sa racine, brun ou noir au milieu, et d'un jaune grisâtre à l'extrémité ; les pieds
» et les oreilles sont couverts de poils blanchâtres ; la queue est très courte. »

DE LA GAZELLE PASAN

J'ai fait représenter, d'après une peau bourrée, la figure de la gazelle pasan (*) dont j'ai
parlé, et de laquelle nous n'avons au Cabinet de Roi qu'un crâne surmonté de ses cornes.
M. Pallas pense avec moi que le pasan et l'algazelle ne sont que deux variétés de la même
espèce ; j'ai dit que ces deux espèces, l'algazelle et le pasan, me paraissaient très voisines
l'une de l'autre, qu'elles sont des mêmes climats, mais que néanmoins l'algazelle n'habite
guère que dans les plaines et le pasan dans les montagnes ; c'est par cette seule différence
des habitudes naturelles que j'ai cru qu'on pouvait en faire deux espèces. J'ai même dit
positivement que je présumais que l'algazelle et le pasan n'étaient que deux variétés de
la même espèce et j'ai été fort satisfait de voir que M. Pallas est du même sentiment.
Il dit, au sujet de ce dernier animal, que M. Houttuyn en a aussi donné une figure d'après
les tableaux de M. Burmann (*a*), mais je n'ai pas eu occasion de voir ces tableaux, et j'ignore
si celui du pasan ressemble ou non à la figure que j'ai donnée.

MM. Forster m'ont écrit que la gazelle pasan porte aussi le nom de *chamois du Cap*, et
celui de *chèvre du bézoard*, quoiqu'il y ait une autre chèvre du bézoard en Orient, dont
M. Gmelin le jeune a donné une description sous le nom de *paseng* (*b*), qui est différente
du pasan. Il ajoute « que dans la femelle les cornes ne sont pas aussi grandes que dans le
» mâle ; que ces cornes sont marquées vers leur origine d'une large bande noire en
» demi-cercle, qui s'étend jusqu'à une autre grande tache de même couleur noire, laquelle
» couvre en partie le museau, dont l'extrémité est grise ; que de plus il y a deux bandes
» noires qui partent du museau et s'étendent jusqu'aux cornes, et une ligne noire le long

---

(*a*) « Iconem hujus animalis ex Burmannianis pariter picturis edidit D. Houttuyn, tabula
» supra citata. Fig. 1.» *Miscellanea zoologica*, p. 8.

(*b*) Reisen. III, p. 493.

(*) *Antilope Oryx* PALL.

» du dos qui se termine au croupion et y forme une plaque triangulaire ; qu'on voit aussi
» une bande noire entre la jambe et la cuisse de devant, et une tache ovale de même cou-
» leur sur le genou ; que les pieds de derrière sont aussi marqués d'une tache noire sous
» la jointure, et qu'il y a une ligne noire de longs poils le long du cou, au-dessous duquel
» se trouve une espèce de fanon qui tombe sur la poitrine ; qu'enfin le reste du corps est
» gris, à l'exception du ventre, qui est blanchâtre ainsi que les pieds.

» Cet animal, dit M. Forster, a près de quatre pieds de hauteur, en le mesurant aux
» jambes de devant ; les cornes ont jusqu'à trois pieds de longueur, et ressemblent parfai-
» tement à celles qui se trouvent dans l'*Histoire naturelle* de M. de Buffon, volume XII,
» planche XXXIII. Ces gazelles ne vont point en troupes, mais seulement par paires, et il
» me semble que c'est le même animal que le *parasol* du Congo dont parle le P. Charles
» de Plaisance (a). »

DU PASAN (*suite*)

(Par M. le professeur Allamand.)

« M. de Buffon a donné à la gazelle du bézoard le nom de *pasan*, qui est celui que les
» Orientaux lui donnent. Il n'en a vu que le crâne, surmonté de ses cornes, dont M. Dau-
» benton a donné une description fort exacte. On trouve souvent de ces cornes dans les
» Cabinets de curiosités naturelles (b) ; j'en ai placé deux dans celui de notre Université, qui
» m'ont été envoyées du cap de Bonne-Espérance ; mais l'animal qui les porte a été peu
» connu jusqu'à présent : je suis même tenté de dire qu'il ne l'a point été du tout, car je doute
» fort que ce soit le même qui a été indiqué par Kæmpfer sous le nom de *pasen* ou *pasan*.
» La description qu'il en a donnée ne lui convient point à plusieurs égards (c), et la figure
» dont il l'a accompagnée, toute mauvaise qu'elle est, représente sûrement un animal dif-
» férent.

» Tous les autres auteurs qui ont parlé de la gazelle du bézoard sont peu d'accord entre
» eux, quoiqu'ils lui donnent le même nom, pasan. Tavernier, qui en a eu six vivantes,
» se cóntente de dire que ce sont de très jolies chèvres, fort hautes, et qui ont un poil fin
» comme de la soie (d). Chardin assure que le bézoard se trouve, aux Indes, dans le corps
» des boucs et des chèvres sauvages et domestiques, et, en Perse, dans le corps des mou-
» tons (e). Le P. Labat a donné une figure de l'animal qui porte le bézoard en Afrique (f) ;
» mais c'est la copie de celle qu'a donnée Pomet dans son histoire des drogues, et qui
» est celle d'une chèvre avec des cornes chargées de deux ou trois andouillers, c'est-à-dire

(a) *Voyage au Congo*, t. 1er, p. 494.

(b) Voyez *Museum Wormianum*, p. 339. Jacobi *Museum regium Hafniense*, p. 4. Grew's *Museum regalis societatis*, p. 24. *Catalogue du Cabinet de M. Davila*, t. 1er, p. 497.

(c) Voici tout ce qu'il en dit : « Genitrix (bezoardici lapidis) est fera quædam montana
» caprini generis, quam incolæ pasen, nostrates capricervam nominant, destituti voce, quæ
» utrumque sexum exprimat. Animal pilis brevibus ex cinereo rufis vestitur, magnitudinem
» capræ domesticæ, ejusdemque barbatum caput obtinens ; cornua fœminæ nulla sunt, vel
» exigua ; cornua longiora et liberaliùs extensa gerit, annulisque distincta insignioribus, quo-
» rum numeri annos ætatis referunt ; annum undecimum vel duodecimum rarò exhibere di-
» cuntur, adeoque illum ætatis annum haud excedere : reliquum corpus a cervinâ formâ, co-
» lore et agilitate nihil differt. Timidissimum et maximè fugitivum est, inhospita asperrimorum
» montium incolens, et ex solitudine montanâ in campos rarissimè descendens. » Kœmpferi
Amœnit Exot. 398.

(d) *Voyages de Tavernier*, seconde partie, p. 389.

(e) *Voyage de Chardin*, t. III, p. 19.

(f) *Nouvelle relation de l'Afrique occidentale*, par le P. Labat, t. III, p. 79.

» d'un animal fabuleux. Clusius, ou plutôt Garciaz, dit que le bézoard se trouve dans le
» ventricule d'une sorte de bouc (a) dont il a fait représenter une corne ; elle ne res-
» semble point à celle de notre pasan. La figure qu'Aldrovande a donnée de cet animal
» est celle de l'antilope (b), et Klein a copié ce qu'il en dit (c). L'auteur de l'Histoire natu-
» relle qui se publie en hollandais a fait représenter l'algazelle (d) pour l'animal qui four-
» nit le bézoard.

» Que faut-il conclure de ces différentes descriptions et de plusieurs autres qu'on pour-
» rait y ajouter ? C'est qu'on trouve des bézoards dans diverses espèces de chèvres ou de
» gazelles, dont aucune n'est bien connue ; ainsi ce n'est pas sans raison que j'ai dit que
» l'animal que je vais décrire a été inconnu jusqu'à présent, et qu'il était peut-être différent
» du pasan de Kæmpfer. On en trouve cependant une figure passable, quoique fautive à
» bien des égards, dans les *Delitiæ naturæ selectæ* de Knorr ; mais cet auteur s'est sûre-
» ment trompé en le prenant pour la chèvre bleue de Kolbe : il n'en a ni les cornes, ni la
» couleur, ni les sabots.

» C'est encore à M. le docteur Klockner qu'on doit la connaissance de ce bel animal ; il
» a eu occasion d'en acheter une peau bien complète qu'il a préparée avec sa dextérité
» ordinaire. On lui a dit qu'elle avait été envoyée du cap de Bonne-Espérance, et je n'en
» doute pas, puisque les différentes cornes que nous avons ici nous viennent de cet en-
» droit ; et de plus, c'est vraisemblablement le même animal qui a été tué par M. le capi-
» taine Gordon, dont j'ai eu plus d'une fois occasion de citer le témoignage. Cet officier,
» étant à une assez grande distance du Cap, vit sortir d'un petit bois une très belle chèvre
» qui avait des cornes fort longues et droites, et dont la tête était singulièrement bigarrée
» de couleurs tranchantes ; il tira dessus à balle, et le coup l'ayant fait tomber, il accou-
» rait pour l'examiner de près, mais le Hottentot qui l'accompagnait le retint, en lui disant
» que ces animaux étaient très dangereux ; qu'il arrivait souvent que, n'étant que blessés
» ou tombés de peur, ils se relevaient tout d'un coup, et, se jetant sur ceux qui les appro-
» chaient, ils les perçaient de leurs cornes, qui sont très pointues. Pour n'en avoir rien à
» craindre, il lui tira un second coup qui le convainquit qu'elle était bien morte. Comme
» M. Gordon est retourné au Cap, d'où nous avons bien des choses curieuses à attendre
» de lui, je ne puis pas lui montrer la figure de notre pasan pour être assuré que c'est le
» même animal qu'il a vu. La description que j'en vais donner est tirée de ce que
» M. Klockner m'en a écrit : ainsi l'on peut compter sur son exactitude.

» La taille de cet animal est un peu plus petite que celle du condoma ; la forme de sa
» tête ne ressemble point à celle du cerf ni à celle du bouc ; elle approche plus de celle du
» nanguer de M. de Buffon ; mais le singulier mélange des couleurs dont elle est ornée la
» rend fort remarquable ; le fond est d'un beau blanc ; entre les deux cornes il y a une
» tache noire qui descend environ deux pouces sur le front, et qui, s'étendant de côté et
» d'autre jusqu'à la moitié des cornes, y paraîtrait carrée sans une petite pointe qui
» s'avance du côté du nez ; une autre grande tache, aussi noire, couvre presque tout l'os
» du nez, et des deux côtés elle se joint avec deux bandes de même couleur, qui, prenant
» leur origine à la racine des cornes, traversent les yeux, et descendent jusqu'au-dessous
» de la mâchoire inférieure, où elles deviennent brunes ; de pareilles bandes noires, qui
» passent par les yeux, sont rares dans les quadrupèdes : il n'y a que le blaireau et le
» coati qui nous en fournissent des exemples ; l'extrémité du museau est d'un blanc de

(a) Clusii *Exotica*, p. 216.
(b) Aldrovandus *De quadrupedibus bisculcis*, p. 756.
(c) Jacobi Theodori Klein *Quadrupedum dispositio*, p. 19.
(d) *Natuurlyke historie of uitvoerige beschryving der dieren*, etc. Eerste deels, derde
stuk, tab. xxiv, fig. 1.

» neige. L'on comprend que ce bizarre assemblage de couleurs offre un coup d'œil très
» frappant ; s'il se trouvait sur la gazelle du bézoard, ceux qui en ont parlé n'auraient
» pas manqué d'en faire mention : Kæmpfer l'aurait-il insinué en disant que, pour juger
» si ces animaux renferment des bézoards, on observe leurs sourcils et les traits de leur
» front : s'ils sont bien noirs, c'est une bonne marque (a).

» Le poil court qui couvre les côtés, les cuisses et la croupe de cet animal n'est guère
» moins remarquable par sa couleur ; il est d'un gris cendré tirant sur le bleu, avec une
» légère teinte d'un rouge de fleurs de pommier ; sa queue est brune presque jusqu'à son
» extrémité, qui est noire ; cette couleur brune s'étend sur le dos, où elle forme une bande
» assez large, prolongée jusqu'aux épaules : là les poils sont plus longs et se dirigent, en
» tous sens, en figure d'étoile, et continuent de couvrir le dessus du cou ; ils deviennent
» plus courts en s'approchant de la tête, sur laquelle ils disparaissent ; ils sont tournés en
» avant, et ainsi ils forment une espèce de crinière ; la partie inférieure des jambes de
» devant est blanche, mais il y a une tache ovale de couleur de marron foncé, presque
» noire, qui commence au-dessus des sabots, et qui a cinq pouces de longueur sur un
» pouce de largeur ; on voit une semblable tache sur les pieds de derrière, mais plus
» mêlée de poils blancs ; elle s'étend tout le long de la face antérieure de la jambe, sur
» laquelle elle paraît, comme une simple ligne, de couleur de plus en plus claire, jusqu'à
» ce qu'elle se confonde avec des poils d'un brun presque noir, qui couvrent le devant
» des cuisses, et qui y paraissent comme une bande large de trois ou quatre doigts ; cette
» bande est continuée sur la partie inférieure du corps, qu'elle sépare du ventre, et elle
» s'étend jusqu'aux jambes de devant, dont elle environne le haut, et descend même
» assez bas.

» On voit encore aux deux côtés de la croupe une grande tache ovale qui descend
» presque jusqu'à la jambe ; les poils qui la composent sont d'un brun clair tirant sur le
» jaune, et leur pointe est blanche ; sur le cou il y a une bande brune qui s'étend jusqu'aux
» jambes antérieures, où l'on remarque quelques restes de longs poils dont il semble que
» la gorge a été garnie.

» Les oreilles ressemblent assez à celles du condoma ; leur longueur est de sept pouces,
» et leur largeur de quatre pouces et demi ; elles sont bordées au haut d'une rangée de
» poils bruns ; les cornes sont presque droites, à une légère courbure près qu'on a peine
» à remarquer ; elles sont noires, et leur longueur est de deux pieds un pouce, ce qui me
» faisait croire qu'elles n'étaient pas encore parvenues à toute leur hauteur. Celles que j'ai
» placées au Cabinet de notre Académie égalent deux pieds quatre pouces, et la circonfé-
» rence de leur base est de six pouces. Ces cornes sont très exactement représentées dans
» la figure qu'en a donnée M. de Buffon, et on ne peut rien ajouter à la description qu'en
» a faite M. Daubenton ; elles sont environnées d'anneaux obliques jusqu'à la moitié de
» leur longueur, et le reste en est lisse et terminé par une pointe fort aiguë.

» La corne des pieds offre une singularité qu'il ne faut pas omettre ; la partie inférieure
» de chacun des sabots a la figure d'un triangle isocèle fort allongé, au lieu que, dans les
» autres animaux à pied fourchus, elle forme un triangle presque équilatéral ; cette confi-
» guration donne au pied du pasan une base plus étendue, et par là même plus de fer-
» meté ; au-dessus du talon il y a deux ergots noirs fort pointus, et longs d'un pouce et
» demi ; le port de cet animal a quelque chose de fort gracieux, et, soit qu'on le range
» dans la classe des gazelles, à laquelle il paraît qu'il appartient, puisqu'il n'a point de
» barbe, soit qu'on le compte parmi les chèvres, c'est sûrement une espèce très distinguée

(a) Voici ses propres expressions : « Addebat alius incertæ auctoritatis, etiam supercilia
» ac lineamenta frontis observanda esse, quæ si insigniter nigricent, præsentiam lapidis
» confirmare. » *Amœnit. Exot.*, p. 400.

» par sa couleur et par ses taches, aussi bien que par ses cornes; il a le cou moins long
» que la plupart des animaux de ce genre, mais cela ne diminue en rien sa beauté. Il est
» très vraisemblable, à en juger par la forme des cornes de ses pieds, qu'il habite sur les
» montagnes, et cela dans des lieux assez éloignés du Cap, puisque jusqu'à présent il n'a
» été connu que des Hottentots. Voici une table de ses dimensions :

	Pieds.	Pouces.	Lignes.
» Longueur du corps, depuis le bout du museau jusqu'à l'origine de la queue	4	11	»
» Hauteur du train de devant	3	2	»
» Hauteur du train de derrière	3	1	»
» Longueur de la tête, depuis le museau jusqu'aux cornes	»	7	8
» Longueur des oreilles	»	7	»
» Largeur du milieu des oreilles	»	4	2
» Longueur des cornes, prise en suivant leur courbure, qui est très peu » remarquable	2	1	8
» Circonférence des cornes à leur base	»	6	8
» Distance entre leurs bases	»	»	9
» Distance entre leurs pointes	»	9	8
» Longueur de la queue	1	1	10
» Longueur des plus longs poils de la queue	»	9	»
» Longueur des poils qui forment la crinière	»	2	8
» Longueur des sabots	»	4	8
» Leur circonférence	»	7	8
» Épaisseur de la peau, tant de la poitrine que des côtés	»	»	3

DU CANNA

Je n'ai d'abord connu cet animal (*) que par ses cornes, dont j'ai donné la description,
et j'étais assez incertain, non seulement sur son espèce et sur son climat, mais même sur
le nom de *coudous* qui servait d'étiquette à ces cornes; mais aujourd'hui mes doutes sont
dissipés, et c'est à M. Gordon et à M. Allamand que je dois la connaissance de cet animal,
l'un des plus grands de l'Afrique méridionale. Il se nomme *canna* dans les terres des
Hottentots, et voici les observations que ces savants naturalistes en ont publiées, cette
année 1781, dans un Supplément à l'édition de Hollande de mes ouvrages.

« M. de Buffon a été embarrassé à déterminer l'animal auquel avait appartenu une
» corne, qu'il a trouvée au Cabinet du Roi, sans étiquette, et dont il a donné la figure
» dans la planche XLVI *bis* du XII° volume de l'*Histoire naturelle*. Deux semblables cornes
» qu'il a vues dans le Cabinet de M. Dupleix, et qui étaient étiquetées, l'ont tiré en partie
» de son embarras; l'étiquette portait ceci : « Cornes d'un animal à peu près comme un
» cheval, de couleur grisâtre, avec une crinière comme un cheval au devant de la tête;
» on l'appelle ici à Pondichéry *coesdoes*, qui doit se prononcer *coudous*. »

» Cette description, toute courte qu'elle est, est cependant fort juste; mais elle ne suffi-
» sait pas à M. de Buffon pour lui faire connaître l'animal qui y est désigné. Il a dû avoir
» recours aux conjectures, et il a soupçonné, avec beaucoup de vraisemblance, que le cou-
» dous pouvait bien être une sorte de buffle ou plutôt le *nyl-ghau*; effectivement, ce dernier
» animal est celui dont les cornes ont le plus de rapport à celles dont il s'agit; et ce qui
» est dit dans l'étiquette lui convient assez, comme on peut le remarquer par la descrip-
» tion que j'en ai donnée (*a*). Cependant cette corne est celle d'un autre animal auquel

(*a*) Voyez le volume IV des *Suppléments*, page 153 (édit. de Hollande.)

(*) *Antilope Oreas* PALL.

» M. de Buffon n'a pas pu penser, parce qu'il n'a pas été encore décrit, ou que du moins
» il l'a été si imparfaitement qu'il était impossible de s'en former une juste idée. Il était
» réservé à M. Gordon de nous le faire bien connaître ; c'est à lui que je suis redevable de
» la figure que j'en ai fait faire, et des particularités qu'on va lire.

» Kolbe est le seul qui en ait parlé sous le nom d'élan, qui ne lui convient point, puis-
» qu'il en diffère essentiellement par ses cornes, qui n'ont rien d'analogue à celles du véri-
» table élan. Les Hottentots lui donnent le nom de *canna*, que je lui ai conservé : les
» Cafres le nomment *impoof*; c'est un des plus grands animaux à pieds fourchus qu'on voie
» dans l'Afrique méridionale. La longueur de celui que j'ai fait représenter, depuis le bout
» du museau jusqu'à l'origine de la queue, était de huit pieds deux pouces ; sa hauteur était
» de cinq pieds, mesurée depuis la partie du dos qui est au-dessus des épaules et qui forme
» là une éminence assez remarquable ; sa circonférence, derrière les jambes de devant,
» était de six pieds sept pouces, et devant les jambes postérieures de cinq pieds neuf
» pouces ; mais il faut observer qu'il était assez maigre ; s'il avait eu son embonpoint ordi-
» naire, il aurait pesé environ sept à huit cents livres ; la couleur de son corps était d'un
» fauve tirant sur le roux, et il était blanchâtre sous le ventre ; sa tête et son cou étaient
» d'un gris cendré ; et quelques-uns de ces animaux ont tout le corps de cette couleur ;
» tous ont au devant de la tête des poils qui y forment une espèce de crinière.

» Jusqu'ici cette description s'accorde fort avec celle du coudous, et les cornes du canna
» sont précisément semblables à celles que M. de Buffon a décrites ; ainsi on ne peut pas
» douter que le coudous de Pondichéry ne soit notre canna ; mais je suis surpris, avec
» M. de Buffon, qu'on lui ait donné le nom de coudous, qui n'a jamais été employé par
» aucun voyageur dans les Indes ; je soupçonne qu'il a été emprunté des Hollandais, qui
» l'écrivent effectivement *coedoe* ou *coedoes*, et qui le prononcent coudous. Ils le donnent
» à l'animal que M. de Buffon a nommé *condoma*, et qui par sa grandeur approche un peu
» du canna. Ces cornes, qui se trouvent dans la Cabinet de M. Dupleix, n'auraient-elles
» point été apportées du cap de Bonne-Espérance à Pondichéry ? Celui qui en a écrit l'éti-
» quette, en suivant l'orthographe hollandaise, ne se serait mépris que sur le nom. Ce qui
» autorise ce soupçon, c'est le silence des voyageurs sur un animal aussi remarquable par
» sa grandeur que le canna. S'il habitait un pays autant fréquenté par les Européens que
» le sont les Indes, il est très vraisemblable que quelques-uns en auraient parlé. »

Je suis ici, comme dans tout le reste, parfaitement de l'avis de M. Allamand, et je
reconnais que le nom hollandais de *coesdoes* ou *coudous* doit rester à l'animal que j'ai
nommé *condoma*, et que ce nom coudous avait été écrit mal à propos sur l'étiquette des
cornes que nous reconnaissons être celles du canna dont il est ici question.

« Ses cornes, dit M. Allamand, étaient telles que M. de Buffon les avait décrites ; elles
» avaient une grosse arête qui formait deux tours de spirale vers leur base ; elles étaient
» lisses dans le reste de leur longueur, droites et noires ; leurs bases étaient éloignées
» l'une de l'autre de deux pouces, et il y avait l'intervalle d'un pied entre leurs pointes ;
» leur longueur était d'un pied et demi, mais elle varie dans les différents individus ; celles
» des femelles sont, pour l'ordinaire, plus menues, plus droites et plus longues ; elles sont
» creuses et soutenues par un os qui leur sert de noyau ; ainsi elles ne tombent jamais. A
» cette occasion, M. Gordon m'écrit qu'on ne connaît dans l'Afrique méridionale aucun
» animal qui perde ses cornes ; par conséquent, il n'y a ni élans, ni cerfs, ni chevreuils.
« Kolbe seul les y a vus.

» Le canna est un fanon très remarquable qui lui pend au devant de la poitrine, et qui
» est de la même couleur que la tête et le cou ; celui des femelles est moins grand, aussi
» sont-elles un peu plus petites que les mâles ; elles ont un peu moins de poils sur le front,
» et c'est presque en cela seulement que leurs figures diffèrent.

» J'ai déjà dit que Kolbe donne au canna le nom d'élan, et c'est effectivement celui sous

» lequel il est connu au Cap, quoique très improprement ; cependant il a, comme notre élan
» du Nord, une loupe sous la gorge de la hauteur d'un pouce. Si l'on en croit M. Linnæus,
» c'est là un caractère distinctif de l'élan, qu'il définit : *alces, cervus cornibus a caulibus
» palmatis, caruncula gutturali*. Mais M. de Buffon remarque avec raison que les élans
» femelles n'ont pas cette loupe, et qu'elle n'est par conséquent point un caractère essen-
» tiel à l'espèce : j'ignore si elle se trouve dans la femelle du canna.

» Sa queue, qui est longue de deux pieds trois pouces, est terminée par une touffe de
» longs poils ou crins noirs ; ses sabots sont aussi noirs, et le peuple (sur la foi du nom)
» leur attribue la même vertu qu'à ceux de nos élans, c'est d'être un souverain remède
» contre les convulsions.

» Il a quatre mamelles et une vésicule du fiel ; quoique sa tête, qui a un pied sept
» pouces de longueur, ressemble assez à celle du cerf, elle n'a cependant point de larmiers.

» Les cannas sont presque tous détruits dans le voisinage du Cap, mais il ne faut pas
» s'en éloigner beaucoup pour en rencontrer ; on en trouve dans les montagnes des Hotten-
» tots hollandais. Ces animaux marchent en troupes de cinquante ou soixante, quelque-
» fois même on en voit deux ou trois cents ensemble près des fontaines ; il est rare de
» voir deux mâles dans une troupe de femelles, parce qu'alors ils se battent, et le plus
» faible se retire ; ainsi les deux sexes sont souvent à part. Le plus grand marche ordi-
» nairement le premier : c'est un très beau spectacle que de les voir trotter et galoper
» en troupes ; si l'on tire un coup de fusil chargé à balle parmi eux, tout pesants qu'ils
» sont, ils sautent fort haut et fort loin, et grimpent sur des lieux escarpés, où il semble
» qu'il est impossible de parvenir ; quand on les chasse, ils courent tous contre le vent,
» et avec un bon cheval il est aisé de les couper dans leur marche ; ils sont fort doux,
» ainsi on peut pénétrer au milieu d'une troupe et choisir celui sur lequel on veut tirer
» sans courir le moindre danger. Leur chair est une excellente venaison ; on casse leurs os
» pour en tirer la moelle, qu'on fait rôtir sous la cendre ; elle a un bon goût, et on peut
» la manger même sans pain ; leur peau est très ferme, on s'en sert pour faire des cein-
» tures et des courroies ; les poils qui sont sur la tête des mâles ont une forte odeur d'urine
» qu'ils contractent, dit-on, en léchant les femelles. Celles-ci ne font jamais qu'un petit à
» la fois.

» Comme ces animaux ne sont point méchants, M. Gordon croit qu'on pourrait aisé-
» ment les rendre domestiques, les faire tirer au chariot et les employer comme des bêtes
» de somme, ce qui serait une acquisition très importante pour la colonie du Cap.

« M. Pallas a vu dans le Cabinet de Mgr le prince d'Orange le squelette d'un canna, et il
» l'a reconnu pour être l'élan de Kolbe. Il l'a rangé dans la classe des antilopes, sous
» la dénomination d'*antilope oryx :* je n'examinerai pas les raisons qu'il a eues pour lui
» donner cette épithète ; je me contenterai de remarquer qu'il me paraît douteux que le
» canna se trouve dans les parties septentrionales de l'Afrique ; au moins aucun voyageur
» ne le dit. S'il est particulier aux contrées méridionales de cette partie du monde, il n'est
» pas apparent que ce soit l'*oryx* des anciens ; d'ailleurs, suivant le témoignage de Pline,
» l'oryx était une chèvre sauvage, et il est peu vraisemblable que Pline, qui ne s'était pas
» formé un système de nomenclature comme nous autres modernes, ait donné le nom de
» chèvre à un aussi gros animal que le canna. »

Avant d'avoir reçu ces marques très judicieuses de M. Allamand, j'avais fait à peu près
les mêmes réflexions, et voici ce que j'en avais écrit et même livré à l'impression :

M. Pallas appelle cet animal *oryx*, et le met au nombre de ses antilopes ; mais ce nom
me paraît mal appliqué : je l'aurais néanmoins adopté si j'eusse pu penser que cet animal
du cap de Bonne-Espérance fût l'oryx des anciens ; mais cela n'est ni vrai ni même vraisemblable. M. Pallas croit que l'élan d'Afrique, indiqué par Kolbe, est le même animal que
celui-ci, et je ne suis pas fort éloigné de ce sentiment, quoique j'aie rapporté l'élan d'Afrique

de Kolbe au bubale ; mais, soit qu'il appartienne en effet au bubale ou au canna, il est certain que le nom d'élan lui a été très mal appliqué, puisque l'élan a des bois solides qui tombent tous les ans comme ceux du cerf, au lieu que l'animal dont il est ici question porte des cornes creuses et permanentes comme celles des bœufs et des chèvres.

Et ce qui me fait dire que le nom d'oryx a été mal appliqué à cet animal par M. Pallas, et qu'il n'est pas l'oryx des anciens, c'est qu'ils ne connaissaient qu'une assez petite partie de l'Asie et la seule portion de l'Afrique qui s'étend le long de la Méditerranée. Or cet animal, auquel M. Pallas donne le nom d'oryx, ne se trouve ni dans l'Asie Mineure, ni dans l'Arabie, ni dans l'Égypte, ni dans toutes les terres de la Barbarie et de la Mauritanie ; ainsi l'on est fondé à présumer qu'il ne pouvait être ni connu, ni nommé par les anciens.

M. Forster m'écrit qu'il a vu une femelle de cette espèce, en 1772, à la ménagerie du cap de Bonne-Espérance, laquelle avait environ quatre pieds de hauteur, mesurée aux jambes de devant : « Elle portait, dit-il, une sorte de crinière le long du cou, qui s'éten- » dait jusqu'aux épaules, où l'on voyait aussi de très longs poils ; il y avait une ligne » noire sur le dos, et les genoux étaient de cette même couleur noire, ainsi que le nez et » le museau ; le pelage du corps était fauve et à peu près semblable à celui du cerf ; mais » le ventre et le dedans des jambes étaient blanchâtres.

» On voyait, sous la gorge de cette femelle, une proéminence de la grosseur d'une » pomme, qui était formée par l'os du larynx, plus apparent et plus grand dans cette » espèce que dans toute autre.

» Ainsi la femelle canna a, comme le mâle, cette proéminence sous la gorge, au lieu » que dans l'espèce de notre élan du nord le mâle seul porte cet attribut.

» Toutes les dents incisives étaient, selon M. Forster, d'une largeur considérable, mais » celles du milieu étaient encore plus larges que les autres ; les yeux étaient vifs et pleins » de feu ; la longueur des cornes était d'environ un pied et demi, et pour avoir une idée » de leur positon, il faut se les représenter comme formant un grand V en regardant l'ani- » mal de face, et comme s'effaçant parfaitement l'une l'autre en le regardant dans le sens » transversal ; ces cornes étaient noires, lisses dans leur plus grande longueur, avec » quelques rides annulaires vers la base ; on remarquait une arête mousse qui suivait les » contours de la corne, laquelle était droite dans sa direction et un peu torse dans sa » forme ; les oreilles étaient larges, les sabots des pieds fort petits à proportion du corps, » leur forme était triangulaire et leur couleur noire.

» Au reste, cette femelle était très apprivoisée et mangeait volontiers du pain, des » feuilles de choux, et les prenait même dans la main ; elle était dans sa quatrième année, » et, comme elle n'avait point de mâle et qu'elle était en chaleur, elle sautait sur des » antilopes et même sur une autruche, qui étaient dans le même parc. On assure que ces » animaux se trouvent sur les hautes montagnes de l'intérieur des terres du Cap ; ils font » des sauts surprenants et franchissent des murs de huit et jusqu'à dix pieds de haut. »

DU CONDOMA OU COESDOES

Nous donnons la figure du condoma, qu'on appelle au cap de Bonne-Espérance *coësdoës* ; cette figure manquait à mon ouvrage : n'ayant pas eu la dépouille entière de l'animal, je n'avais pu donner alors que la figure de la tête et des cornes, et c'est de là qu'était venue, sur le mot *coësdoës* ou *coudous*, la méprise que nous venons de rectifier dans l'article précédent ; mais il nous est arrivé depuis une peau bien conservée de ce bel animal. M. le chevalier d'Auvillars, lieutenant-colonel du régiment de Cambrésis, en a aussi apporté une, de laquelle M. de Brosses, premier président du parlement de Dijon, m'a envoyé une très bonne description, qui se rapporte parfaitement avec tout ce que j'ai dit au sujet du condoma.

« L'animal entier, dit M. de Brosses, fut donné au chevalier d'Auvillars, au cap de
» Bonne-Espérance, par M. Berg, secrétaire du conseil hollandais, comme venant de l'in-
» térieur de l'Afrique, et d'un lieu situé à environ cent lieues du Cap ; on lui dit qu'il
» s'appelait *coësdoës*. Il y avait trois de ces animaux morts, l'un plus grand, l'autre plus
» petit que celui-ci ; il le fit très exactement dépouiller de sa peau, qu'il a apportée en
» France ; cette peau était assez épaisse pour faire des semelles de souliers. J'ai vu la peau
» entière ; l'animal semblait être de la forme d'un petit bœuf, mais plus haut sur ses
» jambes ; cette peau était couverte d'un poil gris de souris assez ras ; il y avait une raie
» blanche le long de l'épine du dos, d'où descendaient de chaque côté six ou huit raies
» transversales de même couleur blanche ; il y avait aussi au bas des yeux deux raies
» blanches posées en chevron renversé ; et de chaque côté de ces raies deux taches de
» même couleur ; le haut du cou était garni de longs poils en forme de crinière, qui se
» prolongeait jusque sur le garrot ; les cornes, mesurées en ligne droite, avaient deux
» pieds cinq pouces sept lignes de longueur et trois pieds deux pouces trois lignes en sui-
» vant exactement leurs triples sinuosités sur l'arête continue ; l'intervalle entre les cornes,
» à leur naissance, n'était que d'un pouce six lignes, et de deux pieds sept pouces à leurs
» extrémités ; leur circonférence à la base était de huit pouces trois lignes ; elles étaient
» bien faites, diminuaient régulièrement de grosseur en s'éloignant de leur naissance, et
» finissaient en pointe aiguë ; elles étaient de couleur grise, lisses et assez semblables,
» pour la substance, à celles du bouc, avec quelques rugosités dans le bas, mais sans
» aucunes stries véritables : on pouvait enlever en entier cette corne jusqu'au bout ; après
» avoir ôté cette enveloppe cornée, mince et parfaitement évidée, il reste un os de moindre
» diamètre, presque aussi long, pareillement contourné, de couleur blanc jaunâtre, mais
» mal lisse, d'une substance lâche, peu compacte, friable et cellulaire ; la corne du pied
» ressemblait à celle d'une génisse de deux ans, et la queue était courte et garnie de poils
» assez longs à l'extrémité (a).

Cette description, faite par M. le président de Brosses, est très bonne ; je l'ai confrontée
avec les dépouilles de ce même animal, que j'avais reçues presqu'en même temps pour le
Cabinet du Roi, et je n'ai rien trouvé à y ajouter ni retrancher.

MM. Forster, qui ont vu cet animal vivant, m'ont communiqué les notices suivantes :
« Le condoma, ou coësdoës, a quatre pieds de hauteur, mesuré aux jambes de devant, et
» les cornes ont trois pieds neuf pouces de longueur ; leurs extrémités sont éloignées l'une
» de l'autre de deux pieds sept ou huit pouces ; elles sont grises, mais blanchâtres à la
» pointe ; leur arête suit toutes leurs inflexions ou courbures, et elles sont un peu com-
» primées et torses en hélice. La femelle porte des cornes comme le mâle ; les oreilles
» sont larges, et la queue, qui n'a qu'un demi-pied de longueur, est brune à son origine,
» blanche sur le milieu et noire à l'extrémité, qui est terminée par une touffe de poils
» assez longs.

» Le pelage est ordinairement gris et quelquefois roussâtre ; il a sur le dos une ligne
» blanche qui s'étend jusqu'à la queue ; il descend de cette ligne sept barres de même cou-
» leur blanche, dont quatre sur les cuisses et trois sur les flancs ; dans quelques individus,
» ces barres descendantes sont au nombre de huit et même de neuf ; dans d'autres, il n'y
» n'y en a que six, mais ceux qui en ont sept sont les plus communs ; il y a sur l'arête
» du cou une espèce de crinière formée de longs poils ; le devant de la tête est noirâtre, et
» du coin antérieur de chaque œil il part une ligne blanche qui s'étend sur le museau ; le
» ventre et les pieds sont d'un gris blanchâtre ; il y a des larmiers sous les yeux.

(a) Extrait d'une lettre de M. de Brosses, datée de Dijon, le 3 juillet 1774.

» Ces animaux se trouvent dans l'intérieur des terres du cap de Bonne-Espérance; ils
» ne vont point en troupes comme certaines espèces de gazelles : ils font des bonds et des
» sauts surprenants; on en a vu franchir une porte grillée qui avait dix pieds de hauteur,
» quoiqu'il n'y eût que très peu d'espace pour pouvoir s'élancer. On peut les apprivoiser
» et les nourrir de pain; on en a eu plusieurs à la ménagerie du cap de Bonne-Espérance. »

Nous ajouterons encore à ces observations l'excellente description de cet animal que
M. Allamand vient de publier à la suite du quatrième volume de mes Suppléments à
l'*Histoire naturelle*, édition de Hollande, il y a joint une très belle figure d'un individu
beaucoup plus grand que celui que j'ai fait dessiner et graver.

DU CONDOMA OU COESDOES (*suite*)

(Par M. le professeur Allamand.)

« Quoique les cornes de l'animal à qui M. de Buffon a donné le nom de condoma soient
» assez connues et se trouvent très souvent dans les Cabinets de curiosités naturelles, l'ani-
» mal n'a jamais été décrit : il est pourtant assez remarquable pour mériter l'attention
» des voyageurs et des naturalistes.

» M. de Buffon a eu raison de dire qu'il approchait beaucoup de l'animal que Cajus
» a donné sous le nom de *strepsiceros*, puisqu'on ne saurait douter que ce soit le même,
» vu la parfaite conformité des cornes (a). Il soupçonne aussi que ce pourrait bien être
» l'animal auquel Kolbe a donné le nom de *chèvre sauvage*; et effectivement la description
» que celui-ci en a faite a quelque rapport à celle que je vais donner du condoma; mais
» aussi il y a des différences notables, comme on s'en apercevra bientôt.

» M. Pallas, qui, dans ses *Spicilegia zoologica*, fasc. I, page 17, a donné une bonne
» description des cornes et de la tête du condoma, croit que M. de Buffon s'est trompé en
» prenant cet animal pour cette chèvre sauvage, parce qu'il n'en a point la barbe. S'il n'a
» pas d'autre raison que celle-là pour appuyer son avis, c'est lui qui s'est trompé, car le
» condoma a une barbe très remarquable.

» Mais, sans nous arrêter aux conjectures qu'on a pu former sur la figure de cet ani-
» mal, faisons-le connaître véritablement tel qu'il est, en lui conservant le nom de con-
» doma que M. de Buffon lui a donné, quoique ce ne soit pas celui qu'on lui donne au
» Cap, où on l'appelle *coësdoës* ou *coudous*. Nous avons eu la satisfaction d'en voir un ici
» vivant, qui a été envoyé du cap de Bonne-Espérance, en 1776, à la ménagerie du prince
» d'Orange.

» Je lui ai rendu de fréquentes visites : frappé de sa beauté, je ne pouvais me lasser
» de l'admirer, et je renvoyais de jour à autre d'en faire une description exacte; comme
» je me proposais d'y retourner pour le mieux examiner, j'eus le chagrin d'apprendre qu'il

(a) « M. de Buffon remarque que Cajus s'est trompé en donnant à cet animal le nom de
» *strepsiceros*, qui ne désigne que l'antilope, dont le condoma diffère beaucoup. Le nouveau
» traducteur de Pline prétend que M. de Buffon s'est entièrement mépris au caractère dis-
» tinctif des cornes du *strepsiceros*, auxquelles il n'accorde point la double flexion que M. de
» Buffon leur attribue : il veut qu'elles soient droites, mais cannelées en spirale, et cela fondé
» sur ce passage de Pline : *Erecta autem (cornua) rugarumque ambitu contorta et in leve
» fastigium exacuta, ut lyras diceres, strepsiceroti quem addacem Africa appellat;* ce qu'il
» traduit ainsi : « *Le chevreuil strepsiceros des Grecs, nommé* addax *en Afrique, a les cornes
» droites et terminées en pointes, mais contournées en spirale, et cannelées tout autour.* »
» S'il avait fait attention qu'il a omis dans sa traduction celle de ces mots, *ut lyras diceres,*
» qui ne convient qu'à la figure des cornes de l'antilope, il n'aurait sans doute pas fait cette
» critique. » Voyez sa traduction de Pline, t. IV, p. 339, note 26.

» était mort; et ainsi tout ce que j'en pourrais dire se réduirait à ce que ma mémoire me
» fournirait. Heureusement, avant que d'être conduit à la ménagerie du prince, il avait
» passé par Amsterdam : là, M. Schneider en fit faire le dessin, et M. le docteur Klockner,
» qui ne perd aucune occasion d'augmenter nos connaissances en fait d'histoire naturelle,
» l'examina avec les yeux d'un véritable observateur, et en fit une description qu'il a eu
» la bonté de me communiquer; ainsi, c'est à lui qu'on doit les principaux détails où je
» vais entrer.

» On est surpris au premier coup d'œil qu'on jette sur cet animal : la légèreté de sa
» marche, la finesse de ses jambes, le poil court dont la plus grande partie de son corps
» est couvert, la manière haute dont il porte sa tête, la grandeur de sa taille, tout cela
» annonce un très beau cerf; mais les grandes et singulières cornes dont il est orné, les
» taches blanches qu'il a au-dessous des yeux, et les raies de même couleur que l'on voit
» sur son corps, et qui ont quelque rapport à celle du zèbre, font qu'on l'en distingue
» bientôt, de façon cependant qu'on serait tenté de lui donner la préférence; la tête du
» condoma ressemble assez à celle du cerf; elle est couverte de poils bruns, avec un petit
» cercle de couleur roussâtre autour des yeux, du bord inférieur de chacun desquels part
» une ligne blanche qui s'avance obliquement et en s'élargissant du côté du museau, et
» enfin se termine en pointe; de côté et d'autre de ces lignes, on voit trois taches rondes
» d'un blanc pâle, dont les deux supérieures sont de la grandeur d'une pièce de vingt sous,
» et celle qui est au-dessous, près du museau, est un peu plus grande; les yeux sont noirs,
» bien fendus, et ont beaucoup de vivacité; le bout du museau est noir et sans poils; les
» deux lèvres sont couvertes de poils blancs, et le dessous de la mâchoire inférieure est
» garni d'une barbe grisâtre de la longueur de cinq à six pouces, qui se termine en
» pointe; la tête est surmontée de deux cornes de couleur brune tirant sur le noir, et
» couvertes de rugosités; elles ont une arête qui s'étend sur toute leur longueur, excepté
» vers leur extrémité, qui est arrondie et qui se termine en une pointe noirâtre; elles ont
» une double flexion, comme celles des antilopes, et sont précisément telles que celles qui
» ont été décrites par M. de Buffon; leur longueur perpendiculaire n'était que de deux
» pieds un pouce huit lignes dans l'animal que je décris, ce qui me porte à croire qu'il
» n'avait pas encore acquis toute sa grandeur, car on trouve de ces cornes qui sont plus
» longues; j'en ai placé deux paires au Cabinet de notre Académie, dont les plus courtes
» ont deux pieds cinq pouces en ligne droite, et trois pieds et demi en suivant les contours;
» la circonférence de leur base est de neuf pouces, et il y a entre leur pointe une distance
» de deux pieds et demi.

» Les oreilles sont longues, larges et de la même couleur que le corps, qui est couvert
» d'un poil fort court d'une couleur fauve tirant sur le gris; le dessus du cou est garni
» d'une espèce de crinière, composée de longs poils bruns, qui s'étendent depuis l'origine de
» la tête jusqu'au-dessus des épaules : là ils deviennent plus courts, et changeant de
» couleur ils forment tout le long du dos jusqu'à la queue une raie blanche; le reste du cou
» est couvert de semblables poils bruns et assez longs, particulièrement dans la partie
» inférieure jusqu'au-dessous de la poitrine; de chaque côté de cette ligne blanche qui est
» sur le dos partent d'autres raies, aussi blanches, de la largeur d'environ un pouce, qui
» descendent le long des côtés; ces raies sont au nombre de neuf, et la première est
» derrière les pieds de devant; il y en a quatre qui descendent jusqu'au ventre; la troisième
» est plus courte; les quatre dernières sont sur la croupe.

» La queue est longue de plus d'un pied, elle est un peu aplatie et fournie de poils d'un
» gris blanchâtre sur les bords, et qui forment à l'extrémité une touffe d'un brun noirâtre;
» les jambes sont déliées, mais nerveuses, sans cette touffe de poil ou brosse qui se trouve
» sur le haut des canons des jambes postérieures des cerfs; la corne du pied est noire et
» fendue, comme celle de tous les animaux qui appartiennent à cette classe.

» Cette description est celle du condoma de la ménagerie du prince d'Orange ; cependant
» il ne faut pas croire que tous les condomas soient précisément marqués de la même
» façon. M. Klockner a vu diverses peaux où les raies blanches différaient par leur longueur
» et par leur position ; mais on comprend qu'une telle différence n'est pas une variété qui
» mérite quelque attention. Il y a une chose plus importante à remarquer ici : c'est
» que la plupart de ces peaux n'ont pas de barbe, et l'on en voit une dans le Cabinet de
» la Société de Harlem, qui est très bien préparée pour représenter au vrai la figure de
» l'animal, mais aussi sans barbe. Y aurait-il donc des condomas barbus et d'autres sans
» barbe ? c'est ce que j'ai peine à croire ; et je pense, avec M. Klockner, que la barbe est
» tombée de ces peaux quand on les a préparées, et cela d'autant plus que, si on les
» regarde avec attention, on voit la place où paraissent avoir été les poils dont la barbe
» était composée.

» Notre condoma était fort doux ; il vivait en bonne union avec les animaux qui
» paissaient avec lui dans le même parc ; et dès qu'il voyait quelqu'un s'approcher de la
» cloison qui était autour, il accourait pour prendre le pain qu'on lui offrait : on le
» nourrissait de riz, d'avoine, d'herbes, de foin, de carottes, etc. Dans son pays natal,
» il broutait l'herbe et mangeait les boutons et les feuilles des jeunes arbres, comme les
» cerfs et les boucs.

» Quoique je l'aie vu très fréquemment, je ne l'ai jamais entendu donner aucun son ;
» mais M. Klockner m'apprend que sa voix était à peu près celle de l'âne.

» Voici ses dimensions, telles qu'elles ont été prises sur l'animal vivant, par le même
» M. Klockner, sur la mesure pied de roi :

	Pieds.	Pouces.	Lignes.
» Longueur du corps depuis le bout du museau jusqu'à la queue	5	8	»
» Longueur de la tête, depuis le bout du museau jusqu'aux oreilles ..	1	»	»
» Longueur de la tête jusqu'aux cornes.............................	»	8	8
» Longueur des cornes mesurée en ligne droite	2	1	8
» Longueur des oreilles..	»	8	4
» Hauteur du train de devant......................................	4	3	6
» Hauteur du train de derrière	4	1	»
» Circonférence du corps, derrière les jambes de devant.............	4	4	»
» Circonférence du milieu du corps	4	5	8
» Circonférence du corps devant les jambes postérieures.............	4	2	»
» Longueur de la queue...	1	2	»

» En comparant cette description du condoma avec celle que Kolbe a donnée de la chèvre
» sauvage du cap de Bonne-Espérance, et que M. de Buffon a insérée, on a la confirmation
» de ce que j'ai dit ci-devant, c'est que le condoma ressemble, à quelques égards, à cette
» chèvre : il est de la même taille, son poil est à peu près de la même couleur grise, et il
» a comme elle une barbe et des raies qui descendent depuis le dos sur les côtés. En
» voilà assez pour autoriser M. de Buffon à dire qu'il n'avait trouvé aucune notice d'animal
» qui approchât de plus près le condoma que la *chèvre sauvage* de Kolbe ; mais aussi j'ai
» observé qu'il y avait des différences remarquables entre ces deux animaux. Le nombre
» des raies blanches qui descendent sur leurs côtés n'est pas le même, et elles sont diffé-
» remment posées ; la chèvre ne paraît point avoir ces taches blanches qui sont au-dessous
» des yeux du condoma, et qui sont trop frappantes pour qu'on puisse supposer que Kolbe
» ait oublié d'en parler ; mais ce qui distingue principalement ces animaux ce sont les cornes ;
» celles de la chèvre sont dites simplement recourbées, ce qui n'exprime point cette
» double flexion qui est si remarquable dans celles du condoma ; aussi, dans la figure que
» Kolbe a ajoutée à sa description, la chèvre y est représentée avec des cornes qui seraient
» tout à fait droites, sans une légère courbure au haut, à peine perceptible.

» L'auteur d'une *Histoire naturelle* qui se publie en hollandais a donné la figure d'un
» animal tué sur les côtes orientales d'Afrique, et dont le dessin lui a été communiqué par
» un médecin de ses amis (*a*). A en juger par les cornes, cet animal est un véritable
» condoma ; mais, s'il est bien représenté, il a le corps plus lourd, et il n'a aucune des
» raies ni des taches blanches qui se trouvent sur celui que nous avons décrit.

» M. Muller, qui travaille en Allemagne à éclaircir le Système de la nature de Linnæus,
» a donné une planche coloriée qui représente passablement le condoma. »

DE LA GAZELLE ANTILOPE

M. Pallas observe, avec grande raison, qu'il y a des animaux, surtout dans le genre
des chèvres sauvages et des gazelles, dont les noms donnés par les anciens demeureront
éternellement équivoques : celui de *cervi capra*, que j'ai dit être le même animal que le
strepsiceros des Grecs ou l'*adax* des Africains, doit être appliqué, suivant M. Pallas, à la
gazelle que j'ai nommée l'*antilope* (*). Il dit, et c'est la vérité, qu'Aldrovande a donné le
premier une bonne figure des cornes (*b*), et nous avons donné non seulement les cornes,
mais le squelette entier de cet animal. Je pensais alors qu'il était l'un des cinq que MM. de
l'Académie des sciences avaient disséqués sous le nom de gazelle; mais M. Pallas me
fournit de bonnes raisons d'en douter; j'avais cru de même que la corne dessinée
planche XXXVI, figure 2, pouvait appartenir à une espèce différente de notre antilope, mais
M. Pallas s'est assuré qu'elle appartient à cette espèce, et que la seule différence qu'il y ait,
c'est que la corne que j'ai fait représenter appartient à l'animal adulte, tandis que les
autres plus petites sont du même animal jeune.

J'ai dit que l'espèce de l'antilope paraissait avoir des races différentes entre elles, et
j'ai insinué qu'elle se trouvait non seulement en Asie, mais en Afrique, et surtout en
Barbarie, où elle porte le nom de *lidmée*. M. Pallas dit la même chose, et il ajoute à
plusieurs faits historiques une bonne description de cet animal, dont nous croyons devoir
donner ici l'extrait :

« J'ai eu occasion, dit-il, d'examiner et de bien décrire ces animaux qui vivent depuis
» dix ans dans la ménagerie de M⁸ʳ le prince d'Orange, lesquels, quoique amenés de
» Bengale en 1755 ou 1756, non seulement ont vécu, mais ont multiplié dans le climat de
» la Hollande ; on les garde avec les axis ou daims mouchetés ; ils vivent en paix et y
» élèvent également leurs petits.

« Le premier mâle était déjà vieux lors de son arrivée, et la femelle était adulte; ce
» mâle est mort en 1766, mais la femelle était encore vivante alors, et quoiqu'elle fût âgée
» de plus de dix ans, elle avait mis bas l'année précédente 1765; le mâle, qui était très
» sauvage, ne s'est jamais apprivoisé; la femelle, au contraire, est très familière; on la
» fait aisément approcher et suivre en lui présentant du pain ; elle se lève, comme les
» axis, sur les pieds de derrière pour y atteindre lorsqu'on le lui présente trop haut ;
» cependant elle se fâche aisément dès qu'on la tourmente, elle donne même des coups de
» tête comme un bélier; on voit alors sa peau et son poil frémir; les jeunes, à l'exemple
» du père, sont sauvages et fuient lorsqu'on veut les approcher ; ils vont en troupes mar-
» chant d'abord assez doucement, ensuite par petits sauts, et quand ils précipitent leur

(*a*) Voyez *Natuurlyke historie, of uitvoerige beschryving der dieven, planten an mine-*
raalen volgens het samenstel van den heer Linnæus. Eerste Deel, derde stak, p. 267,
plaat. XXVI.

(*b*) Aldrov., *De quadrup. bis.*, page 256.

(*) *Antilope cervicapra* Pall.

» fuite, ils bondissent et font des sauts qu'on ne peut comparer qu'à ceux du cerf ou du
» chamois. Je n'ai jamais entendu leur voix, cependant les gardes de la ménagerie déposent
» que, dans le temps du rut, les mâles ont une espèce de hennissement. On les nourrit
» comme les autres animaux ruminants, et ils supportent assez bien nos hivers ; ils
» aiment la propreté, car la troupe entière choisit un terrain pour aller faire ses ordures.
» Le temps de la chaleur des femelles n'est pas fixe ; elles sont quelquefois pleines deux
» mois après avoir mis bas ; les mâles en usent en toutes saisons, ils ne s'en abstiennent
» que quand elles sont pleines ; l'accouplement ne dure que très peu de temps ; la femelle
» porte près de neuf mois, ne produit qu'un petit qu'elle allaite, sans se refuser à en allai-
» ter d'autres ; les petits restent couchés pendant huit jours après leur naissance, après
» quoi ils accompagnent la troupe. Les jeunes femelles suivent les mères lorsqu'elles se
» séparent de la troupe..... Ces animaux croissent pendant trois ans, et ce n'est guère qu'à
» cet âge que les mâles sont en état d'engendrer ; les femelles sont mûres de meilleure
» heure et peuvent produire à deux ans d'âge. Dans les six premières années il y a peu
» de différence entre les mâles et les femelles ; mais ensuite les femelles se distinguent
» aisément par une bande blanche sur les flancs, près du dos, et par un caractère encore
» moins équivoque, c'est qu'il ne leur vient jamais de cornes sur la tête, tandis que dans
» le mâle on peut apercevoir les rudiments des cornes dès l'âge de sept mois, et ces cornes
» forment deux tours de vis, avec dix ou douze rides à l'âge de trois ans ; c'est alors
» aussi que les bandes blanches du dos et de la tête commencent à s'évanouir, la couleur
» des épaules et du dos noircit, et le dessus du cou devient jaune ; ces mêmes couleurs
» prennent une teinte plus foncée à mesure que l'animal avance en âge... Les cornes
» croissent bien lentement... Ces animaux, surtout après leur mort, ont une légère odeur
» qui n'est pas désagréable, et qui est pareille à celle que les cerfs et les daims exhalent
» aussi après leur mort... Au reste, cet animal approche de l'espèce que M. de Buffon a
» appelée la *gazelle*, par la couleur noire des côtés du cou et du corps, par les touffes de
» poil au-dessous des genoux, dans les jambes de devant ; elle approche du tzeïran et de
» la grimme de M. de Buffon, parce que les femelles n'ont de cornes dans aucune de ces
» trois espèces ; mais elle diffère en général de toutes les autres gazelles, en ce qu'il n'y a
» aucune espèce où le mâle et la femelle, devenus adultes, soient de couleurs aussi diffé-
» rentes que dans celle-ci.

M. Pallas donne en même temps les figures du mâle et de la femelle en deux planches
séparées qui m'ont paru très bonnes ; je les ai fait copier et graver. Voici encore quelques
remarques de M. Pallas sur les parties extérieures de cet animal.

« Il est à peu près de la même figure de notre daim d'Europe ; cependant il en diffère
» par la forme de la tête et il lui cède en grandeur ; les narines sont ouvertes, la cloison
» qui les sépare est épaisse, nue et noire... Les poils du menton sont blancs, et le tour de
» la bouche brun ; la langue est plane et arrondie ; les dents de devant sont au nombre de
» huit, celles du milieu sont fort larges et bien tranchantes, et celle des côtés plus aiguës...
» Les yeux sont environnés d'une aire blanche, et l'iris est d'un brun jaunâtre ; il y a une
» raie blanche au devant des yeux au commencement de laquelle se trouvent les narines ;
» les oreilles sont assez grandes, nues en dedans, bordées de poils blancs et couvertes en
» dehors d'un poil de la même couleur que celui de la tête... Les jambes sont longues et
» menues, mais celles de derrière sont un peu plus hautes que celles de devant ; les sabots
» sont noirs, pointus et assez serrés l'un contre l'autre ; la queue est plate et nue par-des-
» sous vers son origine ; la verge du mâle est appliquée longitudinalement sous le ventre ;
» le scrotum est si serré entre les cuisses que l'un des testicules est devant et l'autre der-
» rière ; le poil est très fort et très raide au-dessus du cou et au commencement du dos ; il
» est blanc comme neige sur le ventre et au dedans des cuisses et des jambes, ainsi qu'au
» bout de la queue. »

DE LA GAZELLE TZEÏRAN

M. Pallas remarque, avec raison, que MM. Houttuyn et Linnæus ont eu tort de nommer *cervicapra* cette gazelle (*), d'autant plus qu'ils citent en même temps les figures du cervi capra de Dodard et de Jonston, qui sont très différentes de celle de notre tzeïran ; mais M. Pallas aurait dû adopter le nom de tzeïran que cette gazelle porte dans son pays natal, et l'on ne voit pas pourquoi il a préféré de lui donner celui de *pygargus*. Il a jugé par la grandeur des peaux que cet animal est plus grand que le daim ; la description qu'il en donne ajoute peu de chose à ce que nous en avons dit, et la signification du mot *pygargus* ne peut pas distinguer cette gazelle du chevreuil, ni même de quelques autres gazelles qui ont une grande tache blanche au-dessus de la queue.

MM. Forster, père et fils, m'ont donné sur cet animal les notices suivantes : « Jusqu'ici » on ignore, disent-ils, s'il y a des tzeïrans en Afrique, et il paraît qu'ils affectent le milieu » de l'Asie ; on les trouve en Turquie, en Perse, en Sibérie, dans le voisinage du lac » Baïkal, en Daourie et à la Chine. M. Pallas décrit une chasse à l'arc avec des flèches » très lourdes qu'un grand nombre de chasseurs décochent à la fois sur ces animaux qui » vont en troupes. Quoiqu'ils passent l'eau à la nage de leur propre mouvement et pour » aller chercher leur pâture au delà d'une rivière, cependant ils ne s'y jettent pas lors- » qu'ils sont poursuivis et pressés par les chiens et par les hommes ; ils ne s'enfuient pas » même dans les forêts voisines, et préfèrent d'attendre leurs ennemis. Les femelles entrent » en chaleur à la fin de l'automne, et mettent bas au mois de juin. Les mâles ont sous le » ventre, aux environs du prépuce, un sac ovale qui est assez grand et dans lequel est » un orifice particulier ; ces sacs ressemblent à la poche du musc, mais ils sont vides, et » ce n'est peut-être que dans la saison des amours qu'il s'y produit quelque matière par » sécrétion. Ce sont aussi les mâles qui ont des proéminences au larynx, lesquelles gros- » sissent à mesure que les cornes prennent de l'accroissement. On prend quelquefois des » faons de tzeïran, qui s'apprivoisent tellement qu'on les laisse aller se repaître aux » champs, et qu'ils reviennent régulièrement le soir à l'étable : lorsqu'ils sont apprivoisés, » ils prennent en affection leur maître ; ils vont en troupes dans leur état de liberté, et » quelquefois ces troupes de tzeïrans sauvages se mêlent avec les troupeaux de bœufs » et de veaux ou d'autres animaux domestiques ; mais ils prennent la fuite à la vue » de l'homme ; ils sont de la grandeur et de la couleur du chevreuil, et plus roux » que fauves ; les cornes sont noires, un peu comprimées en bas, ridées d'anneaux » et courbées en arrière de la longueur d'un pied ; la femelle ne porte point de » cornes. »

Je vais ajouter à ces notices de MM. Forster la description du tzeïran, que M. le pro-fesseur Allamand a publiée dans l'édition faite en Hollande de mes ouvrages sur l'histoire naturelle.

« On a vu, dit ce savant naturaliste, dans l'article où j'ai parlé du pasan, que je dou- » tais fort que l'animal auquel j'ai donné ce nom fût celui qu'on appelle ainsi dans » l'Orient ; cependant je lui ai conservé ce nom, parce que c'est vraisemblablement le » même que le pasan de M. de Buffon. Une semblable raison m'engage à nommer *tzeïran* » l'animal que j'ai fait représenter. Par un heureux hasard, mais qui ne se présente qu'à » ceux qui méritent d'en être favorisés, M. le docteur Klockner en a découvert la dépouille » dans la boutique d'un marchand ; ses cornes sont les mêmes que celle que M. de Buffon » a trouvée dans le Cabinet du Roi, et qu'il a jugé appartenir à une gazelle que les Turcs

(*) *Antilope leucophæa* Gmel.

» appellent *tzeïran*, et les Persans *ahu*. Il en a porté ce jugement a cause de sa ressem-
» blance avec les cornes que Kæmpfer a données à son tzeïran dans la figure qu'il en a
» fait graver ; mais cette figure est si mauvaise, qu'on ne peut guère se former une idée
» de l'animal qu'elle doit représenter ; et d'ailleurs, comme M. de Buffon l'a remarqué, elle
» ne s'accorde point avec la description que Kæmpfer en a donnée (*a*) ; et même dans la
» planche on trouve le nom de *ahu* sous la figure de l'animal qui, dans le texte, porte le
» nom de pasan, et celui de pasan sous la figure du tzeïran ; si le tzeïran de cet auteur
» est, comme M. de Buffon paraît le supposer, le même animal que M. Gmelin a décrit
» dans ses *Voyages en Sibérie*, et qu'il a appelé *dseren*, et dont il a donné la figure dans
» les nouveaux *Actes* de l'Académie de Saint-Pétersbourg (*b*) sous le nom de *coprea cam-*
» *pestris gutturosa*, il est encore plus douteux que la corne trouvée dans le Cabinet du
» Roi lui appartienne, car elle ne ressemble aucunement a celle que porte le dseren de
» M. Gmelin, si au moins on peut compter sur la figure qu'il en a publiée, et qui le repré-
» sente avec de courtes cornes de gazelle, tandis que dans le texte il est dit qu'elles sont
» semblables à celles du bouquetin.

» M. Pallas nomme le tzeïran *antilope pygargus* (*c*), et il lui donne des cornes pareilles
» à celles que M. de Buffon lui suppose, puisqu'il renvoie à la figure qu'il en a publiée ; et
» cependant, dans la description qu'il en a faite, il dit que ses cornes sont recourbées en
» forme de lyre, et plus petites à proportion que celles de la gazelle ; or, il n'y a qu'à jeter
» les yeux sur la figure qu'il cite pour se convaincre qu'elle représente une corne très dif-
» férente de celles qu'il décrit.

» Je ne déciderai point si l'animal dont je vais parler est le véritable tzeïran de Kæmp-
» fer ou non ; pour lui en conserver le nom, il me suffit qu'il ait des cornes semblables à
» celles que M. de Buffon lui attribue ; l'on n'en doutera pas si l'on compare la corne,
» quoique tronquée, qui est représentée dans la planche XXXI, figure 6 du XIIe volume,
» avec celles que porte notre tzeïran ; elles sont annelées de même, et quelques-uns de
» leurs anneaux se partagent en forme de fourche ; leur courbure est aussi semblable, et
» leur grosseur ne paraît pas différer, non plus que leur longueur. Je n'oserai pas en dire
» autant de la corne qui est gravée dans Aldrovande, lib. I, *De Bisulcis*, page 757. Les
» anneaux de celle-ci me semblent être différents, aussi bien que sa longueur, sa grosseur
» et sa courbure ; cependant ce n'est pas sans raison que M. de Buffon croit que c'est la
» même que celle qu'il donne au tzeïran. Cet animal est rangé par Kæmpfer parmi ceux
» qui portent des bézoards, et Aldrovande a fait représenter cette corne dans le chapitre où
» il est question de ces animaux.

» J'ai déjà remarqué que c'est à M. le docteur Klockner que l'on doit la découverte de
» notre tzeïran, et c'est à lui aussi que l'on est redevable de la description que j'en vais
» faire. Il en a préparé la peau avec beaucoup de soin, et elle est actuellement un des prin-
» cipaux ornements du riche Cabinet d'histoire naturelle que feu M. J.-C. Sylvius Van
» Lennep, conseiller et échevin de la ville de Harlem, a laissé par testament à la Société
» hollandaise des sciences établie dans ladite ville. Celui de qui il acheta cette peau ne put
» lui dire de quel endroit elle avait été envoyée ; mais la manière dont elle était empaque-
» tée, et quelques autres circonstances, lui firent juger qu'elle venait du Cap.

» Cet animal a la grandeur et la figure d'un cerf, mais son front avance plus en devant ;
» sa couleur est d'un gris blanchâtre, où se trouvent quelques poils tirant sur le noir ;
» sous le ventre il est tout à fait blanc ; la tête est d'un gris plus sombre, et au-devant des
» yeux il y a une large tache d'un blanc pâle qui descend, en devenant moins large,

(*a*) Kæmpferi *Amœnitates exoticæ*, p. 404
(*b*) Voyez-en le t. V, p. 347 et la pl. 9.
(*c*) *Spicilegia zoologica*, fasc. Ier, p. 10.

» presque jusqu'au coin de la bouche ; ses cornes forment un arc de cercle, mais dont la
» courbure est plus forte que celle de la corne qui est représentée dans la planche XXXI,
» figure 6, du XII⁰ volume ; elles sont noires et creuses ; elles sont environnées d'anneaux
» circulaires jusqu'aux trois quarts de leur longueur, et ces anneaux sont plus éminents
» du côté intérieur que du côté opposé ; le reste de ces cornes est fort lisse et se termine
» en une pointe très aiguë.

» Les oreilles sont pointues et d'une longueur remarquable, à proportion de la tête.

» Le cou ressemble à celui d'un cerf, mais il est un peu plus mince ; les poils qui le
» couvrent tant en dessus qu'en dessous sont singulièrement arrangés : sur une moitié ils
» sont dirigés vers en bas, et sur l'autre moitié ils sont tournés vers en haut ; un pareil
» arrangement a lieu sur le dos ; sur la partie antérieure les poils sont dirigés vers la tête,
» et sur la partie postérieure jusqu'à la queue ils sont placés en sens contraire, et ils sont
» d'une couleur plus sombre ; de côté et d'autre du cou on voit des places de la grandeur
» d'un écu, où les poils sont disposés en rond et semblent partir d'un centre, comme autant
» de rayons dirigés un peu obliquement vers la circonférence d'un cercle.

» La queue est plus longue que dans la plupart des animaux de ce genre, et elle est
» terminée par une touffe de poils.

» Les jambes ressemblent à celles d'un cerf, mais elles n'ont point de brosses de poils
» sur le genou ; celles de devant sont tant soit peu plus courtes que celles de derrière ; au
» lieu d'ergots au-dessus des talons, il y a une simple éminence ou bouton.

» En général, cet animal se rapproche plus de la race des boucs que de toute autre
» espèce ; si c'est le tzeïran de Kæmpfer, sa femelle n'a point de cornes ou n'en a que de
» très petites. On se formera des idées plus justes de sa grandeur par les dimensions que
» M. Klockner en a prises :

	Pieds.	Pouces.	Lignes.
» Longueur du corps mesurée le long du dos, depuis le bout du mu- » seau jusqu'à la queue	5	10	8
» Hauteur du train de devant	3	6	9
» Hauteur du train de derrière	3	7	8
» Hauteur de la tête, depuis le commencement du nez jusqu'aux cornes.	»	9	»
» Longueur de la tête jusqu'aux oreilles	1	1	»
» Longueur des oreilles.	»	8	»
» Longueur des cornes prise en suivant leur courbure	2	2	2
» Contour des cornes près de la tête	»	6	7
» Circonférence du corps derrière les jambes de devant	4	»	5
» Circonférence du milieu du corps	4	2	6
» Circonférence devant les jambes de derrière	4	3	4
» Hauteur des jambes de devant, depuis la plante du pied jusqu'à la » poitrine	1	11	8
» Hauteur des jambes de derrière	»	3	»
» Longueur de la queue	»	9	5
» Longueur de la touffe de poils qui est au bout de la queue	»	3	3

DE LA CHÈVRE BLEUE

« Cette antilope (*), dit M. Forster, est très commune au cap de Bonne-Espérance, où
» on l'appelle la *chèvre bleue* ; cependant sa couleur n'est pas tout à fait bleue, et encore
» moins bleu céleste, comme Hall l'a supposé dans son *Histoire des quadrupèdes*, mais
» seulement d'un gris tirant un peu sur le bleuâtre ; cette couleur n'est même occasionnée

(*) *Antilope leucophœa.*

» que par le reflet du poil qui est hérissé lorsque l'animal est vivant, car, dès qu'il est mort, le
» poil se couche ou s'applique sur le corps, et alors tout le bleuâtre disparaît entièrement,
» et on ne voit à sa place qu'une couleur grise. Cet animal est plus grand que le daim
» d'Europe ; son ventre est couvert de poils blancs, ainsi que les pieds ; la touffe de poil
» qui termine la queue est aussi blanche ; et il y a sous chaque œil une tache de cette
» même couleur ; la queue n'a que sept pouces de longueur ; les cornes sont noires, ridées
» d'environ vingt anneaux, un peu courbées en arrière, et ont dix-huit ou vingt pouces
» de longueur ; la femelle en porte aussi bien que le mâle. »

LE RITBOK

Cet animal (*) me paraît être une troisième variété dans l'espèce du nagor ; voici la description qu'en a donnée M. Allamand, et que j'ai cru devoir rapporter ici sans y rien changer.

« L'animal dont le mâle est représenté dans la planche XIII, et la femelle dans la plan-
» che XIV, est nommé par les Hollandais, habitants du cap de Bonne-Espérance, *rictrheebok*,
» que l'on prononce *ritrébok*. C'est un mot composé qui signifie chevreuil des roseaux ;
» ce n'est pas un chevreuil, ainsi c'est mal à propos qu'on lui en donne le nom ; j'ai cru
» devoir lui laisser celui de *rictbock* ou *ritbok*, qui signifie bouc des roseaux : quoiqu'il
» soit aussi composé, il ne paraîtra point tel aux Français. Il ne m'a pas été possible de
» lui conserver celui que les Hottentots lui donnent ; ils l'appellent *á*, *ei*, *á*, en pronon-
» çant chacune de ces trois syllabes avec un claquement de langue que nous ne saurions
» exprimer.

» Cet animal n'est pas un bouc, il n'en a pas la barbe ; il n'a pas non plus toutes les
» marques auxquelles on peut reconnaître les gazelles ; cependant il appartient à leur
» classe plus qu'à toute autre. M. Gordon, qui m'en a envoyé les dessins et la peau, me
» mande que, quoique la race de ces animaux soit assez nombreuse, ils marchent cepen-
» dant en petites troupes, et quelquefois même le mâle est seul avec sa femelle ; ils se tien-
» nent près des fontaines, parmi les roseaux, d'où ils ont tiré leur nom, et aussi dans les
» bois ; il y en a d'une couleur différente, mais qui paraissent cependant être de la même
» espèce, qui se tiennent le plus souvent sur les montagnes.

» Ceux dont nous parlons ici ont tout le dessus du corps d'un gris cendré ; ils ont le
» dessous du ventre, la gorge et les fesses blanches ; mais ils n'ont point cette bande rous-
» sâtre ou noire qui sépare la couleur du ventre d'avec celle du reste du corps, et qui se
» trouve dans la plupart des autres gazelles ; leur tête est chargée de deux cornes noires,
» environnées d'anneaux jusqu'au delà de la moitié de leur longueur, mais ils ne sont pas
» fort proéminents ; j'en ai compté dix sur celles de ces gazelles dont j'ai la peau bour-
» rée ; ces cornes sont tournées en avant et se terminent par une pointe lisse et fort aiguë ;
» leur longueur est considérable pour la taille de l'animal ; en droite ligne elles ont dix
» pouces de hauteur, et en suivant leur courbure elles sont longues d'un pied trois pouces ;
» les oreilles sont aussi très longues, elles sont blanches en dedans ; près de chacune
» d'elles il y a une tache chauve ou sans poils.

» Ces animaux ont de beaux yeux noirs et des larmiers au-dessous ; ils ont quatre
» mamelles, à côté desquelles il y a ces deux ouvertures dans la peau, qui forment deux
» tubes où l'on peut faire entrer le doigt, et dont il a été parlé dans l'article sur les gazelles ;
» leur queue est longue, plate et garnie de longs poils blanchâtres.

» M. Gordon m'a envoyé la peau d'un autre individu de cette espèce, qui ressemble tout

(*) *Antilope eleotragus* Schreb.

» à fait par les cornes à celui que je viens de décrire, mais qui en diffère par sa couleur,
» qui est d'un fauve roussâtre très foncé ; c'est apparemment un de ceux qui habitent les
» montagnes.

» Les femelles des ritbocks ressemblent par leur couleur aux mâles ; mais elles n'ont
» point de cornes, et elles sont plus petites.

» Pour trouver ces animaux, il faut aller assez avant dans l'intérieur du pays. M. Gordon
» n'en a vu qu'à cent lieues du Cap.

» Leurs cornes, tournées en devant, font d'abord penser au nanguer décrit par M. de
» Buffon ; mais ce dernier animal a les cornes beaucoup plus courbées en crochet vers leur
» pointe, et moins longues que celles du ritbok ; il est aussi plus petit ; sa couleur est dif-
» férente, et il y a sur son corps beaucoup plus de blanc. Il est vrai que M. Adanson a
» observé qu'il y a trois espèces ou variétés de ces nanguers, qui ne diffèrent que par la
» couleur ; ainsi la couleur ne suffit pas pour prononcer que ces animaux ne sont pas de la
» même espèce, mais ce sont les cornes qui l'indiquent. Je crois, avec M. de Buffon, que
» le nanguer est le *dama* des anciens ; on ne peut guère se refuser aux preuves qu'il en
» donne : or Pline compare les cornes du dama à celles du chamois, avec cette seule diffé-
» rence que ces derniers les ont tournées en arrière, au lieu que dans les autres elles sont
» tournées en avant. *Cornua*, dit-il, *rupicapris in dorsum adunca, damis in adversum*. Je
» doute que Pline se fût exprimé ainsi s'il avait voulu parler des cornes du ritbok ; leur
» courbure n'a rien de commun avec celle des cornes du chamois. Les cornes de l'animal
» que M. de Buffon a nommé nagor leur ressemblent davantage ; elles sont aussi dirigées
» en avant, mais légèrement ; cependant elles sont beaucoup plus courtes que celles du rit-
» bok, puisqu'elles ne s'élèvent pas à la hauteur de six pouces ; et elles n'ont que deux ou
» trois anneaux près de la base, autant au moins qu'on en peut juger par la figure que M. de
» Buffon en a donnée ; ajoutez à cela que le nagor a une queue fort courte. Ces différences
» paraissent indiquer une diversité de race, et non pas une simple variété dans la même
» espèce. M. de Buffon croit que ce nagor est le même animal que Séba a représenté dans
» la XLIIᵉ planche, figure 3 de son ouvrage, et auquel il a donné très improprement le nom
» de *mazane* ou *cerf d'Amérique* ; mais ce prétendu cerf américain a les cornes tournées en
» arrière, assez grandes et environnées d'une arête contournée en spirale depuis la base
» presque jusqu'à l'extrémité, et de plus une fort grosse queue, caractères qui ne convien-
» nent point au nagor.

» A cette occasion je remarquerai encore que la quatrième figure de la même planche
» de Séba, que je viens de citer, ne me parait pas représenter le kob ou la petite vache
» brune du Sénégal, comme le suppose M. de Buffon, mais le bubale qu'on reconnait à la
» conformation de ses cornes et aux taches noires qu'il a sur les cuisses. M. Pallas l'a
» bien reconnu ; cependant il n'en est pas moins vrai que Séba s'est grossièrement trompé
» en appelant cet animal *temamaçama*, et en le disant originaire de la Nouvelle-Es-
» pagne. »

LE BOSBOK

Voici encore une très jolie gazelle (*) dont M. Allamand vient de publier la description
dans le nouveau Supplément à mon ouvrage sur les animaux quadrupèdes ; nous en
donnons la figure, et croyons ne devoir rien omettre de ce qu'en dit ce savant naturaliste.

« Les Hollandais du cap de Bonne-Espérance donnent le nom de *bosbok* à une très jolie
» gazelle. Ce mot, que j'ai conservé, signifie le *bouc des bois*, et c'est effectivement dans
» les forêts qu'on trouve cette gazelle ; ses cornes ont quelque rapport avec celles du

____

(*) *Antilope sylvatica* SPARRM.

» ritbok, elles sont dirgées et courbées en avant, mais si légèrement qu'on a peine à s'en
» apercevoir; cependant, s'il n'y avait que cette différence dans la courbure des cornes, je
» n'hésiterais pas à regarder le bosbok comme une variété dans l'espèce du ritbok, mais ils
» diffèrent si fort à d'autres égards qu'on ne peut guère douter qu'ils n'appartiennent à
» deux familles distinctes.

» Le bosbok est plus petit que le ritbok; la longueur de son corps est de trois pieds six
» pouces, c'est-à-dire d'environ un pied plus courte que celle du ritbok; il en diffère encore
» plus par les couleurs; le dessus de son corps est d'un brun fort obscur, mais qui tire
» un peu sur le roux à la tête et sous le cou; son ventre est blanc, de même que l'inté-
» rieur de ses cuisses et de ses jambes; il a aussi une tache blanche au bas du cou; les
» fesses ne sont pas blanches comme dans la plupart des autres gazelles, mais la croupe
» est parsemée de petites taches rondes, d'un blanc qui se fait d'abord remarquer et qui lui
» sont particulières; ses cornes sont noires et torses en longues spirales qui s'étendent
» au delà de la moitié de leur hauteur; on voit sur son front une tache noire; il n'a point
» de larmiers; ses oreilles sont longues et pointues; sa queue a près de six pouces et elle
» est garnie de longs poils blancs; il a quatre mamelles, et à leur côté les deux poches
» ou tubes qui se trouvent dans le ritbok.

» Les femelles diffèrent des mâles en ce qu'elles n'ont point de cornes et qu'elles sont
» un peu plus rousses. M. Gordon, en m'envoyant le dessin de cet animal, y a joint la
» peau d'une femelle, où j'ai trouvé les mêmes taches blanches qui sont sur la croupe du
» mâle.

» Les bosboks ne se trouvent guère qu'à soixante lieues du Cap; ils se tiennent, comme
» je l'ai déjà dit, dans les bois, où ils se font souvent entendre par une sorte d'aboiement
» assez semblable à celui du chien. »

DE LA GRIMME

Aux faits historiques que nous avons pu recueillir sur cet animal, nous n'avons joint
que la figure de deux têtes, l'une décharnée, et l'autre couverte d'une partie de la peau.
MM. Wosmaër et Pallas ont donné depuis des descriptions de ce joli animal, avec une
bonne figure que nous avons fait copier. Nous remarquerons que les têtes de la grimme
qui sont au Cabinet du Roi ont les cornes un peu courbes en avant à leurs extrémités, au
lieu que les cornes de la grimme de MM. Wosmaër et Pallas sont au contraire un peu
courbes en arrière dans leur longueur. Les oreilles de la grimme qui est au Cabinet du Roi
sont rondes à leurs extrémités, au lieu que dans la figure donnée par MM. Pallas et
Wosmaër, ces mêmes oreilles finissent en pointe. Serait-ce variété de nature, ou incorrec-
tion de dessin? La grimme de MM. Wosmaër et Pallas a le bout du nez noir, et une bande
noire qui s'étend depuis le nez, le long du chanfrein, et finit au bouquet ou à l'épi de poils
qui est placé sur le haut du front. La tête qui est au Cabinet du Roi n'a point cette
bande noire sur le chanfrein; ces légères différences n'empêchent pas que ce ne soit le
même animal, et nous allons donner ici un extrait de la description qu'en fait M. Wosmaër.

Il appelle cet animal petit *bouc damoiseau de Guinée*, apparemment à cause de sa gentillesse et de l'élégance de sa figure; mais le nom ne fait rien à la chose, et nous lui conserverons celui de chèvre de Grimm, parce qu'il est connu sous ce nom de tous les
naturalistes.

« L'animal était mâle, dit M. Wosmaër, il est des plus jolis et des plus mignons qu'on
» puisse voir; il fut envoyé de Guinée en Hollande avec treize autres de même espèce et
» des deux sexes, dont douze moururent pendant le voyage, et de ce nombre furent toutes
» les femelles, en sorte qu'il ne resta que deux mâles vivants, que l'on mit dans la ména-

» gerie de M. le prince d'Orange où l'un des deux mourut bientôt, pendant l'hiver 1764.
» Suivant nos informations, les femelles de cette espèce ne portent point de cornes. Ces
» animaux sont d'un naturel fort timide ; le bruit, et surtout le tonnerre, les effraye beau-
» coup. Lorsqu'ils sont surpris, ils marquent leur épouvante en soufflant du nez subitement
» et avec force.

» Celui qui est encore vivant dans la ménagerie de M. le prince d'Orange (en 1766) était
» d'abord sauvage, mais il est devenu, avec le temps, assez privé ; il écoute quand on
» l'appelle par son nom *tetje*, et en l'approchant doucement avec un morceau de pain, il
» se laisse volontiers gratter la tête et le cou. Il aime la propreté au point de ne jamais
» souffrir aucune petite ordure sur tout son corps, se grattant souvent à cet effet de l'un
» de ses pieds de derrière, et c'est ce qui lui a fait donner ici le nom de *tetje*, dérivé de
» *tettig*, c'est-à-dire *net* ou *propre* ; cependant, si on le frotte un peu longtemps sur le
» corps, il s'attache aux doigts une poussière blanche, comme celle des chevaux qu'on
» étrille.

» Cet animal est d'une extrême agilité, et, lorsqu'il est en repos, il tient souvent un de
» ses pieds de devant élevé et recourbé, ce qui lui donne un air très agréable. On le nourrit
» avec du pain de seigle et des carottes ; il mange volontiers aussi des pommes de terre ;
» il est ruminant, et il rend ses excréments en petites pelotes, dont le volume est fort
» considérable, relativement à sa taille... »

Le docteur Herman Grimm a dit que l'humeur jaunâtre, grasse et visqueuse, qui suinte
sur les cavités ou enfoncements que porte cet animal au-dessous des yeux, a une odeur
qui participe du castoreum et du musc. M. Wosmaër observe que, dans le sujet vivant qu'il
décrit, il n'a pu découvrir la moindre odeur dans cette matière visqueuse, et il remarque
avec raison que la figure donnée par Grimm est défectueuse à tous égards, représentant
sur le devant de la tête une touffe de poils qui n'y est pas, et son sujet, qui était femelle,
n'ayant point de cornes ; « au lieu que le nôtre, dit M. Wosmaër, qui est mâle, en a d'assez
» grandes à proportion de sa taille ; et au lieu de cette haute et droite touffe de poils, il a
» seulement entre les cornes un petit bouquet de poils qui s'élève un peu en pointe. Il est,
» à très peu près, de la grandeur d'un chevreau de deux mois » (quoique âgé probablement de trois ou quatre ans : je crois devoir faire cette observation, parce qu'il avait été
envoyé avant l'hiver 1764, et que M. Wosmaër a publié sa description en 1767). « Il a les
» jambes fines et très bien assorties à son corps, la tête belle et ressemblant assez à celle
» d'un chevreuil ; l'œil vif et plein de feu, le nez noir et sans poil, mais toujours hu-
» mide ; les narines en forme de croissant allongé ; les bords du museau noirs ; la lèvre
» supérieure, sans être fendue, paraît divisée en deux lobes ; le menton a peu de poil,
» mais plus haut il y a de chaque côté une espèce de petite moustache, et sous le gosier
» un poireau garni de poil » (ce qui rapproche encore cet animal du genre des chèvres,
dont la plupart ont de même sous le cou des espèces de poireaux garnis de poils).

« La langue est plutôt ronde qu'oblongue ou pointue... Les cornes sont noires, finement
» sillonnées du haut en bas, et longues d'environ trois pouces, droites sans la moindre
» courbure, et se terminant par le haut en une pointe assez aiguë. A leur base elles ont à
» peu près l'épaisseur de trois quarts de pouce ; elles sont ornées de trois anneaux qui
» s'élèvent un peu en arrière vers le corps.

» Les poils du front sont un peu plus droits que les autres, rudes, gris et hérissés à
» l'origine des cornes, entre lesquelles le poil de la tête se redresse encore davantage, et y
» forme une espèce de toupet pointu et noir, dont descend au milieu du front une raie de
» même couleur qui vient se perdre dans le nez.

» Les oreilles sont grandes, et ont en dehors trois cavités ou fossettes qui se dirigent
» du haut en bas. Au sommet, du côté intérieur, elles sont garnies d'un poil ras et blan-
» châtre ; du reste, nues et noirâtres. Les yeux sont assez grands et d'un brun foncé. Le

» poil des paupières est noir, serré et long aux paupières supérieures. Au-dessus des yeux
» se voient encore quelques poils longuets, mais clairsemés ou plus dispersés.

» Des deux côtés, entre les yeux et le nez, se montre cette propriété remarquable et
» singulière, qui fait d'abord reconnaître cet animal, et dont nous avons déjà parlé. Cette
» partie est moins élevée, nue et noire. Dans son milieu paraît une cavité ou fossette, qui
» est comme calleuse et toujours humide ; il en découle, mais en petite quantité, une
» humeur visqueuse, gluante et gommeuse, qui, avec le temps, se durcit et devient noire.
» L'animal semble se débarrasser de temps à autre de cette matière excrémentielle, car on
» la trouve durcie et noire aux bâtons de sa loge, comme si elle y avait été essuyée. Quant
» à l'odeur, dont parlent Grimm et ses copistes, je n'ai pu la découvrir.

» Le cou, qui est médiocrement long, est couvert au bas d'un poil assez raide et gris
» jaunâtre, tel que celui de la tête, mais blanc au gosier et à la partie supérieure du cou,
» en dessous.

» Le poil du corps est noir et raide, quoique doux au toucher. Celui des parties anté-
» rieures est d'un beau gris clair ; plus en arrière, d'un brun très clair ; vers le ventre,
» gris, et plus bas, tout à fait blanc.

» Les jambes sont très minces, noirâtres en bas, près des sabots ; les pieds de devant sont,
» par devant jusqu'auprès des genoux, ornés d'une raie noire. Ils n'ont point d'ergots ou
» d'éperons ongulés, mais à leur place on voit une légère excroissance. Ces pieds sont
» fourchus et pourvus de beaux sabots noirs pointus et lisses.

» La queue est fort courte, blanche, et en dessus marquée d'une bande noire. A l'égard
» des parties naturelles, elles sont fortes, et consistent en un gros scrotum noir pendant
» entre les jambes, accompagné d'un ample prépuce. »

M. Allamand a donné la même figure de la grimme dans ses additions à mon ouvrage,
mais il n'ajoute rien à ce qu'en ont dit MM. Pallas et Wosmaër.

DE LA GRIMME (*suite*)

Je dois ajouter à ce que j'ai dit de cet animal quelques remarques de MM. Forster :

« Le docteur Grimm est le premier, disent-ils, qui ait décrit cet animal au cap de
» Bonne-Espérance ; mais, comme il n'a vu que la femelle, Linnæus a cru qu'elle apparte-
» nait au chevrotain à musc. M. de Buffon a été le premier qui ait rangé la grimme avec
» les gazelles, et après lui M. Pallas, ayant examiné un mâle de cette espèce à la ména-
» gerie du prince d'Orange, en a donné une belle et très exacte description. M. Wosmaër,
» directeur de cette ménagerie, se plaignit amèrement que M. Pallas eût donné le premier
» une connaissance exacte de cet animal au public ; cependant il n'était pas capable de
» corriger la description du savant Pallas, qui est un excellent zoologue. Étant au cap de
» Bonne-Espérance, je fis l'acquisition d'une corne qu'on me donnait pour celle d'une *chèvre*
» *plongeante* (duykerbok) (*), et j'appris qu'on l'appelait *chèvre plongeante* parce qu'elle se
» tenait toujours parmi les broussailles, et que, dès qu'elle apercevait un homme, elle
» s'élevait par un saut pour découvrir sa position et ses mouvements, après quoi elle
» replongeait dans les broussailles, s'enfuyait, et de temps en temps reparaissait pour
» reconnaître si elle était poursuivie. M. Pallas avait connaissance de cette chèvre plon-
» geante parce qu'il l'avait trouvée dans Kolbe, mais il ne savait pas que c'était le même
» animal que la grimme ; il l'appelle en latin *capra nictitans*. Je fus encore informé que
» dans cette espèce la femelle n'a point de cornes, mais qu'elle porte, comme le mâle, un
» petit toupet de poil sur le front ; les cornes n'ont que quatre pouces de longueur, elles

(*) *Antilope mergens* BLAINV.

» sont droites, noires, ridées d'environ quatre ou cinq anneaux peu distincts ; elles m'ont
» paru un peu comprimées, avec une strie sans rides sur la face postérieure ; le reste,
» jusqu'à la pointe, en est lisse ; on m'a aussi assuré que cette grimme n'excédait jamais la
» grandeur d'un faon de daim. »

DU NANGUER ET DU NAGOR

Nous mettons ces deux animaux ensemble parce qu'ils ont un caractère commun qui
n'appartient qu'à eux, c'est d'avoir les cornes recourbées en avant, au lieu que dans toutes
les autres espèces de gazelles et de chèvres, les cornes sont recourbées en arrière ou tout
à fait droites. J'ai dit, d'après M. Adanson, qu'il y avait trois variétés ou trois espèces de
ces animaux, dont la première, c'est-à-dire le nanguer (*), paraît être le dama des anciens.
M. Pallas est du même avis : il dit que la femelle et le mâle nanguer ont également des
cornes, et il a remarqué, comme dans le kob, une disposition singulière dans les dents (a).

La seconde espèce est le nagor (**) : M. Pallas avait écrit dans son premier ouvrage
(*Miscellanea*), que cet animal était le mazame de Séba ; mais il avoue dans son second
ouvrage (*Spicilegia*), qu'il s'était trompé, et il convient avec moi (b) que ce n'est point le
mazame d'Amérique, mais une gazelle d'Afrique.

Au reste, l'espèce du nanguer paraît être isolée et sans variété, mais celle du nagor a
des espèces voisines dont je dois la connaissance à MM. Forster ; ils ont bien voulu me
donner le dessin de la tête d'une de ces variétés du nagor du cap de Bonne-Espérance, qui
me paraît différer du nagor dont j'ai donné la description volume III, page 393, en ce que
ce nagor du Cap a le museau un peu effilé, et les cornes un peu moins courtes en avant que
le nagor du Sénégal. Voici les notices qu'ils m'ont données à ce sujet :

« La chèvre que l'on appelle *steenbock* ou *bouquetin* au cap de Bonne-Espérance (***)
» nous paraît être une variété du nagor donné par M. de Buffon. On trouve ces animaux
» sur les rochers qui font la pointe des terres du cap de Bonne-Espérance, et sur les pla-
» teaux de ces montagnes pierreuses parmi les broussailles ; ils courent avec une très
» grande vitesse, et font des sauts de huit à neuf pieds de hauteur ; comme leur chair est
» très bonne à manger, on les chasse sans cesse, et l'on en a beaucoup détruit.

» Cet animal est de la grandeur d'une chèvre commune d'environ deux pieds six pouces
» de hauteur ; son poil est d'un rouge brun sur le dos et sur les côtés du corps, et d'un
» blanc sale sous le ventre ; il y a au-dessus des yeux, sous le cou et sur les fesses, une
» tache de cette dernière couleur blanc sale ; le poil des oreilles est fauve, elles sont arron-
» dies à leurs extrémités ; on voit sous chaque œil un larmier avec un petit orifice ; les
» cornes n'ont que cinq ou six pouces de longueur : elles sont noires, ridées à la base,
» lisses à la pointe, extrêmement effilées et courbées en avant ; la queue est courte, à peu
» près comme celle des chèvres ordinaires.

» Une autre espèce ou variété du nagor est l'animal que l'on appelle au Cap *grysbok*
» ou *chèvre grise* (****) ; elle diffère du steenbock par la couleur de son poil, qui est gris, au

(a) « Solum hujus animalis caput cum cornibus vidi, e quo dentium primorum in infe-
» riore maxillâ numerum planè singularem esse didici ; habet enim tantùm senos quorum
» duo medii latissimi, subobliqui, rectà transversâ acie terminantur ; laterales vero parvi,
» lineares sunt. » Pallas, *Spicilegia zoologica*, p. 8.
(b) Volume III, p. 393.

(*) *Antilope Dama* PALL.
(**) *Antilope recunda* PALL.
(***) *Antilope tragulus* LICHS.
(****) *Antilope grisea* CUV.

» lieu que celui du steenbock est rouge brun. Ce grysbok est une seconde espèce de nagor,
» il est de la grandeur d'une chèvre commune, et il a les jambes plus longues que le
» steenbock à proportion du corps; son poil ne paraît gris que parce qu'il est mêlé de
» longs poils blancs; car, en voyant l'animal de près, on s'aperçoit que le fond en est d'un
» brun roussâtre ou marron; la tête et les pieds sont d'un brun plus clair que le corps, et
» le ventre est d'une couleur encore moins foncée; le museau est noir; les yeux sont
» environnés de poils de cette même couleur noire; il y a, comme dans les autres chèvres,
» des larmiers sous les ongles antérieurs des yeux; les oreilles sont à peu près de même
» longueur que la tête, elles sont de forme ovale et couvertes en dehors de poils courts et
» noirs; les cornes ont environ cinq pouces de longueur, elles sont ridées d'un ou deux
» anneaux à la base, lisses vers la pointe, qui est très aiguë, courbées en avant et de
» couleur noire.

» Cette espèce de nagor se trouve presque toujours dans les plateaux au-dessus des
» montagnes, parmi les rochers, les broussailles et la bruyère; il n'est pas si léger à la
» course que le steenbock, car les chiens l'atteignent quelquefois à la chasse; sa chair est
» aussi bonne à manger que celle du steenbock, et on les trouve quelquefois ensemble sur
» les montagnes du cap de Bonne-Espérance.

» Une troisième espèce de nagor est le *beekbok* ou *chèvre pâle*, qui ressemble presque
» en tout au *steenbock*, à l'exception de la couleur du poil, qui est beaucoup plus pâle, ce
» qui lui a fait donner son nom. »

En comparant ces trois animaux d'après les notices que nous venons de citer, il me
paraît qu'il n'y a tout au plus que deux espèces distinctes, c'est-à-dire le nagor steenbock
et le nagor grysbok, et que le beekbok n'est qu'une variété du premier.

DU BUBALE

M. Pallas dit avoir vu cet animal (*) vivant : il est doux, mais d'une figure moins élégante et d'une forme plus robuste que les autres grandes gazelles; il a même par la grosseur de la tête, par la longueur de la queue et par la figure du corps, une assez grande
ressemblance avec nos génisses; il est plus haut qu'un âne, et plus élevé sur le train de
devant que sur celui de derrière; les dents sont toutes larges, tronquées, égales, celles
du milieu sont néanmoins les plus grandes; la lèvre inférieure est noire et porte une
moustache ou plutôt un petit faisceau de poils noirs de chaque côté; il a sur le museau et
le long du chanfrein une bande noire terminée sur le front par une touffe de poil placée
en devant des cornes. Le reste de la courte description de M. Pallas s'accorde avec la
mienne et avec celle de MM. de l'Académie des sciences (*a*), qui ont donné cet animal
sous le nom de *vache de Barbarie*. J'observerai seulement que cet animal est assez différent de toutes les gazelles pour qu'on doive le regarder comme faisant une espèce particulière et moyenne entre celle des bœufs et celle du cerf, tandis que les gazelles forment
la nuance entre les chèvres et les cerfs.

M. Forster soupçonne que le bubale et le koba (**) sont le même animal, ou que du
moins ils sont de deux espèces très voisines; il dit aussi que la grande vache brune ou
cerf du Cap est le même animal (***). Il a rapporté la peau d'un de ces prétendus cerfs du

(*a*) *Mémoires pour servir à l'Histoire des animaux*, vol. Ier, p. 204.

(*) *Antilope bubalis.*
(**) On a fait du Koba une espèce distincte sous le nom d'*Antilope senegalensis.*
(***) On en fait cependant une espèce distincte, l'*Antilope Caama* Cuv.

Cap, et il dit avoir trouvé que par tous ses caractères il ressemblait parfaitement au koba.
Les chasseurs disent que ces animaux ne se trouvent qu'à une grande profondeur dans les
terres du Cap, et qu'ils ne vont jamais en troupes; « ils disent aussi, ajoute M. Forster,
» que le bubale a quatre pieds de hauteur, et qu'il est en tout de la grandeur du cerf
» d'Europe, mais qu'il est en même temps d'une forme moins élégante.

 » Le pelage de cet animal est d'un rouge brun, et le poil est lisse et ondoyé; le ventre
» et les pieds sont d'une couleur plus pâle; il y a depuis les cornes jusqu'au garrot une
» ligne noire, ainsi que sur le devant des pieds; mais dans ceux de derrière cette ligne
» noire est interrompue au genou; deux autres bandes de même couleur descendent de
» chaque côté de la tête, depuis le dessous des cornes jusqu'au museau, qui est aussi rayé
» de noir; ces deux dernières bandes sont surmontées d'une tache blanche, qui est placée
» tout auprès de l'origine de la corne; il y a sur le front un épi de poils en étoile qui se
» dirige en haut; les poils du menton sont de couleur noire, longs d'environ un pouce et
» demi, et forment une espèce de barbe auprès de laquelle on voit une tache noire; la
» queue est longue de plus d'un pied; la figure des cornes est absolument semblable à celle
» que M. de Buffon a fait graver dans le XII⁰ volume de l'*Histoire naturelle*; elles sont
» ridées de dix-neuf ou vingt anneaux, et ont environ vingt pouces de longueur. »

DU BUBALE (*suite*)

LE CAAMA

 Après avoir écrit cet article sur le bubale, j'ai reçu de la part de M. Allamand les
observations suivantes qui confirment ce que je viens de dire; et comme il a joint à ces
observations une figure dessinée d'après l'animal vivant, j'ai cru devoir la faire graver,
afin qu'on puisse la comparer avec la précédente, qui ne me paraît pas aussi exacte que
celle-ci. Je vais de même rapporter ici ce que MM. Gordon et Allamand ont observé et
publié dans le nouveau Supplément à mon histoire des animaux quadrupèdes, imprimé à
Amsterdam cette année 1781.

 « Le bubale est un de ces animaux dont la race est répandue dans toute l'Afrique; au
» moins se trouve-t-il dans les contrées méridionales et septentrionales de cette partie du
» monde. L'espèce est très nombreuse près du cap de Bonne-Espérance, et on la retrouve
» dans la Barbarie. MM. de l'Académie royale des sciences en ont décrit la femelle sous
» le nom de *vache de Barbarie*, et M. de Buffon a prouvé, par des raisons qui me parais-
» sent convaincantes, que notre bubale est le vrai *bubalus* des anciens Grecs et Romains,
» qui sûrement n'ont pas connu les animaux qui n'habitent qu'aux environs du Cap.

 » MM. de l'Académie des sciences ont ajouté à la description qu'ils ont faite de la
» femelle bubale une figure qui est très exacte, mais qui ne suffit pas pour faire com-
» prendre ce que je dirai sur ses différentes couleurs et sur la forme de ses cornes. La
» figure que je donne est celle d'un mâle.

 » Le dessin en est fait d'après l'animal vivant, et j'en suis redevable à M. Gordon, qui
» m'a envoyé en même temps la peau d'une femelle que j'ai fait remplir et que j'ai placée
» dans le Cabinet de notre Académie. Suivant sa coutume, il a joint à cet envoi ses obser-
» vations; elles me fourniront diverses particularités qui n'ont pu être connues de M. de
» Buffon, qui, n'ayant point vu le bubale, n'en a parlé que d'après MM. de l'Académie;
» il est vrai qu'il ne pouvait pas suivre de meilleurs guides; mais ce qu'ils ont dit de cet
» animal se borne presque à une description anatomique.

 » Le bubale est nommé *camaa* par les Hottentots, et *licama* par les Cafres; sa longueur,
» depuis le bout du museau jusqu'à l'origine de la queue, est de six pieds quatre pouces

» six lignes ; il a quatre pieds de haut ; la circonférence de son corps derrière les jambes
» de devant est de quatre pieds deux pouces, et devant les jambes de derrière de quatre
» pieds. On voit par ces dimensions qu'il est plus petit que le canna ; la couleur de son
» corps est d'un roux assez foncé sur le dos, mais qui s'éclaircit sur les côtés ; le ventre
» est blanc, de même que la croupe, l'intérieur des cuisses et des jambes, tant antérieures
» que postérieures ; sur la partie extérieure des cuisses il y a une grande tache noire qui
» s'étend sur les jambes ; on voit une semblable tache sur les jambes de devant, laquelle
» commence près du corps et parvient extérieurement jusqu'aux sabots, qui sont noirs
» aussi ; une bande de cette même couleur, qui a son origine à la base des cornes et se
» termine au museau, partage tout le devant de sa tête en deux parties égales : cette bande
» a été remarquée par J. Caïus, qui a donné une bonne description du bubale, qu'il a
» nommé *buselaphus*. C'est la seule qu'on voie sur les femelles, dont tout le corps est cou-
» vert de poils d'une même couleur rousse ; sa tête est assez longue à proportion de son
» corps, mais elle est fort étroite ; elle n'a guère que six pouces dans l'endroit le plus
» large ; ses yeux, comme MM. de l'Académie l'ont observé, sont situés fort haut ; ils sont
» grands et vifs ; leur couleur est d'un noir qui tire un peu sur le bleu ; ses cornes, qui
» s'élèvent au-dessus de sa tête, en s'écartant un peu de chaque côté, sont presque droites
» jusqu'à la hauteur de six pouces ; là elles s'avancent obliquement en devant à peu près
» aussi jusqu'à la distance de six pouces, et ensuite formant un nouvel angle elles se tour-
» nent en arrière, comme la figure l'indique ; elles sont noires, leurs bases se touchent et
» ont une circonférence de dix pouces ; elles ont des anneaux saillants comme des pas de
» vis qui seraient usés aux côtés et qui s'étendent, mais quelquefois peu sensiblement,
» jusqu'à la hauteur de huit ou dix pouces ; la partie qui est retournée en arrière est lisse
» et se termine en pointe ; leurs extrémités sont éloignées environ d'un pied l'une de
» l'autre. Les femelles sont un peu plus petites que les mâles ; ainsi leurs cornes sont
» moins grosses et moins longues.

» Les bubales ont des larmiers au-dessous des yeux comme les cerfs ; leur queue,
» longue de plus d'un pied, est garnie en dessus d'une rangée de poils placés à peu près
» comme les dents d'un peigne.

» On a vu, dans l'article sur le canna, que cet animal était nommé élan par les habi-
» tants du Cap. M. de Buffon, qui ignorait cela, et qui ne connaissait point cet animal,
» dont aucun voyageur n'a parlé, a cru que, sous le nom d'élan, Kolbe avait désigné le
» bubale ; mais ce que Kolbe en dit ne lui convient pas. Il assure que ce prétendu élan a
» la tête courte à proportion de son corps ; que sa hauteur est de cinq pieds, et que la
» couleur de son corps est cendrée : ce sont là autant de caractères qui se trouvent dans
» le canna, mais dont aucun n'est applicable au bubale. Je croirais plutôt que Kolbe en a
» parlé sous le nom de *cerf d'Afrique* ; et c'est effectivement celui qu'on lui donne au
» Cap. Voici de quelle manière il en décrit les cornes : ses cornes sont d'un brun obscur,
» environnées comme d'une espèce de petite vis, pointues et droites jusqu'au milieu, où
» elles se courbent tant soit peu ; depuis là elles continuent à suivre une ligne droite, de
» manière qu'en dessus elles sont à peu près trois fois plus éloignées l'une de l'autre qu'à
» la racine. On reconnaît à cette description, tout imparfaite qu'elle est, les cornes du
» bubale ; mais, quoique Kolbe assure qu'il a vu plus de mille de ces animaux, je doute
» qu'il en ait examiné un seul attentivement, puisqu'il dit que ce cerf africain est si sem-
» blable à ceux d'Europe qu'il serait superflu de le décrire, et qu'il est persuadé que c'est
» le *spies-hirsch* qu'on trouve communément en Allemagne.

» Les bubales, de même que les cannas, se sont éloignés des lieux habités du Cap, et
» se sont retirés dans l'intérieur du pays, où on les voit courir en grandes troupes et avec
» une vitesse qui surpasse celle de tous les autres animaux ; un cheval ne saurait les
» atteindre. M. Gordon n'en a jamais rencontré sur les montagnes, ceux qu'il a vus étaient

» toujours dans les plaines ; leur cri est une espèce d'éternuement ; leur chair est d'un très
» bon goût ; les paysans qui sont éloignés du Cap en coupent des tranches fort minces
» qu'ils font sécher au soleil et qu'ils mangent souvent avec d'autres viandes au lieu
» de pain.

   » Les femelles n'ont que deux mamelles, et pour l'ordinaire elles ne font qu'un petit à
» la fois ; elles mettent bas en septembre, et quelquefois aussi en avril.

   » M. Pallas a donné une bonne description du bubale, et M. Zimmerman a soupçonné
» que M. de Buffon pourrait s'être mépris en prenant cet animal pour l'élan de Kolbe. »

LE GNOU OU NIOU (*a*)

Ce bel animal (*), qui se trouve dans l'intérieur des terres de l'Afrique, n'était connu
d'aucun naturaliste : milord Bute, dont on connaît le goût pour les sciences, est le premier qui m'en a donné connaissance, en m'envoyant un dessin colorié, au-dessus duquel
était écrit : *feva-heda* an *bosbuffel, animal de trois pieds et demi de hauteur, à deux cents
lieues du cap de Bonne-Espérance ;* ensuite M. le vicomte de Querhoënt, qui a fait de très
bonnes observations dans ses derniers voyages, a bien voulu m'en confier le journal, dans
lequel j'ai trouvé un autre dessin de ce même animal, sous le nom de *noù*, avec la courte
description suivante :

   « J'ai vu, dit-il, à la ménagerie du Cap un quadrupède que les Hottentots appellent
» *nou ;* il a tout le poil d'un brun très foncé ; mais une partie de sa crinière, ainsi que sa
» queue et quelques longs poils autour des yeux sont blancs. Il est ordinairement de la
» taille d'un grand cerf ; il a été amené au Cap de l'intérieur des terres en octobre 1773.
» Aucun animal de cette espèce n'est encore arrivé en Europe, on n'y en a jamais envoyé
» qu'un qui est mort dans la traversée. On en voit beaucoup dans l'intérieur du pays ;
» celui qui est à la ménagerie du Cap paraît assez doux : on le nourrit de pain, d'orge et
» d'herbe. »

   M. le vicomte Venerosi Pesciolini, commandant de l'île de Groix, a aussi eu la
» bonté de m'envoyer tout nouvellement un dessin colorié de ce même animal, qui m'a
» paru un peu plus exact que les autres. Ce dessin était accompagné de la notice sui-
» vante :

   « J'ai cru devoir vous envoyer, monsieur, la copie fidèle d'un animal trouvé à cent
» cinquante lieues de l'établissement principal des Hollandais, dans la baie de la Table,
» au cap de Bonne-Espérance. Il fut rencontré avec la mère par un habitant de la cam-
» pagne, pris et conduit au Cap, où il n'a vécu que trois jours ; sa taille était celle d'un
» moyen mouton du pays, et celle de sa mère égalait celle des plus forts. Son nom
» n'est point connu, parce que, de l'aveu même des Hottentots, son naturel sauvage
» l'éloigne de tous les lieux fréquentés, et sa vitesse le soustrait promptement à tous les
» regards. Ces détails, ajoute M. de Venerosi, ont été donnés par M. Bergh, fiscal du
» Cap (*b*). »

   (*a*) *Gnou* doit se prononcer en mouillant le *gn*, c'est-à-dire, *niou*.
   (*b*) Lettre de M. le vicomte Venerosi Pesciolini à M. de Buffon, datée du Port-Louis,
27 février 1775. — On trouve aussi dans le *Second Voyage du capitaine Cook*, t. Ier, p. 80, la
notice suivante, au sujet de cet animal : « Il y a une autre espèce de bœuf sauvage, appelé
» par les naturels du pays *gnoo ;* les cornes de celui-ci sont minces ; il a une crinière et
» des poils sur le nez, et par la petitesse de ses jambes, il ressemble à un cheval ou à une
» antilope plutôt qu'aux animaux de son espèce. »

   (*) *Antilope Gnu* GMEL.

On voit que cet animal est très remarquable, non seulement par sa grandeur, mais encore par la beauté de sa forme, par la crinière qu'il porte tout le long du cou, par sa longue queue touffue et par plusieurs autres caractères qui semblent l'assimiler en partie au cheval, et en partie au bœuf. Nous lui conserverons le nom de *gnou* (qui se prononce *niou*), qu'il porte dans son pays natal, et dont nous sommes plus sûrs que de celui de *feva-heda ;* car voici ce que m'en a écrit M. Forster :

« Il se trouve au cap de Bonne-Espérance trois espèces de bœufs : 1° notre bœuf com-
» mun d'Europe ; 2° le buffle, que je n'ai pas eu occasion de décrire, et qui a beaucoup de
» rapport avec le buffle d'Europe ; 3° le gnou : ce dernier animal ne s'est trouvé qu'à cent
» quatre-vingts ou deux cents lieues du Cap, dans l'intérieur des terres de l'Afrique ; on a
» tenté deux fois d'envoyer un de ces animaux en Hollande, mais ils sont morts dans la
» traversée (*a*). J'ai vu une femelle de cette espèce en 1775, elle était âgée de trois ans,
» elle avait été élevée par un colon dont l'habitation était à cent soixante lieues du Cap,
» qui l'avait prise fort jeune avec un autre jeune mâle ; il les éleva tous deux et les amena
» pour les présenter au gouverneur du Cap ; cette jeune femelle, qui était privée, fut soi-
» gnée dans une étable et nourrie de pain bis et de feuilles de choux ; elle n'était pas tout
» à fait si grande que le mâle de la même portée. Sa fiente était comme celle des vaches
» communes ; elle ne souffrait pas volontiers les caresses ni les attouchements, et, quoique
» fort privée, elle ne laissait pas de donner des coups de cornes et aussi des coups de pieds ;
» nous eûmes toutes les peines du monde d'en prendre les dimensions à cause de son
» indocilité ; on nous a dit que le gnou mâle, dans l'état sauvage, est aussi farouche et
» aussi méchant que le buffle, quoiqu'il soit beaucoup moins fort : la jeune femelle dont
» nous venons de parler était assez douce ; elle ne nous a jamais fait entendre sa voix ; elle
» ruminait comme les bœufs ; elle aimait à se promener dans la basse-cour s'il ne faisait
» pas trop chaud, car par la grande chaleur elle se retirait à l'ombre ou dans son étable.

» Ce gnou femelle était de la grandeur d'un daim, ou plutôt d'un âne ; elle avait au
» garrot quarante pouces et demi de hauteur, mesure d'Angleterre, et était un peu plus
» basse des jambes de derrière, où elle n'avait que trente-neuf pouces ; la tête était grande
» à proportion du corps, ayant quinze pouces et demi de longueur depuis les oreilles
» jusqu'au bout du museau : mais elle était comprimée des deux côtés, et vue de face elle
» paraissait étroite ; le mufle était carré, et les narines étaient en forme de croissant ; il y
» avait dans la mâchoire inférieure huit dents incisives semblables par la forme, à celles
» du bœuf commun ; les yeux étaient fort écartés l'un de l'autre, et placés sur les côtés
» de l'os frontal ; ils étaient grands, d'un brun noir, et paraissaient avoir un air de féro-
» cité et de méchanceté que cependant l'éducation et la domesticité avaient modifié dans
» l'animal ; les oreilles étaient d'environ cinq pouces et demi de longueur, et de forme
» semblable à celles du bœuf commun ; la longueur des cornes était de dix-huit pouces en
» les mesurant sur leur courbure ; leur forme était cylindrique, et leur couleur noire ; le
» corps était plus rond que celui du bœuf, et l'épine n'était pas fort apparente, c'est-à-dire
» fort élevée, en sorte que le corps du gnou semblait, par la forme, approcher beaucoup
» de celui du cheval ; les épaules étaient musculeuses, et les cuisses et les jambes moins
» charnues et plus fines que celles du bœuf ; la croupe était effilée et relevée, mais
» aplatie vers la queue comme celle du cheval ; les pieds étaient légers et menus, ils
» avaient chacun deux sabots pointus en devant, arrondis aux côtés et de couleur noire ;
» la queue avait vingt-huit pouces de longueur, y compris les longs poils qui étaient à son
» extrémité.

(*a*) On verra, par l'addition que M. Allamand a fait imprimer dans le tome XV de mes ouvrages, édition de Hollande, qu'un de ces animaux est arrivé vivant à la ménagerie du prince d'Orange, où M. Allamand l'a dessiné et décrit avec son exactitude ordinaire.

« Tout le corps était revêtu d'un poil court et ras, semblable à celui du cerf pour la
» couleur ; depuis le museau jusqu'à la hauteur des yeux, il y avait de longs poils rudes
» et hérissés en forme de brosse, qui entouraient presque toute cette partie ; depuis les
» cornes jusqu'au garrot il y avait une espèce de crinière formée de longs poils dont la
» racine est blanchâtre, et la pointe noire ou brune ; sous le cou on voyait une autre bande
» de longs poils qui se prolongeait depuis les jambes de devant jusqu'aux longs poils
» blancs de la lèvre inférieure ; et sous le ventre il y avait une touffe de très longs poils
» auprès du nombril ; les paupières étaient garnies de poils d'un brun noir, et les yeux
» étaient entourés partout de longs poils très forts et de couleur blanche. »

Je dois ajouter à cette description, que M. Forster a bien voulu me communiquer, les
observations que M. le professeur Allamand a faites sur cet animal vivant, qui est arrivé
plus nouvellement en Hollande ; ce savant naturaliste l'a fait imprimer à la suite du
XV⁰ volume de mon ouvrage sur l'*Histoire naturelle*, édition de Hollande, et je ne puis
mieux faire que de la copier ici.

DU GNOU (*a*) (*suite*)

(Par M. le professeur Allamand.)

« Les anciens nous ont dit que l'Afrique était fertile en monstres : par ce mot il ne
» faut entendre que des animaux inconnus dans les autres parties du monde. C'est ce qu'on
» vérifie encore de nos jours lorsqu'on pénètre dans cette vaste région. On en a vu divers
» exemples dans les descriptions d'animaux donnés par M. de Buffon, et dans celle du
» sanglier d'Afrique que j'y ai ajoutée. L'animal que je vais décrire en fournit une nou-
» velle preuve ; la figure que j'en donne planche xv a été gravée d'après un dessin envoyé
» du cap de Bonne-Espérance, mais dont je n'ai pas osé faire usage dans mes additions
» précédentes à l'ouvrage de M. de Buffon, parce que je le regardais comme la représen-
» tation d'un animal fabuleux. J'ai été détrompé par M. le capitaine Gordon, à qui je l'ai
» fait voir ; c'est un officier de mérite, que son goût pour l'histoire naturelle et l'envie de
» connaître les mœurs et les coutumes des peuples qui habitent la partie méridionale de
» l'Afrique ont conduit au Cap. De là il a pénétré plus avant dans l'intérieur du pays
» qu'aucun autre Européen, accompagné d'un seul Hottentot ; il a bravé toutes les incom-
» modités d'un voyage de deux cents lieues à travers des régions incultes et sans autres
» provisions pour sa nourriture que les végétaux qui lui étaient indiqués par son compa-
» gnon de voyage, ou le gibier que son fusil lui procurait. Sa curiosité a été bien récom-
» pensée par le grand nombre de choses rares qu'il a vues, et d'animaux dont il a rap-
» porté les dépouilles.

» Dès qu'il eut vu le dessin dont je viens de parler, il m'apprit qu'il ne représentait
» point un animal chimérique, mais un véritable animal dont la race était très nombreuse
» en Afrique. Il en avait tué plusieurs, et il avait apporté la dépouille de deux têtes ; il
» m'en a donné une que j'ai placée au Cabinet de notre Académie.

» Dans le même temps, on envoya du Cap un de ces animaux vivants à la ménagerie
» du prince d'Orange, où il est actuellement et se porte très bien.

» Il est étonnant qu'un animal aussi gros et aussi singulier que celui-ci, et qui vrai-
» semblablement se trouve dans les lieux où les Européens ont pénétré, ait été inconnu
» jusqu'à présent, ou qu'il ait été décrit si imparfaitement qu'il a été impossible de s'en
» former aucune idée. Il embarrassera assurément les nomenclateurs qui voudront le
» ranger sous quelques-unes des classes auxquelles ils rapportent les différents quadru-
» pèdes. Il tient beaucoup du cheval, du taureau et du cerf sans être aucun de ces trois

» animaux. On ne manquera pas de lui donner un nom composé propre à indiquer la
» ressemblance qu'il a avec eux.

» Les Hottentots le nomment *gnou*, et je crois devoir adopter cette dénomination, en
» observant que le *g* ne doit pas être prononcé avec cette fermeté qu'il a quand il com-
» mence un mot, mais qu'il ne doit servir qu'à rendre grasse l'articulation de l'*n* qui le
» suit, comme il fait au milieu des mots dans *seigneur*, par exemple, *campagne*, et d'autres.
» C'est à M. Gordon que je dois la connaissance de ce nom.

» Cet animal est à peu près de la grandeur d'un âne; sa hauteur est de trois pieds et
» demi; tout son corps, à l'exception des endroits que j'indiquerai dans la suite, est cou-
» vert d'un poil court comme celui du cerf, de couleur fauve, mais dont la pointe est
» blanchâtre, ce qui lui donne une légère teinte de gris blanc; sa tête est grosse et res-
» semble fort à celle du bœuf; tout le devant est garni de longs poils noirs qui s'étendent
» jusqu'au-dessous des yeux, et qui contrastent singulièrement avec des poils de la même
» longueur, mais fort blancs, qui lui forment une barbe à la lèvre inférieure; ses yeux
» sont noirs et bien fendus; les paupières sont garnies de cils formés par de longs poils
» blancs, parallèles à la peau, et qui ont une espèce d'étoile, au milieu de laquelle est
» l'œil; au-dessus sont placés, en guise de sourcils, d'autres poils de la même couleur et
» très longs : au haut du front sont deux cornes noires, dont la longueur mesurée, suivant
» l'axe, est de dix-neuf pouces; leurs bases, qui ont près de dix-sept pouces de circonfé-
» rence, se touchent et sont appliquées au front dans une étendue de six pouces; ensuite
» elles se courbent vers le haut et se terminent en une pointe perpendiculaire et longue de
» sept pouces; entre les cornes prend naissance une crinière épaisse qui s'étend tout le
» long de la partie supérieure du cou jusqu'au dos; elle est formée par des poils raides,
» tous exactement de la même longueur, qui est de trois pouces; la partie inférieure en
» est blanchâtre à peu près jusqu'aux deux tiers de leur hauteur, et l'autre tiers en est
» noir; derrière les cornes sont les oreilles couvertes de poils noirâtres et fort courts; le
» dos est uni, et la croupe ressemble à celle d'un jeune poulain; la queue est composée,
» comme celle du cheval, de longs crins blancs; sous le poitrail il y a une suite de longs
» poils noirs qui s'étend depuis les jambes antérieures le long du cou et de la partie infé-
» rieure de la tête jusqu'à la barbe blanche de la lèvre de dessous; les jambes sont sem-
» blables et d'une finesse égale à celle du cerf, ou plutôt de la biche; le pied est fourchu
» comme celui de ce dernier animal; les sabots en sont noirs, unis et surmontés en arrière
» d'un seul ergot placé assez haut.

» Le gnou n'a point de dents incisives à la mâchoire supérieure, mais il en a huit à
» l'inférieure; ainsi je ne doute pas qu'il ne rumine, quoique je n'aie pas pu m'en assurer
» par mes propres yeux, non plus que par le témoignage de l'homme qui a soin de celui
» du prince d'Orange.

» Sans avoir l'air extrêmement féroce, il indique cependant qu'il n'aimerait pas qu'on
» s'approchât de lui. Lorsque j'essayais de le toucher à travers les barreaux de sa loge, il
» baissait la tête et faisait des efforts pour blesser avec ses cornes la main qui voulait le
» caresser. Jusqu'à présent il a été enfermé et obligé de se nourrir des végétaux qu'on lui
» a donnés, et il paraît qu'ils lui conviennent, car il est fort et vigoureux.

» La race, comme je l'ai remarqué, en est nombreuse et fort répandue dans l'Afrique.
» Si mes conjectures sont fondées, je suis fort porté à croire que ce n'est pas seulement
» aux environs du cap de Bonne-Espérance qu'il habite, mais qu'il se trouve aussi en
» Abyssinie.

» Dans la quatrième *Dissertation sur la côte orientale d'Afrique, depuis Mélinde jus-
» qu'au détroit de Bab-el-Mandel* (a), ajoutée aux Voyages de Lobo, on lit ce passage :

(a) *Voyage d'Abyssinie*, par le R. P. Lobo. Amsterdam, 1728, t. Iᵉʳ, p. 292.

« Il y a encore dans l'Éthiopie des chevaux sauvages qui ont les crins et la tête
» comme nos chevaux et hennissent de même, mais ont deux petites cornes toutes
» droites, et les pieds fourchus comme ceux du bœuf; les Cafres appellent ces animaux
» *empophos*. »

» Cette description, tout imparfaite et fautive qu'elle est, comme la plupart de celles
» que Lobo nous a données, paraît convenir à notre gnou : quel autre animal connu y
» a-t-il qui ressemble à un cheval avec des cornes et des pieds fendus? La ressemblance
» serait plus grande encore si je pouvais dire qu'il hennit; mais c'est ce dont je n'ai pas
» pu être instruit. Jusqu'à présent, personne n'a entendu sa voix. Ne serait-ce point aussi
» le même animal dont a parlé le moine Cosmas? Voici ce qu'il en dit (a) :

» *Le taureau-cerf.* Cet animal se trouve en Éthiopie et dans les Indes; il est privé; les
» Indiens s'en servent pour voiturer leurs marchandises, principalement le poivre qu'ils
» transportent d'un pays à un autre dans des sacs faits en forme de besaces. Ils tirent du
» lait de ces animaux et en font du beurre; nous en mangions aussi la chair après les
» avoir égorgés, comme font les chrétiens; pour les païens, ils les assomment. Cette
» même bête, dans l'Éthiopie, est sauvage et ne s'apprivoise pas.

» Ce taureau-cerf ne serait-il point le cheval cornu et à pieds fendus de Lobo? Ils se
» trouvent l'un et l'autre dans l'Éthiopie; tous les deux ressemblent, à divers égards, au
» cheval, au taureau et au cerf, c'est-à-dire au gnou. Il est vrai que, quoique les animaux
» des Indes soient assez connus, jusqu'à présent personne n'a dit qu'il y en eût qui
» ressemblassent à celui dont il est question ici, et qui doit cependant y être, si c'est le
» même dont parle Cosmas. Mais, dans un pays aussi habité que l'Inde, la race ne pour-
» rait-elle pas y avoir été éteinte par le nombre des chasseurs qui ont travaillé à les
» prendre ou à les tuer, soit pour les faire servir de bête de somme, soit pour les manger?
» D'ailleurs est-il bien certain que cet animal ne s'y trouve pas, ou qu'il ne se soit pas
» retiré dans des lieux éloignés et solitaires, afin d'y être plus en sûreté? Il y a, dans les
» déserts de la province de la Chine nommée *Chensi*, un animal qu'on appelle *cheval-cerf*,
» que du Haldes dit n'être qu'une espèce du cerf (b), guère moins haut que les petits
» chevaux des provinces *se-Tchuen* et de *yun-Nane* : j'ai peine à croire que la taille seule
» ait suffi pour donner à un cheval le surnom de cerf. Le gnou ressemblant par sa tête et
» par ses cornes au taureau, par sa crinière et par sa queue au cheval, et par tout le
» reste de son corps au cerf, il réunit tous les caractères qui peuvent l'avoir fait nommer
» *taureau-cerf* par Cosmas et *cheval-cerf* par les Chinois.

» Je serais même tenté de croire que l'hippélaphe d'Aristote était notre gnou, si je
» n'avais pas contre moi l'autorité de M. de Buffon, qui, fondé sur de bonnes raisons, a
» prouvé que c'est le même animal que le cerf des Ardennes, et le tragélaphe de Pline. Je
» dirai cependant celles qui ont fait d'abord impression sur moi.

» L'hippélaphe, suivant Aristote, se trouve dans le pays des *Arachotas*, qui est situé
» entre la Perse et l'Inde, et par là même voisin de la patrie du gnou. Il a une crinière
» qui s'étend depuis la tête jusqu'au-dessus des épaules, et qui n'est pas grande. Aristote
» la compare à celle du *pardion*, ou, comme l'écrit Gaza, de l'*ipparaion*, qui est vraisem-
» blablement la girafe, laquelle a effectivement une crinière plus approchante de celle du
» gnou qu'aucun autre animal sauvage. Diodore de Sicile dit qu'il se trouve en Arabie et
» qu'il est du nombre de ces animaux qui participent à deux formes différentes; il est
» vrai qu'il parle du *tragélaphe*; mais, comme je viens de le remarquer, d'après M. de
» Buffon, c'est le même animal que l'*hippélaphe*. On trouvera dans la note le passage de

(*a*) Voyez dans les relations de divers voyageurs curieux, par Thévenot, première partie,
la description des animaux et des plantes des Indes, par Cosmas le solitaire.

(*b*) Voyez la *Description de la Chine*, t. Ier, p. 33, édition de Hollande.

» Diodore (a), tel qu'il a été rendu par *Rhodomanus*, et qui mérite d'être cité. Enfin, pour
« dernier trait de ressemblance, l'hippélaphe a une espèce de barbe sous le gosier, les
» pieds fourchus et à peu près de la grandeur du cerf ; tout cela se trouve aussi bien dans
» le gnou que dans le cerf des Ardennes ; mais, ce qui décide la question en faveur du
» sentiment de M. de Buffon, c'est que, si Aristote a été bien instruit, l'hippélaphe a des
» cornes comme le chevreuil, et que sa femelle n'en a point, ce qui ne convient pas à
» notre animal.

» Mais qu'il ait été connu ou non, j'ai toujours été autorisé à dire qu'il avait été décrit
» si imparfaitement qu'on ne pouvait s'en former aucune idée. Il constitue une espèce
» très singulière, qui réunit en soi la force de la tête et des cornes du taureau, la légèreté
» et le pelage du cerf, et la beauté de la crinière, du corps et de la queue du cheval.

» Avec le temps, ne parviendra-t-on point à connaître aussi la licorne, qu'on dit
» habiter les mêmes contrées, que la plupart des auteurs regardent comme un animal
» fabuleux, tandis que d'autres assurent en avoir vu, et même en avoir pris des jeunes ? »

Je n'ai rien à ajouter ni à retrancher à cette bonne description, ni aux très judicieuses
réflexions du savant M. Allamand ; et je dois même avertir, pour l'instruction de mes
lecteurs et pour la plus exacte connaissance de cet animal *gnou*, que le dessin qu'il a fait
graver dans l'édition de Hollande de mon ouvrage, et que je donne planche IX, me paraît
plus conforme à la nature que celui de ma planche VIII ; les cornes surtout me semblent
être mal représentées dans celle-ci, et l'espèce de ceinture de poil que l'animal porte
autour du museau me paraît factice ; en sorte que l'on doit avoir plus de confiance à la
figure donnée par M. Allamand qu'à celle-ci, et c'est par cette raison que je l'ai fait copier
et graver.

DU NIL-GAUT

Cet animal (*) est celui que plusieurs voyageurs ont appelé *bœuf gris du Mogol*, quoiqu'il soit connu sous le nom de *nil-gaut* dans plusieurs endroits de l'Inde. Nous avons vu
vivants le mâle et la femelle dans le parc du château royal de la Muette, où on les nourrit
encore aujourd'hui (juin 1774) et où on les laisse en pleine liberté : nous les avons fait
dessiner tous deux d'après nature.

Quoique le nil-gaut tienne du cerf par le cou et la tête, et du bœuf par les cornes et
la queue, il est néanmoins plus éloigné de l'un et de l'autre de ces genres que de celui
des gazelles ou des grandes chèvres. Les climats chauds de l'Asie et ceux de l'Afrique
sont ceux où les grandes espèces des gazelles et des chèvres sont plus multipliées : on
trouve dans les mêmes lieux, ou à peu de distance les uns des autres, le condoma, le
bubale, le koba et le nil-gaut, dont il est ici question. L'espèce de barbe qu'il a sous le cou
et le poitrail, la disposition de son pied et de ses sabots, plusieurs autres rapports de
conformation avec les grandes chèvres, le rapprochent de cette famille plus que de celle
des cerfs ou de celle des bœufs ; et dans les animaux d'Europe, c'est au chamois qu'on
pourrait le comparer plutôt qu'à tout autre animal ; mais dans la réalité le nil-gaut est
seul de son genre, et d'une espèce particulière qui ne tient au genre du bœuf, du cerf, de
la chèvre, de la gazelle et du chamois, que par quelques caractères ou rapports particu-

---

(a) « Quinetiam tragelaphi et bubali, pluraque duplicis formæ animalia, ex diversissimis
» videlicet naturis contemperata, illic (in Arabia) procreantur. Quorum singularis descriptio
» longam sibi moram posceret. » *Diodori Siculi Bibliothecæ historicæ libri qui supersunt.*
Amstelodami, 1746, t. I, p. 163.

(*) *Antilope picta* et *trago-camelus* GMEL.

liers; il a, comme tous ces animaux, la faculté de ruminer; il court de mauvaise grâce, et plus mal que le cerf, quoiqu'il ait la tête et l'encolure aussi légères; mais ses jambes sont plus massives et plus inégales en hauteur, celles de derrière étant considérablement plus courtes que celles de devant; il porte la queue horizontalement en courant, et la tient basse et entre les jambes lorsqu'il est en repos; le mâle a des cornes et la femelle n'en a point, ce qui le rapproche encore du genre des chèvres, dans lequel d'ordinaire la femelle n'a point de cornes : celles du nil-gaut sont creuses et ne tombent pas comme le bois des cerfs, des daims et des chevreuils, caractère qui le sépare absolument de ce genre d'animaux. Comme il vient d'un pays où la chaleur est plus grande que dans notre climat, il sera peut-être difficile de le multiplier ici : ce serait néanmoins une bonne acquisition à faire, parce que cet animal, quoique vif et vagabond comme les chèvres, est assez doux pour se laisser régir, et qu'il donnerait comme elles de la chair mangeable, du bon suif et des peaux plus épaisses et plus fermes. La femelle est actuellemnnt plus brune que le mâle et paraît plus jeune, mais elle deviendra peut-être de la même couleur grise avec l'âge.

Voici le détail de la description que j'ai faite de ces deux animaux avec M. de Sève, qui les a dessinés. Le mâle était de la grandeur d'un cerf de taille moyenne; les cornes n'avaient que six pouces de longueur sur deux pouces neuf lignes de grosseur à la base; il n'y avait point de dents incisives à la mâchoire supérieure; celles de la mâchoire inférieure étaient larges et peu longues; il y a un espace vide entre elles et les mâchelières; le train de derrière, dans le mâle, est plus bas que celui de devant, et l'on voit une espèce de bosse ou d'élévation sur les épaules, et cet endroit est garni d'une petite crinière qui prend du sommet de la tête et finit au milieu du dos; sur la poitrine se trouve une touffe de longs poils noirs; le pelage de tout le corps est d'un gris d'ardoise, mais la tête est garnie d'un poil plus fauve, mêlé de grisâtre, et le tour des yeux d'un poil fauve clair, avec une petite tache blanche à l'angle de chaque œil; le dessus du nez est brun; les naseaux sont noirs, avec une bande blanche à côté; les oreilles sont fort grandes et larges, rayées de trois bandes noires vers leurs extrémités; la face extérieure de l'oreille est d'un gris roussâtre, avec une tache blanche à l'extrémité; le sommet de la tête est garni d'un poil noir, mêlé de brun, qui forme sur le haut du front une espèce de fer à cheval; il y a sous le cou, près de la gorge, une grande tache blanche; le ventre est gris d'ardoise comme le corps; les jambes de devant et les cuisses sont noires sur la face extérieure, et d'un gris plus foncé que celui du corps sur la face intérieure; le pied est court et ressemble à celui du cerf; les sabots en sont noirs; il y a sur la face externe des pieds de devant une tache blanche, et sur l'interne deux autres taches de même couleur; les jambes de derrière sont beaucoup plus fortes que celles de devant, elles sont couvertes de poils noirâtres, avec deux grandes taches blanches sur les pieds, tant en dehors qu'en dedans, et plus bas il y a de grands poils châtains qui forment une touffe frisée; la queue est d'un gris d'ardoise vers le milieu et blanche sur les côtés; elle est terminée par une touffe de grands poils noirs; le dessous est en peau nue; les poils blancs des côtés de la queue sont fort longs et ne sont point couchés sur la peau comme ceux des autres parties du corps; ils s'étendent au contraire en ligne droite de chaque côté; le fourreau de la verge est peu apparent, et l'on a observé que le jet de l'urine est fort petit dans le mâle.

Il y a à l'École vétérinaire une peau bourrée d'un de ces animaux, qui diffère de celui qu'on vient de décrire par la couleur du poil, qui est beaucoup plus brune, et par les cornes, qui sont plus grosses à leur base, et cependant moins grandes, n'ayant que quatre pouces et demi de longueur.

La femelle du nil-gaut qui était au parc de la Muette vient de mourir au mois d'octobre 1774; elle était bien plus petite que le mâle, et en même temps plus svelte et plus haute sur ses jambes; sa couleur était roussâtre, mélangée d'un poil fauve pâle et de poils d'un brun roux, au lieu que le pelage du mâle était en général de couleur ardoisée. La plus grande différence qu'il y eût entre cette femelle et son mâle était dans le train de derrière, qu'elle avait plus élevé que celui de devant, tandis que c'est le contraire dans le mâle; et cette différence pourrait bien n'être qu'individuelle et ne se pas trouver dans l'espèce entière; au reste, ce mâle et cette femelle se ressemblaient par tous les autres caractères extérieurs et même par les taches; ils paraissaient avoir un grand attachement l'un pour l'autre, ils se léchaient souvent, et quoiqu'ils fussent en pleine liberté dans le parc, ils ne se séparaient que rarement, et ne se quittaient jamais pour longtemps.

M. William Hunter, docteur en médecine, membre de la Société de Londres, a donné dans les *Transactions philosophiques* (volume LXI, pour l'année 1771, page 170), un Mémoire sur le nil-gaut, avec une assez bonne figure. M. le Roy, de l'Académie des sciences de Paris, en ayant fait la traduction avec soin, j'ai cru faire plaisir aux amateurs de l'histoire naturelle de la joindre ici, d'autant que M. Hunter a observé cet animal de beaucoup plus près que je n'ai pu le faire.

« On doit compter, dit M. Hunter, au nombre des richesses qui nous ont été apportées » des Indes dans ces derniers temps, un bel animal appelé le *nyl-ghau* : il est fort à » souhaiter qu'il se propage en Angleterre, de manière à devenir un de nos animaux les » plus utiles, ou au moins un de ceux qui parent le plus nos campagnes; il est plus » grand qu'aucun des ruminants de ce pays-ci, excepté le bœuf; il y a tout lieu de croire » qu'on en trouvera la chair excellente; et, s'il peut être assez apprivoisé pour s'accou- » tumer au travail, il y a toute apparence que sa force et sa grande vitesse pourront être » employées avantageusement.

» Les représentations exactes des animaux par la peinture en donnent des idées beau- » coup plus justes que de simples descriptions. Quiconque jettera les yeux sur le portrait » qui a été fait sous mes yeux par M. Stublo, cet excellent peintre d'animaux, ne sera » jamais embarrassé de reconnaitre le nyl-ghau partout où il pourra le rencontrer. Quoi » qu'il en soit, je vais tenter la description de cet animal, en y joignant ensuite tout ce » que j'ai pu apprendre de son histoire. Ce détail ne sera pas très exact, mais les natura- » listes auront une sorte de plaisir en apprenant au moins quelque chose de ce qui regarde » ce grand et bel animal, dont jusqu'ici nous n'avions ni descriptions ni peintures.

» Le nyl-gaut mâle me frappa à la première vue, comme étant d'une taille moyenne » entre le taureau et le cerf, à peu près comme nous supposerions que serait un animal » qui serait le produit de ces deux espèces d'animaux, car il est d'autant plus petit que » l'un, qu'il est plus grand que l'autre, et on trouve dans ses formes un grand mélange de » ressemblance à tous les deux; son corps, ses cornes et sa queue ressemblent assez à » ceux du taureau, et sa tête, son cou et ses jambes approchent beaucoup de celles du cerf.

» *Sa couleur.* La couleur est en général cendrée ou grise, d'après le mélange des poils noirs » èt blancs; la plupart de ces poils sont à moitié noirs et à moitié blancs; la partie blanche » se trouve du côté de la racine; la couleur de ses jambes est plus foncée que celle du » corps : on peut en dire de même de la tête, avec cette singularité que cette couleur plus » foncée n'y est pas générale, mais seulement dans quelques parties qui sont presque » toutes noires; dans quelques autres endroits, dont nous parlerons plus bas, le poil est » d'une belle couleur blanche.

» *Le tronc.* La hauteur de son dos, où il y a une légère éminence au-dessus de l'omo- » plate, est de quatre pieds un pouce (anglais), et à la partie la plus élevée immédiatement » derrière les reins, cette hauteur n'est que de quatre pieds; la longueur du tronc en géné- » ral, vu de profil, depuis la racine du cou jusqu'à l'origine de la queue, est d'environ » quatre pieds, ce qui est à peu près la hauteur de l'animal, de façon que, vu de profil et » lorsque ses jambes sont parallèles, son dos et ses membres forment les trois côtés d'un » carré, dont le terrain sur lequel il est placé fait le quatrième. Il a quatre pieds dix pouces

» de circonférence immédiatement derrière les épaules, et quelque chose de plus au-devant
» des jambes de derrière ; mais cette dernière dimension doit varier beaucoup, comme on
» l'imagine bien, selon que l'animal a le corps plus ou moins plein de nourriture.

» *Son poil.* Le poil sur le corps est en général plus rare, plus fort et plus raide que
» celui du bœuf ; sous le ventre et aux parties supérieures de ses muscles, il est plus long
» et plus doux que sur les côtés et sur le dos ; tout le long du cou et de l'épine du dos
» jusqu'à la partie postérieure de l'élévation qui est au-dessus des omoplates, le poil est
» plus noir, plus long et plus redressé, formant une espèce de courte crinière rare et éle-
» vée ; les régions ombilicale et hypogastrique du ventre, l'intérieur des cuisses et toutes
» les parties qui sont recouvertes par la queue, sont blanches ; le prépuce n'est point mar-
» qué par une touffe de poils, et ce prépuce ne saille que très peu.

» *Les testicules.* Les testicules sont oblongs et pendants comme dans le taureau ; la
» queue descend jusqu'à deux pouces au-dessus de l'os du talon ; l'extrémité en est ornée
» de longs poils noirs ainsi que de quelques poils blancs, particulièrement du côté de l'in-
» térieur ; la queue, sur cette face intérieure, n'est point garnie de poils, excepté, comme
» on vient de le dire, vers son extrémité ; mais à droite et à gauche il y a une bordure de
» longs poils blancs.

» *Les jambes.* Les jambes sont minces en proportion de leur longueur, non pas autant
» que celles de notre cerf, mais plus que celles de nos taureaux ; les jambes de devant ont
» un peu plus de deux pieds sept pouces de long ; il y a une tache blanche sur la partie
» de devant de chaque pied, presque immédiatement au-dessus de chaque sabot, et une
» autre tache blanche plus petite au-devant du canon, et au-dessus de chacune il y a une
» touffe remarquable de longs poils blancs, qui tourne autour en forme de boucles pen-
» dantes ; les sabots des jambes de devant paraissent être d'une longueur trop grande :
» cette singularité était fort remarquable dans chacun des cinq nyl-ghaux que j'ai vus ;
» cependant on conjecture que cela venait d'avoir été renfermés, et en l'examinant dans
» l'animal mort, la conjecture s'est trouvée fondée.

» *Le cou.* Le cou est long et mince comme dans le cerf ; il y a à la gorge une belle tache
» de poils blancs de la forme d'un bouclier ; et plus bas, au commencement de l'arrondis-
» sement du cou, il y a une touffe de longs poils noirs en forme de barbe.

» *La tête.* La tête est longue et mince ; sa longueur, depuis les cornes jusqu'à l'extrémité
» du nez, est d'environ un pied deux pouces trois quarts ; la cloison qui sépare les narines
» avait été percée pour y passer une corde ou une bride, selon la manière des Orientaux
» d'attacher et de mener le bétail.

» *La bouche.* La fente de la bouche est longue, et la mâchoire inférieure est blanche ;
» dans toute l'étendue de cette fente la mâchoire supérieure n'est blanche qu'aux narines.

» *Les dents.* Il y a six dents molaires de chaque côté des mâchoires, et huit incisives à
» la mâchoire inférieure ; la première des incisives est fort large et les autres plus petites,
» en proportion de ce qu'elles sont placées plus en avant ou en arrière.

» *Les yeux.* Les yeux en général sont d'une couleur foncée, car toute la partie de la
» conjonctive qu'on peut voir est de cette couleur ; de profil, la cornée et tout ce qu'on
» peut voir au travers parait bleu comme l'acier bruni ; la pupille est ovale et transversa-
» lement oblongue, et l'iris est presque noir.

» *Les oreilles.* Les oreilles sont grandes et belles, elles ont plus de sept pouces de long
» et s'élargissent considérablement vers leur extrémité ; elles sont blanches à leurs bords
» et dans l'intérieur, excepté dans l'endroit où deux bandes noires marquent le creux de
» l'oreille.

» *Les cornes.* Les cornes ont sept pouces de long, elles ont six pouces de tour à leur
» origine et diminuent par degrés ; elles se terminent en une pointe mousse ; elles ont à
» leur origine trois faces plates, séparées par autant d'angles ; l'un de ces angles est en

» devant de la corne, et par conséquent l'une des faces en forme le derrière, mais cette
» forme triangulaire diminue peu à peu et se perd vers l'extrémité ; il y a sur la base, à
» l'origine des cornes, de légers plis ou rides circulaires, dont le nombre correspond à
» l'âge de l'animal. La corne, depuis la base jusqu'en haut, est unie et le bout est d'une
» couleur fort foncée ; ces cornes s'élèvent en haut et en avant, formant un angle fort
» obtus, avec le front ou la face ; elles sont légèrement courbées ; la concavité en est tournée
» vers l'intérieur et un peu en devant ; leur intervalle, à leur origine, est de trois pouces
» un quart, à leur sommet de six pouces un quart, et dans l'intervalle du milieu un peu
» moins de six pouces.

» *Sa nourriture.* Il mange de l'avoine, mais pas avidement, il aime mieux l'herbe et
» le foin (*a*) ; cependant ce qu'il aime encore davantage, c'est le pain de froment qu'il
» mange toujours avec délices ; quand il est altéré, il boit jusqu'à huit pintes d'eau.

» *Sa fiente.* Sa fiente est en forme de petites boules rouges de la grosseur d'une noix
» muscade.

» *Ses mœurs.* Quoiqu'on m'eût rapporté qu'il était extrêmement farouche, j'ai trouvé,
» tant que je l'ai eu en ma garde, que c'était dans le fond un animal très doux, et qui
» paraissait aimer qu'on se familiarisât avec lui, léchant toujours la main de celui qui le
» flattait ou qui lui présentait du pain, et n'ayant jamais tenté de se servir de ses armes
» pour blesser qui que ce soit ; le sens de l'odorat, dans cet animal, paraît très fin et
» semble le guider dans tous ses mouvements ; quand quelque personne l'approche, il la
» flaire en faisant un certain bruit ; il en faisait autant quand on lui apportait à boire ou
» à manger, et il était si facilement offensé par une odeur extraordinaire, ou si circon-
» spect, qu'il ne voulait pas goûter le pain que je lui présentais, lorsque ma main avait
» touché de l'huile de térébenthine ou quelques liqueurs spiritueuses (*b*).

» Sa manière de se battre est fort singulière ; milord Clive l'a observée sur deux mâles
» qui avaient été enfermés dans une petite enceinte, et il me l'a racontée comme il suit :
» Étant encore à une distance considérable l'un de l'autre, ils se préparèrent au combat, en
» tombant sur leurs genoux de devant, et s'avancèrent l'un vers l'autre d'un pas assez
» rapide en tortillant, toujours agenouillés de cette manière ; et quand ils furent arrivés à
» quelques pas de distance, ils firent un saut et s'élancèrent l'un contre l'autre.

» Pendant tout le temps que j'en eus deux dans mon écurie, je remarquai que, toutes
» les fois qu'on voulait les toucher, ils tombaient sur leurs genoux de devant, ce qui leur
» arrivait même quelquefois lorsque je m'avançais devant eux ; mais, comme ils ne s'élan-
» çaient jamais contre moi, j'étais si loin de penser que cette posture annonçait leur co-
» lère ou une disposition au combat, que je la regardais au contraire comme une expres-
» sion de timidité ou d'une grande douceur, ou même d'humilité (*c*).

(*a*) « Le général Carnat m'apprend qu'on ne fait pas de foin dans l'Inde, que les chevaux
» y sont nourris avec de l'herbe fraîchement coupée, et avec une graine du genre des légumes
» qu'on appelle *gram.* »

(*b*) « Le général Carnat rapporte, dans quelques observations à ce sujet, qu'il a bien
» voulu me communiquer, que tous les animaux de l'espèce du cerf ont l'odorat extrêmement
» fin ; qu'il a fréquemment observé sur les cerfs apprivoisés, auxquels on donne souvent du
» pain, que, si on leur présente un morceau qui a été mordu, ils n'y toucheront pas ; qu'il a
» fait la même observation sur une très belle chèvre qui l'accompagna dans la plupart de
» ses campagnes dans l'Inde, et qui lui fournissait du lait, et qu'en reconnaissance de ses
» services, il avait amenée en Angleterre avec lui. »

(*c*) « On peut concevoir l'intrépidité et la force avec laquelle il s'élance contre un objet
» par l'anecdote suivante, d'un des plus grands et des plus beaux de ces animaux qu'on ait
» vus en Angleterre. Il y a lieu de croire même que le choc qu'il éprouva dans cette occa-
» sion fut la cause de sa mort, qui arriva bientôt après. Un pauvre journalier, ne sachant pas

» *La femelle*. La femelle diffère tellement du mâle, qu'à peine pourrait-on les croire
» de la même espèce ; elle est beaucoup plus petite, elle ressemble par sa forme et par sa
» couleur jaunâtre à une biche, et n'a point de cornes ; elle a quatre tettes, et l'on croit
» qu'elle porte neuf mois ; quelquefois elle produit deux petits, mais le plus souvent elle
» n'en fait qu'un. Le nyl-ghau mâle, étant jeune, ressemble beaucoup par sa couleur à la
» femelle, et par conséquent à un jeune cerf.

» *Son espèce*. Lorsqu'on nous présente un nouvel animal, il est souvent fort difficile et
» quelquefois même impossible de déterminer son espèce uniquement par ses caractères
» extérieurs ; mais, lorsque cet animal est disséqué par un anatomiste habile dans l'anato-
» mie comparée, alors la question se décide communément avec certitude.

» D'après les caractères extérieurs uniquement, je soupçonnai, ou plutôt je crus que le
» nyl-ghau était un animal particulier et d'une espèce distincte. Quelques-uns de mes
» amis le prirent pour un cerf, mais je fus convaincu qu'il n'était pas de ce genre, par la
» permanence de ses cornes, qui ne tombent pas ; d'autres pensèrent que c'était une anti-
» lope ; mais les cornes et la grandeur de l'animal me firent croire encore que ce n'en
» était pas une ; et il avait tant de rapport par sa forme, particulièrement la femelle, avec
» le cerf, que je ne pouvais pas le regarder comme du même genre que le taureau. Dans
» le temps du rut, on mit un de ces mâles nyl-ghau avec une biche, mais on ne remarqua
» ni amour, ni même aucune attention particulière entre ces deux animaux. Enfin l'un de
» ces animaux étant mort, je fus assuré par mon frère, qui l'a disséqué et qui a disséqué
» presque tous les quadrupèdes connus, que le nyl-ghau est un animal d'une espèce
» nouvelle (*a*).

» *Son histoire*. Plusieurs de ces animaux mâles et femelles ont été apportés en Angle-
» terre depuis quelques années ; les premiers furent envoyés de Bombay en présent à
» milord Clive ; ils arrivèrent au mois d'août 1767 : il y en avait un mâle et l'autre femelle,
» et ils continuèrent de produire dans ce pays-ci chaque année. Quelque temps après on
» en amena deux autres qui furent présentés à la Reine par M. Sukivan, et cette princesse,
» étant toujours disposée à encourager toute espèce de recherches curieuses et utiles dans
» l'histoire naturelle, me fit donner la permission de les garder pendant quelque temps, ce
» qui me mit à portée, non seulement de pouvoir les décrire, et d'en avoir une peinture
» bien exacte, mais encore de disséquer, avec le secours de mon frère, l'animal mort, et
» d'en conserver la peau et le squelette. Milord Clive a eu la bonté de me donner tous les
» éclaircissements qu'il a pu me fournir pour en faire l'histoire, ainsi que le général Car-
» nat, et quelques autres personnes.

» Ces animaux sont regardés comme des raretés dans tous les établissements que nous
» avons dans l'Inde ; ils y sont amenés de l'intérieur du pays en présent aux nababs et
» autres personnes considérables. Le lord Clive, le général Carnat, M. Walsh, M. Watts et
» beaucoup d'autres personnes qui ont vu une grand partie de l'Inde, m'ont tous dit qu'ils
» ne l'avaient jamais vu sauvage. Bernier, autant que je l'ai pu découvrir, est le seul

» que l'animal était si près de lui, ne croyant pas l'irriter, et ne supposant pas qu'il courût
» aucun risque, s'approcha en dehors des palis où il était renfermé ; le nyl-ghau, avec la
» vitesse d'un éclair, s'élança avec tant de force contre ces palis qu'il les brisa en plusieurs
» morceaux et cassa une de ses cornes près de l'origine. D'après cette anecdote et des infor-
» mations plus exactes, je fus assuré que cet animal est vicieux et féroce dans le temps du
» rut, quelque doux et apprivoisé qu'il soit dans d'autres temps. »

(*a*) « M. Pennant, dont l'amour pour l'histoire naturelle augmente le plaisir de jouir
» d'une fortune indépendante, dans le *Synopsis*, qu'il a publié depuis que cet écrit a été
» rédigé, fait de cet animal (au pied blanc, page 207), une espèce d'antilope ; mais il croit
» actuellement qu'il appartient à un autre genre, et le classera en conséquence dans la pro-
» chaine édition. »

» auteur qui en fasse mention (a). Dans le quatrième volume de ses mémoires, il fait le
» récit d'un voyage qu'il entreprit en 1664, depuis Delhi jusqu'à la province de Cachemire,
» avec l'empereur mogol Aurengzeb, qui alla dans ce paradis terrestre, comme le regar-
» dent les Indiens, pour éviter les chaleurs de l'été. En parlant de la chasse, qui faisait
» l'amusement de l'empereur dans ce voyage, il décrit, parmi plusieurs autres animaux,
» le nyl-ghau, mais sans rien dire de plus de cet animal, sinon que quelquefois l'empe-
» reur en tuait un si grand nombre qu'il en distribuait des quartiers tout entiers à tous
» ses *omrahs* ; ce qui montre qu'ils étaient, en grand nombre, sauvages dans cette contrée,
» et qu'on en regardait la chair ou la viande comme fort bonne ou délicieuse.

» Ceci paraît s'accorder avec la rareté de ces animaux au Bengale, à Madras et à
» Bombay. Cachemire est une des provinces les plus septentrionales de l'empire du Mogol,
» et ce fut en allant de Delhi vers cette province que Bernier vit l'empereur les chasser.

» *Son nom.* Le mot nyl-ghau (car telles sont les lettres composantes de ce nom qu
» correspondent au persan), quoique prononcé comme s'il était écrit *neel-gau* (en français
» *nil-ga*), signifie une vache bleue ou plutôt un taureau bleu, *gau* étant masculin. Le
» mâle de ces animaux a, en effet, de justes titres à ce nom, non seulement par rap-
» port à sa ressemblance avec le taureau, mais encore par la teinte bleuâtre qui se
» fait remarquer sensiblement dans la couleur de son corps; mais il n'en est nulle-
» ment de même de la femelle, qui a beaucoup de ressemblance, et quant à la couleur
» et quant à la forme, avec notre cerf. Les nyl-ghaus qui sont venus en Angleterre ont
» été presque tous apportés de Surate ou de Bombay, et ils paraissent moins rares
» dans cette partie de l'Inde que dans le Bengale, ce qui donne lieu de conjecturer qu'ils
» pourraient être indigènes dans la province de Guzarate, l'une des provinces les plus
» occidentales de l'empire du Mogol, étant située au nord de Surate et s'étendant jusqu'à
» l'océan Indien.

» Un officier, qui a demeuré longtemps dans l'Inde (b), a écrit pour obtenir toutes les
» connaissances et tous les éclaircissements qu'on pourrait se procurer sur cet animal.
» Nous espérons recevoir en conséquence, dans le cours de l'année prochaine, quelques
» détails satisfaisants à ce sujet, quoique les habitants de ces contrées, selon ce qu'en dit
» cet officier, aient peu d'inclination pour l'histoire naturelle, et même en général pour
» toute espèce de connaissance. »

En comparant la gravure de cet animal, donnée dans les *Transactions philosophiques*,
avec les dessins que nous en avons faits d'après nature, dans le parc de la Muette, près
Paris, nous avons reconnu que dans la gravure anglaise les oreilles sont plus courtes, les
cornes un peu plus émoussées, le poil sous la partie du cou plus court, plus raide et ne
faisant pas un flocon. Dans cette même gravure on ne voit pas la touffe de poil qui est
sur les éperons des pieds de derrière du mâle; enfin la crinière sur le garrot paraît aussi
plus courte que dans nos dessins, mais toutes ces petites différences n'empêchent pas que
ce ne soit le même animal.

M. Forster m'écrit au sujet du nyl-ghau, « que, quoique M. Hunter, qui en a donné la
» description, ait dit qu'il est d'un nouveau genre, il paraît cependant qu'il appartient à la

(a) « Depuis que j'ai lu cet écrit, j'ai reçu du docteur Maty la note suivante. — Je trouve
» dans le quatrième volume de la description des Indes orientales par Valentin, publiée en
» hollandais en 1727, à l'article Batavia, page 231, cette courte indication : « Parmi les ani-
» maux extraordinaires qu'on garde au château, il y en a un de la grandeur et de la couleur
» d'un bœuf danois, mais moins lourd, dont la tête est pointue vers la bouche qui est d'une
» couleur cendrée, et qui n'est pas moins grand que l'élan dont il porte le nom ; c'était un
» présent du Mogol.

(b) « Le général Garnat, à qui je dois pareillement l'article précédent sur le nom de cet
» animal. »

» classe des antilopes, et que ses mœurs et sa forme, comparées avec quelques-unes des
» grandes espèces d'antilopes, semblent prouver qu'on ne devrait pas l'en séparer; il
» ajoute que l'animal décrit par le docteur Parsons est certainement le même que le nyl-
» ghau; mais il croit que M. Parsons n'a pas bien remarqué les pieds, car ils sont ordi-
» nairement marqués de blanc dans tous ceux que l'on a vus depuis, et il dit, comme
» M. Hunter, que ces animaux avaient produit en Angleterre, et que même on l'a assuré
» qu'il y avait exemple d'une femelle qui avait fait deux petits à la fois. »

DU MOUFLON ET DES BREBIS ÉTRANGÈRES

Nous donnons les figures d'un bélier et d'une brebis dont le dessin m'a été envoyé par
feu M. Collinson, de la Société royale de Londres, sous les noms de *valachian ram* et
valachian eve, c'est-à-dire bélier et brebis de Valachie. Comme cet habile naturaliste est
décédé peu de temps après, je n'ai pu savoir si cette race de brebis, dont les cornes sont
d'une forme assez différente de celle des autres, est commune en Valachie, ou si ce ne
sont que deux individus qui se sont trouvés par hasard différer de l'espèce commune des
béliers et des brebis de ce même pays.

Nous donnons aussi la figure d'un bélier que l'on montrait à la foire Saint-Germain,
en 1774, sous le nom de *bélier du cap de Bonne-Espérance;* ce même bélier avait été présenté au public l'année précédente sous le nom de *bélier du Mogol à grosse queue;* mais nous
avons su qu'il avait été acheté à Tunis, et nous avons jugé que c'était en effet un bélier
de Barbarie qui ne diffère de celui dont nous avons donné la figure (tome XI, pl. XXXIII)
que par la queue qui est beaucoup plus courte, et en même temps plus plate et plus large
à la partie supérieure. La tête est aussi proportionnellement plus grosse et tient de celle
du bélier des Indes; le corps est bien couvert de laine et les jambes sont courtes, même
en comparaison de nos moutons; les cornes sont aussi de forme et de grandeur un peu
différentes de celles du mouton de Barbarie : nous l'avons nommé *bélier de Tunis* pour
le distinguer de l'autre, mais nous sommes persuadés que tous deux sont du même pays
de la Barbarie et de races très voisines (a).

(a) Le bélier de Tunis diffère de ceux de notre pays non seulement par sa grosse et large
queue, mais encore par ses proportions ; il est plus bas de jambes, et sa tête paraît forte et
plus arquée que celle de nos béliers ; sa lèvre inférieure descend en pointe au bout de la
mâchoire et fait le bec-de-lièvre. Ses cornes, qui font la volute, vont en arrière; elles ont six
pouces mesurées en ligne droite, et dix pouces une ligne de circonvolution, sur deux pouces
deux lignes de grosseur à l'origine ; elles sont blanches et annelées de rides comme dans les
autres béliers. Les cornes, qui passent par-dessus les oreilles, les rendent pendantes ; elles
sont larges et finissent en pointe. Cet animal domestique est fort laineux, surtout sur le
ventre, les cuisses, le cou et la queue. Sa laine a plus de six pouces de long en bien des
endroits; elle est blanche en général, à l'exception qu'il y a du fauve foncé sur les oreilles,
et que la plus grande partie de la tête et les pieds sont aussi d'un fauve foncé tirant sur le
brun : ce que ce bélier a de singulier, c'est la queue qui lui couvre tout le derrière; elle a
onze pouces de large, sur treize pouces neuf lignes de long ; son épaisseur est de trois
pouces onze lignes ; cette partie charnue est ronde et finit en pointe (par une petite vertèbre
qui a quatre pouces trois lignes de longueur) en passant sous le ventre, entre les jambes ou
tombant tout droit. Pour lors, le floc de laine du bout de la queue semble toucher à terre :
cette queue est comme méplate dessus comme dessous, s'enfonce dans le milieu et y forme
comme une faible gouttière; le dessus de cette queue et la plus grande partie de son épaisseur sont couverts de grande laine blanche, mais le dessous de cette même queue est sans
poil et d'une chair fraîche; de sorte que, quand on lève cette queue, on croirait voir une
partie des fesses d'un enfant.

Enfin nous donnons aussi la figure d'un bélier que l'on montrait de même à la foire Saint-Germain en 1774, sous le nom de *morvant de la Chine.* Ce bélier est singulier en ce qu'il porte sur le cou une espèce de crinière, et qu'il a sur le poitrail et sous le cou de très grands poils qui pendent et forment une espèce de longue cravate mêlée de poils roux et de poils gris, longs d'environ dix pouces, et rudes au toucher. Il porte sur le cou une crinière de poils droits, assez peu épaisse, mais qui s'étend jusque sur le milieu du dos. Ces poils sont de la même couleur et consistance que ceux de la cravate : seulement ils sont plus courts, et mêlés de poils bruns et noirs. La laine dont le corps est couvert est un peu frisée et douce au toucher à son extrémité, mais elle est droite et rude dans la partie qui avoisine la peau de l'animal; en général, elle est longue d'environ trois pouces, et d'un jaune clair; les jambes sont d'un roux foncé, la tête est tachetée de teintes plus ou moins fauves; la queue est fauve et blanche en plus grande partie, et pour la forme elle ressemble assez à la queue d'une vache, étant bien fournie de poil vers l'extrémité. Ce bélier est plus bas de jambes que les autres béliers auxquels on pourrait le comparer, c'est à celui des Indes qu'il ressemble plus qu'à aucun autre. Son ventre est fort gros, et n'est élevé de terre que de quatorze pouces neuf lignes. M. de Sève, qui a donné la description de cet animal, ajoute que la grosseur de son ventre le faisait prendre pour une brebis pleine. Les cornes sont à peu près comme celles de nos béliers, mais les sabots des pieds ne sont point élevés, et sont plus longs que ceux du bélier des Indes.

Nous avons dit, et nous le répétons ici, que le mouflon est la tige unique et primordiale de toutes les autres brebis, et qu'il est d'une nature assez robuste pour subsister dans les climats froids, tempérés et chauds; son poil est seulement plus ou moins épais, plus ou moins long, suivant les différents climats. Les béliers sauvages du Kamtschatka, dit M. Steller, ont l'allure de la chèvre et le poil du renne. Leurs cornes sont si grandes et si grosses, qu'il y en a quelques-unes qui pèsent jusqu'à vingt-cinq à trente livres. On en fait des vases, des cuillers et d'autres ustensiles; ils sont aussi vifs et aussi légers que les chevreuils; ils habitent les montagnes les plus escarpées au milieu des précipices; leur chair est délicate, ainsi que la graisse qu'ils ont sur le dos; mais c'est pour avoir leurs fourrures qu'on se donne la peine de les chasser (a).

Je crois qu'il reste actuellement très peu, ou plutôt qu'il ne reste point du tout de vrais mouflons dans l'île de Corse. Les grands mouvements de guerre qui se sont passés dans cette île auront probablement amené leur destruction; mais on y trouve encore des indices de leur ancienne existence, par la forme même des races de brebis qui y subsistent actuellement : il y avait au mois d'août 1774 un bélier de Corse appartenant à M. le duc de la Vrillière; il n'était pas grand, même en comparaison d'une belle brebis de France qu'on lui avait donnée pour compagne. Ce bélier était tout blanc, petit et bas de jambes, la laine longue et par flocons; il portait quatre cornes larges et fort longues, dont les deux supérieures étaient les plus considérables, et ces cornes avaient des rides comme celles du mouflon.

Dans les pays du nord de l'Europe, comme en Danemark et en Norvège, les brebis ne sont pas belles, et pour en améliorer l'espèce, on fait de temps en temps venir des béliers d'Angleterre. Dans les îles qui avoisinent la Norvège on laisse les béliers en pleine campagne pendant toute l'année. Ils deviennent plus grands et plus gros, et ont la laine meilleure et plus belle que ceux qui sont soignés par les hommes. On prétend que ces béliers qui sont en pleine liberté passent toujours la nuit au côté de l'île d'où le vent doit venir le lendemain : ce qui sert d'avertissement aux mariniers, qui ont grand soin d'en faire l'observation (b).

(a) *Histoire générale des voyages,* t. XIX, p. 252.
(b) *Histoire naturelle de la Norvège,* par Pontoppidan. *Journal étranger,* juin 1756.

En Islande, les béliers, les brebis et les moutons diffèrent principalement des nôtres en ce qu'ils ont presque tous les cornes plus grandes et plus grosses. Il s'en trouve plusieurs qui ont trois cornes, et quelques-uns qui en ont quatre, cinq, et même davantage : cependant il ne faut pas croire que cette particularité soit commune à toute la race des béliers d'Islande, et que tous y aient plus de deux cornes ; car, dans un troupeau de quatre ou cinq cents moutons, on en trouve à peine trois ou quatre qui aient quatre ou cinq cornes : on envoie ceux-ci à Copenhague comme une rareté, et on les achète en Islande bien plus cher que les autres, ce qui seul suffit pour prouver qu'ils y sont très rares (a).

DES CHÈVRES D'EUROPE

Pontoppidan rapporte que les chèvres sont, en Norvège, en si grande quantité, que dans le seul port de Berghen on embarque tous les ans jusqu'à quatre-vingt mille peaux de boucs non apprêtées, sans compter celles auxquelles on a déjà donné la façon. Les chèvres conviennent en effet beaucoup à la nature de ce pays ; elles vont chercher leur nourriture jusque sur les montagnes les plus escarpées. Les mâles sont fort courageux, ils ne craignent pas un loup seul, et ils aident même les chiens à défendre le troupeau (b).

DU BOUC DE JUDA (*suite*)

Nous donnons la figure d'un bouc de Juda ou *Juida*, qui nous a paru avoir quelques différences avec celui que nous avons donné volume XII, pl. xx. M. Bourgelat l'avait vivant à l'École vétérinaire, et il en conserve encore la dépouille dans son beau Cabinet d'anatomie zoologique. Ce bouc était considérablement plus grand de corps que celui de notre planche xx; il avait deux pieds neuf pouces de longueur sur un pied sept pouces de hauteur, tandis que l'autre n'avait que vingt-quatre pouces et demi sur dix-sept pouces de hauteur ; la tête et tout le corps sont couverts de grands poils blancs, le bout des narines noir ; les cornes se touchent presque en naissant, s'écartent ensuite, et sont beaucoup plus longues que celles du premier bouc, auquel celui-ci ressemble par les pieds et par les sabots, qui sont fort courts. Ces différences sont trop légères pour séparer ces deux animaux, que nous croyons être tous deux des variétés de la même espèce.

Nous avons parlé, volume II, page 460, des chèvres de Syrie à oreilles pendantes, qui sont à peu près de la grandeur de nos chèvres, et qui peuvent produire avec elles, même dans notre climat; mais il existe à Madagascar une chèvre considérablement plus grande, et qui a aussi les oreilles pendantes, et si longues que, lorsqu'elle descend, les oreilles lui couvrent les yeux, ce qui l'oblige à un mouvement de tête presque continuel pour les jeter en arrière : en sorte que, quand on la poursuit, elle cherche toujours à grimper, et jamais à descendre. Cette indication, qui nous a été donnée par M. Commerson, est trop succincte pour qu'on puisse dire si cette chèvre est de la même race que celle de Syrie, ou si c'est une race différente qui aurait également les oreilles pendantes.

M. le vicomte de Querhoënt nous a communiqué la note suivante :

« Les chèvres et les cabris qu'on a lâchés à l'île de l'Ascension y ont beaucoup multi-
» plié; mais ils sont fort maigres, surtout dans la saison sèche. Toute l'île est battue des
» sentiers qu'ils ont faits; ils se retirent la nuit dans les excavations des montagnes; ils

(a) *Histoire générale des Voyages*, t. XVIII, p. 19.
(b) *Histoire naturelle de la Norvège*, par Pontoppidam. *Journal étranger*, juin 1756.

» ne sont pas tout à fait aussi grands que les chèvres et les cabris ordinaires ; ils sont si
» peu vigoureux, qu'on les prend quelquefois à la course ; ils ont presque tous le poli
» d'un brun foncé. »

DES CHÈVRES ET DES BREBIS

Nous donnons la figure d'un bouc dont les sabots avaient pris un accroissement extraordinaire : ce défaut, ou plutôt cet excès, est assez commun dans les boucs et les chèvres qui habitent les plaines et les terrains humides.

Il y a des chèvres beaucoup plus fécondes que les autres, selon leur race et leur climat. M. Secretary, chevalier de Saint-Louis, étant à Lille en Flandre, en 1773 et 1774, a vu chez Mᵐᵉ Denizet six beaux chevreaux qu'une chèvre avait produits d'une seule portée ; cette même chèvre en avait produit dix dans deux autres portées, et douze dans trois portées précédentes (a).

Feu M. de la Nux, mon correspondant à l'île de Bourbon, m'a écrit qu'il y a aussi dans cette île des races subsistantes depuis plus de quinze ans, provenant des chèvres de France et des boucs des Indes ; que nouvellement on s'était procuré des chèvres de Goa très petites et très fécondes, qu'on a mêlées avec celles de France, et qu'elles se sont perpétuées et fort multipliées. J'ai rapporté dans l'article des mulets les essais que j'ai faits sur le mélange des boucs et des brebis ; et ces essais démontrent qu'on en obtient aisément des métis qui ne diffèrent guère des agneaux que par la toison, qui est plutôt de poil que de laine. M. Roume de Saint-Laurent fait à ce sujet une observation qui est peut-être fondée : « Comme l'espèce des chèvres, dit-il, et celle des brebis produisent ensemble
» des métis nommés *chabins*, qui se reproduisent, il se pourrait que ce mélange eût influé
» sur la masse de l'espèce, et fût la cause de l'effet que l'on a attribué au climat des îles,
» où l'espèce de la chèvre a dominé sur celle de la brebis. »

On sait que les grandes brebis de Flandre produisent communément quatre agneaux chaque année : ces grandes brebis de Flandre viennent originairement des Indes orientales, d'où elles ont été apportées par les Hollandais il y a plus de cent ans ; et l'on prétend avoir remarqué qu'en général les animaux ruminants qu'on a amenés des Indes en Europe ont plus de fécondité que les races européennes (b).

M. le baron de Bock a eu la bonté de m'informer de quelques particularités que j'ignorais sur les variétés de l'espèce de la brebis en Europe. Il m'écrit qu'il y en a trois espèces en Moldavie : celle de montagne, celle de plaine et celle de bois. « Il est fort difficile de se
» figurer, dit-il, la quantité innombrable de ces animaux qu'on y rencontre. Les marchands
» grecs, pourvoyeurs du grand seigneur, en achetaient au commencement de ce siècle
» plus de seize mille tous les ans, qu'ils menaient à Constantinople uniquement pour
» l'usage de la cuisine de Sa Hautesse. Ces brebis sont préférées à toutes les autres, à
» cause du bon goût et de la délicatesse de leur chair ; dans les plaines elles deviennent
» beaucoup plus grandes que sur les montagnes, mais elles y multiplient moins. Ces deux
» premières espèces sont réduites en servitude ; la troisième, qu'on appelle *brebis des*
» *bois*, est entièrement sauvage ; elle est aussi très différente de toutes les brebis que nous
» connaissons ; sa lèvre supérieure dépasse l'inférieure de deux pouces, ce qui la force à
» paître en reculant ; le peu de longueur et le défaut de flexibilité dans son cou l'em-
» pêchent de tourner la tête de côté et d'autre ; d'ailleurs, quoiqu'elle ait les jambes très
» courtes, elle ne laisse pas de courir fort vite, et ce n'est qu'avec grande peine que les

(a) Lettre de M. Secretary à M. de Buffon, datée de Montflanquin en Agénois, le 4 janvier 1777.

(b) *Instruction sur la manière de perfectionner les brebis*, par M. Hartfer, p. 40 et suiv.

» chiens peuvent l'atteindre ; elle a l'odorat si fin qu'elle évente, à la distance d'un
» mille d'Allemagne, le chasseur ou l'animal qui la poursuit, et prend aussitôt la fuite.
» Cette espèce se trouve sur les frontières de la Transylvanie, comme dans les forêts
» de Moldavie : ce sont des animaux très sauvages et qu'on n'a pas réduits en domes-
» ticité ; cependant on peut apprivoiser les petits. Les naturels du pays en mangent
» la chair, et sa laine, mêlée de poil, ressemble à ces fourrures qui nous viennent d'As-
» tracan. »

Il me paraît que cette troisième brebis, dont M. le baron de Bock donne ici la description d'après le prince Cantemir, est le même animal que j'ai indiqué sous le nom de *saïga*,
et qui se trouve par conséquent en Moldavie et en Transylvanie, comme dans la Tartarie
et dans la Sibérie.

Et à l'égard des deux premières brebis, savoir, celle de plaine et celle de montagne, je
soupçonne qu'elles ont beaucoup de rapports avec les brebis valachiennes, dont j'ai donné
les figures (*Supplément*, volume III, planches VII et VIII), d'autant plus que M. le baron de
Bock m'écrit qu'ayant comparé les figures de ces brebis valachiennes avec sa description
de la brebis des bois (*saïga*), elles ne lui ont paru avoir aucun rapport, mais qu'il est très
possible que ces brebis valachiennes soient les mêmes que celles qui se trouvent sur les
montagnes ou dans les plaines de la Moldavie (*a*).

A l'égard des brebis d'Afrique et du cap de Bonne-Espérance, M. Forster a observé les
particularités suivantes :

« Les brebis du cap de Bonne-Espérance ressemblent, dit-il, pour la plupart au bélier
» de Barbarie ; néanmoins les Hottentots avaient des brebis lorsque les Hollandais s'y
» établirent ; ces brebis ont, pour ainsi dire, une masse de graisse au lieu de queue. Les
» Hollandais amenèrent au Cap des brebis de Perse, dont la queue est longue et très grosse
» jusqu'à une certaine distance de l'origine, et ensuite mince jusqu'à l'extrémité. Les
» brebis que les Hollandais du Cap élèvent à présent sont d'une race moyenne entre les
» brebis de Perse et celles des Hottentots ; on doit présumer que la graisse de la queue de
» ces animaux vient principalement de la nature ou qualité de la pâture ; après avoir été
» fondue elle ne prend jamais de la consistance comme celle de nos brebis d'Europe, et
» reste au contraire toujours liquide comme l'huile. Les habitants du Cap ne laissent pas
» néanmoins d'en tirer parti, en ajoutant quatre parties de cette graisse de queue avec une
» partie de graisse prise aux rognons, ce qui compose une sorte de matière qui a de la con-
» sistance et le goût même du saindoux que l'on tire des cochons ; les gens du commun la
» mangent avec du pain et l'emploient aussi aux mêmes usages que le saindoux et le
» beurre. Tous les environs du Cap sont des terres arides et élevées, remplies de particules
» salines, qui, étant entraînées par les eaux des pluies dans des espèces de petits lacs, en
» rendent les eaux plus ou moins saumâtres. Les habitants n'ont pas d'autre sel que celui
» qu'ils ramassent dans ces mares et salines naturelles ; on sait combien les brebis aiment
» le sel et combien il contribue à les engraisser ; le sel excite la soif qu'elles étanchent en
» mangeant les plantes grasses et succulentes qui sont abondantes dans ces déserts élevés,
» telles que le *sedum*, l'*euphorbe*, le *cotylédon*, etc., et ce sont apparemment ces plantes
» grasses qui donnent à leur graisse une qualité différente de celle qu'elle prend par la
» pâture des herbes ordinaires ; car ces brebis passent tout l'été sur les montagnes qui sont
» couvertes de ces plantes succulentes ; mais en automne on les ramène dans les plaines
» basses pour y passer l'hiver et le printemps ; ainsi les brebis, étant toujours abondamment
» nourries, ne perdent rien de leur embonpoint pendant l'hiver ; dans les montagnes, sur-
» tout dans celles du canton qu'on appelle *Bockenland* ou *pays des chèvres*, ce sont des
» esclaves tirés de Madagascar et des Hottentots, avec quelques grands chiens, qui prennent

(*a*) Lettres de M. le baron de Bock à M. de Buffon. Metz, 26 août et 11 septembre 1778.

» soin de ces troupeaux et les défendent contre les hyènes et les lions ; ces troupeaux sont
» très nombreux, et les vaisseaux qui vont aux Indes ou en Europe font leurs provisions
» de ces brebis ; on en nourrit aussi les équipages de tous les navires pendant leur séjour
» au Cap ; la graisse de ces animaux est si copieuse, qu'elle occupe tout le croupion et les
» deux fesses ainsi que la queue ; mais il semble que les plantes grasses, succulentes et
» salines qu'elles mangent sur les montagnes pendant l'été, et les plantes aromatiques et
» arides dont elles se nourrissent dans les plaines pendant l'hiver, servent à former deux
» différentes graisses ; ces dernières plantes ne doivent donner qu'une graisse solide et
» ferme, comme celle de nos brebis qui se dépose dans l'omentum, le mésentère et le voi-
» sinage des rognons, tandis que la nourriture qui provient des plantes grasses forme
» cette graisse huileuse qui se dépose sur le croupion, les fesses et la queue ; il semble
» aussi que cette masse de graisse huileuse empêche l'accroissement de la queue, qui, de
» génération en génération, deviendrait plus courte et plus mince, et se réduirait peut-être
» à n'avoir plus que trois ou quatre articulations, comme cela se voit dans les brebis des
» Calmouques, des Mongous et des Kirghises, lesquelles n'ont absolument qu'un tronçon
» de trois ou quatre articulations ; ; mais, comme le pays du Cap a beaucoup d'étendue, et
» que les pâturages ne sont pas tous de la nature de ceux que nous venons de décrire, et
» que de plus les brebis de Perse à queue grosse et courte y ont été autrefois introduites
» et se sont mêlées avec celles des Hottentots, la race bâtarde a conservé une queue aussi
» longue que celle des brebis d'Angleterre, avec cette différence que la partie qui est atte-
» nante au corps est déjà renflée de graisse, tandis que l'extrémité est mince comme dans
» les brebis ordinaires. Les pâturages à l'est du Cap n'étant pas exactement de la nature
» de ceux qui sont au nord, il est naturel que cela influe sur la constitution des brebis,
» qui restent dans quelques endroits sans dégénération et avec la queue longue et une
» bonne quantité de graisse aux fesses et au croupion, sans cependant atteindre cette
» monstrueuse masse de graisse par laquelle les brebis des Calmouques sont remarquables ;
» et comme ces brebis changent souvent de maitre et sont menées d'un pâturage au nord
» du Cap à un autre à l'est, ou même dans le voisinage de la ville, et que les différentes
» races se mêlent ensemble, il s'ensuit que les brebis du Cap ont plus ou moins conservé
» la longueur de leur queue. Dans notre trajet du cap de Bonne-Espérance à la Nouvelle-
» Zélande, en 1772 et 1773, nous trouvâmes que ces brebis du Cap ne peuvent guère être
» transportées vivantes dans des climats très éloignés, car elles n'aiment pas à manger de
» l'orge ni du blé, n'y étant pas accoutumées, ni même du foin, qui n'est pas de bonne
» qualité au Cap ; par conséquent, ces animaux dépérissaient de jour en jour ; ils furent
» attaqués du scorbut, leurs dents n'étaient plus fixes et ne pouvaient plus broyer la
» nourriture ; deux béliers et quatre brebis moururent, et il n'échappa que trois moutons
» du troupeau que nous avions embarqué. Après notre arrivée à la Nouvelle-Zélande, on
» leur offrit toutes sortes de verdures, mais ils les refusèrent, et ce ne fut qu'après deux
» ou trois jours que je proposai d'examiner leurs dents ; je conseillai de les fixer avec du
» vinaigre, et de les nourrir de farine et de son trempés d'eau chaude. On préserva de
» cette manière les trois moutons qu'on amena à Taïti, où on en fit présent au roi ; ils
» reprirent leur graisse dans ce nouveau climat en moins de sept à huit mois. Pendant leur
» abstinence dans la traversée du Cap à la Nouvelle-Zélande, leur queue s'était non seule-
» ment dégraissée, mais décharnée et comme desséchée, ainsi que le croupion et les fesses. »

M. de la Nux, habitant de l'île de Bourbon, m'a écrit qu'il y a dans cette île une race
existante de ces brebis du cap de Bonne-Espérance qu'on a mêlée avec des brebis venues
de Surate, qui ont de grandes oreilles et la queue très courte ; cette dernière race s'est
aussi mêlée avec celles des brebis à grande queue du sud de Madagascar, dont la laine
n'est que faiblement ondée. La plupart des caractères de ces races primitives sont effacés,
et on ne reconnaît guère leurs variétés qu'à la longueur de la queue ; mais il est certain

que, dans les îles de France et de Bourbon, toutes les brebis transportées d'Europe, de l'Inde, de Madagascar et du Cap, s'y sont mêlées et également perpétuées, et qu'il en est de même des bœufs grands et petits. Tous ces animaux ont été amenés de différentes parties du monde, car il n'y avait dans ces deux îles de France et de Bourbon ni hommes, ni aucuns animaux terrestres, quadrupèdes ou reptiles, ni même aucuns oiseaux que ceux de mer; le bœuf, le cheval, le cerf, le cochon, les singes, les perroquets, etc., y ont été apportés; à la vérité les singes n'ont pas encore passé (en 1770) à l'île de Bourbon, et l'on a grand intérêt d'en interdire l'introduction pour se garantir des mêmes dommages qu'ils causent à l'île de France; les lièvres, les perdrix et les pintades y ont été apportés de la Chine, de l'Inde ou de Madagascar; les pigeons, les ramiers, les tourterelles, sont pareillement venus de dehors; les martins, ces oiseaux utiles auxquels les deux îles doivent la conservation de leurs récoltes par la destruction des sauterelles, n'y sont que depuis vingt ans, quoiqu'il y ait peut-être déjà plusieurs centaines de milliers de ces oiseaux sur les deux îles; les oiseaux jaunes sont venus du Cap, et les bengalis de Bengale. On pourrait encore nommer aujourd'hui les personnes auxquelles est due l'importation de la plupart de ces espèces dans l'île de Bourbon, en sorte que, excepté les oiseaux d'eau, qui, comme l'on sait, font des émigrations considérables, on ne reconnaît aucun être vivant qu'on puisse assigner pour ancien habitant des îles de France et de Bourbon; les rats, qui s'y sont prodigieusement multipliés, sont des espèces européennes venues dans les vaisseaux.

DU BŒUF, DU BISON, DU ZÉBU ET DU BUFFLE

Les bœufs et les bisons ne sont que deux races particulières, mais toutes deux de la même espèce, quoique le bison diffère toujours du bœuf non seulement par la loupe qu'il porte sur le dos, mais souvent encore par la qualité, la quantité et la longueur du poil : le bison ou bœuf à bosse de Madagascar réussit très bien à l'île de France; sa chair y est beaucoup meilleure que celle de nos bœufs venus d'Europe, et après quelques générations sa bosse s'efface entièrement. Il a le poil plus lisse, la jambe plus effilée et les cornes plus longues que ceux de l'Europe. J'ai vu, dit M. de Querhoënt, de ces bœufs bossus qu'on amenait de Madagascar qui en avaient d'une grandeur étonnante (a).

Le bison dont nous avons donné la figure, et que nous avons vu vivant, avait été pris jeune dans les forêts des parties tempérées de l'Amérique septentrionale, ensuite amené en Europe, élevé en Hollande, et acheté par un Suisse qui le transportait de ville en ville dans une espèce de grande cage d'où il ne sortait point, et où il était même attaché par la tête avec quatre cordes qui la lui tenaient étroitement assujettie. L'énorme crinière dont sa tête est entourée n'est pas du crin, mais de la laine ondée et divisée par flocons pendants comme une vieille toison. Cette laine est très fine, de même que celle qui couvre la loupe et tout le devant du corps. Les parties qui paraissent nues dans la gravure ne le sont que dans certains temps de l'année, et c'est plutôt en été qu'en hiver, car au mois de janvier toutes les parties du corps étaient à peu près également couvertes d'une laine frisée très fine et très serrée, sous laquelle la peau paraissait d'un brun couleur de suie, au lieu que, sur la bosse et sur les autres parties couvertes également d'une laine plus longue, la peau est de couleur tannée. Cette bosse ou loupe, qui est toute de chair, varie comme l'embonpoint de l'animal. Il ne nous a paru différer de notre bœuf d'Europe que par cette loupe et par la laine; quoiqu'il fût très contraint, il n'était pas féroce; il se laissait toucher et caresser par ceux qui le soignaient.

(a) Note communiquée par M. le vicomte de Querhoënt.

On doit croire qu'autrefois il y a eu des bisons dans le nord de l'Europe; Gessner a même dit qu'il en existait de son.temps en Écosse; cependant, m'étant soigneusement informé de ce dernier fait, on m'a écrit d'Angleterre et d'Écosse qu'on n'en avait pas de mémoire. M. Bell, dans son voyage de Russie à la Chine, parle de deux espèces de bœufs qu'il a vus dans les parties septentrionales de l'Asie, dont l'une est l'aurochs ou bœuf sauvage de même race que nos bœufs, et l'autre dont nous avons donné l'indication, d'après Gmelin, sous le nom de *vache de Tartarie* ou *vache grognante*, nous paraît être de la même espèce que le bison. On en trouve la description dans notre ouvrage; et après avoir comparé cette vache grognante avec le bison, j'ai trouvé qu'elle lui ressemble par tous les caractères, à l'exception du grognement au lieu du mugissement; mais j'ai présumé que ce grognement n'était pas une affection constante et générale, mais contingente et particulière, semblable à la grosse voix entrecoupée de nos taureaux, qui ne se fait entendre pleinement que dans le temps du rut; d'ailleurs j'ai été informé que le bison, dont j'ai donné la figure, ne faisait jamais retentir sa voix et que, quand même on lui causait quelque douleur vive, il ne se plaignait pas, en sorte que son maître disait qu'il était muet, et on peut penser que sa voix se serait développée de même par un grognement ou par des sons entrecoupés si, jouissant de sa liberté et de la présence d'une femelle, il eût été excité par l'amour.

Au reste, les bœufs sont très nombreux en Tartarie et en Sibérie. Il y en a une fort grande quantité à Tobolsk, où les vaches courent les rues même en hiver, et dans les campagnes où on en voit un nombre prodigieux en été (*a*). Nous avons dit qu'en Irlande les bœufs et les vaches manquent souvent de cornes; c'est surtout dans les parties méridionales de l'île, où les pâturages ne sont point abondants, et dans les pays maritimes, où les fourrages sont fort rares, que se trouvent ces bœufs et ces vaches sans cornes : nouvelle preuve que ces parties excédantes ne sont produites que par la surabondance de la nourriture. Dans ces endroits voisins de la mer, l'on nourrit les vaches avec du poisson cuit dans l'eau et réduit en bouillie par le feu; ces animaux sont non seulement accoutumés à cette nourriture, mais ils en sont même très friands, et leur lait n'en contracte, dit-on, ni mauvaise odeur, ni goût désagréable (*b*).

Les bœufs et les vaches de Norvège sont en général forts petits. Ils sont un peu plus grands dans les îles qui bordent les côtes de Norvège : différence qui provient de celle des pâturages, et aussi de la liberté qu'on leur donne de vivre dans ces îles sans contrainte, car on les laisse absolument libres, en prenant seulement la précaution de les faire accompagner de quelques béliers, accoutumés à chercher eux-mêmes la nourriture pendant l'hiver. Ces béliers détournent la neige qui recouvre l'herbe, et les bœufs les font retirer pour en manger; ils deviennent avec le temps si farouches qu'il faut les prendre avec des cordes : au reste, ces vaches demi-sauvages donnent fort peu de lait; elles mangent, à défaut d'autre fourrage, de l'algue mêlée avec du poisson bien bouilli (*c*).

Il est assez singulier que les bœufs à bosse ou bisons, dont la race paraît s'être étendue depuis Madagascar et la pointe de l'Afrique, et depuis l'extrémité des Indes orientales jusqu'en Sibérie, dans notre continent, et que l'on a retrouvée dans l'autre continent, jusqu'aux Illinois, à la Louisiane, et même jusqu'au Mexique, n'aient jamais passé les terres qui forment l'isthme de Panama, car on n'a trouvé ni bœufs ni bisons dans aucune partie de l'Amérique méridionale, quoique le climat leur convînt parfaitement, et que les bœufs d'Europe y aient multiplié plus qu'en aucun lieu du monde. A Buenos-Ayres et à quelques degrés encore au delà, ces animaux ont tellement multiplié et ont si bien rempli

(*a*) *Histoire générale des Voyages*, t. XVIII, p. 119.
(*b*) *Histoire générale des Voyages*, t. XVIII, p. 19.
(*c*) *Histoire naturelle de la Norvège*, par Pontoppidan. *Journal étranger*, juin 1756.

le pays que personne ne daigne se les approprier; les chasseurs les tuent par milliers et seulement pour avoir les cuirs et la graisse. On les chasse à cheval, on leur coupe les jarrets avec une espèce de hache, ou on les prend dans des lacets faits avec une forte courroie de cuir (a). Dans l'île de Sainte-Catherine, sur la côte du Brésil, on trouve quelques petits bœufs dont la chair est mollasse et desagréable au goût; ce qui vient, ainsi que leur petite taille, du défaut et de la mauvaise qualité de la nourriture, car, faute de fourrage, on les nourrit de calebasses sauvages (b).

En Afrique, il y a de certaines contrées où les bœufs sont en très grand nombre. Entre le cap Blanc et Sierra-Leone, on voit dans les bois et sur les montagnes des vaches sauvages ordinairement de couleur brune, et dont les cornes sont noires et pointues; elles multiplient prodigieusement, et le nombre en serait infini si les Européens et les Nègres ne leur faisaient pas continuellement la guerre (c). Dans les provinces de Duguela et de Tremecen, et dans d'autres endroits de Barbarie, ainsi que dans les déserts de Numidie, on voit des vaches sauvages couleur de marron obscur, assez petites et fort légères à la course; elles vont par troupes quelquefois de cent ou de deux cents (d).

A Madagascar, les taureaux et les vaches de la meilleure espèce y ont été amenés des autres provinces de l'Afrique; ils ont une bosse sur le dos; les vaches donnent si peu de lait qu'on pourrait assurer qu'une vache de Hollande en fournit six fois plus. Il y a dans cette île de ces bœufs à bosse ou bisons sauvages qui errent dans les forêts; la chair de ces bisons n'est pas si bonne que celle de nos bœufs (e). Dans les parties méridionales de l'Asie, on trouve aussi des bœufs sauvages; les chasseurs d'Agra vont les prendre dans la montagne de Nerwer qui est environnée de bois; cette montagne est sur le chemin de Surate à Golconde; ces vaches sauvages sont ordinairement belles et se vendent fort cher (f).

Le zébu semble être un diminutif du bison, dont la race, ainsi que celle du bœuf, subit de très grandes variétés, surtout pour la grandeur. Le zébu, quoique originaire de pays très chauds, peut vivre et produire dans nos pays tempérés. « J'ai vu, dit M. Collinson, » grand nombre de ces animaux dans les parcs de M. le duc de Richemont, de M. le duc « de Portland, et dans d'autres parcs; ils y multipliaient et faisaient des veaux tous les » ans, qui étaient les plus jolies créatures du monde; les pères et mères venaient de la » Chine et des Indes orientales; la loupe qu'ils portent sur les épaules est une fois plus » grosse dans le mâle que dans la femelle, qui est aussi d'une taille au-dessous de celle du » mâle. Le petit zébu tette sa mère comme les autres veaux tettent les vaches, mais le lait » de la mère zébu tarit bientôt dans notre climat, et on achève de les nourrir avec de » l'autre lait. On tua un de ces animaux chez M. le duc de Richemont, mais la chair né » s'en est pas trouvée si bonne que celle du bœuf (g). »

Il se trouve aussi dans la race des bœufs sans bosse de très petits individus, et qui comme le zébu peuvent faire race particulière. Gemelli Carreri vit sur la route d'Ispahan à Schiras deux petites vaches que le bacha de la province envoyait au roi, et qui n'étaient pas plus grosses que des veaux. Ces petites vaches, quoique nourries de paille pour tout aliment, sont néanmoins fort grasses (h). Et il m'a paru qu'en général les zébus ou petits

(a) *Voyage du P. Lobo*, t. Iᵉʳ, p. 38.
(b) *Ibidem.*
(c) *Histoire générale des Voyages*, t. III, p. 291.
(d) *L'Afrique de Marmol*, t. III, p. 66 et 157.
(e) *Voyage de François le Guat*, t. II, p. 71.
(f) *Voyage de Thévenot*, t. III, p. 113.
(g) Extrait d'une lettre de feu M. Collinson à M. de Buffon, datée de Londres, le 30 décembre 1764.
(h) *Voyage de Gemelli Carreri*, t. II, p. 338 et suiv. Paris, 1719.

bisons, ainsi que nos bœufs de la plus petite taille, ont le corps plus charnu et plus gras que les bisons et les bœufs de taille ordinaire.

Nous avons très peu de choses à ajouter à ce que nous avons dit du buffle. Nous dirons seulement qu'au Mogol on les fait combattre contre les lions et les tigres, quoiqu'ils ne puissent se servir de leurs cornes. Ces animaux sont très nombreux dans tous les climats chauds, surtout dans les contrées marécageuses et voisines des fleuves. L'eau ou l'humidité du terrain paraissent leur être encore plus nécessaires que la chaleur du climat (a), et c'est par cette raison que l'on n'en trouve point en Arabie, dont presque toutes les terres sont arides. On chasse les buffles sauvages, mais avec grande précaution, car ils sont très dangereux et viennent à l'homme dès qu'ils sont blessés. Niebuhr rapporte, au sujet des buffles domestiques, « que dans quelques endroits, comme à Basra, on a l'usage, lorsqu'on » trait la femelle du buffle, de lui fourrer la main jusqu'au coude dans la vulve, parce que » l'expérience a appris que cela leur faisait donner plus de lait (b); » ce qui ne paraît pas probable, mais il se pourrait que la femelle du buffle fît, comme quelques-unes de nos vaches, des efforts pour retenir son lait, et que cette espèce d'opération douce relâchât la contraction de ses mamelles.

Dans les terres du cap de Bonne-Espérance, le buffle est de la grandeur du bœuf pour le corps, mais il a les jambes plus courtes, la tête plus large; il est fort redouté. Il se tient souvent à la lisière des bois, et comme il a la vue mauvaise, il y reste la tête baissée pour pouvoir mieux distinguer les objets entre les pieds des arbres, et lorsqu'il aperçoit à sa portée quelque chose qui l'inquiète, il s'élance dessus en poussant des mugissements affreux, et il est fort difficile d'échapper à sa fureur; il est moins à craindre dans la plaine; il a le poil roux et noir en quelques endroits; on en voit de nombreux troupeaux (c).

DES BŒUFS

Je dois ici rectifier une erreur que j'ai faite au sujet de l'accroissement des cornes des bœufs, vaches et taureaux : on m'avait assuré, et j'ai dit qu'elles tombent à l'âge de trois ans, et qu'elles sont remplacées par d'autres cornes qui, comme les secondes dents, ne tombent plus; ce fait n'est vrai qu'en partie, il est fondé sur une méprise dont M. Forster a recherché l'origine. Voici ce qu'il a bien voulu m'en écrire :

« A l'âge de trois ans, dit-il, une lame très mince se sépare de la corne; cette lame, » qui n'a pas plus d'épaisseur qu'une feuille de bon papier commun, se gerce dans toute sa » longueur, et au moindre frottement elle tombe; mais la corne subsiste, ne tombe pas en » entier, et n'est pas remplacée par une autre : c'est une simple exfoliation, d'où se forme » cette espèce de bourrelet qui se trouve depuis l'âge de trois ans au bas des cornes des » taureaux, des bœufs et des vaches, et chaque année suivante un nouveau bourrelet est » formé par l'accroissement et l'addition d'une nouvelle lame conique de cornes, formée » dans l'intérieur de la corne immédiatement sur l'os qu'elle enveloppe, et qui pousse le » cône corné de trois ans un peu plus avant. Il semble donc que la lame mince, exfoliée » au bout de trois ans, formait l'attache de la corne à l'os frontal, et que la production » d'une nouvelle lame intérieure force la lame extérieure, qui s'ouvre par une fissure » longitudinale, et tombe au premier frottement; le premier bourrelet formé, les lames » intérieures suivent d'année en année, et poussent la corne triennale plus avant, et le

(a) J'ai dit ailleurs que les buffles réussiraient en France. On vient de tenter de les faire multiplier dans le Brandebourg, près de Berlin. Voyez la *Gazette de France* du 9 juin 1775.

(b) *Description de l'Arabie*, par M. Niebuhr, p. 145.

(c) Note communiquée à M. de Buffon par M. le vicomte de Querhoënt.

1. BŒUF BRACHYCÈRE. — 2. BISON.

A Le Vasseur, Editeur

» bourrelet se détache de même par le frottement ; car on observe que ces animaux
» aiment à frotter leurs cornes contre les arbres ou contre les bois dans l'étable. Il y a
» même des gens assez soigneux de leur bétail pour planter quelques poteaux dans leur
» pâturage, afin que les bœufs et les vaches puissent y frotter leurs cornes ; sans cette pré-
» caution ils prétendent avoir remarqué que ces animaux se battent entre eux par les cornes,
» et cela parce que la démangeaison qu'ils y éprouvent les force à chercher les moyens de
» la faire cesser ; ce poteau sert aussi à ôter les vieux poils, qui, poussés par les nouveaux,
» causent des démangeaisons à la peau de ces animaux. »

Ainsi les cornes du bœuf sont permanentes et ne tombent jamais en entier que par
accident, et quand le bœuf se heurte avec violence contre quelque corps dur ; et lorsque
cela arrive, il ne reste qu'un petit moignon qui est fort sensible pendant plusieurs jours,
et quoiqu'il se durcisse, il ne prend jamais d'accroissement, et l'animal est écorné pour
toute la vie (a).

DE L'AUROCHS ET DU BISON

M. Forster m'a informé que la race des aurochs ne se trouve actuellement qu'en Moscovie, et que les aurochs qui étaient en Prusse et sur les confins de la Lithuanie ont péri
pendant la dernière guerre ; mais il assure que les bisons sont encore communs dans la
Moldavie. Le prince Démétrius Cantemir en parle dans sa *Description de la Moldavie*
(partie Ire, chapitre VII).

« Sur les montagnes occidentales de la Moldavie on trouve, dit-il, un animal que l'on
» appelle *zimbr*, et qui est indigène dans cette contrée ; il est de la grandeur d'un bœuf
» commun, mais il a la tête plus petite, le cou plus long, le ventre moins replet et les
» jambes plus longues ; ses cornes sont minces, droites, dirigées en haut, et leurs extré-
» mités, qui sont assez pointues, ne sont que très peu tournées en dehors : cet animal est
» d'un naturel farouche, il est très léger à la course ; il gravit comme les chèvres sur les
» rochers escarpés, et on ne peut l'attraper qu'en le tuant ou le blessant avec les armes à
» feu. C'est l'animal dont la tête fut mise dans les armes de la Moldavie par Pragosh, le
» premier prince du pays ; » et comme le bison s'appelle en polonais *zubr*, qui n'est pas
éloigné de *zimbr*, on peut croire que c'est le même animal que le bison, car le prince
Cantemir le distingue nettement du buffle, en disant que ce dernier arrive quelquefois sur
les rives du Niester, et n'est pas naturel à ce climat, tandis qu'il assure que le zimbr se
trouve dans les hautes montagnes de la partie occidentale de la Moldavie, où il le dit
indigène.

Quoique les bœufs d'Europe, les bisons d'Amérique et les bœufs à bosse de l'Asie ne
diffèrent pas assez les uns des autres pour en faire des espèces séparées puisqu'ils produisent ensemble, cependant on doit les considérer comme des races distinctes qui conservent leurs caractères, à moins qu'elles ne se mêlent, et que par ce mélange ces caractères
distinctifs ne s'effacent dans la suite des générations : par exemple, tous les bœufs de Sicile, qui sont certainement de la même espèce que ceux de France, ne laissent pas d'en
différer constamment par la forme des cornes, qui sont très remarquables par leur longueur et par la régularité de leur figure ; ces cornes n'ont qu'une légère courbure, et leur
longueur ordinaire, mesurée en ligne droite, est ordinairement de trois pieds, et quelquefois de trois pieds et demi ; elles sont toutes très régulièrement contournées et d'une forme
absolument semblable, en sorte que tous les bœufs de cette île se ressemblent autant entre
eux par ce caractère, qu'ils diffèrent en cela des autres bœufs de l'Europe.

De même la race du bison a en Amérique une variété constante. Nous donnons la

(a) Note communiquée par un anonyme.

figure d'une tête qui nous a été communiquée par un savant de l'Université d'Édimbourg, M. Magwan, sous le nom de *tête de bœuf musqué*, et c'est en effet le même animal qui a été décrit par le P. Charlevoix, et que nous avons cité. On voit, par la grandeur et la position des cornes de ce bœuf ou bison musqué, qu'il diffère, par ce caractère, du bison dont nous avons donné la figure, dont les cornes sont très différentes.

Celui-ci a été trouvé, à la latitude de 70 degrés, près de la baie de Baffin. Sa laine est beaucoup plus longue et plus touffue que celle des bisons, qui habitent des contrées plus tempérées ; il est gros comme un bœuf d'Europe de moyenne taille ; le poil, ou plutôt la laine sous le cou et le ventre, descend jusqu'à terre ; il se nourrit de mousse blanche ou lichen, comme le renne.

Les deux cornes de ce bison musqué se réunissent à leur base, ou plutôt n'ont qu'une origine commune au sommet de la tête, qui est longue de deux pieds quatre pouces et demi, en la mesurant depuis le bout du nez jusqu'à ce point où les deux cornes sont jointes ; l'intervalle entre leur extrémité est de deux pieds cinq pouces et demi ; la tête est si large, que la distance du centre d'un œil à l'autre est d'un pied quatre pouces du pied français. Nous renvoyons, pour le reste de la description de cet animal, à celle qui a été donnée par le P. Charlevoix, et que nous avons déjà citée. M. Magwan nous a assuré que cette description de Charlevoix convenait parfaitement à cet animal.

J'ai dit que, m'étant informé s'il subsistait encore des bisons en Écosse, on m'avait répondu qu'on n'en avait point de mémoire. M. Forster m'écrit, à ce sujet, que je n'ai pas été pleinement informé. « La race des bisons blancs, dit-il, subsiste encore en Écosse, » où les seigneurs, et particulièrement le duc de Hamilton, le duc de Queenbury, et, parmi » les pairs anglais, le comte de Tankarville, ont conservé dans leurs parcs de Chatelhrault » et de Drumlasrrig en Écosse, et de Chillingham dans le comté de Northumberland en » Angleterre, cette race de bisons sauvages. Ces animaux tiennent encore de leurs ancêtres » par leur férocité et leur naturel sauvage : au moindre bruit ils prennent la fuite et cou- » rent avec une vitesse étonnante, et, lorsqu'on veut s'en procurer quelqu'un, on est » obligé de les tuer à coups de fusil ; mais cette chasse ne se fait pas toujours sans dan- » ger, car, si on ne fait que blesser l'animal, bien loin de prendre la fuite, il court sur les » chasseurs et les percerait de ses cornes s'ils ne trouvaient pas les moyens de l'éviter, » soit en montant sur un arbre, soit en se sauvant dans quelque maison.

» Quoique ces bisons aiment la solitude, ils s'approchent cependant des habitations » lorsque la faim et la disette en hiver les forcent à venir prendre le foin qu'on leur four- » nit sous des hangars. Ces bisons sauvages ne se mêlent jamais avec l'espèce de nos » bœufs ; ils sont blancs sur le corps, et ont le museau et les oreilles noirs ; leur gran- » deur est celle d'un bœuf commun de moyenne taille, mais ils ont les jambes plus » longues et les cornes plus belles ; les mâles pèsent environ cinq cent trente livres, et les » femelles environ quatre cents ; leur cuir est meilleur que celui du bœuf commun ; mais » ce qu'il y a de singulier, c'est que ces bisons ont perdu, par la durée de leur domesti- » cité, les longs poils qu'ils portaient autrefois. Boëtius dit : *Gignere solet ea silva boves* » *candidissimos in formam leonis jubam habentes*, etc. *Descrip. regni Scotiæ*, fol. xj. Or, à » présent, ils n'ont plus cette jube ou crinière de longs poils, et sont par là devenus dif- » férents de tous les bisons qui nous sont connus. »

VACHE DE TARTARIE

M. Gmelin (*a*) a donné, dans les *Nouveaux Mémoires de l'Académie de Pétersbourg*, la description d'une vache de Tartarie (*), qui paraît au premier coup d'œil être d'une espèce différente de toutes celles dont nous avons parlé à l'article du buffle. « Cette vache, dit-il, » que j'ai vue vivante et que j'ai fait dessiner en Sibérie, venait de Calmouquie ; elle » avait de longueur deux aunes et demie de Russie ; par ce module on peut juger des » autres dimensions, dont le dessinateur a bien rendu les proportions. Le corps ressemble » a celui d'une vache ordinaire ; les cornes sont torses en dedans ; le poil du corps et de » la tête est noir, à l'exception du front et de l'épine du dos, sur lesquels il est blanc ; le » cou a une crinière, et tout le corps, comme celui d'un bouc, est couvert d'un poil très » long et qui descend jusque sur les genoux, en sorte que les pieds paraissent très courts ; » le dos s'élève en bosse ; la queue ressemble à celle du cheval, elle est d'un poil blanc et » très fourni ; les pieds de devant sont noirs, ceux de derrière blancs, et tous sont semblables » à ceux du bœuf ; sur les talons des pieds de derrière il y a deux houppes de longs poils, » l'une en avant et l'autre en arrière, et sur les talons des pieds de devant il n'y a qu'une » houppe en arrière. Les excréments sont un peu plus solides que ceux des vaches ; et » lorsque cet animal veut pisser, il retire son corps en arrière. Il ne mugit pas comme un » bœuf, mais il grogne comme un cochon ; il est sauvage et même féroce, car, à l'excep- » tion de l'homme qui lui donne à manger, il donne des coups de tête à tous ceux qui » l'approchent ; il ne souffre qu'avec peine la présence des vaches domestiques ; lorsqu'il » en voit quelqu'une, il grogne, ce qui lui arrive très rarement en toute autre circon- » stance. » M. Gmelin ajoute à cette description « qu'il est aisé de voir que c'est le même » animal dont Rubruquis a fait mention dans son Voyage de Tartarie..... qu'il y en a de » deux espèces chez les Kalmoucks : la première nommée *sarluck*, qui est celle même » qu'il vient de décrire ; la seconde, appelée *chainuk*, qui diffère de l'autre par la gran- » deur de la tête et des cornes, et aussi en ce que la queue, qui ressemble à son origine à » celle d'un cheval, se termine ensuite comme celle d'une vache ; mais que toutes deux » sont de même naturel. »

Il n'y a dans toute cette description qu'un seul caractère qui pourrait indiquer que ces vaches de Kalmoukie sont d'une espèce particulière, c'est le grognement au lieu du mugissement ; car, pour tout le reste, ces vaches ressemblent si fort aux bisons que je ne doute pas qu'elles ne soient de leur espèce ou plutôt de leur race : d'ailleurs, quoique l'auteur dise que ces vaches ne mugissent pas, mais qu'elles grognent, il avoue cependant qu'elles grognent très rarement, et c'était peut-être une affection particulière de l'individu qu'il a vu, car Rubruquis et les autres qu'il cite ne parlent pas de ce grognement ; peut-être aussi les bisons, lorsqu'ils sont irrités, ont-ils un grognement de colère ; nos taureaux même, surtout dans le temps du rut, ont une grosse voix entrecoupée qui ressemble beaucoup plus à un grognement qu'à un mugissement. Je suis donc persuadé que cette vache grognante (*vacca grunniens*) de M. Gmelin n'est autre chose qu'un bison, et ne fait pas une espèce particulière.

(*a*) *Vacca grunniens villosa, caudâ equinâ.* Gmelin, *Novi comment. Hist. Petrop.*, t. V. Petropoli, 1760, fig., tab. VII.

(*) *Bos grunniens*. PALL.

DU BUFFLE

J'ai reçu, au sujet de cet animal, de très bonnes informations de la part de monsignor Gaëtani, de Rome ; cet illustre prélat y a joint une critique très honnête et très judicieuse de quelques méprises qui m'étaient échappées, et dont je m'empresse de lui témoigner toute ma reconnaissance en mettant sous les yeux du public ses savantes remarques, qui répandront plus de lumières que je n'avais pu le faire sur l'histoire naturelle de cet animal utile.

J'ai dit que, « quoique le buffle soit aujourd'hui commun en Grèce et domestique en » Italie, il n'était connu ni des Grecs ni des Romains, et qu'il n'a jamais eu de nom dans » la langue de ces peuples ; que le mot même de buffle indique une origine étrangère et » n'a de racine ni dans la langue grecque ni dans la latine;..... que c'est mal à propos que » les modernes lui ont appliqué le nom de *bubalus*, qui, en grec et en latin, indique à la » vérité un animal d'Afrique, mais très différent du buffle, comme il est aisé de le démon- » trer par les passages des auteurs anciens ; qu'enfin, si l'on voulait rapporter le bubalus » à un genre, il appartiendrait plutôt à celui des chèvres ou gazelles qu'à celui du bœuf ou » du buffle. »

Monsignor Gaëtani observe « que Robert Étienne, dans le *Thesaurus linguæ latinæ*, fait » mention de deux mots qui viennent du grec, par lesquels on voit que les bœufs, sous » le genre desquels les buffles sont compris, étaient nommés d'un nom presque semblable » au nom italien *buphalo : bupharus dicitur terra quæ arari facile potest ; nam Pharos » aratio est, sed et bovis epitheton.* Le même Étienne dit que le mot *bupharus* était l'épi- » thète que l'on donnait à Hercule, parce qu'il mangeait des bœufs entiers. Tout le monde » connaît la célèbre fête des Athéniens, appelée *buphonia*, qui se célébrait après les mys- » tères en immolant un bœuf, dont le sacrifice mettait tellement fin à tout carnage, que » l'on condamnait jusqu'au couteau qui avait donné la mort au bœuf immolé. Personne » n'ignore que les Grecs changeaient la lettre *n* en *l*, comme le mot grec *nabu* en *labu*. » Hérodote se sert du mot *labunisus* que Bérose dit *nabunisus*, comme nous l'enseignent » Scaliger, *De emendatione temporum*, cap. vi, et les fragments de Bérose. De même la » parole grecque *mneymon* se changeait en *mleymon* ; on peut consulter là-dessus Pitiscus, » *Lexicon*, litt. *n* ; d'où il faut conclure que le mot *buphonia* pouvait s'écrire et se pro- » noncer en grec *bupholia*. Pitiscus, *Lexicon antiquit. Rom.*, litt. *l*, dit : les Romains em- » ployaient souvent la letre *l* en place de l'*r*, à cause de la plus douce prononciation de la » première, d'où Calpurnius, au vers 39 de sa première églogue, met *flaxinea* au lieu de » *fraxinea* ; et il est très vraisemblable qu'il s'est autorisé, pour ce changement, sur d'an- » ciens manuscrits. Le même Pitiscus dit encore que Bochart, dans sa Géographie, ras- » semble une grande quantité d'exemples de ce changement de *r* en *l* ; enfin Moreri, dans » son Dictionnaire, lettre *r*, dit clairement que la lettre *r* se change en *l*, comme *capella* » de *caper*. D'après toutes ces autorités, il est difficile de ne pas croire que le mot *bupha-* » *rus* ne soit le même que *buphalus* ; d'où il suit que ce mot a une racine dans la langue » grecque.

. . » Quant aux Latins, on voit dans Scaliger, *De causis linguæ latinæ*, qu'il fut un temps » où, au lieu de la lettre *f*, on écrivait et on prononçait *b*, comme *bruges* pour *fruges* ; on » trouve aussi dans Cicéron *fremo*, qui vient du grec *bremo* ; et enfin Nonius Marcellus, » *De doctorum indagine*, met *siphilum* pour *sibilum*. Ce n'est donc pas sans raison que » les Latins ont pu nommer cet animal *bubalus*, et qu'Aldrovande en a fait *buffelus*, et les » Italiens *bufalo*. La langue italienne est pleine de mots latins corrompus ; elle a souvent

» changé en *f* le *b* latin; c'est ainsi qu'elle a fait *bifolco* de *bibulcus; tartufo* de *tubera.*
» Donc *bufalo* vient de *bubalus;* et, comme il a été démontré ci-dessus, *buphalus* n'est
» autre chose que le *bupharus;* ce qui prouve la racine du nom buffle dans les langues
» grecque et latine. »

Monsignor Gaëtani montre sans doute ici la plus belle érudition ; cependant nous devons
observer qu'il prouve beaucoup mieux la possibilité de dériver le nom du buffle de quelques mots des langues grecque et latine, qu'il ne prouve que réellement ce nom ait été en
usage chez les Latins ou les Grecs; le mot *bupharos* signifie proprement un champ labou-
rable et n'a pas de rapport plus décidé au buffle qu'au bœuf commun ; quant à l'épithète
de *mange-bœuf* donnée à Hercule, on doit l'écrire *buphagus* et non pas *bupharus.*

Sur ce que j'ai dit « que le buffle, natif des pays les plus chauds de l'Afrique et des
» Indes, ne fut transporté et naturalisé en Italie que vers le septième siècle », monsignor
Gaëtani observe « que la nature même de cet animal donne le droit de douter qu'il puisse
» être originaire de l'Afrique, pays chaud et aride qui ne convient point au buffle, puis-
» qu'il se plait singulièrement dans les marais et dans l'eau, où il se plonge volontiers
» pour se rafraîchir : ressource qu'il trouverait difficilement en Afrique. Cette considéra-
» tion ne tire-t-elle pas une nouvelle force de l'aveu que fait M. de Buffon lui-même, à
» l'article du chameau, qu'il n'y a point de bœufs en Arabie, à cause de la sécheresse du
» pays, d'autant plus que le bœuf ne parait pas aussi amant de l'eau que le buffle. Les
» marais Pontins et les maremmes de Sienne sont en Italie les lieux les plus favorables à
» ces animaux. Les marais Pontins surtout paraissent avoir été presque toujours la demeure
» des buffles : ce terrain humide et marécageux parait leur être tellement propre et naturel
» que de tout temps le gouvernement a cru devoir leur en assurer la jouissance. En con-
» séquence, les papes, de temps immémorial, ont fixé et déterminé une partie de ces ter-
» rains, qu'ils ont affectée uniquement à la nourriture des buffles; j'en parle d'autant plus
» savamment que ma famille, propriétaire desdits terrains, a toujours été obligée, et l'est
» encore aujourd'hui, par des bulles des papes, à les conserver uniquement pour la nourri-
» ture des buffles, sans pouvoir les ensemencer. »

Il est très certain que, de toute l'Italie, les marais Pontins sont les cantons les plus
propres aux buffles; mais il me semble que monsignor Gaëtani raisonne un peu trop rigou-
reusement quand il en infère que l'Afrique ne peut être le pays de l'origine de ces animaux
comme aimant trop l'eau et les marécages pour être naturels à un climat si chaud, parce
qu'on prouverait par le même argument que l'hippopotame ou le rhinocéros n'appartiennent point à l'Afrique. C'est encore trop étendre la conséquence de ce que j'ait dit, qu'il
n'y a point de bœufs ni de buffles en Arabie à raison de la sécheresse du pays et du
défaut d'eau, que d'en conclure la même chose pour l'Afrique, comme si toutes les contrées de l'Afrique étaient des Arabies, et comme si les rives profondément humectées du
Nil, du Zaïre, de la Gambra, comme si l'antique *Palus tritonides,* n'étaient pas des lieux
humides et tout aussi propres aux buffles que le petit canton engorgé des marais Pontins.

« En respectant la réfutation que M. de Buffon fait de Belon, on ne conçoit pas pour-
» quoi il soutient impossible la perfection de l'espèce du buffle en Italie. M. de Buffon sait
» mieux que personne que presque tous les animaux éprouvent des changements dans leur
» organisation en changeant de climat, soit en bien, soit en mal, et cela peu ou beaucoup.
» La *gibbe* ou bosse est extrêmement commune en Arabie; la rachétide est une maladie
» presque universelle pour les bêtes dans ces climats; le chameau, le dromadaire, le rhi-
» nocéros et l'éléphant lui-même en sont souvent attaqués...

» Quoique M. de Buffon, dans son article du buffle, ne fasse point mention de l'odeur
» de musc de ces animaux, il n'en est pas moins vrai que cette odeur forte est naturelle
» et particulière aux buffles. J'ai même formé le projet de tirer le musc des excréments
» du buffle, à peu près comme en Égypte on fait le sel ammoniac avec l'urine et les excré-

» ments du chameau (*a*). L'exécution de ce projet me sera facile, parce que, comme je l'ai
» dit plus haut, les pâturages des buffles, dans l'État ecclésiastique, sont dans les fiefs de
» ma famille...

» J'observe encore, au sujet des bœufs intelligents des Hottentots, dont parle M. de Buffon,
» que cet instinct particulier est une analogie avec les buffles qui sont dans les marais
» Pontins, dont la mémoire passe pour une chose unique...

» Au reste, on ne peut qu'être fort étonné de voir qu'un animal aussi intéressant et
» très utile n'ait jamais été peint ni gravé, tandis que Salvator Rosa et Étienne Bella nous
» ont laissé des peintures et gravures de différents animaux d'Italie. Il était sans doute
» réservé au célèbre restaurateur de l'histoire naturelle de l'enrichir le premier de la gra-
» vure de cet animal, encore très peu connu. »

Dans un supplément à ces premières réflexions que m'avait envoyé M. Gaëtani, il
ajoute de nouvelles preuves, ou du moins d'autres conjectures sur l'ancienneté des buffles
en Italie, et sur la connaissance qu'en avaient les Latins, les Grecs et même les Juifs :
quoique ces détails d'érudition n'aient pas un rapport immédiat avec l'histoire naturelle,
ils peuvent y répandre quelques lumières, et c'est dans cette vue, autant que dans celle
d'en marquer ma reconnaissance à l'auteur, que je crois devoir les publier ici par extrait.

« Je crois, dit M. Gaëtani, avoir prouvé par les réflexions précédentes que le buffle était
» connu des Grecs et des Latins, et que son nom a racine dans ces deux langues (*b*) :
» quant à la latine, j'invoque encore en ma faveur l'autorité de Du Cange, qui dans son
» Glossaire dit, au mot *Bubalus : bubalus, bufalus, buflus;* il cite ce vers du septième livre
» du quatrième poème de Venance, évêque de Poitiers, célèbre poète du Vᵉ siècle :

Seu validi bufali ferit inter cornua campum.

» Pour le mot *buflus*, il est tiré de *Albertus Aquensis*, lib. II, cap. XLIII, de Jules Scali-
» ger, *Exercit.* 206, nᵒ 3, et de Lindembrogius, *ad Ammiani lib.* XXII, etc., comme on peut
» le voir dans Du Cange. Il est bien vrai que le Vᵉ siècle n'est pas celui de la belle lati-
» nité; cependant, comme il ne s'agit pas ici de la pureté et de l'élégance de la langue,
» mais d'un point seulement grammatical, il ne s'ensuit pas moins que cet exemple indique
» un grand rapport du *bubalus* des Latins, du *bufalo* des Italiens et du *buffle* des Français.
» Cette relation est encore prouvée d'une manière plus formelle par un passage de Pline,
» au sujet de l'usage des Juifs de manger du chou avec la chair du buffle.

» Une dernière observation sur la langue grecque, c'est que le texte le plus précis en
» faveur du sentiment de M. de Buffon est certainement celui de Bochard, qui, dans son
» *Hierozoicon*, pars I, lib. III, cap. XXII, dit : *Vocem græcam bubalon esse capræ speciem;*
» mais il est évident que cette autorité est la même que celle d'Aristote, aussi bien que
» d'Aldrovande et de Jonston, qui ont dit la même chose d'après ce philosophe.

» Au reste, il est facile de démontrer que la connaissance du buffle remonte encore à
» une époque bien plus éloignée. Les interprètes et les commentateurs hébreux s'accordent
» tous à dire qu'il en est fait mention dans le Pentateuque même. Selon eux, le mot *jach-
» mur* signifie *buffle.* Les Septante, dans le *Deutéronome*, donnent la même interprétation
» en traduisant *jachmur* par *bubalus;* et, de plus, la tradition constante des Hébreux a

(*a*) *Nota.* On tire le sel ammoniac par la combustion du fumier de chameau, de la
suie que cette combustion produit ; et ce n'est assurément pas par les mêmes moyens que
l'on pourrait extraire la partie odorante et musquée des excréments du buffle.

(*b*) M. Gaëtani a bien prouvé que le nom de buffle peut avoir sa racine dans les deux
langues : mais non pas que ce même nom ait été d'usage chez les Grecs et les Romains, ni
par conséquent que le buffle en ait été connu.

» toujours été que le jachmur était le buffle : on peut voir sur cela la version italienne de
» la Bible par Deodati, et celle d'Antoine Brucioli, qui a précédé Deodati..... Une autre
» preuve que les Juifs ont connu de tout temps le buffle, c'est qu'au premier livre des
» Rois, chap. IV, vers. 22 et 23, il est dit qu'on en servait sur la table de Salomon ; et en
» effet, c'était une des viandes ordonnées par la législation des Juifs, et cet usage subsiste
» encore aujourd'hui parmi eux..... « Les Juifs, comme le dit fort bien M. de Buffon, sont
» les seuls à Rome qui tuent le buffle dans leurs boucheries »; mais il est à remarquer
» qu'ils ne le mangent guère qu'avec l'assaisonnement des choux, et surtout le premier
» jour de leur année, qui tombe toujours en septembre ou octobre, fête qui leur est ordon-
» née au chapitre XII de l'Exode, vers. 14..... Pline l'a dit expressément : *carnes bubalas,*
» *additis caulis, magno ligni compendio percoquunt,* liv. XXII, chap. VII. Ce texte est for-
» mel, et en le rapprochant de l'usage constant et perpétuel des Juifs, on ne peut pas dou-
» ter que Pline n'ait voulu parler du buffle..... Cet usage des Juifs de Rome est ici du plus
» grand poids, parce que leurs familles, dans cette capitale, sont incontestablement les plus
» anciennes de toutes les familles romaines; depuis Titus jusqu'à présent, ils n'ont jamais
» quitté Rome, et leur *Ghetto* est encore aujourd'hui le même quartier que Juvénal dit
» qu'ils habitaient anciennement. Ils ont conservé précieusement toutes leurs coutumes et
» usages ; et quant à celle d'assaisonner la viande du buffle avec les choux, la raison y a
» peut-être autant de part que la superstition. Le chou, en hébreu, s'appelle *cherub*, expres-
» sion qui signifie aussi multiplication. Ce double sens leur ayant fait imaginer que le chou
» était favorable à la multiplication, ils ont affecté ce légume à leur premier repas annuel,
» comme étant un bon augure pour croître et multiplier, selon le passage de la Genèse (*a*).

» Outre les preuves littérales de l'ancienneté de la connaissance du buffle, on peut en-
» core la constater par des monuments authentiques : il est vrai que ces monuments sont
» rares, mais leur rareté vient sans doute du mépris que les Grecs avaient pour les super-
» stitions égyptiennes, comme nous l'enseigne Hérodote, mépris qui ne permit pas aux
» artistes grecs de s'occuper d'un dieu aussi laid et aussi vil à leurs yeux que l'était un
» bœuf ou un buffle..... Les Latins, serviles imitateurs des Grecs, ne trouvant point de
» modèles de cet animal, le négligèrent également, en sorte que les monuments qui portent
» l'empreinte de cet animal sont très rares... Mais leur petit nombre suffit pour constater
» son ancienne existence dans ces contrées. Je possède moi-même une tête antique de
» buffle, qui a été trouvée dernièrement dans une fouille à la maison de plaisance de l'em-
» pereur Adrien, à Tivoli. Cette tête est un morceau d'autant plus précieux, qu'il est unique
» dans Rome, et fait d'ailleurs par mains de maître. Il est très vrai qu'on ne connaît aucun
» autre morceau antique qui représente le buffle, ni aucune médaille qui en offre la figure,
» quoiqu'il y en ait beaucoup qui portent différents animaux...

» M. de Buffon objectera peut-être que ce morceau de sculpture aura été fait sans doute
» sur un buffle d'Égypte ou de quelque autre pays, et non à Rome ni en Italie. Mais en
» supposant ce fait, dont il est presque impossible de fournir une preuve ni pour ni contre,
» il n'en résultera pas moins que les Romains n'ont pas pu placer la tête du buffle dans
» une superbe maison de plaisance d'empereur, sans lui avoir donné un nom, et que par
» conséquent ils en avaient connaissance.

» La tête dont il s'agit est si parfaitement régulière, qu'elle paraît avoir été moulée sur

---

(*a*) Nous ne contesterons pas à M. Gaëtani que le mot hébreu *cherub* ne signifie un chou;
mais, comme on sait d'ailleurs que le mot *cherub* signifie un bœuf, que de plus nous avons
traduit ce même mot *cherub*, par *chérubin*, il paraîtrait assez singulier de trouver dans un
même mot un chou, un bœuf et un ange, si l'on ne savait que la langue hébraïque est si peu
abondante en termes distinctifs, que le même terme désigne très souvent des choses toutes
différentes.

» une tête naturelle de buffle, de la manière que l'histoire rapporte que les Égyptiens
» moulaient leurs statues sur les cadavres mêmes.

    » Au reste, je soumets encore ces nouvelles observations aux lumières supérieures de
» M. de Buffon; je n'ose pas me flatter que chacune de mes preuves soit décisive, mais
» je pense que toutes ensemble établissent que le buffle était connu des anciens : proposi-
» tion contraire à celle de l'illustre naturaliste que je n'ai pas craint de combattre ici. J'at-
» tends de son indulgence le pardon de ma témérité, et la permission de mettre sous ses
» yeux quelques particularités du buffle dont il n'a peut-être pas connaissance, et qui ne
» sauraient être indifférentes pour un philosophe comme lui, qui a consacré sa vie à admi-
» rer et à publier les merveilles de la nature.

    » L'aversion du buffle pour la couleur rouge est générale dans tous les buffles de l'Italie
» sans exception, ce qui paraît indiquer que ces animaux ont les nerfs optiques plus déli-
» cats que les quadrupèdes connus. La faiblesse de la vue du buffle vient à l'appui de cette
» conjecture. En effet, cet animal paraît souffrir impatiemment la lumière ; il voit mieux
» la nuit que le jour, et sa vue est tellement courte et confuse que, si dans sa fureur il
» poursuit un homme, il suffit de se jeter à terre pour n'en être pas rencontré, car le
» buffle le cherche des yeux de tous côtés sans s'apercevoir qu'il en est tout voisin...

    » Les buffles ont une mémoire qui surpasse celle de beaucoup d'autres animaux. Rien
» n'est si commun que de les voir retourner seuls et d'eux-mêmes à leurs troupeaux, quoi-
» que d'une distance de quarante ou cinquante milles, comme de Rome aux marais Pon-
» tins. Les gardiens des jeunes buffles leur donnent à chacun un nom, et, pour leur ap-
» prendre à connaître ce nom, ils le répètent souvent d'une manière qui tient du chant, en
» les caressant en même temps sous le menton. Ces jeunes buffles s'instruisent aussi en
» peu de temps et n'oublient jamais ce nom, auquel ils répondent exactement en s'arrêtant,
» quoiqu'ils se trouvent mêlés parmi un troupeau de deux ou trois mille buffles. L'habitude
» du buffle d'entendre ce nom cadencé est telle que, sans cette espèce de chant, il ne se
» laisse point approcher étant grand, surtout la femelle pour se laisser traire (a), et sa
» férocité naturelle ne lui permettant pas de se prêter à cette extraction artificielle de son
» lait, le gardien qui veut traire la buffle est obligé de tenir son petit auprès d'elle, ou,
» s'il est mort, de la tromper en couvrant de sa peau un autre petit buffle quelconque :
» sans cette précaution, qui prouve d'un côté la stupidité de la buffle, et de l'autre la finesse
» de son odorat, il est impossible de la traire. Si donc la buffle refuse son lait, même à un
» autre petit buffle que le sien, il n'est pas étonnant qu'elle ne se laisse point teter par le
» veau, comme le remarque très bien M. de Buffon.

    » Cette circonstance de l'espèce de chant nécessaire pour pouvoir traire la buffle femelle
» rappelle ce que dit le moine Bacon dans ses observations (*Voyage en Asie*, par Bergeron,
» t. II), qu'après Moal et les Tartares vers l'Orient, « il y a des vaches qui ne permettent
» pas qu'on les traie à moins qu'on ne chante ; » il ajoute ensuite « que la couleur rouge
» les rend furieuses, au point qu'on risque de perdre la vie si l'on se trouve autour d'elles. »
» Il est indubitable que ces vaches ne sont autre chose que des buffles ; ce qui prouve encore
» que cet animal n'est pas exclusivement des climats chauds.

    « La couleur noire et le goût désagréable de la chair de buffle donneraient lieu de
» croire que le lait participe de ces mauvaises qualités ; mais, au contraire, il est fort bon,
» conservant seulement un petit goût musqué qui tient de celui de la noix muscade. On

    (*a*) Voyez ce que j'ai dit, page 652, de cette répugnance de la femelle buffle à se laisser
traire, et sur le moyen singulier qu'on a imaginé pour la vaincre, qui est de lui mettre la
main et le bras dans la vulve pendant tout le temps de l'extraction du lait. Cette pratique
du cap de Bonne-Espérance n'est pas parvenue jusqu'à Rome ; et M. Gaëtani n'a pas été
informé de ce fait, qui peut-être même n'est pas très certain.

» en fait du beurre excellent, il a une saveur et une blancheur supérieures à celui de la
» vache ; cependant on n'en fait point dans la campagne de Rome, parce qu'il est trop
» dispendieux ; mais on y fait une grande consommation du lait préparé d'autres ma-
» nières. Ce qu'on appelle communément œufs de buffles sont des espèces de petits fro-
» mages auxquels on donne la forme d'œufs, qui sont d'un manger très délicat. Il y a une
» autre espèce de fromage que les Italiens nomment *provatura*, qui est aussi fait de lait
» de buffle : il est d'une qualité inférieure au premier ; le menu peuple en fait grand
» usage, et les gardiens des buffles ne vivent presque qu'avec le laitage de ces animaux.

» Le buffle est très ardent en amour ; il combat avec fureur pour la femelle, et quand
» la victoire la lui a assurée, il cherche à en jouir à l'écart. La femelle ne met bas qu'au
» printemps et une seule fois l'année ; elle a quatre mamelles et néanmoins ne produit
» qu'un seul petit, ou, si par hasard elle en fait deux, sa mort est presque toujours la
» suite de cette fécondité ; elle produit deux années de suite et se repose la troisième, pen-
» dant laquelle elle demeure stérile quoiqu'elle reçoive le mâle ; sa fécondité commence à
» l'âge de quatre ans et finit à douze. Quand elle entre en chaleur, elle appelle le mâle
» par un mugissement particulier et le reçoit étant arrêtée, au lieu que la vache le reçoit
» quelquefois en marchant.

» Quoique le buffle naisse et soit élevé en troupeau, il conserve cependant sa férocité
» naturelle, en sorte qu'on ne peut s'en servir à rien tant qu'il n'est pas dompté : on
» commence par marquer, à l'âge de quatre ans, ces animaux avec un fer chaud, afin de
» pouvoir distinguer les buffles d'un troupeau de ceux d'un autre..... La marque est suivie
» de la castration, qui se fait à l'âge de quatre ans, non par compression des testicules,
» mais par incision et amputation. Cette opération paraît nécessaire pour diminuer l'ar-
» deur violente et furieuse que le buffle montre aux combats, et en même temps le dis-
» poser à recevoir le joug pour les différents usages auxquels on veut l'employer..... Peu
» de temps après la castration, on leur passe un anneau de fer dans les narines..... Mais
» la force et la férocité du buffle exigent beaucoup d'art pour parvenir à lui passer cet
» anneau. Après l'avoir fait tomber au moyen d'une corde que l'on entrelace dans ses
» jambes, les hommes destinés à cela se jettent sur lui pour lui lier les quatre pieds en-
» semble et lui passent dans les narines l'anneau de fer ; ils lui délient ensuite les pieds
» et l'abandonnent à lui-même ; le buffle furieux court de côté et d'autre, et, en heurtant
» tout ce qu'il rencontre, cherche à se débarrasser de cet anneau, mais avec le temps il
» s'accoutume insensiblement, et l'habitude autant que la douleur l'amènent à l'obéissance ;
» on le conduit avec une corde que l'on attache à cet anneau, qui tombe de lui-même par
» la suite au moyen de l'effort continuel des conducteurs en tirant la corde ; mais alors
» l'anneau est devenu inutile, car l'animal déjà vieux ne se refuse plus à son devoir.....

» Le buffle paraît encore plus propre que le taureau à ces chasses dont on fait des
» divertissements publics, surtout en Espagne. Aussi les seigneurs d'Italie qui tiennent
» des buffles dans leurs terres n'y emploient que ces animaux...... La férocité naturelle
» du buffle s'augmente lorsqu'elle est excitée, et rend cette chasse très intéressante pour
» les spectateurs. En effet, le buffle poursuit l'homme avec acharnement jusque dans les
» maisons dont il monte les escaliers avec une facilité particulière ; il se présente même
» aux fenêtres d'où il saute dans l'arène, franchissant encore les murs lorsque les cris
» redoublés du peuple sont parvenus à le rendre furieux.....

» J'ai souvent été témoin de ces chasses qui se font dans les fiefs de ma famille. Les
» femmes mêmes ont le courage de se présenter dans l'arène ; je me souviens d'en avoir
» vu un exemple dans ma mère.

» La fatigue et la fureur du buffle dans ces sortes de chasse le fait suer beaucoup ; sa
» sueur abonde d'un sel extrêmement âcre et pénétrant, et ce sel paraît nécessaire pour
» dissoudre la crasse dont sa peau est presque toujours couverte.....

» Le buffle est, comme l'on sait, un animal ruminant, et la rumination étant très
» favorable à la digestion, il s'ensuit que le buffle n'est point sujet à faire des vents.
» L'observation en avait déjà été faite par Aristote, dans lequel on lit : *nullum cornutum*
» *animal pedere*.....

» Le terme de la vie du buffle est à peu près le même que celui de la vie du bœuf,
» c'est-à-dire à dix-huit ans, quoiqu'il y en ait qui vivent vingt-cinq ans ; les dents lui
» tombent assez communément quelque temps avant de mourir. En Italie il est rare qu'on
» leur laisse terminer leur carrière ; après l'âge de douze ans, on est dans l'usage de les
» engraisser et de les vendre ensuite aux juifs de Rome : quelques habitants de la cam-
» pagne, forcés par la misère, s'en nourrissent aussi. Dans la terre de Labour du royaume
» de Naples, et dans le patrimoine de Saint-Pierre, on en fait un débit public deux fois la
» semaine. Les cornes du buffle sont recherchées et fort estimées ; la peau sert à faire des
» liens pour les charrues, des cribles et des couvertures de coffres et de malles ; on ne
» l'emploie pas comme celle du bœuf à faire des semelles de souliers, parce qu'elle est
» trop pesante et qu'elle prend facilement l'eau.....

» Dans toute l'étendue des marais Pontins il n'y a qu'un seul village qui fournisse les
» pâtres ou les gardiens des buffles : ce village s'appelle Cisterna, parce qu'il est dans
» une plaine où l'on n'a que de l'eau de citerne, et c'est l'un des fiefs de ma famille.....
» Les habitants, adonnés presque tous à garder des troupeaux de buffles, sont en même
» temps les plus adroits et les plus passionnés pour les chasses dont il a été parlé ci-
» dessus.

» Quoique le buffle soit un animal fort et robuste, il est cependant délicat, en sorte
» qu'il souffre également de l'excès de la chaleur comme de l'excès du froid ; aussi dans
» le fort de l'été le voit-on chercher l'ombre et l'eau, et dans l'hiver les forêts les plus
» épaisses. Cet instinct semble indiquer que le buffle est plutôt originaire des climats
» tempérés que des climats très chauds ou très froids.

» Outre les maladies qui lui sont communes avec les autres animaux, il en est une
» particulière à son espèce et dont il n'est attaqué que dans ses premières années..... Cette
» maladie s'appelle *barbone*, expression qui a rapport au siège le plus commun du mal,
» qui est à la gorge et sous le menton. J'ai fait en dernier lieu un voyage exprès pour
» être témoin du commencement, des progrès et de la fin de cette maladie ; je me suis
» même fait accompagner d'un chirurgien et d'un médecin, afin de pouvoir l'étudier et
» acquérir une connaissance précise et raisonnée de sa cause, ou du moins de sa nature,
» à l'effet d'en offrir à M. de Buffon une description exacte et systématique ; mais ayant
» été averti trop tard, et la maladie, qui ne dure que neuf jours, étant déjà cessée, je n'ai
» pu me procurer d'autres lumières que celles qui résultent de la pratique et de l'expé-
» rience des gardiens des troupeaux de buffles.....

» Les symptômes de cette maladie sont très faciles à connaître, du moins quant aux
» extérieurs. La lacrymation est le premier ; l'animal refuse ensuite toute nourriture ;
» presque en même temps sa gorge s'enfle considérablement, et quelquefois aussi le corps
» se gonfle en entier ; il boite tantôt des pieds de devant, tantôt de ceux de derrière ; la
» langue est en partie hors de la gueule, et est environnée d'une écume blanche que l'ani-
» mal jette au dehors.....

» Les effets de ce mal sont aussi prompts que terribles, car en peu d'heures, ou tout
» au plus en un jour, l'animal passe par tous les degrés de la maladie et meurt. Lors-
» qu'elle se déclare dans un troupeau, presque tous les jeunes buffles qui n'ont pas atteint
» leur troisième année en sont attaqués, et s'ils ne sont âgés que d'un an, ils périssent
» presque tous ; dans ceux qui sont âgés de deux ans il y en a beaucoup qui n'en sont
» pas atteints, et même il en échappe un assez grand nombre de ceux qui sont malades ;
» enfin, dès que les jeunes buffles sont parvenus à trois ans, ils sont presque sûrs d'échap-

» per, car il est fort rare qu'à cet âge ils en soient attaqués, et il n'y a pas d'exemple
» qu'au-dessus de trois ans aucun de ces animaux ait eu cette maladie : elle commence
» donc par les plus jeunes, comme étant les plus faibles, et ceux qui tettent encore en
» sont les premières victimes; lorsque la mère, par la finesse de son odorat, sent dans
» son petit le germe de la maladie, elle est la première à le condamner en lui refusant la
» tette. Cette épizootie se communique avec une rapidité extraordinaire ; en neuf jours au
» plus un troupeau de jeunes buffles, quelque nombreux qu'il soit, en est presque tout
» infecté. Ceux qui prennent le mal dans les six premiers jours périssent assez souvent
» presque tous, au lieu que ceux qui n'en sont attaqués que dans les trois derniers jours
» échappent assez souvent, parce que, depuis le sixième jour de l'épizootie, la contagion va
» toujours en diminuant jusqu'au neuvième, qu'elle semble se réunir sur la tête d'un seul,
» dont elle fait, pour ainsi dire, sa victime d'expiation.....

» Elle n'a point de saison fixe, seulement elle est plus commune et plus dangereuse au
» printemps et en été qu'en automne et en hiver..... Une observation assez générale, c'est
» qu'elle vient ordinairement lorsqu'après les chaleurs il tombe de la pluie qui fait
» pousser de l'herbe nouvelle, ce qui semblerait prouver que sa cause est une surabon-
» dance de chyle et de sang, occasionnée par ce pâturage nouveau dont la saveur et la
» fraîcheur invitent les petits buffles à s'en rassasier au delà du besoin. Une expérience
» vient à l'appui de cette réflexion : les jeunes buffles auxquels on a donné une nourri-
» ture saine et copieuse pendant l'hiver, s'abandonnant avec moins d'avidité à l'herbe
» nouvelle du printemps, n'en sont pas attaqués autant que les autres, et meurent en plus
» petit nombre. Dans les années de sécheresse, cette maladie se manifeste moins que dans
» les années humides; et ce qui confirme ce que je viens d'avancer sur sa cause, c'est que
» le changement de pâturage en est le seul demi-remède; on les conduit sur les montagnes
» où la pâture est moins abondante que dans la plaine, ce qui ne fait cependant que ra-
» lentir la fureur du mal sans le guérir. En vain les gardiens des troupeaux de buffles
» ont tenté les différents remèdes que leur ont pu suggérer leur bon sens naturel et leurs
» faibles connaissances : ils leur ont appliqué à la gorge le bouton de feu, ils les ont fait
» baigner dans l'eau de fleuve et de mer, ils ont séparé du troupeau ceux qui étaient
» infectés, afin d'empêcher la communication du mal, mais tout à été inutile; la conta-
» gion gagne également tous les troupeaux ensemble et séparément; la mortalité est tou-
» jours la même; le seul changement de pâturage semble y apporter quelque faible adou-
» cissement, et encore est-il presque insensible.....

» La chair des buffles morts du *barbone* est dans un état de demi-putréfaction. Elle a
» été reconnue si dangereuse qu'elle a réveillé l'attention du gouvernement, qui a ordonné,
» sous des peines très sévères, de l'enterrer, et qui a défendu d'en manger.....

» Quoique cette maladie semble particulière aux buffles, elle ne laisse pas de se com-
» muniquer aux différents animaux qu'on élève avec eux, comme poulains, faons et che-
» vreaux, ce qui lui donne tous les caractères d'une épizootie. La cohabitation avec les
» buffles malades, le seul contact de la peau de ceux qui sont morts suffisent pour infecter
» ces animaux, qui ont les mêmes symptômes et bientôt la même fin..... Et même le
» cochon est sujet à la prendre, il en est attaqué de la même manière et dans le même
» temps, et il en est souvent la victime; il y a cependant quelque différence à ce sujet
» entre le buffle et le cochon : 1° le buffle n'est assailli par ce mal qu'une seule fois dans
» sa vie, et le cochon l'est jusqu'à deux fois dans la même année, de manière que celui
» qui a eu le *barbone* en avril l'a souvent une seconde fois en octobre; 2° il n'y a pas
» d'exemple qu'un buffle au-dessus de trois ans en ait été attaqué, et le cochon y est
» sujet à tout âge, mais beaucoup moins cependant lorsqu'il est parvenu à son entier
» accroissement; 3° l'épizootie ne dure que neuf jours au plus dans les troupeaux de
» buffles, au lieu qu'elle exerce sa fureur sur le cochon pendant quinze jours et encore

» au delà ; mais cette maladie n'est pas naturelle à son espèce, et ce n'est que par sa com-
» munication avec les buffles qu'il en est attaqué.

» Le *barbone* étant presque la seule maladie dangereuse pour le buffle, et étant en
» même temps si meurtrière que sur cent de ces animaux qui en sont attaqués dans leur
» première année il est rare qu'elle en épargne une vingtaine, il serait de la dernière im-
» portance de découvrir la cause de cette maladie pour y apporter remède. Les remarques
» faites jusqu'à présent sont insuffisantes, parce qu'elles n'ont pu être que superficielles.....
» Mais je me propose, dès que cette épizootie se manifestera de nouveau, d'aller une se-
» conde fois sur les lieux pour l'examiner avec des personnes de l'art, afin de pouvoir
» fournir à M. de Buffon une description qui le mette en état de donner, par son senti-
» ment, des lumières certaines sur cette matière. »

Quoique ce mémoire de monsignor Gaëtani sur le buffle soit assez étendu dans l'extrait
que je viens d'en donner, je dois cependant avertir que j'en ai supprimé à regret un grand
nombre de digressions très savantes et de réflexions générales aussi solides qu'ingénieuses,
mais qui, n'ayant pas un rapport immédiat ni même assez prochain avec l'histoire naturelle du buffle, auraient paru déplacées dans cet article ; et je suis persuadé que l'illustre
auteur me pardonnera ces omissions en faveur du motif, et qu'il recevra avec bonté les
marques de ma reconnaissance des instructions qu'il m'a fournies ; sa grande érudition,
bien supérieure à la mienne, lui a fait trouver les racines, dans les langues grecque et
latine, du nom du buffle, et les soins qu'il a pris de rechercher dans les auteurs et dans
les monuments anciens tout ce qui peut avoir rapport à cet animal, donnent tant de poids
à sa critique que j'y souscris avec plaisir.

D'autre part, les occasions fréquentes qu'a eues M. Gaëtani de voir, d'observer et d'examiner de près un très grand nombre de buffles dans les terres de sa très illustre maison,
l'ont mis à portée de faire l'histoire de leurs habitudes naturelles beaucoup mieux que moi,
qui n'avais jamais vu de ces animaux que dans mon voyage en Italie et à la ménagerie
de Versailles, où j'en ai fait la description. Je suis donc persuadé que mes lecteurs me
sauront gré d'avoir inséré dans ce supplément la mémoire de M. Gaëtani, et que lui-même
ne sera point fâché de paraître dans notre langue avec son propre style, auquel je n'ai
presque rien changé parce qu'il est très bon, et que nous avons beaucoup d'auteurs français
qui n'écrivent pas si bien dans leur langue que ce savant étranger écrit dans la nôtre.

Au reste, j'ai déjà dit qu'il serait fort à désirer que l'on pût naturaliser en France cette
espèce d'animaux aussi puissants qu'utiles ; je suis persuadé que leur multiplication réus-
sirait dans nos provinces où il se trouve des marais et des marécages, comme dans le
Bourbonnais, en Champagne, dans le Bassigny, en Alsace, et même dans les plaines le
long de la Saône, aussi bien que dans les endroits marécageux du pays d'Arles et des
Landes de Bordeaux. L'impératrice de Russie en a fait venir d'Italie et les a fait placer
dans quelques-unes de ses provinces méridionales ; ils se sont déjà fort multipliés dans le
gouvernement d'Astracan et dans la Nouvelle-Russie. M. Guldenstaedt dit (a) que le climat
et les pâturages se sont trouvés très favorables à ces animaux, qui sont plus robustes et
plus forts au travail que les bœufs. Cet exemple peut suffire pour nous encourager à faire
l'acquisition de cette espèce utile, qui remplacerait celle des bœufs à tous égards, et surtout dans les temps où la grande mortalité de ces animaux fait un si grand tort à la culture
de nos terres.

(a) *Discours sur les productions de la Russie*, p. 21.

FIN DU TOME DIXIÈME.

TABLE DES MATIÈRES

TABLE DES MATIÈRES.

FIN DE LA TABLE DU DIXIÈME VOLUME

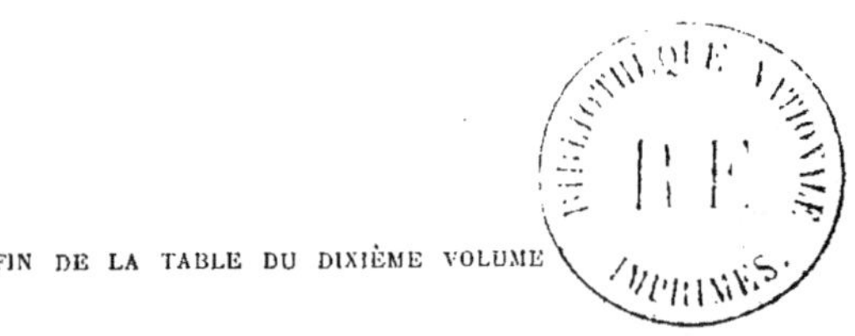

Paris. — Imp. Vᵉ P. Larousse et Cᵉ, rue Montparnasse, 19.

9 782329 067568